作者简介

钱林方

1961 年 12 月生，江苏省张家港人，毕业于南京理工大学，长期从事火炮总体理论和应用研究。担任国务院第六、第七届学位委员会兵器科学与技术学科召集人，中国兵工学会常务理事、火炮专业委员会副主任委员、安全防范专业委员会主任委员，国防 973 、173 项目首席科学家，4 型车载炮和 1 型大口径舰炮总设计师。获国防科技工业杰出人才奖、国家技术发明奖二等奖、国防科学技术进步奖特等奖、省级科技进步奖一等奖、省级技术发明奖一等奖、省部级教育成果奖等奖励。

现代火炮技术丛书

车载炮设计理论和方法

钱林方　徐亚栋　陈龙淼　著

科学出版社

北　京

内 容 简 介

本书较系统地讲述了车载炮总体设计的理论和方法，其中包括总体设计的基本步骤和方法、总体性能综合优化设计、火炮的威力与弹道设计、车载炮各分系统设计、射击精度设计、结构防冲击波设计、载荷缓冲与分离设计、弹药供输机构设计、身管寿命提升理论与方法、信息与控制系统设计、电磁兼容性设计、系统人机环设计、故障诊断与健康管理等。本书是对中大口径车载炮系统研制成果的总结和凝练，适应了现代火炮全域高机动发展方向的需要。

本书适用于火炮武器系统、兵器科学与技术中其他武器系统等研究领域的科研、工程技术人员和部队官兵参考，也可用作兵器科学与技术学科的硕士和博士研究生教材。

图书在版编目(CIP)数据

车载炮设计理论和方法 / 钱林方，徐亚栋，陈龙淼著. —北京：科学出版社，2022.11
(现代火炮技术丛书)
ISBN 978-7-03-074032-8

Ⅰ. ①车… Ⅱ. ①钱… ②徐… ③陈… Ⅲ. ①火炮—设计 Ⅳ. ①TJ302

中国版本图书馆 CIP 数据核字(2022)第 230996 号

责任编辑：许 健 / 责任校对：谭宏宇
责任印制：黄晓鸣 / 封面设计：殷 靓

科学出版社 出版
北京东黄城根北街 16 号
邮政编码：100717
http：//www.sciencep.com
南京展望文化发展有限公司排版
苏州市越洋印刷有限公司印刷
科学出版社发行 各地新华书店经销
*
2022 年 11 月第 一 版 开本：787×1092 1/16
2022 年 11 月第一次印刷 印张：36 1/2 插页：1
字数：860 000

定价：200.00 元

(如有印装质量问题，我社负责调换)

前　言

炮兵是以火力完成任务的战斗兵种，履带式和轮式自行火炮是现代化炮兵的重要组成部分。20 世纪末叶，履带式 155 毫米自行火炮的发展达到高潮，德国的 PzH2000、美国的 M109A6、英国的 AS90、法国的 GCT 等陆续登场，代表了当时身管火炮的发展方向。履带式 155 毫米自行火炮的战术机动距离、机动可靠性均受限，且其重量都在四十吨以上，有的甚至超过 50 吨，这使其战略机动性受到很大限制，远距离运输十分困难，无法满足快速部署部队的作战要求。从 20 世纪末开始，许多国家，包括发达国家和发展中国家为适应现代战争的需要，先后组建了轻型部队（空降、空中突击和快速反应部队等）。这些轻型部队要求炮兵压制武器必须能用中、小型运输机空运（多以载运能力 20 吨级的美国 C－130 和苏联/俄罗斯安－12 为标准），或者中、小型运输直升机吊运（多以吊运能力 6 吨级的美国 CH－47 和苏联/俄罗斯米－6 为标准）。为此，一种射程远、威力大、重量轻、战略战术机动性强的轮式自行火炮便应运而生。这种火炮大多是将牵引式火炮安装到军用轮式底盘上，没有炮塔，整个系统全重均在 20 吨级，又被称为车载式自行火炮。

21 世纪初，轻型车载式自行火炮如雨后春笋般涌现出来，如法国 CAESAR、美国 BRUTUS、荷兰 MOBAT、以色列 ATMOS 2000、英国 LWSP、南非 T5－52、瑞典 FH－77BW 等。这些火炮所具有的优点已经引起世界各国军界的密切关注，有的已经开始装备部队，有的正在研制中。可以说，车载式自行火炮系统目前已经成为世界各国火炮发展的新热点。车载炮在机动性能、轻量化、威力、低成本等方面具有非常优异的性能，这也是各国均在很短时间内发展车载炮的原因。

与西方发达国家相比，我国车载炮研制起步是比较晚的，我国第一款装备部队的车载炮是 2009 年服役的 PCL09 式 122 毫米车载炮，该炮的服役弥补了我军在这一装备方面的空白，PCL09 型车载炮可以在 3 分钟内完成“停止-发射 6 发炮弹-转换为行军模式”的标准过程，比牵引式火炮有了质的提升。2017 年中国北方工业有限公司立项研制了 SH15 型 155 毫米车载炮，由于该火炮具有全域机动能力，且射击稳定性、射击精度和人机环较好，通过数字化火指控系统发射非控弹药能实现对面目标的高效覆盖、发射智能弹药对点目标和移动目标的精准打击、发射末敏弹药对装甲目标的高效毁伤，一经推出迅速得到国际市场的青睐，成为国际热点品牌。我国车载炮发展虽晚于西方发达国家，但在总体设计思想上，特别是车-炮功能融合设计方法上，还是比较超前的，研制成功的车载炮在性能和功能上有后来居上的发展态势，尤其在射击稳定性、发射无控弹药的射击精度和发射载荷的传递与分离等方面，均走在了世界前列。

车载炮总体设计看似简单，只要把炮安装到车上即可实现，但要研制获得高性能的车载炮，着实还隐含着多方面的工程力学问题和系统性能控制问题。车载炮系统不仅需要在高压、高温、瞬态、强冲击、复杂野外使役环境下高可靠重复工作，同时还需具备高机动性、高打击精度、低成本打击的能力，主要技术难点有总体结构方案构型的设计、车-炮共用和变拓扑结构的总体设计方法、基于质量约束的驾驶室抗冲击载荷设计、高机动与高可靠性设计、发射与行驶工况底盘载荷分离设计、高射击稳定性和高射击精度的系统化设计、裸露使役环境和强扰动环境下运动机构快速高精度可靠作动设计、使役环境下系统性能退化演化机理与控制设计等。只有把上述技术难点处理和兼顾好，才能获得性能优良、功能完备、效能优异的车载炮装备。

为了丰富以高效打击为目标的车载炮总体设计理论，提高车载炮的总体设计水平，使车载炮成为陆军由战斗支援兵种向精确打击战斗兵种转变的重要装备支撑，发挥车载炮在高机动、低成本、远射程、高精度、大威力、智能化等发展方向的作用，本书总结了作者在车载炮型号实践中近 20 年的心得和体会，结合国防 973、国防 173、国防基础、国防预研和国家自然科学基金等科研项目，进行系统性的理论研究和试验验证，研读和参阅了大量国内外有关资料，初步形成了车载炮总体设计的理论、方法、技术及其经验总结。在目前专业设置逐渐宽化，学科交叉日益渗透，火炮技术面临重大创新发展的情景下，通过这样一本系统性比较强、内涵比较宽、联系工程实践比较密切的车载炮总体设计教科书，冀希为广大读者，尤其是兵器科学与技术领域的科技工作者和研究生，提供有价值的参考读物。由于著者水平有限，书中缺点和错误在所难免，敬望读者批评指正。

本书第 1 章由钱林方教授完成，第 2 章由钱林方教授、徐亚栋教授和陈龙淼教授完成，第 3 章由陈光宋副教授、钱林方教授完成，第 4 章至第 8 章由钱林方教授和陈光宋副教授完成，第 9 章由陈龙淼教授完成，第 10 章由付佳维副教授、钱林方教授完成，第 11 章由邹权副教授完成，第 12 章由王满意副教授完成，第 13 章由周明副教授和李亚军教授完成，第 14 章由尹强副教授完成。杜忠华教授、宗士增教授对本书第 7 章提供了第一手材料，并提出了宝贵意见。刘太素博士、孙佳博士、林通博士、王明明博士、朱一宬博士、周世杰博士、汤劲松博士、周梦笛博士参加了相关算例的计算工作。全书由钱林方教授统稿。本书还参考了大量国内外专家、学者、工程技术人员和研究生发表的论文、著作，在此向这些同行表示衷心的感谢！

钱林方
2022 年 4 月于西北机电工程研究所

目　　录

第1章 绪　　论

1.1 背景和意义

车载火炮武器(简称车载炮)是火炮、弹药、轮式军用卡车底盘与信息化系统有机组合而形成的一类轮式自行火炮,在高机动、低成本、大威力、高精度、轻量化、远程化、高可靠性、人机环等方面具有独特的优势。车载炮武器系统是围绕车载炮有效作战使用而组成的包括侦察、指挥、通信、打击(车载炮)、评估、保障等装备在内的有机集成系统。

车载炮是20世纪90年代迅速发展起来的一类新型火炮武器,与同类火力的履带/轮式装甲自行火炮、牵引火炮相比,其战略机动性、越野机动性、行战/战行转换、快速反应能力、打击威力、列装成本、使用维修性能等方面具有非常高的使用效能。通过与信息化的有机融合,发挥高机动性和高侦察水平,可换取车载炮战场生存能力的不足。采用载荷分离技术,让发射载荷不经底盘轮桥系统直接传递至地面,使车载炮与所采用的底盘具有相同等级的机动性和可靠性。通过控制弹丸发射过程中状态参数的概率密度演化规律,降低弹丸飞离炮口的扰动,提高了车载炮发射非控弹药的打击精度。特别是,车载炮不受弹药装填空间限制,能发射长度较长的精确制导弹药,使其既能对点目标、移动目标进行精确打击,还能对装甲目标进行有效打击,大大提高了火炮的作战威力,扩大了火炮的使用面。上述车载炮所具有的综合优势得到了世界各国,尤其是军事强国的青睐,使车载炮成为一种现代高机动、信息化、自动化的火炮武器装备。

为了提高车载炮总体设计水平,提升我国车载炮国际竞争力,实现车载炮在高机动、低成本、大威力、高精度、轻量化、远程化、高可靠性、人机环等方面的独特优势,又好又快地创新我国车载炮工程实践,为广大火炮技术从业者提供服务强大国防的能力和手段,本书就是在这样的背景下,经过7型车载炮的工程实践和近20年的理论、方法和试验等方面的凝练和总结,形成了现代车载炮总体设计理论和方法。

1.2 车载炮的特点

车载炮具有以下显著的优点:

(1) 战术和战略机动性好。车载炮行驶平稳,操作方便,平均公路行驶速度在80 km/h以上,这一速度远远高于履带式自行炮。车载炮具有良好的战术机动性,无道路越野的速度在30 km/h以上,最大续驶里程在600 km以上。今天许多国家的公路网十分发达,非

常适宜于车载炮高速机动。另外,车载炮的外形较小、质量轻,能通过各种大型运输机运送,大大缩短了各战区间武器运送时间,具有良好的战略机动性。例如一架 C－130 大型运输机能运送 2 门“凯撒”(CAESAR) 155 毫米车载炮,或 1 门“凯撒”155 毫米车载炮和 1 辆“凯撒”155 毫米弹药输送车。

(2) 可靠性高、维修性和耐久性好。军用越野底盘的可靠性高、寿命长,在越野工况条件下,行驶无故障里程在 3 000 km 以上。由于车载炮采用越野卡车底盘,部队使用和战场维修费用较低,耐久性好。

(3) 易实现发射载荷与机动载荷的分离,大大提高系统的可靠性。车载炮用卡车底盘为非承载式底盘,可以通过结构设计使发射载荷不经底盘的车轮结构直接定向自适应传递到地面,减少了发射载荷对底盘的作用。

(4) 研制周期短、价格便宜和使用成本低。车载炮通常是成熟底盘与制式火炮的合理结合,它的构造比较简单,一般在 2 年之内就能完成研制,因此其研制和生产费用较低。车载炮所选用的军用卡车生产量大,每个零部件的成本较低,使得车载炮的使用维护成本也较低。

(5) 噪声小和乘员舒适性好。由于车载炮采用的是轮式底盘,乘员舒适,且噪声小,有利于提高和保持乘员的体力,提高战斗力。

(6) 信息化程度高。由于有动力,使车载炮实现信息化成为可能。火控系统能在第一时间解算获得火炮射击诸元,通过操瞄自动化快速赋予身管射向。车载炮可以采用模块化设计,对信息化设备实行高、中、低三种配置。高端配置,可以安装信息化程度高的惯性导航设备,通过输入或通过卫星获得车载炮起始运动位置信息,实现车载炮全程定位定向。中端配置,可以安装数字化方向盘,使火炮进入阵地后通过数字化方向盘与数字化周视镜进行对瞄,从而确定车载炮的位置和方向信息。低端配置,可以在车载炮上安装双卫星定位系统,建立基于卫星的定位定向模型,由软件通过差分计算,获得车载炮的位置和方向信息。

车载炮具有以下缺点:

(1) 防护性能差。车载炮的缺点是没有炮塔,火炮发射时人员暴露在外,防护性能差。防护主要包括对弹片、枪弹、地雷和路边炸弹等的防护,以及对人员进行冲击波的防护。尽管车载炮也可以对驾驶室进行装甲化加强,但与装甲自行火炮相比,其防护性能薄弱。经装甲强化的车载炮驾驶室仅能抗一些低动能的弹片;在阵地发射时,由于人员在驾驶室外操作,不具备对弹片、枪弹等的防护能力。同样,由于炮手在车上或地面上发射,这些炮手位置没有设置防炮口冲击波的封闭空间,因此车载炮对炮手抗冲击波的防护性能较差。

(2) 自动化程度低。由于车载炮结构上的限制,目前除了瑞典的“弓箭手”(ARCHER) 155 毫米车载炮、捷克的“达纳”(DANA) 152 毫米车载炮和塞尔维亚的 B－52(NORA) 155 毫米车载炮具有带一小炮塔的自动供输弹系统外,其余的车载炮基本采用人工供弹的半自动输弹系统,而“弓箭手”为了实现自动化致使其总体设计非常不合理。因此,与具有全自动功能的自行火炮相比,车载炮的自动化程度较低。

随着科学技术的不断进步,自动化程度较低的缺点相信能很快被克服,使车载炮成为全自动化的装备,将炮手从繁重的体力活动中解放出来,提高装备的作战效能。同时可增加主动防护系统来提升车载炮的主动防护能力，亦可通过操作流程的智能化实现快打、快撤，提高车载炮装备在战场的生存能力。

1.3　车载炮研制过程中的技术难点

要发扬车载炮的上述优点，需要有一个优异的车载炮总体设计方案，也需要有支撑实现优异总体设计方案的核心关键技术。为此，在车载炮总体方案设计时，需要密切关注以下几个技术问题。

（1）总体方案构型的选择。总体方案的构型是指车载炮射击方向、炮手操炮、射击功能、射击性能等与底盘相互关系的总和，构型选择是能否发挥车载炮性能的关键。相对于机动行驶方向，车载炮的射击方向主要有两大类，一类与行驶方向相同，另一类与行驶方向相反。第一类车载炮的优点是行军转换到射击状态时，炮手比较习惯于与机动行驶相同的方式进入阵地，无需过多地进行大范围调炮，行军战斗转换时间短、系统反应速度快，在行军通过狭窄通道遭遇敌军需要运用火力时，火力压制反应迅速，总体结构布置比较合乎人们的习惯。第二类车载炮的优点是总体设计比较简单，回避了冲击波作用下驾驶室和结构的强度问题，也能实现零度直射功能。第一类车载炮设计的难点是要解决驾驶室和车体结构的抗冲击波设计、防冲击波车身重量对前桥载荷的影响、火线高对炮手在地面操炮功能的影响、火炮前向直射功能与结构防护的矛盾等。第二类车载炮的缺点是由于车载炮回转部分要进行大范围（180°）调炮，行军战斗、战斗行军转换时间较长，虽具有直射功能，但平射弹道高（超过两米），同时炮手只能站在车体上操炮，致使底盘晃动影响瞄准精度，导致射击精度，尤其是方向射击精度的下降，同时还会带来炮手射击时无遮挡、安全性差等不利因素。

国内外大量的车载炮工程实践表明，由于第一类车载炮总体结构方案形态能大幅提升车载炮的总体性能，但涉及的核心关键技术也最复杂，因此本书将基于第一类总体方案来讨论车载炮的总体设计。

（2）车-炮共用和变拓扑结构的总体设计方法。底盘的行驶功能与火炮的发射功能是两种完全不同的工况条件。例如，高机动需要系统质量轻，且离地间隙高；高射击精度需要系统有足够大的稳定质量，且火线高要低；车-炮在功能上存在结构性的矛盾。这就要求在车载炮总体设计阶段，根据车载炮的功能要求进行剖析分解。针对功能相融的结构体系，如车-炮架结构等，采用车-炮结构体系共用、性能优化的设计方法，实现体系的一体化设计，形成功能融合紧凑、性能优越的车载炮总体。针对功能不相融的结构体系，如越野机动性与射击稳定性等是一对结构性的矛盾，采用变拓扑结构设计，释放设计自由度，使车载炮在行驶和发射工况下具有不同的构型，实现车-炮功能在时间和空间上的解耦设计，化解车-炮在原理上出现的结构性矛盾。针对性能时变的结构体系，如输弹卡膛力和卡膛深度变化等，构建车载炮全寿命运用过程中输弹、卡膛动力学模型，实现卡膛深度的自适应控制；通过建立弹丸运动状态时变概率密度演化模型，获得全寿命周期稳定的射击精度，形成模型驱动、性能综合优化的设计方法。通过车-炮共用和变拓扑结构的总体设计，变革车载炮“车+炮”的固有总体设计模式，释放车载炮总体设计的自由度。

（3）基于质量约束的轻质驾驶室抗冲击载荷设计。驾驶室通过悬置安置在前桥附近的车架大梁上，其质量大小对前桥载荷影响极大，为了提高车载炮的机动性和可靠性，前桥载荷又不能超过其许允载荷。驾驶室受三种冲击载荷的作用：一是受弹丸飞离炮口引起的冲击波场的作用，冲击波强度与炮口压力、炮口制退器结构形式、距炮口的位置有关，还与冲击波与结构的相互作用有关，驾驶室抗冲击波设计会增加驾驶室的质量；二是防枪弹和榴弹碎片冲击动量的作用，为了乘员和设备的安全，驾驶室需要进行防弹设计，防弹设计会增加驾驶室的质量；三是防地雷和路边炸弹的冲击波作用，同样为了乘员和设备的安全，驾驶室底部也需要进行防冲击波设计，这种设计同样会增加驾驶室的质量。满足冲击载荷作用下驾驶室结构的刚强度设计需要增加质量，满足前桥最大允许极限载荷设计需要减少质量，完成相互矛盾工况条件下的设计目标是车载炮总体设计的技术难题。

（4）发射与行驶工况底盘载荷分离设计。军用卡车的轮桥承载在 4 吨/5 吨/6.5 吨级，而 155 毫米车载火炮的发射缓冲载荷在 50 吨级，远远超出 6×6、8×8 底盘的承载能力。履带/轮式装甲自行火炮的发射载荷直接通过其轮桥系统传递到地面，车载炮若亦采用此类设计模式，必然会导致底盘轮桥结构可靠性下降。若车载炮满足底盘承载设计要求，则其越野机动性是有保障的；若发射载荷不经轮桥系统传递，则底盘的越野可靠性也是有保障的。为此需要发展一种将发射与行驶两种工况下底盘轮桥系统免发射载荷作用的分离结构设计方法，在车载炮发射载荷传递到一体化车炮架时，通过旁路增加与任意地面工况自适应、可协调、直接传递地面上的液压载荷传递机构，确保发射载荷不影响车载炮的机动性和可靠性，从而实现系统整体与底盘分系统具有相同量级的机动性和可靠性。为了提高射击稳定性和行驶机动性，需要采用可升降、可闭锁的液压油气悬架设计，实现底盘高度的可升降；发射时将油气悬架置于低位、降低火力线高度，闭锁油气悬架，使系统簧下质量成为稳定质量，实现对射击稳定性、炮身角运动、射击前后系统姿态变位等的有效控制；机动和机动遇障时分别将油气悬架置于中位和高位，提高底盘离地间隙，实现越野的高机动性能。

（5）高射击稳定性和高射击精度的体系化设计。高机动车载炮需要系统重量轻，这与系统高射击稳定性和高射击精度是一对矛盾的设计目标。为此，首先需要创新火炮高射击精度设计方法，构建火炮发射从膛内到空中飞行全过程弹丸状态参数概率密度演化方程，建立弹丸状态参数在物理空间和概率空间之间的映射模型，结合外弹道理论辨识影响射击精度的弹丸炮口状态参数和本征参数，并获得满足射击密集度要求的参数误差（单因素和综合因素）的包络空间；基于弹炮耦合动力学方程，辨识影响弹丸炮口状态参数的火炮关键参数（包括弹丸初始状态参数），基于概率密度演化方程优化得到火炮关键参数名义值和误差包络空间，为火炮的高射击精度设计提供技术路径。其次需要创新控制弹丸膛内运动一致性的设计方法，通过采用高刚度、自协调、紧凑型输弹机来控制弹丸膛内运动初始条件的一致性，实现弹丸卡膛状态的一致性；为了控制弹带塑性大变形后出现翻边影响弹丸飞行空气动力特性，需要揭示输弹机安装位置对弹带塑性翻边的影响规律，探寻控制弹带保形一致性的输弹机安装位置的有效区间；为了控制弹丸前定心部与身管内膛间由于弹丸章动引起的碰撞，需要构建相应的实验验证系统，提出减少弹带损伤、稳定弹带径向接触刚度、减少弹丸章动的身管内膛结构设计方法。最后需要创新控制身管牵连运动的设计方法，发展等刚度摇架、双止转消隙结构、四点定位耳轴组件、液体气压式高平一体机等部件组成的高刚度、低扰动身管支撑系统，控制弹丸膛内运动期间身管的指向；通过控制后坐阻力变化规律、反后坐装置布置结构和布置形式、身管质心位置等的优化设计，减少作用在身管上的不平衡力矩，降低身管的牵连运动。

（6）裸露服役环境和强扰动环境下运动机构快速可靠作动设计。与具有封闭炮塔的自行火炮相比，开放式车载炮的工作部件均裸露在外，服役环境十分恶劣。针对恶劣服役环境下外界未知扰动大、系统时变和强非线性问题，需要创新设计方法。针对不匹配扰动和模型不确定性耦合作用下系统状态与扰动估计方法，需要构建高效稳定的高精度和高简洁的状态与扰动观测器，实现车载炮运动机构未测量状态与位置等扰动的同时估计；发展模型驱动的强化学习技术与滑膜控制技术融合方法，解决时变大惯量、突变大负载和位置随机扰动耦合作用下时变非线性系统的可靠运动控制问题，实现车载炮裸露环境和强扰动作用下运动机构的高效、精确、鲁棒运动控制策略，实现机构的可靠准确快速作动。

1.4 车载炮技术研究概况

1.4.1 基本概况

炮兵是以火炮、火箭炮、反坦克导弹和战役战术导弹为基本装备，遂行地面火力突击任务的兵种。现代自行火炮一直在稳步发展，如德国的 PzH2000、美国的 M109A7 等，代表了身管火炮的发展方向。以前的自行火炮绝大部分都采用履带式底盘，然而从 20 世纪末开始，世界上许多国家，包括发达国家和发展中国家为适应现代战争的需要，先后组建了轻型部队（空降、空中突击和快速反应部队等）。这些轻型部队要求炮兵压制武器必须能用中、小型运输机空运（多以载运能力 20 吨级的美国 C－130 和苏联/俄罗斯安-12 为标准），或者中、小型运输直升机吊运（多以吊运能力 6 吨级的美国 CH－47 和苏联/俄罗斯米-6 为标准）。采用履带式底盘，往往使火炮质量过大，通常都在 40 吨以上，有的甚至超过 50 吨，这使其战略机动性受到很大限制，远距离运输十分困难，无法满足快速部署部队的作战要求。为此，一种射程远、威力大、重量轻、战略战术机动性强的轮式自行火炮便应运而生。这种火炮大多是将牵引式火炮安装到轮式底盘上，没有炮塔，整个系统全重在 20 吨级，又被称为车载式自行火炮。

轻型车载式自行火炮如雨后春笋般涌现出来，如法国 CAESAR、美国 BRUTUS、荷兰 MOBAT、新加坡 LWSPH、以色列 ATMOS 2000、英国 LWSP、南非 T5－52、瑞典 FH－77BW、中国的 SH15 等。这些火炮具有的特点已经引起世界各国军界的密切关注，有的已经开始装备部队，有的正在研制中。可以说，车载式自行火炮系统目前已经成为世界各国火炮发展的新热点。

20 世纪 70 年代捷克的 ZIS 公司研制了 DANA 152 毫米车载炮，90 年代法国 GIAT 公司研制了 CAESAR 155 毫米车载炮。随后，荷兰 RDM 公司研制了 MOBAT 105 毫米车载炮，瑞典 BOFORS 公司研制了 ARCHER FH－77BW 式 155 毫米车载炮，意大利 PEGASO 公司研制了 155 毫米车载炮，以色列 SOLTAM 公司研制了 ATMOS 2000 155 毫米车载炮，南非 DENEL 公司研制了 T5 155 毫米车载炮，罗马尼亚研制了 ATROM 155 毫米车载炮，新加坡技术动力公司研制了 LWSPH 155 毫米车载炮，斯洛伐克研制了 ZUZANA 155 毫米车载炮，塞尔维亚研制了 B－52 诺拉 155 毫米车载炮，俄罗斯研制了“岸”130 毫米车载炮，美国研制了鹰眼 105 毫米车载炮，中国研制了 SH2 122 毫米、SH5 105 毫米、SH15 155 毫米车载炮等。车载炮在机动性能、轻量化、威力、低成本等方面具有非常优异的性能，这也是各国均在很短时间内发展车载炮的原因。

1.4.2 国外研究概况

西方国家车载炮主要是 155 毫米和 105 毫米口径的加榴炮。根据美、英、德和意签署的 155 毫米口径榴弹炮的“四国弹道协议”，身管长为 39 倍口径的 155 毫米榴弹炮，药室容积为 18.85 L、膛线缠度为 20、最大初速（8 号装药）为 827 m/s，发射底凹榴弹最大射程能达到 24 km，发射底排榴弹最大射程能达到 30 km；身管长为 52 倍口径的 155 毫米榴弹炮，药室容积 23 L、最大初速 920 m/s，发射底凹榴弹最大射程能达到 30 km，发射底排榴弹最大射程能达到 40 km。可见，西方国家的 155 毫米车载炮的内弹道性能几乎是完全相同的，其装药也基本采用了双元模块装药。这些车载炮最大的不同点在于车载炮的结构形式、使用的弹药、底盘的性能、信息化设备以及随车的携弹量和发射速度（供输弹机）等方面。

目前，155 毫米车载炮除了能发射常规弹药以外，还能发射火箭推进的制导炮弹以提高射程和射击精度，如法国 CAESAR 车载炮发射 OGRE 子母弹和 BONAS 末敏弹时的最大射程均为 35 km，而发射 NR265 式底排弹时最大射程可达 42 km。南非 T5 155 毫米车载炮发射高速远程弹配用新型 M64 双模块装药系列时，射程可达 55 km，也可采用 M90 系列双模块装药。瑞典 BOFORS 公司研制的 ARCHER FH77－BW 155 毫米车载炮，发射 XM982 EXCALIBUR 弹药，射程可达 60 km 以上。

表 1.4.1 给出了国外车载炮发展的总体概况。

下面对瑞典 ARCHER 和法国 CAESAR 这两种车载 155 毫米火炮作进一步讨论。

（1）瑞典 ARCHER 155 毫米车载炮。该车载炮是瑞典 BOFORS 公司于 1995 年为瑞典和挪威陆军研制的下一代自行火炮。火力部分采用 FH77BW L52 身管，采用随方向和高低一起随动的小炮塔结构，内置有 20 发弹药的全自动装填系统，车上还存放了另一组 20 发弹药，也可在 10 min 内从随行的弹药车上完成弹药补给，采用 BOFORS 公司的双元模块装药，亦可兼用北约的模块装药，具有高达 6 发同时弹着的功能，能发射 BONAS 末敏弹和 GPS 制导的 XM982 EXCALIBUR 弹药。ARCHER 在底盘尾部安装有一对液压驻锄，方向射界为±75°，高低射界为 0°～70°，行军战斗转换时间小于 30 秒，每小时能发射 75 发弹丸，爆发射速达 20 发/2.5 min，齐射速率为 3 发/15 s，直射距离达 2 km，发射底凹弹射程 30 km、底排弹射程 40 km。该系统还配有 M151 防护者遥控武器站。

ARCHER 行军长度 14.1 m、宽 3 m、高 3.3 m/3.9 m（不含/含武器站），总重 30 t。ARCHER 采用 VOLVO 公司的 A30D 底盘，该底盘由 6×6 独立悬架、全域铰接式底盘改进而来，采用柴油发动机，其功率为 250 kW，公路行驶速度 65 km/h，续驶里程 500 km，驾驶室乘员 3～4 人，能防弹和防榴弹破片，能在 100 cm 深的雪地进行越野行驶，亦可进行铁路运输和用 A400M 进行空中运输。

表 1.4.1　世界各国车载炮发展一览表

名称		CAESAR	ATMOS 2000	ARCHER	T5 - 52	2S43 MALVA	ZUZANA	NORA B - 52	MOBAT	HAWKEYE
国别		法国	以色列	瑞典	南非	俄罗斯	斯洛伐克	塞尔维亚	荷兰	美国
口径/mm		155	155	155	155	152	155	155	105	105
身管长(口径倍数)		52	52	52	52	52	52	52	33	27
最大射程/km	底凹弹	30	30	30	30	24.5	30	30	14.4	11.5
	底排弹	40	41	40	41（火箭增程）	50	40	41（火箭增程）	19.6	15.1（火箭增程）
携弹量/发		18	27	40	27	30	40	36	40	—
最大射速/(发/min)		6~8	4~9	3 发(前 13 s)	8	7	6	—	12	10~12
爆发射速		3 发/前 15 s	3 发/前 20 s	3 发/前 15 s	3 发/15 s	—	6	3 发/前 20 s	12	—
持续射速		6~8 发/min	70 发/60 min	20 发/2.5 min	2~4 发/min	—	30 发/6 min	2 发/min	5 发/min	3 发/min
射界/(°)	高低	+17°~+66°	—	0°~+70°	-3.5~+75	-3~+70	—	-3.5~+75	—	-5~+72
	方向	±17	±25	±75	±40	±30	±60	±40	±45	360
战斗全重/t		17.7	22	30	28	32	28	—	10.8	4.4
底盘类型		SHERPA5	TATRA T815 VVN	沃尔沃 A - 30D	TATRA T815 WN	BAZ - 6010 - 027	TATRA 815 VP 29265R	FAP2832	DAF YA4440	M1152A1 HMMWV
发动机功率/kW		176	235	250	261	345.7	265	176.4	113	142
公路/越野速度/(km/h)		100/50	80/—	70/—	85/—	80/—	80/—	80/50	—	100/—
驱动方式		6×6	6×6	6×6	8×8	8×8	8×8	8×8	4×4	4×4
行军时长×宽×高(m×m×m)		10×2.5×3.26	—	10.6×2.65×2.82	10.1×2.9×3.48	13×2.75×3.1	—	10×2.8×3	7.2×2.5×3.3	5×2.4×2.3
乘员数/人		5~6	4~6	3~4	6	5	4	—	3~4	3

ARCHER 的操作实现了计算机化和自动化。炮车依靠 GPS 导航进入阵地后,可依靠惯性导航系统自动定位、定向,然后自动放下驻锄,自动接收和装定射击诸元,自动瞄准、自动射击,射击以后自动复位。发射时炮口初速测量雷达自动测速,将数据传给火控计算机用于修正射击诸元。ARCHER 火炮高度自动化,配有全自动装弹机系统。其行军-战斗状态转换仅需 30 s,战斗-行军状态转换时间只需要 25 s。

ARCHER 是目前世界上自动化和信息化程度最高的车载炮,其火炮的操作都可由炮手在驾驶舱内遥控完成,无需炮手参与射击全过程的体力活动(除补充弹药外),是全球最早实现车载炮发射全自动的火炮,且射速高,在自动化程度方面表现最为优异,堪称车载炮的高端精品型。ARCHER 系统防护性能好,底盘为独立悬挂,采用防弹轮胎,防地雷能力为 6 kg 级,装甲驾驶舱能够有效防御 7.62 毫米子弹对乘员的杀伤,备有加压核生化空调,有“三防”(防核、生物、化学武器)能力,另外车顶有遥控武器站,具有近程的自卫防护能力。ARCHER 总体设计一般,火力与底盘没有采用功能一体化设计,总体设计比较松散、射击稳定性不高、体积大、重量重、吨功率低、越野机动性不高。

(2) 法国 CAESAR 155 毫米车载炮。法国 GIAT 公司先后研制了两款车载炮。

第一款是由法国 GIAT 公司于 1990 年作为公司的技术研发项目而推出的现代自行火炮。火力部分采用 155 毫米/52 倍口径等齐膛线身管,在底盘尾部安装有大型整体式全自动收放的液压驻锄,使火炮成为稳固的发射平台,火炮身管发射 6 号装药的等效寿命为 1 000 发。火炮间瞄射击时高低射界为+17°~+66°,方向射界±17°。火炮可向右侧实施减装药直瞄射击,高低射界为-3°~+10°。采用半自动人工装填,爆发射速达到 3 发/15 s,持续射击的速度为 6 发/min。CAESAR 弹种非常广泛,包括北约制式高爆弹、杀爆弹、OGRE 系列子母弹、低阻远程底排榴弹及末敏弹。标准的 OGRE 弹射程达 35 km,能将 378 枚子弹布撒在 3 hm^2的区域上,此外,OGRE 系列弹药中还包括高爆弹、杀爆弹、燃烧弹等弹药。发射圆柱底凹弹射程 30 km、底排弹射程 40 km。

CAESAR 行军长度 10.0 m、宽 2.55 m、高 3.7 m,总重 17.7 t。配有两种底盘,法国陆军采用“雷诺牧马人”10 型 6×6 轮式底盘,外贸采用德国梅赛德斯·奔驰 U2450L 式 6×6 轮式底盘。采用柴油发动机,功率为 175 kW,具有良好的越野机动性能,公路行驶速度 100 km/h,越野行驶最大速度达 50 km/h,续驶里程 600 km,驾驶室乘员 3~5 人,能防弹、防榴弹破片和防路边炸弹。该车载炮可通过铁路运输,或用 C-130、A400M 等运输机进行空中运输。

CAESAR 配备 ATLAS 火控系统,整合有 SAGEM.SIGMA30 导航系统、DECS-2002G 火控电脑、GPS 全球定位系统、ROB-4 炮口测速雷达以及战术资料链,在射击前无须进行地理测量。驻锄收放、弹药半自动装填、炮身高低和方向射角均由底盘后方的面板进行控制。CAESAR 行军战斗转换时间小于 60 s,射击 6 发炮弹后撤出阵地仅需 3 min。

第二款是在第一款的基础上由收购 GIAT 公司的 Nexter 公司于 2015 年推出的新款 CAESAR 车载炮,其主要变化是采用 TETRA 815 型 8×8 底盘,柴油发动机功率达 300 kW,驾驶室乘员 4 人,驾驶室防弹与否均可选择,弹药携带量达 30 发,采用了半自动弹药装填系统。

CAESAR 是车载炮技术发展的先行者,CAESAR 的设计思想是将牵引火炮自行化,采用了“底盘+火炮”的模块化设计,底盘的通用性较好,所有系统尽量追求成熟可靠和成本低廉。该炮的优点是半自动化和信息化程度高,底盘防护性能好,可靠性高,采用战术运输机就能载运,非常适合大范围快速部署,战略机动性好。CAESAR 总体设计中火力与底盘没有采用功能的一体化设计，总体设计比较松散、体积大、重量重、吨功率低，射击稳定性不高。

1.4.3 国内研究概况

与西方发达国家相比，我国车载炮研制的起步时间还是比较晚的，除车载迫击炮外，我国第一款装备部队的车载炮是于2009年服役的PCL09式122毫米车载炮，该炮的服役弥补了我军在这一装备方面的空白，PCL09型车载炮可以在3 min内完成“停止-发射6发炮弹-转换为行军模式”的标准过程，比起牵引式火炮有了质的提升。随后，根据国际市场的需求，我国分别又于2002年、2006年、2008年和2018年陆续推出了外贸版的SH1型155毫米车载炮、SH2型122毫米车载炮、SH5型105毫米车载炮、SH15型155毫米车载炮，满足了国际市场的需求。

与此同时，为了满足军队现代化发展的需求，我国分别于2009年、2016年、2017年推出PCL181式155毫米车载榴弹炮、采用MV3中型高机动底盘的PCL161型122毫米车载炮和采用“猛士”底盘的PCL171型122毫米车载炮。这些装备陆续装备部队，满足了解放军跨地域、高机动、快速投送的战术和战略发展的需求，实现了我国境内高原、高寒、山地等复杂区域的全覆盖。

我国车载炮发展虽晚于西方发达国家，但在总体设计思想上还是比较超前的，所研制成功的车载炮在性能和功能上有后来居上的发展态势，尤其在射击稳定性、发射无控弹药的射击精度和发射载荷的传递与分离等方面，走在了世界前列。下面，以我国外贸SH15型155毫米车载炮为例加以讨论。

SH15型155毫米车载炮是中国北方工业公司于2017年立项研制，2019年完成设计定型。

火力部分采用155毫米/52倍口径等齐膛线身管，具有弹药半自动装填系统，在底盘尾部与底盘大梁之间安装下架连接座，连接座上安装有一对液压驻锄、一个座盘用于分离发射载荷。

SH15采用万山公司的WS2300底盘经改进而成，改进后底盘采用6×6独立的液压油气悬挂系统，并可双向刚性闭锁，采用柴油发动机，其功率为300 kW，公路行驶速度90 km/h，续驶里程600 km，驾驶室乘员6人，能防弹和防榴弹破片，亦可进行铁路运输和用C－130进行空中运输。

SH15配备的是目前最为先进的炮兵通用化火控系统，采用基型系统加功能组件的模块化架构，具有同指挥系统通信和内部通信、数字化报文的收发、诸元自动解算、GPS和惯性导航、初速测量、系统状态检测和故障诊断等功能。该炮采用半自动输弹系统，可完成半自动装填，从进入战斗，打完6发急速射，再到撤出阵地，只需要3 min。

SH15总体设计充分体现了车炮一体化设计思想，综合考虑车载炮行驶稳定性和射击稳定性，充分考虑人员在地面操作的方便性和安全性，同时也兼顾了外观、造型、环境适应性等诸多方面的因素。火力系统布置在底盘上的中后桥，车架和火炮下架一体化设计；火控系统采用通用火控架构，各单体分别布置在底盘驾驶室内和车体、火力系统架体上，外观统一设计；底盘采用可升降悬架、炮班人员地面操作，操作方便、安全。总体布局不仅实现了火炮的功能、保证了系统的性能，也兼顾了整体外观造型的独特和威猛，体现了火炮的内涵。

SH15很好地解决了射击稳定性问题。SH15质量相对较小，但射击稳定性在现役所见的国内外中大口径火炮中应是最好的。影响火炮射击稳定性的因素主要有两个方面：一是火炮发射时后坐阻力形成的翻转力矩；二是火炮自身质量形成的稳定力矩。为了提高 SH15 的射击稳定性，除了优化反后坐装置以降低和优化后坐阻力外，还采用了创新的结构设计：在总体结构上对底盘采用了油气弹簧悬架，使系统能够实现整体升降，实现发射时系统质心整体下降，从而降低火线高和后坐阻力臂，减小翻转力矩；通过结构设计变底盘簧下质量为有效的稳定质量，增加系统的稳定力矩；优化系统质心位置、优化大架驻锄支撑点位置，从而有效增加系统的稳定力臂，进一步提高系统的稳定力矩。SH15 在间瞄射击过程中，系统姿态在一般土壤条件下、经温炮射击后的射击变位几乎为零，这为火炮机动转移射击提供了极大的支持。

SH15 很好地解决了威力、机动、防护、成本等方面的矛盾。与履带自行炮相比，车载炮除防护功能比履带自行炮弱之外，其他各项功能和性能均相当或占有一定优势，比如车载炮的质量比履带自行炮要小得多，但射程是相同的。轻质量的车载炮能体现出火炮的机动能力，尤其是高原的机动能力。在车载炮总体设计时通过多种措施来解决功能和质量的矛盾：一是通过结构一体化设计优化结构质量，如车架和炮架结构一体化、液压系统功能的一体化等；二是通过部件多功能集成设计减小质量，如高平一体机替代传统的高低机和平衡机；三是通过系统动力学优化和总体结构刚强度优化，优化总体布局和结构，达到系统减重的目的；还有一些其他的辅助措施；等等。

SH15 很好地解决了自动化展开的问题。通过控制“电气液”作动完成自动化，具体来说：通过电气分别控制气动和液压、气动作动行军固定装置以及液压作动火炮支撑装置、自动装填装置、高低方位调炮装置等实现火炮收放列动作，通过设计了一键收放列功能，即只要按下启动按钮，火炮就按照预先设定的程序在 30 s 内完成各个收放列动作，非常方便。当然，还可以通过人工干预实现火炮单步的放列。

SH15 很好地解决了火炮稳定的射击精度问题。在 SH15 研制过程中，充分利用了研制系统前期在火炮射击精度方面的理论研究成果，通过对结构参数的控制，达到降低系统发射的牵连角运动、减小弹丸内膛摆动运动、控制火炮运动的一致性、降低弹丸飞离炮口的扰动等的设计目标，提高了 SH15 的射击精度。目前，SH15 全装药发射圆柱底凹杀爆弹，最大射程密集度基本稳定在纵向 1/300、方向 1 mil（$1\ \text{mil}=0.06°$）以内，如果气象条件稳定，普遍能够达到纵向 1/380、方向 0.5 mil 以内，这应该是国际领先水平。

SH15 很好地解决了火炮使用的可靠性问题。SH15 系统大多都是露在外面的，作战使用环境恶劣，装备的可靠性，特别是液压系统、供输弹系统、机构作动的可靠性问题，一直困扰我国武器装备性能的提高。一是通过大量的高低温、湿热、淋雨、太阳辐射、盐雾等实验室环境试验，并经历了高原、寒区、沿海、沙漠等部队作战试验，来及时发现系统存在的可靠性问题，例如油气悬架在实验室进行了 3.0×10^5 km 可靠性台架试验。二是在总体设计时留有较高的可靠性余量，以确保在各种阶段工况条件下，系统有较高的可靠性储备，例如底盘的承载可高达 39 t，但在实际工作时，系统整备质量没有超过 26 t。三是在总体设计时加强了对载荷的控制和分离，采用底盘轮桥系统免发射载荷作用的分离结构设计方法，确保发射载荷不影响车载炮机动可靠性，实现了系统整体与底盘分系统具有相同量级的机动可靠性。四是采用先进的控制理论模型，针对不匹配扰动和模型不确定性耦合作用下系统状态与扰动估计方法，构建了高效稳定的高精度和高简洁的状态与扰动观测器,可实现车载炮运动机构未测量状态与位置等效扰动的同时估计,通过对控制参数的修正以提高作动机构的控制精度。五是加强对装备的维护和保养,通过增设健康管理系统,来及时发现系统可能存在的故障,及时进行维护排除,完善功能齐备的使用维护说明书,加强对炮手使用维护的指导。

1.4.4 车载炮未来发展

车载炮代表了当今世界自行火炮的一个重要发展方向。目前各种类型车载炮的出现,预示着世界火炮的发展已经迎来了新一轮的竞争,也充分表明许多国家(包括发达国家和发展中国家)已经充分认识到,车载炮是一种十分有效的现代炮兵机动作战武器,具有广阔的发展空间。为适应现代战争高机动、低成本、大威力、高精度、轻量化、远程化、高可靠性、人机环等的发展要求,车载炮未来发展将主要集中在以下几个方向。

(1) 轻质高机动化。车载炮要进一步提高其机动性,最大限度地减轻火炮质量,具备"打了就跑"的快速作战能力、特种作战遂行火力支援任务能力和较强的战略机动能力。能够运用中、小型运输机空运或中、小型运输直升机吊运。因此应更加强调高强轻质材料在车载炮上的应用。

(2) 主动防护全自主化。车载炮还要注重提高防护能力的发展,车载炮最大的缺点是没有炮塔,基本上不具备防护能力,炮手暴露在车体外面,易遭到敌方反炮兵火力的袭击。显而易见,应增强车载炮的主动防护能力,实现防护的全自主化。

(3) 射程超远化。低成本是车载炮的优点,车载炮的结构特点是能将超过其载重能力几倍的发射载荷不经底盘的相关机构直接传递到地面上,充分利用车载炮发射载荷与机动承载分离技术来发展超远程、大威力车载炮,这也符合陆军主战装备的未来发展趋势。据理论推演,未来 155 毫米车载炮的最大射程在 80~120 km 左右,发展射程更远的超大口径车载炮理论上是可行的、技术上也是成熟的。

(4) 弹药装填自动化。目前除瑞典 ARCHER 具备了弹药全自动装填外,其余的车载炮基本上属手动或半自动装填状态,瑞典 ARCHER 小炮塔的自动装填结构由于系统质心匹配不合理限制了其射击性能的提升。因此发展既能实现弹药高可靠全自动装填、降低炮手操作强度,又能实现装填状态管理与控制,同时又不降低系统射击性能、提升车载炮的作战效能,是未来车载炮的一个重要发展方向。

(5) 系统操作流程和状态管理智能化。包括车载炮工作过程中故障阈值的特征提取、故障判断与识别、状态健康智能管理,车载炮工作过程中关键状态参数数字孪生技术,指挥系统给出对指定目标射击指令后,车载炮从诸元装定、弹药装填、射向赋予、击发点火等所有操作流程过程中装备状态及流程的智能化管控等。

(6) 高精度低成本化。车载炮一方面要提高发射非控弹药的射击精度,另一方面要提高发射智能弹药的射击精度。通过控制其射击稳定性来减少火炮牵连运动引起的弹丸炮口扰动;通过自动化射击来提高弹丸卡膛的一致性、缩短一组射弹的时间,从而减少弹丸初始条件和气象条件对散布的影响;通过提高非控弹药的制造精度,降低弹丸质心位置、转动惯量、弹带形态等几何和物理参数的散布,进一步降低射弹散布;通过低成本修正弹药来修正系统的射击准确度,好的散布、高的准确度意味着系统的高射击精度。通过改善膛内载荷环境来降低车载炮发射智能弹药的膛内过载,以提高发射智能弹药的可靠性;

通过降低智能弹药的炮口扰动，以提高智能弹药发射到指定位置的准确度，实现智能弹药对静目标和移动目标的打击精度。

1.5 车载炮武器系统

在现代战争中，单一的车载炮形成不了战斗力，必须要构建以车载炮火力作战为核心的，集侦察、指挥、通信、打击、评估、保障、维护等功能于一体的，以营为基本作战单位的车载炮武器系统，以便部队作战时能创新作战模式、构建多样化的打击方式，发挥体系作战效能，形成高效的车载炮武器打击能力。

三三制的营为作战单位的车载炮武器系统，由 3 个连组成，每个连有 6 门车载炮。常见的车载炮武器系统组成架构如图 1.5.1 所示。

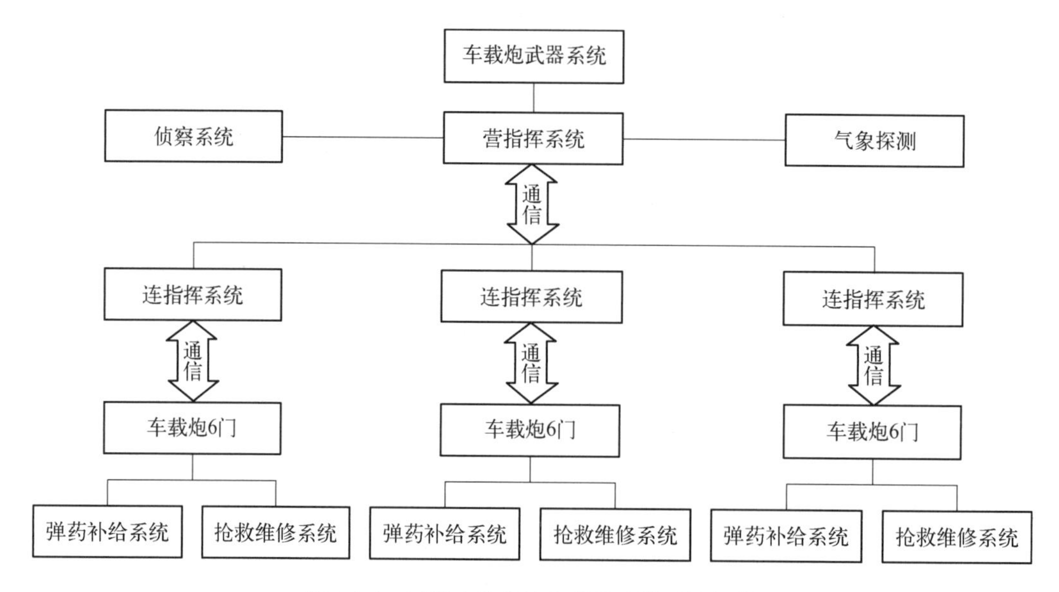

图 1.5.1 以营为单位的车载炮武器系统组成

营指挥系统的作用是根据侦察系统得到的相关目标信息，利用气象雷达得到的气象信息，根据车载炮在阵地上的位置情况，对车载炮的火力运用进行有效分配，达到较好的火力分配运用。具体地，营指挥系统具有支持射击计划的制定、能够实现多个射击阶段从营指-连指-车载炮对多个目标的射击指挥；营指-连指支撑系统对智能弹药的射击指挥；营指-连指支持对多个目标、对线目标/面目标的自动火力分配和瞄准点解算；营指跳过连指直接指挥火炮射击；能够获取观目偏差，并进行炸偏修正等。

侦察系统包括有人前观侦察、遥控无人前观侦察、无人机侦察、悬浮平台侦察以及卫星侦察等；还应具有多种通信设备，包括无线和有线通信电台、含超视距电台、卫星通信等；还有指挥软件系统、通信控制软件、通信接口软件。其作用是将侦察到的目标信息传递到营指挥系统。侦察系统还应具有根据目标直接解算火炮射击诸元，支持向车载炮下达射击参数/指令的能力（信火特指挥）。

气象雷达探测相关位置的气象信息,用于弹道解算,得到射击诸元。

营指挥车与连指挥车之间的通信方式主要由有线通信、无线通信、散波通信、中继通信等方式来实现。

武器系统正常的工作方式为：侦察系统利用态势侦察感知技术获取目标位置、特征等信息,输送给营指挥系统;营指挥系统根据目标信息和气象信息,确定采用的摧毁目标弹药种类,进行火力优化分配解算,获得对目标的打击方式,并将打击方式通过网络分配给连指挥系统;连指挥系统又将信息转换成每门车载炮的射击诸元,并分发给每门车载炮;车载炮的火控系统根据诸元信息,进行调炮操作,在射击指令下达下,进行射击。射击完毕,利用侦察系统对目标的毁伤效果进行评估,根据评估结构决定是否进行下一轮的射击。

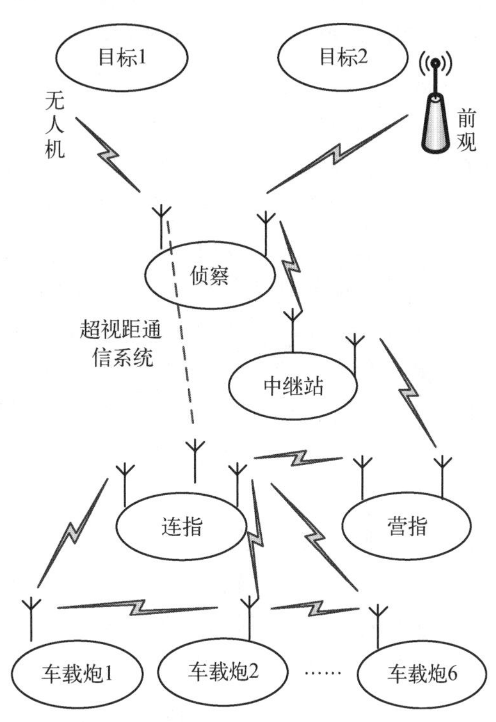

图 1.5.2　典型的车载炮武器系统作战场景

在实际使用过程中,采用一个营 18 门车载炮中的多少门进行射击,是由目标和营指挥系统中的火力分配来决定的。

一个典型的武器系统的作战流程如图 1.5.2 所示。侦察车派出无人机和前进观察所(前观)分别取探测目标 1 和目标 2 的信息特征,无人机和前观将探测到的目标特征信息通过无线通信传输给侦察系统,侦察系统一路由中继站将侦察信息通过无线传输至营指挥系统,另一路通过超视距通信,跳过营指挥系统,直接传输至连指挥系统,营指挥系统又将火力分配信息传输到连指挥系统,连指挥系统又将通过两路传输来的目标信息分别输送给车载炮 1 至车载炮 6,车载炮 1 至车载炮 6 在连指挥指令下,分别对目标 1 和目标 2 进行联合射击,完成武器系统的作战指挥和高效打击。

1.6　本书主要内容

车载炮是一个非常复杂的综合系统,涉及火炮、机械、电气、液压、气动、信息、控制、底盘等多个领域,车载炮总体设计主要针对车载炮系统的复杂性,摈弃系统功能的简单叠加,权衡系统性能、成本、可靠性、可达性等方面的要求,用优化的方法得到性能优良、费效合理的总体设计方案。本书系统地研究车载炮总体设计过程中与总体设计相关的技术流程、设计理论和设计方法,以及支撑总体设计要解决的关键技术。围绕优化获得性能优良的车载炮总体设计方案,本书的主要研究内容按以下章节展开。

第 2 章讨论了车载炮的总体设计技术,包括总体设计基本原理、总体设计中获取相关指标的综合论证方法,介绍了车载炮作战使用的流程设计,提出了车载炮功能融合的总体设计技术和方法，讨论了总体设计中的关键技术问题，介绍了获得总体设计方案的基本思路，讨论了对总体方案进行初步校核的基本方法，介绍了总体方案最终确定的基本原则等。

第 3 章讨论了系统总体性能综合优化设计方法，在第 2 章获得了总体设计方案的基础上，利用层次分析法，构建了车载炮作战效能分析模型，以车载炮作战效能最优为目标，通过优化设计，获得机动性、反应能力、射击精度等性能参数的优化匹配方案。

第 4 章首先介绍了实现对目标毁伤的弹丸威力设计，讨论了满足毁伤要求的外弹道设计，由此得到了炮口弹丸飞行的外弹道初始条件，最后依据该初始条件讨论了内弹道设计基本原理和方法等，这些设计的成果，可为第 5 章车载炮分系统设计提供基本的输入。

第 5 章介绍了车载炮分系统设计，重点讨论了满足总体设计要求的火力分系统、底盘分系统和火控分系统主要参数的设计原理，介绍了各分系统的结构布置图、关键部件的设计方法，讨论了与总体安装、连接的匹配关系等，提出了对关键参数的校验方法。

第 6 章介绍了车载炮高射击精度的设计方法，重点讨论了弹丸炮口状态变量数字特征、膛内运动期间弹丸状态参数的概率密度演化规律，推导了弹丸状态参数概率密度与炮口状态变量数字特征的映射关系，构建了火炮关键参数数字特征与弹丸状态参数概率密度的变化关系，提出了射击精度的设计原理和方法，获得了基于射击精度关键参数数字特征的设计方法，提出了弹带塑性变形保形性能一致性设计和射击准确度修正设计方法。

第 7 章讨论了车载炮轻质异构驾驶室的设计方法，分别介绍了炮口冲击波、地雷爆炸、枪弹榴弹破片对驾驶室结构的作用和失效机理，讨论了驾驶室防护材料体系，提出了驾驶室结构防冲击波的拓扑优化设计方法和装甲防护驾驶室的设计方法。

第 8 章介绍了车载炮载荷缓冲与分离设计，讨论了基于牵连运动的驻退机和复进机设计，探讨了具有高刚度的高平机设计技术，最后讨论了底盘行驶机动载荷与发射载荷分离设计的技术和方法。

第 9 章介绍了车载炮弹药输送装置总体设计的要点，重点介绍了弹药全自动输送装置的结构方案设计、控制系统设计、性能设计与评估、可靠性设计等，讨论了对弹药全自动输送装置性能分析与评估的原理和方法等。

第 10 章介绍了影响身管寿命的关键因素，揭示了影响身管寿命的机理，讨论了身管寿命提升的综合设计方法，以及提升身管寿命的技术路径和步骤。

第 11 章介绍了车载炮信息与控制系统的组成、设计原理和方法，讨论了信息与控制系统综合设计方法，探讨了信息与控制系统中各组成部分的设计方法和实施步骤。

第 12 章介绍了车载炮电磁兼容性的概念及设计要求，讨论了车载炮电磁兼容仿真理论与分析方法，介绍了车载炮电磁兼容设计技术，给出了车载炮电磁兼容性评估方法。

第 13 章分别介绍了车载炮用户分析、车载炮任务逻辑分析、车载炮人机环工程设计方法、车载炮人机环境设计、车载炮人机标识设计等。

第 14 章介绍了故障诊断与健康管理方法，讨论了车载炮故障诊断与健康管理系统设计，提出了系统关键状态信息记录设计的要点，给出了车载炮部件故障诊断的实例分析。

第 2 章　车载炮总体设计

2.1　总体设计基本原理

2.1.1　综合论证

在开展车载炮总体设计前,围绕车载炮的作战使命和任务,开展由管理机关组织、职能论证部门具体负责、各研究机构参与的综合论证工作,形成满足使命和任务要求的车载炮战术技术指标体系。综合论证的具体工作方法是充分考虑现代技术的进展和当前工业技术的水平,利用武器系统效能分析的理论和方法,以车载炮相关专业技术的理论为基础,进行系统集成、建模仿真分析、综合优化、相关技术攻关和验证,通过综合权衡,获得性能优良、水平先进的车载炮战术技术指标体系方案,并经上级机关批准,形成车载炮战术技术指标体系,以此为依据进入车载炮总体设计阶段。

2.1.2　总体设计基本原则

在开展车载炮总体设计前,设计师系统团队首要的工作是确定总体设计的基本原则,总体设计的原则是保证车载炮设计目标的实现,并在此基础上使技术资源的运用达到最佳。在进行总体设计过程中,一般应遵循以下原则。

(1) 系统性原则。车载炮是作为一个有机整体而存在的,因此在车载炮总体设计中,要从整个系统的角度进行考虑,使系统有统一的设计规范和标准、统一的信息代码、统一的数据组织方法,以提高系统的设计质量。

(2) 相融性原则。车载炮是底盘与牵引火炮的有机融合,既能实现火炮发射的高性能,又能实现行驶的高机动性。优秀的车载炮总体设计方案要充分考虑底盘与火炮在功能上的共同点和不同点,将相同的功能融合在一起,将不同的功能独自考虑,通过变拓扑结构设计,最终实现车载炮功能上的融合、性能上的跃升,由此得到的方案结构上紧凑、功能上合理、性能上优秀。

(3) 经济性原则。经济性原则是指在满足车载炮战术技术指标要求的前提下,尽可能采用标准化、模块化、简洁化和一体化的要求,不盲目追求单个性能指标的先进,而应以各性能指标均衡、并与总体性能协调一致要求为基本要求,从而达到较好的效费比。

(4) 可靠性原则。可靠性既是评价总体设计质量的一个重要指标,又是总体设计的一个基本出发点,只有设计出的车载炮是安全可靠的,才能在实战中发挥它应有的效用。

（5）简单性原则。在车载炮达到预定目标、完成规定功能的前提下，应该尽量简单，便于维护、便于检测、便于操作，实现系统的通用质量特性简单、易达。

2.1.3 总体设计基本任务

车载炮总体设计的基本任务是根据上级下达的战术技术指标要求，由总设计师系统组织并完成满足战术技术指标要求的总体设计技术报告、原理样机等，并为车载炮研制阶段的各项工作准备好设计方案和必要的技术资料，包括分系统功能及组成、分系统相互关系及界面要求、系统数字化样机、总体性能分析、关键技术控制方案、核心技术攻关策略、总体性能评估与分析的报告、对各分系统提出相关技术和性能要求等。

车载炮总体方案设计刚开始应是一个多方案的设计过程，期间经过不断的协商、反复修改、利弊权衡等，形成的最终方案是一个相对较优的方案。在总体方案设计过程中，设计师系统应在有关理论指导下，充分了解国内外相关领域中取得的技术进展和成果，并有条件地加以利用，同时还要发挥各方面的经验，并经统筹和多方协调，最终实现所希望的、与国家制造工艺水平相当的较优的方案。

车载炮总体设计一般分为初步设计和详细设计两个阶段。初步设计的主要任务是将车载炮划分成若干相对独立的分系统，明确各分系统的功能和要求，确定分系统间的界面关系，完成各分系统的方案、连接关系、数据库结构、软件设计方案，完成系统的总体方案，形成总体性能估算分析报告等。详细设计的主要任务是在初步设计的基础上，将车载炮的设计方案进一步具体化、条理化和规范化，形成详细的工程设计图纸、软件代码、性能分析计算报告、实现指标可达的分析报告等。

2.1.4 车载炮的基本功能

车载炮的主要功能反映了车载炮应具备的特点和特色，是车载炮完成规定任务应具备的能力。因此在车载炮总体方案设计时，应要考虑车载炮的总体主要功能。一般而言，车载炮的功能主要反映在以下五个方面。

（1）车载炮功能一般划分成火力分系统、火控分系统、底盘分系统、软件分系统、其他直属部件等功能模块，从而把复杂的车载炮系统设计转变为多个分系统的设计。

（2）火力分系统应继承制式火炮火力的主要特点，弹道一致、弹药通用、射表通用（全新弹药研制除外）。

（3）火控分系统应具有火力控制和信息管理控制一体化功能，具备射击诸元计算、通信、定位定向导航、综合控制和信息管理、数据库及其管理系统等主要功能，具有与外界通信接口、数据交换接口，具有较高的信息化水平和协同作战能力。

（4）底盘分系统应具备承受冲击波的能力，具有变底盘簧下质量为发射稳定质量的功能，具有有效分离发射载荷的功能，以实现车载炮与底盘系统具有相同的高机动性和高可靠性。

（5）在选定总体结构的具体构型后，系统还应具有优异的可扩展功能、检测维护功能以及友好的人机环操作功能。

2.2 车载炮总体设计流程

(1) 弹丸威力设计。车载炮总体设计是从弹丸威力设计开始的。根据目标特性、距离等任务要求，利用弹药威力设计原理，确定弹丸有效载荷、炸点速度、炸点姿态角、引爆方式等；根据毁伤效能要求，确定对面目标、点目标、运动时敏目标等的打击方式；根据打击方式要求，确定弹道规划、弹丸飞行控制策略、引信引爆工作模式等。

(2) 外弹道设计。根据目标距离要求进行外弹道设计。外弹道设计的主要任务是根据弹丸总体设计提供的总体方案，优化确定弹丸直径、弹丸质量、弹丸外形和弹丸炮口初速；根据最大、最小射程的覆盖要求，确定满足距离覆盖指标要求的炮口初速分级；根据弹丸飞行陀螺稳定性和追随稳定性要求，确定身管炮口的缠度；根据弹丸炮口初速要求，获得不同打击距离所需要的飞行时间。

(3) 弹丸总体结构设计。一旦确定了弹丸威力、弹丸直径、弹丸质量、弹丸外形等参数，就可以进行弹丸的总体结构设计，总体结构设计包括满足内弹道强度要求的全弹结构、陀螺或尾翼稳定方式、引信、弹体装药等总体结构设计方案，经评估最终选择一种经优化后的弹丸总体结构设计方案。

(4) 内弹道设计。依据外弹道的设计结果，就可以进行内弹道设计。内弹道设计的主要任务是在保证规定弹丸直径、弹丸质量和确定初速条件下，给出相应的内弹道诸元，为装药设计和火炮结构设计提供输入条件。

(5) 装药结构设计。装药结构设计的任务是在内弹道方案确定的前提下，确定发射药在火炮药室中的放置结构，如模块装药、药筒装药、布袋装药等，确定点火具的结构形式，选用其他装药元件(护膛剂、除铜剂、消焰剂)，使装药不仅能满足内弹道性能指标要求，还要满足生产、运输、贮存、使用寿命等其他性能方面的要求。

(6) 火炮结构设计。火炮结构设计的任务首先是根据内弹道设计和装药结构设计得到的装药参数、药室容积、弹丸行程长、口径、炮口缠度、膛压变化规律等，完成身管内膛结构设计、身管外形设计、闩体设计和炮尾设计；其次是完成炮口制退器设计和反后坐装置设计，得到后坐部分的运动规律和载荷的变化规律；再次是完成摇架、上架等架体的结构设计和高平机、方向机、座圈等传动机构的设计等；与底盘设计师一起，根据射击稳定性、载荷传递和分离等的要求，完成与底盘大梁与下架的连接座，以及千斤顶、大架、驻锄等的设计；利用内弹道参数和炮口制退器参数，计算炮口冲击波场，获得冲击波压力在空间和时间上的演化规律；最终得到火炮结构参数、结构质量和系统质心位置等。

(7) 火控系统设计。火控系统设计的主要任务是在指挥控制系统的指令下，根据目标位置信息或运动目标实时信息、目标易损性信息，确定车载炮的位置信息、身管方位信息，确定对目标效力射信息，给出随动控制任务的要求，完成行军、战斗以及战斗、行军的各项控制要求，确定射击诸元、安全连锁、开火指令等的控制方式，利用指控系统、各种指令和信息实现大闭环效力射击控制，具有对车载炮相关信息加以记录、存储、管理、控制和利用的能力，实现对上和对下信息的互联互通，具有营、连、单炮等为基本单位作战的信息互联互通、综合利用、综合管理、相互补充和叠加的群作战效能。

(8) 底盘系统设计。为了节省研制周期,车载炮的底盘一般采用选型、适应性改进的方法来研制。车载炮的底盘设计一般是从现役或在研的军用越野底盘型号中选择一款比较合适的款型,经一定的适应性改进来完成的。选型除了要考虑军用底盘性能要满足车载炮的机动要求外,还要考虑其经改进后能否满足车载炮发射性能的要求,同时驾驶室要具有防冲击波、北约 STANAG 4569 二级防弹、防雷的防护功能;发动机具有良好的低温启动性能和高原高机动行驶所具有的功率保持性能;悬架具有可升降和可闭锁功能,具有优异的动态刚度特性和承载能力。

在构建了弹药、装药、弹道、火炮、火控、底盘等子系统的基本参数后,首先需要对这些子系统的基本参数进行子系统级的优化;其次是构建系统总体性能综合模型,并据此进行综合优化,获得总体性能与参数的映射关系;再次是建立对目标的毁伤效能模型,将性能综合模型嵌入系统的毁伤效能模型中,得到系统基本参数与毁伤效能的映射关系;最后构建基于毁伤效能模型的系统参数综合优化模型,得到满足毁伤效能要求的系统综合性能参数。在此基础上,开展系统的效能分析和效能优化设计,寻找系统效能中的薄弱环节,并加以改进提高。若条件许可,还需将上述系统综合性能参数嵌入体系对抗模型中,研究这些综合性能对体系对抗的贡献率。

上述获得系统综合性能参数过程是一个不断迭代的权衡过程,由于许多参数的不确定性,还需要在实验室对某些局部的关键参数进行实验验证。若某些关键参数指标不能达到预期的要求,则还需组织技术队伍进行技术攻关,直到满足要求为止。总体设计过程的最终结果是完成综合分析报告,综合分析报告应回答以下车载炮总体主要性能要求是否可满足。

(1) 通用化、系列化、组合化要求。

(2) 环境适应性要求。

(3) 电磁兼容性要求。

(4) 供电特性与电气控制要求。

(5) 人机工程设计要求。

(6) 口径。

(7) 弹重。

(8) 初速。

(9) 战斗全重。

(10) 火线高。

(11) 乘员。

(12) 最大/最小射程。

(13) 最大射程地面密集度。

(14) 最大射速。

(15) 极限射向。

(16) 外廓尺寸。

(17) 公路最大行驶速度。

(18) 越野平均行驶速度。

(19) 接近角/离去角。
(20) 最大爬纵坡度/横坡度。
(21) 最小转弯直径。
(22) 最小离地间隙。
(23) 涉水深。
(24) 最大公路续驶里程。
(25) 定位定向。
(26) 行军战斗/战斗行军转换时间。
(27) 系统反应时间。
(28) 最大/最小调炮速度。
(29) 火控解算精度。
(30) 携弹量。
(31) 单兵武器和备附件工具。
(32) 可靠性。
(33) 维修性。
(34) 测试性。
(35) 保障性(勤务保障、训练保障、电源接入、技术资料)。
(36) 安全性(安全警示功能、软件安全性)。

2.3 车载炮作战使用流程设计

车载炮作战使用流程直接影响车载炮总体方案,因此在进行车载炮总体方案设计之前,需要先对车载炮的作战使用流程进行设计。本节以某车载炮为例进行说明,由于该型装备的弹药装填为半自动装填,因此假定炮班由 1 门车载炮组成、炮连由 6 门车载炮组成、炮营由三个炮连共 18 门车载炮组成,一个炮班需要 6 人操作。

2.3.1 炮班乘员的分工和作用

(1) 炮长,记为①。炮长为全炮班的指挥员,负责组织全班完成战斗和对上级的通信联络,负责接收或解算射击装定诸元,自动调炮。

(2) 瞄准手,记为②。瞄准手兼副炮长,负责手动或半自动瞄准时装定射击诸元、高低方向调炮操作,以及其他需要辅助完成的任务。

(3) 装弹手,记为③。装弹手负责首发开闩、检查引信装定、操作装填手操作面板或用一键装填按钮进行弹丸装填。

(4) 供弹手,记为④。供弹手负责装定引信,搬运弹丸,并将弹丸放在输弹机托盘上。

(5) 装药手,记为⑤。装药手负责变换弹药,装填装药,装填底火(全自动除外)。

(6) 驾驶员,记为⑥。机动时,驾驶员负责驾驶操作;发射时,协助其他炮手进行弹药准备。

作战时,上述乘员在车载炮上的位置关系如图 2.3.1 所示。

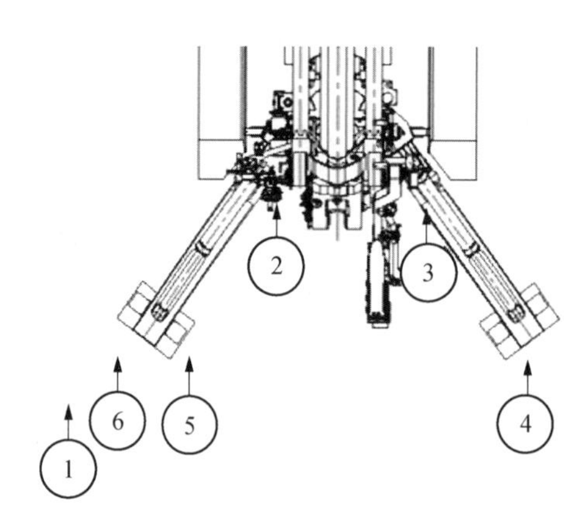

图 2.3.1　作战时车载炮乘员的工作位置

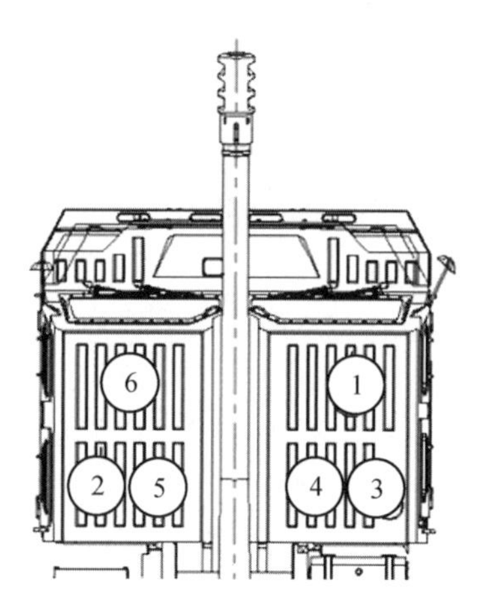

图 2.3.2　行军时车载炮乘员在驾驶室中的乘坐位置

根据作战时乘员的位置就可以明确其在行军状态下在驾驶室中的座位,该座位安排的原则是由乘坐位置至作战位置的路径最短来决定,如图 2.3.2 所示。

2.3.2　行军转战斗流程设计

行军转战斗流程主要采用自动流程,降级方式也可以手动单步完成。其步骤如下:

(1) 进入炮位前,在技术准备阵地摘炮口帽、脱炮衣,解脱行军固定器以及其他固定器,进行必要的炮位准备工作。

(2) 炮车行驶至炮位,炮手从驾驶内到达工作位置,发动机取力,完成车载炮全自动阵地放列工作。

(3) 若采用手动单步放列工作,则需要根据工作流程,由炮手各自的工作任务分工,逐一来完成。

2.3.3　战斗转行军流程设计

战斗转行军流程主要采用自动流程,降级方式也可以手动单步完成。其步骤如下:

(1) 火炮完成射击,发动机取力状态,采用全自动收列模式,手动关闩,瞄准手启动全自动收列工作,收列完成后,炮手回到驾驶室内。

(2) 若采用手动单步收列模式,瞄准手通过电气操作面板的选择打开行军固定器,通过操作瞄准手操控台柄控制身管落下到位后自动停止,通过电气操作面板选择收起千斤顶、左右大架、座盘的单步操作,通过电气操作面板选择进行行军固定器闭合,驾驶员解脱取力,转为行驶状态。

2.3.4　射击流程设计

火炮发射过程的射击流程设计主要有以下步骤:

(1) 技术阵地准备流程设计。主要有记录弹种、弹重、装药号、批差,气象准备,惯导准备等。

(2) 发射阵地准备流程设计。输入目标信息、弹种、发射法、发射弹数、解算方法、发射时间、遮蔽顶条件等,解算并调炮到射击角度,按弹种和装药号进行装填,自动复瞄,完成后等待射击口令或等待射击击发时间。

(3) 接到发射命令或者击发倒计时结束,打开预设保险,按下发射按钮。发射完成后,急促射时不复瞄,其余发射方式时进行复瞄。按发射法依次完成发射弹数,并报告完成情况。

2.3.5 调炮流程设计

调炮分为自动调炮流程、降级调炮流程和手动调炮流程三种。

(1) 自动调炮流程。炮长操作炮长终端完成射击诸元解算所需的输入参数,或接收上级下达的射击诸元,发起自动调炮流程。

(2) 降级调炮流程。当惯导故障或其他故障导致火炮不能自动调炮时,可降级使用。降级调炮时,炮长操作炮长终端发送基于瞄准点的报瞄信息到瞄准手操控台,瞄准手根据瞄准手操控台显示的报瞄信息,操作瞄准手操控台手柄和瞄准具,控制火炮半自动完成瞄准。

(3) 手动调炮流程。当适配器故障,半自动也不能调炮时,可以操作方位/高低手轮完成调炮瞄准,瞄准方式与半自动操作瞄准相同。

在车载炮总体设计时,可根据实际情形来选定一种或多种调炮流程。

2.3.6 安全联锁设计

安全联锁设计将考虑调炮安全联锁条件、装填安全联锁条件和射击安全联锁条件三个方面。

(1) 调炮安全联锁条件。满足以下条件则允许调炮,左右大架放下、行军固定器抱爪未抱住身管(即抱爪打开或身管已抬起)、未装填、未射击、弹盘在初位、调炮未出界,上述任一条件不满足则禁止调炮。

(2) 装填安全联锁条件。满足以下条件则允许装填,膛内无弹、开闩到位、复进到位、未在调炮、前一发后坐长未超长,上述任一条件不满足则禁止装填。

(3) 射击安全联锁条件。满足以下条件则允许射击,未在调炮、弹盘在初位、关闩到位、复进到位、前一发后坐长未超长、自动瞄准到位、身管在允许的射击区域,上述任一条件不满足则禁止装填。

在车载炮总体设计时,可根据实际情形来确定具体的安全联锁条件。

2.4 车载炮设计中的关键技术

本节讨论车载炮总体设计中与其总体性能密切相关的若干关键技术。

2.4.1 射击方向的选择

相对于机动行驶方向,车载炮的射击方向主要有两大类,一类与行驶方向相同,另一类与行驶方向相反。在车载炮总体设计时,必须要明确以何种类型来进行下一步的设计工作。下面分析这两类射击方向的利弊。

第一类,射击方向与行驶方向相同。这类车载炮的优点是行军转换到射击状态时,炮手比较习惯于与机动行驶相同的方式进入阵地,无需过多地进行大范围调炮,行军战斗转换时间短、系统反应速度快,在行军遭遇敌军需要运用火力时,火力压制反应迅速,总体结构布置比较合乎人们的习惯,法国 CAESAR、瑞典 ARCHER、美国 BRUTUS、以色列的 ATOMS 2000 和中国的 SH15 等车载炮属这一类型。这类车载炮设计的难点是要解决驾驶室和车体结构的抗冲击波设计。目前解决这一问题有两种途径:一种是降低冲击波对驾驶室或结构的冲击强度,其方法是有意将最小高低射角增大,或在最小高低射角时采用减变装药进行射击,由此造成最小射程增大或最大射程减小,法国 CAESAR、美国 BRUTUS、以色列的 ATOMS 2000 就采用了这种方法;另一种是不减小最小高低射角、不采用减变装药射击,而是通过科学的手段实现驾驶室和结构的抗冲击波设计,不增加驾驶室额外的质量、不引起底盘前桥载荷超载,这就增加了总体设计的难度,中国 SH15 通过攻克驾驶室的防冲击波设计,在高低射角零度直射时依然采用了全号装药射击,强度试验时还采用了强装药射击试验。

第二类,射击方向与行驶方向相反。这类车载炮的优点是总体设计比较简单,回避了冲击波对驾驶室和结构的强度问题,也能实现零度直射功能,南非 T5、荷兰 MOBAT 等车载炮属这一类型。这类车载炮的缺点是由于车载炮回转部分要进行大范围(180°)调炮,行军战斗、战斗行军转换时间较长,同时炮手只能站在车体上操炮,致使底盘晃动影响瞄准精度,导致射击精度,尤其是方向射击精度的下降,同时射击时炮手无遮挡、降低了炮手的安全性。

2.4.2 炮手操作位置的选择

就操作非全自动车载炮而言,炮手不同的操作方式,直接影响车载炮的总体设计。炮手操作非全自动车载炮有以下三种方式:第一种,炮手在地面上操作;第二种,炮手在车体上操作;第三种,炮手在离地面有一定高度的踏板上操作。下面就这三种操作方式的利弊进行讨论。

第一种,炮手在地面上操作。有以下优点:① 炮手在地面上走动,操炮过程炮手在地面上能非常稳定和专注地完成任务,通过提高车载炮的人机环设计,可提高炮手的操炮质量和操炮精度;② 可以进行较好的人机环设计,确保炮手能非常舒适地操作火炮;③ 由于有火炮的遮挡,炮手防炸弹碎片和爆轰波的安全性较好。炮手在地面操作的难点在于如何降低车载炮的火线高,只有低火线高射击时才能实现友好的车载炮人机环设计,才能实现炮手在地面操作的优化设计。中国的 SH15 等车载炮属这一类型。

第二种,炮手在车体上操作。有以下不足:① 炮手在车体上,有不接地的不踏实感,影响炮手的操炮质量;② 操炮过程中炮手在车体上走动,影响操瞄精度,最终影响射击精度;③ 炮手暴露在空中、无遮挡,对防炸弹碎片和爆轰波的安全性较差。南非 T5、荷兰 MOBAT、中国的 SH2 等车载炮属这一类型。从炮手与火炮人机友好和安全性的角度来看,在总体方案设计时不建议采用此方案。

第三种,炮手在离地面有一定高度的踏板上操作。这种方案有第一种的优点,但也有以下不足:① 炮手在踏板和地面之间上下走动,不易集中精力操炮,影响操炮质量,降低操炮速度;② 难以提高火炮的人机环性能。美国 BRUTUS、法国 CAESAR、以色列的 ATOMS

2000 等车载炮属这一类型。

2.4.3 载荷缓冲传递与分离控制

车载炮的底盘承载能力一般按军用卡车底盘承载能力来判定,该能力与底盘轮桥的承载水平有关。一般重型底盘单桥的承载能力在 5 t/6.5 t 级,这样对 6×6 或 8×8 底盘,整备质量在 30 t/39 t 级或 40 t/52 t 级。以 SH15 车载炮为例,经反后坐装置缓冲后传递到上架上的发射载荷合力在 50 t 级,该载荷与车载炮自重之合力已远远超出底盘的额定承载能力;若将该发射载荷直接由经轮桥、轮胎传递至地面,则底盘除了承受自身的重量外,此额外的发射载荷会导致底盘强度破坏、疲劳破坏,或引起底盘可靠性下降等问题。如何将缓冲载荷不经底盘悬架结构、而经主承力构件定向传递到地面,这样既不影响底盘性能,确保车载炮整体与底盘具有相同量级的可靠性,又能使车载炮底盘承受比其额定承载大好几倍的发射载荷,载荷传递路径的定向控制是车载炮总体设计中的一个技术难题。为此在总体设计中要采用载荷缓冲传递与分离技术将车载炮发射载荷通过不同路径传递至地面(图 2.4.1),实现发射载荷与机动载荷不同的传递路径,既确保底盘机动行驶的可靠性和安全性,又确保发射的大威力。中国的 SH15 等车载炮在总体设计时就采用了载荷分离技术,首先在起落部分与上架之间采用了油气高平机,而没有采用常用的齿轮、齿弧式结构,见图 2.4.1。经分析计算,作用在座圈上的缓冲载荷幅值由 46.7 t 降低到 40 t 以下,幅值降 14.3%,如图 2.4.2 所示。其次在底盘上通过分离结构,安装前支撑(千斤顶)和后支撑(座盘),使得作用在轮胎上的发射载荷显著下降,如图 8.4.19 所示,成功地实现了对发射缓冲载荷的分离。有关载荷分离技术将在第 8 章中加以详细的讨论。

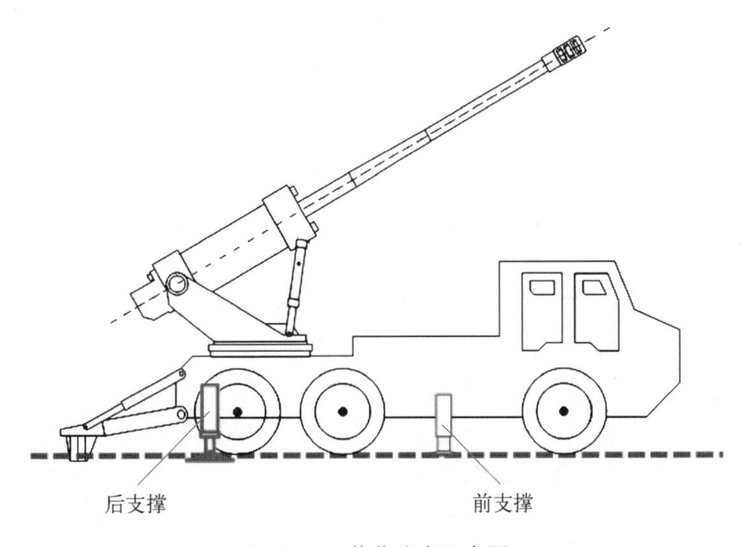

图 2.4.1　载荷分离示意图

2.4.4 射击稳定性

射击稳定性是对车载炮发射时其运动状态参数的度量,包括系统射击稳定性和后坐部分运动的相对稳定性两部分。车载炮系统射击稳定性与以下四个因素有关：第一个因

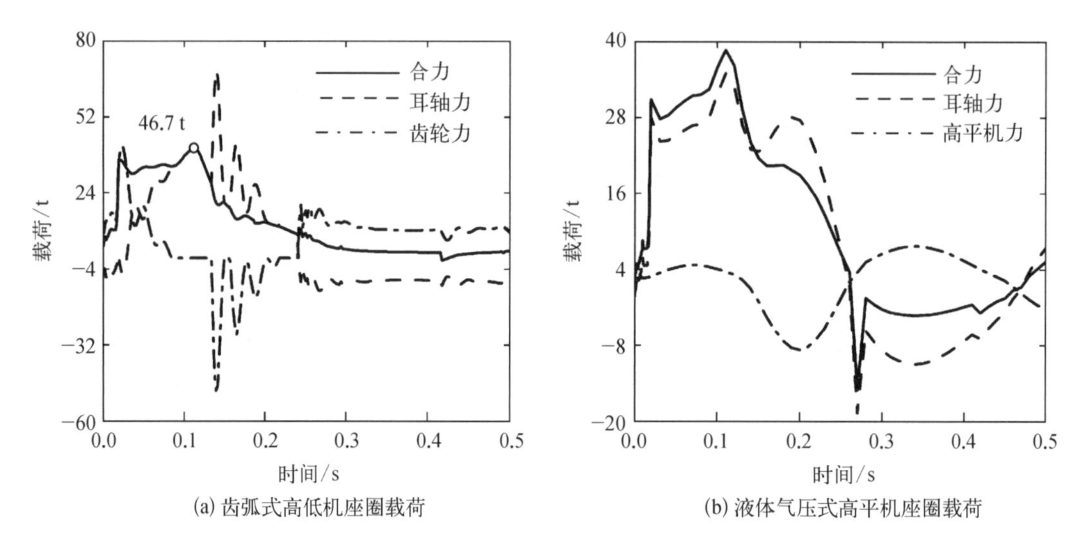

(a) 齿弧式高低机座圈载荷

(b) 液体气压式高平机座圈载荷

图 2.4.2　作用在座圈上的载荷

素是系统的质量和质心位置;第二个因素是后坐阻力及火线高;第三个因素是驻锄的支点位置;第四个因素是附加支撑点的数量和位置。后坐部分运动的相对稳定性主要考虑控制后坐部分相对摇架的角运动,与后坐部分相对摇架间的运动与间隙有关,根据运动学原理小间隙只能产生小的运动角位移,但能产生大的运动角速度。

(1) 系统的质量和质心位置。系统的质量与系统火力的威力、功能、性能等指标要求有关,系统的质量是可以估算得到的,通过轻量化设计可以减轻系统质量。由于车载炮结构上的特殊性,其射击稳定性与系统的稳定质量密切相关。增加稳定质量最有效的方法是底盘采用具备锁止功能的双横臂油气弹簧悬挂,当油气弹簧刚性锁止,悬挂簧下质量与整车其他质量固连在一起,形成一个没有相对运动的整体。系统的质心位置可通过强制约束系统总体结构的布置来得到。

(2) 后坐阻力及火线高。后坐阻力由驻退机和复进机提供,驻退机和复进机在摇架上的连接位置对后坐阻力矩有影响,降低后坐阻力矩的方法是根据驻退机和复进机力的变化规律来确定驻退机和复进机的安装位置。采用软后坐技术,通过后坐部分的前冲动量来抵消炮膛合力引起的部分后坐冲量,可实现降低后坐阻力。降低火线高可通过采用具备锁止功能的双横臂油气弹簧悬挂实现;车轮通过上、下悬挂臂连接在车架纵梁上,构成四连杆运动结构,油气弹簧下端与悬挂下臂连接,上端与车架纵梁相连,油气弹簧伸缩状态可以主动控制;当油气弹簧伸长时,由于轮胎与地面的约束,车架平面上升;反之,弹簧收缩,车架平面下降;由此实现车载炮火线高可变。

(3) 驻锄支点位置。支点位置越远离系统质心,则系统的射击稳定性就越好,但驻锄长度过长也会对系统总体产生不利影响。若系统采用了降火线高设计,则可缩短支点的位置。若要求系统具有前向直射功能,则驻锄长度选择时要考虑其对直射稳定性的影响。

(4) 底盘车架纵梁上增加附加支撑点的数量和位置。支撑点的数量和位置与发射载荷的传递和底盘轮轴的数量密切相关,要通过建立多支撑约束下轮胎受力分析模型,研究轮胎受力随约束位置和数量变化的规律,最终优化得到附加支撑点的数量和位置。

(5) 后坐部分的角运动。若后坐部分存在角运动,则后坐部分上每个点处的运动位移和速度不同，造成驻退杆（筒）与复进杆（筒）在与炮尾连接点处的运动位移和速度不同，由此产生附加的横向力矩，加剧了后坐部分的不平稳运动；控制后坐部分角运动最好的方法是限制后坐部分与摇架间的运动间隙、增大摇架两个套筒之间的距离，以及增加后坐部分抗转动的约束。

2.4.5 射击精度控制

射击精度是车载炮发射有控和无控弹丸时，弹丸运动位置与目标点位置状态特征统计度量，发射过程中车载炮和弹丸均经历了随机运动。

若不考虑气象条件影响及弹丸几何和物理特性（含弹带与弹丸本体结合的稳定性）的变化，影响火炮射击精度的因素主要有弹丸炮口状态参数和飞行弹丸变形弹带的保形参数是否一致这两个方面。在弹丸飞行陀螺稳定性得到保证的前提下，弹丸炮口状态参数主要有初速矢量的模（初速）、初速矢量方向的高低和方向偏角、弹轴的高低和方向摆角，以及高低和方向摆角速度共 7 个因素。变形弹带的保形参数是指弹带与身管膛线作用后是否出现翻边等影响空气阻力的现象，可通过对射击弹丸的回收试验来验证。

若要考虑气象条件的影响与弹丸几何和物理特性的变化，则在控制了上述两个方面的因素之后，还需要研究气象条件、弹丸几何和物理特性等的变化对弹丸运动状态参数的影响规律，这些影响通常被认为是系统误差，而系统误差是可以通过修正来弥补的。修正的方法有两种：一种方法是炮兵射击时常采用校射方法来消除系统误差；另一种方法是通过发射校射修正弹的方法来消除系统误差。校射方法如下：一组火炮射击前，用其中一门基准炮对目标赋予射角射向瞄准，射击 1～3 发弹丸，弹丸落地后，观察测量弹丸落点，计算其平均弹着点对瞄准点或者目标的射程偏差和方向偏差，这种偏差就是由各种系统误差产生的，然后根据测量得到的偏差解算后续车载炮对目标射击所需的射角和射向修正量。校射修正弹的原理如下：车载炮发射校准弹，通过弹上弹载卫星信号接收机获得弹丸飞行的位置数据信息，利用弹载数传电台将其发射回地面无线接收机，通过地面弹道数据处理系统得到校准弹的飞行轨迹数据，利用已飞行的校准弹轨迹数据，经外弹道方程拟合后，外推预测弹丸炸点位置坐标信息，计算弹丸预测炸点位置与目标点间的误差（准确度），由此计算得到对目标点进行精确打击的修正射击诸元。有关校射修正弹的理论模型参见本书 6.9 节。

弹丸炮口初速的均值和误差分布由内弹道、装药结构以及对应参数的误差分布决定，在内弹道设计阶段就必须控制好。弹丸的偏角、摆角和摆角速度的均值和误差分布分别由火炮发射时的牵连角运动和弹丸膛内的相对角运动，以及这些角运动的误差分布决定，火炮总体设计的任务就是要通过结构设计来控制这些状态参数的均值和误差分布，使这些参数的误差分布达到预定的设计要求。

变形弹带保形参数是否一致是由弹丸弹带的结构、弹丸装填条件和身管内膛的膛线结构等参数的均值及误差分布决定的，火炮总体设计的另一个任务就是要通过结构设计来控制这些参数的均值及其误差分布达到预定的弹带保形设计要求。

2.4.6 高机动性

高机动性是车载炮的重要特征，通过运用“打了就跑”的高机动射击方法来提高车载炮的战场生存能力。车载炮的高机动性是由所选用的底盘系统的机动性和车载炮的总体设计来决定的。一旦选定了底盘系统,车载炮最优的高机动性能是与底盘基本相当,实现车载炮最优高机动性的有效方法是采用发射载荷分离技术,该技术将发射载荷不经底盘轮桥结构传递到地面,降低发射载荷对底盘的直接作用。从优化机动性的角度来看,车载炮的质心位置和桥载荷分配的合理与否也直接影响车载炮的高机动性。因此,车载炮总体设计时,除了要考虑车载炮的射击稳定性和射击精度外,还要进一步约束系统的质心位置、底盘桥载荷的分配控制,以及发射载荷的有效分离,最终达到其高机动性的目的。

2.4.7 系统作动机构状态参数的高精度控制

与装甲自行火炮的工作环境不同,车载炮是一种各分系统无防护、裸露在外、低成本设计的武器装备。我国幅员辽阔,地理、气象环境变化万千,车载炮控制系统中一些被裸露在外的作动部件在强冲击振动和高原、沙漠、戈壁、沿海等复杂服役环境下的性能会随着时间的推移而发生退化,导致控制系统的性能下降。

因此,车载炮设计的一个难点是除了要对控制系统的安装部位进行减振、隔震外,如何确保控制系统在复杂服役环境下的性能稳定和工作可靠也是需要重点考虑的问题。克服这一困难的方法之一是采用不匹配扰动和模型不确定性耦合作用下系统状态与扰动的估计方法,采用高精度、高简洁、高稳定的状态与扰动观测器,实现被控系统未测量状态与位置等效扰动的同时估计,通过基于模型驱动的强化学习技术与滑膜控制技术的融合方法,实现车载炮裸露环境和强扰动作用下状态参数的高效、精确、鲁棒控制。

2.4.8 相融性设计技术

车载炮是高机动底盘与牵引火炮的有机融合,底盘与牵引火炮在功能上有以下几个相同点和不同点。

一是底盘车架纵梁的作用是承载机动负荷和装载负荷,火炮大架的作用是承载发射负荷,都具有承载负荷的功能,需要一体化来考虑,进行融合设计。二是底盘油气悬架具有可升降功能和可闭锁功能。对底盘而言,悬架可升降是实现离地间隙可变、提高越野机动能力,悬架可闭锁的目的是保持底盘姿态的稳定性;对火炮而言,悬架可升降可实现火炮火线高可变,提高火炮系统的射击稳定性和人在地面上操炮的人机友好性,悬架可闭锁可将底盘簧下质量与簧上质量刚化在一起,提高发射时火炮的稳定质量,也进一步提高发射系统的稳定性;悬架可升降性能与射击稳定性和人机环操作性能需要一体化来考虑,进行融合设计。三是越野底盘需要具有防弹、防雷的功能,驾驶室在火炮发射时还需要具有防冲击波的功能,两者需要一体化来考虑,进行融合设计。四是底盘中相关部件工作需要液压油源,火炮结构中有关机构的运动也需要有液压油源,两者需要一体化来考虑,进行融合设计。五是底盘中的信息化系统需要总线来传输,火炮中的信息化系统也需要总线来传输,车载炮的整体信息化系统需要把底盘和火炮一体化考虑,进行融合设计。

在车载炮总体设计时需要考虑上述底盘与火炮功能共用和不共用的特点,通过车载炮一体化构型、车-炮共用和变拓扑结构、模型驱动的性能综合优化设计等方法,将两者的功能通过总体方案加以融合设计,有机合成在一起,从而显著提高车载炮的性能。

2.4.9 高可靠性设计技术

与全封闭的轮式或履带式装甲自行火炮相比,开放、裸露、高原、高寒、戈壁、沙漠、岛礁等全地域使用的车载炮,使役环境极其恶劣,伴随着全域高机动的随机冲击和发射过程中的强冲击作用,必然导致系统可靠性下降,致使系统的作战效能下降。因此,提高车载炮在使役环境下的可靠性,是总体设计阶段极其重要的任务。

使役环境下车载炮的高可靠性包含了系统设计的可靠性和保障、测试、使用、维护等环节的能力和水平,影响因素繁多复杂,而系统设计的可靠性在车载炮整个可靠性链中是非常重要的一个环节,为车载炮可靠性水平提供了先天性的基础,决定了车载炮的固有可靠性。因此,系统设计的高可靠性直接决定了车载炮的可靠性水平。

系统设计的高可靠性应要考虑以下几个方面的问题。

(1) 系统性能的随机性。车载炮的工况、载荷、边界条件等都是随机变量,需要用概率与统计的方法来度量车载炮结构强度与应力水平。为此需要研究车载炮结构强度与应力的概率密度分布及其演化规律,建立概率密度分布与结构关键参数、作用载荷和边界条件等的映射关系,获取不同工况条件下车载炮结构的可靠度、平均无故障工作时间(mean time between failure,MTBF)、首次故障里程(用于底盘)、维修度、有效度等,确保这些可靠性度量值不超过技术文件所规定的允许值,并据此标定给出车载炮结构高可靠性的可靠度、平均无故障工作时间、首次故障里程(用于底盘)、维修度、有效度等的合理取值。

(2) 车载炮使役环境对可靠性的影响。在系统性能随机性分析的基础上,要充分考虑车载炮使役环境,如高温、低温、冲击、振动、潮湿、烟雾、腐蚀、沙尘、磨损等环境条件对结构应力的影响,结构应力分布的尾部比强度分布的尾部对可靠度、平均无故障工作时间、首次故障里程(用于底盘)等的影响要大得多。同时要重视强光辐射对结构材料的老化作用,导致其结构失效破坏、可靠性下降。

(3) 车载炮总体设计对其可靠性的主导作用。从本质而言,总体设计的可靠性决定了车载炮的固有可靠性;如果设计不当则不论制造工艺有多好、管理水平多高,系统的可靠性都不会好。若系统中各分系统具有足够的固有可靠性,则系统本质上就可靠,这就意味着系统的应力分布和强度分布的尾部不发生干涉,不产生随机失效。

(4) 重视理论模型及算法对提升可靠性的作用。发射工况和使役环境常导致系统传感器松动、系统性能退化、不确定因素增多等,致使控制系统可靠性恶化,这是车载炮与全封闭轮式或履带式装甲自行火炮最本质的差别。克服这一矛盾最有效的方法是采用 2.4.7 节中提出的系统作动机构状态参数的高精度控制技术,充分发挥理论模型在控制策略中的重要作用。

(5) 重视有效度对可靠性的影响。不论车载炮设计的固有可靠性有多好,都必须考虑维修性,否则就不可能使其维持较高的有效度。因此,在总体设计阶段,就必须将固有可靠性和使用可靠性联系起来作为整体考虑,分析为了使车载炮达到规定的有效度,究竟是提高维修度好,还是提高可靠度更为合理。

(6) 重视车载炮可靠性增长规律。在车载炮最初设计、研制、试验期间,其可靠性会经常得到改善,这种改善是由于一些因素变化(如发生故障后分析其原因,提供了改善可靠性的措施),并且在设计、研制过程中随着经验的积累也会改进设计。研制过程中制造工艺的提高也会提高车载炮的可靠性。可见，在车载炮设计、研制、试验、制造的初始阶段，定期对其可靠性进行评估，均会使可靠性特征量逐步提高和改善，这种现象称为可靠性增长。

在本书接下来的章节讨论中，我们将选择炮手在地面操炮、具有前向全装药直射功能，驾驶室能防冲击波作用、可变火线高、高射击稳定性、高射击精度、高机动性、高人机环特性的要求来讨论车载炮的总体设计问题。

2.5 总体布置设计

2.5.1 系统组成

车载炮按照其功能和作用进行划分，具有以下分系统：火力分系统、火控分系统、底盘分系统和直属单体。系统划分及基本任务如下：

(1) 火力分系统是系统的发射平台，赋予弹丸需要的初速和射向，并能实现任意角装填；

(2) 火控分系统负责系统的火力控制和信息处理，完成定向导航定位、行军/战斗转换控制、计算射击装定诸元、自动操瞄、通信以及安全连锁控制；

(3) 底盘分系统是火炮系统的机动载运平台、动力供给平台和发射承载平台，提供系统所需的动力，并承受火炮发射时的载荷；

(4) 直属单体主要包括全动力液压系统和支撑装置，全动力液压系统的主要作用是为调炮、输弹、支撑提供动力，支撑装置由行军固定器、千斤顶和大架（含驻锄）等组成，行军固定器为火炮行军时提供可靠的固定支撑作用，千斤顶和大架为火炮发射提供可靠的刚性支撑。

上述各分系统的设计原则和方法请参阅本书第5章。

2.5.2 总体布置

总体布置应考虑以下主要因素。

(1) 炮手操作形式。本节仅讨论炮手在地面上操作的结构形式。

在地面上操作的优点是地面场地空间大，便于炮手施展；依托车载炮上各种部件结构的遮挡，炮手的安全性相对较好；弹药既可以从弹药箱中直接取用，也可以从预先放置在地面上方便取用，有较多的组织射击方式，便于提高打击效能。缺点是这种布置通常是将底盘大梁与安装火炮的连接座安置在底盘的尾部，对中口径火炮而言，身管收缩在底盘内、炮口没有伸出驾驶室之外、无火炮雄壮之美；对大口径火炮而言，尽管炮口伸出了驾驶室，但整个质心靠后，发射稳定性、行驶性能和越野性能下降；对操作提出了较为苛刻的人机环操作性能要求，要求降低火线高，增大了车载炮总体设计的难度；由于下架、驻锄的存在、驾驶室位置的干涉，影响了车载炮的方向射界和高低射界。

(2) 射击方向。本节仅讨论射击方向与行驶方向相同的结构。

射向与行驶方向相同布置结构的优点是符合传统炮兵的作战使用方式，行军战斗转换时间和战斗行军转换时间短，便于匹配系统质心、易设计出性能（射击稳定性和行驶稳定性）较好的车载炮。缺点是由于驾驶室结构的影响，高低射界中的低射角难以保证；驾驶室受冲击波的强度增大，对结构设计带来困难。

（3）火炮与底盘相对位置的确定。

火炮与底盘通过连接座及安装在连接座上的座圈相互联系在一起，因此连接座圈的位置决定了火炮与底盘在水平面内相对位置，连接座圈沿底盘纵向的位置由炮口制退器与驾驶室的相对位置决定；火炮与底盘在垂直方向的位置由其火线高确定。因此一旦确定了连接座位置和火线高，火炮与底盘在三个方向的相对位置也就确定了。连接座位置的确定应要考虑射击稳定性、火线高与后坐长度、炮口与驾驶室的相对位置、行军固定器的安装位置、大架驻锄展开后的位置 5 种因素。

射击稳定性。如图 2.5.1 所示，图中 H_Z 为耳轴中心至车架纵梁上平面的距离，H_D 为车架纵梁上平面至地面的高度，L_L 为前轮中心至连接座中心的距离，L_H 为后轮中心至下架上铰支点的水平距离，L_Z 为下架铰支点至驻锄的水平距离，L_{13} 为前后轮之间的水平距离，$H = H_Z + H_D$ 为火线高。

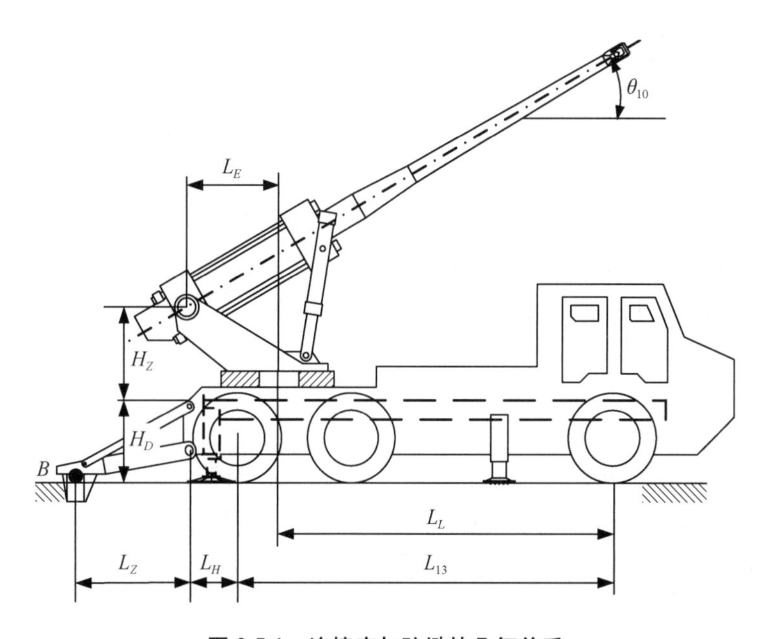

图 2.5.1　连接座与驻锄的几何关系

由图 2.5.1 可见，当身管轴线的延长线位于驻锄 B 点之内时，火炮发射是无条件稳定的，于是有条件：

$$\frac{H_Z + H_D}{L_{13} + L_H + L_Z - L_E - L_L} = \mathrm{tg}\,\theta_W \leqslant \mathrm{tg}\,\theta_{10} \tag{2.5.1}$$

由此可见，当上式中的分母越大，即 L_L 越小，θ_W 就越小，$\theta_{10} \geqslant \theta_W$ 就越容易满足，车载炮在较小的高低射角 θ_{10} 时就能实现无条件发射稳定。表 2.5.1 给出了几种车载炮的极限稳定角。

表 2.5.1　几种车载炮的 θ_W

名　称	SH2/122 毫米	SH5/105 毫米	SH15/155 毫米
θ_W /(°)	30.1	32.5	34.5

火线高与后坐长。由式(2.5.1)可见,当火线高 $H = H_Z + H_D$ 越小, θ_W 就越小,稳定性就越好。由火线高的组成可见, H 由 H_Z 和 H_D 两部分组成。若人员在地面上操作,根据摇架和上架的几何尺寸条件,尽量减小 H_Z 和 H_D, H 在满足后坐长度的约束条件下,减小 H_Z 可通过上架设计来实现,减少 H_D 可采用升降的油气悬架底盘结构,或采用门式桥等结构技术。

炮口与驾驶室的相对位置关系。一个好的布置方案应能保证身管能伸出驾驶室,这样既能使系统雄壮、有美感,又能使炮口制退器与驾驶室挡风玻璃保持一段距离,以减少炮口冲击波对驾驶室和挡风玻璃的冲击作用。因此,若是长身管,可以将连接座位置向底盘的后部移动;若是短身管,则可向底盘的前部移动。同时,在保障底盘纵向通过角的条件下,可通过加大或缩短底盘 1~2 桥之间的距离来改变底盘的长度。

行军固定器的安装位置。通过调整连接座位置来确保行军固定器能有直接与车架进行连接的空间。行军固定器位置离耳轴的距离称为固定臂,显然固定臂越长,身管固定就越稳固。由于车载炮结构的限制,行军固定器常位于驾驶室后方和车头的前方这两个位置。若在驾驶室后方,其优点是可以实现自动收放,方便操作;若在车头前方,其优点是结构简单,便于实现人工操作,缺点是挡住了驾驶员的视线。方向固定器的原理是将回转部分上的支耳通过插销与连接座上的支耳座相连接,实现方向固定,要点是尽量加长支耳座中心距座圈圆心间的距离。

大架驻锄展开后的位置。驻锄位于大架的尾部,大架的前部通过支耳安装在底盘尾部的支耳座上,用于克服发射载荷引起车载炮的水平运动,为车载炮提供稳定性条件。由式(2.5.1)可见, L_Z 越大,射击稳定性就越好,因此应确保有较长的大架结构。千斤顶根据不同形式的车载炮结构选定。千斤顶位于连接座的前方,无论何种仰角,后坐阻力作用延长线应始终在千斤顶和驻锄之间,最好是在座盘和驻锄之间。这样系统的受力条件最好,也可保持较好的射击稳定性。

尽管将上述因素归属为火炮布置的范畴,但有些因素是与底盘相关联的,因此在实际布置时要进一步统筹考虑。

2.5.3　火控设备布置

火控与信息化管理设备的布置,应考虑以下几种因素。

(1) 信息化管理模式。由于车载炮发射时,乘员一般不在驾驶室内工作,因此,在设计信息化管理系统时应考虑行驶和发射两种工况对信息化的不同要求。通常在驾驶室内安置与行驶及通信相关的信息化设备,在驾驶室外布置与射击信息和通信相关的设备。总体设计时还应根据具体要求决定是采用集中式还是分布式信息化管理体系等。与此同时,还应考虑车、炮、火控等设备信息(含总线)一体化的设计问题。

(2) 随动系统。根据要求确定采用液压随动还是电机随动,伺服控制是采用直流还是交流,同时要考虑伺服电机和伺服控制盒的摆放位置等。随动系统的功率由系统的随动惯量和调炮速度来确定。

(3) 姿态传感器。目前车载炮常采用在火炮上架上安装姿态传感器来测量上架的姿态,再根据上架与身管的几何关系通过一定的数学转换对身管指向进行修正,实现身管发射时的精确指向。这些传感器的安装位置应具有较好的刚性,且尽量接近摇架。

(4) 捷联惯导。安装捷联惯导的目的是能快速、精确地获取车载炮位置和方向信息。捷联惯导常安装在摇架的某一光滑平面上,且与身管轴线保持平行。这样就可以直接获取身管实际指向数据。安装了捷联惯导一般可不必再安装姿态传感器。目前的惯性导航系统有几何式、解析式和半解析式三种惯导系统。这些系统的优缺点在相关的文献资料中均有介绍。

(5) 总线的选择。CAN 总线作为现今世界上最为流行的现场总线之一,针对其协议的硬件产品极为丰富,这将为系统的开发带来极大的方便。此外还有其他的一些总线,这些总线各有优缺点,车载炮总体方案设计时应根据总线的特点和系统的要求加以选择某一种总线。

2.5.4 辅助设备布置

这里所指的辅助设备包括备胎、弹药箱、电瓶、备附件箱等。弹药箱的布置应便于炮手取弹,同时还要考虑对质心调整的影响。其他辅助设备的布置一方面可按底盘上剩余空间位置进行统筹安排,另一方面,可利用这些辅助设备对全系统的质心进行调整,使系统的质心在对称射击平面内,尽量降低系统质心的高度。

2.5.5 人机环因素

本节所述的人机环是指便于操作使用和对乘员人身安全两个层面的因素,至于其他舒适性等方面的因素,将在第 13 章中讨论。对车载炮的操作主要有高低、方向、瞄准、取输弹药,对这些操作应符合人机环性能的要求,保证乘员在操作时能方便、省力。对乘员的人身安全主要有炮口冲击波、电台天线的电磁辐射等在乘员工作位置的强度不能高于国军标的要求,乘员操作过程中有一定的位置空间保证其能操作,且不能有任何意外闪失等,这就要考虑安全防护、增加护手把和安全带等防护设备。

火炮操作使用具有自动、半自动、手动三种模式,对炮班成员的操作要求不同,火力系统人机环设计主要从瞄准、操作、装填等方面加以考虑。自动操作模式下,采用机动操瞄、半自动输弹、人工供弹、人工供药输药,供弹高度和输药高度应满足人员方便操作的要求。半自动操作模式下,瞄准手通过瞄准镜(具)进行瞄准,降低了瞄准具安装高度,瞄准镜目镜高度应满足人员方便操作的要求,通过操作半自动操纵台进行高低方向调炮,装填方式与自动操作模式相同。手动操作模式为降级使用模式,瞄准手通过瞄准镜(具)进行瞄准,通过高低方向手轮进行调炮,高低机手轮高度和方向机手轮高度应符合人员操作范围,操作方便,高低、方向手轮力分别应符合最大操作力要求,弹药装填均为人工操作,装填高度应满足人员方便操作的要求。

此外,诸元显示器、车外炮长终端和瞄准手操作面板安装位置,均以车载炮人员观察和操作方便为原则进行布置。

2.5.6 总体布置案例分析

通过本章前面几节的分析，就能确定车载炮的总体布置方案，总体方案初始布置的主要任务是根据车载炮作战操作使用流程要求、主要参数和相关总体性能要求，初步确定车载炮各分系统、部件、装置在底盘上相对合理的位置。根据车载炮操作使用流程，就可以确定行驶时乘员在驾驶室内的相对乘坐位置，以便在行军战斗转换时，这些乘员能按操作流程以最佳的路径快速地到达自己的岗位操作火炮。

图 2.5.2 给出了某外贸车载炮行驶和战斗两种工况的总体布置图和相关尺寸示意图。

驾驶室采用短头形式，乘员 6 人，前排为炮长和驾驶员，其他乘员坐于后排两侧；驾驶室顶部右前方安装辅助武器，顶部后方设置两个逃生舱；驾驶室两侧根据上下车人机环要求设置踏板、扶手等部件；驾驶室内部空间经人机环优化设计，仪表、操作面板一体化设计，炮长终端布置在炮长前方，电台、通信控制器等设备布置在炮长左侧，炮班成员个人装备、无线通话器等设置专门的安放支架。

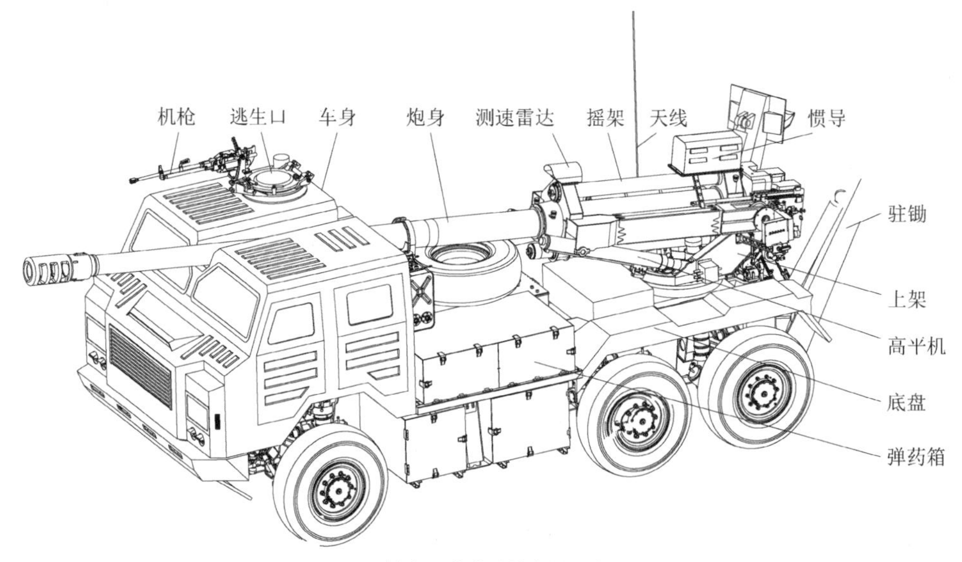

(a) 行军状态总体布置示意图

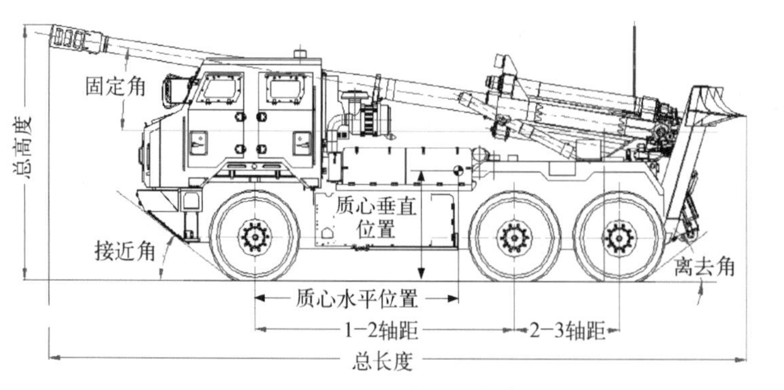

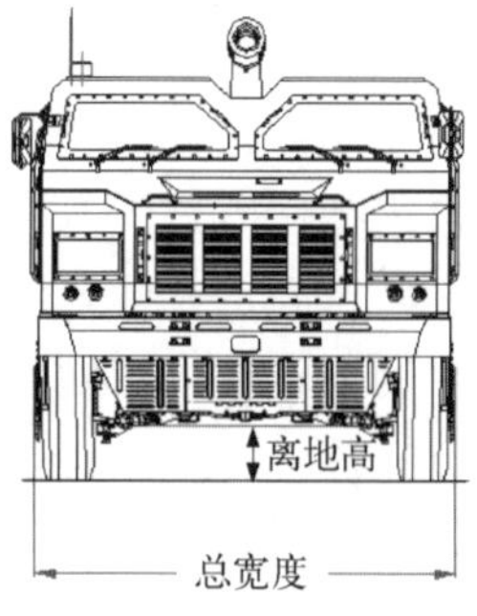

(b) 行军状态总体结构示意图

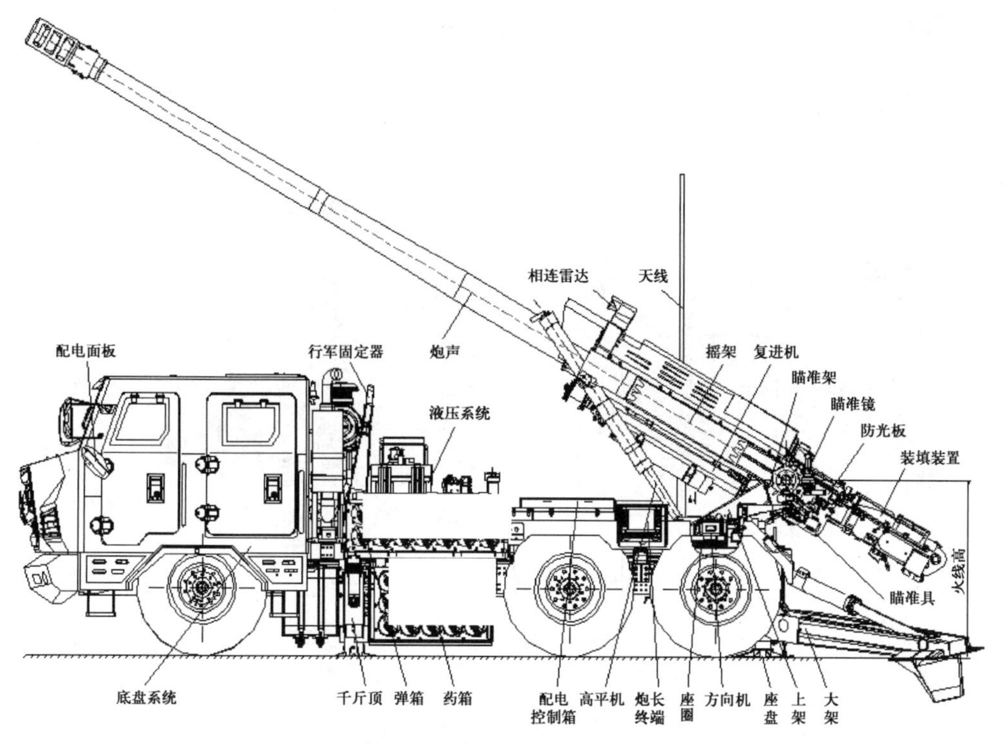

(c) 战斗状态总体布置示意图(主视图)

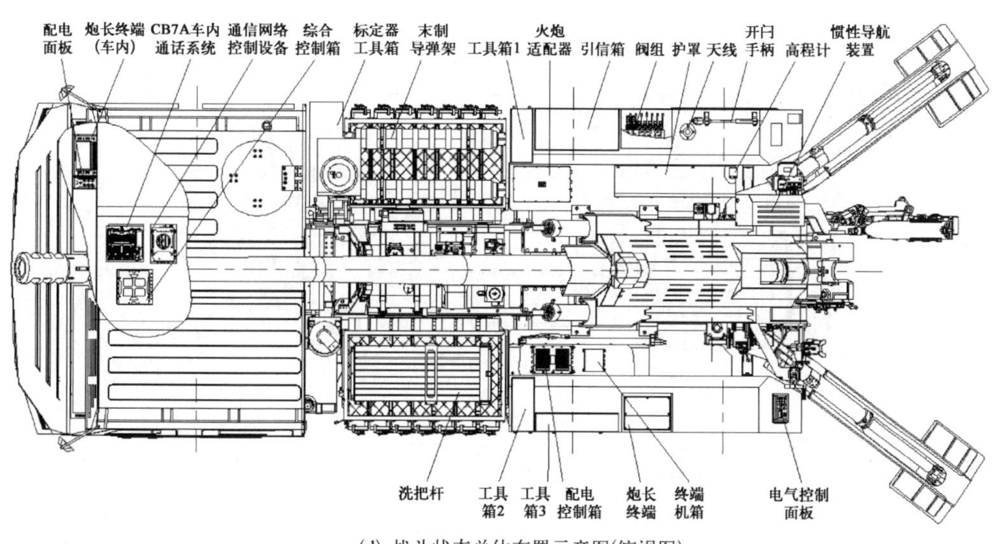

(d) 战斗状态总体布置示意图(俯视图)

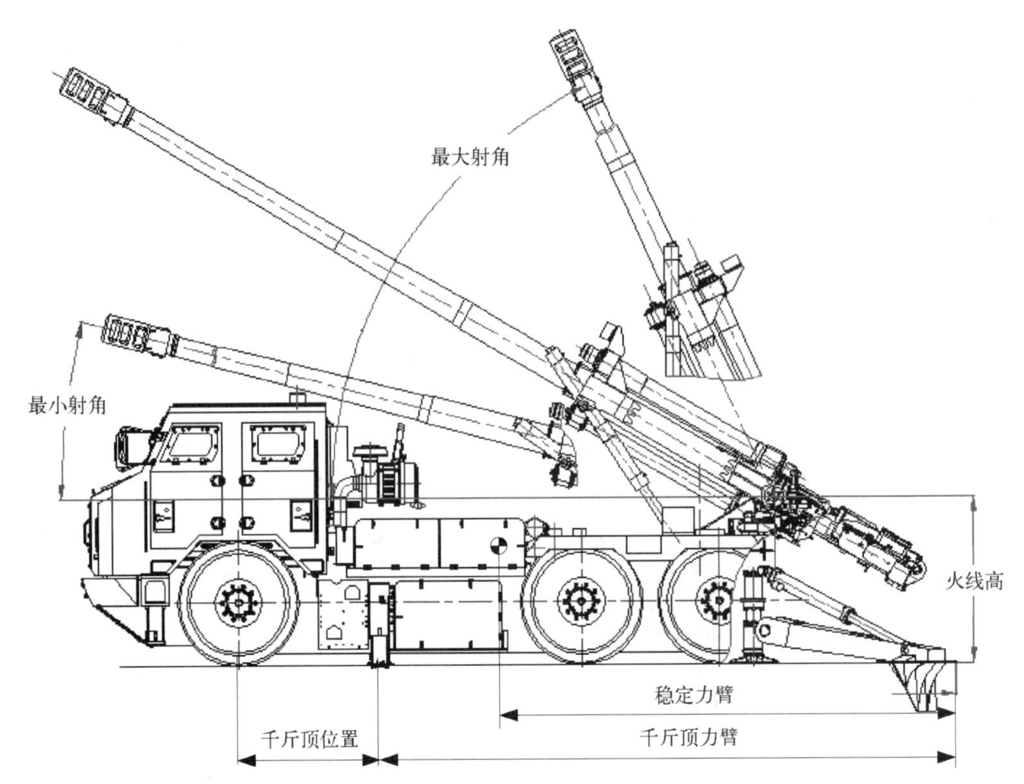

(e) 战斗状态总体结构示意图(主视图)

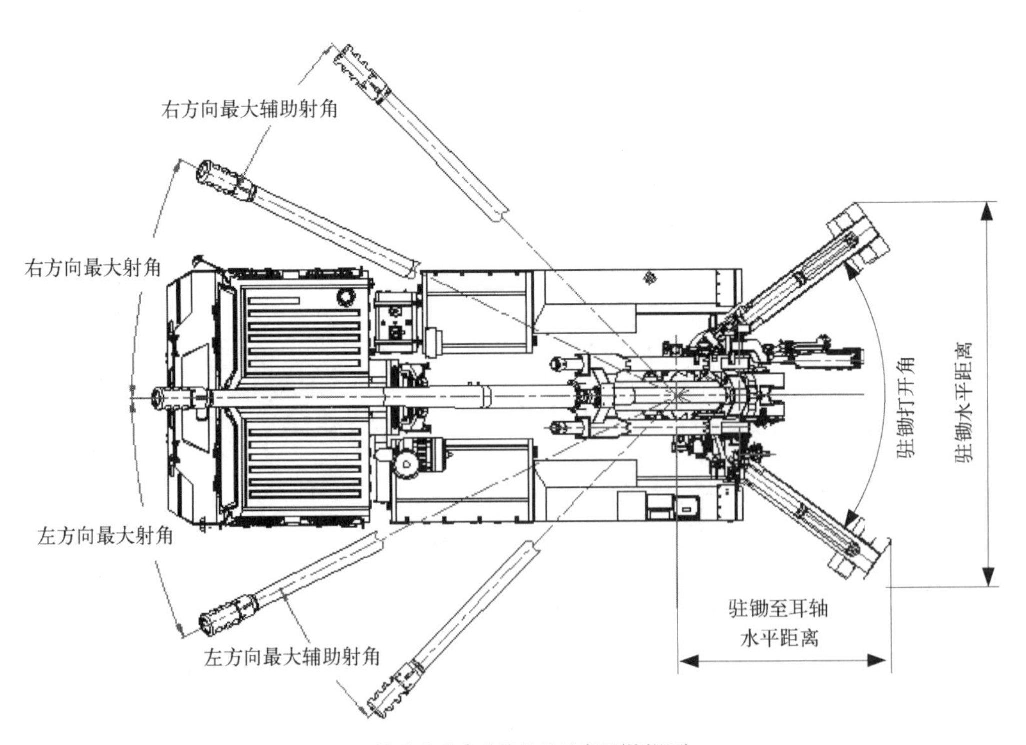

(f) 战斗状态总体结构示意图(俯视图)

图 2.5.2　某车载炮总体设计方案

底盘分系统采用三轴布置形式，6×6 驱动，发动机前置；火力分系统根据高低方向射界和后坐复进稳定性要求布置于底盘中后部，通过座圈、连接座与一体化底盘相连；火控分系统的设备布置于驾驶室、车架、摇架、上架和底盘尾部。

行军状态时，火炮由行军固定器固定，驾驶室、弹药箱门关闭，收起千斤顶和驻锄，披上炮车衣，炮班成员位于驾驶室内，系统操作及导航、通信等工作在驾驶室完成。

战斗状态时，进入阵地，炮班乘员下车，发动机和火控设备处于开机状态，通过变速箱取力驱动液压系统首先降低悬架，然后放下驻锄、座盘和千斤顶，发射载荷通过耳轴、高平机，经座圈由驻锄、座盘和千斤顶直接传递至地面，底盘行驶机构不承受发射载荷的作用。火炮的操作使用及射击准备在车外地面完成，操炮由一键式全自动、手动式半自动和全人工手动三种操作方式来完成。

总体布置要控制好火炮的射击稳定性，其中提高射击静止性的主要措施是控制广义后坐阻力 R、提高系统后坐部分以下的惯性动能、增加系统的接地面积。R 由反后坐装置设计来完成；增加惯性动能的方法可通过提高系统内部的运动动能来实现；增加系统接地面积，可根据土壤的破坏强度来核算。控制火炮射击稳定性的主要措施是在保持分系统质量不增加的前提下，提高分系统（后坐部分、摇架部分、上架部分、底盘部分）的转动惯量；控制炮膛合力 P_{pt}、广义后坐阻力 R、耳轴力 F_{BC}、高平机力 F_{Cp}、方向机力 F_{Bf}、座圈约束力 F_B^A 等载荷的作用位置和作用方向与各分系统质心之间位置和方向的相互关系，确保主动力产生的翻转力矩最小、约束力产生的约束稳定力矩有效；控制好上架与底盘部分质心之间位置矢量 $U_{B_G}^{A_G}$，$U_{B_G}^{A_G}$ 反映了两部件质心间位置大小和方向关系，控制 $U_{B_G}^{A_G}$ 以确保项 $\tilde{U}_{B_G}^{A_G} \cdot (F_{Bf} + F_B^A)$ 最有效；提高后坐部分运动的稳定性也会提高全炮抗翻转运动的稳定性；控制弹丸膛内运动其前定心部对身管产生的冲击载荷 F_{Dt}、弹带对身管的作用力 P_{Dq} 和力矩 M_{Dq}，通过控制身管内膛结构、提高弹丸物理性能以及弹丸运动初始条件，实现弹丸在膛内平稳运动；增加地面支撑反力矩 M_{Au}，通过优化地面支撑点位置与后坐阻力 R 方向间的位置关系，确保土壤不发生强度破坏前提下，地面能稳定提供支撑反力矩等。有关上述方法的具体含义见《中远程压制火炮射击精度理论》（钱林方等，2020b）。

通过合理匹配系统质量、质心、刚强度、发射稳定性、行驶稳定等系统指标间的关系，就能较好地实现系统的总体方案。

2.6 初步校核方法

2.6.1 系统质量质心估算

2.6.1.1 系统质量估算

车载炮总体方案设计时，必须先确定车载炮的总质量 m_Z，否则其他工作无法进行。然而此时各分系统的结构尺寸均未确定，系统的质量也就无法确定。因此，在目前这个阶段，系统的质量只能粗略的估算，随着设计的推进，系统的质量才能逐步逼近精确。

车载炮总质量 m_Z 与其性能有密切关系，它直接决定着车载炮的机动性、射击稳定性和射击精度等。根据估算的质量，在初始总体设计阶段就可对车载炮的射击稳定性、行驶稳定性以及底盘桥载分配进行设计。车载炮的质量估算，应考虑弹药、人员、备附件等满载的情况。

车载炮的总质量 m_Z 由火炮部分的质量 m_{BCD}、火控部分的质量 m_H、弹药部分的质量 m_{QY}、人员质量 m_R、备附件设备的质量 m_J 和底盘部分的质量 m_A 六大部分组成

$$m_Z = m_{BCD} + m_H + m_{QY} + m_R + m_J + m_A = m_{SZ} + m_A \tag{2.6.1}$$

其中 $m_{SZ} = m_{BCD} + m_H + m_{QY} + m_R + m_J$ 统称为车载炮上装部分的质量。

下面对各部分的质量分别进行估算分析。

1）火炮部分质量估算

火炮部分的质量 m_{BCD} 由后坐部分质量 m_D、起落部分质量 m_C（不含 m_D）、回转部分质量 m_B（不含 m_D、m_C）三部分组成。在进行质量估算时假定驻退机和复进机注满液体和气体。

$$m_{BCD} = m_B + m_C + m_D \tag{2.6.2}$$

如果车载炮的类型、口径等方面与现有车载炮相近时，则现有车载炮火炮部分的质量可作为比较参考。由于炮身、炮闩质量占车载炮火炮部分质量的百分比很大，这一比值变化，必将影响各部件所占全炮质量的比值。因此，火炮部分的质量可按炮身、炮闩质量和架体质量分别进行估算。

设炮身、炮闩的质量 m_{PS} 与炮口动能 $E_0(m_Q v_g^2/2)$ 成正比，其比例系数的倒数被称为炮身的金属利用系数 η_{PS}。

$$m_{PS} = E_0/\eta_{PS} \tag{2.6.3}$$

表 2.6.1 给出了几种车载炮炮身闩体的金属利用系数，从中可以看出，现有车载炮炮身的金属利用系数 η_{PS} 大约在 4 600~6 200 J/kg。

表 2.6.1　几种常用车载炮炮身和架体的金属利用系数

火炮名称	E_0/MJ	E_T/MJ	m_{PS}/kg	m_D/kg	m_{JT}/kg	η_{PS}/(J/kg)	η_{JT}/(J/kg)
SH15	19.460	0.578 8	3 167	3 300	1 840	6 144.6	314.565
SH2(双筒后坐)	5.531	0.195 9	1 049	1 200	740	5 822.1	264.729
SH5	3.066	0.119 0	631	660	875	4 645.5	136.0

注：表中 SH5 的架体质量 m_{JT} 明显偏高，其主要原因是设计时选用了加厚的防弹板材。

对于架体，设架体的质量 m_{JT} 与自由后坐动能 E_T（$m_D W_{\max}^2/2$）成正比，其比例系数的倒数被称为炮架金属利用系数 η_{JT}。其中 $W_{\max}$ 为无炮口制退器时，后坐部分的最大自由后坐速度。

$$m_{JT} = E_T/\eta_{JT} = m_D W_{\max}^2/2\eta_{JT} = \frac{m_Q}{m_D}\left(1 + \beta\frac{\omega}{m_Q}\right)^2 E_0/\eta_{JT} \tag{2.6.4}$$

式中 m_D 为火炮后坐部分的质量，后坐部分质量除了要考虑炮身外，还应考虑反后坐装置的结构形式和后坐的方式（筒后坐还是杆后坐）。为了方便，可以用以下经验公式给出：

$$m_D = \eta_{m_D} m_{PS} \tag{2.6.5}$$

η_{m_D} 值与反后坐装置的后坐方式有关，可参考表 2.6.2。

表 2.6.2　系数 η_{m_D} 值

后坐形式	双筒后坐	单筒后坐	杆后坐
η_{m_D}	1.11~1.18	1.09~1.12	1.03~1.05

如果还有其他零件参加后坐，则此系数要另行考虑。采用上式确定了后坐部分的质量后，还必须进一步核实，检查此质量与实际情况差距是否太大。具体方法是根据强度计算身管的质量，再参考现有火炮的炮尾、炮闩、炮口制退器等零件质量，看其总和是否与以前估计的后坐部分质量 m_D 近似，否则必须修改。

β 为火药气体作用系数，其物理意义为后效期结束时，火药气体的平均速度与弹丸初速的比值。从火炮受力的角度看，β 越大，火炮受力也就越大，其经验计算公式为

$$\beta = \frac{A_\beta}{v_g} \tag{2.6.6}$$

其中，A_β 为经验系数，对于车载榴弹炮 $A_\beta \approx 1\,300$。

表 2.6.1 给出了几种车载炮架体的金属利用系数，从中可以看出，现有车载炮架体的金属利用系数 η_{JT} 约在 250~320 J/kg。在进行火炮部分的质量估算时，通常从表 2.6.1 初步选定炮身的金属利用系数 η_{PS} 和架体的金属利用系数 η_{JT}，利用式（2.6.4）和（2.6.5）分别估算炮身和架体的质量，再根据具体的初始设计方案，初步估算一下其他辅助链接支架的质量 m_{FJ}，由此根据式（2.6.2）估算得到车载炮火炮部分的质量。

2）火控部分质量估算

火控部分的质量 m_H 包括火控计算机、炮长终端、各种姿态传感器、定位定向设备、随动控制器、驱动电机、无线通话设备、各种显示器、连接电缆等的质量。这些部件的质量，一般可从现成的产品分别进行计算。初步估算时，m_H 可按 150~200 kg；当采用惯性导航设备时，可取上限值；否则，可取下限值。

3）弹药部分质量估算

弹药部分的质量 m_{QY} 由弹丸质量 m_Q、发射药（含药筒）质量 m_Y 和固定弹药的支架的质量 m_{ZJ} 三部分组成。弹丸和发射药的质量可根据每发弹丸和发射药的质量乘以相应的弹丸和发射药的数量即可获得。支架的质量 m_{ZJ} 可按下述公式给出：

$$m_{ZJ} = \eta_{m_{ZJ}}(m_Q + m_Y) \tag{2.6.7}$$

式中，$\eta_{m_{ZJ}}$ 为质量系数。对常用金属材料的支架 $\eta_{m_{ZJ}}$ 可取 0.3~0.35；对轻质材料，$\eta_{m_{ZJ}}$ 可取 0.25~0.3。这样，弹药部分的质量为

$$m_{QY} = (1 + \eta_{m_{ZJ}})(m_Q + m_Y) \tag{2.6.8}$$

4）人员部分质量估算

人员部分的质量 m_R 可根据人员总数 n_R 乘以单个人员的平均质量 $\hat{m}_R$ 获得

$$m_R = n_R \hat{m}_R \tag{2.6.9}$$

单个人员的平均质量 $\hat{m}_R$ 包括人员自身质量和所带的防护和自卫武器的质量，一般取 $\hat{m}_R = 105$ kg。

5）备附件部分质量估算

备附件部分的质量 m_J 包括炮、车、火控等用的工具及工具箱的质量，擦炮膛用的工具、人工寻北用的标杆等工具的质量。初步估算时，m_J 可按 100～150 kg。

利用由式(2.6.1)就可以估算得到车载炮上装部分的质量 m_{SZ}。

6）底盘部分质量估算

底盘部分的质量 m_A 包括底盘本身、驾驶室、灭火器、千斤顶、备胎等部分的质量。前面估算得到的上装部分质量 m_{SZ} 实际上是车载炮底盘所要承受的重量载荷，也被称为车载炮上装部分的重量 $Q_{SZ} = m_{SZ}g$。车载炮底盘部分的质量 m_A 可常用下列方法进行估算。

确定车载炮底盘的类型。当车载炮的整体质量 m_Z 小于等于 14 000 kg 时，所对应的底盘被称为中型底盘，当 m_Z 大于 14 000 kg 时为重型底盘。

确定车载炮底盘的整备质量利用系数 η_Z。根据军用卡车设计理论，车载炮底盘的整备质量利用系数是车载炮上装部分的质量与底盘部分的质量之比。它表明单位车载炮整备质量所承受的装载质量。显然，此系数越大表明车载炮底盘的材料利用率越高和设计与工艺水平越高。因此，设计新型车载炮时在保证底盘零部件的强度、刚度及可靠性与寿命的前提下，应力求减轻其质量，增大这一系数值。对中型底盘，一般选取 $\eta_Z = 1.2 \sim 1.35$；对重型底盘，一般选取 $\eta_Z = 1.3 \sim 1.7$。

估算车载炮质量 m_Z。根据前面的分析，m_Z 的估算公式为

$$m_Z = m_{SZ}(1 + 1/\eta_Z) \tag{2.6.10}$$

取 $\eta_Z = 1.35$，由上式计算 m_Z，当 $m_Z \leqslant 14\,000$ kg 时，可在 1.2 ～ 1.35 之间选取 η_Z；当 $m_Z >$ 14 000 kg 时，可在 1.3 ～ 1.7 之间选取 η_Z。估算底盘部分的质量 m_A。m_A 的估算由下式给出：

$$m_A = m_{SZ}/\eta_Z \tag{2.6.11}$$

一旦估算了 m_A，就为底盘的方案设计提供了基本要求。

2.6.1.2　系统质心估算与调整

当按照以上方式进行车载炮总体初始方案布置后，须对该方案的质心进行估算，以检查此方案是否满足其稳定性要求。为此，建立一个统一的坐标系（原点通常建在底盘前桥与其对称面内的交点上，$x_1^{A'}$ 轴在底盘的对称面内与行驶方向相反、$x_2^{A'}$ 轴垂直底盘向上、$x_3^{A'}$ 轴由右手法则确定），将车载炮分解成底盘、火力、火控与信息化管理和辅助设备四大分系统，每个分系统中分别有 n_A、n_B、n_C 和 n_D 个部件，对每个分系统中的各部件按名称、质量、坐标进行造表（表 2.6.3），表中的合计一行对应车载炮最终的全部质量 m_Z 及所对应质

心在坐标系中的位置($x_{1G}^{A'}$, $x_{2G}^{A'}$, $x_{3G}^{A'}$)。若计算获得的质量 m_Z、质心位置($x_{1G}^{A'}$, $x_{2G}^{A'}$, $x_{3G}^{A'}$)满足稳定性的参数(含桥载)要求,则此初始方案比较合理可行;若不能满足稳定性的参数要求,则需对此方案进行修改。修改的基本原则是对那些对总体修改变化不大、但又对质量质心位置影响较大的部件进行调整布置,直到质量 m_Z、质心位置($x_{1G}^{A'}$, $x_{2G}^{A'}$, $x_{3G}^{A'}$)满足稳定性的参数(含桥载)要求为止。

表 2.6.3 车载炮质量质心统计一览表

序号	分系统名称	部 件 名 称	质量	坐标 $x_1^{A'}$	坐标 $x_2^{A'}$	坐标 $x_3^{A'}$
1	底盘系统	低温起动装置	m_1	x_1	y_1	z_1
2		发动机、离合器及变速器装置	m_2	x_2	y_2	z_2
3		供油系装置	m_3	x_3	y_3	z_3
4		空气滤清器装置	m_4	x_4	y_4	z_4
5		排气系装置	m_5	x_5	y_5	z_5
6		散热器悬置	m_6	x_6	y_6	z_6
…		…	…	…	…	…
n_A		驾驶室总成(含前保险杠、驾驶室固定装置)	m_{45}	x_{45}	y_{45}	z_{45}
46	火力系统	炮身	m_{46}	x_{46}	y_{46}	z_{46}
47		炮闩	m_{47}	x_{47}	y_{47}	z_{47}
48		复进机	m_{48}	x_{48}	y_{48}	z_{48}
49		制退机	m_{49}	x_{49}	y_{49}	z_{49}
50		上架	m_{50}	x_{50}	y_{50}	z_{50}
…		…	…	…	…	…
n_B		液压系统	m_{63}	x_{63}	y_{63}	z_{63}
64	火控与信息化管理	炮长任务终端(车内)	m_{64}	x_{64}	y_{64}	z_{64}
65		电台、通信控制器、充电器	m_{65}	x_{65}	y_{65}	z_{65}
66		炮长控制盒	m_{66}	x_{66}	y_{66}	z_{66}
…		…	…	…	…	…
n_C		线缆	m_{84}	x_{84}	y_{84}	z_{84}

续 表

序号	分系统名称	部 件 名 称	质量	坐标 $x_1^{A'}$	坐标 $x_2^{A'}$	坐标 $x_3^{A'}$
85	辅助设备及人员	备胎	m_{85}	x_{85}	y_{85}	z_{85}
86		工具箱	m_{86}	x_{86}	y_{86}	z_{86}
87		工具及备附件	m_{87}	x_{87}	y_{87}	z_{87}
…		…	…	…	…	…
n_D		个人装备	m_{92}	x_{92}	y_{92}	z_{92}
合 计			m_Z	$x_{1G}^{A'}$	$x_{2G}^{A'}$	$x_{3G}^{A'}$

在底盘分系统中，对诸如油箱、电瓶、气瓶等部件位置的调整相对比较容易，也不会对系统性能产生很大的影响，这些部件应作为可以调整位置的对象加以重点考虑。有些部件如发动机、变速箱等位置的调整会对其他部件位置的影响起到联动调整作用，这些部件原则上不要作大的位置调整。

在火力分系统中，火炮连接座位置的变化影响到火炮在底盘上的相对位置，对全炮质心的影响较大，也涉及系统总体尺寸，连接座位置的调整也会涉及诸如炮口与驾驶室的相对位置，影响到炮口冲击波对驾驶室的作用效果等，因此对其位置的调整应加以全面考虑协调。弹药箱也是一个应加以考虑其位置可以调整的部件，在不影响炮手操作使用的条件下，其位置适当的调整也是调整质心的一个较好选择。

在火控分系统中，由于其质量不大，对系统总体质量质心位置的影响较小，因此，其位置调整对车载炮质心位置的变化影响不大。

辅助设备本身是一个可以适时调整的分系统。其中备胎、电瓶、工具箱等不仅质量大，而且位置调整的余地大，因而对系统质心的影响也较大，是一个应重点关注可进行位置调整的分系统。

2.6.2 车载炮行驶性能校核

由于车载炮底盘选用现役底盘经适应性改进得到，因此在车载炮行驶性能校核时，仅对驾驶室抗冲击波强度改进引起的驾驶员视野、桥载，以及增加导航系统以后的导航性能等进行校核，其他与底盘改进无关的性能一般不需要进行特别的校核。

2.6.2.1 驾驶员视野校核

驾驶室经防冲击波、防枪弹、防雷设计，驾驶室增加了火控设备、近身防护设备等设计后，会影响驾驶员的视野，由此会引起行驶安全性问题，需要进行校核。驾驶员的视野校核主要包括驾驶员前方视野校核、驾驶员间接视野校核、仪表盘视野校核、交通灯视野校核。

驾驶员前方视野校核指的是驾驶员前方180°范围内直接视野的校核，国家标准规定，驾驶员前方视野校核包含风窗玻璃透明区域校核、双目障碍角校核和驾驶员前方180°视野校核;驾驶员间接视野校核包括主外后视镜的视野校核和内后视镜的视野校核;仪表盘视野校核是从 95 百分位的眼椭圆上每一对眼睛的位置观察时,底盘仪表的显示区域应全部可见,不被方向盘所遮挡,此时转向盘处于直行位置,当底盘的转向盘具备沿着柱管轴线调整和在竖直平面内调整的功能时,转向盘应处于中间位置;交通灯视野校核要求车载炮在停车线 1 m 以外能方便看到交通灯最上面的灯,不能被车顶或其他零件所遮盖(内后视镜除外)。

驾驶员视野校核的详细方法将第 13 章中进行讨论,驾驶室防冲击波、防枪弹、防雷的强度校核将在第 7 章中专门讨论。

2.6.2.2　底盘桥载校核

车载炮行驶工况下的轮胎静态受力分析如图 2.6.1 所示。

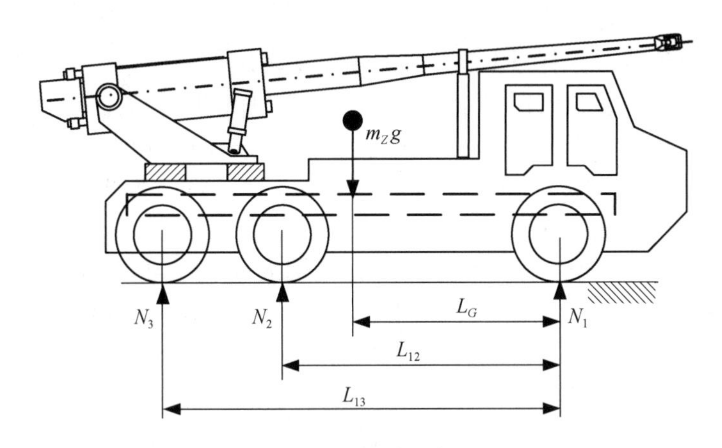

图 2.6.1　轮胎受力图

根据车载炮总体的质心位置和轮轴之间的相对位置,可以估算轮胎的受力情况,在静态条件下,轮胎的载荷可近似为对应的桥载,桥载的计算公式如下:

$$N_1 = \frac{K_1K_3L_{13}(L_{13} - L_G) + K_1K_2L_{12}(L_{12} - L_G)}{K_1K_3L_{13}^2 + K_1K_2L_{12}^2 + K_2K_3L_{23}^2} m_Z g \tag{2.6.12A}$$

$$N_2 = \frac{K_1K_2L_{12}L_G - K_2K_3L_{23}(L_{13} - L_G)}{K_1K_3L_{13}^2 + K_1K_2L_{12}^2 + K_2K_3L_{23}^2} m_Z g \tag{2.6.12B}$$

$$N_3 = \frac{K_1K_3L_{13}L_G + K_2K_3L_{23}(L_{12} - L_G)}{K_1K_3L_{13}^2 + K_1K_2L_{12}^2 + K_2K_3L_{23}^2} m_Z g \tag{2.6.12C}$$

式中, K_1、K_2、K_3 分别为前、中、后轮胎与地面的接触刚度,这些参数需要通过构建实验条件进行测试得到。

估算时可假定 K_1、K_2、K_3 均相等,则式(2.6.12)简化为

$$N_1 = \frac{L_{13}(L_{13} - L_G) + L_{12}(L_{12} - L_G)}{L_{12}^2 + L_{13}^2 + L_{23}^2} m_Z g \tag{2.6.13A}$$

$$N_2 = \frac{L_{12}L_G - L_{23}(L_{13} - L_G)}{L_{12}^2 + L_{13}^2 + L_{23}^2} m_Z g \tag{2.6.13B}$$

$$N_3 = \frac{L_{13}L_G + L_{23}(L_{12} - L_G)}{L_{12}^2 + L_{13}^2 + L_{23}^2} m_Z g \tag{2.6.13C}$$

由此可见桥载与轴距 L_{13}、L_{12}、L_{23} 以及 质心位置 L_G 有关。若同时满足桥载约束条件要求：

$$N_1 \leqslant [N_1], \quad N_2 \leqslant [N_2], \quad N_3 \leqslant [N_3] \tag{2.6.14}$$

则车载炮的质心位置满足桥载要求，其中 $[N_1]$、$[N_2]$、$[N_3]$ 分别为前、中和后桥所允许桥载。

2.6.2.3　导航性能校核

将导航设备安置在导航样机上进行导航性能校核。

（1）导航精度。在定位测试线路上，选定 1 个起始点和 6 个检测点，相邻两点距离不小于 5 km；样机对准起始点停稳。惯导设置惯性导航模式，输入起始点坐标。完成寻北并进入导航状态后，依次经过选定的 6 个检测点对准停稳，记录定位坐标和高程值；重复以上过程 7 次，统计坐标、高程误差值。

（2）静态寻北精度。在某水平位置 360°的范围内选取均匀分布的 6 个方位，将导航样机停放在该位置，惯导轴线大致指向其中的 1 个方位；采用导航样机指向测量系统测量惯导轴线方位真值并记录；启动惯导系统，寻北方式设置为静态寻北，输入该位置坐标并寻北；寻北完毕后，记录惯导寻北显示值；关闭惯导，惯导启动，关闭 7 次，记录 7 次显示值；分别对 6 个方位，进行以上检测，统计静态寻北精度。

（3）动态寻北精度。在出发点停稳导航样机，启动自动惯导系统；寻北方式设置为动态寻北，键入出发点坐标并开始寻北：导航样机以 60~80 km/h 的平均速度在水泥路上行驶，行驶 15 min 后，导航样机停稳；使用导航样机指向测量系统测量惯导轴线北向角真值并记录；动态寻北完成后，记录惯导北向角显示值，关闭惯导；执行动态寻北过程 7 次，记录每次北向角真值，显示值，统计动态寻北精度。

（4）寻北时间。在进行寻北精度试验中，启动惯导并装定导航样机位置坐标后，从按“寻北”键开始计时；在惯导显示出寻北结果时，停止计时；3 人计时时间值作为单次结果；分别检测 3 次静态寻北时间，3 次动态寻北时间，各取均值作为试验结果。

（5）静态方位保持精度。将导航样机停在某位置上，启动惯导，装定该位置坐标并寻北；寻北完毕后，从惯导读取北向角初始显示值并记录；导航样机静止 2 h 后，从惯导读取北向角结束显示值并记录；执行寻北过程 7 次，获得 7 组北向角初始、结束显示值，统计静态方位保持精度。

（6）动态方位保持精度。将导航样机停在某位置上，启动惯导，装定该位置坐标并寻北；寻北完毕后，从惯导读取初始方位北向显示值，用导航样机指向测量系统测量初始方位惯导轴线北向角真值，记录结果；导航样机在水泥路、草原自然路面上行驶 2 h 后，回到原位停稳；从惯导读取结束方位北向角显示值，用导航样机指向测量系统测量结束方位惯导轴线北向角真值，记录结果；重复以上过程 7 次，获得 7 组初始、结束方位北向角的显示值、真值，统计动态方位保持精度。

2.6.3 车载炮发射性能校核

2.6.3.1 后坐阻力估算

后坐阻力对车载炮的设计而言是一个非常重要的参数。后坐阻力大,势必会造成车载炮结构庞大、射击稳定性差和机动性差。在内弹道方案确定后,后坐阻力与炮身质量 m_D、后坐长度 λ 和炮口制退器效率 η_T 等因素有关,这些参数又影响到车载炮的总体设计。

一旦确定了 m_D、后坐行程 λ、炮口制退器效率 η_T、火药气体作用系数β,就可用下式估算常后坐阻力 R:

$$R = \frac{m_D W_{\max}^2 (1 - \eta_T)}{2[\lambda - L_{KT} + W_{\max}\sqrt{(1 - \eta_T) t_K}]} \tag{2.6.15}$$

其中,

$$W_{\max} = \frac{m_Q + \beta\omega}{m_D} v_g, \quad L_{KT} = L_G + W_G \tau + \frac{\chi P_G}{m_D} b[\tau - b(1 - \mathrm{e}^{-\tau/b})],$$

$$L_G = \frac{m_Q + 0.5\omega}{m_D + m_Q + \omega} l_G, \quad W_G = \frac{m_Q + 0.5\omega}{m_D} v_g, \quad \tau = 2.303\, b \lg \frac{p_g}{180\,000},$$

$$\chi = \frac{(m_Q + \beta\omega)\sqrt{1 - \eta_T} - (m_Q - 0.5\omega)}{(\beta - 0.5)\omega}, \quad b = \frac{(\beta - 0.5)\omega v_g}{P_G},$$

$$P_G = \frac{1}{4}\pi d_D^2 p_g, \quad t_K = t_G + \tau \tag{2.6.16}$$

式中,p_g 为炮口压力;l_G 为弹丸膛内行程长;ω 为装药量。

从式(2.6.16)可以看出,当后坐行程 λ 一定时,增加 m_D 可以降低后坐阻力 R。结构设计时,为了进行多方案选择,可改变 λ、η_T,得到对应的后坐阻力 R。表 2.6.4 给出了几种常用火炮在平仰角射击时的后坐阻力。

表 2.6.4 常用几种火炮的最大后坐阻力

名 称	SH15/155 毫米	SH2/122 毫米	SH5/105 毫米	PLZ45/155 毫米
η_T /%	45	40	30	45
R /kN	500	220	150	450

2.6.3.2 系统刚强度和动态性能估算

刚度是指车载炮在发射载荷作用下部件抵抗变形的能力,强度是指车载炮在发射载荷作用下部件抵抗应力失效的能力,一旦载荷确定,影响刚强度的因素主要有材料特性、部件几何尺寸和边界条件。对车载炮刚强度估算的目的是建立车载炮结构尺寸与刚强度的关系、设计时控制系统中各部件的连接条件(边界条件),确保车载炮的刚强度要求。

车载炮的强度估算包含静态和动态估算两种。

车载炮静态强度估算是校核车载炮结构的承载能力是否满足强度设计的要求,估计结构设计尺寸的合理性;校核结构抵抗变形的能力是否满足刚度要求,同时为动强度分析等提供刚度特性数据;计算和校核车载炮结构中的杆件、板件、薄壁结构等在载荷作用下是否会丧失稳定性;计算和分析车载炮结构在静载荷作用下的应力、应变分布规律,从而确定结构的冗余情况。

车载炮的动强度估算是指在各种可能出现的环境条件下,研究其承受发射动载荷工况下,结构的动力特性(固有模态、固有频率、阻尼)、动应力与应变等响应特性和抗冲击振动特性等。动强度估算的首要任务是确定动强度准则和判据。动强度的准则和判据主要考虑以下几个方面的因素:

(1) 强度准则和判断。仍可采用第四强度理论来进行判断,但此时应根据实际情况要确定动态安全系数,不同载荷特性以及强度理论所对应的结构动态安全系数是不同的。

(2) 疲劳破坏准则和判断。当采用强度准则和判断认为结构满足要求时,对动强度问题还必须要考虑疲劳破坏的可能性,否则难以保证结构动强度的安全。目前有许多疲劳破坏准则和判断,如在满载条件下结构中裂纹萌生前的发射次数。

(3) 动态响应位移的判断。在动强度判断满足要求后,动态响应位移应考虑结构大变形后是否带来运动件的干涉和板、杆等细长结构屈曲失稳等问题。

确定上述判断准则中的阈值需要做大量基础性的准备工作。车载炮动强度的估算是非常复杂、烦琐、耗时、易出错的工作,为此需要有科学的方法和理论指导才能正确完成。

车载炮刚度失效是指其在发射过程中产生过量的变形。刚度失效主要包括静态刚度失效和动态刚度失效两种。

静态刚度失效是指在静载荷作用下,车载炮结构中的部件变形超出了预先确定的要求,导致结构产生干涉、疲劳、失稳等破坏现象。

动态刚度失效是指在动态载荷作用下,车载炮结构中的部件产生动态变形,经反复使用后导致结构产生动态干涉、疲劳、失稳等破坏现象。

刚度失效估算主要对车载炮进行刚度校核、部件结构截面设计和控制允许载荷。在后两类问题中,通常用强度条件进行设计,用刚度条件进行校核,也可用强度、刚度条件同时设计校核,在计算得到的结果中取几何尺寸最大值、载荷最小值。

确定上述刚度失效判断准则中的阈值需要做大量基础性的准备工作,对系统刚强度和动态性能估算最好的方法是有限元数值计算法,影响系统估算精度的主要因素有载荷输入不准确、系统关键参数不合理、边界条件和初始条件不符合实际情况,这些工作也需要做大量基础性的准备工作,为此需要建立相关的试验测试条件。

2.6.3.3 射击稳定性估算

在技术方案设计阶段,一旦车载炮的结构形式和质量分布确定后,需要对车载炮进行射击稳定性估算。稳定性估算的目的是核实车载炮主要结构的初始参数选取是否满足稳定性的要求。

车载炮的射击稳定性包含有射击的静止性和射击的动态稳定性两种。车载炮射击的静止性是指车载炮射击时在水平方向不发生移动的特性,车载炮的射击动态稳定性是指车载炮在发射时不跳离地面的特性。

车载炮的稳定分析可采用平面刚体动力学的方法来估算。图 2.6.2 给出了发射时作

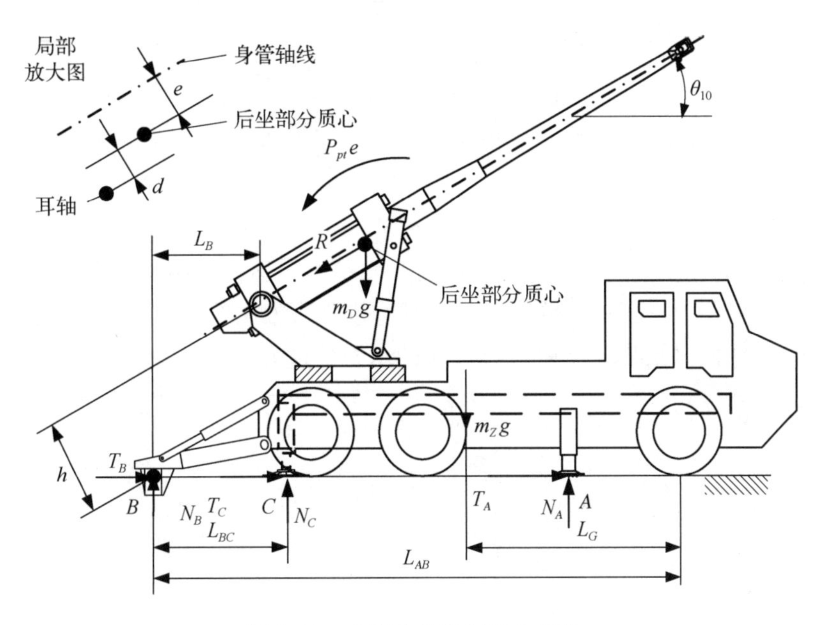

图 2.6.2 车载炮发射时受力状态

用在前千斤顶、座盘和驻锄上的载荷受力图。K_A、K_B、K_C 分布为千斤顶、驻锄、座盘与地面的接触刚度，μ_A、μ_C 为千斤顶、座盘与地面间的静摩擦系数，这些参数需要通过构建实验条件进行测试得到。为了简化计算，假定 K_A、K_B、K_C 相等，μ_A 与 μ_C 亦相等记为 μ_μ。由此得到射击时车载炮千斤顶、驻锄、座盘与地面间的接触载荷公式为

$$N_A = \frac{L_{AB}(L_{AB} - L_G) + L_{AC}(L_{AB} - L_G)}{L_{AB}^2 + L_{AC}^2 + L_{BC}^2} m_Z g - \frac{L_{BC}L_{AC}\sin\theta_{10} + (L_{AB} + L_{AC})h}{L_{AB}^2 + L_{AC}^2 + L_{BC}^2} R - \frac{L_{AB} + L_{AC}}{L_{AB}^2 + L_{AC}^2 + L_{BC}^2} P_{pt} e \tag{2.6.17A}$$

$$N_B = \frac{L_{AB}L_G - L_{BC}(L_{AC} - L_G)}{L_{AB}^2 + L_{AC}^2 + L_{BC}^2} m_Z g + \frac{(L_{AB}^2 + L_{BC}^2)\sin\theta_{10} + (L_{AB} + L_{BC})h}{L_{AB}^2 + L_{AC}^2 + L_{BC}^2} R + \frac{L_{AB} + L_{BC}}{L_{AB}^2 + L_{AC}^2 + L_{BC}^2} P_{pt} e \tag{2.6.17B}$$

$$N_C = \frac{L_{AC}L_G + (L_{AB} - L_G)L_{BC}}{L_{AB}^2 + L_{AC}^2 + L_{BC}^2} m_Z g + \frac{L_{AB}L_{AC}\sin\theta_{10} + (L_{AC} - L_{BC})h}{L_{AB}^2 + L_{AC}^2 + L_{BC}^2} R + \frac{L_{AC} - L_{BC}}{L_{AB}^2 + L_{AC}^2 + L_{BC}^2} P_{pt} e \tag{2.6.17C}$$

$$\begin{aligned} T_B &= R\cos\theta_{10} - \mu_\mu(N_A + N_C) \\ &= \left[\cos\theta_{10} - \mu_\mu \frac{L_{AC}^2\sin\theta_{10} - (L_{AB} + L_{BC})h}{L_{AB}^2 + L_{AC}^2 + L_{BC}^2}\right] R \end{aligned}$$

$$-\mu_\mu \frac{(L_{AB}+L_{BC})(L_{AB}-L_G)+L_{AC}^2}{L_{AB}^2+L_{AC}^2+L_{BC}^2}m_Zg+\mu_\mu \frac{L_{AB}+L_{BC}}{L_{AB}^2+L_{AC}^2+L_{BC}^2}P_{pt}e \tag{2.6.17D}$$

式中，$R(\theta_{10})$、P_{pt} 分别为后坐阻力和炮膛合力；θ_{10} 为任意射角。注意到后坐阻力 $R(\theta_{10})$ 与射角 θ_{10} 有关。

1）射击静止性

车载炮射击的静止性是指车载炮射击时在水平方向不发生移动的特性。

如图 2.6.2 所示，根据静止性的定义，车载炮沿水平方向保持静止，需要使驻锄提供的水平反力 T_B 在任何时候都能与后坐阻力 R 的水平分量 $R\cos\theta_{10}$ 相抵消。由式可得

$$\begin{aligned}T_B &\geqslant R\cos\theta_{10}-\mu_\mu(N_A+N_C)\\&=\left(\cos\theta_{10}-\mu_\mu\frac{L_{AC}^2}{L_{AB}^2+L_{AC}^2+L_{BC}^2}\sin\theta_{10}+\mu_\mu\frac{L_{AB}+L_{BC}}{L_{AB}^2+L_{AC}^2+L_{BC}^2}h\right)R\\&\quad-\mu_\mu \frac{(L_{AB}+L_{BC})(L_{AB}-L_G)+L_{AC}^2}{L_{AB}^2+L_{AC}^2+L_{BC}^2}m_Zg+\mu_\mu \frac{L_{AB}+L_{BC}}{L_{AB}^2+L_{AC}^2+L_{BC}^2}P_{pt}e\end{aligned} \tag{2.6.18}$$

从上式可以看出，$-e$ 能提高静止性，降低高度 h（随着射角 θ_{10} 的增大而降低）、提高车载炮质量 m_Zg、增加摩擦系数等均能提高静止性。记 $\theta_{10}=\theta_{1\min}$ 时，$R=R_{\max}$，因此有

$$\begin{aligned}T_B &\geqslant \left(\cos\theta_{1\min}-\mu_\mu\frac{L_{AC}^2\sin\theta_{1\min}}{L_{AB}^2+L_{AC}^2+L_{BC}^2}+\mu_\mu\frac{L_{AB}+L_{BC}}{L_{AB}^2+L_{AC}^2+L_{BC}^2}h\right)R_{\max}\\&\quad-\mu_\mu \frac{(L_{AB}+L_{BC})(L_{AB}-L_G)+L_{AC}^2}{L_{AB}^2+L_{AC}^2+L_{BC}^2}m_Zg+\mu_\mu \frac{L_{AB}+L_{BC}}{L_{AB}^2+L_{AC}^2+L_{BC}^2}P_{pt}e\end{aligned} \tag{2.6.19}$$

式(2.6.19)就是保证车载炮在射击时的静止性条件。式中 T_B 为驻锄所能提供的最大水平反力。T_B 取决于驻锄与土壤的接触面积 S_Z 和在土壤不破坏的条件下所能提供的最大单位面积抗力 p_t 的大小：

$$T_B=S_Zp_t \tag{2.6.20}$$

对于不同的土壤，可取 $p_t=0.25\sim0.5$ MPa。这样，通过设计驻锄与土壤的接触面积 S_Z 的大小，就能保证车载炮的静止性要求。

2）射击动态稳定性

车载炮射击的动态稳定性是指车载炮在发射时不跳离地面的特性。底盘为独立悬架、且采用油气弹簧闭锁的车载炮射击稳定性条件为

$$N_A\geqslant 0 \tag{2.6.21}$$

将 N_A 的表达式(2.6.17A)代入上式，并令 $\theta_{10}=\theta_{1\min}$、$R=R_{\max}$，得

$$\left(L_{AB}-L_G-\frac{L_{AC}L_{BC}}{L_{AB}+L_{AC}}\right)m_Zg\geqslant P_{pt}e+\left(\frac{L_{BC}L_{AC}}{L_{AB}+L_{AC}}\sin\theta_{1\min}+h\right)R_{\max} \tag{2.6.22}$$

射击稳定性条件式(2.6.22)将系统重量 m_Zg，结构主要几何尺寸 L_{AB}、L_{AC}、L_{BC}、L_G 联系在一起，为车载炮总体几何参数的选择提供了约束关系。

3）后坐过程中的动态稳定性问题

前面给出的射击稳定性条件没有考虑后坐部分后坐过程中，车载炮质心至驻锄支点 B 的水平距离 $L_{AB}-L_G$ 随着火炮后坐而减小，发射稳定性也将发生变化。高树滋等（1995）给出了后坐过程中的质心位置 $L_{AB}-L_G$ 的变化关系：

$$(L_{AB}-L_G)m_Z g=m_Z g(L_{AB}-L_{G0})-m_D gX\cos\theta_{10} \tag{2.6.23}$$

式中，L_{G0} 为射角 θ_{10} 时，射角前车载炮质心至支点 A 的水平距离；m_D 为后坐部分质量；X 为后坐距离。

将 $(L_{AB}-L_G)m_Z g$ 代入式（2.6.22）得到考虑后坐过程中质心位置变化的动态稳定性公式：

$$\left(L_{AB}-L_{G0}-\frac{L_{AC}L_{BC}}{L_{AB}+L_{AC}}\right)m_Z g-m_D gX\cos\theta_{10}\geqslant P_{pt}e+\left(\frac{L_{BC}L_{AC}}{L_{AB}+L_{AC}}\sin\theta_{10}+h\right)R \tag{2.6.24}$$

可以求出 h 与射角 θ_{10} 的关系式：

$$h=(H+\Delta H)\cos\theta_{10}-L_B+d \tag{2.6.25}$$

式中，H 为火线高；L_B 为耳轴中心至支点 B 的水平距离；d 为耳轴中心到后坐部分质心运动轨迹间的距离、耳轴在上方时为负；ΔH 为支点 B 到地面的距离，在以下的讨论中忽略 ΔH 的影响。

将式（2.6.25）代入式（2.6.24），经整理得

$$\left(L_{AB}-L_G-\frac{L_{AC}L_{BC}}{L_{AB}+L_{AC}}\right)m_Z g-m_D gX\cos\theta_{10}\geqslant P_{pt}e+\left(\frac{L_{CB}L_{AC}}{L_{AB}+L_{AC}}\sin\theta_{10}+H\cos\theta_{10}-L_B+d\right)R \tag{2.6.26}$$

由式（2.6.25）可知，当 θ_{10} 增大时 h 减少，甚至可能变负值，由式（2.6.22）可知 R 成为稳定力，由于 R 是 θ_{10} 的函数，求解式（2.6.26），当 θ_{10} 达到并超过某一最小的稳定极限角 θ_{1j} 时，式（2.6.26）恒成立，对应的阻力 R 称为极限后坐阻力 R_j，即

$$\left(\frac{L_{BC}L_{AC}}{L_{AB}+L_{AC}}\sin\theta_{1j}+H\cos\theta_{1j}-L_B+d\right)R_j=\left(L_{AB}-L_G-\frac{L_{AC}L_{BC}}{L_{AB}+L_{AC}}\right)m_Z g-m_D gX\cos\theta_{1j}-P_{pt}e \tag{2.6.27}$$

以及

$$h_j=H\cos\theta_{1j}-L_B+d \tag{2.6.28}$$

上式说明，当 $\theta_{10}=\theta_{1j}$，车载炮处于稳定极限，此时车载炮所受的力 R_j 称为稳定极限后坐阻力，所以，在任意仰角 θ_{10} 下，反后坐装置所提供的实际后坐阻力 R 都不应超过稳定极限后坐阻力 R_j，否则，车载炮将处于不稳定状态。故设计时应保证：

$$R\leqslant R_j \tag{2.6.29}$$

为了有一定的稳定储备，通常取：

$$R = 0.9R_j \tag{2.6.30}$$

式(2.6.30)就是在一定的假定条件下,从稳定性条件出发,通过受力分析得到的对后坐阻力 R 提出的限制,这一限制对选取合理的后坐阻力变化规律将起到约束作用。

当车载炮的有关重量、结构尺寸确定后,由式(2.6.27)可知稳定极限后坐阻力 R_j 随行程 X 线性减少,其下降的斜率为 $m_D g\cos\theta_{1j}/[L_{BC}L_{AC}\sin\theta_{1j}/(L_{AB}+L_{AC})+h_j]$。$P_{pt}e$ 对 R 的影响集中在膛内火药气体作用时期。当 $e>0$ 时,$P_{pt}e$ 使 R_j 减小;当 $e<0$ 时,$P_{pt}e$ 使 R_j 增大。

在车载炮总体设计时,常选择一个稳定极限角 θ_{1j},由于 θ_{1j} 与后坐阻力和结构尺寸有关,因此 θ_{1j} 选择的好坏对总体设计有一定的影响。但一旦总体设计完成以后,当车载炮的重量和结构尺寸确定后,很有必要根据实际的后坐阻力变化规律,利用式(2.6.27)来迭代计算车载炮实际的 θ_{1j}。当然 $\theta_{1j}=0°$ 是设计者所希望能实现的目标。

有关射击稳定性和行驶稳定性估算分析的详细理论和方法在火炮和底盘设计教程中都有相关的讨论。

2.6.3.4　射击密集度估算

2.4.5 节讨论了影响射击密集度的主要因素,即 7 个弹丸初始条件($v_g,\psi_1,\psi_2,\varphi_1,\varphi_2,\dot{\varphi}_1,\dot{\varphi}_2$),以及变形弹带保形性能的一致性,7 个初始条件的几何含义如图 2.6.3 所示。

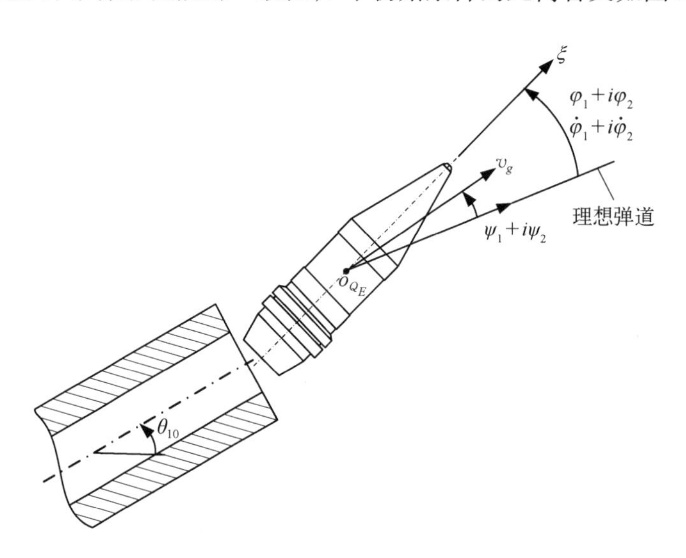

图 2.6.3　对射击密集度有重要影响的弹丸 7 个初始条件

第 6 章给出了火炮满足射击密集度要求的弹丸炮口外弹道飞行的 7 个初始条件单因素作用下均值和均方差的阈值,即初速 v_g 均值的阈值 $[\mu_{v_g}]$ 及其均方差的阈值 $[\sigma_{v_g}]$,6 个角量 ψ_1、ψ_2、φ_1、φ_2、$\dot{\varphi}_1$、$\dot{\varphi}_2$ 均值的阈值 $[\mu_{\psi_1}]$、$[\mu_{\psi_2}]$、$[\mu_{\varphi_1}]$、$[\mu_{\varphi_2}]$、$[\mu_{\dot{\varphi}_1}]$、$[\mu_{\dot{\varphi}_2}]$ 及其均方差的阈值 $[\sigma_{\psi_1}]$、$[\sigma_{\psi_2}]$、$[\sigma_{\varphi_1}]$、$[\sigma_{\varphi_2}]$、$[\sigma_{\dot{\varphi}_1}]$、$[\sigma_{\dot{\varphi}_2}]$,还给出了 7 个初始条件均方差 σ_{v_g}、σ_{ψ_1}、σ_{ψ_2}、σ_{φ_1}、σ_{φ_2}、$\sigma_{\dot{\varphi}_1}$、$\sigma_{\dot{\varphi}_2}$ 综合影响时,弹丸炸点散布 σ_{X_1}、σ_{X_3} 综合映射模型表达式(6.4.2)、(6.4.3)。第 6 章还给出了基于弹丸膛内运动概率密度演化规律 7 个参数 v、ψ_1、ψ_2、φ_1、φ_2、$\dot{\varphi}_1$、$\dot{\varphi}_2$ 的均方差 $\sigma_v(t,\ y_P)$、$\sigma_{\psi_1}(t,\ y_P)$、$\sigma_{\psi_2}(t,\ y_P)$、$\sigma_{\varphi_1}(t,\ y_P)$、$\sigma_{\varphi_2}(t,\ y_P)$、$\sigma_{\dot{\varphi}_1}(t,\ y_P)$、$\sigma_{\dot{\varphi}_2}(t,\ y_P)$ 随膛内运动时间 t 和火炮关键参数 y_P 的变化规律;特别地,当 $t=t_G$

时,这些参数的均方差就是弹丸炮口外弹道飞行的初始条件。因此利用概率密度演化规律计算模型,就可以估算得到火炮关键参数 y_P 与密集度指标的变化规律,利用该计算模型,就可以在总体方案设计阶段,对火炮射击密集度进行估算,就可以在总体设计阶段就能够判断车载炮射击密集度的基本性能。

此外,对射击密集度起主要影响作用的还有变形弹带保形性能、弹丸卡膛的初始状态、膛线形式和膛线深浅等因素。这些因素对射击密集度的影响在第 6 章也进行了详细的讨论。在总体设计阶段,对这些参数设计应严格按照第 6 章的要求进行规范化落实。

2.6.4 系统用电分配估算

系统配电的作用是在任意使用条件下都应保证不间断地向车载炮中的各种电器装置供电。配电额定供电功率由车载炮工作过程中任意时刻所有负载用电功率(kW)之和的最大值确定,配电额定供电量由车载炮工作过程中所需的用电量(kW · h)之和确定。

供电用电源装置主要由蓄电池、发电机和辅机电站三种。

蓄电池目前主要有铅蓄电池和锂蓄电池两种。蓄电池的优点是工作时无噪声、无振动,对操瞄精度有益。铅蓄电池的优点是额定容量大、放电能力强、起动时能量大和速度快、电压高;低温起动性能好,可在-40℃气温条件下工作;结构强度高、耐冲击振动、阻燃性好、不易冻裂;使用寿命长,价格便宜等。铅蓄电池的缺点是重量重,电解液易污染环境。锂电池的优点是重量轻、工作电压高、能量密度大、无记忆效应,适应结构形状性能好、造型灵活性好,对环境无污染。锂电池的缺点是高低温性能差、价格贵。

发电机的作用是在发动机正常运转时间内向各电器负载供电和向蓄电池充电。

辅机电站的作用是不使用汽车发动机发电,而是通过额外配置的小型发动机发电,向各电器负载供电和向蓄电池充电。

燃料电池是一种新能源电池,其优点是工作时无噪声、无振动,可替代辅机电站的作用,具有较好的发展前景。

2.6.4.1 估算原则

(1) 系统供电分精电源和粗电源两种方式,其中精电源为火控与信息设备供电,粗电源为伺服(随动系统、输弹机等)设备供电。

(2) 供电系统的电容量能保证火炮无故障不间断的完成战术技术指标要求的射击循环内发射总弹药数。

(3) 完成整个射击循环后,蓄电池剩余电容量应能保证发动机启动。

(4) 根据所需要的用电,经设计计算后应明确供电形式: 底盘发动机供电、辅机供电、电瓶供电,还是上述几种形式的组合。

2.6.4.2 电气估算

用电系统有火控与信息化设备、随动系统、半自动输弹机、车用电气、其他等,见图 2.6.4 纵坐标的下半部分,即负载时序。用电任务分为集结地域准备、待机阵地准备、占领发射阵地、战斗实施、撤出战斗共五个阶段,分别记为 1~5,对应的时间分别为 t_1~t_5,见图 2.6.4 的横坐标。将各个阶段车载炮所有负载用电的功率制成如图 2.6.4 所示的分布图,从中可以一目了然地看出各阶段所耗功率情况,图中纵坐标的最上部分为粗电耗电功率,中间部分为精电耗电功率。

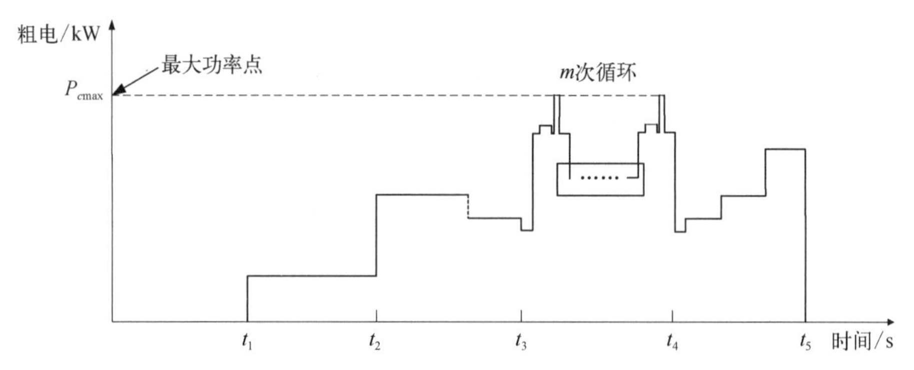

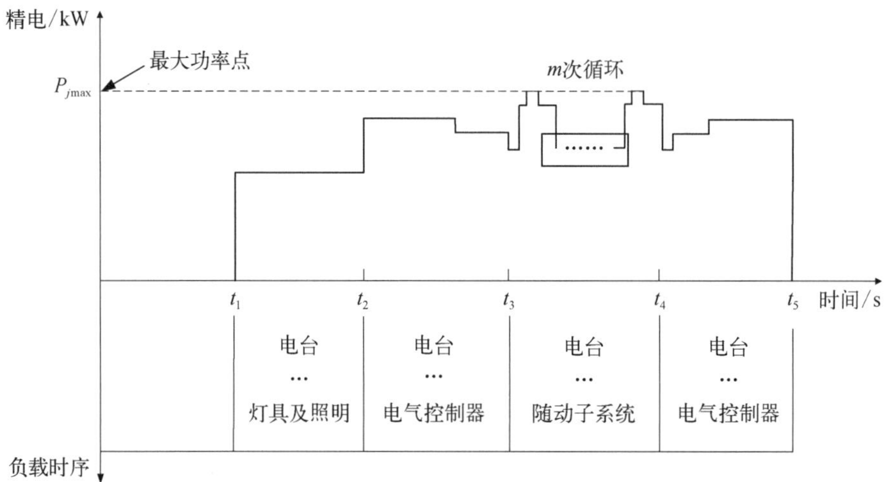

图 2.6.4　负载功率分布时序图

五个阶段所花费的总时间 T_s 为

$$T_s = \sum_{i=1}^{5} t_i \tag{2.6.31}$$

2.6.4.3　供电估算

根据上述得到精、粗电源实际工作所需要的最大功率 P_{jmax} 和 P_{cmax}，在一个射击循环时间 T_s 内，需要的精电量 w_j 和粗电量 w_c，就可以进行供电设计。

1）蓄电池组容量计算

假定系统电源为直流 24 V 电压供电，选定的蓄电池规格为 24 V 110 Ah，火控计算机加装不间断电源设备（uniterruptible power supply，UPS）稳压。则所需要的精电蓄电池数 n_j 和粗电蓄电池数 n_c 分别为

$$n_j = \frac{w_j}{24 \times 110} = \frac{w_j}{2\,640}, \quad n_c = \frac{w_c}{24 \times 110} = \frac{w_c}{2\,640} \tag{2.6.32}$$

考虑到在实际使用时由于各种情况如温度等因素的变化，应将上述得到的电池数乘上 2.0 的安全系数，并取整数即可。

2）蓄电池充电时间计算

假定系统电源为直流 24 V 电压供电，选定的蓄电池规格为 24 V 110 Ah，精电蓄电池

数 n_j 和粗电蓄电池数 n_c；采用硅发电机的规格为 28 V 90 Ah，实际输出电压为 24 V，发电机的组数为 n_f，则：

从蓄电池耗电完毕开始充电，充电时间 T_1 为

$$T_1 = \frac{110(n_j + n_c)}{90n_f} \tag{2.6.33}$$

从完成一次作战后开始充电，充电时间 T_2 为

$$T_2 = \frac{w_j + w_c}{90n_f} \tag{2.6.34}$$

2.6.5 电磁兼容性估算

车载炮电磁兼容设计时，需要注意以下 15 个方面的内容：系统布局、频率分配、信号电频的选择、结构设计、布线、滤波设计、接地设计、电路设计、防静电设计、电缆设计、元器件选择、外购件选择、屏蔽设计、雷电浪涌防护设计、软件设计。

车载炮电磁兼容性估算，应对装备整体的电磁兼容安全裕度、系统内部的电磁兼容性、系统外部射频电磁环境、电磁辐射对人体的伤害、静电电荷强度、电搭接工况等进行分析估算。

车载炮用的电气设备电磁发射和敏感度要求应按规定 CE102、CS101、CS112、CS114、CS115、CS116、RE102、RS103 中的要求进行理论估算，并构建样机进行实际试验考核。具体考核步骤和方法如下。

将系统设备分类，确定敏感设备和干扰源，确定设备状态，检查流程，制定互相干扰检查表。按正常步骤开机，观察各设备工作是否正常。超短波电台处于低中高频定频通信，大功率工作状态。依据受试车载设备及分系统在整车典型工作状态下，对所列设备进行电磁兼容性检查、判断。

（1）选定干扰发射源，设置发射源为车载炮电磁兼容试验项目规定的状态，设置发射机为最大输出功率。

（2）开启选定的敏感设备，使其处于稳定工作状态。

（3）等待敏感设备做出响应，检查敏感设备，判断干扰源是否对其产生干扰。

（4）在数据记录表格中记录测试结果。

（5）关闭该干扰源，并开启另一个干扰源。

（6）重复上述步骤（1）~（5），直至该敏感设备的所有干扰源均测试完毕；当前敏感设备测试完成后，重复步骤（2）~（6），对矩阵中其他敏感设备进行测试。

（7）所有干扰源上电监测敏感设备，如出现敏感现象，干扰源逐一断电，直到找到敏感设备，并记录测试结果。

在此基础上，还需对车载炮的辐射安全裕度、传导安全裕度、电磁辐射对车载炮的危害、电源线瞬变、外部射频电磁环境、电搭接等方面的内容进行评估，具体评估考核方法见 12 章中的相关内容。

2.6.6 车载炮人机工程学性能校核

车载炮人机工程设计是提升装备整体可用性和综合作战效能的关键技术手段,其校核主要从适用性、高效性、安全性、舒适性等方面展开。

1）适用性校核

车载炮的人机适用性是装备可用性的基础。采用 JACK 仿真软件对车载炮进行尺寸参数的适用性校核。以 GJB 2125－94 的 P5 或 P95 百分位数人体尺寸为原型,导入 JACK 系统的车载炮设计方案模型中,比较分析人体相关部位的静态尺寸和动态范围有效可达域是否处于车载炮火力、火控、底盘分系统的显控交互功能要求范围内,有效可达域处于功能要求范围内即满足适用性。

2）高效性校核

车载炮的人机高效性是装备可用性的核心。车载炮的高效性主要指用最快的速度以最小的损耗、最高的准确率完成最直接的任务,其校核指标主要包括时间、速度、消耗度、准确率。车载炮的功能任务单元包括集结地域准备、待机阵地准备、占领发射阵地、战斗实施、撤出战斗。根据各阶段任务设定任务内容、任务路径和实施方法,测定炮班相关人员完成任务的时间和速度、操作力大小及相应的生理消耗度和完成任务的准确率,采用指标层次分析法确定各指标权重,计算功能任务单元的综合效率,与研制总要求的操控技术参数相比无偏离或正偏离的即满足高效性。

3）安全性校核

车载炮的人机安全性是装备可用性的保障。车载炮的安全性主要包括人的操控安全、炮的防护安全、环境的配套安全。操控安全校核主要是评判炮班成员的认知特征、行为能力、动作习惯是否满足操控要求;防护安全校核主要评判火力、火控、底盘各分系统的安全防护装置、安全联锁机制、保险复拨装置、限位装置、防差错保护装置等是否满足安全防护要求;配套安全校核主要是评判整炮配套设施在面对恶劣环境时是否满足危害防护要求。车载炮的人-炮-环境出现风险和事故的概率在研制要求范围之内即满足安全性。

4）舒适性校核

车载炮的人机舒适性是装备可用性的升华。车载炮的舒适性主要包括认知舒适性、行为舒适性、体验舒适性。通过眼动实验校核各岗位人员对所操控软硬件的认知舒适度;通过肌电实验校核各岗位人员对所操控软硬件的行为舒适度;通过脑电实验校核车载炮整体感知的体验舒适性。在单位时间内作业不引起疲劳、损伤、劳损的即满足舒适性。

综上,车载炮人机工程校核是结合功能、任务和场景的综合性测评,包括适用性、高效性、安全性、舒适性等指标,根据各分系统、各功能模块的价值诉求赋予各人机工程指标相应的权重值,得到车载炮人机工程综合绩效,结合研制要求、人机工程大纲等对其进行校核,从而指导车载炮人机工程后续设计与优化,进一步提升装备整体可用性和综合作战效能。

2.6.7 车载炮乘员安全性校核

乘员安全性校核主要包含乘员在工作位置冲击波的超压值、电磁辐射值,以及驾驶室、弹药箱和油箱等设备防枪弹和弹片射击的强度校核等。

2.6.7.1　冲击波超压值校核

冲击波超压是指冲击波中高于环境压力的那一部分压力。超压值一般通过火炮的射击试验与炮口冲击波流场数值计算相结合的方法来估算得到。

冲击波对炮手的非听器损伤与有害的超压持续时间和射弹发数有关，非听器损伤是指听器以外部位的损伤，主要是上呼吸道、肺和胃肠道等内脏的损伤，GJB 1159－1991 定义了一个时间发数 $N \cdot t_C$ 的变量，其中 N 为车载炮一天的射弹发数，是指 24 小时内炮手暴露在炮口冲击波环境中的总射弹次数，时间 t_C 是指有效 C 持续时间，其含义是炮口冲击波压力波形中低于最大正超压峰值 10 分贝所对应的各时间间隔之和，见图 2.6.5 中点 AB 与点 CD 之间的时间和，小于 20.4 kPa 的压力波动不予统计。冲击波压力 p (Pa)用 pB(dB)来表示的转换关系为

$$\mathrm{pB} = 20\lg\left(\frac{p}{20 \times 10^{-6}}\right) \tag{2.6.35}$$

式中 p 的单位为 Pa。

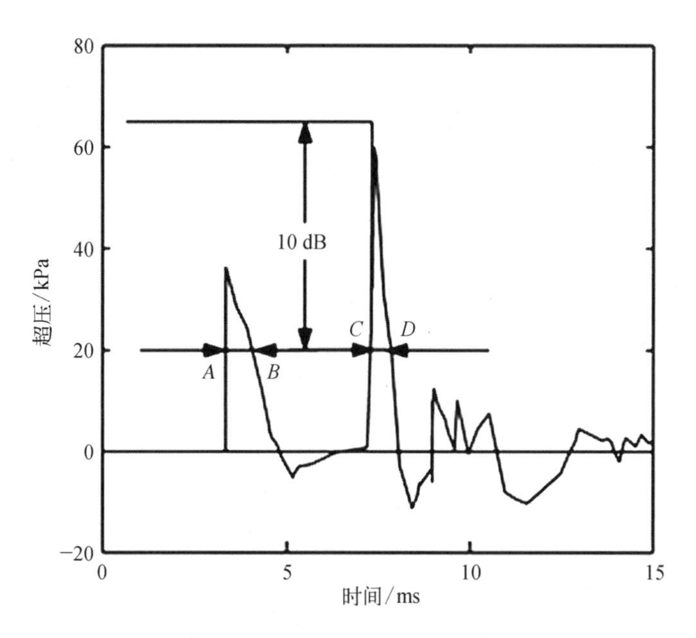

图 2.6.5　有效 *C* 持续时间示意图

在无胸防护条件下，允许炮手承受炮口冲击波作用的安全限值 p_s 的估算公式为

$$p_s = \begin{cases} 37 - 3\ln\dfrac{N \cdot t_C}{4}, & N \cdot t_C \leqslant 1\,000 \\ 20.4, & N \cdot t_C > 1\,000 \end{cases} \tag{2.6.36}$$

射击试验时，在炮手工作位置安置冲击波压力传感器，传感器的安装高度应与炮手的高度相一致，由此测量得到最恶劣射角条件下该位置处的超压值。在安置传感器时传感器的敏感测量面法线方向应朝天空方向。

冲击波超压值也可以采用流体动力学的理论和方法对炮口气流场进行模拟估算，估算模型的相关关键参数需要通过实验室的模拟试验进行识别，相关估算的方法，见第 7 章的讨论。

2.6.7.2　电磁辐射值校核

1）电磁辐射对人体危害

根据 GJB 1389A－2005《系统电磁兼容性要求》5.8.2 条和 GJB 5313－2004《电磁辐射暴露限值和测量方法》的要求进行电磁辐射场强对人体的危害测量，标准中规定电磁辐射间断暴露最高允许限制如表 2.6.5 所示。

表 2.6.5　试验极限

频率 f	间断暴露最高允许限制
10~400	10 W/m^2
换算为电场强度限制为 61.4 V/m	

2）电磁辐射对人体危害测试方法

图 2.6.6 展示了车载炮电磁辐射人员危害测试示意图，测试过程中车载炮超短波电台与陪侍电台持续通信，超短波电台处于发射状态，陪侍电台处于接收状态。

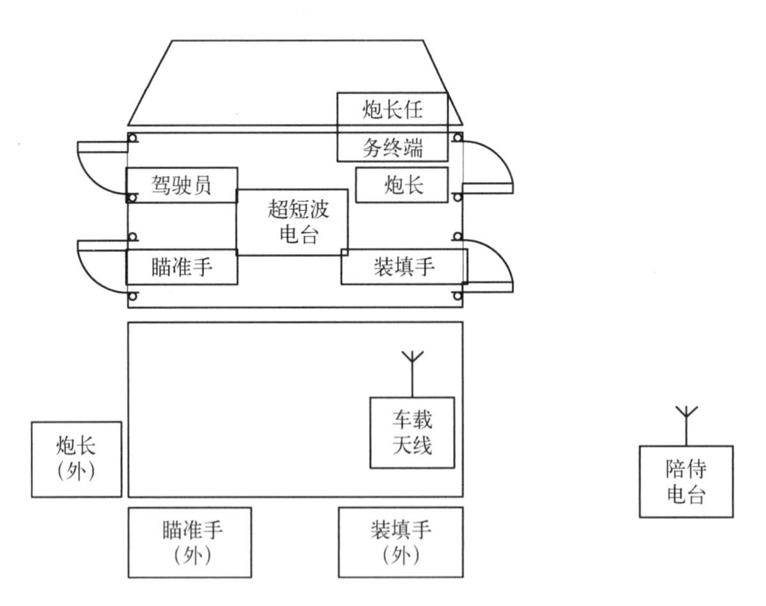

图 2.6.6　车载炮电磁辐射对人体危害测试示意图

将车载炮超短波电台分别设定在低频率、中频率、高频率工作点的高功率发射模式下，与陪侍电台通信保持通信状态，分别测试驾驶员、炮长、瞄准手、装填手、炮长（外）、瞄准手（外）、装填手（外）七个位置的电磁辐射对人体的危害。其中，驾驶员、炮长、瞄准手、装调手四个位置的电磁辐射按照图 2.6.7 所示，将场强探头分别置于头部、胸部、腹部三个位置处，使用场强探头测量 3 次，将 3 次电磁辐射场强的平均值作为该测试点的测量值；对于炮长(外)、瞄准手(外)、装填手(外)三个位置的电磁辐射按照图 2.6.8 所示，将场强探头分别置于头部、胸部、腹部三个位置处，使用场强探头测量 3 次，将 3 次电磁辐射场强的平均值作为该测试点的测量值。

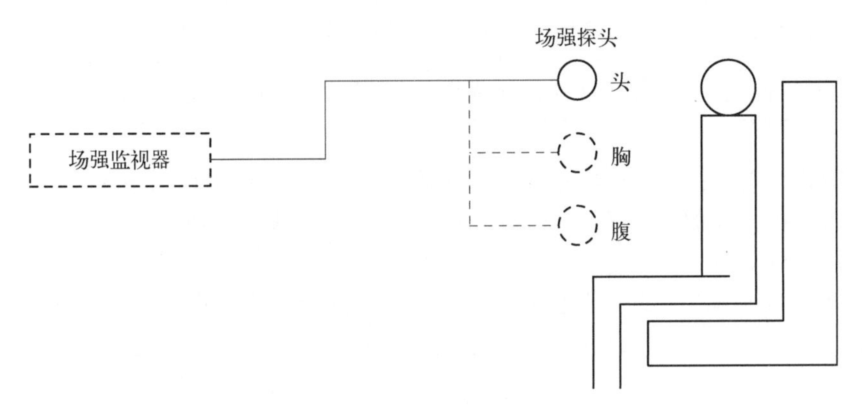

图 2.6.7　电磁辐射对人体的危害试验配置图(坐姿)

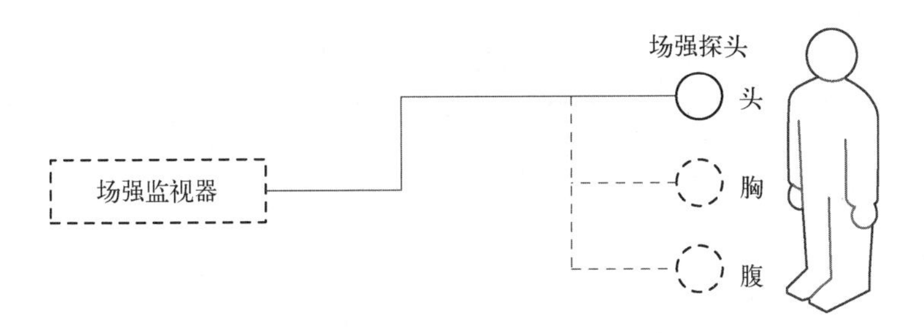

图 2.6.8　电磁辐射对人体的危害试验配置图(站姿)

2.6.7.3　抗地雷爆炸强度校核

许多国家发展了地雷防护系统，并在不同的国家产生了不同的需求和不同的测试方法。北约 STANAG 4569 颁布了后勤和轻型装甲车辆地雷防护水平标准，具体防护等级见表 2.6.6。

表 2.6.6　手雷和爆炸型地雷威胁下装甲车辆防护等级

级别	手雷和爆炸地雷威胁		
4	4b	地雷在车底爆炸	10 kg(爆炸物重量)爆炸 AT 地雷
	4a	在任意车轮或履带位置压力激发地雷爆炸	
3	3b	地雷在车底爆炸	8 kg(爆炸物重量)爆炸 AT 地雷
	3a	在任意车轮或履带位置压力激发地雷爆炸	

续　表

级别	手雷和爆炸地雷威胁		
2	2b	地雷在车底爆炸	6 kg(爆炸物重量)爆炸 AT 地雷
	2a	在任意车轮或履带位置压力激发地雷爆炸	
1	车辆底部任意位置爆炸的手雷,装着炸药的炸弹破片子弹药和其他小型防步兵爆炸装置		

1 级威胁定义为：车底任意位置引爆的手雷,破片型子弹药和其他小型防步兵爆炸装置。1 级威胁的定义是基于车辆底部任意最严苛位置引爆的 90%百分位的防步兵破片装置。

2~4 级威胁是基于车轮/履带位置下或车辆底部任意位置爆炸的反车辆爆炸型地雷(通常为反坦克地雷)。反坦克爆炸地雷装药量高达 6 kg、8 kg 和 10 kg TNT。

2~4 级威胁条件定义为掩埋在 10 cm 土壤之下的 AT 爆炸型地雷。

例如针对北约 STANAG 4569－3b 级防雷(8 kg TNT 当量)要求,通过车载火炮的防雷试验测试,技术指标需要达到表 2.6.7 的要求。

表 2.6.7　强制测试参数一览表

身体部位	标　准	IARV	通 过 标 准
头	头损伤标准	HIC15	250
颈	轴向压缩力 轴向拉伸力 剪切力 弯矩(屈曲) 弯矩(伸展)	Fz− Fz+ Fx+/ Fy+ Mocy+ Mocy−	4.0 kN,0 ms;1.1 kN,> 30 ms 3.3 kN,0 ms;2.7 kN,35 ms;1.1 kN,>45 ms 3.1 kN,0 ms;1.5 kN,25~35 ms;1.1 kN,>45 ms 190 Nm 77 Nm
胸部	胸部压缩标准 黏性标准	TCCfrontal VCfrontal	30 mm 0.70 m/s
脊柱	动态响应指数	DRIz	17.7
股骨	轴向压缩力	Fz−	6.9 kN
胫骨	轴向压缩力	Fz−	5.4 kN (HIII,lower load cell)
非听觉压强导致损伤	胸壁运动速度指示器	CWVP	3.6 m/s

第 7 章详细讨论了地雷爆炸冲击波的测试、估算方法,以及驾驶室抗爆强度估算方法,可适用于本节对结构的抗爆炸强度估算。

2.6.7.4　抗枪弹和榴弹碎片强度校核

北约 STANAG 4569 标准的附件 A 中定义了小口径、中口径动能弹丸和表征炮弹爆炸产生破片的破片模拟弹(FSP)对车体装甲侵彻产生的损伤。包括对车辆装甲部件(整车、附加装甲、不透明和透明装甲)抗弹能力评估的技术标准和对车体装甲最薄弱部位评估的可重复检验方法。表 2.6.8 给出了动能弹和炮弹威胁的试验条件和分级。

表 2.6.8　动能弹和炮弹威胁的试验条件

等级	动 能 威 胁				炮弹威胁(20 mm模拟破片弹)		
	弹　　药	V_{proof}速度/(m/s)	方位角/(°)	仰角/(°)	V_{proof}速度/(m/s)	方位角/(°)	仰角/(°)
6	30 mm×173APFSDS－T	n.a.	±30	0	1 250	0～360	0～90
	30 mm×165 AP－T	810					
5	25 mm×137 APFSDS－T MB 3134	1 336	±30	0	960	0～360	0～90
	25 mm×137APDS－T,PMB 073	1 258					
4	14.5 mm×114 API/B32	911	0～360	0	960	0～360	0～90
3	7.62 mm×51 AP (WC core)	930	0～360	0～30	—	0～360	0～30
	7.62 mm×54 RB32 API	854					
2	7.62 mm×39 API BZ	695	0～360	0～30	—	0～360	0～22
1	7.62 mm×51 NATO ball	833	0～360	0～30	—	0～360	0～18
	5.56 mm×45 NATO SS109	900					
	5.56 mm×45 M193	937					

防护系统可能容易受到某一等级威胁攻击时,就有必要使用为较低防护等级规定的弹进行测试。

第 7 章详细讨论了抗枪弹和榴弹碎片强度的测试、估算方法,以及驾驶室抗枪弹和榴弹碎片强度估算方法,可适用于本节对结构的抗枪弹和榴弹碎片强度估算。

2.7　车载炮效能评估

车载炮效能是指其完成规定任务剖面的能力大小,它是衡量车载炮总体性能的一个重要综合性能指标。车载炮的效能要描述在完成规定任务过程中系统是否随时可用、是否经久耐用、是否能发挥作用三个相互关联的问题,可分别用完成任务的可用性、可信赖性和能力来度量。可用性是对车载炮在开始执行任务时系统状态的度量,可信赖性是对车载炮在执行任务过程中系统状态的度量,能力是车载炮完成被赋予它的任务的能力。可用性、可信赖性和能力分别是描述车载炮从开始执行任务起至终结执行任务这一过程中的三个基本状态。车载炮在完成任务过程中,不是处于工作状态中,就是处于故障状态中。在这种情况下,可用性、可信赖性和能力的量度要回答以下三个基本问题:车载炮在开始执行任务时是否正在工作(可用性)?若车载炮在开始执行任务时是在工作,那么在执行任务的整个过程中,车载炮能否继续工作(可信赖性)?若车载炮在执行任务的过程中一直工作,那么它是否能成功地完成任务(能力)?

为此,从车载炮整体分析入手,采用层次分析的方法,通过分析决定和影响车载炮作战能力的主要因素,提出形成车载炮作战能力的四种主要能力,分别为打击能力、机动能力、生存能力和可靠性水平,如图 2.7.1 所示。其中可靠性水平能力反映了车载炮的可用能力和可信赖性,打击能力、机动能力和生存能力反映了车载炮在完成任务剖面过程中的工作能力。利用第 3 章中车载炮的效能分析模型来对车载炮的作战效能进行评估,在此基础上构建作战效能优异的效能优化模型,为车载炮作战性能的提升提高技术支撑。

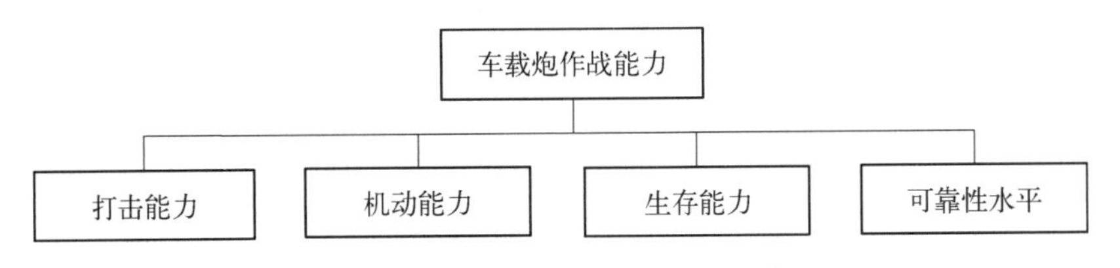

图 2.7.1　车载炮作战能力评价指标体系

由于侦察、指挥、通信、评估和控制等系统属车载炮武器系统中的重要内容,不需要在车载炮的作战效能中进行讨论。

2.8　最终总体方案的确定

车载炮总体设计是一个功能、性能反复迭代优化的过程,也是各种矛盾相互兼顾、权衡的过程,期间需要进行大量的理论分析、方案评估,甚至要进行关键系统的样机试验等。其结果是通过各种理论、实验验证和评估来确认车载炮的总体设计能满足原定的设计目标和指标要求。满足原定设计目标和指标要求的总体设计方案有多种,但最终的方案应是一个优化后的结果,高机动、远射程、大威力、高精度、高稳定、低成本应该是车载炮优先发展的方向。

通过本章提出的车载炮总体初步方案设计方法,在经过后面章节的详细讨论后,需要进一步对总体方案加以细化,在总体方案基本满足战技指标要求后,应该在基准方案的基础上充分利用数字化样机进行变参数研究,可建立车载炮射程模型、威力模型、载荷分离模型、机动化模型、射击精度模型、成本模型、综合效能评估模型等。车载炮的成本不仅是研制的成本,而且还要考虑使用维护的成本,既要考虑单个性能成本的费用,还要考虑车载炮全寿命费用。

总之,车载炮的总体设计是多变量的优化问题,根据不同的需求和要达到的不同目标,建立相应的基于模型的综合优化设计,在模型阶段对车载炮的性能进行迭代优化,对车载炮总体方案设计中的关键参数进行全局优化。目前虽还不能准确通过优化直接做到确定车载炮的总体参数，还需要依靠既具有专业知识又对车载炮全局了解的总体设计人员来思索、构思、分析、权衡，但最终的总体方案应是经过综合优化后的方案，是性能优良、技术先进、工艺可达、一致性可控、人机功效兼具的优化方案。

最终的总体设计方案还应包括以下文件资料：方案设计报告、设计计算书、标准化大纲、可靠性工作计划、维修性工作计划、保障性工作计划、测试性工作计划、安全性工作计划、质量保证大纲、电磁兼容性大纲、环境适应性工作计划、人机工程大纲、研制任务书等。

当上述文件资料全部完成后，需要向上级管理机关申请，并由上级管理机关组织相关领域的专家对该方案进行评审，形成评审意见和建议。在充分采纳评审意见和专家建议后，再对系统的总体方案进一步加以修改，最终得到一个落实评审意见和专家建议的设计修改、完善的报告，报送上级机关审批通过后，由此形成了车载炮最终的总体设计方案。

第3章 系统总体性能优化设计

车载炮总体性能通过其效能反映出来，车载炮效能是指其完成规定任务剖面的能力大小，它是衡量车载炮总体性能的一个重要综合性能指标。车载炮的效能要描述在完成规定任务过程中系统是否随时可用、是否经久耐用、是否能发挥作用三个相互关联的问题。评价车载炮效能的方法主要有ADC方法、模糊综合评价法、云评估方法等。ADC方法用可用性、可信赖性和能力来度量，适用于具体指标的评估和分配；模糊综合评价法通过模糊隶属度的方法评价指标，适用于在火炮总体设计阶段对总体指标的评估和分配；云评估方法利用云模型及其数字特征来衡量指标，适用于车载炮作战试验阶段，基于作战试验数据对车载炮的综合性能进行评价。在车载炮研制和工程实践中，可依据研制的具体阶段采用上述不同的方法对车载炮的指标进行评估、反求和优化设计，以实现车载炮综合性能的提升。

3.1 车载炮综合能力评价指标体系

要建立车载炮的效能模型，关键是要研究车载炮作战能力的定量评价方法。为此，从车载炮整体分析入手，采用层次分析的方法，通过分析决定和影响车载炮作战能力的主要因素，提出形成车载炮作战能力的四种主要能力(打击能力、机动能力、防护能力和可靠性水平)，如图3.1.1所示。其中可靠性水平能力反映了车载炮的可用能力和可信赖性，打击能力、机动能力和防护能力反映了车载炮在完成任务剖面过程中的工作能力。由于侦察、指挥、通信、评估和控制等系统属车载炮武器系统中的重要内容，在此不作讨论。

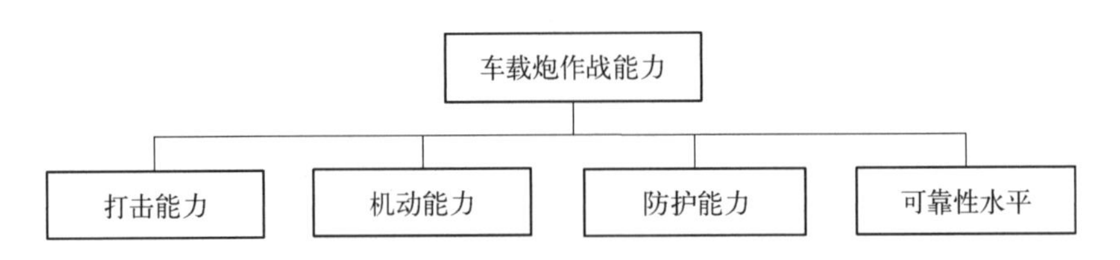

图3.1.1 车载炮作战能力评价指标体系

车载炮的打击能力由火控能力、射击能力和毁伤能力三部分组成，如图3.1.2所示。火控能力主要由操瞄精度和系统反应时间来表达，操瞄精度主要考虑车载炮的射前精度，包括调炮精度、瞄具精度、火力线与瞄准线间的精度、射击前后的复瞄精度等；系统反应时间主要考虑车载炮捕获战机的能力，主要包括一键式操炮能力(用时间来表达)、诸元解算速度和传输速度、获取目标的能力(前观探测设备水平、前观与火控间的通信水平、指控

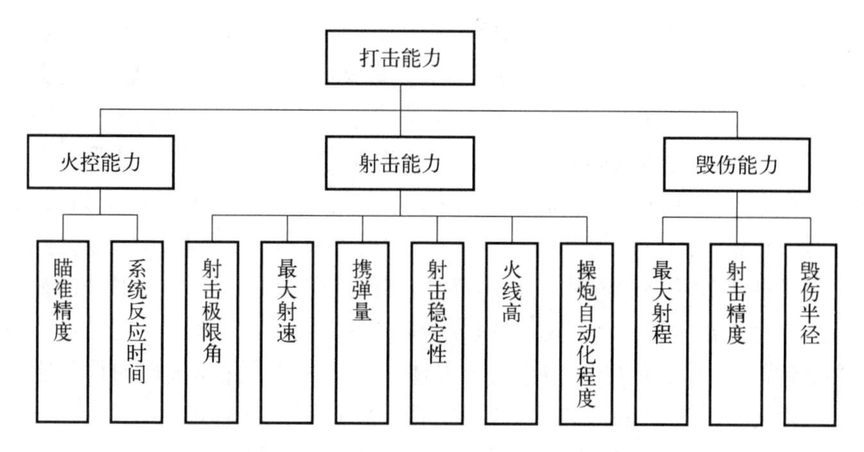

图 3.1.2　车载炮打击能力评价指标体系

与火控间的通信水平等)等。射击能力主要考虑车载炮的发射能力,主要有射击极限角、最大射速、携弹量、射击稳定性、火线高和操炮自动化等要素;在非自动化、需要由人工来操瞄时,用火线高来刻画射击能力的主要考虑是:火线高越低、人机环就越好、人工操瞄就越方便、射击能力就越强。毁伤能力主要考虑威力的三要素,即最大射程、射击精度和毁伤半径,反映了车载炮的远、准、狠的特点。

车载炮的特点是通过高机动性来弥补防护能力弱的不足,"快打快撤"的战术需要车载炮的高机动性来支撑。机动能力由行战/战行机动性(用时间来表示)、公路机动性和越野机动性三部分特性来表征,如图 3.1.3 所示。从作战使用的角度来看,机动性应包括行战/战行时间和车载炮的行驶机动性;而车载炮的行驶机动性主要考虑公路行驶的机动性和越野行驶的机动性。

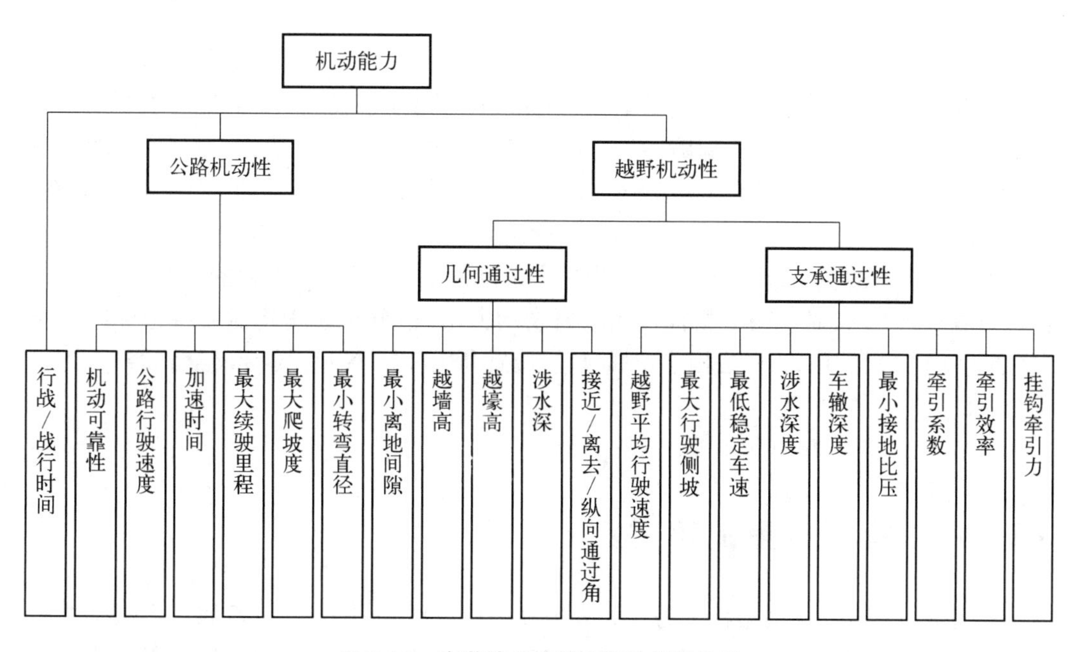

图 3.1.3　车载炮机动能力评价指标体系

车载炮的防护能力如图 3.1.4 所示，主要包括装甲防护（防枪弹、榴弹、地雷、简易炸弹）、防炮口冲击波（含炮手操作位置的超压值）和爆轰波、随行防卫武器、炮手紧急逃生能力、车载炮的伪装隐身能力、车载炮的总体尺寸等。随行防卫武器属主动防护能力，主动防护能力越强，系统整体的防护水平就越高；炮手紧急逃生能力与炮手的操作位置有关，相对炮手在车上操作，若在地面上操作由于车载炮结构的遮挡，防护能力得到改善，其逃生能力就强；车载炮的总体尺寸越大，被击中的概率就越大，对防护的要求也越高，而且尺寸越大，机动性也就越差；防炮口冲击波和地雷爆炸爆轰波除了要考虑冲击波对结构的防护外，还需要考虑炮手操作位置超压值的影响，超压值越大，炮手需要防护的设备就越复杂，效能就越低，而超压值的大小与系统总体设计水平有关；车载炮的伪装隐身涵盖了多种技术，包括防红外探测的低热辐射隐身，降低雷达反射面积的隐身几何结构形状，采用与环境背景相同的迷彩颜色等，均可以降低车载炮被探测到的概率。

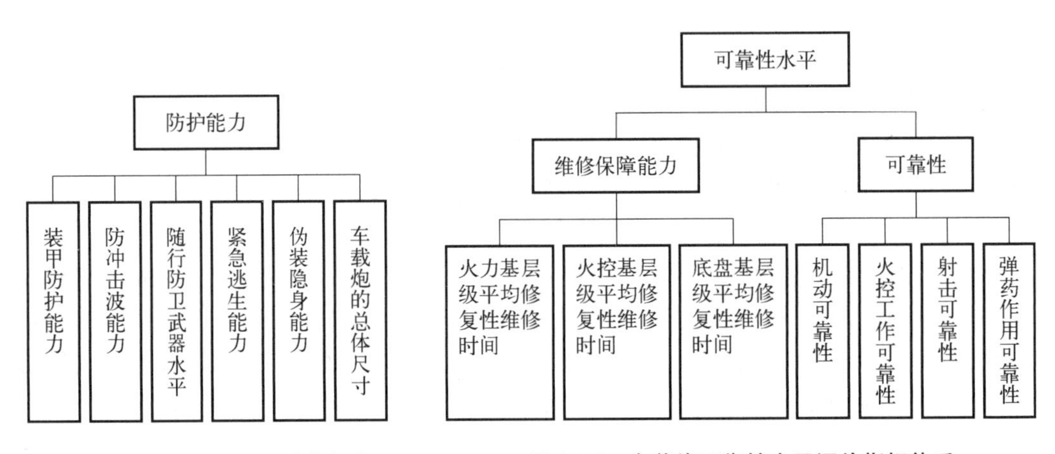

图 3.1.4　车载炮防护能力评价指标体系　　**图 3.1.5　车载炮可靠性水平评价指标体系**

车载炮的可靠性水平包含了其维修保障能力和其系统的可靠性。车载炮的维修与保障能力保障车载炮正常运转，反映了车载炮的可用性，目前车载炮的维修能力主要用基层级平均修复性时间来度量，而保障性是通过对零部件的合理配备来实现的。如图 3.1.5 所示，车载炮的可靠性包括其机动可靠性、火控工作可靠性、射击可靠性和弹药作用可靠性，车载炮的可靠性反映了对车载炮工作的可信赖性。

由于车载炮的各类指标较多，有些指标是清晰的、有些指标是模糊的，对可量化的指标可用概率的方法，对模糊的指标可用隶属度的方法，但分析过程均需要将指标归一化（区间为 0 到 1），利用 AHP 法构建指标权重，最后利用 ADC 模型、模糊综合评价法等进行综合评估。

3.2　评估指标权重的确定

采用 AHP 方法，评估指标按需要划分为多级层次结构，每一层都有属于本层的指标集、权重因子集和评估集，只有同一层的指标间才具有可操作性和可比性，且低层次向高层次进行结果传递。

为确定各层次指标的权重因子,首先要构建判断矩阵,即采用两两比较的方法,判断两个指标哪个更重要,并按 1~9 比例标度对重要性程度赋值,分别为以下 9 个等级:同样重要、次稍微重要、稍微重要、次明显重要、明显重要、次强烈重要、强烈重要、次极端重要、极端重要。这样,当全部完成所有元素(s 个)的比较判断后,比例标度构成了一个两两比较的判断矩阵,即

$$\boldsymbol{B}=\begin{bmatrix} b_{11} & b_{12} & \cdots & b_{1s} \\ b_{21} & b_{22} & \cdots & b_{2s} \\ \vdots & \vdots & \ddots & \vdots \\ b_{s1} & b_{s2} & \cdots & b_{ss} \end{bmatrix} \tag{3.2.1}$$

其中, b_{ij} 表示 i 比 j 的重要程度。矩阵 $\boldsymbol{B}$ 的构建规则为:矩阵的对角线元素 $b_{ii}=1$, 而后填写矩阵的上三角元素,如果 i 比 j 的重要,则直接填写 1~9 的数值,反之填写该数值的倒数。

矩阵 $\boldsymbol{B}$ 的特征方程为

$$f(\lambda)=|\boldsymbol{B}-\lambda\boldsymbol{I}|=\begin{vmatrix} b_{11}-\lambda & b_{12} & \cdots & b_{1s} \\ b_{21} & b_{22}-\lambda & \cdots & b_{2s} \\ \vdots & \vdots & \ddots & \vdots \\ b_{s1} & b_{s2} & \cdots & b_{ss}-\lambda \end{vmatrix}=0 \tag{3.2.2}$$

设 $\boldsymbol{w}'$ 为矩阵 $\boldsymbol{B}$ 的最大特征根所对应的特征向量,则有

$$(\boldsymbol{B}-\lambda_{\max}\boldsymbol{I})\boldsymbol{w}'=0 \tag{3.2.3}$$

求出 $\boldsymbol{w}'$ 后,对其进行归一化处理后得到归一化的 $\boldsymbol{w}$:

$$\boldsymbol{w}=\frac{\boldsymbol{w}'}{\|\boldsymbol{w}'\|} \tag{3.2.4}$$

由 AHP 法的理论可知 $\boldsymbol{w}$ 即为指标对应的相对权重:

$$\boldsymbol{w}=[w_1 \quad w_2 \quad \cdots \quad w_s]^{\mathrm{T}} \tag{3.2.5}$$

上述计算过程是针对一个专家的判断,如果有 t 位专家决策时,假定对同一个准则, t 位专家的判断矩阵分别为 $\boldsymbol{B}_1$、$\boldsymbol{B}_2$、…、$\boldsymbol{B}_t$, 其中,

$$\boldsymbol{B}_k=[b_{ij}^k],\ k=1,\ 2,\ \cdots,\ t \tag{3.2.6}$$

采取几何平均综合判断矩阵法求取综合权重向量,将 t 个判断矩阵用几何平均的方法获得一个综合判断矩阵 $\boldsymbol{B}$, 其中,

$$b_{ij}=(b_{ij}^{(1)})^{\rho_1}(b_{ij}^{(2)})^{\rho_2}\cdots(b_{ij}^{(t)})^{\rho_t},\ \sum_{k=1}^{t}\rho_k=1 \tag{3.2.7}$$

式中, ρ_k 为各个专家的权重系数,取 $\rho_k=1/t$, 此时:

$$b_{ij} = \sqrt[t]{b_{ij}^{(1)} b_{ij}^{(2)} \cdots b_{ij}^{(t)}} \tag{3.2.8}$$

再用上述方法求出矩阵 $\boldsymbol{B}$ 的主特征向量作为综合权重向量。

3.3 ADC 效能模型

ADC 效能模型规定了车载炮的效能是其可用度性、可信赖性和作战能力的函数,用一行向量 $\boldsymbol{E}(1 \times m)$ 表示, 即

$$\boldsymbol{E} = \boldsymbol{A} \cdot \boldsymbol{D} \cdot \boldsymbol{C} \tag{3.3.1}$$

式中, $\boldsymbol{E} = [e_1, e_2, \cdots, e_m]$ 为系统效能指标向量, $e_i(i = 1, 2, \cdots, m)$ 是对车载炮第 i 项任务要求的效能指标。$\boldsymbol{A} = [a_1, a_2, \cdots, a_n]$ 为 $1 \times n$ 可用度向量,是车载炮执行任务开始时刻可用程度的度量,反映车载炮的使用准备程度; $\boldsymbol{A}$ 的任意分量 $a_j(j = 1, 2, \cdots, n)$ 是指车载炮开始执行任务时系统处于状态 j 的概率,就可用程度而言, j 是系统可能状态序号;一般而言,车载炮的可能状态由各子系统的可工作状态、工作保障状态、定期维修状态、故障状态、等待备件状态等组合而成。$\boldsymbol{D}$ 称为任务可信赖度,表示车载炮在使用过程中完成规定功能的概率。由于车载炮有 n 个可能状态,则可信度 $\boldsymbol{D}$ 是一个 $n \times n$ 矩阵:

$$\boldsymbol{D} = \begin{bmatrix} d_{11} & d_{12} & \cdots & d_{1n} \\ d_{21} & d_{22} & \cdots & d_{2n} \\ \vdots & \vdots & \vdots & \vdots \\ d_{n1} & d_{n2} & \cdots & d_{nn} \end{bmatrix} \tag{3.3.2}$$

式中, $d_{ij}(i, j = 1, 2, \cdots, n)$ 为车载炮由开始使用时的 i 状态转移到 j 状态的概率。显然,有

$$\sum_{j=1}^{n} d_{ij} = 1 \tag{3.3.3}$$

用 $\boldsymbol{C}$ 代表车载炮的作战能力,表示车载炮在可信赖状态下,能达到规定能力的概率。一般情况下,车载炮的作战能力 $\boldsymbol{C}$ 是一个 $n \times m$ 矩阵,即

$$\boldsymbol{C} = \begin{bmatrix} c_{11} & c_{12} & \cdots & c_{1m} \\ c_{21} & c_{22} & \cdots & c_{2m} \\ \vdots & \vdots & \vdots & \vdots \\ c_{n1} & c_{n2} & \cdots & c_{nm} \end{bmatrix} \tag{3.3.4}$$

式中, $c_{ij}(i = 1, 2, \cdots, n; j = 1, 2, \cdots, m)$ 为车载炮在可能状态 i 下达到第 j 项要求的概率。

上述效能指标的特点是由三个分指标刻画车载炮在使用过程中不同阶段的可用性,这三个的乘积即为车载炮的效能指标。这种车载炮效能指标定义的优点是简单、便于计算,不足之处是尚不能全面反映车载炮达到一组特定任务要求的程度。

3.4 模糊评估效能模型

车载炮中有些指标,如紧急逃生能力等,很难用一个具体确定性值来表示,因此若完全采用确定性模型会带来参数取值偏离较大的问题,为此需要采用模糊评估的方法来处理类似的问题。其原理是先对单因素进行评价,然后对所有因素进行综合模糊评价,以防止遗漏任何统计信息和信息的中途损失,这有助于解决用“是”或“否”这样的确定性评价带来的对客观真实的偏离问题。

模糊评估主要由 4 个要素组成,即因素集、备择集、权重和综合评价。

(1) 因素集。因素集是影响车载炮作战效能的各种因素的综合,由图 3.1.1~图 3.1.5 所示的车载炮效能评价指标的层次结构图可知,顶层级为车载炮作战能力,第 1 级为支撑车载炮作战能力的四种主要能力分别为打击能力、机动能力、防护能力和可靠性水平,第 2 级分别为支撑打击能力、机动能力、防护能力和可靠性水平等的主要因素,如此一层一层的分解,直到完成所有的支撑因素被纳入。车载炮系统通用层级划分如图 3.4.1 所示,顶层级为 $\boldsymbol{U}$, 支撑 $\boldsymbol{U}$ 的 m 个因素构成第 1 级,即 $\boldsymbol{U}=\{\boldsymbol{U}_1 \quad \cdots \quad \boldsymbol{U}_i \quad \cdots \quad \boldsymbol{U}_m\}$, 支撑 $\boldsymbol{U}_i$ 的 m_i 个因素构成第 2 级,即 $\boldsymbol{U}_i=\{\boldsymbol{U}_{i1} \quad \cdots \quad \boldsymbol{U}_{ij} \quad \cdots \quad \boldsymbol{U}_{im_i}\}$, 支撑 $\boldsymbol{U}_{ij}$ 的 n_j 个因素构成第 3 级,即 $\boldsymbol{U}_{ij}=\{\boldsymbol{U}_{ij1} \quad \cdots \quad \boldsymbol{U}_{ijk} \quad \cdots \quad \boldsymbol{U}_{ijn_j}\}$, 如此划分直到结束为止。$\boldsymbol{U}_i$ 称为第 1 级的第 i 个因素集, $\boldsymbol{U}_{ij}$ 为第 2 级的影响第 i 个因素集 $\boldsymbol{U}_i$ 中的第 j 个因素集, $\boldsymbol{U}_{ijk}$ 为第 3 级的影响第 i、第 j 个因素集 $\boldsymbol{U}_{ij}$ 中的第 k 个因素集。

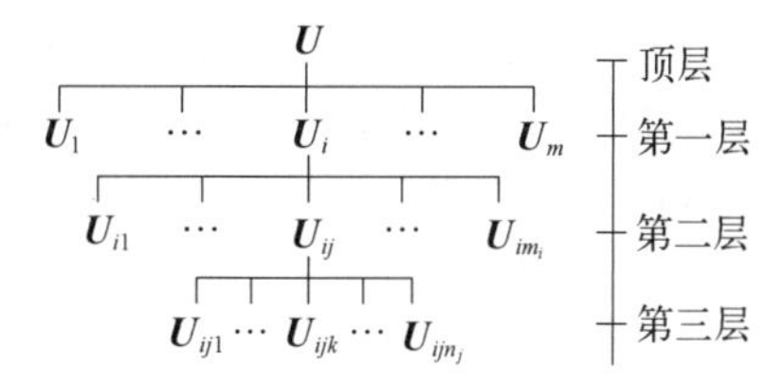

图 3.4.1 层级图

(2) 备择集。备择集是评价者对作战效能可做出的各种总评价所组成的集合,常用专家评定法来确定评语,评语可分为 5 个等级,即 $\boldsymbol{V}=\{V_1 \quad V_2 \quad V_3 \quad V_4 \quad V_5\}$ = {优 良 中 差 较差}。

(3) 确定权重。权重反映了同一级因素在该级评价中的作用和地位。如影响 $\boldsymbol{U}_i$ 的因素由 $\boldsymbol{U}_{ij}(j=1, 2, \cdots, m_i)$ 组成,则权重 $\boldsymbol{\rho}_{ij}$ 与 $\boldsymbol{\rho}_{ik}$ 反映了 $\boldsymbol{U}_{ij}$ 相比因素 $\boldsymbol{U}_{ik}$ 的重要与否,且有 $\sum_{j=1}^{m_i}\rho_{ij}=1$。权重的确定可采用 3.2 节中的方法来获得。

(4) 模糊综合评价。以对支撑第 1 级中的第 i 个因素 $\boldsymbol{U}_i$ 中的 m_i 个 2 级因素集 $\boldsymbol{U}_{ij}(j=1, 2, \cdots, m_i)$ 为例,进行模糊综合评价。

采用专家打分法,假设有 t 个专家对支撑 1 级因素集 $\boldsymbol{U}_i$ 中的第 j 个指标 $\boldsymbol{U}_{ij}$ 按 $\boldsymbol{V}$ 的要求做出评价,有 t_l 专家评价为 l 等,则可得该指标隶属于第 $l(l=1, 2, 3, 4, 5)$ 等评语的隶属度 r_{ijl} 为

$$r_{ijl}=\frac{t_l}{t}, \quad l=1, 2, 3, 4, 5 \tag{3.4.1}$$

则隶属度矩阵为

$$\boldsymbol{r}_{ij} = \{r_{ij1} \quad r_{ij2} \quad r_{ij3} \quad r_{ij4} \quad r_{ij5}\} \tag{3.4.2}$$

由此可得指标 $\boldsymbol{U}_i$ 下属指标的评价矩阵为

$$\boldsymbol{R}_i = \begin{bmatrix} \boldsymbol{r}_{i1} \\ \boldsymbol{r}_{i2} \\ \vdots \\ \boldsymbol{r}_{im_i} \end{bmatrix} \tag{3.4.3}$$

考虑到 $\boldsymbol{U}_{ij}$ 中各个指标 $j = 1, 2, \cdots, m_i$ 的加权系数矩阵 $\boldsymbol{w}_i = \{w_{i1} \quad w_{i2} \quad \cdots \quad w_{im_i}\}$，可得 $\boldsymbol{U}_i$ 得隶属矩阵为

$$\boldsymbol{r}_i = \boldsymbol{w}_i \cdot \boldsymbol{R}_i = \sum_{j=1}^{m_i} w_{ij}\boldsymbol{r}_{ij} \tag{3.4.4}$$

若取 $\boldsymbol{V} = \{100 \quad 85 \quad 70 \quad 60 \quad 45\}$，则对 $\boldsymbol{U}_i (i = 1, 2, \cdots, m)$ 的评价结果 P_i 为

$$P_i = \boldsymbol{r}_i \cdot \boldsymbol{V} = \sum_{l=1}^{5} V_l \left(\sum_{j=1}^{m_i} w_{ij} r_{ijl} \right) = \sum_{l=1}^{5} \sum_{j=1}^{m_i} w_{ij} r_{ijl} V_l, \quad i = 1, 2, \cdots, m \tag{3.4.5}$$

上述结果需要进行归一化，以确保 $P_i \in [0, 1]$。

除专家打分评估外，式(3.4.1)中某参数 a 的隶属度 r_a 的计算还可用采用以下方法来得到。

（1）具体指标值明确，且指标值越大，性能就越好的，可用以下公式来计算：

$$r_a = \frac{\text{指标的具体值}}{\text{指标的最大值}} \tag{3.4.6}$$

（2）具体指标值明确，且指标值越小，性能就越好的，可用以下公式来计算：

$$r_a = \frac{\text{指标的最小值}}{\text{指标的具体值}} \tag{3.4.7}$$

（3）指标适中为优，而不是越大或越小为越好的，可用以下公式来计算：

$$r_a = \frac{\text{具体指标值}}{\text{适中指标值} + |\text{适中指标值} - \text{具体指标值}|} \tag{3.4.8}$$

3.5 车载炮综合评估效能

由图 3.1.1 可知，车载炮的作战能力由打击能力、机动能力、防护能力和可靠性水平四部分组成，其中可靠性水平中的维修保障能力反映了车载炮的可用性，装备的可靠性反映了车载炮的可信赖性，而打击能力、机动能力和防护能力是车载炮武器不可缺少的组成部分，基本上是彼此独立履行各自的任务、各组成部分之间相互影响较小。因此车载炮武器的综合效能可分解成打击能力、机动能力和防护能力这三大子系统效能的加权和，即

$$\boldsymbol{E} = w_1\boldsymbol{E}_1 + w_2\boldsymbol{E}_2 + w_3\boldsymbol{E}_3 \tag{3.5.1}$$

式中，$\boldsymbol{E}_1$、$\boldsymbol{E}_2$、$\boldsymbol{E}_3$ 分别为车载炮的打击效能、机动效能和防护效能，加权系数 $\boldsymbol{w} = [w_1 \quad w_2 \quad w_3]^{\mathrm{T}}$ 由 3.2 节的方法得到。

3.5.1 车载炮打击效能

车载炮的打击系统由火控系统、射击系统和毁伤系统三部分组成，因此车载炮的打击效能为火控系统、射击系统和毁伤系统三大子系统效能的加权和：

$$\boldsymbol{E}_1 = w_{11}\boldsymbol{E}_{11} + w_{12}\boldsymbol{E}_{12} + w_{13}\boldsymbol{E}_{13} \tag{3.5.2}$$

式中，$\boldsymbol{E}_{11}$、$\boldsymbol{E}_{12}$、$\boldsymbol{E}_{13}$ 分别为火控效能、射击效能和毁伤效能，加权系数 $\boldsymbol{w}_1 = [w_{11} \quad w_{12} \quad w_{13}]^{\mathrm{T}}$ 由 3.2 节的方法得到。

3.5.1.1 火控系统效能

假设火控系统只有正常(N)和故障(F)两种状态，且执行任务期间出现的故障不可修复，则火控系统的可用性向量元素应包含状态 N 和状态 F 的概率，具体表达式为

$$\boldsymbol{A}_{11} = (a_{111},\ a_{112}) \tag{3.5.3}$$

$$a_{111} = \frac{\mathrm{MTBF}_{11}}{\mathrm{MTBF}_{11} + \mathrm{MTTR}_{11}},\quad a_{112} = \frac{\mathrm{MTTR}_{11}}{\mathrm{MTBF}_{11} + \mathrm{MTTR}_{11}} \tag{3.5.4}$$

式中，MTBF_{11}为火控系统平均故障间隔时间；MTTR_{11}为火控系统故障平均修复时间。

1）可信赖矩阵计算

假设在时间 $t=0$ 火控系统有 m_{11} 个元器件投入运行，在任意时刻 t 有 $s_{11}(t)$ 个元器件在运行，则火控系统的故障率 $Z_{11}(t)$ 定义为在时间区间 $t_i \leqslant t \leqslant t_i + h_i$ 内故障元器件数与该时间区间开始时剩余元器件数的比除以时间区间长度 h_i，即

$$Z_{11}(t) = \frac{s_{11}(t_i) - s_{11}(t_i + h_i)}{h_i s_{11}(t_i)},\quad t_i \leqslant t \leqslant t_i + h_i \tag{3.5.5}$$

故障密度函数$f_{11}(t)$ 定义为在时间区间 $t_i \leqslant t \leqslant t_i + h_i$ 内故障元器件数与原有元器件数的比除以区间长度 h_i，即

$$f_{11}(t) = \frac{s_{11}(t_i) - s_{11}(t_i + h_i)}{h_i m_{11}},\quad t_i \leqslant t \leqslant t_i + h_i \tag{3.5.6}$$

火控系统的可信赖函数 $R_{11}(t)$ 定义为火控系统元器件在给定条件下和规定工作时间 t 内良好工作的概率，若用 T_{11} 表示火控系统元器件良好工作的持续时间，则 $R_{11}(t)$ 可表示为

$$R_{11}(t) = P_{11}(T_{11} > t) \tag{3.5.7}$$

可信赖性函数 $R_{11}(t)$ 与故障率 $Z_{11}(t)$ 的关系为

$$Z_{11}(t) = \frac{f_{11}(t)}{R_{11}(t)} \tag{3.5.8}$$

$f_{11}(t)$ 与 $Z_{11}(t)$ 的关系为

$$f_{11}(t)=Z_{11}(t)\exp\left(-\int_0^t Z_{11}(\eta)\,\mathrm{d}\eta\right) \tag{3.5.9}$$

特别当故障率 $Z_{11}(t)=\lambda_{11}=1/\mathrm{MTBF}_{11}$ 为常数时,有

$$R_{11}(t)=\exp(-\lambda_{11}t) \tag{3.5.10}$$

假定火控系统执行任务的持续工作时间为 T_{11},执行任务过程中出现故障率为常数 λ_{11}、维修率为常数 μ_{11},则在 T_{11} 内,火控系统的状态转移概率为

$$P_{11}(N\to N)=d_{1111}=\frac{\mu_{11}}{\lambda_{11}+\mu_{11}}+\frac{\lambda_{11}}{\lambda_{11}+\mu_{11}}\mathrm{e}^{-(\lambda_{11}+\mu_{11})T_{11}},$$

$$P_{11}(N\to F)=d_{1112}=\frac{\lambda_{11}}{\lambda_{11}+\mu_{11}}\left(1-\mathrm{e}^{-(\lambda_{11}+\mu_{11})T_{11}}\right),$$

$$P_{11}(F\to N)=d_{1121}=\frac{\mu_{11}}{\lambda_{11}+\mu_{11}}\left(1-\mathrm{e}^{-(\lambda_{11}+\mu_{11})T_{11}}\right),$$

$$P_{11}(F\to F)=d_{1122}=\frac{\lambda_{11}}{\lambda_{11}+\mu_{11}}+\frac{\mu_{11}}{\lambda_{11}+\mu_{11}}\mathrm{e}^{-(\lambda_{11}+\mu_{11})T_{11}} \tag{3.5.11}$$

式中,d_{1111} 为开始执行任务时火控系统处于工作状态到持续工作时间 T_{11} 时系统仍处于正常工作状态的概率;d_{1112} 为开始执行任务时火控系统处于工作状态到持续工作时间 T_{11} 时系统处于故障状态的概率;d_{1121} 开始执行任务时系统处于故障状态到持续工作时间 T_{11} 时系统恢复正常工作的概率;d_{1122} 开始执行任务时系统处于故障状态到持续工作时间 T_{11} 时系统仍处于故障状态的概率。

假定 $\mu_{11}=0$,由此可得可信赖矩阵为

$$\boldsymbol{D}_{11}=\begin{bmatrix} d_{1111} & d_{1112} \\ d_{1121} & d_{1122} \end{bmatrix}=\begin{bmatrix} \mathrm{e}^{-\lambda_{11}T_{11}} & 1-\mathrm{e}^{-\lambda_{11}T_{11}} \\ 0 & 1 \end{bmatrix} \tag{3.5.12}$$

2) 能力矩阵计算

由图 3.1.2 可知,车载炮的火控能力主要由瞄准精度和系统反应时间二项能力组成。车载炮的火控能力由两部分组成,第一部分为在执行任务的持续工作时间 T_{11} 内,瞄准精度和系统反应时间能保持规定性能指标的概率,分别记为 P_{111} 和 P_{112},该概率与火控系统的可靠性有关;第二部分为对瞄准精度和系统反应时间所规定性能指标在装备应用时比较敌方所处的水平因子 $K(0\leqslant K\leqslant 1)$,分为领先、先进、一般、落后、较落后五个等级,领先 $K=1$,先进 $K=0.75\sim0.9$,一般 $K=0.6\sim0.75$,落后 $K=0.45\sim0.60$,较落后 $K=0.0\sim0.45$。这样瞄准精度和系统反应时间所对应的能力分别为

$$C_{111}=P_{111}K_{111},\quad C_{112}=P_{112}K_{112} \tag{3.5.13}$$

式中,K_{111}、K_{112} 分别为反映瞄准精度和系统反应时间的水平因子。

火控系统在无故障条件下的工作能力用几何平均来表示:

$$c_{1111}=\sqrt{K_{111}K_{112}P_{111}P_{112}} \tag{3.5.14}$$

火控系统在有故障条件下的工作能力为

$$c_{1121}=0 \tag{3.5.15}$$

从而,可得火控系统的能力矩阵为

$$\boldsymbol{C}_{11}=\begin{bmatrix} c_{1111} \\ 0 \end{bmatrix} \tag{3.5.16}$$

火控系统的工作效能由式(3.3.1)给出:

$$\boldsymbol{E}_{11}=\sqrt{K_{111}K_{112}P_{111}P_{112}}\frac{\mathrm{MTBF}_{11}}{\mathrm{MTBF}_{11}+\mathrm{MTTR}_{11}}\mathrm{e}^{-\frac{T_{11}}{\mathrm{MTBF}_{11}}} \tag{3.5.17}$$

3.5.1.2 射击系统效能

假设射击系统只有正常(N)和故障(F)两种状态,且执行任务期间出现的故障不可修复,则射击系统的可用性向量元素应包含状态 N 和 F 的概率,具体表达式为

$$\boldsymbol{A}_{12}=(a_{121},\ a_{122}) \tag{3.5.18}$$

$$a_{121}=\frac{\mathrm{MTTR}_{12}}{\mathrm{MTBF}_{12}+\mathrm{MTTR}_{12}},\quad a_{122}=\frac{\mathrm{MTTR}_{12}}{\mathrm{MTBF}_{12}+\mathrm{MTTR}_{12}} \tag{3.5.19}$$

式中,MTBF_{12}为射击系统平均故障间隔时间;MTTR_{12}为射击系统故障平均修复时间。

与式(3.5.12)相类似,射击系统的可信赖矩阵为

$$\boldsymbol{D}_{12}=\begin{bmatrix} d_{1211} & d_{1212} \\ d_{1221} & d_{1222} \end{bmatrix}=\begin{bmatrix} \mathrm{e}^{-\lambda_{12}T_{12}} & 1-\mathrm{e}^{-\lambda_{12}T_{12}} \\ 0 & 1 \end{bmatrix} \tag{3.5.20}$$

式中,$\lambda_{12}=1/\mathrm{MTBF}_{12}$,$T_{12}$ 为车载炮射击系统执行任务的持续工作时间。

能力矩阵计算。由图 3.1.2 可知,车载炮的射击能力主要由射角范围、最大射速、携弹量、火线高和操瞄自动化来刻划。车载炮的射击能力由两部分组成,第一部分为在执行任务的持续工作时间 T_{12} 内,射角范围、最大射速、携弹量、火线高和操瞄自动化能保持规定性能指标的概率,分别记为 P_{121}、P_{122}、P_{123}、P_{124}、P_{125},该概率与射击系统的可靠性有关;第二部分为对射角范围、最大射速、携弹量、火线高和操瞄自动化等系统所规定性能指标在装备应用时比较敌方所处的水平因子 K_{121}、K_{122}、K_{123}、K_{124}、K_{125},水平因子等级与火控系统的划分相同。这样射击系统中各分系统所对应的能力分别为

$$C_{121}=P_{121}K_{121},\quad C_{122}=P_{122}K_{122},\quad C_{123}=P_{123}K_{123},$$
$$C_{124}=P_{124}K_{124},\quad C_{125}=P_{125}K_{125} \tag{3.5.21}$$

射击系统在无故障条件下的射击能力为

$$c_{1211}=\sqrt[5]{\prod_{i=1}^{5}P_{12i}K_{12i}} \tag{3.5.22}$$

射击系统在有故障条件下的工作能力为

$$c_{1221}=0 \tag{3.5.23}$$

从而,可得射击系统的能力矩阵为

$$\boldsymbol{C}_{12} = \begin{bmatrix} c_{1211} \\ 0 \end{bmatrix} \tag{3.5.24}$$

射击系统的工作效能由式(3.3.1)给出:

$$\boldsymbol{E}_{12} = \sqrt[5]{\prod_{i=1}^{5} K_{12i} P_{12i}} \frac{\mathrm{MTBF}_{12}}{\mathrm{MTBF}_{12} + \mathrm{MTTR}_{12}} \mathrm{e}^{-\frac{T_{12}}{\mathrm{MTBF}_{12}}} \tag{3.5.25}$$

$\boldsymbol{E}_{12}$ 的表达式(3.2.25)由三部分组成,第一部分为能力,第二部分为可用度,第三部分为可信赖度,这就是 ADC 模型的本质。

3.5.1.3 毁伤系统效能

与前面的方法相同,毁伤系统的工作效能为

$$\boldsymbol{E}_{13} = K_{13} P_{13} \mathrm{e}^{-\frac{T_{13}}{\mathrm{MTBF}_{13}}} \tag{3.5.26}$$

式中,P_{13}、K_{13} 分别为弹药保持规定性能指标的概率和水平因子,P_{13} 与弹药工作的可靠性有关;MTBF_{13}为毁伤系统平均故障间隔发数,式中假定 $\mathrm{MTTR}_{13}=0$。

将式(3.5.17)、(3.5.25)、(3.5.26)代入式(3.5.2)可得车载炮的打击效能。

3.5.2 车载炮机动效能

由图 3.1.3 可知,车载炮的机动能力由行军战斗/战斗行军转换、公路机动和越野机动三部分组成,因此车载炮的机动效能为行战/战行转换系统、公路机动系统和越野机动系统三大子系统效能的加权和,即

$$\boldsymbol{E}_2 = w_{21}\boldsymbol{E}_{21} + w_{22}\boldsymbol{E}_{22} + w_{23}\boldsymbol{E}_{23} \tag{3.5.27}$$

式中,$\boldsymbol{E}_{21}$、$\boldsymbol{E}_{22}$、$\boldsymbol{E}_{23}$ 分别为行战/战行效能、公路机动效能和越野机动效能,加权系数 $\boldsymbol{w}_2 = [w_{21} \quad w_{22} \quad w_{23}]^{\mathrm{T}}$ 由 3.2 节的方法得到。

假设行战/战行只有正常(N)达到保障维修规定的指标要求和故障(F)不能达到规定的指标要求两种状态,且执行任务期间出现的故障不可修复,则行战/战行的可用性向量元素应包含状态 N 和状态 F 的概率,具体表式为

$$\boldsymbol{A}_{21} = (a_{211}, a_{212}) \tag{3.5.28}$$

$$a_{211} = \frac{\mathrm{MTTR}_{21}}{\mathrm{MTBF}_{21} + \mathrm{MTTR}_{21}}, \quad a_{212} = \frac{\mathrm{MTTR}_{21}}{\mathrm{MTBF}_{21} + \mathrm{MTTR}_{21}} \tag{3.5.29}$$

式中,MTBF_{21}为行战/战行系统平均故障间隔时间;MTTR_{21}为行战/战行系统故障平均修复时间。

行战/战行系统的可信赖矩阵为

$$\boldsymbol{D}_{21} = \begin{bmatrix} d_{2111} & d_{2112} \\ d_{2121} & d_{2122} \end{bmatrix} = \begin{bmatrix} \mathrm{e}^{-\lambda_{21}T_{21}} & 1 - \mathrm{e}^{-\lambda_{21}T_{21}} \\ 0 & 1 \end{bmatrix} \tag{3.5.30}$$

式中，$\lambda_{21} = 1/\mathrm{MTBF}_{21}$；$T_{21}$ 为车载炮行战/战行系统执行任务的持续工作时间。

能力矩阵计算。由图 3.1.3 可知，车载炮的行战/战行能力由两部分组成，第一部分为在执行任务持续工作时间 T_{21} 内，行战/战行转换时间能保持在规定性能指标范围之内的概率，记为 P_{21}，该概率与行战/战行系统的可靠性有关；第二部分是该指标的水平，用水平因子 K_{21} 来表示。

行战/战行系统在无故障条件下的转换能力为

$$c_{2111} = K_{21}P_{21} \tag{3.5.31}$$

行战/战行系统在有故障条件下的工作能力为

$$c_{2121} = 0 \tag{3.5.32}$$

从而，可得行战/战行系统的能力矩阵为

$$\boldsymbol{C}_{21} = \begin{bmatrix} c_{2111} \\ 0 \end{bmatrix} \tag{3.5.33}$$

行战/战行系统的工作效能由式(3.3.1)给出：

$$\boldsymbol{E}_{21} = K_{21}P_{21}\frac{\mathrm{MTBF}_{21}}{\mathrm{MTBF}_{21} + \mathrm{MTTR}_{21}}\mathrm{e}^{-\frac{T_{21}}{\mathrm{MTBF}_{21}}} \tag{3.5.34}$$

同样可得公路机动和越野机动系统的工作效能分别为

$$\boldsymbol{E}_{22} = \sqrt[6]{\prod_{i=1}^{6} P_{22i}K_{22i}}\frac{\mathrm{MTBF}_{22}}{\mathrm{MTBF}_{22} + \mathrm{MTTR}_{22}}\mathrm{e}^{-\frac{T_{22}}{\mathrm{MTBF}_{22}}} \tag{3.5.35}$$

$$\boldsymbol{E}_{23} = \sqrt[2]{\prod_{i=1}^{2} K_{23i}P_{23i}}\frac{\mathrm{MTBF}_{23}}{\mathrm{MTBF}_{23} + \mathrm{MTTR}_{23}}\mathrm{e}^{-\frac{T_{23}}{\mathrm{MTBF}_{23}}} \tag{3.5.36}$$

式中，MTBF_{2i}、MTTR_{2i}、T_{2i}、P_{2ij}、K_{2ij}($i = 1, 2, 3$) 分别为行战/战行系统、公路机动和越野机动系统平均故障间隔时间、故障平均修复时间、执行任务持续工作时间、能保持在规定性能指标范围之内的概率、性能的水平因子等；下标为 j 的变量对应于该系统中的分系统的指标参数数目。

将式(3.5.34)、(3.5.35)、(3.5.36)代入式(3.5.27)可得车载炮的机动效能。

3.5.3 车载炮防护效能

由图 3.1.4 可知，车载炮的防护能力由装甲防护、防炮口冲击波与爆轰波、随行防卫武器和炮手操作位置四部分组成，可用 3.2 节中模糊评判方法求出上述四种防护因素中每项防护措施可产生的防护效果的隶属度 χ_i($1 \leqslant i \leqslant 4$)，则车载炮防护系统的效能 $\boldsymbol{E}_3$(防护能力)可用下式进行综合：

$$\boldsymbol{E}_3 = 1 - \sqrt{\sum_{i=1}^{4} \rho_i (1 - \chi_i)^2} \tag{3.5.37}$$

式中，ρ_i 为第 i 种防护能力的加权系数。

3.6 车载炮作战效能优化

对车载炮作战效能进行评估包含两个方面：一是要确定车载炮的指标体系以及指标的权重，该步骤与具体的车载炮无关，只与车载炮特点以及作战使命相关；二是针对具体的车载炮，评估最底层每个指标的好坏，从而根据指标体系，通过对评估结构的层层递推，获得车载炮的综合作战效能。

对车载炮评估可以认为是车载炮作战效能分析的正问题，其反问题是为使得车载炮满足给定的作战效能，如何分配车载炮指标体系中每个指标应满足的要求。由前面的推导可知，车载炮作战效能的正问题分析容易操作，然而，反问题求解除了要考虑到解的适定问题(多解问题)，还要考虑到每个指标实现的技术难度、成本费用，以及指标之间的制约关系等。本节引入效费系数来刻画技术指标实现的综合难易程度，考虑到通常达到较高指标要求，其效费也越大，为此，定义三类效费曲线，用以刻画指标实现的综合难易增长曲线，包括凸类增函数、线性类增函数、凹类增函数曲线，其表达式如下：

(1) 凸类增函数：

$$h = \frac{2}{(1 + e^{-ap})} - 1 \tag{3.6.1}$$

(2) 线性类增函数：

$$h = p \tag{3.6.2}$$

(3) 凹类增函数：

$$h = \frac{1}{(e^{a} - 1)}(e^{ap} - 1) \tag{3.6.3}$$

其中，a 为反应效费增长快慢的系数；p 为车载炮达到指标的程度，与式(3.4.5)的评估结果等效。

这三类增函数曲线如图 3.6.1 所示。其中凸类增函数表示当车载炮突破一定指标要求后，之后随着指标要求的增长，其难度增长就会减缓；线性类增函数表示随着指标要求

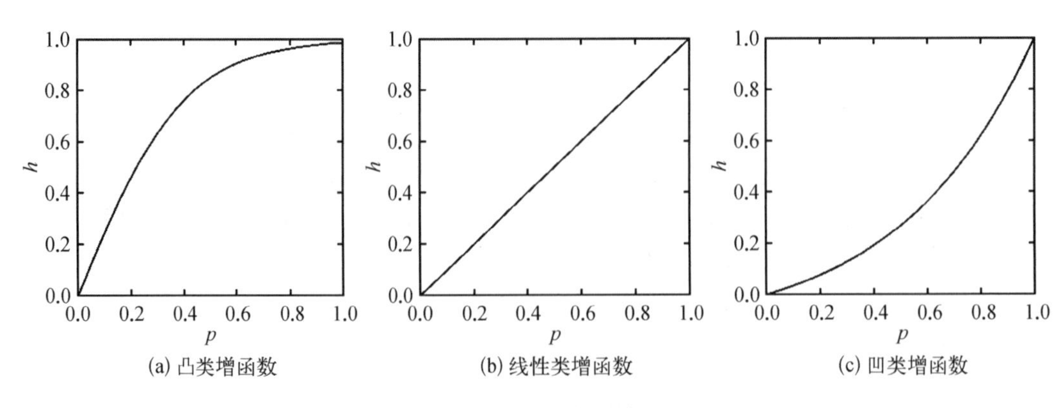

(a) 凸类增函数　(b) 线性类增函数　(c) 凹类增函数

图 3.6.1　难度函数示意图

的增长，其难度则会一直线性增加；凹类增函数表示在一定指标要求范围内，其难度增长较为缓慢，之后随着指标要求的增长，其难度将迅速增加。

当给定综合作战能力 E_{ref}，则包含两个目标函数，即一方面使车载炮综合效能满足 E_{ref}，另一方面指标实现综合难度 H 最小。设计变量为各个指标达到的效能，根据车载炮综合效能评估模型和效费系数模型，建立如下车载炮综合作战效能的多目标优化模型：

$$\begin{cases}\min: \ \| E - E_{ref} \|, H \\ \text{model}: \\ \begin{cases} E = \sum_{i=1}^{n} w_i p_i \\ H = \sum_{i=1}^{n} h_i \end{cases} \\ \text{var}: p_i \end{cases} \tag{3.6.4}$$

通过式(3.6.4)的综合优化，可获得 $\| E - E_{ref} \|$ 与 H 构成的 Pareto 最优集合，从而供设计人员评估决策使用。

3.7 案例分析

3.7.1 车载炮作战效能评估案例

根据车载炮指标体系，通过专家评估方式，获得车载炮指标判断矩阵如表 3.7.1～表 3.7.14 所示。

表 3.7.1 车载炮作战能力指标对比

	打击能力	机动能力	防护能力	可靠性水平
打击能力	1	7	1/5	3
机动能力	1/7	1	1/5	2
防护能力	5	5	1	7
可靠性水平	1/3	1/2	1/7	1

表 3.7.2 车载炮打击能力指标对比

	火控能力	射击能力	毁伤能力
火控能力	1	7	1/5
射击能力	1/7	1	1/5
毁伤能力	5	5	1

表 3.7.3　车载炮火控能力指标对比

	瞄准精度	系统反应时间
瞄准精度	1	7
系统反应时间	1/7	1

表 3.7.4　车载炮射击能力指标对比

	射击极限角	最大射速	携弹量	射击稳定性	火线高	操炮自动化程度
射击极限角	1	1/5	1/2	1/5	1/5	1/7
最大射速	5	1	5	1/6	1/6	1/3
携弹量	2	1/5	1	1/2	1/2	1/4
射击稳定性	5	6	2	1	1/2	1/3
火线高	5	6	2	2	1	1/4
操炮自动化	7	3	4	3	4	1

表 3.7.5　车载炮毁伤能力指标对比

	最大射程	射击精度	毁伤半径
最大射程	1	5	6
射击精度	1/5	1	9
毁伤半径	1/6	1/9	1

表 3.7.6　车载炮机动能力指标对比

	行战/战行转换时间	公路机动性	越野机动性
行战/战行转换时间	1	7	6
公路机动性	1/7	1	1/2
越野机动性	1/6	2	1

表 3.7.7 车载炮公路机动性指标对比

	机动可靠性	公路行驶速度	加速时间	最大续驶里程	最大爬坡度	最小转弯直径
机动可靠性	1	2	5	3	2	2
公路行驶速度	1/2	1	4	2	3	2
加速时间	1/5	1/4	1	1/3	1/5	1/3
最大续驶里程	1/3	1/2	3	1	1/3	1/3
最大爬坡度	1/2	1/3	5	3	1	1
最小转弯直径	1/2	1/2	3	3	1	1

表 3.7.8 车载炮越野机动性指标对比

	几何通过性	支承通过性
几何通过性	1	2
支承通过性	1/2	1

表 3.7.9 车载炮几何通过性指标对比

	最小离地间隙	越墙高	越壕深	涉水深	接近/离去/纵向通过角
最小离地间隙	1	2	2	3	2
越墙高	1/2	1	1	1	1/3
越壕深	1/2	1	1	1	1/2
涉水深	1/3	1	1	1	1/3
接近/离去/纵向通过角	1/2	3	2	3	1

表 3.7.10 车载炮支承通过性

	越野平均行驶速度	最大行驶侧坡	最低稳定车速	涉水深度	车辙深度	最小接地比压	牵引系数	牵引效率	挂钩牵引力
越野平均行驶速度	1	3	5	4	4	2	3	2	2
最大行驶侧坡	1/3	1	5	3	2	2	3	2	2
最低稳定车速	1/5	1/5	1	1/3	1/2	1/6	1/4	1/2	1/2
涉水深度	1/4	1/3	3	1	2	1/3	2	2	2

续 表

	越野平均行驶速度	最大行驶侧坡	最低稳定车速	涉水深度	车辙深度	最小接地比压	牵引系数	牵引效率	挂钩牵引力
车辙深度	1/4	1/2	2	1/2	1	1/2	1/2	1/2	1/2
最小接地比压	1/2	1/2	6	3	2	1	1/2	1/2	1/2
牵引系数	1/3	1/3	4	1/2	2	2	1	1/2	1/2
牵引效率	1/2	1/2	2	1/2	2	2	2	1	1/2
挂钩牵引力	1/2	1/2	2	1/2	2	2	2	2	1

表 3.7.11　车载炮防护能力指标对比

	装甲防护能力	防冲击波能力	随行防卫武器水平	紧急逃生能力	伪装隐身能力	车载炮的总体尺寸
装甲防护能力	1	5	6	3	2	5
防冲击波能力	1/5	1	5	3	2	2
随性防护武器水平	1/6	1/5	1	3	2	2
紧急逃生能力	1/3	1/3	1/3	1	1/2	2
伪装隐身能力	1/2	1/2	1/2	2	1	2
车载炮的总体尺寸	1/5	1/2	1/2	1/2	1/2	1

表 3.7.12　车载炮可靠性水平指标对比

	维修保障能力	可靠性
维修保障能力	1	5
可靠性	1/5	1

表 3.7.13　车载炮维修保障能力指标对比

	火力基层级平均修复性维修时间	火控基层级平均修复性维修时间	底盘基层级平均修复性时间
火力基层级平均修复性维修时间	1	2	2
火控基层级平均修复性维修时间	1/2	1	2
底盘基层级平均修复性时间	1/2	1/2	1

表 3.7.14　车载炮可靠性指标对比

	机动可靠性	火控工作可靠性	射击可靠性	弹药作用可靠性
机动可靠性	1	2	2	1/2
火控工作可靠性	1/2	1	2	1/2
射击可靠性	1/2	1/2	1	1/2
弹药作用可靠性	2	2	2	1

通过计算式(3.2.2)~式(3.2.8),可得车载炮指标体系的权重如表 3.7.15 所示。

表 3.7.15　车载炮指标体系及指标权重

<table>
<tr><td rowspan="18">车载炮作战能力</td><td rowspan="11">打击能力</td><td rowspan="11">0.16</td><td rowspan="2">火控能力</td><td rowspan="2">0.14</td><td>瞄准精度</td><td>0.75</td><td>—</td><td>—</td></tr>
<tr><td>系统反应时间</td><td>0.25</td><td>—</td><td>—</td></tr>
<tr><td rowspan="6">射击能力</td><td rowspan="6">0.79</td><td>射击极限角</td><td>0.04</td><td>—</td><td>—</td></tr>
<tr><td>最大射速</td><td>0.08</td><td>—</td><td>—</td></tr>
<tr><td>携弹量</td><td>0.05</td><td>—</td><td>—</td></tr>
<tr><td>射击稳定性</td><td>0.17</td><td>—</td><td>—</td></tr>
<tr><td>火线高</td><td>0.12</td><td>—</td><td>—</td></tr>
<tr><td>操炮自动化程度</td><td>0.52</td><td>—</td><td>—</td></tr>
<tr><td rowspan="3">毁伤能力</td><td rowspan="3">0.07</td><td>最大射程</td><td>0.75</td><td>—</td><td>—</td></tr>
<tr><td>射击精度</td><td>0.20</td><td>—</td><td>—</td></tr>
<tr><td>毁伤半径</td><td>0.05</td><td>—</td><td>—</td></tr>
<tr><td rowspan="7">机动能力</td><td rowspan="7">0.07</td><td>行战/战行时间</td><td>0.82</td><td>—</td><td>—</td><td>—</td><td>—</td></tr>
<tr><td rowspan="6">公路机动性</td><td rowspan="6">0.07</td><td>机动可靠性</td><td>0.35</td><td>—</td><td>—</td></tr>
<tr><td>公路行驶速度</td><td>0.27</td><td>—</td><td>—</td></tr>
<tr><td>加速时间</td><td>0.04</td><td>—</td><td>—</td></tr>
<tr><td>最大行驶里程</td><td>0.06</td><td>—</td><td>—</td></tr>
<tr><td>最大爬坡度</td><td>0.13</td><td>—</td><td>—</td></tr>
<tr><td>最下转弯直径</td><td>0.16</td><td>—</td><td>—</td></tr>
</table>

续 表

车载炮作战能力	机动能力	0.07	越野机动性	0.11	几何通过性	0.67	最小离地间隙	0.33
							越墙高	0.16
							越壕高	0.08
							涉水深	0.20
							接近/离去/纵向通过角	0.23
					支承通过性	0.33	越野平均行驶速度	0.28
							最大行驶侧坡	0.10
							最低稳定车速	0.03
							涉水深度	0.11
							车辙深度	0.05
							最小接地比压	0.12
							牵引系数	0.08
							牵引效率	0.11
							挂钩牵引力	0.11
	防护能力	0.71	装甲防护能力	0.53	—	—	—	—
			防冲击波能力	0.14	—	—	—	—
			随行防卫武器水平	0.10	—	—	—	—
			紧急逃生能力	0.06	—	—	—	—
			伪装隐身能力	0.10	—	—	—	—
			车载炮的总体尺寸	0.07	—	—	—	—
	可靠性水平	0.05	维修保障能力	0.83	火力基层级平均修复性维修时间	0.58	—	—
					火控基层级平均修复性维修时间	0.26	—	—
					底盘基层级平均修复性维修时间	0.16	—	—

续 表

车载炮作战能力	可靠性水平	0.05	可靠性	0.17	机动可靠性	0.28	—	—
					火控工作可靠性	0.10	—	—
					射击可靠性	0.24	—	—
					弹药作用可靠性	0.38	—	—

利用模糊方法,随机生成 5 组车载炮指标的隶属度评估结果,利用模糊综合评价方法,逐层对高一级的指标进行评估,结果如表 3.7.16~表 3.7.29 所示。

表 3.7.16 火控能力评估结果

序 号	瞄准精度	系统反应时间	**火控能力**
1	77.14	75.60	**76.76**
2	64.76	90.43	**71.18**
3	92.59	66.68	**86.11**
4	91.77	87.56	**90.72**
5	65.00	66.00	**65.25**

表 3.7.17 射击能力评估结果

序 号	射击极限角	最大射速	携弹量	射击稳定性
1	82.62	84.83	86.41	69.66
2	80.29	79.25	65.07	89.86
3	69.05	91.43	80.77	77.63
4	83.91	90.99	82.44	93.82
5	81.90	61.03	76.53	83.75
序 号	火线高	操炮自动化程度	**射击能力**	
1	83.79	82.93	**81.15**	
2	81.77	72.28	**76.79**	
3	81.45	88.68	**84.89**	

续 表

序 号	火线高	操炮自动化程度	射击能力	
4	83.33	81.25	**84.63**	
5	64.02	68.26	**70.74**	

表 3.7.18 毁伤能力评估结果

序 号	最大射程	射击精度	毁伤半径	毁伤能力
1	65.69	64.16	77.44	**65.90**
2	77.96	74.06	62.66	**76.65**
3	78.62	67.07	75.89	**76.16**
4	81.11	91.54	92.27	**83.71**
5	70.12	66.05	71.33	**69.35**

表 3.7.19 打击能力评估结果

序 号	火控能力	射击能力	毁伤能力	打击能力
1	76.76	81.15	65.90	**79.41**
2	71.18	76.79	76.65	**76.12**
3	86.11	84.89	76.16	**84.42**
4	90.72	84.63	83.71	**85.42**
5	65.25	70.74	69.35	**69.87**

表 3.7.20 几何通过性评估结果

序号	最小离地间隙	越墙高	越壕高	涉水深	接近/离去/纵向通过角	几何通过性
1	84.47	91.18	93.58	79.15	64.85	**80.70**
2	68.40	64.32	66.44	68.40	74.60	**80.70**
3	74.98	93.81	81.70	84.34	85.21	**82.68**
4	91.11	91.37	94.42	87.00	91.80	**90.77**
5	88.04	70.49	87.15	79.35	79.41	**81.51**

表 3.7.21　支承通过性评估结果

序号	越野平均行驶速度	最大行驶侧坡	最低稳定车速	涉水深度	车辙深度
1	65.23	69.01	89.43	68.90	88.50
2	61.74	91.60	93.07	77.18	77.12
3	72.14	78.09	79.48	65.48	79.67
4	86.34	94.16	80.02	94.72	88.55
5	85.57	87.08	91.53	64.84	87.79
序号	最小接地比压	牵引系数	牵引效率	挂钩牵引力	**支承通过性**
1	68.52	92.52	72.25	66.88	**75.40**
2	71.82	91.50	72.92	63.89	**73.45**
3	84.32	74.93	89.27	85.60	**77.66**
4	85.20	88.36	84.50	82.39	**87.37**
5	66.63	61.01	64.46	64.68	**75.03**

表 3.7.22　越野机动性评估结果

序　号	几何通过性	支承通过性	**越野机动性**
1	80.70	71.52	**77.64**
2	69.02	73.45	**70.50**
3	82.68	77.66	**81.01**
4	90.77	87.37	**89.63**
5	81.51	75.03	**79.35**

表 3.7.23　公路机动性评估结果

序　号	机动可靠性	公路行驶速度	加速时间	最大行驶里程
1	71.91	80.48	67.83	86.29
2	87.31	73.64	68.46	74.14

续 表

序　号	机动可靠性	公路行驶速度	加速时间	最大行驶里程
3	72.60	75.90	73.52	87.14
4	89.98	90.26	91.89	85.23
5	64.49	92.73	69.56	92.99
序　号	最大爬坡度	最小转弯直径	**公路机动性**	
1	68.93	77.71	**75.40**	
2	63.38	64.62	**75.41**	
3	85.70	75.06	**76.47**	
4	83.75	85.18	**88.93**	
5	82.34	90.54	**80.41**	

表 3.7.24　机动能力评估结果

序　号	行战/战行时间	公路机动性	越野机动性	**机动能力**
1	93.59	75.40	77.64	**90.60**
2	92.97	75.41	70.50	**89.29**
3	84.28	76.47	81.01	**83.39**
4	84.93	88.93	89.63	**85.68**
5	72.85	80.41	79.35	**74.08**

表 3.7.25　防护能力评估结果

序　号	装甲防护能力	防冲击波能力	随行防卫武器水平	紧急逃生能力
1	68.79	81.56	76.57	71.31
2	93.46	80.13	62.09	68.22
3	93.08	87.45	84.70	63.83
4	93.91	91.34	84.32	89.09
5	68.27	66.56	79.10	68.93

续　表

序　号	伪装隐身能力	车载炮的总体尺寸	**防护能力**	
1	89.08	80.48	**74.41**	
2	72.36	88.74	**84.47**	
3	73.65	80.68	**86.94**	
4	91.49	92.69	**91.96**	
5	70.70	60.54	**68.91**	

表 3.7.26　维修保障能力评估结果

序　号	火力基层级平均修复性维修时间	火控基层级平均修复性维修时间	底盘基层级平均修复性维修时间	**维修保障能力**
1	79.24	92.10	70.00	**81.05**
2	60.54	61.51	65.91	**61.66**
3	76.08	61.76	68.00	**71.10**
4	93.53	88.94	81.03	**90.33**
5	80.56	93.69	89.74	**85.42**

表 3.7.27　可靠性评估结果

序　号	机动可靠性	火控工作可靠性	射击可靠性	弹药作用可靠性	**可靠性**
1	86.50	86.38	73.32	79.87	**80.87**
2	82.72	85.61	82.67	75.78	**80.38**
3	89.20	60.55	90.23	62.73	**76.53**
4	83.27	93.04	86.21	89.92	**87.47**
5	60.28	82.19	72.58	63.99	**66.82**

表 3.7.28　可靠性水平评估结果

序　号	维修保障能力	可靠性	**可靠性水平**
1	81.05	80.87	**81.02**
2	61.66	80.38	**64.78**

续 表

序 号	维修保障能力	可靠性	**可靠性水平**
3	71.10	76.53	**72.00**
4	90.33	87.47	**89.85**
5	85.42	66.82	**82.32**

表 3.7.29 车载炮作战能力评估结果

序号	打击能力	机动能力	防护能力	可靠性水平	**车载炮作战能力**
1	79.41	90.60	74.41	81.02	**76.65**
2	76.12	89.29	84.47	64.78	**82.40**
3	84.42	83.39	86.94	72.00	**85.51**
4	85.42	85.68	91.96	89.85	**90.36**
5	69.87	74.08	68.91	82.32	**70.11**

由表 3.7.29 可看出,抽取的车载炮方案中综合作战能力的排序应为:方案 4>方案 3>方案 2>方案 1>方案 5。

3.7.2 车载炮指标优化分配案例

取参考的作战效能为 E_{ref},指标体系及其权重如表 3.7.15 所示,各个参数的效费函数类型随机选取,采用 NSGA－Ⅱ多目标优化方法,求解式(3.6.4)所示的多目标优化模型,获得的多目标优化的 Pareto 解集如图 3.7.1 所示。从图中可看出车载炮的作战效能与其

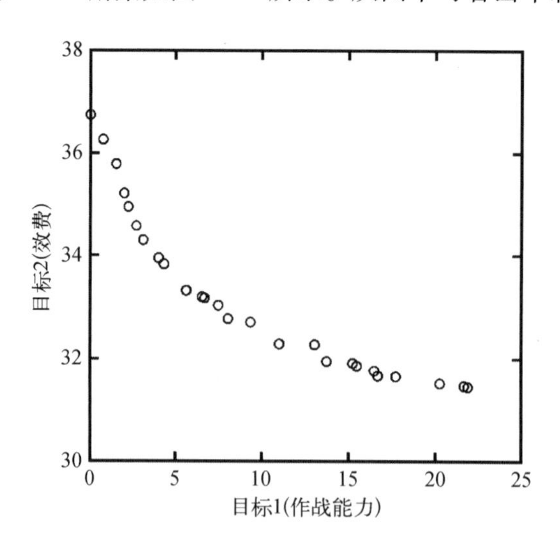

图 3.7.1 车载炮指标多目标优化的帕累托解集

综合效费相互制约,该解集可供设计师评判以确定最后的方案。

例如,选取作战能力最优的方案作为最终的方案,其作战能力指标达到的要求如表 3.7.30 所示。

表 3.7.30　车载炮作战能力评估结果

打击能力	机动能力	防护能力	可靠性水平	车载炮作战能力
0.81	0.86	0.93	0.85	0.9

打击能力指标达到的要求如表 3.7.31~表 3.7.34 所示。

表 3.7.31　打击能力评估结果

火控能力	射击能力	毁伤能力	打击能力
0.82	0.82	0.73	0.81

表 3.7.32　火控能力评估结果

瞄准精度	系统反应时间	火控能力
0.81	0.84	0.82

表 3.7.33　射击能力评估结果

射击极限角	最大射速	携弹量	射击稳定性
0.72	0.76	0.71	0.77
火线高	操炮自动化程度	射击能力	
0.70	0.90	0.82	

表 3.7.34　毁伤能力评估结果

最大射程	射击精度	毁伤半径	毁伤能力
0.74	0.67	0.74	0.73

机动能力指标达到的要求如表 3.7.35~表 3.7.40 所示。

表 3.7.35　机动能力评估结果

行战/战行时间	公路机动性	越野机动性	机动能力
0.88	0.81	0.77	0.86

表 3.7.36 公路机动性评估结果

机动可靠性	公路行驶速度	加速时间	最大行驶里程
0.61	0.63	0.61	0.78
最大爬坡度	最小转弯直径	公路机动性	
0.80	0.61	0.81	

表 3.7.37 越野机动性评估结果

几何通过性	支承通过性	越野机动性
0.79	0.76	0.77

表 3.7.38 几何通过性评估结果

最小离地间隙	越墙高	越壕高	涉水深	接近/离去/纵向通过角	几何通过性
0.86	0.69	0.72	0.70	0.87	0.79

表 3.7.39 支承通过性评估结果

越野平均行驶速度	最大行驶侧坡	最低稳定车速	涉水深度	车辙深度
0.70	0.72	0.84	0.82	0.76
最小接地比压	牵引系数	牵引效率	挂钩牵引力	支承通过性
0.67	0.75	0.76	0.78	0.74

生成能力指标达到的要求如表 3.7.40 所示。

表 3.7.40 防护能力评估结果

装甲防护能力	防冲击波能力	随行防卫武器水平	紧急逃生能力
0.94	0.90	0.89	0.92
伪装隐身能力	车载炮的总体尺寸	防护能力	
0.94	0.86	0.93	

可靠性水平指标达到的要求如表 3.7.41~表 3.7.43 所示。

表 3.7.41　可靠性水平评估结果

维修保障能力	可靠性	可靠性水平
0.87	0.74	0.85

表 3.7.42　维修保障能力评估结果

火力基层级平均 修复性维修时间	火控基层级平均 修复性维修时间	底盘基层级平均 修复性维修时间	维修保障能力
0.94	0.79	0.76	0.87

表 3.7.43　可靠性评估结果

机动可靠性	火控工作可靠性	射击可靠性	弹药作用可靠性	可靠性
0.76	0.94	0.63	0.74	0.74

当确定上述指标体系及其满足的要求后，在具体方案落实的过程中，可采用模糊综合评价的方法得到下一层指标应满足的要求，也可采用本书给出的 ADC 评价方法量化获得具体指标的要求，例如系统的平均无故障时间等。

本章给出了车载炮效能评估及优化的具体方法，包括车载炮指标体系的构建、指标权重的获取方法，并给出了两种指标评价方法，即模糊综合评价方法和 ADC 效能评估方法，其中模糊综合评价方法适用于系统总体方案的评估和确定。基于车载炮总能效能的评估，提出效费指标来综合反映车载炮在研制过程中技术、生产、试验等方面的难度，构建车载炮综合效能的多目标优化模型，获得了满足车载炮作战能力的方案集合，以供设计师在研制的各个阶段评判来确定方案。最后，给出了车载炮总体性能设计的案例分析。

第4章　弹丸威力与弹道设计

4.1　概述

车载炮的总体设计是基于弹丸对给定距离、给定目标的毁伤概率来展开的，即必须确保车载炮发射的弹丸能实现毁伤确定目标的概率，亦称为威力设计。威力是弹丸对给定距离处的目标的毁伤能力，包含了射击距离、射击精度和杀伤威力三大关键因素。首先，假定车载炮发射的弹丸能达到指定的射程并能命中目标；其次获得在假定命中目标条件下毁伤目标的概率，即杀伤威力；再次依据杀伤威力确定弹丸的直径、质量、炸点速度和炸点姿态角；下一步进行外弹道和弹药总体的联合设计，获得弹丸的具体结构、气动外形、弹道系数、弹丸飞离炮口的速度等基本参数；最后再进行内弹道设计，得到实现初速分级的装药结构、身管口径、身管内膛结构、身管长度、膛压分布等；内弹道设计的作用除了满足外弹道设计（含装药设计）要求外，还为火炮身管设计提供了基本的输入参数。为了满足车载炮总体设计的完备性，本章基于上述设计流程，对弹丸的威力设计和内、外弹道设计进行简要的讨论，有关射击精度设计将在第6章中讨论。

4.2　弹丸威力设计

弹丸威力是弹丸对目标毁伤能力的统计度量，是弹药设计中最主要的战技指标要求。弹丸威力与目标特性、弹丸类型和炸点条件有关。显然，弹丸威力越大，在同等条件下可以减少弹丸的消耗量，提高火炮的作战效能。

4.2.1　弹丸对目标的毁伤作用

4.2.1.1　弹丸的分类与作用

不同类型的弹丸适用于在一定射击条件下对付相适应的目标，目前常用的弹丸类型主要有爆破榴弹、杀伤榴弹、杀伤爆破弹、破甲弹、穿甲弹、碎甲弹等，弹丸威力与作用的目标和作用的方式有关，因此对威力的度量方法亦不相同，图4.2.1给出了几种典型的弹丸类型示意图。

（1）爆破榴弹。爆破榴弹主要借助于爆轰产物做功能力和空气冲击波毁伤各类工事、装备、器材等，因此爆破榴弹的威力决定于炸药的品质。爆破榴弹使用时，最为有效的方法是将弹丸直接命中目标，或在目标物内部爆炸。爆破榴弹的威力指标通常以弹丸内

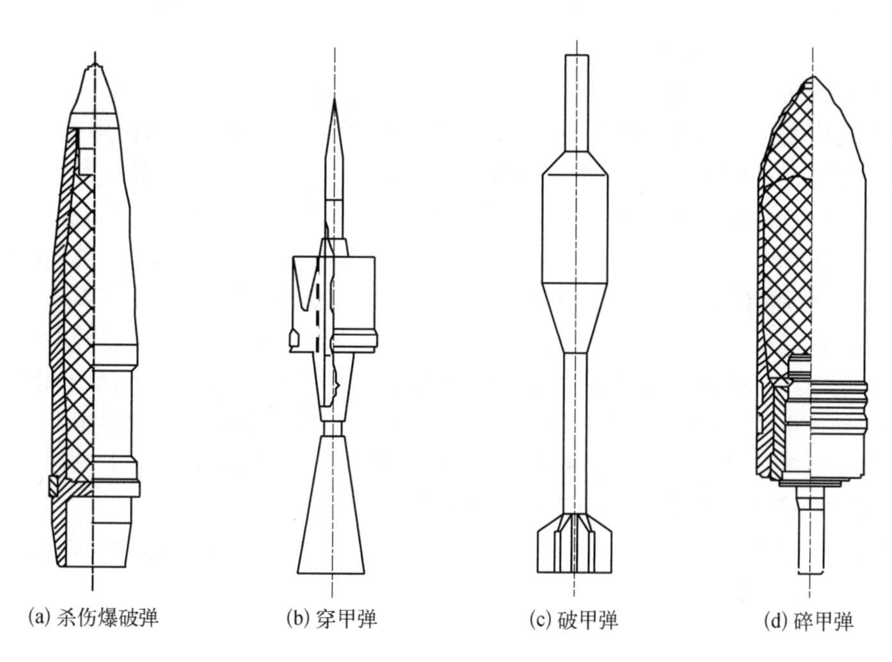

图 4.2.1　几种典型的弹丸类型示意图

的炸药当量(TNT)或土中爆坑容积来度量的。

（2）杀伤榴弹。杀伤榴弹主要利用破片杀伤人员、轻型车辆、飞行器等目标，杀伤榴弹的威力指标通常用一定目标下的杀伤面积或杀伤半径衡量。为了提高杀伤榴弹的威力，弹丸结构应有利于产生尽可能多的、与目标相适应的、速度高的、外形好的杀伤破片数，为此需要与引信相结合，实现较好的引战配合，达到预期的毁伤效果。

（3）杀伤爆破弹。杀伤爆破弹兼具爆破榴弹及杀伤榴弹的双重作用，主要用于对付范围较广的各型目标，具有综合的用途，既可对付土木工事、装备器材，又可对付人员、车辆；它的破片宜由弹壳自然形成，大小齐备。这种弹丸虽然对每一种确定目标的杀伤能力有所降低，但具有使用方便的特点。

（4）穿甲弹。穿甲弹依靠其碰击动能侵彻甲板，通常用弹丸对甲板的穿透能力衡量其威力，弹丸威力与目标的距离有关，因此穿甲弹的威力为：在一定直射距离与一定靶板倾角条件下穿透给定厚度的靶板，有时也采用有效穿透距离指标，即保证穿透指定倾角和指定靶板厚度下的最大射距，这两种要求本质上是相同的。

（5）破甲弹。破甲弹的威力要求与穿甲弹类同，但破甲弹的威力与弹丸的装药结构直接有关。由于超高速金属射流具有类似流体特性，在侵彻过程中容易发生分散、弯曲、断裂等现象，因此在对付爆炸反应装甲、复合装甲或非均质、非连续型的装甲结构时，其侵彻能力将受到影响。

（6）碎甲弹。碎甲弹是利用霍普金森效应破坏钢甲目标。当弹丸贴于钢甲表面爆炸时，给予钢甲一个高强度的压缩加载冲击波，冲击波传递至钢甲背面时，将产生反射的拉伸应力波，入射波与反射波相互作用，在钢甲内部产生拉应力，当某阵面上的拉应力超出材料强度所能支撑的限度，即在该处产生层裂，并崩落击出一定大小和速度的蝶形碎块，通过蝶形碎块杀伤钢甲目标内的人员或击毁各功能部件，导致目标失效。

4.2.1.2　毁伤目标分类

典型的毁伤目标主要有以下四类：

（1）有生力量。凡具有破片、冲击波、热及核辐射或生物化学战剂作用的弹丸，均可毁伤有生力量，对付有生力量主要用榴弹。对常规炮弹，其破片致伤是对付有生力量的最有效手段，毁伤效果与破片质量和速度有关。冲击波对有生力量的致伤主要取决于超压值，当超压超过 0.1 MPa 时，可使人员严重受伤致死；当超压小于 0.02 MPa 时，只能引起轻微挫伤；由于常规炮弹装填的炸药量较少，冲击波压力衰减极快，其对有生力量的毁伤只能作为一种附带的效应来考虑。本章不讨论热及核辐射或生物化学战剂对有生力量的毁伤作用。

（2）车辆。车辆为地面移动目标，按照有无装甲防护可分为装甲车辆及无装甲车辆。装甲车辆包括坦克、装甲载运车、装甲自行火炮等；无装甲车辆包括一般军用卡车、拖车、吉普车等。对车辆的毁伤有运动失效、功能失效、歼毁三个等级，对付装甲车辆主要用穿甲弹、破甲弹、碎甲弹，对付无装甲车辆主要用榴弹。

（3）建筑结构。建筑结构为地面固定目标，包括各种野战工事、掩蔽所、指挥所、火力阵地和各种地面及地下建筑设施等。爆炸冲击波以及火焰等是对付这类目标的最主要毁伤手段，常规榴弹主要用于对付轻型土木质野战工事，对地面目标主要用榴弹爆炸产生的冲击波的作用来毁伤，对地下或浅埋结构可用地下爆炸所形成的弹坑及土壤冲击波来毁伤，对易燃性建筑物也可以采用引火燃烧的方式达到毁伤效果。

（4）空中飞行器。空中飞行器按照有无人员可分为有人和无人飞行器，按使用功能可分有战斗机和非战斗机。由于飞行器设计过程中结构紧凑、载荷条件限制严格，使得飞行器结构的抗火炮打击能力有限，而且要害部位的受损将导致整个飞行器战力的失效，所以对付飞行器上的诸如发动机、燃料系统、飞控系统、液压系统、探测系统、人员等可以采用多种手段予以毁伤。

4.2.1.3　毁伤准则

在讨论对目标的毁伤准则之前，先介绍一下目标的生命力、易损性和威力指标。

目标的生命力是指在弹丸一定强度的毁伤手段作用下，目标仍能保持其正常战斗动能的能力。这里的生命力是针对目标的战斗功能而言的，但相同的目标由于在战斗中的地位和任务不同，生命力的内容也不相同，因此必须通过战斗功能来确定生命力所代表的具体内容。至于目标生命力的强弱，主要取决于目标各功能组成部分的固有强度，一个目标通常由多个功能部分组成，每个部分在形状、大小上不同，不仅对整个目标战斗功能的贡献不同，其固有强度也不相同。次要部分的损伤，虽对目标功能有所影响，但并不妨碍其战斗力的发挥；而要害部位的损伤则可导致整个目标功能的失效。因此在分析目标生命力时，主要考虑目标要害部位及其固有强度。

目标的易损性是指目标生命力对不同毁伤手段的反应敏感程度。目标生命力在一定程度的毁伤手段作用下，判断目标的生存或伤亡的严重程度，需要通过易损性分析才能达到。易损性分析的实质是在给定条件下，将目标与弹丸威力的关键参数联系起来，实现毁伤与杀伤因素之间的内在关联关系，这种关系为弹丸威力设计提供了极大的便利。但由于目标的复杂性，要从理论上进行精确的易损性的定量描述，不仅是困难的，有时甚至是不可能的，目前主要还依靠战斗经验和实弹试验。

威力取决于弹丸的杀伤手段、目标特性。若暂不考虑射击距离和射击精度的因素，杀伤威力指标主要从以下几个方面加以考虑：

（1）对于以离散型杀伤元件对付单个目标的弹丸，可用单发弹丸对目标生命力的毁伤程度或毁伤概率来衡量。

（2）对于以杀伤作用场毁伤集群目标的弹丸，可采用与毁伤目标数的数学期望相关的量来衡量。

（3）对于以杀伤作用场对付单个目标的弹丸，可采用足以毁伤目标的距离和范围来衡量。

威力指标是评定、设计弹丸威力的度量依据，威力指标不仅直观，便于试验检验，更重要的它充分、全面概括并反映弹丸对目标的毁伤概率。

根据上面的分析，要毁伤一个目标，该目标的强度与弹丸的杀伤参量二者应满足一定的映射关系。所谓杀伤准则，正是给定目标在给定杀伤参量作用下的函数关系。制定杀伤准则需要在目标易损性分析的基础上，获得的具体数值表达形式，表 4.2.1 ~ 表 4.2.7 给出了对不同目标采用不同毁伤方式造成的毁伤的统计结果，可作为弹药威力设计的重要准则。

表 4.2.1　破片造成各类创伤的能量　　（单位：J）

破片质量及形状	软组织伤	脏器伤	骨折	骨折加脏器伤
0.5 g（方形）	12.65	15.98	18.04	19.22
1.0 g（球形）	16.18	19.61	29.51	30.30
1.0 g（方形）	27.65	31.19	33.44	36.77
5.0 g（方形）	62.13	74.85	97.18	100.03

表 4.2.2　破片贯穿狗胸腔的动能和比动能

破片质量及形状	动能/J	比动能/（J/cm^2）	破片质量及形状	动能/J	比动能/（J/cm^2）
0.5 g（方形）	21.28	111.8	1.0 g（方形）	38.54	113.8
1.0 g（球形）	35.40	110.8	5.0 g（方形）	101.99	114.7

表 4.2.3　破片造成狗当场死亡所需的动能和比动能

破片质量及形状	动能/J	比动能/（J/cm^2）
0.5 g（方形）	20.2	106
1.0 g（球形）	33.2	104
1.0 g（方形）	36.6	108
5.0 g（方形）	99.0	111

表 4.2.4　杀伤狗与穿透标准松木板关系

能　量	0.5 g(方形)		1 g(球形)		5 g(方形)	
	狗	松木板	狗	松木板	狗	松木板
动能/J	21.3	24.8	36.4	35.3	102.0	104.0
比动能/(J/cm^2)	133.4	152.1	110.8	110.8	139.3	142.2

表 4.2.5　破片毁伤目标的动能准则

目　　标	杀伤标准/J	目　　标	杀伤标准/J
人员轻伤	21	7 mm 厚装甲	2 158
杀伤人员	>74~78.5	10 mm 厚装甲	3 434
粉碎人骨	157	13 mm 厚装甲	5 788
杀伤马匹	>123	16 mm 厚装甲	10 202
击穿金属飞机	981~1 962	击穿飞机发动机	883~1 324
击穿机翼、油箱、油管	196~294	车辆(应击穿 6.35 mm 中碳钢板)	1 766~2 551
击穿 50 cm 厚砖墙	1 913	轻型战车及铁道车辆(应击穿 12.7 mm 中碳钢板)	14 568~22 073
击穿 10 cm 混凝土墙	2 453	人员致命伤	98

表 4.2.6　空气冲击波超压对各种军事装备及人员的总体破坏情况

军事装备	破坏(损伤)特征	超压/MPa
飞机	各类完全破坏	大约 0.1
	各类活塞式飞机完全破坏	0.05~0.1
	歼击机和轰炸机轻微损坏,运输机中等或严重破坏	0.02~0.05
轮船	严重破坏	0.07~0.085
	重度破坏	0.043~0.07
	轻微或中度破坏	0.028~0.043
车辆	可使装甲运输车辆、轻型自行火炮等受到不同程度的破坏	0.035~0.3
地雷	引爆地雷	0.05~0.1

续　表

军事装备	破坏(损伤)特征	超压/MPa
雷达	破坏雷达	0.05~0.1
地面上的飞机	完全破坏	0.042
	损伤,以至于修复受损的飞机在经济上已不值得	0.028
	损伤,需要大修	0.021
	不需要修理或需要不大的修理,应更换零部件	0.007
人员	引起血管破裂致使皮下或内脏出血	0.03~0.1
	内脏器官破裂	大于 0.1

表 4.2.7　空气冲击波最大超压作用下易受破坏(损伤)的建筑物构件

建筑物构件	破坏(损伤)特征	入射冲击波最大超压 Δp/MPa
大小窗户、波纹石棉板制成的轻质墙板	玻璃掉落,窗框可能破坏	0.003 5~0.007
	断裂破坏	0.007~0.014
波纹钢板或铝板厚度 20~30.5 cm、未加固的砖墙	链接破坏,接着发生强烈变形	0.007~0.014
	剪切和平移引起的破坏	0.049~0.056
木板制作的墙体(标准结构房屋)、厚度 20~30.5 cm 未加固的混凝土墙或矿渣混凝土墙	连接破坏,模板断裂	0.007~0.014
	墙体破坏	0.014~0.021
波纹钢板构件的地面轻质拱形建筑物,长度 6~7.5 cm	完全破坏	0.245~0.28
	爆炸直接作用的部分拱顶受损	0.21~0.245
	上部墙体及拱形变形,入口大门可能受损	0.14~0.175
拱顶上方堆土层厚 0.9 m,地面或半地下的轻质钢筋混凝土掩蔽所堆土厚度不低于 0.9 m(顶板厚度 5~7.5 cm),房梁之间距离 1.2 m	通风系统和入口大门可能受损	0.07~0.10
	建筑物破坏	0.21~0.245
	建筑物部分破坏	0.175~0.21
	顶板变形,形成大量裂缝,个别顶板受压向内凹陷	0.10~0.175
	形成裂缝,入口大门可能受损	0.07~0.10

4.2.2 弹丸威力指标确定及其影响因素

通过建立弹丸质量、炸点速度、落角对目标毁伤效率的映射模型,为外弹道设计提供输入条件。

4.2.2.1 弹丸威力指标的确定

威力指标是指弹丸击中目标后毁伤目标的要求,由于弹丸的作用方式不同,对付目标的情况亦不完全一致,故威力指标的拟定并无固定的程式可循,但可从以下几个方面来考虑。

(1) 对于以离散型杀伤元件对付单个目标的弹丸,可用单发弹丸对目标生命力的毁伤程度或毁伤概率来衡量。例如,穿甲弹或破甲弹的威力指标可采用穿甲厚度或侵彻深度,因为坦克的生命力可近似简化为一定厚度的钢甲板,弹丸的穿甲能力大,意味着其威力亦就高,可能条件下还应考虑杀伤后效问题。

(2) 对于以杀伤作用场毁伤集群目标的弹丸,可采用与毁伤目标数的数学期望相关的量来衡量。例如,地面杀伤榴弹,通过破片场杀伤地面密集人员目标,常采用杀伤面积(或杀伤幅员)衡量,因为杀伤面积越大,被杀伤人员的数目的数学期望值也越高。

(3) 对于以杀伤作用场对付单个目标的弹丸,常采用足以毁伤目标的距离和范围衡量。例如,爆破弹对地面目标的破坏可近似用某种威力半径表征,在此半径上仍具有使目标毁伤的一定强度的冲击波超压值。

4.2.2.2 影响弹丸威力的因素分析

弹丸威力设计的任务在于拟定弹丸的合理结构,使之达到威力指标要求,或具有最高的威力指标。弹丸的结构决定弹丸的杀伤参量,弹丸的杀伤参量又决定对一定目标的毁伤,它们之间的关联纽带是威力设计。

不同的弹丸,其威力影响因素是不同的,其中榴弹是指弹丸内装有高能炸药,以其爆破作用或破片杀伤作用毁伤目标的弹丸,一般榴弹兼具这二者的作用。以爆破作用为主的称为爆破榴弹,以破片杀伤作用为主的称为杀伤榴弹。以下给出影响弹丸威力的相关因素。

1) 爆破榴弹

爆破榴弹作用的实质是炸药爆炸后高温、高压、高速爆轰产物碰撞功的作用。爆破作用有两个方面的含义:一是爆轰产物的直接作用对目标进行毁伤;二是弹丸在介质中爆炸,爆轰产物的能量传给介质,使介质产生冲击波,对目标产生一定的超压、动压或冲量作用而被毁伤。下面给出不同工况条件下的超压峰值 Δp_m 的经验公式。

空中爆炸时的超压峰值 Δp_m:

$$\begin{cases}\Delta p_m = 0.098\,1\times\left(\dfrac{14.071\,7}{\bar{R}}+\dfrac{5.539\,7}{\bar{R}^2}-\dfrac{0.357\,2}{\bar{R}^3}+\dfrac{0.006\,25}{\bar{R}^4}\right)(\text{MPa}),\ 0.05\leqslant\bar{R}\leqslant 0.3\\ \Delta p_m = 0.098\,1\times\left(\dfrac{6.193\,8}{\bar{R}}-\dfrac{0.326\,2}{\bar{R}^2}+\dfrac{2.132\,4}{\bar{R}^3}\right)(\text{MPa}),\ 0.3\leqslant\bar{R}\leqslant 1\\ \Delta p_m = 0.098\,1\times\left(\dfrac{0.662}{\bar{R}}+\dfrac{4.05}{\bar{R}^2}+\dfrac{3.288}{\bar{R}^3}\right)(\text{MPa}),\ 1\leqslant\bar{R}\leqslant 10\end{cases}\tag{4.2.1}$$

式中,$\bar{R}$ 为相对距离,其表达式为

$$\bar{R} = R/\sqrt[3]{m_w},\quad m_w = m_{ws}Q_s/Q_T \tag{4.2.2}$$

其中，R 为距炸点的距离（m）；m_w 为 TNT 炸药当量（kg）；m_{ws} 为炸药质量（kg）；Q_s 为该炸药的暴热（kJ/kg）；Q_T 为 TNT 的暴热（≈ 4 187 kJ/kg）。

地面爆炸时的超压峰值 Δp_m：

$$\begin{cases}\Delta p_m = 0.098\,1 \times \left(\dfrac{17.729\,2}{\bar{R}} + \dfrac{8.793\,7}{\bar{R}^2} - \dfrac{0.714\,4}{\bar{R}^3} + \dfrac{0.015\,7}{\bar{R}^4}\right)(\mathrm{MPa}),\ 0.05 \leqslant \bar{R} \leqslant 0.3 \\ \Delta p_m = 0.098\,1 \times \left(\dfrac{7.803\,7}{\bar{R}} - \dfrac{0.517\,8}{\bar{R}^2} + \dfrac{4.264\,8}{\bar{R}^3}\right)(\mathrm{MPa}),\ 0.3 \leqslant \bar{R} \leqslant 1 \\ \Delta p_m = 0.098\,1 \times \left(\dfrac{0.834\,1}{\bar{R}} + \dfrac{6.43}{\bar{R}^2} + \dfrac{6.576}{\bar{R}^3}\right)(\mathrm{MPa}),\ 1 \leqslant \bar{R} \leqslant 10 \end{cases} \tag{4.2.3}$$

式中 $\bar{R}$ 的计算式仍由式(4.2.2)给出，但需对 m_w 进行如下修正：$m_w = Km_w$，其中 K 为修正系数，对于混凝土、岩石一类的刚性地面，取 $K = 2$。

坑道内爆炸时的超压峰值 Δp_m：

$$\Delta p_m = 0.098\,1 \times \left[1.46\left(\frac{m_w}{SR}\right)^{1/3} + 9.2\left(\frac{m_w}{SR}\right)^{1/3} + 44\frac{m_w}{SR}\right](\mathrm{MPa}) \tag{4.2.4}$$

式中，S 为坑道截面面积（m^2）；R 为作用距离（m）。

爆轰波的另一个特征参数为正压作用时间 t_+，其估算经验公式为

$$t_+ = 1.5 \times 10^{-3}\sqrt[3]{m_w}\,\bar{R}^{1/2}\ (\mathrm{s/kg^{1/3}}) \tag{4.2.5}$$

为了使弹丸在一定深度处爆炸，弹丸必须具有相应的侵彻能力，弹丸的最大侵彻深度 $h_{\max}$ 可按别列赞公式进行计算：

$$h_{\max} = \lambda K_n \frac{m_Q}{d_Q^2} v_c \sin\theta_c \tag{4.2.6}$$

式中，m_Q 为弹丸质量（kg）；d_Q 为弹径（m）；v_c 为着速（m/s）；θ_c 为落角（rad）；K_n 为土壤介质的侵彻系数（$\mathrm{m^2 \cdot s/kg}$）；λ 为弹丸形状系数。

弹丸形状系数 λ 主要取决于弹头部长度。对于现代榴弹，当弹丸相对质量 $C_m = 15 \times 10^3\ \mathrm{kg/m^3}$ 时，λ 值一般可取为 1.3 ~ 1.5，也可用下列经验公式计算：

$$\lambda = 1 + 0.3\left(\frac{l_{t0}}{d} - 0.5\right)\sqrt{\frac{15}{C_m}} \tag{4.2.7}$$

式中，l_{t0} 为弹头部长度。

由此可见，爆破榴弹在空中、地面和坑道爆炸时，影响弹丸威力的因素为炸药质量 m_{ws}、距炸点距离 R，而炸药质量 m_{ws} 与弹丸直径 d_Q 和质量 m_Q 直接相关；爆破榴弹爆炸冲击波作用时间也与炸药质量 m_{ws} 有关；此外，爆破榴弹土壤中爆炸的威力还与着速 v_c 和落角 θ_c 有关。

2）杀伤榴弹

榴弹爆炸后，弹壳碎片成大量高速破片，向四周飞散，形成一个破片作用场，使处于场

中的目标受到毁伤，地面杀伤榴弹主要用于对付集群人员目标，高射榴弹则用来对付飞机、导弹等单个目标。度量杀伤榴弹威力的指标是杀伤面积和破片数量。杀伤面积一般通过扇形靶杀伤面积和球形靶杀伤面积来试验测试获得。破片数目随质量的分布规律简称为破片质量分布规律，它主要按统计规律求得，并有不同的经验公式，目前应用最普遍的仍为 Mott 公式。

破片总数 N_0：

$$N_0 = \frac{m_s}{2\mu} \tag{4.2.8}$$

式中，m_s 为弹壳质量（kg）；2μ 为破片平均质量（kg）。

破片平均质量取决于弹壳壁厚、内径、炸药相对质量，可用下式计算：

$$\mu^{0.5} = Kt_0^{5/6}d_i^{1/3}(1 - t_0/d_i) \tag{4.2.9}$$

其中，t_0 为弹壳壁厚（m）；d_i 为弹壳内直径（m）；K 取决于炸药的系数（$kg^{1/2}/m^{3/2}$）。

对于薄壁弹，破片平均质量可用下式计算：

$$\mu^{0.5} = A\frac{t_0(d_i + t_0)^{3/2}}{d_i}\sqrt{1 + \frac{1}{2}\frac{m_w}{m_s}} \tag{4.2.10}$$

式中，m_w/m_s 为炸药与弹壳的质量比；A 取决于炸药能量的系数（$kg^{1/2}/m^{7/6}$）。

质量大于 m_p 的破片的累计数目为

$$N(m_p) = N_0\exp[-(m_p/\mu)^{0.5}] \tag{4.2.11}$$

破片单块质量 $m_{p_1} \sim m_{p_2}$ 的累计块数为

$$N(m_{p_1} - m_{p_2}) = N_0[e^{-(m_{p1}/\mu)0.5} - e^{-(m_{p2}/\mu)0.5}] \tag{4.2.12}$$

破片速度的估算，破片速度包括破片初速及破片飞行中的存速。

破片初速：

$$v_p = \sqrt{2E}\left(\frac{m_w/m_s}{1 + 0.5m_w/m}\right)^{1/2}(m/s) \tag{4.2.13}$$

式中，m_w/m_s 为炸药与弹壳的质量比；$\sqrt{2E}$ 取决于炸药性能的 Gurney 常数。

破片在飞行中的存速：

$$v = v_p\exp\left(-\frac{C_D\bar{S}\rho R}{2m_p}\right)(m/s) \tag{4.2.14}$$

式中，C_D 为破片阻力系数，取决于破片形状及速度；R 为飞行距离（m）；ρ 为空气密度（kg/m^3）；m_p 为破片质量（kg）；$\bar{S}$ 为破片平均迎风面积，它与破片质量与形状有关，一般可表示为

$$\bar{S} = Km_p^{2/3}(m^2) \tag{4.2.15}$$

式中，K 为破片形状系数（$m^2/kg^{2/3}$）。

由此可见，影响杀伤榴弹威力的因素为弹壳质量 m_s、弹壳厚度 t_0、弹壳内径 d_1、炸药质量 m_{ws} 等有关，而这些参数最终与弹丸直径 d_Q 和质量 m_Q 直接相关；此外，还与弹丸爆炸

前的速度 v_c 有关。

3）破甲弹

破甲弹利用炸药的聚能效应所产生的高速金属射流来侵彻钢甲目标，其威力常用一定射击条件下的破甲深度来衡量。

静破甲深度估算的经验公式为

$$L_m = 1.7\left(\frac{d_k}{2\tan\alpha} + \frac{3\times10^{-5}\gamma d_k D^2}{v_{cr}}\right) \tag{4.2.16}$$

式中，d_k 为药型罩口部内直径（m）；α 为药型罩的半顶角；v_{cr} 为射流侵彻目标介质的临界速度（m/s）；D 为炸药爆炸速度（m/s）；γ 药型罩锥角系数，由表 4.2.8 给出：

表 4.2.8　罩锥角系数

2α	40	50	60	70
γ	1.9	2.05	2.15	2.2

由此可见，影响破甲弹威力的主要因素为药型罩口部内直径 d_k、药型罩的半顶角 α 等因素有关，而这些参数最终与弹丸直径 d_Q 和质量 m_Q 直接相关；此外，还与射流侵彻目标介质临界速度 v_{cr} 有关。

4）穿甲弹

穿甲弹依靠自身的动能来击穿钢甲，常用“极限穿透速度”的概念作为弹丸的威力指标，其含义是在一定条件下穿透给定厚度钢甲弹丸所需的最小着速。在相同的条件下，弹丸的极限穿透速度越小，表明该弹丸消耗于穿甲过程中的能量就越小，其结构合理。一种杆式穿甲弹的极限穿透速度经验公式为

$$v_j = K\frac{d_Q b^{0.5}}{m_Q^{0.5}(\cos\alpha)^{0.5}}\sigma_{st}^{0.2} \tag{4.2.17}$$

式中，v_j 为计算穿透速度（m/s）；d_Q 为杆式弹丸直径（m）；b 为靶板厚度（m）；α 为着靶时弹体轴线与靶面法线的夹角，亦称着角；m_Q 为杆式弹丸的质量（kg）；σ_{st} 为靶板材料的流动极限（Pa）；K 为穿甲复合系数，可用下式计算：

$$K = 1\,076.6\sqrt{\frac{1}{\xi + \dfrac{C_e\times10^3}{C_m\cos\alpha}}} \tag{4.2.18}$$

式中，C_e 为靶板相对厚度，$C_e = b/d_Q$；C_m 为弹丸相对质量（kg/m^3），m/d_Q^3；ξ 取决于弹-靶系统的综合质量，可用下式计算：

$$\xi = \frac{15.83(\cos\alpha)^{1/3}}{C_e^{0.7}C_m^{1/3}}\beta_d \tag{4.2.19}$$

式中，β_d 为与杆式弹丸直径 d_Q 相关的系数。

由此可见，影响穿甲弹穿甲深度的因素有弹丸着速 v_j、弹丸质量 m_Q、弹丸直径 d_Q、弹丸着靶角度 α。

5）碎甲弹

碎甲弹是利用霍普金森效应破坏钢甲目标，常用蝶形碎块的质量、速度或动量衡量碎甲弹的威力。

蝶形碎块的质量的经验计算公式为

$$m_D = \rho_0 \frac{\pi}{3} h^2 [3(l + H) + 2h] \tag{4.2.20}$$

式中，ρ_0 为钢甲材料的密度；H 为钢甲厚度；l 为炸药长度；h 为蝶形碎块的厚度，由以下公式给出：

$$h = \frac{c}{2\beta} \ln \frac{\sigma_m}{\sigma_m - \sigma_T} \tag{4.2.21}$$

其中，c 平面应变波波速；β 指数系数；σ_m 为前沿波阵面上的应力峰值；σ_T 钢甲材料的动态抗拉强度。

蝶形碎块速度 u 的经验计算公式为

$$u = -\frac{2\sigma_m}{\rho_0 \beta h} \mathrm{e}^{-\beta h/c} sh \frac{\beta h}{c} \tag{4.2.22}$$

碎甲弹的蝶形碎块的质量和速度的大小与装药量的大小有关，也与弹丸着靶后炸药堆积面积有关，这些参数均与弹丸的直径 d_Q 和质量 m_Q 有关。

4.2.3 弹丸质量的确定

弹丸对目标的毁伤效率与弹丸质量和炸药质量有着密切的关系，依据前面几节对目标的杀伤威力分析和毁伤准则的评估，以及对目标的毁伤要求，可以确定毁伤目标的基本质量（含炸药）m_{Q0}，在此基础上根据工程实际，即可确定弹丸的工程质量 $m_Q(\geqslant m_{Q0})$。本节以榴弹为例来讨论其质量的确定方法。

（1）根据经验，参考同类弹种，确定弹丸的质量系数 C_m。实际上对不同类型的火炮，其弹丸质量系数 $C_m(\mathrm{kg/m^3})$ 都有一定的范围，表 4.2.9 给出了榴弹及其炸药的质量系数。表中 C_m 为弹丸质量系数，C_w 为炸药质量系数，数据下限为保证弹丸威力需要的质量，上限为弹丸飞行稳定性需要的质量。

表 4.2.9　榴弹及其炸药的质量系数

榴 弹 种 类	质量系数/$(\mathrm{kg/m^3})$	
	弹丸 C_m	炸药 C_w
加农炮爆破榴弹	$(12\sim14)\times10^3$	$(1.5\sim2.0)\times10^3$
榴弹炮爆破榴弹	$(10\sim12)\times10^3$	$(2.0\sim2.5)\times10^3$

续 表

榴弹种类	质量系数/(kg/m³)	
	弹丸 C_m	炸药 C_w
小口径杀伤榴弹	$(12\sim24)\times10^3$	$(1.0\sim1.5)\times10^3$
中口径杀伤榴弹	$(11\sim16)\times10^3$	$(1.0\sim1.7)\times10^3$
高射杀伤榴弹	$(12\sim15)\times10^3$	$(0.8\sim1.3)\times10^3$
杀伤爆破榴弹	$(11\sim15)\times10^3$	$(1.5\sim2.2)\times10^3$

(2) 根据弹丸质量估算公式,确定弹丸质量。弹丸质量 m_Q 估算公式为

$$m_Q = C_m d_Q^3, m_w = C_w d_Q^3 \tag{4.2.23}$$

式中, m_w 为弹丸中的炸药质量; d_Q 为弹丸直径。

据此,获得了毁伤距离 X_m 处目标,达到预期效应的含炸药质量 m_w 的弹丸质量 m_Q、弹丸直径 d_Q、炸点速度 v_c 和落角 θ_c。 由此可以进行弹药总体结构设计,获得弹药总体设计的初步方案。有关弹药总体设计的方法和步骤,在此不再赘述。

有了初步的参数 X_m、m_Q、d_Q、v_c、θ_c, 就可以进入下一节的外弹道设计。

4.3 外弹道设计

外弹道设计任务是在满足射程的条件下,以毁伤目标得到的弹药结构总体方案(含弹径、弹丸质量、落点速度和落角)为初始输入,运用外道基本理论,得到满足设计要求的弹丸初速、弹形、弹长、弹丸质心位置、转动惯量、气动参数及飞行稳定性因子等性能参数。

4.3.1 外弹道基本参数的预定

预定外弹道基本参数的基本思路是给定弹丸直径 d_Q, 合理选定弹形系数 i, 在满足最大射程 X_m 的条件下,以炮口动能 $E_0 = m_Q v_0^2/2$ 和炮口动量 $M_0 = m_Q v_0$ 最小为目标函数,获得优化后的弹丸质量 m_Q 和炮口初速 v_0。

炮口动能 $E_0 = m_Q v_0^2/2$ 的大小直接影响膛内火药气体做功的大小,炮口动能大,则要求较长的身管或较高的最大膛压,这对于火炮的炮身设计不利。因此,从炮身设计合理性要求出发,炮口动能越小越好。炮口动量 $M_0 = m_Q v_0$ 的大小直接影响火炮架体承受后坐阻力冲量的大小,后坐阻力冲量大,则要求较长的火炮后坐长度或较高的最大后坐阻力,这对于炮架设计不利。因此从炮架设计合理性要求出发,炮口动量应越小越好。此外,最大膛压将影响弹丸的弹体强度和炸药底层应力的大小,因而也要求炮口动能尽可能小。

4.3.1.1 弹形系数及其选定

和对流体力学中绕流物体的阻力分析方法一样,弹丸的空气阻力表达式可以用量纲

分析的方法得到,可以写为

$$R_x = \frac{\rho v^2}{2} S C_{x0}\left(\frac{v}{c}\right) \tag{4.3.1}$$

式中,R_x 为空气阻力,亦称迎面阻力或切向阻力,其单位为牛顿(N),其方向与弹丸质心速度矢量共线反向;ρ 为空气密度(kg/m^3);$S = \pi d_Q^2/4$ 为弹丸迎风面积,亦称弹丸特征面积(m^2);d_Q 为弹丸直径。

式(4.3.1)说明弹丸的空气阻力与弹丸的横截面积以及弹丸的动能和空气密度成正比。其比例系数就是空气阻力系数 C_{x0}。

空气阻力系数 C_{x0} 的下标 x 表示作用力的方向(与 R_x 的下标相同意义),0 表示攻角 $\delta = 0$。$C_{x0}(v/c)$ 是一个无量纲量,它是马赫数 $M = v/c$ 的函数,式中 v 是弹丸相对于空气的速度,c 是声速。当攻角 $\delta \neq 0$ 时,空气阻力系数 $C_x(v/c, \delta)$ 将既是马赫数又是攻角的函数。但对飞行稳定的弹丸其攻角通常都很小,可以近似看成 $\delta = 0$。

对于一定形状的弹丸,只要通过风洞实验就可以测出其空气阻力系数随马赫数变化的曲线。从外弹道计算的角度,没有必要对所有弹丸都进行风洞试验,而是采取某种相似的方法来设法求得其空气阻力系数的变化规律。

由二形状相近的弹丸所测出的两条 $C_{x0} - M$ 曲线发现,它们有一定的相似性,即在同一马赫数 M_1 处两个不同弹丸的 C_{x0} 的比值与另一马赫数 M_2 处的该二弹丸的 C_{x0} 比值,近似相等,即

$$\frac{C_{x0}\ (M_1)_{\mathrm{I}}}{C_{x0}\ (M_1)_{\Pi}} \approx \frac{C_{x0}\ (M_2)_{\mathrm{I}}}{C_{x0}\ (M_2)_{\Pi}} \approx \cdots \tag{4.3.2}$$

根据这一特点,就可以找到估算空气阻力系数较简便的方法。

只要预先选定一个或一组特定形状的弹丸作为标准弹丸,通过风洞或射击试验的方法把它们的阻力系数曲线准确的测定出来(对于一组,则求其平均阻力系数曲线),把它作为计算其他弹丸阻力系数的标准。对于其他与标准弹形状相近的弹丸,只要设法测出任一马赫数 M 时的阻力系数,即可利用(4.3.2)式的特点,把该弹丸的阻力系数曲线求出。标准弹的阻力系数 C_{x0} 与马赫数 M 的函数关系,就称之为空气阻力定律。

我国外弹道计算中所用的阻力定律是 43 年阻力定律,将标准弹头的头部长取为 $x = (3 \sim 3.5) d_Q$ 做出了 43 年阻力定律。阻力系数 C_{x0} 与马赫数 M 函数曲线的特点是:在亚音速段($M < 0.8$),C_{x0} 几乎是常数;在跨音速段($M = 0.8 \sim 1.2$),阻力系数激烈变化,几乎是直线上升至最大值,这是因为波阻出现并迅速增大所致;过了 C_{x0} 的最大值后,在超音速段($M > 1.2$),C_{x0} 则随 M 数的增大逐渐减小。

某一形状的弹丸在相同马赫数下其阻力系数与标准弹阻力系数的比值称为弹形系数 i:

$$i = \frac{C_{x0}(M_1)}{C_{x0N}(M_1)} = \text{常数} \tag{4.3.3}$$

严格说来,弹形系数 i 与 M 有关,是变量,尤其是当弹丸形状与标准弹的形状有较大差异时。但是当实际弹形与标准弹形状相似时,在一定条件下可将弹形系数 i 近似取作常数,这将大大简化阻力系数的计算,并且对火炮的弹道计算结果不致出现不能容许的

误差。

弹形系数主要取决于弹丸的外形,尤其取决于弹头部的长度。在进行外弹道设计时,选定适当的弹形系数是十分重要的。弹形系数大于实际值,将使火炮的设计增加难度,而弹形系数过小,又使弹丸设计增加困难,达不到规定的射程。

由于实际弹丸在不同马赫数时的阻力系数与标准弹的阻力系数的比值并不是一个常数。尽管某种弹形的阻力系数 $C_x(M)$ 可以用理论方法计算,也可用实验方法(风洞或射击法)测定。但不管是理论方法或实验方法,都是在一定马赫数时进行的,与估算全弹道所用的平均阻力系数或平均弹形系数不同。特别是在弹丸未制成前,只可用模型弹作风洞试验而无法射击试验。因此,最好有一个近似的估算弹形系数的经验方法。

一般来说,同一弹丸在某一初速时的平均弹形系数随射角而异。这是因为:射角不同时弹丸沿全弹道马赫数的变化不同;射角不同在弹道起始段的起始扰动 δ_0 和 $\dot{\delta}_0$ 不同(章动角 δ 加大,弹形系数也增加),动力平衡角随着射角的增加而逐渐增大,致使弹形系数增加。

弹丸的阻力系数和弹形系数主要由头部长度 $X(d_Q)$ 和尾锥长度 $E(d_Q)$ 来确定。根据我国经验,此二参数可合并为一个参量 $H(d)$:

$$H = X + (E - 0.3) \tag{4.3.4a}$$

$$H = X + E \tag{4.3.4b}$$

在头部母线为圆弧线、全装药初速 $v_0 \geq 500$ m/s、$\theta_1 \approx \theta_{1Xm}$(最大射程角)的条件下,对 43 年阻力定律的弹形系数可用(4.3.4a)求 H, 再用下述经验公式估算:

$$i_{43} = 2.90 - 1.373H + 0.32H^2 - 0.0267H^3 \tag{4.3.5}$$

由上式可获得阻力系数 i_{43} 随 H 的变化规律见图 4.3.1,由图可见,阻力系数 i_{43} 随着 H 的增大而减小,说明弹丸头部长度和尾锥长度越长,阻力系数就越小。

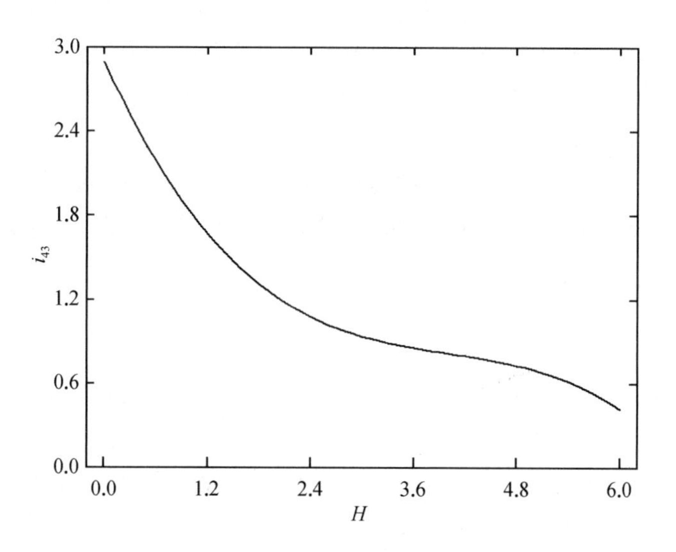

图 4.3.1　i_{43} 随 H 的变化规律

4.3.1.2 弹丸质量和初速的优化

(1) 根据弹丸威力设计得到的弹径 d_Q、弹丸质量系数 C_m 和弹丸质量 m_Q，以及上一节选定的弹形系数 i，计算弹道系数 C_i：

$$C_i = i_{43}/C_m d_Q \tag{4.3.6}$$

$$C_i = \frac{i_{43} d_Q^2}{m_Q} \times 10^3 \tag{4.3.7}$$

(2) 确定最大射程角 θ_{1Xm}。对于中口径、中等初速的火炮，最大射程角一般可取 45°，对于大口径、大初速的火炮，由于弹丸可能有较长时间在稀薄大气中飞行，最大射程角可能达到 50°~55°。为了有把握可以在所选定的弹形系数 i_{43} 或适中的弹道系数 C_i 的条件下，利用某预估的初速值 v_0，计算机最大射程角。

(3) 在最大射程角不变的条件下，计算在最大射程角的条件下，满足最大射程要求的弹丸炮口初速 v_0。

(4) 计算炮口动能 E_0 和炮口动量 M_0：

$$E_0 = m_Q v_0^2/2 \tag{4.3.8}$$

$$M_0 = m_Q v_0 \tag{4.3.9}$$

(5) 改变弹丸质量，但其最小值必须要大于满足毁伤要求的最小质量 m_{Q0}，重复上述步骤(1)到(4)，由此得到 $E_0(m_Q)$ 和 $M_0(m_Q)$ 的变化关系，通常 M_0 随弹丸质量 m_Q 的增加而增大，而在通常的 C_m 范围内，E_0 则可能出现极小值。这时应在最小 E_0 附近选择合理的弹丸质量及所对应的初速。

算例：现以某外贸 155 毫米加榴炮为例来说明这一过程。取 d_Q = 155 mm，X_m = 30 000 m，弹形系数在经过努力的条件下可取 i_{43} = 0.74(此时全弹长约在 $5.5d_Q$ ~$5.9d_Q$ 范围内)。根据 C_m 的范围在 12~15，将 C_m 的值上下各放宽 1，由式(4.3.1)可计算出弹丸的质量 m_Q 在 41~60 kg 范围内。由此，根据 41~60 kg 范围内所选取的不同弹丸质量 m_Q，在相同的最大射程角 θ_{1Xm} = 50° 条件下，由外弹道程序计算得到达到最大射程 30 000 m 时相应的初速值 v_0，从而可以求得动能 $E_0(m_Q)$ 和 $M_0(m_Q)$，其变化规律见图 4.3.2。从图可以看出最小炮口的动能出现在弹丸质量偏轻的一侧，而炮口动量则呈线性上升的趋势。因而最适宜弹丸质量应取在 41~45 kg 范围内为宜(考虑到弹丸的杀伤爆破威力的需要以及弹体强度的可能性，弹重也不宜过小)。由弹药结构设计并经综合考虑，其弹重为 45.54 kg。

4.3.2 初速分级设计

4.3.2.1 基本概念

对于地面压制火炮在确定了弹丸质量 m_Q 以及达到最大射程所需的初速 v_0 以后，实际上只解决了火炮的最大装药(全装药)的后续设计问题。但是为了充分发挥火炮的作战效能，经常在同一火炮、同一弹种的情况下，给火炮配备多种不同装药，使之具有不同的初速。例如：SH15 型 155 毫米车载炮由全装药(零号装药)、一号至五号共六种装药组成，具有 6 种不同的初速，其中全装药的初速最高，一号装药的初速其次，五号装药的初速

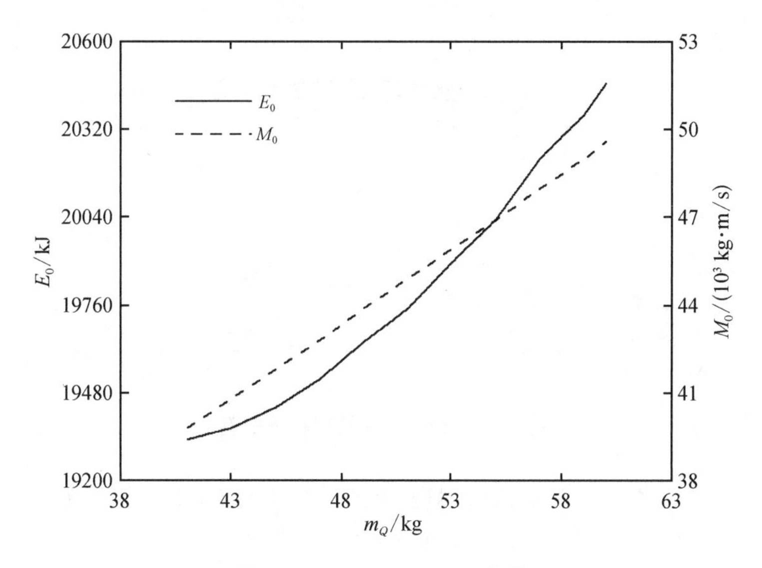

图 4.3.2　E_0、M_0 vs. m_Q 曲线

最小。对火炮而言,为了模拟高温条件下全装药的最大膛压条件,考验火炮的强度,还常采用一种称为强装药的装药结构,这种装药结构的装药量比全装药的药量大。由于强装药结构纯粹是为火炮的强度试验所用,因此其所对应的初速不属初速分级的范围。

因此,对于火炮来说,外弹道设计在完成了全装药的弹丸质量与初速的设计以后,还要进行初速分级的计算,以便为内弹道及装药设计提供进一步的初始数据。为了便于讨论,本书假定初速由大到小排列,其所对应的装药号分别为全装药、一号装药、二号装药等。

4.3.2.2　*初速分级的原理和方法*

对于远程压制火炮,要求在不变更发射阵地的条件下,能灵活地支援步兵战斗,即除了要求最大射程尽可能大以外,还希望最小射程尽可能小,以保证火炮具有良好的火力机动性。如果只有单一的最大初速,尽管理论上也能对近距离目标射击,但其落角绝对值可能过小而产生跳弹从而影响射击效果;又由于小射角时弹道比较低伸,不能消灭遮蔽物后的目标而有较大的死角;而且不论远近目标都用最大初速射击,不仅消耗装药多,而且对火炮寿命不利。

根据上述原因,在战技指标要求的最大射程与最小射程的整个射程范围内,分成若干个距离区段,对于每一个区段采用各自的初速(装药)进行射击,至于同一区段中射击距离变化的要求,则用变化射角的办法来实现,见图 4.3.3。为了避免两个区段结合部出现射击空白,应使在结合部存在一段两个相邻的初速都能射击到的一段距离,称此距离为射程重叠量。

由于数值计算的射程都是理论射程,而实际射弹有一定的散布,因此所规定的理论射程重叠量应是在两种初速的射弹即使出现最极端的散布情况,也不会出现火力空白区。因此,选定重叠量的原则,就是确保在火炮射击存在散布的实际条件下,也不出现空白区。

对于 i、$i+1$($i=0$, Ⅰ, Ⅱ, …, Ⅴ)两相邻初速 v_{i0} 和 $v_{(i+1)0}$,保证不出现空白区的条件为

$$X_{(i+1)m\text{实}} \geqslant X_{i,\,20°\text{实}} \tag{4.3.10}$$

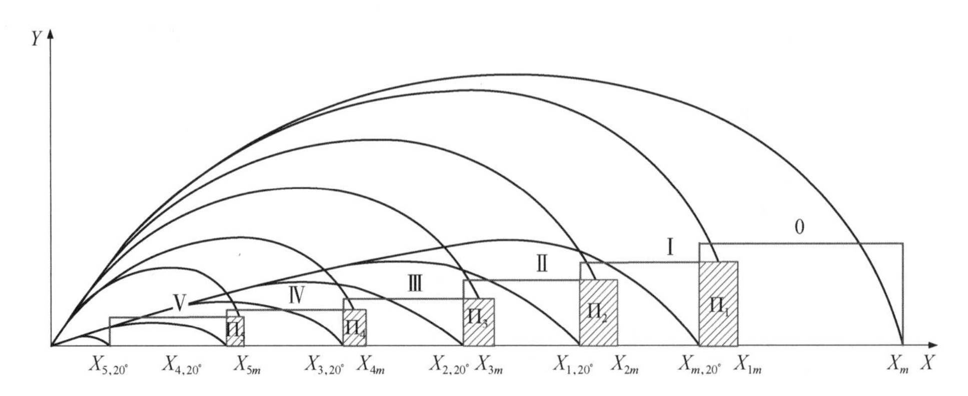

图 4.3.3 初速分级及射程重叠量

式中下标为“实”的射程为实弹射击的射程,上式的含义是 $i+1$ 号装药实弹射击的最大射程应大于 i 号装药实弹射击的最小射程,最小射程角为20°。

由射击概率理论得知,假定第 i 装药号的理论射程为 X_{im},则实际射弹距离 $X_{im实}$ 将落在 $X_{im}\pm 4E_X$ 的区域内,其中 E_X 为射程的中间偏差。由此可推演:

$$(X_{(i+1)m实})_{\min} = X_{(i+1)m} - 4E_X \tag{4.3.11}$$

$$(X_{i,20°实})_{\max} = X_{i,20°} + 4E_X \tag{4.3.12}$$

依据式(4.3.10),为了确保射程重叠,下式应成立:

$$(X_{(i+1)m实})_{\min} \geqslant (X_{i,20°实})_{\max}$$

将式(4.3.11)、(4.3.12)代入上式,可得

$$\Pi_i = X_{(i+1)\mathrm{m}} - X_{i,20°} \geqslant 8E_X \tag{4.3.13}$$

假定火炮采用第 i 号装药发射距离为 X_i,其散布的变异系数 A_{X_i} 为

$$A_{X_i} = \frac{E_{X_i}}{X_i}, \quad 或 \quad E_{X_i} = A_{X_i}X_i \tag{4.3.14}$$

式中,A_{X_i}由试验得到,射程 X_i 越小,E_{X_i} 亦越小。

代入(4.3.13)式,则有

$$\Pi_i \geqslant 8E_{X_i} = 8A_{X_i}X_i \tag{4.3.15}$$

下面来讨论初速分级的方法。对于加榴炮,由于它的射角变化范围大(−5°~+70°),既可在低射界射击,又可在高射界射击,因此,都应保证射程的重叠量。但由于加榴炮在满足低射角的重叠量时,高射角的重叠量基本能满足,因此,通常不考虑其在高射角时的最小射程的重叠量问题。以下以加榴炮为例来说明初速分级的方法。

(1) 用前面最大射程 X_0 所确定的全装药初速 v_0 及其相应的弹道系数 C_i,计算在 $\theta_1=20°$ 时的最小射程 $X_{0,20°}$,再加上必需的重叠量 $\Pi_0(\geqslant 8A_{X_0}X_{0,20°})$ 得到 $X_{\mathrm{I}}=X_{0,20°}+\Pi_0$,作为Ⅰ号装药在最大射程角 θ_{I} 时的射程 X_{I},由此反算出Ⅰ号装药初速 v_{I}。

(2) 用上述 C_i、v_{I} 和 $\theta_{\mathrm{I}}=20°$ 计算Ⅰ号装药时的最小射程 $X_{\mathrm{I},20°}$,再加上必需的重

叠量 Π_{I}（$\geqslant 8A_{X_{\mathrm{I}}}X_{\mathrm{I},20^\circ}$）得到 $X_{\mathrm{II}} = X_{\mathrm{I},20^\circ} + \Pi_{\mathrm{I}}$，作为Ⅱ号装药在最大射程角 θ_{II} 时的射程 X_{II}，由此反算出Ⅱ号装药时的初速 v_{II}。

（3）依次类推，计算第Ⅲ号、第Ⅳ号、第Ⅴ号装药时的相应初速 v_{III}、v_{IV}、v_{V}，直到第Ⅴ装药号的最小射程角 $\theta_{\mathrm{V}} = 20^\circ$ 时的射程小于战技指标要求的最小射程 $X_{\min}$ 为止。此最后一个装药即为最小装药号（即最小初速）。这就最后确定了总的装药号数及其相应的初速值。

按上述方法只是初步确定了初速的分级，此后还要在内弹道设计中作相应的调整，使每个装药号只差相同的装药质量、实现相同大小的装药单元，便于在实战中方便使用。最后，经修正后的射程重叠量在各级间的百分比可能不相同，但必须满足前面所述的基本原则。

4.3.3 陀螺稳定性设计

陀螺稳定性设计就是从陀螺运动方程出发，研究弹丸飞行过程中陀螺稳定性与弹丸滚转角速度的关系，从保证弹丸飞行稳定性出发，对身管膛线缠度的设计提出要求。陀螺稳定性包含弹丸攻角的飞行稳定性和偏角变化引起的追随稳定性两部分。

4.3.3.1 陀螺稳定性的基本原理

为了便于说明相关原理，作如下基本假定。弹丸无质量偏心，即弹丸几何中心 o_{Q_E} 与其质心 o_{Q_G} 重合；弹丸飞离炮口时无章动角 $\delta(t_G) = \delta_G = 0$，即弹轴线与其质心的速度方向相同，$\psi_1(t_G) = \psi_2(t_G) = 0$；身管高低射角为 θ_{10}；只考虑阻力 $\boldsymbol{R}_x$、静力矩 $\boldsymbol{M}_z$ 和极阻尼力矩 $\boldsymbol{M}_{xz}$ 的作用。

如图 4.3.4 所示，弹丸在空中飞行的某一时刻，弹丸的动量为 $\boldsymbol{M} = m_Q v_{E_Q}{}^{i_v}\boldsymbol{e}_1$，动量方程为

$$\frac{\mathrm{d}\boldsymbol{M}}{\mathrm{d}t} = m_Q \dot{v}_{E_Q}{}^{i_v}\boldsymbol{e}_1 + m_Q v_{E_Q}\boldsymbol{\omega}_v \times {}^{i_v}\boldsymbol{e}_1 = \boldsymbol{R}_x - m_Q g^{i_g}\boldsymbol{e}_2$$

式中，$\dot{v}_{E_Q}$ 为沿 ${}^{i_v}\boldsymbol{e}_1$ 方向的切向加速度；$\boldsymbol{\omega}_v$ 为速度方向矢量 ${}^{i_v}\boldsymbol{e}_1$ 的转动角速度；$\boldsymbol{\omega}_v \times {}^{i_v}\boldsymbol{e}_1$ 方向向下并垂直于 ${}^{i_v}\boldsymbol{e}_1$，表示速度方向 ${}^{i_v}\boldsymbol{e}_1$ 的变化。由于阻力 $\boldsymbol{R}_x$ 的方向与 ${}^{i_v}\boldsymbol{e}_1$ 相同，因此 $\boldsymbol{R}_x$ 的作用是使 $\dot{v}_{E_G}$ 的大小发生变化；而 $-m_Q g^{i_g}\boldsymbol{e}_2$ 的方向是垂直向下，其作用是使 ${}^{i_v}\boldsymbol{e}_1$ 方向发生改变，方向改变为 $\omega_v \times {}^{i_v}\boldsymbol{e}_1$，即向下发生变化。由此可知由于弹丸重力的作用，弹丸速度矢量 ${}^{i_v}\boldsymbol{e}_1$ 下降使弹道倾角由初始的射角 θ_{10} 变成 θ_1，导致弹轴方向 ${}^{i_Q}\boldsymbol{e}_1$ 与速度方向 ${}^{i_v}\boldsymbol{e}_1$ 不再重合，形成一攻角 δ 和攻角速度 $\dot{\delta}$。

与 $\dot{\gamma}$ 相比，弹丸 $\dot{\delta}$、$\dot{\theta}_1$ 均很小，暂不考虑进动角速度 $\dot{\upsilon}$ 的影响，弹丸的动量矩近似为 $\boldsymbol{K} \doteq \boldsymbol{I}_Q \cdot \dot{\gamma}^{i_Q}\boldsymbol{e}_1 = I_{11}^Q \dot{\gamma}^{i_Q}\boldsymbol{e}_1$，动量矩方程为

$$\frac{\mathrm{d}\boldsymbol{K}}{\mathrm{d}t} = I_{11}^Q \ddot{\gamma}^{i_Q}\boldsymbol{e}_1 + I_{11}^Q \dot{\gamma}\boldsymbol{\omega}_{Q_E} \times {}^{i_Q}\boldsymbol{e}_1 = \boldsymbol{M}_{xz} + \boldsymbol{M}_z$$

式中，$\ddot{\gamma}$ 为绕弹轴 ${}^{i_Q}\boldsymbol{e}_1$ 的转动角速度；$\boldsymbol{\omega}_{Q_E}$ 为弹丸的转动角速度，$\boldsymbol{\omega}_{Q_E} \times {}^{i_Q}\boldsymbol{e}_1$ 方向垂直于 ${}^{i_Q}\boldsymbol{e}_1$，表示弹轴方向 ${}^{i_Q}\boldsymbol{e}_1$ 的变化。由于极阻尼力矩 $\boldsymbol{M}_{xz}$ 的方向与弹轴方向相同，因此 $\boldsymbol{M}_{xz}$ 的作用是使 $\ddot{\gamma}$ 的大小发生变化；而静力矩 $\boldsymbol{M}_z$ 的作用方向为 ${}^{i_v}\boldsymbol{e}_1 \times {}^{i_Q}\boldsymbol{e}_1$，即阻力面的法线方向，其作用是使弹轴 ${}^{i_Q}\boldsymbol{e}_1$ 朝阻力面的法线方向发生变化。可见，静力矩 $\boldsymbol{M}_z$ 的作用是迫使弹轴

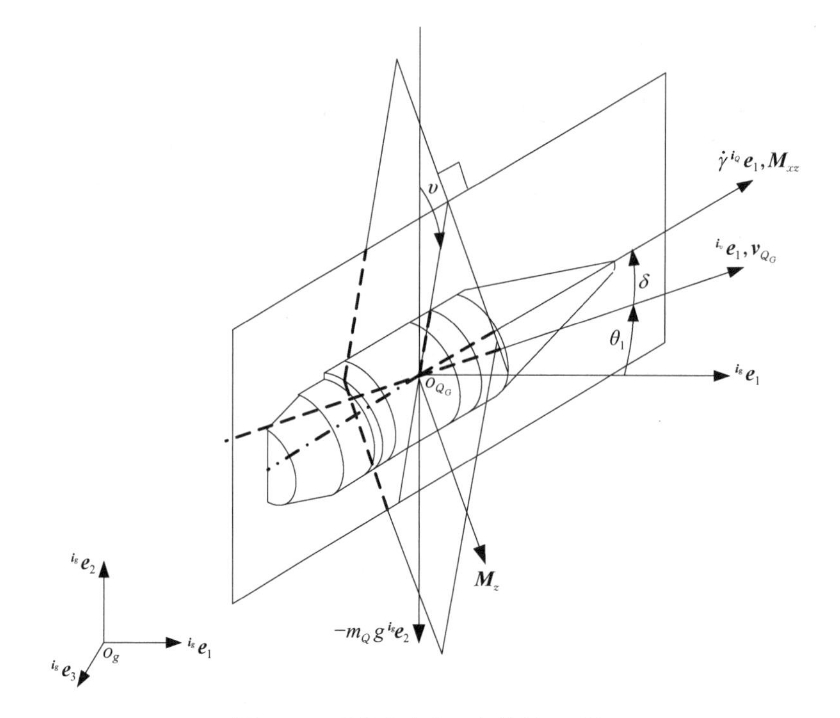

图 4.3.4　弹丸在空中飞行的某一时刻

$^{i_Q}\boldsymbol{e}_1$ 向阻力面的法线方向发生变化，这种变化导致弹丸整体绕弹丸速度方向 $^{i_v}\boldsymbol{e}_1$ 产生进动 $\boldsymbol{\upsilon}$ 和进动速度 $\dot{\boldsymbol{\upsilon}}$。

总之，弹丸在重力作用下产生章动，形成绕其质心 o_{Q_G} 的章动角 δ，章动发生在弹轴 $^{i_Q}\boldsymbol{e}_1$ 与速度方向 $^{i_v}\boldsymbol{e}_1$ 构成的阻力面内，由于章动产生静力矩 $\boldsymbol{M}_z$，静力矩 $\boldsymbol{M}_z$ 的方向为阻力面的法线方向，在 $\boldsymbol{M}_z$ 的作用下弹轴绕速度方向 $^{i_v}\boldsymbol{e}_1$ 进动 $\boldsymbol{\upsilon}$，进动使弹轴方向 $^{i_Q}\boldsymbol{e}_1$ 发生改变，导致阻力面的法线方向亦发生变化，因而静力矩 $\boldsymbol{M}_z$ 的方向亦发生变化，导致弹丸在 $\boldsymbol{M}_z$ 作用下不发生翻转。这种由于弹丸旋转动量矩（绕其轴线的转动角速度 $\dot{\gamma}$）和重力联合作用引起的章动和进动，实现静力矩 $\boldsymbol{M}_z$ 方向发生变化，使弹丸空中飞行不发生翻转的现象称为弹丸运动的陀螺稳定性。

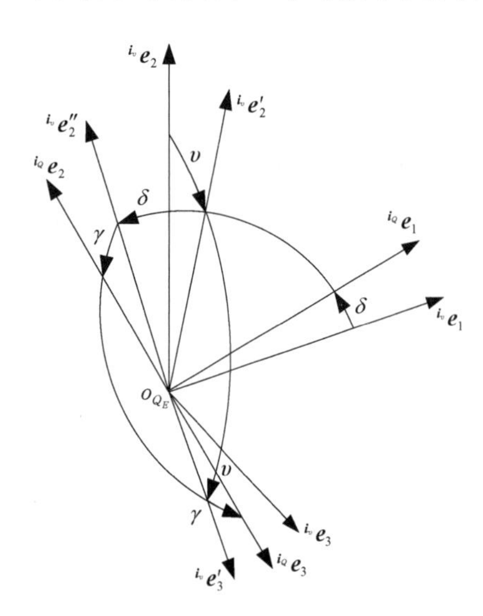

图 4.3.5　速度坐标系 $\boldsymbol{i}_v$ 与弹体坐标系 $\boldsymbol{i}_Q$ 间的转换

4.3.3.2　弹丸陀螺运动分析

1）角运动分析

将滚转角 γ、章动角 δ 和进动角 $\boldsymbol{\upsilon}$ 三个独立的角运动变量来描述弹丸的角运动。如图 4.3.5 所示，弹体坐标系 $\boldsymbol{i}_Q$ 可通过速度坐标系 $\boldsymbol{i}_v$ 分别按（1－3－1）顺序旋转 $\boldsymbol{\upsilon}$、δ、γ 得到，其转换关系为

$$^{i_Q}\boldsymbol{e}_i = L_{ij}^{\omega Q}(\boldsymbol{\upsilon},\ \delta,\ \gamma)\,^{i_v}\boldsymbol{e}_j \qquad (4.3.16\text{A})$$

记：

$$\boldsymbol{L}_{\omega_Q} = \begin{bmatrix} \cos\delta & \sin\delta\cos\upsilon & \sin\delta\sin\upsilon \\ -\sin\delta\cos\gamma & \cos\delta\cos\gamma\cos\upsilon - \sin\gamma\sin\upsilon & \cos\delta\cos\gamma\sin\upsilon + \sin\gamma\cos\upsilon \\ \sin\delta\sin\gamma & -\cos\delta\sin\gamma\cos\upsilon - \cos\gamma\sin\upsilon & -\cos\delta\sin\gamma\sin\upsilon + \cos\gamma\cos\upsilon \end{bmatrix} \tag{4.3.16B}$$

弹丸的角速度公式由《中远程压制火炮射击精度理论》(钱林方等,2020b)式中(2.3.2B)和(2.3.4)给出:

$$\boldsymbol{\omega}_Q = \omega_j^{Qi_Q}\boldsymbol{e}_j = (\dot{\gamma} + \dot{\upsilon}\cos\delta)^{i_Q}\boldsymbol{e}_1 + (\dot{\delta}\sin\gamma - \dot{\upsilon}\sin\delta\cos\gamma)^{i_Q}\boldsymbol{e}_2 + (\dot{\delta}\cos\gamma + \dot{\upsilon}\sin\delta\sin\gamma)^{i_Q}\boldsymbol{e}_3 \tag{4.3.17A}$$

令

$$\begin{cases} \dot{p} = -\dot{\upsilon}\sin\delta \\ \dot{r} = \dot{\gamma} + \dot{\upsilon}\cos\delta \end{cases} \tag{4.3.17B}$$

则式(4.3.17A)可改写成:

$$\boldsymbol{\omega}_Q = \omega_j^{Qi_Q}\boldsymbol{e}_j = \dot{\boldsymbol{r}}^{i_Q}\boldsymbol{e}_1 + (\dot{\delta}\sin\gamma + \dot{p}\cos\gamma)^{i_Q}\boldsymbol{e}_2 + (\dot{\delta}\cos\gamma - \dot{p}\sin\gamma)^{i_Q}\boldsymbol{e}_3 \tag{4.3.17C}$$

对上式求时间导数,得其角加速度公式:

$$\begin{aligned} \boldsymbol{\varepsilon}_{Q_E} &= \varepsilon_j^{Q_E i_Q}\boldsymbol{e}_j = \frac{\mathrm{d}}{\mathrm{d}t}\boldsymbol{\omega}_Q \\ &= \ddot{\boldsymbol{r}}^{i_Q}\boldsymbol{e}_1 + (\ddot{\delta}\sin\gamma + \ddot{p}\cos\gamma + \dot{\delta}\dot{\gamma}\cos\gamma - \dot{p}\dot{\gamma}\sin\gamma)^{i_Q}\boldsymbol{e}_2 \\ &\quad + (\ddot{\delta}\cos\gamma - \ddot{p}\sin\gamma - \dot{\delta}\dot{\gamma}\sin\gamma - \dot{p}\dot{\gamma}\cos\gamma)^{i_Q}\boldsymbol{e}_3 \end{aligned} \tag{4.3.18}$$

2)角运动方程建立

假定空气阻力矩 $\boldsymbol{M}$ 在弹体坐标系 $\boldsymbol{i}_Q$ 中给出,即 $\boldsymbol{M} = M_j^{i_Q}\boldsymbol{e}_j$,利用虚功率原理可建立弹丸绕弹体坐标系 $\boldsymbol{i}_Q$ 下的转动方程:

$$\boldsymbol{I}_Q \cdot \boldsymbol{\varepsilon}_{Q_E} = -\tilde{\boldsymbol{\omega}}_Q \cdot \boldsymbol{I}_Q \cdot \boldsymbol{\omega}_Q + \boldsymbol{M} \tag{4.3.19}$$

式中 $\boldsymbol{I}_Q$ 为弹丸绕质心的转动惯量,已假定偏心距为零。

为了便于讨论,假定:

$$\boldsymbol{I}_Q = I_{ij}^{Qi_Q}\boldsymbol{e}_i \times {}^{i_Q}\boldsymbol{e}_j,\quad I_{ij}^{Q} = \begin{bmatrix} J_Q & 0 & 0 \\ 0 & I_Q & 0 \\ 0 & 0 & I_Q \end{bmatrix} \tag{4.3.20}$$

将式(4.3.17)与式(4.3.18)代入式(4.3.19),进一步展开,经整理有

$$\begin{cases} J_Q\ddot{r} = M_1 \\ I_Q\ddot{p} = -2I_Q\left(1 - \dfrac{J_Q}{2I_Q}\right)\dot{r}\dot{\delta} + M_2\cos\gamma - M_3\sin\gamma \\ I_Q\ddot{\delta} = 2I_Q\left(1 - \dfrac{J_Q}{2I_Q}\right)\dot{r}\dot{p} + M_2\sin\gamma + M_3\cos\gamma \end{cases} \tag{4.3.21}$$

作用在弹丸上的气动力有阻力 $\boldsymbol{R}_x$、升力 $\boldsymbol{R}_y$ 和马格努斯力 $\boldsymbol{R}_z$,即

$$\boldsymbol{F}=-m_Q b_x v^{2\,i_v}\boldsymbol{e}_1+m_Q v^2[(b_y\cos\upsilon+b_z\sin\upsilon)^{i_v}\boldsymbol{e}_2+(b_y\sin\upsilon-b_z\cos\upsilon)^{i_v}\boldsymbol{e}_3] \tag{4.3.22A}$$

$$b_x=\frac{1}{2}\rho\frac{A_Q}{m_Q}c_x,\quad b_y=\frac{1}{2}\rho\frac{A_Q}{m_Q}c_y,\quad b_z=\frac{1}{2}\rho\frac{A_Q}{m_Q}c_z \tag{4.3.22B}$$

作用在弹丸上的气动力矩有静力矩 $\boldsymbol{M}_z$、赤道阻尼力矩 $\boldsymbol{M}_{zz}$、极阻尼力矩 $\boldsymbol{M}_{xz}$、马格努斯力矩 $\boldsymbol{M}_y$ 和非定态阻尼力矩 $\boldsymbol{M}_{\dot{\alpha}}$，注意到弹丸绕其轴线得转角速度为 $\dot{r}$，且有 $\dot{p}=-\dot{\upsilon}\sin\delta=-\dot{\upsilon}\delta$，即

$$\begin{cases}\boldsymbol{M}_z=I_Q k_z v^2\delta(\sin\gamma^{i_Q}\boldsymbol{e}_2+\cos\gamma^{i_Q}\boldsymbol{e}_3)\\ \boldsymbol{M}_{zz}=-I_Q k_{zz}v[\dot{\delta}(\sin\gamma^{i_Q}\boldsymbol{e}_2+\cos\gamma^{i_Q}\boldsymbol{e}_3)+\dot{p}(\cos\gamma^{i_Q}\boldsymbol{e}_2-\sin\gamma^{i_Q}\boldsymbol{e}_3)]\\ \boldsymbol{M}_{xz}=-J_Q k_{xz}v\dot{r}^{i_Q}\boldsymbol{e}_1\\ \boldsymbol{M}_y=I_Q k_y v\dot{r}(\cos\gamma^{i_Q}\boldsymbol{e}_2-\sin\gamma^{i_Q}\boldsymbol{e}_3)\\ \boldsymbol{M}_{\dot{\alpha}}=I_Q k_{\dot{\alpha}}v\dot{\delta}(\sin\gamma^{i_Q}\boldsymbol{e}_2+\cos\gamma^{i_Q}\boldsymbol{e}_3)\end{cases} \tag{4.3.23}$$

合力矩为

$$\begin{aligned}\boldsymbol{M}=M_j^{i_Q}\boldsymbol{e}_j=&-J_Q k_{xz}v\dot{r}^{i_Q}\boldsymbol{e}_1+I_Q v\begin{bmatrix}k_z v\delta\sin\gamma-k_{zz}(\dot{\delta}\sin\gamma+\dot{p}\cos\gamma)\\+k_y\dot{r}\cos\gamma+k_{\dot{\alpha}}\dot{\delta}\sin\gamma\end{bmatrix}^{i_Q}\boldsymbol{e}_2\\&+I_Q v\begin{bmatrix}k_z\delta v\cos\gamma-k_{zz}(\dot{\delta}\cos\gamma-\dot{p}\sin\gamma)\\-k_y\dot{r}\sin\gamma+k_{\dot{\alpha}}\dot{\delta}\cos\gamma\end{bmatrix}^{i_Q}\boldsymbol{e}_3\end{aligned} \tag{4.3.24A}$$

$$\begin{gathered}k_y=\frac{1}{2}\rho\frac{l_Q A_Q d_Q}{I_Q}m'_y,\quad k_z=\frac{1}{2}\rho\frac{l_Q A_Q}{I_Q}m'_z,\quad k_{\dot{\alpha}}=\frac{1}{2}\rho\frac{l_Q d_Q A_Q}{I_Q}m'_{\dot{\alpha}},\\ k_{xz}=\frac{1}{2}\rho\frac{l_Q d_Q A_Q}{J_Q}m'_{xz},\quad k_{zz}=\frac{1}{2}\rho\frac{l_Q d_Q A_Q}{I_Q}m'_{zz}\end{gathered} \tag{4.3.24B}$$

将式(4.3.24A)代入式(4.3.21)，并假定 $\cos\delta\doteq 1$、$\sin\delta=\delta$，经整理得

$$\begin{cases}\ddot{r}=-k_{xz}v\dot{r}\\ \ddot{p}+k_{zz}v\dot{p}=\left[k_y v-2\left(1-\dfrac{J_Q}{2I_Q}\right)\dot{\delta}\right]\dot{r}\\ \ddot{\delta}=2\left(1-\dfrac{J_Q}{2I_Q}\right)\dot{r}\dot{p}+v[k_z v\delta+(k_{\dot{\alpha}}-k_{zz})\dot{\delta}]\end{cases} \tag{4.3.25}$$

通过弹丸角运动方程(4.3.25)将弹丸几何物理参数、初始条件与其角运动状态参数 γ、υ、δ 联系起来，形成了弹丸状态参数 γ、υ、δ 与弹丸几何物理参数和初始条件的隐含关系。

4.3.3.3　陀螺运动方程求解

1）转角速度方程的求解

式(4.3.25)第一式可改写为

$$\frac{\mathrm{d}\dot{r}}{\mathrm{d}t}=-k_{xz}v\dot{r}$$

由此解得

$$
\begin{cases}\dot{r} = \dot{r}_G \mathrm{e}^{-\int_{t_G}^{t} k_{xz} v \mathrm{d}t} \\ r = r_G + \dot{r}_G \int_{t_G}^{t} \mathrm{e}^{-\int_{t_G}^{t} k_{xz} v \mathrm{d}\tau} \mathrm{d}t\end{cases} \tag{4.3.26}
$$

式中 r_G、$\dot{r}_G$ 为弹丸炮口初始条件：

$$
\begin{cases}r_G = \int_{t_0}^{t_G} (\dot{\gamma} + \dot{\upsilon}\cos\delta) \mathrm{d}t \\ \dot{r}_G = \dot{\gamma}_G + \dot{\upsilon}_G \cos\delta_G\end{cases} \tag{4.3.27}
$$

式中，$\dot{\gamma}$、$\dot{\upsilon}$、δ、$\dot{\gamma}_G$、$\dot{\upsilon}_G$、δ_G 由《中远程压制火炮射击精度理论》（钱林方等，2020b）中式（10.6.14）给出。

由式（4.3.26）可知，弹丸绕其身管轴线的转角速度 $\dot{r}$ 随时间呈指数下降，其指数系数大小与极阻尼系数 k_{xz} 和弹丸飞行速度 v 成正比，弹丸飞行速度 v 越大，下降幅度就越大。

2）进动速度方程的求解

式（4.3.25）第二式为进动方程，可改写为

$$
\frac{\mathrm{d}\dot{p}}{\mathrm{d}t} + k_{zz} v \dot{p} = \left[k_y v - 2\left(1 - \frac{J_Q}{2I_Q}\right)\dot{\delta} \right] \dot{r} \tag{4.3.28}
$$

若 $\dot{p} \neq 0$，上式的一般解为

$$
\begin{cases}\dot{p} = \mathrm{e}^{-\int_{t_G}^{t} k_{zz} v \mathrm{d}t} \left(\int_{t_G}^{t} \left[k_y v - 2\left(1 - \frac{J_Q}{2I_Q}\right)\dot{\delta} \right] \dot{r} \mathrm{e}^{\int_{t_G}^{t} k_{zz} v \mathrm{d}\tau} \mathrm{d}t + \dot{p}_G \right) \\ p = p_G + \int_{t_G}^{t} \dot{p} \mathrm{d}t\end{cases} \tag{4.3.29}
$$

式中 p_G、$\dot{p}_G$ 为弹丸炮口初始条件：

$$
\begin{cases}p_G = -\int_{t_0}^{t_G} \dot{\upsilon} \sin\delta \mathrm{d}t \\ \dot{p}_G = -\dot{\upsilon}_G \sin\delta_G\end{cases} \tag{4.3.30}
$$

若 $\dot{p} = 0$，则根据式（4.3.17B）可知，必有 $\delta = 0$，式（4.3.28）简化为

$$
\dot{\upsilon} = -\left[k_y \frac{v}{\dot{\delta}} - 2\left(1 - \frac{J_Q}{2I_Q}\right) \right] \dot{r} \tag{4.3.31}
$$

3）章动速度方程的求解

将式（4.3.17B）代入式（4.3.25）第三式，章动方程简化成以下形式：

$$
\ddot{\delta} + (k_{zz} - k_{\dot{\alpha}}) v \dot{\delta} + \alpha^2 \sigma \delta = 0 \tag{4.3.32}
$$

式中项 $(k_{zz} - k_{\dot{\alpha}}) v$ 称为阻尼项，且有

$$
\alpha^2 = 2\left(1 - \frac{J_Q}{2I_Q}\right) \dot{r}\dot{\upsilon}, \quad \beta = k_z v^2, \quad \sigma = 1 - \frac{\beta}{\alpha^2} \tag{4.3.33}
$$

令

$$s=\frac{1}{2}\sqrt{(k_{zz}-k_{\dot{\alpha}})^2v^2-4\alpha^2\sigma}\tag{4.3.34}$$

式(4.3.32)为变系数阻尼振动方程,其通解为

$$\delta=\mathrm{e}^{-\frac{1}{2}(k_{zz}-k_{\dot{\alpha}})vt}(c_1\mathrm{e}^{st}+c_2\mathrm{e}^{-st})\tag{4.3.35}$$

式中,待定常数 c_1 与 c_2 由初始条件确定。式(4.3.35)解的性质决定于 s 是实数、零、还是虚数。若 $s=0$,此时的阻尼系数值称之为临界阻尼系数,记为 c_c,即 $c_c=2\alpha\sqrt{\sigma}$。引进一个无量纲的量 ζ,称为相对阻尼系数或阻尼比。

$$\zeta=\frac{(k_{zz}-k_{\dot{\alpha}})v}{2\alpha\sqrt{\sigma}}\tag{4.3.36}$$

当 $\zeta>1$,根式 s 是实数,称为过阻尼状态;当 $\zeta<1$,根式 s 是虚数,称为弱阻尼状态;当 $\zeta=1$,称为临界阻尼状态。对运动稳定的弹丸而言,δ 应在小范围内运动、而不应出现随时间的增加发散的不稳定运动,因此必须满足:

$$2\alpha\sqrt{\sigma}>(k_{zz}-k_{\dot{\alpha}})v\tag{4.3.37A}$$

及

$$\sigma>0\tag{4.3.37B}$$

当 $\zeta<1$ 时的解为

$$\delta=A\mathrm{e}^{-\frac{1}{2}(k_{zz}-k_{\dot{\alpha}})vt}\sin(\sqrt{1-\zeta^2}\alpha\sqrt{\sigma}t+\phi)\tag{4.3.38}$$

$$A=\sqrt{\delta_G^2+\left(\frac{\dot{\delta}_G+\frac{1}{2}(k_{zz}-k_{\dot{\alpha}})v_G\delta_G}{\sqrt{1-(\zeta_G)^2}\alpha_G\sqrt{\sigma_G}}\right)^2}\tag{4.3.39A}$$

$$\phi=\mathrm{tg}^{-1}\frac{\delta_G\sqrt{1-(\zeta_G)^2}\alpha_G\sqrt{\sigma_G}}{\dot{\delta}_G+\frac{1}{2}(k_{zz}-k_{\dot{\alpha}})v_G\delta_G}\tag{4.3.39B}$$

式中,δ_G、$\dot{\delta}_G$、v_G、$\alpha_G^2=2\left(1-\frac{J_Q}{2I_Q}\right)\dot{r}_G\dot{v}_G$;$\sigma_G=1-\frac{\beta_G}{\alpha_G^2}$;$\beta_G=k_zv_G^2$。

由式(4.3.38)可知,弹丸的章动运动不是等幅的简谐振动,而是振幅被限制在曲线 $Ae^{-\frac{1}{2}(k_{zz}-k_{\dot{\alpha}})vt}$ 之内随时间不断衰减的衰减振动,如图 4.3.6 所示。这种衰减振动的固有圆频率、固有频率和周期分别为

$$\begin{cases}\omega_d=\alpha\sqrt{\sigma}\sqrt{1-\zeta^2}=\omega\sqrt{1-\zeta^2},\omega=\alpha\sqrt{\sigma}\\ f_d=\frac{\alpha\sqrt{\sigma}}{2\pi}\sqrt{1-\zeta^2}=f\sqrt{1-\zeta^2},\ f=\frac{\alpha\sqrt{\sigma}}{2\pi}\\ T_d=T\frac{1}{\sqrt{1-\zeta^2}},T=\frac{1}{f}\end{cases}\tag{4.3.40}$$

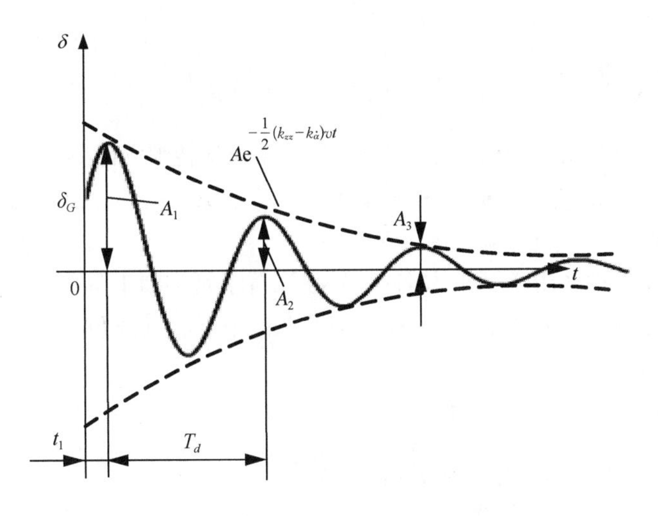

图 4.3.6　弹丸的阻尼章动运动

式中,ω、f、T 是弹丸无阻尼自由章动的固有圆频率、固有频率和周期。

式(4.3.26)、(4.3.29)、(4.3.38)的解是假定方程中的时变系数在某一时间段内是常量得到的,当这些系数的时变性较大时,需要在计算时间步长内进行迭代求解得到,当得到了这些变量值后,通过式(4.3.17B)亦就得到了弹丸空中飞行的 $\dot\gamma$、$\dot v$、$\dot\delta$、γ、v、δ。

4.3.3.4　陀螺稳定性和膛线缠度上限

要保证旋转弹在全弹道上都满足陀螺稳定性,由式(4.3.37B)可知,必须在弹道上每一点都满足下面条件:

$$\alpha^2 > \beta,\quad \alpha^2 = 2\left(1 - \frac{J_Q}{2I_Q}\right)\dot r\dot v,\quad \beta = k_z v^2 \tag{4.3.41}$$

为了便于讨论,假定 $\delta_G = 0$,$\dot\gamma_G = \dfrac{2\pi}{\eta d_D}v_G$,这样式(4.3.26)、(4.3.29)、(4.3.38)简化成:

$$\begin{cases} \dot r = \dot\gamma_G e^{-\int_{t_G}^{t} k_{xz}v\mathrm{d}t} \\ \dot v = -\left[k_y\dfrac{v}{\dot\delta} - 2\left(1 - \dfrac{J_Q}{2I_Q}\right)\right]\dot r \\ \delta = Ae^{-\frac{1}{2}(k_{zz}-k_{\dot\alpha})vt}\sin(\sqrt{1-\zeta^2}\,\alpha\sqrt{\sigma})t \\ A = \dfrac{\dot\delta_G}{\sqrt{1-(\zeta_G)^2}\,\alpha_G\sqrt{\sigma_G}} \end{cases} \tag{4.3.42}$$

将上述表达式代入式(4.3.41)的第二式,得

$$\alpha^2 = 2\left(1 - \frac{J_Q}{2I_Q}\right)\left[2\left(1 - \frac{J_Q}{2I_Q}\right) - k_y\frac{v}{\dot\delta}\right]e^{-2\int_{t_G}^{t} k_{xz}v\mathrm{d}t}\dot\gamma_G^2 \tag{4.3.43}$$

由式(4.3.41)的第一和第三式,得

$$\eta < \sqrt{2\left(1-\frac{J_Q}{2I_Q}\right)\left[2\left(1-\frac{J_Q}{2I_Q}\right)-k_y\frac{v}{\dot{\delta}}\right]\left(\frac{2\pi}{d_D}v_G\right)^2\frac{\mathrm{e}^{-2\int_{t_G}^{t}k_{xz}v\mathrm{d}t}}{k_z v^2}} = \eta_{上} \tag{4.3.44}$$

此不等式与 $\sigma > 0$ 式 $S_g > 1$ 等价,因此 $\boldsymbol{\eta}_{上}$ 是保证旋转弹丸陀螺稳定性的膛线缠度上限。火炮的膛线缠度必须小于 $\boldsymbol{\eta}_{上}$,否则弹丸不具备陀螺稳定性,飞行中弹丸将翻转。

4.3.3.5 追随稳定性和膛线缠度下限

弹丸质心速度矢量 $\boldsymbol{v}$ 由于受重力的作用,在飞行中是不断下降的,追随稳定性要求弹轴 ${}^{iQ}\boldsymbol{e}_1$ 应能追随速度矢量 $\boldsymbol{v}$ 的下降而下降,即两者的下降转动速度应相等,否则弹轴不满足追随稳定性要求。

根据追随稳定性的约束要求,有

$$\dot{\delta} = \dot{\theta}_1 = \frac{g\cos\theta_1}{v} \tag{4.3.45}$$

由式(4.3.29)可得

$$\dot{\boldsymbol{v}}\delta = \mathrm{e}^{-\int_{t_G}^{t}k_{zz}v\mathrm{d}t}\left(\int_{t_G}^{t}\left[2\left(1-\frac{J_Q}{2I_Q}\right)\dot{\delta}-k_y v\right]\dot{r}\mathrm{e}^{\int_{t_G}^{t}k_{zz}v\mathrm{d}\tau}\mathrm{d}t + \dot{\boldsymbol{v}}_G\delta_G\right) \tag{4.3.46}$$

将式(4.3.45)代入上式,假定 $\dot{r}_G = \dot{\gamma}_G = \dfrac{2\pi}{\eta d_D}v_G$,并记 $\delta = \delta_p$,得

$$\delta_p = \frac{1}{\dot{\boldsymbol{v}}}\mathrm{e}^{-\int_{t_G}^{t}k_{zz}v\mathrm{d}t}\left\{\int_{t_G}^{t}\left[2\left(1-\frac{J_Q}{2I_Q}\right)\frac{g\cos\theta_1}{v}-k_y v\right]\frac{2\pi}{\eta d_D}v_G\mathrm{e}^{-\int_{t_G}^{t}(k_{xz}-k_{zz})v\mathrm{d}\tau}\mathrm{d}t + \dot{\boldsymbol{v}}_G\delta_G\right\} \tag{4.3.47}$$

由(4.3.47)式可以看出,影响动力平衡角的因素很多,可从以下几个主要方面予以分析。

(1) 弹道参数:主要是速度 v 与倾角 θ_1,它们直接由弹道系数 C、初速 v_0 和射角 θ_{10} 三个参数确定;当 C 和 v_0 一定时,射角 θ_{10} 越大,弹道顶点增高,k_{zz} 减小,且顶点速度 v_s 也减小,由此可知,在最大射角时,弹道顶点($\theta_1 = 0°$)附近有最大动力平衡角 $\delta_{p\max}$。

(2) 弹丸外形和质量分布情况:在式(4.3.47)中显含了弹丸外形对 δ_p 的影响较大。转速比即自转角速度与弹速之比 $\dot{\gamma}/v$ 对 δ_p 的影响也较大,由(4.3.47)可知转速比增大,将使 δ_p 加大,可见这是与陀螺稳定性要求的条件是相矛盾的。

(3) 膛线缠度下限公式:理论分析及射击试验均证明,过大的动力平衡角将产生各种不良后果:它将使射程减小和偏流增大,更为严重的是过大的动力平衡角将使马格努斯力矩出现较严重的非线性,从而破坏弹丸的动态稳定性,即章动角将沿全弹道发散,因而 δ_p 过大会增加各种散布因素对射击精度的不良影响。因而弹丸的追随稳定性要求动力平衡角最大值 $\delta_{p\max}$ 限制在允许值 $[\delta_p]$ 以内。对于一般曲射火炮的弹丸,$[\delta_p]$ 控制在几度以内。由 $\delta_{p\max} \leqslant [\delta_p]$ 根据(4.3.47)式:

$$\eta > \frac{\mathrm{e}^{-\int_{t_G}^{t}k_{zz}v\mathrm{d}t}\int_{t_G}^{t}\left[2\left(1-\frac{J_Q}{2I_Q}\right)\frac{g\cos\theta_1}{v}-k_y v\right]\frac{2\pi}{d_D}v_G\mathrm{e}^{-\int_{t_G}^{t}(k_{xz}-k_{zz})v\mathrm{d}\tau}\mathrm{d}t}{\left([\delta_p]\dot{\boldsymbol{v}}-\dot{\boldsymbol{v}}_G\delta_G\mathrm{e}^{-\int_{t_G}^{t}k_{zz}v\mathrm{d}t}\right)} = \eta_{下} \tag{4.3.48}$$

当火炮膛线缠度 $\eta > \eta_{下}$ 时，就能保证动力平衡角 δ_p 小于允许值 $[\delta_p]$，因而满足追随稳定要求的条件是 $\eta > \eta_{下}$。

4.3.3.6 膛线缠度公式及其应用

对于一定结构的弹丸，在各种初速和射角条件下，都必须满足陀螺稳定性和追随稳定性要求，这时主要靠合理的膛线缠度来保证，图 4.3.7 所示阴影部分就是满足上述条件的可供选择的膛线缠度区域。另外，从火炮身管寿命考虑出发，又不能把膛线缠度取得太小，因此应尽可能选取较大的膛线缠度值。所以在设计中采用将膛线缠度上限 $\eta_{上}$ 乘以小于 1 的安全系数 a 作为膛线缠度的计算公式，即

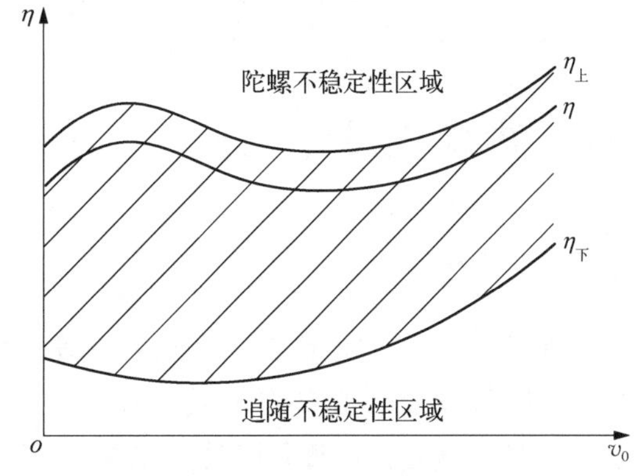

图 4.3.7 膛线缠度可供选择区

$$\eta = a\eta_{上} \tag{4.3.49}$$

a 值一般约为 0.75~0.85。

长期以来，一直应用公式(4.3.49)计算 η，作为确定火炮膛线缠度从而保证弹丸飞行稳定性的方法。

对不同种类的装药结构，可采用以下方法来确定膛线缠度。

1）单级装药火炮膛线缠度的初步确定

单级装药火炮是指仅有一个初速的火炮（如航炮、高炮）。当初步确定了弹丸结构之后先用式(4.3.49)计算膛线缠度 η，再用公式(4.3.48)计算膛线缠度下限 $\eta_{下}$，如果满足 $\eta > \eta_{下}$，则即可初步选取该 η 值。若不满足 $\eta > \eta_{下}$，则要重新调整弹丸的质量分布和外形结构等参数，直到满足 $\eta > \eta_{下}$ 为止。

2）多级装药火炮膛线缠度的初步确定

多级装药火炮具有多个初速，对于各个初速，都应保证弹丸在全弹道上满足陀螺稳定性和追随稳定性的要求。这时，应取各初速所对应的膛线缠度中的最小膛线缠度 $\eta_{小}$，$\eta_{小}$ 并不需要对应每个初速都计算 η，再从 η 中找出最小者，因为由式(4.3.49)可知只要在各初速中找到阻力最大者即可；然后再找各初速对应的膛线缠度下限中最大的 $\eta_{下大}$，它同样也不须每个初速都计算 $\eta_{下}$，而由式(4.3.48)可知初速最小的 v_s 也最小，它可以得到 $\eta_{下大}$。如果满足了 $\eta_{小} > \eta_{下大}$，此 $\eta_{小}$ 即为所选的膛线缠度，否则应重新设计弹丸的结构及外形，直至满足要求为止。

3）远程榴弹炮膛线缠度的初步确定

对于远程榴弹，不论是加农炮还是榴弹炮，要考虑到沿全弹道较大的章动角对射程的影响大小，又要考虑弹丸转速衰减可能引起陀螺不稳定性。在满足陀螺稳定性的条件下，膛线缠度应选取稍大一些；或采取其他措施减小动力平衡角，如弹头加风帽、或采用火箭助推、底部排气等，以达到增加弹道顶点速度的目的。

4）反坦克火炮膛线缠度的初步确定

坦克炮或反坦克炮射角很小，弹道低伸，弹丸的动力平衡角很小，一般没有必要校核

膛线缠度下限。因此，在大多数情况下，只需考虑 $\eta_{上}$ 即可，安全系数 a 可偏大一些，约取 0.85~0.88。

4.4 内弹道设计

4.4.1 概述

在外弹道设计完成之后，即进入内弹道设计阶段。内弹道设计就是根据外弹道设计所确定出的身管口径 d、弹丸质量 m_Q，初速 v_0 作为起始条件，利用内弹道理论，通过选择适当的最大压力 p_m、药室扩大系数 χ_{W_0} 以及火药品种，计算出满足上述条件的最佳的装填条件（如装药量、火药厚度等）和膛内构造诸元（如药室容积 W_0、弹丸全行程长 l_g、药室长度 l_{W_0} 及炮膛全长 L_{nt} 等）。

需要注意的是，在进行内弹道设计时，可以有很多个设计方案满足给定条件，这就必须在设计计算过程中对各方案进行分析和比较，从中选择出最合理的方案。

4.4.2 设计方案的评价标准

内弹道设计是一个多解问题，它必然包含一个方案的选择和优化过程。方案选择的任务是使所选方案不仅能满足战术上的要求，而且其弹道性能还必须是优越的。在方案选择时，可以直接比较各种不同方案的构造诸元及装填条件，但由于这些量之间有着密切的制约关系，其反映往往是不全面和不深刻的。因此，有必要选取一些能综合反映弹道性能的特征量作为对不同方案弹道性能的评价标准。

1）火药能量利用效率的评价标准

火药的能量是否能充分利用的标准称为热力学效率或有效功率 γ_g：

$$\gamma_g = \frac{1}{2}m_Q v_g^2 \Big/ \frac{f\omega}{\theta} \tag{4.4.1}$$

式中，v_g 为弹丸飞离炮口时的速度；f 为火药力；ω 为装药量；θ 为火药的绝热系数。

有效功率 γ_g 的数值大小表示火药装药能量利用效率的高低，从能量利用效率的角度看，弹道效率有效功率 γ_g 应该越大越好。在一般火炮中，γ_g 约在 0.16~0.30 之间。

这里需要说明的是 v_g 与 v_0 是不同的概念，v_0 是外道计算中用的炮口速度。弹丸飞离炮口的最大速度不在炮口，而是在后效期终了，为了便于外道计算，将后效期终了的最大速度，线性外推到炮口处的速度，该速度即为 v_0。

2）炮膛工作容积利用效率的评价标准

炮膛工作容积利用效率 η_g 定义：

$$\eta_g = \frac{\int_0^{l_g} p\mathrm{d}l}{l_g p_m} = \frac{A_S \int_0^{l_g} p\mathrm{d}l}{A_S l_g p_m} \tag{4.4.2}$$

式中，A_S 为炮膛横断面积。由于 $\int_0^{l_g} p\mathrm{d}l$ 为 $p-l$ 曲线下的面积，$A_S\int_0^{l_g} p\mathrm{d}l$ 为火药气体所做的压力功，而 $A_S l_g$ 为炮膛工作容积，因此，炮膛工作容积利用效率代表了 p_m 一定时单位炮膛工作容积所做的功，其数值的大小意味着炮膛工作容积利用效率的高低。

由式(4.4.2)还可看出，炮膛工作容积利用效率还表示了 $p-l$ 曲线下的面积充满 $p_m l_g$ 矩形面积的程度，如图 4.4.1 所示。

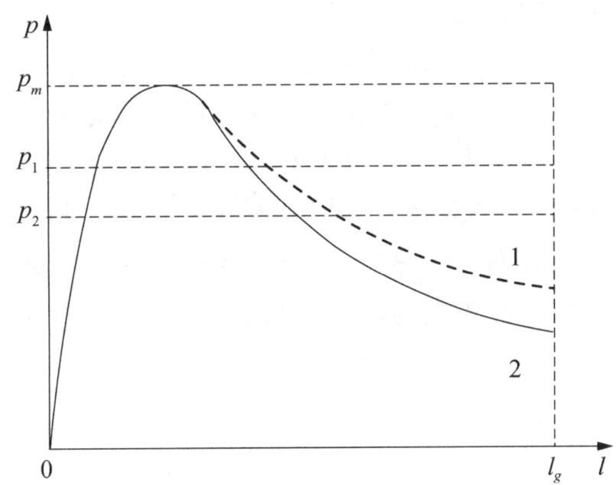

图 4.4.1　炮膛工作容积利用效率的图示

相同 p_m 下，炮膛工作容积利用效率的高低反映了压力曲线的平缓或陡直情况。在满足 p_m 及 v_0 的前提下，炮膛工作容积利用效率越高，则弹丸全行程 l_g 较短，它意味着炮身重量轻。所以从炮膛利用效率来看，炮膛工作容积利用效率应越高越好。η_g 的大小与火炮性能有关，一般火炮的 η_g 约在 0.4~0.66 之间，加农炮的 η_g 较大，榴弹炮的 η_g 较小。

3）火药燃烧相对结束位置

火药相对燃烧结束位置定义为

$$\eta_k = \frac{l_k}{l_g} \tag{4.4.3}$$

式中，l_k 为火药燃烧结束位置。由于火药点火的不均匀性以及药粒厚度的不一致性，不可能所有药粒在同一位置 l_k 燃完。事实上，l_k 仅是一个理论值，各药粒的燃烧结束位置分散在这个理论值附近的一定区域内。因此，当理论计算出的火药燃烧结束位置 l_k 接近炮口时，必然会有一些火药没有燃完即从炮口飞出。在这种情况下，不仅火药的能量不能得到充分的利用，而且由于每次射击时未燃完火药的情况不可能一致，因而会造成初速的较大分散，同时增加了炮口烟焰的生成。所以选择方案时，一般火炮的 η_k 应小于 0.70。加农炮 η_k 在 0.50~0.70 之间。榴弹炮是分级装药，考虑到小号装药也应能在膛内燃完，其全装药的 η_k 选取 0.25~0.30 之间比较合适。

4）炮口压力

弹丸离开炮口的瞬间，膛内火药气体仍具有较高压力（49~98 MPa）和较高温度（1 200~1 500 K）。它们高速流出炮口，与炮口附近的空气发生强烈的相互作用而形成膛口主流场，在周围空气中会形成强度很高的冲击波和声响。炮口压力越高，冲击波强度也越大，强度大的冲击波危及炮手安全，也促使炮口焰的生成。因此，对于不同的火炮，炮口压力要有一定的限制。在方案选择时，必须予以考虑，榴弹炮的炮口压力 p_g 一般在 60~75 MPa之间比较合适。

5）身管寿命

由于火药燃气对身管材料的烧蚀作用，最终会使火炮性能逐渐衰退到火炮不能继续使用的程度。通常以身管在丧失一定的战术与弹道性能以前所能射击的发数来表示火炮寿命。一般情况下，火炮弹道性能衰退到下述情况之一，即认为是寿命的终止：

（1）地面火炮距离散布面积或直射火炮立靶散布面积超过射表规定值的 8 倍；

（2）弹丸初速降低 10%，对高射炮和舰炮来说，降低 5%～6%；

（3）射击时切断弹带；

（4）以最小号装药射击时，引信不能解除保险的射弹数超过了 30%。

这四项身管寿命判别条件在实际使用中存在诸多问题，有人对不同口径加农炮的射击试验数据进行了研究，发现身管寿命与膛线起始部阳线最高处首先受到挤压部位的损伤有很大关系。火炮寿命终止时，这一位置的损伤量一般达到原阳线直径的 3.5%～5%。因此，可以将膛线起始部损伤量达到身管原直径的 5%作为允许极限值。

事实上，影响身管寿命的因素很多，也很复杂。但从弹道设计的角度来看，最大压力、装药量、弹丸行程等因素是最主要的。膛压越高，火药气体密度也越大，从而促进了向炮膛内表面的传热，加剧了火药气体对炮膛的烧蚀。装药量越大，一般装药量与膛内表面积的比值也越大，因而烧蚀也就越严重。弹丸行程长则对火炮寿命有着相互矛盾的两种影响：一方面，身管越长，火药气体与膛内表面接触的时间越长，会加剧烧蚀作用；另一方面，在初速给定的条件下，弹丸行程越长，装药量可以相对地减少，炮膛内表面积增加，却又可以减缓烧蚀作用。在弹道设计中可使用下述半经验半理论公式估算火炮寿命：

$$N = K' \frac{\Lambda_g + 1}{\omega / m_Q} \tag{4.4.4}$$

式中，N 为条件寿命；Λ_g 为弹丸相对行程长；ω/m_Q 为相对装药量；K' 为系数，对加农炮 $K' \approx 200$ 发。上式计算所得的条件寿命，可作为选择装药弹道设计方案的相对标准。

4.4.3 内弹道设计的基本步骤

4.4.3.1 起始参量的选择

1）最大压力 p_m 的选择

最大压力 p_m 的选择是一个很重要的问题，它不仅影响到火炮的弹道性能，而且还直接影响到火炮、弹药的设计。因此，最大压力 p_m 的确定，必须从战术技术要求出发，一方面要考虑到对弹道性能的影响，同时也要考虑到火炮结构强度、弹丸结构强度、引信的作用及炸药应力等因素。由此看出，p_m 的选择适当与否将影响火炮设计的全局，因此，需要深入地分析由最大压力的变化而引起的各种矛盾。

在其他条件不变的情况下，提高最大压力可以缩短身管长度，增加装药利用系数 η_ω 以及减小 η_k。这就表明火药燃烧更加充分，提高了能量利用效率，同时也有利于初速的稳定，提高射击精度，这些都有利于弹道性能的改善，所以从内弹道设计角度来看，提高最大压力是有利的。但是随着 p_m 的提高，对火炮及弹药的设计带来了不利的影响。

（1）增加最大压力，身管的壁厚要相应地增加，炮尾或自动机的承载恶化。

（2）增加最大压力，必然也增加了作用在弹体上的力，为了保证弹体强度，弹丸的壁厚也要相应的增加。若弹丸质量一定，则弹体内所装填的炸药量也就减少，从而使得弹丸的威力降低。

（3）增加最大压力，使得作用在炸药上的惯性力也相应增加，若惯性力超过炸药的许用应力，就有可能引起膛炸。

（4）由于增加最大压力，在射击过程中药筒或弹壳的变形量也就增大，可能造成抽筒的困难。

（5）由于最大压力增加，作用在膛线导转侧上的力也相应增加，因而增加了对膛线的磨损，使身管寿命降低。

综合上述分析可以看出，最大压力 p_m 的变化所引起其他因素的变化是很复杂的，因此在确定最大压力时，我们必须要从火炮、弹药系统设计全局出发，对具体情况作具体分析。如要求初速比较大的火炮，像高射火炮、远射程加农炮以及采用穿甲弹的反坦克炮等，一般情况下，最大压力都比较高，通常在 300 MPa 以上。而要求机动性较好的火炮，如自动或半自动的步兵火炮、步兵炮和山炮以及配有爆破榴弹或以爆破榴弹为主的火炮，一般情况下，最大压力都比较低一些，通常在 300 MPa 以下。因为爆破榴弹是以炸药和弹片杀伤敌人，如果膛压过高，对增加炸药量是不利的，所以目前的榴弹炮的最大压力一般都低于 300 MPa。但是，随着炮用材料的机械性能的提高和加工工艺的改进，随着对火炮的弹道性能要求的提高（如提高弹丸的初速），最大压力 p_m 也有提高的趋势。为了在较大的纵深内杀伤敌人有生力量，榴弹炮的装药结构都采用分级装药，因此最小号装药的最大压力不能低于解脱引信保险所需要的压力，通常要大于 60~70 MPa，所以榴弹炮的最大压力的选择更为复杂。

2）药室扩大系数 χ_{W_0} 的确定

在内弹道设计时，药室扩大系数 χ_{W_0} 也是事先确定的。根据 χ_{W_0} 的定义，如果在相同的药室容积下，χ_{W_0} 值越大，则药室长度就越小。药室长度缩短就使整个炮身长度缩短。但 χ_{W_0} 增大后也将带来不利的方面，这就是使炮尾及自动机的横向结构尺寸加大，可能造成火炮重量的增加；另外由于 χ_{W_0} 的增大，药室和炮膛的横断面积差也增大，根据气体动力学原理，坡膛处的气流速度也要相应的增加，因此，加剧了对膛线起始部的冲击，使得火炮寿命降低。药室和炮膛的横断面积相差越大，药筒收口的加工也越困难。χ_{W_0} 值越小，药室就越长，这又对发射过程中的抽筒不利。而长药室往往容易产生压力波的现象，引起局部压力的急升。所以 χ_{W_0} 值也应根据具体情况，综合各方面的因素来确定。

3）火药的选择

选择火药时要注意以下几点：

（1）一般要选择制式火药，选择生产的或成熟的火药品种。目前可供选用的火药仍然是单基药、双基药、三基药，以及由它们派生出来的火药，如混合硝酸酯火药、硝胺火药等。因为火药研制的周期较长，除特殊情况外，新火药设计一般不与火炮系统的设计同步进行。

（2）以火炮寿命和炮口动能为依据选取燃温和能量与之相应的火药。寿命要求长的大口径榴弹炮、加农炮，一般不选用热值高的火药。相反，迫击炮、滑膛炮、低膛压火炮，一般不用燃速低和能量低的火药。高膛压、高初速的火炮，尽量选择能量高的火药。高能火药包括双基药、混合硝酸酯火药，其火药力为 1 127~1 176 kJ/kg。低燃温、能量较低的火药有单基药和含降温剂的双基药，其燃温为 2 600~2 800 K，火药力为 941~1 029 kJ/kg。三基药和高氮单基药是中能量级的火药，火药力约为 1 029~1 127 kJ/kg，燃温 2 800~3 200 K。

（3）火药的力学性质是初选火药的重要依据。高膛压火炮，应尽量选用强度高的火药。力学性质中重点考虑火药的冲击韧性和火药的抗压强度。在现有的火药中，单基药的强度明显高于三基药。三基药在高温、高膛压和低温条件下，外加载荷有可能使其脆化和发生碎裂。双基药、混合酯火药的高温冲击韧性和抗压强度比单基药高。但双基药和混合硝酸酯火药在常、低温度段有一个强度转变点，低于转变点，火药的冲击韧性急剧下降，并明显低于单基药的冲击韧性。一般的火炮条件，现有的双基药、单基药、三基药和混合硝酸酯火药的力学性能都能满足要求。但对高膛压火炮、超低温条件下使用的火炮，都必须将力学性质作为选择火药的重要依据。

（4）满足膛压和速度的温度系数要求。低能量火药的温度系数较低，利用这种火药，在环境温度变化时，火炮的初速和膛压变化不大。而高能火药的温度系数一般都很高。所以，要求低温初速降小和要求高温膛压不能高的火炮，都要重点考虑火药的温度系数。在装药结构优化的情况下，低能火药有可能好于高能火药的弹道效果。

4.4.3.2　内弹道方案的设计步骤

在给定的起始条件下，根据每一组的装填密度 Δ 和 ω/m_Q 就可以计算出一个内弹道方案，而 Δ 和 ω/m_Q 的确定又与火炮的具体要求有关。

（1）装填密度 Δ 的选择。

在弹道设计中，装填密度 Δ 是一个很重要的装填参量。装填密度的变化直接影响到炮膛构造诸元的变化。如果在给定初速 v_g 和最大膛压 p_m 的条件下，保持相对装药量 ω/m_Q 不变，则随着 Δ 的增加，药室容积 W_0 单调递减，而装填参量 B 及相对燃烧结束位置 η_k 却单调的递增。至于弹丸行程全长 l_g 的变化规律，在开始阶段随 Δ 增加而减小，当 $\Delta=\Delta_m$ 时，l_g 达到最小值，然后又随 Δ 增加而增大。而充满系数 η_g 的变化规律恰好相反，在开始阶段随 Δ 增加而增大，当 $\Delta=\Delta_m$ 时，η_g 达到最大值，然后随 Δ 增加而减小。

在选择 Δ 时，我们还可以参考同类型火炮所采用的 Δ。现有火炮的数据表明，在不同类型火炮中，Δ 的变化范围较大；但在同类型火炮中，它的变化范围是比较小的。各种类型火炮的装填密度 Δ 见表 4.4.1。

表 4.4.1　各类火炮的装填密度

火炮类型	Δ/(kg/dm^3)	火炮类型	Δ/(kg/dm^3)
步兵火炮	0.70~0.90	全装药榴弹炮	0.45~0.60
一般加农炮	0.55~0.70	减装药榴弹炮	0.10~0.35
大威力火炮	0.65~0.78	迫击炮	0.01~0.2

从表 4.4.1 看出榴弹炮的装填密度一般都比加农炮的装填密度小，因为榴弹炮的最大压力 p_m 一般都低于加农炮。而榴弹炮又采用分级装药，如果全装药的 Δ 取得太大，在给定 p_m 和 v_0 条件下，火药的厚度要相应的增加，火药的燃烧结束位置也必然要向炮口前移，因此有可能在小号装药时不能保证火药在膛内燃烧完，影响到初速分散，所以榴弹炮的 Δ 要比加农炮的 Δ 小一些。加农炮的 Δ 介于步兵火炮和榴弹炮之间，因为加农炮担负着直接瞄准射击的任务，如击毁坦克、破坏敌人防御工事，所以不仅要求加农炮的初速大，而且要求弹道低伸，火线高要低，采用较大的装填密度 Δ，可以缩小药室容积，有利于降低火线高和提高射速。

选择装填密度 Δ 除了考虑不同火炮类型的要求之外，还要考虑到实现这个装填密度的可能性，因为一定形状的火药都存在一个极限装填密度 Δ_j。七孔火药 $\Delta_j = 0.8 \sim 0.9\ \text{kg/dm}^3$，长管状药 $\Delta_j = 0.75\ \text{kg/dm}^3$。如果我们选用的 $\Delta > \Delta_j$，那么这个装填密度是不能实现的。

（2）相对装药量 ω/m_Q 的选择。

在内弹道设计当中，弹丸质量 m_Q 是事先给定的，因此改变 ω/m_Q 也就是改变装药量 ω。如果在给定 p_m 和 v_g 条件下，而保持 Δ 不变，随着 ω/m_Q 的增加，药室容积 W_0 将单调递增，因为增加装药质量也就是增加对弹丸做功的能量，所以获得同样初速条件下，弹丸行程全长 l_g 可以缩短一些，它随 ω/m_Q 增加而单调的递减，并且在开始阶段递减较快，后来递减逐渐减慢，ω/m_Q 超过某一个值以后，l_g 几乎保持不变。

在现有的火炮中，ω/m_Q 的变化范围要比 Δ 的变化范围大得多，大约在 0.01 ~ 1.5 之间变化，所以一般都不直接选择 ω/m_Q，而是选择与 ω/m_Q 成反比的装药利用系数 η_ω，即

$$\eta_\omega = \frac{{v_g}^2}{2} / \omega/m_Q \tag{4.4.5}$$

对同一类型的火炮而言，η_ω 只在很小范围内变化，例如：

全装药榴弹炮，1 400 ~ 1 600 kJ/kg；

中等威力火炮，1 200 ~ 1 400 kJ/kg；

步枪及反坦克炮，1 000 ~ 1 100 kJ/kg；

大威力火炮，800 ~ 900 kJ/kg。

以上数据可以给我们在弹道设计时选择 η_ω 作参考。当选定 η_ω 之后，根据给定的初速即可计算出 η_ω。

（3）根据选定的 Δ、ω/m_Q 按下式计算装药量 ω、药室容积 W_0 和次要功计算系数 φ：

$$\omega = \frac{\omega}{m_Q} m_Q, W_0 = \frac{\omega}{\Delta}, \varphi = \varphi_1 + \left(\frac{1}{3} \frac{\frac{1}{\chi_{W_0}} + \Lambda_g}{1 + \Lambda_g} \right) \omega/m_Q \tag{4.4.6}$$

（4）在确定了药室容积 W_0、装药量 ω 以后，当火药性质、形状、挤进压力指定以后，就可以通过内弹道方程组，求出满足给定最大膛压 p_m 的火药弧厚值 $2e_1$。

（5）通过内弹道方程组，还可以求出满足给定初速的弹丸相对全行程长 Λ_g。

（6）根据 Λ_g 的定义：

$$\Lambda_g = \frac{l_g}{l_0} = \frac{W_g}{W_0} \tag{4.4.7}$$

因此，可以分别求出炮膛工作容积 W_g 及弹丸行程全长 l_g。

（7）根据选定的 χ_{W_0} 求出药室的长度：

$$l_{W_0} = \frac{l_0}{\chi_{W_0}} \tag{4.4.8}$$

从而求出炮膛全长 L_{nt}：

$$L_{nt} = l_g + l_{W_0} \tag{4.4.9}$$

以及炮身全长 L_{sh}

$$L_{sh} = l_g + l_{W_0} + l_c \tag{4.4.10}$$

式中，l_c 代表炮闩体厚度。

4.4.4 榴弹炮内弹道设计的特点

榴弹炮主要用来杀伤、破坏敌人隐蔽的或暴露的有生力量和各种防御工事，榴弹炮发射的主要弹种是榴弹，榴弹是靠爆炸后产生的弹片来杀伤敌人的。大量的实验证明，榴弹爆炸弹片飞散开的时候具有一定的规律性。弹片可以分成三簇，一簇向前，一簇向后，一簇成扇形向弹丸的四周散开，向前的弹片约占弹片总数 20%，向后的弹片约占 10%，侧方约占 70%。根据这一情况，为了充分发挥榴弹破片的杀伤作用，弹丸命中目标时，要求落角不能太小。因为落角太小时，占弹片总数比例最大的侧方弹片大都钻入地里或飞向上方，从而减小了杀伤作用。所以弹丸的落角 θ_c 最好不小于 25°~30°。

从外弹道学理论可知，对同一距离上的目标射击，弹丸落角的大小是和弹丸的初速及火炮的射角有关，射角大、落角也大，所以榴弹炮的弹道比较弯曲。同时为了有效地支援步兵作战，要求榴弹炮具有良好的弹道机动性，也就是指能在较大的纵深内机动火力。显然，如果仍然采用单一装药，火炮只具有一个初速是不能同时满足以上两个要求的。所以经常通过改变装药质量的方法，使榴弹炮具有多级初速来满足这种要求。现有的榴弹炮大多采用分级装药，如图 4.4.2 所示，变装药数目大约在 5~6 级左右。为了在减少装药质量的情况下能使火药在膛内燃烧完，所以榴弹炮通常采用药厚不同的火药组成混合装药。如 SH15 型 155 毫米车载炮的全装药为 24/7 火药，减号装药为三胍-15 20、7 火药。根据这些特点，榴弹炮的弹道设计必然比较复杂。一般情况下，榴弹炮的弹道设计应该包括以下三个步骤。

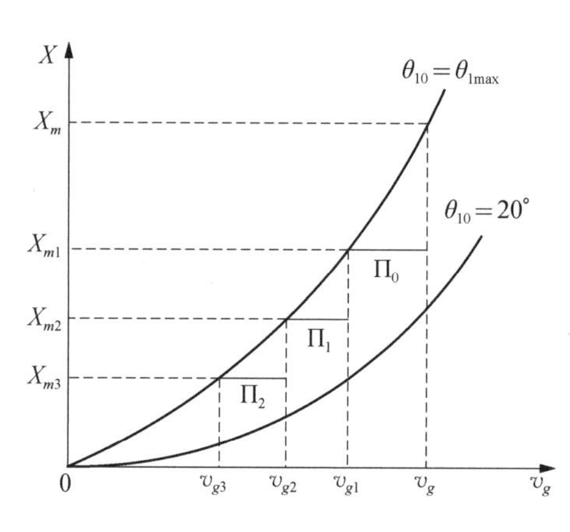

图 4.4.2 榴弹炮初速分级图

1）全装药设计

根据对火炮最大射程的要求，通过外弹道设计，给出口径 d、弹丸质量 m_Q 及全装药时的初速 v_g。同时经过充分论证选用一定的最大压力 p_m 和药室容积扩大系数 χ_{W_0}。在这些前提条件下，设计出火炮构造诸元和全装药时的装填条件，这就是全装药设计的任务。

榴弹炮的弹道设计仍然是按照一般设计程序来进行，但是在选择方案时应当注意到榴弹炮的弹道特点。为了使小号装药在减少装药量的情况下，仍然可以在膛内燃烧结束，所以全装药的 η_k 必须选择较小的数值。根据经验，榴弹炮的全装药 η_k 一般取 0.25~0.30 较适宜。

有一点应该注意，因为榴弹炮采用的是混合装药，所以全装药设计出的 ω、$2e_1$ 等都是混合装药参量，既不是厚火药的特征量也不是薄火药的特征量。如果要确定厚、薄两种火药的厚度，还必须在最小号装药设计中来完成。

2）最小号装药设计

由于在全装药设计中已经确定了火炮膛内结构尺寸及弹重，所以最小号装药设计是在已知火炮构造诸元的条件下，设计出满足最小号装药初速的装填条件。根据火炮最小射程的要求，可以从外弹道给定最小号装药的初速 v_{gn}，同时它的最大压力必须保证在各种条件最低的界限下能够解脱引信的保险机构，所以最小号装药的最大压力 p_{mn} 是指定的，不能低于某一个数值，一般为 60~70 MPa。

因为最小号装药是装填单一的薄火药，因此通过设计得到的装药质量 ω_n 和弧厚 $2e_1$ 代表薄火药的装药量和弧厚。

根据上述分析，最小号装药设计的具体步骤如下。

（1）根据经验在 $\Delta_n = 0.10 \sim 0.15$ 的范围内选择某一个 Δ_n 值，从已知的药室容积 W_0 计算出最小号装药的装药量 ω_n，即

$$\omega_n = W_0 \Delta_n$$

（2）由已知弹丸质量 m_Q 计算次要功计算系数 φ_n：

$$\varphi_n = \varphi_1 + \frac{1}{3}\frac{\omega_n}{m_Q}$$

（3）根据选定的最小号装药的火药类型，考虑到热损失的修正，确定火药的理化性能参数。

（4）由选定的 Δ_n、v_{gn} 和 Λ_g，利用内弹道方程组进行内弹道符合计算，确定最小号装药的最大膛压 p_{mn} 和选用的火药的弧厚 $2e_{1n}$。如果 p_{mn} 小于指定的最小号装药的最大压力数值，则仍需要增加 Δ_n 值后再进行计算，一直到 p_{mn} 高于规定值为止。

（5）计算厚火药的弧厚 $2e_{1m}$：

因为全装药的相当弧厚 $2e_1$ 和薄火药的弧厚 $2e_{1n}$ 均已知，而全装药的 ω 和最小号装药的 ω_n 也已知，因此可以求出厚、薄两种装药的百分数：

$$\alpha' = \frac{\omega_n}{\omega}, \alpha'' = 1 - \alpha' \tag{4.4.11}$$

则厚火药的弧厚 $2e_{1m}$ 为

$$2e_{1m} = \frac{\alpha'' 2e_1}{1 - \alpha' \dfrac{2e_1}{2e_{1n}}} \tag{4.4.12}$$

（6）厚火药弧厚的校正计算：

由步骤(5)中求出的薄火药和厚火药的弧厚及装药质量，再代入全装药条件中，进行混合装药的内弹道计算，如装药的 p_m 和 v_g 满足设计指标，则设计的薄、厚火药的弧厚和装药质量符合要求；如不满足，则可通过符合计算，调整厚火药的弧厚和装药质量参数，直到满足要求的最大压力和初速为止。

3）中间号装药的设计

中间号装药设计主要解决两个问题：一个是全装药和最小号装药之间初速的分级；另一个是每一初速级对应的装药量应该是多少。

榴弹炮用不同号装药的射击结果表明：初速和混合装药质量的关系实际上接近于线性的关系，如图 4.4.3 所示。所以当选定全装药的装药质量 ω 和最小号装药的装药质量 ω_n 以后，其余中间各号的装药质量 ω_i 可以在上述确定初速分级的基础上，按下述的线性公式来计算：

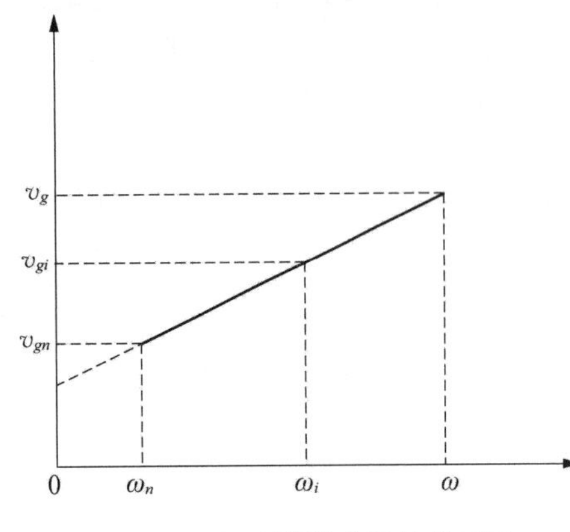

图 4.4.3　初速随装药量的关系图

$$\omega_i = \omega_n + \frac{\omega - \omega_n}{v_g - v_{gn}}(v_{gi} - v_{gn}) \quad (4.4.13)$$

按上述公式求出的 ω_i 是对应每一级初速的装药量，但这只作为装药设计的参考数据。由于考虑射击勤务的简便，在进行装药设计时各分级装药间应当采用等重药包，或某几个相邻初速级用等重药包，对计算出的各级装药 ω_i 还要做适当的调整才能确定下来。

第 5 章　车载炮分系统设计

5.1　概述

车载炮分系统主要由发射系统、底盘系统和火控电气信息系统三大部分组成。

在第 4 章弹丸威力和弹道设计的基础上，就可以进行发射系统设计。由于火炮结构设计在许多火炮教材中均有详细的讨论，本章不再对此展开讨论，而是直接讨论发射系统的设计原理和组件的特点等。

底盘系统的设计与军用越野底盘相同，火控电气信息系统的设计与履带式自行火炮相同，本章不再对此展开讨论，而是直接讨论底盘系统和火控电气信息系统的设计原理和组件特点等。

5.2　发射系统设计原理

5.2.1　系统主要功能与组成

发射系统的主要功能是发射弹丸，赋予弹丸一定的初速和射向，在一定的射界范围内进行调炮、瞄准和作战使用，承受射击、行军和运输条件下的各种载荷。具体功能如下：

（1）弹药应与其他同口径火炮的制式弹药通用；

（2）赋予火炮高低、方向射角；

（3）具有自动、半自动、手动操瞄功能；

（4）具有自动或半自动输弹功能；

（5）具有底盘、火控、液压、电气与控制接口。

发射系统根据高低方向射界和后坐复进稳定性要求布置于底盘合适的位置上，通过连接座、座圈与底盘架体结构相连。

发射系统由炮身、炮闩、反后坐装置、摇架、上架、高平机、方向机、平衡机、座圈、弹药输送装置、瞄准装置、防危板、工具及备附件箱等组成，如图 5.2.1 所示。

5.2.2　主要参数及其设计原理

5.2.2.1　主要参数

发射系统设计时，应注意以下主要参数：

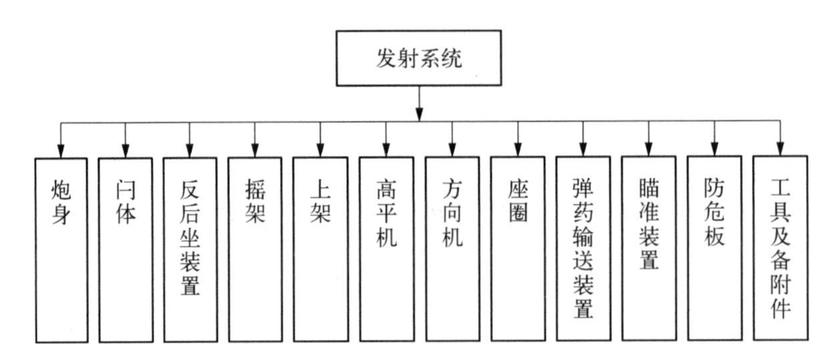

图 5.2.1　发射系统组成结构示意图

（1）口径；
（2）炮口动能；
（3）身管长；
（4）膛线形式；
（5）炮口制退器效率；
（6）极限后坐长；
（7）最大后坐阻力；
（8）弹药装填（方式）；
（9）最大射速；
（10）后坐复进循环时间；
（11）发射系统战斗全重；
（12）炮身高低不可恢复晃动量；
（13）炮身方向不可恢复晃动量；
（14）炮尾平台（纵向平面）与炮膛轴线（炮口）一致性（$\theta_{10}=0°$）；
（15）炮尾平台（横向平面）与耳轴的平行性；
（16）与底盘合装后炮尾平台（横向平面）与耳轴的平行性；
（17）反后坐装置布置形式；
（18）复进机气体初压；
（19）方向机主齿轮与座圈齿的齿侧间隙；
（20）方向机主齿轮与座圈齿的接触面积；
（21）高平机手动最大不平衡力矩；
（22）装填装置输弹强制段末速；
（23）供电体制；
（24）全炮电气控制（含液压控制）系统连续工作时间；
（25）液压系统连续工作时间；
（26）按流程行军固定器、大架、千斤顶、座盘展开或收起时间；
（27）瞄准装置射角装定范围、方向装定范围、装定精度。

发射系统结构布置适应总体要求，以提高火炮发射过程后坐复进的稳定性、降低火线高、优化人机环性能等为重要原则，根据具体条件确定摇架、反后坐装置布置、上架、下架、平衡机、回转座圈等部件的结构形式。匹配后坐部分质心，确保其始终位于摇架前套箍之后、后套箍之前，保证摇架对炮身具有良好的支撑刚度，匹配后坐部分质心与身管轴线的距离；匹配耳轴中心与后坐部分质心的距离，确保耳轴中心与身管轴线重合；匹配炮尾后端面至耳轴中心的距离，确保人机环操作的方便性。

5.2.2.2 主要参数设计原理

在第 4 章弹丸威力和弹道设计的基础上，通过弹丸威力设计，可以得到弹丸质量、弹丸直径、弹丸落点速度等；通过外弹道设计，可以得到身管口径、身管内膛缠度、弹丸质量、弹丸气动力参数、弹丸初速等；通过内弹道设计，可以得到身管长度、身管内膛尺寸、膛压分布曲线；利用身管压力分布曲线，通过强度设计得到身管外形；根据炮膛合力，就可以进行闩体和炮尾设计，由此得到炮身结构的具体参数；由后坐部分质量，根据后坐位移要求，可以进行反后坐装置设计；根据后坐部分外形、火线高要求和后坐阻力，就可以进行上架设计；根据回转部分的要求和上架结构的特点，利用载荷分离设计技术，就可以进行下架，即连接座的结构设计；由此可以得到发射部分的主要结构尺寸和质量。

5.2.3 系统部件方案及特点

5.2.3.1 炮身

炮身由身管、炮尾、炮口制退器、定向栓及后坐拉杆等组成，见图 5.2.2。身管的作用是为弹丸提供初速和射向，炮尾的作用是安装炮闩并能连接反后坐装置，炮口制退器的作用是利用炮口火药气体减少后坐部分动能。身管内膛结构包括膛线结构、药室结构和弹丸运动行程长等；膛线结构由膛线数量、缠度、宽度和深度等组成；膛线数量是 4 的整倍数，一般选择膛线为等齐、浅膛线结构为好；身管后端部位以断隔螺方式或连接环方式与炮尾相连；身管前端部位装有炮口制退器；身管上设有导向槽，与摇架上的导向键配合，为炮身后坐复进提供导向。炮尾有立楔式/横楔式两种，西方国家常采用螺式炮尾，在炮尾上应设有炮尾水平平台以便进行身管安装调试，复进杆与制退杆（杆后坐）安装在炮尾上。

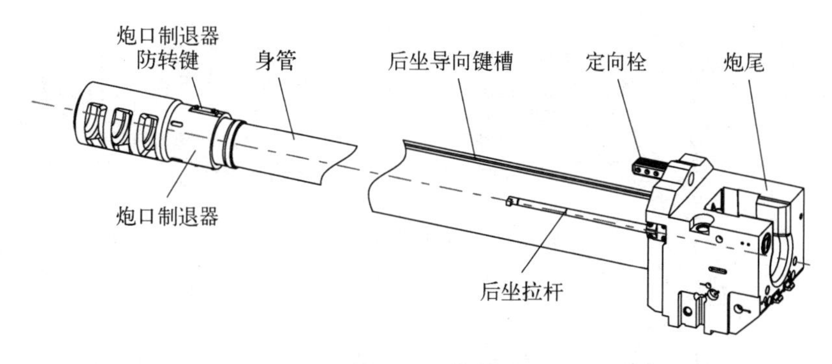

图 5.2.2 炮身

5.2.3.2 炮闩

炮闩用于闭锁炮膛、击发和抽出药筒（可燃药筒除外）。按结构形式分类，炮闩有立楔式炮闩和横楔式炮闩，采用何种炮闩形式由总体根据工作需要来确定。炮闩通常由闭锁机构、开关闩机构、击发机构、挡弹机构、抽筒机构、保险机构、棘爪机构等组成，图 5.2.3 为一种典型的炮闩结构。

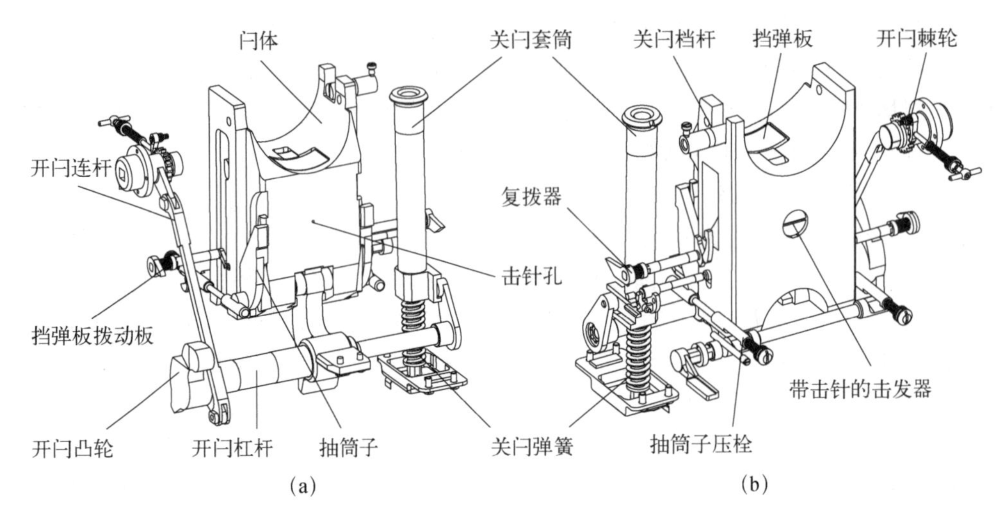

图 5.2.3　炮门

5.2.3.3　反后坐装置

反后坐装置的作用是将一个作用时间几到十几毫秒的炮膛合力缓冲成一个时间 1~2 秒的后坐阻力,以减少对后坐部分以下的冲击作用,同时确保发射后炮身能回到原位。反后坐装置包括复进机和制退机,气压式复进机以杆(筒)后坐的形式安装于炮膛轴线的正上下或左右方,主要由复进机筒、带活塞的复进杆、液体增压器等组成;制退机为带沟槽式复进节制器的节制杆式制退机,以杆(筒)后坐的形式安装在炮膛轴线的上下或左右方,主要由制退筒、制退杆、节制杆、液量补偿器、温升报警装置等组成,图 5.2.4 为一种典型的反后坐装置示意图。

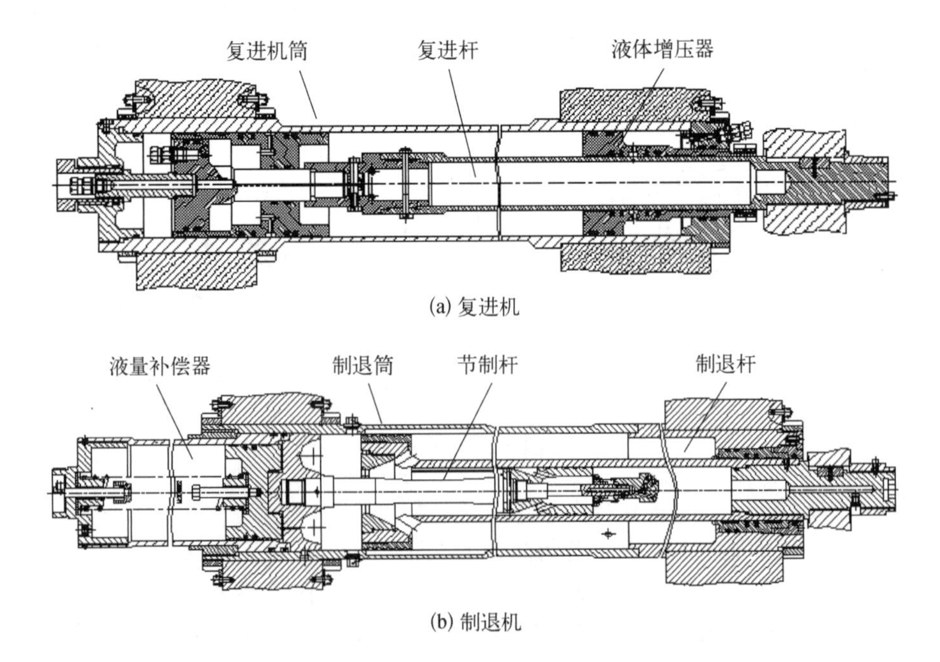

图 5.2.4　反后坐装置

反后坐装置应满足极限后坐长度和最大后坐阻力的要求。

目前,还发展了磁流变液和磁阻尼等新型反后坐装置,总体设计时视实际情况考虑是否采用。若要进一步降低后坐阻力,还可以采用软后坐反后坐转置,后坐阻力可大幅度降低,后坐阻力只有常规的50%左右。

5.2.3.4　摇架

摇架的作用是支撑后坐部分并约束其后坐及复进运动,摇架是起落部分的主体,赋予火炮高低射角,摇架上还安装有瞄具、开闩机构,并连接有高平机,或平衡机、高低机齿弧等部件。

摇架方案设计主要包括:确定摇架的结构形式、初步确定摇架的外形尺寸、确定耳轴及高平机或高低齿弧的位置、确定炮身和反后坐装置的布置等。为提高身管支撑刚度,摇架一般采用框式筒形铸焊结构,反后坐装置上下或左右对称布置。

一种典型的摇架结构见图5.2.5。该结构由摇架本体、前套箍、后套箍、左右侧梁及惯导和初速雷达的安装支座等组成,前套箍、后套箍、左右侧梁均为焊接结构,左右耳轴座本体为铸件。

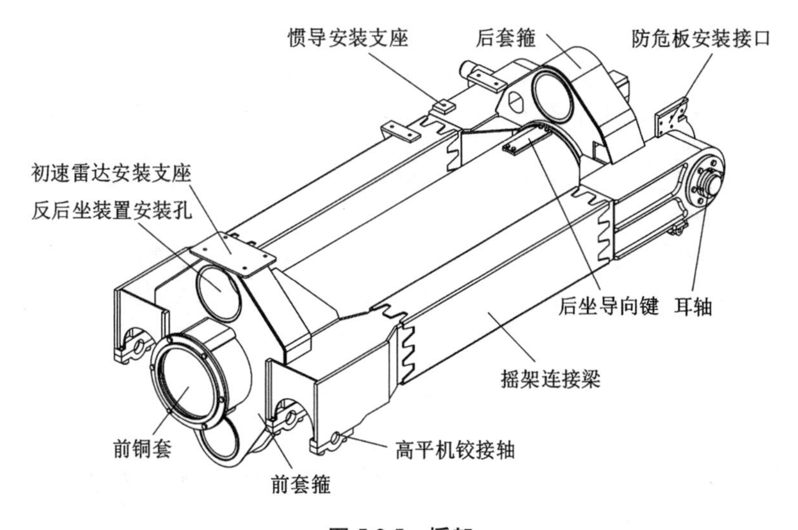

图5.2.5　摇架

5.2.3.5　上架

上架支承着起落部分,是车载炮回转部分的基础,它借助于方向机的作用,围绕内座圈或立轴在外座圈或立轴座上回转以赋予车载炮方向角。在上架的各支臂上连接着高低机、方向机、平衡机等部件。车载炮的上架一般由左右侧板、座圈或立轴、耳轴支座等组成。

一种典型的上架结构见图5.2.6,该结构采用钢板焊接结构,由底板、左侧板、右侧板、耳轴室、方向机安装座、高平机安装座、瞄准具安装座、方向行军固定器等部件构成。左右侧板均采用箱型结构,耳轴室采用瓦盖式分体结构,底板与座圈内圈相连实现火炮回转。

5.2.3.6　平衡机/高平机

平衡机的作用就是对起落部分提供一个推力或拉力,此力对耳轴的力矩与起落部分重力对耳轴的力矩相平衡,以减小高低机的手轮力。将高低机和液体气压式平衡机合为一体,构成液体气压式高低平衡机(简称高平机)。

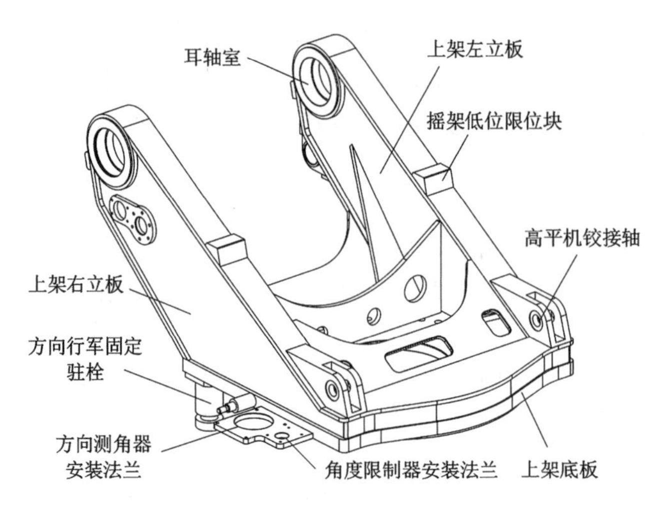

图 5.2.6　上架

图 5.2.7 为一种典型的高平机,外筒支耳与摇架相连,高平机杆与上架铰接。高平机采用三筒式结构,该结构能减小高平机的初始安装距离和缸体的总长度。其中外筒和中筒构成了高低腔,通过中筒上的活塞将该高低腔分成了两部分,形成高低作动时的进油、回油腔。中筒与内筒构成了平衡腔,并与蓄能器相通。

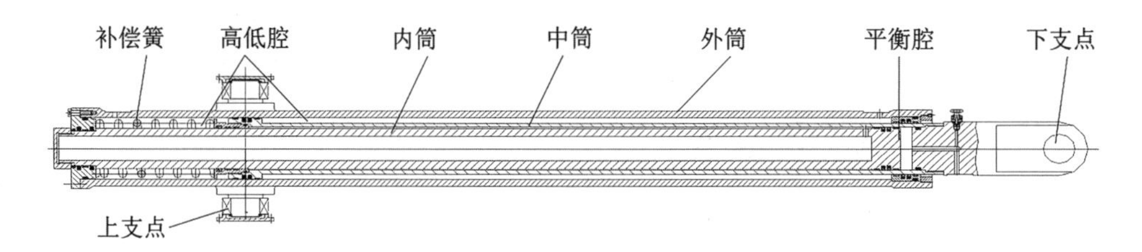

图 5.2.7　高平衡机

通过液压系统的控制,将液压油注入高低腔,使高平机伸缩,驱动火炮起落部分绕耳轴俯仰,从而得到高低射角。

5.2.3.7　*方向机*

若按驱动方式来划分,方向机主要有电机驱动和液压驱动两种。电机驱动的方向机比较成熟,在中小口径的火炮中应用较多,对大口径火炮液压驱动的方向机也是一种较好的选择。

液压驱动的方向机主要由液压马达、液压制动器、二级减速箱、主齿轮轴等组成。图 5.2.8 为一种典型的液压马达驱动的方向机结构示意图,调炮时,通过液压系统将控制制动器解脱,同时液压马达驱动连接方向机主齿轮轴的两级圆柱齿轮减速箱进行方位调炮,使其达到最大调炮速度,到达所需射角后,制动器立即锁死,方向机主轴齿轮停止转动。

5.2.3.8　*座圈*

座圈的作用是连接上架和下架(车体座圈安装座),确保上架在下架上实现所规定的方向旋转要求,并能保障在发射冲击载荷作用下保持较高的位置精度。目前座圈主要有双排交叉(排内交叉)滚柱式和三排(上、下两排为横滚子,中间一排为纵滚子)滚柱式两

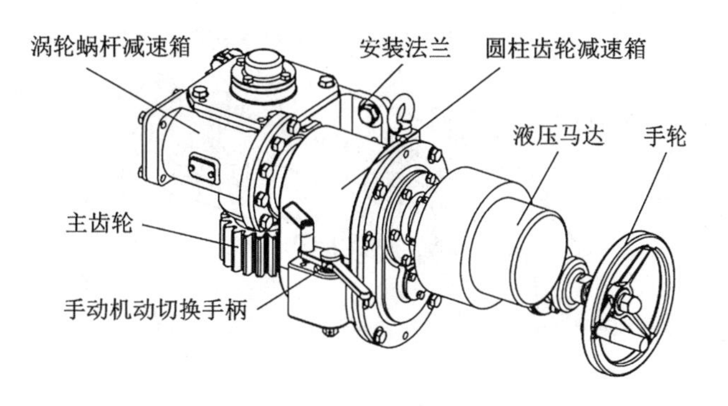

图 5.2.8　方向机

种结构形式。

一种典型的三排滚柱外齿式回转支承结构见图 5.2.9，主要由外齿圈、下压圈、内圈、滚柱、保持架、上密封圈和下密封圈等组成。将外齿圈通过螺栓固定在车体的座圈安装座上，内圈与上架底板连接。通过安装在上架上的方向机齿轮驱动，内圈与外齿圈发生相对转动，从而实现回转部分回转。

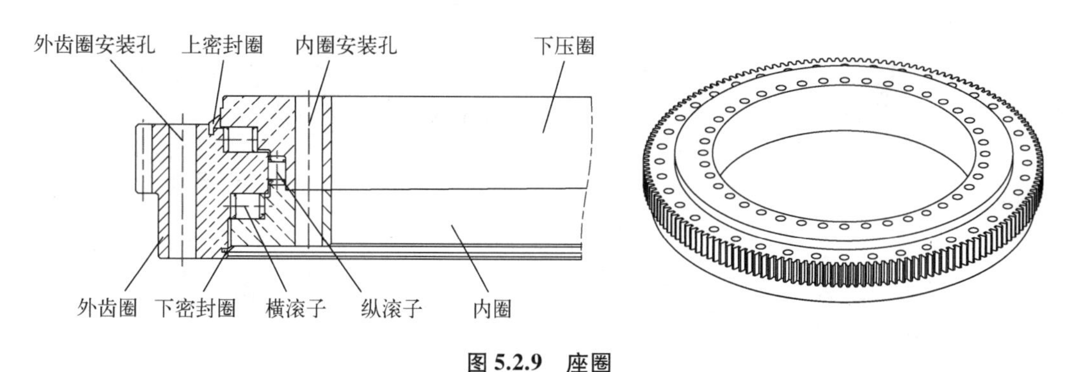

图 5.2.9　座圈

5.2.3.9　弹药输送装置

弹药输送装置的作用是代替人力将弹丸和/或装药输送入膛，有半自动输送装置和全自动输送装置两类。

半自动输送装置是将通过人力安放在输弹机的弹丸输送入膛，装药通过人力输送入膛，半自动输送装置亦称为半自动输弹装置。半自动输弹装置主要有全程强制输弹和半程强制输弹两种，所采用的动力可以是液压、电动和气体等。对大口径弹丸常采用液压作为动力，输弹油缸推动链条完成输弹和收链动作，输弹时链条推动托弹盘向前移动。一般的输弹装置由带托盘的输弹机箱体、协调支臂、协调油缸、摆弹油缸、输弹油缸、锁紧装置、角度传感器等组成，见图 5.2.10。为提高弹丸卡膛姿态一致性，保证在输弹时输弹机箱体与炮尾位置固定，应设输弹机箱体锁紧机构。

全自动输送装置由弹仓、药仓、弹协调器、药协调器、装填装置等组成，其主要功能是将贮存在弹药舱内弹丸和模块装药，通过全自动选取、引信装定、输送至弹和药协调器，协调器分别将弹和药传送至装填装置上，装填装置又分别自动将弹丸和模块装药输送入膛。图 5.2.11 是一种全自动弹药输送装置，可实现 12 发/min 的全自动弹药输送。

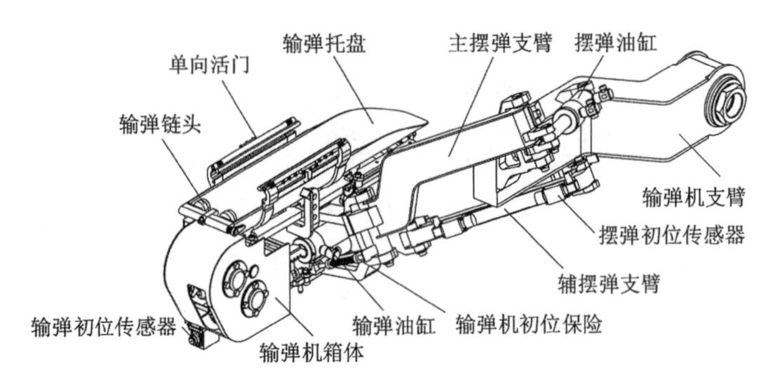

图 5.2.10　半自动输弹装置

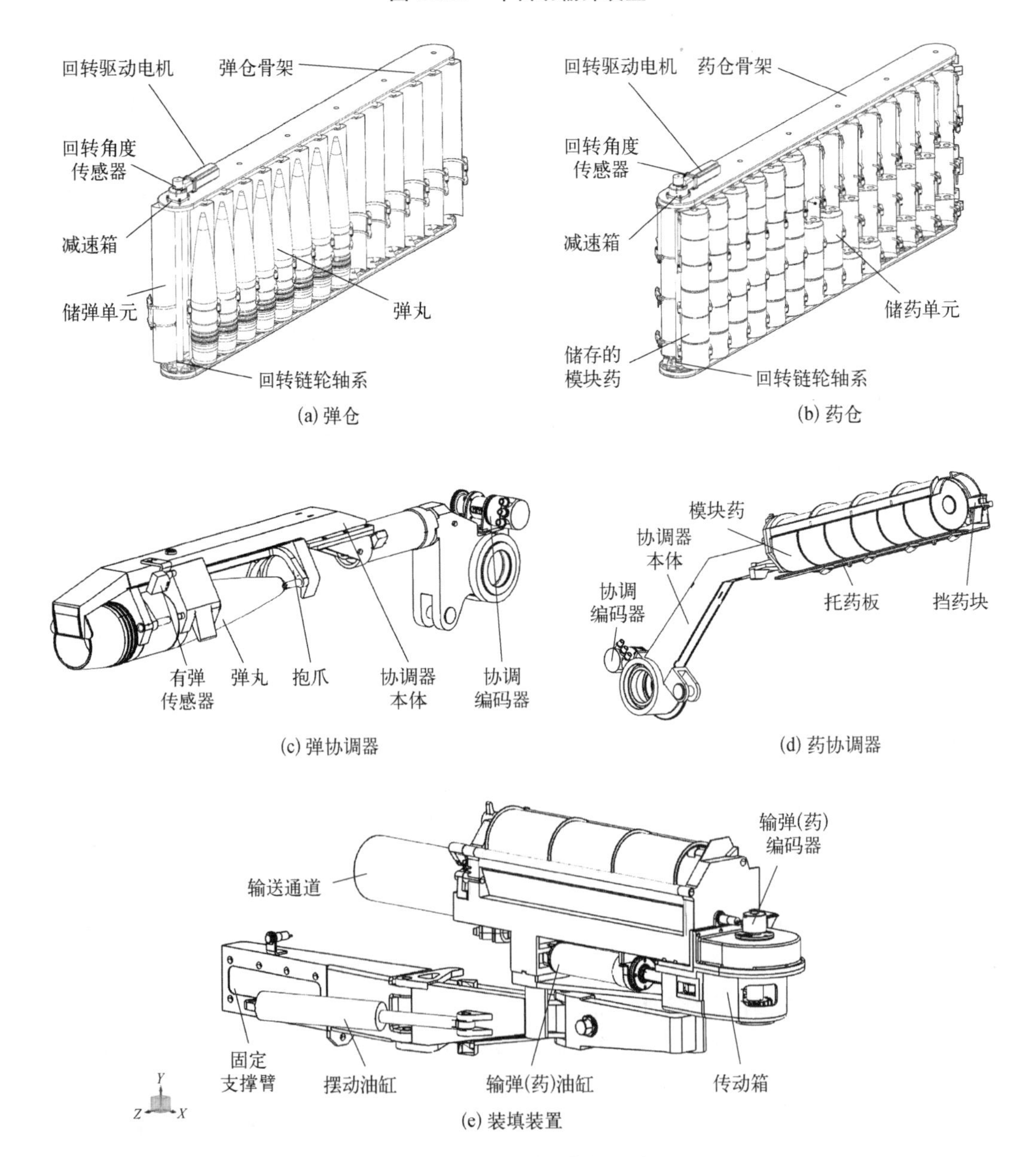

图 5.2.11　全自动弹药输送装置

5.2.3.10　瞄准装置

瞄准装置由6000/6400（国内/西方）密位制的周视瞄准镜、瞄准具和带三脚架的标定器组成。瞄准具与瞄准镜安装在上架的左侧，瞄准具安装在摇臂支座上，摇臂支座与上架相连，当摇架高低转动时拉杆驱动摇臂支座将火炮射角传递到瞄准具。瞄准镜目镜高应满足人机环要求，同时具备间瞄、直瞄功能。安装示意图见图5.2.12。

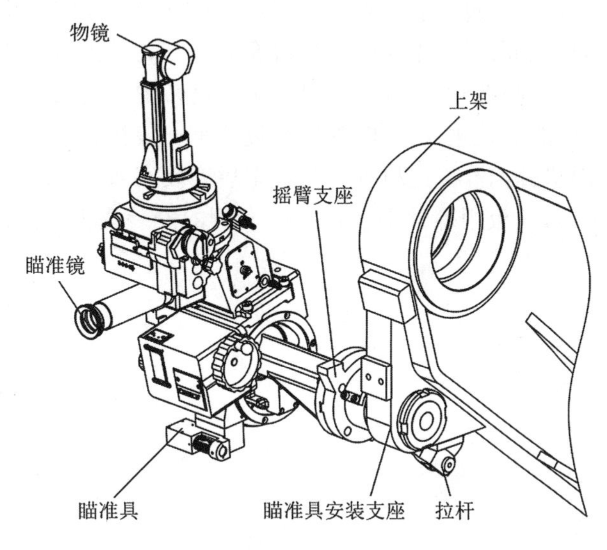

图 5.2.12　瞄准装置

直瞄射击时，将瞄准镜方向手轮限位，瞄准镜即处于直接瞄准状态。直接瞄准时分划板上的圆圈作射击用的标记，当目标位于分划板中心与圆圈中间时，即可直瞄射击。

5.2.3.11　防危板

防危板安装在摇架左侧，完成火炮的手动击发或电击发，保证火炮和人员的安全，通过后坐标尺观察后坐长度。

防危板由防危板本体、击发机构（含电磁铁）、复拨机构、保险机构、后坐标尺、后坐超长报警开关等组成，如图5.2.13所示。

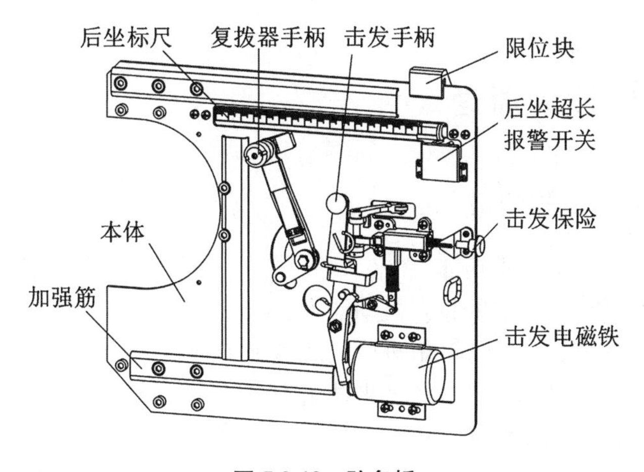

图 5.2.13　防危板

目前击发点火机构有机械式点火、电点火、激光点火和微波点火四大类型，最常用的是机械式点火和电点火方式，激光点火和微波点火是刚刚发展起来的一种新型点火技术。

5.2.4 发射系统布置

上架通过螺栓与座圈内圈连接，方向机通过螺栓安装在上架左侧壁板上，方向机主齿轮与座圈外齿圈咬合；摇架通过左右耳轴与上架的左右支臂的耳轴安装孔连接，同时摇架的高平机安装座与高平机筒连接，上架的高平机安装座与高平机活塞杆连接；瞄准装置通过螺栓安装在上架左侧的瞄准架安装座上，瞄准架通过转轴与上架左支臂铰接，同时瞄准架的连接杆与摇架左梁的安装座铰接；输弹机通过轴承安装在右耳轴上，并用螺母轴向固定；反后坐装置的驻退机外筒和复进机外筒与摇架后安装座通过压环连接，驻退杆和复进杆与炮尾用螺母连接；防危板用螺栓安装在摇架左侧的安装座上。发射系统的布置图见图 5.2.14 所示。

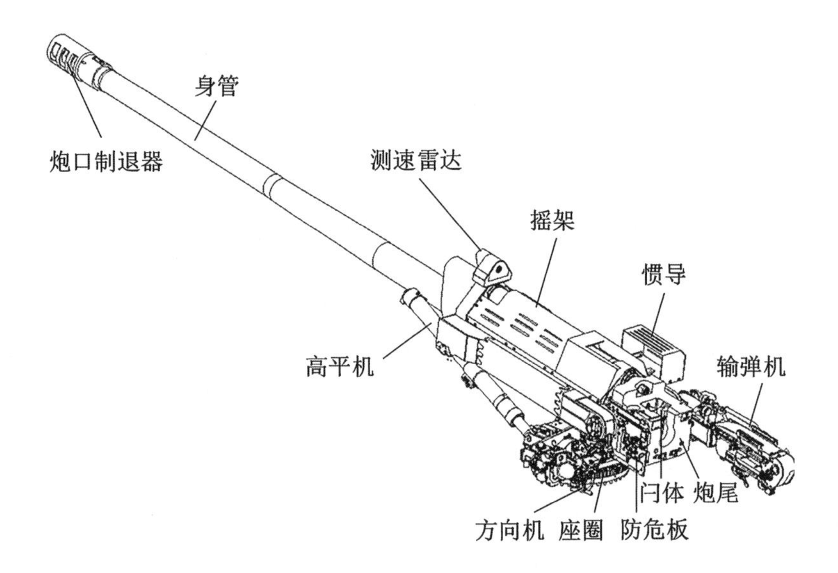

图 5.2.14　发射系统布置

5.3 底盘系统设计原理

5.3.1 系统主要功能与组成

底盘系统主要有以下基本功能：

(1) 提供武器系统所要求的越野机动能力；

(2) 搭载发射系统、火控系统、炮班成员及其他辅助设备；

(3) 承受火炮发射时的冲击波和后坐冲击力；

(4) 为全系统提供能源和动力；

(5) 悬架具备升降、刚性锁止功能。

底盘系统由动力系统、传动系统、转向系统、制动系统、行驶系统、驾驶室、电气系统和辅助设备及结构件等组成，如图 5.3.1 所示。

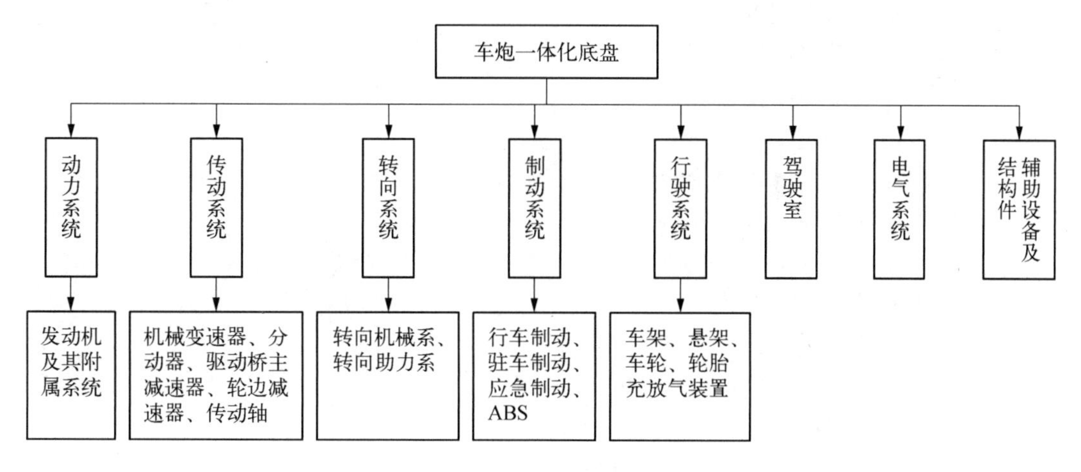

图 5.3.1　底盘系统组成结构示意图

5.3.2　主要参数及其设计原理

5.3.2.1　主要参数

在车载炮总体方案设计时，应关注如下底盘的具体形式和宏观参数：

（1）驱动形式。

（2）驾驶室型式。

（3）驾驶室乘员。

（4）质量与承载能力参数：

① 底盘质量；

② 一桥最大允许轴荷；

③ 二桥最大允许轴荷；

④ 三桥最大允许轴荷。

（5）底盘外廓尺寸：

① 总长；

② 总宽；

③ 总高。

（6）轴距：

① Ⅰ～Ⅱ桥；

② Ⅱ～Ⅲ桥。

（7）轮距。

（8）前悬。

（9）座圈安装平面距离地面高度 H。

（10）通过性指标：

① 接近角；

② 离去角；
③ 最小离地间隙；
④ 最大行驶侧坡；
⑤ 最大涉水深度；
⑥ 垂直越障高度；
⑦ 越壕沟宽度；
⑧ 中央充放气系统轮胎气压调节范围。

（11）动力性/燃油经济性指标：
① 最高车速；
② 加速时间；
③ 最大爬坡度；
④ 最低稳定车速；
⑤ 公路续驶里程；
⑥ 50 km/h 等速百千米平均燃油消耗量。

（12）制动性能指标：
① 制动距离；
② 跑偏量；
③ 驻车坡度。

（13）转向性能指标：最小转弯直径。

（14）平顺性。

（15）操纵稳定性。

（16）驾驶/乘坐环境要求：
① 驾驶室内取暖性能；
② 驾驶室内允许最大噪声。

（17）低温起动性能。

根据设计原则和需求特点，确定底盘形式方案，主要包括以下几部分。

（1）断开式驱动桥采用独立悬架，悬架可升降和闭锁，升降高度满足总体要求。

（2）车载炮底盘驱动桥必须是全轮驱动，满足车载炮在越野道路上的行驶要求，根据全炮总重或布置要求一般采用 4×4、6×6 或者 8×8 等驱动形式。

（3）发动机、变速箱的种类、形式和布置。车载炮一般采用柴油、水冷发动机，发动机最大功率的选择应考虑高原、高寒、高温等复杂环境对其功率下降的影响。变速箱主要有手动变速箱、自动变速箱和无级变速箱三种。

（4）车身形式与发动机、前轴的位置关系。车身形式是底盘的最主要的形式之一。其选择主要决定于安全性、维修保养的方便性以及抗冲击波的能力等因素。车身形式有长头、平头、短头等，都各有其优缺点。车身与发动机、前轴的布置位置，也可组成不同的布置结构，形成不同风格的底盘外形，使轴荷分配、轴距、转弯直径等发生变化，对使用性能也有一定的影响。

（5）轮胎的选择。轮胎的尺寸和型号是进行底盘性能计算和绘制总布置图的重要原始数据之一，因此，在底盘设计开始阶段就应选定，而选择的依据是车型、使用条件、轮胎的静负荷、轮胎的额定负荷以及底盘的行驶速度。当然还应考虑与动力传动系参数的匹配以及对底盘尺寸参数(例如汽车的最小离地间隙、总高等)的影响。

5.3.2.2 主要参数设计原理

(1) 确定底盘的主要尺寸。底盘的主要尺寸参数有轴距、轮距、总长、总宽、总高、前悬、后悬、接近角、离去角、最小离地间隙等。

轴距。轴距的选择要考虑它对底盘其他尺寸参数、质量和使用性能的影响。轴距短一些,底盘总长、质量、最小转弯半径和纵向通过半径就小一些。但轴距过短也会带来一系列问题,例如底盘长度不足或后悬过长;底盘行驶时其纵向角振动过大;底盘加速、制动或上坡时轴荷转移过大而导致其制动性和操纵稳定性变坏;万向节传动的夹角过大等。因此,在选择轴距时应综合考虑对有关方面的影响。当然,在满足所设计底盘尺寸、轴荷分配、主要性能和整体布置等要求的前提下,尽量将轴距设计得短一些为好。

轮距。底盘轮距对底盘的总宽、质量、横向稳定性和机动性都有较大的影响。轮距越大,则悬架的角刚度越大,底盘的横向稳定性越好,车身内和上装安置的横向空间也越大。但轮距也不宜过大,否则,会使底盘的总宽和总质量过大,轮距必须与底盘的总宽相适应。

底盘的外廓尺寸包括其总长、总宽、总高,它应根据底盘的类型、用途、承载量、道路条件、结构选型与布置以及有关标准、法规限制等因素来确定。在满足使用要求的前提下,应力求减小底盘的外廓尺寸,以减小底盘的质量,降低制造成本,提高底盘的动力性、经济性和机动性。底盘外廓尺寸界限应满足相关规定的要求。

前悬。前悬处要布置发动机、水箱、风扇、弹簧前支架、车身前部或驾驶室的前支点、保险杠、转向器等,要有足够的纵向布置空间。其长度与底盘的类型、驱动形式、发动机的布置形式和驾驶室的形式及布置密切相关。底盘的前悬不宜过长,以免使车载炮的接近角过小而影响通过性。

后悬。后悬的长度主要与底盘装载长度、轴距及轴荷分配有关。后悬也不宜过长,以免使车载炮的离去角过小而引起上下坡时刮地,同时转弯也不灵活。

最小离地间隙。是底盘越野性能的一个重要指标,与底盘布置和采用的结构方式有关。采用门式桥和轮边减速结构既可以增大最小离地间隙,又能降低底盘高度的作用。采用可升降的油气悬架结构也能动态改变底盘的最小离地间隙。

(2) 主要性能参数的选择。这些主要性能参数包括动力性参数、燃油经济性参数、机动性参数、操纵稳定性参数、行驶平顺性参数、制动性参数和通过性参数。

动力性参数。底盘的动力性参数主要有直接挡和I挡最大动力因数、最高车速、加速时间、底盘的比功率和比转矩等。

燃油经济性参数。底盘在良好的水平硬路面上以直接挡满载等速行驶(50 km/h)时的最低燃料消耗量,是底盘燃油经济性常用的评价指标。

机动性参数。公路行驶速度和越野速度、最小转弯直径、爬坡度等是底盘机动性的主要参数。最小转弯直径是指当转向盘转至极限位置时外转向轮的中心平面在底盘支承平面上的轨迹圆直径,它反映了底盘通过小曲率半径弯曲道路的能力和在狭窄路面上或场地上调头的能力。其值与底盘的轴距、轮距及转向车轮的最大转角等有关。

操纵稳定性参数。影响操纵稳定性参数有转向特性参数、侧倾角、制动点头角等。

行驶平顺性参数。行驶平顺性通常用底盘振动参数来评价。在底盘设计时，通常应给出前后悬架的偏频或静挠度、动挠度以及底盘振动加速度等参数值作为设计要求。

制动性参数。常以制动距离、制动减速度和制动踏板力作为底盘制动性能的主要设计指标和评价参数。制动距离是指在良好的试验跑道上和规定的车速下，紧急制动时由踩制动踏板起到完全停车的距离。

通过性参数。包括最小离地间隙、接近角、离去角和转弯直径。

5.3.3 系统部件方案及特点

5.3.3.1 动力系

动力系包括发动机及发动机附属系统。根据车载炮的吨功率要求和环境使用要求，选定发动机。主要采用以下参数来表征发动机特性：发动机型号、型式、额定功率/额定转速、最大扭矩/最大扭矩转速、排量、最低燃油消耗率、排放限值等。为了提高车载炮在高原的机动性，特别要关注发动机在高原贫氧条件下功率的下降量。典型的发动机组成如图 5.3.2 所示。

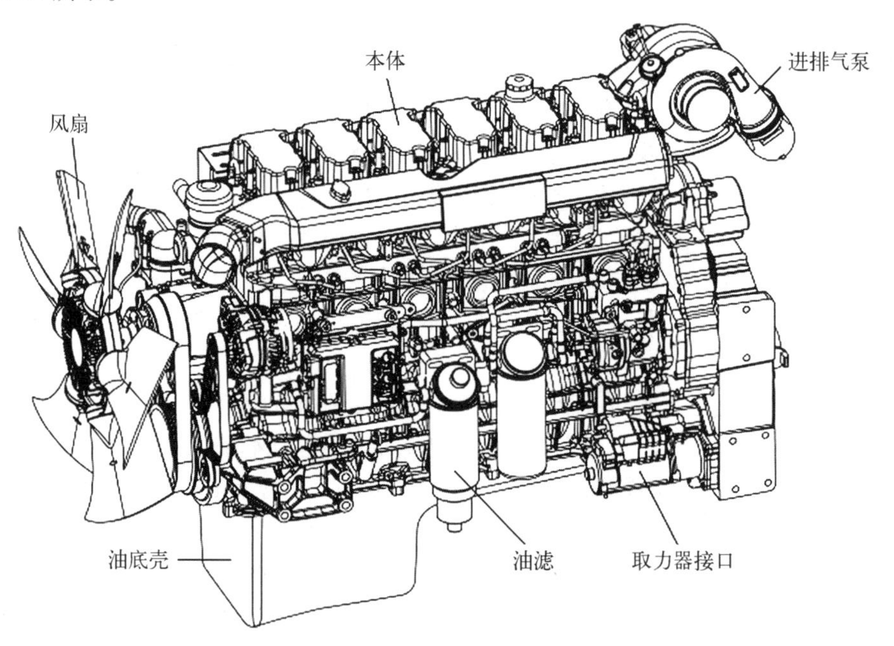

图 5.3.2 发动机组成示意图

5.3.3.2 传动系

传动系由离合器、变速箱、分动器、主减速器、轮边减速器等组成，一个典型的传动系统原理如图 5.3.3 所示。

5.3.3.3 行驶系

行驶系由车架、悬架、车轮等组成。

车架通常是一种焊铆结构的槽形结构，横梁把两纵梁相互连接起来；车架前部设有前拖钩，后部设有尾拖钩，中后部设有火炮连接座；车架前面装有保险杠，车架前部迎面及底面装有防护板。图 5.3.4 为一种类型的车炮一体化车架结构示意图。

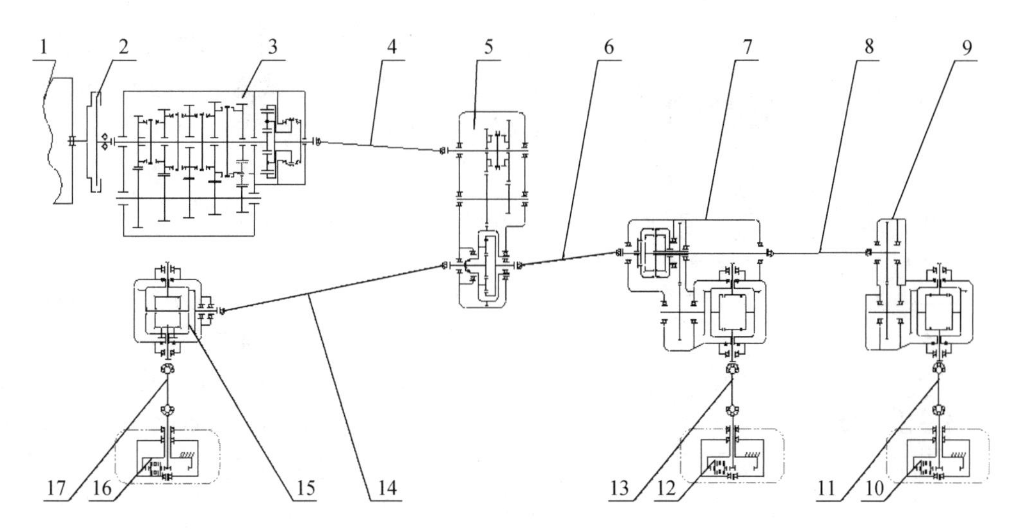

1. 发动机;2. 离合器;3. 机械变速器;4、6、8、11、13、14、17. 传动轴;
5. 分动器;7、9、15. 驱动桥主减速器;10、12、16. 轮边减速器

图 5.3.3　典型传动原理图

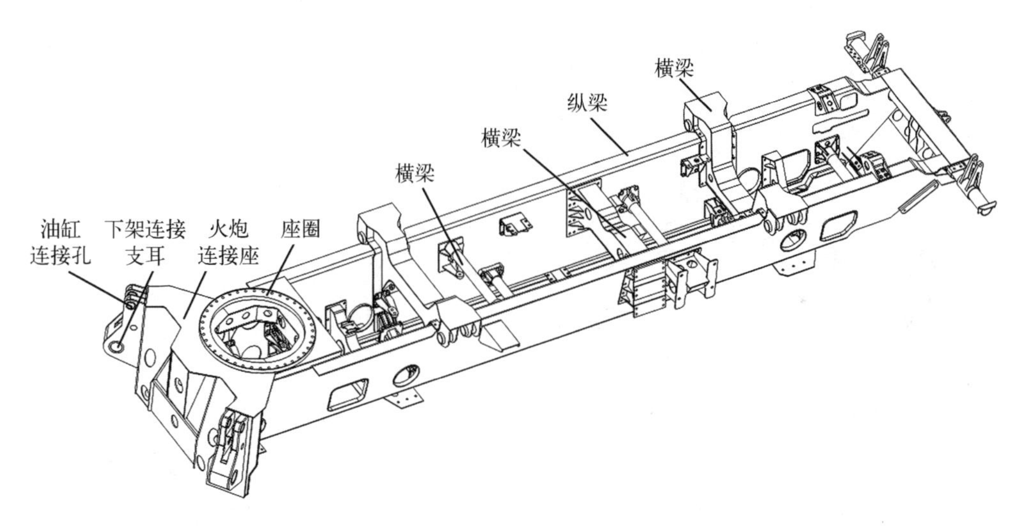

图 5.3.4　车架总成结构图

悬架的作用是传递车架与车轮之间所有作用力。按结构形式分有独立悬架和非独立悬架两种。独立悬架是指所有的车轮单独通过独立的悬挂装置与车架相连,非独立悬架是指左右两个车轮通过一支车桥连接。

独立悬架的优点主要有: 质量轻、车轮与地面间附着力大,可选用不同类型的弹簧和刚度(如油气弹簧、变刚度弹簧)、行驶平顺性好,可降低底盘重心、提高行驶稳定性,所有车轮都单独跳动、互不干扰、能减少车体的倾斜和振动。缺点主要有: 结构复杂、成本高、轮胎磨损大、维修复杂。目前高性能的车载炮一般采用独立悬架结构。

非独立悬架的优点主要有: 左右轮在弹跳时轮胎角度变化小、轮胎磨损小,结构简单、制造成本低、容易维修。缺点是行驶舒适性和操控的安定性差,不能动态调整离地间隙。

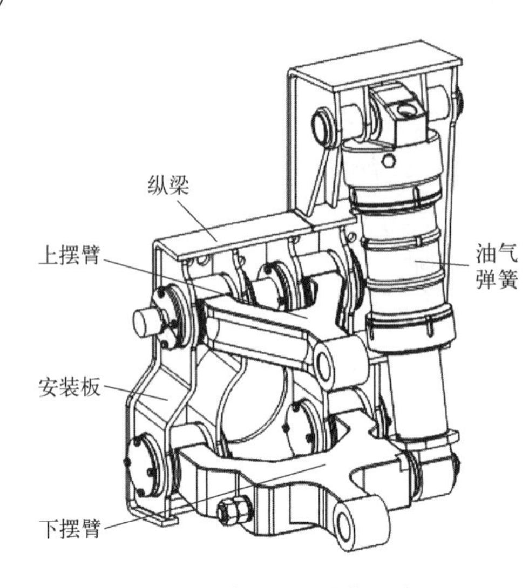

图 5.3.5　独立悬架结构示意图

目前底盘上广泛采用上、下臂不等长的双横臂式独立悬架和麦弗逊式悬架。图 5.3.5 为独立悬架结构示意图。

车轮由轮辋和轮胎组成。车轮的选用主要考虑车速、承载能力、越野抓地能力等。

5.3.3.4　转向系

转向系按转向能源的不同分为机械转向系和动力转向系。机械转向系由转向器、转向操纵机构和转向传动机构三大部分组成。动力转向系按照加力装置的不同可以分成液压助力式、气压助力式和电动助力式三种。车载炮由于载重大，常用采用液压助力式转向系。图 5.3.6 为一种转向液压系结构示意图。

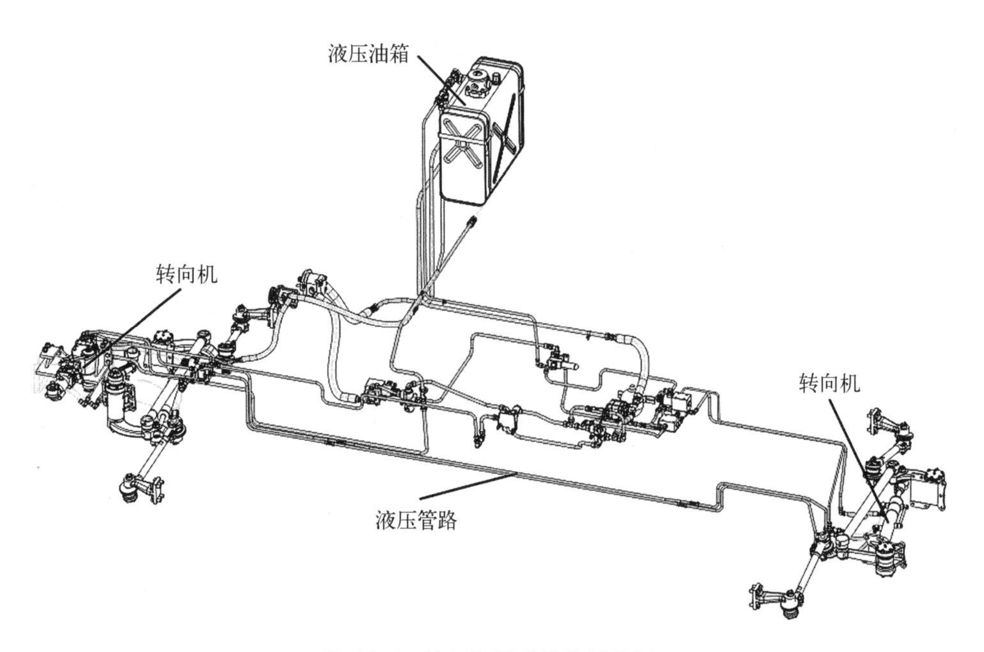

图 5.3.6　转向液压系结构示意图

5.3.3.5　制动系

制动系采用电控制动系统，按力的产生方式来分主要有气顶油式和全空气式两种，使用方式主要有行车制动（含紧急制动）、驻车制动和辅助制动三种。

图 5.3.7 为一种典型制动系统结构示意图。

5.3.3.6　驾驶室

根据乘员的多少确定车身内的座位数，一般采用四门方便乘员急速上下车，车身可向前翻转，便于维护。车身由驾驶室壳体总成（驾驶室地板总成、驾驶室骨架总成）、风挡总成、车门总成（左前、后车门总成，右前、后车门总成）、前保险杠、座椅安装总成、空气调节设备（空调装置、暖风装置）、驾驶室电气安装、雨刮装置、驾驶室操纵件（加速操纵装置、

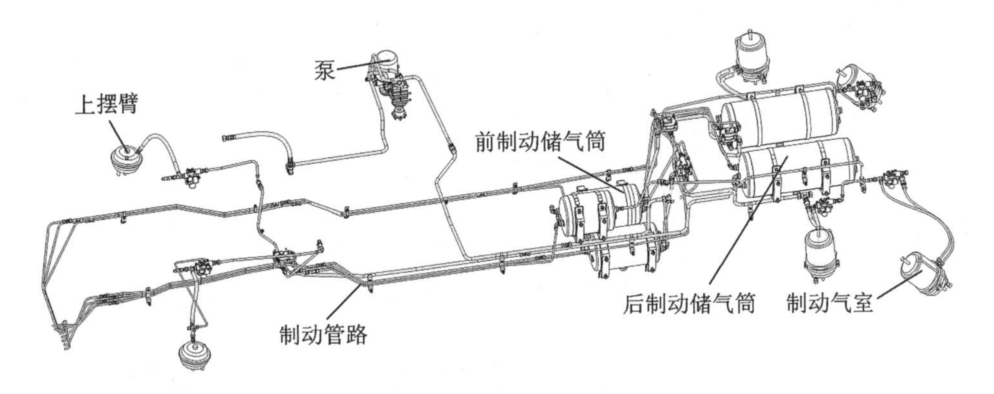

图 5.3.7　制动系统结构示意图

制动、离合操纵装置及管路安装、转向传动装置)、外后视镜总成、驾驶室附件(遮阳板总成、灭火器装置、扶手及踏板总成、驾驶室阀件装置、工具箱装置)、驾驶室内饰、驾驶室仪表板等组成。

车身内部的布置通常有火控计算机、炮长显示器、电台、空调、车内通话设备、辅助武器、成员位置座等。通常炮长位于前排右侧,为了便于炮长工作,炮长显示器、电台、火控计算机等炮长在行驶过程中要经常操作的设备应安置在便于炮长操作的位置。辅助武器应位于除驾驶员和炮长以外的乘员附近。车身内的乘椅应采用人机环工程设计,以减少乘员的疲劳。车身内的一些设备,如炮长显示器、电台等可以考虑与车身自带的设备一体化设计,所采用的颜色也以减少乘员疲劳为基本前提进行设计,如图 5.3.8 所示。

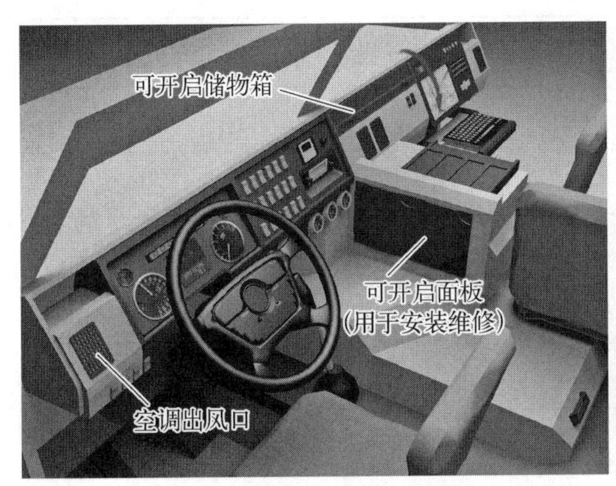

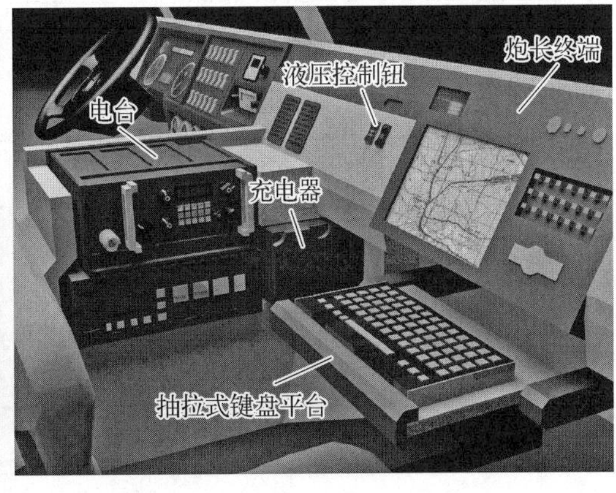

图 5.3.8　经一体化设计的车身内布置示意图

在车身内部进行具体布置时,要注意相关标准,所设计的车身及其布置必须与相关的标准相一致。车身内部的布置必须考虑有良好的乘坐舒适性和足够的安全性,车身内部的布置一般以第 95 百分位的人体模型的胯骨轴心(H 点)和眼椭圆为基准,通过调整座椅和方向盘的位置来适应其余 5%的人体模型。在设计中一般采用 SAE 标准的人体躯干模型,相关尺寸见图 5.3.9 和表 5.3.1。有关眼椭圆、头部包络线及其与人体躯干的相对关系见相关的标准。

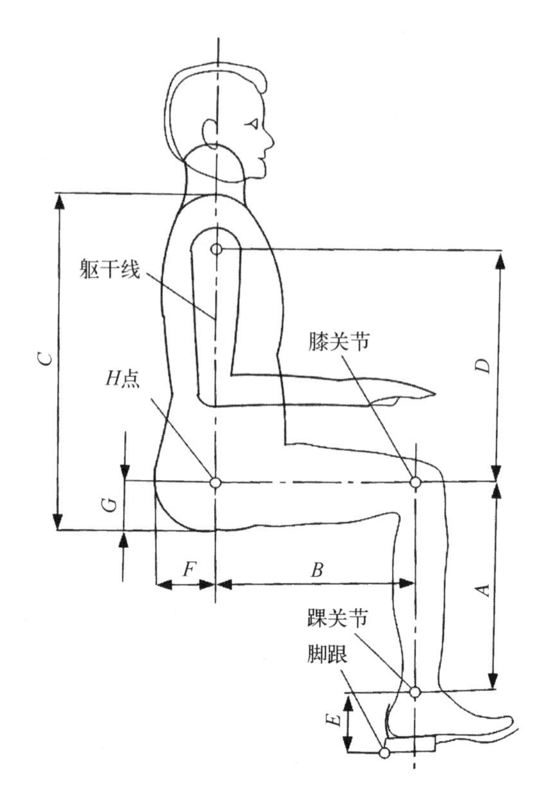

图 5.3.9　标准的人体躯干模型

表 5.3.1　SAE 人体模型标准

相关部位标注	部　位	95%男性/mm	50%男性/mm	5%女性/mm
A	裸关节至膝关节	445	398	351
B	膝关节至髋关节	452	407	362
C	肩至髋关节	538	494	450
D	肩关节至髋关节	480	442	404
E	裸关节高度	94	86	78
F	髋关节至后背	140	128	116
G	髋关节至臀部	96	80	64

车身内部布置的相关尺寸约束要求可参考图 5.3.10 和表 5.3.2 进行尺寸控制，以地板主平面和前安装固定点为基准。

为了防冲击波作用驾驶室采用骨架蒙皮金属结构，驾驶室方案设计时以得到认可的驾驶室造型方案为蓝本进行工程设计，在尽量吸收造型设计内涵的基础上，兼顾产品的工程可实现性；结构设计重点解决总成质量约束条件下的防冲击波问题；加强人机环工程设计，便于驾驶操纵、提高乘坐舒适性。

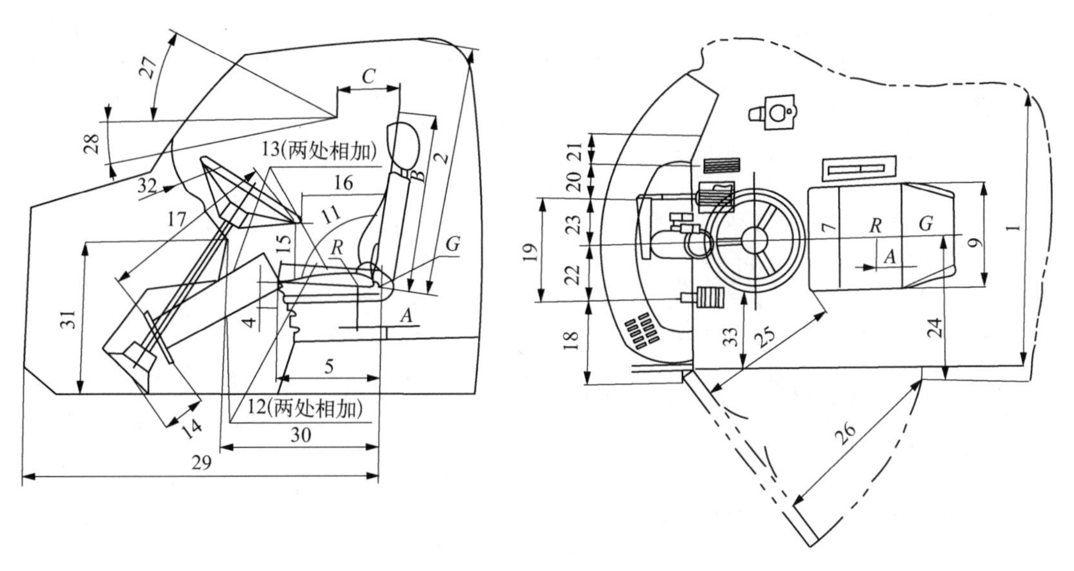

图 5.3.10　车身内部布置尺寸(图中数字与字母含义见表 5.3.2)

表 5.3.2　车载炮驾驶室内部布置尺寸

序号	项　　目	限　值	备　注
1	驾驶室内宽/mm	≥1 250 ≥1 700 ≥2 150	准坐 2 人 准坐 3 人 准坐 4 人
2	座椅上表面至顶棚高度/mm	≥1 000 ≥960	平行于靠背测量
3	坐垫上表面至地板高度/mm	370±70	
4	坐垫高低调整量/mm	±20	可以不调整
5	坐垫深度/mm	420±40	
6	座椅前后调整量/mm	≥±50	
7	坐垫宽度/mm	≥450	
8	靠背高度/mm	480±30	不含头枕
9	靠背宽度/mm	≥450	最宽处
10	坐垫角度/水平面/(°)	2~10	
11	靠背角度调整范围/(°)	90~105	
12	靠背下缘至加速踏板距离/mm	900~1 000	
13	背靠下缘至离合器、制动器踏板距离/mm	800~900	

续 表

序号	项　目	限 值	备 注
14	离合器、制动器踏板行程/mm	≥200	
15	转向盘至坐垫上表面距离/mm	≥180	
16	转向盘至靠背距离/mm	≥360	
17	转向盘至离合器、制动器踏板距离/mm	≥600	
18	离合器踏板中心至侧壁距离/mm	≥80	
19	离合器至制动器踏板中心距离/mm	≥150	
20	制动器踏板中心至加速踏板中心距离/mm	≥110	
21	加速踏板中心至最近障碍物距离/mm	≥60	
22	离合器踏板中心至座椅中心距离/mm	50~150	
23	制动器踏板中心至座椅中心距离/mm	50~150	
24	座椅中心至车门内板距离/mm	360±30	轻、微车型可以略小
25	车门打开时下部通道宽度/mm	≥250	
26	车门打开时上部通道宽度/mm	≥650	
27	上视角/(°)	≥12	
28	下视角/(°)	≥12	
29	背靠下缘至前围距离/mm	≥1 050	脚能伸到的最前位置
30	背靠下缘至仪表板距离/mm	≥650	
31	仪表板下缘至地板距离/mm	≥550	
32	转向盘至其他障碍物距离/mm	≥80	
33	转向盘至侧面障碍物距离/mm	≥100	轻、微车型应大于 80
A	髋关节至靠背下缘距离/mm	≥100	
B	视点至靠背方向距离/mm	≥750	沿靠背向上量取
C	视点至靠背方向距离/mm	≥180	水平方向量取

图 5.3.11 为一种典型的能抗冲击波作用的蒙皮+骨架的驾驶室结构示意图。

5.3.3.7　电气系统

电气系统包括电源、起动装置、控制仪表及信号显示装置、照明设备、悬架控制、ABS

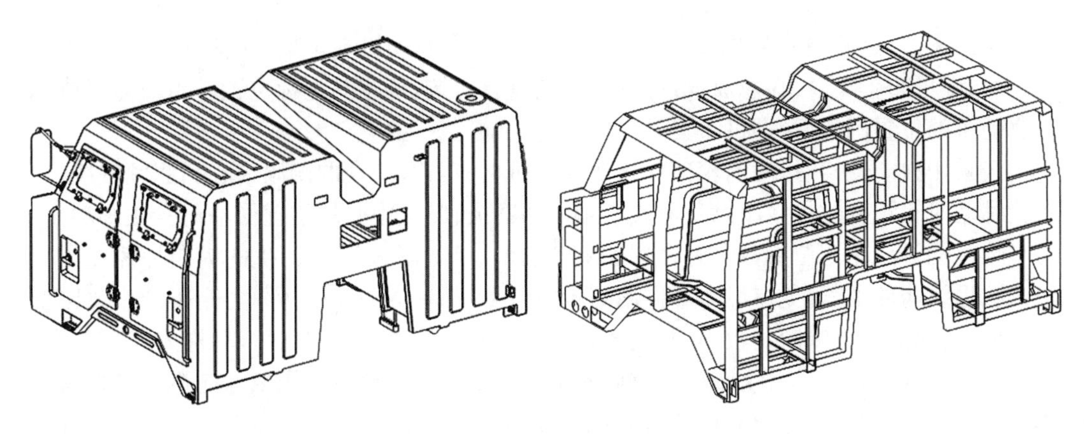

图 5.3.11　驾驶室结构示意图

系统、转向控制、上装电气接口和辅助设备等部分。供电有低压 24 V 和高压 110 V 或 220 V，单线制，负极搭铁。

5.3.3.8　辅助设备及结构件

辅助设备及结构件包括通气系、取力口、备胎装置、随车工具、车身附件等。

通气系将底盘的Ⅰ、Ⅱ、Ⅲ桥主减速器通气口位于涉水线以下的主要总成与大气相通，取力口用来驱动上装液压泵，备胎装置用来固定备胎，随车工具包括专用维修工具、通用维修工具，车身附件主要包括前保险杠、发动机底护板、牵引装置、挡泥板、走台板等。

5.3.4　底盘系统布置

底盘系统布置包括底盘布置基准线的零线确定、确定车轮中心至车架上表面、前轴落差的确定、发动机及传动系的布置、车身的布置、传动轴的布置、悬架的布置、车架总成外形及其横梁的布置、转向系的布置、制动系统的布置、进排气系统的布置、操纵系统的布置等。

零线是底盘布置的基准线，在车载炮满载情况下，铅垂于左右前轮中心连线的面与过该连线的水平面的交线为 X 轴、垂直向上为 Y 轴、Z 轴由右手法则确定，上述三轴即为三个方向的零线，如图 5.3.12 所示。

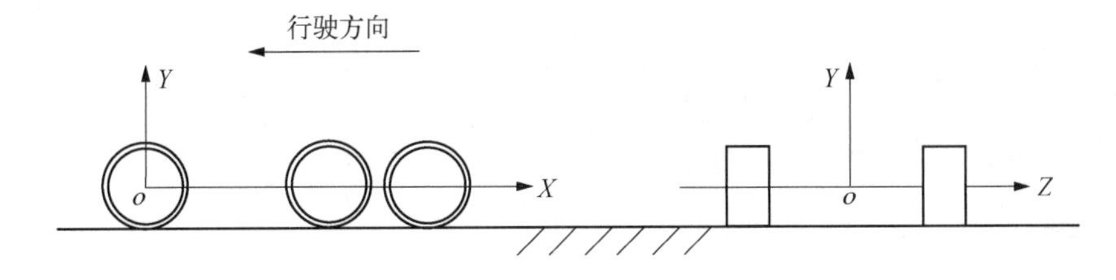

图 5.3.12　零线的确定

零线至车架上表面的距离亦是车轮中心至车架上表面的距离，它由三部分组成：车架断面高度、满载时桥壳至车架最大跳动距离、与车架下表面相碰撞时桥壳中心至桥壳上表面的距离。当前轮中心确定后，根据选定车轮外倾角确定主销中心的高度位置，然后选择一个合理的前轴落差值，在工艺允许的情况下，该落差值应尽量取大些。根据总布置草图中所确定的发动机、前轴及前轮的相互位置关系，以及发动机总成、散热器总成、车身总成的外形图，一起在总布置图中确定其坐标位置。当发动机与车架、前轴、前轮布置关系确定后，即可布置车身，在总成设计阶段，对其进行协调，确定其坐标位置。当动力总成和后驱动桥的位置确定后，即可布置万向节与传动轴。

当采用独立悬架时，对前轮独立悬架导向机构应具有恰当的侧倾中心和侧倾轴线，当车轮跳动时轮距变化尽量小以免造成轮胎早期磨损，侧倾中心的位置受轴荷变化影响小，当车轮跳动时前轮定位参数要有合理的变化特性，当车轮跳动时产生的纵向加速度尽量小以减少纵向冲击、避免惯性力矩作用到转向节上、保证方向盘的操纵力矩不产生急剧变化，转弯时保证车身侧倾角较小、并使车轮与车身同向倾斜、以减少过多转向效应，制动时应使车身有抗“点头”作用、加速时有抗“后仰”作用。对后轮独立悬架导向机构应具有当车轮跳动时轮距变化尽量小，在转弯时保证车身侧倾角较小、并使车轮与车身倾斜反向、减少过多转向效应。

车载炮底盘独立悬架建议采用油气悬架减振系统，既可以实现减振、又可实现车架高度的可升降。其原理是用气体作为弹性元件，在气体与活塞之间引入油液作为中间介质，而配流系统则利用油液的流动，平衡轴荷、阻尼振动、调节车身高度等。油气悬架系统的最大优势在于能起到多轴平衡的作用，而且能增加车载炮的侧倾刚度、克服制动前倾、调节车架高度和锁死悬架。当悬架锁死后，悬架以下的质量能变成稳定质量，提高车载炮射击稳定性。当车架高度可调节后，能降低火线高，既能提高车载炮操炮的人机环条件，又能提高车载炮的射击稳定性。如图 5.3.13 所示油气弹簧的工作原理，固定端 A 与车架相连、固定端 B 与悬架的下摆臂相连，氮气起到弹簧的缓冲作用；当向无杆腔注入液压油时使活塞杆伸长，起到提高车架高度的作用；当向有杆腔注入液压油时使活塞杆缩短，起到降低车架高度的作用；当将有杆腔和无杆腔的进出油口封闭时，起到将簧下质量与簧上质量固定在一起的作用；通过控制氮气的体积、初始压力和液压油压力，可调节油气弹簧的刚度作用。

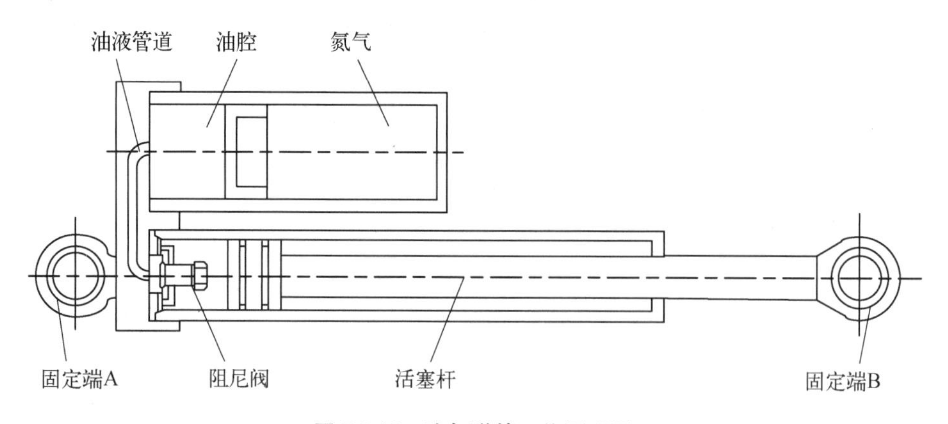

图 5.3.13　油气弹簧工作原理图

通过数值计算确定车架纵梁的断面高度，车架纵梁的外形在前后桥轴之间的断面高度为最大值，而在前后桥轴附近断面高度可变小；车架总成的横梁布置要考虑射击时横向载荷的影响，此外还要考虑各种支架承载需布置横梁。转向系统布置的主要目的是使驾驶人操纵轻便、舒适，使车载炮具有较高的机动性和灵敏度，转弯时减少车轮的侧滑，减轻转向盘上的反冲力，并具有自动回正作用；转向系统布置的关键是要保证转向传动装置及拉杆系统有足够的刚度和较小的传动比变化量。底盘上应配有行车制动系统、驻车制动系统、应急制动系统，三者可以独立，也可以相互联系，当其中两者失灵时，另一系统仍具有应急的制动功能；总质量大于 12 t 的车载炮必须安装 ABS，中、重型车载炮多采用气压制动系统。进排气系统布置的合理性对整个车载炮行驶可靠性、排放性和振动噪声等都有影响；空气滤清器及进气管路是保证发动机得到充足清洁空气的通道，所以吸气口要放在空气畅通、清洁、灰尘少的部位，管道长度应尽量短，以便减少阻力；空气滤清器的容量要足够，特别在风沙、灰土大的地区，要加大空气滤清器的容量，以增加滤清效果，减少发动机的磨损。所有踏板和操纵手柄位置都应按人体工程学的要求进行布置，所有操纵机构都要有足够的刚度，运动件的连接处配合间隙要合理，尽量减少自由间隙，运动件不能出现干涉现象，确保操纵的灵活性和准确性；特别是变速操纵机构，使用频繁，要求轻便，自由间隙小，因此不仅操纵机构本身刚度要好，而且用来固定操纵机构的基本件刚度也要好，才能保证在换挡操纵过程中灵活、准确、手感强。

这里要特别指出的是若采用底盘火炮一体化的相融性设计方法来设计车载炮，则车架必须既要能满足底盘行驶载重的要求，又要能满足火炮发射时承受冲击载荷的要求。因此，对车架的设计布置要兼顾考虑好这两方面的因素，图 5.3.14 为一种典型的车-炮一体化炮架结构方案。其中车架采用高断面形式以增加横截面刚度，火炮连接座、千斤顶、座盘、火炮大架连接支耳与车架集成设计。火炮连接座采用焊接结构，依据承载要求和空间约束进行优化设计，布置在中后桥之间，与车架纵梁、横梁、大架集成。两个千斤顶依据质心位置对称布置在中部车架两侧，通过箍接方式与车架横梁相连，为了匹配扭转刚度，增加了一横梁。座盘通过焊接方式连接在火炮连接座上。两个独立的火炮大架连接支耳对称布置在连接座两侧，火炮大架连接在火炮大架连接支耳上，火炮连接座与车架、大架连接支耳等形成了一体化的车炮架。一体化车炮架性能的优劣与其连接方式密切相关，连接的方式可以是箍接、螺接和焊接(局部)。由于连接造成局部刚度的增加，需要通过增加横梁来匹配车架的扭转刚度。由于连接座要安装驻锄和座盘，因此其结构强度是关键，在实际射击工况条件下，连接座结构需要尺寸精度、强度、焊接工艺、装配工艺等多方面进行权衡优化。

图 5.3.15 为某车载炮底盘的布置图。

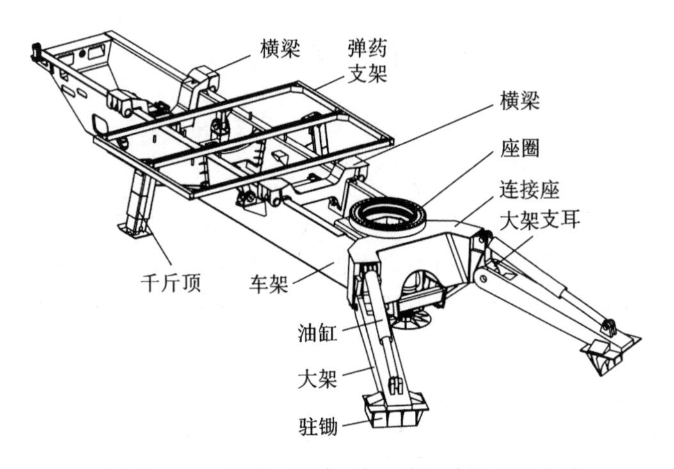

图 5.3.14　一种典型的车-炮一体化炮架结构方案

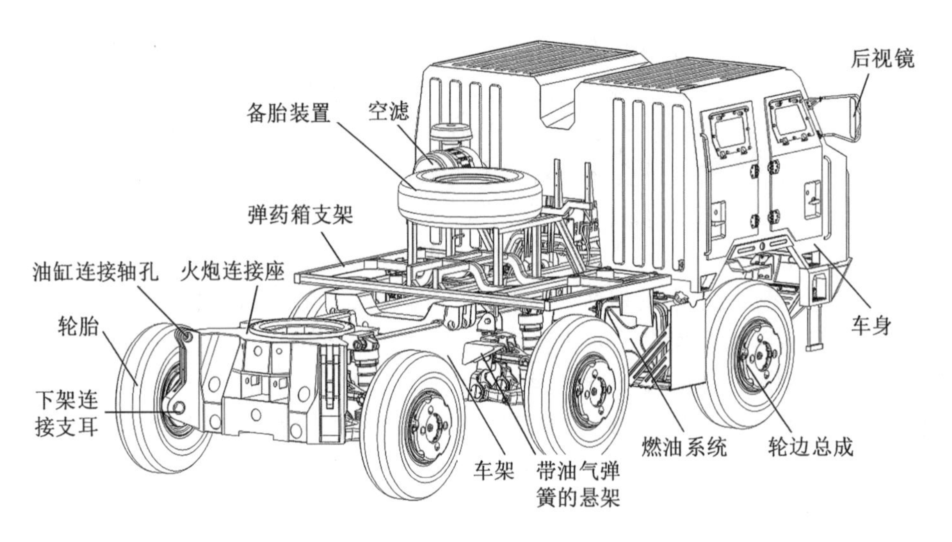

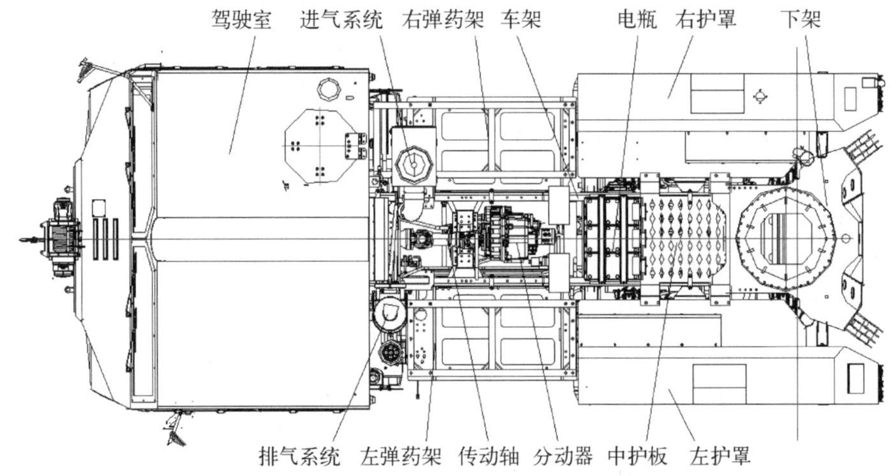

图 5.3.15 某车载炮底盘布置方案示意图

5.4 火控电气信息系统设计原理

5.4.1 系统主要功能与组成

火控电气信息系统由火控系统、配电系统(配电面板、配电控制箱)、火炮操作面板(电气操作面板、装填手操作面板、瞄准手操控台)等组成。

火控系统由配电控制箱、综合控制系统、炮长任务终端、定位定向导航系统、初速雷达、通信系统、炮班通信系统、北斗/GPS 等组成,如图 5.4.1 所示。

火控系统主要有以下基本功能:

(1) 具有指挥系统通信功能和炮班人员内部通话功能。

(2) 具有射击装定诸元的解算、同时弹着诸元计算、初速预测、最低表尺计算和判别

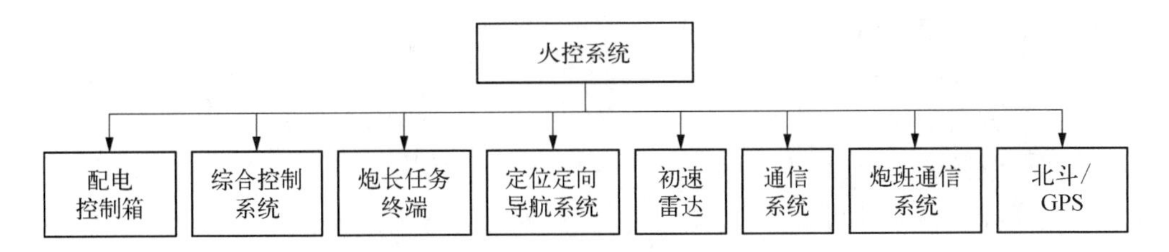

图 5.4.1　火控系统组成示意图

等功能。

(3) 具有寻北定向、导航定位炮车坐标,在行驶中显示炮车航向、里程和位置等导航信息,在操瞄射击过程中动态测量、显示火炮射角和射向等定位定向功能。

(4) 具有调炮控制、装填控制、行/战和战/行转换控制、击发控制、安全联锁等综合控制等功能。

(5) 具有系统设备上电状态显示、各设备用电电流显示、电平供电状态显示功能,对系统各电气单体的供配电控制及监视/报警等电源管理功能。

(6) 具有自动接收、半自动编辑、发送指挥通信报文信息,存储、检索、编辑、处理射击口令、计划目标、装定诸元、气象条件、弹药条件、遮蔽顶、安全区、各种修正量等战术信息,对最低表尺、安全界、非法操作、无效计算结果等能自动判断和报警,电子地图战术态势标绘显示,态势图缩放、平移、图上简单量算,图上火炮射击控制作业,击发倒计时信息等信息处理和显示功能。

(7) 具有实时记录、存储总线数据和通过 USB 接口或以太网接口导出存储数据的总线数据记录功能。

(8) 具有利用模拟产生的炮内设备信息,结合实装操作,进行炮长、炮班和分队等嵌入式训练功能。

(9) 具备设备自检、实时状态监测和故障诊断功能,主要单体具有同检测维修车连接的检测接口,火控分系统各设备可以将状态信息发送给检测维修车。

5.4.2　主要参数及其设计原理

5.4.2.1　主要参数

在车载炮总体方案设计时,应关注以下火控系统的具体形式和宏观参数。

(1) 精密法诸元计算精度:

① 距离误差;

② 方向误差。

(2) 自动瞄准精度:

① 方位角误差;

② 高低角误差。

(3) 自动工作范围。

(4) 自动操瞄反应时间。

(5) 定位定向导航精度:

① 惯性水平定位圆概率误差、高程误差;

② 卫星定位精度水平；

③ 寻北精度；

④ 方向漂移；

⑤ 纵倾姿态角；

⑥ 静态寻北时间。

（6）随动系统：

① 方位、高低 500 密位失调角调炮时间；

② 方位角、高低角到位精度。

（7）初速测量雷达测量误差。

（8）炮班通信系统：

① 频道数量；

② 通信距离；

③ 连续工作时间；

④ 炮班常用术语话音通信句子可懂度、单字清晰度、入耳噪声。

5.4.2.2 *主要参数设计原理*

火控系统工作的基本原理。车载炮火控系统是在车载炮武器系统中的指挥控制系统给出要打击目标位置坐标的前提下，依托气象探测系统，测定射击时的气象条件，依托测地系统获得车载炮阵地的地理位置信息，根据安装在车载炮上的北斗/GPS 系统和安装在摇架上的惯性导航系统，得到车载炮的位置信息和身管相对正北指向信息，利用安装在火控计算机中的弹道软件，采取炮兵射击的成果法、精密法等射击方法，计算得到射击诸元，再由车载炮随动系统将身管作动到射击诸元的指向，随后火控给出击发指令，火炮击发点火装药，弹丸在火药气体作用下在身管内经内弹道作用获得所需的炮口初速，再经外弹道飞行，到目标位置附近爆炸，最后依据射击结果对射击诸元再进行修正。

设计火控系统就是设计出为了给火控计算机实时求解命中问题提供必要数据的设备参数，包括技术参数、参数误差、重量等。主要有以下内容。

（1）与射击诸元计算精度相关参数的确定。射击诸元指能将弹丸送抵目标区域所对应的身管的方位角与射角，对装配时间引信的弹丸还有引信作用时间。与射击诸元精度相关的设备有目标参数测量设备，惯导、北斗/GPS 定位定向设备，气象和弹道条件测量设备，弹道模型算法等。由射击诸元计算精度，根据精度分配原理，来确定上述设备的精度等级。

（2）通信设备相关参数的确定。根据有线、无线、网络等的通信方式，依据通信距离和要传递的最大数据流量，确定通信设备的功率、系统组成、功能和水平，以及安全性等级。

（3）根据实现射击诸元装定的方式，确定手动、半自动和全自动调炮方式，确定各种调炮的精度要求和调炮功率需求。

（4）根据全流程中可能会出现的安全问题，明确全自动射击过程中的安全联锁要求和实现方法。

（5）根据各种功能和性能要求，为了充分发挥炮手的主观能动性，应明确火控系统控制操作流程，相关信息的显示面板，要有具有良好的人机操作面板。

（6）根据各设备在全流程过程中的工作时序，确定系统用电的总功率，明确供配电方案。

5.4.3 系统工作方式

5.4.3.1 作战方式

1）间瞄自动工作方式

火控系统工作方式主要以自动工作方式为主,从作战准备到战斗结束,整个过程仅需通过简单的人机对话即可完成。自动工作方式主要包括以下两种：一种是上级指挥系统下达射击装定诸元口令,火控系统自动进行操瞄计算,修正火炮倾斜,自动调炮到射击位置;另一种是在自主作战方式下,上级指挥系统下达目标诸元口令,火控系统根据火炮自身定位定向系统提供的坐标,进行诸元解算,然后进行操瞄计算,修正火炮倾斜,自动调炮到射击位置。

2）手动工作方式

手动工作方式是指采用间瞄镜和瞄准具进行瞄准的工作方式。瞄准手使用手摇或者半自动完成调炮,与传统牵引炮调炮操作相同。

3）半自动工作方式

半自动工作方式是指系统进行半直瞄和勤务操作下使用的方式。

5.4.3.2 嵌入式训练方式

嵌入式训练是利用车载炮系统自身的硬件资源,在不增加硬件设备的情况下,通过训练软件实现炮班的训练功能。

在嵌入式训练方式下,可以完成炮长对火控系统的操作训练,也可以完成全班的协同训练和分队训练。嵌入式训练功能可以使炮班成员熟练掌握该炮火控设备的操作使用方法及要领,熟练操作装备。嵌入式训练主要有炮长训练、炮班合练和分队训练三种。

5.4.4 系统控制流程

炮兵作战划分为集结地域准备、待机阵地准备、占领发射阵地、战斗实施、撤出战斗共5个阶段。火控系统负责完成设备自检、组网通信、地图导航、概略对准、行军到战斗转换控制、准备数据、解算装定诸元、瞄准、完成射击任务、战斗转行军转换控制、转移阵地导航。

5.4.4.1 行军转战斗流程

车载炮进入阵地后,炮长对相关单体上电、概略对准基准射向后停车、设置收油门、取力、赋予射向、决定最低表尺、火炮设置、弹药准备、成员下车,开始行军到战斗转换。单步行战转换过程,首先行军固定器解锁、支架展开,然后落大架、大架落完后放千斤顶以及输弹机解锁、千斤顶到位后随动控制火炮到安全调炮位置以上并直接调炮到基准射向位置,行战转换完毕。瞄准手操控台具有行战转换联动和单步模式,流程如图 5.4.2 所示。

5.4.4.2 自动调炮瞄准流程

火控系统的自动调炮瞄准流程主要包括非急促射、急促射和多发同时弹着射三种情况。

(1) 非急促射工作方式：火控系统自动完成调炮到位;电气系统进行装填和击发;击发完成后,先复瞄调炮到位,后装填弹药。

(2) 急促射工作方式：火控系统自动完成调炮到位;电气系统进行装填和击发;击发完成后,不进行复瞄,直接进行装填。

(3) 多发同时弹着射方式：火控系统自动完成第一个诸元的调炮到位,电气系统进

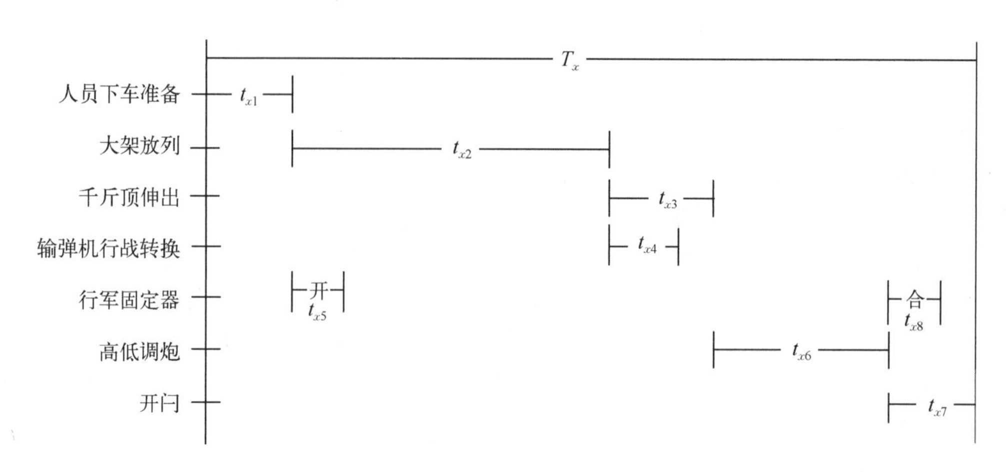

图 5.4.2 行战转换时序图

行装填和击发;射击完成后,自动开始下一诸元的调炮,调炮到位后开始装填;直到全部诸元实施完成。

5.4.4.3 战斗转行军流程

在接收到转移阵地或者撤出战斗命令后,炮长发出战行转换命令,开始行军到战斗转换。随动控制火炮到安全调炮位置,同时行军固定器抱夹打开,抱夹打开到位后,随动在收到抱夹打开到位信号后,控制火炮到固定器位置,调炮到位后收紧抱夹。输弹机固定,然后千斤顶、大架收起,收起到位后,炮班上车,驾驶员挂前进挡开始行军,流程如图 5.4.3 所示。

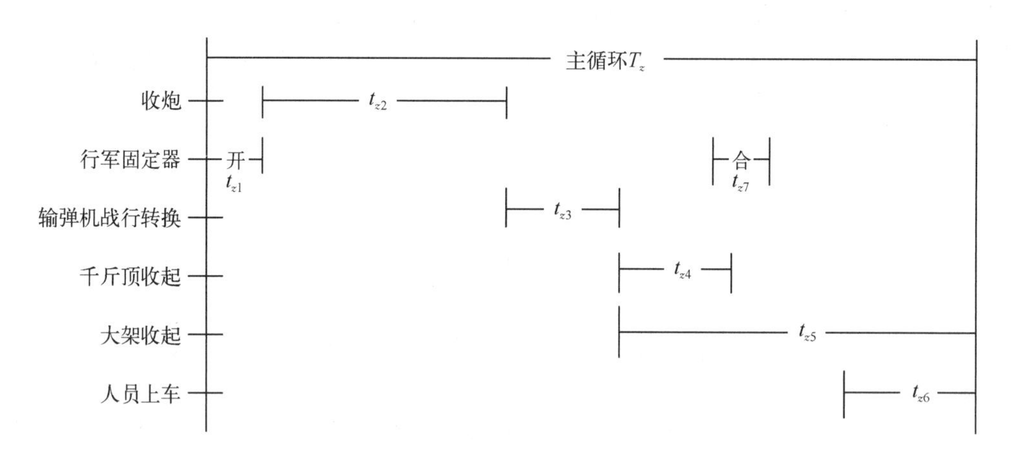

图 5.4.3 战行转换时序图

5.4.5 系统部件方案及特点

5.4.5.1 配电系统

车载炮配电系统由配电控制箱和配电面板组成。

配电控制箱具有电源并网、设备配电、过流保护、配电状态采集与上报功能,配电控制箱由配电控制板、智能功率模块、直流接触器、熔断器等组成。其作用如下。

(1) 配电控制箱具有底盘电源(发电机和底盘蓄电池)、上装蓄电池和车外训练电源等三种电源的并网功能。底盘电源并网采用接触器控制,发动机不工作时底盘蓄电池不接入上装电网,确保启动时底盘蓄电池电量充足。车外电源串联二极管后再接入电网,保障车外电源插座不带电,提高连接车外电源的安全性。

(2) 采用智能配电对控制电气用设备进行配电和过流保护,并通过 CAN 总线将配电状态上报给电气操作面板显示。智能配电是将负载的工作电流、电压、过压等参数通过编程器进行配置,智能功率模块实时监测配电通道的电流和电压,若负载出现短路、过流等故障时,模块自动断开电源,并将故障通道、故障原因等配电故障信息上报到乘员终端显示,故障排除后可通过软件复位操作,恢复对故障通道的供电。智能配电解决了采用保险丝进行配电保护需要系统停机和保险丝备件保障的问题。

(3) 采用传统的接触器和熔断器对动力设备(大功率负载)进行配电控制和过流保护,在配电故障解除后通过软复位重新接通电路。

其工作原理如图 5.4.4 所示。

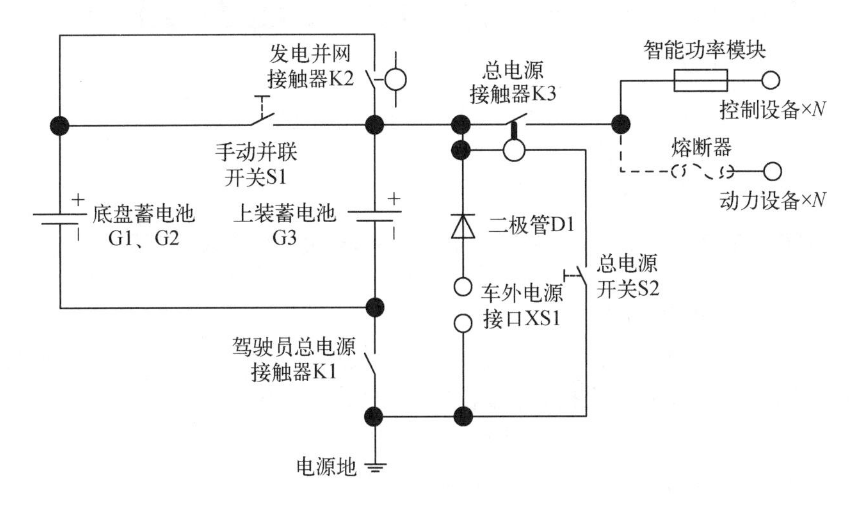

图 5.4.4 配电控制箱原理图

配电面板如图 5.4.5 所示,位于驾驶室的副驾驶的仪表台,由炮长对用电设备进行上电控制和天线倒伏进行操作,具有总电源、综合控制箱、电气管理、惯导、GPS、液压随动、初速雷达等设备上电开关,电源电压会在总电开启后显示,并且具有电台天线倒伏的操作开关等。配电面板采用导光面板设计,可满足夜间使用,配置总电源、电气管理、液压伺服、综合处理、初速测量、卫星定位、惯性导航等上电操作开关,开关按照行军和射击分区布置;配置天线倒伏机构的升、降控制开关实现行军过程对电台天线倒伏机构的遥控。

5.4.5.2 综合控制系统

综合控制箱为核心处理设备,采用现场可更换模块设计,包括电源变换模块、网络交换模块、任务服务模块、记录检测模块、调炮控制模块、GPS 模块、通信控制模块。综合控制箱主要包括底板、LRM 功能模块及 LRM 备用模块,每个 LRM 模块通过电连接器插装在底板上。综合控制箱的功能模块包括任务服务模块、记录检测模块、调炮控制模块、网络交换模块、电源变换模块、卫星定位模块、通信控制模块。以上模块通过以太网和 CAN 总线实现模块与模块间、综合控制箱与其他火控单体间的信息。其工作原理如图 5.4.6 所示。

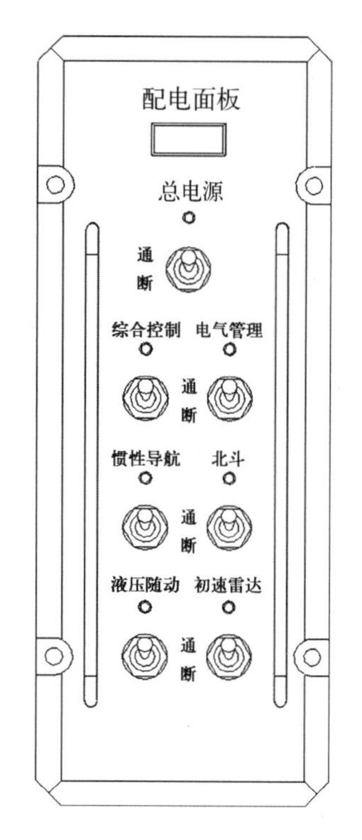

图 5.4.5　配电面板示意图

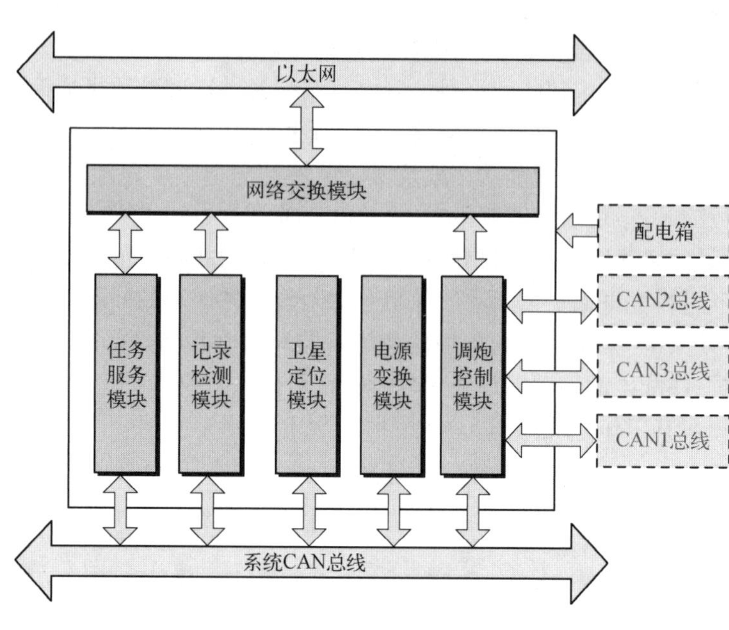

图 5.4.6　综合控制箱原理图

5.4.5.3　炮长任务终端

炮长终端采用通用任务终端，车内、车外两个终端操控显示相同，车外炮长终端具有遥控操作功能，遥控操作时采用携行电源供电。主要功能有：

（1）显示功能，正常启动后，显示屏显示内容清晰、正确；

（2）键盘操作功能，正常启动后各按键操作可靠、反应正确；

（3）客户端功能，炮长终端作为综合控制箱任务服务模块的客户端，具备信息显示和数据输入的功能；

（4）可以装入不同区域的电子地图，并具有电子地图显示功能；

（5）炮长终端（车外）具有有线、无线遥控操作功能。

炮长终端由显示屏、显示控制板、面板和接口板组成。炮长终端外形如图 5.4.7 所示。

5.4.5.4　定位导航系统

高精度定位导航系统由北斗/GPS 天线、接收板、控制板等组成。其工作过程是，接收板对北斗/GPS 天线接收到的导航定位信息进行解算得到经纬度、大地高程等信息，并将其编码为 NMEA00183 格式，经由 TTL 电平串行端口发送到控制板，控制板通过其内置于外设总线（APB）协议构造的串口 UART 单元，以 DMA 数据流方式接收相应的经纬度、大地高程等信息，该信息经处理后通过 CAN 节点接入 CAN 总线。导航定位系统的原理如图 5.4.8 所示。

定位定向导航系统主要功能：

（1）具有自动测定火炮位置坐标（X、Y、H）的功能；

（2）具有北斗/GPS 定位、惯性导航（简称“惯导”）、GPS 与惯导组合导航功能；

图 5.4.7　炮长终端外形示意图

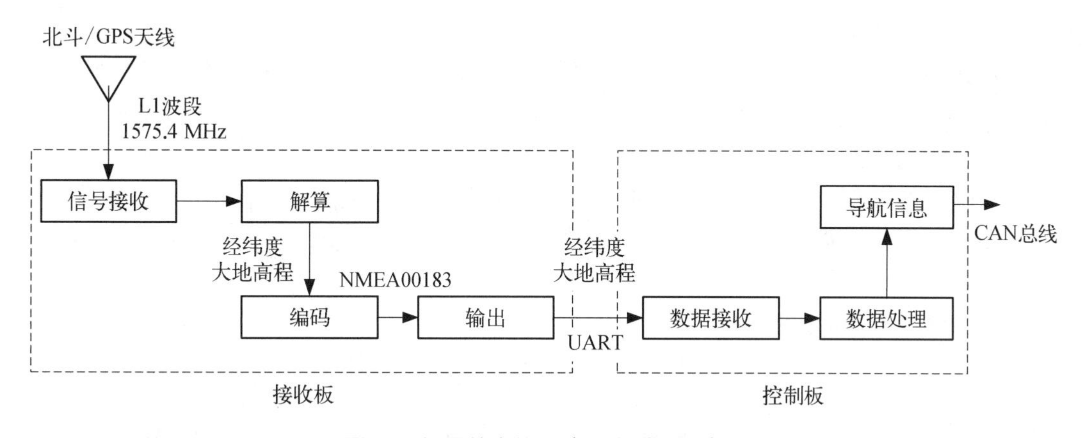

图 5.4.8　导航定位系统工作原理示意图

（3）具有动态寻北功能；

（4）能够测量大地平面身管指向的方向角、导航时的航向角、高低角和横倾姿态角；

（5）能修正惯导高低和方向基准与火炮炮膛轴线的安装误差，能修正火炮归位后方向基准与车体轴线方向误差；

（6）根据两个校正点，可以自动计算里程系数和安装误差；

（7）具有车辆行驶过程中火炮与目的地距离、火炮同目的地的航向夹角信息显示功能；

（8）可提供电子地图显示，依据需求和格式要求装入不同区域地图的功能。

5.4.5.5　定位定向导航系统

车载惯性定位定向导航系统由惯性测量装置（IMU）、缓冲器组件和高程计三部分组成。IMU 利用陀螺仪和加速度计测量身管的角速度及比力信息，结合给定的初始条件，实时解算出身管姿态、速度、位置参数，实现快速自主寻北、方位及姿态的动态测量、导航定位等功能。高程计测量当前高度,并计算得到相应的重力加速度值,对 IMU 中的比力信息进行修正,以提高定位精度。缓冲器组件用于降低振动冲击对 IMU 的影响,能够在抵抗大冲击时,保持较高的复位精度,以降低 IMU 的零偏变化,提高导航精度。惯性定位定向导航装置工作原理如图 5.4.9 所示。

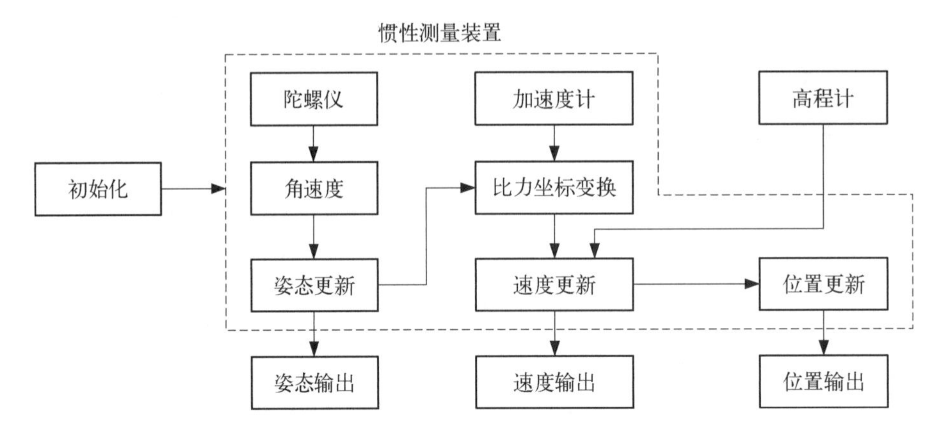

图 5.4.9　惯性定位定向导航装置工作原理示意图

5.4.5.6　*初速测量雷达*

初速测量雷达作为火控系统的组成部分之一,将火炮射击后测量、解算出的初速数据通过 CAN 总线回传给火控系统,并录入火控系统的初速数据库中。其作用是在闭环校射过程中实时地为火控系统提供精确的火炮弹丸初速,以提高火炮的射击精度。

火炮射击过程中,初速的稳定性体现火力系统弹、炮、药性能的综合稳定性,利用初速测量雷达得到的初始数据,通过大数据建模分析,可以判断火力系统在全寿命各个阶段的基本特性。

初速测量雷达的组成及原理如图 5.4.10 所示。

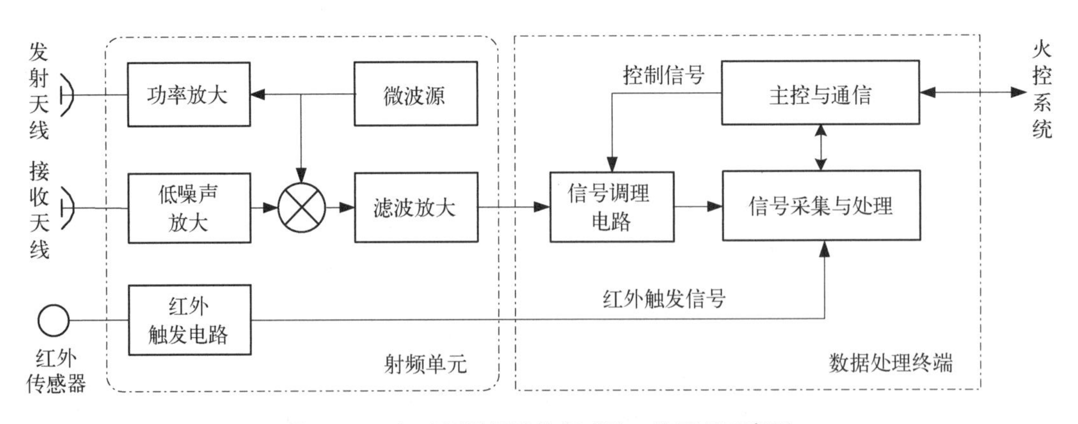

图 5.4.10　初速测量雷达的组成及工作原理示意图

初速测量雷达一般由射频单元和数据处理终端组成,射频部分用以获取弹丸飞行回波中的多普勒信号,其辐射功率、天线增益、副瓣电平、接收机噪声系数等指标影响整机的灵敏度,数据处理终端中的信号调理电路的动态范围、信号采集的模数转换精度以及数据处理算法影响初速处理的精度和速度。目前,火控系统对初速测量雷达的处理速度要求是在火炮射击后两秒之内完成初速高精度解算。

5.4.5.7 通信系统

车载炮通信包括内部通信和外部通信,其中内部通信系统由炮班通信系统来实现,外部通信系统由电台和通信网路控制设备实现。

炮班通信系统采用无线通话,通过无线通话器完成乘员之间的语音通信。炮班通信系统通过无中心自由组网方式,通过通话器(图 5.4.11)实现炮班乘员间实时、高质量的话音传输和通信联络,具有炮班乘员与上级间的语音交换能力。炮班通信系统具有以下主要功能:

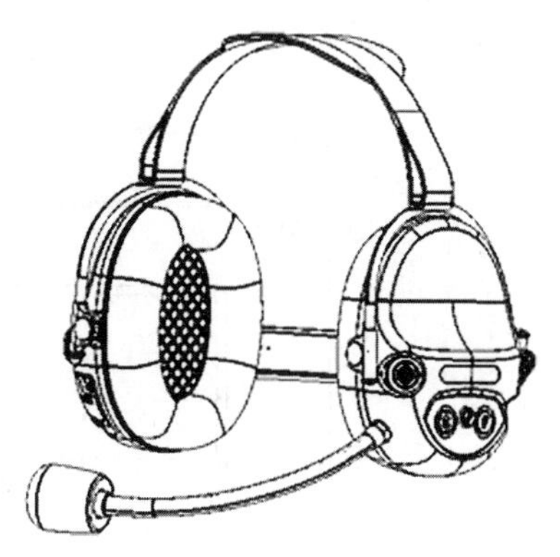

图 5.4.11 炮长/炮手通话器示意图

(1) 炮班通信系统能够实现炮班乘员下车作战时不少于 6 路的全双工无线通话;

(2) 炮长可以通过炮长通话器或炮长控制盒控制通信控制器完成与指挥系统的语音收发;

(3) 炮长通过炮长控制盒或头戴式炮长通话器控制炮手监听指挥系统的收发语音;

(4) 炮长与指挥系统通话时耳机保持静默状态,同时炮手间可以进行双工通话,紧急情况下炮手可以强行插入;

(5) 炮长控制盒和炮长通话器具有“控发键”与“炮手通和炮手断”的选择开关,炮手通话器具有“强插”功能键;

(6) 头戴通话器具有防炮口冲击波和主动降噪的能力,且外形适应凯夫拉头盔全盔的佩戴和使用。

外部通信是实现与上级指挥系统在有线/无线方式下,进行语音、数据通信。外部通信通过电台、通信控制模块完成与指挥系统的无线组网通信,实现自行炮与指挥系统之间的无线数话同传。系统通信的基本原理如图 5.4.12 所示。

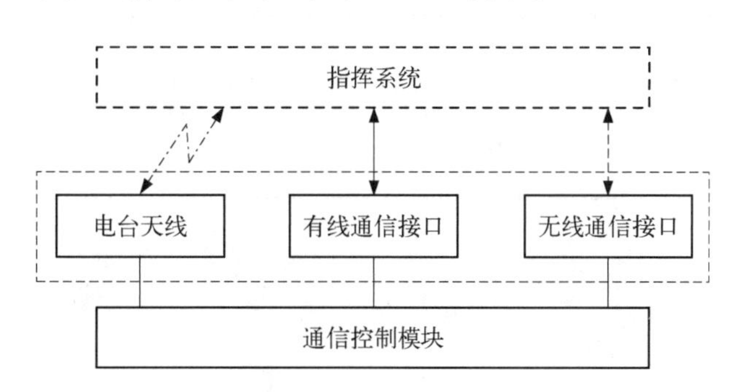

图 5.4.12 通信系统基本原理图

炮班通信系统的通话器接入通信控制模块的语音接口,通过有线/无线设备与指挥车进行语音通信。指挥系统下达报文通过有线/无线通信设备发送至通信控制模块,任务服务模块接收通信控制模块信息,进行校验、解包处理后,发送至炮长终端显示。反之,炮长终端上报报文由任务服务模块发送至通信控制模块,经有线/无线通信设备发送至指挥系统。

5.4.5.8 火炮操作面板

火炮操作面板包括电气操作面板、装填手操作面板、瞄准手操作面板(含半自动操控台)。

电气操作面板如图5.4.13所示,除了用于行战/战行转换的操作之外,还具有"界面切换""配电复位""液压预热""辅泵电机(油源降级)"和"液压断电"等按钮或开关,电气信息屏幕显示操作提示信息、安全联锁条件信息和配电信息。

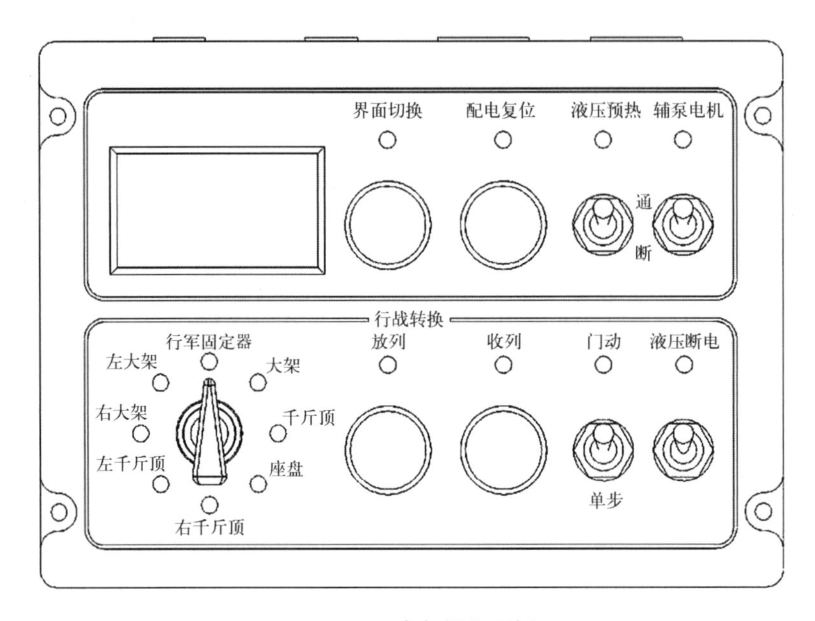

图5.4.13 电气操作面板

装填手操作面板如图5.4.14所示,安装在上架支架上,提供自动装填和单步装填的人机操作和状态监测功能,并兼有装填装置传感器电缆集线功能。装填手操作面板主要由

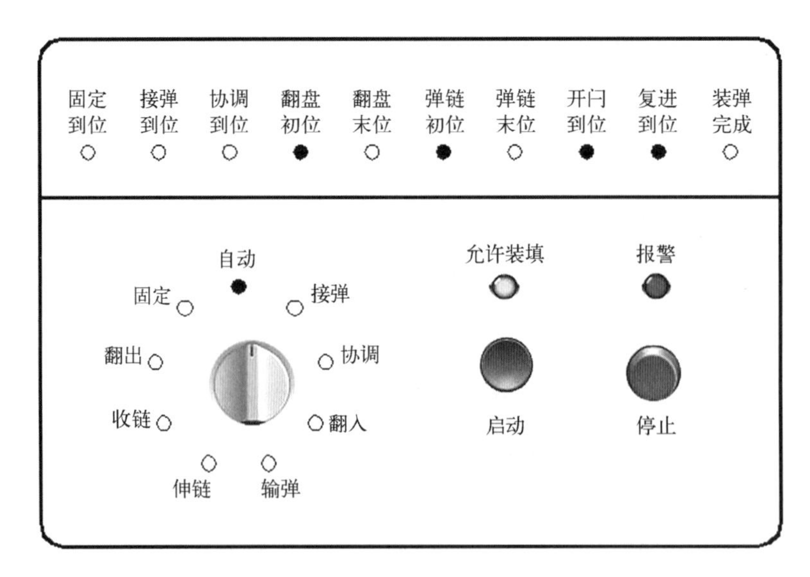

图5.4.14 装填手操作台

导光面板、集线连接器和盒体等组成。左下方的波段开关用来为设置自动和单步工作模式的操作选择控制动作。右下方的“启动”和“停止”按钮分别对应启动和中断波段选择开关所选择的动作。通过旋转开关实现装填动作选择,动作字符的亮灭由动作允许信号控制,可指示所选装填动作是否允许执行。通过装弹手操作面板的启动按钮可实现弹丸一键自动装填,提高装填自动化程度,减轻炮手的操作负担;同时保留了更为灵活的单步操作功能,可满足技术状态检查、训练和维修等特殊情况的需要。

瞄准手操纵台如图 5.4.15 所示,用于实现半自动调炮功能和电控击发等功能。瞄准手操控台面板上布置有:报瞄显示屏、操纵手柄、半自动/自动切换开关、预射开关、击发按钮和指示灯,以及操纵采集电路等。通过操纵手柄可给定高低、方位调炮的角速度主令,实现半自动调炮。半自动/自动切换开关,实现自动调炮和半自动调炮的切换控制。报瞄显示屏可显示基于瞄准点分划的装定信息,方便瞄准手观察。电击发操作设置允许射击指示灯、预射保险开关和击发按钮。预射保险开关与电击发控制电路串联,是电击发的安全保险,预射开关一般情况处于断开状态,击发前人工接通。

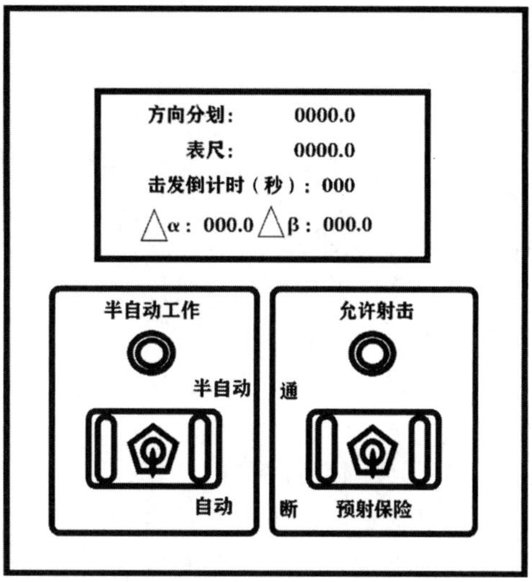

图 5.4.15 瞄准手操纵台及显示界面

5.4.5.9 安全连锁控制

车载炮安全联锁由电气管理模块实现,通过接收火炮传感器信号、CAN 总线数据、设备工作状态,按照安全联锁的判断条件,控制执行机构的动作,防止人员伤害、设备损坏。车载炮的安全联锁控制包括调炮安全联锁控制、装填安全联锁控制和射击安全联锁控制。

1) 调炮安全联锁条件

在允许自动调炮的射界区域可以执行自动调炮,在允许半自动调炮的射界区域可以执行半自动调炮。

2) 装填安全联锁条件

在允许装填的射界区域可以执行装填。

3) 射击安全联锁条件

在允许射击的射界区域可以执行射击。

上述安全连锁的判断条件,应根据具体车载炮的条件加以确定。

5.4.6 系统布置

5.4.6.1 对外接口关系

1) 与指挥系统接口

火控系统可以采用无线、有线等通信手段与指挥系统进行数据、话音通信联络,连接关系见图 5.4.16。

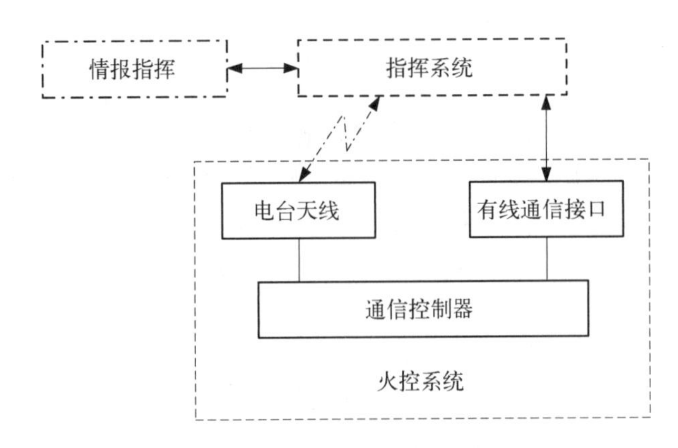

图 5.4.16　与指挥系统接口关系示意图

2）与检测维修车接口

火控系统的检测信息可以通过 CAN 接口同检测维修车连接，在检测状态下，可以将检测数据、自检信息等传送给电子检测维修车。

火控系统中主要的设备均留有检测接口，可以提供检测信号，由检测维修车进行故障检测。

3）与发射系统接口

机械接口。瞄准手操控台、装填手操作面板应具备与发射系统上架的结构安装接口；输弹机协调编码器应具备与发射系统输弹机的结构安装接口；高低测角器、高低限制器应具备与发射系统摇架和上架的安装接口；方位测角器、方位限制器应具备与上架和座圈的安装接口；初速雷达、惯性组件应具备与摇架的安装接口等。

电气接口。要有火控系统对发射系统高低控制、方向阀的信号接口，电磁击发信号接口；火控系统与输弹机行程开关的信号接口等。

4）与底盘系统接口

包含机械接口和电气接口两部分。

机械接口。炮长车内终端应具备驾驶室的结构安装接口；炮长便携式车外终端应具备与左大架结构安装接口；综合控制系统、定位定向导航系统控制单元等应具备底盘车架的结构安装接口；电台、通信网络控制设备应具备在驾驶室中的结构安装接口等。

电气接口。火控系统应具备底盘里程计、发送机的信息接口；火控系统与底盘支撑装置行程开关信号接口、与压力继电器/压力传感器信号接口；火控系统与底盘的悬架电控系统、发动机采用 CAN 总线通信等。

5.4.6.2　系统布置原理

火控系统的布置与总体密切相关，为了确保系统布置较优，火控系统中的各部件分散布置在与发射、底盘等作用最有利的地方，火控系统各部件间用有线和无线的方式进行联系。车载炮所用的终端和面板主要有炮长车内终端、炮长车外终端、配电面板、瞄准手操控台面板、装填手操作面板等。这些终端和面板的人机界面应符合以下人机界面要求：

（1）人机界面及硬件面板文字显示及按键需要带有背光，操作面板需带有防水和电磁兼容性处理；

（2）操作面板上所有的状态指示灯颜色统一规定为禁止或报警状态使用红色，正常和允许状态使用绿色；

(3) 人机界面应增加必要的帮助信息,应提供必要的操作策略提示、状态提示信息和报警提示信息。

一种典型的操作面板如图 5.4.7 所示。

另外,测速雷达、惯性导航系统应布置在摇架上。为了美观,驾驶室中的电缆线应在驾驶室总体装配时就要预埋布置好。

火控系统主要采用 CAN 总线方式连接,主要单体设备挂接在总线上。火控系统的物理层、数据链路层遵循相关协议标准。

炮长车内终端、车外终端、定位定向导航系统惯导控制单元、初速雷达控制单元、瞄准手操控台、装填手操作面板、配电面板、配电控制箱、液压控制箱、随动控制箱、北斗/GPS 挂接在 CAN 总线上。各设备之间的信息交互通过 CAN 总线或专用接口完成。

通信控制器、炮长任务终端之间采用以太网通信接口。通过通信控制器完成炮长任务终端同射击指挥系统的信息交互。

炮长车内终端、配电面板、炮班通信系统炮长控制盒、通信控制器、电台、炮班通信系统车载充电器安装在驾驶室内。

放置炮长车外终端的箱体安装在底盘左侧支架上；瞄准手操控台安装在上架左侧支架上；装填手操作面板安装在上架右侧支架上；初速雷达高频头、定位定向导航系统惯性单元安装在摇架上,初速雷达安装在摇架前上方；导航惯性组件安装在摇架后上方；综合设备箱、初速雷达控制盒、定位定向导航系统控制单元、定位定向导航系统高程计、配电箱安装在车体的中部；高低和方位射角限制器安装在上架上；高低测角器安装在耳轴上,方向测角器安装在座圈上。

一种典型的火控系统信息交换示意图如图 5.4.17 所示；火控系统在底盘上的布置示意图见图 5.4.18。

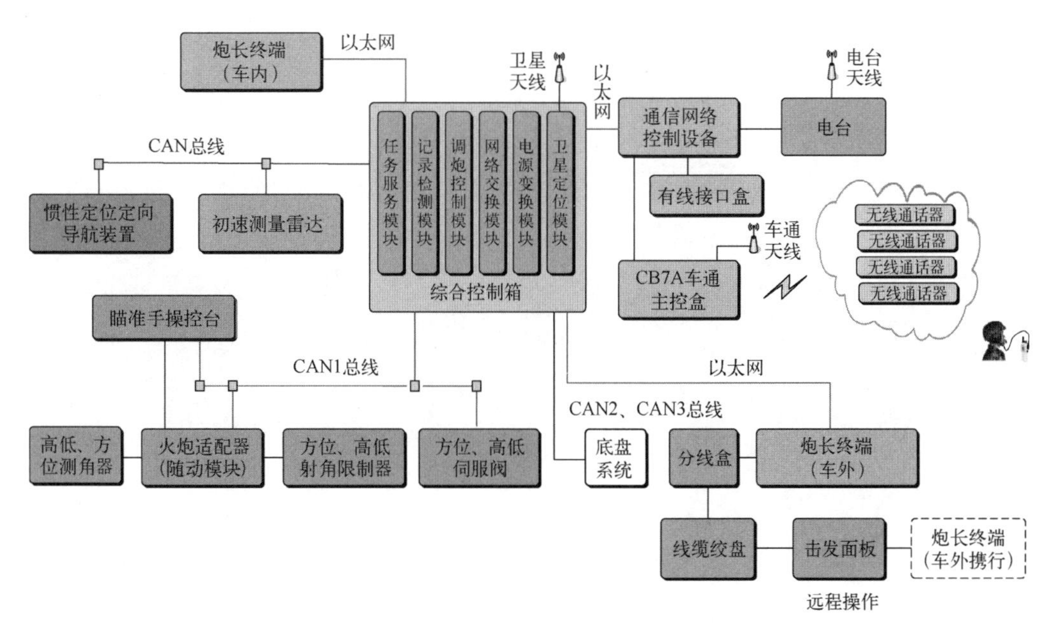

图 5.4.17 一种典型的火控电气系统信息交换示意图

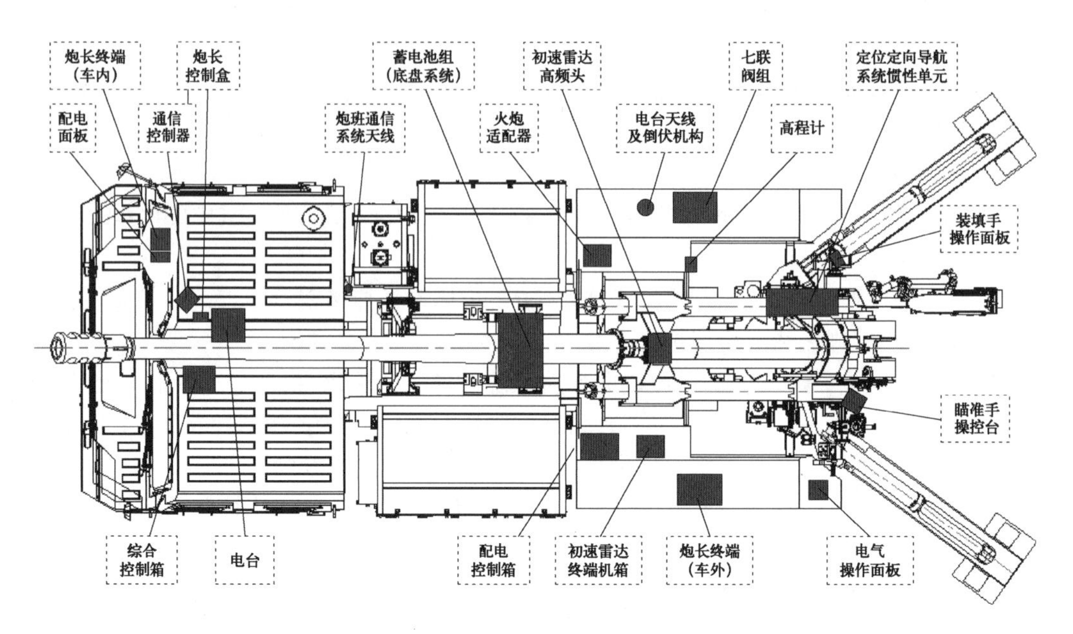

图 5.4.18　火控电气系统部件在底盘上的布置图

第6章　射击精度设计

6.1　基本假定和坐标系及坐标转换

6.1.1　基本约定和假定

6.1.1.1　基本约定

1）火炮动力学结构划分

为了便于进行火炮动力学特性分析，将火炮整体结构划分成底盘部分、上架部分、摇架部分、后坐部分4个广义结构。广义结构是指该结构不但包含其本身，还包含安装在该结构上的其他部件或组件。广义结构的组成如下。

后坐部分广义结构（简称后坐部分），包含炮身（身管、炮尾、炮口制退器）、闩体、与炮尾连接的部分反后坐装置结构（反后坐装置中参与运动的部分，含运动的驻退液）等。

摇架广义结构（简称摇架部分），包含摇架本体、惯导、测速雷达、反后坐装置中不运动组件（含复进机储能器）、与摇架连接的部分高平机（或高低机齿弧、与摇架连接的部分平衡机）、输弹机组件（含输弹机、协调机构等）、部分液压系统，以及安装在摇架上的其他组件及传感器等。

上架广义结构（简称上架部分），包含上架本体、瞄准装置、瞄准架、与上架连接的部分高平机（或高低机齿轮、与上架连接的部分平衡机）、与上架连接的内座圈、方向机、传感器、部分液压系统，以及安装在上架上的其他组件等。

底盘广义结构（简称底盘部分），包含底盘、安装在底盘上的火控系统、电器系统、弹药箱及弹药、行军固定器、部分液压系统、工具箱、电瓶、千斤顶、座盘、大架，以及安装在底盘上的其他组件等。

2）广义结构的质量特性

根据火炮动力学结构划分原则，广义结构的质量包含有广义结构中所有部件的质量。另外，广义结构间连接机构的质量，一律简化到对应的连接点上，如高平机连接了摇架部分和上架部分，包含在摇架部分中的高平机质量按集中质量简化到摇架的连接点上等。由此可以得到广义结构的质量、质心、转动惯量等，广义结构的质量、质心、转动惯量称为广义结构的质量特性。

3）连接特性

火炮结构间的连接有以下6种：炮身在摇架衬套上的滑移连接；炮尾防转驻栓在摇

架驻栓室中的移动;摇架耳轴与上架耳轴座的转动连接;安装在上架上的内座圈与安装在底盘上的外座圈间的滚动连接;安装在下架上大架连接座与大架连接轴间的转动连接;千斤顶、座盘、下架等结构中与液压油缸的运动连接。这种连接应考虑间隙的影响。

4）拓扑结构

根据上述结构划分原则和质量特性的计算规则,可以给出火炮后坐部分、摇架部分、上架部分、底盘部分之间的连接拓扑结构关系,如图 6.1.1 所示。图中矩形框表示上述四大部分;圆形圈表示结构部分之间的连接功能,其质量特性已归入对应的动力学结构中,这些连接功能均可以用“3）连接特性”中给出的连接特性来表达。

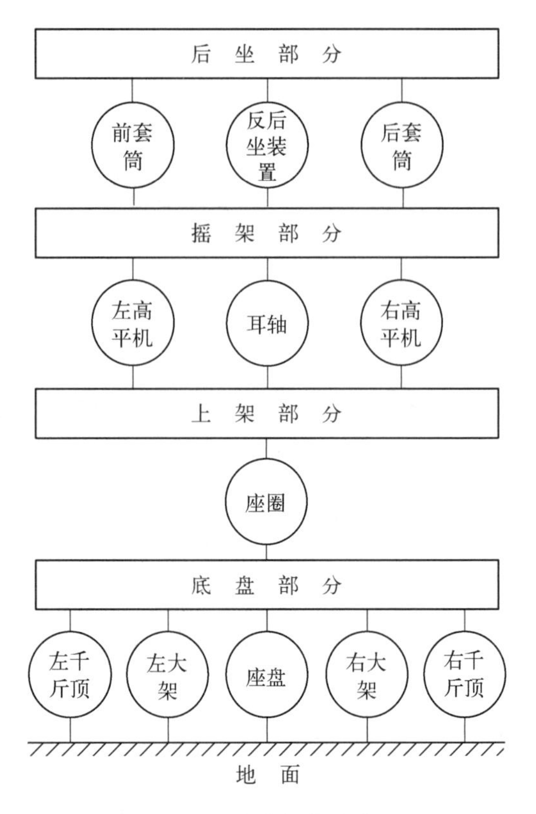

图 6.1.1　火炮拓扑结构图

6.1.1.2　弹丸运动时间段划分

为了便于表达弹丸在各个阶段的运动特性,将弹丸运动从输弹开始经卡膛、挤进、膛内运动、半约束期、飞离炮口制退器、获得最大速度、到达炸点整个运动过程进行划分,见图 6.1.2。其中:

(1) 输弹开始的时间为系统运动开始时间,记为 $t_0 = 0$;

(2) 不考虑卡膛过程,卡膛开始时间即为卡膛结束时间,记为 t_K;

(3) 击发点火开始时间亦为挤进开始时间,记为 t_D;

(4) 挤进结束时间亦为弹丸膛内运动开始时间,记为 t_J;

(5) 弹丸膛内运动半约束期开始时间,记为 t_B;

(6) 半约束期结束时间,即弹丸飞离炮口的时间,亦为弹丸膛内运动结束时间,该时间亦为后效期开始时间,记为 t_G;

(7) 弹丸尾部飞离炮口制退器的时间,记为 t_Q;

(8) 后效期结束的时间,即弹丸获得最大飞行速度的时间,记为 t_M;

(9) 弹丸到达落点(炸点),即飞行结束的时间,记为 t_C。

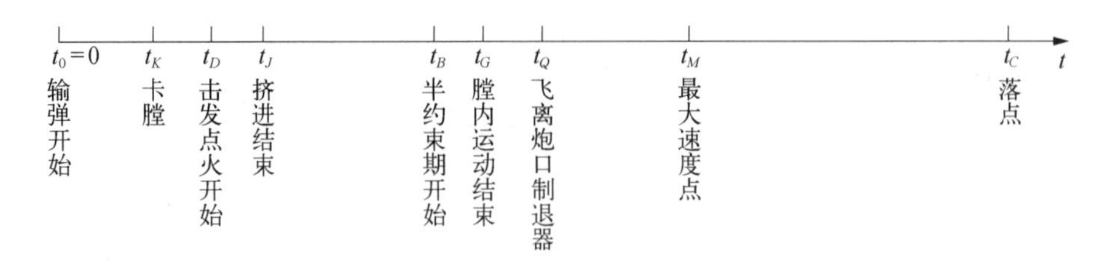

图 6.1.2　弹丸运动各阶段划分示意图

6.1.1.3 基本假定

在估算火炮射击精度时,作如下假设:

(1) 目标点的坐标是精确的;

(2) 气象条件满足射击试验的标准要求;

(3) 弹丸的物理特性满足规定的标准要求;

(4) 弹丸初速或然误差在规定的标准要求之内;

(5) 炮手不出现明显的操作误差;

(6) 火炮发射阵地满足设计时对其提出的设置要求;

(7) 火炮及其零部件性能合格;

(8) 身管已发射的弹丸发数满足国军标要求。

估算射击精度的样本必须要按一定效力射诸元、通过测量一定数量(N 发)的实弹射击炸点数据才能获得。射击 N 发弹丸需要一定时间,当时间跨度较大时,气象条件等因素将不一致,为此将 N 发弹丸分成 m 组,确保每组的射击时间较短、且可控,以消除气象的影响,但也增加了估算射击精度的复杂性。

6.1.2 坐标系建立

对射击精度问题的研究,需要在相关的坐标系中来进行讨论,为此需要构建表达射击精度相关问题的坐标系。

为了描述火炮的运动,需要建立相关坐标系。要特别注意的是,若以总体装配图为依据得到的位置关系为系统在无重力作用下的关系,而以实物测得的位置关系为系统在重力作用下的关系,两者之间的关系为在自身重力作用下的静力平衡关系。本书是以总体装配图为依据建立坐标系。

(1) 惯性坐标系 $o_G - x_1^G x_2^G x_3^G$, 记为 $\boldsymbol{i}_G$。坐标原点 o_G 位于地面上,并与左右驻锄中心连线的中点重合, $o_G x_1^G$ 轴沿射向的水平方向(假定 $o_G x_1^G$ 轴与正北向的夹角为 Θ_{N0}), $o_G x_2^G$ 轴垂直向上, $o_G x_3^G$ 由右手螺旋法则确定,坐标轴的单位基矢量用 ${}^{i_G}\boldsymbol{e}_j(j=1, 2, 3)$ 来表示。该坐标系用来描述系统的整体运动,见图 6.1.3。

(2) 底盘坐标系 $o_A - x_1^A x_2^A x_3^A$, 记为 $\boldsymbol{i}_A$。坐标原点 o_A 位于底盘前桥轴线的中点上, $o_A x_1^A$ 轴沿行驶方向的底盘水平方向, $o_A x_2^A$ 轴垂直向上, $o_A x_3^A$ 由右手螺旋法则确定,坐标系的基矢量用 ${}^{i_A}\boldsymbol{e}_j(j=1, 2, 3)$ 来表示,该坐标系用来描述底盘部分的局部运动,见图 6.1.4 所示。假定由于阵地地形的变化,底盘坐标系 $\boldsymbol{i}_A$ 相对于惯性坐标系 $\boldsymbol{i}_G$ 的初始俯仰角和侧倾角分别为 Θ_{E0}、Θ_{R0}。

(3) 上架坐标系 $o_B - x_1^B x_2^B x_3^B$, 记为 $\boldsymbol{i}_B$。坐标原点 o_B 位于上架下平面、与内座圈圆心相重合的位置上, $o_B x_1^B$ 轴沿上架下平面的水平方向(射击方向), $o_B x_2^B$ 轴垂直上架下平面向上, $o_B x_3^B$ 由右手螺旋法则确定,坐标轴的单位基矢量用 ${}^{i_B}\boldsymbol{e}_j(j=1, 2, 3)$ 来表示。该坐标系用来描述上架部分的局部运动,如图 6.1.5 所示。假定 β_{20} 为对车头相对正北概略方向 Θ_{N0} 偏离实际方向 Θ_N 的修正值。

(4) 摇架坐标系 $o_C - x_1^C x_2^C x_3^C$, 记为 $\boldsymbol{i}_C$。坐标原点 o_C 位于摇架上耳轴连线的中点上, $o_C x_1^C$ 轴与摇架轴线并行指向射击方向, $o_C x_2^C$ 轴垂直于 $o_C x_1^C$ 并向上, $o_C x_3^C$ 由右手螺旋法则

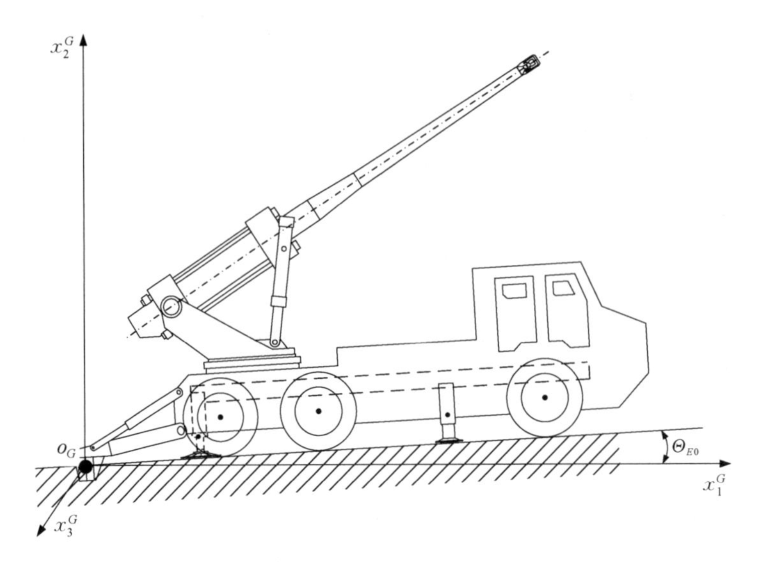

图 6.1.3 系统惯性坐标系 $\boldsymbol{i}_G$

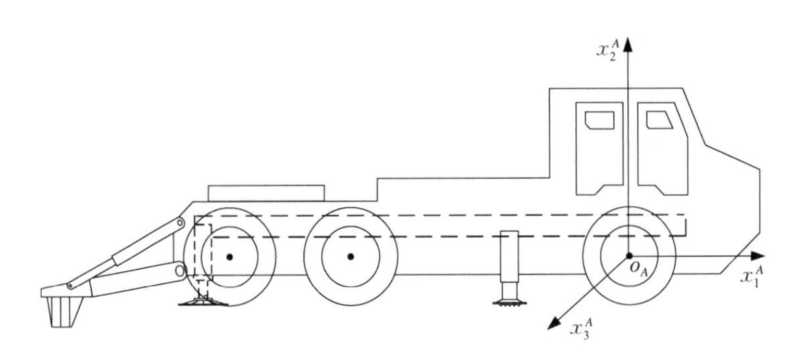

图 6.1.4 底盘坐标系 $\boldsymbol{i}_A$

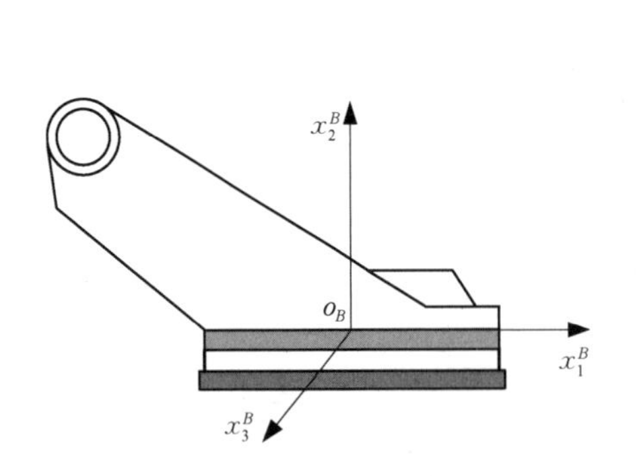

图 6.1.5 上架坐标系 $\boldsymbol{i}_B$

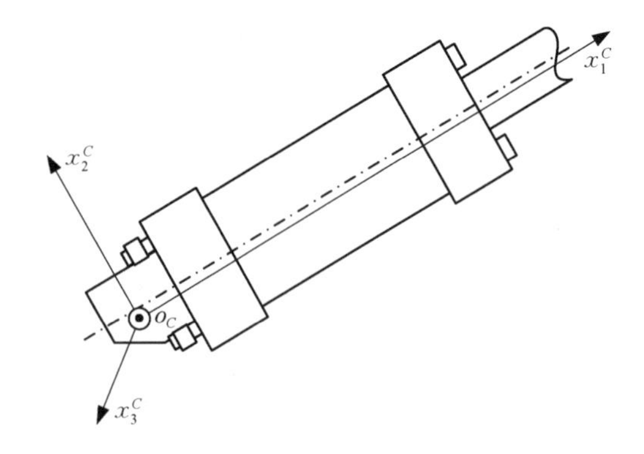

图 6.1.6 摇架坐标系 $\boldsymbol{i}_C$

确定,坐标系的单位基矢量用 ${}^{i_C}\boldsymbol{e}_j(j = 1, 2, 3)$ 来表示。该坐标系用来描述摇架部分的局部运动,如图 6.1.6 所示。假定 β_{10} 为身管相对于上架的高低仰角。

(5) 炮身坐标系 $o_D - x_1^D x_2^D x_3^D$,记为 $\boldsymbol{i}_D$。坐标原点 o_D 位于身管轴线与炮尾前端面的交点上,$o_D x_1^D$ 轴为身管轴线方向,$o_D x_2^D$ 轴垂直于 $o_D x_1^D$ 并向上,$o_D x_3^D$ 由右手螺旋法则确定,坐

标系的单位基矢量用 ${}^{i_D}\boldsymbol{e}_j(j=1,\ 2,\ 3)$ 来表示。该坐标系用来描述后坐部分的局部运动和身管的弹性运动,见图 6.1.7。

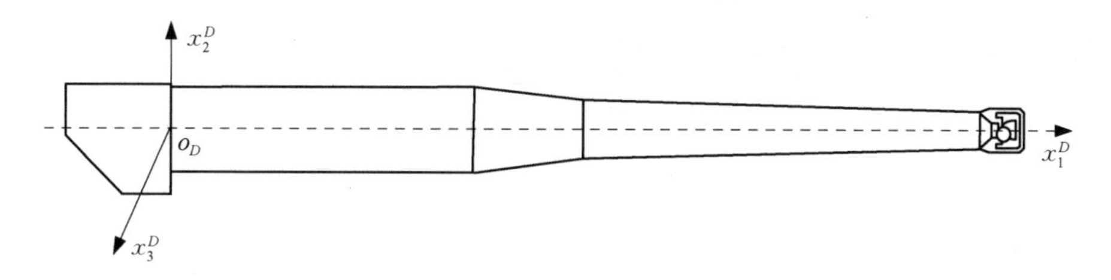

图 6.1.7　炮身坐标系 $\boldsymbol{i}_D$

（6）炮口坐标系 $o_g-x_1^g x_2^g x_3^g$，记为 $\boldsymbol{i}_g$，如图 6.1.8 所示,点 o_g 固定在空中,射击前与身管炮口中心重合。坐标系 $\boldsymbol{i}_g$ 由坐标系 $\boldsymbol{i}_G$ 平移 $\boldsymbol{x}_g$ 得到：

$$\boldsymbol{x}_g=\bar{x}_1^g{}^{\boldsymbol{i}_G}\boldsymbol{e}_1+\bar{x}_2^g{}^{\boldsymbol{i}_G}\boldsymbol{e}_2+\bar{x}_3^g{}^{\boldsymbol{i}_G}\boldsymbol{e}_3 \tag{6.1.1}$$

坐标系 $\boldsymbol{i}_g$ 亦为惯性坐标系,坐标轴的单位基矢量用 ${}^{i_g}\boldsymbol{e}_j(j=1,\ 2,\ 3)$ 来表示,用于描述弹丸外弹道的运动,弹丸的位置矢量用 $\boldsymbol{x}=x_j{}^{\boldsymbol{i}_g}\boldsymbol{e}_j$ 来表示。

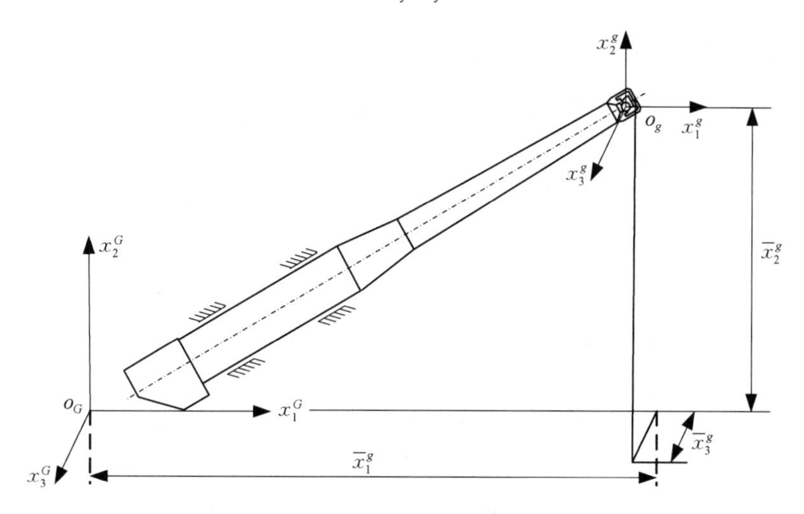

图 6.1.8　坐标系 $\boldsymbol{i}_G$ 与 $\boldsymbol{i}_g$

（7）弹体坐标系。弹体坐标系 $o_{Q_E}-x_1^Q x_2^Q x_3^Q$，记为 $\boldsymbol{i}_Q$，单位方向基矢量为 ${}^{i_Q}\boldsymbol{e}_i$。点 o_Q 为弹丸几何中心、位于弹丸几何轴线上,见图 6.1.9。$o_Q x_1^Q$ 轴与弹丸几何轴重合、$o_Q x_2^Q$ 轴垂直向上、$o_Q x_3^Q$ 轴由右手螺旋法则确定,坐标系 $\boldsymbol{i}_Q$ 随弹丸平动和转动。

6.1.3　坐标系变换

1）底盘坐标系 $\boldsymbol{i}_A$ 的变换

任意时刻 t，底盘相对地面有角运动,该角运动可以用欧拉角来表示。坐标系 $\boldsymbol{i}_A$ 可由惯性坐标系 $\boldsymbol{i}_G$ 按（2－3－1）顺序旋转三个欧拉角 $-\beta_2^A$、$\beta_3^A+\Theta_{E0}$、$\beta_1^A+\Theta_{R0}$ 得到,其中 Θ_{E0}、Θ_{R0} 分别为底盘相对于惯性坐标系 $\boldsymbol{i}_G$ 的初始俯仰角和侧倾角,由火炮阵地地形确定,坐标

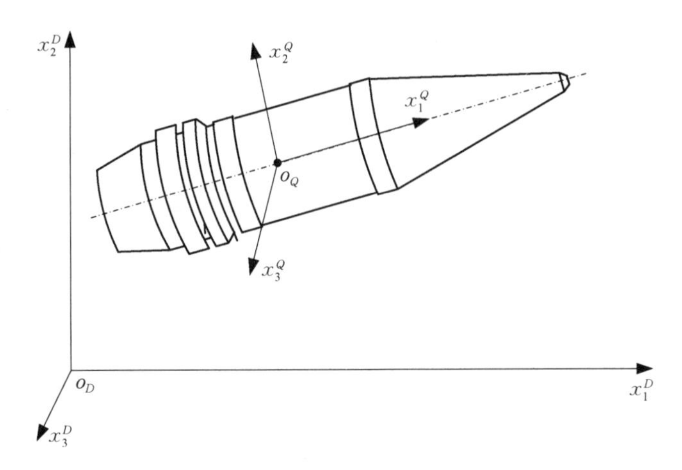

图 6.1.9　坐标系 $\boldsymbol{i}_Q$ 的建立

系 $\boldsymbol{i}_A$ 与坐标系 $\boldsymbol{i}_G$ 相互关系如图 6.1.10 所示。

坐标系 $\boldsymbol{i}_A$ 与坐标系 $\boldsymbol{i}_G$ 之间的转换关系详见《中远程压制火炮射击精度理论》（钱林方等，2020b，下同）给出：

$$
{}^{i_A}\boldsymbol{e}_i = {}^{231}Q_{ij}(\beta_1^A + \Theta_{R0},\ \beta_2^A,\ \beta_3^A + \Theta_{E0})\,{}^{i_G}\boldsymbol{e}_j \tag{6.1.2A}
$$

记：

$$
\boldsymbol{L}_{i_A} = {}^{231}Q_{ij}(\beta_1^A + \Theta_{R0},\ \beta_2^A,\ \beta_3^A + \Theta_{E0})\,{}^{i_A}\boldsymbol{e}_i \otimes {}^{i_G}\boldsymbol{e}_j \tag{6.1.2B}
$$

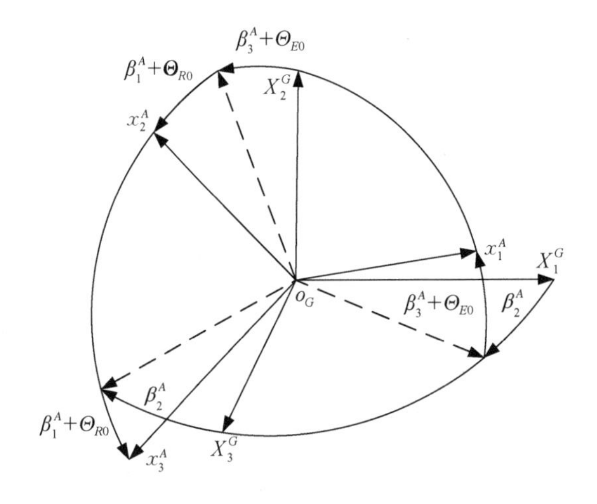

图 6.1.10　$\boldsymbol{i}_A$ 与 $\boldsymbol{i}_G$

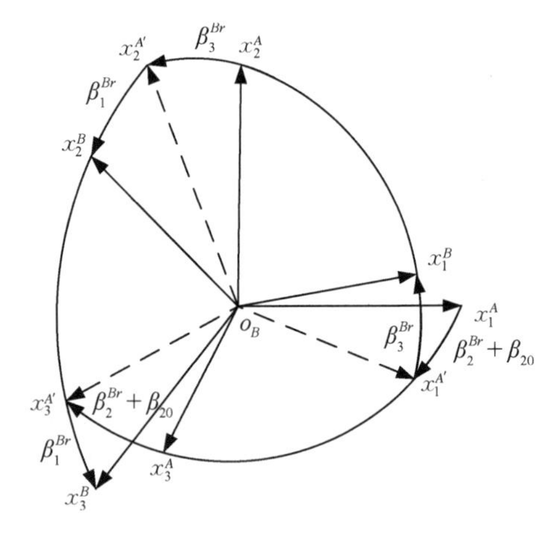

图 6.1.11　$\boldsymbol{i}_B$ 与 $\boldsymbol{i}_A$

2）上架坐标系 $\boldsymbol{i}_B$ 的变换

任意时刻 t，上架相对底盘有角运动，该角运动可以用欧拉角来表示。坐标系 $\boldsymbol{i}_B$ 可由坐标系 $\boldsymbol{i}_A$ 按（2－3－1）顺序旋转三个欧拉角 $-(\beta_2^{Br}+\beta_{20})$、$\beta_3^{Br}$、$\beta_1^{Br}$ 得到。坐标系 $\boldsymbol{i}_B$ 与坐标系 $\boldsymbol{i}_A$ 间的相互关系见图 6.1.11 所示。

坐标系 $\boldsymbol{i}_A$ 与坐标系 $\boldsymbol{i}_G$ 之间的转换关系：

$$
{}^{i_B}\boldsymbol{e}_i = {}^{231}Q_{ij}(\beta_1^{Br},\ \beta_2^{Br} + \beta_{20},\ \beta_3^{Br})\,{}^{i_A}\boldsymbol{e}_j \tag{6.1.3A}
$$

记：

$$\boldsymbol{L}_{i_B} = {}^{231}Q_{ij}(\beta_1^{Br}, \beta_2^{Br} + \beta_{20}, \beta_3^{Br})\,{}^{i_B}\boldsymbol{e}_i \otimes {}^{i_A}\boldsymbol{e}_j \tag{6.1.3B}$$

3）摇架坐标系 $\boldsymbol{i}_C$ 的变换

任意时刻 t，摇架相对上架有角运动，该角运动可以用欧拉角来表示。坐标系 $\boldsymbol{i}_C$ 可由坐标系 $\boldsymbol{i}_B$ 按（3－2－1）顺序旋转三个欧拉角 $\beta_3^{Cr}+\beta_{10}$、$-\beta_2^{Cr}$、β_1^{Cr} 得到，坐标系 $\boldsymbol{i}_C$ 与坐标系 $\boldsymbol{i}_B$ 相互关系如图 6.1.12 所示。

坐标系 $\boldsymbol{i}_C$ 与坐标系 $\boldsymbol{i}_B$ 之间的转换关系：

$${}^{i_C}\boldsymbol{e}_i = {}^{321}Q_{ij}(\beta_1^{Cr}, \beta_2^{Cr}, \beta_3^{Cr} + \beta_{10})\,{}^{i_B}\boldsymbol{e}_j \tag{6.1.4A}$$

记：

$$L_{i_C} = {}^{321}Q_{ij}(\beta_1^{Cr}, \beta_2^{Cr}, \beta_3^{Cr} + \beta_{10})\,{}^{i_C}\boldsymbol{e}_i \otimes {}^{i_B}\boldsymbol{e}_j \tag{6.1.4B}$$

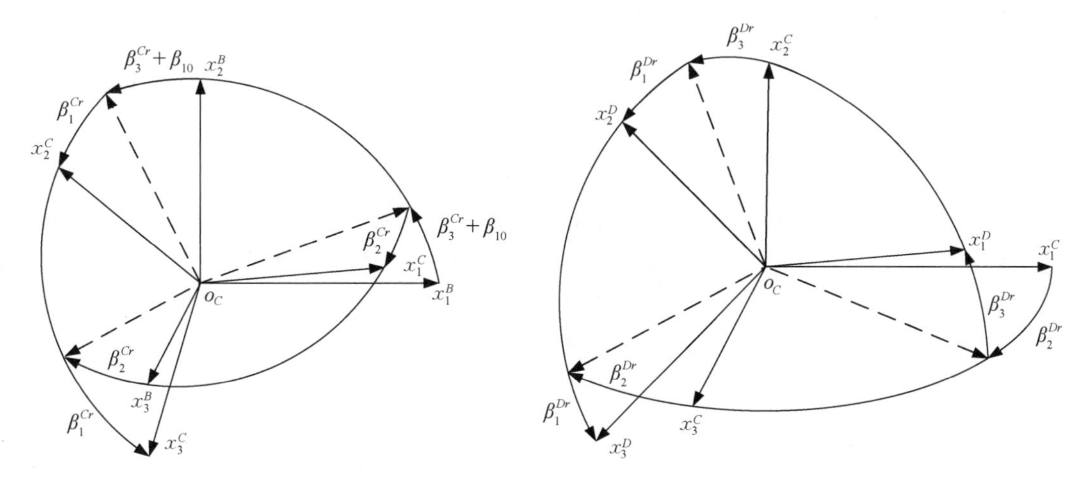

图 6.1.12　$\boldsymbol{i}_C$ 与 $\boldsymbol{i}_B$　　　**图 6.1.13　$\boldsymbol{i}_D$ 与 $\boldsymbol{i}_C$**

4）炮身坐标系 $\boldsymbol{i}_D$ 的变换

任意时刻 t，炮身相对上架有角运动，该角运动可以用欧拉角来表示。坐标系 $\boldsymbol{i}_D$ 可由坐标系 $\boldsymbol{i}_C$ 按（3－2－1）顺序旋转三个欧拉角 β_3^{Dr}、$-\beta_2^{Dr}$、β_1^{Dr} 得到，坐标系 $\boldsymbol{i}_D$ 与坐标系 $\boldsymbol{i}_C$ 相互关系如图 6.1.13 所示。

坐标系 $\boldsymbol{i}_G$ 与坐标系 $\boldsymbol{i}_C$ 之间的转换关系：

$${}^{i_D}\boldsymbol{e}_i = {}^{321}Q_{ij}(\beta_1^{Dr}, \beta_2^{Dr}, \beta_3^{Dr})\,{}^{i_C}\boldsymbol{e}_j \tag{6.1.5A}$$

记：

$$\boldsymbol{L}_{i_D} = {}^{321}Q_{ij}(\beta_1^{Dr}, \beta_2^{Dr}, \beta_3^{Dr})\,{}^{i_D}\boldsymbol{e}_i \otimes {}^{i_C}\boldsymbol{e}_j \tag{6.1.5B}$$

5）弹体坐标系 $\boldsymbol{i}_Q$ 的变换

任意时刻 t，弹丸相对炮身有角运动，该角运动可以用欧拉角来表示。变形弹带在膛线的强制作用下，始终绕身管轴线 $o_D x_1^D$ 以角速度 $\dot{\phi}$ 旋转，这样坐标系 $\boldsymbol{i}_Q$ 可由坐标系 $\boldsymbol{i}_D$ 按（1－3－2）顺序旋转三个欧拉角 ϕ、κ_1、$-\kappa_2$ 得到，坐标系 $\boldsymbol{i}_Q$ 与坐标系 $\boldsymbol{i}_D$ 相互关系如图 6.1.14 所示。

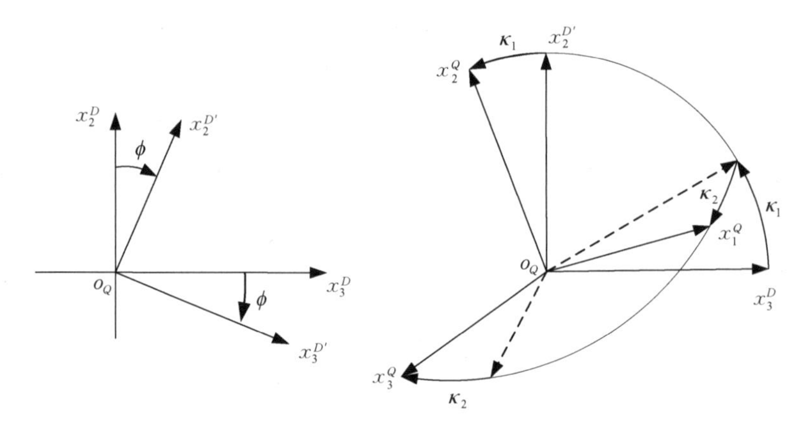

图 6.1.14　坐标系 i_Q 与 i_D 关系

坐标系 $\boldsymbol{i}_G$ 与坐标系 $\boldsymbol{i}_C$ 之间的转换关系：

$$ {}^{i_Q}\boldsymbol{e}_i = {}^{132}Q_{ij}(\phi,\ \kappa_2,\ \kappa_1)\,{}^{i_D}\boldsymbol{e}_j \tag{6.1.6A}$$

记：

$$ \boldsymbol{L}_{i_Q} = {}^{132}Q_{ij}(\phi,\ \kappa_2,\ \kappa_1)\,{}^{i_Q}\boldsymbol{e}_i \otimes {}^{i_D}\boldsymbol{e}_j \tag{6.1.6B}$$

不同坐标系间的转换关系可以用图 6.1.15 所示的方法来表示，图中矢量箭头所指端为转换关系中等号左侧，矢量箭头起始端为转换关系等号的右侧，矢量箭头上方符号即为转换关系的张量。由于是正交转换，转换关系张量的逆与该张量的转置相同，即 $(\boldsymbol{L}_{i_D})^{-1} = (\boldsymbol{L}_{i_D})^{\mathrm{T}}$。例如坐标系 $\boldsymbol{i}_D$ 与坐标系 $\boldsymbol{i}_G$ 间的转换关系可以利用此图直接给出：

$$ \boldsymbol{i}_D = \boldsymbol{L}_{i_D}\cdot\boldsymbol{L}_{i_C}\cdot\boldsymbol{L}_{i_B}\cdot\boldsymbol{L}_{i_A}\cdot\boldsymbol{i}_G \tag{6.1.7}$$

对上式求逆得 $\boldsymbol{i}_G = (\boldsymbol{L}_{i_D}\cdot\boldsymbol{L}_{i_C}\cdot\boldsymbol{L}_{i_B}\cdot\boldsymbol{L}_{i_A}\cdot\boldsymbol{i}_G)^{-1}\cdot\boldsymbol{i}_D = (\boldsymbol{L}_{i_D}\cdot\boldsymbol{L}_{i_C}\cdot\boldsymbol{L}_{i_B}\cdot\boldsymbol{L}_{i_A}\cdot\boldsymbol{i}_G)^{\mathrm{T}}\cdot\boldsymbol{i}_D$。图中符号 i_v 及 L_δ 的具体含义将在节中加以说明。

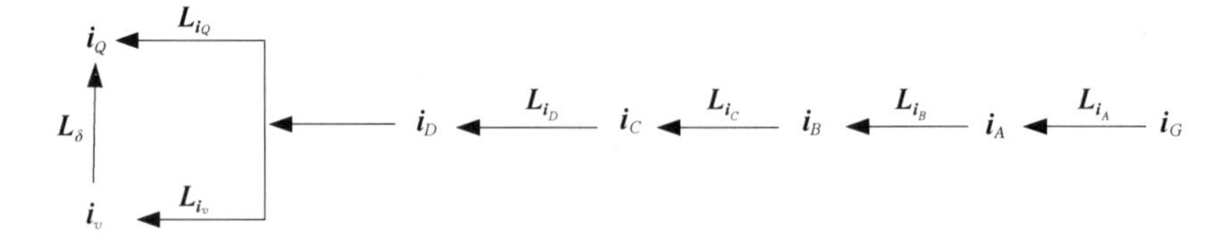

图 6.1.15　坐标系间的转换关系

6.2　射击精度概念

6.2.1　射击精度基本概念

如图 6.2.1 所示，在坐标系 $\boldsymbol{i}_g$ 中，已知目标点 M 的位置坐标为 $\boldsymbol{x}_M = x_j^{Mi_g}\boldsymbol{e}_j$，同一门火炮在规定时间内发射一组 n 发弹丸，对目标点进行射击，其炸点位置坐标为 $\boldsymbol{x}_k =$

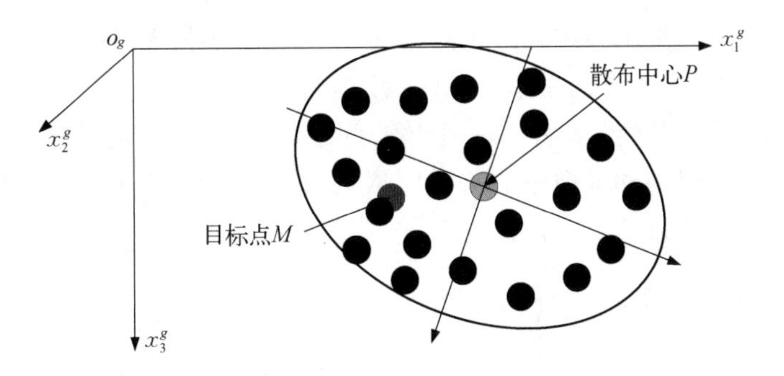

图 6.2.1　射击精度、射击准确度和射击密集度示意图

$x_{kj}{}^{i_g}\boldsymbol{e}_j$, $k=1, 2, \cdots, n$，则炸点位置坐标 x_k 为三维随机变量，记为 $\boldsymbol{X}=(X_1, X_2, X_3)$，设 $\boldsymbol{X}$ 的分布律为

$$\boldsymbol{p}_k=\begin{cases}P\{X_1=x_{k1}\}=p_{k1}\\P\{X_2=x_{k2}\}=p_{k2}\\P\{X_3=x_{k3}\}=p_{k3}\end{cases}, k=1, 2, \cdots, n \tag{6.2.1}$$

式中，$P\{X_1=x_{k1}\}=p_{k1}$ 表示 $X_1=x_{k1}$ 的概率为 p_{k1}。

随机变量 $\boldsymbol{X}$ 的数学期望，记为 $E(\boldsymbol{X})$，即

$$E(\boldsymbol{X})=\sum_{k=1}^{n}\begin{Bmatrix}x_{k1}p_{k1}\\x_{k2}p_{k2}\\x_{k3}p_{k3}\end{Bmatrix}=\sum_{k=1}^{n}\boldsymbol{x}_k\cdot\boldsymbol{p}_k \tag{6.2.2}$$

射击精度是一组弹丸炸点对目标点 M 偏离的统计量，可用协方差矩阵来度量，即

$$\begin{aligned}\boldsymbol{\Upsilon}&=E[(\boldsymbol{X}-\boldsymbol{x}_M)\cdot(\boldsymbol{X}-\boldsymbol{x}_M)^{\mathrm{T}}]\\&=\sum_{k=1}^{n}[(\boldsymbol{x}_k-\boldsymbol{x}_M)\cdot(\boldsymbol{x}_k-\boldsymbol{x}_M)^{\mathrm{T}}]\cdot\boldsymbol{p}_k\\&=E\{[\boldsymbol{X}-E(\boldsymbol{X})]\cdot[\boldsymbol{X}-E(\boldsymbol{X})]^{\mathrm{T}}\}+E\{[E(\boldsymbol{X})-\boldsymbol{x}_M]\cdot[E(\boldsymbol{X})-\boldsymbol{x}_M]^{\mathrm{T}}\}\\&=\boldsymbol{\Sigma}+\boldsymbol{\Pi}\end{aligned} \tag{6.2.3}$$

式中，$\boldsymbol{\Sigma}$ 为一组弹丸炸点散布（密集度）的协方差矩阵；$\boldsymbol{\Pi}$ 为一组弹丸炸点散布中心对目标点准确度的协方差矩阵，即

$$\boldsymbol{\Sigma}=E\{[\boldsymbol{X}-E(\boldsymbol{X})]\cdot[\boldsymbol{X}-E(\boldsymbol{X})]^{\mathrm{T}}\} \tag{6.2.4A}$$

$$\boldsymbol{\Pi}=E\{[E(\boldsymbol{X})-\boldsymbol{x}_M]\cdot[E(\boldsymbol{X})-\boldsymbol{x}_M]^{\mathrm{T}}\} \tag{6.2.4B}$$

由式（6.2.3）可知，射击精度的协方差矩阵 $\boldsymbol{\Upsilon}$ 可分解成射击密集度的协方差矩阵 $\boldsymbol{\Sigma}$ 和射击准确度的协方差矩阵 $\boldsymbol{\Pi}$。射击密集度是对一组弹丸散布程度的统计量，射击准确度是目标点与散布中心偏离程度的统计量。射击准确度属火炮的系统误差，与构成火炮射击过程中的各个系统误差链的组成及大小有关，亦与火炮系统中关键参数的均值有关，该均值控制了火炮系统发射过程中状态变量的一致性。一般系统误差是可以通过射击修正来减小或消除，目前发展的闭环校射弹、弹道修正弹等弹药修正技术就是基于修正原理来

工作的。射击密集度是火炮系统的随机散布误差,与火炮关键参数的误差有关,还与系统状态变量的稳定性有关,需要通过系统总体设计来控制。

射击精度设计是车载炮设计中的一个核心问题,其基本原理是根据射击精度要求,通过对影响射击精度的弹药和火炮中的关键因素进行约束控制设计,获得满足射击精度要求的弹药和火炮关键参数的数字特征(均值和均方差等的统计量)。

6.2.2 射击密集度主方向

假定 $\boldsymbol{x}_C=\boldsymbol{x}(t_C)$ 的三个分量线性无关,则 x_C 的各分量方向为散布主方向,并与射击坐标系的方向重叠,见图 6.2.2(a)所示,$\boldsymbol{\Sigma}$ 矩阵具有以下形式:

$$\boldsymbol{\Sigma}=\begin{bmatrix}\sigma_{X_1}^2 & 0 & 0\\ 0 & \sigma_{X_2}^2 & 0\\ 0 & 0 & \sigma_{X_3}^2\end{bmatrix} \tag{6.2.5}$$

其中,$\sigma_{X_i}=\sqrt{\sigma_{X_i}^2}$ 为弹丸炸点位置 $\boldsymbol{x}_C$ 在其第 $i(i=1,\ 2,\ 3)$ 个位置分量方向上的均方差,亦称为该方向的散布。

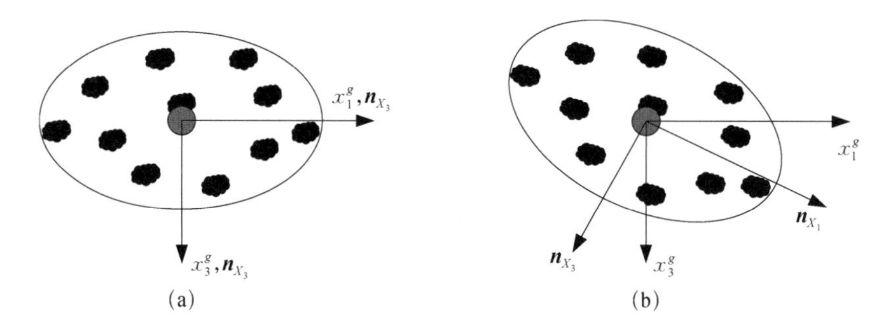

图 6.2.2 二维散布的主方向示意图

由于散布的大小与弹丸炸点距火炮阵地的距离 $\|\boldsymbol{\mu}_{x_C}\|$ 有关,因此一般采用考虑距离影响的变异系数 $A_i(i=1,\ 2,\ 3)$ 来定义密集度:

$$A_i=\frac{0.674\,5\sigma_{X_i}}{\|\boldsymbol{\mu}_{x_C}\|}=\frac{E_{X_i}}{\|\boldsymbol{\mu}_{x_C}\|},\ i=1,\ 2,\ 3 \tag{6.2.6A}$$

$$E_{X_i}=0.674\,5\sigma_{X_i},\ i=1,\ 2,\ 3 \tag{6.2.6B}$$

式中,E_{X_i} 为第 $i(i=1,\ 2,\ 3)$ 个方向上的中间差,在炮兵系统的误差分析中常用中间差来描述。

一般情况下,$\boldsymbol{x}$ 三个方向上的分量是通过弹丸飞行控制微分方程相关联的,因此这些变量虽独立但还是相关的。这样 $\boldsymbol{\Sigma}$ 不具备式(6.2.5)的对角形式,即主方向与坐标轴方向不一致,如图 6.2.2(b)所示。为此构建以下特征方程:

$$\boldsymbol{\Sigma\phi}=\lambda\boldsymbol{\phi} \tag{6.2.7}$$

特征值方程为

$$\lambda^3 - J_1\lambda^2 + J_2\lambda - J_3 = 0 \tag{6.2.8}$$

式中，

$$J_1 = tr(\boldsymbol{\Sigma}), \quad J_2 = J_3 tr(\boldsymbol{\Sigma}^{-1}), \quad J_3 = \det(\boldsymbol{\Sigma}) \tag{6.2.9}$$

其中，J_1、J_2、J_3 称为张量（矩阵）$\boldsymbol{\Sigma}$ 的主不变量。由于 $\boldsymbol{\Sigma}$ 是一个对称正定矩阵，则特征方程(6.2.8)具有三个实根 $\lambda_i(i=1, 2, 3)$，$tr(\cdot)$、$\det(\cdot)$ 表示对变量（矩阵）进行迹和行列式运算。记：

$$\sigma_{X_i} = \sqrt{\lambda_i} \tag{6.2.10}$$

为三个主方向上散布的均方差。

将 $\lambda_i(i=1, 2, 3)$ 代入式(6.2.7)得到与之对应的特征向量 $\boldsymbol{\phi}_i(i=1, 2, 3)$，记：

$$\boldsymbol{n}_{X_i} = \frac{1}{\|\boldsymbol{\phi}_i\|}\boldsymbol{\phi}_i \tag{6.2.11}$$

$\boldsymbol{n}_{X_i}(i=1, 2, 3)$ 即为密集度 $\boldsymbol{\Sigma}$ 的三个主方向矢量，由于是两两正交，因此也可作为基矢量。

记：

$$\boldsymbol{n}_X = [\boldsymbol{n}_{X_1} \quad \boldsymbol{n}_{X_2} \quad \boldsymbol{n}_{X_3}] \tag{6.2.12}$$

将上式代入式(6.2.7)，并左乘 $\boldsymbol{n}_X^{\mathrm{T}}$ 得

$$\boldsymbol{n}_X^{\mathrm{T}} \cdot \boldsymbol{\Sigma} \cdot \boldsymbol{n}_X = \begin{bmatrix} \lambda_1 & 0 & 0 \\ 0 & \lambda_2 & 0 \\ 0 & 0 & \lambda_3 \end{bmatrix} \tag{6.2.13}$$

这样，对一般形式的密集度 $\boldsymbol{\Sigma}$，由式(6.2.7)可知，我们可以表达成在 $\boldsymbol{n}_{X_i}(i=1, 2, 3)$ 方向上的均方差 $\sigma_{X_i}(i=1, 2, 3)$，或中间差 $E_{X_i} = 0.674\,5\sigma_{X_i}$；若用变异系数表示，则在主方向的变异系数依旧可用式(6.2.6)来表示。

6.2.3 射击准确度主方向

准确度 $\boldsymbol{\Pi}$ 的三个不变量可由公式(6.2.9)来计算：

$$J_1 = \mathrm{tr}(\boldsymbol{\Pi}), \quad J_2 = 0, \quad J_3 = \det(\boldsymbol{\Pi}) = 0, \quad J_2 = J_3\mathrm{tr}(\boldsymbol{\Pi}^{-1}) = 0 \tag{6.2.14}$$

$\boldsymbol{\Pi}$ 的特征值分别为 $\lambda_{A_1} = \mathrm{tr}(\boldsymbol{\Pi})$，$\lambda_{A_2} = \lambda_{A_3} = 0$，定义：

$$\sigma_A = \sqrt{\lambda_{A_1}}, \quad E_A = 0.674\,5\sigma_A \tag{6.2.15}$$

为弹丸炸点位置 $\boldsymbol{x}_C$ 的期望值 $E(\boldsymbol{x}_C) = \boldsymbol{\mu}_{x_C} = \boldsymbol{\mu}_{\boldsymbol{x}}(t_C)$ 距目标点 $\boldsymbol{x}_M$ 的距离，其中 σ_A、E_A 分别为准确度的均方差和中间差。

将 $\lambda_{A_i}(i=1, 2, 3)$ 代入特征方程得到与之对应的特征向量 $\boldsymbol{\phi}_{A_i}(i=1, 2, 3)$，记：

$$\boldsymbol{n}_{A_i} = \frac{1}{\|\boldsymbol{\phi}_{A_i}\|}\boldsymbol{\phi}_{A_i} \tag{6.2.16}$$

式中，$\boldsymbol{n}_{A_i}(i=1, 2, 3)$ 即为准确度 $\boldsymbol{\Pi}$ 的三个主方向矢量，特别是 $\boldsymbol{n}_{A_1}$ 确定了 λ_{A_1} 的方向。

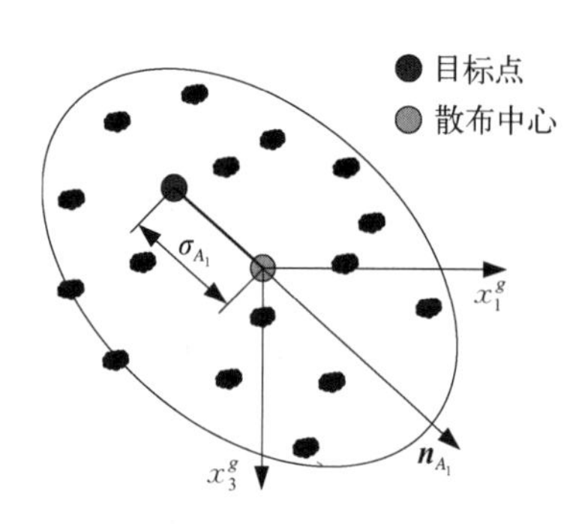

图 6.2.3　准确度示意图

事实上，由式(6.2.14)可得

$$\lambda_{A_1} = \sum_{i=1}^{3} (\mu_{x_i}(t_C) - x_i^M)^2 \tag{6.2.17}$$

几何意义上 $\mu_{x_i}(t_C) - x_i^M$ 为第 $i(i=1, 2, 3)$ 个坐标方向上的准确度分量，见图 6.2.3 所示。

因此有

$$\boldsymbol{n}_{A_1} = \frac{1}{\sigma_{A_1}} \{\mu_{x_1}(t_C) - x_1^M \quad \mu_{x_2}(t_C) - x_2^M \quad \mu_{x_3}(t_C) - x_3^M\}^{\mathrm{T}} \tag{6.2.18}$$

6.2.4　射击密集度特性

射击密集度是在相同条件(同一批装药和弹药、同一瞄准装置、相同气象条件等)下，同一门火炮射击一组弹丸的炸点坐标的统计性能，在正常条件下，根据大数定理弹丸炸点坐标服从正态分布 $N(\boldsymbol{\mu}_{x_C}, \boldsymbol{\Sigma}_{x_C})$，即弹丸沿三个坐标轴方向的散布服从正态分布，则其概率密度函数为

$$f(\boldsymbol{X}) = \frac{1}{(2\pi)^{3/2}(\det\boldsymbol{\Sigma}_{x_C})^{1/2}} \exp\left[-\frac{1}{2}(\boldsymbol{X}-\boldsymbol{\mu}_{x_C})^{\mathrm{T}} \cdot \boldsymbol{\Sigma}_{x_C} \cdot (\boldsymbol{X}-\boldsymbol{\mu}_{x_C})\right] \tag{6.2.19}$$

式(6.2.19)给出的散布呈椭圆形，若椭圆面积越小，则射击密集度越好，即击中目标所需消耗的弹药数量就越少。一般情况下弹丸落点散布是对称、不均匀分布的。造成这一特点的主要原因有以下多个方面：

(1) 散布形状是对称的。射弹落点位于椭圆中，在散布中心前后面有同样多的弹坑，在散布中心左右也有同样多的弹坑。

(2) 散布位置是不均匀的。在散布椭圆范围内，越靠近散布面中心落点越密集，离中心越远，落点越少。

利用式(6.2.19)，可得以下概率取值：

$$\begin{cases} P(\mu_{X_1}+E, \mu_{X_3}) - P(\mu_{X_1}, \mu_{X_3}) = 25\% \\ P(\mu_{X_1}+2E, \mu_{X_3}) - P(\mu_{X_1}+E, \mu_{X_3}) = 16\% \\ P(\mu_{X_1}+3E, \mu_{X_3}) - P(\mu_{X_1}+2E, \mu_{X_3}) = 7\% \\ P(\mu_{X_1}+4E, \mu_{X_3}) - P(\mu_{X_1}+3E, \mu_{X_3}) = 2\% \end{cases} \tag{6.2.20A}$$

$$\begin{cases} P(\mu_{X_3}+E, \mu_{X_1}) - P(\mu_{X_3}, \mu_{X_1}) = 25\% \\ P(\mu_{X_3}+2E, \mu_{X_1}) - P(\mu_{X_3}+E, \mu_{X_1}) = 16\% \\ P(\mu_{X_3}+3E, \mu_{X_1}) - P(\mu_{X_3}+2E, \mu_{X_1}) = 7\% \\ P(\mu_{X_3}+4E, \mu_{X_1}) - P(\mu_{X_3}+3E, \mu_{X_1}) = 2\% \end{cases} \tag{6.2.20B}$$

式(6.2.20)的几何意义如图 6.2.4 所示。

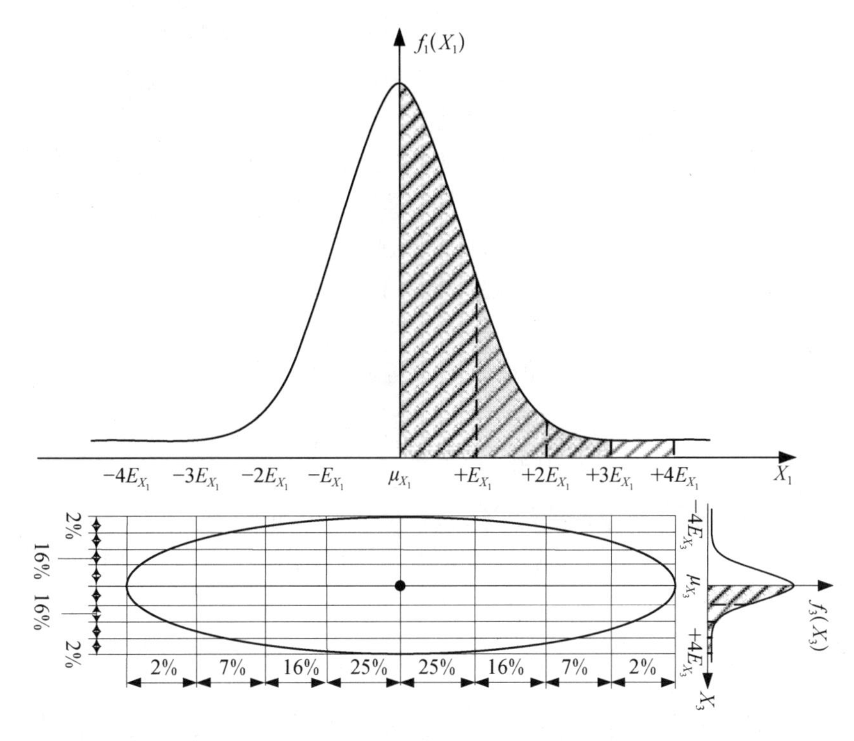

图 6.2.4　二维散布主方向弹丸炸点位置正态分布示意图

由图 6.2.4 可知,散布椭圆的中心称为“散布中心”,穿过散布中心的虚拟弹道称为“平均弹道”。如果将图 6.2.4 的散布椭圆平分成两半,每一半又分成四个等宽的散布区域,那么在大量(30 发以上)射击的条件下,落入每个散布区域的弹丸数量是确定的: 各有 25%的弹丸落入离散布中心最近的左右两侧散布区域中,各有 16%的弹丸落入上述散布区域相邻的两个散布区域中;各有 7%的弹丸落入离散布中心第三远的两个散布区域中;各有 2%的弹丸落入两端的散布区域。如果将一个垂直平面穿过弹道束,那么弹道束与垂直平面相交的区域为呈椭圆状;弹丸在该椭圆中的位置分布规律与图 6.2.4 的散布椭圆规律相似;此处,弹道束指火炮在相同射击条件下射弹可得的所有弹道总和。

弹丸散布因素主要分为三类: 弹丸飞离炮口的初始条件偏离期望值、弹丸物理特性散布及其自身管飞出后外表面形状的变化、弹丸飞行的气象条件等。

弹丸飞离炮口的初始条件偏离期望值与火炮武器的总体设计有关,亦是本书重点要讨论的问题;弹丸物理特性散布与弹丸制造工艺技术有关,弹丸自身管飞出后外表面形状的变化是弹炮耦合设计要重点讨论的问题;弹丸飞行的气象条件只能通过对偏离期望值的气象参数加以修正来实现,或假定火炮射击是在规定的时间(30 分钟)内完成来控制气象的散布。

弹丸散布中心与目标点/中心的偏差可以理解为“射击准确度”。射击准确度取决于瞄准误差、射击误差、射击条件确定、校射误差等。在缺乏规定误差的情况下,密集度越高,火炮准确度就越高,因为一次射击命中给定目标大小的概率会增加。当直瞄射击小型目标(例如坦克)时,密集度高具有重要的意义。因此,对用于直瞄射击坦克等小型目标的火炮提出了高密集度的要求。在高密集度的条件下,为了提高坦克和反坦克炮以及具有直瞄镜的野战炮的射击准确度,每门火炮都需要通过校射进行规范射击。

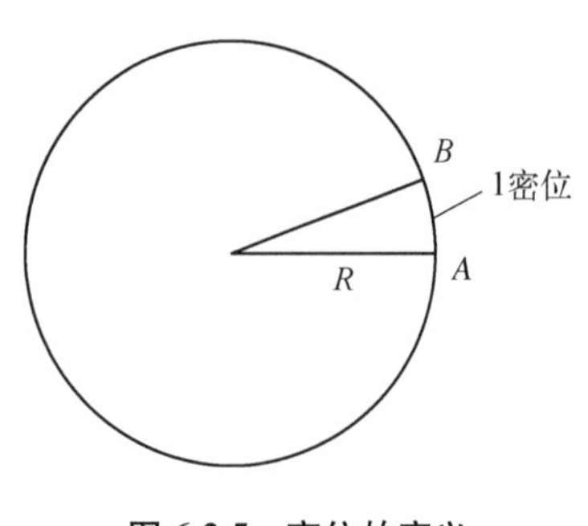

图 6.2.5 密位的定义

车载炮的密集度用变异系数来表示，其横向密集度通常采用密位来表示。在此对地面火炮常使用的密位进行简要的说明。

地面炮射击需进行不同角度和线量数值相关的大量计算。在野战条件下，由于地面火炮作战必须采用三角函数表，通用角度测量单位（度、分和秒）不便于计算。因此，在炮兵学中采用一种特殊的角度测量法，单位是密位（mil），其定义为对应于圆周长 1/6 000 部分弧长的圆心角角度表示 1 密位，见图 6.2.5 所示：

$$AB = \frac{2\pi R}{6\ 000} = 0.001\ 05\ R \approx 0.001\ R \tag{6.2.21}$$

为了便于把角度口头转述成密位，千位、百位与十位和个位分开说。这种方法还用于记录角度值（表 6.2.1）。在某些情况下，“角度”一词省略不说，例如，“向左 15”记作“0－15”，“6 密位”记作“0－06”，“千分之十一”记作“0－11”。

在实际应用中，采用术语“小密位”和“大密位”。1 密位称为“小密位”。100 密位称为“大密位”。

角度和密度的换算如下：由于圆周为 360°或 360°×60′＝21 600′，那么 1 密位等于 21 600′/6 000＝3.6′，一个大密位是 3.6′×100＝6°，1 角度即：1°＝60′/3.6′＝16.67 密位 ≈ 17 密位。

角度与密位的基本换算关系见表 6.2.1。密位换算成角度和反过来换算都使用射击表上的表格。

表 6.2.1 角度与密位的基本换算关系

角 度	密 位	写 法	读 法
360°	6 000	60－00	六十零零
180°	3 000	30－00	三十零零
90°	1 500	15－00	十五零零
45°	750	7－50	七五十
36°	600	6－00	六零零
6°	100	1－00	一零零
1°	17	0－17	零十七
0.06°	1	0－01	零零一

6.2.5 射击密集度的极差估算方法

若火炮发射 n 发弹丸进行密集度试验，假定试验结果的纵向射程为 $X_1, X_2, \cdots, X_n$，对

该 n 发弹丸按射程大小顺序重新排序(例如从小到大),设为

$$Y_1,\ Y_2,\ \cdots,\ Y_n \tag{6.2.22}$$

n 发试验结果 $X_1, X_2, \cdots, X_n$ 的最大、最小值为

$$X_{\max} = Y_n,\ X_{\min} = Y_1 \tag{6.2.23}$$

其极差为

$$R = X_{\max} - X_{\min} = Y_n - Y_1 \tag{6.2.24}$$

由于已知弹丸炸点服从正态分布,故式(6.2.24)称为正态极差。假定正态极差散布的均方差为 σ,做如下标准化:

$$\frac{X_1}{\sigma},\ \frac{X_2}{\sigma},\ \cdots,\ \frac{X_n}{\sigma} \tag{6.2.25A}$$

记:

$$r = \frac{X_{\max} - X_{\min}}{\sigma} = \frac{R}{\sigma} \tag{6.2.25B}$$

式(6.2.25B)称为标准正态极差,n 次独立试验的标准正态极差变量满足 $N(0,\ 1)$ 分布,其分布规律为

$$f(r) = \frac{n(n-1)}{\sqrt{2}\,(\sqrt{2\pi})^{n}} \mathrm{e}^{-\frac{r^2}{4}} \int_{-\infty}^{+\infty} \mathrm{e}^{-\frac{u^2}{2}} \left(\int_{-\frac{r}{2}}^{\frac{r}{2}} \mathrm{e}^{-\left(\frac{v^2}{2}-\frac{u^2}{2}\right)^{2}} \mathrm{d}v \right) \mathrm{d}u, r > 0 \tag{6.2.26}$$

对式进行以下积分得均值和方差:

$$\begin{cases} E(r) = \mu_n = \int_0^{\infty} r f(r)\,\mathrm{d}r \\ D(r) = \sigma_n^2 = \int_0^{\infty} (r - \mu_n)^2 f(r)\,\mathrm{d}r \end{cases} \tag{6.2.27}$$

为便于查询计算,将式(6.2.27)的数值计算结果编成与试验次数 n 相关的表格,见表 6.2.2。对式(6.2.25B)求期望值,由此可得正态极差的数学期望值与方差:

$$\begin{cases} E(R) = \sigma E(r) = \sigma \mu_n \\ D(R) = \sigma^2 D(r) = \sigma^2 \sigma_n^2 \end{cases} \tag{6.2.28}$$

由于 n 次独立试验的极差 R 只有一个,故 $E(R) = R$,将其代入式(6.2.28)的第一式,有

$$\sigma = \frac{E(R)}{\mu_n} = \frac{R}{\mu_n} \tag{6.2.29}$$

特别,当 $n = 7$ 时,查表 6.2.2 可知 $\mu_n = 2.704$,由此可计算得到中间差为

$$E = 0.674\,5 \frac{R}{\mu_n} = \frac{0.674\,5}{2.704} R = 0.249\,4R \approx \frac{X_{\max} - X_{\min}}{4} \tag{6.2.30}$$

我们在密集度试验中，中间差估算所用的极差除以 4 的公式(6.2.30)，仅适用于 $n=7$ 的工况；当 $n \neq 7$ 时，应查表 6.2.2 得到 μ_n 后，再由式(6.2.29)来估算。

表 6.2.2　标准正态极差估算条件下均值与方差表

n	μ_n	σ_n^2	n	μ_n	σ_n^2
2	1.128	0.726 3	9	2.970	0.652 6
3	1.693	0.789 2	10	3.078	0.635 3
4	2.059	0.774 1	11	3.173	0.619 9
5	3.326	0.746 6	12	3.258	0.606 0
6	2.534	0.719 2	13	3.336	0.593 5
7	2.704	0.694 2	14	3.407	0.582 2
8	2.847	0.672 1	15	3.472	0.571 9

6.3　弹丸空中飞行状态方程

6.3.1　外弹道运动状态描述

我们所说的弹丸飞行是弹丸相对于地球固定坐标系 $\boldsymbol{i}_g$ 而言的，事实上地球以自转角速度 $\boldsymbol{\Omega}_T = \|\boldsymbol{\Omega}_T\| {}^{i_T}\boldsymbol{e}_1 (\|\boldsymbol{\Omega}_T\| \approx 7.29\times10^{-5}(\mathrm{rad/s}))$ 绕极轴 ${}^{i_T}\boldsymbol{e}_1$ 在转动，因此坐标系 $\boldsymbol{i}_g$ 为非惯性系，地球自转运动对远距离飞行弹丸的运动是有影响的，对此本节加以考虑。

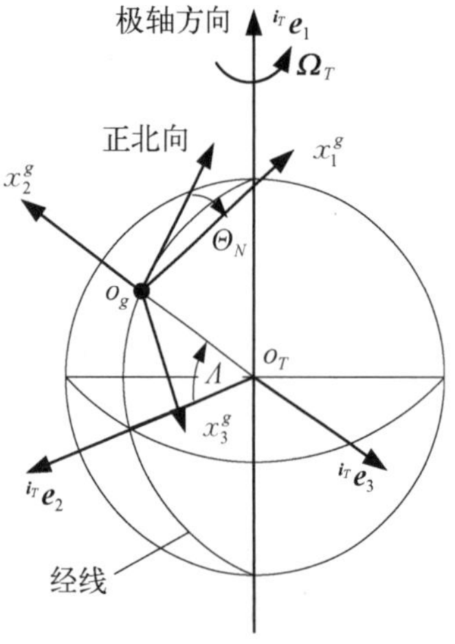

图 6.3.1　发射点位置与地球自转速度

如图 6.3.1 所示，建立以地心 o_T 为原点的惯性坐标系 $\boldsymbol{i}_T, o_T - x_1^{\mathrm{T}}x_2^{\mathrm{T}}x_3^{\mathrm{T}}$，其中 $o_T x_1^{\mathrm{T}}$ 为极轴方向，$o_T x_2^{\mathrm{T}}$ 位于过发射点 o_g 的经线平面内，$o_T x_3^{\mathrm{T}}$ 由右手螺旋法则确定，坐标系 $\boldsymbol{i}_T$ 的单位基矢量为 ${}^{i_T}\boldsymbol{e}_j$。假定在地球北半球北纬 Λ(由赤道向北为正)的 o_g 点处进行射击，在点 o_g 处建立地球固定坐标系 $\boldsymbol{i}_g$，射击方向 $o_g x_1^g$ 沿正北向(过 o_g 点经线的切线方向)顺时针转 Θ_N 角，$o_g x_2^g$ 沿 Λ 方向指向天空并与轴 $o_g x_1^g$ 垂直($o_g x_1^g x_2^g$ 为射击面)，$o_g x_3^g$ 指向右侧，由右手螺旋法则确定，注意坐标轴平面 $o_g - x_1^g x_3^g$ 位于点 o_g 的地球切平面内。将坐标系 $\boldsymbol{i}_T$ 原点 o_T 平移至 o_g 点处，则坐标系 $\boldsymbol{i}_T$ 可由坐标系 $\boldsymbol{i}_g$ 经(2－3－1)顺序分别旋转 Θ_N、Λ、0 得到。即

$$^{i_T}\boldsymbol{e}_i = {}^{231}Q_{ij}(0,\ -\boldsymbol{\Theta}_N,\ \Lambda)\,{}^{i_g}\boldsymbol{e}_j \tag{6.3.1A}$$

展开得

$$^{i_T}\boldsymbol{e}_1 = \cos\Lambda\cos\Theta_N{}^{i_g}\boldsymbol{e}_1 + \sin\Lambda{}^{i_g}e_2 - \cos\Lambda\sin\Theta_N{}^{i_g}\boldsymbol{e}_3 \tag{6.3.1B}$$

首先讨论外弹道飞行时弹丸运动状态变量的基本组成，如图 6.3.2 所示，根据 6 自由度刚体运动外弹道方程，弹丸在空中飞行过程中任意时刻 t，可以用以下 12 个状态变量来精确描述。

（1）弹丸几何中心 o_Q 相对于坐标系 $\boldsymbol{i}_g$ 原点 o_g 的位置矢量：

$$\boldsymbol{x} = x_j{}^{i_g}\boldsymbol{e}_j \tag{6.3.2A}$$

（2）弹丸几何中心 o_Q 相对于坐标系 $\boldsymbol{i}_g$ 的速度：

$$\dot{\boldsymbol{x}} = \dot{x}_j{}^{i_g}\boldsymbol{e}_j = v_Q{}^{i_v}\boldsymbol{e}_1 \tag{6.3.2B}$$

$$^{i_v}\boldsymbol{e}_1 = \cos\psi_b\cos\psi_a{}^{i_g}\boldsymbol{e}_1 + \cos\psi_b\sin\psi_a{}^{i_g}\boldsymbol{e}_2 + \sin\psi_b{}^{i_g}\boldsymbol{e}_3 \tag{6.3.2C}$$

式中，$^{i_v}\boldsymbol{e}_1$ 为速度的单位矢量方向；$v_Q = \|\dot{\boldsymbol{x}}\|$ 是速度的模；ψ_a、ψ_b 是速度的偏角。

（3）弹轴摆角 φ_a、φ_b 及摆角速度 $\dot{\varphi}_a$、$\dot{\varphi}_b$。

（4）弹轴滚角及滚角速度 γ、$\dot{\gamma}$。

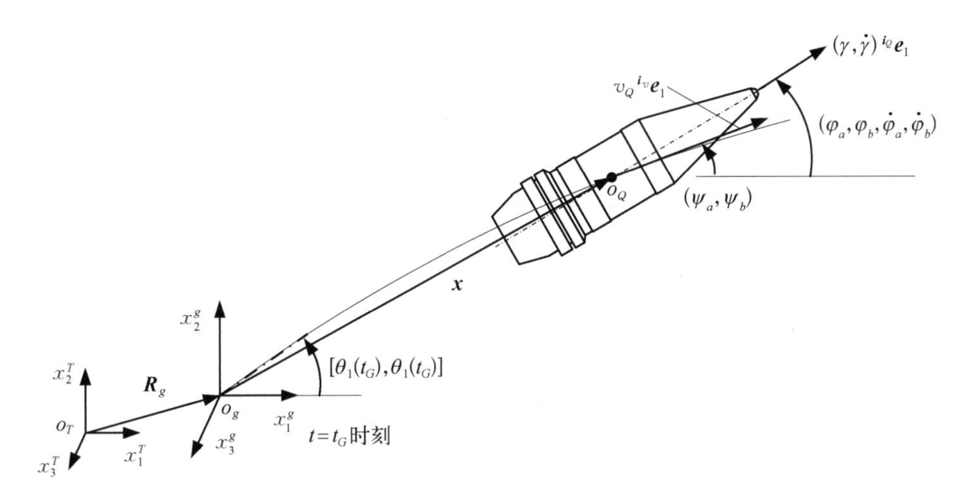

图 6.3.2　弹丸空中飞行的自由度

上述 12 个独立变量 x_1、x_2、x_3、v_Q、ψ_a、ψ_b、γ、$\dot{\gamma}$、φ_a、φ_b、$\dot{\varphi}_a$、$\dot{\varphi}_b$ 就能唯一确定弹丸在空中的飞行状态。此外还有一个非独立的状态变量，即弹轴相对于速度轴之间的夹角，称为攻角 δ_1、δ_2，如图 6.3.3 所示。

攻角 δ_1、δ_2 与偏角 ψ_a、ψ_b 和摆角 φ_a、φ_b 之间有如下转换关系：

$$\sin\delta_2 = \cos\psi_b\sin\varphi_b - \sin\psi_b\cos\varphi_b\cos(\varphi_a - \psi_a) \tag{6.3.3A}$$

$$\sin\delta_1\cos\delta_2 = \cos\varphi_b\sin\varphi_a \tag{6.3.3B}$$

对上式求时间导数，得角速度之间的关系：

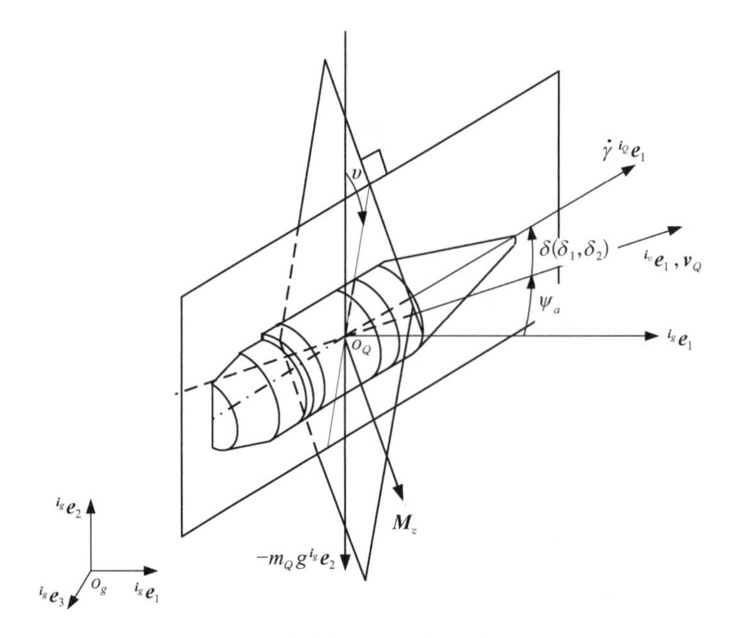

图 6.3.3　弹丸在空中飞行的某一时刻

$$\begin{aligned}\dot{\delta}_2\cos\delta_2 &= \dot{\varphi}_b[\cos\psi_b\cos\varphi_b + \sin\psi_b\sin\varphi_b\cos(\varphi_a - \psi_a)]\\&\quad - \dot{\psi}_b[\sin\psi_b\cos\varphi_b + \cos\psi_b\cos\varphi_b\cos(\varphi_a - \psi_a)]\\&\quad + (\dot{\varphi}_a - \dot{\psi}_a)\sin\psi_b\cos\varphi_b\sin(\varphi_a - \psi_a)\end{aligned} \tag{6.3.3C}$$

$$\begin{aligned}\dot{\delta}_1\cos\delta_1\cos\delta_2 - \dot{\delta}_2\sin\delta_1\sin\delta_2 &= -\dot{\varphi}_b\sin\varphi_b\sin(\varphi_a - \psi_a)\\&\quad + (\dot{\varphi}_a - \dot{\psi}_a)\cos\varphi_b\cos\varphi_a\end{aligned} \tag{6.3.3D}$$

任意时刻 t，弹丸的攻角和攻角速度：

$$\delta_1 = \delta_1(t),\delta_2 = \delta_2(t),\dot{\delta}_1 = \dot{\delta}_1(t),\dot{\delta}_2 = \dot{\delta}_2(t) \tag{6.3.4}$$

弹丸相对坐标系 i_g 的角速度为

$$\begin{aligned}\boldsymbol{\omega}_Q = \omega_i^{Qi_Q}\boldsymbol{e}_i &= (\dot{\gamma} + \dot{\varphi}_a\sin\varphi_b)^{i_Q}\boldsymbol{e}_1 + (-\dot{\varphi}_b\cos\gamma + \dot{\varphi}_a\sin\gamma\cos\varphi_b)^{i_Q}\boldsymbol{e}_2\\&\quad + (\dot{\varphi}_b\sin\gamma + \dot{\varphi}_a\cos\gamma\cos\varphi_b)^{i_Q}\boldsymbol{e}_3\end{aligned} \tag{6.3.5}$$

6.3.2　空气动力

弹丸在空气中以一定的马赫数和攻角进行飞行，在弹丸表面上会产生一定的表面压力。图 6.3.4 给出了作用在弹丸表面上理论计算的压力云图，记这些压力分布为 $p(\boldsymbol{x}_Q, t)$。由图可见，高速飞行时在弹丸头部产生了一系列压力激波，在弹体表面折转处以及弹体尾部产生了一系列的膨胀波，弹体尾部产生了明显的低压区并伴有回流现象。图 6.3.5 给出了弹丸周围空气流动速度的变化规律，从中可以清楚地看到由于弹丸表面折转而形成的气流折转，以及弹尾部的低速区。

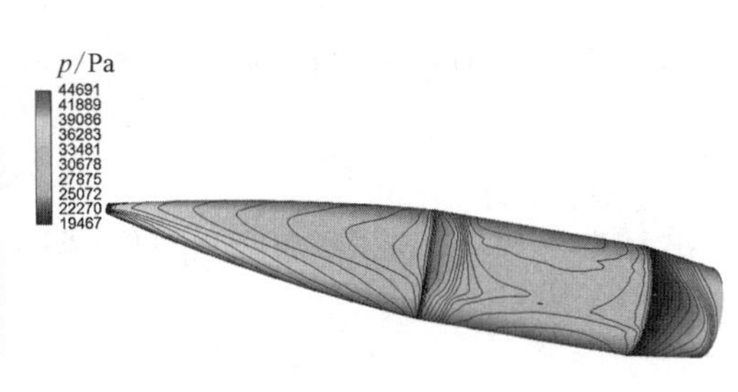

图 6.3.4　弹丸表面压力云图

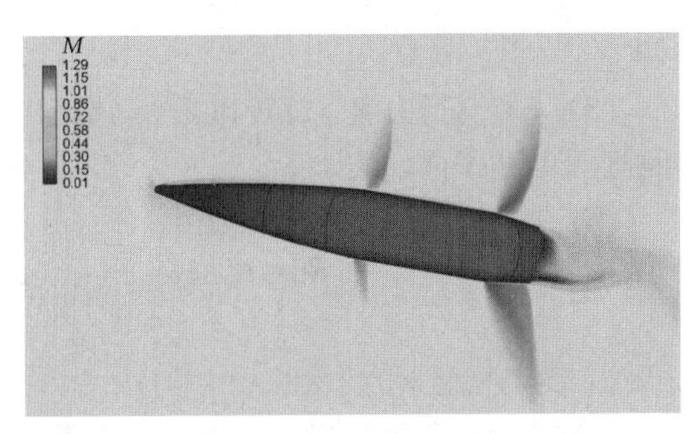

图 6.3.5　马赫数云图

作用在弹丸上的表面压力向弹丸几何中心 o_Q 简化时会形成气动力和气动力矩。气动力可分解为阻力 $\boldsymbol{R}_x$、升力 $\boldsymbol{R}_y$ 和马格努斯力 $\boldsymbol{R}_z$，这些力的作用方向如图 6.3.6 所示。

(1) 阻力 $\boldsymbol{R}_x$。阻力方向沿相对速度 $\boldsymbol{v}_{Q_E}$ 的反方向，若不考虑空气的流动影响，其计算公式为

$$\boldsymbol{R}_x = R_i^{x\,i_Q}\boldsymbol{e}_i = -\frac{1}{2}\rho c_x A_S v_Q^2\,{}^{i_v}\boldsymbol{e}_1 \tag{6.3.6A}$$

$$c_x = c_{x0}(1 + k_\delta \delta^2) \tag{6.3.6B}$$

$$k_\delta = \frac{c'_y}{c_{x0}} + 0.5 \tag{6.3.6C}$$

式中，ρ 为空气密度；c_x 为阻力系数；c_{x0} 为零升力阻力系数；c'_y 为升力系数 c_y 的导数。式(6.3.6A)表明 $\boldsymbol{R}_x$ 永远与 $\boldsymbol{v}_Q$ 的方向相反。注意，经与身管内膛作用后，弹带的形状与身管内膛横截面形状相同，因此弹丸的横截面积就是身管内膛的横截面积 A_S。

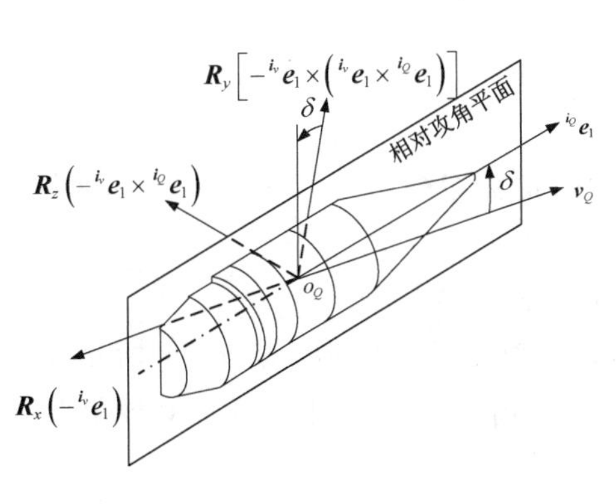

图 6.3.6　阻力、升力与马格努斯力

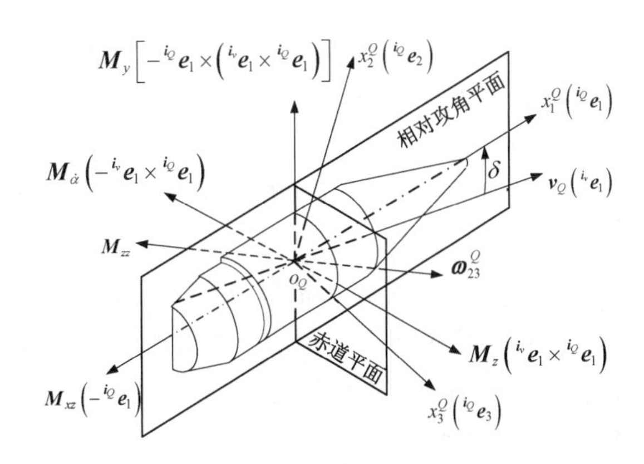

图 6.3.7　作用在弹丸上的力矩

(2) 升力 $\boldsymbol{R}_y$。升力由攻角引起、位于攻角平面内并垂直于速度 $\boldsymbol{v}_Q$，升力与弹轴一同位于 $\boldsymbol{v}_Q$ 的一侧，方向为 $-{}^{i_v}\boldsymbol{e}_1 \times ({}^{i_v}\boldsymbol{e}_1 \times {}^{i_Q}\boldsymbol{e}_1)$。其计算公式为

$$\boldsymbol{R}_y = R_i^{y\,i_Q}\boldsymbol{e}_i = -\frac{1}{2\sin\delta}\rho c_y A_S v_Q^2\left[{}^{i_v}\boldsymbol{e}_1 \times ({}^{i_v}\boldsymbol{e}_1 \times {}^{i_Q}\boldsymbol{e}_1)\right] \tag{6.3.7}$$

式中，c_y 为升力系数。

（3）马格努斯力 $\boldsymbol{R}_z$。旋转弹丸的马格努斯力也是由攻角引起，其指向为 $-{}^{i_v}\boldsymbol{e}_1 \times {}^{i_Q}\boldsymbol{e}_1$，即垂直于攻角平面。其计算公式为

$$\boldsymbol{R}_z = R_i^{z i_Q}\boldsymbol{e}_i = -\frac{1}{2\sin\delta}\rho c_z A_S v_Q^2({}^{i_v}\boldsymbol{e}_1 \times {}^{i_Q}\boldsymbol{e}_1) \tag{6.3.8}$$

式中，c_z 为马格努斯力系数。

气动力矩可分解为静力矩 $\boldsymbol{M}_z$、赤道阻尼力矩 $\boldsymbol{M}_{zz}$、极阻尼力矩 $\boldsymbol{M}_{xz}$、马格努斯力矩 $\boldsymbol{M}_y$、非定态阻尼力矩 $\boldsymbol{M}_{\dot{\alpha}}$ 等，这些力矩方向如图 6.3.7 所示。

（1）静力矩 $\boldsymbol{M}_z$。静力矩也称为俯仰力矩，由相对攻角引起，方向为 ${}^{i_v}\boldsymbol{e}_1 \times {}^{i_Q}\boldsymbol{e}_1$，计算公式为

$$\boldsymbol{M}_z = M_i^{z i_Q}\boldsymbol{e}_i = -\frac{1}{2\sin\delta}\rho m_z l_Q A_S v_Q^2({}^{i_Q}\boldsymbol{e}_1 \times {}^{i_v}\boldsymbol{e}_1) \tag{6.3.9}$$

式中，l_Q 为弹丸长度；m_z 为静力矩系数，小攻角时 $m_z = m_z'\delta$，$m_z' > 0$ 时为翻转力矩，$m_z' < 0$ 时为稳定力矩。

（2）赤道阻尼力矩 $\boldsymbol{M}_{zz}$。赤道阻尼力矩是由于弹丸摆动阻尼引起的力矩，其大小与弹丸在赤道平面内的摆动角速度 $\boldsymbol{\omega}_{23}^Q$ 有关，方向与之相反，其计算公式为

$$\boldsymbol{M}_{zz} = M_i^{zz i_Q}\boldsymbol{e}_i = -\frac{1}{2}\rho m_{zz}' l_Q d_Q A_S v_Q \boldsymbol{\omega}_{23}^Q \tag{6.3.10}$$

式中，m_{zz}' 为赤道阻尼力矩系数 m_{zz} 对 $(l_Q \| \boldsymbol{\omega}_{23}^Q \| / v_Q)$ 的导数，m_{zz}' 是个动导数，$d_Q = 2r_Q$ 为弹丸直径。

（3）极阻尼力矩 $\boldsymbol{M}_{xz}$。极阻尼力矩是为了阻止弹丸绕其纵轴旋转而引起的，故其大小与纵向角速度 $\boldsymbol{\omega}_1^Q = \dot{\gamma}{}^{i_Q}\boldsymbol{e}_1$ 有关，方向相反，其计算公式为

$$\boldsymbol{M}_{xz} = M_i^{xz i_Q}\boldsymbol{e}_i = -\frac{1}{2}\rho m_{xz}' \dot{\gamma} v_Q l_Q d_Q A_S {}^{i_Q}\boldsymbol{e}_1 \tag{6.3.11}$$

式中，m_{xz}' 为极阻尼力矩系数 m_{xz} 对 $(\dot{\gamma} d_Q / v_Q)$ 的导数，是个动导数。

（4）马格努斯力矩 $\boldsymbol{M}_y$。马格努斯力矩是由垂直于相对攻角平面内的马格努斯分布力向弹丸质心简化时引起的力矩，其作用方向为 ${}^{i_Q}\boldsymbol{e}_1 \times ({}^{i_Q}\boldsymbol{e}_1 \times {}^{i_v}\boldsymbol{e}_1)$ 方向，位于相对攻角平面内，其计算公式为

$$\boldsymbol{M}_y = M_i^{y i_Q}\boldsymbol{e}_i = -\frac{1}{2\sin\delta}\rho m_y' A_S l_Q d_Q \dot{\gamma} v_Q [{}^{i_Q}\boldsymbol{e}_1 \times ({}^{i_v}\boldsymbol{e}_1 \times {}^{i_Q}\boldsymbol{e}_1)] \tag{6.3.12}$$

式中，m_y' 为马格努斯力矩系数 m_y 对 $(d_Q \| \boldsymbol{\omega}_1^Q \| / v_Q)$ 的导数，是个动导数。

（5）非定态阻尼力矩 $\boldsymbol{M}_{\dot{\alpha}}$。非定态阻尼力矩是由于相对攻角变化引起的，其方向与 $\dot{\delta}$ 方向相反，其计算公式为

$$\boldsymbol{M}_{\dot{\alpha}} = M_i^{\dot{\alpha} i_Q} \boldsymbol{e}_i = -\frac{1}{2}\rho m'_{\dot{\alpha}} l_Q d_Q A_S v_Q \dot{\delta}({}^{i_v}\boldsymbol{e}_1 \times {}^{i_Q}\boldsymbol{e}_1) \tag{6.3.13}$$

式中，$m'_{\dot{\alpha}}$为非定态阻尼力矩系数 $m_{\dot{\alpha}}$ 对 $(d_Q\dot{\delta}/v_Q)$ 的导数，是个动导数。

注意到 $\cos\delta = {}^{i_Q}\boldsymbol{e}_1 \cdot {}^{i_v}\boldsymbol{e}_1$，对该公式两边求时间导数，得

$$\dot{\delta}\sin\delta = -(\boldsymbol{\omega}_Q \cdot {}^{i_v}\boldsymbol{e}_1 + \boldsymbol{\omega}_v \cdot {}^{i_Q}\boldsymbol{e}_1) \tag{6.3.14}$$

注意到 $\mathrm{d}^{i_v}\boldsymbol{e}_1/\mathrm{d}t = \boldsymbol{\omega}_v$ 为弹丸速度轴的摆动角速度，$\mathrm{d}^{i_Q}\boldsymbol{e}_1/\mathrm{d}t = \boldsymbol{\omega}_Q$ 为弹轴的摆动角速度。

从式(6.3.6)～(6.3.8)可以看出，影响弹丸气动力的因素主要有阻力系数、弹丸章动和弹丸运动速度。从式(6.3.9)～(6.3.14)可以看出，影响弹丸气动力矩的主要因素有阻力矩系数、弹丸章动和弹丸运动速度。

这些阻力系数和阻力矩系数影响着空气动力和动力矩的变化。获取这些阻力系数的方法有两种，一种是空气动力学计算，另一种是风洞试验。随着数值分析计算精度的不断提升和科学测试仪器的不断进步，已能非常方便地精确获取这些阻力系数。尽管这样，在采用阻力系数时还存在着各种误差，主要有以下几个方面的原因。

（1）线性阻力系数的误差。在本节所有的空气动力和动力矩公式中，力和力矩与变量之间的关系为线性关系，比例系数即为阻力系数，当章动角较大时，这与实际的空气动力和动力矩之间存在误差，这种误差需要通过实弹校验来修正。

（2）模型误差。在数值模型计算或风洞试验测试时，通常使用发射前的弹丸来进行建模和用作风洞测试模型，但经身管发射空中飞行的弹丸外形与发射前是不同的，若将发射前弹丸外形得到的阻力系数来计算发射过程中的弹丸气动力和力矩，将形成较大的误差。这种误差也需要通过实弹校验来修正。

图 6.3.8 给出了发射前后弹带的外形比较图，其中图(a)为发射前的弹带外形、图(b)为发射后的弹带外形，两者比较可见其外形差别很大。在结构上弹带造成弹丸外形折转，折转处的气流较大，阻力变化也大，若采用发射前弹丸的阻力系数，则将造成较大的误差。图(c)、图(d)分别为弹带全部脱落和弹带翻边后的外形，可见其外形也发生较大的改变，阻力系数也将随之发生改变。通过对某 155 毫米弹丸最大射程计算发现，弹带全部脱落后弹丸的飞行距离将增加 1 148 m。当弹带出现翻边、部分损伤、或部分脱落等情况时，其最大射程将产生较大的散布。

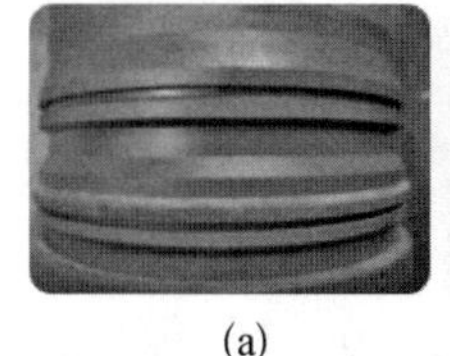
(a)

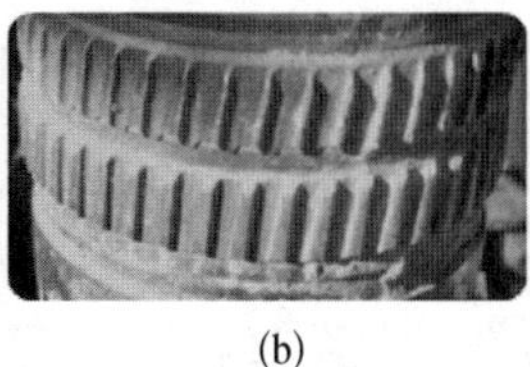
(b)

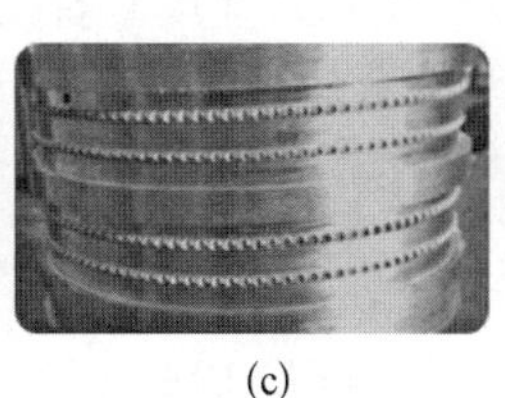
(c)

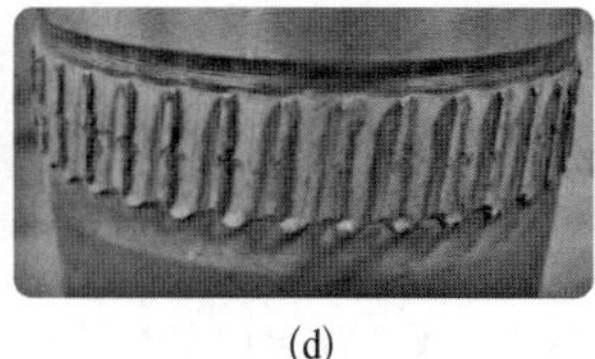
(d)

图 6.3.8　发射前后弹带外形比较

6.3.3　外弹道方程

如图 6.3.2 所示，弹丸上任意点在地心坐标系的位置矢量、速度和加速度分别为

$$\begin{cases}\boldsymbol{U}_Q = \boldsymbol{R}_g + \boldsymbol{x} + \boldsymbol{x}_Q \\ \dot{\boldsymbol{U}}_Q = \dot{\boldsymbol{x}} + \boldsymbol{\Omega}_T \times (\boldsymbol{R}_g + \boldsymbol{x}) + (\boldsymbol{\Omega}_T + \boldsymbol{\omega}_Q) \times \boldsymbol{x}_Q \\ \ddot{\boldsymbol{U}}_Q = \ddot{\boldsymbol{x}} + \dot{\boldsymbol{\omega}}_Q \times \boldsymbol{x}_Q + 2\boldsymbol{\Omega}_T \times \dot{\boldsymbol{x}} + \boldsymbol{\Omega}_T \times [\boldsymbol{\Omega}_T \times (\boldsymbol{R}_g + \boldsymbol{x})] + \boldsymbol{\omega}_Q \times (\boldsymbol{\omega}_Q \times \boldsymbol{x}_Q)\end{cases} \tag{6.3.15}$$

上式利用了 $(\boldsymbol{\Omega}_T + \boldsymbol{\omega}_Q) \times (\boldsymbol{\Omega}_T \times \boldsymbol{x}_Q) + (\boldsymbol{\Omega}_T + \boldsymbol{\omega}_Q)\boldsymbol{\omega}_Q \times (\boldsymbol{\omega}_Q \times \boldsymbol{x}_Q) \doteq \boldsymbol{\omega}_Q \times (\boldsymbol{\omega}_Q \times \boldsymbol{x}_Q)$。

假定弹丸质量为 m_Q，偏心距为 $\boldsymbol{x}_{Q_G}$，直角坐标系下弹丸空中飞行运动微分方程由下式给出：

$$\boldsymbol{M}_{11}^Q \cdot \ddot{\boldsymbol{x}} + \boldsymbol{M}_{12}^Q \cdot \dot{\boldsymbol{\omega}}_Q = \boldsymbol{R}_x + \boldsymbol{R}_y + \boldsymbol{R}_z + m_Q\boldsymbol{g}(\boldsymbol{x}) - m_Q[2\boldsymbol{\Omega}_T \times \dot{\boldsymbol{x}} + \boldsymbol{\omega}_Q \times (\boldsymbol{\omega}_Q \times \boldsymbol{x}_{Q_G})] \tag{6.3.16A}$$

$$\begin{aligned}\boldsymbol{M}_{21}^Q \cdot \ddot{\boldsymbol{x}} + \boldsymbol{M}_{22}^Q \cdot \dot{\boldsymbol{\omega}}_Q = {} & \boldsymbol{M}_z + \boldsymbol{M}_{zz} + \boldsymbol{M}_{xz} + \boldsymbol{M}_y + \boldsymbol{M}_\alpha \\ & - m_Q\boldsymbol{x}_{Q_G} \times 2\boldsymbol{\Omega}_T \times \dot{\boldsymbol{x}} - \boldsymbol{\omega}_Q \times (\boldsymbol{I}_Q \cdot \boldsymbol{\omega}_Q) + m_Q\boldsymbol{x}_{Q_G} \times \boldsymbol{g}(\boldsymbol{x})\end{aligned} \tag{6.3.16B}$$

其中，

$$\boldsymbol{M}_{11}^Q = m_Q\boldsymbol{1}_{3\times3}, \boldsymbol{M}_{12}^Q = (\boldsymbol{M}_{21}^Q)^{\mathrm{T}} = m_Q\boldsymbol{x}_{Q_G}^{\mathrm{T}}, \boldsymbol{M}_{22}^Q = \int_{\Omega_Q} \rho_Q \tilde{\boldsymbol{x}}_Q \cdot (\tilde{\boldsymbol{x}}_Q)^{\mathrm{T}} \mathrm{d}V = \boldsymbol{I}_Q \tag{6.3.16C}$$

式中，Ω_Q 为弹丸的体积域；$\boldsymbol{g}(\boldsymbol{x}) = -g^{i_g}\boldsymbol{e}_2 - \boldsymbol{\Omega}_T \times [\boldsymbol{\Omega}_T \times (\boldsymbol{R}_g + \boldsymbol{x})]$ 为等效重力加速度。

式(6.3.16)为直角坐标系下张量形式的弹丸飞行微分方程，有以下几个特点：

(1) 式(6.3.16A)为弹丸在直角坐标系下的平动运动微分方程，该方程是建立在几何中心 o_{Q_E} 而不是质心上的，方程中考虑了弹丸的质量偏心 $\boldsymbol{x}_{Q_G}$ 的影响，当弹丸质量偏心 $\boldsymbol{x}_{Q_G} = \boldsymbol{0}$ 时，几何中心与质心重合。

(2) 式(6.3.16B)为弹丸绕几何中心 $\boldsymbol{o}_{Q_E}$ 的转动运动微分方程，$\boldsymbol{I}_Q$ 为弹丸绕几何中心的转动惯量，$\boldsymbol{I}_Q$ 中的非对角项影响弹丸横向运动的轨迹。

(3) 若要考虑风的影响，则需将弹丸的绝对运动速度 $\dot{\boldsymbol{x}}$ 用相对于风的运动速度来替代，空气动力中的弹丸速度亦用相对速度来替换即可。

(4) 求解式(6.3.16)得到弹丸空中飞行的状态参数，其位置坐标 x 的随机变量 $\boldsymbol{X}$ 可表示为

$$\boldsymbol{x} = \boldsymbol{a}(\boldsymbol{X}_G, \boldsymbol{F}, t) \tag{6.3.17}$$

其中，$\boldsymbol{X}_G$ 为炮口初始条件，见式(6.3.19A)；$\boldsymbol{F}$ 为作用在弹丸上载荷，见式(6.3.16)等号右端项。

令式(6.3.17)在 $t = t_C$ 时刻取值，即可得到炸点的位置矢量：

$$\boldsymbol{x}_C = \boldsymbol{x}(t_C) = \boldsymbol{a}(\boldsymbol{X}_G, \boldsymbol{F}, t_C) \tag{6.3.18}$$

记 $\boldsymbol{X}_G$ 均值为 $\boldsymbol{\mu}_{X_G}$、协方差矩阵为 $\boldsymbol{\Sigma}_{X_G}$，对式(6.3.19)求其均值和协方差矩阵，得

$$
\begin{cases}
\boldsymbol{\mu}_x = \boldsymbol{a}(\boldsymbol{\mu}_{X_G},\ \boldsymbol{F},\ t) \\
\boldsymbol{\Sigma}_x = \dfrac{\partial \boldsymbol{a}(\boldsymbol{\mu}_{X_G},\ \boldsymbol{F},\ t)}{\partial \boldsymbol{X}_G} \cdot \boldsymbol{\Sigma}_{X_G} \cdot \left(\dfrac{\partial \boldsymbol{a}(\boldsymbol{\mu}_{X_G},\ \boldsymbol{F},\ t)}{\partial \boldsymbol{X}_G}\right)^{\mathrm{T}}
\end{cases}
\tag{6.3.19}
$$

特别,当 $t = t_C$ 时,上式即为弹丸落点的均值和协方差矩阵:

$$
\begin{cases}
\boldsymbol{\mu}_{x_C} = \boldsymbol{a}(\boldsymbol{\mu}_{X_G},\ \boldsymbol{F},\ t_C) \\
\boldsymbol{\Sigma}_{x_C} = \dfrac{\partial \boldsymbol{a}(\boldsymbol{\mu}_{X_G},\ \boldsymbol{F},\ t_C)}{\partial \boldsymbol{X}_G} \cdot \boldsymbol{\Sigma}_{X_G} \cdot \left(\dfrac{\partial \boldsymbol{a}(\boldsymbol{\mu}_{X_G},\ \boldsymbol{F},\ t_C)}{\partial \boldsymbol{X}_G}\right)^{\mathrm{T}}
\end{cases}
\tag{6.3.20}
$$

6.3.4 外弹道炮口初始条件

弹丸下弹带后端面飞离炮口瞬间定义为弹丸飞离炮口时刻 $t = t_G$,此时得到的弹丸状态参数即为弹丸飞离炮口的初始条件,图 6.3.9 给出了弹丸空中飞行的炮口初始状态。

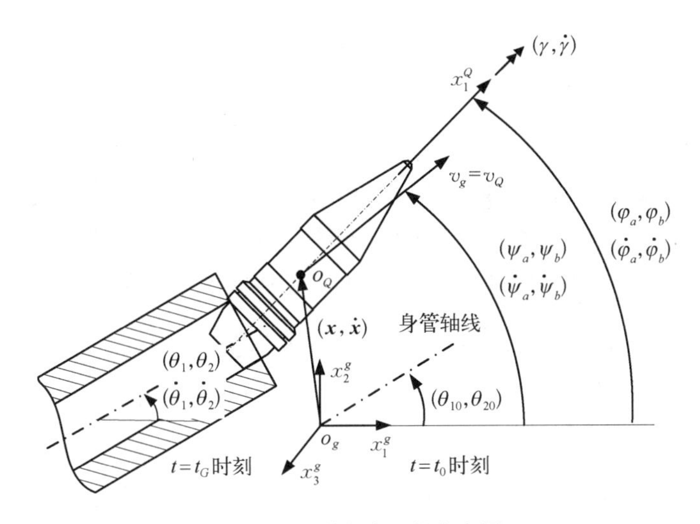

图 6.3.9　弹丸炮口状态变量

6.3.1 节给出了弹丸在空中飞行的独立随机状态变量 x_1、x_2、x_3、v_Q、ψ_a、ψ_b、γ、φ_a、φ_b、$\dot{\gamma}$、$\dot{\varphi}_a$、$\dot{\varphi}_b$,记这些变量集在炮口 $t = t_G$ 时刻的取值为 $\boldsymbol{X}_G$,即

$$
\boldsymbol{X}_G = (x_1,\ x_2,\ x_3,\ v_Q,\ \psi_a,\ \psi_b,\ \gamma,\ \varphi_a,\ \varphi_b,\ \dot{\gamma},\dot{\varphi}_a,\dot{\varphi}_b)_{t=t_G} \tag{6.3.21A}
$$

$$
v_g = v_Q(t_G) \tag{6.3.21B}
$$

以及攻角和攻角速度:

$$
\delta_1 = \delta_1(t_G),\quad \delta_2 = \delta_2(t_G),\quad \dot{\delta}_1 = \dot{\delta}_1(t_G),\quad \dot{\delta}_2 = \dot{\delta}_2(t_G) \tag{6.3.22}
$$

记身管在时刻 $t = t_0$ 时的静态指向角:

$$
\theta_{10} = \theta_1(t_0),\quad \theta_{20} = \theta_2(t_0) \tag{6.3.23A}
$$

身管在时刻 $t = t_G$ 时的动态指向角为

$$
\theta_1 = \theta_1(t_G),\quad \theta_2 = \theta_2(t_G) \tag{6.3.23B}
$$

下面对炮口初速作进一步的说明。弹丸飞离炮口（$t = t_G$）时获得初速 v_g，膛内火药气体相空中喷射，此时弹丸底部还存在着火药气体的推力作用，使其继续加速飞行，一直持续到膛内火药气体平均压力等于临界压力 $p = p_{cr} = 0.18$ MPa 时结束，此时 $t = t_M$，弹丸飞行速度达到最大值 v_M，这个阶段［t_G, t_M］称为膛内火药气体作用的后效期。理论上，外弹道计算应该要考虑这一过程，但由于这一过程的计算非常复杂和烦琐，所以在外弹道中假设弹丸出炮口时有一虚拟速度 v_0，此后在重力和空气动力作用下运动，且在后效期结束时弹丸的速度与 v_M 相等，这个虚拟速度就是外弹道中的初速。显然有 $v_0 > v_M > v_g$，如图 6.3.10 所示。

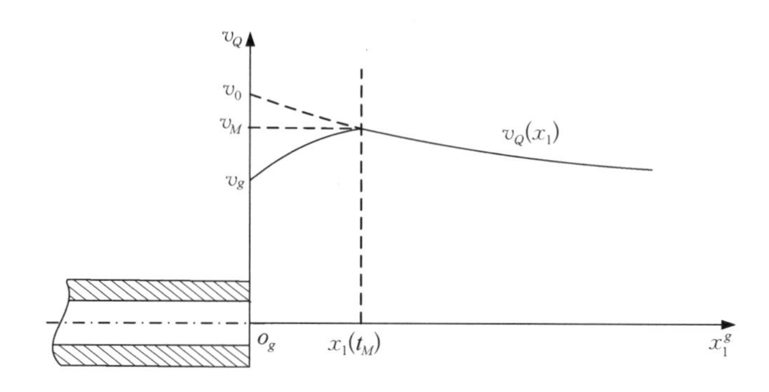

图 6.3.10　弹丸炮口状态变量

在身管全寿命射击过程中，速度 v_0 具有以下特点：刚开始，对于新炮弹带与身管内膛之间的摩擦力较大，因此作用在弹丸上的阻力较大，致使弹丸的初速相对较低；随着射弹数的增加，摩擦力减小，初速渐增；此后由于火药气体烧蚀使药室容积增大，膛压降低，弹丸初速又逐渐减小，直到身管寿命终了。

6.3.5　外弹道炮口初始条件

由式(6.3.17)可知，影响弹丸空中飞行的位置坐标 $\boldsymbol{x}$ 与其炮口初始条件 $\boldsymbol{X}_G$ 和气动载荷 $\boldsymbol{F}$ 有关，若假定弹丸在膛内与身管耦合运动后，其外表面，尤其是弹带的塑性变形保形性能一致性较好，则 $\boldsymbol{x}$ 仅与 $\boldsymbol{X}_G$ 有关。下面从火炮总体设计的角度来讨论 $\boldsymbol{X}_G$ 中对 $\boldsymbol{x}$ 有重要影响的因素。

（1）观察 $\boldsymbol{X}_G$ 的具体组成，我们可以发现，与弹丸炸点位置坐标 $\boldsymbol{x}_C = \boldsymbol{x}(t_C)$ 相比，$\boldsymbol{x}_G = \boldsymbol{x}(t_G)$ 是非常小的，因此其影响可以忽略。

（2）v_g 对 $\boldsymbol{x}_C$ 有重要的影响，但从火炮总体设计的角度来看，v_g 是由装药结构和内弹道设计决定的，与火炮结构设计关系不大，因此可以不考虑。

（3）γ、$\dot{\gamma}$ 会影响弹丸的偏流，但当弹丸飞行满足稳定性条件后，γ、$\dot{\gamma}$ 的散布对 $\boldsymbol{x}_C$ 的散布影响不大，因此其影响可以忽略。

（4）这样，从火炮总体设计的角度来看，对 $\boldsymbol{x}_C$ 有重要的影响的炮口因素只剩：

$$\boldsymbol{X}_G = (\psi_{1G}, \psi_{2G}, \varphi_{1G}, \varphi_{2G}, \dot{\varphi}_{1G}, \dot{\varphi}_{2G}) \tag{6.3.24}$$

由此可见，$\boldsymbol{X}_G$ 中对 $\boldsymbol{x}_C$ 有重要影响的因素均是弹丸炮口的角运动量。根据弹丸角运动的合成原理，弹丸角速度 $\boldsymbol{\omega}_Q$ 是身管牵连角速度 $\boldsymbol{\omega}_D$ 与弹丸相对身管角速度 $\boldsymbol{\omega}_{DQ}$ 之和：

$$\boldsymbol{\omega}_Q = \boldsymbol{\omega}_D + \boldsymbol{\omega}_{DQ} \tag{6.3.25}$$

因此火炮射击精度总体设计的任务是：

（1）控制身管的牵连角运动 $\boldsymbol{\omega}_D$；

（2）控制弹丸与身管的耦合运动，从而达到控制弹丸的相对角运动 $\boldsymbol{\omega}_{DQ}$，以及控制弹带的塑性变形保形的一致性。

由于 v_g 对 $\boldsymbol{x}_C$ 有重要影响，在后续的讨论中式(6.3.24)应考虑 v_g 的影响，并用 v_0 来表示：

$$\boldsymbol{X}_G = (v_0, \psi_{1G}, \psi_{2G}, \varphi_{1G}, \varphi_{2G}, \dot{\varphi}_{1G}, \dot{\varphi}_{2G}) \tag{6.3.26}$$

6.4 弹丸炮口状态变量对射击密集度的影响规律

6.4.1 概述

在6.2节对射击精度的讨论中，我们将弹丸空中飞行位置坐标 $\boldsymbol{x}$ 定义为三维随机变量 $\boldsymbol{X}$，在6.3节的讨论中，我们又知三维随机变量 $\boldsymbol{X}$ 是弹丸炮口状态变量 $\boldsymbol{X}_G$ 的函数，并通过式(6.3.17)给出了 $\boldsymbol{X}$ 的均值 $\boldsymbol{\mu}_X$ 和协方差矩阵的表达式 $\boldsymbol{\Sigma}_X$ (6.3.19)。在弹丸运动满足陀螺稳定性的前提下，发现式(6.3.26)给出的 $\boldsymbol{X}_G$ 对 $\boldsymbol{\mu}_X$、$\boldsymbol{\Sigma}_X$ 影响较大，$\boldsymbol{X}_G$ 中的变量元素被称为对 $\boldsymbol{\mu}_X$、$\boldsymbol{\Sigma}_X$ 有较大影响的关键参数。在炮口处，下式成立：

$$\psi_a(t_G) = \psi_1(t_G) + \theta_{10}, \psi_b(t_G) = \psi_2(t_G) + \theta_{20} \tag{6.4.1A}$$

$$\varphi_a = \varphi_1(t_G) + \theta_{10}, \varphi_b = \varphi_2(t_G) + \theta_{20} \tag{6.4.1B}$$

$$\dot{\varphi}_a = \dot{\varphi}_1(t_G), \dot{\varphi}_b = \dot{\varphi}_2(t_G) \tag{6.4.1C}$$

式中 θ_{10}、θ_{20} 的几何意义见图6.3.9。

为了研究 $\boldsymbol{X}_G$ 对 $\boldsymbol{\mu}_X$、$\boldsymbol{\Sigma}_X$ 的影响规律，在本节的讨论中，以某155毫米车载炮为例，并假定气象条件是稳定的、弹丸的物理特征是稳定的，以标准的六自由度刚体外弹道理论为基础，以 $\boldsymbol{\mu}_{X_G}$、$\boldsymbol{\Sigma}_{X_G}$ 为初始条件，以最大射程 $\|\boldsymbol{\mu}_X(t_C)\|$ 密集度的变异系数 A_{X_1}、A_{X_3} 为检验对象，研究在 $A_{X_1} \in [0, 1/300]$、$A_{X_3} \in [0, 1]$ mil 范围之内，A_{X_1}、A_{X_3} 随 $\boldsymbol{\mu}_{X_G}$、$\boldsymbol{\Sigma}_{X_G}$ 的变化规律。

在数值计算中，基本参数取值如下：

（1）口径 $d_D = 2r_d = 155$ mm，弹丸质量 $m_Q = 45.5$ kg，质量偏心 $x_1^{QG} = 0$、$x_2^{QG} = 0.1$ mm、$x_3^{QG} = 0$ mm，转动惯量 $I_Q = 0.158\ \text{kg}\cdot\text{m}^2$，$J_Q = 1.775\ \text{kg}\cdot\text{m}^2$。

（2）最大射程角 $\theta_{10} = 51°$、$\theta_{20} = 0°$。

（3）最大射程 $\|\boldsymbol{\mu}_X(t_C)\| = 30$ km。

（4）$\boldsymbol{\mu}_{X_G}$ 中7个元素的取值为：$\mu_{v_0} = 930$ m/s，$\mu_{\psi_2}(t_G) = \mu_{\psi_1}(t_G) = \mu_{\varphi_2}(t_G) = \mu_{\varphi_1}(t_G) = \mu_{\dot{\varphi}_2}(t_G) = \mu_{\dot{\varphi}_1}(t_G) = 0$。其他5个状态变量取值为：$\boldsymbol{\mu}_X(t_G) = \boldsymbol{0}$，$\mu_\gamma(t_G) = [\gamma(x_G) - \gamma(x_0)]/r_d$，$\mu_{\dot{\gamma}}(t_G) = \pi\mu_{v_g}/\eta_D r_d$，$x_0 = 1.00$ m，$x_G = 8.06$ m，缠度 $\eta_D = 20$，$y = f_\eta(x_1)$ 为膛线展开函数。

6.4.2 单因素对最大射程密集度的影响

6.4.2.1 弹丸初速对最大射程密集度的影响

弹丸初速 v_0 误差 σ_{v_0} 对最大射程密集度 A_{X_1}、A_{X_3} 的影响规律，计算结果如图 6.4.1 所示。由图可见，$[\sigma_{v_0}]$ = 2.4 m/s 是密集度 A_{X_1} = 1/300 时的单因素阈值，σ_{v_0} 对横向密集度 A_{X_3} 的影响不大。

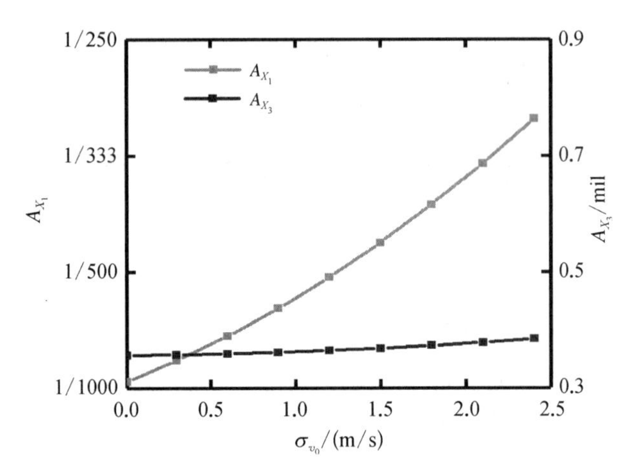

图 6.4.1 初速误差的影响

弹丸初速偏角 ψ_1、ψ_2 误差 σ_{ψ_1}、σ_{ψ_2} 对最大射程密集度 A_{X_1}、A_{X_3} 的影响规律，计算结果如图 6.4.2 与图 6.4.3 所示。由图可见，$[\sigma_{\psi_1}]$ = 20 mil 是密集度 A_{X_1} = 1/300 时单因素阈值，$[\sigma_{\psi_2}]$ = 0.86 mil 是密集度 A_{X_3} = 1 mil 的单因素阈值，σ_{ψ_2} 对纵向密集度 A_{X_1} 的影响不大。

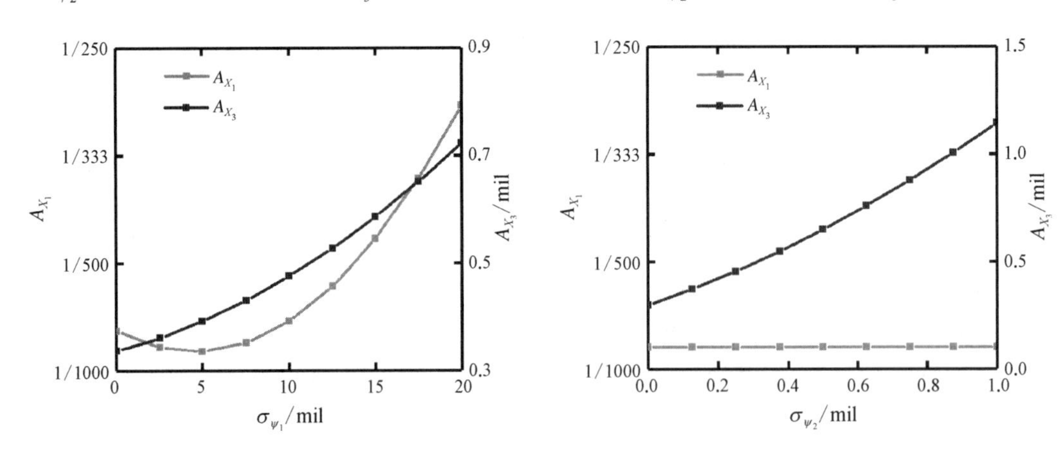

图 6.4.2 高低偏角误差的影响　　**图 6.4.3 方向偏角误差的影响**

6.4.2.2 弹丸摆角及摆角速度对最大射程密集度的影响

弹轴摆角 φ_1、φ_2 误差 σ_{φ_1}、σ_{φ_2} 对最大射程密集度 A_{X_1}、A_{X_3} 的影响规律，计算结果如图 6.4.4与图 6.4.5 所示。由图可见，$[\sigma_{\varphi_1}]$ = $[\sigma_{\varphi_2}]$ = 23 mil 是密集度 A_{X_1} = 1/300 时单因素阈值，σ_{φ_2} 对横向密集度 A_{X_3} 的影响不大。

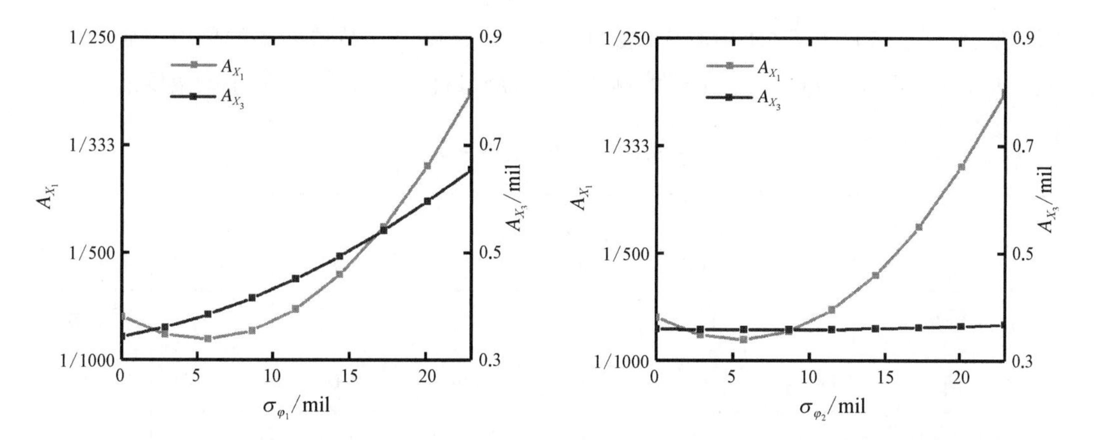

图 6.4.4　高低摆角误差的影响　　　　**图 6.4.5　方向摆角误差的影响**

弹轴摆角速度 $\dot{\varphi}_1$、$\dot{\varphi}_2$ 误差 $\sigma_{\dot{\varphi}_1}$、$\sigma_{\dot{\varphi}_2}$ 对最大射程密集度 A_{X_1}、A_{X_3} 的影响规律，计算结果如图 6.4.6 与图 6.4.7 所示。由图可见，$[\sigma_{\dot{\varphi}_1}] = [\sigma_{\dot{\varphi}_2}] = 3.1$ rad/s 是密集度 $A_{X_1} = 1/300$ 时单因素阈值，$\sigma_{\dot{\varphi}_1}$ 对横向密集度 A_{X_3} 的影响不大。

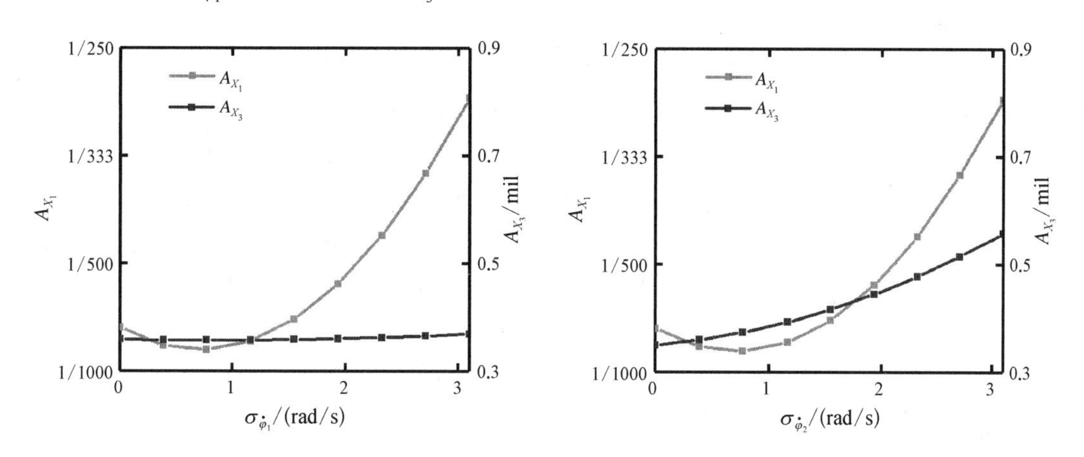

图 6.4.6　高低摆角速度误差的影响　　　　**图 6.4.7　方向摆角速度误差的影响**

6.4.2.3　多因素对最大射程密集度的综合影响

当要同时考虑以下 7 个误差 σ_{v_0}、σ_{ψ_1}、σ_{ψ_2}、σ_{φ_1}、σ_{φ_2}、$\sigma_{\dot{\varphi}_1}$、$\sigma_{\dot{\varphi}_2}$ 对密集度的综合影响时，可构建弹丸 7 个炮口状态参数均方差 σ_{v_0}、σ_{ψ_1}、σ_{ψ_2}、σ_{φ_1}、σ_{φ_2}、$\sigma_{\dot{\varphi}_1}$、$\sigma_{\dot{\varphi}_2}$ 与弹丸炸点散布 σ_{X_1}、σ_{X_3} 之间的映射关系，考虑到上一节得到的单因素对密集度的影响规律，该映射关系具有以下二次形式：

$$\sigma_{X_1} = \sigma_{X_{10}} + \boldsymbol{A}_1^{\mathrm{T}}\boldsymbol{\xi} + \boldsymbol{\xi}^{\mathrm{T}}\boldsymbol{B}_1\boldsymbol{\xi} \tag{6.4.2}$$

$$\sigma_{X_3} = \sigma_{X_{30}} + \boldsymbol{A}_3^{\mathrm{T}}\boldsymbol{\xi} + \boldsymbol{\xi}^{\mathrm{T}}\boldsymbol{B}_3\boldsymbol{\xi} \tag{6.4.3}$$

$$\boldsymbol{\xi} = \{\xi_{v_0} \quad \xi_{\psi_1} \quad \xi_{\psi_2} \quad \xi_{\varphi_1} \quad \xi_{\varphi_2} \quad \xi_{\dot{\varphi}_1} \quad \xi_{\dot{\varphi}_2}\}^{\mathrm{T}}, \xi_i = \frac{\sigma_i}{\xi_i^I} \tag{6.4.4}$$

式中，σ_i、ξ_i^I (1, 2, …, 7)分别代表 σ_{v_0}、σ_{ψ_1}、σ_{ψ_2}、σ_{φ_1}、σ_{φ_2}、$\sigma_{\dot{\varphi}_1}$、$\sigma_{\dot{\varphi}_2}$ 及这些参数误差的区

间长度，区间长度由表 6.4.1 中给出，表中的区间值是由上一节单因素的阈值得到，$\sigma_{X_{10}}$、$\sigma_{X_{30}}$ 可以理解为系统偏差（弹道模型、弹丸几何偏心、物理特性等）对射击密集度的影响。

表 6.4.1　弹丸炮口状态参数

参　数	v_0 / (m/s)	ψ_1 / mil	ψ_2 / mil	φ_1 / mil	φ_2 / mil	$\dot{\varphi}_1$ / (rad/s)	$\dot{\varphi}_2$ / (rad/s)
分布类型	正态	正态	正态	正态	正态	正态	正态
均　值	930	0	0	0	0	0	0
均方差范围	[0, 2.4]	[0, 20]	[0, 0.86]	[0, 23]	[0, 23]	[0, 3.1]	[0, 3.1]

对某车载 155 毫米火炮，当炮口参数在如表 6.4.1 中的区间内取值时，式(6.4.2)、(6.4.3)中的系数经大数据数值拟合，其结果见式(6.4.5)。

$$\sigma_{X_{10}} = 53.80\ \mathrm{m},\quad \sigma_{X_{30}} = 16.62\ \mathrm{m} \tag{6.4.5A}$$

$$\boldsymbol{A}_1^{\mathrm{T}} = \{44.58\quad -29.58\quad 0\quad -32.63\quad 10.49\quad -15.88\quad -24.88\},$$
$$\boldsymbol{A}_3^{\mathrm{T}} = \{0\quad 5.63\quad 13.39\quad 3.05\quad 0\quad 0\quad 2.09\} \tag{6.4.5B}$$

$$\boldsymbol{B}_1 = \begin{bmatrix} 48.75 & -23.87 & 0 & -11.29 & -38.02 & 1.41 & -18.03 \\ -23.87 & 124.6 & 0 & 27.33 & -25.59 & -30.99 & 30.68 \\ 0 & 0 & 0 & 0 & 0 & 0 & 0 \\ -11.29 & 27.33 & 0 & 118.8 & -36.38 & -15.12 & 35.92 \\ -38.02 & -25.59 & 0 & -36.38 & 101.6 & 26.76 & -22.69 \\ 1.41 & -30.99 & 0 & -15.12 & 26.76 & 99.8 & -14.91 \\ -18.03 & 30.68 & 0 & 35.92 & -22.69 & -14.91 & 107.0 \end{bmatrix},$$

$$\boldsymbol{B}_3 = \begin{bmatrix} 0 & 0 & 0 & 0 & 0 & 0 & 0 \\ 0 & 11.21 & -7.40 & -2.38 & 0 & 0 & -1.45 \\ 0 & -7.40 & 18.19 & -4.27 & 0 & 0 & -4.37 \\ 0 & -2.38 & -4.27 & 8.80 & 0 & 0 & 0.05 \\ 0 & 0 & 0 & 0 & 0 & 0 & 0 \\ 0 & 0 & 0 & 0 & 0 & 0 & 0 \\ 0 & -1.45 & -4.37 & 0.05 & 0 & 0 & 5.74 \end{bmatrix} \tag{6.4.5C}$$

利用式(6.4.2)、(6.4.3)可以进行以下两类问题的求解。

第一类是正面问题分析，利用该两式，估算弹丸炮口误差对射击密集度的综合影响，由此可以快速判断、检验弹丸炮口 7 个参数的误差分布是否满足所规定的设计要求。

第二类是反面问题，即误差设计问题，若给定弹丸落点的密集度要求 $[A_{X_1}]$、$[A_{X_3}]$，可以得到与之对应的弹丸落点分布的误差阈值 $[\sigma_{X_1}]$、$[\sigma_{X_3}]$，将其分别代入式(6.4.2)、(6.4.3)中等号的左端，就可以得到满足该阈值要求的弹丸炮口 7 个参数误差的两个曲面

方程 Γ_1 和 Γ_2，Γ_1 和 Γ_2 所围成的区域分别记为 Ω_1 和 Ω_2，见图 6.4.8。曲面 Γ_1 和 Γ_2 分别将弹丸炮口 7 个参数的误差分隔成面外、面上和面内等三个区域；理论上讲，面外区域上的参数误差均不能满足射击密集度 $[\sigma_{X_1}]$、$[\sigma_{X_3}]$ 的要求，面上的任意一点就对应一种满足射击密集度要求的设计方案，面内的任意一点是一定能满足射击密集度要求的设计方案。联立求解方程式(6.4.2)、(6.4.3)即可得到同时满足最大射程纵向和横向要求的误差设计方案，该误差方案位于图 6.4.8 中的区域 Ω 内及其边界上。由于区域 Ω 内及其边界上的设计方案有无穷多，为此需要引入制造工艺约束要求，从无穷多的方案中获得若干效费比较好的设计方案，供设计人员选择。

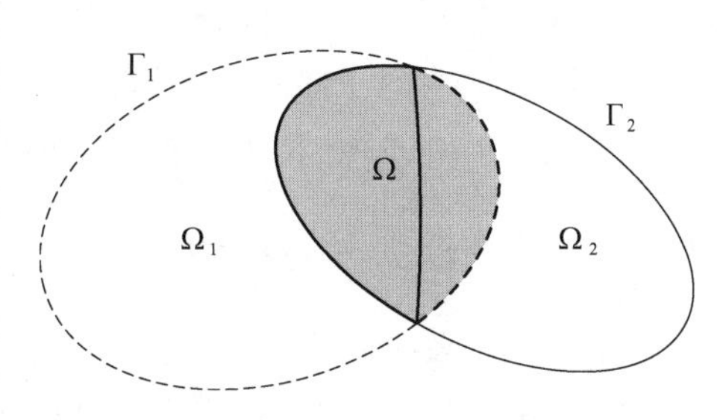

图 6.4.8 满足射击精度要求的误差区域示意图

6.5 发射过程弹丸膛内运动状态

$t = t_G$ 时刻弹丸运动状态将火炮发射分解为弹丸膛内运动和空中飞行两个阶段，弹丸膛内运动阶段结束的状态就是其空中飞行状态的初始状态。在气象条件稳定的条件下，对非控弹丸，弹丸炮口的初始状态就决定了弹丸后续飞行运动状态；对有控弹丸，弹丸炮口初始状态的稳定性对提高有控弹丸后续飞行运动状态的精度非常有益。这样，对射击精度的控制就转换成对弹丸膛内运动状态的控制，对火炮射击精度的设计就转化为对弹丸膛内运动状态有重要影响的参数设计。

6.5.1 基本约定

以某车载炮为例来讨论其动力学方程的构建。车载炮总局结构如图 6.5.1 所示，假定将车载炮划分成底盘(A)、上架(B)、摇架(C)和后坐部分(D)四大部分，部件 $I(I=A,\ B,$

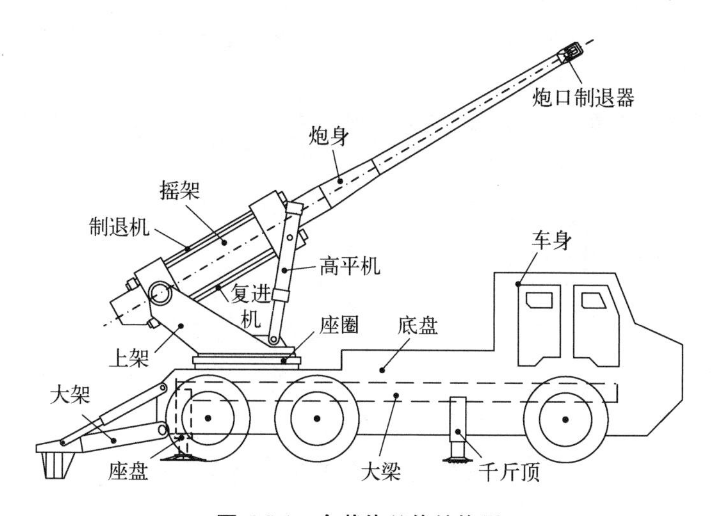

图 6.5.1 车载炮总体结构图

C, D) 的质心和质量分别记为 o_{I_G} 和 m_I。

记 $\boldsymbol{r}_I$、$\dot{\boldsymbol{r}}_I$、$\ddot{\boldsymbol{r}}_I$($I = A, B, C, D$) 分别为部件 I 上局部坐标系原点 o_I 相对惯性坐标系 $\boldsymbol{i}_G$ 原点 o_G 的位置矢量、线速度和线加速度，$\boldsymbol{\omega}_I$ 和 $\dot{\boldsymbol{\omega}}_I$ 分别为部件 I 的绝对角速度和角加速度；记 $\dot{\boldsymbol{S}}_I = \{\boldsymbol{\omega}_I^{\mathrm{T}}, \dot{\boldsymbol{r}}_I^{\mathrm{T}}\}^{\mathrm{T}}$，$\ddot{\boldsymbol{S}}_I = \{\dot{\boldsymbol{\omega}}_I^{\mathrm{T}}, \ddot{\boldsymbol{r}}_I^{\mathrm{T}}\}^{\mathrm{T}}$；$\boldsymbol{r}_{IJ}$、$\dot{\boldsymbol{r}}_{IJ}$、$\ddot{\boldsymbol{r}}_{IJ}$ 分别为部件 J($J = B, C, D$, $I = A, B, C, D$) 上局部坐标系原点 o_J 相对于部件 I 上局部坐标系原点 o_I 的位置矢量、线速度和线加速度；$\boldsymbol{\omega}_{IJ}$、$\dot{\boldsymbol{\omega}}_{IJ}$ 分别为部件 J 相对于部件 I 的角速度和角加速度；记 $\dot{\boldsymbol{s}}_J = \{\boldsymbol{\omega}_{IJ}^{\mathrm{T}} \quad \dot{\boldsymbol{r}}_{IJ}^{\mathrm{T}}\}^{\mathrm{T}}$ 和 $\ddot{\boldsymbol{s}}_J = \{\dot{\boldsymbol{\omega}}_{IJ}^{\mathrm{T}} \quad \ddot{\boldsymbol{r}}_{IJ}^{\mathrm{T}}\}^{\mathrm{T}}$。

6.5.2 系统动力学方程建立

6.5.2.1 火炮运动分析

如图 6.5.2 所示，底盘(部件 A)相对于地面惯性坐标系 $\boldsymbol{i}_G$ 运动的角速度由欧拉转换关系得到：

$$\begin{aligned}\boldsymbol{\omega}_A = \omega_i^{A i_A}\boldsymbol{e}_i = &(\dot{\beta}_1^A - \dot{\beta}_2^A \sin\beta_3^A)^{i_A}\boldsymbol{e}_1 + (-\dot{\beta}_2^A\cos\beta_1^A\cos\beta_3^A + \dot{\beta}_3^A\sin\beta_1^A)^{i_A}\boldsymbol{e}_2 \\ &+ (\dot{\beta}_2^A\sin\beta_1^A\cos\beta_3^A + \dot{\beta}_3^A\cos\beta_1^A)^{i_A}\boldsymbol{e}_3\end{aligned} \tag{6.5.1A}$$

角加速度为

$$\dot{\boldsymbol{\omega}}_A = \dot{\omega}_i^{A i_A}\boldsymbol{e}_i = \frac{\mathrm{d}\boldsymbol{\omega}_A}{\mathrm{d}t} \tag{6.5.1B}$$

式中，$\boldsymbol{\beta}_A = (\beta_1^A, \beta_2^A, \beta_3^A)$ 分别为 $\boldsymbol{i}_A$ 相对于 $\boldsymbol{i}_G$ 的欧拉角。

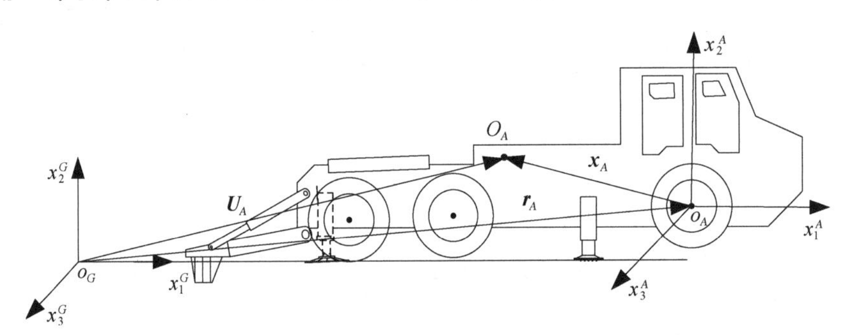

图 6.5.2 底盘上任意一点 O_A 的位形示意图

底盘上任意一点 $\boldsymbol{x}_A$ 处相对于地面惯性坐标系 $\boldsymbol{i}_G$ 的位置矢量、速度、加速度由下式给出：

$$\begin{cases}\boldsymbol{U}_A = \boldsymbol{r}_A + \boldsymbol{x}_A \\ \dot{\boldsymbol{U}}_A = \dot{\boldsymbol{r}}_A + \boldsymbol{\omega}_A \times \boldsymbol{x}_A \\ \ddot{\boldsymbol{U}}_A = \ddot{\boldsymbol{r}}_A + \dot{\boldsymbol{\omega}}_A \times \boldsymbol{x}_A + \boldsymbol{\omega}_A \times (\boldsymbol{\omega}_A \times \boldsymbol{x}_A)\end{cases} \tag{6.5.2}$$

写成矩阵形式：

$$\begin{cases}\boldsymbol{U}_A = \boldsymbol{r}_A + \boldsymbol{x}_A \\ \dot{\boldsymbol{U}}_A = \boldsymbol{B}_A\dot{\boldsymbol{S}}_A = \boldsymbol{B}_A\dot{\boldsymbol{s}}_A \\ \ddot{\boldsymbol{U}}_A = \boldsymbol{B}_A\ddot{\boldsymbol{S}}_A + \boldsymbol{D}_A = \boldsymbol{B}_A\ddot{\boldsymbol{s}}_A + \boldsymbol{d}_A\end{cases} \tag{6.5.3}$$

式中，

$$\boldsymbol{B}_A = [\,\tilde{\boldsymbol{x}}_A^{\mathrm{T}} \quad \mathbf{1}_{3\times3}\,], \quad \dot{\boldsymbol{S}}_A = \dot{\boldsymbol{s}}_A = \{\boldsymbol{\omega}_A^{\mathrm{T}} \quad \dot{\boldsymbol{r}}_A^{\mathrm{T}}\}^{\mathrm{T}}, \quad \ddot{\boldsymbol{s}}_A = \{\dot{\boldsymbol{\omega}}_A^{\mathrm{T}} \quad \ddot{\boldsymbol{r}}_A^{\mathrm{T}}\}^{\mathrm{T}}, \quad \boldsymbol{d}_A = \tilde{\boldsymbol{\omega}}_A \tilde{\boldsymbol{\omega}}_A \boldsymbol{x}_A,$$

$$\boldsymbol{D}_J = \tilde{\boldsymbol{\omega}}_J \tilde{\boldsymbol{\omega}}_J \boldsymbol{x}_J, \quad J = A,\, B,\, C,\, D,\, Q,\, F \tag{6.5.4}$$

$\tilde{\boldsymbol{x}}_A$ 为矢量 $\boldsymbol{x}_A$ 的转置矩阵。

上架(部件 B)的绝对角运动应是底盘的牵连角运动 $\boldsymbol{\omega}_A$ 和相对于底盘的角运动 $\boldsymbol{\omega}_{AB}$ 之和:

$$\boldsymbol{\omega}_B = \boldsymbol{\omega}_A + \boldsymbol{\omega}_{AB} \tag{6.5.5}$$

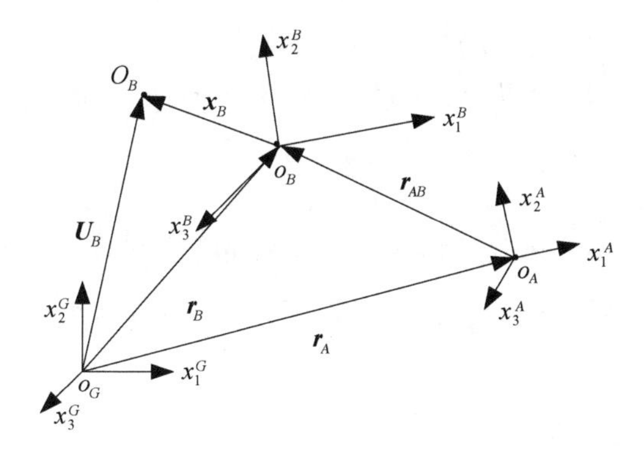

图 6.5.3　上架上任意一点 O_B 的位形示意图

上架上任意一点 $\boldsymbol{x}_B$ 处相对于地面惯性坐标系 $\boldsymbol{i}_G$ 的位置矢量、速度、加速度由下式给出:

$$\begin{cases} \boldsymbol{U}_B = \boldsymbol{r}_B + \boldsymbol{x}_B = \boldsymbol{r}_A + \boldsymbol{r}_{AB} + \boldsymbol{x}_B \\ \dot{\boldsymbol{U}}_B = \dot{\boldsymbol{r}}_B + \boldsymbol{\omega}_B \times \boldsymbol{x}_B = \dot{\boldsymbol{r}}_A + \boldsymbol{\omega}_A \times (\boldsymbol{r}_{AB} + \boldsymbol{x}_B) + \dot{\boldsymbol{r}}_{AB} + \boldsymbol{\omega}_{AB} \times \boldsymbol{x}_B \\ \ddot{\boldsymbol{U}}_B = \begin{Bmatrix} \ddot{\boldsymbol{r}}_B + \dot{\boldsymbol{\omega}}_B \times \boldsymbol{x}_B + \boldsymbol{\omega}_B \times (\boldsymbol{\omega}_B \times \boldsymbol{x}_B) = \ddot{\boldsymbol{r}}_A + \dot{\boldsymbol{\omega}}_A \times (\boldsymbol{r}_{AB} + \boldsymbol{x}_B) \\ + \boldsymbol{\omega}_A \times [\boldsymbol{\omega}_A \times (\boldsymbol{r}_{AB} + \boldsymbol{x}_B)] + 2\boldsymbol{\omega}_A \times \dot{\boldsymbol{r}}_{AB} + \ddot{\boldsymbol{r}}_{AB} + \dot{\boldsymbol{\omega}}_{AB} \times \boldsymbol{x}_B + \boldsymbol{\omega}_{AB} \times (\boldsymbol{\omega}_{AB} \times \boldsymbol{x}_B) \end{Bmatrix} \end{cases} \tag{6.5.6}$$

写成矩阵形式:

$$\begin{cases} \boldsymbol{U}_B = \boldsymbol{r}_A + \boldsymbol{r}_{AB} + \boldsymbol{x}_B \\ \dot{\boldsymbol{U}}_B = \boldsymbol{B}_B \dot{\boldsymbol{S}}_B = \boldsymbol{T}_A \dot{\boldsymbol{S}}_A + \boldsymbol{B}_B \dot{\boldsymbol{s}}_B \\ \ddot{\boldsymbol{U}}_B = \boldsymbol{B}_B \ddot{\boldsymbol{S}}_B + \boldsymbol{D}_B = \boldsymbol{T}_A \ddot{\boldsymbol{S}}_A + \boldsymbol{B}_B \ddot{\boldsymbol{s}}_B + \boldsymbol{d}_B \end{cases} \tag{6.5.7}$$

式中,

$$\dot{\boldsymbol{S}}_B = \{\boldsymbol{\omega}_B^{\mathrm{T}} \quad \dot{\boldsymbol{r}}_B^{\mathrm{T}}\}^{\mathrm{T}}, \quad \dot{\boldsymbol{s}}_B = \{\boldsymbol{\omega}_{AB}^{\mathrm{T}} \quad \dot{\boldsymbol{r}}_{AB}^{\mathrm{T}}\}^{\mathrm{T}}, \quad \ddot{\boldsymbol{s}}_B = \{\dot{\boldsymbol{\omega}}_{AB}^{\mathrm{T}} \quad \ddot{\boldsymbol{r}}_{AB}^{\mathrm{T}}\}^{\mathrm{T}}, \quad \boldsymbol{B}_B = [\,\tilde{\boldsymbol{x}}_B^{\mathrm{T}} \quad \mathbf{1}_{3\times3}\,],$$

$$\boldsymbol{T}_A = [\,(\tilde{\boldsymbol{r}}_{AB} + \tilde{\boldsymbol{x}}_B)^{\mathrm{T}} \quad \mathbf{1}_{3\times3}\,], \quad \boldsymbol{d}_B = \tilde{\boldsymbol{\omega}}_A \tilde{\boldsymbol{\omega}}_A (\boldsymbol{r}_{AB} + \boldsymbol{x}_B) + 2\tilde{\boldsymbol{\omega}}_A \dot{\boldsymbol{r}}_{AB} + \tilde{\boldsymbol{\omega}}_{AB} \tilde{\boldsymbol{\omega}}_{AB} \boldsymbol{x}_B \tag{6.5.8}$$

同样可得摇架(部件 C)和后坐部分(部件 D)的位置矢量、速度、加速度如下。

$$\begin{cases} \boldsymbol{U}_C = \boldsymbol{r}_B + \boldsymbol{r}_{BC} + \boldsymbol{x}_C \\ \dot{\boldsymbol{U}}_C = \boldsymbol{B}_C \dot{\boldsymbol{S}}_C = \boldsymbol{T}_B \dot{\boldsymbol{S}}_B + \boldsymbol{B}_C \dot{\boldsymbol{s}}_C \\ \ddot{\boldsymbol{U}}_C = \boldsymbol{B}_C \ddot{\boldsymbol{S}}_C + \boldsymbol{D}_C = \boldsymbol{T}_B \ddot{\boldsymbol{S}}_B + \boldsymbol{B}_C \ddot{\boldsymbol{s}}_C + \boldsymbol{d}_C \end{cases} \tag{6.5.9}$$

式中，

$$\dot{\boldsymbol{S}}_C=\{\boldsymbol{\omega}_C^{\mathrm{T}}\quad \dot{\boldsymbol{r}}_C\}^{\mathrm{T}},\quad \dot{\boldsymbol{s}}_C=\{\boldsymbol{\omega}_{BC}^{\mathrm{T}}\quad \dot{\boldsymbol{r}}_{BC}^{\mathrm{T}}\}^{\mathrm{T}},\quad \ddot{\boldsymbol{s}}_C=\{\dot{\boldsymbol{\omega}}_{BC}^{\mathrm{T}}\quad \ddot{\boldsymbol{r}}_{BC}^{\mathrm{T}}\}^{\mathrm{T}},\quad \boldsymbol{B}_C=[\tilde{\boldsymbol{x}}_C^{\mathrm{T}}\quad \mathbf{1}_{3\times3}],$$
$$\boldsymbol{T}_B=[(\tilde{\boldsymbol{r}}_{BC}+\tilde{\boldsymbol{x}}_C)^{\mathrm{T}}\quad \mathbf{1}_{3\times3}],\quad \boldsymbol{d}_C=\tilde{\boldsymbol{\omega}}_B\tilde{\boldsymbol{\omega}}_B(\boldsymbol{r}_{BC}+\boldsymbol{x}_C)+2\tilde{\boldsymbol{\omega}}_B\dot{\boldsymbol{r}}_{BC}+\tilde{\boldsymbol{\omega}}_{BC}\tilde{\boldsymbol{\omega}}_{BC}\boldsymbol{x}_C \tag{6.5.10}$$

$$\begin{cases}\boldsymbol{U}_D=\boldsymbol{r}_C+\boldsymbol{r}_{CD}+\boldsymbol{x}_D\\ \dot{\boldsymbol{U}}_D=\boldsymbol{B}_D\dot{\boldsymbol{S}}_D=\boldsymbol{T}_C\dot{\boldsymbol{S}}_C+\boldsymbol{B}_D\dot{\boldsymbol{s}}_D\\ \ddot{\boldsymbol{U}}_D=\boldsymbol{B}_D\ddot{\boldsymbol{S}}_D+\boldsymbol{D}_D=\boldsymbol{T}_C\ddot{\boldsymbol{S}}_C+\boldsymbol{B}_D\ddot{\boldsymbol{s}}_D+\boldsymbol{d}_D\end{cases} \tag{6.5.11}$$

式中，

$$\dot{\boldsymbol{S}}_D=\{\boldsymbol{\omega}_D^{\mathrm{T}}\quad \dot{\boldsymbol{r}}_D\}^{\mathrm{T}},\quad \dot{\boldsymbol{s}}_D=\{\boldsymbol{\omega}_{CD}^{\mathrm{T}}\quad \dot{\boldsymbol{r}}_{CD}^{\mathrm{T}}\}^{\mathrm{T}},\quad \ddot{\boldsymbol{s}}_D=\{\dot{\boldsymbol{\omega}}_{CD}^{\mathrm{T}}\quad \ddot{\boldsymbol{r}}_{CD}^{\mathrm{T}}\}^{\mathrm{T}},\quad \boldsymbol{B}_D=[\tilde{\boldsymbol{x}}_D^{\mathrm{T}}\quad \mathbf{1}_{3\times3}],$$
$$\boldsymbol{T}_C=[(\tilde{\boldsymbol{r}}_{CD}+\tilde{\boldsymbol{x}}_D)^{\mathrm{T}}\quad \mathbf{1}_{3\times3}],\quad \boldsymbol{d}_D=\tilde{\boldsymbol{\omega}}_C\tilde{\boldsymbol{\omega}}_C(\boldsymbol{r}_{CD}+\boldsymbol{x}_D)+2\tilde{\boldsymbol{\omega}}_C\dot{\boldsymbol{r}}_{CD}+\tilde{\boldsymbol{\omega}}_{CD}\tilde{\boldsymbol{\omega}}_{CD}\boldsymbol{x}_D \tag{6.5.12}$$

6.5.2.2 弹丸运动分析

剖析弹丸在膛内相对于身管的运动机理，对充分理解弹丸与身管耦合运动的物理现象、为准确建立弹丸与身管的耦合运动模型均是十分重要的。

如图 6.5.4 所示，弹丸膛内运动位置可用其几何中心点 o_Q 相对于身管坐标系 $\boldsymbol{i}_D$ 的位置矢量 $\boldsymbol{r}_{DQ}$ 来表示；变形弹带在膛线的强制作用下，始终绕身管轴线 $o_Dx_1^D$ 以角速度 $\dot{\phi}$ 旋转，这样弹丸膛内坐标系 $\boldsymbol{i}_Q$ 可以由身管坐标系 $\boldsymbol{i}_D$ 按（1－3－2）的顺序旋转三个欧拉角（ϕ，κ_1，$-\kappa_2$）得到，如图 6.1.14 所示。

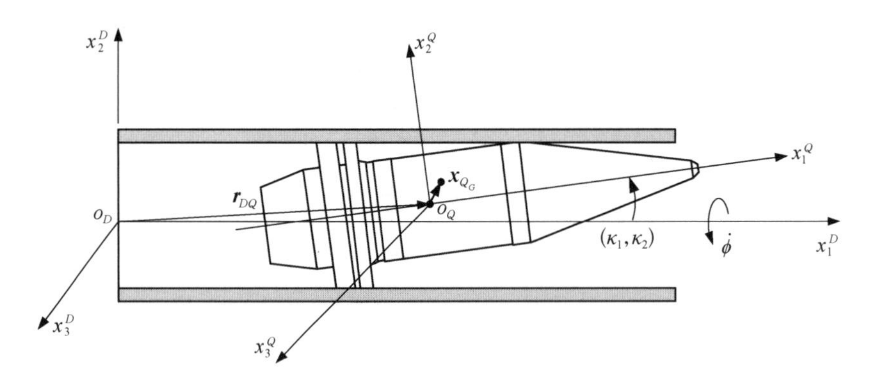

图 6.5.4 弹丸膛内典型运动示意图

因此，若以点 o_Q 作为弹丸膛内运动的基点，则弹丸的运动可分解成随基点的运动 $\boldsymbol{r}_{DQ}$ 和相对于基点转动 ϕ、κ_2、κ_1，这样弹丸膛内的刚体运动全部确定。弹丸膛内的相对转动角速度为

$$\boldsymbol{\omega}_{DQ}=\omega_j^{DQi_Q}e_j=(\dot{\phi}\cos\kappa_2\cos\kappa_1+\dot{\kappa}_1\sin\kappa_2)^{i_Q}e_1-(\dot{\varphi}\sin\kappa_1+\dot{\kappa}_2)^{i_Q}e_2$$
$$+(-\dot{\phi}\sin\kappa_2\cos\kappa_1+\dot{\kappa}_1\cos\kappa_2)^{i_Q}e_3 \tag{6.5.13}$$

式中，$\dot{\phi}$ 为弹带绕身管轴线的转动角速度；$\dot{\kappa}_1$、$\dot{\kappa}_2$ 为俯仰和偏航角速度。

弹丸的绝对角速度为

$$\boldsymbol{\omega}_Q = \omega_j^{Qi_Q} e_j = \boldsymbol{\omega}_D + \boldsymbol{\omega}_{DQ} \tag{6.5.14}$$

式中，$\boldsymbol{\omega}_D$ 为坐标系 $\boldsymbol{i}_D$ 的牵连运动角速度。

如图 6.5.5 所示，弹丸上任意点 O_Q，该点在坐标系 $\boldsymbol{i}_Q$ 下的位置矢量为 $\boldsymbol{x}_Q = x_j^{Qi_Q}\boldsymbol{e}_j$，则点 O_Q 距坐标系 $\boldsymbol{i}_D$ 原点 o_D 的位置矢量、速度、加速度由下式给出：

$$\begin{cases} \boldsymbol{U}_Q = \boldsymbol{r}_Q + \boldsymbol{x}_Q = \boldsymbol{r}_D + \boldsymbol{r}_{DQ} + \boldsymbol{x}_Q \\ \dot{\boldsymbol{U}}_Q = \dot{\boldsymbol{r}}_Q + \boldsymbol{\omega}_Q \times \boldsymbol{x}_Q = \dot{\boldsymbol{r}}_D + \boldsymbol{\omega}_D \times (\boldsymbol{r}_{DQ} + \boldsymbol{x}_Q) + \dot{\boldsymbol{r}}_{DQ} + \boldsymbol{\omega}_{DQ} \times \boldsymbol{x}_Q \\ \ddot{\boldsymbol{U}}_Q = \begin{Bmatrix} \ddot{\boldsymbol{r}}_Q + \dot{\boldsymbol{\omega}}_Q \times \boldsymbol{x}_Q + \boldsymbol{\omega}_Q \times (\boldsymbol{\omega}_Q \times \boldsymbol{x}_Q) = \ddot{\boldsymbol{r}}_D + \dot{\boldsymbol{\omega}}_D \times (\boldsymbol{r}_{DQ} + \boldsymbol{x}_Q) + \\ \boldsymbol{\omega}_D \times [\boldsymbol{\omega}_D \times (\boldsymbol{r}_{DQ} + \boldsymbol{x}_Q)] + 2\boldsymbol{\omega}_D \times \dot{\boldsymbol{r}}_{DQ} + \ddot{\boldsymbol{r}}_{DQ} + \dot{\boldsymbol{\omega}}_{DQ} \times \boldsymbol{x}_Q + \\ \boldsymbol{\omega}_{DQ} \times (\boldsymbol{\omega}_{DQ} \times \boldsymbol{x}_Q) \end{Bmatrix} \end{cases} \tag{6.5.15}$$

写成矩阵形式，有

$$\begin{cases} \boldsymbol{U}_Q = \boldsymbol{r}_D + \boldsymbol{r}_{DQ} + \boldsymbol{x}_Q \\ \dot{\boldsymbol{U}}_Q = \boldsymbol{B}_Q \dot{\boldsymbol{S}}_Q = \boldsymbol{T}_D \dot{\boldsymbol{S}}_D + \boldsymbol{B}_Q \dot{\boldsymbol{s}}_Q \\ \ddot{\boldsymbol{U}}_Q = \boldsymbol{B}_Q \ddot{\boldsymbol{S}}_Q + \boldsymbol{D}_Q = \boldsymbol{T}_D \ddot{\boldsymbol{S}}_D + \boldsymbol{B}_Q \ddot{\boldsymbol{s}}_Q + \boldsymbol{d}_Q \end{cases} \tag{6.5.16}$$

式中，

$$\dot{\boldsymbol{S}}_Q = \{\boldsymbol{\omega}_Q^{\mathrm{T}} \quad \dot{\boldsymbol{r}}_Q\}^{\mathrm{T}}, \quad \dot{\boldsymbol{s}}_Q = \{\boldsymbol{\omega}_{DQ}^{\mathrm{T}} \quad \dot{\boldsymbol{r}}_{DQ}^{\mathrm{T}}\}^{\mathrm{T}}, \quad \ddot{\boldsymbol{s}}_Q = \{\dot{\boldsymbol{\omega}}_{DQ}^{\mathrm{T}} \quad \ddot{\boldsymbol{r}}_{DQ}^{\mathrm{T}}\}^{\mathrm{T}}, \quad \boldsymbol{B}_Q = [\tilde{\boldsymbol{x}}_Q^{\mathrm{T}} \quad \mathbf{1}_{3\times3}],$$
$$\boldsymbol{T}_D = [(\tilde{\boldsymbol{r}}_{DQ} + \tilde{\boldsymbol{x}}_Q)^{\mathrm{T}} \quad \mathbf{1}_{3\times3}], \quad \boldsymbol{d}_Q = \tilde{\boldsymbol{\omega}}_D \tilde{\boldsymbol{\omega}}_D (\boldsymbol{r}_{DQ} + \boldsymbol{x}_Q) + 2\tilde{\boldsymbol{\omega}}_D \dot{\boldsymbol{r}}_{DQ} + \tilde{\boldsymbol{\omega}}_{DQ} \tilde{\boldsymbol{\omega}}_{DQ} \boldsymbol{x}_Q \tag{6.5.17}$$

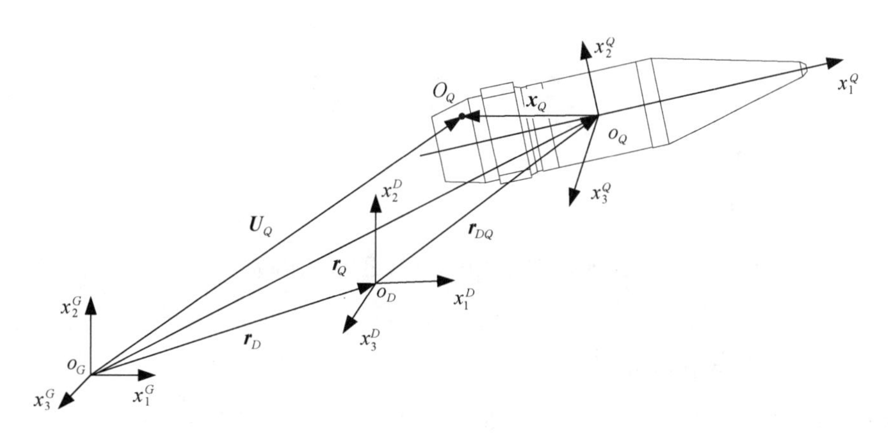

图 6.5.5　弹丸膛内运动基点位置矢量的确定

6.5.2.3　弹带变形运动分析

如图 6.5.6 所示，弹带上任意一点 O_F，该点在坐标系 $\boldsymbol{i}_Q$ 下的弹塑性变形为 $\boldsymbol{w}_F = w_j^{Fi_Q}\boldsymbol{e}_j$，经弹塑性变形后点 O_F 成为弹带上任意一点 O_f。则点 O_f 距坐标系 $\boldsymbol{i}_D$ 原点 o_D 的位

置矢量、速度、加速度由下式给出：

$$
\begin{cases}
\boldsymbol{U}_F = \boldsymbol{r}_Q + \boldsymbol{x}_F + \boldsymbol{w}_F = \boldsymbol{r}_D + \boldsymbol{r}_{DQ} + \boldsymbol{x}_F + \boldsymbol{w}_F \\
\left\{\begin{aligned}&\dot{\boldsymbol{U}}_F = \dot{\boldsymbol{r}}_Q + \boldsymbol{\omega}_Q \times (\boldsymbol{x}_F + \boldsymbol{w}_F) + \dot{\boldsymbol{w}}_F = \dot{\boldsymbol{r}}_D + \boldsymbol{\omega}_D \times (\boldsymbol{r}_{DQ} + \boldsymbol{x}_F + \boldsymbol{w}_F) + \\ &\dot{\boldsymbol{r}}_{DQ} + \dot{\boldsymbol{w}}_F + \boldsymbol{\omega}_{DQ} \times (\boldsymbol{x}_F + \boldsymbol{w}_F)\end{aligned}\right\} \\
\ddot{\boldsymbol{U}}_F = \left\{\begin{aligned}&\ddot{\boldsymbol{r}}_Q + \dot{\boldsymbol{\omega}}_Q \times (\boldsymbol{x}_F + \boldsymbol{w}_F) + \ddot{\boldsymbol{w}}_F + \boldsymbol{\omega}_Q \times [\boldsymbol{\omega}_Q \times (\boldsymbol{x}_F + \boldsymbol{w}_F)] + 2\boldsymbol{\omega}_Q \times \dot{\boldsymbol{w}}_F = \\ &\ddot{\boldsymbol{r}}_D + \dot{\boldsymbol{\omega}}_D \times (\boldsymbol{r}_{DQ} + \boldsymbol{x}_F + \boldsymbol{w}_F) + \ddot{\boldsymbol{r}}_{DQ} + \dot{\boldsymbol{\omega}}_{DQ} \times \boldsymbol{x}_F + \ddot{\boldsymbol{w}}_F \\ &+ \boldsymbol{\omega}_D \times [\boldsymbol{\omega}_D \times (\boldsymbol{r}_{DQ} + \boldsymbol{x}_F + \boldsymbol{w}_F)] + \boldsymbol{\omega}_{DQ} \times [\boldsymbol{\omega}_{DQ} \times (\boldsymbol{x}_F + \boldsymbol{w}_F)] \\ &+ 2\boldsymbol{\omega}_D \times (\dot{\boldsymbol{r}}_{DQ} + \dot{\boldsymbol{w}}_F) + 2\boldsymbol{\omega}_{DQ} \times \dot{\boldsymbol{w}}_F\end{aligned}\right\}
\end{cases}
\tag{6.5.18}
$$

对上式求一阶、二阶时间导数，得

写成矩阵形式，有

$$
\begin{cases}
\boldsymbol{U}_F = \boldsymbol{r}_D + \boldsymbol{r}_{DQ} + \boldsymbol{x}_F + \boldsymbol{w}_F \\
\dot{\boldsymbol{U}}_F = \boldsymbol{B}_F \dot{\boldsymbol{S}}_Q + \dot{\boldsymbol{w}}_F = \boldsymbol{T}_F \dot{\boldsymbol{S}}_D + \boldsymbol{B}_F \dot{\boldsymbol{s}}_Q + \dot{\boldsymbol{w}}_F \\
\ddot{\boldsymbol{U}}_F = \boldsymbol{B}_F \ddot{\boldsymbol{S}}_Q + \dot{\boldsymbol{w}}_F + \boldsymbol{D}_F = \boldsymbol{T}_F \ddot{\boldsymbol{S}}_D + \boldsymbol{B}_F \ddot{\boldsymbol{s}}_Q + \ddot{\boldsymbol{w}}_F + \boldsymbol{d}_F
\end{cases}
\tag{6.5.19}
$$

式中，

$$
\boldsymbol{B}_F = [(\tilde{\boldsymbol{x}}_F + \tilde{\boldsymbol{w}}_F)^{\mathrm{T}} \quad \boldsymbol{1}_{3\times3}], \quad \boldsymbol{T}_F = [(\tilde{\boldsymbol{r}}_{DQ} + \tilde{\boldsymbol{x}}_F + \tilde{\boldsymbol{w}}_F)^{\mathrm{T}} \quad \boldsymbol{1}_{3\times3}],
$$

$$
\boldsymbol{d}_F = \tilde{\boldsymbol{\omega}}_D \tilde{\boldsymbol{\omega}}_D (\boldsymbol{r}_{DQ} + \boldsymbol{x}_F + \boldsymbol{w}_F) + 2\tilde{\boldsymbol{\omega}}_D \dot{\boldsymbol{r}}_{DQ} + \tilde{\boldsymbol{\omega}}_{DQ} \tilde{\boldsymbol{\omega}}_{DQ} (\boldsymbol{x}_F + \boldsymbol{w}_F) + 2\tilde{\boldsymbol{\omega}}_Q \dot{\boldsymbol{w}}_F \tag{6.5.20}
$$

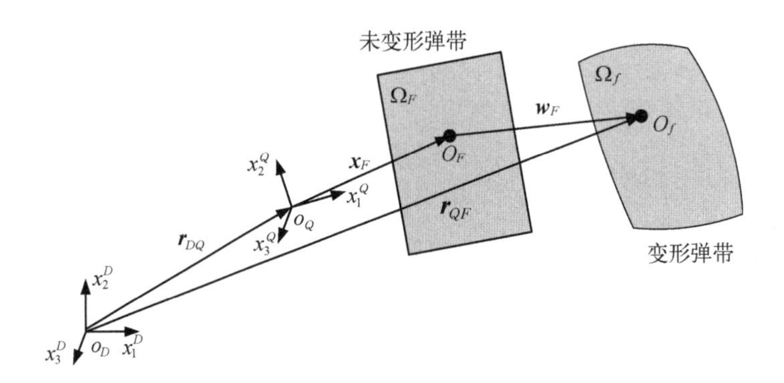

图 6.5.6　弹带上任意点位置矢量的确定

6.5.3　系统运动微分方程建立

联立回归求解式(6.5.3)、(6.5.7)、(6.5.9)、(6.5.11)、(6.5.16)、(6.5.19)中的速度等式，经整理得

$$
\dot{\boldsymbol{S}} = \boldsymbol{H}\dot{\boldsymbol{s}}, \quad \boldsymbol{H} = (\boldsymbol{H}_2 - \boldsymbol{H}_3)^{-1}\boldsymbol{H}_2 \tag{6.5.21}
$$

$$
\dot{\boldsymbol{S}} = \{\dot{\boldsymbol{S}}_A^{\mathrm{T}} \quad \dot{\boldsymbol{S}}_B^{\mathrm{T}} \quad \dot{\boldsymbol{S}}_C^{\mathrm{T}} \quad \dot{\boldsymbol{S}}_D^{\mathrm{T}} \quad \dot{\boldsymbol{S}}_Q^{\mathrm{T}} \quad \dot{\boldsymbol{W}}_F^{\mathrm{T}}\}^{\mathrm{T}},
$$

$$
\dot{\boldsymbol{s}} = \{\dot{\boldsymbol{s}}_A^{\mathrm{T}} \quad \dot{\boldsymbol{s}}_B^{\mathrm{T}} \quad \dot{\boldsymbol{s}}_C^{\mathrm{T}} \quad \dot{\boldsymbol{s}}_D^{\mathrm{T}} \quad \dot{\boldsymbol{s}}_Q^{\mathrm{T}} \quad \dot{\boldsymbol{W}}_F^{\mathrm{T}}\}^{\mathrm{T}} \tag{6.5.22}
$$

$$
\boldsymbol{H}_2 = \begin{bmatrix} \boldsymbol{B}_A & \boldsymbol{0}_{3\times3} & \boldsymbol{0}_{3\times3} & \boldsymbol{0}_{3\times3} & \boldsymbol{0}_{3\times3} & \boldsymbol{0}_{3\times3} \\ \boldsymbol{0}_{3\times3} & \boldsymbol{B}_B & \boldsymbol{0}_{3\times3} & \boldsymbol{0}_{3\times3} & \boldsymbol{0}_{3\times3} & \boldsymbol{0}_{3\times3} \\ \boldsymbol{0}_{3\times3} & \boldsymbol{0}_{3\times3} & \boldsymbol{B}_C & \boldsymbol{0}_{3\times3} & \boldsymbol{0}_{3\times3} & \boldsymbol{0}_{3\times3} \\ \boldsymbol{0}_{3\times3} & \boldsymbol{0}_{3\times3} & \boldsymbol{0}_{3\times3} & \boldsymbol{B}_D & \boldsymbol{0}_{3\times3} & \boldsymbol{0}_{3\times3} \\ \boldsymbol{0}_{3\times3} & \boldsymbol{0}_{3\times3} & \boldsymbol{0}_{3\times3} & \boldsymbol{0}_{3\times3} & \boldsymbol{B}_Q & \boldsymbol{0}_{3\times3} \\ \boldsymbol{0}_{3\times N_e} & \boldsymbol{0}_{3\times N_e} & \boldsymbol{0}_{3\times N_e} & \boldsymbol{0}_{3\times N_e} & \boldsymbol{B}_F & \boldsymbol{N}_F \end{bmatrix},
$$

$$
\boldsymbol{H}_3 = \begin{bmatrix} \boldsymbol{0}_{3\times3} & \boldsymbol{0}_{3\times3} & \boldsymbol{0}_{3\times3} & \boldsymbol{0}_{3\times3} & \boldsymbol{0}_{3\times3} & \boldsymbol{0}_{3\times3} \\ \boldsymbol{T}_A & \boldsymbol{0}_{3\times3} & \boldsymbol{0}_{3\times3} & \boldsymbol{0}_{3\times3} & \boldsymbol{0}_{3\times3} & \boldsymbol{0}_{3\times3} \\ \boldsymbol{0}_{3\times3} & \boldsymbol{T}_B & \boldsymbol{0}_{3\times3} & \boldsymbol{0}_{3\times3} & \boldsymbol{0}_{3\times3} & \boldsymbol{0}_{3\times3} \\ \boldsymbol{0}_{3\times3} & \boldsymbol{0}_{3\times3} & \boldsymbol{T}_C & \boldsymbol{0}_{3\times3} & \boldsymbol{0}_{3\times3} & \boldsymbol{0}_{3\times3} \\ \boldsymbol{0}_{3\times3} & \boldsymbol{0}_{3\times3} & \boldsymbol{0}_{3\times3} & \boldsymbol{T}_D & \boldsymbol{0}_{3\times3} & \boldsymbol{0}_{3\times3} \\ \boldsymbol{0}_{3\times N_e} & \boldsymbol{0}_{3\times N_e} & \boldsymbol{0}_{3\times N_e} & \boldsymbol{0}_{3\times N_e} & \boldsymbol{T}_F & \boldsymbol{0}_{3\times N_e} \end{bmatrix} \tag{6.5.23}
$$

式(6.5.21)~(6.5.23)中假定弹带区域已经数值计算离散,其位移 $\boldsymbol{w}_F$ 可以用场内总体节点位移 $\boldsymbol{W}_F$ 经形函数插值得到:

$$
\boldsymbol{w}_F = \boldsymbol{N}_F \boldsymbol{W}_F \tag{6.5.24}
$$

式中,$\boldsymbol{N}_F$ 为弹带区域经离散化后的总体插值形函数,总的节点数为 N_e。

将变换关系(6.5.21)应用到基于虚功率原理得到的整体运动微分方程中,可得系统动力学方程:

$$
\boldsymbol{M}\ddot{\boldsymbol{s}} = \boldsymbol{P} \tag{6.5.25}
$$

式中,

$$
\boldsymbol{M} = \sum_{I=A,B,C,D,Q,F} \int_{\Omega_I} \rho_I (\boldsymbol{H}_2\boldsymbol{H})^{\mathrm{T}} \boldsymbol{H}_2\boldsymbol{H} \mathrm{d}V \tag{6.5.26A}
$$

$$
\boldsymbol{P} = \boldsymbol{P}_1 + \boldsymbol{P}_2 + \boldsymbol{P}_3 - \boldsymbol{P}_F^{\sigma}, \boldsymbol{P}_1 = \sum_{I=A,B,C,D,Q,F} \int_{\Omega_I} (\boldsymbol{H}_2\boldsymbol{H})^{\mathrm{T}} \boldsymbol{f} \mathrm{d}V,
$$

$$
\boldsymbol{P}_2 = \sum_{I=A,B,C,D,Q,F} \int_{\Gamma_I} (\boldsymbol{H}_2\boldsymbol{H})^{\mathrm{T}} \bar{\boldsymbol{f}} \mathrm{d}\Gamma,
$$

$$
\boldsymbol{P}_3 = -\sum_{I=A,B,C,D,Q,F} \int_{\Omega_I} \rho_I (\boldsymbol{H}_2\boldsymbol{H})^{\mathrm{T}} [\boldsymbol{H}_2 (\boldsymbol{H}_2 - \boldsymbol{H}_3)^{-1} (\boldsymbol{d}_1 - \boldsymbol{d}_2) + \boldsymbol{d}_2] \mathrm{d}V,
$$

$$
\boldsymbol{d}_1 = \{\boldsymbol{d}_A^{\mathrm{T}} \quad \boldsymbol{d}_B^{\mathrm{T}} \quad \boldsymbol{d}_C^{\mathrm{T}} \quad \boldsymbol{d}_D^{\mathrm{T}} \quad \boldsymbol{d}_Q^{\mathrm{T}} \quad \boldsymbol{d}_F^{\mathrm{T}}\}^{\mathrm{T}}, \boldsymbol{d}_2 = \{\boldsymbol{D}_A^{\mathrm{T}} \quad \boldsymbol{D}_B^{\mathrm{T}} \quad \boldsymbol{D}_C^{\mathrm{T}} \quad \boldsymbol{D}_D^{\mathrm{T}} \quad \boldsymbol{D}_Q^{\mathrm{T}} \quad \boldsymbol{D}_F^{\mathrm{T}}\}^{\mathrm{T}} \tag{6.5.26B}
$$

式(6.5.26)中,Ω 为整个火炮系统(含弹丸)的体积域;Γ 为系统中面载荷的作用区域;ρ 为系统的质量密度,是积分点位置的函数;$\boldsymbol{f}$、$\bar{\boldsymbol{f}}$ 分别表示系统的体积载荷和面积载荷,$\boldsymbol{P}_F^{\sigma}$ 为弹带弹塑性变形产生的等效节点力,其表达式为

$$
\boldsymbol{P}_F^{\sigma} = \int_{\Omega_F} \left(\frac{\partial \boldsymbol{N}_F}{\partial \boldsymbol{x}_F}\right)^{\mathrm{T}} : \boldsymbol{\tau} \mathrm{d}V \tag{6.5.27}
$$

上式的详细推导见《中远程压制火炮射击精度理论》(钱林方等,2020b),其中 $\boldsymbol{\tau}$ 为 Kirchhoff 应力张量,dV 为参考构型上的体积域微元。

引入约束条件式:

$$\boldsymbol{\Phi}_s(\boldsymbol{s},\ t) = \boldsymbol{0} \tag{6.5.28}$$

式(6.5.25)和式(6.5.28)一起构成了受约束的火炮系统动力学方程。在以下的几节中将讨论火炮发射过程中的约束条件。

6.5.4 膛线缠度约束

膛线缠度 $\boldsymbol{\eta}_D(x_1^D)$ 约束了弹丸膛内绕身管轴线的转动运动,其约束关系为

$$\begin{cases} \phi(x_1^D) = \dfrac{1}{r_d}[y(x_1^D) - y(x_{10}^D)] \\ \dot{\phi}(x_1^D) = \dfrac{1}{r_d}y'(x_1^D)\dot{x}_1^D \\ \ddot{\phi}(x_1^D) = \dfrac{1}{r_d}[y'(x_1^D)\ddot{x}_1^D + y''(x_1^D)(\dot{x}_1^D)^2] \end{cases} \tag{6.5.29}$$

式中,r_d 为膛线阳线的半径;x_{10}^D 为膛线的起始位置坐标;$y(x_1^D)$ 为膛线的展开函数,其与膛线缠度 $\boldsymbol{\eta}_D(x_1^D)$ 有如下关系式:

$$y'(x_1^D) = \frac{\pi}{\boldsymbol{\eta}_D(x_1^D)} \tag{6.5.30}$$

6.5.5 弹带与膛线接触界面条件

用增量法来讨论弹带与膛线接触界面条件。

6.5.5.1 位移边界条件

任意时刻 t, 弹丸上点 o_Q 在膛内运动至 $\boldsymbol{r}_{DQ}(t)$, 弹带表面上任意一点 O_F 的位置矢量为

$$\boldsymbol{r}_{QF}(t) = \boldsymbol{r}_{DQ}(t) + \boldsymbol{x}_F(t) + \boldsymbol{w}_F(t) \tag{6.5.31}$$

膛线具体结构见图 6.8.6,膛线上任意点 O_{ik}^D 距身管原点 o_D 的位置矢量为 $\boldsymbol{x}_{ik}^D(i = 1,\ 2,\ 3,\ 4)$, 钱林方等(2020b)给出了该位置矢量的表达式:

$$\boldsymbol{x}_{ik}^D = x_1^{D\,i_D}\boldsymbol{e}_1 + x_{i2}^D(k)^{i_D}\boldsymbol{e}_2 + x_{i3}^D(k)^{i_D}\boldsymbol{e}_3,\quad i = 1,\ 2,\ 3,\ 4 \tag{6.5.32}$$

假定在时刻 t, 点 O_F 与点 O_{ik}^D 相接触,则有如下接触条件:

$$\boldsymbol{x}_{ik}^D(t) = \boldsymbol{r}_{QF}(t) \tag{6.5.33}$$

在以下的时间求导中不考虑火炮的牵连运动,只考虑弹丸相对身管的运动,对上式两边求时间微分得

$$d\boldsymbol{x}_{ik}^D(t) = d\boldsymbol{r}_{QF}(t) \tag{6.5.34}$$

其中,

$$\mathrm{d}\boldsymbol{r}_{QF}=[\dot{\boldsymbol{r}}_{DQ}(t)+\boldsymbol{\omega}_{DQ}\times\boldsymbol{x}_F(t)]\mathrm{d}t+\mathrm{d}\boldsymbol{w}_F(t) \tag{6.5.35}$$

$$\mathrm{d}\boldsymbol{x}_{ik}^D=[\dot{x}_1^D(t)^{i_D}\boldsymbol{e}_1+\dot{x}_{i2}^D(k,\ t)^{i_D}\boldsymbol{e}_2+\dot{x}_{i3}^D(k,\ t)^{i_D}\boldsymbol{e}_3]\mathrm{d}t \tag{6.5.36}$$

式中，$\dot{\boldsymbol{x}}_{ik}^D(t)$ 可通过对式(6.5.32)求时间导数得到。式(6.5.34)称为弹带在与膛线接触点处的变形协调条件。

将式(6.5.35)、(6.5.36)代入式(6.5.34)，经整理可得

$$\mathrm{d}\boldsymbol{w}_F(t)=[\dot{\boldsymbol{x}}_1^D(t)^{i_D}\boldsymbol{e}_1+\dot{x}_{i2}^D(k,\ t)^{i_D}\boldsymbol{e}_2+\dot{x}_{i3}^D(k,\ t)^{i_D}\boldsymbol{e}_3-\dot{\boldsymbol{r}}_{DQ}(t)-\boldsymbol{\omega}_{DQ}\times\boldsymbol{x}_F(t)]\mathrm{d}t \tag{6.5.37}$$

将式(6.5.37)向膛线的外法线方向 $\boldsymbol{n}_{ik}^D(i=1,\ 2,\ 3,\ 4)$ 投影，得

$$\mathrm{d}w_{ik}^F(t)=\mathrm{d}\boldsymbol{w}_F(t)\cdot\boldsymbol{n}_{ik}^D \tag{6.5.38}$$

式中，$\boldsymbol{n}_{ik}^D$ 的表达式见《中远程压制火炮射击精度理论》(钱林方等，2020b)，式(6.5.38)即为时刻 t 至时刻 $t+\mathrm{d}t$ 弹带外表面上与膛线相接触处外法向的变形及变形速率增量的计算公式，弹带的弹塑性问题就是给定变形位移 $\mathrm{d}w_{ik}^F$ 和边界条件下的求解问题。

6.5.5.2　力边界条件

假定弹带上与膛线接触点 O_{ik}^D 处的 Cauchy 应力张量为 $\boldsymbol{\sigma}_{ik}^F(i=1,\ 2,\ 3,\ 4)$，则接触点 O_{ik}^D 处面内的应力分量为 $\boldsymbol{T}_{ik}^D=\boldsymbol{\sigma}_{ik}^D\cdot\boldsymbol{n}_{ik}^D$，$\boldsymbol{T}_{ik}^D$ 在法向 $\boldsymbol{n}_{ik}^D$ 的分量为 $(\boldsymbol{n}_{ik}^D)^{\mathrm{T}}\cdot\boldsymbol{T}_{ik}^D$，在切平面内的分量为 $\boldsymbol{t}_{ik}^D=\boldsymbol{T}_{ik}^D-[(\boldsymbol{n}_{ik}^D)^{\mathrm{T}}\cdot\boldsymbol{\sigma}_{ik}^D\cdot\boldsymbol{n}_{ik}^D]\boldsymbol{n}_{ik}^D$，因此有

$$\boldsymbol{T}_{ik}^D-[(\boldsymbol{n}_{ik}^D)^{\mathrm{T}}\cdot\boldsymbol{\sigma}_{ik}^D\cdot\boldsymbol{n}_{ik}^D]\boldsymbol{n}_{ik}^D=\mu[(\boldsymbol{n}_{ik}^D)^{\mathrm{T}}\cdot\boldsymbol{T}_{ik}^D]\boldsymbol{n}_{ik}^D \tag{6.5.39}$$

式中，μ 为弹带与膛线界面上的摩擦系数。式(6.5.38)与式(6.5.39)一起构成了弹带与膛线接触时的变形位移协调条件和力边界条件。

6.5.6　弹带材料的本构关系

由于弹带材料工作过程中常出现大变形弹塑性现象，同时还伴随着由热引起的材料软化等组织结构的相变问题，因此需要采用考虑热问题的大变形弹塑性本关系，以克服由于小变形或次弹性本构关系带来的计算缺陷。由于大变形弹塑性本关系是从超弹性势能获得弹性响应，在闭合弹性变形路径做功为零，因此应力计算时不必对应力率方程积分，也不需要增量客观应力更新算法。由于整个推导非常复杂，《固体本构关系》(黄克智等，1999)给出了基于 J_2 流动法则的率形式的热弹塑性本构关系的表达式：

$$\begin{cases}\boldsymbol{\tau}^{Oldr}=\boldsymbol{C}:\boldsymbol{d}+c\dot{\theta}\\ \boldsymbol{\tau}^{Oldr}=\dot{\boldsymbol{\tau}}-\boldsymbol{l}^{\mathrm{T}}\cdot\boldsymbol{\tau}-\boldsymbol{\tau}\cdot\boldsymbol{l}\end{cases} \tag{6.5.40}$$

式中，$\boldsymbol{\tau}^{Oldr}$ 称为 Oldroyd 导数；$\boldsymbol{d}$ 为材料的变形率张量；$\boldsymbol{l}$ 为变形速度梯度；$\dot{\theta}$ 为温度速率；$\boldsymbol{C}$、$\boldsymbol{c}$ 分别为弹带材料的切线刚度张量和温度张量，具体表达式见《中远程压制火炮射击精度理论》(钱林方等，2020b)。

6.5.7　发射初始条件

实际射击条件下的初始条件可以通过输弹动力学模型，并经卡膛过程弹塑性分析计算

得到,亦可以通过现场测试,获得所需要的参数数据,经技术处理得到。本节仅讨论初始值,有关弹丸卡膛姿态的获取方法详细见《中远程压制火炮射击精度理论》(钱林方等,2020b)。

假定已知弹丸的几何参数和身管内膛结构尺寸,如图 6.5.7 所示。弹丸参数包括弹带宽度、直径分别为 B_F、$2r_F$,下弹带中心点 $o_{Q_{D1}}$ 距几何中心 o_Q 的距离 l_{Q_E},弹丸底缘中心点 o_{Q_D} 距几何中心 o_Q 的距离 $l_{Q_{DE}}$,弹丸底缘的半径 r_{Q_D}。身管内膛参数包括药室膛底半径 r_{Dp}、圆柱段长度 l_{Dp}、坡膛锥度 α_{Dp}。

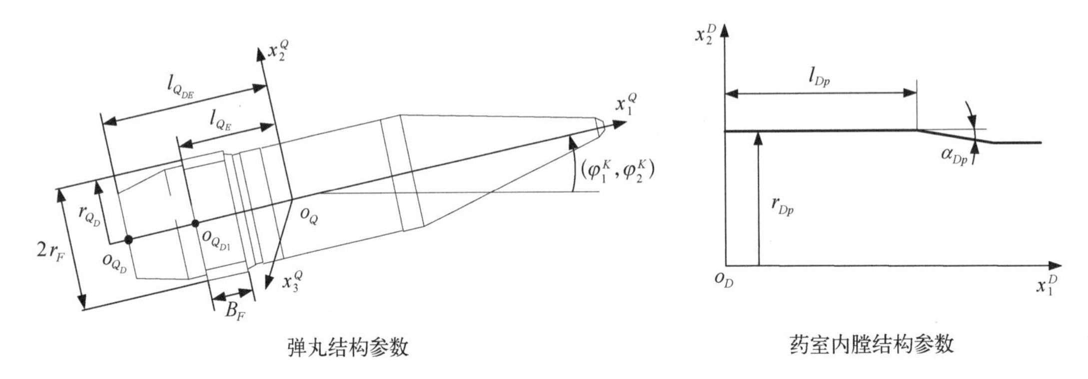

图 6.5.7 弹丸膛内运动基点位置矢量的确定

弹丸弹带完成卡膛后,在坡膛内表面 o_{Dk} 点处相接触,通过法线与身管轴线平行的测量盘与弹丸底部接触点 o_{D2},可测量得到卡膛深度 x_{Dk} 及角度 ϑ_{Dk},若测得卡膛姿态角 φ_1^K、φ_2^K,由此得到弹丸与身管内膛表面上、如图 6.5.8 所示的特征点 o_{D1}、o_{D2}、o_{D3}、o_{D4}、o_{Dk}、o_{Q5}、o_{Q_D}、o_{Q6},其中 o_{D3} 是 $o_{D1}o_{D2}$ 延长线与内膛表面的交点,o_{D4} 是身管内膛圆柱表面过点 o_{D3} 母线与坡膛母线的交点,o_{Dk} 位于过点 o_{D4} 的坡膛圆锥体的母线上,将这些点按序相连形成可一个封闭的回路,记 $o_{D1}o_{D3}$ 间的矢量为 $\boldsymbol{l}_1$,依从类推,$o_{Q6}o_{D1}$ 间的矢量记 $\boldsymbol{l}_7$,由此得到卡膛后形成的封闭回路见图 6.5.9 所示。

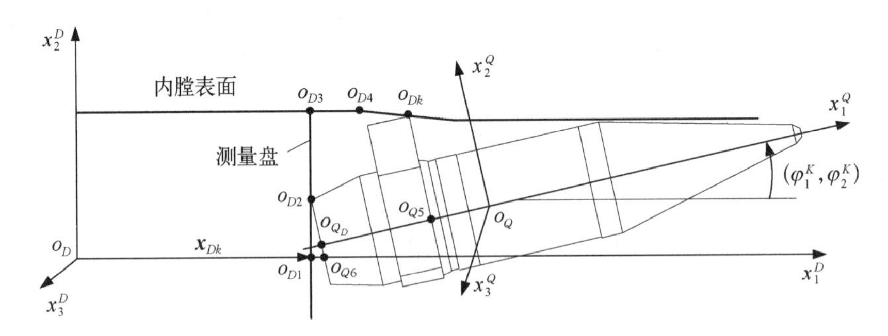

图 6.5.8 弹丸膛内运动基点位置矢量的确定

由此可得

$$\sum_{i=1}^{7} \boldsymbol{l}_i = \boldsymbol{0} \tag{6.5.41}$$

坐标系 $\boldsymbol{i}_Q$ 由坐标系 $\boldsymbol{i}_D$ 经(3-2-1)顺序旋转三个欧拉角 $(\varphi_1^K, -\varphi_2^K, 0)$ 得到,$\boldsymbol{i}_Q$ 与 $\boldsymbol{i}_D$ 的转换关系为

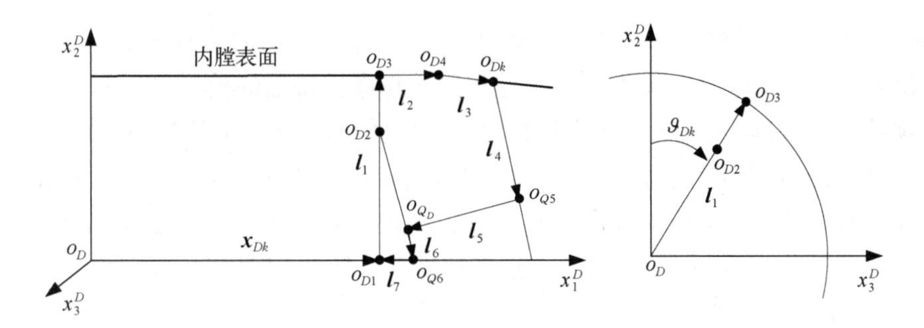

图 6.5.9　卡膛形成的封闭回路

$$^{i_Q}\boldsymbol{e}_i = {}^{321}Q_{ij}(0,\ \varphi_2^K,\ \varphi_1^K)\,{}^{i_D}\boldsymbol{e}_j \tag{6.5.42A}$$

$$\boldsymbol{L}_{i_Q} = {}^{321}Q_{ij}(0,\ \varphi_2^K,\ \varphi_1^K)\,{}^{i_Q}\boldsymbol{e}_i \otimes {}^{i_D}\boldsymbol{e}_j \tag{6.5.42B}$$

$$^{321}Q_{ij}(0,\ \varphi_2^K,\ \varphi_1^K) = \begin{bmatrix} \cos\varphi_2^K\cos\varphi_1^K & \cos\varphi_2^K\sin\varphi_1^K & \sin\varphi_2^K \\ -\sin\varphi_1^K & \cos\varphi_1^K & 0 \\ -\sin\varphi_2^K\cos\varphi_1^K & -\sin\varphi_2^K\sin\varphi_1^K & \cos\varphi_2^K \end{bmatrix} \tag{6.5.42C}$$

由此可得

$$\begin{gathered} \boldsymbol{l}_1 = r_{Dp}(\cos\vartheta_{Dk}\,{}^{i_D}\boldsymbol{e}_2 + \sin\vartheta_{Dk}\,{}^{i_D}\boldsymbol{e}_3),\quad \boldsymbol{l}_2 = (l_{Dp} - x_{Dk}r_{Dp})\,{}^{i_D}\boldsymbol{e}_1, \\ \boldsymbol{l}_3 = l_3(\cos\alpha_{Dp}\,{}^{i_D}\boldsymbol{e}_1 - \sin\alpha_{Dp}\,{}^{i_D}\boldsymbol{e}_2),\quad \boldsymbol{l}_4 = r_F(\sin\varphi_1^{K\,i_D}\boldsymbol{e}_1 - \cos\varphi_1^{K\,i_D}\boldsymbol{e}_2), \\ \boldsymbol{l}_5 = -(l_{Q_{DE}} - l_{Q_E} + B_F)(\cos\varphi_2^K\cos\varphi_1^{K\,i_D}\boldsymbol{e}_1 + \cos\varphi_2^K\sin\varphi_1^{K\,i_D}\boldsymbol{e}_2 + \sin\varphi_2^{K\,i_D}\boldsymbol{e}_3), \\ \boldsymbol{l}_6 = l_6(\sin\varphi_1^{K\,i_D}\boldsymbol{e}_1 - \cos\varphi_1^{K\,i_D}\boldsymbol{e}_2),\quad \boldsymbol{l}_7 = -l_7\,{}^{i_D}\boldsymbol{e}_1 \end{gathered} \tag{6.5.43}$$

将式(6.5.43)代入式(6.5.41)得三个未知标量 l_3、l_6、l_7 方程组,解得 l_3、l_6、l_7。由此可得卡膛初始值为

$$\boldsymbol{r}_{DQ}(t_K) = \boldsymbol{x}_{Dk} - \boldsymbol{l}_7 - \boldsymbol{l}_6 + l_{Q_{DE}}(\cos\varphi_2^K\cos\varphi_1^{K\,i_D}\boldsymbol{e}_1 + \cos\varphi_2^K\sin\varphi_1^{K\,i_D}\boldsymbol{e}_2 + \sin\varphi_2^{K\,i_D}\boldsymbol{e}_3) \tag{6.5.44}$$

用同样的方法亦可得到弹带与身管坡膛卡膛接触位置点 o_{Dk} 的位置矢量。

6.5.8　地面接触边界条件

底盘上千斤顶、座盘、大架(驻锄)与土壤接触,需要建立接触边界条件。钱林方等(2020b)给出了作用面积为 A_A 的座钣与土壤接触时,作用在座钣上载荷 $\boldsymbol{F}_A(\boldsymbol{k}_A,\ \boldsymbol{u}_A,\ \dot{\boldsymbol{u}}_A)$ 的变化规律如下。

加载:

$$\boldsymbol{F}_A(\boldsymbol{k}_A,\ \boldsymbol{u}_A,\ \dot{\boldsymbol{u}}_A) = -\left(\frac{k_c}{b} + k_\varphi\right) z^{n_t} A_A(\boldsymbol{n}_A + \mu(\dot{u}_t)\,\mathrm{sign}(\dot{u}_t)\boldsymbol{t}_A) \tag{6.5.45A}$$

卸载:

$$\boldsymbol{F}_A(\boldsymbol{k}_A,\ \boldsymbol{u}_A,\ \dot{\boldsymbol{u}}_A) = -(p_{\max} - (k_0 + k_u z_{\max})(z_{\max} - z))A_A(\boldsymbol{n}_A + \mu(\dot{u}_t)\,\mathrm{sign}(\dot{u}_t)\boldsymbol{t}_A) \tag{6.5.45B}$$

式中，$\boldsymbol{n}_A$、$\boldsymbol{t}_A$ 分别为接触面法向、切向速度的单位矢量；$\dot{u}_t$ 为面内切向速度（m/s）；k_c 是反映土壤附着特征的模量（$\mathrm{kN/m}^{(n+1)}$）；k_φ 是反映土壤摩擦特征的模量（$\mathrm{kN/m}^{(n+2)}$）；z 为座钣对土壤的压缩量（m），n_t 为土壤变形指数；b 为座钣两个方向上的最小尺寸（m）（若座钣是圆形结构，则 b 为半径；若座钣是矩形，则 b 为较小边长度）；$p_{\max}$（$\mathrm{kN/m^2}$）和 $z_{\max}$ 分别为卸载开始时的压力和土壤下沉量，$(k_0+k_u z_{\max})$ 则是卸载阶段的平均模量；k_0 和 k_u 分别为土壤的特征参数，可通过试验确定，上述参数见表 6.5.1。从表中可以看出，不同土壤工况，参数的变化范围非常大。

表 6.5.1　典型土壤的特征参数

参　数	松沙土	干　沙	沙　土	软　土	黏　土	LETE 沙土
n_t	1.6	1.1	0.2	0.8	0.5	0.793
k_c	225.14	0.95	4.4	18.54	13.19	102
k_φ	2 216	1 528.43	196.15	911.4	692.15	5 301
k_0	0	—	—	0	—	0
k_u	503 000	—	—	86 000	—	50 300

假定千斤顶、座盘、大架（驻锄）中的某一结构，在底盘上的安装位置点坐标为 $\boldsymbol{x}_A^U$，与地面接触点的位置坐标为 $\boldsymbol{x}_A^L$；射击前，系统处于静态平衡状态，相对于总装配图上的零位状态，系统在自重作用下土壤发生静态变形，导致 $\boldsymbol{i}_A$ 原点 o_A 处的静态变形为 $\boldsymbol{r}_A(0)$、$\boldsymbol{\beta}_A(0)$，点 $\boldsymbol{x}_A^L$ 的静态变形 $\boldsymbol{u}_A^L(0)$ 为

$$\boldsymbol{u}_A^L(0)=\boldsymbol{r}_A(0)+\boldsymbol{\beta}_A(0)\times\boldsymbol{x}_A^L \tag{6.5.46}$$

点 $\boldsymbol{x}_A^L$ 处的作用力可以写成如下的一般表达式：

$$\boldsymbol{F}_A=\boldsymbol{F}_A(0)+\boldsymbol{F}_A(\boldsymbol{k}_A,\boldsymbol{u}_A^L,\dot{\boldsymbol{u}}_A^L) \tag{6.5.47A}$$

其中，

$$\boldsymbol{u}_A^L=\boldsymbol{r}_A+\boldsymbol{\beta}_A\times\boldsymbol{x}_A^L \tag{6.5.47B}$$

$$\dot{\boldsymbol{u}}_A^L=\dot{\boldsymbol{r}}_A+\boldsymbol{\omega}_A\times\boldsymbol{x}_A^L \tag{6.5.47C}$$

由此可得

$$\boldsymbol{u}_A=[\boldsymbol{\beta}_A(t)-\boldsymbol{\beta}_A(0)]\times\boldsymbol{x}_A^L,\quad z=\|\boldsymbol{u}_A\|,\quad \boldsymbol{n}_A=\frac{\boldsymbol{x}_A^U-\boldsymbol{x}_A^L}{\|\boldsymbol{x}_A^U-\boldsymbol{x}_A^L\|} \tag{6.5.48}$$

$$\dot{\boldsymbol{u}}_A=\boldsymbol{\omega}_A(t)\times\boldsymbol{x}_A^L=\dot{\boldsymbol{u}}_t^A+\dot{\boldsymbol{u}}_n^A,\quad \dot{\boldsymbol{u}}_n^A=(\dot{\boldsymbol{u}}_A\cdot\boldsymbol{n}_A)\boldsymbol{n}_A,\quad \dot{\boldsymbol{u}}_t^A=\dot{\boldsymbol{u}}_A-\dot{\boldsymbol{u}}_n^A,$$

$$\dot{u}_t=\|\dot{\boldsymbol{u}}_t^A\|,\quad \boldsymbol{t}_A=\frac{\dot{\boldsymbol{u}}_t^A}{\dot{u}_t} \tag{6.5.49}$$

将式(6.5.47)~(6.5.49)代入式(6.5.26)即可得到千斤顶、座盘、大架(驻锄)与地面间的接触载荷,由此得到接触载荷与底盘角位移和角速度之间的映射关系。

6.5.9 运动状态及转换关系

6.5.9.1 火炮关键参数的确定

在弹炮耦合运动方程式(6.5.25)中,若划掉与弹丸膛内运动自由度 $\boldsymbol{s}_Q$、$\boldsymbol{w}_F$ 相关的项,利用边界条件和初始条件,并对方程进行求解,可计算得到身管牵连运动状态变量有身管原点 o_D 的牵连运动状态参数,包括身管的牵连运动位移 $\boldsymbol{U}_D$、速度 $\dot{\boldsymbol{U}}_D$ 和角速度 $\boldsymbol{\omega}_D$,及身管轴线指向 ${}^{i_D}\boldsymbol{e}_1$。身管指向 ${}^{i_D}\boldsymbol{e}_1$ 由惯性坐标系 $\boldsymbol{i}_G$ 经(2-3-1)顺序旋转三个欧拉角 $-\theta_2$、θ_1、θ_3 得到,θ_1、θ_2 亦称为身管指向角。当 $t=t_0$ 时 $\theta_{10}=\theta_1(t_0)$、$\theta_{20}=\theta_2(t_0)$ 即为身管的初始指向角。钱林方等(2020b)给出了 ${}^{i_D}\boldsymbol{e}_1$ 与 ${}^{i_G}\boldsymbol{e}_j$ 的转换关系为

$$ {}^{i_D}\boldsymbol{e}_i = {}^{231}Q_{ij}(\theta_3, \theta_2, \theta_1)\, {}^{i_G}\boldsymbol{e}_j \tag{6.5.50A} $$

$$ \boldsymbol{\omega}_D = \omega_j^{D\,i_D}\boldsymbol{e}_j \tag{6.5.50B} $$

其中,

$$ \begin{cases} {}^{231}Q_{12}(\theta_3, \theta_2, \theta_1) = \sin\theta_1 \\ {}^{231}Q_{13}(\theta_3, \theta_2, \theta_1) = \sin\theta_2\cos\theta_1 \\ {}^{231}Q_{23}(\theta_3, \theta_2, \theta_1) = -\sin\theta_3\cos\theta_1 \end{cases} \tag{6.5.50C} $$

$$ \begin{cases} \omega_1^D = \dot{\theta}_3 + \dot{\theta}_1\sin\theta_2 \\ \omega_2^D = -\dot{\theta}_2\cos\theta_3 + \dot{\theta}_1\sin\theta_3\cos\theta_2 \\ \omega_3^D = \dot{\theta}_2\sin\theta_3 + \dot{\theta}_1\cos\theta_3\cos\theta_2 \end{cases} \tag{6.5.50D} $$

另一方面由式(6.1.7)可计算得到经底盘、上架、摇架、身管等坐标系得到 $\boldsymbol{i}_D$ 与 $\boldsymbol{i}_G$ 间的关系为

$$ {}^{i_D}\boldsymbol{e}_i = L_{ij}^{DG\,i_G}\boldsymbol{e}_j \tag{6.5.51A} $$

$$ \begin{aligned} L_{ij}^{DG} = {} & {}^{321}Q_{ik}(\beta_1^{Dr}, \beta_2^{Dr}, \beta_3^{Dr}) \cdot {}^{321}Q_{kl}(\beta_1^{Cr}, \beta_2^{Cr}, \beta_3^{Cr}+\beta_{10}) \cdot \\ & {}^{231}Q_{lm}(\beta_1^{Br}, \beta_2^{Br}+\beta_{20}, \beta_3^{Br}) \cdot {}^{231}Q_{mj}(\beta_1^{A}+\Theta_{R0}, \beta_2^{A}, \beta_3^{A}+\Theta_{E0}) \end{aligned} \tag{6.5.51B} $$

令式(6.5.50A)与式(6.5.51A)相等,由此可得

$$ \begin{cases} \theta_1 = \sin^{-1}L_{12}^{DG} \\ \theta_2 = \sin^{-1}\dfrac{L_{13}^{DG}}{\cos\theta_1} \\ \theta_3 = -\sin^{-1}\dfrac{L_{23}^{DG}}{\cos\theta_1} \end{cases} \tag{6.5.52} $$

由式(6.5.50D)可得

$$\begin{cases}\dot{\theta}_1=\dfrac{\omega_2^D\sin\theta_3+\omega_3^D\cos\theta_3}{\cos\theta_2}\\ \dot{\theta}_2=\omega_3^D\sin\theta_3-\omega_2^D\cos\theta_3\\ \dot{\theta}_3=\omega_1^D-\dot{\theta}_1\sin\theta_2\end{cases}\tag{6.5.53}$$

记：

$$\boldsymbol{\Theta}(t)=(\theta_1,\theta_2,\theta_3,\dot{\theta}_1,\dot{\theta}_2,\dot{\theta}_3,t)\tag{6.5.54}$$

$\boldsymbol{\Theta}(t)$ 代表了身管的牵连角运动，显然 $\boldsymbol{\Theta}(t)$ 与火炮发射初始条件 $\boldsymbol{Y}_0$、火炮参数 $\boldsymbol{Y}$ 密切相关：

$$\boldsymbol{\Theta}=\boldsymbol{\Theta}(\boldsymbol{Y}_0,\boldsymbol{Y},t)\tag{6.5.55}$$

当 $t=t_G$ 时，记：

$$\boldsymbol{\Theta}_G=\boldsymbol{\Theta}(\boldsymbol{Y}_0,\boldsymbol{Y},t_G)\tag{6.5.56}$$

弹丸出炮口时身管的角运动状态 $\boldsymbol{\Theta}_G$ 影响着弹丸飞行的初始条件，是造成弹丸散布的关键因素之一。火炮众多参数 $\boldsymbol{Y}$ 对火炮射击精度影响都是通过赋予身管的初始扰动体现，因此分析身管角运动的影响因素，是火炮动力学仿真分析的重要研究目的。

Morris 法通过在参数空间中分布一系列的轨迹，通过轨迹上梯度的统计计算获得参数的敏感性，具有全局和局部的特点。通过随机遍历地改变一组样本点中各变量的值，生成一条 Morris 轨迹，如此重复可在参数变化区间内生成众多轨迹。具体步骤如下：

（1）映射火炮角运动参数 $\boldsymbol{\Theta}(\boldsymbol{Y},\boldsymbol{Y}_0,\boldsymbol{P},t)$；

（2）生成 M 条初始 Morris 轨迹；

（3）定义两条轨迹间的欧氏距离；

（4）选取准优化轨迹；

（5）计算轨迹基本因素；

（6）比较统计量获得对 $\boldsymbol{\Theta}(\boldsymbol{Y},\boldsymbol{Y}_0,\boldsymbol{P},t)$ 有重要影响的关键参数 $\boldsymbol{Y}_p$。

记火炮关键参数集 $\boldsymbol{Y}_P$ 的均值和协方差矩阵分别为

$$\boldsymbol{\mu}_{Y_P},\boldsymbol{\Sigma}_{Y_P}\tag{6.5.57}$$

6.5.9.2　炮口状态参数转换

利用边界条件、弹丸运动约束条件和初始条件，求解弹炮耦合运动方程式(6.5.25)，可计算得到弹丸运动状态变量 $\boldsymbol{Z}$，$\boldsymbol{Z}$ 的组成有：

（1）弹丸坐标系 $\boldsymbol{i}_Q$；

（2）弹丸坐标系原点 o_Q 处的相对于原点 o_D 的位移 $\boldsymbol{r}_{DQ}$ 和速度 $\dot{\boldsymbol{r}}_{DQ}$，相对惯性坐标系原点 o_G 处的位移 $\boldsymbol{U}_Q$、速度 $\dot{\boldsymbol{U}}_Q$；

（3）弹丸转动角速度 $\boldsymbol{\omega}_Q$ 和相对身管的转动角速度 $\boldsymbol{\omega}_{DQ}$；

（4）身管角位移及角速度 $\boldsymbol{\Theta}(t)$；

（5）弹丸相对身管的角位移 ϕ、κ_1、κ_2。

将求解上述弹丸运动状态变量 $\boldsymbol{Z}$ 的计算过程，用如下一般函数来表示：

$$\boldsymbol{Z}=\boldsymbol{H}(\boldsymbol{Y}_0,\ \boldsymbol{Y}_p,\ \boldsymbol{P},\ t) \tag{6.5.58}$$

特别当 $t=t_G$ 时,利用 $\boldsymbol{Z}_G=\boldsymbol{Z}(t_G)$ 可计算得到弹丸飞离炮口时刻的状态变量 $\boldsymbol{X}_G$,具体计算公式如下。

(1) 位移:

$$\boldsymbol{x}(t_G)=\boldsymbol{U}_Q(t_G)-\boldsymbol{x}_g \tag{6.5.59}$$

式中 $\boldsymbol{x}_g$ 为射击前坐标系 $\boldsymbol{i}_G$ 原点 o_G 至坐标系 $\boldsymbol{i}_g$ 原点 o_g 的位置矢量,为常量。

(2) 速度:

$$v_g=\|\dot{\boldsymbol{U}}_Q(t_G)\|,\quad \sin\psi_b=\frac{\dot{\boldsymbol{U}}_Q(t_G)\cdot{}^{i_g}\boldsymbol{e}_3}{v_g},\quad \sin\psi_a=\frac{\dot{\boldsymbol{U}}_Q(t_G)\cdot{}^{i_g}\boldsymbol{e}_2}{v_g\cos\psi_b} \tag{6.5.60}$$

且有

$$\psi_1(t_G)=\psi_a(t_G)-\theta_{10},\quad \psi_2(t_G)=\psi_b(t_G)-\theta_{20} \tag{6.5.61}$$

身管的跳动量为

$$\Delta\theta_1=\theta_1(t_G)-\theta_{10},\quad \Delta\theta_2=\theta_2(t_G)-\theta_{20},\quad \Delta\dot{\theta}_1=\dot{\theta}_1(t_G),\quad \Delta\dot{\theta}_2=\dot{\theta}_2(t_G) \tag{6.5.62}$$

(3) 角位移量:

$$\sin\varphi_b(t_G)=L_{13}^{QG}(t_G),\quad \sin\varphi_a(t_G)=L_{12}^{QG}(t_G)/\cos\varphi_b(t_G),\quad \sin\gamma(t_G)=L_{23}^{QG}(t_G)/\cos\varphi_b(t_G) \tag{6.5.63}$$

且有

$$\varphi_1(t_G)=\varphi_a(t_G)-\theta_{10},\quad \varphi_2(t_G)=\varphi_b(t_G)-\theta_{20} \tag{6.5.64}$$

$$\begin{cases}\sin\delta_2(t_G)=\cos\psi_b(t_G)\sin\varphi_b(t_G)-\sin\psi_b(t_G)\cos\varphi_b(t_G)\cos[\varphi_a(t_G)-\psi_a(t_G)]\\ \sin\delta_1(t_G)=\cos\varphi_b(t_G)\sin\varphi_a(t_G)/\cos\delta_2(t_G)\end{cases} \tag{6.5.65}$$

(4) 角速度量:

$$\begin{cases}\dot{\varphi}_2(t_G)=\omega_3^Q(t_G)\sin\gamma(t_G)-\omega_2^Q(t_G)\cos\gamma(t_G)\\ \dot{\varphi}_1(t_G)=[\omega_3^Q(t_G)\cos\gamma(t_G)+\omega_2^Q(t_G)\sin\gamma(t_G)]/\cos\varphi_b(t_G)\\ \dot{\gamma}(t_G)=\omega_1^Q(t_G)-\dot{\varphi}_1(t_G)\sin\varphi_b(t_G)\end{cases} \tag{6.5.66}$$

记式(6.5.59)~(6.5.66)的一般表达式为 $\boldsymbol{X}_G=\boldsymbol{G}(\boldsymbol{Z}_G)$,将式(6.5.58)代入上式,得

$$\boldsymbol{X}_G=\boldsymbol{G}(\boldsymbol{Z}_G)=\boldsymbol{G}[\boldsymbol{H}(\boldsymbol{Y}_0,\ \boldsymbol{Y}_p,\ \boldsymbol{P},\ t_G)] \tag{6.5.67}$$

对式(6.5.67)求其均值和协方差矩阵,得

$$\begin{cases}\boldsymbol{\mu}_{X_G}=\boldsymbol{G}[\boldsymbol{H}(\boldsymbol{Y}_0,\boldsymbol{\mu}_{Y_p},\ t_G)]\\ \boldsymbol{\Sigma}_{X_G}=\dfrac{\partial\boldsymbol{G}[\boldsymbol{H}(\boldsymbol{Y}_0,\boldsymbol{\mu}_{Y_p},\ t_G)]}{\partial\boldsymbol{Y}_p}\cdot\boldsymbol{\Sigma}_{Y_p}\cdot\left(\dfrac{\partial\boldsymbol{G}[\boldsymbol{H}(\boldsymbol{Y}_0,\boldsymbol{\mu}_{Y_p},\ t_G)]}{\partial\boldsymbol{Y}_p}\right)^{\mathrm{T}}\end{cases} \tag{6.5.68}$$

式(6.5.68)建立了$\boldsymbol{\mu}_{X_G}$、$\boldsymbol{\Sigma}_{X_G}$与$\boldsymbol{\mu}_{Y_p}$、$\boldsymbol{\Sigma}_{Y_p}$的隐含映射关系，通过控制$\boldsymbol{\mu}_{Y_p}$、$\boldsymbol{\Sigma}_{Y_p}$实现间接控制$\boldsymbol{\mu}_{X_G}$、$\boldsymbol{\Sigma}_{X_G}$，最终达到控制射击密集度$\boldsymbol{\mu}_{x_C}$、$\boldsymbol{\Sigma}_{x_C}$的目的，这就是射击密集度设计与分析的要点。

6.6 弹丸膛内运动状态参数概率特性分析

6.6.1 概率密度演化方程

给定火炮关键参数数字特征$\boldsymbol{\mu}_{Y_p}$、$\boldsymbol{\Sigma}_{Y_p}$，及初始条件和边界条件，利用弹丸膛内运动的确定性方程组(6.5.25)，采用蒙特卡洛法就可得到随机变量$\boldsymbol{Z}$的均值$\boldsymbol{\mu}_{\boldsymbol{Z}}$和协方差矩阵$\boldsymbol{\Sigma}_{\boldsymbol{Z}}$，当$t = t_G$时，这些均值和协方差矩阵即为$\boldsymbol{\mu}_{Z_G}$,$\boldsymbol{\Sigma}_{Z_G}$，利用转换关系式(6.5.67)即可计算得到$\boldsymbol{\mu}_{X_G}$,$\boldsymbol{\Sigma}_{X_G}$。

蒙特卡洛法的基本原理是在结构参数空间域内进行随机离散，得到离散点集，对离散点集中的每个点，求解方程(6.5.25)，即得到一个解，对离散点集中的所有点进行求解可得所有离散点集上的解，对解的结果进行数值统计，即可得到这些状态变量的数字特征$\boldsymbol{\mu}_{Z_G}$,$\boldsymbol{\Sigma}_{Z_G}$。由于蒙特卡洛法的计算工作量巨大，本节利用随机动力学的基本原理，采用概率密度演化理论来获得$\boldsymbol{\mu}_{Z_G}$,$\boldsymbol{\Sigma}_{Z_G}$的计算方法。

随机变量$\boldsymbol{Z}$中任意取值z，则可将确定性方程组(6.5.25)改写成如下形式：

$$\dot{z} = \boldsymbol{h}(\boldsymbol{y}_p,\ z,\ \boldsymbol{p},\ t) \tag{6.6.1}$$

式中，$\boldsymbol{h}(\cdot)$由式(6.5.25)得到的多维复杂的函数关系，$\boldsymbol{p}$为作用在系统上载荷，$\boldsymbol{y}_p$为火炮关键参数。

将确定性微分方程组(6.6.1)改写成用随机变量表示的随机动力学方程：

$$\dot{\boldsymbol{Z}} = \boldsymbol{H}(\boldsymbol{Z},\ \boldsymbol{Y}_p,\ \boldsymbol{P},\ t) \tag{6.6.2}$$

其中，$\boldsymbol{Y}_p$表示与火炮关键参数$\boldsymbol{y}_p$对应的随机变量；$\boldsymbol{P}$表示与作用在系统上载荷$\boldsymbol{p}$对应的随机载荷，其均值和协方差矩阵分别为$\boldsymbol{\mu}_{\boldsymbol{P}}$、$\boldsymbol{\Sigma}_{\boldsymbol{P}}$，假定$\boldsymbol{Z}$中随机变量元素数目为$n_Q$，$Z_l(t)$ $(l = 1, 2, \cdots, n_Q)$为状态参数$\boldsymbol{Z}(t)$中的第l个分量，记$\dot{Z}_l(t) = A_l(\boldsymbol{Z},\ \boldsymbol{Y}_p,\ \boldsymbol{P},\ t)$为方程式(6.6.2)中状态参数$\dot{\boldsymbol{Z}}(\boldsymbol{y}_p,\ t) = (\dot{Z}_1,\ \cdots,\ \dot{Z}_l\cdots,\ \dot{Z}_{n_Q})^{\mathrm{T}}$的第$l$分量$(l = 1,\ 2,\ \cdots,\ n_Q)$。

弹丸随机运动方程(6.6.2)的初始条件为

$$\boldsymbol{Z}(t)\big|_{t=t_0} = \boldsymbol{Z}(t_0) \tag{6.6.3}$$

边界条件为

$$\boldsymbol{B}(\boldsymbol{Z},\ t) = \boldsymbol{0} \tag{6.6.4}$$

在以下的讨论中，不考虑载荷的随机性，用$\boldsymbol{y}_p$表示$\boldsymbol{Y}_p$的一个取值，记$\boldsymbol{Y}_p$的联合概率密度为$f_{Y_p}(\boldsymbol{y}_p)$。通过求解式(6.6.2)可得到随机状态变量的解$\boldsymbol{Z}(t)$。为便于后面的讨论，该解的一般表达式记为

$$\boldsymbol{Z}(t)=\boldsymbol{H}(\boldsymbol{Y}_p,t),\quad 或\quad Z_l(t)=H_l(\boldsymbol{Y}_p,t) \tag{6.6.5}$$

记状态变量 $\boldsymbol{Z}$ 与系统随机参数变量 $\boldsymbol{Y}_p$ 的联合概率密度函数为 $f_{\boldsymbol{ZY}_p}(\boldsymbol{z},\boldsymbol{y}_p,t)$，根据概率守恒原理有

$$\frac{\mathrm{D}}{\mathrm{D}t}\int_{\Omega_t\times\Omega_{y_p}} f_{ZY_p}(z,y_p,t)\,\mathrm{d}\boldsymbol{z}\mathrm{d}\boldsymbol{y}_p=0 \tag{6.6.6}$$

其中，Ω_t 为状态空间中的任意区域；Ω_{y_p} 为概率空间 Ω_{Y_p} 中任意区域。

由 Reynold 输运定理，下式成立：

$$\int_{\Omega_t\times\Omega_{y_p}}\left[\frac{\partial f_{\boldsymbol{ZY}_p}(\boldsymbol{z},\boldsymbol{y}_p,t)}{\partial t}+\sum_{l=1}^{n_Q}\dot{Z}_l(\boldsymbol{y}_p,t)\frac{\partial f_{\boldsymbol{ZY}_p}(\boldsymbol{z},\boldsymbol{y}_p,t)}{\partial z_l}\right]\mathrm{d}\boldsymbol{z}\mathrm{d}\boldsymbol{y}_p=0 \tag{6.6.7}$$

注意到，式(6.6.7)对任意时间下的状态空间 Ω_t 均是成立的，故有

$$\int_{\Omega_{y_p}}\left[\frac{\partial f_{\boldsymbol{ZY}_p}(\boldsymbol{z},\boldsymbol{y}_p,t)}{\partial t}+\sum_{l=1}^{n_Q}\dot{Z}_l(\boldsymbol{y}_p,t)\frac{\partial f_{\boldsymbol{ZY}_p}(\boldsymbol{z},\boldsymbol{y}_p,t)}{\partial z_l}\right]\mathrm{d}\boldsymbol{y}_p=0 \tag{6.6.8}$$

式(6.6.8)在任意一个属于概率空间 Ω_{Y_p} 的区域 Ω_{y_p} 上是成立的，因此，不妨对概率空间 Ω_{Y_p} 进行剖分，并记剖分子域为 Ω_q，$q=1,2,\cdots,n_Y$，使其满足：

$$\Omega_{Y_p}=\bigcup_{q=1}^{n_Y}\Omega_q,\ \Omega_q\cap\Omega_r=\phi,\ \forall q\neq r \tag{6.6.9}$$

由此，式(6.6.8)可改写为

$$\int_{\Omega_q}\left[\frac{\partial f_{\boldsymbol{ZY}_p}(\boldsymbol{z},\boldsymbol{y}_p,t)}{\partial t}+\sum_{l=1}^{n_Q}\dot{Z}_l(\boldsymbol{y}_p,t)\frac{\partial f_{\boldsymbol{ZY}_p}(\boldsymbol{z},\boldsymbol{y}_p,t)}{\partial z_l}\right]\mathrm{d}\boldsymbol{y}_p=0,\quad q=1,2,\cdots,n_Y \tag{6.6.10}$$

式(6.6.10)可进一步写为

$$\frac{\partial f_{\boldsymbol{Z}}^{(q)}(\boldsymbol{z},\boldsymbol{t})}{\partial t}+\sum_{l=1}^{n_Q}\dot{Z}_l(\boldsymbol{y}_p,t)\frac{\partial f_{\boldsymbol{Z}}^{(q)}(\boldsymbol{z},\boldsymbol{t})}{\partial z_l}=0,\quad q=1,2,\cdots,n_Y \tag{6.6.11}$$

6.6.2 初边值条件

式(6.6.11)对应的初始条件为

$$f_{\boldsymbol{ZY}_p}(\boldsymbol{z},\boldsymbol{y}_p,t_0)=\prod_{l=1}^{n_Q}\delta(z_l-z_l(t_0))f_{Y_p}(\boldsymbol{y}_p),\quad q=1,2,\cdots,n_Y \tag{6.6.12}$$

其中，$\delta(\cdot)$ 为 Dirac Delta 函数。

边界条件为

$$f_{\boldsymbol{ZY}_p}(\boldsymbol{z},\boldsymbol{y}_p,t)\big|_{z_l\to\infty}=0,\quad l=1,\cdots,n_Q \tag{6.6.13}$$

求解式(6.6.11)、(6.6.12)便可得响应 Z 的概率密度函数：

$$f_{\mathbf{Z}}(z, t) = \sum_{q=1}^{n_Y} f_{\mathbf{Z}}^{(q)}(z, t) \tag{6.6.14}$$

6.6.3 数字特征分析计算

由(6.6.14)即可得随机参数 $Z_l(l = 1, 2, \cdots, n_Q)$ 的期望值(均值):

$$\mu_{Z_l} = E(Z_l) = \int_{\Omega_{Z_l}} z_l \quad f_{Z_l}(z_l, t)\mathrm{d}z_l \tag{6.6.15}$$

式中,Ω_{Z_l} 为随机变量 Z_l 的取值域,由此可得$\boldsymbol{\mu}_Z$。

随机参数 Z_k、$Z_l(k, l = 1, 2, \cdots, n_Q)$ 的协方差为

$$\sigma_{Z_kZ_l}^2 = \mathrm{cov}(Z_k, Z_l) = \int_{\Omega_{Z_kZ_l}} (z_k - \mu_{Z_k})(z_l - \mu_{Z_l}) f_{Z_k, Z_l}(z_k, z_l, t)\mathrm{d}z_k\mathrm{d}z_l \tag{6.6.16}$$

特别是,当 $k, l = 1, 2, \cdots, n_Q$ 进行变化时,由上式即可得到随机变量 $\mathbf{Z}$ 的协方差矩阵 $\boldsymbol{\Sigma}_{\mathbf{Z}}$:

$$\boldsymbol{\Sigma}_{\mathbf{Z}} = [\sigma_{Z_kZ_l}^2] \tag{6.6.17}$$

显然 $\boldsymbol{\Sigma}_{\mathbf{Z}}$ 的对角元素为 $\sigma_{Z_l}^2$。

式(6.6.14)给出了弹丸膛内随机状态变量 $\mathbf{Z}$ 概率密度函数 $f_{\mathbf{Z}}(z, t)$ 与火炮基本随机变量 $\boldsymbol{Y}_P$ 均值$\boldsymbol{\mu}_{Y_P}$、协方差矩阵 $\boldsymbol{\Sigma}_{Y_P}$ 之间的隐含变化关系,$f_{\mathbf{Z}}(z, t)$ 的分布规律确定了弹丸膛内运动的基本特征。式(6.6.15)~(6.6.17)分别给出了由概率密度函数$f_{\mathbf{Z}}(z, t)$ 计算得到的在时刻 t 时弹丸膛内随机状态变量 $\mathbf{Z}$ 的均值$\boldsymbol{\mu}_{\mathbf{Z}}$ 和协方差矩阵 $\boldsymbol{\Sigma}_{\mathbf{Z}}$。由此得到弹丸状态变量数字特征在膛内运动的变化规律$\boldsymbol{\mu}_{\mathbf{Z}}(t)$、$\boldsymbol{\Sigma}_{\mathbf{Z}}(t)$,其变化关系有

$$\boldsymbol{\mu}_{\mathbf{Z}}(t) = \boldsymbol{\mu}_{\mathbf{Z}}(\boldsymbol{\mu}_{Y_P}, t), \boldsymbol{\Sigma}_{\mathbf{Z}}(t) = \boldsymbol{\Sigma}_{\mathbf{Z}}(\boldsymbol{\mu}_{Y_P}, \boldsymbol{\Sigma}_{Y_P}, t) \tag{6.6.18}$$

特别当 $t = t_G$ 时,记:

$$\mathbf{Z}_G = \mathbf{Z}(t_G), \quad \boldsymbol{\mu}_{\mathbf{Z}_G} = \boldsymbol{\mu}_{\mathbf{Z}}(\boldsymbol{\mu}_{Y_P}, t_G), \quad \boldsymbol{\Sigma}_{\mathbf{Z}_G} = \boldsymbol{\Sigma}_{\mathbf{Z}}(\boldsymbol{\mu}_{Y_P}, \boldsymbol{\Sigma}_{Y_P}, t_G) \tag{6.6.19}$$

6.7 射击精度设计原理

6.7.1 设计原理

射击精度是一组弹丸炸点 $\boldsymbol{x}_C$ 对目标点 $\boldsymbol{x}_M$ 偏离的统计量。射击精度的协方差矩阵 $\boldsymbol{Y}_{x_C}$ 可表为

$$\boldsymbol{Y}_{x_C} = E[(\boldsymbol{x}_C - \boldsymbol{x}_M) \cdot (\boldsymbol{x}_C - \boldsymbol{x}_M)^{\mathrm{T}}] = \boldsymbol{\Sigma}_{x_C} + \boldsymbol{\Pi}_{x_C} \tag{6.7.1}$$

其中,$E(\cdot)$ 为求变量 $(\cdot)$ 的期望值,且有

$$\boldsymbol{\Sigma}_{x_C} = E[(\boldsymbol{x}_C - E(\boldsymbol{x}_C)) \cdot (\boldsymbol{x}_C - E(\boldsymbol{x}_C))^{\mathrm{T}}] \tag{6.7.2A}$$

$$\boldsymbol{\Pi}_{x_C} = [E(\boldsymbol{x}_C) - \boldsymbol{x}_M] \cdot [E(\boldsymbol{x}_C) - \boldsymbol{x}_M]^{\mathrm{T}} \tag{6.7.2B}$$

式中,$\boldsymbol{\Sigma}_{x_C}$ 为一组弹丸炸点散布(密集度)的协方差矩阵;$\boldsymbol{\Pi}_{x_C}$ 为一组弹丸炸点散布中心对目标点准确度的协方差矩阵。

射击精度设计是中远程火炮设计中的一个核心问题,其基本原理是根据射击精度要求,通过对影响射击精度的弹药和火炮中的关键因素进行约束控制设计,获得满足射击精度要求的关键参数的均值和均方差等的统计量。

式(6.3.20)、(6.6.19)分别给出了弹丸炸点位置坐标与炮口状态变量,炮口状态变量与火炮关键参数之间的映射关系,这些表达式是火炮射击精度设计原理的基础。

记弹丸落点散布均值$\boldsymbol{\mu}_{x_C} = E(\boldsymbol{x}_C)$,弹丸炮口状态参数均值$\boldsymbol{\mu}_{X_G}$、散布的协方差矩阵$\boldsymbol{\Sigma}_{X_G}$,由式(6.7.2B)可得

$$\boldsymbol{\Pi}_{x_C} = (\boldsymbol{\mu}_{x_C} - \boldsymbol{x}_M) \cdot (\boldsymbol{\mu}_{x_C} - \boldsymbol{x}_M)^{\mathrm{T}} \tag{6.7.3}$$

由上式及式(6.2.15)可得

$$\boldsymbol{\mu}_{x_C} = \boldsymbol{x}_M + \boldsymbol{R}_{\Pi_{x_C}} \tag{6.7.4}$$

$$\boldsymbol{R}_{\Pi_{x_C}} = \sqrt{J_1}(\sin \vartheta^{i_g} \boldsymbol{e}_1 + \cos \vartheta^{i_g} \boldsymbol{e}_3), \quad J_1 = \mathrm{tr}(\boldsymbol{\Pi}_{x_C}) \tag{6.7.5}$$

$\sqrt{J_1}$ 为准确度的模,由式(6.7.4)可知,炸点散布中心应位于半径为 $\sqrt{J_1}$ 的圆 $\Gamma_{\Pi_{x_C}}$ 上,如图6.7.1所示。

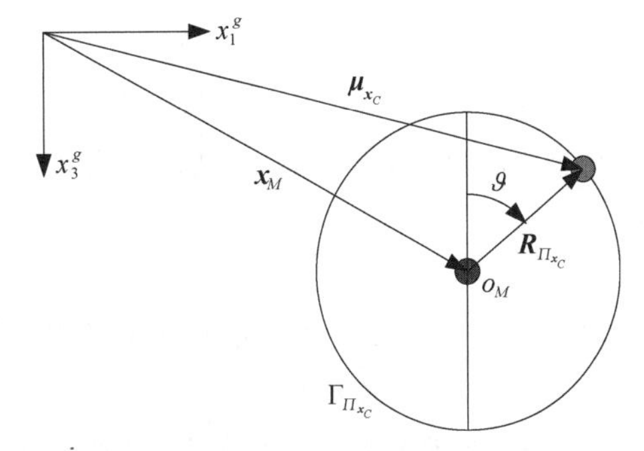

图 6.7.1　准确度与落点散布均值的关系

式(6.7.4)可以用以下一般表达式表示:

$$\boldsymbol{\mu}_{x_C} = g_1(\boldsymbol{\Pi}_{x_C}) \tag{6.7.6}$$

另一方面,式(6.3.20)给出了弹丸炮口状态变量 $\boldsymbol{X}_G$ 均值$\boldsymbol{\mu}_{X_G}$和协方差矩阵 $\boldsymbol{\Sigma}_{X_G}$ 与弹丸炸点 $\boldsymbol{x}_C$ 均值$\boldsymbol{\mu}_{x_C}$ 和协方差矩阵 $\boldsymbol{\Sigma}_{x_C}$ 之间的映射关系。考察式(6.3.20)第一式和式(6.7.6),可知$\boldsymbol{\mu}_{X_G}$ 由准确度 $\boldsymbol{\Pi}_{x_C}$ 确定:

$$\boldsymbol{\mu}_{X_G} = \boldsymbol{g}_2(\boldsymbol{\mu}_{x_C}) = \boldsymbol{g}_2[\boldsymbol{g}_1(\boldsymbol{\Pi}_{x_C})] \tag{6.7.7}$$

对式(6.3.20)第二式求反问题,其解可用如下一般表达式来表示:

$$\boldsymbol{\Sigma}_{X_G} = \boldsymbol{g}_3(\boldsymbol{\mu}_{X_G}, \boldsymbol{\mu}_{x_C}, \boldsymbol{\Sigma}_{x_C}) \tag{6.7.8}$$

求式(6.5.68)第一式的反问题,得一般解:

$$\boldsymbol{\mu}_{Y_p} = \boldsymbol{g}_4(\boldsymbol{\mu}_{X_G}) \tag{6.7.9}$$

求解式(6.5.68)第二式的反问题,得一般解:

$$\boldsymbol{\Sigma}_{Y_p} = \boldsymbol{g}_5(\boldsymbol{\mu}_{Y_p}, \boldsymbol{\mu}_{X_G}, \boldsymbol{\Sigma}_{X_G}) \tag{6.7.10}$$

给定火炮射击准确度要求$\boldsymbol{\Pi}_{x_C}$，由式(6.7.7)可得弹丸炮口状态参数的均值$\boldsymbol{\mu}_{X_G}$；给定射击密集度的协方差矩阵$\boldsymbol{\Sigma}_{x_C}$，由式(6.7.8)可得弹丸炮口状态参数的协方差矩阵$\boldsymbol{\Sigma}_{X_G}$；给定$\boldsymbol{\mu}_{X_G}$和$\boldsymbol{\Sigma}_{X_G}$，由式(6.7.9)、(6.7.10)可分别求得对射击精度有重要影响的关键参数的均值$\boldsymbol{\mu}_{Y_p}$和协方差$\boldsymbol{\Sigma}_{Y_p}$。因此，式(6.7.7)、(6.7.8)、(6.7.9)、(6.7.10)构成了火炮射击精度设计的基本方法。

在实际工程中，还要考虑许多的实际约束条件和可实现问题，常采用以下的基本方法。

由于受结构设计的限制，火炮关键参数$\boldsymbol{Y}_p$的均值$\boldsymbol{\mu}_{Y_p}$有如下约束限制：

$$\boldsymbol{\mu}_{Y_p} \in [\boldsymbol{\mu}_{Y_p}^L, \boldsymbol{\mu}_{Y_p}^U] \tag{6.7.11}$$

式中，$\boldsymbol{\mu}_{Y_p}^L$、$\boldsymbol{\mu}_{Y_p}^U$分别为$\boldsymbol{\mu}_{Y_p}$下限和上限。

式(6.7.11)中的限制可用如下约束关系来表达：

$$\boldsymbol{g}_A(\boldsymbol{\mu}_{Y_p}) = \boldsymbol{0} \tag{6.7.12}$$

由于受实际制造工艺条件约束，关键参数$\boldsymbol{Y}_p$协方差矩阵的上、下限分别为$\boldsymbol{\Sigma}_{Y_p}^U$、$\boldsymbol{\Sigma}_{Y_p}^L$，则有限制式：

$$\boldsymbol{\Sigma}_{Y_p} \in [\boldsymbol{\Sigma}_{Y_p}^L, \boldsymbol{\Sigma}_{Y_p}^U] \tag{6.7.13}$$

假定关键参数$\boldsymbol{Y}_p$的$\boldsymbol{\mu}_{Y_p}$和$\boldsymbol{\Sigma}_{Y_p}$之间存在如式(6.7.12)的约束关系：

$$\boldsymbol{g}_P(\boldsymbol{\mu}_{Y_p}, \boldsymbol{\Sigma}_{Y_p}) = \boldsymbol{0} \tag{6.7.14}$$

联立求解式(6.7.9)、(6.7.10)、(6.7.12)、(6.7.14)即可得到满足射击精度要求的火炮关键参数$\boldsymbol{Y}_p$的均值$\boldsymbol{\mu}_{Y_p}$和$\boldsymbol{\Sigma}_{Y_p}$。有关反问题的求解方法参见下一节的讨论。

6.7.2 火炮关键参数反求方法

从上一节的讨论中可用看出，需要利用式(6.7.7)、(6.7.8)和约束条件式(6.7.11)、(6.7.13)，来反求火炮系统中的关键参数的均值$\boldsymbol{\mu}_{Y_P}$和$\boldsymbol{\Sigma}_{Y_P}$。在火炮工程实践中，火炮几何尺寸、物理参数、初始条件、边界条件等输入，弹丸落点位置坐标等的输出均不可避免地存在不确定性，逆向求解参数空间中的参数及其不确定性即为不确定性反问题。在概率框架下，极大似然估计方法和贝叶斯方法是处理概率不确定性反问题最常用的两种方法。

假定与火炮发射过程对应的系统响应模型可以用参数空间$\boldsymbol{u} \cup \boldsymbol{x}$（系统几何和物理变量、初始条件和边界条）、传递模型$\boldsymbol{g}(\cdot)$、状态变量$\boldsymbol{z}$的响应空间来描述，因此，系统模型的正问题可描述为

$$\begin{cases} \boldsymbol{z} = \boldsymbol{g}(\boldsymbol{x}, \boldsymbol{u}) \\ \boldsymbol{x} = \{x_1, x_2, \cdots, x_p\}^{\mathrm{T}} \\ \boldsymbol{u} = \{u_1, u_2, \cdots, u_n\}^{\mathrm{T}} \end{cases} \tag{6.7.15}$$

其中，$\boldsymbol{z}$为响应空间的输出；$\boldsymbol{g}(\cdot)$是传递模型，在实际工程中通常为隐式。$\boldsymbol{u}$和$\boldsymbol{x}$分别为参数空间已知和待识别的参数，它们可为确定性或者不确定性的。

为避免对传递模型进行求逆,反问题的求解一般是基于优化的方法,即将反问题转化为优化求解问题。对于确定性反问题,通过构建计算与测量响应残差的二范数最小为目标函数,构建确定性反问题对应的优化模型如下:

$$
\begin{cases}
\min \quad \boldsymbol{\varepsilon} = \sum_{i=1}^{m} (z_i - \hat{z}_i)^2 \\
\text{model} \quad \boldsymbol{z} = \boldsymbol{g}(\boldsymbol{x}, \boldsymbol{u}) \\
\text{var} \quad \boldsymbol{x} \\
\text{s.t.} \quad \boldsymbol{x}^L \leqslant \boldsymbol{x} \leqslant \boldsymbol{x}^U
\end{cases}
\tag{6.7.16}
$$

式中,$\boldsymbol{z}_i$ 和 $\hat{z}_i$ 分别为状态变量 $\boldsymbol{z}$ 的计算和测试响应输出的第 i 个状态,显然当式(6.7.16)的目标小于给定的某一误差值时 $\hat{\varepsilon}$,即 $\|\boldsymbol{\varepsilon}\| \leqslant \hat{\varepsilon}$,将会获得未知参数的目标解 $\boldsymbol{x}$。

对于不确定性问题,在概率方法的框架下,确定性问题可以看成不确定性问题的一个样本,因此不确定性问题的求解过程比确定性问题要复杂得多。与确定性反问题类似,不确定性反问题也可以转化为确定性优化问题来进行求解,实现转化的重点在于如何建立确定性的目标函数,即如何以确定性的量来描述概率分布。概率框架下描述变量的统计特性的确定性特征量有:概率密度函数、累计概率密度函数、统计矩、尺度参数、形状参数等,例如对于服从正态分布的未知参数,其统计特征量为其均值、标准差;对于服从 Weibull 分布的未知参数,其特征量为其尺度参数、形状参数;而对于大多数分布形式未知的参数,统计矩是描述分布的重要特征量。基于统计特征量的描述,建立如下 3 种不确定性反问题对应的优化模型。

模型一,$\boldsymbol{x}$ 不确定性、$\boldsymbol{u}$ 确定性:

$$
\begin{cases}
\min \quad \varepsilon = \sum_{i=1}^{m} (t_i - \hat{t}_i)^2 \\
\text{model} \quad \begin{cases} G: f_X(\boldsymbol{x}),\ \boldsymbol{u} \to f_Z(z) \\ t_i = \hbar f(f_Z(z)) \end{cases} \\
\text{var} \quad \boldsymbol{\xi},\ \boldsymbol{\xi} = h(f_X(\boldsymbol{x})) \\
\text{s.t.} \quad \boldsymbol{\xi}^L \leqslant \boldsymbol{\xi} \leqslant \boldsymbol{\xi}^U
\end{cases}
\tag{6.7.17}
$$

模型二,$\boldsymbol{x}$ 确定性、$\boldsymbol{u}$ 不确定性:

$$
\begin{cases}
\min \quad \varepsilon = \sum_{i=1}^{m} (t_i - \hat{t}_i)^2 \\
\text{model} \quad \begin{cases} G: \boldsymbol{x}, f_U(\boldsymbol{u}) \to f_Z(z) \\ t_i = h(f_Z(z)) \end{cases} \\
\text{var} \quad \boldsymbol{x} \\
\text{s.t.} \quad \boldsymbol{x}^L \leqslant \boldsymbol{x} \leqslant \boldsymbol{x}^U
\end{cases}
\tag{6.7.18}
$$

模型三，$\boldsymbol{x}$ 不确定性、$\boldsymbol{u}$ 不确定性：

$$
\begin{cases}
\min \quad \varepsilon = \sum_{i=1}^{m} (t_i - \hat{t}_i)^2 \\
\text{model} \quad \begin{cases} G: f_X(\boldsymbol{x}), f_U(\boldsymbol{u}) \to f_Z(\boldsymbol{z}) \\ t_i = h(f_Z(\boldsymbol{z})) \end{cases} \\
\text{var} \quad \boldsymbol{\xi}, \boldsymbol{\xi} = h(f_X(\boldsymbol{x})) \\
\text{s.t.} \quad \boldsymbol{\xi}^L \leqslant \boldsymbol{\xi} \leqslant \boldsymbol{\xi}^U
\end{cases}
\tag{6.7.19}
$$

其中，G 表示不确定性正问题映射关系；$f_X(\boldsymbol{x})$、$f_U(\boldsymbol{u})$ 和 $f_Z(\boldsymbol{z})$ 分别表示随机变量 $\boldsymbol{X}$、$\boldsymbol{U}$ 和 $\boldsymbol{Z}$ 的概率密度函数；$h(\cdot)$ 表示求参数 $\boldsymbol{x}$ 统计特征量 $\boldsymbol{\xi}$ 的操作；t_i 和 $\hat{t}_i$ 分别表示计算和测试响应输出的不确定性统计特征量；$\boldsymbol{\xi}$ 为参数空间的不确定性统计特征量；下标 L 和 U 分别表示参数的下界和上界。上述不确定反问题的计算框架如图 6.7.2 所示。

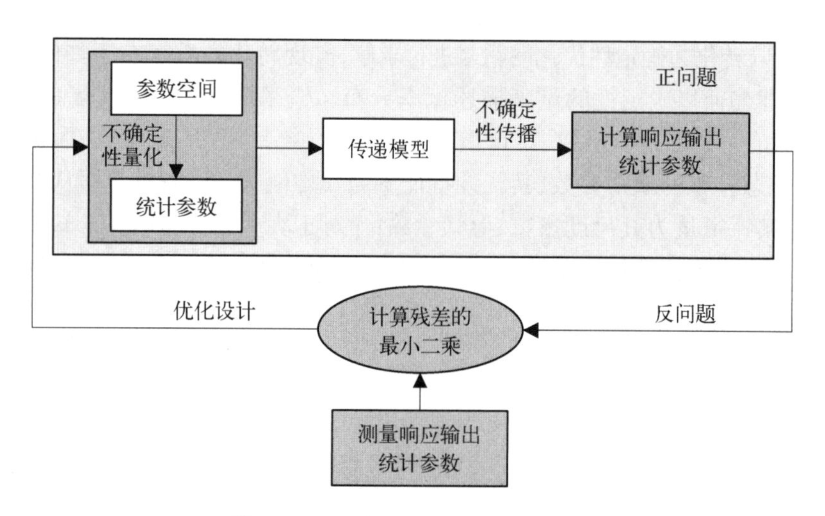

图 6.7.2　不确定性反问题计算框架

由上述不确定性反问题的分析可知，不确定性反问题求解的核心是准确描述正向的不确定性传播，也是不确定性反问题计算难度最大的地方。本节讨论的火炮不确定性传播方法为概率密度演化法，为得到完整的参数统计特性，还需用到其他有效的方法，如通过最大熵原理、鞍点逼近等方法获得参数的概率分布函数。

6.8　弹带塑性变形保形性能一致性设计

6.8.1　弹带塑性变形保形性能对密集度的影响

弹带塑性变形保形性能对射击密集度有着重要的影响。

若弹带塑性保形性能不好，如出现弹带翻边、形状不规则，必然影响弹丸空中飞行的阻力,增大弹丸炸点的散布。例某中口径炮进行射击密集度试验时,出现了密集度不合格问题,在分析了各种可能的情况后,采取对发射弹丸进行回收措施,回收照片如图 6.8.1 所示,由图可见弹带翻边现象非常严重、塑性保形性能非常差。经分析后调整了相关的输弹机结构安装参数,弹丸弹带与身管内膛作用后的塑性变形保形性能非常好,射击密集度显著提高。图 6.8.2 为某外贸大口径加榴炮(浅膛线)进行射击密集度试验时的回收照片,由图可见弹带的塑性保形性非常好,其最终的射击密集度也非常好。

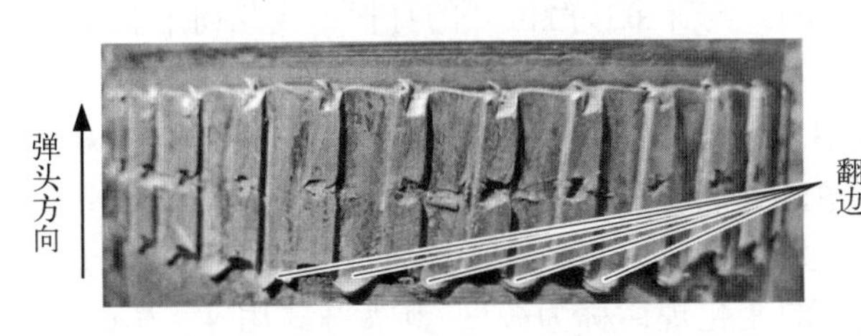

图 6.8.1　回收变形弹带的翻边情况

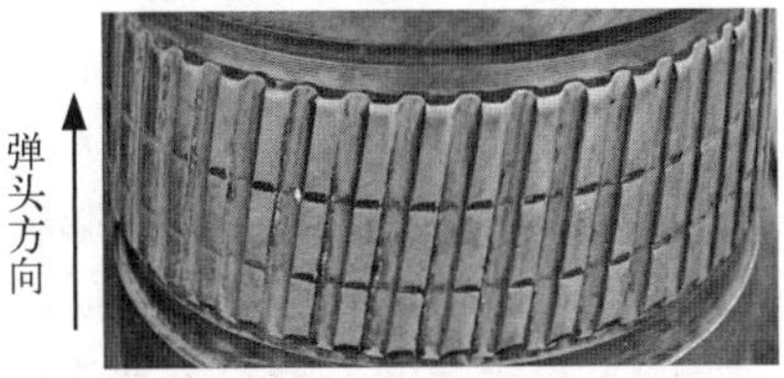

弹头方向

图 6.8.2　回收变形弹带的无翻边情况

膛线形式直接影响弹带塑性变形形状。图 6.8.3 和图 6.8.4 给出了某大口径加榴炮(深膛线),分别采用混合膛线和等齐膛线身管发射时弹带的回收照片。从图中可以看出,混合膛线对弹带塑性保形的影响非常严重,弹带与膛线接触塑性变形后的形状成呈喇叭口、且凸起部分的厚度很薄(变缠度挤压所致);等齐膛线对弹带塑性保形的影响较好,形状变化整齐,弹带与膛线接触塑性变形后的形状整齐、光滑、且凸起部分的厚度均匀。可见等齐膛线对弹带的塑性作用明显好于混合膛线的效果。

图 6.8.3　混合膛线对弹带形状变化的影响

图 6.8.4　等齐膛线对弹带形状变化的影响

膛线深浅对弹带翻边有着重要影响。膛线越深,膛线与弹带的接触挤压体积就越大,弹带被挤压变形就越严重、流动变形就越大,变形弹带翻边的概率就越大;比较图 6.8.2 与图 6.8.4 可以发现在都是等齐膛线条件下,浅膛线对弹带塑性变形保形性比深膛线的塑性保形性要好。

弹丸卡膛状态对弹带翻边有着重要影响。弹丸卡膛姿态是弹丸膛内运动的初始条件,当一组弹丸的卡膛姿态不一致时,意味着这组弹丸的初始条件不一致,导致弹丸膛内运动状态参数不完全一致。偏离期望的初始条会造成弹丸膛内出现较大的摆动运动时,造成弹带附加的损伤,出现弹带翻边现象。

弹带塑性变形保形性能的不一致主要是由火炮与弹丸相互作用界面的动力学特性及其弹丸初始卡膛的姿态等因素引起的,寻找影响弹带塑性变形保形性能的火炮和身管内膛等结构的关键参数,使弹带塑性变形保形性能一致性较好,满足射击密集度要求,该设计称为弹带塑性变形保形性能的一致性设计。在本节的讨论中用 $o-xyz$ 坐标系替代身管坐标系 $o_D-x_1^Dx_2^Dx_3^D$。

6.8.2 膛线结构设计

6.8.2.1 基本概念

弹丸膛内运动期间,弹带是唯一与身管内膛全程作用的弹丸部件,身管内膛的几何形状对弹带塑性变形保形性能具有重要的影响。与弹带接触区域的身管膛线几何形状由膛线数量、膛线横截面尺寸、膛线沿身管轴线的变化规律(缠度)三方面组成。

(1) 膛线数量。膛线数量 n_T 一般为 4 的整倍数,以确保膛线与弹带的相互作用力在身管横截面内任意方向上的投影合力为零, $n=3d$ (d 为阳线直径)。122 毫米榴弹炮身管的膛线为 36 条,155 毫米加榴炮身管的膛线为 48 条,口径越大,膛线数就越多。

(2) 膛线缠度。膛线沿身管轴线旋转的变化规律称为缠度,其展开式用 $y=f(x)$ 来表示,假定弹丸绕身管轴线旋转一周、弹丸沿身管轴线运动的距离为 $2\eta_D(x)r_d$, 其中 r_d 为膛线阳线的半径、$\eta_D(x)$ 即为缠度。图 6.8.5 给出了膛线展开图与缠度的几何意义,图中 α 称为缠角,由几何关系 $\mathrm{tg}\alpha=y'=2\pi r_d/2\eta_D(x)r_d$, 得

$$\eta_D(x)=\frac{\pi}{y'(x)} \tag{6.8.1}$$

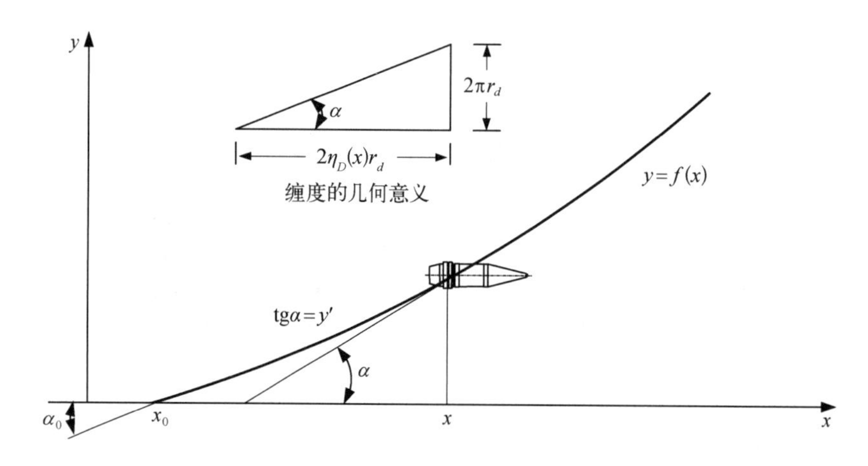

图 6.8.5 膛线展开图及缠度的几何意义

(3) 膛线形状的解析表达式。假定阴线宽度为 $2b_T$、阳线半径为 r_d、阴线半径为 r_y、阳线宽度 $2a_T$, 膛线深度 $t_T=r_y-r_d$。

图 6.8.6 为未变形身管内壁膛线几何结构横剖面示意图,图中 $\beta_k=(k-1)\Delta\beta+\beta_0$, $(k=1,2,\cdots,n_T)$, 则有

$$\Delta\beta=\Delta\beta_1+\Delta\beta_2 \tag{6.8.2A}$$

其中,

$$\Delta\beta_1=\frac{2\pi}{n_T}-\Delta\beta_2=2\sin^{-1}a_T/r_d,\quad \Delta\beta_2=2\sin^{-1}b_T/r_d,\quad \Delta\beta_3=2\sin^{-1}b_T/r_y \tag{6.8.2B}$$

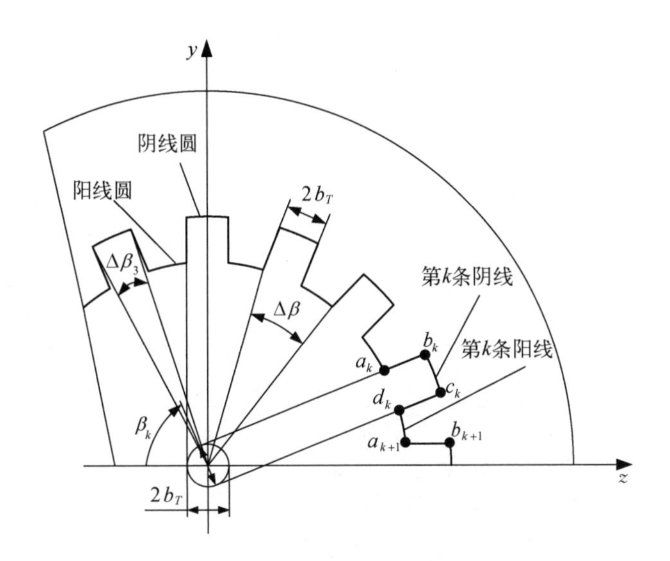

图 6.8.6 膛线的几何示意图

式中，$\Delta\beta_1$、$\Delta\beta_2$ 分别为阳线宽度和阴线宽度在阳线圆上对应的圆心角；$\Delta\beta_3$ 为每根阴线宽度在阴线圆上对应的圆心角，β_0 为度量基准的起始角。显然 $\beta_k(k=1, 2, \cdots, n_T)$ 能确定所有膛线(阴线和阳线)相对于坐标轴 z 的角位置。

式(6.5.29)给出了膛线在身管轴线上点 x 处比其起始点 x_0 绕身管轴线 x 旋转了 $\phi(x)$ 的表达式,式中 $y(x)$ 为膛线的展开方程,见表 6.8.1。

6.8.2.2 膛线缠度设计

1）缠度的分类

目前膛线按缠度来划分有等齐膛线、渐速膛线和混合膛线三种形式,炮口缠度 $\eta_D(x_G)$ 由弹丸空中飞行的陀螺稳定性和追随稳定性来确定。

等齐膛线。膛线展开方程为线性形式,其特点是在全膛线,即由起点 $x=x_0$ 到炮口点 $x=x_G$ 上,缠角 α 为常量。

渐速膛线。膛线展开方程为二次形式,其特点是在全膛线,即由起点 $x=x_0$ 到炮口点 $x=x_G$ 上,缠角 α 随身管轴线线性变化。

混合膛线。混合膛线在身管轴线上由渐速膛线和等齐膛线两部分组成;一般在膛线起始位置 $(x=x_0)$ 至身管上某一点 A 位置 $(x=x_\eta)$ 采用渐速膛线,点 A 至炮口 $(x=x_G)$ 采用等齐膛线。

表 6.8.1 给出了三种形式缠度展开式的解析表达式,系数 A_d、B_d、B_{d1}、B_{d2}、C_d 确定了膛线的几何形式。膛线缠度设计就是要确定系数 A_d、B_d、B_{d1}、B_{d2}、C_d。

表 6.8.1 各种膛线展开方程一览表

	等齐膛线	渐 速 膛 线	渐速加等齐混合膛线
y	$B_d(x-x_0)$	$A_d(x-x_0)^2+B_d(x-x_0)$	$A_d(x-x_0)^2+B_{d1}(x-x_0),(x_0\leqslant x\leqslant x_\eta)$ $B_{d2}(x-x_0)+C_d,(x_\eta\leqslant x\leqslant x_G)$

续 表

	等齐膛线	渐 速 膛 线	渐速加等齐混合膛线
y'	B_d	$2A_d(x-x_0)+B_d$	$2A_d(x-x_0)+B_{d1},(x_0\leqslant x\leqslant x_\eta)$ $B_{d2},(x_\eta\leqslant x\leqslant x_G)$
y''	0	$2A_d$	$2A_d,(0\leqslant x\leqslant x_\eta)$ $0,(x_\eta\leqslant x\leqslant x_G)$
y'''	0	0	0

2）缠度对弹丸绕身管轴线转动运动的影响

式(6.5.29)给出了弹丸膛内绕身管轴线的角速度 $\dot{\phi}$ 和角加速度 $\ddot{\phi}$ 与缠度的 $\eta_D(x)$ 的关系。这里要注意,由于章动运动,弹丸绕其轴线的转角 γ 与绕身管轴线的转角 ϕ 是不相等的,即 $\gamma\neq\phi$。

若弹带绕身管轴线转动遵循刚体运动规律,则下式必成立:

$$\phi(x)=Kx,\quad \dot{\phi}(x)=Kv(x),\quad \ddot{\phi}(x)=K\dot{v}(x) \tag{6.8.3}$$

式中,K 为常量。

比较式(6.5.29)与式(6.8.3),可以得出如下结论:

(1) 若 $y'(x)$ 不等于常量, $y''(x)\neq 0$, 则弹丸(含弹带)绕身管轴线转动规律不符合刚体运动规律式(6.8.3)。

(2) 若 $y'(x)$ 为常量,即等齐膛线, $y''(x)=0$, 是式(6.5.29)描述的弹丸(含弹带)运动符合刚体运动规律式(6.8.3)的充要条件。

若 $y'(x)$ 不等于常量,克服 $y''(x)\neq 0$、确保弹丸满足刚体运动的唯一途径是弹带在运动过程中受到膛线环向的强迫塑性挤压。在点 x 处,相对于运动的起始点 x_0,弹带受到的挤压角位移、角速度和角加速度分别为

$$\delta\alpha=\operatorname{arctg}y'(x)-\operatorname{arctg}y'(x_0) \tag{6.8.4A}$$

$$\delta\dot{\alpha}=\frac{y''(x)}{1+y'^2(x)}v(x) \tag{6.8.4B}$$

$$\delta\ddot{\alpha}=\frac{y''(x)}{1+y'^2(x)}\dot{v}(x)-2\frac{y'(x)y''^2(x)}{(1+y'^2(x))^2}v^2(x) \tag{6.8.4C}$$

由式(6.8.4A)可以计算得到弹丸膛内运期间弹带被膛线在环向挤压的最大塑性变形角 $\delta\alpha_{\max}$ 为

$$\delta\alpha_{\max}=\alpha_G-\alpha_0=\operatorname{arctg}y'(x_G)-\operatorname{arctg}y'(x_0) \tag{6.8.5}$$

显然,当 $y'(x)$ 为常量时, $\delta\alpha_{\max}=0$。

3）膛线缠度在弹带宽度方向上对运动参数的影响

如图 6.8.7 所示,假定身管轴线与弹丸轴线重叠,弹带宽度为 B_F, 弹带底部中心上点 o_Q 的位置坐标为 $x=x_{Dq}$, 对式(6.5.29)在 $x=x_{Dq}$ 处进行线性展开,得在弹带宽度上任

意一点 $x(x_{Dq} \leqslant x \leqslant x_{Dq}+B_F)$ 相对于点 x_{Dq} 的转角增量 $\Delta\phi$、转角速度增量 $\Delta\dot{\phi}$ 和转角加速度增量 $\Delta\ddot{\phi}$ 的表达式,记 $\Delta x = x - x_{Dq}$、$\Delta v = v(x) - v(x_{Dq})$、$\Delta\dot{v} = \dot{v}(x) - \dot{v}(x_{Dq})$,得

$$\begin{cases} \Delta\phi(x) = \dfrac{1}{r_d}y'(x_{Dq})\Delta x \\ \Delta\dot{\phi}(x,\ t) = \dfrac{1}{r_d}[y'(x_{Dq})\Delta\dot{x} + y''(x_{Dq})\dot{x}_{Dq}\Delta x] \\ \Delta\ddot{\phi}(x,\ t) = \dfrac{1}{r_d}[y'(x_{Dq})\Delta\ddot{x} + y''(x_{Dq})\ddot{x}_{Dq}\Delta x + 2y''(x_{Dq})\dot{x}_{Dq}\Delta\dot{x}] \end{cases} \tag{6.8.6}$$

式中,$y'(x_{Dq})$ 表示 $y'(x)$ 在 $x = x_{Dq}$ 处取值。

若弹带绕身管轴线转动运动遵循刚体运动规律,对式(6.8.3)求微分得

$$\Delta\phi = K\Delta x,\quad \Delta\dot{\phi} = K\Delta v,\quad \Delta\ddot{\phi} = K\Delta\dot{v} \tag{6.8.7}$$

将式(6.8.6)与式(6.8.7)相比,可以得出如下结论:

(1) 若 $y'(x)$ 不等于常量,$y''(x) \neq 0$,则弹丸(含弹带)绕身管轴线转动规律不符合刚体运动规律式(6.8.7)。

由于项 $y''(x) \neq 0$,导致弹带在沿其宽度方向绕身管轴线转动规律不符合刚体运动规律。

(2) 若 $y'(x)$ 不为常量,则 $y''(x) \neq 0$,式(6.8.7)中有关弹丸(含弹带)的运动不符合刚体运动规律。

(3) 克服这一矛盾的唯一可能性是弹带在运动过程中其在宽度上受到膛线环向的强迫塑性挤压。如图 6.8.7 所示,弹带上点 x 相对于点 x_{Dq} 受到的挤压角位移、角速度和角加速度分别为

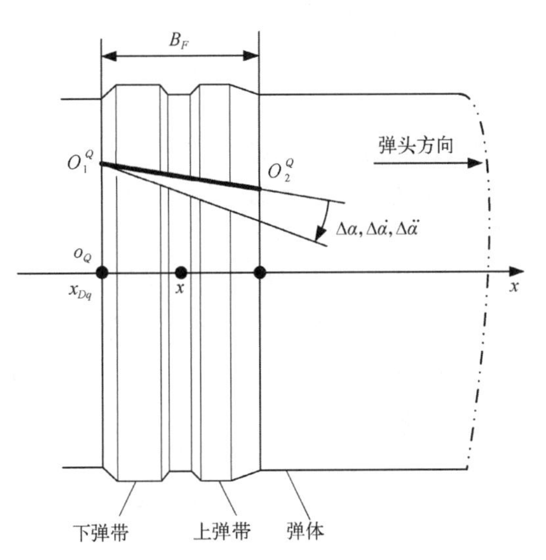

图 6.8.7　弹带宽度与膛线缠度相互关系示意图

$$\Delta\alpha = \frac{y''(x_{Dq})}{1 + y'^2(x_{Dq})}\Delta x \tag{6.8.8A}$$

$$\Delta\dot{\alpha} = \frac{y''(x_{Dq})}{1 + y'^2(x_{Dq})}\Delta v - 2\frac{y'(x_{Dq})y''(x_{Dq})}{[1 + y'^2(x_{Dq})]^2}v(x_{Dq})\Delta x \tag{6.8.8B}$$

$$\begin{aligned} \Delta\ddot{\alpha} = & \frac{y''(x_{Dq})}{1 + y'^2(x_{Dq})}\left[1 - 4\frac{y'(x_{Dq})y''(x_{Dq})}{1 + y'^2(x_{Dq})}v(x_{Dq})\right]\Delta\dot{v}(x_{Dq}) \\ & - 2\frac{y''(x_{Dq})}{[1 + y'^2(x_{Dq})]^2}\left\{y''^2(x_{Dq})\left[1 - 4\frac{y'^2(x_{Dq})(x)}{1 + y'^2(x_{Dq})}\right]v^2(x_{Dq}) + y'(x_{Dq})\dot{v}(x_{Dq})\right\}\Delta x \end{aligned} \tag{6.8.8C}$$

上式表明,弹带在膛内运动期间,在其宽度方向上存在被膛线挤压变形 $\Delta\alpha$、变形速度

$\Delta\dot{\alpha}$ 和变形加速度 $\Delta\ddot{\alpha}$,$\Delta\alpha$、$\Delta\dot{\alpha}$、$\Delta\ddot{\alpha}$ 的存在会诱导附加的不平衡力和不平衡力矩,造成弹丸膛内扰动。显然,当 $y'(x)$ 为常量时 $\Delta\alpha=\Delta\dot{\alpha}=\Delta\ddot{\alpha}=0$, 扰动就消失。下一节将对此做进一步的分析。

4）小结

$y''(x)\neq 0$ 加剧了膛线对弹带的环向挤压,避免弹带遭受侧向挤压,确保弹带塑性保形的唯一的办法是 $y'(x)$ 为常量,即 $y''(x)=0$。由表 6.8.1 可知,只有等齐膛线才有 $y'(x)$ 为常量、$y''(x)=0$, 其他类型的膛线 $y'(x)$ 均不为常量、$y''(x)\neq 0$, 即总存在膛线被侧向挤压的状况。可见,等齐膛线是弹带塑性保形最好的设计方案。

6.8.2.3　膛线外形设计

当膛线数量确定后,阳线与阴线宽度之比、膛线深度就确定了膛线的外形,膛线深度 t_T 是阴线半径 r_y 与阳线半径 r_d 之差,即 $t_T=r_y-r_d$。膛线深度 t_T 对发射性能的影响主要体现在对弹带塑性变形保形性能、身管磨损性能和弹丸射程等三个方面。

（1）影响弹带塑性变形保形性能。t_T 越大,膛线对弹带的挤压体积就越大,被膛线挤压排出的弹带材料就越多,由于高温和高压的作用,这些材料的流动去向有两种：一是被塑性压缩成为与膛线形状相一致的形态,停留在弹带本体上;二是在高温高压作用下从弹带本体上分离,向弹丸运动相反方向流动,在空中飞行过程中瞬间冷却形成不规则的翻边,使弹带保形性能下降。

（2）影响身管磨损性能。t_T 越大,膛线与弹带间的过盈量就越大,膛线与弹带接触界面上的法向挤压力就越大,在同样的摩擦系数条件下,接触界面内的摩擦力就越大,因此弹带对膛线的磨损量就越大。因此 t_T 的取值要进行适当的权衡,避免过大 t_T 的深膛线身管寿命小于小 t_T 的浅膛线的身管寿命。

（3）影响弹丸射程。t_T 越大,发射后弹带的变形就越大、膛线对弹带的刻痕就越深,弹丸空中飞行的空气阻力就越大,导致弹丸射程下降。

目前对中大口径火炮其阴线与阳线宽度之比常采用 3∶2 这个比较合适的比例。膛线深度 t_T 可分为浅膛线和深膛线两种,对浅膛线其取值常采用以下建议：

$$t_H=(0.01\sim 0.015)d \tag{6.8.9A}$$

对深膛线其取值常采用以下建议：

$$t_H=(0.014\sim 0.016)d \tag{6.8.9B}$$

6.8.2.4　案例分析

1）膛线缠度对弹丸转动的影响

假定某身管,其半径为 $r_d=77.47$ mm, 缠度起始点为 $x_0=1.0$ m, 缠度终点为 $x_G=8.06$ m, 有以下三种形式的膛线缠度：

（1）等齐膛线,膛线缠度 $\eta_D(x)=20$ 为常量,由此可得膛线展开式中的系数为 $B_d=0.157\,079\,63$。

（2）渐速膛线,膛线缠度 $\eta_D(x)$ 为 x 的线性函数,在 $x=x_0$ 时,$\eta_D(x_0)=50$, 在 $x=x_G$ 时,$\eta_D(x_G)=20$, 由此可得膛线展开式中的系数分别为 $A_d=0.006\,674\,77$,$B_d=0.062\,831\,85$。

（3）渐速与等齐的混合膛线;渐速段区间为 $x_0\leqslant x\leqslant x_\eta$, 等齐段区间为 $x_\eta\leqslant x\leqslant x_G$,

$x_\eta = 7.41$ m；渐速段膛线缠度 $\eta_D(x)$ 为 x 的线性函数，等齐段膛线缠度 $\eta_D(x) = 20$ 为常量；在 $x = x_0, \eta_D(x_0) = 50$，在 $x = x_\eta, \eta_D(x_\eta) = 20$，在 $x = x_G, \eta_D(x_G) = 20$，由此可得膛线展开式中的系数为 $A_d = 0.007\,351\,62, B_{d1} = 0.062\,831\,85, B_{d2} = 0.157\,079\,63, C_d = -0.302\,064\,15$。注意到混合膛线在 $x = x_\eta$ 处，$y''^-(x_\eta) = 2A_d \neq y''^+(x_\eta) = 0$，即二阶导数不连续。

计算得到 $\phi(x)$、$\dot{\phi}(x)$、$\ddot{\phi}(x)$ 随弹丸行程 x 的变化规律如图 6.8.8 所示。

(1) 由图 6.8.8(a)可见，在三种不同形式的膛线中，等齐、渐速和混合膛线弹丸飞离炮口时绕身管轴线转过的角度 $\phi(x_G)$ 分别为 14.31 rad、10.02 rad、10.41 rad，等齐膛线的起始缠角 6.92°均比渐速和混合膛线的缠角 3.59°要大；就转角增速而言，渐速膛线比混合膛线的增速要慢、混合膛线比等齐膛线要慢，混合膛线在 $x = x_\eta$ 处的转角是连续光滑的。

(2) 由图 6.8.8(b)可见，在三种不同形式的膛线中，等齐膛线对弹丸转动角速度的增速开始快，后续比较平稳；其余两种膛线对弹丸转动角速度的增速呈线性关系，但混合膛线在 $x = x_\eta$ 处出现转速突变，其原因是 $y''^-(x_\eta) = 2A_d \neq y''^+(x_\eta) = 0$，即二阶导数不连续，

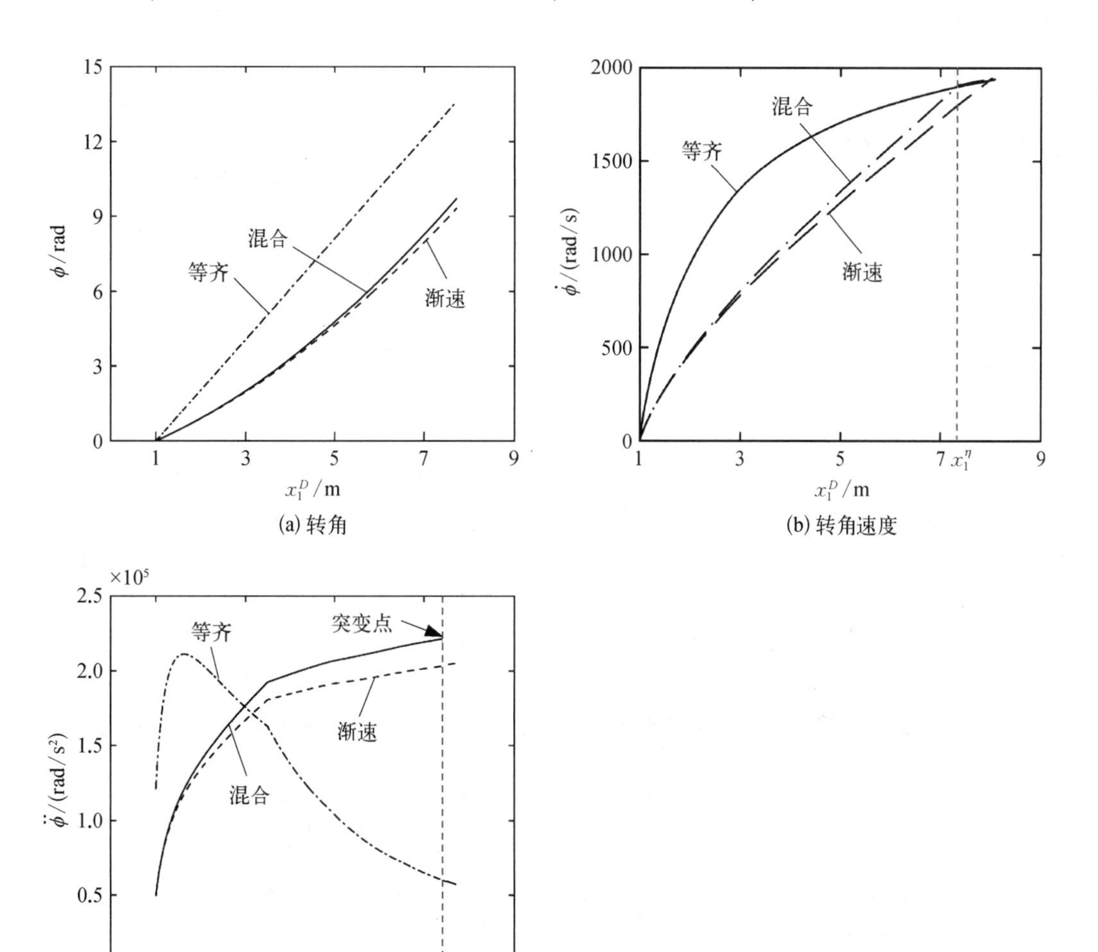

(a) 转角

(b) 转角速度

(c) 转角加速度

图 6.8.8　三种膛线转角、转角速度、转角加速度对比

角速度的突变会对弹丸运动产生冲击,造成弹带塑性变形的保形性能下降;由于在炮口处 $y''(x_G)=2A_d\neq 0$, 使得在相同的炮口缠度下,渐速膛线对弹丸炮口处的转动角速度大于其余两种膛线的角速度达 40.5%,在弹丸炮口相同转动角速度的条件下,渐速膛线的炮口缠度 $\eta_D(x_G)$ 值还可以增加。

(3) 由图 6.8.8(c)可见,在三种不同形式的膛线中,等齐膛线对弹丸转动角加速度的增速开始快,后续比较平稳下降;其余两种膛线对弹丸转动角加速度的增速呈非线性增加,但混合膛线在 $x=x_\eta$ 处出现角加速度突变,其原因是 $y''^-(x_\eta)=2A_d\neq y''^+(x_\eta)=0$, 即二阶导数不连续,角加速度的突变会对弹丸运动产生冲击,造成弹带塑性变形的保形性能下降;由于在炮口处 $y''(x_G)=2A_d\neq 0$, 使得在相同的炮口缠度下,渐速膛线对弹丸炮口处的转动角加速度大于其余两种膛线的角加速度达 80.54%。

(4) 综合上述分析,除了在膛线起始段的膛线缠角比其余两种膛线的缠角高出 59.75% 外,等齐膛线对弹丸的作用效果最好,有利于提高弹带塑性变形的保形性能;高缠角膛线在切入弹带时的阻力较大,但起始段的弹丸运动速度较低,该阻力可通过提高膛线强度、增强弹带韧性的方法来克服。

2) 缠度对弹带环向塑性变形的影响

在三种膛线工况下,由式(6.8.6)计算得到的弹带上任意点处环向被膛线挤压的角位移 $\delta\alpha$、角速度 $\delta\dot{\alpha}$ 和角加速度 $\delta\ddot{\alpha}$ 随弹丸行程 x 的变化规律。

(1) 由图 6.8.9(a)可知,等齐膛线全程上 $\delta\alpha=0$, 表明其对弹带无挤压作用;渐速和混膛线全程上 $\delta\alpha\neq 0$, 表明其对弹带挤压作用明显,虽挤压速率不同,但最大值相同,达 $\delta\alpha=4.6°$, 较大的 $\delta\alpha$ 会减少弹带与阴线间的接触宽度,降低弹带的径向刚度,导致弹丸抗章动刚度下降。

(2) 由图 6.8.9(b)可知,等齐膛线全程上 $\delta\dot{\alpha}=0$, 表明其对弹带无挤压作用;渐速膛线全程上 $\delta\dot{\alpha}\neq 0$, 最大值达 $\delta\dot{\alpha}=11$ rad/s, 表明其对弹带挤压作用明显;混膛线最大值挤压角速度达 $\delta\dot{\alpha}=12$ rad/s, 且在 $x=x_\eta$ 处出现挤压角速度 $\delta\dot{\alpha}$ 不光滑,会引起弹丸膛内运动冲击,导致弹丸章动速度增加。

(3) 由图 6.8.9(c)可知,等齐膛线全程上 $\delta\ddot{\alpha}=0$, 表明其对弹带无挤压作用;渐速膛线全程上 $\delta\ddot{\alpha}\neq 0$, 最大值达 $\delta\ddot{\alpha}=1\,400$ rad/s^2, 表明其对弹带挤压作用明显;混膛线最大挤压角加速度达 $\delta\ddot{\alpha}=1\,500$ rad/s^2, 且在 $x=x_\eta$ 处出现挤压角加速度 $\delta\ddot{\alpha}$ 突变;较大的 $\delta\ddot{\alpha}$ 意味着膛线对弹丸运动存在较大的作用载荷,该载荷作用会引起弹丸膛内运动冲击,导致弹丸章动速度增加。

综合上述分析,等齐膛线对弹丸的作用效果最好,有利于提高弹带塑性变形的保形性能,其余两种类型的膛线均会降低弹带塑性变形的保形性能。

在三种膛线工况下,由式(6.8.10)计算得到的在弹带宽度方向上环向被膛线挤压角位移 $\Delta\alpha$、角速度 $\Delta\dot{\alpha}$ 和角加速度 $\Delta\ddot{\alpha}$ 随弹丸行程 x 的变化规律。

(1) 由图 6.8.10(a)可知,等齐膛线全程上 $\Delta\alpha=0$, 表明其在弹带宽度方向上无挤压作用;渐速膛线全程在弹带宽度方向上 $\Delta\alpha\neq 0$, 上弹带相对下弹带被挤压的最大相对角位移达 $\Delta\alpha=0.54$ mil, 表明其挤压作用明显;混膛线最大相对角位移达 $\Delta\alpha=0.67$ mil, 且在 $x=x_\eta$ 处出现挤压角速度 $\Delta\alpha$ 突变;渐速和混膛线全程上出现较大的 $\Delta\alpha$ 会减少弹带与阴线间的接触宽度,降低弹带的径向刚度,导致弹丸抗章动刚度下降。

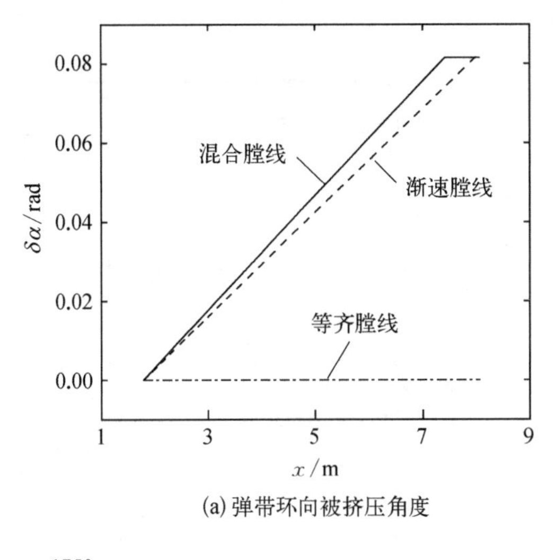

(a) 弹带环向被挤压角度

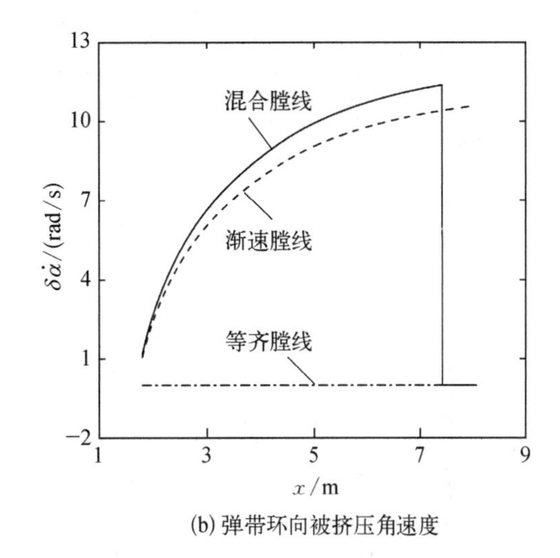

(b) 弹带环向被挤压角速度

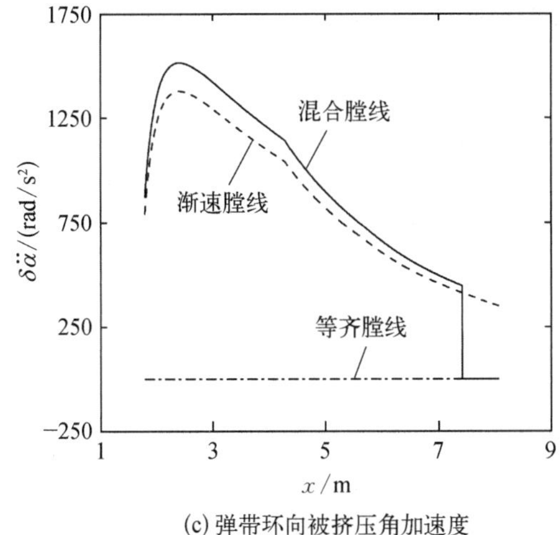

(c) 弹带环向被挤压角加速度

图 6.8.9　弹带被环向挤压角位移、角速度和角加速度随行程关系

(2) 由图 6.8.10(b)可知,等齐膛线全程上 $\Delta\dot{\alpha} = 0$,表明其对弹带无挤压作用;渐速膛线全程在弹带宽度方向上值较小 $\Delta\dot{\alpha} \approx 0$,上弹带相对下弹带被挤压的最大相对角速度 $\Delta\dot{\alpha} > 0$,这意味着上弹带被挤压的速度大于下弹带被挤压的速度;混膛线全程相对角速度 $\Delta\dot{\alpha} \approx 0$,但在 $x = x_\eta$ 处出现 $\Delta\dot{\alpha}$ 突变,最大值达 $\Delta\dot{\alpha} = -13$ rad/s,$\Delta\dot{\alpha}$ 突变会损伤弹带。

(3) 由图 6.8.10(c)可知,等齐膛线全程上 $\Delta\ddot{\alpha} = 0$,表明其对弹带无挤压作用;渐速膛线和混合在膛线起始段对弹带挤压角加速度作用明显,$\Delta\ddot{\alpha}$ 达到最大值 $\Delta\ddot{\alpha}_{max} = 149.3$ rad/s^2,随后的过程中对弹带挤压角加速度作用不明显;但在 $x = x_\eta$ 处,混膛线的 $\Delta\ddot{\alpha}$ 出现突变,达 $\Delta\ddot{\alpha}_{max} = -450$ rad/s^2;较大的 $\Delta\ddot{\alpha}$ 意味着膛线对弹丸运动存在较大的作用载荷,该载荷作用会引起弹丸膛内运动冲击,导致弹丸章动速度增加。

综合上述分析,等齐膛线对弹丸的作用效果最好,有利于提高弹带塑性变形的保形性能,其余两种类型的膛线均会降低弹带塑性变形的保形性能。

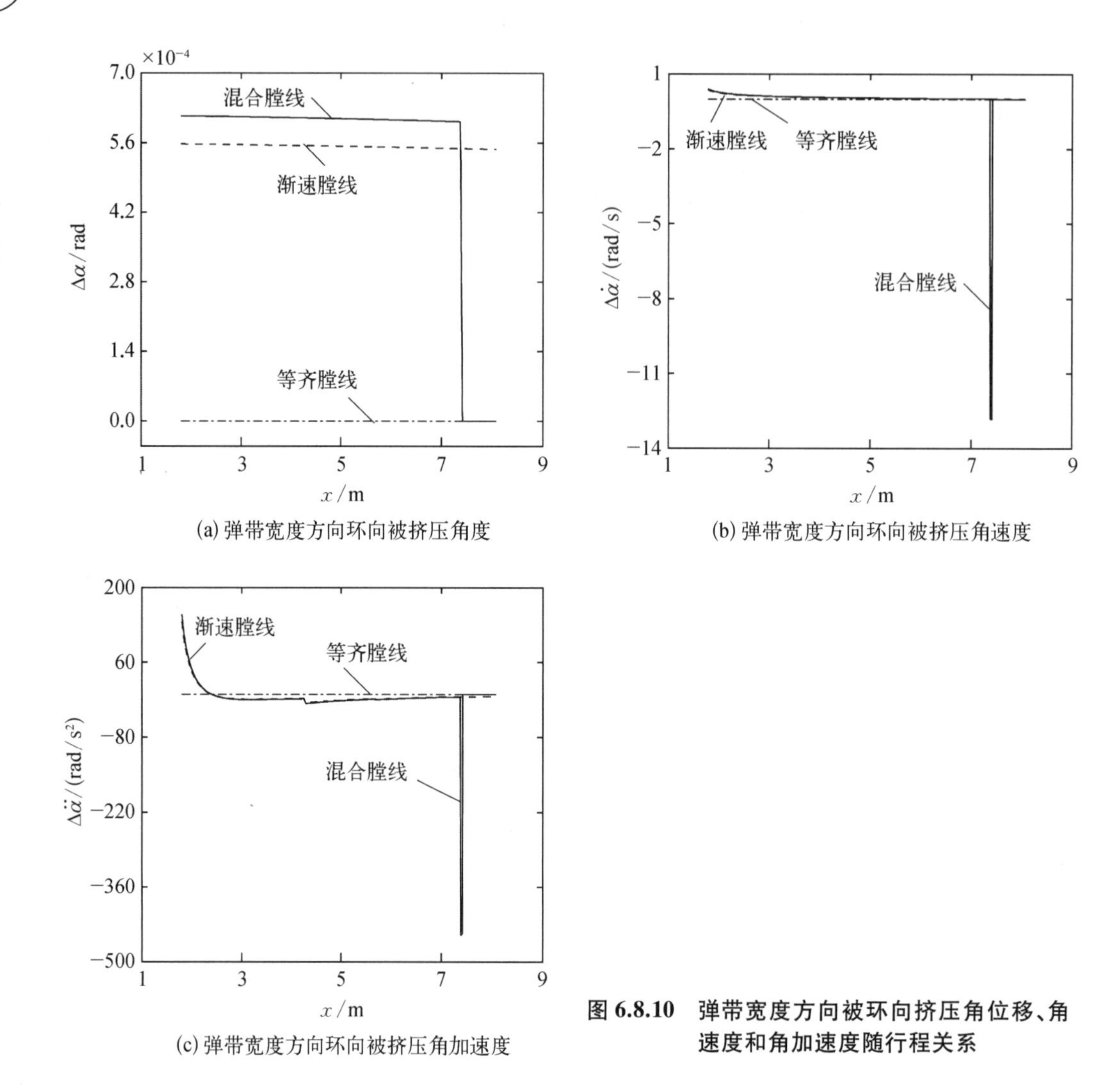

(a) 弹带宽度方向环向被挤压角度

(b) 弹带宽度方向环向被挤压角速度

(c) 弹带宽度方向环向被挤压角加速度

图 6.8.10　弹带宽度方向被环向挤压角位移、角速度和角加速度随行程关系

6.8.3　弹丸卡膛一致性设计

6.8.3.1　基本概念

弹丸卡膛方式有人工输弹卡膛和输弹机输弹卡膛两种,人工输弹卡膛需要对炮手进行训练,卡膛一致性随炮手的不同而有较大的差别。本节讨论输弹机输弹卡膛的有关设计问题,并以某液压输弹机为例加以说明,在以下的讨论中不考虑火炮的牵连运动,假定火炮处于静止状态。

所谓卡膛是指在输弹机推弹板的动力作用下,将弹丸以一定的运动速度输送至身管的坡膛位置,在弹丸动量的作用下弹带与身管坡膛发生塑性碰撞,塑性变形弹带与坡膛间产生塑性接触力和静摩擦力,在静摩擦力作用下弹丸能稳定地停留在坡膛上。根据《中远程压制火炮射击精度理论》(钱林方等,2020b)6.2 节中输弹机动力学模型,可以求解输弹过程弹丸运动轨迹 $\boldsymbol{U}_H^Q$、速度 $\dot{\boldsymbol{U}}_H^Q$、姿态 $\boldsymbol{\varphi}$ 和姿态角速度 $\dot{\boldsymbol{\varphi}}$。进一步可求出在坐标系 $\boldsymbol{i}_D$ 下,卡膛位置 $\boldsymbol{r}_{DQ}(t_0)$ 和卡膛姿态初始条件 $\boldsymbol{\phi}(t_0) = (\kappa_2(t_0), \kappa_1(t_0), \phi(t_0))$。

卡膛一致性是指通过调整输弹机的安装位置参数、设计参数和推弹板的运动参数，使一组弹丸的卡膛位置 $\boldsymbol{r}_{DQ}(t_0)$ 和卡膛姿态 $\boldsymbol{\phi}(t_0)$ 的均值和方差满足规定要求，不同组别之间的卡膛位置 $\boldsymbol{r}_{DQ}(t_0)$ 和卡膛姿态 $\boldsymbol{\phi}(t_0)$ 的均值和方差满足一致性检验要求，相关规定和检验要求可根据台架试验获得。

6.8.3.2　参数设计

影响卡膛姿态的参数主要有输弹机安装位置参数（记为 $\boldsymbol{A}_H$）和输弹机设计及推弹板运动参数（记为 $\boldsymbol{B}_H$）二类。

下面以某液压弹射输弹机为例来加以说明。

在第一类参数 $\boldsymbol{A}_H$ 中，主要包括输弹机轴线与身管轴线间的相对位置关系，含姿态角 $\boldsymbol{\beta}_H=(0,\ 0,\ \beta_3^H)$ 和相对位置 $\boldsymbol{\Delta}_H=\Delta_1^{Hi_D}\boldsymbol{e}_1+\Delta_2^{Hi_D}\boldsymbol{e}_2+\Delta_3^{Hi_D}\boldsymbol{e}_3$。身管轴线 $o_Dx_1^D$ 经（3－2－1）顺序旋转 β_3^H、0、0 后，得到输弹机轴线 $o_Hx_1^H$ 的姿态位置；坐标系 $\boldsymbol{i}_D$ 原点 o_D 经平移 $\boldsymbol{\Delta}_H$ 与输弹机坐标系 $\boldsymbol{i}_H$ 原点 o_H 重合，如图 6.8.11 所示。

$$\boldsymbol{\Delta}_H=\boldsymbol{U}_C^H-\boldsymbol{U}_C^D \tag{6.8.10}$$

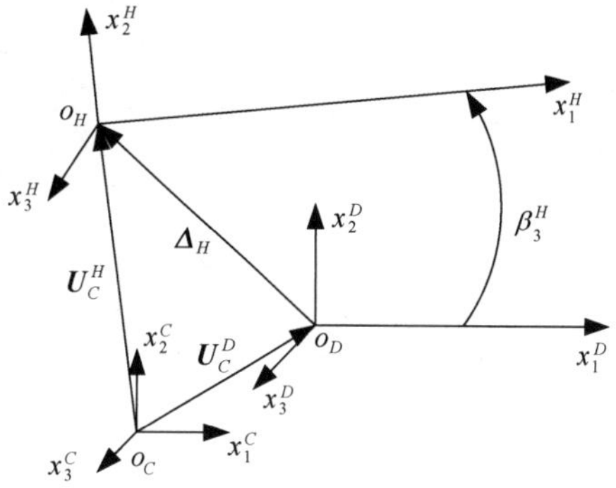

图 6.8.11　参数 $\boldsymbol{A}_H$

第二类参数 $\boldsymbol{B}_H$，包括推弹板与弹丸底部的接触位置 $\boldsymbol{L}_H$、伺服阀开口尺寸的变化规律 $s_H(t)$、油液压力变化规律 $p_H(t)$、输弹功率 W_H、强制输弹时段（t_1^H）与惯性输弹时段（t_2^H）分配 $\boldsymbol{t}_H=(t_1^H,\ t_2^H)$、卡膛速度 $\boldsymbol{v}_H$ 等，如图 6.8.12 所示。

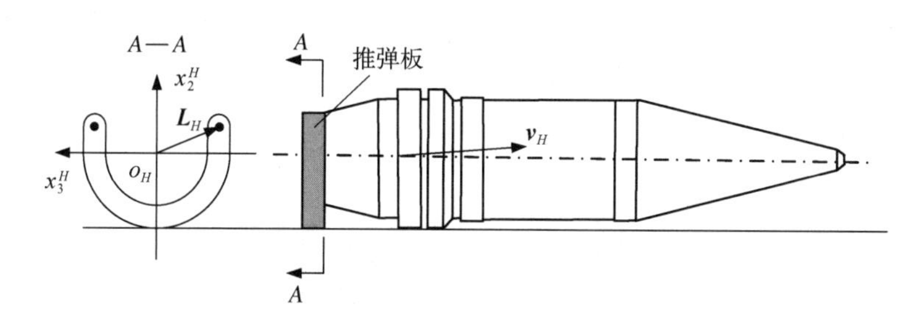

图 6.8.12　推弹位置参数

输弹机动力学模型构建了弹丸运动轨迹 $\boldsymbol{U}_H^Q$、速度 $\dot{\boldsymbol{U}}_H^Q$、姿态 $\boldsymbol{\varphi}$ 和姿态角速度 $\dot{\boldsymbol{\varphi}}$ 与参数 $\boldsymbol{A}_H$、$\boldsymbol{B}_H$ 之间的关系，因而利用《中远程压制火炮射击精度理论》（钱林方等，2020b）中式（6.4.14），可以得到弹丸弹带卡膛位置 $\boldsymbol{r}_{DQ}(t_0)$ 和弹丸卡膛姿态 $\boldsymbol{\phi}(t_0)$ 与参数 $\boldsymbol{A}_H$、$\boldsymbol{B}_H$ 之间的关系：

$$\boldsymbol{r}_{DQ}(t_0)=\boldsymbol{g}_H(\boldsymbol{A}_H,\ \boldsymbol{B}_H),\quad \boldsymbol{\phi}(t_0)=\boldsymbol{f}_H(\boldsymbol{A}_H,\ \boldsymbol{B}_H) \tag{6.8.11}$$

假定参数 $\boldsymbol{A}_H$ 与 $\boldsymbol{B}_H$ 之间是独立的随机变量，其均值和协方差矩阵分别记为 $\boldsymbol{\mu}_{A_H}$、$\boldsymbol{\mu}_{B_H}$ 和 $\boldsymbol{\Sigma}_{A_H}$ 与 $\boldsymbol{\Sigma}_{B_H}$，已知对弹带保形最有利的卡膛位置和方差分别为 $[\boldsymbol{\mu}_{r_{DQ}}]$、$[\boldsymbol{\Sigma}_{r_{DQ}}]$、$[\boldsymbol{\mu}_{\boldsymbol{\phi}}]$、$[\boldsymbol{\Sigma}_{\boldsymbol{\phi}}]$。在输弹机安装调试阶段，需要通过实验室台架试验和理论分析计算模型相结合的方法来获取满足卡膛姿态和位置要求的合理的参数值 $[\boldsymbol{\mu}_{r_{DQ}}]$、$[\boldsymbol{\Sigma}_{r_{DQ}}]$、$[\boldsymbol{\mu}_{\boldsymbol{\phi}}]$、$[\boldsymbol{\Sigma}_{\boldsymbol{\phi}}]$，实现弹丸在膛内稳定的运动，弹带有较好的塑性变形保形性能。考虑到实际约束限制，记 $\boldsymbol{\Sigma}_{A_H}$

与 $\boldsymbol{\Sigma}_{\boldsymbol{B}_H}$ 上下限分别为 $\boldsymbol{\Sigma}_{\boldsymbol{A}_H}^U$、$\boldsymbol{\Sigma}_{\boldsymbol{A}_H}^L$、$\boldsymbol{\Sigma}_{\boldsymbol{B}_H}^U$、$\boldsymbol{\Sigma}_{\boldsymbol{B}_H}^L$。

由此可得

$$\boldsymbol{g}_H(\boldsymbol{\mu}_{\boldsymbol{A}_H}, \boldsymbol{\mu}_{\boldsymbol{B}_H}) - [\boldsymbol{\mu}_{r_{DQ}}] = \boldsymbol{0} \tag{6.8.12A}$$

$$\boldsymbol{f}_H(\boldsymbol{\mu}_{\boldsymbol{A}_H}, \boldsymbol{\mu}_{\boldsymbol{B}_H}) - [\boldsymbol{\mu}_{\varphi}] = \boldsymbol{0} \tag{6.8.12B}$$

解上式,可得 $\boldsymbol{\mu}_{\boldsymbol{A}_H}$、$\boldsymbol{\mu}_{\boldsymbol{B}_H}$。

将 $\boldsymbol{r}_{DQ}(t_0)$、$\boldsymbol{\phi}(t_0)$ 分别在 $\boldsymbol{\mu}_{\boldsymbol{A}_H}$、$\boldsymbol{\mu}_{\boldsymbol{B}_H}$ 处一阶线性展开,得

$$\boldsymbol{r}_{DQ}(t_0) = \boldsymbol{g}_H(\boldsymbol{\mu}_{\boldsymbol{A}_H}, \boldsymbol{\mu}_{\boldsymbol{B}_H}) + \left.\frac{\partial \boldsymbol{g}_H}{\partial \boldsymbol{A}_H}\right|_{\substack{\boldsymbol{A}_H=\boldsymbol{\mu}_{\boldsymbol{A}_H}\\ \boldsymbol{B}_H=\boldsymbol{\mu}_{\boldsymbol{B}_H}}} \cdot (\boldsymbol{A}_H - \boldsymbol{\mu}_{\boldsymbol{A}_H}) + \left.\frac{\partial \boldsymbol{g}_H}{\partial \boldsymbol{B}_H}\right|_{\substack{\boldsymbol{A}_H=\boldsymbol{\mu}_{\boldsymbol{A}_H}\\ \boldsymbol{B}_H=\boldsymbol{\mu}_{\boldsymbol{B}_H}}} \cdot (\boldsymbol{B}_H - \boldsymbol{\mu}_{\boldsymbol{B}_H}) \tag{6.8.13A}$$

$$\boldsymbol{\phi}(t_0) = \boldsymbol{f}_H(\boldsymbol{\mu}_{\boldsymbol{A}_H}, \boldsymbol{\mu}_{\boldsymbol{B}_H}) + \left.\frac{\partial \boldsymbol{f}_H}{\partial \boldsymbol{A}_H}\right|_{\substack{\boldsymbol{A}_H=\boldsymbol{\mu}_{\boldsymbol{A}_H}\\ \boldsymbol{B}_H=\boldsymbol{\mu}_{\boldsymbol{B}_H}}} \cdot (\boldsymbol{A}_H - \boldsymbol{\mu}_{\boldsymbol{A}_H}) + \left.\frac{\partial \boldsymbol{f}_H}{\partial \boldsymbol{B}_H}\right|_{\substack{\boldsymbol{A}_H=\boldsymbol{\mu}_{\boldsymbol{A}_H}\\ \boldsymbol{B}_H=\boldsymbol{\mu}_{\boldsymbol{B}_H}}} \cdot (\boldsymbol{B}_H - \boldsymbol{\mu}_{\boldsymbol{B}_H}) \tag{6.8.13B}$$

利用式(6.8.12),可得 $\boldsymbol{r}_{DQ}(t_0)$、$\boldsymbol{\phi}(t_0)$ 的协方差矩阵为

$$\boldsymbol{\Sigma}_{r_{DQ}} = D[\boldsymbol{g}_H(\boldsymbol{A}_H, \boldsymbol{B}_H) - \boldsymbol{g}_H(\boldsymbol{\mu}_{\boldsymbol{A}_H}, \boldsymbol{\mu}_{\boldsymbol{D}_H})^{\mathrm{T}}] = \boldsymbol{C}_{\boldsymbol{A}_H} \cdot \boldsymbol{\Sigma}_{\boldsymbol{A}_H} \cdot \boldsymbol{C}_{\boldsymbol{A}_H}^{\mathrm{T}} + \boldsymbol{C}_{\boldsymbol{B}_H} \cdot \boldsymbol{\Sigma}_{\boldsymbol{B}_H} \cdot \boldsymbol{C}_{\boldsymbol{B}_H}^{\mathrm{T}} \tag{6.8.14A}$$

$$\boldsymbol{\Sigma}_{\boldsymbol{\phi}} = D[\boldsymbol{f}_H(\boldsymbol{A}_H, \boldsymbol{B}_H) - \boldsymbol{f}_H(\boldsymbol{\mu}_{\boldsymbol{A}_H}, \boldsymbol{\mu}_{\boldsymbol{B}_H})] = \boldsymbol{D}_{\boldsymbol{A}_H} \cdot \boldsymbol{\Sigma}_{\boldsymbol{A}_H} \cdot \boldsymbol{D}_{\boldsymbol{A}_H}^{\mathrm{T}} + \boldsymbol{D}_{\boldsymbol{B}_H} \cdot \boldsymbol{\Sigma}_{\boldsymbol{B}_H} \cdot \boldsymbol{D}_{\boldsymbol{B}_H}^{\mathrm{T}} \tag{6.8.14B}$$

式中,$D[\cdot]$ 为对变量 $[\cdot]$ 求协方差。

且有

$$\boldsymbol{C}_{\boldsymbol{A}_H} = \left.\frac{\partial \boldsymbol{g}_H}{\partial \boldsymbol{A}_H}\right|_{\substack{\boldsymbol{A}_H=\boldsymbol{\mu}_{\boldsymbol{A}_H}\\ \boldsymbol{B}_H=\boldsymbol{\mu}_{\boldsymbol{B}_H}}}, \quad \boldsymbol{C}_{\boldsymbol{B}_H} = \left.\frac{\partial \boldsymbol{g}_H}{\partial \boldsymbol{B}_H}\right|_{\substack{\boldsymbol{A}_H=\boldsymbol{\mu}_{\boldsymbol{A}_H}\\ \boldsymbol{B}_H=\boldsymbol{\mu}_{\boldsymbol{B}_H}}} \tag{6.8.15A}$$

$$\boldsymbol{D}_{\boldsymbol{A}_H} = \left.\frac{\partial \boldsymbol{f}_H}{\partial \boldsymbol{A}_H}\right|_{\substack{\boldsymbol{A}_H=\boldsymbol{\mu}_{\boldsymbol{A}_H}\\ \boldsymbol{B}_H=\boldsymbol{\mu}_{\boldsymbol{B}_H}}}, \quad \boldsymbol{D}_{\boldsymbol{B}_H} = \left.\frac{\partial \boldsymbol{f}_H}{\partial \boldsymbol{B}_H}\right|_{\substack{\boldsymbol{A}_H=\boldsymbol{\mu}_{\boldsymbol{A}_H}\\ \boldsymbol{B}_H=\boldsymbol{\mu}_{\boldsymbol{B}_H}}} \tag{6.8.15B}$$

式中,$\boldsymbol{C}_{\boldsymbol{A}_H}$、$\boldsymbol{C}_{\boldsymbol{B}_H}$、$\boldsymbol{D}_{\boldsymbol{A}_H}$、$\boldsymbol{D}_{\boldsymbol{B}_H}$ 为误差传递系数张量。

由此可得

$$\boldsymbol{G}_{r_{DQ}} = \boldsymbol{\Sigma}_{r_{DQ}} - [\boldsymbol{\Sigma}_{r_{DQ}}] = \boldsymbol{0} \tag{6.8.16A}$$

$$\boldsymbol{G}_{\boldsymbol{\phi}} = \boldsymbol{\Sigma}_{\boldsymbol{\phi}} - [\boldsymbol{\Sigma}_{\boldsymbol{\phi}}] = \boldsymbol{0} \tag{6.8.16B}$$

根据对 $\boldsymbol{\Sigma}_{\boldsymbol{A}_H}$ 与 $\boldsymbol{\Sigma}_{\boldsymbol{B}_H}$ 施加的上下限约束 $\boldsymbol{\Sigma}_{\boldsymbol{A}_H}^U$、$\boldsymbol{\Sigma}_{\boldsymbol{A}_H}^L$、$\boldsymbol{\Sigma}_{\boldsymbol{B}_H}^U$、$\boldsymbol{\Sigma}_{\boldsymbol{B}_H}^L$,联立求解式(6.8.16),得到参数 $\boldsymbol{A}_H$、$\boldsymbol{B}_H$ 的误差 $\boldsymbol{\Sigma}_{\boldsymbol{A}_H}$、$\boldsymbol{\Sigma}_{\boldsymbol{B}_H}$。注意到解 $\boldsymbol{\Sigma}_{\boldsymbol{A}_H}$、$\boldsymbol{\Sigma}_{\boldsymbol{B}_H}$ 是不唯一的,需要根据实际工况条件来加以判断,选择一组比较合理的解。

6.8.3.3 案例分析

1）基本情况

某车载 122 毫米榴弹炮在原理样机试制过程中，靶场密集度射击试验存在时好时坏的现象，后对结构进行改进，实现了密集度射击试验稳定达标的要求。但在正样机靶场试验中，又出现了密集度三组均不达标的问题，三组密集度值分别为（1/223，0.37 mil）、（1/213，0.46 mil）、（1/156，0.23 mil），三组初速或然误差分别为 0.61 m/s、0.89 m/s、1.48 m/s。

2）初步分析

从气象记录数据看，射击试验当天的气象条件非常稳定，因此可排除气象因素。

从外界干扰因素来看，三组纵向射程的极差分别达 $\Delta X = 295$ m、$\Delta X = 404$ m、$\Delta X = 497$ m，符合弹带形貌变化导致射程异常散布的条件，因此不排除弹带损伤所致。

从炮口扰动因素来看，三组射弹的初速或然误差分别为 $E_v = 0.61$ m/s、$E_v = 0.89$ m/s、$E_v = 1.48$ m/s，误差控制非常好，远远小于达到纵向密集度 1/300 要求的单因素指标的阈值 $E_v = 1.61$ m/s，显然初速或然误差 E_v 不是散布的主要原因。

从三组射击试验的现场录像回放来看，在所有弹丸的射击过程中，火炮射击稳定性非常好，且射后对炮尾平台的复查和周视镜复瞄的数据来看，瞄线的高低和方位变位值几乎为零，因此，弹丸炮口扰动因素可以基本排除。

为了找到与原理样机的改动变化因素，在与总体设计人员座谈交流过程中，得知设计师对输弹机的轴线进行了微调，其愿望是确保输弹时在重力作用下，弹丸轴线能与身管轴线同轴或尽量接近同轴。

考虑到输弹机托弹板的轴线位置直接影响弹丸的卡膛姿态，同时从三组的极差来看，其造成散布异常的原因也与弹带的形貌有关，因此初步判断弹带形貌发生了变化，气动阻力随之发生变化，最终导致弹丸落点位置散布异常变化，致使密集度不合格。

3）射弹回收

随后决定射击一组 5 发带阻力帽的弹丸，并进行回收，回收得到了 5 发弹丸，所有回收弹丸的弹带形貌基本相似、均有翻边，但规律不完全一致，其中某一发弹丸弹带形貌见图 6.8.1。由图可见，身管阳线与弹带的挤压过程中出现了明显的翻边现象，身管膛线与弹带的刻痕出现了喇叭口形状，该喇叭口形状与膛线的缠度相吻合，该身管为渐速膛线。

4）初步结论

从回收弹带的形貌、初样机密集度已达标的事实，基本判断是在正样机研制阶段对输弹机安装位置的微小（毫米级）调整，导致弹丸卡膛姿态变化，引起弹带与身管膛线的相互作用、形成弹带翻边，由于每发弹带的翻边规律不完全一致，致使空气阻力也不一致，形成一组弹丸炸点的散布异常不达标。

这里要指出的是，由于渐速膛线缠度随身管轴线变化，对弹丸卡膛姿态非常敏感，易造成弹带翻边、损伤等异常现象，在火炮研制时要引起重视。

5）改进试验

将正样机输弹机的安装位置重新调回到初样机输弹机的安装位置，在靶场进行了三组归零验证试验，试验密集度结果分别为（1/552，0.58 mil）、（1/341，0.23 mil）、（1/365，0.22 mil），全部达标。在国家试验靶场最终考核试验中，该型火炮的各种密集度考核试验也均一次通过。至此，该型火炮由于输弹机安装位置变化导致射击密集度异常问题得到了有效解决。

6.9 射击准确度修正方法

6.9.1 基本概念

射击密集度主要与车载炮的设计有关,而准确度主要与车载炮系统中关键参数的均值、车载炮的使用条件、弹药批次、地形测量、气象条件等有关。车载炮作战使用时,炮兵改变不了武器系统的密集度,但可以采取办法提高准确度,例如,采用适时测量高空气象,用炮口雷达测量初速,用药温测量装置测量药温,对不同批次弹药采用批次修正量,用卫星定位测量炮位、目标坐标,用惯导或平台罗经测量射向等。车载炮的准确度是作战使用过程中的系统误差,是一组弹射击的散布中心与瞄准点或目标间的统计量。

目前炮兵采用校射方法来消除系统误差,提高射击准确度。一组火炮射击前,用其中一门基准炮对目标赋予射角射向瞄准,射击 1~3 发弹丸,弹丸落地后,观察测量弹丸落点,计算其平均弹着点对瞄准点或者目标的射程偏差和方向偏差,这种偏差就是由各种系统误差产生的,然后根据测量得到的偏差解算后续车载炮对目标射击所需的射角和射向修正量,转入进行大规模效力射。

这种校射方法的关键是要测量出弹丸落点的坐标。为了测得弹丸落点坐标,可采用的方法之一是派出前方观察所直接测量弹丸爆炸的烟雾,或用雷达测量弹丸在弹道降弧段一段弹道,后经外推得到弹道落点。

但这两种测量弹丸落点的方法存在以下困难和缺点:由于车载炮射程和打击的目标距离越来越远,前方观察所或侦测分队到达目标区的时间也越来越长,不利于抓住战机;由于山高路远、水网稻田、道路崎岖、迷雾黑夜、酷暑严寒,可能难于派出或根本无法派出前方观察所或侦测分队,需要专门的大型装备和人员进行保障才能实现;由于前方观察所或侦测分队接近敌方,可能受到敌方的火力攻击,使自身的安全性难以保障;受观测器材和人员熟练程度的限制,落点测量精度不高,进行校射的反应时间长,越来越不符合现代炮兵需精确打击、速战速撤的要求;雾天、夜间无法观测,不能充分发挥武器装备的作战功能;当目标在敌方纵深时,前方观察所或侦测分队无法接近,无法观测炸点进行校射;火炮子母弹、末敏弹开仓点的精度决定了子弹群的落点中心精度,炮兵对落点的观测法无法解决对子母弹开仓点的观测,给子母弹校射带来很大困难。

利用射击准确度修正的方法可克服上述缺点,并能获得较高的弹丸落点位置精度。

6.9.2 射击准确度修正原理

本节讨论基于校准弹的准确度修正原理。

校准弹系统由弹上系统和地面系统两部分组成。弹上系统包括弹载卫星信号接收机、弹载数传电台、双频天线、透波头罩、过载开关和电池等,地面系统包括地面无线接收机、弹道数据处理和射角射向修正量解算软件。

如图 6.9.1 所示,校准弹的基本原理如下。车载炮发射校准弹,通过弹上弹载卫星信号接收机获得弹丸飞行的位置数据信息,利用弹载数传电台将其发射回地面无线接收机,

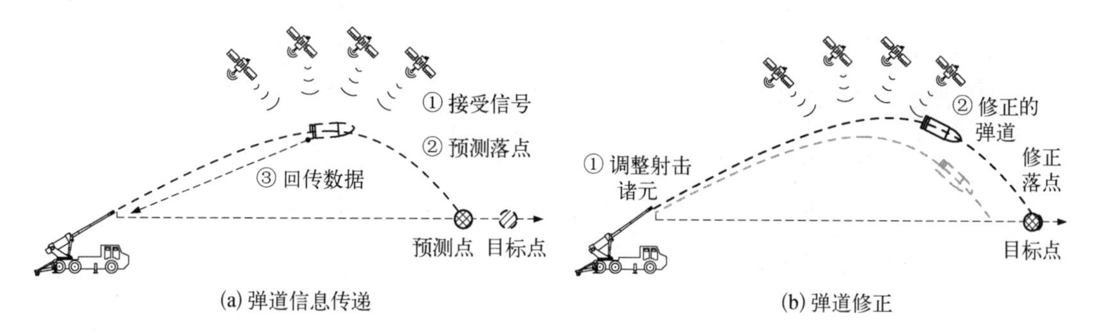

图 6.9.1　射击准确度设计的工作原理

通过地面弹道数据处理系统,得到校准弹的飞行轨迹数据,利用已飞行的校准弹轨迹数据,经外弹道方程拟合后,外推预测弹丸炸点位置坐标信息,计算弹丸预测炸点位置与目标点间的误差(准确度),由此计算得到对目标点进行精确打击的修正射击诸元,采用修正后的射击诸元发射后续无控弹丸,得到较为准确的打击效果。

6.9.3　弹道拟合与预测模型

弹道拟合与预测需要有一个基础的能够高效解算的弹道模型,其中的参数需要通过弹道测试获得,并经弹道轨迹辨识得到,从而修正弹道模型,据此对弹丸的落点做出准确预测,进而根据预测的弹丸落点与预定的目标点的偏差,高效地解算出下一发弹丸发射所需的诸元修正量。

6.9.3.1　弹道预测模型

考虑弹道预测的快速性和准确性要求,选取四自由度(三个平动、一个滚动)修正质点弹道模型作为弹道预测用弹道模型,具体模型如下:

$$\begin{cases}
\dfrac{\mathrm{d}v_{x1}}{\mathrm{d}t}=\left(\begin{aligned}&-\dfrac{\rho A_S}{2m_Q}(c_{x0}+c_{x2}\cdot\alpha_e^2)v_r(v_{x1}-w_x)+\dfrac{\rho A_S d_Q}{2m_Q}\dot{\gamma}c''_z[\alpha_{ey}(v_{x3}-w_z)-\alpha_{ez}v_{x2}]\\&+\dfrac{\rho A_S}{2m_Q}c'_y v_r^{\ 2}\alpha_{ex}+a_{kx}+g_{x1}\end{aligned}\right)\\
\dfrac{\mathrm{d}v_{x2}}{\mathrm{d}t}=\left(\begin{aligned}&-\dfrac{\rho A_S}{2m_Q}(c_{x0}+c_{x2}\cdot\alpha_e^2)v_r v_{x2}+\dfrac{\rho A_S d_Q}{2m_Q}\dot{\gamma}c''_z[\alpha_{ez}(v_{x1}-w_x)-\alpha_{ex}(v_{x3}-w_z)]\\&+\dfrac{\rho A_S}{2m_Q}c'_y v_r^{\ 2}\alpha_{ey}+a_{ky}+g_{x2}\end{aligned}\right)\\
\dfrac{\mathrm{d}v_{x3}}{\mathrm{d}t}=\left(\begin{aligned}&-\dfrac{\rho A_S}{2m_Q}(c_{x0}+c_{x2}\cdot\alpha_e^{\ 2})v_r(v_{x3}-w_z)+\dfrac{\rho A_S d_Q}{2m_Q}\dot{\gamma}c''_z[\alpha_{ex}v_{x2}-\alpha_{ey}(v_{x1}-w_x)]\\&+\dfrac{\rho A_S}{2m_Q}c'_y v_r^{\ 2}\alpha_{ez}+a_{kz}+g_{x3}\end{aligned}\right)\\
\dfrac{\mathrm{d}x_1}{\mathrm{d}t}=v_{x1},\ \dfrac{\mathrm{d}x_2}{\mathrm{d}t}=v_{x2},\ \dfrac{\mathrm{d}x_3}{\mathrm{d}t}=v_{x3},\ \dfrac{\mathrm{d}\dot{\gamma}}{\mathrm{d}t}=-\dfrac{\rho A_S l_Q d_Q}{2J_Q}m'_{xz}v_r\dot{\gamma}
\end{cases}\tag{6.9.1}$$

其中，$v_r=\sqrt{(v_{x1}-w_x)^2+v_{x2}^2+(v_{x3}-w_z)^2}$。

科氏加速度的表达式为

$$a_{kx}=\lambda_3 v_{x2}-\lambda_2 v_{x3},\quad a_{ky}=\lambda_1 v_{x3}-\lambda_3 v_{x1},\quad a_{kz}=\lambda_2 v_{x1}-\lambda_1 v_{x2},$$
$$\lambda_1=2\Omega_T\cos\Lambda\cos\Theta_N,\quad \lambda_2=2\Omega_T\sin\Lambda,\quad \lambda_3=-2\Omega_T\cos\Lambda\sin\Theta_N \tag{6.9.2}$$

重力加速度的精确表达式为

$$\begin{cases} g_{x1}=-g_0'\dfrac{R^2}{r^3}x_1-\Omega_T^2(x_2+R)\cos\Lambda\sin\Lambda\cos\Theta_N \\ g_{x2}=-g_0'\dfrac{R^2}{r^3}(x_2+R)-\Omega_T^2(x_2+R)(-\cos^2\Lambda) \\ g_{x3}=-g_0'\dfrac{R^2}{r^3}x_3-\Omega_T^2(x_2+R)(-\cos\Lambda\sin\Lambda\sin\Theta_N) \end{cases} \tag{6.9.3}$$

其中，$R=6\,356\,766$ m 为标准地球半径；$r=[x_1^2+(x_2+R)^2+x_3^2]^{1/2}$；$g_0'$ 为发射地点的引力加速度，可由下式估算：

$$g_0'=9.806\,65[1-0.002\,6\cos(2\Lambda)]+R\Omega_T^2\cos^2\Lambda \tag{6.9.4}$$

忽略阻尼项，可推导出动力平衡角 α_e 的三分量表达式：

$$\alpha_{ex}=\frac{\bar{x}_1 a_b g(\bar{x}_2 v_{rx}v_{ry}-\bar{x}_1 v_{rz})}{(\bar{x}_1^3+\bar{x}_2^2\bar{x}_1 v_r^2)},\quad \alpha_{ey}=\frac{-\bar{x}_1\bar{x}_2 a_b g(v_{rx}^2+v_{rz}^2)}{(\bar{x}_1^3+\bar{x}_2^2\bar{x}_1 v_r^2)},\quad \alpha_{ez}=\frac{\bar{x}_1 a_b g(\bar{x}_1 v_{rx}+\bar{x}_2 v_{ry}v_{rz})}{(\bar{x}_1^3+\bar{x}_2^2\bar{x}_1 v_r^2)} \tag{6.9.5}$$

式中，

$$\alpha_e=\sqrt{\alpha_{ex}^2+\alpha_{ey}^2+\alpha_{ez}^2},\quad g=\sqrt{g_{x1}^2+g_{x2}^2+g_{x3}^2},$$
$$\bar{x}_1=1-(a_a-a_b)\frac{\rho A_S d_Q}{2m_Q}c''_z\dot{\gamma}v_r^2,\quad \bar{x}_2=(a_a-a_b)\frac{\rho A_S}{2m_Q}c'_y v_r^2,$$
$$a_a=\frac{2m_Q d_Q\dot{\gamma}m''_y}{\rho A_S v_r^2(m'_z c'_y v_r^2+d_Q^2 c''_z m''_y\dot{\gamma}^2)},\quad a_b=\frac{2J_Q\dot{\gamma}c'_y}{\rho A_S l_Q v_r^2(m'_z c'_y v_r^2+d_Q^2 c''_z m''_y\dot{\gamma}^2)} \tag{6.9.6}$$

在弹道预测过程中，需要预测每一发校射弹的实际落点，而每一发校射弹由于随机扰动的影响，落点存在纵、横向散布。为了准确预测每一发校射弹的落点，需要把对射程的随机扰动当量为对阻力系数的影响，把对侧偏的随机扰动当量为对升力系数和转速的影响（转速影响偏流）。这里，我们定义三个修正系数，即阻力系数修正系数 k_{cx}、升力系数修正系数 k_{cy}、极阻尼力矩系数修正系数 k_{mxz}，在四自由度弹道模型基础上补充以下三个方程：

$$\frac{\mathrm{d}k_{cx_1}}{\mathrm{d}t}=0,\quad \frac{\mathrm{d}k_{cx_2}}{\mathrm{d}t}=0,\quad \frac{\mathrm{d}k_{mx_{13}}}{\mathrm{d}t}=0 \tag{6.9.7}$$

上式表明 k_{cx_1}、k_{cx_2}、$k_{mx_{13}}$ 在全弹道上是常量。式(6.9.1)和式(6.9.7)构成了弹道滤波的增广形式的非线性系统方程。

6.9.3.2 弹道参数辨识和弹道预测

在校射参数(高低修正量、方向修正量)的计算过程中,需要测量一段弹道数据,并利用该段数据快速、准确地辨识出该发校射弹阻力和升力系数,并计算得到修正系数。由于弹道微分方程组是高度非线性的,采用易于处理非线性系统的无迹卡尔曼滤波(简称UKF)进行处理。

根据式(6.9.1),弹道预测模型的增广状态参数共有 $n=10$ 个,取为

$$\boldsymbol{Y}=\left\{v_{x1}\quad v_{x2}\quad v_{x3}\quad x_1\quad x_2\quad x_3\quad \dot{\gamma}\quad k_{cx_1}\quad k_{cx_2}\quad k_{mx_{13}}\right\}^{\mathrm{T}} \tag{6.9.8}$$

则增广形式的状态空间方程可写为如下形式:

$$\frac{\mathrm{d}\boldsymbol{Y}}{\mathrm{d}t}=\boldsymbol{f}(\boldsymbol{Y})=\{f_1\quad f_2\quad f_3\quad f_4\quad f_5\quad f_6\quad f_7\quad f_8\quad f_9\quad f_{10}\}^{\mathrm{T}} \tag{6.9.9}$$

其中,$\boldsymbol{f}(\cdot)$ 为弹道方程中状态参数的传递函数,引入阻力系数修正系数 k_{cx}、升力系数修正系数 k_{cy}、极阻尼力矩系数修正系数 k_{mxz},修正的状态方程为

$$\begin{cases}
f_1=\left(\begin{array}{l}-\dfrac{\rho S_Q}{2m_Q}k_{cx_1}(c_{x0}+c_{x2}\cdot\alpha_e^2)v_r(v_{x1}-w_x)+\dfrac{\rho S_Q d_Q}{2m_Q}\dot{\gamma}c''_z[\alpha_{ey}(v_{x3}-w_z)-\alpha_{ez}v_{x2}]\\ +\dfrac{\rho S_Q}{2m_Q}k_{cx_2}c'_y v_r{}^2\alpha_{ex}+a_{kx}\end{array}\right)\\
f_2=\left(\begin{array}{l}-\dfrac{\rho S_Q}{2m_Q}k_{cx_1}(c_{x0}+c_{x2}\cdot\alpha_e^2)v_r v_{x2}+\dfrac{\rho S_Q d_Q}{2m_Q}\dot{\gamma}c''_z[\alpha_{ez}(v_{x1}-w_x)-\alpha_{ex}(v_{x3}-w_z)]\\ +\dfrac{\rho S_Q}{2m_Q}k_{cx_2}c'_y v_r{}^2\alpha_{ey}+a_{ky}-g\end{array}\right)\\
f_3=\left(\begin{array}{l}-\dfrac{\rho S_Q}{2m_Q}k_{cx_1}(c_{x0}+c_{x2}\cdot\alpha_e^2)v_r(v_{x3}-w_z)+\dfrac{\rho S_Q d_Q}{2m_Q}\dot{\gamma}c''_z[\alpha_{ex}v_{x2}-\alpha_{ey}(v_{x1}-w_x)]\\ +\dfrac{\rho S_Q}{2m_Q}k_{cx_2}c'_y v_r{}^2\alpha_{ez}+a_{kz}\end{array}\right)\\
f_4=v_{x1},\ f_5=v_{x2},\ f_6=v_{x3},\ f_7=\dfrac{\rho S_Q l_Q}{2J_Q}(-d_Q k_{mx_{13}}m'_{xz}v_r\dot{\gamma}+v_r{}^2m'_{xw}\delta),\ f_8=0,\ f_9=0,\ f_{10}=0
\end{cases} \tag{6.9.10}$$

由于实测的参数值均为离散形式,因此将状态方程表示成离散形式为

$$\boldsymbol{Y}_k=\boldsymbol{f}(\boldsymbol{Y}_{k-1},\ \boldsymbol{u}_k,\ t_k)+\boldsymbol{w}_k,\ k=1,\ 2,\ \cdots \tag{6.9.11}$$

式中,$\boldsymbol{u}_k$ 表示控制向量;$\boldsymbol{w}_k\sim N(0,\ \boldsymbol{Q}_k)$ 表示过程噪声,包括数值解算误差、建模误差等。需要注意的是状态参数也具有固有的误差,其协方差用 $\boldsymbol{\Sigma}$ 表示,通常为固定值。

为了通过测试数据辨识系统的参数,则需要建立状态方程与测试参数之间的映射关系(即弹道观测方程)如下:

$$\boldsymbol{y}_k=\boldsymbol{h}(\boldsymbol{Y}_k,\ t_k)+\boldsymbol{v}_k,\ k=1,\ 2,\ \cdots,\ n \tag{6.9.12}$$

式中，$\boldsymbol{h}(\cdot)$ 为状态参数与观测参数之间的传递函数；$\boldsymbol{y}_k$ 测试参数值，校射弹上安装有卫星信号接收机和转速测量装置，可实时提供校射弹的坐标 (x, y, z)、速度 (v_x, v_y, v_z) 以及转速 $\dot{\gamma}$，这些测量值均含有噪声，用 $v_k \sim N(0, \boldsymbol{R}_k)$ 表示。

利用状态方程式(6.9.11)和观测方程式(6.9.12)，基于 UKF 理论，弹道参数辨识和弹道预测遵循以下基本步骤。

步骤 1：令 $k-1$ 步状态参数最优估计的均值和协方差分别为 $\hat{\boldsymbol{Y}}_{k-1}^{+}$ 和 $\boldsymbol{\Sigma}_{k-1}^{+}$，其中上标“+”表示后验估计，即更新校正后的参数。

步骤 2：设置无迹变换参数 α,κ,β 和 λ，利用 $\hat{\boldsymbol{Y}}_{k-1}^{+}$ 和 $\boldsymbol{\Sigma}_{k-1}^{+}$ 生成 $2n+1$ 个 Sigma 点（样本点）$\hat{\boldsymbol{Y}}_{k-1}^{(i)}$：

$$\hat{\boldsymbol{Y}}_{k-1}^{(i)} = \hat{\boldsymbol{Y}}_{k-1}^{+},\ i = 0,$$

$$\hat{\boldsymbol{Y}}_{k-1}^{(i)} = \hat{\boldsymbol{Y}}_{k-1}^{+} + \widehat{\boldsymbol{Y}}^{(i)},\ i = 1, 2, \cdots, 2n \tag{6.9.13}$$

其中，

$$\widehat{\boldsymbol{Y}}^{(i)} = \widehat{Y}_j^{(i)} = \left(\sqrt{(n+\lambda)\cdot\boldsymbol{\Sigma}_{k-1}^{+}}\right)_i^{\mathrm{T}} = \sqrt{(n+\lambda)}L_{ji}^{\mathrm{T}},\ i = 1, 2, \cdots, n,$$

$$\widehat{\boldsymbol{Y}}^{(i)} = \widehat{Y}_j^{(i)} = -\left(\sqrt{(n+\lambda)\cdot\boldsymbol{\Sigma}_{k-1}^{+}}\right)_i^{\mathrm{T}} = -\sqrt{(n+\lambda)}L_{ji}^{\mathrm{T}},\ i = n+1, 2+2, \cdots, 2n \tag{6.9.14}$$

式中，$\lambda = \alpha^2(n+\kappa) - n$ 为尺度调节因子，用于调整 Sigma 点与均值点之间的距离；α 为比例参数，κ 为次级尺度调节因子，这两个参数决定了 Sigma 点在均值附近的散布情况，通常 α 在 $[10^{-4}, 1]$ 内取值，κ 取值无明确界限，可取为 0。由于 $\boldsymbol{\Sigma}_{k-1}^{+}$ 为对称正定矩阵，可采用 Cholesky 分解法对 $\boldsymbol{\Sigma}_{k-1}^{+}$ 进行分解，得 $\boldsymbol{\Sigma}_{k-1}^{+} = \boldsymbol{L}\cdot\boldsymbol{L}^{\mathrm{T}}$，由此可得 $\sqrt{\boldsymbol{\Sigma}_{k-1}^{+}} = \boldsymbol{L} = L_{ij}$。

相应地，根据 Sigma 点估计响应均值和均方差的权重 $\omega_m^{(i)}$ 和 $\omega_c^{(i)}$ 为

$$\omega_m^{(i)} = \begin{cases} \dfrac{\lambda}{n+\lambda},\ i = 0 \\ \dfrac{1}{2(n+\lambda)},\ i = 1 \sim 2n \end{cases} \tag{6.9.15}$$

$$\omega_c^{(i)} = \begin{cases} \dfrac{\lambda}{n+\lambda} + (1 - \alpha^2 + \beta),\ i = 0 \\ \dfrac{1}{2(n+\lambda)},\ i = 1 \sim 2n \end{cases} \tag{6.9.16}$$

式中，β 是一个非负权系数，用于引入随机变量的概率分布的高阶矩，若分布是精确高斯分布，β 的最优值为 2。

步骤 3：利用构建的状态参数传递函数 $\boldsymbol{f}(\cdot)$，对系统的非线性方程组进行积分，积分步长为 $\Delta t = t_k - t_{k-1}$，得到 Sigma 点 $\hat{\boldsymbol{Y}}_{k-1}^{(i)}$ 对应的响应值 $\hat{\boldsymbol{Y}}_k^{(i)}$：

$$\hat{\boldsymbol{Y}}_k^{(i)} = \boldsymbol{f}(\hat{\boldsymbol{Y}}_{k-1}^{(i)}, \boldsymbol{u}_k, t_k) \tag{6.9.17}$$

步骤 4：对 $\hat{\boldsymbol{Y}}_k^{(i)}$ 加权求和得到第 k 时刻状态参数的预测值 $\hat{\boldsymbol{Y}}_k^{-}$ 及其协方差 $\boldsymbol{\Sigma}_k^{-}$：

$$\hat{\boldsymbol{Y}}_k^- = \sum_{i=0}^{2n} \omega_m^{(i)} \hat{\boldsymbol{Y}}_k^{(i)} \tag{6.9.18}$$

$$\boldsymbol{\Sigma}_k^- = \sum_{i=0}^{2n} \omega_c^{(i)} (\hat{\boldsymbol{Y}}_k^{(i)} - \hat{\boldsymbol{Y}}_k^-)(\hat{\boldsymbol{Y}}_k^{(i)} - \hat{\boldsymbol{Y}}_k^-)^{\mathrm{T}} + \boldsymbol{Q}_{k-1} \tag{6.9.19}$$

其中,上标"-"表示先验估计。

步骤5：利用最新状态参数估计值 $\hat{\boldsymbol{Y}}_k^-$ 和 $\boldsymbol{\Sigma}_k^-$，重新构造Sigma点,有

$$\hat{\boldsymbol{Y}}_k^{(i)} = \hat{\boldsymbol{Y}}_k^-,\ i = 0,\ \hat{\boldsymbol{Y}}_k^{(i)} = \hat{\boldsymbol{Y}}_k^- + \widehat{\boldsymbol{Y}}^{(i)},\ i = 1, 2, \cdots, 2n \tag{6.9.20}$$

其中,

$$\widehat{\boldsymbol{Y}}^{(i)} = \left(\sqrt{(n+\lambda)\cdot \boldsymbol{\Sigma}_k^-}\right)_i^{\mathrm{T}}, i = 1, 2, \cdots, n$$

$$\widehat{\boldsymbol{Y}}^{(i)} = -\left(\sqrt{(n+\lambda)\cdot \boldsymbol{\Sigma}_k^-}\right)_i^{\mathrm{T}}, i = n+1, n+2, \cdots, 2n \tag{6.9.21}$$

步骤6：利用观测方程预估Sigma点对应的观测量,可得

$$\hat{\boldsymbol{y}}_k^{(i)} = \boldsymbol{h}(\hat{\boldsymbol{Y}}_k^{(i)}, t_k) \tag{6.9.22}$$

步骤7：估计观测参数的均值 $\hat{y}_k$ 和协方差 Σ_y：

$$\hat{\boldsymbol{y}}_k = \sum_{i=0}^{2n} \omega_m^{(i)} \hat{\boldsymbol{y}}_k^{(i)} \tag{6.9.23}$$

$$\boldsymbol{\Sigma}_y = \sum_{i=0}^{2n} \omega_c^{(i)} (\hat{\boldsymbol{y}}_k^{(i)} - \hat{\boldsymbol{y}}_k)\cdot(\hat{\boldsymbol{y}}_k^{(i)} - \hat{\boldsymbol{y}}_k)^{\mathrm{T}} + \boldsymbol{R}_k \tag{6.9.24}$$

步骤8：估计状态参数与观测参数之间的交叉协方差：

$$\boldsymbol{\Sigma}_{Yy} = \sum_{i=0}^{2n} \omega_c^{(i)} (\hat{\boldsymbol{Y}}_k^{(i)} - \hat{\boldsymbol{Y}}_k^-)\cdot(\hat{\boldsymbol{y}}_k^{(i)} - \hat{\boldsymbol{y}}_k)^{\mathrm{T}} \tag{6.9.25}$$

步骤9：计算卡尔曼增益 $\boldsymbol{k}_k$：

$$\boldsymbol{k}_k = \boldsymbol{\Sigma}_{Yy}\cdot(\boldsymbol{\Sigma}_y)^{-1} \tag{6.9.26}$$

步骤10：引入传感器测量获得的观测参数 $\boldsymbol{y}_k$，更新状态参数及其协方差：

$$\hat{\boldsymbol{Y}}_k^+ = \hat{\boldsymbol{Y}}_k^- + \boldsymbol{k}_k\cdot(\boldsymbol{y}_k - \hat{\boldsymbol{y}}_k),$$

$$\boldsymbol{\Sigma}_k^+ = \boldsymbol{\Sigma}_k^- - \boldsymbol{k}_k\cdot\boldsymbol{\Sigma}_y\cdot\boldsymbol{k}_k^{\mathrm{T}} \tag{6.9.27}$$

步骤11：至此完成了一步的状态参数估计和更新,返回步骤1,依次递推。

上述过程可快速、准确地求出弹道计算中的气动系数修正系数,从而准确预测该发校射弹的落点,将预测出的落点与实际目标点进行对比,可解算出车载炮的高低修正量和方向修正量,完成对射击准确度的修正。

第7章　驾驶室防冲击载荷结构设计

7.1　概述

车载炮驾驶室除承受发射时的冲击波载荷作用外,还存在机动行驶过程中路边炸弹、地雷爆炸的意外作用,以及榴弹破片、枪弹对驾驶室及其乘员的伤害作用。对驾驶室作用的这些载荷统称为冲击载荷。

冲击波对驾驶室的作用是全方位的作用,由于冲击波场在空间的传播是球面型传播,凡是与冲击波有相交之处的驾驶室部位,均会受到冲击波作用的影响;炮口与驾驶室的相对位置,直接影响车载炮的总体设计性能,还会影响驾驶室的安全性;可见,驾驶室结构的防冲击波设计除了安全性外,还影响系统整体性能的发挥。路边炸弹、地雷爆炸对驾驶室的作用主要体现在其底部、离地面比较近的部位,这些载荷除了破坏驾驶室结构、导致不能机动行驶外,还会影响驾驶室内乘员的安全性及相关设备的正常工作,最终影响车载炮的战斗力。榴弹破片、枪弹不仅损害驾驶室结构,还会损害驾驶室内乘员和相关设备,因此驾驶室一定要进行防弹设计,以保护乘员和相关设备的安全。

有关对驾驶室的防护设计可以借鉴国外相关标准。国外装甲车辆防护等级标准虽多,但总体原则基本是一致的,通过不同弹药的测试,按照动能大小与威力来划分等级,并建立一套标准的测试流程来对被测试部件进行详细评定。

北约的 STANAG 4569 系列包含了防护等级与测试评价方法两部分内容,其中防护等级又分为弹道威胁和地雷威胁;面对日益发展的战场威胁,北约组织也规定了简易爆炸装置和聚能装药弹药的威胁等级分类以及具体的测试要求;STANAG 4569 防护标准也是目前公开的车辆防护标准中最详尽、最全面的一个系列。美国的 MIL－STD－3058 主要针对车辆底部爆炸和与此相关的对于乘员的防护;该系列防护标准虽有一定局限性,但其充分考虑了目标人群与相应的设备,也就是说通过优化车内的各种设施,如安全带、座椅系统、灭火系统等等,以达到整个车辆系统的最佳设计,从而实现作战任务并减少乘员受伤的风险。南非 RSA－MIL－STD－37 的主要评估对象是防雷车辆,对人工和布雷车布设的反坦克地雷和防步兵地雷均进行了考虑;该标准还对人体器官和乘员伤害进行了详细的划分与评定。德国的 VPAM 标准主要侧重于民用和军用弹道防护材料;VPAM BRV2009 包含装甲车辆的防弹测试与防弹等级划分,VPAP ERV2010 则包含装甲车辆的防爆测试和防爆等级划分;该标准是一套较为完整的装甲车辆防护标准,其不仅囊括了弹道与爆炸的防护,还对车辆的不同部位(包括车辆顶部、底部、侧面、窗户、车门等)都进行了考虑。

本章将讨论如何对驾驶室进行防冲击载荷结构设计。

7.2 炮口冲击波对驾驶室结构的作用机理

7.2.1 炮口冲击波场的变化规律

7.2.1.1 炮口冲击波流场的主要特点

炮口冲击波流场结构非常复杂,其结构随时间变化而且随炮口装置结构的不同,流场结构也会产生相应的差异。一般而言,火炮射击时在炮口周围会形成随时间变化的两个流场,即初始流场和火药气体流场。

初始流场由弹丸高速运动压缩弹前空气所致。弹丸膛内运动时期,弹丸压缩膛内弹前空气柱,在膛口会形成1~2道激波,此激波在膛内逐渐加强,出炮口后膨胀为一个球形冲击波,此球形冲击波称为初始冲击波。初始冲击波的强度主要取决于弹丸初速的大小。弹丸初速越高,弹前激波及初始冲击波就越强,弹前激波是弹丸膛内运动的阻力之一。

火药气体流场是由弹后火药燃气在空中流动所致。弹丸飞离炮口后,由于高压火药气体高速喷出,在炮口周围会产生一个不断向外传播的炮口冲击波和一个相对稳定的炮口超音速射流结构。

炮口冲击波的强度比初始流场中的初始冲击波强度高得多,因而传播的速度也快得多。因此,炮口冲击波最后必将赶上初始冲击波,并与其合并为一。在这一过程中,它们之间的相互作用对于炮口冲击波的形状、分布特性以及强度都有不可忽略的影响。因此,在对炮口冲击波进行详细分析的时候,必须要考虑初始冲击波的存在。

炮口超音速射流结构为膨胀不足的射流,在口部形成瓶状激波系,具有明显的非定常性,瓶状激波系经历一个生长、稳定、衰减的过程。其主要原因有两个: 一是炮口射流结构的形成发展受到随时间呈指数规律下降的炮口压力的影响;二是炮口冲击波从炮口逐渐向外扩展过程中,后效期开始时对射流有约束作用,致使瓶状激波必须从小逐渐长大,随着炮口冲击波向外扩展,对炮口射流的影响就越小,膛内压力下降规律逐渐起到支配作用,于是经过短暂的稳定期后,瓶装激波便不断衰减。

7.2.1.2 炮口冲击波场的变化规律

如图7.2.1所示,弹丸刚出炮口时,高温、高压、高速火药气体首先从弹丸船尾部周围溢出,向侧方剧烈膨胀,速度高达1 500~2 000 m/s,然后火药气体向前包围弹丸,并推动炮口附近、已被初始流场扰动过的空气,形成炮口冲击波。由于火药燃气速度高于弹丸,初始流动和火药燃气的交界面逐渐赶上弹丸。

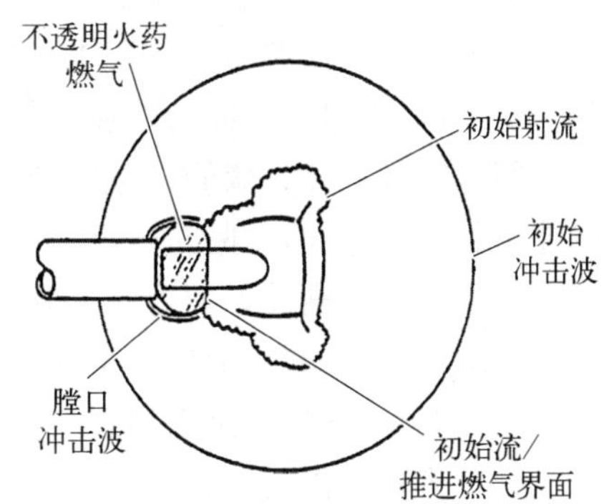

图 7.2.1 弹丸飞离膛口瞬间流场示意图

如图7.2.2所示,弹丸飞离炮口某一短暂时间后,火药燃气膛口冲击波速度快于初始冲击波,呈

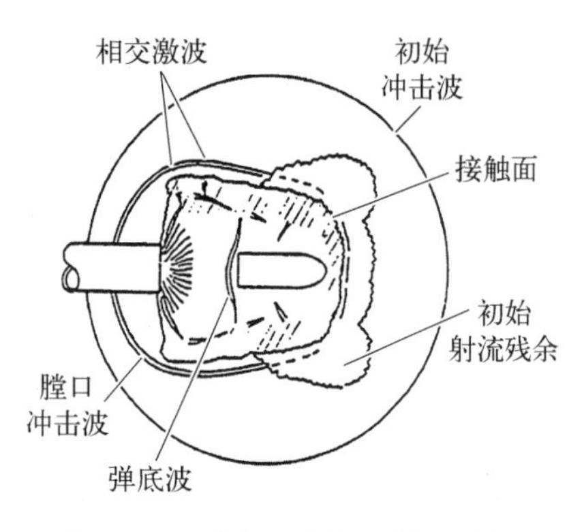

图 7.2.2　弹丸飞离炮口某一瞬间膛口流场示意图

现出追逐初始冲击波的现象。初始流动与火药燃气交界面向前移至弹丸前面。火药燃气射流中产生相交激波,弹底形成弹底激波,在弹底离膛口较近时向后弯曲成弓形。弹丸被火药燃气所包围,由于弹底压力高于弹尖压力火药燃气对弹丸仍有部分加速作用。

如图 7.2.3 所示,又经过某一短暂时间,随着弹丸速度的增加和燃气速度的下降,包围弹丸的燃气速度低于弹丸速度,弹丸运动受阻,弹丸穿过膛口冲击波,在弹头出现弓形弹头波。射流马赫盘已经形成,穿越的火药燃气再压缩减速为亚声速流动。

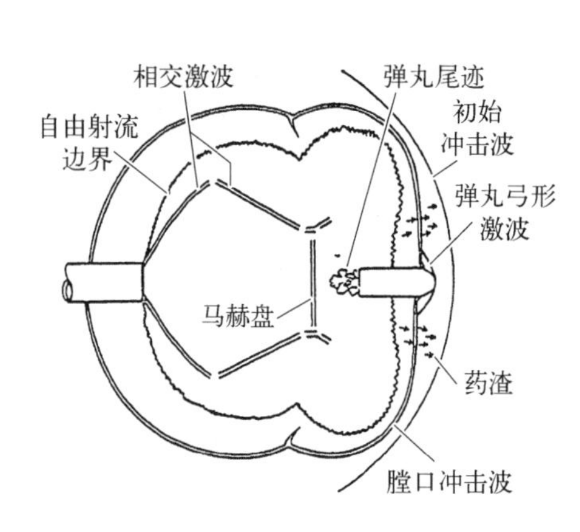

图 7.2.3　弹丸飞离炮口又一瞬间膛口流场示意图

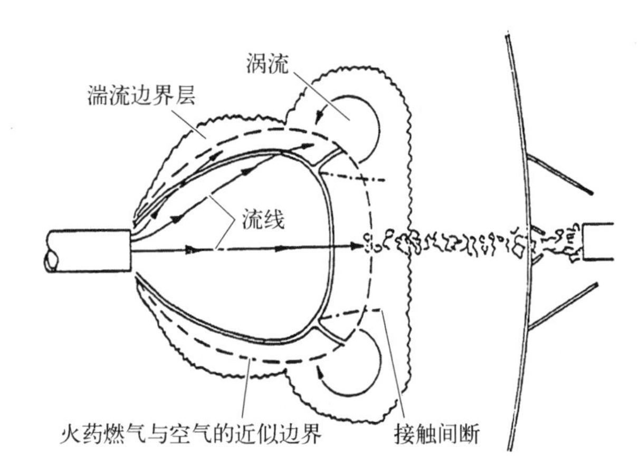

图 7.2.4　弹丸飞离炮口再一瞬间膛口流场示意图

如图 7.2.4 所示,弹丸飞行再经过某一短暂时间,弹丸穿过初始冲击波,进入未受扰动的空气。火药燃气射流自由发展,火药穿越相交激波,速度下降,但仍为超声速。瓶状激波外存在强烈的湍流混合,并存在速度间断。

炮口冲击波的强度远高于初始冲击波。它有以下几个主要特点:

(1) 炮口冲击波由火药气体连续地、但却有限地补充能量,身管轴线方向是能量释放的主要方向,炮口附近冲击波强度最大。其原因主要是膛内火药气体向外排出的速度是随时间呈指数规律衰减的,经过一段时间,炮口冲击波已膨胀到远离炮口以后,火药气体的能量就无法再向其补充了。

(2) 炮口冲击波近似为一个球形冲击波,其球心是运动的。炮口冲击波的波阵面近似为一球形,且球心是沿炮口身管轴线方向运动的,球心运动速度是随时间是以指数规律衰减的,球心运动特性是由炮膛定向喷射的气流速度等条件决定的。

(3) 炮口冲击波具有明显的方向性,是一个各向异性的非均匀冲击波。由于炮口冲击波是一个中心以一定速度运动的球形冲击波,因此,此冲击波波阵面上各点的绝对速度为球心速度与波阵面相对球心速度的矢量和。因此,对于炮口冲击波来说,由于球心运动速度的影响,冲击波的强度是有方向性的,即沿球心运动方向的冲击波强度最强。随着向后角之增大,强度逐渐减弱,这种各向异性的冲击波称为非均匀冲击波。

（4）炮口冲击波前方嵌以另一个冠状冲击波,组成了复杂的相交波系。冠状冲击波与弹丸和初始冲击波的相互作用有关。

7.2.1.3　带炮口制退器的炮口冲击波场

当炮口安装有炮口制退器时,中央弹孔及各侧孔分别形成独立的气体射流和冲击波。这些射流与冲击波的特性分别与单一气流相类似。这些冲击波在空间合成的结果即为最终的炮口冲击波场。炮口制退器两侧形成的冲击波称为侧孔冲击波,中央弹孔形成的冲击波称为弹孔冲击波。根据前面的讨论可知,在弹孔冲击波前方还嵌入了冠状冲击波,两个侧孔冲击波、一个弹孔冲击波、一个冠状冲击波等在空中形成的气体流场称为炮口冲击波场。

制退器会增大车载炮和炮手区域的冲击波超压峰值。如果制退器各侧孔射流之间有足够间距,则射流保持独立发展,形成相似的射流结构;若各侧孔射流相隔较近发生相交,则几个侧孔会形成一个大的瓶状激波,各射流在膛口附近相互作用形成复杂的波系。瓶状激波在燃气排空过程中同样经历生长、稳定、衰减三个时期。

7.2.1.4　炮口冲击波场模拟仿真计算

1）基本假设

为了工程化计算,通常将非定常流在某瞬时作为定常流来处理,该处理方法称为准定常方法。根据一维准定常理论,首先对膛内气流运动状态作如下假设:流动是准定常的;流动是一维的;流动是等熵的,即忽略气流与身管之间的热交换,忽略气体黏性引起的摩擦;火药气体为完全气体,并忽略质量力。

在进行后效期起始时刻膛内气流参数计算时,除了上述4条假设外,还需要补充以下假设:

炮口界面为临界截面;膛内气体密度均匀分布,即 $\partial\rho/\partial x = 0$。

2）计算模型及工况描述

模型简化。建立的冲击波流场计算模型中主要包括驾驶室、制退器、身管三个结构,考虑到计算效率,需要对驾驶室结构进行简化处理,仅保留驾驶室外轮廓面,去除表面上的细小凸起,忽略车门、车窗等结构,将驾驶室表面化简为一个较为规则的轮廓面,简化后的驾驶室结构如图 7.2.5 所示;将身管及其内壁简化为内壁光滑的圆柱体;制退器为三腔室反冲式制退器,去除螺钉等细小零件,对制退器的外部轮廓进行几何简化,忽略其与身管间的配合关系,去除侧孔上的细小倒角,得到简化后的身管、制退器结构如图 7.2.6 所示。

图 7.2.5　驾驶室简化结构

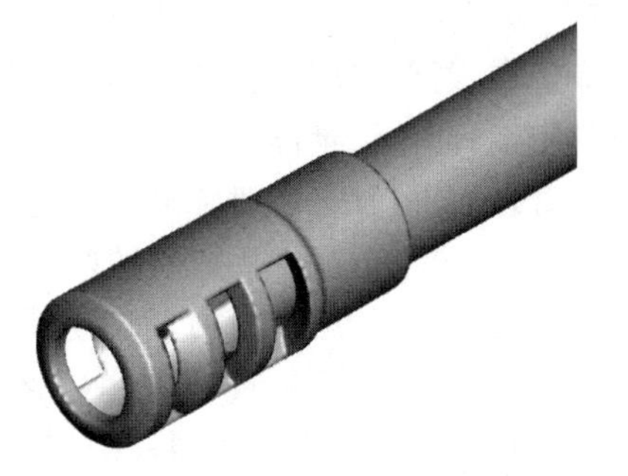

图 7.2.6　炮口制退器简化结构

初始条件。初始条件指的是计算域在初始时刻的流场状态,边界条件则指的是计算域边界处流场变量应当满足的数学物理条件,二者统称为定解条件,只有在设置了定解条件后流场才存在且仅存在唯一的解。初始时刻膛内空间充满高温、高压的气体,根据内弹道方程组,可推导出膛内气体的速度 v 和压强 p 随坐标 x 的分布函数为

$$v_x = \frac{x}{L}v \tag{7.2.1}$$

其中,$x \in [0,L]$;v_x 为 x 处的气流速度;v 为弹丸速度,弹丸飞离炮口的初速为 v_g。且有

$$L = \frac{W_0}{A_S} + l_g \tag{7.2.2}$$

式中,l_g 为弹丸膛内行程;A_S 为炮膛截面积;W_0 为药室容积。

$$p_x = p_d\left[1 + \frac{\omega}{2\varphi_1 m_Q}\left(1 - \frac{x^2}{L^2}\right)\right] \tag{7.2.3}$$

其中,p_x 为 x 处气体的压强;ω 为装药量;φ_1 为次要功系数,取 1.13;m_Q 为弹丸质量;p_d 为弹底压力,弹丸飞离炮口瞬间的压力称为炮口压力,记为 p_g。

假定弹丸飞离炮口时,膛内气体的密度处处相等,根据质量守恒,膛内气体密度 ρ 为

$$\rho = \frac{\omega}{V} \tag{7.2.4}$$

其中,V 为身管容积与药室容积之和。

则根据理想气体状态方程,可以得到弹丸飞离炮口时刻身管内气体的温度为

$$T = \frac{p}{\rho R} \tag{7.2.5}$$

其中,R 为火药气体常数。

设置初始时刻膛口截面外的流场为静场,压力为一个标准大气压,温度为 $T = 300$ K,气体密度为 $\rho = 1.18\ \mathrm{kg/m^3}$。

边界条件。冲击波流场仿真模型中涉及的边界条件有压力出口边界和固定壁面边界。

将制退器、身管、驾驶室、地面设置为固定壁面,这里忽略壁面的变形和位移,将它们视为刚性壁面,因此给定固壁边界条件。

对计算域周围边界(除地面外)给定压力出口边界条件,设置静压值 p_J 为一个标准大气压,当出口边界上的流动为亚音速流动时,其压力为静压值;当出口边界上的气体为超音速流动时,边界上的压力由内部流场插值获得。该边界条件可以让冲击波顺畅传出计算域,有效避免非物理反射现象,减小边界对计算域内流场的扰动。

计算工况确定。根据发射条件确定身管射角、炮口制退器与驾驶室之间的相对位置关系,确定冲击波场的计算工况,确定驾驶室底部相对于地面的位置,设置高低射角和水

平射角。

计算域确定。由于仅关注驾驶室受到冲击波的作用情况，因此用有限的计算域代替实际无限的流场范围。将计算域划分为长×宽×高为 $a\times b\times h$ 的长方体区域，其中驾驶室后沿距离计算域后边界 c，另一方向的边界为 d，驾驶室离地间隙为 Δ。

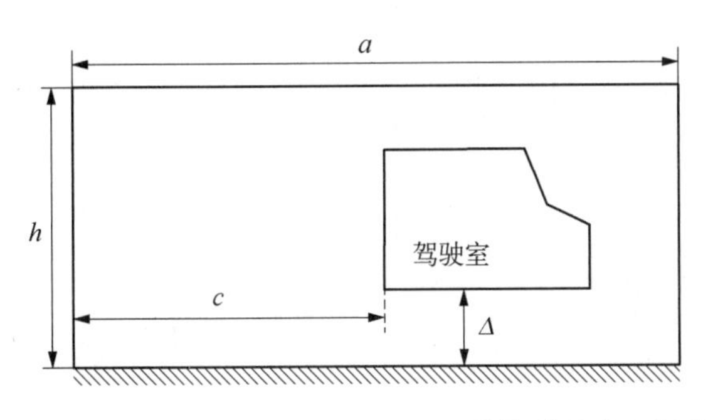

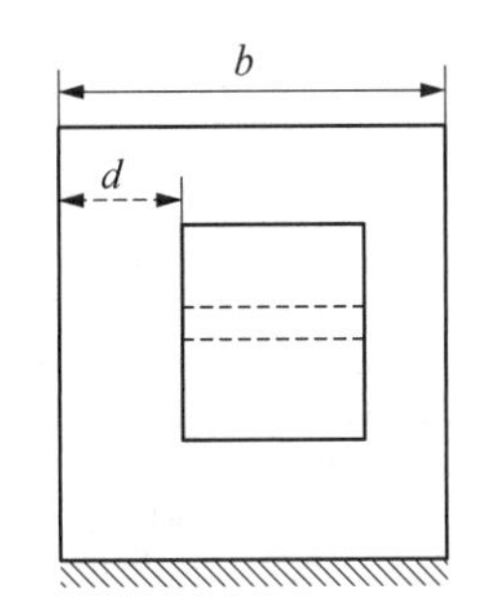

图 7.2.7　计算域尺寸示意图

网格生成。在完成计算域的三维模型建立后，需要划分网格对计算域进行空间离散，为了保证计算精度和收敛性，同时控制网格总数和保证计算的稳定进行，需要对计算域的网格尺寸进行一定的控制，达到缩短计算时间、提高计算效率的目的。因驾驶室表面、制退器形状较为复杂，采用四面体非结构网格进行空间离散。考虑到膛口冲击波为三维非定常欠膨胀波，膛口区域流场中波系复杂，因而要对膛口周围的流体网格进行加密。

3）计算模型及工况描述

为分析驾驶室受到的冲击情况，根据计算软件要求设置监测面，如图 7.2.8 所示，软件将会输出监测面上流场的超压情况、气流速度情况、气体密度情况和温度情况，因计算结果是储存在网格上的，可对监测面上每个网格的数据按要求进行处理，得到监测面上需要的流场参数结果。

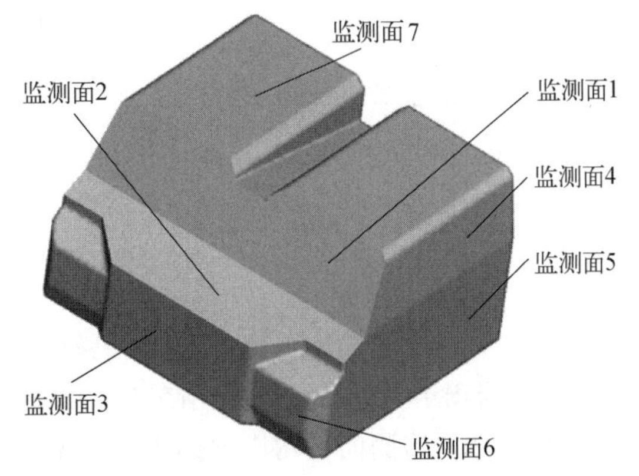

图 7.2.8　监测面位置示意图

4）算例

以某 155 毫米车载炮驾驶室为例进行以下两种工况的数值计算。

工况 1，高低射角为 14°、方向射角为 0°的间瞄射击工况，得到如图 7.2.9 所示的检测面 1 和检测面 2 上的数值结束结果。

由图 7.2.9 中可知，冲击波约在弹丸离开膛口截面 2.5 ms 后到达驾驶室位置，此时监测面处的流场压力开始上升，并在约 4.2 ms 时压力达到最大值，监测面 1 的超压（相对于 1 个标准大气压）正峰值约为 0.092 MPa，监测面 2 的压力正峰值约为 0.099 MPa；随后驾驶室表面的流场压力下降，在约 6.2 ms 时压力低于标准大气压，并持续下降到约 9.3 ms 时，监测面 1 的超压负峰值约为−0.041 MPa，监测面 2 的超压负峰值约为−0.044 MPa；随后监测面处的流场压力回升至标准大气压（超压为零），并在标准大气压附近小幅度波动。压力

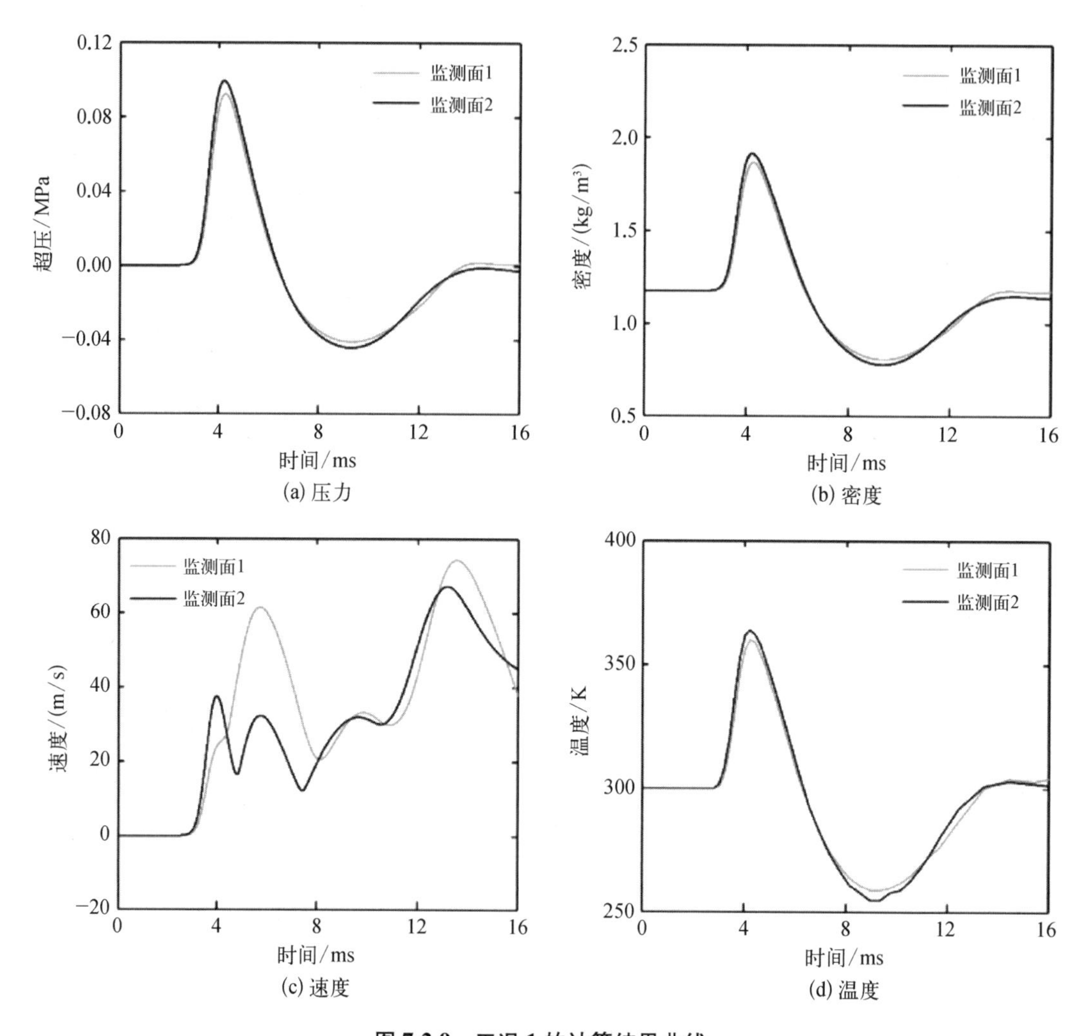

(a) 压力

(b) 密度

(c) 速度

(d) 温度

图 7.2.9　工况 1 的计算结果曲线

曲线的上升沿时间约为 1.7 ms，正压持续时间约为 3.7 ms，负压持续时间约为 7.5 ms。监测面处流场密度与温度的变化情况与压力相类似。

分别选取监测面平均压力达正峰值和负峰值时刻，绘制驾驶室表面的超压云图，如图 7.2.10 所示。当 $t=4.2$ ms 时，驾驶室表面的最大超压达到了 0.13 MPa，当 $t=9.3$ ms 时，驾驶室表面最大负压达到-0.046 MPa。

工况 2，高低射角为 0°、方向射角为 25°的直瞄射击工况，得到 6 个监测面处的流场平均参数变化情况如图 7.2.11 所示，其中监测面 6 受冲击情况最为剧烈，冲击波约在 1.6 ms 时到达监测面 6 处，之后监测面上的平均压力迅速上升，在约 3.2 ms 时达到峰值 0.124 MPa，正压持续时长约为 5.2 ms，从 6.8 ms 开始监测面处压力为负，在约 13.5 ms 时达到负峰值 -0.029 MPa，负压的持续时间约为 18 ms。

分别选取监测面平均压力达正峰值和负峰值时刻，绘制驾驶室表面的超压云图，如图 7.2.12 所示。当 $t=4.2$ ms 时，驾驶室表面的最大超压达到了 0.13 MPa，当 $t=9.3$ ms 时，驾驶室表面最大负压达到-0.03 MPa。

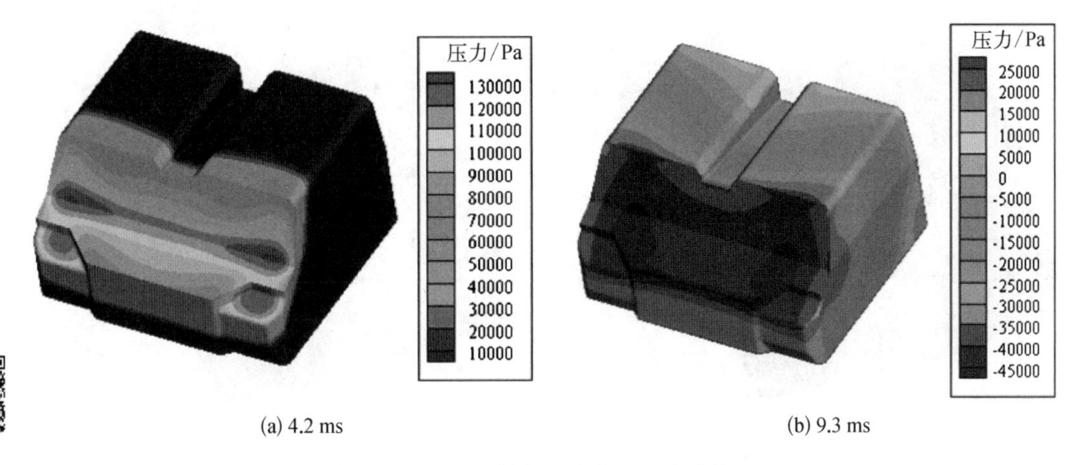

(a) 4.2 ms　　(b) 9.3 ms

图 7.2.10　工况 1 的驾驶室表面压力分布云图

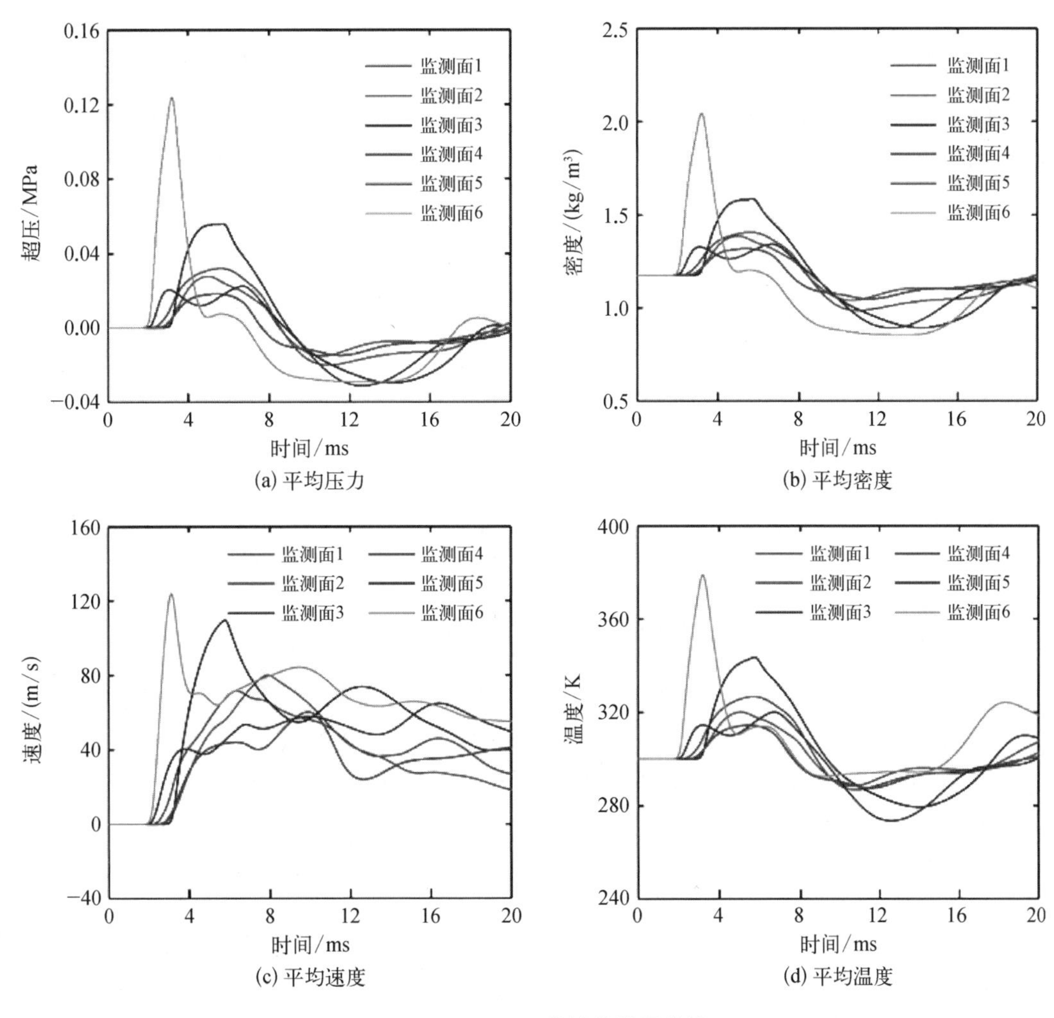

(a) 平均压力　　(b) 平均密度

(c) 平均速度　　(d) 平均温度

图 7.2.11　工况 2 的计算结果曲线

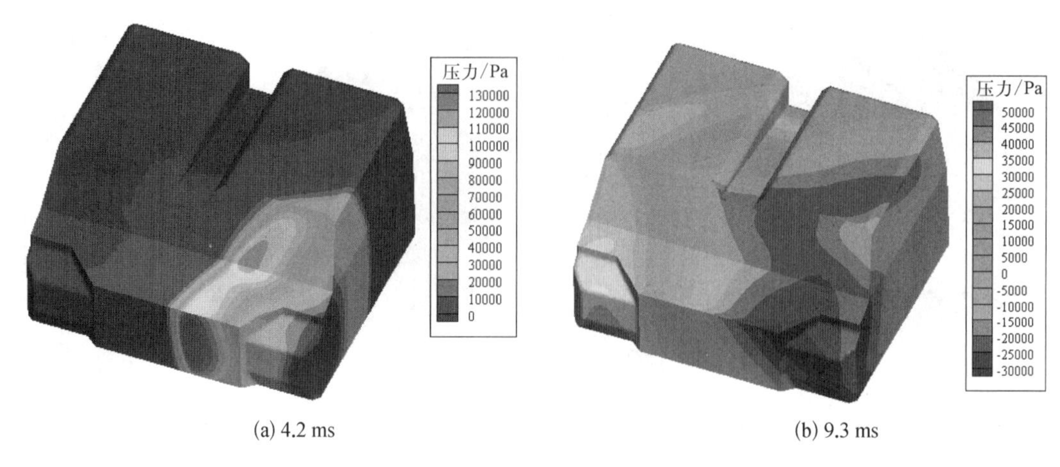

(a) 4.2 ms (b) 9.3 ms

图 7.2.12 工况 2 的驾驶室表面压力分布云图

7.2.1.5 冲击波场压力的拟合公式

冲击波场超压加载曲线由几个关键参数决定,包括冲击波到达驾驶室的时刻 t_0、正压作用时长 t^+、负压作用时长 t^-、上升沿时间 $t_{\rm up}$、下降沿时间 $t_{\rm down}$、压力正峰值 $p_{\max}$ 和负压力峰值 $p_{\min}$,冲击波对驾驶室的作用时间为 $[t_0,\ t_0+t^++t^-]$,令 $t_0=0$。作用在驾驶室上的载荷曲线为如下分段函数:

$$p=\begin{cases} a_1t^2+b_1t+c_1, & 0\leqslant t\leqslant t_{\rm up} \\ p_{\max}\left(1-\dfrac{t-t_{\rm up}}{t^+-t_{\rm up}}\right), & t_{\rm up}\leqslant t\leqslant t^+ \\ a_2{\rm e}^{-t}+b_2, & t^+\leqslant t\leqslant t_{\rm up}+t_{\rm down} \\ a_3t^2+b_3t+c_3, & t_{\rm up}+t_{\rm down}\leqslant t\leqslant t^++t^- \end{cases} \tag{7.2.6}$$

式中,

$$a_1=-\frac{p_{\max}}{t_{\rm up}^2},\quad b_1=\frac{2p_{\max}}{t_{\rm up}},\quad c_1=0 \tag{7.2.7A}$$

$$a_2=\frac{p_{\min}}{{\rm e}^{-t_{\rm up}+t_{\rm down}}-{\rm e}^{-t^+}},\quad b_2=-\frac{p_{\min}}{{\rm e}^{-t_{\rm up}+t_{\rm down}+t^+}-1} \tag{7.2.7B}$$

$$a_3=\frac{p_{\min}}{(t_{\rm up}+t_{\rm down}-t^+-t^-)^2},\quad b_3=\frac{2p_{\min}(t_{\rm up}+t_{\rm down})}{(t_{\rm up}+t_{\rm down}-t^+-t^-)^2},$$

$$c_3=-\frac{p_{\min}(t^++t^-)}{t_{\rm up}+t_{\rm down}-t^+-t^-}\left[1+\frac{(t_{\rm up}+t_{\rm down})}{t_{\rm up}+t_{\rm down}-t^+-t^-}\right] \tag{7.2.7C}$$

以距离膛口 0.5 m 处的测点为例,得到拟合公式和数值计算结果的对比如图 7.2.13(a)所示,该测点负压持续时间较长,大约在 10 ms 时压力才达到负峰值,此次的拟合公式可以较好地表现出压力曲线的变化情况。同时,以距离膛口 1.0 m 处的测点为例绘制对

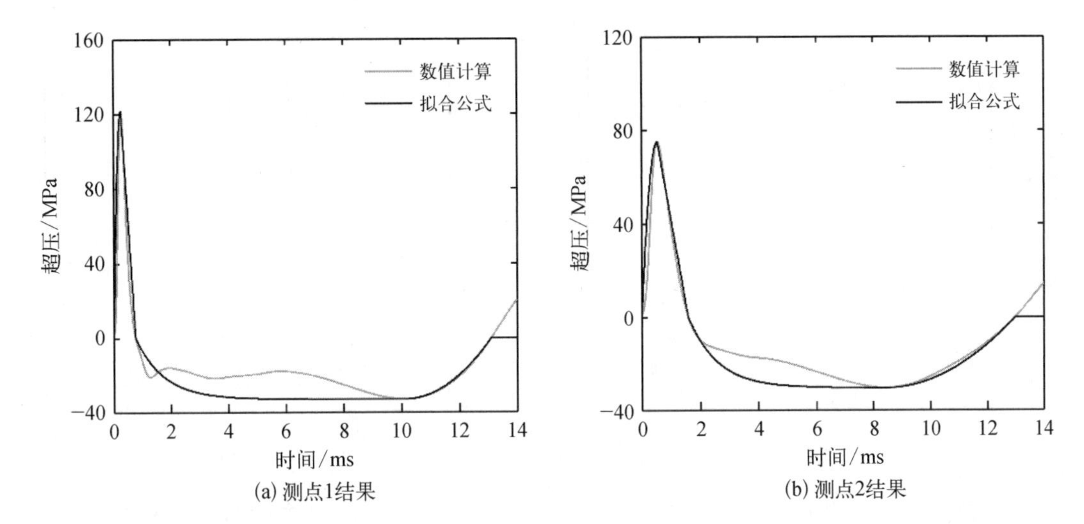

图 7.2.13　压力波的拟合曲线

比曲线,如图 7.2.13(b)所示。从拟合曲线图可用看出,在正压区,拟合程度较好,在负压区,拟合程度偏小,偏小的负压区对结构设计而言是偏保守。

下面探讨其他测点的特征参数与基准点特征参数之间的关系。

1) 压力正峰值 p_{max}

首先讨论压力正峰值 p_{max},计算出测点处的压力峰值如表 7.2.1 所示,其中 l 表示测点与基准点间的距离。

表 7.2.1　冲击波场数值计算结果

点　序	l/m	p_{max}/Pa	p_{min}/Pa	t_{up}/ms	t_{down}/ms	t^+/ms	t^-/ms
基准点	0	121 491	−32 822	0.260 1	9.851 3	0.767 4	12.339 0
1	0.5	75 345	−30 310	0.548 7	7.872 2	1.597 9	11.373 0
2	1.0	60 750	−29 908	0.930 3	5.703 0	2.651 3	10.519 0
3	1.5	47 913	−26 921	1.292 5	4.656 0	3.322 5	10.362 0
4	2.0	30 445	−18 605	1.701 0	4.174 0	3.658 0	10.437 0

设 p_{max} 与 l 间为负指数关系,即有

$$p_{max} = p_{max}^0 e^{-a_1 l} \tag{7.2.8}$$

将表 7.2.1 中的数值代入上式,得待定系数为

$$a_1 = 0.703\,2 \tag{7.2.9}$$

得到的拟合公式和仿真结果的对比如图 7.2.14 所示,拟合结构非常吻合。

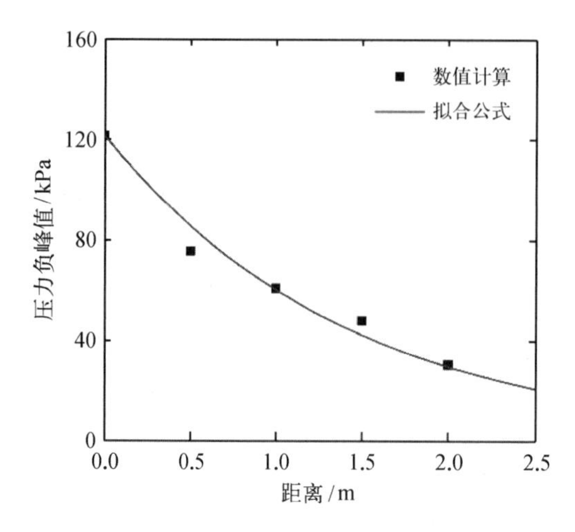

图 7.2.14　压力正峰值拟合结果

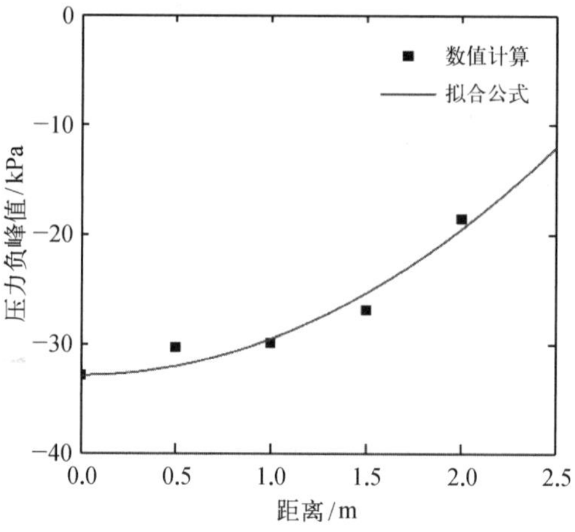

图 7.2.15　压力负峰值拟合结果

2）压力负峰值 $p_{\min}$

计算出测点的压力负峰值如表 7.2.1 所示。设 $p_{\min}$ 与 l 间为二次函数关系，即有

$$p_{\min} = a_2 l^2 + p_{\min}^0 \tag{7.2.10}$$

将表 7.2.1 中的数值代入上式，得待定系数为

$$a_2 = 3\ 330 \tag{7.2.11}$$

得到的拟合公式和仿真结果的对比如图 7.2.15 所示，拟合结构非常吻合。

3）上升沿时间 t_{up}

计算出测点的上升沿时间如表 7.2.1 所示。设 t_{up} 与 l 间为指数关系，即有

$$t_{\mathrm{up}} = \mathrm{e}^{a_3 l} - (1 - t_{\mathrm{up}}^0) \tag{7.2.12}$$

将表 7.2.1 中的数值代入上式，得待定系数为

$$a_3 = 0.458\ 1 \tag{7.2.13}$$

得到的拟合公式和仿真结果的对比如图 7.2.16 所示，拟合结构非常吻合。

4）下降沿时间 t_{down}

设 t_{down} 与 l 间为负指数关系，即有

$$t_{\mathrm{down}} = t_{\mathrm{down}}^0 \mathrm{e}^{-a_4 l} \tag{7.2.14}$$

将表 7.2.1 中的数值代入上式，得待定系数为

$$a_4 = 0.479\ 3 \tag{7.2.15}$$

得到的拟合公式和仿真结果的对比如图 7.2.17 所示，拟合结构非常吻合。

5）正压持续时间 t^+

设 t^+ 与 l 间为一次函数关系，即有

$$t^+ = a_5 l + t_0^+ \tag{7.2.16}$$

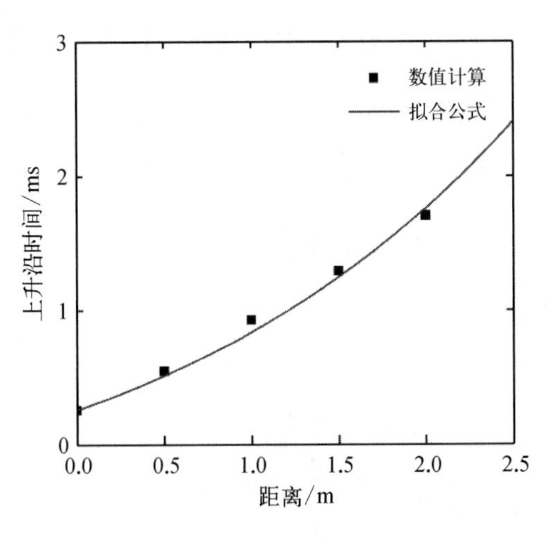

图 7.2.16　上升沿时间拟合结果

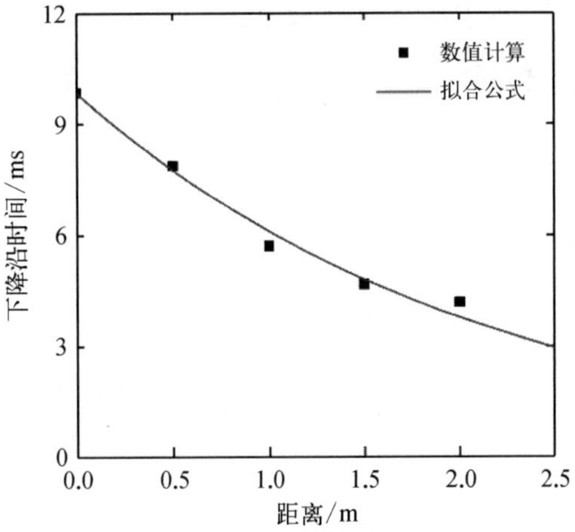

图 7.2.17　下降沿时间拟合结果

将表 7.2.1 中的数值代入上式,得待定系数为

$$a_5 = 1.588 \tag{7.2.17}$$

得到的拟合公式和仿真结果的对比如图 7.2.18 所示,拟合结构非常吻合。

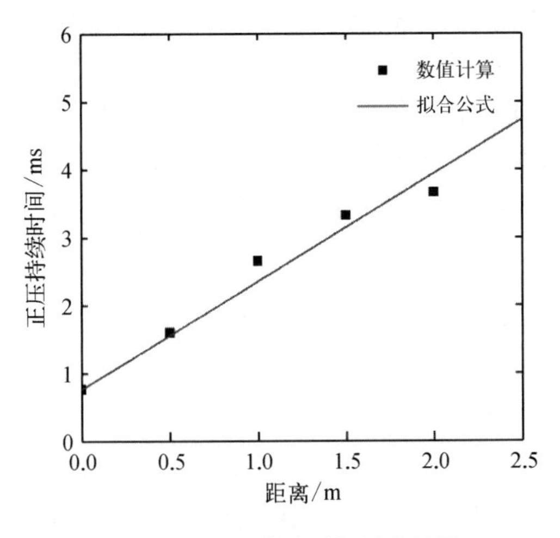

图 7.2.18　正压持续时间拟合结果

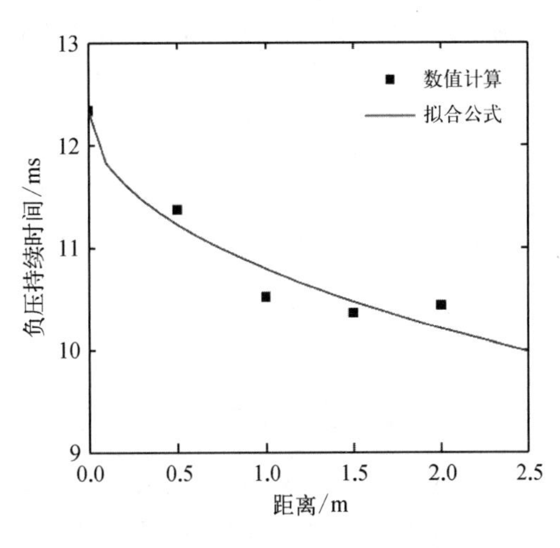

图 7.2.19　负压持续时间拟合结果

6）负压持续时间 t^-

设 t^- 与 l 间为一次函数关系,即有

$$t^- = t_0^- \mathrm{e}^{-a_6\sqrt{l}} \tag{7.2.18}$$

将表 7.2.1 中的数值代入上式,得待定系数为

$$a_6 = 0.133\,8 \tag{7.2.19}$$

得到的拟合公式和仿真结果的对比如图 7.2.19 所示,拟合结构非常吻合。

至此,已推得测点特征参数与基准点特征参数的关系,选取测点 3 来进行检验,将式

(7.2.6)的计算结果称为拟合公式1,将利用基准点特征参数关系推得的结果称为拟合公式2,结果如图7.2.20所示。

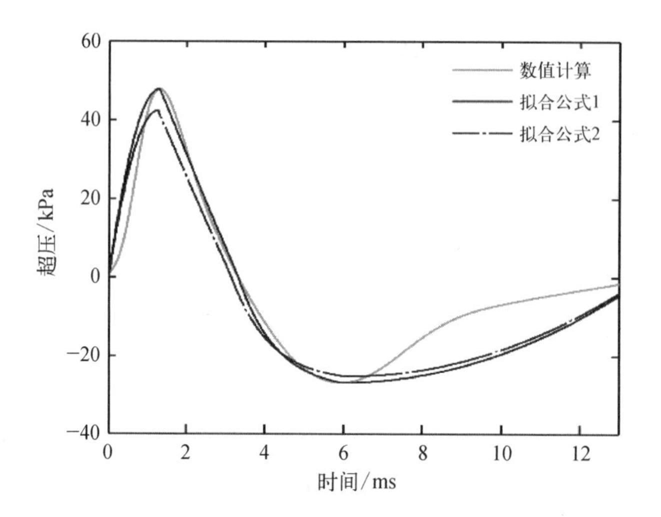

图 7.2.20　拟合公式与数值计算结果对比

由于在驾驶室拓扑优化设计和刚强度分析计算中,要进行大量的、不同射击工况条件下的数值分析计算,需要输入冲击波压力在空间和时间上的分布关系,若对每种工况都进行流场分析计算来获得这种分布规律,将消耗大量的计算时间。本节给出的冲击波压力数值拟合方法,只需要计算任意一种射击工况下的冲击波场的分布规律,即可以以此为基准得到其他工况条件下作用在驾驶室面上冲击波压力分布规律的估算结果,回避了上述大量的计算工作量,可非常有效完成驾驶室的优化设计。虽然不同工况条件下的拟合规律存在一定的误差,流场数值计算过程中也忽略了冲击波与驾驶室结构之间的流固耦合效应,但这些误差可以在优化设计结束获得具体结构参数后,对结构进行较为精确的各种工况的分析计算,并进行实弹射击试验验证考核,就可以获得弥补。

7.2.2　板梁组合结构抗炮口冲击波优化设计

7.2.1节讨论了炮口冲击波在空气中的传播规律,当冲击波场中存在诸如车载炮驾驶室这样的结构时,冲击波对驾驶室突然加载。由于惯性,驾驶室体积域上的各质点不可能同时发生响应扰动,而是要经过一个传播过程,由冲击波先达局部扰动区逐步传播到未扰动区,这种现象称为应力波在驾驶室内的传播。由于冲击波对驾驶室的作用时间非常短、变化非常快(由正相压力到负相压力),且由于驾驶室结构在其厚度方向的尺寸相比于平面尺寸均非常小,应力波在厚度方向上的传播现象很快就消失,这时驾驶室的动力效应就表现为其结构变形、应变率、应力等随时间的变化。由于驾驶室是一种反复使用的结构,若其动力效应表现为塑性现象,则随着时间的推移,必然会造成驾驶室结构的破坏,驾驶室结构就不能满足在冲击波场中的反复使用要求。此外,驾驶室是由板梁类组合结构组成的复杂结构,为了探究冲击波对驾驶室的作用机理,需要对板梁类的基本结构进行研究,并假定冲击波对板梁组合结构的作用机理是基于板梁结构在弹性条件下来展开的。

工程中一般按几何特征来划分板的种类,当矩形板的厚度与板的宽度的比值在1/80

与 1/5 之间时，称为薄板；当比值在 1/5 与 1/3 之间时，称为中厚板。考虑到驾驶室结构中所用板的特点及对其弹性变形的要求，本节选择矩形中厚度板，来研究在冲击波压力作用下板结构的冲击响应。

(1) 板结构。板结构如图 7.2.21 所示，在板中心面上点 o 处建立板的局部坐标系 $o-xyz$，板长×宽×厚的尺寸为 $a\times b\times h$，板材料的杨氏模量 E_b、泊松比 ν_b、质量密度 ρ_b，在板的上表面受到均匀分布的法向超压载荷 $p(t)$，考虑到驾驶室板梁组合结构间的实际连接条件，假定板的四周边为固支，采用板壳理论即可得到板中心面上中心点 q 处的法向位移 w_q 和边界上最大应力处的应力 σ_{Von} 随时间的变化规律。

板的质量 $m=\rho_b abh=f(h)$，板中的最大 von Mises 等效应力 σ_{Von}，板中心点 q 处的最大位移为 w_q。一个好的设计需要挖掘结构的潜力，尤其对驾驶室质量约束非常严格的结构，为此需要定义如下优化条件：

$$\begin{cases}\min \quad m(h)=\rho_b abh \\ \text{model } A:\ \boldsymbol{M}_A\ddot{\boldsymbol{U}}_A+\boldsymbol{K}_A\boldsymbol{U}_A=\boldsymbol{F}_A \\ \text{s.t.}\quad \sigma_{\text{Von}}=[\sigma_b],\ w_q=[w_q],\ h_b\in[h_b^L,\ h_b^U] \\ \text{var:}\quad h_b\in\boldsymbol{R}^1\end{cases} \tag{7.2.20}$$

式中，$[\sigma_b]$、$[w_q]$ 分别为结构材料的许允强度和许允变形；字符上标“L”表示下限，“U”表示上限。

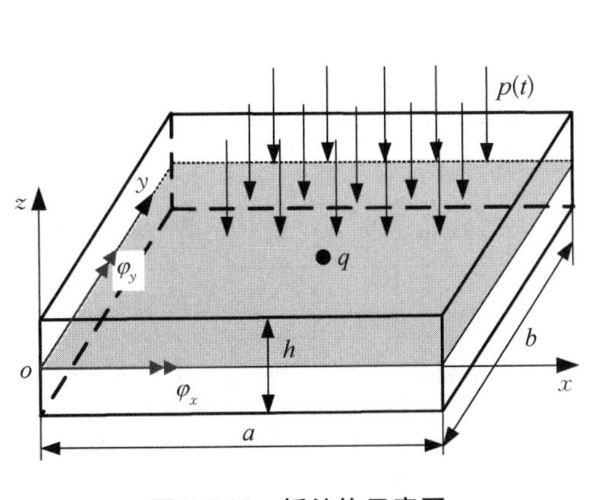

图 7.2.21　板结构示意图

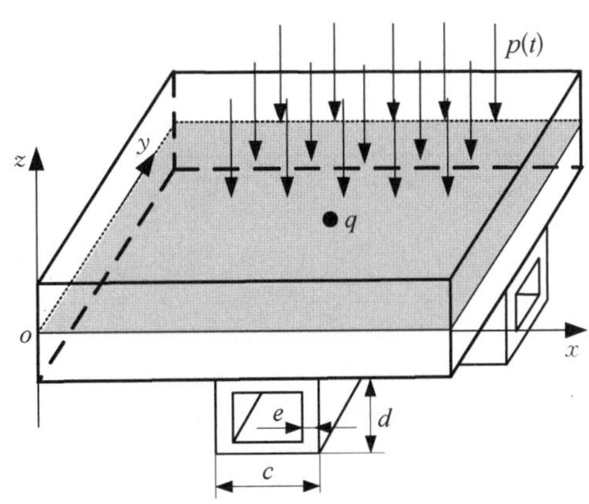

图 7.2.22　板梁结构示意图

(2) 板梁结构。板梁组合结构如图 7.2.22 所示，板的长×宽×厚的尺寸仍记为 $a\times b\times h$，假定梁的横截面结构为回字形截面，其横截面尺寸记为 $c\times d\times t$。梁结构材料的杨氏模量为 E_L、泊松系数为 ν_L、质量密度为 ρ_L，在板的上表面受到均匀分布的法向超压载荷 $p(t)$，$p(t)$ 的表达式见式(7.2.6)，板梁组合的四周边为固支，由板桥理论和梁理论，即可求得板中心面上中心点 q 处的法向位移 w_q 和边界上最大应力处的应力 σ_{Von} 随时间的变化规律。

板梁组合结构的质量函数为

$$m=\rho_P abh+2\rho_L t(n_b a+n_a b)(c+d-2t)=f(h,\ c,\ d,\ t,\ n_a,\ n_b) \tag{7.2.21}$$

式中，n_a、n_b 分别为板 a 边、b 边上梁的数量。

类似于式(7.2.20)，并引入载荷系数 λ_F，定义如下优化条件：

$$\begin{cases} \min \quad m = f(h,\ c,\ d,\ t,\ n_a,\ n_b) \\ \text{model } B:\ \boldsymbol{M}_B \ddot{\boldsymbol{U}}_B + \boldsymbol{K}_B \boldsymbol{U}_B = \lambda_F \boldsymbol{F}_B \\ \text{s.t.} \begin{array}{l} \sigma_{\text{Von}} = [\sigma_b],\ w_q = [w_q],\ h_b \in [h_b^L,\ h_b^U], \\ c \in [c^L,\ c^U],\ d \in [d^L,\ d^U],\ t \in [t^L,\ t^U] \end{array} \\ \text{var}:\ \ h_b,\ c,\ d,\ t,\ n_a,\ n_b \in \boldsymbol{R}^1 \end{cases} \tag{7.2.22}$$

算例：某板的几何参数 $a = 300$ mm、$b = 200$ mm，板与梁的材料参数相同，即 $\rho_b = \rho_l = \rho = 7.85 \times 10^{-6}\text{kg/mm}^3$、$E_b = E_l = E = 2.1 \times 10^5$ MPa、$\nu_b = \nu_l = \nu = 0.3$，强度极限为 $[\sigma_q] = 800$ MPa，变形极限为 $[w_q] = 3$ mm，加载规律由式(7.2.6)给出，其中 $t^+ = 3.37$ ms、$t^- = 7.54$ ms、$t_{\text{up}} = 1.34$ ms、$t_{\text{down}} = 5.09$ ms、$p_{\max} = 0.27$ MPa、$p_{\min} = -0.06$ MPa。比较板结构与板梁结构在载荷作用下的质量利用效率。

解：分别利用(7.2.20)、(7.2.22)的优化模型，以附录 B 中的板和板梁组合模型为基础，进行三种工况的优化计算，优化结果见表 7.2.2。其中工况 1 对应于板结构的静态模型(7.2.20)，工况 2 对应于板梁组合结构的静态模型(7.2.22)，静态模型是对应的模型中不考虑惯性载荷的影响；工况 3 对应于板结构动态模型(7.2.20)，工况 4 对应于板梁组合结构的模型(7.2.22)，表中的 σ_{Von}、w_q 均为结构中最大位置处的最大值。

表 7.2.2　优化计算结果

			优化结果							σ_{Von}/MPa	w_q/mm
			m/kg	h/mm	c/mm	d/mm	t/mm	n_a	n_b		
静态	1		1.87	3.16	—	—	—	—	—	578.8	−3.0
静态	2	$\lambda_F = 1.00$	0.97	1.50	4.32	8.63	0.86	1	1	800.0	−2.63
静态	2	$\lambda_F = 0.75$	0.84	1.31	4.05	7.78	0.78	1	1	800.0	−2.91
静态	2	$\lambda_F = 0.50$	0.70	1.08	4.17	7.75	0.78	1	1	800.0	−3.00
静态	2	$\lambda_F = 0.25$	0.55	0.83	4.24	6.98	0.73	1	1	700.0	−3.00
动态	3		2.20	3.74	—	—	—	—	—	644.4	−3.00
动态	4	$\lambda_F = 1.00$	1.10	1.72	4.38	8.76	0.88	1	1	800.0	−3.00
动态	4	$\lambda_F = 0.75$	0.96	1.50	4.35	8.54	0.85	1	1	800.0	−3.00
动态	4	$\lambda_F = 0.50$	0.82	1.25	4.52	8.64	0.86	1	1	800.0	−3.00
动态	4	$\lambda_F = 0.25$	0.66	0.99	4.07	8.10	0.81	1	1	723.7	−3.00

从计算结果表 7.2.2,可以得出如下基本结论。

(1) 当在满足结构强度和变形条件下,板结构的质量为 2.20 kg,板梁组合结构的质量为 1.10 kg,显然质量下降了 50%,由此可见板梁组合结构的减重效果非常明显。

(2) 在满足结构强度和变形条件下,当载荷系数 λ_F 取值为 1.00 时,对应的板梁组合结构静态优化后的质量为 0.97 kg,动态优化后的质量为 1.10,比板结构静态和动态优化后的质量 1.87 kg、2.20 kg 分别降低了 48%和 56%。

(3) 在满足结构强度和变形条件下,当载荷系数 λ_F 分别取值为 0.75、0.50 和 0.25 时,对应的板梁组合结构静态优化后的质量分别为 0.84 kg、0.70 kg、0.55 kg,动态优化后的质量分别为 0.96 kg、0.82 kg、0.66 kg,比 $\lambda_F = 1.0$ 时板梁组合结构静态优化后的质量 0.97 kg 和动态优化后的质量 1.10 kg,分别降低了 13%、27%、42%和 13%、25%、40%。

(4) 约束优化模型(7.2.22)中的载荷系数 λ_F 亦反映了系统质量的变化,这种变化的含义与第 7.6.3 节拓扑优化中材料相对密度 λ_e 的概念是等效的。

(5) 板梁组合结构是驾驶室抗冲击波结构中减重效果非常明显的一种结构,结构静态和动态的优化结果误差相差不大,在实际应用中可采用静态优化、动态检验的方法来提高优化效率。

7.2.3 冲击波对人员的损伤

当炮手在地面操作时,操作区形成冲击波超压场 p;当驾驶室撕裂后,冲击波会渗透到驾驶室,若有炮手,则在炮手附近形成冲击波超压场 p。表 7.2.3 给出了冲击波超压 p 对人员的损伤程度,由此就可以判断冲击波超压对炮手的伤害程度。

表 7.2.3 冲击波对乘员的毁伤值

冲击波超压峰值/MPa	受 伤 程 度
>0.48	人员立即死亡,内腹中出现大量血等现象
0.2~0.48	神经系统相关功能和肺功能丧失
0.1~0.2	耳膜出现破裂现象、内脏受到极大损害
0.05~0.1	内脏受到极大损害
0.03~0.05	听力丧失、骨折等现象
0.02~0.03	收到轻微破坏,可短时间内完成正常的工作

7.3 地雷爆炸对驾驶室结构的作用机理

如图 7.3.1 所示,地雷结构主要由雷壳、装药和引信三个部分组成,雷壳内主要盛装炸

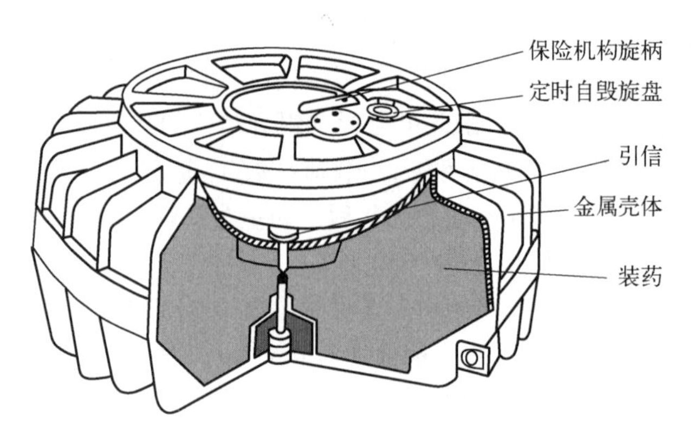

图 7.3.1　反装甲地雷结构图

药,通过引信引爆。

当地雷被触发继而引爆后,地雷中的装药产生爆炸冲击波,冲击波经过短时间的空气场中的传播之后,首先接触车载炮底盘相关部件,继而接触到驾驶室底板,由地雷爆炸产生冲击波将会给车载炮带来局部、全局、下落、后续四大效应的影响。局部效应是指冲击波在爆炸后的一定时间内接触驾驶室底板,产生一个极大的峰值压力,从而使驾驶室底板产生一个局部加速度并发生大塑性变形;全局效应是由于整个车载炮受到驾驶室底板下方的冲击波作用,引起整车在垂直方向上的振动或运动;在下落效应中整个车载炮在达到最大高度后车载炮会由于重力作用而下落,期间驾驶室内炮手容易受到车载炮内相关部件掉落而砸伤的危险;后续效应指的是车载炮在爆炸后的侧翻,或爆炸成形弹片穿透驾驶室的情况,或超压对乘员造成的威胁等。

驾驶室底部的防护性能直接关乎乘员的人身安全。在地雷的爆炸中驾驶室底部是受爆炸冲击影响最大区域之一,即使在车载炮本身并未受到重大损伤的情况下,爆炸冲击波尤其是来自驾驶室底部的爆炸冲击波也会对驾乘人员造成致命的伤害,比如撞伤头部、损伤脊柱、颈椎和腿骨等。

地雷爆炸对驾驶室结构的破坏主要由冲击波造成,强烈的冲击波会使底板产生一个明显的向内的塑/弹性变形,进而可能破裂,断裂长度可达数十厘米,导致驾驶室严重变形和损坏,同时会引起以下六种毁伤形式:

(1) 驾驶室底板的变形对驾驶室内的乘员,尤其是对直接位于爆炸点上面或附近的乘员(如驾驶员)会造成严重的振荡和冲击伤害;

(2) 焊接或栓接在驾驶室底板上的座椅及其他所有安装件将被从座椅基座上扯掉,乘员会猛烈地从座椅上朝着侧面或顶部方向弹出;

(3) 蓄电池和油箱破裂,导致内部物质泄漏;

(4) 驾驶室内电线电缆被扯断,引起短路;

(5) 弹药及其他装备,引起的其附加毁伤;

(6) 驾驶室门和逃生盖与其锁定部位和铰接部位分离,也可能造成驾驶室门和逃生被锁死。

本节仅讨论地雷爆炸形成的破片和冲击波对驾驶室的破坏作用。

7.3.1 地雷爆炸破片对驾驶室结构的破坏分析

7.3.1.1 地雷爆炸形成的破片分布

地雷爆炸后,破片以一定的初速向四周抛射,形成一个破片场,破片场包含破片初始速度、空间分布、质量分布。

1) 破片数量分布

爆炸后形成的总破片数 N 通常采用 Mott 公式估算:

$$N = \frac{m_s}{2m_\mu} \tag{7.3.1}$$

式中, m_s 为地雷壳体质量(kg); $2m_\mu$ 为破片的平均质量(kg); m_μ 取决于地雷壳体壁厚、内径、炸药质量,可用下式估算:

$$\sqrt{m_\mu} = 0.072\,6Bh_0^{5/6}d_i^{1/3}(1 + h_0/d_i) \tag{7.3.2}$$

式中, h_0 为地雷壳体壁厚(m); d_i 为地雷壳体内直径(m); B 为炸药系数($\mathrm{kg}^{1/2}\mathrm{m}^{7/8}$),对 TNT 装药, $B = 3.81$。

破片数量分布概率密度服从如下分布规律:

$$f(m_f) = \frac{N(\geqslant m_f)}{N} = \mathrm{e}^{-\left(\frac{\alpha m_f}{m_\mu}\right)^\lambda} \tag{7.3.3}$$

式中, $f(m_f)$ 破片数量分布概率密度函数, $N(\geqslant m_f)$ 质量大于 m_f 的破片累积数量,且有

$$\lambda = \begin{cases} 1/2 & \text{薄壁} \\ 1/3 & \text{厚壁} \end{cases},\quad \alpha = \begin{cases} 2 & \text{薄壁} \\ 6 & \text{厚壁} \end{cases} \tag{7.3.4}$$

2) 破片空间分布

破片的空间分布是指空间各位置处破片的分布密度,主要取决于破片的飞散角和破片的数量。假定破片的飞散方式是绕地雷纵轴 z 轴呈轴对称分布,地雷爆炸后所形成的破片呈近似球面向外飞散,飞散角 ϕ 处于最小和最大飞散角区间($\phi_{\min}$, $\phi_{\max}$)内, $\phi_{\min} = 0$、$\phi_{\max} = \pi$。 破片在其飞散平均方向角 $\bar{\phi}$ 上呈对称正态分布:

$$f(\phi) = \frac{1}{2\pi\sigma}\mathrm{e}^{-\frac{(\phi-\bar{\phi})^2}{2\sigma^2}} \tag{7.3.5}$$

式中,

$$\sigma = \frac{\phi_{\max} - \phi_{\min}}{3.3},\quad \bar{\phi} = \frac{\pi}{2} \tag{7.3.6}$$

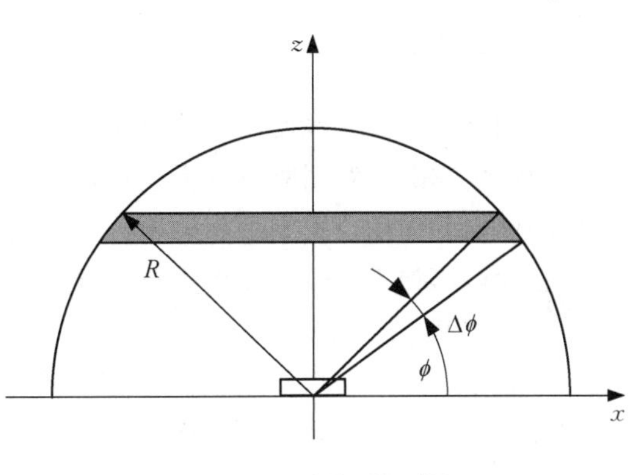

图 7.3.2 破片飞散球面

如图 7.3.2 所示,记落在距炸点距离为 R 的半径、且垂直于速度方向的球面上的单位面积的破片数为 $\rho_N(\phi, R)$, $\rho_N(\phi, R)$ 称为破片场密度,若 N 为球面上的总破片数,则在(ϕ, $\phi + \Delta\phi$)区间内的破片数 N_f 为

$$N_f = Nf(\phi)\Delta\phi \tag{7.3.7}$$

破片场的密度为

$$\rho_N(\phi,\ R) = \frac{Nf(\phi)\Delta\phi}{2\pi R^2 \sin\phi\Delta\phi} = \frac{N}{2\pi R^2}\frac{f(\phi)}{\sin\phi} \tag{7.3.8}$$

3）破片速度分布

地雷爆炸后破片的平均初速可由 Gurney（格尼）公式进行估算得到：

$$v_p = \sqrt{2E_G}\sqrt{\frac{m_w/m_s}{1 + 0.6\, m_w/m_s}} \tag{7.3.9}$$

式中，v_p 为破片的初速（m/s）；$\sqrt{2E_G}$ 为炸药的格尼常数（m/s），取 $\sqrt{2E_G} = 2\ 316$ m/s；m_w 为 TNT 炸药质量（kg）；m_s 为地雷壳体质量（kg）。

破片飞行过程中，受重力及空气阻力的作用，因破片质量较小，飞行距离较近，忽略重力对破片运动轨迹的影响，仅考虑空气阻力情况下，近似认为破片以一定的初速作直线减速运动，破片的速度衰减服从以下规律：

$$v_r = v_p e^{-k_\alpha R} \tag{7.3.10}$$

$$k_\alpha = \frac{c\rho_0 A_s}{2m_f} \tag{7.3.11}$$

式中，$c = 0.86$ 为破片的空气阻力系数；$\rho_0 = 1.29$（$\mathrm{kg/m^3}$）为空气的质量密度；A_s 为破片的平均迎风面积（$\mathrm{m^2}$），具体表达式为

$$A_s = k_s m_f^{2/3} \tag{7.3.12}$$

式中，k_s 为破片形状系数（$\mathrm{m^2/kg^{2/3}}$），各类钢质破片形状系数的经验值见表 7.3.1。

表 7.3.1　各类钢质破片形状系数

破片形状	球　形	方　形	柱　形	菱　形	长条形	不规则
k_s /（$\mathrm{m^2/kg^{2/3}}$）	3.07×10^{-3}	3.09×10^{-3}	3.35×10^{-3}	$(3.2-3.6)\times10^{-3}$	$(3.3-3.8)\times10^{-3}$	$(4.5-5)\times10^{-3}$

7.3.1.2　地雷爆炸破片对驾驶室的毁伤作用

地雷爆炸破片对驾驶室的毁伤作用可以参考 7.4.2.3 节与 7.4.2.4 节中杀爆榴弹破片对板的侵彻的作用公式来估算分析。本节将从毁伤概率的角度来讨论毁伤作用。

破片对驾驶室的毁伤作用主要有穿透作用和引燃作用，假设 P_C 表示穿透毁伤概率，P_Y 表示引燃毁伤的概率。

穿透作用是指破片作用在驾驶室上所造成不同程度的机械损伤，造成驾驶室破坏。单枚破片击穿并造成驾驶室毁伤的概率 P_C 是破片的比动能 E_p 和驾驶室厚度 h 的相关函数。而破片的比动能 E_p 是破片动能和穿孔面积的函数。采用射击实验的方法推导出了

穿透概率 P_C 的经验公式：

$$P_C = \begin{cases} 0, & E_p < 4.41 \times 10^8 \\ 1 + 2.65e^{-0.347\times10^{-8}E_p} - 2.96e^{-0.143\times10^{-8}E_p}, & E_p \geqslant 4.41 \times 10^8 \end{cases} \tag{7.3.13A}$$

$$E_p = m_p^{1/3} v_m^2 / (2k_s h) \tag{7.3.13B}$$

式中，E_p 为破片对目标的撞击比动能（J/m^2）；m_p 为破片质量（kg）；v_m 破片与驾驶室相遇时的速度（m/s），由式（7.3.10）计算；k_s 为破片的形状系数（$m^2/kg^{2/3}$），由表 7.3.1 给出；h 破片与驾驶室相遇处等效于硬铝（LY12）的等效厚度。

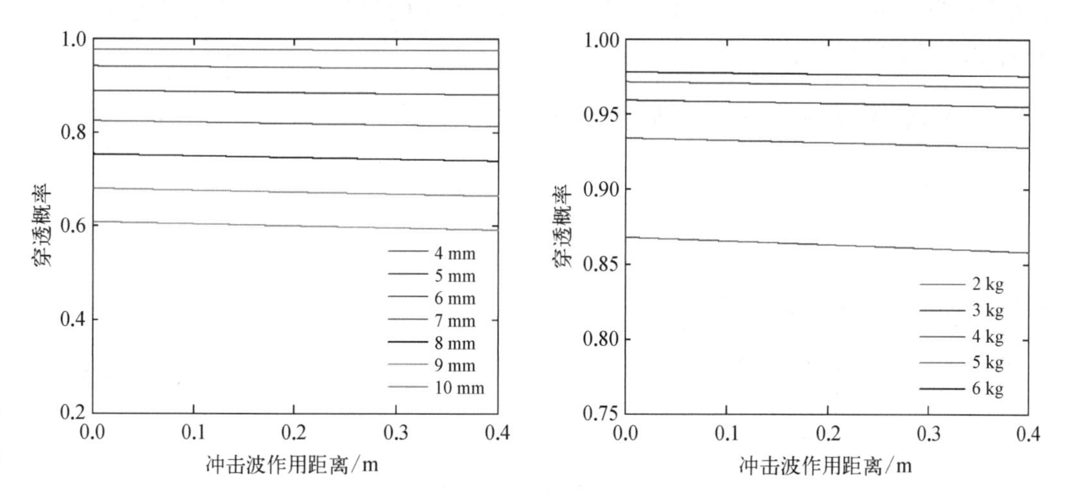

图 7.3.3　穿透概率 P_C 与 h、炸药量之间的关系

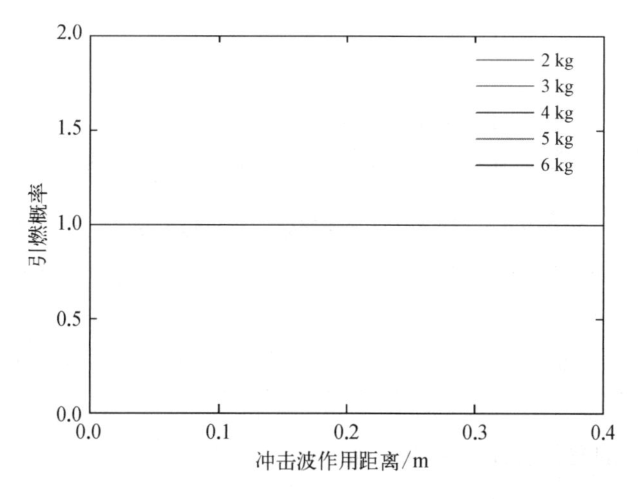

图 7.3.4　引燃概率 P_Y 与炸药量之间的关系

引燃作用是指高速运动的破片击穿驾驶室供油系统中的油箱、油管、油泵等后，由于破片和目标之间摩擦产生大量的热量，从而点燃目标中的燃油，造成部件的损坏或功能丧失。破片引燃作用对目标的破坏主要取决于破片撞击目标的瞬间速度、重量、形状以及易

燃物的性能、含油装置的结构、材料、厚度等因素。除此之外,起爆点的高度也是影响引燃作用的因素之一,但由于地雷的起爆点近似在地面上,所以不考虑高度对引燃作用的影响。单枚破片引燃概率的经验公式为

$$P_Y = \begin{cases} 0, & U \leqslant 1.57 \times 10^4 \\ 1 + 1.083e^{-0.43U} - 1.963e^{-0.15U}, & U > 1.57 \times 10^4 \end{cases} \tag{7.3.14A}$$

$$U = \frac{m_p v_m}{A_s} \tag{7.3.14B}$$

式中,U 为比冲量;m_p 为破片质量(kg);v_m 为破片与靶的相遇速度(m/s);A_s 为破片的着靶面积(m^2),由式(7.3.12)给出。

7.3.2 地雷爆炸冲击波对驾驶室结构的破坏分析

7.3.2.1 地雷爆炸形成的冲击波

地雷在地面爆炸时,由于地面的反射作用将使冲击波增强,因此,对超压公式进行适当的修正,即 $m'_w = Km_w$,对于一般性土壤,取 $K = 1.8$,m_w 为 TNT 炸药质量,经修正后地面爆炸时的超压峰值 p_m 的经验公式为

$$\begin{cases} p_m = 0.098\,1 \times \left(\dfrac{17.729\,2}{\bar{R}} + \dfrac{8.793\,7}{\bar{R}^2} - \dfrac{0.714\,4}{\bar{R}^3} + \dfrac{0.015\,7}{\bar{R}^4}\right)(\text{MPa}),\ 0.05 \leqslant \bar{R} \leqslant 0.3 \\ p_m = 0.098\,1 \times \left(\dfrac{7.803\,7}{\bar{R}} - \dfrac{0.517\,8}{\bar{R}^2} + \dfrac{4.264\,8}{\bar{R}^3}\right)(\text{MPa}),\ 0.3 \leqslant \bar{R} \leqslant 1 \\ p_m = 0.098\,1 \times \left(\dfrac{0.834\,1}{\bar{R}} + \dfrac{6.43}{\bar{R}^2} + \dfrac{6.576}{\bar{R}^3}\right)(\text{MPa}),\ 1 \leqslant \bar{R} \leqslant 10 \end{cases} \tag{7.3.15}$$

式中,$\bar{R} = R/\sqrt[3]{m'_w}$;$R$ 为冲击波作用点距爆炸点的距离。

表 7.3.2 给出了由式(7.3.15)计算得到的超压峰值 p_m 与炸药量 m_w 变化关系。

表 7.3.2　零时刻不同炸药量与对应超压峰值 p_m

炸药量/kg	2	3	4	5	6
超压峰值/MPa	15.718 3	18.880 3	21.451 9	23.643 6	25.564 2

冲击波随时间的变化规律可以表示成:

$$p(t) = p_m\left(1 - \frac{t}{t^+}\right) \tag{7.3.16}$$

式中,t^+ 为冲击波正相作用时间(s),由下式给出:

$$t^+ = 1.5 \times 10^{-3}\sqrt[3]{Rm'_w} \tag{7.3.17}$$

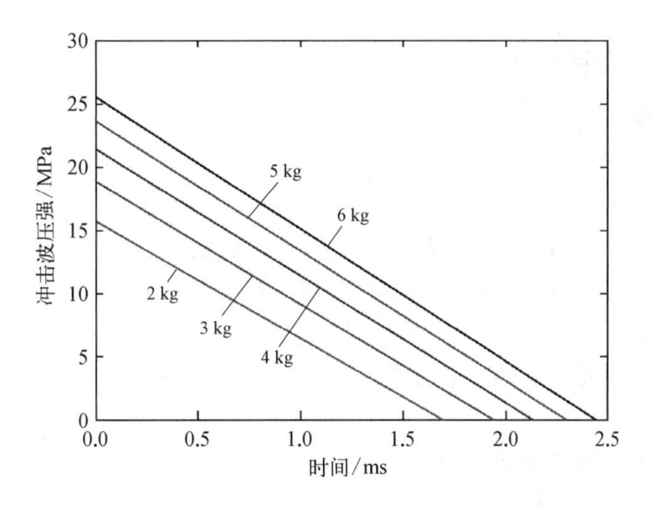

图 7.3.5　冲击波曲线

7.3.2.2　地雷爆炸冲击波对板结构的破坏机理

地雷爆炸冲击下驾驶室底部首先受到冲击波的影响,而驾驶室底部结构主要由板壳件构成。由弹塑性力学知识,当垂直载荷作用于板结构时,利用 7.2.2 节中板壳理论的计算方法,就可得到作用在板结构上的最大应力 σ_{Von} 和最大位移 w_q, 若 $\sigma_{\text{Von}} = [\sigma_b]$、$w_q = [w_q]$ 则结构处于破坏临界状态。

令

$$\xi_q = \frac{w_q}{[w_q]} \doteq \frac{\sigma_{\text{Von}}}{[\sigma_b]} \tag{7.3.18}$$

式中, ξ_q 称为判断系数,根据 ξ_q 的值,板在 $p(t)$ 作用下的毁伤等级,可以分成以下 5 级:

A 级毁伤: $\xi_q > 1$, 板结构发生撕裂,完全遭到破坏;

B 级毁伤: $0.75 < \xi_q \leqslant 1$, 板结构严重变形,遭到严重破坏;

C 级毁伤: $0.4 < \xi_q \leqslant 0.75$, 板结构发生中度变形,可以修复;

D 级毁伤: $0.1 < \xi_q \leqslant 0.4$, 板结构轻微变形,影响不大;

E 级毁伤: $\xi_q \leqslant 0.1$, 靶板未变形。

根据上述判断,即可确定驾驶室底板在地雷爆炸作用下的破坏状态。由于板结构未变形和轻微变形对驾驶室底板的影响可以忽略,故只需考虑 A、B、C 级毁伤时对驾驶室的影响。

有关地雷冲击波对人员的损伤,请见 7.2.3 节中的讨论。

7.4　枪弹榴弹破片对驾驶室结构的作用机理

驾驶室结构可认为是硬目标,对于硬目标而言,枪弹和榴弹对其的毁伤作用主要考虑枪弹弹体的侵彻作用、榴弹破片的侵彻作用、榴弹爆炸冲击波作用。

7.4.1 枪弹作用载荷的变化规律

7.4.1.1 枪弹对钢板的侵彻机理

枪弹弹体对驾驶室结构的侵彻作用主要是依靠弹体的动能来击穿驾驶室,从而杀伤驾驶室内部目标。枪弹对钢板的侵彻作用,一般称穿甲作用,是指弹头穿透钢板的能力。弹头穿甲作用时间很短,且碰撞时弹头和钢板的变形、破坏过程都比较复杂,给研究穿甲机理带来一定的困难。目前弹头的穿甲机理研究虽然有一定进展,但还很不成熟。对枪弹穿甲作用的评估,大多应用经验公式进行概略计算。

枪弹穿甲作用主要受下列因素影响:

(1) 弹头的结构;

(2) 弹头命中的速度及命中角;

(3) 钢芯的形状、质量和性能;

(4) 目标钢板的厚度和机械性能。

枪弹对钢板的破坏形式可归纳为如图 7.4.1 所示的 4 种形式。

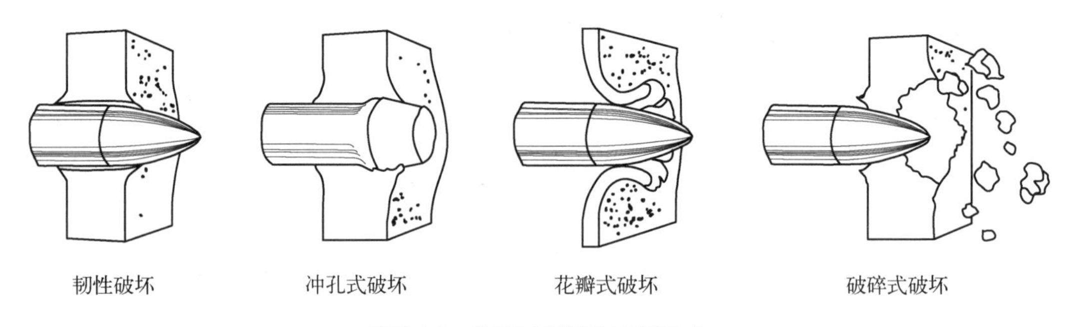

图 7.4.1 枪弹对钢板的破坏形式

(1) 韧性破坏。弹头碰撞并侵入钢板后,随着弹头的侵入,钢板金属由于受到弹头的挤压,而向最小抗力的方向产生塑性变形。在弹头入口处周围有金属向外堆积,出口处有部分金属被带出,并出现裂纹。穿孔直径大致等于侵彻过程中不变形的弹头或钢芯的直径。尖头钢芯侵彻较软的钢板(如低碳钢)时多出现这种破坏形式。

(2) 冲孔式破坏。有时也称冲塞式破坏。它的特点是当弹头侵入钢板一定深度后,钢板被冲出一个圆形的塞子,钢塞的厚度一般接近钢板的厚度,穿孔的入口和出口直径均大于弹径。钝头弹头或钢芯穿透韧性较低的钢板(如高碳钢)时常出现这种形式。高速铅芯弹在穿透薄钢板时也会出现这种破坏形式。

(3) 花瓣式破坏。弹头侵彻薄钢板时,入口面钢板产生较大的拉伸变形,当冲击应力达到钢板材料的破坏极限时,变形部分便产生裂纹,因为出现花瓣式破坏,花瓣的数目取决于钢板的厚度和弹头的着速。实验证明,当着速大于 600 m/s 的尖头弹侵彻薄钢板时,极易产生这种破坏形式。

(4) 破碎式破坏。弹头以高速碰撞厚而硬度高的钢板时,易产生破碎破坏形式。此时穿孔直径大于弹径,穿孔的内壁不光滑,一般孔径约为弹径的 1.5~2.0 倍。

以上所表述的是指在侵彻钢板过程中弹头或钢芯不变形的破坏。通常,在侵彻钢板过程中钢芯的变形和破坏是影响枪弹穿甲性能的主要原因。

7.4.1.2　穿甲弹对装甲钢板的侵彻作用

穿甲弹对驾驶室的侵彻作用,目前是用一定距离上对防弹靶板的穿透率来衡量的。

1）均质防弹靶板的技术性能

表 7.4.1 是枪弹穿甲弹用 720 mm 厚均质靶板技术要求。

表 7.4.1　枪弹用均质靶板技术要求

靶板公称厚度/mm		7	10.3	15	20
硬度(布氏压痕直径/mm)		2.70~3.00	2.75~3.05	2.80~3.10	2.80~3.10
靶板尺寸/mm	厚	$7^{+0.5}$	$10.3^{+0.6}$	$15^{+0.75}$	20^{+1}
	长×宽	1 000±10×1 000±10			
翘曲度		≤5 mm/m(任意方向)			
化学成分/%		碳 0.23~0.29;硅 1.20~1.60;硫≤0.030 锰 1.20~1.60;钼 0.15~0.25;磷≤0.035			

2）穿甲弹对防弹靶板的侵彻计算

在枪弹设计中穿甲弹对防弹钢板的侵彻计算,应用最多的是德马尔公式,这个公式是在实验的基础上建立起来的。

建立德马尔公式有以下假设:

（1）弹头为圆柱体,它与钢板冲击时,本身不变形;

（2）弹头在钢板内的行程为直线运动,同时不考虑其旋转运动;

（3）弹头的全部动能用于侵彻钢板;

（4）弹头为垂直命中钢板;

（5）钢板的性能均匀,固定结实可靠。

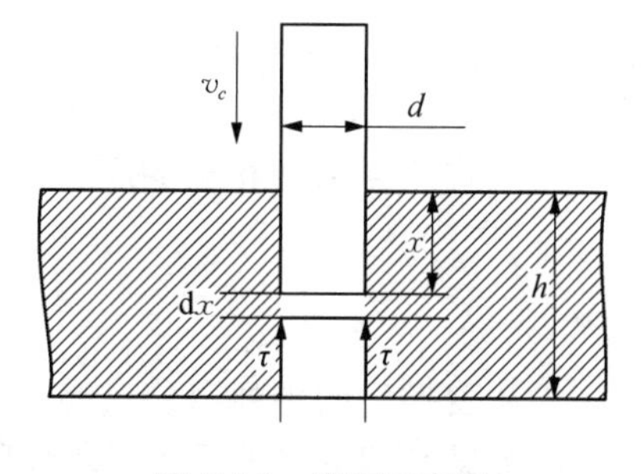

图 7.4.2　穿甲示意图

如图 7.4.2 所示,设弹头质量 q,穿过钢板的必要速度 v_c,钢板材料抗剪应力强度为 $[\tau]$,钢板厚度 h。弹头侵入钢板中,其能量方程式为

$$\frac{q}{2g}v_c^2 = \int_0^h \pi d[\tau]x\mathrm{d}x \tag{7.4.1}$$

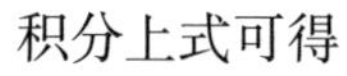

积分上式可得

$$v_c = \sqrt{\pi g[\tau]}\sqrt{\frac{d}{q}}h \tag{7.4.2}$$

设 $a = \sqrt{\pi g[\tau]}$,则:

$$v_c = a\sqrt{\frac{d}{q}}h \tag{7.4.3}$$

如果写成更一般的形式，则可得

$$v_c = K\frac{d^\alpha}{q^\beta}h^\gamma \tag{7.4.4}$$

根据德马尔试验，系数 α、β、γ 采用以下的数值：$\alpha=0.75$，$\beta=0.5$，$\gamma=0.7$。因此德马尔公式为

$$v_c = K\frac{d^{0.75}}{q^{0.5}}h^{0.7} \tag{7.4.5}$$

式中，v_c 为穿透钢板的极限速度，m/s；d 为口径（或钢芯直径），dm；q 为弹头（或钢芯）质量，kg；h 为钢板厚度，dm；K 为穿甲系数（与钢板的机械性能和弹头结构有关）。

德马尔公式应用很方便，但公式中钢板的机械性能、弹头的结构以及其他因素的影响，都是通过 K 来加以修正。因此公式计算的准确性在很大程度上取决于 K。K 要通过试验才能确定，这是德马尔公式最明显的缺点。

7.4.1.3　普通弹对低碳钢板的侵彻作用

美军 5.56 mm M855 弹能击穿 600 m 处 0.135 英寸（约 3.43 mm）厚的 AISI1010－1020 钢板（RB55－70）。同时，5.8 mm 枪弹在外弹道方案论证中，也采用 600 m 处击穿 3 mm 的 A_3钢板（σ_b = 380 ～ 470 MPa）作为新自动步枪弹能量选择的依据。因此，用低碳钢板作为典型目标来衡量普通枪弹对硬目标的侵彻效果是简单可行的。

一些学者认为，钢芯弹对塑性钢板射击时，穿甲效应应遵循与断面比能成正比的规律。

普通弹对低碳钢板的侵彻效果计算，一般采用别列金公式：

$$v_c = K\frac{d_c}{q_c^{0.5}}h^{0.5} \tag{7.4.6}$$

式中，v_c 为穿透钢板的极限速度，m/s；d_c 为钢芯直径，m；q_c 为钢芯质量，kg；h 钢板厚度，m；K 为穿甲系数。

由式（7.4.6）可得板的厚度：

$$h = \frac{1}{K^2}\frac{q_c v_c^2}{d_c^2} \tag{7.4.7}$$

从变换后的别列金公式看，这个公式实际上反映钢芯断面比能与侵彻钢板厚度成正比的关系。其中穿甲系数 K 不仅随钢板机械性能和弹头结构的差异而变，而且随钢芯的质量和钢板的厚度而变。也就是说，穿甲系数 K 除了对钢板机械性能外，还包含对钢芯质量和钢板厚度的修正。

7.4.2　杀爆榴弹对板结构的作用机理

7.4.2.1　杀爆榴弹的工作原理

杀爆榴弹爆炸产生规则破片和自然破片。规则破片也就是预制破片，它的形状和质量以及速度都是可知的。对于非预制破片炮弹爆炸产生的大量不规则破片的质量和速度分布只能靠试验和建模才能获得。这些高速不规则的破片对车载炮驾驶室和炮手造成严重威胁。155 毫米炮弹爆炸 12 m 处 70%的破片速度在 1 100 m/s 以上，具有贯穿 15 mm 装

甲钢的能力,破片密度 1 枚/ m^2, 产生的碎片形状见图 7.4.3。表 7.4.2 与表 7.4.3 列出了某型 155 毫米杀爆弹的破片平均速度衰减特性和质量数量分布。

自然破片

自然破片

预制破片

图 7.4.3　155 毫米炮弹产生的碎片

表 7.4.2　某型 155 杀爆弹不同距离的破片速度

距离/m	平均速度/(m/s)
0	1 723
8.08	1 446
10.08	1 371
12.08	1 338

表 7.4.3　某型 155 毫米杀爆弹的破片质量、数量分布

质量范围/g	质量/g	数量/块
1.0 以下	3 255.48	—
1.0~4.0	5 526.40	2 630
4.0~8.0	4 876.85	875
8.0~12.0	3 004.12	309
12.0~16.0	2 635.74	193
16.0~20.0	2 099.10	118
20.0~30.0	3 401.01	137
30.0~50.0	2 863.34	78
50.0~100.0	2 207.88	34

续 表

质量范围/g	质量/g	数量/块
100.0~200.0	1 349.19	10
200.0~500.0	1 451.52	5
500.0 以上	2 522.00	2
合 计	35 192.63	4 391

7.4.2.2 破片对板的作用机理

榴弹对板结构的作用是榴弹破片作用、榴弹爆炸冲击波作用以及两者相结合的作用。根据已有学者的研究,分析了不同厚度钢板在爆炸冲击波、高速破片分别单独加载以及两者联合加载作用下的变形及破坏情况。

1）爆炸冲击波单独加载

钢板在冲击波单独作用之下,中心区域产生了较大的塑性变形,且已产生破碎;随着钢板厚度的增加,钢板的整体形变有所下降。

2）高速破片单独加载

由于战斗部采用一端中心点起爆方式,因此前期爆轰波主要以球面波的形式传播,至后期,爆轰波基本以平面波的形式传播,而且炸药中心处的爆轰波压力较两侧大。当爆轰波到达炸药底部中心位置处的预制破片时,开始驱动预制破片运动,中心处的破片速度最高,边缘处破片的速度最低。由于预制破片为非整体平板、由离散的破片组成,在爆轰产物及冲击波的作用下,预制破片将呈扇形弧状形式向外飞散,形成具有一定空间分布形态的破片群。

由于钢板中心区域的破片着靶分布密度大、初速度高、时间差小,密集破片对钢板的剪切冲塞表现出明显的累积破坏效应;在离钢板中心较远的区域,破片着靶的分布密度相对较小、初速度相对较低、着靶时间差相对较大,单个破片对钢板的穿甲破坏能力有限,导致周边破片对靶板的侵彻主要体现在使其产生较大的塑性形变。

3）爆炸冲击波与高速破片联合加载

钢板首先受到冲击波载荷的作用,由于在破片加速过程中,冲击波遇到破片时发生了反射和绕流现象,导致联合加载情况下钢板结构所受冲击波强度显著减小,而破片的总能量远大于爆炸物及冲击波传递给钢板结构的动能,钢板中心区域主要受到来自破片的剪切破坏力。

相较于高速破片单独加载的情况,爆炸冲击波和破片联合加载导致靶板整体均产生了小幅度的形变,且中心区域整体的变形量均要大于破片单独加载的情况。根据试验及仿真结果,无论是破片单独加载还是冲击波和破片联合作用,靶板中心区域的形变量均大于爆炸冲击波单独加载产生的形变量。但在中心区域之外,爆炸冲击波造成的变形量要大于破片单独加载以及联合加载时的形变量,且造成变形量由大到小依次为冲击波单独加载、冲击波和破片联合加载、破片单独加载。说明冲击波和破片的联合作用能有效提高对钢板的毁伤能力。

7.4.2.3　自然破片对板的侵彻

自然破片对靶板的侵彻能力用 THOR 方程估算破片低速碰撞侵彻时的剩余速度和剩余质量。计算剩余速度和剩余质量的 THOR 方程为

$$V_r = V_s - 10^c (hA_p)^{\alpha} m_s^{\beta} (\sec\theta)^{\gamma} V_s^{\lambda} \tag{7.4.8}$$

$$m_r = m_s - 10^{c_2} (hA_p)^{\alpha} m_s^{\beta} (\sec\theta)^{\gamma} V_s^{\lambda} \tag{7.4.9}$$

式中，V_r 为破片剩余速度(m/s)，V_s 碰撞速度(m/s)，h 目标厚度(m)，A_p 破片的平均入射面积(m^2)，m_s 破片质量(kg)，θ 破片入射方向和目标法线之间的夹角，c、α、β、γ、λ 为与材料相关的常数,对高强度钢，$c = 6.5$、$\alpha = 0.9$、$\beta = 0.9$、$\gamma = 1.3$、$\lambda = 0.02$。

破片能穿透靶板的最小速度,称为极限穿透速度。如果速度低于极限穿透速度,破片就不能穿透靶板,用于计算极限速度的 THOR 方程为

$$V_c = 10^{c_1} (hA_p)^{\alpha_1} m_s^{\beta_1} (\sec\theta)^{\gamma_1} \tag{7.4.10}$$

式中 c_1、α_1、β_1、γ_1 为与材料相关的常数,对高强度钢，$c_1 = 6.6$、$\alpha_1 = 0.9$、$\beta_1 = 1.0$、$\gamma_1 = 1.3$。

7.4.2.4　规则形破片对板的侵彻

规则形破片撞击靶板时,破片变形使破片穿孔直径增大;当破片撞击硬的或高密度靶板时,破片出现剪切质量损失;当撞击速度较高或破片入射角度较大时,破片出现破碎情况。

规则球形破片对靶板侵彻的极限速度公式为

$$V_c = a\left(\frac{h}{d\cos\theta}\right)^b \frac{\rho_t^{0.3}}{\rho_p^{0.8}} \sigma_b^{0.5} \tag{7.4.11}$$

式中，h 为靶厚度,mm；θ 为破片的入射角；d 为球形破片的直径,mm；ρ_p 为破片的质量密度,g/cm^3；ρ_t 为靶板材料的质量密度,g/cm^3；σ_b 为靶板材料的强度极限,MPa；a、b 为取决于靶板条件的经验值,见表 7.4.4。

表 7.4.4　a、b 常数值

破　片	靶　板	a	b
钨　球	装甲板	82	1.05
	钢　板	174	0.84
	铝　板	134	0.75
	木　板	751	0.25
钢　球	钢　板	146	0.71
	铝　板	110	0.67
	木　板	528	0.23

7.5 驾驶室防护材料体系

现代驾驶室防护材料已成为一个重要的应用技术领域,常用的高强韧钢、铝合金、钛合金、镁合金、陶瓷和复合材料组成了驾驶室防护材料体系,见图 7.5.1。

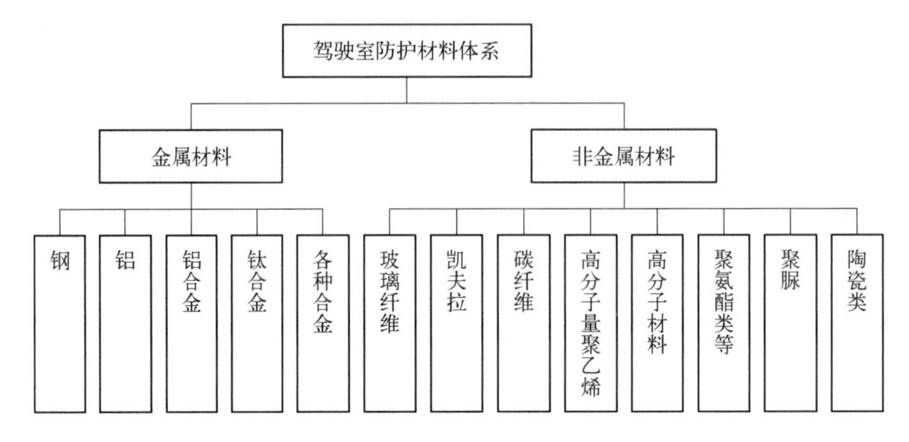

图 7.5.1 驾驶室防护材料体系

驾驶室防护材料未来向轻型化、系列化、综合化方向发展。从表 7.5.1 可以发现驾驶室防护从单一的钢或者是铝合金不断向钢、铝、陶瓷、纤维等多种材料组合而成的新型复合结构发展,纯金属的装甲已经渐渐被复合材料和复合结构所取代。

表 7.5.1 装甲防护材料及结构类型

防护结构和材料	防护类型
防破片内衬层	多采用凯夫拉多层复合结构,能有效减少破片飞散角、防止残余破片对人体的伤害
底部点阵结构	用于驾驶室底部的地雷防护,依靠其低密度、通孔特性、优异的承载能力和减振降噪等功能来满足爆炸、枪弹贯穿的防护需求
铝合金装甲材料	使用范围涵盖装甲输送车、步兵战车和轻中型坦克,在同等防护水平下,与钢装甲相比,铝合金装甲的重量可减轻 20%左右,是仅次于装甲钢的第二大类装甲材料,在轻型装甲车辆上用量最多,主要用来防御小口径弹丸及弹片
钛合金装甲材料	具有密度低、比强度高、低温韧性好、耐高温、耐腐蚀、无磁等优点,是一种性能优良的装甲材料,在装甲防护领域的应用是未来的发展趋势
陶瓷复合材料	具有低密度、高硬度、高模量和高压缩强度,能防护高速穿甲弹的侵蚀,耐热性好,有利于抵御高温射流的侵蚀,多应用于轻型装甲车辆和武装直升机
纤维复合材料	具有高强度、高模量,主要应用于防弹衣系统来抵御包括小型子弹在内的各种弹药

7.5.1 装甲钢

装甲钢已大量应用于车载炮驾驶室的结构防护中。装甲钢的种类繁多,若按所抵御的武器弹种的不同,装甲钢可分为抗炮弹用装甲钢和抗枪弹用装甲钢,其中抗枪弹用装甲钢的厚度为 5~25 mm,抗炮弹用装甲钢的厚度一般均大于 30 mm。按装甲钢制造及成型工艺的不同,可分为轧制装甲钢和铸造装甲钢两大类。根据同一截面上的化学成分、金相组织及力学性能的不同,装甲钢可分为均质装甲钢和非均质装甲钢两类。

在防轻型枪械方面,主要有热轧板材和热处理钢板两大类。热轧板材的抗拉强度为 900~1 000 MPa,综合性能好,板厚 3.0~3.2 mm,其冷加工性、冷弯性能、可焊性等性能良好。热处理钢板是通过对热轧板进行淬火、回火热处理来提高强度以满足其防弹要求,其抗拉强度大于 1 500 MPa,其厚度可由 2.4 mm 至 4.5 mm 不等。我国采用 V、Ti 微合金化的 Cr-Ni 钢,经热轧后热处理来达到防弹要求,其热处理后的抗拉强度为 1 550~1 650 MPa,防轻型冲锋枪的板厚为 2.4~2.5 mm。但这类钢板的冷弯性能较差,且焊接和热影响区性能较差,板材表面质量较差,成形性有限,异型构件制作难度大,从而导致整车防护能力及可靠性下降。

在防炮弹方面,抗弹性能是指装甲钢能靠本身所具有的高硬度(即高强度)抵抗中、小口径穿甲武器和弹片的攻击;靠本身所具有的韧性,在爆轰波的冲击下,不产生背部崩落或脆性破裂。评价抗弹性能的优劣,必须全面衡量装甲钢在高速冲击载荷下的强度和韧性反应以及二者间的平衡。

目前,装甲钢板著名的生产厂家有:瑞典 SSAB 公司,以 Armox 命名的钢板是专门用于装甲车辆用的;德国 ThyssenKrupp 钢铁 AG 公司,以 Secure M 命名的钢板是专门用于军用的;法国以 Mars 命名的产品是专门用于军用装甲钢板,以高硬度、高延展性和高韧性著称。

国外主要防护钢板性能对比表 7.5.2。

表 7.5.2 国外一些装甲钢板性能对比

国家	钢　号	抗拉强度/MPa	屈服强度/MPa	伸长率/%	断面收缩率/%	冲击功/J
美国	4340	1 980	1 860	11	39	20(室温)
美国	300M	2 052	1 670	8	32	24.4(室温)
美国	ATI500-MIL	1 790	1 034	13	—	20(-40℃)
瑞典	Armox 440T	1 250~1 550	≥1 100	—	10~12	—
瑞典	Armox 500T	1 450~1 750	≥1 250	—	8~10	—
法国	Mars 300	≥2 000	≥1 300	≥6	—	≥8(-40℃)
德国	XH129	1 615	1 135	—	11	40(-40℃)

装甲钢的硬度范围并没有一个统一的划分。随用途及生产国家的不同,划分标准略有不同,同时其硬度范围也随着装甲的质地不同而有所调整。根据硬度的不同,装甲钢通

常可分为低硬度(RHA)、中硬度(MHA)、高硬度(HHA)和超高硬度(UHA)四类。低硬度装甲钢硬度一般低于布氏硬度(HB)240,处于装甲钢硬度范围的下限,抗爆轰波冲击性能较好。中硬度装甲钢硬度一般为 HB 255~341,处于装甲钢硬度范围的中限,兼有抗中、大口径穿甲弹和抗冲击作用。高硬度装甲钢硬度一般为 HB 400~600,处于装甲钢硬度范围的上限,常用于抗中、小口径穿甲弹及弹片攻击。超高硬度装甲钢硬度通常在 HB 600 以上。表 7.5.3 给出了各种装甲钢板的规格。

表 7.5.3　欧洲有关公司生产的装甲钢规格

等　级	产 品 名 称	布氏硬度/(N/mm^2)	板厚度/mm
RHA	Armox 370T	280~430	3.0~100.0
	Secure M 280	270~310	3.0~50.0
	Secure M 300	290~330	3.0~50.0
	Secure M 350	330~380	3.0~50.0
	Mars 280	260~310	4.0~150.0
	Mars 380	352~388	4.0~50.0
MHA	Armox 440T	420~480	4.0~80.0
	Secure M400	380~430	3.0~50.0
	Secure MS Special	350~450	2.0~3.5
	Mars 440	420~470	4.0~80.0
HHA	Armox 500T	480~540	3.0~80.0
	Secure M500	480~540	3.0~90.0
	Mars 500	477~534	2.5~50.0
UHA	Armox 600T	570~640	4.0~20.0
	Armox Advance	⩾610	4.0~7.9
	Secure M600	570~640	4.0~40.0
	Mars 600	577~655	3.0~15.0
	Mars 650	⩾577	3.0~15.0

传统装甲钢主要靠含碳量控制钢的硬度来抵御各种穿甲弹的攻击。随着反装甲武器打击能量的增长,要求装甲钢不仅有高硬度,还要有高韧性。同时,因为装甲钢板的厚度增加,为了得到高均质装甲,要求装甲钢板必须有良好的淬透性。为此,向钢中加入合金元素,以便在装甲钢的截面上得到全马氏体组织,从而提高钢的淬透性。

与此同时,随着对装甲钢抗弹性能和抗弹机理研究的深入,发现通过组织控制实现装甲钢既有高的硬度又具有良好的塑性和韧性,如屈服强度不小于 900 MPa,低温冲击韧性不小于 250 J,或伸长率不小于 30%,从而达到良好的抗弹性能和工艺性能。

7.5.2 其他材料

7.5.2.1 其他均质金属材料

新型高性能铝合金、钛合金、镁合金以及金属基复合材料在驾驶室上获得越来越多的应用。铝合金的优势是密度低、韧性好,尤其低温性能好,弱点是刚度和强度远低于装甲钢,它是驾驶室金属材料中常用材料之一,主要用于防小口径弹丸和弹片。钛合金具有密度低、比强度高、低温韧性好、高温耐性好、耐腐蚀、无磁等优点,是一种性能优良的装甲材料。装甲镁合金由于具有质量轻的优点,随着镁合金强度的不断提高,以及镁合金表面防腐技术的不断进步,在轻型装甲车辆中的应用越来越广泛。

有关装甲铝合金、高强韧钛合金和高性能镁合金的力学性能分别见表 7.5.4~表 7.5.6。表 7.5.7 给出了钛合金与装甲钢的比强度,由此可见,钛合金的比强度是装甲钢的 2~3 倍。

表 7.5.4 美国装甲铝合金的力学特性

序号	牌号	取样方向	R_m/MPa	R_{ra1}/MPa	A/%	硬度 BHN	冲击韧性/J	密度 ρ/(g/cm^3)
1	5083 5456	纵	≥296	≥228	≥7	≈75	7.6	2.66
		横	≥276	≥221	≥4			
2	7039	纵	≥393	≥331	≥8	≈150	10	2.78
		横	≥372	≥310	≥4			
3	5210		≥410	≥345	≥4	—	—	—
			450~500	400~450	≈10			
4	7075	—	≈600	≈583	≈9	≈180	—	
5	2519	—	410	345	≥7	135	12	—
6	5059	—	370	270	≥10	121	—	—

表 7.5.5 某些高强韧钛合金力学特性

合金名义成分	类别	热处理状态	δ_b/MPa	$\delta_{0.2}$/MPa	δ_b/%	ψ/%	K_k/(MPa·m$^{1/2}$)
Ti-7Al-4Mo	—	淬火+时效	1 220	1 130	12	—	—
Ti-6Al-2Sn-4Zr-6Mo	—	淬火+时效	1 275	1 170	9	—	—

续　表

合金名义成分	类别	热处理状态	δ_b/MPa	$\delta_{0.2}$/MPa	δ_b/%	ψ/%	K_k/(MPa·m$^{1/2}$)
Ti－5Al－4Mo－2Sn－2Zr－4Cr	—	淬火+时效	1 175	1 105	10	—	—
Ti－4Al－4Mo－4Sn－0.5Si	—	淬火+时效	1 310 1 450	1 200 1 350	13 5	—	—
Ti－15V－3Cr－3Sn－3Al	β	淬火+时效	1 220	1 090	15	—	111.6
Ti－10V－2Fe－3Al	近 β	淬火+时效	1 300	1 240	5.5	12.5	54
Ti－4.5Al－5Mo－1.5Cr	$\alpha+\beta$	淬火+时效	920～1 040	864～930	13.5～18	29.7～47	92.6～140.6
Ti－6Al－3Nb－0.8Mo	近 α		900～100	760～910	9～14	25～34	121～132

表 7.5.6　国外几种镁合金的力学特性

序号	材料牌号	密度/(g/cm^3)	抗拉强度/MPa	屈服强度/MPa	伸长率/%
1	AZ31B－H24	1.77	235	125	7
2	ZK60A－T5	—	290	180	6
3	ZK91E－T6	—	270	170	4.5
4	Elektron21	—	280	170	5
5	Elekron WE43－T5	—	280	195	2
6	Elekron WE43－T5	1.83	300	200	18.6
7	Elekron 675	1.91	410	310	9

表 7.5.7　钛合金与装甲钢的比强度

材料名称	类　别	ρ/(g/cm^3)	R_m/MPa	比强度
装甲钢	普通装甲钢	7.85	785～1 177	1.0～1.5
	高强度装甲钢	7.85	1 275～1 683	1.6～2.4
钛合金	高强度钛合金	4.50	1 177	2.6
	超高强度钛合金	4.50	1 961	4.4

7.5.2.2 陶瓷材料

陶瓷材料具有“高硬度、高强度、高韧性、低密度”这三高一低的优良抗弹侵彻性能，是主要装甲防护材料之一。装甲陶瓷材料主要有氧化铝（Al_2O_3）、碳化硅（SiC）、碳化硼（B_4C）、硼化钛（TiB_2）、氮化硅（Si_3N_4）等。其中碳化硼的密度最低，硬度最高，是理想的轻型装甲陶瓷材料，但价格昂贵；氧化铝抗弹性能略低，但烧结性能好、制品尺寸稳定、表面粗糙度低、价格便宜，被广泛应用；碳化硅密度比氧化铝小，硬度较高；硼化钛密度较大，硬度高，可防大口径弹的侵彻，是较理想的重型装甲材料，可用于战车的装甲面板。陶瓷材料的密度约为均质装甲钢的 1/4～1/2，见表 7.5.8，可以大幅度减轻装甲防护系统的质量；硬度是陶瓷材料重要的性能指标，陶瓷材料的硬度比金属材料高得多，各类陶瓷材料硬度参数如表 7.5.9 所示；陶瓷材料具有极高的硬度和很高的压缩强度，因此适于作抗弹材料；它还具有良好的抗氧化、耐腐蚀性能；它的耐热性好，具有高的高温强度，在高温下可以保持形状尺寸不变；陶瓷材料作为装甲材料时，对射流和高速穿甲弹均具有良好的抗弹性能，其防护系数大大高于标准均质装甲钢。

表 7.5.8 可用作装甲材料的陶瓷性能

序号	名　称	ρ/(g/cm^3)	杨氏模量 E/GPa	硬度/GPa	相对价格
1	氧化铝	3.8	340	18.0	1.0
2	氧化铍	2.8	145	12.0	10.0
3	碳化硼	2.5	400	30.0	10.0
4	碳化硅	3.2	370	27.0	5.0
5	B_4C/SiC	2.6	340	27.5	7.0
6	氮化硅	3.2	310	17.0	5.0
7	二硼化钛	4.5	570	33.0	10.0
8	玻璃陶瓷	2.5	100	6.0	1.0
9	硅陶瓷	2.9	100	8.5	0.1

表 7.5.9 各类陶瓷材料的力学特性

类别	名称	ρ/(g/cm^3)	HRA	抗压强度/MPa	抗弯强度/MPa	α_k/(J/cm^2)	K_k/(MPa·m$^{1/2}$)	备　注
氧化物	Al_2O_3 (681)	3.8～3.9	75～82	1 294～1 470	181～245 123～225	12.7～25.5	—	HRC48.5－61.5
	Al_2O_3 (683)	3.8～3.9	72～78	≈1 520	—	15.5	—	HRC43－54

续 表

类别	名称	ρ/ (g/cm^3)	HRA	抗压强度/MPa	抗弯强度/MPa	α_k/ (J/cm^2)	K_k/ ($MPa \cdot m^{1/2}$)	备 注
氧化物	95 瓷	3.5	12~76	—	≈274	—	—	HRC4350.5
	95 瓷	3.80	≈88	—	341	47.5	—	HRC>70 英国产
	纯刚玉	3.96	92~94	—	392~441	—	—	苏联
	纯刚玉	3.85~3.98	—	2 060~4 900	294~490	—	—	Al_2O_3>99%
	纯刚玉	3.73	85~86	1 470~1 568	206~225	68.6~78.4	—	Al_2O_3>97% HRC67-69
碳化物	SiC	3.33	93~94	1 654	159~260	—	2.8~3.4	—
	SiC		Hv2345		>300	—	44	低压烧结
	B_4C	2.50	Hv3000	2 855	275	—	—	—
氮化物	Si_3N_4	2.44~2.60	80~85	206	162~206	—	2.5	HRC58-67
	Si_3N_4	≈3.20	KHN2000	3 000	1 000	—	5.0~7.0	Notton
硼化物	TiB_2	4.5	—	—	600	—	—	—
玻璃陶瓷	铸石	2.85~2.93	79~81	784~921	73~85	15.9~38.2	—	HRC56-59.5

由于陶瓷材料塑性差、断裂强度低、成型尺寸小等缺点,因此不能作为均质装甲单独使用,通常与金属材料、树脂基复合材料等构成复合装甲。研究与材料相匹配的装甲结构也是增强装甲抗弹性能的一个重要途径。陶瓷/背板结构是当下研究的最简单的轻型复合装甲,有以下几种应用形式:陶瓷/金属组成的薄复合装甲,陶瓷/复合材料组成的薄复合装甲,陶瓷/纤维编织物组成的薄复合装甲,金属封装陶瓷装甲。其中金属封装陶瓷复合装甲是一类兼具陶瓷三维约束和界面冶金结合特征的新型陶瓷复合装甲,具有良好的抗多发打击能力;由金属盖板、金属背板、金属框以及封装在其中的陶瓷块构成。

7.5.2.3 复合材料

与金属防护材料相比,纤维复合材料具有以下特点:

(1) 密度低,比强度和比模量高。高性能纤维抗弹复合材料的密度一般为 0.9~2.0 g/cm^3,只有装甲钢的 1/8~1/4,是铝合金的 1/3~1/2,其比强度是装甲钢的 4~10 倍,比模量是装甲钢的 3~5 倍。因此,高性能纤维抗弹复合材料用于装甲防护材料,能够大幅度减轻装甲质量,或在相同质量条件下提供更高的抗弹性能。

(2) 可设计性强。通过改变增强纤维、树脂基体种类及纤维含量、纤维集合形式及排列方式、铺层结构等材料和结构参数，高性能抗弹复合材料可以满足对复合材料结构和性能的各种设计要求。因此，在一定的约束条件下，可以设计得到最佳强度和抗弹性能的纤维复合材料，这是单一均质材料无法比拟的。

（3）良好的工艺性。抗弹复合材料制备工艺简单，适合于一次整体成型，一般不需要焊、铆、切割等二次加工。同时，复合材料具有良好的挠曲性能，容易制成各种复杂形状的构件。

防弹装甲系统可以有效阻止弹丸侵彻，并通过将其转化为不同形式的弹道吸收机制来吸收弹丸的动能，如变形、表面损伤、主纱线张力、次纱线变形、分层和基体开裂等。因此，影响防护材料性能的主要因素是强度、模量和断裂伸长率、弹丸的变形性和纤维的横向冲击波速度。

表 7.5.10 给出一些常用纤维材料的性能。

表 7.5.10　几种高强度/高模量纤维的性能

纤维类型		密度/(g/m^3)	弹性模量/GPa	拉伸强度/MPa	断裂应变/%
玻璃纤维	S-Glass	2.48	90	4 400	5.7
	E-Glass	2.63	68.5	3 500	4
陶瓷纤维	Alumina	250	152	1 720	2.0
	Silicon Carbide	280	420	4 000	0.6
碳纤维	Standard	1.77	33.5	3 651	1.5
	Celion	1.8	230	4 000	1.8
	Aksaca	1.78	240	4 200	1.8
芳纶纤维	Technora, Teijin	1.39	70	3 000	4.4
	Twaron, Teijin	1.45	121	3 100	2.0
	Kevlar 29, DuPont	1.44	70	2 965	4.2
	Kevlar 129, DuPont	1.44	96	3 390	3.5
	Kevlar 49, DuPont	1.44	113	2 965	2.6
	Kevlar KM2, DuPont	1.44	70	3 300	4.0
UHMWPE	Spectra 900, Honeywell	0.97	73	2 400	2.8
	Spectra 1000, Honeywell	0.97	103	2 830	2.8
	Spectra 2000, Honeywell	0.97	124	3 340	3.0
	Dyneema, Toyoba/DSM	0.97	87	2 600	3.5

续 表

纤维类型		密度/(g/m³)	弹性模量/GPa	拉伸强度/MPa	断裂应变/%
芳香族聚酯	Vectran	1.47	91	3 200	3.0
	Zylon AS	1.54	180	5 800	3.5
	Zylon HM	1.56	270	5 800	2.5
	M5	1.70	450	9 500	2.5

7.5.3 透明装甲

透明装甲是指兼具透光、透像功能和一定防弹能力的透明防护材料/结构，主要用于各种窗口和观瞄部位的防护。

透明装甲一般采用多层叠合结构以提高抗弹性能，一般由面板、背板以及起黏结作用的中间层组成。其防弹原理是通过高硬度、高强度的面板受冲击后破裂来吸收一部分入射能量，同时击碎子弹弹头或使其变形，降低穿透能力，继而通过中间层和背板的变形及黏滞作用来吸收剩余能量，防止穿透并避免产生崩落碎片，从而达到防护的目的。

与传统装甲不同，透明装甲选用的材料必须对可见光透明，这就大大限制了其材料选择的范围。目前透明装甲使用的防护材料主要有有机透明材料和无机透明材料两大类。有机透明材料包括聚甲基丙烯酸甲酯（PMMA）、聚碳酸酯（PC）、聚氨酯（PU）等，无机透明材料包括浮法玻璃、透明陶瓷等，使用的夹层黏结材料主要包括聚乙烯醇缩丁醛、聚氨酯、有机硅、丙烯酸酯等。

7.5.3.1 有机透明材料

根据材料的物理特性和热力学特性的不同，有机透明材料可分为热塑性聚合物和热固性聚合物两大类。其中热塑性聚合物材料是线状或分支聚合物，在加热时变软且可塑，如聚甲基丙烯酸甲酯、聚碳酸酯等；而热固性聚合物材料在加热后即硬化，且具有能限制流动的三维网络结构，如聚氨酯、CR－39 烯丙基二乙二醇碳酸酯等。与无机玻璃不同，有机透明材料的物理特性会随着温度和形变速率的不同产生很大变化。一般来说，聚合物的材料特性在加热到玻璃化温度以上时，会从刚硬的玻璃态转变成缠卷的类似橡胶的结构，该临界温度意味着这些有机透明材料的使用温度达到上限。

1）聚甲基丙烯酸甲酯

聚甲基丙烯酸甲酯（PMMA）即有机玻璃，作为一种热塑性材料，它比大多数种类的无机玻璃拥有更好的抗冲击性。一般采用挤压工艺制成片状薄板，随后对薄板进行加热形成各种复杂的制品形状。目前在抗冲击能力最为重要的领域中，聚碳酸酯已经替代了有机玻璃。

2）聚碳酸酯

聚碳酸酯（PC）的冲击强度是有机玻璃的 20 倍，而且比有机玻璃拥有更高的玻璃化温度和更强的耐火性,因而可更好地满足透明装甲提高防弹性能和减重的要求。表 7.5.11 是聚碳酸酯材料和有机玻璃材料的防弹性能对比(以钢珠为子弹),可以看出,3 mm 厚聚碳酸酯材料和 10 mm 厚有机玻璃材料的防弹性能基本相当,同时聚碳酸酯中弹后只是局部产生直径小于 10 mm 的“鼓包”变形,而其他部分无任何损伤,具有典型的韧性材料特征;而有机玻璃有大面积的裂纹产生,并有碎片溅出,具有脆性破坏特征。

表 7.5.11 PC 与 PMMA 的防弹性能比较

材 料	厚度/mm	弹道极限速度 V_{50}/(m/s)	中 弹 状 态	损伤面积直径/mm
PC	3	240	中弹处产生“鼓包”,无裂纹和碎片	<10
PMMA	10	250	出现大面积裂纹,有碎片飞溅物	>50

聚碳酸酯的缺点是在遇到有机溶剂、紫外线照射、擦伤和磨蚀时性能会降低。为了能够在野外使用,聚碳酸酯需要添加紫外线稳定剂,并且在表面加上硬质涂层,以确保长期耐用性。

3) 聚氨酯

聚氨酯(PU)分子由硬、软段组成,可以通过调节硬、软段的组成或结构对聚氨酯的特性进行调整,以满足不同的应用要求。近年来,聚氨酯材料在透明装甲上的应用越来越广泛。由它制成的产品既可以是坚硬易碎的(用于面板),也可以是柔韧易曲的(用于背板)。对一种聚氯酯面罩进行的弹道试验结果显示,在同等质量的基础上,它比由 PC 和 PMMA 制成的面罩的防弹性能要强得多;多种透明的聚氨酯已经表现出比聚碳酸酯更好的耐折能力,同时还具有更强的耐久性和抗划伤能力。

热固性聚氨酯可以通过浇铸或液体注模法进行加工。即使将其制成很厚的形状时,它仍具有很强的透光性和抗冲击能力。

7.5.3.2 无机透明材料

透明装甲中应用的无机透明装甲材料主要包括无机玻璃和透明陶瓷两大类。

1) 无机玻璃

无机玻璃是最早应用于透明装甲的硬质防护材料,传统的透明装甲主要是由多层浮法玻璃层合而成,在技术上最成熟,且产量大,成本低廉;然而,无机玻璃的密度大,防护效率低,并不适合于装甲车辆等对质量要求严格的场合,如要达到北约 STANAG 3 级防护标准(防护 7.62 mm 枪弹),采用普通无机玻璃制成的透明装甲厚度将达 100 mm,面质量密度大于 200 kg/m^2,再加上安装透明装甲所需的钢框等附件,其总质量就会更大。

2) 透明陶瓷

透明陶瓷是具有低密度、高抗弹性能特性的新型无机透明材料,是近年来透明装甲领域技术发展的重点方向。透明陶瓷的硬度比传统无机玻璃高得多,因此,达到相同防护级别的透明陶瓷的质量和厚度将大大低于普通防弹玻璃。

目前,主要有 3 种透明陶瓷可应用于装甲车辆,分别是铝酸镁尖晶石陶瓷、单晶氧化铝陶瓷和氮氧化铝陶瓷,其基本性能如表 7.5.12 所示。

表 7.5.12　典型透明陶瓷基本性能

性能指标	铝镁酸尖晶石陶瓷	单晶氧化铝陶瓷	氮氧化铝陶瓷
密度/(g/cm^3)	3.59	3.97	3.69
弹性模量/GPa	260	344	334
挠曲强度/GPA	184	742	380
断裂韧性/($MPa \cdot m^{1/2}$)	1.7	—	2.4
硬度/GPA	14.9	19.6	17.7

另外,由于铝氧氮化物具有防擦伤属性,因此由它制成的装甲透明度也将大大提高。目前使用的玻璃装甲很容易被擦伤老化,蒙上沙尘,从而使其透明度大大降低,很难看清战场的实际情况。而沙尘之类的物体对这种新型透明装甲基本上没有影响,同时这种透明防弹装甲使用年限也是传统玻璃装甲的很多倍,可以使装甲驾驶室窗户保持很高的透明度。

7.5.3.3　夹层材料

1)聚丙烯醇缩丁醛

聚丙烯醇缩丁醛(PVB)是最早使用的透明装甲夹层材料,其分子结构决定了它具有优良的光学清晰度和耐候性,能在较大的温度范围内保持不变形,同时具有优异的抗冲击性能,与各种无机玻璃的表面有极好的黏合效率,可作为透明装甲和传统防弹玻璃的夹层材料。目前,世界上80%以上的PVB树脂用于透明装甲和防弹玻璃的夹层材料。

2)聚氨酯

PVB与各种无机玻璃具有很好的黏结性,但与有机透明材料如有机玻璃、聚碳酸酯等的黏结性能很差,而新型透明装甲往往采用无机玻璃与有机透明材料进行层合,因此传统的PVB膜片难以满足要求。透明聚氨酯(PUR)与无机玻璃、有机玻璃以及聚碳酸酯均有良好的黏结性能,是一种理想的黏结材料,在国外已广泛用于透明装甲层合。

7.6　驾驶室结构防冲击波拓扑优化设计

与常规车辆驾驶室的功能不同,车载炮驾驶室不仅受到地面行驶随机载荷的作用,还受到炮口冲击波、枪弹及榴弹破片的动量冲击、地雷爆炸波等载荷的作用。若一味通过增加结构防护尺寸来抵抗这些载荷的作用,一方面会使驾驶室结构超重明显,导致其前桥载荷过大,影响越野机动性和行驶可靠性;另一方面,其防护效果也并不明显,显现出驾驶室质量的综合利用效益不高,影响系统的总体性能。可见车载炮驾驶室设计是在前桥载荷,或是驾驶室质量约束控制下的综合防护设计。

7.2 节单独讨论了冲击波对板梁组合结构的作用机理,7.3 节研究了抗地雷爆轰波的防护设计,7.4 节探讨了枪弹及榴弹破片对板结构的损伤作用,7.5 节讨论了在驾驶室防护中可能使用的各种材料的性能和特点,本节将在上述讨论的基础上,通过综合优化的方法把不同功能的防护要求,体现在对驾驶室结构设计中。

7.6.1 驾驶室结构的优化设计

驾驶室结构拓扑优化主要应用于结构的方案设计阶段,在给定的荷载、边界条件和约束条件下,寻求驾驶室结构的拓扑形式,引导载荷传递方向的同时保留载荷传递方向上的结构,而载荷作用不明显区域则留空,从而获得最优的驾驶室拓扑结构,实现既能满足防护性的设计要求,同时又能实现整体重量最轻,使得车载炮保持大威力的同时具有高度的机动性优势。

驾驶室结构防冲击波拓扑优化设计方法较多,不同设计方法之间的区别在于描述结构拓扑的方法不同,其中变密度方法由于描述拓扑结构简单、针对复杂结构的多约束和多目标问题的适应性较好,在工程中得到广泛应用。有两类结构应用于车载炮驾驶室结构拓扑优化中,一类是板梁组合结构,另一类是薄壁板结构。板梁组合结构用于结构拓扑优化密度较高的区域,充分利用其刚度好、抗弯曲强度高、抗冲击波和地雷爆轰波强的优点,对其需要进行优化的参数是板的厚度和梁单元的截面尺寸。薄板结构用于密度较低的驾驶室区域,充分利用加工焊接性能好、又能抗枪弹和榴弹破片等的优点,实现对驾驶室空间进行封闭设计的要求,对其需要进行优化的参数是板的厚度。

7.6.2 板梁组合结构参数单元

板梁组合单元如图 7.6.1 所示。板长×宽×厚的尺寸为 $a \times b \times h$, 板沿尺寸沿 a 和 b 方向分别有 n_a 和 n_b 个梁单元,结合驾驶室的实际工况条件,假定梁的横截面为回形结构,横截面尺寸用 $c \times d \times t$ 表示,如图 7.2.12 所示,板单元为 8 个节点、梁单元为 3 个节点,采用变形协调相一致的方法,把梁节点的刚度矩阵、质量矩阵和载荷矩阵简化到对应的板单元节点上,即可得到该类板梁组合单元的刚度矩阵 $\boldsymbol{K}^{(e)}$、质量矩阵 $\boldsymbol{M}^{(e)}$ 和载荷矩阵 $\boldsymbol{P}^{(e)}$, 及对应的单元运动方程:

$$\boldsymbol{M}^{(e)}\ddot{\boldsymbol{d}}^{(e)} + \boldsymbol{K}^{(e)}\boldsymbol{d}^{(e)} = \boldsymbol{P}^{(e)} \tag{7.6.1}$$

一旦确定了板梁组合单元在空间的节点位置坐标和板的厚度 $h^{(e)}$, 梁单元的横截面尺寸 $c^{(e)} \times d^{(e)} \times t^{(e)}$ 和单元的材料特性,则板梁组合单元的质量 $m^{(e)}$、刚度矩阵 $\boldsymbol{K}^{(e)}$、质量矩阵 $\boldsymbol{M}^{(e)}$ 和载荷矩阵 $\boldsymbol{P}^{(e)}$ 可表达成这些参数的函数,即

$$\begin{aligned}
m^{(e)} &= m^{(e)}(\rho^{(e)}, h^{(e)}, c^{(e)}, d^{(e)}, t^{(e)}, n_a^{(e)}, n_b^{(e)}), \\
\boldsymbol{M}^{(e)} &= \boldsymbol{M}^{(e)}(E^{(e)}, \rho^{(e)}, h^{(e)}, c^{(e)}, d^{(e)}, t^{(e)}, n_a^{(e)}, n_b^{(e)}), \\
\boldsymbol{K}^{(e)} &= \boldsymbol{K}^{(e)}(E^{(e)}, \rho^{(e)}, h^{(e)}, c^{(e)}, d^{(e)}, t^{(e)}, n_a^{(e)}, n_b^{(e)}), \\
\boldsymbol{P}^{(e)} &= \boldsymbol{P}^{(e)}(E^{(e)}, \rho^{(e)}, h^{(e)}, c^{(e)}, d^{(e)}, t^{(e)}, n_a^{(e)}, n_b^{(e)})
\end{aligned} \tag{7.6.2}$$

式中, $m^{(e)}$ 为单元质量; $E^{(e)}$ 为弹性模量; $\rho^{(e)}$ 为质量密度。

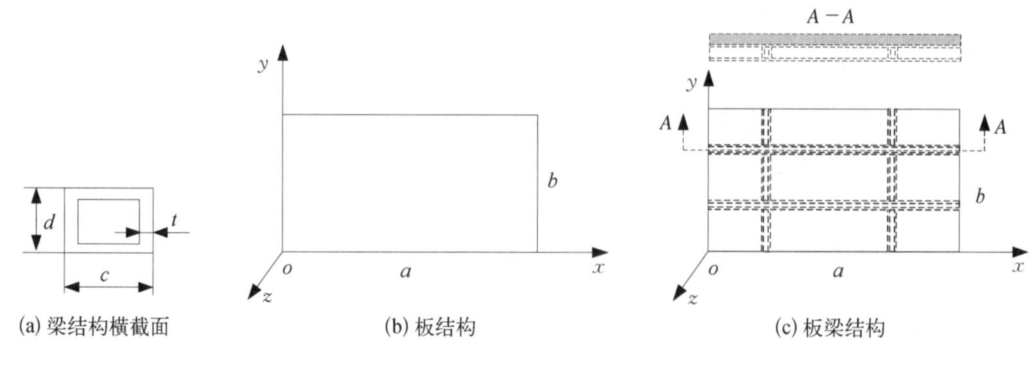

(a) 梁结构横截面
(b) 板结构
(c) 板梁结构

图 7.6.1　板梁组合单元

7.6.3　驾驶室结构拓扑优化方法

7.6.3.1　驾驶室结构拓扑描述

如图 7.6.2 所示为结构的拓扑描述，用 $\lambda_e = 0$ 和 $\lambda_e = 1$ 描述设计空间内是否含有结构，称 λ_e 为材料的相对密度，e 代表材料区域（例如单元），若直接用 $\lambda_e = 0$ 和 $\lambda_e = 1$ 描述结构，则在拓扑优化的寻优过程将形成间断。为此，定义 λ_e 在 [0, 1] 之间变化，这样在寻优迭代过程，λ_e 将连续地更新迭代至 0 或者 1，而不是在 0 和 1 之间跳变。

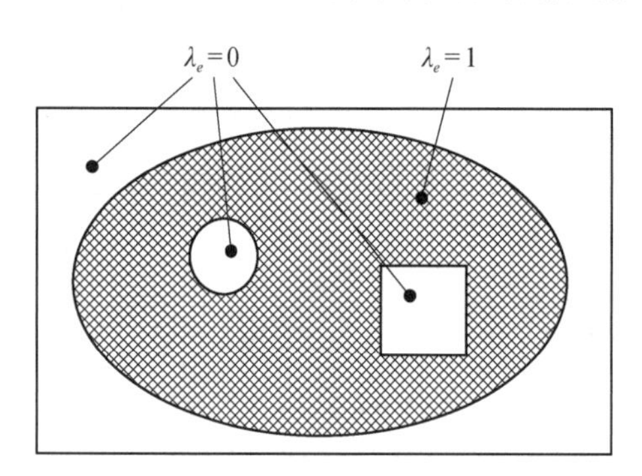

图 7.6.2　结构拓扑形状的拓扑描述

为了刻画结构拓扑的改变对力学性能的影响，引入等效弹性模量的概念 $E_e(\lambda_e)$：

$$E_e(\lambda_e) = E_{\min} + (\lambda_e)^p(E_0 - E_{\min}),\lambda_e \in [0,\ 1] \tag{7.6.3}$$

式中，p 是惩罚因子；E_e 是经过相对密度更新的单元的弹性模量；E_0 是原始结构材料的弹性模量；$E_{\min}$ 为空洞单元材料的弹性模量，$E_{\min}$ 主要是为了防止结构刚度矩阵的病态，一般取为 $E_{\min} = 0.001E_0$。当单元相对密度 $\lambda_e = 1$ 时，优化的单元是板梁组合单元结构；当单元相对密度 $\lambda_e = 0$ 时，优化的单元是空洞结构，可理解为薄壁板结构。而结构单元的密度可以通过控制惩罚因子 p 的大小使其以不同的优化速度逼近 0 或者 1，这样便使得目标函数在接近理想状态下得到 0 或者 1 的离散结构，最终得到最优材料分布的拓扑结构，考虑到优化计算过程的稳定性，通常取 $p = 3.0$。

7.6.3.2　驾驶室结构拓扑优化模型

车载炮驾驶室一般是在造型完成后开始进行结构设计的，对驾驶室的拓扑优化是在造型（基本）构型上，对结构外表面进行拓扑结构优化。首先采用有限元方法，将驾驶室结构的外表面用板梁组合结构进行离散化，形成有限数量的离散结构，离散结构中的每个单元对应一个设计变量集 x_e，集中包含有板的厚度 h_e、梁的横截面结构参数（c_e、d_e、e_e、n_{ae}、n_{be}）、质量密度 ρ_e 和弹性模量 E_e 等，将经离散后的结构与有限元相同的方式，将每个单元的质量矩阵、刚度矩阵和载荷矩阵进行组装，形成驾驶室的总体刚度矩阵、质量矩阵和冲击波载荷作用下的等效节点载荷矩阵,最后施加边界条件和初始条件,形成可进行数值求解的离散方程组。驾驶室冲击波的分布载荷公式,可采用表达式(7.2.6)。

对驾驶室进行优化的目标函数是总质量最小,结构强度和变形满足约束条件要求。建立如下驾驶室结构拓扑优化模型:

$$\begin{cases}\text{min:} \quad m(x)=\sum_{e=1}^{N}\lambda_e m_e \\ \text{model:} \quad \boldsymbol{M\ddot{U}}+\boldsymbol{KU}=\boldsymbol{F} \\ \text{s.t.} \quad \begin{cases}\delta_i \leqslant [\delta_i],\ i=1,\ 2,\ \cdots,\ m_G \\ \sigma_{\text{Von}} \leqslant [\sigma_p]\end{cases} \\ \text{var:} \quad x=\{\boldsymbol{x}_1^{\mathrm{T}},\ \boldsymbol{x}_2^{\mathrm{T}},\ \cdots,\ \boldsymbol{x}_n^{\mathrm{T}}\}^{\mathrm{T}} \in \boldsymbol{R}^n\end{cases} \tag{7.6.4}$$

其中,$\boldsymbol{M}$ 和 $\boldsymbol{K}$ 分别为结构质量和刚度矩阵;$\boldsymbol{F}$ 为等效节点矩阵;$\boldsymbol{U}$ 分别为结构相应的位移矩阵;m_e 为单元质量;δ_i 和 $[\delta_i]$ 为所关注结构点的变形及许用变形量;m_G 为关注节点数;σ_{Von} 和 $[\sigma_p]$ 分别为结构的 von Mises 应力及材料的许用应力。

驾驶室拓扑优化的流程如图 7.6.3 所示,采用序列二次规划算法将复杂的非线性约束最优化问题转化为二次规划问题求解。其最终计算结果是一组 $\boldsymbol{\lambda}_e$ 的值,根据 $\boldsymbol{\lambda}_e$ 的取值,就可确定对应的板梁组合结构形式 $\boldsymbol{\lambda}_F$,其对应关系见表 7.6.1 所示。

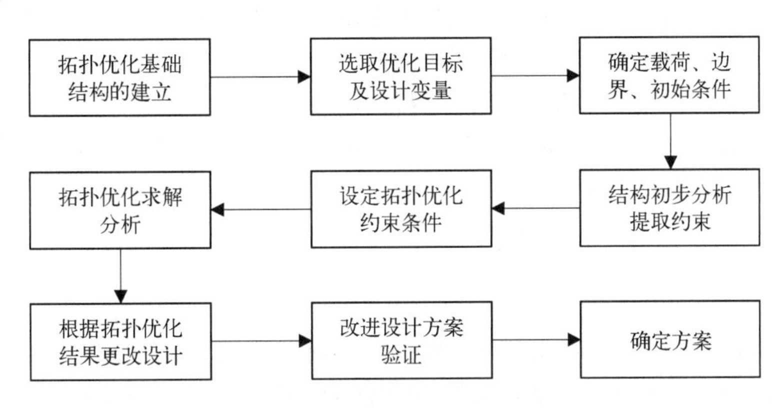

图 7.6.3　驾驶室拓扑优化流程图

表 7.6.1　$\boldsymbol{\lambda}_e$ 与 $\boldsymbol{\lambda}_F$ 的对应关系

λ_e	1	0.75	0.5	0.25	0
λ_F	1	0.75	0.5	0.25	0

7.6.4　驾驶室结构综合设计

7.6.4.1　驾驶室结构综合设计要点

上一节讨论了驾驶室结构的拓扑优化设计,通过拓扑优化设计,可以得到以板梁组合结构为主的结构参数的分布形式,但这种分布形式是一种基于模型的理想化的结果,与实际的最终的驾驶室结构还存在较大的差距。综合设计的目的就是基于拓扑优化设计结果,在充分考虑驾驶室的工作环境、对其制造的工艺性等要求的前提下,实现满足工程化设计要求的驾驶室结构。

火炮发射时,驾驶室的骨架蒙皮(板梁组合)结构承受冲击波载荷,引起驾驶室动力响应,同时将载荷通过悬置结构缓冲传递至车梁,作用在车梁上的载荷又通过千斤顶传递到地面。可见,载荷在传递至悬置结构过程中,驾驶室承载特点是通过不同外表面(如侧围、前围或顶盖等)承受冲击波载荷后,将载荷通过有限数量的悬置支座集中传递至悬置结构上,因此结构设计的重点在承载和传递两个环节。因此,驾驶室综合设计的原则是"分散承载、集中传递"。

驾驶室结构综合设计要点如下。

(1) 基于拓扑优化设计结果,进一步设计满足工艺性要求的驾驶室骨架蒙皮的结构形式,使骨架(梁)的横截面结构尺寸既能符合工程化设计要求,又能实现驾驶室结构能抗冲击波的变形要求。

(2) 骨架蒙皮结构在具体工艺实践中是通过焊接来实现的,该组合结构的破坏更多的是局部焊缝开裂,严重时可能导致蒙皮的局部撕裂,其原因主要是焊缝强度不足,导致在冲击波拉压作用下,焊缝出现疲劳损伤,在焊接热影响区或焊接缺陷部位首先出现疲劳裂纹并扩展引起焊缝撕裂,如蒙皮强度较低或焊接缺陷较大,则会引起蒙皮自身的撕裂破坏。

(3) 驾驶室门、窗、盖板等外表面结构避免出现凸起的缝隙,否则给冲击波渗入的机会,因为冲击波一旦进入这些结构的内部,将改变冲击波载荷的作用方向,使法向压力变成法向撕拉载荷,将会出现蒙皮结构被撕裂破坏问题。

(4) 门锁结构的破坏主要是门锁强度不足导致门锁变形、开裂、锁止失效等。由于车门开闭功能的要求,表面积较大的车门只能通过铰链及门锁等几个有限的点保持与驾驶室骨架的活动连接,其车门承受的冲击波载荷都需要通过门锁及铰链传递给驾驶室骨架,并承受反复、循环次数较高的拉压冲击;如门锁强度不足或保持力较小,必然引起门锁结构的破坏。

(5) 驾驶室风挡结构的破坏主要为玻璃裂纹、破碎等,主要原因为玻璃安装结构上设计的缓冲空间较小,导致在冲击波作用下,玻璃与结构件出现硬接触而导致玻璃局部应力较大而产生脆性裂纹,严重时引起玻璃破碎。

(6) 要重新设计驾驶室的悬置结构,由于原悬置结构设计时仅考虑了行驶机动载荷的作用,而没有考虑承受如此大的冲击波载荷的作用。驾驶室悬置结构的设计宜采用全浮或半浮式 4 点悬置支撑,且增加横向缓冲及限位装置。

7.6.4.2 驾驶室结构设计

驾驶室结构设计包括驾驶室骨架设计、蒙皮(板)设计、连接设计等方面。

1) 驾驶室骨架设计

骨架设计是冲击波防护设计的核心,局部蒙皮失稳、骨架变形开裂等故障大都是骨架设计不合理造成的。

驾驶室骨架结构应完整、主次清晰,以满足驾驶室不同部位的刚、强度要求,符合拓扑优化的总体结果要求,同时保证载荷传递路径清晰、完整,如图 7.6.4 所示。

在图 7.6.4 所示的结构中；主体承载结构如下：

（1）顶围骨架包括边纵梁、中纵梁、前后横梁等；

（2）前围骨架包括风挡中立柱、A 柱、风挡下横梁等；

（3）侧围骨架包括 B 柱、C 柱等；

（4）后围骨架包括中立柱、中横梁等；

（5）地板骨架包括主纵梁、边纵梁、前横梁、后横梁等。

骨架结构设计中，也需要根据炮口距离的远近以及冲击波作用大小进行优化，如前向射击的车载火炮，后围冲击波载荷较小，无右侧向射击的车载火炮，右侧围冲击波载荷较小，地板蒙皮受冲击波载荷较小(若不考虑地雷的作用)，这些区域骨架结构可以适当放宽。

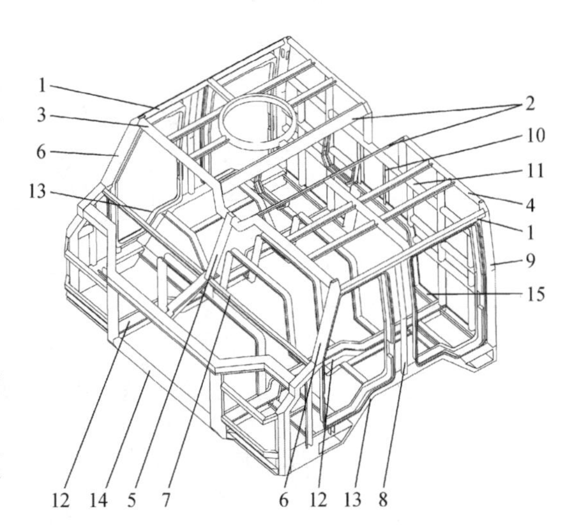

1—边纵梁；2—中纵梁；3—前横梁；4—后横梁；5—风挡中立柱；6—A 柱；7—风挡下横梁；8—B 柱；9—C 柱；10—中立柱；11—中横梁；12—主纵梁；13—边纵梁；14—前横梁；15—后横梁

图 7.6.4　驾驶室骨架结构

骨架中经常会出现穿通梁之间的焊接问题，如图 7.6.5 所示。图(a)中的焊接方式是将两个梁 B 和 C 直接焊在梁 A 上，这种焊接结构是不可取的，其原因是抗剪切作用效果弱，容易出现剪切破坏。正确的焊接结构是如图(b)的形式，在焊接位置处采用穿通的焊接连接座，用于承担剪切载荷作用，并在其四周再采用焊接的方式，将整体结构焊接在一起。

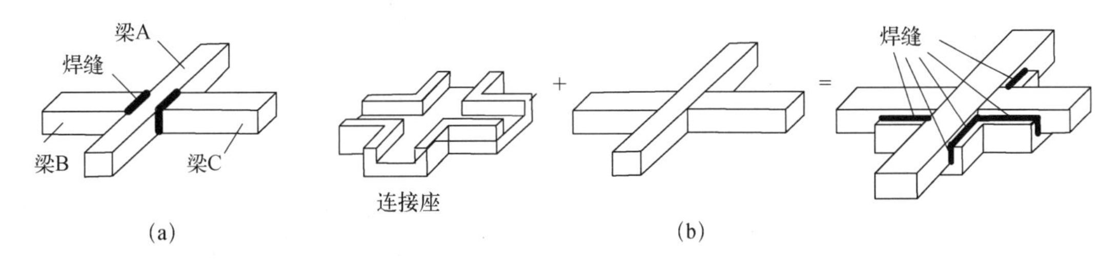

图 7.6.5　焊接结构

2）蒙皮设计

驾驶室蒙皮一般根据拓扑优化设计的结果，按照蒙皮厚度分类简化要求来设计即可，但对于顶盖、后围等区域，在蒙皮上再增加与驾驶室骨架梁相结合的加筋结构，提高蒙皮刚度，进一步加强各大围结构刚度，如图 7.6.6 所示。

3）蒙皮与骨架间的连接设计

驾驶室骨架与蒙皮间一般采用点焊连接，但冲击波的拉压效应，会导致焊点撕裂，因此骨架蒙皮间还需要通过在骨架及蒙皮间增加一定数量的角焊缝，以增加焊缝数量及长度，提高焊接连接的可靠性。

7.6.4.3　驾驶室悬置设计

驾驶室悬置结构一般行程较小、刚度较大，难以满足减缓冲击波载荷的要求，需要采

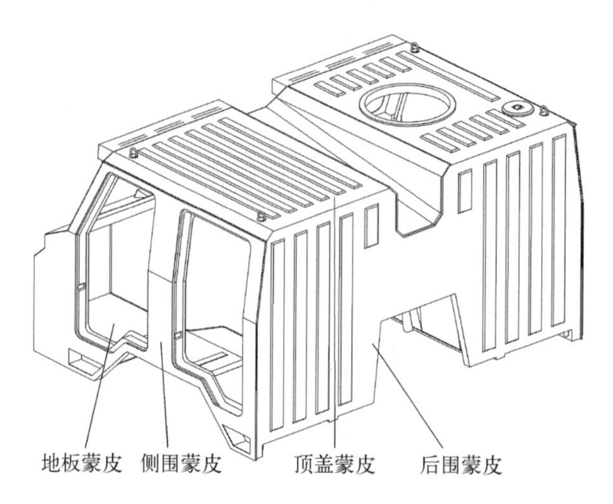

图 7.6.6 蒙皮结构

用行程较大的弹性悬置结构,以降低结构损伤。

车载炮驾驶室一般采用全浮或半浮式 4 点悬置支撑,并且增加横向缓冲及限位装置,避免侧向射击中,冲击波作用在侧围时造成驾驶室横向位移过大。对需要翻转的驾驶室,不建议采用全浮驾驶室悬置结构,其原因是结构复杂、重量大;但可采用半浮悬置结构,见图 7.6.7,半浮悬置用于前支撑结构中,在销轴的外部增加带橡胶衬套,橡胶套被限制在轴座内运动,橡胶套通过销轴与固定结构连接,通过橡胶套的变形来实现浮悬;后悬置采用螺旋簧或空气弹簧+减震器的悬架结构,由悬置总行程要求、根据冲击波载荷的大小来设计悬置弹簧的刚度,见图 7.6.8。

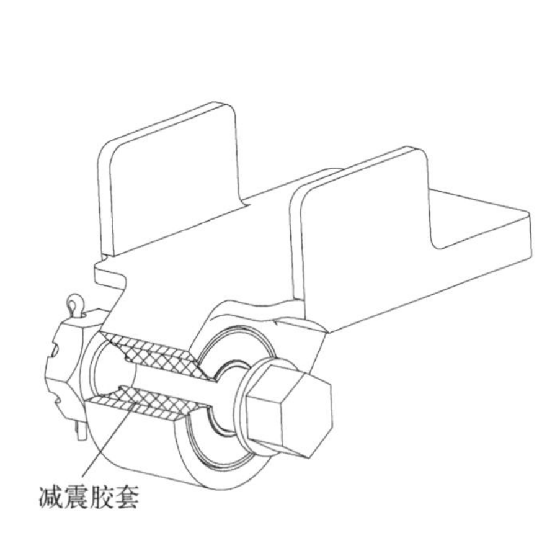

图 7.6.7 带橡胶衬套销轴连接悬置结构

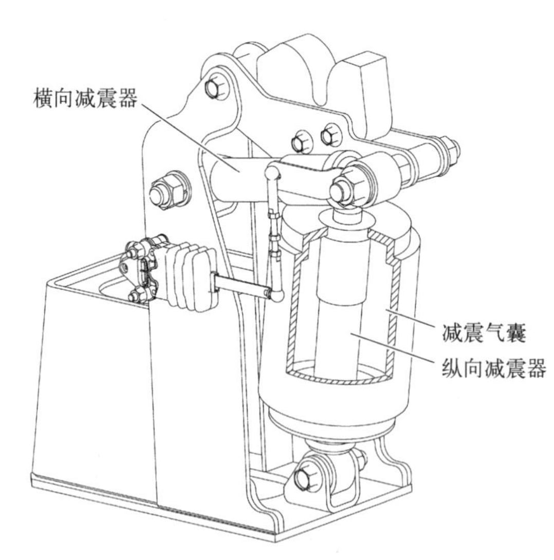

图 7.6.8 减震气囊+减震器的悬架结构

7.6.4.4 玻璃安装结构设计

为实现冲击波防护要求,驾驶室风挡和侧窗玻璃一般采用 25 mm 以上的防弹玻璃或其他透明材料,重量远大于常规车辆使用的汽车安全玻璃,玻璃安装需采用特殊的设计结构,玻璃安装结构设计中需考虑以下问题:

(1) 需要承受玻璃自重及冲击波作用下动载荷的要求,同时载荷要可靠传递至驾驶室框架结构上,因而一般采用整体框架结构。

(2) 玻璃在冲击波作用下的缓冲及缓冲空间。由于玻璃是脆性材料,其安装结构应保证玻璃具有足够的缓冲空间,避免在冲击波作用下玻璃与安装框或壳体结构刚性接触。

(3) 玻璃密封。玻璃采用整体框架安装结构,接触面较多,在玻璃与框体、框体与前围蒙皮等接触面之间,都需要采用结构密封胶进行密封。

图 7.6.9 给出了一种典型的驾驶室玻璃安装结构示意图。

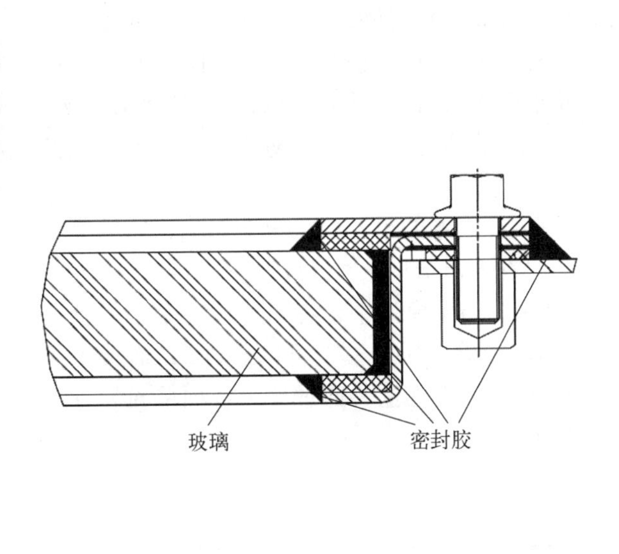

图 7.6.9 驾驶室玻璃安装

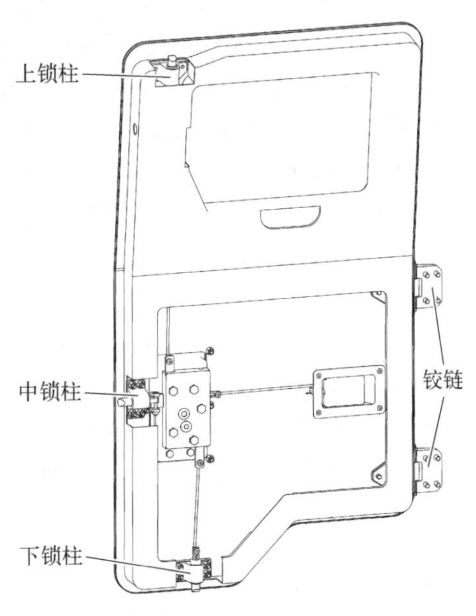

图 7.6.10 典型的三点式门锁结构示意图

7.6.4.5 门锁结构设计

由于车门开闭的特殊需求,侧向射击中冲击波作用在车门上的载荷需要通过门锁结构传递给驾驶室框架结构上,为此,传统的板卡式门锁结构难以满足要求。车载炮驾驶室车门门锁一般采用多点锁止的结构型式,各锁止点与车门两个铰链一起承受并传递冲击波作用在车门上的冲击载荷,图 7.6.10 为一种典型的三点式门锁结构示意图。

7.6.5 驾驶室结构刚强度评估分析方法

前面几节讨论了驾驶的综合设计问题,在完成了驾驶室的工程设计后,由于有许多设计条件进行了简化,因此非常有必要对所设计的驾驶室结构进行刚强度评估分析。

7.6.5.1 离散化模型的建立

1) 结构离散化

整个驾驶室模型尺寸较大,而且结构也较为复杂,许多特征对结构的力学性能分析几乎没有影响,但是划分网格时会造成很大的困难,如车窗边框的螺丝孔,面与面之间过渡的圆角,还有一些因工艺造成的小尺寸的筋和凸台等。因此对上述不影响结构力学性能分析的特征进行了简化,以获得质量更高的有限元模型。

在有限元建模过程中，单元的选择对计算结果的精度、计算所用的时间有直接关系。整个驾驶室大量采用冲压的薄壁板结构焊接而成，它们不仅要承受拉压应力，还要承受扭转和弯曲应力，考虑到车身钢板的这种特点，在选择单元过程中选择板单元来模拟。ABAQUS 有限元软件中的 S4R(4 节点四边形有限薄膜应变线性减缩积分壳单元)是一种通用壳单元类型，适应性很好，既可以用于厚壳问题的模拟，也可以用于薄壳问题的模拟，且具备弯曲和膜的特性，能够承受平面内和法线方向的载荷，因此选用 S4R 壳单元来模拟。壳单元中每个节点都有 6 个自由度。三节点的三角形壳单元计算误差相对较大，在建模过程中应尽量避免使用，一般要求三角形单元的数目不能超过总单元数的 5%。

通常为了降低对计算机硬件的要求和减小计算分析时间，需要对车身有限元模型网格数量进行控制。根据有限元基本原理，所选用的有限元单元尺寸应尽量小，才会越接近真实结果。因此要保证关心区域的单元尺寸足够小，以保证计算精度，而对非关心区域，可采用较大的单元尺寸，以提高计算速度。本书根据以往计算经验，对于驾驶室有限元模型，选择 10~15 mm 尺寸来进行网格划分。

单元质量是决定计算能否通过的直接因素，且较差的单元质量也会影响计算结果的精度。采用 Hypermesh 进行有限元模型的建立，在 Hypermesh 中，可以通过 Tool 面板下的 Check Elements 来检查模型的连续性和重复单元。如果模型中存在不连续的单元或者重复单元，有限元计算软件是不能对其进行计算的。单元质量检查可以通过 2D 面板下的 Quality Index 检查并调整二维网格的质量。单元质量检查主要通过设定各项单元划分评判标准来实现，主要设定评判标准如表 7.6.2 所示。

表 7.6.2 单元质量评判标准

评判项目	单元细长比	单元翘曲角	雅可比值	单元歪斜角
评判标准	< 5	<7°	>0.7	<60°
评判项目	四边形单元 最小内角	四边形单元 最大内角	三角形单元 最小内角	三角形单元 最大内角
评判标准	>45°	<135°	>20°	<120°

图 7.6.11 驾驶室离散化模型

经上述步骤，本章研究对象某型车载炮驾驶室的有限元模型如图 7.6.11 所示。整个模型共有 339 937 个节点，单元总数为 342 490。其中四边形单元有 315 531 个，三角形单元有 7 855 个，占总单元数的 2.29%，整个网格划分质量较高，能够满足计算要求。

2）相关接触条件的处理

本模型为体现出窗户位置的现实情况，采用胶接接触定义玻璃与窗户框的相互作用关系；为体现车门的实际情况，对车门与门框处的接触使用软接触来进行模拟，对车门的

旋转副和锁柱结构，本模型对其进行了一定简化，通过建立门与门框旋转铰链处的旋转轴和旋转孔的周向接触，模拟了门与门框之间的旋转副，通过建立上、中、下三个锁柱分别与门和门框的单元节点等效，模拟了门和门框之间的多点锁止，在模型质量达到要求的情况下，力求表达出门结构在冲击波全过程中的受载情况与现实贴合。实际相互作用如图 7.6.12 和图 7.6.13 所示。

图 7.6.12　窗户接触设置

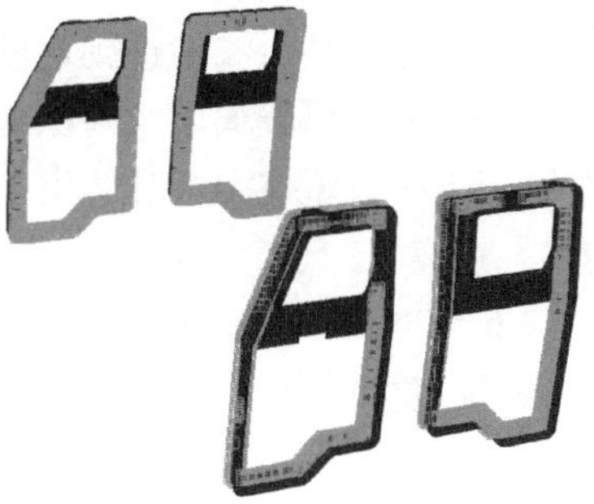

图 7.6.13　车门与门框接触设置

3）边界条件

根据实际情况，对驾驶室模型施加边界约束条件，在驾驶室底部横梁悬置位置选取四个位置，设置弹簧，其中，弹簧上节点与驾驶室底部横梁部分单元耦合，下节点全约束，用来模拟驾驶室的前后悬置，前面弹簧的刚度为 8.0×10^6 N/m，后面两个弹簧的刚度为 5.0×10^4 N/m，如图 7.6.14 所示。

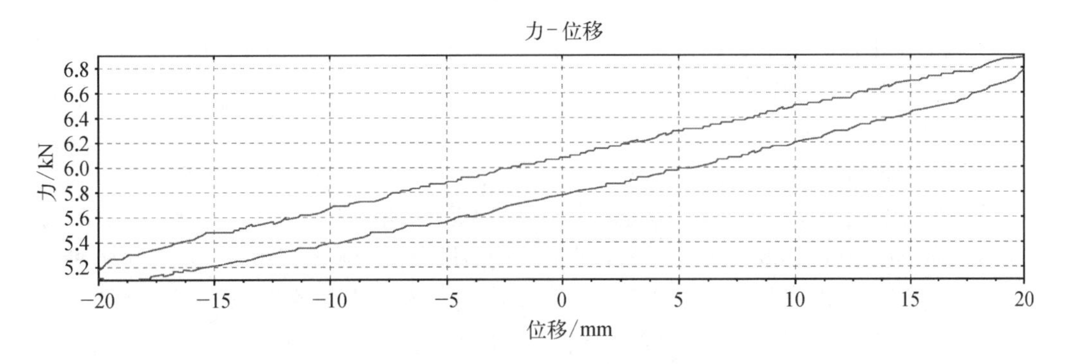

图 7.6.14　后悬置刚度

4）载荷工况

为了判断在最恶劣的冲击波情况下驾驶室是否符合刚强度设计需求，计算两种极端工况条件下的冲击波载荷，工况一为高低射角 16°，方向射角 0°；工况二为高低射角 0°，方向射角 25°，如表 7.6.3 所示。

表 7.6.3 工况说明

	高低角/(°)	方向角/(°)
工况一	16	0
工况二	0	25

作用在驾驶室表面的冲击波压力载荷为随时间和位置变化的非线性载荷。由上一节分析可知,炮口冲击波传递到驾驶室表面时,在表面相继作用有正超压和负超压,如对驾驶室顶盖、前挡风玻璃以及前围等大面积薄壳金属产生影响较大,可能会造成严重伤害。因此,以上一节流体力学计算得出的各个表面的超压-时间历程曲线为基础,分析驾驶室的动态响应。

7.6.5.2 冲击响应分析

驾驶室材料模型中的参数如表 7.6.4 所示。

表 7.6.4 材料参数表

	比　重	抗拉强度	屈服强度	弹性模量	泊松比
钢　板	7.8 g/cm^3	900 MPa	800 MPa	210 GPa	0.3
防弹玻璃	2.5 g/cm^3	80 MPa(弯曲强度)	—	5 500 GPa	0.25

驾驶室冲击波瞬态冲击响应过程具有高度非线性特性,包括结构大变形和冲击波载荷的瞬态加载,同时采用非线性有限元计算非常耗时,使得计算过程非常复杂,主要体现在以下几个方面:复杂的几何模型的处理;合理可行的网格划分;复杂边界条件的处理;真实准确的冲击波载荷的加载;计算过程中非线性有限元方程求解方法的确定、迭代参数的选择和收敛准则的确定等。

1)工况一瞬态冲击响应

工况一计算结果。关注区域应力随时间变化曲线如图 7.6.15~图 7.6.39 所示。

后部蒙皮应力在 7.3 ms 时达到最大,约为 520 MPa,如图 7.6.15 所示。顶部蒙皮应力在接近 4.7 ms 时达到约 380 MPa,在 7 ms 时应力达到最大,约为 620 MPa,如图 7.6.16 所示。

顶部与身管交接处蒙皮应力在接近 5.7 ms 时达到 390 MPa,在 7.3 ms 时达到最大,约为 520 MPa,如图 7.6.17 所示。本模型玻璃与窗户框采用胶接接触进行定义,窗户框上部应力随时间变化曲线可以看出,约 5 ms 时应力最大,最大值约为 52 MPa,如图 7.6.18 所示。

从窗户框上部应力随时间变化曲线可以看出,7.3 ms 时应力最大,最大约为 40 MPa,如图 7.6.19 所示。从车灯窗户框上部应力随时间变化曲线可以看出,应力受软件对接触的试探影响,成起伏状,实际应力很小,最大发生在 7.3 ms 时,约为 23 MPa,如图 7.6.20 所示。

本模型门与门框采用接触进行模拟,选取门应力较大区域的应力随时间变化曲线,在 6.5 ms 时应力达到最大,约为 62 MPa,如图 7.6.21 所示。

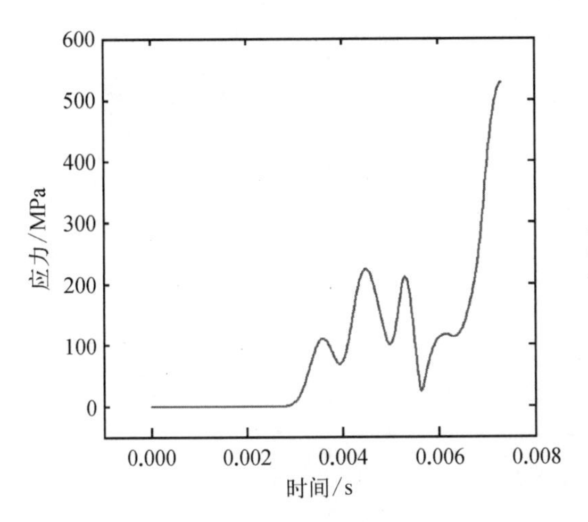

图 7.6.15　后部蒙皮应力变化曲线

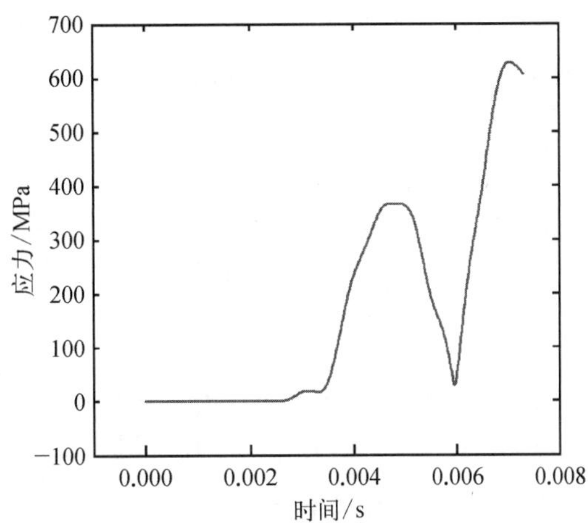

图 7.6.16　顶部蒙皮应力变化曲线

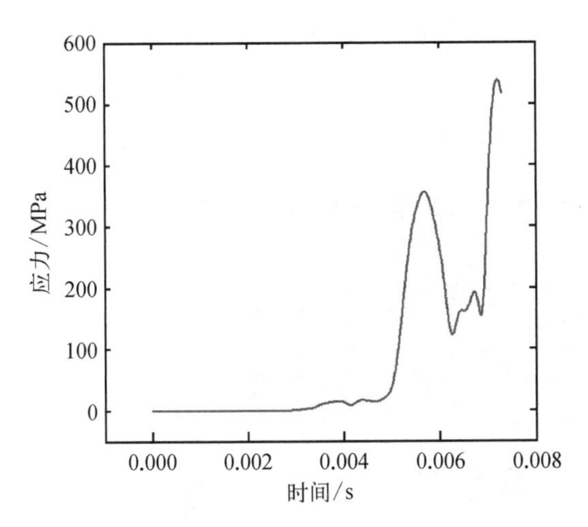

图 7.6.17　顶部炮架蒙皮应力变化曲线

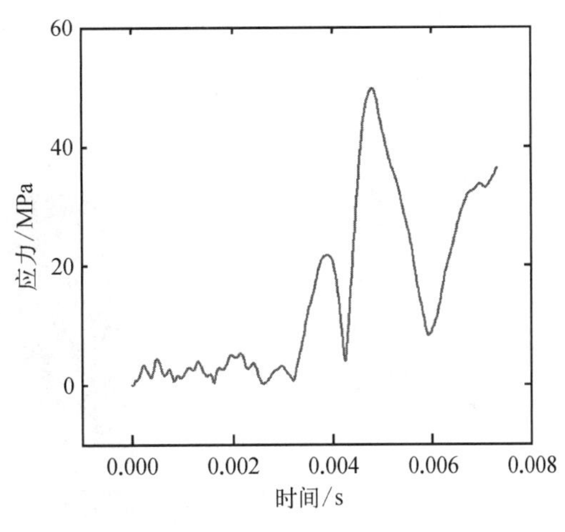

图 7.6.18　前车门窗户框应力变化曲线

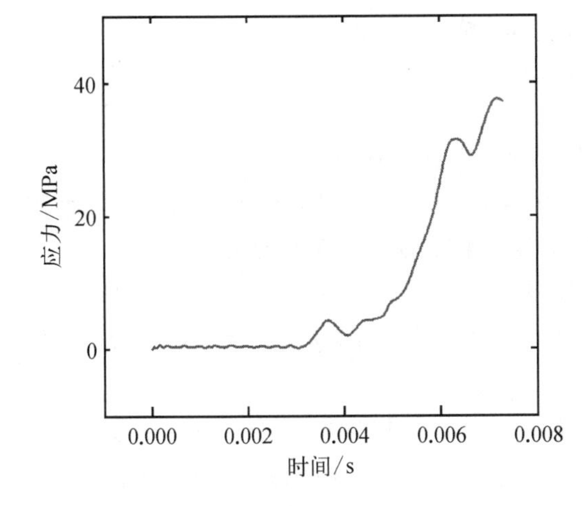

图 7.6.19　前窗户框应力变化曲线

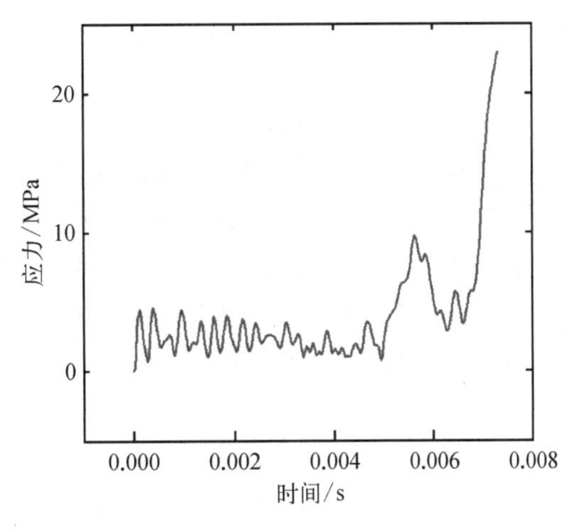

图 7.6.20　车灯窗户框应力变化曲线

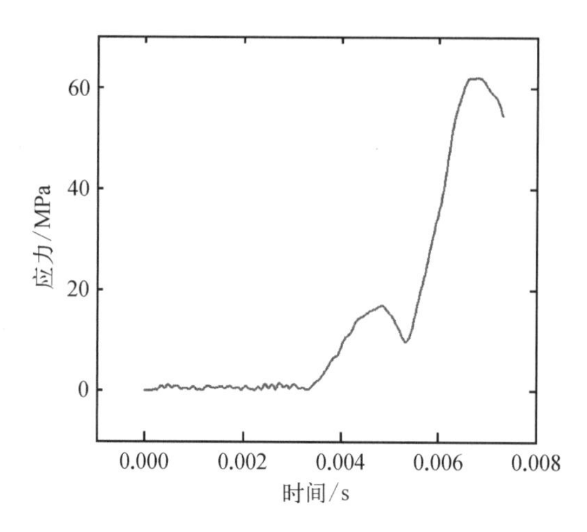

图 7.6.21　前门应力变化曲线

在冲击波加载 7.3 ms 时，驾驶室后部蒙皮最大变形为 17.82 mm，驾驶室顶部逃生舱处最大变形在 11 mm 左右，顶部大部分区域变形在 6～10 mm，如图 7.6.22 所示。

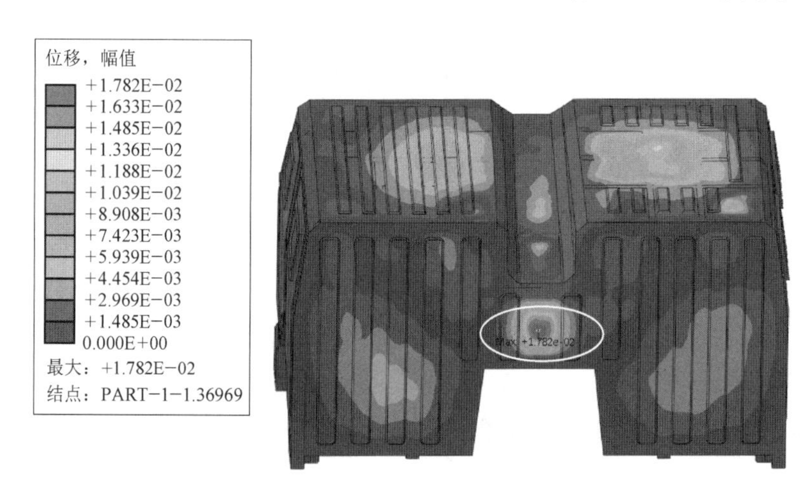

图 7.6.22　7.3 ms 时驾驶室整体位移云图

2）工况二瞬态冲击响应

工况二关注区域应力随时间变化曲线如图 7.6.23～图 7.6.31 所示。

顶部蒙皮应力在 5.7 ms 时应力达到最大，约为 710 MPa，如图 7.6.23 所示。后部蒙皮应力较大区域，在 5.7 ms 时应力达到最大，约为 340 MPa，如图 7.6.24 所示。

格栅后部地板应力较大区域应力在 6 ms 时达到最大，约为 610 MPa，如图 7.6.25 所示。左侧地板应力较大区域，在 4 ms 时应力较大，约 650 MPa，6 ms 时达到最大，约 760 MPa，如图 7.6.26 所示。

右侧地板应力较大区域，在 3.3 ms 时应力较大，约 630 MPa，5.2 ms 时应力最大，约 640 MPa，如图 7.6.27 所示。车门窗户框上应力较大区域节点应力随时间变化曲线，在 6 ms 时，应力达到最大，约为 30 MPa，如图 7.6.28 所示。

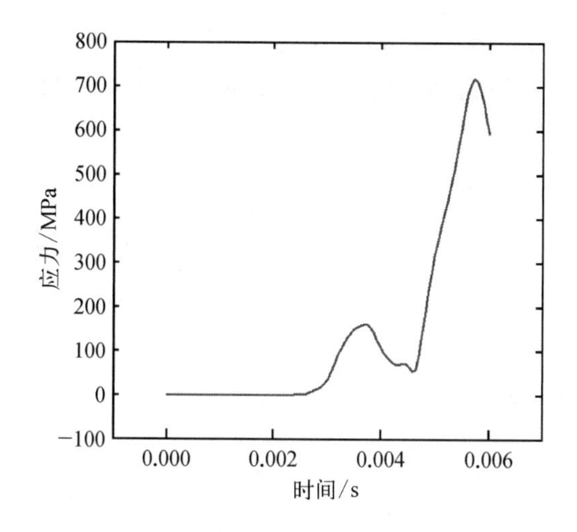

图 7.6.23　顶部蒙皮应力变化曲线

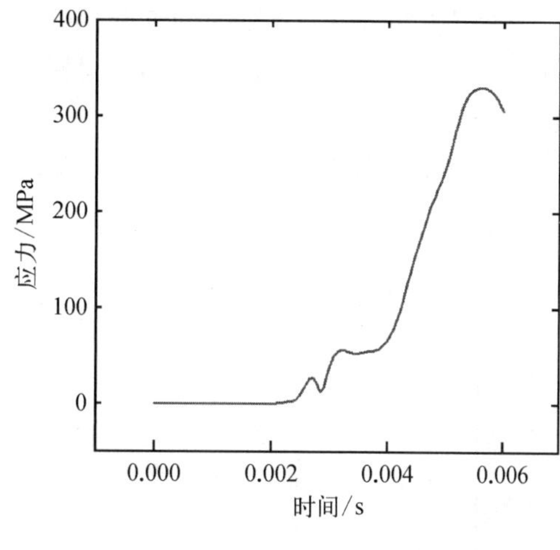

图 7.6.24　后部蒙皮应力变化曲线

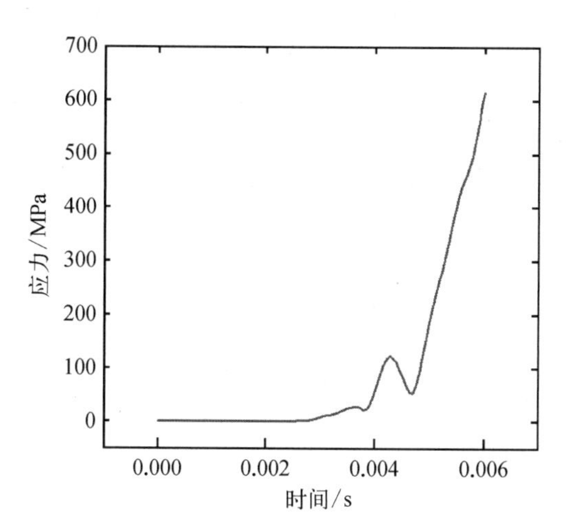

图 7.6.25　格栅后部地板应力变化曲线

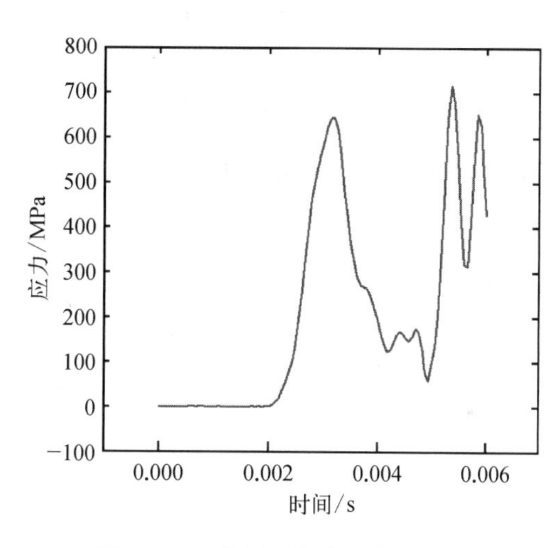

图 7.6.26　左侧地板应力变化曲线

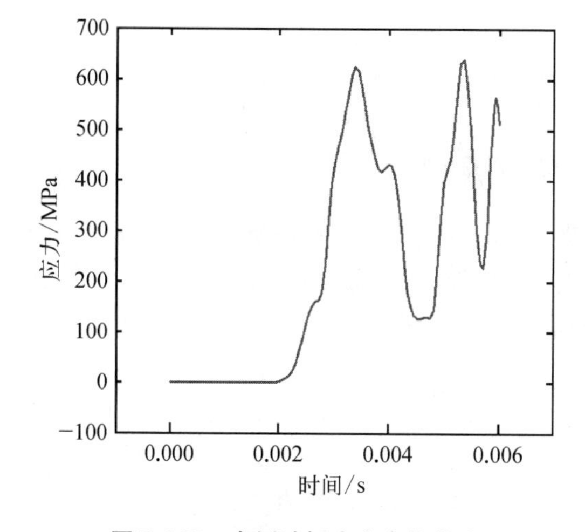

图 7.6.27　右侧地板应力变化曲线

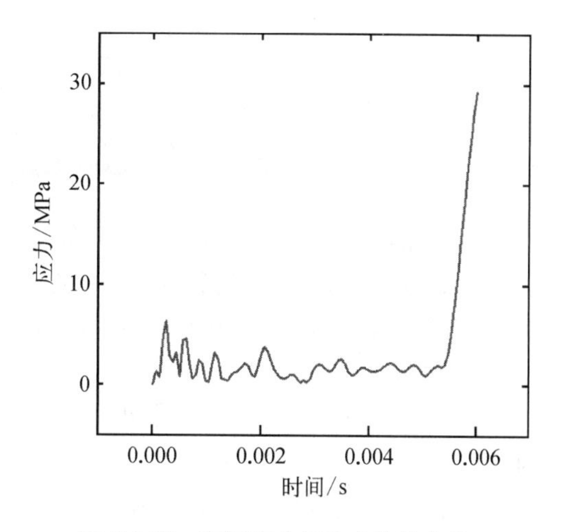

图 7.6.28　车门窗户框应力变化曲线

车门中部节点应力随时间变化曲线，应力最大发生在 6 ms 时，最大约为 29 MPa，如图 7.6.29 所示。前窗户框应力随时间变化曲线，应力最大发生在 5.6 ms 时，约为 45 MPa，如图 7.6.30 所示。

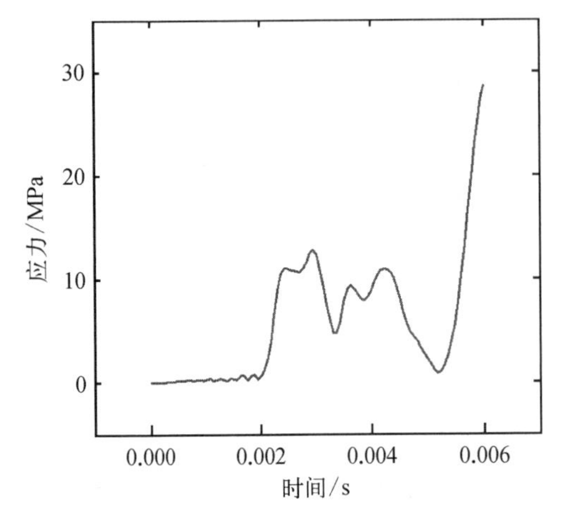

图 7.6.29　车门应力变化曲线

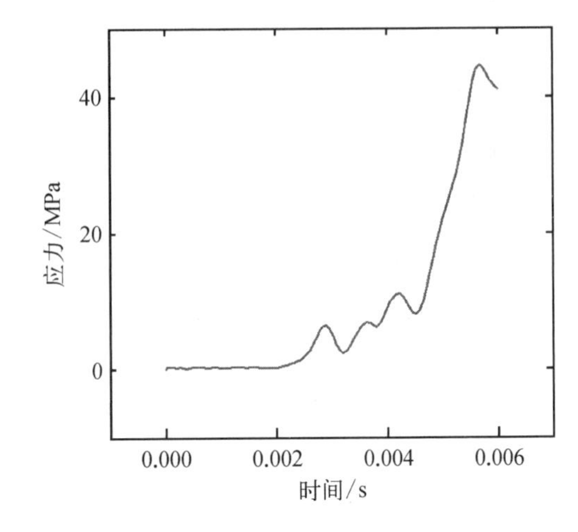

图 7.6.30　前窗户框应力变化曲线

车灯窗户框应力较大区域，在3.5 ms时应力较大，约106 MPa，6 ms时达到最大，约115 MPa，如图 7.6.31 所示。

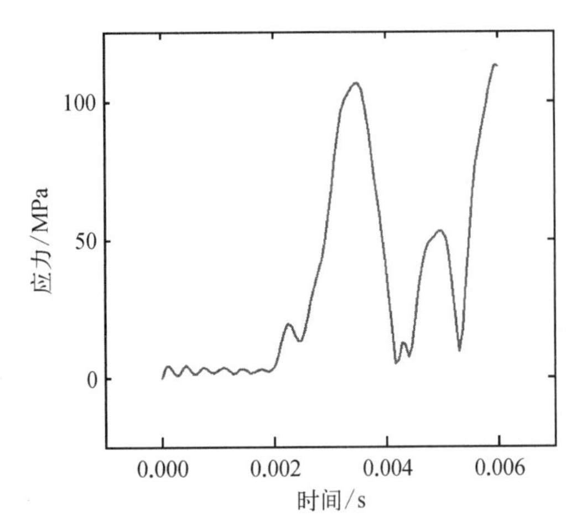

图 7.6.31　车灯窗户框应力变化曲线

在冲击波加载 6 ms 时，格栅后面筋板的最大变形达到 18.16 mm，变形较大，格栅的最大变形在 6 mm 左右，驾驶室顶部蒙皮右侧的最大变形在 13.59 mm 左右，变形较大，驾驶室底部的最大变形在 7 mm 左右，如图 7.6.32 所示。

3）总结

在两种工况条件下，使用骨架蒙皮结构设计而成的驾驶室，刚强度符合要求，能够保证驾驶室蒙皮不会被撕裂；玻璃与窗户的胶接处应力较小，满足强度要求，有效地保护了玻璃不会裂开；多点锁止的门锁结构应力较小，锁柱不会被破坏，在冲击波的作用下，驾驶室门能够保持紧闭。

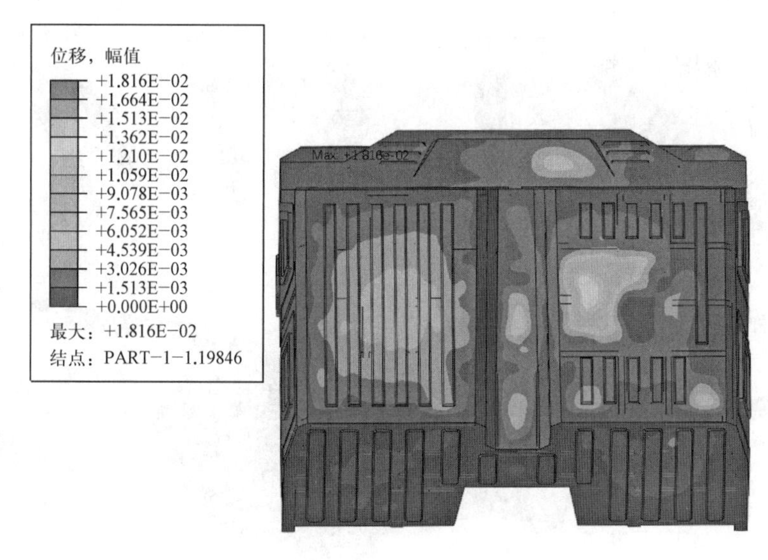

图 7.6.32　6 ms 时驾驶室整体位移云图

7.7　装甲驾驶室设计

7.7.1　装甲防护设计标准

当车载炮驾驶室需要防弹设计时，就需要考虑对其进行装甲防护设计。驾驶室所能遭受到的威胁主要包括动能（KE）穿甲毁伤、射流破甲毁伤和杀爆毁伤三种毁伤模式，见图 7.7.1。从对驾驶室造成毁伤程度来看，这些反装甲弹药由弱到强依次为：

（1）反器材步枪、枪榴弹、小口径枪弹；

（2）末敏弹药包括有伞稳态扫描末敏弹、无伞稳态扫描末敏弹、掠飞攻顶末敏弹；

（3）地雷和简易爆炸装置（IED）包括各类炮弹爆炸产生的冲击波和破片；

（4）火箭弹 RPG；

（5）各种反装甲炮弹包括动能穿甲弹、高爆反装甲弹药和反坦克导弹，包括机载、车载、单兵、无人机弹药。

动能穿甲毁伤是以动能撞击车载炮驾驶室，穿透车载炮驾驶室结构后，以其灼热的高速破片杀伤（毁伤）驾驶室内的有生力量，引燃或引爆弹药、燃料、破坏车载炮上设施的毁伤模式，具有动能穿甲毁伤模式的弹丸称为穿甲弹或动能弹。其威力大小通常以对装甲的侵彻能力（穿深）和形成二次破片对车载炮上的设备、乘员伤害情况进行衡量。按照穿甲弹的口径对其进行分类，可分为 14.5 mm 以下的小口径枪弹，20～40 mm 的小口径炮弹，75 mm 以上的大口径弹药。

射流破甲毁伤是利用成型装药的聚能效应来完成作战任务的毁伤模式，具有射流破甲毁伤模式的弹丸称为破甲弹。这种弹药是靠炸药爆炸释放的能量挤压药型罩，形成一束高速的金属射流来击穿钢甲的。空心装药破甲弹或聚能装药破甲弹，是以聚能装药爆

图 7.7.1　现代战场弹药对车载炮的威胁示意图

炸后形成的金属射流穿透装甲的炮弹，是反车载炮的弹种之一。破甲类弹药包括各类导弹（单兵、车载、机载、炮射）、单兵轻型反装甲武器以及枪榴弹等。当聚能装药爆炸后，药型罩被爆炸载荷压垮、闭合形成一个较高的质心速度（1 500～3 000 m/s）和一定结构形状的弹丸，称之为爆炸成型（EFP）弹丸。

杀爆毁伤是一种依靠炸药爆炸后产生的碎片、冲击波来杀伤或摧毁车载炮的毁伤模式，拥有杀爆毁伤模式的弹丸称为杀爆弹，包括炮弹、反步兵地雷、反坦克地雷（爆轰型）。

北约 STANAG 4569 系列包含了防护等级与测试评价方法两部分内容，其中防护等级又分为弹道威胁和地雷威胁。

1）弹道威胁及防护等级

2005 年北约制定了装甲车辆弹道防护等级的第一版，即“后勤和轻型装甲车辆对乘员的防护水平”，这一装甲车防护共分为五个等级，涉及的弹药口径包括 5.56 mm、7.62 mm、14.5 mm 和 25 mm，以及 20 mm 模拟破片（FSP 20 mm）；同时，针对装甲车五个防护等级分别制定了试验测试中可以采用的弹丸类型及其特征参数。2012 年北约在第一版的基础上，制定了装甲车辆弹道防护等级的第二版，即“装甲车辆对乘员的防护水平”，而这一装甲车防护等级共分为六个等级，涉及的弹药口径包括 5.56 mm、7.62 mm、14.5 mm、25 mm 和 30 mm，以及 FSP 20 mm。第二版的防护等级详见表 7.7.1。表中 APFSDS 指尾翼稳定脱壳穿甲弹；AP 指穿甲弹；V_{50} 为检验速度，是弹丸撞击甲板时速度的均值，对单发试验，其撞击速度误差范围为±20 m/s。

表 7.7.1　装甲车辆乘员的 KE 防护等级(2012 版)

等级	KE 威胁	参考 155 炮弹威胁 (FSP 20 mm)	
6	武器：自动火炮,30 mm;弹药：APFSDS 和 AP 距离：500 m 角度：正面中心线：±30°侧面;0°	距离 10 m 方位角：360° 仰角：0~90°	V_{50} 1 250 m/s
5	武器：自动火炮,25 mm;弹药：APFSDS 和 AP 距离：500 m 角度：正面中心线：±30°侧面;0°	距离 25 m 方位角：360° 仰角：0~90°	V_{50} 960 m/s
4	武器：重机枪,14.5 mm;弹药：AP 距离：200 m 角度：正面中心线：±30°侧面;0°	距离 25 m 方位角：360° 仰角：0~90°	V_{50} 960 m/s
3	武器：机枪和狙击步枪,7.62 mm;弹药：AP 碳化钨和 AP 钢芯 距离：30 m 角度：正面中心线：±30°仰角;0~30°	距离 60 m 方位角：360° 仰角：0~30°	(770)
2	武器：突击步枪,7.62 mm;弹药：AP 钢芯 距离：30 m 角度：方位 360°;仰角 0~30°	距离 80 m 方位角：360° 仰角：0~22°	(630)
1	武器：突击步枪：7.62 mm 和 5.56 mm;弹药：球型 距离：30 m 角度：方位 360°;仰角 0~30°	距离 80 m 方位角：360° 仰角：0~18°	(520)

前面几节已经给出了这三类弹药对装甲钢板的侵彻深度、破片数量和爆轰波压力等相关指标的估算方法。对车载炮驾驶室装甲结构的设计原则是,对驾驶室主要载荷作用面采用 STANAG 4569 中的 2 级进行设计,对其余作用面采用 STANAG 4569 中的 1 级进行设计。表 7.7.2 给出了 STANAG 4569 中 1~2 级设计防护的测试标准,其中 FSP20 mm 模拟榴弹的质量为 53.8±0.26 g。

表 7.7.2　STANAG 4569 中 1~2 级防护等级的测试标准(弹道威胁)

等级	动 能 弹 的 威 胁					榴弹弹片的威胁 (FSP20 mm)		
	弹　药	V_{50}/ (m/s)	质量/g	方向	高低	V_{50}/ (m/s)	方向	高低
2	7.62 mm×39 mm 穿甲燃烧爆炸弹	695	7.7	0~360°	0~30°	600	0~360°	0~22°
1	7.62 mm×51 北约铅芯弹	833	9.55	0~360°	0~30°	400	0~360°	0~18°
	5.56 mm×45 北约标准步枪弹	900	4.0					
	5.56 mm×45 M193 步枪弹	937	3.56					

2）爆炸防护威胁及防护等级

针对伊拉克、阿富汗和叙利亚战场简易爆炸装置(IED)对装甲车辆的威胁形式，北约组织提出了关于IED威胁的形式、评价方法的AEP－55第3卷，非密卷AEP－55第3卷(第一部分)装甲车防护等级评估程序－IED威胁，这一防护等级共分为四个等级，涉及炸药量达到了10 kg，详见表7.7.3。

表7.7.3　后勤和轻型装甲车辆底板在手榴弹和爆破型反坦克地雷威胁下对乘员的防护水平(2012版)

防护水平		手榴弹和爆破型反坦克地雷威胁	
4	4b	在车底中央	10 kg(装药质量) 爆破型防坦克地雷
	4a	在任一车轮或履带位置	
3	3b	在车底中央	8 kg(装药质量) 爆破型防坦克地雷
	3a	在任一车轮或履带位置	
2	2b	在车底中央	6 kg(装药质量) 爆破型防坦克地雷
	2a	在任一车轮或履带位置	
1	车辆底部任意位置爆炸的手雷，装着炸药的炸弹破片子弹药和其他小型防步兵爆炸装置		

表7.7.4给出了STANAG 4569中1～2级设计防护的测试标准(地雷威胁)。

表7.7.4　STANAG 4569中1～2级防护等级的测试标准(地雷威胁)(2012版)

防护水平		手榴弹和爆破型反坦克地雷威胁	
2	2b	在车底中央	6 kg(装药质量) 爆破型反坦克地雷
	2a	在任一车轮或履带位置	
1	车辆底部任意位置爆炸的手雷，装着炸药的炸弹破片子弹药和其他小型防步兵爆炸装置		

爆炸及地雷威胁达到防护等级的标准是在规定的威胁作用下：

(1) 没有驾驶室破裂导致乘员室内有害冲击波和/或喷出物的穿透的迹象；

(2) 不超过对乘员伤害评价标准规定的乘员损伤耐受度极限；

(3) 没有潜在的可能造成伤害的二次破片迹象，包括驾驶室内部松散的装备；

(4) 座椅和约束系统应该确保乘员是安全地约束在座椅内，确保座椅保持适当地附着于驾驶室上。

7.7.2　驾驶室防护基本结构

除玻璃外，驾驶室防护结构可以是单层或双层组合结构，其区别在于所选用的材料及其组合方式。单层结构为一种材料结构或两种材料复合而成的结构,其优点是结构简单、便于制造,见图 7.7.2(a)(b);双层间隙结构是由两种单层结构,按一定间隙复合而成的一种结构,见图 7.7.2(c),其优点是对穿甲枪弹防护能力强。

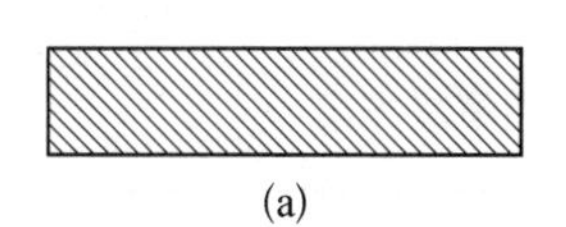
(a)

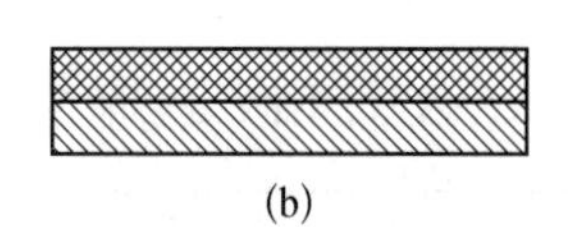
(b)

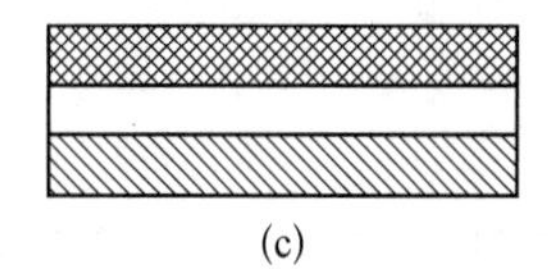
(c)

图 7.7.2　单层防护基本结构

两种材料复合而成的单层结构材料一般有以下三种结构材料：装甲钢板、陶瓷材料(Al_2O_3)、非金属复合装甲。其中非金属复合装甲通常由一层高硬度的陶瓷面板和一层韧性良好的复合材料背板构成;面板可采用氧化铝、碳化硅、碳化硼、硼化钛等陶瓷材料,背板可采用玻璃钢、芳纶纤维增强的复合材料等。上述两类薄复合装甲也可合并称为轻质陶瓷复合装甲。

双层间隙结构能更加有效地提高防护水平,其原因是当子弹穿过第一层装甲钢板后,由于间隙的存在,使弹丸运动限制瞬间被释放,产生较大的章动速度,具有大章动运动的弹丸对第二层板的侵彻能力大大下降。

7.7.2.1　*单层防护的基本结构 MA1*

瑞典 SSAB 公司,给出了按 STANAG 4569 规范涵盖的弹道威胁等级 1~2 的单层装甲钢板所需要的厚度和硬度的关系,见表 7.7.5,表中 Armox 500、Armox 600、Armox Advance 的布氏硬度分别为 HB500、HB600 和大于 HB610。据此明确了驾驶室防护等级与钢板厚度之间的关系,若采用 Armox Advance 钢板,2 级防护钢板的厚度仅为 7 mm,面质量密度仅为 54.6 kg/m^2。

表 7.7.5　STANAG 4569 防护等级与装甲钢板厚度

等级	动能弹的威胁									
	弹　药	V_{50}/(m/s)	质量/g	射击距离	Armox 500		Armox 600		Armox Advance	
					厚度/mm	面密度/(kg/m^2)	厚度/mm	面密度/(kg/m^2)	厚度/mm	面密度/(kg/m^2)
2	7.62 mm×39 mm API	695	7.7	30	12	93.6	8	62.4	7	54.6
1	7.62 mm×51 M80	833	9.55	30	9	70.2	6	46.8	5	39.0
	5.56 mm×45 SS109	900	4.0							
	5.56 mm×45 M193	937	3.56							

针对图 7.7.2(b)中的复合结构,美国 AGY 公司研发了高强 S－2 玻璃纤维和酚醛树脂制成的复合装甲,进行了北约 STANAG 4569 规范涵盖的弹道威胁等级范围的测试。在

低威胁级别 1~2,玻璃纤维复合材料装甲就可以防护。在初步试验的基础上提出了推荐弹道防护复合装甲解决方案的建议,解决方案见表 7.7.6。比较表 7.7.5 与表 7.7.6 可以发现,在相同防护等级条件下,采用复合装甲结构的质量面密度大大下降。因此复合装甲结构具有较好的质量效应。

表 7.7.6　适用于 STANAG 4569 威胁的复合装甲解决方案

威胁级别	弹　药	面 板 结 构	V_{50}	面密度/(kg/m^2)
2	7.62 mm×51 M2AP	8 mm 复合材料,8 mm 陶瓷面板	917	46.6
1	7.62 mm×51 M80	无涂层复合板	833	48.2
1	5.56 mm×45 M193	无涂层复合板	937	38.4

7.7.2.2　*双层防护的基本结构 MA2*

上一节讨论了单层防护低威胁级别 1~2 时的基本结构,这些结构对防护表 7.7.2 中的动能弹的威胁时,已具有了解决方案,但当要防护表 7.7.2 中的榴弹弹片的威胁(FSP20 mm)时,还存在着薄弱环节,为此提出了双层防护的基本结构。

考虑以下两种类型的双层防护的基本结构:

结构一,采用 Armox 500 钢板材料,板的厚度均为 h_1, 相隔间隙为 h_2, 见图 7.7.3(a);

结构二,迎弹面采用 h_1 的氧化铝陶瓷面板,用厚度为 h_2 的 Armox 500 钢板材料作为背衬材料形成复合单层,相隔间隙为 h_3, 再用厚度为 h_4 的 Armox 500 钢板材料,形成双层结构,见图 7.7.3(b)。

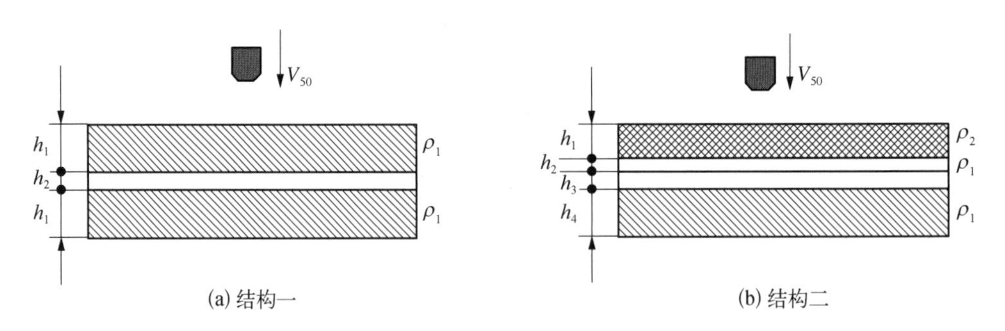

(a) 结构一　　(b) 结构二

图 7.7.3　双层防护基本结构

FSP20 mm 模拟弹片的几何结构及尺寸如图 7.7.4 所示,弹片质量密度为 7 800 kg/m^3,质量为 53.8 g,着靶速度为 600 m/s。

为了研究双层防护结构的防护能力以及相隔间隙对防护能力的影响,使用 ABAQUS/LS-DYNA 对 FSP20 mm 模拟弹片的垂直侵彻双层防护结构进行了数值模拟。FSP20 mm 模拟弹为 45 钢,靶板为 Armox 500 钢板,材料模型均采用 MAT_JOHNSON_COOK 模型,材料主要参数如表 7.7.7 所示,各部件之间接触均定义为侵蚀接触。

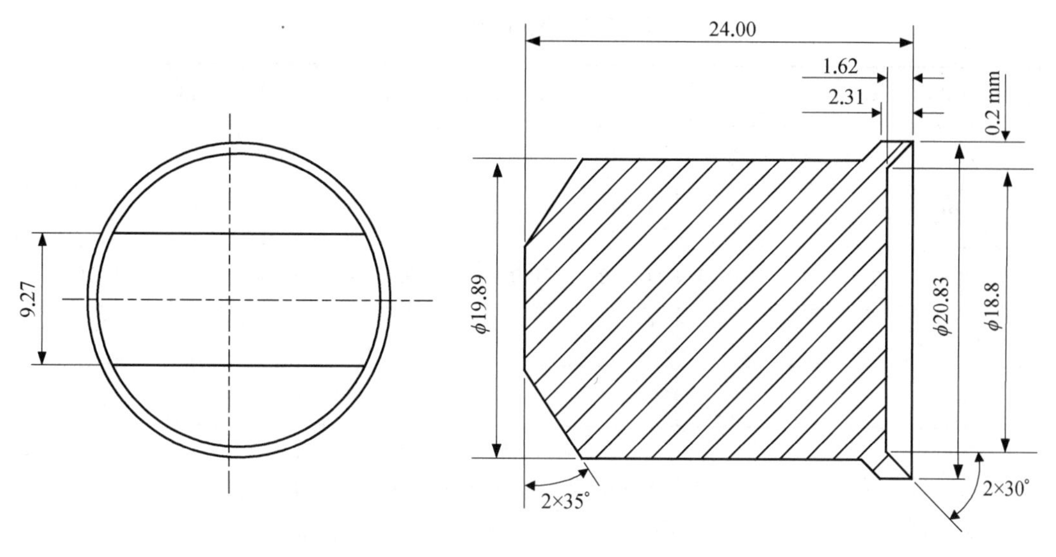

图 7.7.4　FSP20 mm 模拟弹片的几何形状和尺寸

表 7.7.7　弹靶材料的基本参数

	ρ/(g/cm^3)	E/GPa	μ	A/MPa	B/MPa	N	C	M
45 钢	7.85	210	0.22	350	300	0.26	0.014	1.03
Armox 500	7.85	201	0.33	1 372	835	0.246 7	0.061 7	0.84

靶板结构如图 7.7.3(a)所示,靶板面内尺寸为 200 mm×200 mm,两层靶板之间间隔 h_2 设置为 0 mm、10 mm、20 mm。弹丸速度为 600 m/s,计算不同间隔距离下的极限靶板厚度。通过仿真分析可以得到以下结论:

(1) 对于垂直侵彻的 FSP20 mm 弹丸,初始速度为 600 m/s 时,叠层靶 (h_2 = 0) 相对于间隔靶的防护能力更强;

(2) 对于垂直侵彻的 FSP20 mm 弹丸,初始速度为 600 m/s 时,叠层靶 (h_2 = 0) 的极限厚度约为 5.6 mm,相较能抗相同弹丸作用的间隔靶 (h_1 = 3.5 mm、h_2 = 10 mm) 厚度降低了 20%,总厚度下降了 67%。

为了研究陶瓷复合多层防护结构的防护能力以及相隔间隙对防护能力的影响,使用 ABAQUS/LS-DYNA 对 FSP20 mm 模拟弹片的垂直侵彻陶瓷复合多层防护结构进行了数值模拟。靶板结构为图 7.7.3(b)所示,陶瓷为 995 氧化铝陶瓷,背板为 Armox 500 钢板,板材料模型均采用 MAT_JOHNSON_COOK 模型,氧化铝陶瓷材料模型采用 MAT_JOHNSON_HOLMQUIST_CERAMICS 模型,材料主要参数如表 7.7.8 所示,各部件之间接触均定义为侵蚀接触。

通过大量的仿真分析可以得到以下结论:

(1) 对于垂直侵彻的 FSP20 mm 弹丸,初始速度为 600 m/s 时,陶瓷双层复合靶板相对于三层间隔靶的防护能力更强;

表 7.7.8　陶瓷的基本参数

$\rho/(\mathrm{g/cm^3})$	G/GPa	D_1	D_2	K_1/GPa	K_2/GPa	K_3/GPa	BULK	HEL
3.89	152	0.001	0.60	231	−160	2 774	1.0	7.57
σ_{HEL}/GPa	P_{HEL}/GPa	μ_{HEL}	T/GPa	T^*	A	B	C	N
4.587 5	3.511 7	0.015 3	0.312	0.089	0.96	00.54	0.007	0.89
M								
0.78								

（2）对于垂直侵彻的 FSP20 mm 弹丸，初始速度为 600 m/s 时，最优面密度为 37.65～39.20 kg/m^2，为双层陶瓷复合结构，尺寸为 1 mm 氧化铝陶瓷加 4.3～4.5 mm Armox 500 钢板。

7.7.2.3　底部装甲结构 MA3

传统驾驶室底板通常为单层结构，而新型平板防雷技术可采用三明治式底板结构，即双层 Armox 500 装甲板之间留有适当间距，中间夹有塑性材料层，由泡沫/可压扁材料或铝制蜂窝材料制成，见图 7.7.5，这种类型的结构主要用于吸收爆炸能量，从而降低因地雷爆炸所引起的驾驶室底板变形以及由此而引起的加速度。此外，底板中装有防碎片内衬，以减小破片进入战斗室的二次效应。这种结构具有轻质、比吸能高、比刚度大、吸能减振、防噪效果优良等性能。

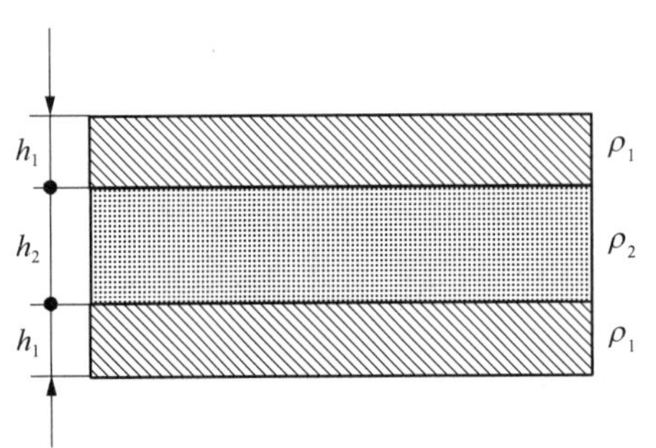

图 7.7.5　三明治式驾驶室底板结构

三明治结构各板厚度的合理搭配是发挥其防护吸能作用的关键，若夹芯层厚度过大会导致整个三明治结构刚度过大，难以发挥其变形吸能效果；若夹心层太薄会影响其吸能效果、上下钢板太薄易被破片穿透。因此需通过优化手段合理确定三明治各板的厚度以充分发挥其防护吸能性能。

假定在 2 级防雷防护结构设计中，含有 6 kg 炸药的地雷爆炸对驾驶室底部结构造成破坏，考虑到轻量化设计，允许第一层和三明治层结构发生破坏，但不允许最内层的结构出现爆炸碎片，造成驾驶室内部的乘员和结构损伤。求满足面质量密度最小的、能抗 6 kg 炸药的地雷爆炸的上述三明治结构的几何尺寸 h_1、h_2。地雷爆炸冲击波能穿透三明治结构的第一层，经三明治层后，使第三层钢板不会出现碎片的崩落现象，可以用自然破片对板的侵彻公式(7.4.10)来表达：

$$V_{\mathrm{III}} \leqslant [V_{\mathrm{III}}] = 10^{c_1}(h_1 A_p)^{\alpha_1} m_s^{\beta_1}(\sec\theta) \tag{7.7.1}$$

式中各符号的含义见第 7.4.2.3 节中的说明。

这样，防雷防护结构设计问题，可以转化成以下优化模型。

$$
\begin{cases}
\text{min:} \quad \rho_C = 2h_1\rho_1 + h_2\rho_2 \\
\text{model } C\text{:} \quad \boldsymbol{M}_C\ddot{\boldsymbol{U}}_C + \boldsymbol{K}_C\boldsymbol{U}_C = \boldsymbol{F}_C \\
\text{s.t.} \quad \begin{cases} h_1 \geqslant [h_1],\ h_2 \geqslant [h_2] \\ V_{\text{Ⅲ}} < [V_{\text{Ⅲ}}] \end{cases} \\
\text{var:} \quad \boldsymbol{h}_3 = (h_1,\ h_2) \in \boldsymbol{R}^1
\end{cases}
\tag{7.7.2}
$$

下面来估算一下 6 kg TNT 地雷爆炸产生的超压对结构的破坏作用。假定地雷距钢板中心的高度分别为 400 mm 和 500 mm,则计算得到地雷爆炸后 Armox 500 钢板表面反射压力随钢板中心距离 r 的变化规律如图 7.7.6 所示,图 7.7.7 给出了高度分别为 400 mm 工况下,r = 400 mm 位置处,反射压力随时间的变化规律。由图可见,6 kg TNT 地雷爆炸对驾驶室底部结构防护造成的压力分布是非常大的,将图 7.7.7 压力分布输入到模型式(7.6.4),可得驾驶室底板结构(假定板长 × 宽 = 300 mm × 250 mm)对应的结构参数,具体结构参数的含义见图 7.6.1,计算结构见表 7.7.9 所示,相比于纯板结构 13.6 kg,板梁结构质量降低 28.20%。

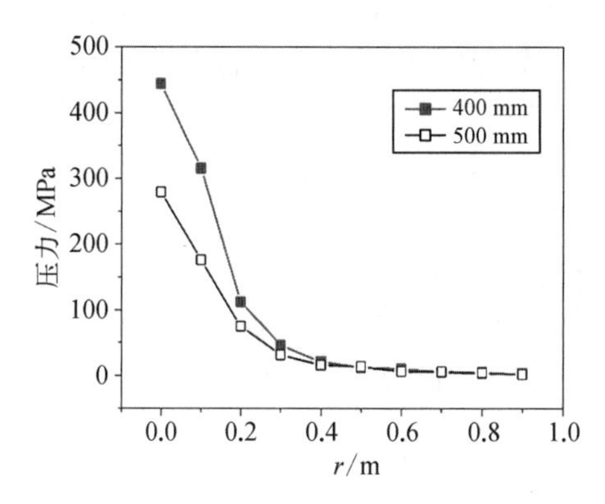

图 7.7.6 钢板表面反射压力的空间分布

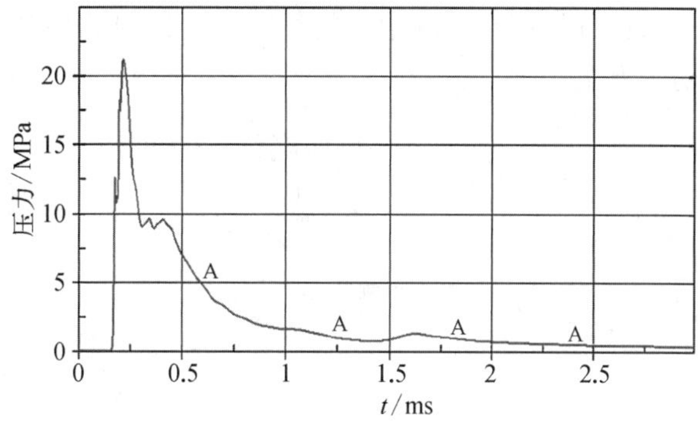

图 7.7.7 r=0.4 m 处压力随时间变化

表 7.7.9 驾驶室底板结构参数

优化结果							σ_{Von}/MPa	w_q/mm
m/kg	h/mm	c/mm	d/mm	t/mm	n_a	n_b		
9.763 6	8.811 2	25.236 9	30.499 1	6.080 9	2	2	1 250	1.568 6

7.7.2.4 透明装甲结构 MA4 和 MA5

分别能抗 1 级和 2 级的透明装甲结构定义为 MA5 和 MA4。

表 7.5.12 中给出了可用于防弹透明装甲结构的高强度、高弹性模量和高硬度的无机透明陶瓷材料。硼硅玻璃也是一种性能非常优越的、能抗 STANAG 4569 规范涵盖的弹道威胁等级 1~2 的单层透明装甲结构,其弹性模量为 6.7×10^{10} N/m^2、抗拉强度为 120 MPa、质量密度为 2 230 kg/m^3。两种透明防弹结构 MA4、MA5 设计的不同点是威胁载荷的强度

不同,其优化设计模型如下。

结构 MA4、MA5:

$$\begin{cases}\text{min:}\quad \rho_D = h_1\rho_1 \\ \text{model } D:\quad \boldsymbol{M}_D\ddot{\boldsymbol{U}}_D + \boldsymbol{K}_D\boldsymbol{U}_D = \boldsymbol{F}_D \\ \text{s.t.}\quad \begin{cases} h_1 \geqslant [h_1] \\ \boldsymbol{\sigma}_{\text{Von}} < [\boldsymbol{\sigma}_B] \end{cases} \\ \text{var:}\quad \boldsymbol{h}_4 = h_1 \in \boldsymbol{R}^1 \end{cases} \tag{7.7.3}$$

通过优化设计就可以得到 2 级防护透明装甲结构的基本结构的尺寸。

在结束 7.7.2 节的讨论时,还想特别指出,由于实际工况中各种因素的偏差,使理论分析结果与实际有一定的误差,因此对本节提出的防护解决方案需要进一步的测试和验证,以确保性能达到期望的水平。此外,还有许多的防护结构,由于篇幅有限在此不再赘述。

7.7.3 驾驶室各部位防护等级选择

有了第 7.7.2 节的准备,根据表 7.7.1、表 7.7.2 给出的威胁方向和防护等级的测试方法,就可以对图 7.7.8 给出的驾驶室受到的威胁进行分类,根据驾驶室的威胁等级确定其防护方案。

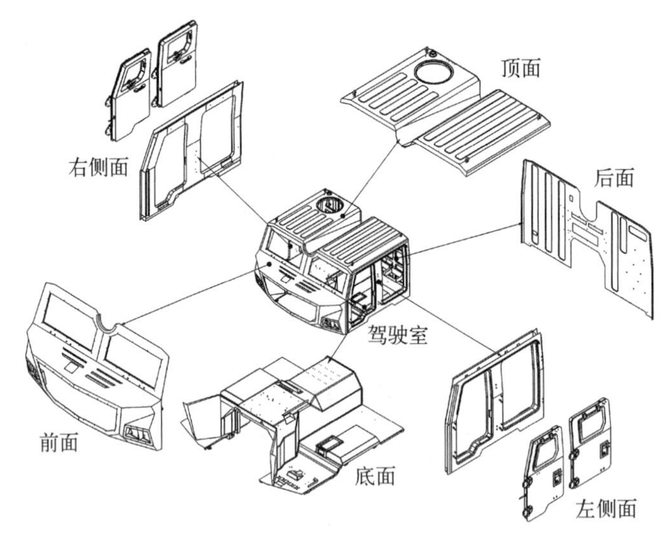

图 7.7.8 驾驶室结构组成

1)顶面防护

KE 威胁:由 7.62 毫米突击步枪,在距离 30 m 处,以仰角 0~30°发射弹丸,根据弹道计算,命中驾驶室顶部位置处的落角在 4.96°~29.97°之间,可见面对 KE 威胁,驾驶室顶部的防护只需 1 级防护结构 MA1。

FSP20 mm 弹片威胁:是在距离 80 m 处,以仰角 0~22°飞行的弹片,由于 FSP20 mm 弹片弹道飞行的不稳定性,即使其命中驾驶室顶部,也属不稳定飞行,可按破片的毁伤方式来估算,其结果是驾驶室顶部防护只需 1 级防护结构 MA1。

结论：驾驶室顶部威胁防护结构为 MA1。

2）左右侧面防护

KE 威胁：由 7.62 mm 突击步枪，在 30 m 距离处，以仰角 0~30°发射弹丸，根据弹道计算，命中驾驶室左右部位置处的落角在 0~22°之间，可以理解为直瞄射击的威胁，对左右侧面的威胁需采用 2 级防护结构 MA2。

FSP20 mm 弹片威胁：与 KE 威胁防护的原理相同，对左右侧面的威胁需 2 级防护结构 MA2。

结论：驾驶室左右侧威胁防护结构为 MA2。

3）前面防护

除可视窗的防护外，驾驶室前面对 KE 和 FSP20 mm 弹片威胁的防护与左右侧面防护相同，需采用 2 级防护结构 MA2。

结论：驾驶室前面威胁防护结构为 MA2。

4）后面防护

理论上驾驶室后面对 KE 威胁和 FSP20 mm 弹片威胁的防护与左右侧面的防护相同，但考虑到具体车载炮整体结构的布置特点，驾驶室后面位置及其附近区域还有其他结构存在，这些结构会阻挡 KE 和 FSP20 mm 弹片的部分威胁，这样相当于把威胁降低了，这样驾驶室后面需采用 1 级防护结构 MA1。

结论：驾驶室后面威胁防护结构为 MA1。

5）底部防护

底部防护不需要考虑 KE 威胁和 FSP20 mm 弹片威胁，表 7.7.4 给出了 STANAG 4569 中 1~2 级防护等级的测试标准（地雷威胁）（2012 版），对驾驶室底部的 2 级防护要考虑含有 6 kg 级 TNT 炸药的地雷的威胁，该防护的基本结构可采用图 7.7.5 中三明治式结构。这样驾驶底部结构的防护结构为 MA2。

结论：驾驶室底部威胁防护结构为 MA2。

6）视窗防护

驾驶室视窗有两类：一类是驾驶室前面的视窗，该类视窗与驾驶员的视野相关，因此尺寸比较大；另一类是驾驶室侧面的视窗，驾驶员通过该类视窗来观察后视镜及其他侧面的目标，获得车载炮周边的有关信息，该类视窗的尺寸相对比较小。

对驾驶室前面的视窗，需要采用对 KE 和 FSP20 mm 弹片威胁 2 级防护的结构 MA4。对另一类视窗，由于面积相对较小，既可以采用防护结构 MA4，亦可以采用低一级的防护结构 MA5，取决于系统对质量要求的限制是否严格。

结论：驾驶室前面视窗防护结构为 MA4，侧面视窗的防护结构既可选择为 MA4、亦可为 MA5，由设计者视实际情况而定。

车载炮驾驶室防冲击载荷设计涉及载荷与威胁种类、结构、材料、工艺、成本等多领域，是矛与盾、传统与进步、各领域综合作用的受约束设计，属多学科综合优化设计范畴，没有最优、只有更好，终极目标是获得满足约束要求、性能更高、效能更好的车载炮防冲击载荷的驾驶室设计结构。

本章给出了车载炮驾驶室防冲击载荷设计的基本原理和方法，阐述了冲击波载荷、各种威胁载荷的特点，提出了抗各种威胁的防护方法，给出了抗威胁的基本防护结构，并以某155毫米车载炮驾驶室防冲击波设计为例,给出了相应的设计方法,这些方法获得了工程实践的检验。通过本章的介绍,愿能为读者打开一扇窗,帮助大家掌握相关的设计要领。

设计原理与工程实践需要通过样机验证来弥补两者之间的差异,这就需要进行反复的验证实践,因此对本章提出的防护解决方案需要进一步的测试和验证,以确保性能达到期望的目的。

新技术、新材料、新结构、新威胁发展都非常快,但防护设计的基本原理是一致的,这亦是防护设计不断进步、新防护方案不断涌现的根基所在,愿驾驶室防护设计不断创新、防护设计水平不断提升。

第 8 章　载荷缓冲与分离设计

8.1　概述

火药被点燃后燃烧产生的火药气体作用在炮身上,其中作用在闩体上的巨大炮膛合力必须通过反后坐装置缓冲才能传递到火炮架体上。然而,经缓冲后作用在炮架上的载荷依然很大,仍然超出了机动底盘的承载能力。若载荷不经分离直接经座圈、车架纵梁、悬架、轮桥等路径传递到地面,必然会造成底盘轮桥系统的结构强度和可靠性下降,或为了抵抗载荷导致系统重量增加,降低机动性。为了确保车载炮机动可靠性不受发射载荷的影响,且与底盘具有相同量级的可靠性,在车载炮总体设计时应要考虑发射载荷的高效缓冲、对作用在底盘上的缓冲载荷加以分离。本章将讨论发射载荷的高效缓冲与分离设计。

8.2　驻退机和复进机设计

8.2.1　基本原理

图 8.2.1 给出了一种典型的杆后坐驻退机结构示意图,驻退筒 6 在安装在摇架上,驻退杆 3 在安装在炮尾上,腔室Ⅰ中充满了驻退液,腔室Ⅱ、Ⅲ为空置。炮身后坐,炮尾带动驻退杆一起以速度 v_ϕ 后坐,节制环 2 压缩腔室Ⅰ中的制退液,形成压力 p_1,受压缩的液体经两个通道分流:一路由节制环以速度 w_2 流入压力 $p_2 = 0$ 的腔室Ⅱ,另一路由节制杆 1 与驻退杆 3 内腔构成的通道以速度 w_3 冲开活瓣 5,流入腔室Ⅲ。根据流体力学的基本理

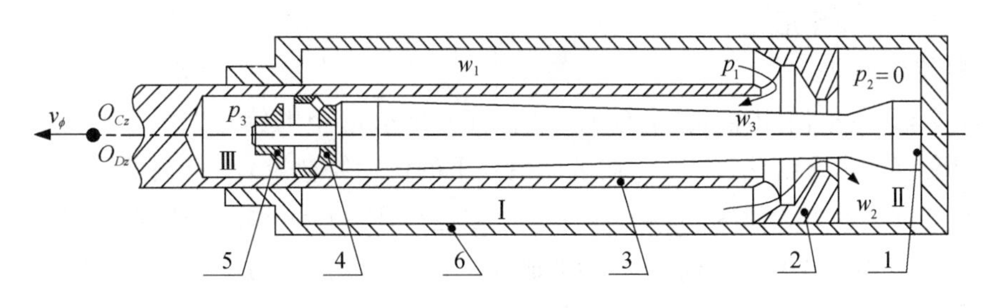

1—节制杆;2—节制环;3—驻退杆;4—调速筒;5—活瓣;6—驻退筒

图 8.2.1　节制杆式驻退机原理图

论，压力 p_1、p_2、p_3 与速度 w_1、w_2、w_3 和通道的横截面积有关，作用在驻退杆上的合力即为驻退机力 F_ϕ，显然 F_ϕ 与 p_1、p_2、p_3 和作用面积有关。

炮身复进时，活瓣 5 封闭调节筒 4 的流口，形成小面积流动节制，驻推杆压缩腔室Ⅱ、Ⅲ中的液体，使这些液体返回到腔室Ⅰ中，作用在驻退杆上的合力即为驻退机的复进节制力。

构建驻退机力 F_ϕ 与后坐和复进速度 v_ϕ、通道横截面积之间的关系，是驻退机设计的重要环节。

图 8.2.2 给出了一种典型的液体气压式复进机结构示意图，复进筒 3 安装在摇架上，复进杆 1 在安装在炮尾上，腔室Ⅰ中充满了复进液，腔室Ⅱ充满了压缩气体，内筒偏置，通过液体密封气体，气体通过流口 7 与腔室Ⅱ贯通。炮身后坐，炮尾带动复进杆 1 一起以速度 v_f 后坐，复进杆活塞 6 压缩腔室Ⅰ中的复进液，复进液经流口 7 进入腔室Ⅱ，压缩气体，形成压力 p_4。根据流体力学的基本理论，压力 p_4 与压缩体积和气体多变指数有关，作用在复进杆上的合力即为复进机力 F_f，显然 F_f 与 p_4 和作用面积有关。

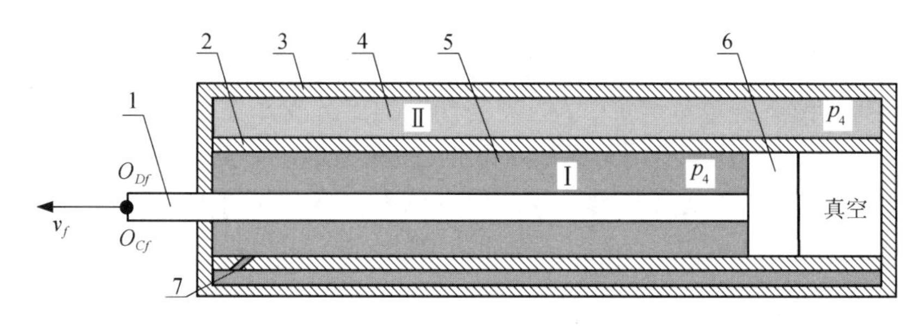

1—复进杆；2—内筒；3—外筒；4—气体；5—液体；6—活塞；7—流口

图 8.2.2　液体气压式复进机工作原理图

后坐到位后，在气体压力 p_4 作用下推动活塞 6，复进杆带动炮身复进。

构建复进机力 F_f 与后坐和复进速度 v_f、流口横截面积、气体和液体体积之间的关系，是复进机设计的重要环节。

8.2.2　动力学分析

8.2.2.1　运动学分析

本节是基于火炮牵连运动环境下来讨论驻退机与复进机的运动分析，对目前教科书上的内容作完善和补充。

1）驻退机运动分析

如图 8.2.3 所示，射击前，驻退杆上点 O_{Dz} 在坐标系 $\boldsymbol{i}_D$ 下的位置矢量为 $\boldsymbol{x}_{Dz}$，驻退筒在摇架上的安装位置为点 O_{Cz}，点 O_{Cz} 在坐标系 $\boldsymbol{i}_C$ 下的位置矢量为 $\boldsymbol{x}_{Cz}$，坐标系 $\boldsymbol{i}_C$ 原点至坐标系 $\boldsymbol{i}_D$ 原点之间的位置矢量为 $\boldsymbol{r}_{CD}=\boldsymbol{r}_{CD}(t)$。假定运动开始 $t=t_0$ 时，点 O_{Cz} 与点 O_{Dz} 重合，记 $\boldsymbol{r}_{CD0}=\boldsymbol{r}_{CD}(t_0)$，由此式 $\boldsymbol{r}_{CD0}+\boldsymbol{x}_{Dz}-\boldsymbol{x}_{Cz}=\boldsymbol{0}$ 成立。在火炮牵连运动环境下，驻退杆相对于驻退筒的运动可以用点 O_{Dz} 相对于点 O_{Cz} 的运动来描述。

射击过程中任意时刻 t，点 O_{Cz} 的位置矢量和速度分别由图 8.2.3 中的几何关系给出：

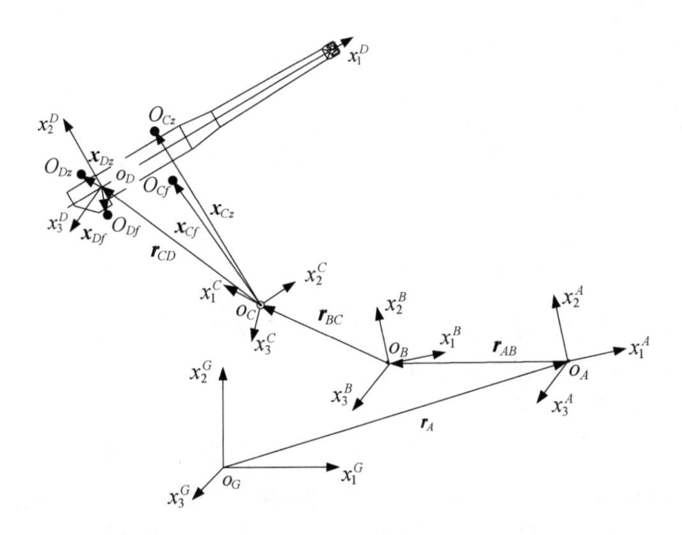

图 8.2.3 后坐部分上任意一点的位形示意图

$$\begin{cases}\boldsymbol{U}_{Cz} = \boldsymbol{r}_A + \boldsymbol{r}_{AB} + \boldsymbol{r}_{BC} + \boldsymbol{x}_{Cz} \\ \dot{\boldsymbol{U}}_{Cz} = \dot{\boldsymbol{r}}_A + \boldsymbol{\omega}_A \times (\boldsymbol{r}_{AB} + \boldsymbol{r}_{BC} + \boldsymbol{x}_{Cz}) + \dot{\boldsymbol{r}}_{AB} + \boldsymbol{\omega}_{AB} \times (\boldsymbol{r}_{BC} + \boldsymbol{x}_{Cz}) + \dot{\boldsymbol{r}}_{BC} + \boldsymbol{\omega}_{BC} \times \boldsymbol{x}_{Cz}\end{cases} \tag{8.2.1}$$

O_{Dz} 的位置矢量和速度分别由图 8.2.3 中的几何关系给出：

$$\begin{cases}\boldsymbol{U}_{Dz} = \boldsymbol{r}_A + \boldsymbol{r}_{AB} + \boldsymbol{r}_{BC} + \boldsymbol{r}_{CD} + \boldsymbol{x}_{Dz} \\ \dot{\boldsymbol{U}}_{Dz} = \begin{bmatrix}\dot{\boldsymbol{r}}_A + \boldsymbol{\omega}_A \times (\boldsymbol{r}_{AB} + \boldsymbol{r}_{BC} + \boldsymbol{r}_{CD} + \boldsymbol{x}_{Dz}) + \dot{\boldsymbol{r}}_{AB} + \boldsymbol{\omega}_{AB} \times (\boldsymbol{r}_{BC} + \boldsymbol{r}_{CD} + \boldsymbol{x}_{Dz}) \\ + \dot{\boldsymbol{r}}_{BC} + \boldsymbol{\omega}_{BC} \times (\boldsymbol{r}_{CD} + \boldsymbol{x}_{Dz}) + \dot{\boldsymbol{r}}_{CD} + \boldsymbol{\omega}_{CD} \times \boldsymbol{x}_{Dz}\end{bmatrix}\end{cases} \tag{8.2.2}$$

点 O_{Cz}、O_{Dz} 在 $\boldsymbol{i}_D$ 反方向的运动速度分别记为 W_ϕ、V_ϕ，其表达式为

$$\begin{cases}W_\phi = - \dot{\boldsymbol{U}}_{Cz} \cdot {}^{i_D}\boldsymbol{e}_1 \\ V_\phi = - \dot{\boldsymbol{U}}_{Dz} \cdot {}^{i_D}\boldsymbol{e}_1 = v + \Delta V_\phi\end{cases} \tag{8.2.3}$$

式中，v 为不考虑火炮牵连运动时后坐部分的运动速度，其表达式为

$$\begin{cases}v = - \dot{\boldsymbol{r}}_{CD} \cdot {}^{i_D}\boldsymbol{e}_1 \\ \Delta V_\phi = - \begin{bmatrix}\dot{\boldsymbol{r}}_A + \boldsymbol{\omega}_A \times (\boldsymbol{r}_{AB} + \boldsymbol{r}_{BC} + \boldsymbol{r}_{CD} + \boldsymbol{x}_{Dz}) + \dot{\boldsymbol{r}}_{AB} + \boldsymbol{\omega}_{AB} \times (\boldsymbol{r}_{BC} + \boldsymbol{r}_{CD} + \boldsymbol{x}_{Dz}) \\ + \dot{\boldsymbol{r}}_{BC} + \boldsymbol{\omega}_{BC} \times (\boldsymbol{r}_{CD} + \boldsymbol{x}_{Dz}) + \boldsymbol{\omega}_{CD} \times \boldsymbol{x}_{Dz}\end{bmatrix} \cdot {}^{i_D}\boldsymbol{e}_1\end{cases} \tag{8.2.4}$$

点 O_{Dz} 相对于点 O_{Cz} 的位移和速度分别为

$$\begin{cases}\boldsymbol{U}_{Cz}^{Dz} = \boldsymbol{U}_{Dz} - \boldsymbol{U}_{Cz} = \boldsymbol{r}_{CD} + \boldsymbol{x}_{Dz} - \boldsymbol{x}_{Cz} = \boldsymbol{r}_{CD} - \boldsymbol{r}_{CD0} \\ \dot{\boldsymbol{U}}_{Cz}^{Dz} = \dot{\boldsymbol{U}}_{Dz} - \dot{\boldsymbol{U}}_{Cz} = \boldsymbol{\omega}_C \times \boldsymbol{U}_{Cz}^{Dz} + \dot{\boldsymbol{r}}_{CD} + \boldsymbol{\omega}_{CD} \times \boldsymbol{x}_{Dz}\end{cases} \tag{8.2.5}$$

式中，$\boldsymbol{U}_{Cz}^{Dz}$ 即为后坐部分位移矢量。

$\boldsymbol{U}_{Cz}^{Dz}$、$\dot{\boldsymbol{U}}_{Cz}^{Dz}$ 在 $\boldsymbol{i}_D$ 反方向的分量为

$$\begin{cases} x_\phi = -\boldsymbol{U}_{Cz}^{Dz} \cdot {}^{i_D}\boldsymbol{e}_1 \\ v_\phi = -\dot{\boldsymbol{U}}_{Cz}^{Dz} \cdot {}^{i_D}\boldsymbol{e}_1 = v + \Delta v_\phi \end{cases} \tag{8.2.6A}$$

其中，

$$\Delta v_\phi = -(\boldsymbol{\omega}_C \times \boldsymbol{U}_{Cz}^{Dz} + \boldsymbol{\omega}_{CD} \times \boldsymbol{x}_{Dz}) \cdot {}^{i_D}\boldsymbol{e}_1 \tag{8.2.6B}$$

与不考虑火炮牵连运动时的驻退杆运动速度的表达式 v 相比较，式(8.2.6A)第二式中增加了火炮牵连角速度引起的附加项 Δv_ϕ。

2）复进机运动分析

射击前，复进杆上点 O_{Df} 在坐标系 $\boldsymbol{i}_D$ 下的位置矢量为 $\boldsymbol{x}_{Df}$，假定摇架上存在一点 O_{Cf}。射击前，该点与点 O_{Df} 重合，点 O_{Cf} 在坐标系 $\boldsymbol{i}_C$ 下的位置矢量为 $\boldsymbol{x}_{Cf}$，由此可得 $\boldsymbol{r}_{CD0} + \boldsymbol{x}_{Df} - \boldsymbol{x}_{Cf} = \boldsymbol{0}$。在火炮牵连运动环境下，复进杆相对于复进筒的运动，可以用点 O_{Df} 相对于点 O_{Cf} 的运动来描述。

采用与驻退机运动分析相同的方法，可得点 O_{Df} 相对于点 O_{Cf} 的位移和速度分别为

$$\begin{cases} \boldsymbol{U}_{Cf}^{Df} = \boldsymbol{U}_{Df} - \boldsymbol{U}_{Cf} = \boldsymbol{r}_{CD} - \boldsymbol{r}_{CD0} = \boldsymbol{U}_{Cz}^{Dz} \\ \dot{\boldsymbol{U}}_{Cf}^{Df} = \dot{\boldsymbol{U}}_{Df} - \dot{\boldsymbol{U}}_{Cf} = \boldsymbol{\omega}_C \times \boldsymbol{U}_{Cz}^{Dz} + \dot{\boldsymbol{r}}_{CD} + \boldsymbol{\omega}_{CD} \times \boldsymbol{x}_{Df} \end{cases} \tag{8.2.7A}$$

$\boldsymbol{U}_{Cf}^{Df}$、$\dot{\boldsymbol{U}}_{Cf}^{Df}$ 在 $\boldsymbol{i}_D$ 反方向的分量为

$$\begin{cases} x_f = -\boldsymbol{U}_{Cf}^{Df} \cdot {}^{i_D}\boldsymbol{e}_1 = -\boldsymbol{x}_{CD} \cdot {}^{i_D}\boldsymbol{e}_1 = x_\phi \\ v_f = -\dot{\boldsymbol{U}}_{Cf}^{Df} \cdot {}^{i_D}\boldsymbol{e}_1 = v + \Delta v_f \\ \Delta v_f = -(\boldsymbol{\omega}_C \times \boldsymbol{U}_{Cz}^{Dz} + \boldsymbol{\omega}_{CD} \times \boldsymbol{x}_{Df}) \cdot {}^{i_D}\boldsymbol{e}_1 \end{cases} \tag{8.2.7B}$$

与不考虑火炮牵连运动的复进杆运动速度 v 的表达式相比较，上式增加了火炮牵连角速度引起的附加项 Δv_f。比较 Δv_ϕ 的表达式(8.2.6B)与 Δv_f 的表达式(8.2.7B)可知，在火炮牵连运动环境下，若 $\boldsymbol{\omega}_{CD} \times (\boldsymbol{x}_{Df} - \boldsymbol{x}_{Dz}) \cdot {}^{i_D}\boldsymbol{e}_1 \neq 0$，则 $v_\phi \neq v_f$。进一步，驻退机相对复进机的运动速度 $\Delta \boldsymbol{v}_\phi^f$ 为

$$\Delta \boldsymbol{v}_\phi^f = \boldsymbol{\omega}_{CD} \times (\boldsymbol{x}_{Dz} - \boldsymbol{x}_{Df}) \tag{8.2.7C}$$

上式表明，当后坐部分相对摇架存在角运动 $\boldsymbol{\omega}_{CD}$ 的情况下，驻退机和复进机速度不相等，即存在速度差 $\Delta \boldsymbol{v}_\phi^f$，$\Delta \boldsymbol{v}_\phi^f$ 的大小与 $\boldsymbol{\omega}_{CD}$ 和安装位置差 $\boldsymbol{x}_{Dz} - \boldsymbol{x}_{Df}$，$\Delta \boldsymbol{v}_\phi^f$ 的存在使驻退机和复进机产生横向磨损。将式(8.2.7C)进一步在 $\boldsymbol{i}_D$ 坐标系下展开，有

$$\begin{cases} \Delta v_{\phi 1}^f \\ \Delta v_{\phi 2}^f = \\ \Delta v_{\phi 3}^f \end{cases} \begin{cases} \omega_2^{CD}(x_3^{Dz} - x_3^{Df}) - \omega_3^{CD}(x_2^{Dz} - x_2^{Df}) \\ \omega_3^{CD}(x_1^{Dz} - x_1^{Df}) - \omega_1^{CD}(x_3^{Dz} - x_3^{Df}) \\ -\omega_2^{CD}(x_1^{Dz} - x_1^{Df}) + \omega_1^{CD}(x_2^{Dz} - x_2^{Df}) \end{cases} \tag{8.2.8}$$

由于 $\boldsymbol{\omega}_{CD}$ 存在，即 $\boldsymbol{\omega}_{CD} \neq \boldsymbol{0}$，由上式可得如下结论：

(1) 当反后坐装置上下布置时，见图 8.2.4(a)，有 $x_1^{Dz} = x_1^{Df}$、$x_2^{Dz} \neq x_2^{Df}$、$x_3^{Dz} = x_3^{Df}$，$\Delta v_{\phi 1}^f \neq$

0、$\Delta v_{\phi2}^{f}=0$,$\Delta v_{\phi3}^{f}\neq 0$,即驻退机与复进机在轴向和水平方向有速度差;

(2) 当反后坐装置左右布置时,见图 8.2.4(b),有 $x_1^{Dz}=x_1^{Df}$、$x_2^{Dz}=x_2^{Df}$、$x_3^{Dz}\neq x_3^{Df}$,$\Delta v_{\phi1}^{f}\neq$ 0、$\Delta v_{\phi2}^{f}\neq 0$、$\Delta v_{\phi3}^{f}=0$,即驻退机与复进机在轴向和垂直方向有速度差;

(3) 当采用双反后坐装置,且轴向对称布置时,见图 8.2.4(c),有 $v_{\phi1}\neq v_{\phi2}$、$v_{f1}\neq v_{f2}$,即两个驻退机和两个复进机的速度均有速度差;

(4) 实现速度差最小的方法是使 $\|\omega_{CD}\|$ 最小,这需要由火炮总体设计来完成。

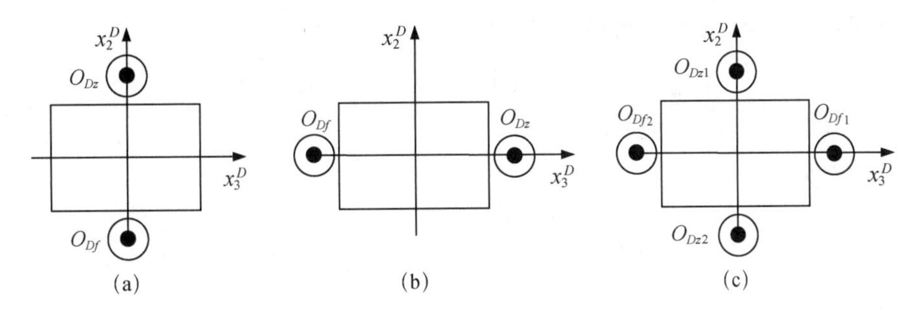

图 8.2.4　反后坐装置布置形式示意图

8.2.2.2　驻退机载荷分析

以杆后坐节制杆式驻退机为例来给出驻退机力的计算公式,如图 8.2.5 所示。

结构参数。主要结构参数如下。

驻退机的工作长度:l_T。

驻退杆的内外径:D_T、d_T。

驻退筒的内外径:D_{T1}、d_{T1}。

节制环内径:D_p。

节制杆任意截面直径:d_x。

相应的液压作用面积如下。

驻退机活塞工作面积:$A_{\phi0}=\pi(D_{T1}^2-d_T^2)/4$。

复进节制器工作面积:$A_{\phi j}=\pi D_T^2/4$。

节制环孔面积:$A_{\phi p}=\pi D_p^2/4$。

节制杆任意截面积:$A_x=\pi d_x^2/4$。

节制杆任意截面流液孔面积:$a_x=A_{\phi p}-A_x=\pi(D_p^2-d_x^2)/4$。

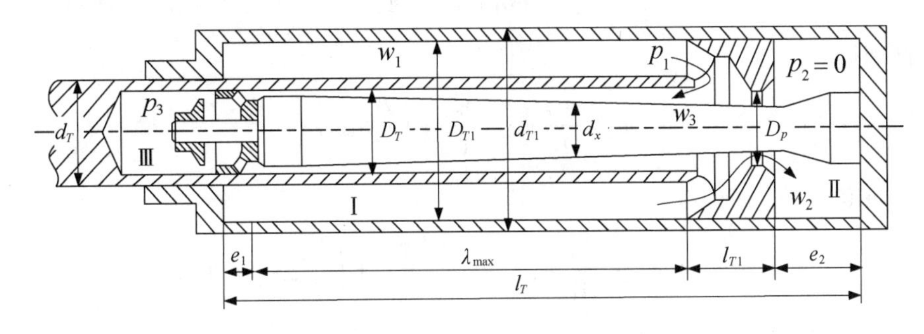

图 8.2.5　节制杆式驻退机几何尺寸示意图

1）后坐过程中的驻退机力分析

液体的密度为ρ_T，假定活塞移动$\mathrm{d}x_\phi$距离，工作腔Ⅰ被排挤的液体质量为$\rho_T A_{\phi 0}\mathrm{d}x_\phi$，驻退杆内径与节制杆外径所组成的空间被排挤的液体质量为$\rho_T(A_{\phi j}-A_x)\mathrm{d}x_\phi$，上述液体总质量一部分经$a_x$、以相对速度$w_2'$流入非工作腔Ⅱ，流入的质量为$\rho_T w_2' a_x \mathrm{d}t$；另一部分流入内腔Ⅲ，根据内腔始终充满液体的假设，这部分质量为$\rho_T A_{\phi j}\mathrm{d}x_\phi$。根据质量守恒定律，有

$$\rho_T(A_{\phi j}-A_x)\mathrm{d}x_\phi+\rho_T A_{\phi 0}\mathrm{d}x_\phi=\rho_T w_2' a_x \mathrm{d}t+\rho_T A_{\phi j}\mathrm{d}x_\phi$$

注意到$\mathrm{d}x_\phi/\mathrm{d}t=v_\phi$，由此可得

$$w_2'=\frac{(A_{\phi 0}-A_x)}{a_x}v_\phi=\frac{(A_{\phi 0}-A_x)}{a_x}v+\frac{(A_{\phi 0}-A_x)}{a_x}\Delta v_\phi \tag{8.2.9A}$$

绝对速度为

$$w_2=w_2'-V_\phi=\frac{(A_{\phi 0}-A_{\phi p})}{a_x}v+\frac{(A_{\phi 0}-A_x)}{a_x}\Delta v_\phi-\Delta V_\phi \tag{8.2.9B}$$

根据伯努利方程，压力方程为

$$\frac{p_1}{\rho_T}+\frac{1}{2}w_1^2=\frac{p_2}{\rho_T}+\frac{1}{2}(1+\xi_1)\ w_2^2 \tag{8.2.10A}$$

式中，ξ_1为流量损失系数。

假定驻退筒的牵连速度与点O_{Cz}处的速度W_ϕ相等，即，$w_1=W_\phi$，$p_2=0$，将表达式(8.2.9B)中的w_2代入式(8.2.10A)，经简化成：

$$p_1=\frac{1}{2}\rho_T(1+\xi_1)\ \frac{(A_{\phi 0}-A_{\phi p})^2}{a_x^2}v^2+\Delta p_1 \tag{8.2.10B}$$

$$\Delta p_1=\frac{1}{2}\rho_T\left[(1+\xi_1)\left(\frac{(A_{\phi 0}-A_x)}{a_x}\Delta v_\phi-\Delta V_\phi\right)\left(2\frac{(A_{\phi 0}-A_{\phi p})}{a_x}v+\frac{(A_{\phi 0}-A_x)}{a_x}\Delta v_\phi-\Delta V_\phi\right)-W_\phi^2\right] \tag{8.2.10C}$$

再以支流为例，根据内腔始终充满液体补充假设条件，根据质量守恒定律：

$$\rho_T A_{\phi j}\mathrm{d}x_\phi=\rho_T A_1 w_3'\mathrm{d}t$$

式中，w_3'为流通相对于节制杆的速度；A_1为流入腔室Ⅲ通道上的最小截面积，即

$$A_1=\min(A_{\phi j}-A_x)$$

经整理得

$$w_3'=\frac{A_{\phi j}}{A_1}v_\phi=\frac{A_{\phi j}}{A_1}v+\frac{A_{\phi j}}{A_1}\Delta v_\phi \tag{8.2.11}$$

绝对速度为

$$w_3=w_3'+W_\phi=\frac{A_{\phi j}}{A_1}v_\phi+V_\phi=\frac{A_{\phi j}}{A_1}v+\left(\frac{A_{\phi j}}{A_1}\Delta v_\phi+W_\phi\right) \tag{8.2.12}$$

根据伯努利方程，压力方程为

$$\frac{p_1}{\rho_T} + \frac{1}{2}w_1^2 = \frac{p_3}{\rho_T} + \frac{1}{2}(1 + \xi_2)w_3^2 \tag{8.2.13A}$$

式中，ξ_2 为流量损失系数。

将 $w_1 = W_\phi$、式(8.2.12)代入上式，可简化成：

$$p_1 - p_3 = \frac{1}{2}\rho_T(1 + \xi_2)\frac{A_{\phi j}^2}{A_1^2}v^2 + \Delta p_{13} \tag{8.2.13B}$$

$$\Delta p_{13} = \frac{1}{2}\rho_T\left[(1 + \xi_2)\left(\frac{A_{\phi j}}{A_1}\Delta v_\phi + W_\phi\right)\left(2\frac{A_{\phi j}}{A_1}v + \frac{A_{\phi j}}{A_1}\Delta v_\phi + W_\phi\right) - W_\phi^2\right] \tag{8.2.13C}$$

考虑到液体的实际损失，以及表达式的系统误差，引入修正系数 $K_1 = 1 + \xi_1$、$K_2 = 1 + \xi_2$，则式(8.2.10B)、(8.2.13B)改写成：

$$p_1 = \frac{1}{2}\rho_T K_1 \frac{(A_{\phi 0} - A_{\phi p})^2}{a_x^2}v^2 + \Delta p_1 \tag{8.2.14A}$$

$$p_1 - p_3 = \frac{1}{2}\rho_T K_2\left(\frac{A_{\phi j}}{A_1}\right)^2 v^2 + \Delta p_{13} \tag{8.2.14B}$$

$$\Delta p_1 = \frac{1}{2}\rho_T\left[K_1\left(\frac{(A_{\phi 0} - A_x)}{a_x}\Delta v_\phi - \Delta V_\phi\right)\left(2\frac{(A_{\phi 0} - A_{\phi p})}{a_x}v + \frac{(A_{\phi 0} - A_x)}{a_x}\Delta v_\phi - \Delta V_\phi\right) - W_\phi^2\right] \tag{8.2.14C}$$

$$\Delta p_{13} = \frac{1}{2}\rho_T\left[K_2\left(\frac{A_{\phi j}}{A_1}\Delta v_\phi + W_\phi\right)\left(2\frac{A_{\phi j}}{A_1}v + \frac{A_{\phi j}}{A_1}\Delta v_\phi + W_\phi\right) - W_\phi^2\right] \tag{8.2.14D}$$

作用在节制杆上的受力如图 8.2.6 所示，液压阻力 F_ϕ 的计算公式为

$$\begin{aligned} F_\phi &= p_1(A_{\phi 0} + A_{\phi j} - A_{\phi p}) - p_3 A_{\phi j} = p_1(A_{\phi 0} - A_{\phi p}) + (p_1 - p_3)A_{\phi j} \\ &= \frac{1}{2}\rho_T K_1\left[\frac{(A_{\phi 0} - A_{\phi p})^3}{a_x^2} + \frac{K_2}{K_1}\frac{A_{\phi j}^3}{A_1^2}\right]v^2 - \Delta F_\phi \\ &= f_\phi(a_x)v^2 - \Delta F_\phi \end{aligned} \tag{8.2.15A}$$

$$\Delta F_\phi = -\left[\Delta p_1(A_{\phi 0} - A_{\phi p}) + \Delta p_{13}A_{\phi j}\right] \tag{8.2.15B}$$

$$f_\phi(a_x) = \frac{1}{2}\rho_T K_1\left[\frac{(A_{\phi 0} - A_{\phi p})^3}{a_x^2} + \frac{K_2}{K_1}\frac{A_{\phi j}^3}{A_1^2}\right] \tag{8.2.15C}$$

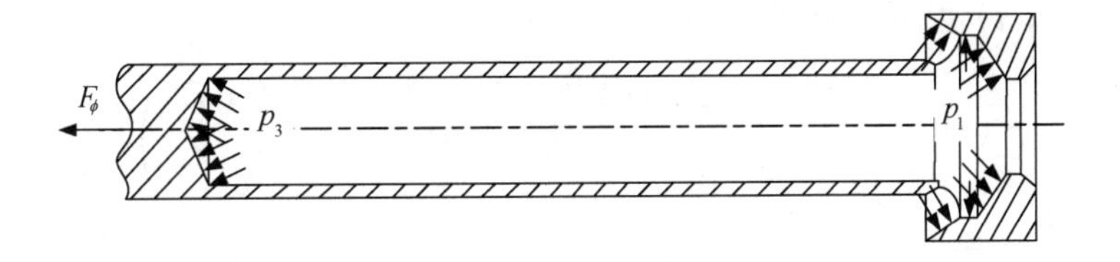

图 8.2.6　节制杆受力示意图

式(8.2.15A)中第一项 $f_{\phi}(a_x)v^2$ 即为没有考虑火炮牵连运动的驻退机力的表达式, $f_{\phi}(a_x)$ 为节制杆外形结构函数, ΔF_{ϕ} 为由于火炮牵连运动引起的驻退机力的下降增量,可以证明 $\Delta F_{\phi} > 0$, 这表明考虑火炮牵连运动后的驻退机力 F_{ϕ} 比没有考虑火炮牵连运动的驻退机力减小 ΔF_{ϕ}。

作用在炮尾上的驻退机力的矢量形式为

$$F_{\phi}(t) = F_{\phi}(t)^{i_D}\boldsymbol{e}_1 \tag{8.2.16}$$

2）复进过程中的驻退机力分析

如图 8.2.5 所示,复进一开始,节制杆端部的活瓣立即关闭,节制腔中的液体在节制杆头部的活塞作用下,只能从节制杆内的两条沟槽流入驻退机工作腔。这样,复进一开始就产生复进节制器的液压阻力 $F_{\phi ff}$。在驻退机的非工作腔真空消失以后,驻退机流液孔提供液压阻力 $F_{\phi of}$, 这两部分液压阻力构成了复进总的液压阻力 $F_{\phi f}$ (暂不考虑复进机中的复进节制活瓣)。

研究复进时液压阻力计算方法与后坐时完全一样,假设也完全相同,在此不再赘述,读者可参考高树滋等(1995)的详细讨论。

8.2.2.3 复进机载荷分析

本节以如图 8.2.7 所示的液体气压式复进机为例,给出复进机力的计算公式。

基本结构参数。

结构参数主要有:

复进机的工作长度: l_f;

复进杆直径: d_f;

复进机筒的内、外直径: D_{f2}、d_{f2};

复进机内筒的内、外直径: D_{f1}、d_{f1}。

这样,就可以得到相应的液压作用面积:

复进机活塞工作面积: $A_f = \pi(D_{f1}^2 - d_f^2)/4$。

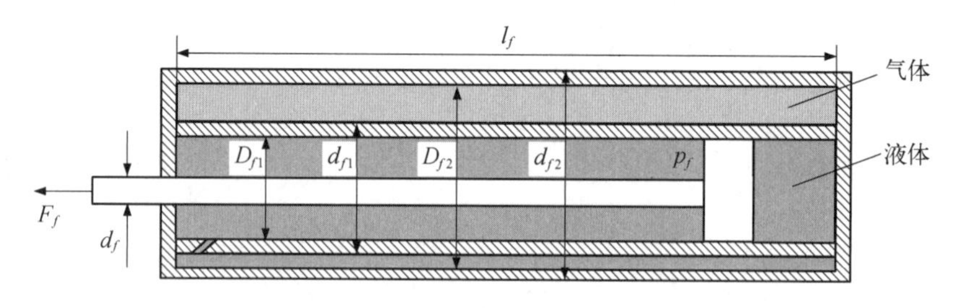

图 8.2.7 液体气压式复进机工作原理图

复进机力 $F_f(t)$ 由下式给出:

$$F_f(t) = F_f(0)\left(\frac{V_f(0)}{V_f(0) - A_f x_f}\right)^{n_f} = A_f p_f(0)\left(\frac{l_f(0)}{l_f(0) - x_f}\right)^{n_f} \tag{8.2.17A}$$

$$l_f(0) = \frac{V_f(0)}{A_f} \tag{8.2.17B}$$

式中，$F_f(0)$ 为复进机初力，$V_f(0)$ 为与初力 $F_f(0)$ 对应的体积，x_f 由 $F_f(0)$ 位置开始运动的位移，由式(8.2.7A)给出，n_f 复进机气体的多边指数(其大小取决于复进机的散热条件和活塞运动速度)。

复进机力的矢量形式为

$$\boldsymbol{F}_f(t) = F_f(t)^{i_D}\boldsymbol{e}_1 \tag{8.2.18}$$

8.2.2.4　后坐阻力计算

作用在后坐部分上的后坐和复进阶段的阻力由下式给出：

$$\begin{aligned}\boldsymbol{R}_D = R_j^{D i_D}\boldsymbol{e}_j &= \boldsymbol{F}_\phi + \boldsymbol{F}_f + \boldsymbol{F}_{Ds} + \boldsymbol{F}_{Dr} - m_D g^{i_G}\boldsymbol{e}_2 + \mathrm{sign}(v_\phi)(F_{\phi\mu} + F_{f\mu})^{i_D}\boldsymbol{e}_1 \\ &+ \mu_{Ds}\mathrm{sign}(v_\phi)(\boldsymbol{F}_{Ds}\cdot{}^{i_D}\boldsymbol{e}_2 + \boldsymbol{F}_{Ds}\cdot{}^{i_D}\boldsymbol{e}_3)^{i_D}\boldsymbol{e}_1 \\ &+ \mu_{Dr}\mathrm{sign}(v_\phi)(\boldsymbol{F}_{Dr}\cdot{}^{i_D}\boldsymbol{e}_2 + \boldsymbol{F}_{Dr}\cdot{}^{i_D}\boldsymbol{e}_3)^{i_D}\boldsymbol{e}_1 \\ &+ \mu_{Ds}\mathrm{sign}(v_\phi)m_D g({}^{i_G}\boldsymbol{e}_2\cdot{}^{i_D}\boldsymbol{e}_2 + {}^{i_G}\boldsymbol{e}_2\cdot{}^{i_D}\boldsymbol{e}_3)^{i_D}\boldsymbol{e}_1\end{aligned} \tag{8.2.19}$$

$$\mathrm{sign}(v_\phi) = \begin{cases} 1, & v_\phi > 0 \\ 0, & v_\phi = 0 \\ -1, & v_\phi < 0 \end{cases} \tag{8.2.20}$$

式中，$\boldsymbol{F}_{Ds}$ 为摇架套筒对后坐部分的支撑作用力；$\boldsymbol{F}_{Dr}$ 为摇架栓室对后坐部分驻栓的约束力；后 4 项为摩擦力，$F_{\phi\mu}$、$F_{f\mu}$ 分别为驻退机和复进机内的摩擦力，μ_{Ds}、μ_{Dr} 分别为身管与摇架套筒和栓室间的摩擦系数；m_D 为后坐部分质量；后坐 v_ϕ 为正、复进 v_ϕ 为负。

8.2.3　反后坐装置设计

在反后坐装置的正面设计中，根据火炮发射时的受力和运动分析，选定后坐阻力的变化规律，求解后坐部分的运动微分方程，得到后坐运动诸元，当火炮内弹道条件和后坐部分质量确定以后，后坐部分的运动规律取决于后坐阻力的变化规律。因此，火炮发射时，通过控制后坐阻力的变化规律来控制火炮的后坐复进运动。在后坐阻力公式(8.2.19)中，摩擦系数为与射角和后坐部分质量有关的量，当射角和后坐部分质量确定后可理解为常量。F_f 由复进机设计来确定，F_f 它是由弹性介质提供的，后坐过程中 F_f 是后坐行程 x_f 的单值函数，这样当确定了后坐阻力变化规律 $R_D(x_f)$ 后，通过对驻退机设计力 F_ϕ 的控制来满足阻力规律要求。

因此在反后坐设计时，通常先进行复进机设计，在确定了复进机的变化规律后，再设计驻退机，以保证后坐阻力规律满足最理想的要求，如图 8.2.8 所示。

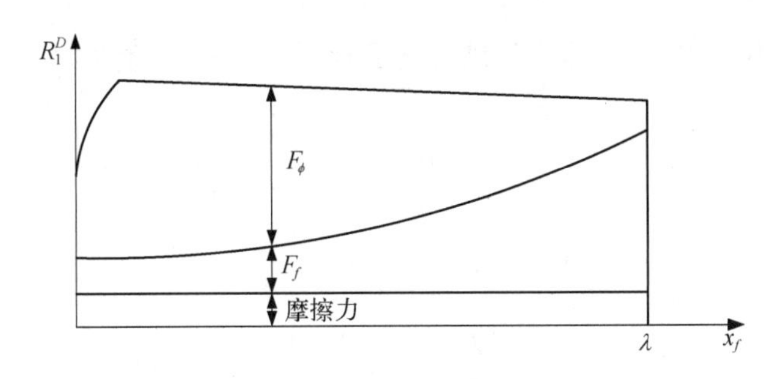

图 8.2.8　后坐阻力各组成部分的变化规律

8.2.3.1 复进机设计

复进机的任务是：

（1）在整个射角范围内保证后坐部分处于待发位置；

（2）在后坐时储存足够的后坐能量，在后坐结束后释放，使后坐部分以一定的速度复进到位，且无冲击，在规定的时间内完成后坐和复进循环，以满足发射速度要求；

（3）在复进过程中给其他机构，如半自动机或自动机等提供足够的能量。

为了完成上述任务，设计时必须使复进机具有足够的初力 $F_f(0)$ 和在后坐过程中存储足够的能量 $E_f(\lambda)$，λ 为复进机终了长度。

本节以图 8.2.9 所示的液体气压式复进机为例，讨论其设计方法。

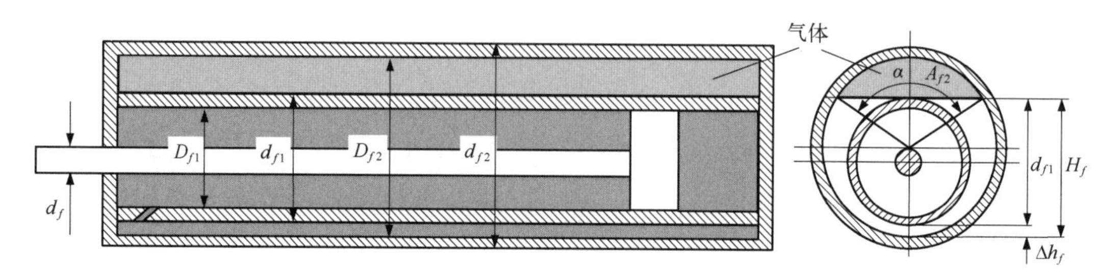

图 8.2.9 液体气压式复进机工作原理图

初始力 $F_f(0)$ 的确定。复进机初始力选取的基本原则就是始终保持后坐部分处于待发位置，具体计算公式为

$$F_f(0) > m_D g(\sin\theta_{10\max} + \mu_{Ds}\cos\theta_{10\max} + \nu_h) \tag{8.2.21}$$

式中，$\nu_h = 0.4$ 为复进储备系数。

初始压力 $p_f(0)$ 的确定。根据对复进机注气方式的不同，合理选定复进机的气体初始压力 $p_f(0)$，复进机常常用人工唧筒注气，因此气体初始压力不能太高。另一方面，$p_f(0)$ 亦不能太小，过小的初始压力会导致复进机筒横截面积的增大。一般情况下，$4\ \text{MPa} \leqslant p_f(0) \leqslant 8\ \text{MPa}$。

活塞面积 A_f 的确定。A_f 的计算公式为

$$A_f = \frac{F_f(0)}{p_f(0)} \tag{8.2.22}$$

初始体积 $V_f(0)$ 的确定。假定复进机终了时的长度为 λ，复进机力为

$$F_f(t_\lambda) = A_f p_f(0)\left(\frac{V_f(0)}{V_f(0) - A_f\lambda}\right)^{n_f} \tag{8.2.23}$$

复进机末力与初力之比值称为压缩比 C_m：

$$C_m = \frac{F_f(\lambda)}{F_f(0)} = \left(\frac{V_f(0)}{V_f(0) - A_f\lambda}\right)^{n_f} \tag{8.2.24}$$

解出 $V_f(0)$ 得

$$V_f(0)=\frac{A_f\lambda}{1-C_m^{1/n_f}} \tag{8.2.25}$$

设计时,当确定了压缩比 C_m 和 n_f,利用上式就可确定初始体积 $V_f(0)$。选择压缩比 C_m 的基本原则是考虑结构的紧凑,C_m 越大、结构就越紧凑、复进的储能就越大,但储能过大,复进到位时的余能就越多,后坐部分与摇架的碰撞亦越严重。因此,对中小口径火炮 $C_m=1.5\sim2.5$,对大口径火炮,为了使结构紧凑,$C_m=2.5\sim3$。

复进机结构尺寸的确定。复进机结构尺寸主要有复进杆直径 d_f,内筒和外筒的内外直径和长度等。

复进杆直径 d_f 由复进杆在后坐、复进过程中所受的力,依照拉伸和压缩屈曲强度设计准则来确定。

内筒内径 D_{f1} 由活塞面积 A_f 和复进杆直径 d_f 计算得到:

$$D_{f1}=\sqrt{d_f^2+\frac{4}{\pi}A_f} \tag{8.2.26}$$

内筒外径 d_{f1} 由复进终了的气压 $p_f(\lambda)=F_f(\lambda)/A_f$,依照强度设计准则来确定。

外筒内径的确定原则是在已知液面高度的条件下,准确地保证气体的初体积 $V_f(0)$。为了保证液体密封气体,当射角零度时,液面高度为 H_f 的估算式为

$$H_f=d_{f1}+\Delta h_f \tag{8.2.27}$$

式中,Δh_f 为内外筒在下部的间隙,为了保证液体畅通流动,一般 $\Delta h_f=2.5\sim5$ mm。

外筒容纳气体空间的长度 l_{f2} 可由结构设计选定,这样保证气体所需的初体积 $V_f(0)$ 只能由图 8.2.9 中弓形隐形部分的面积 A_{f2} 来确定:

$$A_{f2}=\frac{V_f(0)}{l_{f2}} \tag{8.2.28}$$

而弓形面积 A_{f2} 与液面高度 H_f 和外筒的内径 D_{f2} 有关:

$$A_{f2}=\frac{D_{f2}^2}{8}(\alpha-\sin\alpha) \tag{8.2.29}$$

$$H_f=\frac{D_{f2}}{2}\left(1+\cos\frac{\alpha}{2}\right) \tag{8.2.30}$$

在实际结构设计时,一般选定 A_{f2}、H_f,由上述两式求出 α,再由 α 求出 D_{f2}。

8.2.3.2 驻退机设计

1)结构参数设计

驻退机的工作长度 l_T 设计。由图 8.2.5 可得

$$l_T=\lambda_{\max}+l_{T1}+e_1 \tag{8.2.31}$$

其中，λ_{max} 为最大后坐长度；l_{T1} 为驻退杆活塞长度，一般 l_{T1} 取为(0.5~0.7) D_{T1}；e_1 为考虑装配误差及极限射击条件而保留的余量。

活塞工作面积 $A_{\phi0}$ 设计。$A_{\phi0}$ 的确定主要与工作腔 Ⅰ 的最大压力 p_{1max}，及消除驻退液温升需要的体积有关。$A_{\phi0}$ 可近似表示为

$$A_{\phi0} = \frac{F_{\phi max}}{p_{1max}} \tag{8.2.32}$$

温升与每发弹丸引起温度升高有关，常限制在 2℃以下，目前驻退液沸点为 90~100℃，超过沸点驻退机就不能工作。由 $A_{\phi0}$ 确定了驻退液体积，再利用温升条件来检查体积是否足够。

驻退筒内径 D_{T1} 和驻退杆外径 d_T 的设计。d_T、D_{T1} 常用如下经验公式计算：

$$d_T = 2\sqrt{\frac{A_{\phi0}}{\pi(y^2 - 1)}},\ y = \frac{D_{T1}}{d_T} \tag{8.2.33}$$

式中，y 为经验系数，一般在 1.7~2.3 之间。

驻退杆内径 D_T 设计。D_T 由驻退杆的拉力 $F_{\phi max}$，按拉伸强度理论来确定。

节制环直径 $D_{\phi p}$ 的设计。$D_{\phi p}$ 由以下经验公式给出：

$$D_{\phi p} = D_T - (4 \sim 6)\,\mathrm{mm} \tag{8.2.34}$$

驻退筒外径 d_{T1} 设计。d_{T1} 由筒内最大压力 p_{1max}，按强度理论设计得到。

2）后坐流液孔设计

式(8.2.15C)给出了驻退机力的计算公式，其中节制杆结构函数关系式为

$$f_\phi(a_x) = \frac{1}{2}K_1\rho_T\left(\frac{(A_{\phi0} - A_{\phi p})^3}{a_x^2} + \frac{K_2}{K_1}\frac{A_{\phi j}^3}{A_1^2}\right) \tag{8.2.35}$$

当驻退机结构尺寸确定后，通过设计符合 $f_\phi(a_x)$ 规律的流液孔面积 a_x，便可得到要求的 F_ϕ 变化规律。因此获得 $a_x \sim x_\phi$ 规律是驻退机设计的主要任务。

联立求解式(8.2.15A)、(8.2.35)得

$$a_x = \sqrt{\frac{(A_{\phi0} - A_{\phi p})^3}{\dfrac{2(F_\phi - \Delta F_\phi)}{K_1\rho_T v^2} - \dfrac{K_2}{K_1}\dfrac{A_{\phi j}^3}{A_1^2}}} \tag{8.2.36}$$

及

$$d_x = \sqrt{D_p^2 - \frac{4a_x}{\pi}} \tag{8.2.37}$$

在式(8.2.14)中忽略牵连运动的附加项，并求解 p_3，得

$$p_3 = \frac{1}{2}\rho_T K_1\left(\frac{(A_{\phi0} - A_{\phi p})^2}{a_x^2} - \frac{K_2}{K_1}\left(\frac{A_{\phi j}}{A_1}\right)^2\right)v^2 + \Delta p_1 - \Delta p_{13} \tag{8.2.38}$$

根据内腔Ⅲ始终充满液体的假设条件，则有 $p_3 > 0$，由此可得

$$A_1 > \frac{A_{\phi j}}{\sqrt{\frac{K_1}{K_2}\left(\frac{(A_{\phi 0} - A_{\phi p})^2}{a_x^2} + 2\frac{\Delta p_1 - \Delta p_{13}}{\rho_T K_1 v^2}\right)}} \tag{8.2.39}$$

8.2.3.3 节制杆外形调整

上一节得到的节制杆流液孔面积 $a_x \sim x_\phi$ 和外形 $d_x \sim x_\phi$ 曲线是理论外形，由于系统中参数的不确定性，这些外形还不能直接应用，需要结合实验结果加以优化调整。

节制杆理论外形没有考虑到以下三个方面的因素：一是没有考虑到车载炮的实际射击工况、极端环境、考虑装配工艺等造成后坐条件的变化，导致后坐位移加长，形成极端条件下驻退机的液力闭锁现象；二是没有考虑外形 $d_x \sim x_\phi$ 的加工工艺性，致使工艺性差，增加制造成本；三是在设计过程中紧塞具引起的摩擦系数，液力阻尼引起的阻力系数等变化，与实际射击条件工况不完全一致，导致 $d_x \sim x_\phi$ 偏离实际。

常用以下三种方法对节制杆外形加以调整：一是起始阶段将 a_x 增大，并向外延伸，由于此调整对后坐运动影响很小，在实际工况中经常被常用；二是在终了阶段增大 a_x，并将其延伸到极限后坐长 $\lambda_{\max}$；三是在中间段，尽量以工艺性好来改变其外形，并尽量接近理论外形。

最终判断节制杆外形调整合理与否在于实弹射击试验，来判断后坐长 λ、后坐速度和后坐阻力变化规律是否满足设计要求。若不满足，则以实测的后坐阻力规律为基准，通过优化设计的方法，来调整节制杆的外形 $d_x \sim x_\phi$ 和流液孔面积 $a_x \sim x_\phi$。

8.2.4 算例分析

基于理论计算推导公式(8.2.15A)可知，火炮在考虑和不考虑牵连运动计算时驻退机力会有所不同。本算例以某 155 毫米车载炮为例进行火炮发射过程的动力学仿真，射击工况为常温全装药，高低射角 51°，方向射角 0°，水平地面射击。考虑牵连运动时，仿真条件与真实射击情况一致，车载炮通过千斤顶、座盘和大架将车身顶起，车轮轻微着地，车载炮在此初始条件下击发点火；不考虑牵连运动时，将火炮摇架视为与大地固连，忽略车载炮摇架以下部分对后坐运动的影响。算例着重观察车载炮从击发至后坐到位这段时间内，驻退机力、后坐阻力随后坐行程的变化规律，对比考虑和不考虑火炮牵连运动的计算结果。

图 8.2.10 和图 8.2.11 分别给出了由式(8.2.15A)给出的驻退机力 F_ϕ 随后坐形成和时间的变化规律，由图可见考虑和不考虑牵连运动时的驻退机力明显下降，最大下降幅值约 10%左右，最大下降量没有发生在后坐运动的开始时刻，也不在后坐的终期，而是发生在后坐运动的中期，此时火炮的牵连运动发生了作用。图 8.2.12 和图 8.2.13 分别给出了由式(8.2.19)给出的后坐阻力 F_ϕ 随后坐形成和时间的变化规律，后坐阻力下降规律与驻退机力相类似，后坐阻力最大下降幅值约 10%左右，最大下降量亦发生在后坐运动的中期。

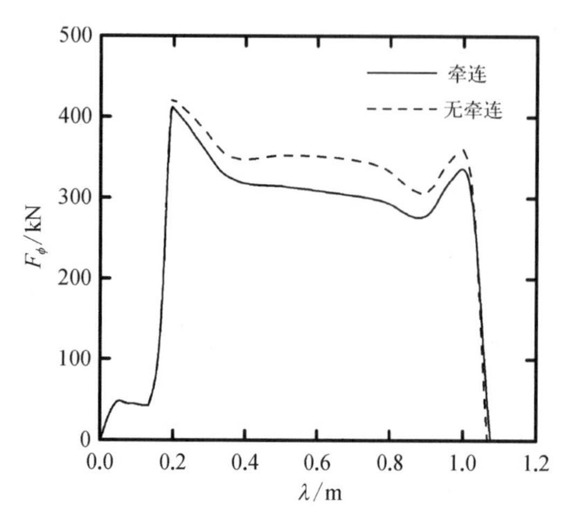

图 8.2.10　驻退机力随后坐行程的变化

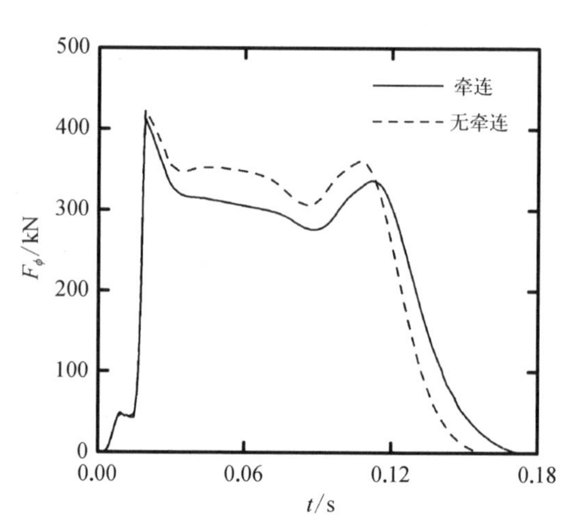

图 8.2.11　后坐阻力随后坐行程的变化

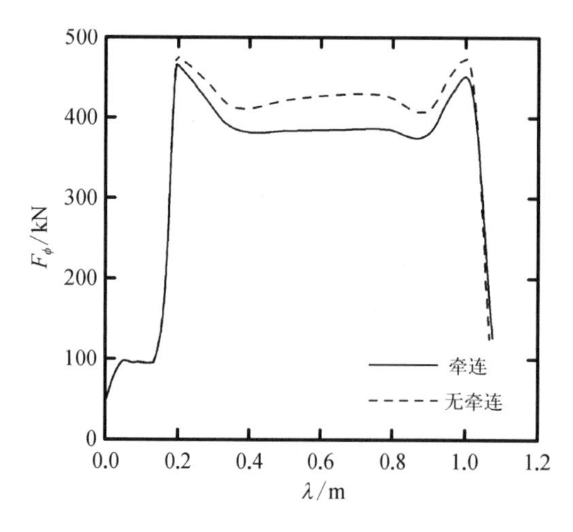

图 8.2.12　驻退机力随时间的变化

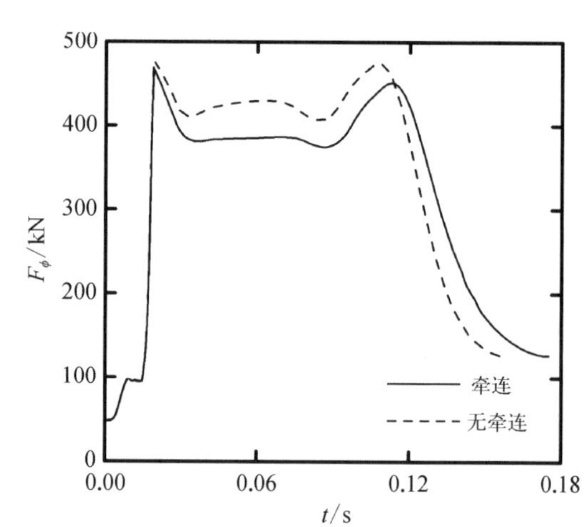

图 8.2.13　后坐阻力随时间的变化

8.3　高平机设计

8.3.1　概述

高平机是高低机和平衡机二合为一的组合机构简称。液体气压式高平机是常见的一种形式，它由平衡腔、蓄能器和高低液压油缸等组成，经由管路和液压锁、控制阀/双向手摇泵连接，驱动火炮起落部分高低运动。高平机的结构形式、布置形式和支撑刚度对其性能至关重要，本节将重点讨论高平机的结构形设计和性能优化。

8.3.2　高平机工作原理

图 8.3.1 为某车载炮高平机的结构示意图，采用三筒并联结构，以减小高平机的初始

安装距离和缸体的总长度；外筒支耳作为上支点，与摇架铰接；中筒支耳作为下支点，与上架铰接。中筒与内筒之间的空间为A腔，外筒和中筒之间的空间为B腔，外筒和内筒之间的空间为C腔。A腔和B腔的进油和回油使外筒做伸缩运动，实现驱动起落部分升降，进回油的动力源既可以是外部提供能源的齿轮泵，也可以是人力驱动的手摇泵。C腔为平衡腔，与蓄能器的液腔连通，在C腔内增设了一个安装在外筒内腔的补偿弹簧，用于在低射角时提供额外的弹性平衡力，改善平衡机对起落部分重力的平衡性能。蓄能器为平衡腔提供油气动力。

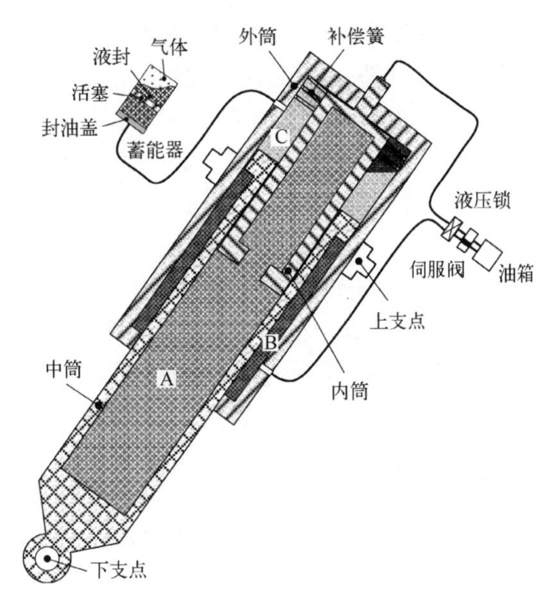

图 8.3.1　高平机原理图

蓄能器为活塞式结构，内部空间由活塞分隔成气腔和液腔。高平机装配前，先在蓄能器的气腔中充入一定量的高压氮气，然后安装高平机。并在某低射角时，向液腔、平衡腔中补充液压油，活塞向上移动压缩气腔中的气体。当起落部分抬起时，高平机的平衡腔气体体积扩大，气体膨胀，活塞向封油盖端运动，推动油液进入平衡腔内。当活塞被封油盖挡住时，蓄能器此时处于截止状态，不再继续提供平衡力作用。

高平机的作用主要有：

(1) 平衡起落部分重量。起落部分重力通过与摇架连接的上支点压缩外筒，外筒又压缩C腔，蓄能器为C腔提供气体压力，平衡起落部分重力载荷。由于低射角时起落部分的重力矩最大，为了提高平衡腔对低射角的适应性，需要增加一补偿弹簧。

(2) 实现起落部分升降起。将液压油箱中的液压油向A腔注入，同时B腔的液压油流回到液压油箱，在A腔液压作用下推动外筒伸长，从而实现起落部分升起。将液压油箱中的液压油向B腔注入，同时A腔的液压油流回到液压油箱，在B腔液压作用下，推动外筒缩短，从而实现起落部分下降。起落部分的升降速度由液压驱动的动力和控制系统的匹配来实现。

(3) 实现火炮发射过程缓冲。受后坐力及后坐部分往复运动影响，起落部分相对上架绕耳轴发生转动，此时高平机双向液压锁关闭，液压回路处于闭锁状态，闭锁的A、B腔起支撑和固定射角作用，其中油液受到反复拉伸和压缩，同时缸筒也发生膨胀和收缩，蓄能器提供气体弹性，实现对高平机支撑力的缓冲。

车载炮高平机一般采用左右对称布置，蓄能器的油腔和高平机的平衡腔连通在一起。在低射角时，由于平衡力矩最大，两个蓄能器同时工作；在高射角时，其中一个蓄能器截止，另一个独自提供压力。采用这种设计的目的是使平衡机在高、低射角时具有不同的刚度，以匹配重力矩随射角的变化。平衡机以高压气体作为部分弹性介质，因此在平衡机工作时需考虑温度变化、气体多变指数等因素的影响。

(1) 温度变化。车载炮装备服役地区广,昼夜温差大,当高平机设计方案确定后,确定的参数使得平衡机高压气室容积在各个射角均为定值,而温度产生大幅度变化时,高压气体的压强也会产生波动从而偏离设计值,导致平衡性能变差。对于手动调炮来说,温度波动的影响直接体现在手轮力的改变,甚至会导致手动调炮操作困难。

(2) 气体多变指数。高平机蓄能器气室可近似为密闭空间,气室内的高压气体视为理想气体。当高平机以缓慢的速度调炮时,高平机内高压气体有足够的时间与外界交换热量,可视为等温过程;而快速调炮和火炮发射时,高平机内高压气体无足够的时间与外界交换热量,可视为绝热过程等,实际工况介于等温与绝热两种状态之间,气体变化特性与工作环境、工作状态有关,为典型的多变过程,该过程可通过选取不同的气体多变指数来模拟。

8.3.3 高平机特性分析

高平机特性分析包括运动特性分析、系统特性分析等,其目的是建立高平机参数和高平机力之间的关系,为高平机参数设计提供基础模型。

8.3.3.1 运动分析

图 8.3.2 所示为车载炮回转部分的几何关系简图,坐标系 $o_G - x_1^G x_2^G x_3^G$(记 $\boldsymbol{i}_G$) 为惯性坐标系,分别建立上架坐标系 $o_B - x_1^B x_2^B x_3^B$(记为 $\boldsymbol{i}_B$) 和摇架坐标系 $o_C - x_1^C x_2^C x_3^C$(记为 $\boldsymbol{i}_C$)。$\boldsymbol{i}_B$ 的原点 o_B 位于上架底平面的回转中心上,$\boldsymbol{i}_C$ 的原点 o_C 位于摇架左右耳轴中心连线的中点上。运动开始时,$o_B x_1^B$ 轴水平指向射击方向,$o_B x_2^B$ 垂直向上,$o_B x_3^B$ 由右手法制确定;$o_C x_1^C$ 轴沿摇架轴线指向射击方向,$o_C x_2^C$ 垂直 $o_C x_1^C$ 向上,$o_C x_3^C$ 由右手法制确定。为了便于叙述,假定只有一个高平机,点 O_{Cp}、O_{Bp} 分别是高平机在摇架和上架上的上、下支点,点 o_{B_G}、o_{C_G} 分别为回转部分(不含起落部分)和起落部分的质心。记点原点 o_B、o_C 间的位置矢量为 $\boldsymbol{r}_{BC} = r_j^{BC\boldsymbol{i}_B}\boldsymbol{e}_j$,记点 O_{Bp}、o_{B_G} 和 O_{Cp}、o_{C_G} 在 $\boldsymbol{i}_B$ 和 $\boldsymbol{i}_C$ 中的位置矢量分别为 $\boldsymbol{x}_{Bp} = x_j^{Bp\boldsymbol{i}_B}\boldsymbol{e}_j$、$\boldsymbol{x}_{B_G} = x_j^{B_G\boldsymbol{i}_B}\boldsymbol{e}_j$、$\boldsymbol{x}_{Cp} = x_j^{Cp\boldsymbol{i}_C}\boldsymbol{e}_j$、$\boldsymbol{x}_{C_G} = x_j^{C_G\boldsymbol{i}_C}\boldsymbol{e}_j$,$\theta_{10}$ 为起落部分的高低射角,其中 ${}^{i_B}\boldsymbol{e}_j$、${}^{i_C}\boldsymbol{e}_j$ 分别为坐标系 $\boldsymbol{i}_B$、$\boldsymbol{i}_C$ 在坐标轴 x_j^B、x_j^C 方向的单位基矢量。

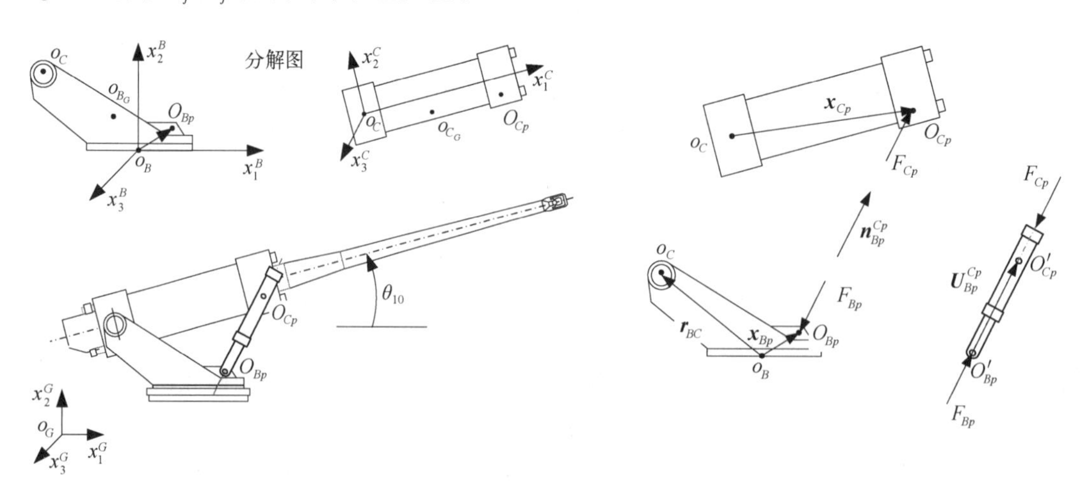

图 8.3.2 起落部分几何关系简图

高平机支点 O_{Bp} 至点 O_{Cp} 的位置和单位方向矢量分别为

$$\boldsymbol{U}_{Bp}^{Cp} = \boldsymbol{r}_{BC} + \boldsymbol{x}_{Cp} - \boldsymbol{x}_{Bp} \tag{8.3.1}$$

$$\boldsymbol{n}_{Bp}^{Cp} = \frac{\boldsymbol{U}_{Bp}^{Cp}}{\delta_{Bp}^{Cp}},\ \delta_{Bp}^{Cp} = \| \boldsymbol{U}_{Bp}^{Cp} \| \tag{8.3.2}$$

调炮过程中,高平机支 O_{Cp} 相对于点 O_{Bp} 的速度为

$$\dot{\boldsymbol{U}}_{Bp}^{Cp} = \boldsymbol{\omega}_B \times \boldsymbol{U}_{Bp}^{Cp} + \boldsymbol{\omega}_{BC} \times \boldsymbol{x}_{Cp} \tag{8.3.3}$$

上式中假定 $\dot{\boldsymbol{x}}_{Bp} = \boldsymbol{0}, \omega_{BC} = \omega_{BC}{}^{i_C}\boldsymbol{e}_3$ 为调炮角速度。

速度 $\dot{\boldsymbol{U}}_{Bp}^{Cp}$ 在 $\boldsymbol{n}_{Bp}^{Cp}$ 方向的分量为

$$\dot{\delta}_{Bp}^{Cp} = -\dot{\boldsymbol{U}}_{Bp}^{Cp} \cdot \boldsymbol{n}_{Bp}^{Cp} \tag{8.3.4}$$

注意到上式中等号右边有负号“-”,是为了便于后面的讨论,假定油缸压缩 $\dot{\delta}_{Bp}^{Cp}$ 为正,伸长长为负。

假定高平机在最小射角 $\theta_{10\min}$ 和最大射角 $\theta_{10\max}$ 下的 δ_{Bp}^{Cp} 分别为 $\delta_{Bp\min}^{Cp}$ 和 $\delta_{Bp\max}^{Cp}$,则高平机运动过程的伸缩量为

$$\Delta l_{C\max} = \delta_{Bp\max}^{Cp} - \delta_{Bp\min}^{Cp} \tag{8.3.5A}$$

任意射角 θ_{10} 时的伸缩量为

$$\Delta l_C = \delta_{Bp}^{Cp} - \delta_{Bp\min}^{Cp} \tag{8.3.5B}$$

图 8.3.3 为高平机外、中、内缸几何关系简图,外筒相对于中筒的运动距离为 Δl_C,中筒内径、外径分别为 D_A、d_A,外筒内径为 D_C,内筒内径、外径分别为 D_B、d_B,蓄能器内径为 D_P,由此可得 A 腔、B 腔、C 腔和 P 腔的工作面积分别为

$$S_A = \frac{\pi}{4}D_A^2,\ S_B = \frac{\pi}{4}(D_C^2 - d_A^2),\ S_C = \frac{\pi}{4}(D_C^2 - d_B^2),\ S_P = \frac{\pi}{4}D_P^2 \tag{8.3.6}$$

上述几何参数及其几何关系是高平机受力分析和参数设计的重要依据。

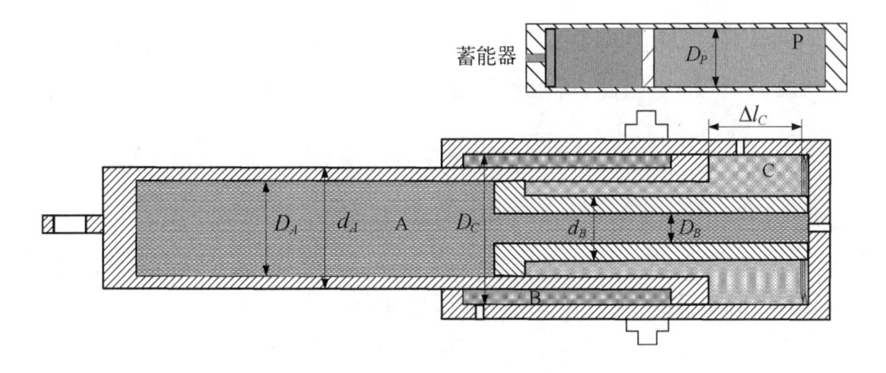

图 8.3.3　几何关系简图

8.3.3.2　蓄能器气体的多变指数

液体气压式高平机的高压气体工作过程为典型的多变过程,在多变过程中,工作介质

与外界交换的热量不等于零。对于液体气压式高平机,在快速调炮时,多变指数随火炮的调炮速度不同而取值不同,多变指数的确定对平衡性能是否满足要求,参数、体积、重量是否达到优化至关重要。

气体工作介质在状态变化过程中,或多或少地都有热量的交换,既非等温过程、也非绝热过程,这种过程就叫多变过程,通过气体状态方程可表示为

$$pV^{n_q} = \text{常数} \tag{8.3.7}$$

式中,n_q 为多变指数,包括$-\infty$到$+\infty$之间的所有变化,当 $n_q = 0$ 为等压过程,$n_q = \pm\infty$为定容过程,$n_q = 1$ 为等温过程,$n_q = K_q$ 为绝热过程。K_q 为绝热指数,其值对热力学计算有重要作用,对一原子气体,$K_q = 1.66$;对二原子气体,$K_q = 1.40$;对三原子气体,$K_q = 1.33$。

由式(8.3.7)可知,当气体处于不同状态下有如下关系:

$$p_1 V_1^{n_q} = p_2 V_2^{n_q} \tag{8.3.8}$$

整理可得

$$n_q = \frac{\lg p_1 - \lg p_2}{\lg V_2 - \lg V_1} \tag{8.3.9}$$

因此,在实际工程中,可通过测试确定至少两种工况下的 p_1、p_2、V_1、V_2,即可确定多变指数。

8.3.3.3 含气油液的刚度

纯油液在一定压强作用下体积减小,表现出可压缩性,其规律可表示为

$$\frac{\mathrm{d}p}{\mathrm{d}V_1} = -\frac{E_1}{V_1} \tag{8.3.10}$$

式中,p 为压强;V_1 为纯油液的体积;E_1 为纯油液的体积模量。

则 E_1 表达式为

$$E_1 = -\frac{\mathrm{d}p}{\mathrm{d}V_1/V_1} \tag{8.3.11}$$

纯油液的体积模量 E_1 约为 1.2~2.1 GPa,其受压强和温度的影响很小,通常可将其视为定值 $E_1 = 1.8 \times 10^9$ Pa。因此,可得到纯油液在压强 p 作用下的体积 V_1 表达式:

$$V_1 = V_{10} \mathrm{e}^{-\frac{p-p_0}{E_1}} \tag{8.3.12}$$

式中,p_0 为大气压强;V_{10} 为初始油液体积(压力为 p_0)。

在实际应用中,液压油不可避免地会混入气体,因而当油缸压缩时,气体体积也会相应被压缩。气体压缩过程可视为绝热过程,满足如下状态方程:

$$pV_g^{K_q} = p_0 (V_{g0} - V_{gd})^{K_q} \tag{8.3.13A}$$

其中,K_q 为气体绝热指数,V_g 是压强为 p 时的气体体积,V_{g0} 为大气压下气体体积,V_{gd} 为压缩过程溶解于油液的气体体积。由于空气在新的压强达到溶解平衡需要一定时间,而车载炮在发射后 2 秒左右已恢复平稳,因此可忽略空气溶解项。这样式(8.3.13A)

简化为

$$pV_g^{K_q} = p_0 V_{g0}^{K_q} \tag{8.3.13B}$$

大气压下油缸油液中气体体积占总体积 V_0 的体积分数为该含气油液的含气量，记为 α，即

$$V_{10} = (1-\alpha)V_0,\ V_{g0} = \alpha V_0 \tag{8.3.14}$$

则压强为 p 时油液的总体积 V 为

$$V = V_1 + V_g = (1-\alpha)V_0 e^{-\frac{p-p_0}{E_1}} + \alpha V_0 \left(\frac{p_0}{p}\right)^{\frac{1}{K_q}} \tag{8.3.15}$$

对上式求 p 导数，并将结果代入式(8.3.11)，则可得含气油液的正切体积模量可以表示为

$$E = -\frac{dp}{dV/V} = \frac{(1-\alpha)e^{-\frac{p-p_0}{E_1}} + \alpha\left(\frac{p_0}{p}\right)^{\frac{1}{K_q}}}{(1-\alpha)e^{-\frac{p-p_0}{E_1}} + \frac{E_1\alpha}{K_q p}\left(\frac{p_0}{p}\right)^{\frac{1}{K_q}}} E_1 \tag{8.3.16}$$

含气油液的正切体积模量随压强变化而变化，与含气量也有直接关系，图 8.3.4 给出了不同含气量含气油液的正切体积随压强的变化。

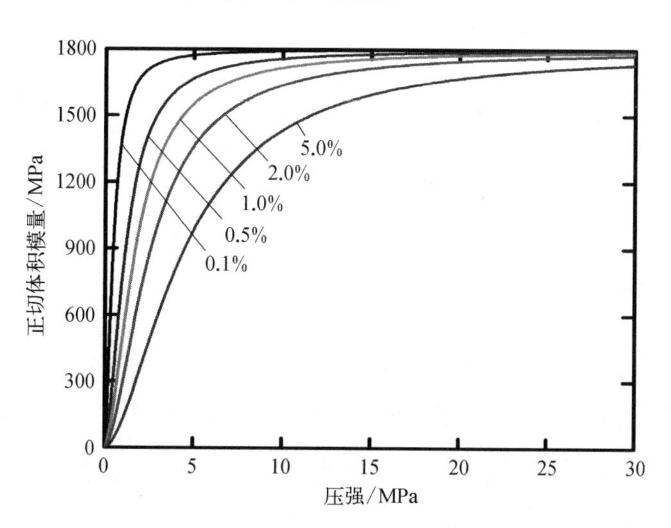

图 8.3.4　不同含气量油液正切体积模量随压强的变化

记高平机 A 腔油液在压强变化 dp 作用下，体积发生变化为 dV_A，引起油缸活塞位移 $d\delta_A$（压缩为正）。此时 A 腔含气油液体积为 V_A、压强为 p_A、等效刚度为 K_A，则有如下关系式：

$$K_A d\delta_A = -E_A \frac{dV_A}{V_A} S_A \tag{8.3.17A}$$

式中，E_A 为 A 腔含气油液的正切体积模量，且有

$$\frac{\mathrm{d}V_{\mathrm{A}}}{\mathrm{d}\delta_{\mathrm{A}}} = - S_{\mathrm{A}} \tag{8.3.17B}$$

由式(8.3.16)可知:

$$E_{\mathrm{A}} = \frac{(1-\alpha_{\mathrm{A}})\mathrm{e}^{-\frac{p_{\mathrm{A}}-p_0}{E_1}} + \alpha_{\mathrm{A}}\left(\frac{p_0}{p_{\mathrm{A}}}\right)^{\frac{1}{K_q}}}{(1-\alpha_{\mathrm{A}})\mathrm{e}^{-\frac{p_{\mathrm{A}}-p_0}{E_1}} + \frac{E_1\alpha_{\mathrm{A}}}{K_q p_{\mathrm{A}}}\left(\frac{p_0}{p_{\mathrm{A}}}\right)^{\frac{1}{K_q}}} E_1 \tag{8.3.18}$$

式中,α_{A} 为 A 腔含气油液的含气量。

由式(8.3.18),可得 A 腔液压油缸的等效刚度 K_{A} 为

$$K_{\mathrm{A}} = - E_{\mathrm{A}} \frac{\mathrm{d}V_{\mathrm{A}}}{V_{\mathrm{A}}\mathrm{d}\delta_{\mathrm{A}}} S_{\mathrm{A}} = E_{\mathrm{A}} \frac{S_{\mathrm{A}}^2}{V_{\mathrm{A}}} = E_{\mathrm{A}} \frac{S_{\mathrm{A}}^2}{V'_{\mathrm{A0}} - \delta_{\mathrm{A}} S_{\mathrm{A}}} \tag{8.3.19}$$

式中,δ_{A} 为油液体积变化引起的活塞压缩量;V'_{A0} 为 A 腔含气油液在大气压下的体积。

V'_{A0} 可由 A 腔初压 p_{A0}、含气量 α_{A} 和初体积 V_{A0} 计算:

$$V'_{\mathrm{A0}} = \frac{V_{\mathrm{A0}}}{(1-\alpha_{\mathrm{A}})\mathrm{e}^{-\frac{p_{\mathrm{A0}}-p_0}{E_1}} + \alpha_{\mathrm{A}}\left(\frac{p_0}{p_{\mathrm{A0}}}\right)^{\frac{1}{K_q}}} \tag{8.3.20}$$

同理得到 B 腔液压油缸的等效刚度 K_{B1}:

$$K_{\mathrm{B}} = E_{\mathrm{B}} \frac{S_{\mathrm{B}}^2}{V_{\mathrm{B}}} = E_{\mathrm{B}} \frac{S_{\mathrm{B}}^2}{V'_{\mathrm{B0}} - \delta_{\mathrm{B}} S_{\mathrm{B}}} \tag{8.3.21}$$

式中,E_{B} 为 B 腔内含气油液的正切体积模量;V_{B} 为 B 腔含气油液体积;δ_{B} 油液体积变化引起的活塞压缩量;V'_{B0} 为 B 腔含气油液在大气压下的体积。

8.3.3.4 油缸膨胀刚度

闭锁液压油缸在油液压力作用下发生膨胀,特别对于初始体积较小的 B 腔,油缸的膨胀体积的影响已无法忽略。对于无杆腔缸筒在压强变化 $\mathrm{d}p$ 作用下,内壁径向膨胀量 $\mathrm{d}D$ 由厚壁圆筒在内压 p 作用下径向位移公式经求导得到:

$$\mathrm{d}D = \frac{D\mathrm{d}p}{E}\left(\frac{d^2 + D^2}{d^2 - D^2} + \nu\right) \tag{8.3.22}$$

式中,d 为缸筒外径;D 为缸筒内径;E 为缸筒材料的杨氏模量;ν 为缸筒材料的泊松比。

则缸筒膨胀体积 $\mathrm{d}V$ 为

$$\mathrm{d}V = \frac{\pi DL}{2}\mathrm{d}D \tag{8.3.23}$$

式中,L 为油缸有效长度。

活塞工作面积 $S = \pi D^2/4$,则由缸筒膨胀引起的油缸活塞压缩量 $\mathrm{d}\delta$ 为

$$d\delta = \frac{dV}{S} \tag{8.3.24}$$

由此可得油缸膨胀产生的刚度 K 表达式为

$$K = S\frac{dp}{d\delta} = \frac{ES}{2L\left(\frac{d^2 + D^2}{d^2 - D^2} + \nu\right)} \tag{8.3.25}$$

从式(8.3.25)可以看出对于油缸长度变化很小的闭锁油缸,缸筒膨胀刚度可看成定值。利用式(8.3.25)即得 A、B 腔的缸筒膨胀刚度为 K_{Ac}、K_{Bc}。

8.3.3.5　高平机蓄能器模型

假定蓄能器气体初始压力和体积分别为 p_{P0} 和 V_{P0},蓄能器的活塞面积为 A_p,则蓄能器中气体所占的高度为 $h_{P0} = V_{P0}/A_p$,根据气体的多变方程可知在任意 p_P 和 V_P 下满足如下关系:

$$p_{P0}V_{P0}^{n_q} = p_P V_P^{n_q} \tag{8.3.26}$$

因此可得

$$p_P = p_{P0}\left(\frac{V_{P0}}{V_P}\right)^{n_q} = p_{P0}\left(\frac{h_{P0}}{h_P}\right)^{n_q} \tag{8.3.27}$$

其中,h_P 为 p_P 和 V_P 下蓄能器内气体所占的高度。

高平机中起平衡作用的面积为 S_C,此时蓄能器提供的主动力为

$$F_C = S_C p_P = S_C p_{P0}\left(\frac{V_{P0}}{V_P}\right)^{n_q} = S_C p_{P0}\left(\frac{h_{P0}}{h_P}\right)^{n_q} \tag{8.3.28}$$

考虑到蓄能器与高平机的 C 腔相连,蓄能器内气体和 C 腔的体积变化应相等,即 $dV_C = S_C dl_C = A_P dh_P$。为便于后续设计,定义与 V_{P0} 和 V_P 对应的 C 腔相当长度为 $l_{C0} = V_{P0}/S_C$ 和 $h_C = V_P/S_C = l_{C0} - \Delta l_C$,其中 Δl_C 由式(8.3.5B)给出。因此:

$$F_C = S_C p_{P0}\left(\frac{l_{C0}}{l_{C0} - \Delta l_C}\right)^{n_q} \tag{8.3.29}$$

8.3.3.6　高平机模型

将高平机 A、B 腔等效为油液等效弹簧和油缸等效弹簧串联,如图 8.3.5 所示。串联弹簧总变形量由高平机筒与杆相对运动决定。

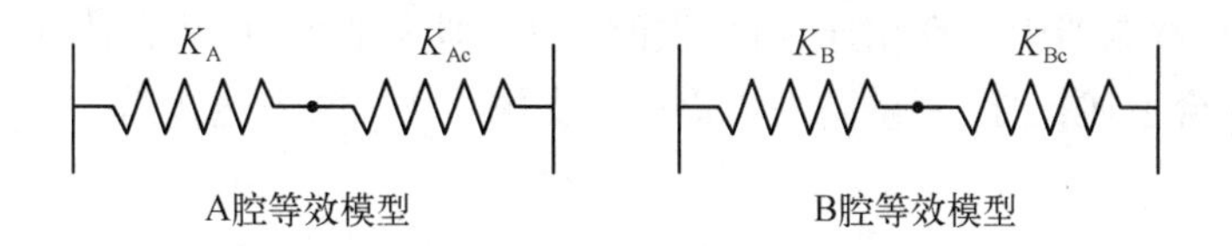

图 8.3.5　液压油缸等效模型

由式(8.3.18)、(8.3.19)可知,油液等效弹簧为变刚度弹簧,其刚度受到油液压强的影响,积分可得 A 腔油液等效弹簧的作用力 F_A 为

$$F_{\mathrm{A}} = p_0 S_{\mathrm{A}} + \int_0^{\delta_{\mathrm{A}}} E_{\mathrm{A}} \frac{S_{\mathrm{A}}^2}{V'_{\mathrm{A0}} - x S_{\mathrm{A}}} \mathrm{d}x \tag{8.3.30}$$

由于 E_{A} 随 p 变化而变化,积分需要通过迭代得到。为了便于后续模型参数化以及不同含气量的模型计算,引入模量退化因子 $\boldsymbol{\kappa}$, 将式(8.3.30)重写为如下形式:

$$F_{\mathrm{A}} = p_0 S_{\mathrm{A}} - \boldsymbol{\kappa} S_{\mathrm{A}} E_l \ln\left(\frac{V_{\mathrm{A}}}{V'_{\mathrm{A0}}}\right) \tag{8.3.31}$$

式中,$\boldsymbol{\kappa}$ 为大于 0 且小于等于 1 的无量纲数。$\boldsymbol{\kappa} = 1$ 时,式(8.3.30)表示含气量 $\alpha_{\mathrm{A}} = 0$(即 $E_{\mathrm{A}} = E_l$) 的纯油液压缩。在纯油液体积模量 E_l 已确定的情况下,因子 $\boldsymbol{\kappa}$ 只和含气量 α 和体积变化率 V/V_0 有关,通过数值计算可得 $\boldsymbol{\kappa}$ 随 α、V/V_0 变化曲线,如图 8.3.6 所示。模型计算时,根据 α_{A}、$V_{\mathrm{A}}/V'_{\mathrm{A0}}$ 插值得到 $\boldsymbol{\kappa}$ 值。

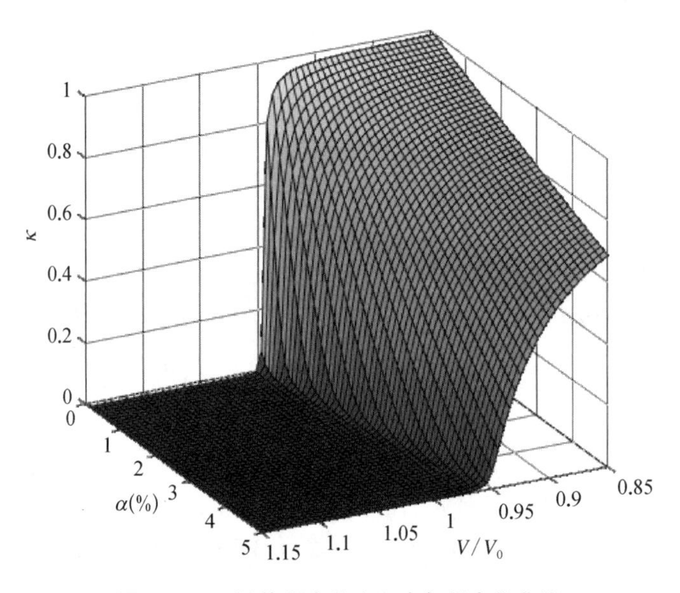

图 8.3.6　$\boldsymbol{\kappa}$ 随体积变化率和含气量变化曲线

同理可得 B 腔产生的作用力 F_{B} 为

$$F_{\mathrm{B}} = p_0 S_{\mathrm{B}} - \boldsymbol{\kappa} S_{\mathrm{B}} E_l \ln\left(\frac{V_{\mathrm{B}}}{V'_{\mathrm{B0}}}\right) \tag{8.3.32}$$

C 腔油液与蓄能器中气室相连,所提供的力 F_{C} 即为平衡力,其表达式为式(8.3.29),即 $F_{\mathrm{C}} = F_{pi}$, 综合上述推导,可得高平机提供的支撑力 F_{Bp} 的表达式为

$$F_{Bp} = F_{Cp} = F_{\mathrm{A}} - F_{\mathrm{B}} + F_{\mathrm{C}} + \zeta \dot{\delta}_{Bp}^{Cp} + \frac{\dot{\delta}_{Bp}^{Cp}}{\left|\dot{\delta}_{Bp}^{Cp}\right|} F_{Bpf} \tag{8.3.33}$$

式中,$\dot{\delta}_{Bp}^{Cp}$ 为高平机筒与杆的相对速度,由式(8.3.4)给出,且假定油缸压缩 $\dot{\delta}_{Bp}^{Cp}$ 为正;ζ 为阻尼系数;F_{Bpf} 为液压油缸的摩擦力。

8.3.4 高平机受力分析

对高平机的受力分析是高平机设计的输入条件,即根据系统力系平衡条件,计算出所需的高平机主动力,从而根据高平机的特性,设计高平机的系统参数来满足要求。高平机的功能集合了高低机和平衡机的功能,平衡机的功能是平衡起落部分的静力矩,高低机的功能是作动起落部分运动,因此,在对高平机受力分析时需要考虑静态和动态下的受力。

如 8.3.7 所示,高低调炮过程中,作用在起落部分的载荷有重力载荷 $-m_{CD}g^{i_G}\boldsymbol{e}_2$、高平机推力 $F_{Cp}\boldsymbol{n}_{Bp}^{Cp}$、上架耳轴座对摇架耳轴的作用力 $\boldsymbol{F}_{BC}$。

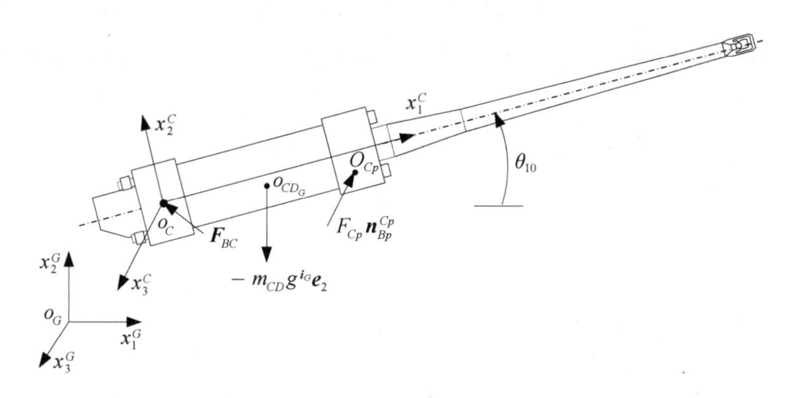

图 8.3.7 高低调炮过程作用在起落部分的载荷

假定起落部分对过耳轴的 $o_C x_3^C$ 轴的转动惯量 I_{CD}、调炮角加速度为 ε_C,则绕 $o_C x_3^C$ 轴的调炮运动方程为

$$I_{CD}\varepsilon_C = F_{Cp}(\boldsymbol{x}_{Cp} \times \boldsymbol{n}_{Bp}^{Cp}) \cdot {}^{i_C}\boldsymbol{e}_3 - m_{CD}g(\boldsymbol{x}_{CD_G} \times {}^{i_G}\boldsymbol{e}_2) \cdot {}^{i_C}\boldsymbol{e}_3 \tag{8.3.34}$$

由此可得

$$F_{Cp} = \frac{I_{CD}\varepsilon_C + m_{CD}g(\boldsymbol{x}_{CD_G} \times {}^{i_G}\boldsymbol{e}_2) \cdot {}^{i_C}\boldsymbol{e}_3}{(\boldsymbol{x}_{Cp} \times \boldsymbol{n}_{Bp}^{Cp}) \cdot {}^{i_C}\boldsymbol{e}_3} \tag{8.3.35}$$

已知:

$$\boldsymbol{r}_{BC} = r_j^{BC\,i_G}\boldsymbol{e}_j,\ \boldsymbol{x}_{Bp} = x_j^{Bp\,i_B}\boldsymbol{e}_j,\ \boldsymbol{x}_{Cp} = x_j^{Cp\,i_C}\boldsymbol{e}_j,\ \boldsymbol{x}_{CD_G} = x_j^{CG_G\,i_C}\boldsymbol{e}_j,\ {}^{i_C}\boldsymbol{e}_i = L_{ij}{}^{i_G}\boldsymbol{e}_j,$$

$$L_{ij} = \begin{bmatrix} \cos\theta_{10} & \sin\theta_{10} & 0 \\ -\sin\theta_{10} & \cos\theta_{10} & 0 \\ 0 & 0 & 1 \end{bmatrix} \tag{8.3.36}$$

假定射击前,坐标系 $\boldsymbol{i}_B$ 与 $\boldsymbol{i}_G$ 平行,则有 ${}^{i_B}\boldsymbol{e}_i = {}^{i_G}\boldsymbol{e}_i$,由此可得

$$\boldsymbol{r}_{BC} = r_j^{BC\,i_G}\boldsymbol{e}_j,\ \boldsymbol{x}_{Bp} = x_j^{Bp\,i_G}\boldsymbol{e}_j,$$

$$\boldsymbol{x}_{Cp} = x_i^{Cp}L_{ij}{}^{i_G}\boldsymbol{e}_j = (x_1^{Cp}\cos\theta_{10} + x_2^{Cp}\sin\theta_{10}){}^{i_G}\boldsymbol{e}_1 + (x_2^{Cp}\cos\theta_{10} - x_1^{Cp}\sin\theta_{10}){}^{i_G}\boldsymbol{e}_2 + x_3^{Cp\,i_G}\boldsymbol{e}_3,$$

$$\boldsymbol{x}_{CD_G} = (x_1^{CD_G}\cos\theta_{10} + x_2^{CD_G}\sin\theta_{10}){}^{i_G}\boldsymbol{e}_1 + (x_2^{CD_G}\cos\theta_{10} - x_1^{CD_G}\sin\theta_{10}){}^{i_G}\boldsymbol{e}_2 + x_3^{CD_G\,i_G}\boldsymbol{e}_3,$$

$$\boldsymbol{n}_{Bp}^{Cp}=\frac{1}{\delta_{Bp}^{Cp}(\theta_{10})}\begin{bmatrix}(x_1^{Cp}\cos\theta_{10}+x_2^{Cp}\sin\theta_{10}+r_1^{BC}-x_1^{Bp})^{i_G}\boldsymbol{e}_1\\+(x_2^{Cp}\cos\theta_{10}-x_1^{Cp}\sin\theta_{10}+r_2^{BC}-x_2^{Bp})^{i_G}\boldsymbol{e}_2+(x_3^{Cp}+r_3^{BC}-x_3^{Bp})^{i_G}\boldsymbol{e}_3\end{bmatrix},$$

$$\delta_{Bp}^{Cp}(\theta_{10})=\begin{bmatrix}(x_1^{Cp}\cos\theta_{10}+x_2^{Cp}\sin\theta_{10}+r_1^{BC}-x_1^{Bp})^2\\+(x_2^{Cp}\cos\theta_{10}-x_1^{Cp}\sin\theta_{10}+r_2^{BC}-x_2^{Bp})^2+(x_3^{Cp}+r_3^{BC}-x_3^{Bp})^2\end{bmatrix}^{1/2} \tag{8.3.37}$$

将式(8.3.36)、(8.3.37)代入式(8.3.35),经整理可得

$$F_{Cp}=\frac{1}{g_{Bp}^{Cp}(\theta_{10})}I_{CD}\varepsilon_C+\varphi_{Bp}^{Cp}(\theta_{10})m_{CD}g \tag{8.3.38A}$$

$$g_{Bp}^{Cp}(\theta_{10})=\delta_{Bp}^{Cp}(\theta_{10})[(x_1^{Bp}x_2^{Cp}-x_2^{Bp}x_1^{Cp})\cos\theta_{10}-(x_1^{Bp}x_1^{Cp}+x_2^{Bp}x_2^{Cp})\sin\theta_{10}] \tag{8.3.38B}$$

$$\varphi_{Bp}^{Cp}(\theta_{10})=\frac{x_1^{CD_G}\cos\theta_{10}+x_2^{CD_G}\sin\theta_{10}}{g_{Bp}^{Cp}(\theta_{10})} \tag{8.3.38C}$$

将式(8.3.33)代入式(8.3.38A),得

$$\begin{cases}\Delta F_C=F_C-\kappa_p\varphi_{Bp}^{Cp}(\theta_{10})m_{CD}g\\F_A-F_B+\zeta\dot{\delta}_{Bp}^{Cp}+\dfrac{\dot{\delta}_{Bp}^{Cp}}{|\delta_{Bp}^{Cp}|}F_{Bpf}=\kappa_p\dfrac{1}{g_{Bp}^{Cp}(\theta_{10})}I_{CD}\varepsilon_C-\Delta F_C\end{cases} \tag{8.3.39}$$

式中,κ_p 为车载炮中高平机的数量,式(8.3.39)第一式为高平机中的重力矩的平衡方程,第二式为高平机中的油缸动力驱动方程。上述两式是下一节高平机参数设计的基础。

8.3.5 高平机参数设计

8.3.5.1 高平机轴向尺寸设计

根据起落部分在最小射角 $\theta_{10\min}$ 和最大射角 $\theta_{10\max}$ 下高平机的状态,可获得高平机长度方向上的尺寸约束关系。

由式(8.3.5)可得高平机运动过程中的最大伸缩量为 $\Delta l_{\max}$,根据高平机的工作原理图 8.3.1,外筒内部腔体长度 l_C 需满足如下关系式:

$$l_C=\delta_{Bp\min}^{Cp}+\Delta l_{\max}+l_{C1}+l_{A1}+l_{B1}+l_{Cy} \tag{8.3.40}$$

其中,l_{C1} 为补偿簧被压缩后的长度;l_{A1} 为中筒活塞的厚度;l_{B1} 为内筒活塞的厚度;l_{Cy} 为外筒内部腔式的预留长度。

中筒的长度 l_A 需满足如下关系:

$$l_A=\Delta l_{\max}+l_{A1}+l_{B1}+l_{Ay} \tag{8.3.41}$$

其中,l_{Ay} 为中筒内腔的预留长度。

内筒的长度 l_B 需要满足如下关系:

$$l_B=\delta_{Bp\min}^{Cp}+\Delta l_{\max}+l_{C1}+l_{A1}+l_{B1} \tag{8.3.42A}$$

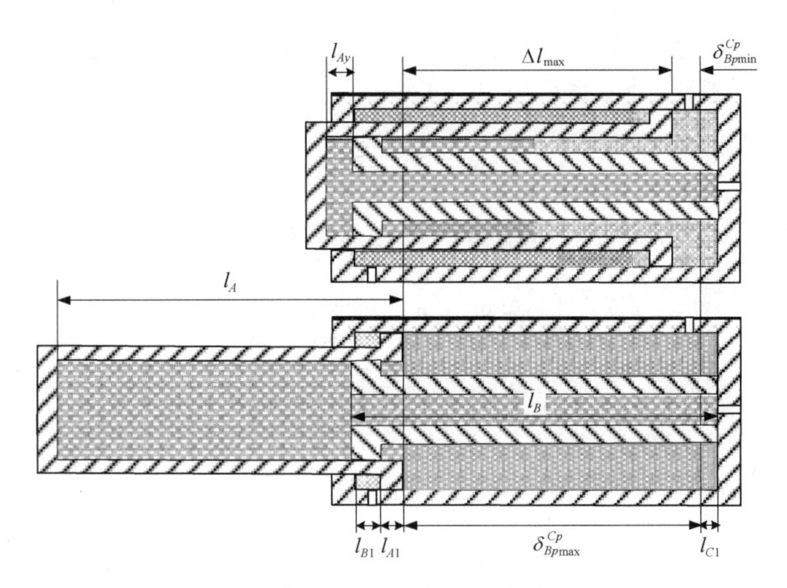

图 8.3.8　高平机轴向尺寸示意图

且有以下约束条件：

$$l_C > l_B \tag{8.3.42B}$$

8.3.5.2　高平机平衡腔参数设计

式(8.3.39)第一式给出了平衡机设计中蓄能器提供的气体弹性力与重力矩的静力平衡关系，在实际工作中，该平衡式不完全能够成立，为此将其写成增量形式：

$$\Delta F_C = F_C - \kappa_p \varphi_{Bp}^{Cp}(\theta_{10}) m_{CD} g \tag{8.3.43}$$

平衡机设计方法包括：

(1) 完全平衡。在射角范围内，不平衡力矩均等于零的工况，即式(8.3.43)中 $\Delta F_C = 0$。

(2) 三点平衡。在射角范围内，有 3 个射角处不平衡力矩为零，即在 3 个射角处式(8.3.43)中 $\Delta F_C = 0$。

(3) 两点平衡。在射角范围内，有 2 个射角处不平衡力矩为零，通常选为最大射角和最小射角附近，即在最大和最小射角处式(8.3.43)中 $\Delta F_C = 0$。

为了在任意射角条件下，尽量使 ΔF_C 的大小保持在一个较小的范围内，增加高平机控制系统的设计空间，缩小结构尺寸，通常采用两点平衡的方法来进行高平机平衡腔设计，即在最小和最大射角附近各选一点，使这两点处 $\Delta F_C = 0$。为了补偿平衡点以外的射角范围内产生的过大不平衡力矩，常在平衡腔体内增设补偿弹簧。

采用两点法，平衡点取为最大射角和最小射角附近点 θ_{10pmax} 和 θ_{10pmin}，此时平衡机的长度分别为 δ_{pmax} 和 δ_{pmin}，由式(8.3.5)可得平衡机的伸长量为 Δl_{Cpmax}。根据平衡机原理，平衡机在射角 θ_{10pmax} 时所需的平衡力最小，随着射角的减小，重力矩也随着增加。因此，射角为 θ_{10pmax} 时 C 腔的压力可设为初压 $p_C(\theta_{10pmax})$ 和初始体积 $V_C(\theta_{10pmax})$，这样可保证平衡腔始终处于压缩状态。

对于初压 $p_C(\theta_{10pmax})$ 的设计，为了便于唧筒注气，初压不应取得过高，一般允许 $p_C(\theta_{10pmax}) = 2 \sim 4$ MPa，$p_C(\theta_{10pmax})$ 大则结构紧凑，但注气比较困难。对于 C 腔初始体积

$V_{\mathrm{C}}(\theta_{10p\max})$ 的设计，在射角 $\theta_{10p\max}$ 时，由式(8.3.43)可得所需的平衡力为 $F_{\mathrm{C}}(\theta_{10p\max})$，此时 C 腔的截面积需满足如下关系：

$$S_{\mathrm{C}} = \frac{F_{\mathrm{C}}(\theta_{10p\max})}{p_{\mathrm{C}}(\theta_{10p\max})} \tag{8.3.44}$$

射角 $\theta_{10p\min}$ 时的平衡力 $F_{\mathrm{C}}(\theta_{10p\min})$ 可由式(8.3.29)给出：

$$F_{\mathrm{C}}(\theta_{10p\min}) = S_{\mathrm{C}}p_{\mathrm{C}}(\theta_{10p\max})\left(\frac{l_{C0}}{l_{C0} - \Delta l_{Cp\max}}\right)^{n_q} \tag{8.3.45}$$

其中，$\Delta l_{Cp\max}$ 为高平机处于 $\theta_{10p\min}$ 的最大压缩量，可根据起落部分在 $\theta_{10p\max}$ 和 $\theta_{10p\min}$ 的几何关系式得到。

通过式(8.3.45)，可解出 l_{C0}：

$$l_{C0} = \frac{m^{1/n_q}\Delta l_{Cp\max}}{m^{1/n_q} - 1} \tag{8.3.46}$$

其中，$m = F_{\mathrm{C}}(\theta_{10p\min})/F_{\mathrm{C}}(\theta_{10p\max})$ 为压缩比。

C 腔初始体积满足如下要求：

$$V_{\mathrm{C}}(\theta_{10p\max}) = \frac{m^{1/n_q}\Delta l_{Cp\max}}{m^{1/n_q} - 1}S_{\mathrm{C}} \tag{8.3.47}$$

假定起落部分的最小射角为 $\theta_{10} = \theta_{10\min}$，高平机的相当长度为 $l_{C\min}$，此时平衡腔所提供的平衡力为

$$F_{\mathrm{C}}(\theta_{10\min}) = S_{\mathrm{C}}p_{\mathrm{C}}(\theta_{10p\max})\left(\frac{l_{C0}}{l_{C0} - \Delta l_{C\max}}\right)^{n_q} \tag{8.3.48}$$

其中，$\Delta l_{C\max}$ 平衡机相对最大射角的相对压缩量。

由于平衡机设计的平衡点在 $\theta_{10p\min}$，此时平衡机所提供的平衡力 $F_{\mathrm{C}}(\theta_{10\min})$ 不能满足式(8.3.43)要求，即 $\Delta F_{\mathrm{C}} \neq 0$，为减小不平衡力的影响，设置补偿簧来平衡该不平衡力，由前述分析可推导出补偿簧的刚度 K_b 为

$$K_b = \frac{\Delta F_{\mathrm{C}}}{\Delta l_{C\max} - \Delta l_{Cp\max}} \tag{8.3.49}$$

外筒壁厚由其所承受的压力来决定，当 $\theta_{10} = \theta_{10\min}$ 时，高平机的压缩量最大，C 腔的压力也最大，为

$$p_{C\max} = \frac{F_{\mathrm{C}}(\theta_{10\min})}{S_{\mathrm{C}}} \tag{8.3.50}$$

8.3.5.3　高平机油缸参数设计

调炮过程，高低机提供的驱动力由式(8.3.33)、(8.3.38A)、(8.3.43)给出，由此可得

$$F_G = \kappa_p \frac{1}{g_{Bp}^{Cp}(\theta_{10})}I_{CD}\varepsilon_C \tag{8.3.51A}$$

$$F_G = F_A - F_B + \zeta \dot{\delta}_{Bp}^{Cp} + \frac{\dot{\delta}_{Bp}^{Cp}}{\left|\delta_{Bp}^{Cp}\right|} F_{Bpf} + \Delta F_C \tag{8.3.51B}$$

液压腔 A 和 B 的设计与控制调炮的运动规律有关,车载炮设计时根据系统反应时间要求,明确规定了随动系统全程调炮时间不超过 t_D 要求;同时为了考核调炮的稳定性,也明确了最小调炮速度不能大于 $[\omega_C]$ (rad/s)的设计要求。

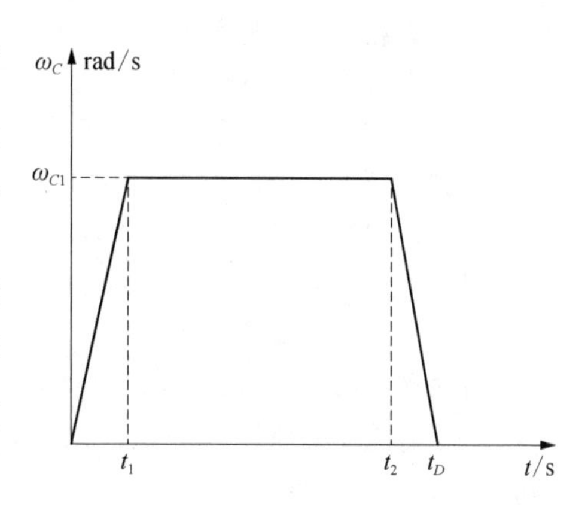

图 8.3.9　调炮运动规律

假定调炮规律如图 8.3.9 所示,在起动阶段 $[0, t_1]$,车载炮起落部分的角速度 ω_C 由零线性提高至 ω_{C1};在平稳调炮阶段 $[t_1, t_2]$,调炮角速度 ω_C 为常量 ω_{C1};在制动调炮阶段 $[t_2, t_D]$,调炮角速度 ω_{Cr} 由 ω_{C1} 线性降至零。由此可得

(1) 在 $[0, t_1]$ 段

$$\varepsilon_C = \frac{1}{t_1}\omega_{C1},\ \omega_C = \frac{\omega_{C1}}{t_1}t,\ \theta_{10} = \theta_{1a} + \frac{\omega_{C1}}{2t_1}t^2 \tag{8.3.52}$$

式中,θ_{1a} 为调炮起始射角。

(2) 在 $[t_1, t_2]$ 段

$$\varepsilon_C = 0,\ \omega_C = \omega_{C1},\ \theta_{10} = \theta_{1a} + \omega_{C1}\left(t - \frac{1}{2}t_1\right) \tag{8.3.53}$$

(3) 在 $[t_2, t_D]$ 段

$$\varepsilon_C = -\frac{1}{t_D - t_2}\omega_{C1},\ \omega_C = \omega_{C1}\left(1 - \frac{t - t_2}{t_D - t_2}\right),$$

$$\theta_{10} = \theta_{1a} + \omega_{C1}\left(t - \frac{1}{2}t_1 - \frac{(t - t_2)^2}{2t_D - t_2}\right) \tag{8.3.54}$$

在式(8.3.54)中,令 $t = t_D$,$\theta_{10} = \theta_{1b}$(调炮结束射角),因此有

$$\omega_{C1} = \frac{2(\theta_{1b} - \theta_{1a})}{t_D + t_2 - t_1} \tag{8.3.55}$$

若不考虑摩擦力的影响和重力不平衡力的影响,式(8.3.53)可改写成:

$$p_A S_A - p_B S_B = \kappa_p \frac{1}{g_{Bp}^{Cp}(\theta_{10})} I_{CD} \varepsilon_C \tag{8.3.56}$$

将式(8.3.52)~(8.3.54)代入上式,得

$$p_A S_A - p_B S_B = \kappa_p \frac{2I_{CD}(\theta_{1b} - \theta_{1a})}{(t_D + t_2 - t_1) g_{Bp}^{Cp}(\theta_{10})} \begin{cases} \dfrac{1}{t_1}, & 0 \leqslant t \leqslant t_1 \\ 0, & t_1 \leqslant t \leqslant t_2 \\ -\dfrac{1}{t_D - t_2}, & t_2 \leqslant t \leqslant t_D \end{cases} \tag{8.3.57}$$

假定在身管射角增大过程中，$p_{\mathrm{B}}=0$，A 腔的油液压力一般选择为 $p_{\mathrm{A}} \leqslant 13$ MPa，由式(8.3.58)可确定 S_{A}，由式(8.3.6)可确定中筒的内径 $D_A=\sqrt{4S_{\mathrm{A}}/\pi}$。根据 A 腔的最大压力 p_{Amax} 和压杆稳定性，确定中筒的壁厚 δ_A，由此可得中筒的外径 d_A。

假定在身管射角降低过程中，$p_{\mathrm{A}}=0$，B 腔的油液压力一般选择为 $p_B \leqslant 13$ MPa，由式(8.3.58)可确定 S_{B}，由式(8.3.6)可确定外筒内径 D_C。

根据式(8.3.44)给出的 S_{C}，由式(8.3.6)可确定 d_B。

再由作用在内筒内外壁上的压力，由强度设计可确定其内筒的壁厚 δ_B，由此得到内筒的内径 D_B。

8.3.5.4　蓄能器参数设计

蓄能器的内径 D_P 是可供选择的，因此是已知的。

对于蓄能器外筒设计来说，与其内径 D_P 相比，壁厚 δ_P 较小，一般按厚壁圆筒计算($\delta_P/D_P > 10$)，可得

$$\delta_P \geqslant \frac{D_P}{2}\left(\sqrt{\frac{[\sigma]+0.4p_{C\max}}{[\sigma]-1.3p_{C\max}}}-1\right) \tag{8.3.58}$$

式中，$[\sigma]$ 为蓄能器筒材料的许用应力(MPa)；$[\sigma]=\sigma_b/n$，σ_b 为材料的抗拉强度极限；n 为安全系统，与载荷情况相关，对交变不对称载荷，通常取 $n=5$。

同时，蓄能器腔体的体积还需满足气体体积的要求，即

$$\frac{\pi D_P^2 l_P}{4} > n_1 V_C(\theta_{10\max}) \tag{8.3.59}$$

式中，n_1 为缸体的放大系数。

由此确定 l_P：

$$l_P > \frac{4}{\pi D_P^2} n_1 V_C(\theta_{10\max}) \tag{8.3.60}$$

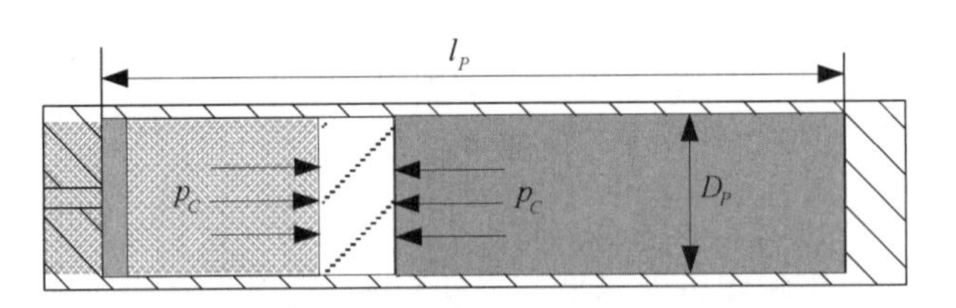

图 8.3.10　蓄能器结构尺寸

8.4　底盘载荷分离设计

8.4.1　概述

车载炮发射的载荷经反后坐装置(或前冲装置)、高平机等结构缓冲后，通过座圈连

接座传递到车载炮的底盘上,连接座安装在底盘的大梁上,若这些载荷通过底盘大梁经底盘轮桥系统传递到地面,则轮桥结构将承受发射缓冲载荷的作用。由于发射缓冲载荷远远超出底盘的承受载荷,因此发射缓冲载荷势必会造成底盘轮桥和行驶机构的强度失效,导致行驶机动性和可靠性下降。

若发射缓冲载荷不经轮桥,而是通过安装在大梁上的连接座,经与其相连的座盘、大架,与大梁直接相连的千斤顶等结构传递到地面上,则避免了底盘轮桥直接承受发射缓冲载荷,会提高底盘的行驶可靠性,增强了底盘的机动性,这一工况可直接通过结构设计就能实现。但过分强调不让轮胎受力,从结构设计的角度来看,必然会增加地面接触点与底盘大梁间的高度,由此又影响火线高和操作的人机环。同时车载炮野外使用的土壤环境千变万化,当遇到砂土这样的极端柔软的土壤工况时,车载炮与地面接触部分会整体塌陷下去,此时轮胎就会受力,该力又反向传递到轮桥,影响轮桥工作的可靠性。从提高系统发射稳定性能的角度来看,发射过程中让轮胎适当的受力对提高系统稳定性是有好处的。

总之,如何掌握一个适当度,让轮胎适当承受一些发射载荷,既提高射击稳定性,又确保该载荷又不影响底盘行驶的可靠性和机动性,是车载炮载荷分离设计要解决的问题,本节将对此加以讨论。

8.4.2 载荷分离设计的基本原理

如图 8.4.1 所示,上架部分通过座圈安装在连接座上,连接座通过一体化设计与底盘车架纵梁相连接,大架(驻锄)、座盘安装在连接座上,千斤顶安装在与底盘车架纵梁相连接的辅助支架上;采用具备双向锁止功能的双横臂油气弹簧独立悬挂,车轮通过上、下悬挂摆臂连接在车架纵梁上,构成四连杆运动机构;油气弹簧下端与悬挂下摆臂连接,上端与车架纵梁相连,通过油气弹簧车轮与车架弹性连接,其垂直载荷通过悬挂摆臂、油气弹簧传递到车架上。油气弹簧伸缩状态可以主动控制,当油气弹簧伸长时,由于轮胎与地面的约束,推动车架平面上升;反之,弹簧收缩,车架平面下降。当油气弹簧双向刚性闭锁时,连接车轮与车架的四连杆机构刚性锁止,悬挂簧下质量与整炮其他质量固连在一起,形成一个没有相对运动的整体。

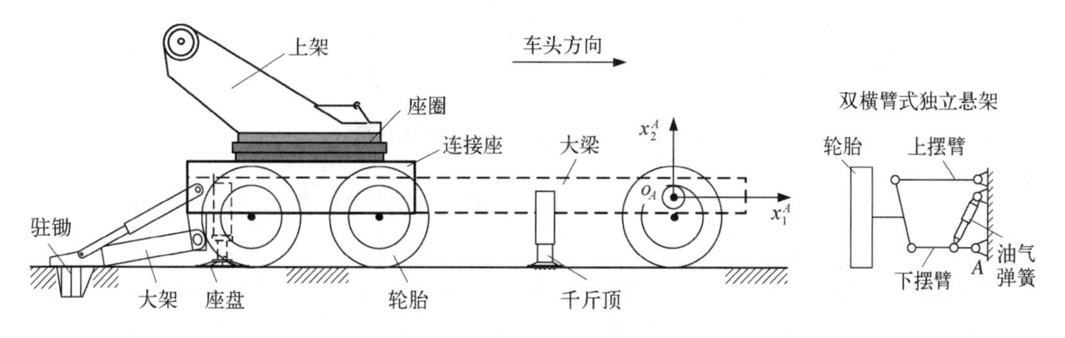

图 8.4.1 底盘与上架装配结构图

假定将车载炮划分成底盘(A)、上架(B)、摇架(C)和后坐部分(D)四大部分,部件 $I(I=A, B, C, D)$ 的质心和质量分别记为 o_{I_G} 和 m_I。图 8.4.2 为底盘上安装了千斤顶、座盘和大架(驻锄)的结构示意图;右千斤顶、左千斤顶与地面的接触点分别记为 O_{Aa1}^L、O_{Aa2}^L,

与大梁连接点分别记为 O_{Aa1}^U、O_{Aa2}^U；座盘与地面的接触点记为 O_{Aa3}^L，与连接座的连接点记为 O_{Aa3}^U；右、左大架(驻锄)与地面的接触中心为 O_{Aa4}^L、O_{Aa5}^L，与连接座连接点分别记为 O_{Aa4}^U、O_{Aa5}^U。前右、前左、中右、中左、后右、后左轮胎与地面接触点分布记为 $O_{Ai}^L(i=1, 2, \cdots, 6)$，车轮圆心点分别记为 $O_{Ai}^U(i=1, 2, \cdots, 6)$。

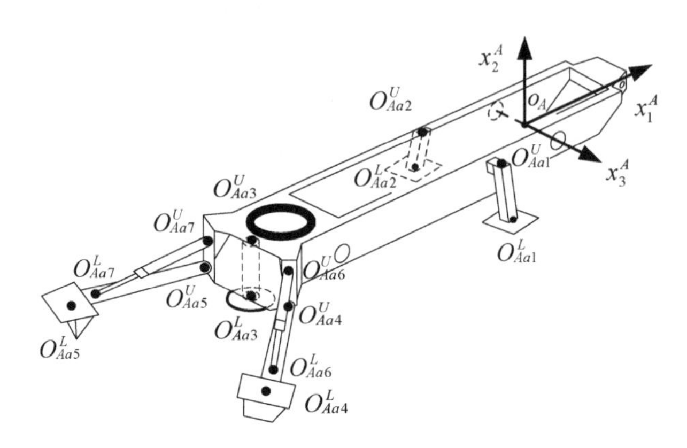

图 8.4.2　载荷作用点命名图

图 8.4.3 给出了发射时作用在车载炮上的外力。千斤顶、座盘和大架(驻锄)与地面的接触力记为 $\boldsymbol{F}_{Aai}(i=1, 2, \cdots, 5)$；前、中、后轮胎与地面的接触力记为 $\boldsymbol{F}_{Ai}(i=1, 2, \cdots, 6)$。

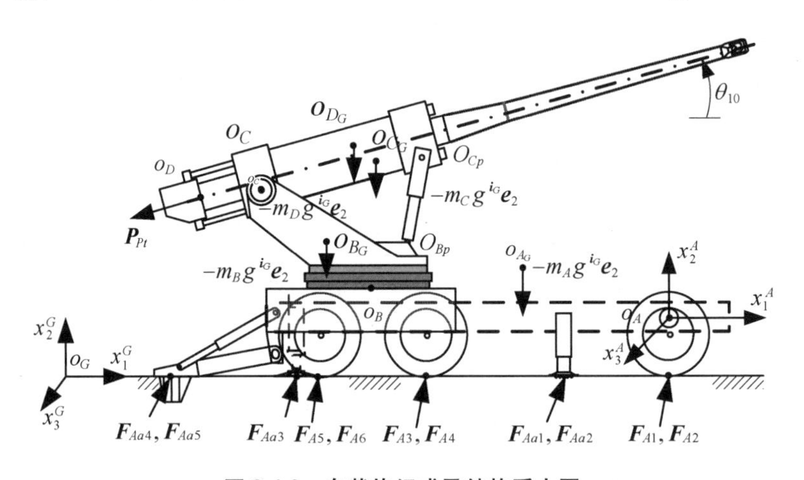

图 8.4.3　车载炮组成及结构受力图

假定发射过程中部件 $I(I=A, B, C, D)$ 为刚体，部件间根据实际连接条件确定相应的约束关系。根据火炮发射动力学原理，可建立系统各部件运动微分方程，并施以各主动力、边界条件和初始条件，通过求解系统运动微分方程，在满足相应的约束条件下，即可求得底盘与地面的接触反力 $\boldsymbol{F}_{Aai}(i=1, 2, \cdots, 5)$、$\boldsymbol{F}_{Ai}(i=1, 2, \cdots, 6)$。假定底盘所有轮桥的许允载荷均相同，记为 $[F_{A_Q}]$，若单个轮桥在 $[F_{A_Q}]$ 作用下，轮胎与地面的作用力记为 $[F_A]$，通过优化设计千斤顶、座盘、大架(驻锄)的结构特性，与底盘的安装位置等，使发射过程中地面对轮胎的作用力 $\boldsymbol{F}_{Ai}(i=1, 2, \cdots, 6)$ 满足以下条件：

$$n_A \|\boldsymbol{F}_{Ai}\| \leqslant [F_A], i=1, 2, \cdots, 6 \tag{8.4.1}$$

式中，n_A 为安全系数。

式(8.4.1)是通过限制发射过程中作用在轮桥上的载荷不超过允许载荷来满足底盘轮桥系统的强度和可靠性要求，由于千斤顶、座盘、大架(驻锄)的承载能力远远大于轮桥的承载能力，为了确保车载炮行驶机动性和可靠性不受射击载荷的影响，并与底盘具有相同的量级，这就要求车载炮在发射过程中底盘轮桥系统尽可能不受发射载荷的影响，由此得到以下更加严格的约束条件：

$$F_A = \sum_{i=1}^{6} \rho_i \| \boldsymbol{F}_{Ai} \| \leqslant k_A [F_A] \tag{8.4.2}$$

式中，ρ_i 为前、中、后桥载荷的加权系数；k_A 为与地面接触工况条件下有关的系数，如硬质地面 $k_A = 0.1 \sim 0.2$，松软地面 $k_A = 0.8 \sim 0.9$，一般地面 $k_A = 0.3 \sim 0.7$。

可见，发射载荷分离的基本原理是通过对千斤顶、座盘、大架(驻锄)的性能、结构优化和安装位置的优化，使发射过程中作用在轮胎上的载荷满足式(8.4.2)，从而确保车载炮与底盘具有相同的量级行驶机动性和可靠性。

8.4.3 动力学方程的建立

8.4.3.1 基本约定

以系统总装配图为基准，该基准没有考虑系统自重引起的静态变形。建立地面惯性坐标系 $o_G - x_1^G x_2^G x_3^G$，记为 $\boldsymbol{i}_G$，单位基矢量为 ${}^{i_G}\boldsymbol{e}_j (j = 1, 2, 3)$；固连在车载炮底盘、上架、摇架和后坐部分的局部坐标系分别记为 $o_I - x_1^I x_2^I x_3^I (I = A, B, C, D)$，记为 $\boldsymbol{i}_I$，其中 o_I 分别位于底盘前桥中心、上架座圈下平面中心、摇架耳轴中心和炮尾前端面与身管轴线交点，单位基矢量为 ${}^{i_I}\boldsymbol{e}_j (j = 1, 2, 3)$；千斤顶、座盘、大架(驻锄)在底盘大梁和连接座上的安装位置，与地面的接触点位置的名称、在 $\boldsymbol{i}_A$ 下的位置矢量等示性参数如表 8.4.1 所示。

表 8.4.1 装配位置示性参数

序号	位置名称	符号	位置矢量	序号	位置名称	符号	位置矢量
1	前右轮胎中心	O_{A1}^U	$\boldsymbol{x}_{A1}^U$	9	后右轮胎中心	O_{A5}^U	$\boldsymbol{x}_{A5}^U$
2	前右轮胎与地面接触点	O_{A1}^L	$\boldsymbol{x}_{A1}^L$	10	后右轮胎与地面接触点	O_{A5}^L	$\boldsymbol{x}_{A5}^L$
3	前左轮胎中心	O_{A2}^U	$\boldsymbol{x}_{A2}^U$	11	后左轮胎中心	O_{A6}^U	$\boldsymbol{x}_{A6}^U$
4	前左轮胎与地面接触点	O_{A2}^L	$\boldsymbol{x}_{A2}^L$	12	后左轮胎与地面接触点	O_{A6}^L	$\boldsymbol{x}_{A6}^L$
5	中右轮胎中心	O_{A3}^U	x_{A3}^U	13	右千斤顶上安装位置点	O_{Aa1}^U	$\boldsymbol{x}_{Aa1}^U$
6	中右轮胎与地面接触点	O_{A3}^L	$\boldsymbol{x}_{A3}^L$	14	右千斤顶与地面接触点	O_{Aa1}^L	$\boldsymbol{x}_{Aa1}^L$
7	中左轮胎中心	O_{A4}^U	$\boldsymbol{x}_{A4}^U$	15	左千斤顶上安装位置点	O_{Aa2}^U	$\boldsymbol{x}_{Aa2}^U$
8	中左轮胎与地面接触点	O_{A4}^L	$\boldsymbol{x}_{A4}^L$	16	左千斤顶与地面接触点	O_{Aa2}^L	$\boldsymbol{x}_{Aa2}^L$

续　表

序号	位置名称	符号	位置矢量	序号	位置名称	符号	位置矢量
17	座盘与连接座连接点	O_{Aa3}^{U}	$\boldsymbol{x}_{Aa3}^{U}$	22	左驻锄与地面接触点	O_{Aa5}^{L}	$\boldsymbol{x}_{Aa5}^{L}$
18	座盘与地面接触点	O_{Aa3}^{L}	$\boldsymbol{x}_{Aa3}^{L}$	23	右油缸与连接座连接点	O_{Aa6}^{U}	$\boldsymbol{x}_{Aa6}^{U}$
19	右驻锄与连接座连接点	O_{Aa4}^{U}	$\boldsymbol{x}_{Aa4}^{U}$	24	右油缸与大架连接点	O_{Aa6}^{L}	$\boldsymbol{x}_{Aa6}^{L}$
20	右驻锄与地面接触点	O_{Aa4}^{L}	$\boldsymbol{x}_{Aa4}^{L}$	25	左油缸与连接座连接点	O_{Aa7}^{U}	$\boldsymbol{x}_{Aa7}^{U}$
21	左驻锄与连接座连接点	O_{Aa5}^{U}	$\boldsymbol{x}_{Aa5}^{U}$	26	左油缸与大架连接点	O_{Aa7}^{L}	$\boldsymbol{x}_{Aa7}^{L}$

记 $\boldsymbol{r}_I$、$\dot{\boldsymbol{r}}_I$、$\ddot{\boldsymbol{r}}_I(I=A, B, C, D)$ 分别为部件 I 上局部坐标系原点 o_I 相对惯性坐标系 $\boldsymbol{i}_G$ 原点 o_G 的位置矢量、线速度和线加速度，ω_I 和 $\dot{\omega}_I$ 分别为部件 I 的绝对角速度和角加速度；记 $\dot{\boldsymbol{S}}_I=\{\boldsymbol{\omega}_I^{\mathrm{T}}, \dot{\boldsymbol{r}}_I^{\mathrm{T}}\}^{\mathrm{T}}$,$\ddot{\boldsymbol{S}}_I=\{\dot{\boldsymbol{\omega}}_I^{\mathrm{T}}, \ddot{\boldsymbol{r}}_I^{\mathrm{T}}\}^{\mathrm{T}}$;$\boldsymbol{r}_{IJ}$、$\dot{\boldsymbol{r}}_{IJ}$、$\ddot{\boldsymbol{r}}_{IJ}$ 分别为部件 $J(J=B, C, D)$ 上局部坐标系原点 o_J 相对于部件 I 上局部坐标系原点 o_I 的位置矢量、线速度和线加速度；$\boldsymbol{\omega}_{IJ}$、$\dot{\boldsymbol{\omega}}_{IJ}$ 分别为部件 J 相对于部件 I 的角速度和角加速度；记 $\dot{\boldsymbol{s}}_J=\{\boldsymbol{\omega}_{IJ}^{\mathrm{T}} \quad \dot{\boldsymbol{r}}_{IJ}^{\mathrm{T}}\}^{\mathrm{T}}$ 和 $\ddot{\boldsymbol{s}}_J=\{\dot{\boldsymbol{\omega}}_{IJ}^{\mathrm{T}} \quad \ddot{\boldsymbol{r}}_{IJ}^{\mathrm{T}}\}^{\mathrm{T}}$。

8.4.3.2　*系统动力学方程建立*

6.5 节给出了系统的运动学方程为

$$\dot{\boldsymbol{S}}=\boldsymbol{H}\dot{\boldsymbol{s}}, \boldsymbol{H}=\boldsymbol{H}_1^{-1}\boldsymbol{H}_2, \boldsymbol{H}_1=\boldsymbol{H}_2-\boldsymbol{H}_3 \tag{8.4.3}$$

其中，

$$\dot{\boldsymbol{S}}=\{\dot{\boldsymbol{S}}_A^{\mathrm{T}} \quad \dot{\boldsymbol{S}}_B^{\mathrm{T}} \quad \dot{\boldsymbol{S}}_C^{\mathrm{T}} \quad \dot{\boldsymbol{S}}_D^{\mathrm{T}}\}^{\mathrm{T}}, \ \dot{\boldsymbol{s}}=\{\dot{\boldsymbol{s}}_A^{\mathrm{T}} \quad \dot{\boldsymbol{s}}_B^{\mathrm{T}} \quad \dot{\boldsymbol{s}}_C^{\mathrm{T}} \quad \dot{\boldsymbol{s}}_D^{\mathrm{T}}\}^{\mathrm{T}},$$

$$\boldsymbol{H}_2=\begin{bmatrix} \boldsymbol{B}_A & \boldsymbol{0}_{3\times3} & \boldsymbol{0}_{3\times3} & \boldsymbol{0}_{3\times3} \\ \boldsymbol{0}_{3\times3} & \boldsymbol{B}_B & \boldsymbol{0}_{3\times3} & \boldsymbol{0}_{3\times3} \\ \boldsymbol{0}_{3\times3} & \boldsymbol{0}_{3\times3} & \boldsymbol{B}_C & \boldsymbol{0}_{3\times3} \\ \boldsymbol{0}_{3\times3} & \boldsymbol{0}_{3\times3} & \boldsymbol{0}_{3\times3} & \boldsymbol{B}_D \end{bmatrix}, \ \boldsymbol{H}_3=\begin{bmatrix} \boldsymbol{0}_{3\times3} & \boldsymbol{0}_{3\times3} & \boldsymbol{0}_{3\times3} & \boldsymbol{0}_{3\times3} \\ \boldsymbol{T}_A & \boldsymbol{0}_{3\times3} & \boldsymbol{0}_{3\times3} & \boldsymbol{0}_{3\times3} \\ \boldsymbol{0}_{3\times3} & \boldsymbol{T}_B & \boldsymbol{0}_{3\times3} & \boldsymbol{0}_{3\times3} \\ \boldsymbol{0}_{3\times3} & \boldsymbol{0}_{3\times3} & \boldsymbol{T}_C & \boldsymbol{0}_{3\times3} \end{bmatrix} \tag{8.4.4}$$

对式(8.4.3)第一式求时间导数得

$$\ddot{\boldsymbol{S}}=\boldsymbol{H}\ddot{\boldsymbol{s}}+\dot{\boldsymbol{H}}\dot{\boldsymbol{s}} \tag{8.4.5}$$

根据虚功率原理，在不考虑额外约束的情况下，经详细推导可得系统动力学方程为

$$\boldsymbol{M}\ddot{\boldsymbol{s}}+\boldsymbol{C}\dot{\boldsymbol{s}}=\boldsymbol{F} \tag{8.4.6}$$

其中，

$$\boldsymbol{M}=\int_{\Omega}\rho\,(\boldsymbol{H}_3\boldsymbol{H}+\boldsymbol{H}_2)^{\mathrm{T}}(\boldsymbol{H}_3\boldsymbol{H}+\boldsymbol{H}_2)\,\mathrm{d}\Omega \tag{8.4.7}$$

$$\boldsymbol{C}=\int_{\Omega}\rho\,(\boldsymbol{H}_3\boldsymbol{H}+\boldsymbol{H}_2)^{\mathrm{T}}(\boldsymbol{H}_3\dot{\boldsymbol{H}}+\dot{\boldsymbol{H}}_3\boldsymbol{H}+\dot{\boldsymbol{H}}_2)\,\mathrm{d}\Omega \tag{8.4.8}$$

$$\boldsymbol{F}=\int_{\Omega}(\boldsymbol{H}_3\boldsymbol{H}+\boldsymbol{H}_2)^{\mathrm{T}}f\mathrm{d}\Omega+\int_{\Gamma}(\boldsymbol{H}_3\boldsymbol{H}+\boldsymbol{H}_2)^{\mathrm{T}}\bar{f}\mathrm{d}\Gamma \tag{8.4.9}$$

式(8.4.7) ~ (8.4.9)中,Ω 为整个火炮系统的体积域;Γ 为系统中面载荷的作用区域;ρ 为系统的质量密度,是积分点位置的函数;f、$\bar{f}$ 分别表示系统的体积载荷和面积载荷,注意到集中载荷是可以用体积或面积载荷来表达的。

假定系统中还存在有额外的约束,其位移、速度和加速度约束方程可写成如下形式:

$$\boldsymbol{\Phi}(\boldsymbol{s},\ t) = \boldsymbol{0} \tag{8.4.10}$$

$$\dot{\boldsymbol{\Phi}} = \frac{\partial \boldsymbol{\Phi}}{\partial \boldsymbol{s}}\dot{\boldsymbol{s}} + \frac{\partial \boldsymbol{\Phi}}{\partial t} \triangleq \boldsymbol{\Phi}_s\dot{\boldsymbol{s}} + \boldsymbol{\Phi}_t = \boldsymbol{0} \tag{8.4.11}$$

$$\ddot{\boldsymbol{\Phi}} = \boldsymbol{\Phi}_s(\boldsymbol{s},\ t)\ddot{\boldsymbol{s}} + \dot{\boldsymbol{\Phi}}_s(\boldsymbol{s},\ t)\boldsymbol{s} + \dot{\boldsymbol{\Phi}}_t = \boldsymbol{0} \tag{8.4.12}$$

即

$$\boldsymbol{\Phi}_s(\boldsymbol{s},\ t)\dot{\boldsymbol{s}} = -\boldsymbol{\Phi}_t \equiv \mathbf{b} \tag{8.4.13}$$

$$\boldsymbol{\Phi}_s(\boldsymbol{s},\ t)\ddot{\boldsymbol{s}} = -\dot{\boldsymbol{\Phi}}_s(\boldsymbol{s},\ t)\dot{\boldsymbol{s}} - \dot{\boldsymbol{\Phi}}_t \equiv \boldsymbol{c} \tag{8.4.14}$$

将式(8.4.6)和式(8.4.14)联立,引入拉格朗日乘子 $\boldsymbol{\lambda}$,可得含有额外约束的车载炮动力学控制方程:

$$\begin{bmatrix} \boldsymbol{M} & \boldsymbol{\Phi}_s^{\mathrm{T}} \\ \boldsymbol{\Phi}_s & 0 \end{bmatrix} \begin{Bmatrix} \ddot{\boldsymbol{s}} \\ \boldsymbol{\lambda} \end{Bmatrix} = \begin{Bmatrix} \boldsymbol{q} \\ \boldsymbol{c} \end{Bmatrix} \tag{8.4.15}$$

其中,广义力 $\boldsymbol{q} = \boldsymbol{F} - \boldsymbol{C}\dot{\boldsymbol{s}}$。

8.4.3.3 接触边界条件

1) 土壤接触模型

底盘上千斤顶、座盘、大架(驻锄)与土壤接触,需要建立接触边界条件。钱林方等(2020b)给出了作用面积为 A_A 的座钣与土壤接触时,作用在座钣上载荷 $\boldsymbol{F}_A(\boldsymbol{k}_A,\ \boldsymbol{u}_A,\ \dot{\boldsymbol{u}}_A)$ 的变化规律如下。

加载:

$$\boldsymbol{F}_A(\boldsymbol{k}_A,\ \boldsymbol{u}_A,\ \dot{\boldsymbol{u}}_A) = -\left(\frac{k_c}{b} + k_\varphi\right) z^{n_t} A_A(\boldsymbol{n}_A + \mu(\dot{u}_t)\operatorname{sign}(\dot{u}_t)\boldsymbol{t}_A) \tag{8.4.16A}$$

卸载:

$$\boldsymbol{F}_A(\boldsymbol{k}_A,\ \boldsymbol{u}_A,\ \dot{\boldsymbol{u}}_A) = -A_A[p_{\max} - (k_0 + k_u z_{\max})(z_{\max} - z)][\boldsymbol{n}_A + \mu(\dot{u}_t)\operatorname{sign}(\dot{u}_t)\boldsymbol{t}_A] \tag{8.4.16B}$$

式中,$\boldsymbol{n}_A$、$\boldsymbol{t}_A$ 分别为接触面法向、切向速度的单位矢量;$\dot{u}_t$ 为面内切向速度;k_c 是反映土壤附着特征的模量($\mathrm{kN/m^{(n+1)}}$);k_φ 是反映土壤摩擦特征的模量($\mathrm{kN/m^{(n+2)}}$);z 为座钣对土壤的压缩量(m);n_t 为土壤变形指数;b 为座钣两个方向上的最小尺寸(m),若座钣是圆形结构,则 b 为半径,若座钣是矩形,则 b 为较小边长度;$p_{\max}$($\mathrm{kN/m^2}$)和 $z_{\max}$(m)分别为卸载开始时的压力和土壤下沉量;$(k_0 + k_u z_{\max})$ 则是卸载阶段的平均模量,k_0 和 k_u 分别为土壤的特征参数,可通过试验确定,上述参数见表 8.4.2。从表中可以看出,不同土壤工况,参数的变化范围非常大。

表 8.4.2　典型土壤的特征参数

参　数	松沙土	干　沙	沙　土	软　土	黏　土	LETE 沙土
n_t	1.6	1.1	0.2	0.8	0.5	0.793
k_c	225.14	0.95	4.4	18.54	13.19	102
k_φ	2 216	1 528.43	196.15	911.4	692.15	5 301
k_o	0	—	—	0	—	0
k_u	503 000	—	—	86 000	—	50 300

假定千斤顶、座盘、大架(驻锄)中的某一结构,在底盘上的安装位置点坐标为 $\boldsymbol{x}_A^U$,与地面接触点的位置坐标为 $\boldsymbol{x}_A^L$;射击前,系统处于静态平衡状态,相对于总装配图上的零位状态,系统在自重作用下土壤发生静态变形,导致 $\boldsymbol{i}_A$ 原点 o_A 处的静态变形为 $\boldsymbol{r}_A(0)$、$\boldsymbol{\beta}_A(0)$,点 $\boldsymbol{x}_A^L$ 的静态变形 $\boldsymbol{u}_A^L(0)$ 为

$$\boldsymbol{u}_A^L(0) = \boldsymbol{r}_A(0) + \boldsymbol{\beta}_A(0) \times \boldsymbol{x}_A^L \tag{8.4.17}$$

点 $\boldsymbol{x}_A^L$ 处的作用力可以写成如下的一般表达式:

$$\boldsymbol{F}_A = \boldsymbol{F}_A(0) + \boldsymbol{F}_A(\boldsymbol{k}_A, \boldsymbol{u}_A^L, \dot{\boldsymbol{u}}_A^L) \tag{8.4.18}$$

其中,

$$\boldsymbol{u}_A^L = \boldsymbol{r}_A + \boldsymbol{\beta}_A \times \boldsymbol{x}_A^L \tag{8.4.19}$$

$$\dot{\boldsymbol{u}}_A^L = \dot{\boldsymbol{r}}_A + \boldsymbol{\omega}_A \times \boldsymbol{x}_A^L \tag{8.4.20}$$

由此可得

$$\boldsymbol{u}_A = [\boldsymbol{\beta}_A(t) - \boldsymbol{\beta}_A(0)] \times \boldsymbol{x}_A^L, z = \|\boldsymbol{u}_A\|, \ \boldsymbol{n}_A = \frac{\boldsymbol{x}_A^U - \boldsymbol{x}_A^L}{\|\boldsymbol{x}_A^U - \boldsymbol{x}_A^L\|} \tag{8.4.21}$$

$$\dot{\boldsymbol{u}}_A = \boldsymbol{\omega}_A(t) \times \boldsymbol{x}_A^L = \dot{\boldsymbol{u}}_t^A + \dot{\boldsymbol{u}}_n^A, \ \dot{\boldsymbol{u}}_n^A = (\dot{\boldsymbol{u}}_A \cdot \boldsymbol{n}_A)\boldsymbol{n}_A,$$

$$\dot{\boldsymbol{u}}_t^A = \dot{\boldsymbol{u}}_A - \dot{\boldsymbol{u}}_n^A, \ \dot{\boldsymbol{u}}_t = \|\dot{\boldsymbol{u}}_t^A\|, \boldsymbol{t}_A = \frac{\dot{\boldsymbol{u}}_t^A}{\dot{\boldsymbol{u}}_t} \tag{8.4.22}$$

将式(8.4.17)~(8.4.22)代入式(8.4.16)即可得到千斤顶、座盘、大架(驻锄)与地面间的接触载荷,由此得到接触载荷与底盘角位移和角速度之间的映射关系。

2) 轮胎模型

在火炮发射过程中,车体悬挂锁定,轮胎处于制动状态,主要承受垂向载荷和摩擦力。采用基于理论解析轮胎侧偏特性的 Fiala 弹性圆环模型,在只需要少量的几个参数的情况下,就有非常好的精度。

模型基于假设轮胎与地面的接触印记为矩形,且印记内压力均匀分布;纵向滑移和横向滑移分开考虑;外倾角对轮胎力没有影响。

Fiala 轮胎模型如图 8.4.4 所示,刚性圆板 D 为车轮车辋部分;弹簧 C 为轮胎胎体部分,所产生的力与径向 Z 和侧向 Y 位移成比例;圆环状梁 B 在子午线轮胎中相当于带束部分,在斜交轮胎中相当于缓冲层,由弹簧 C 支撑;在圆环状梁外侧有弹性体 T,相当于胎面橡胶部。

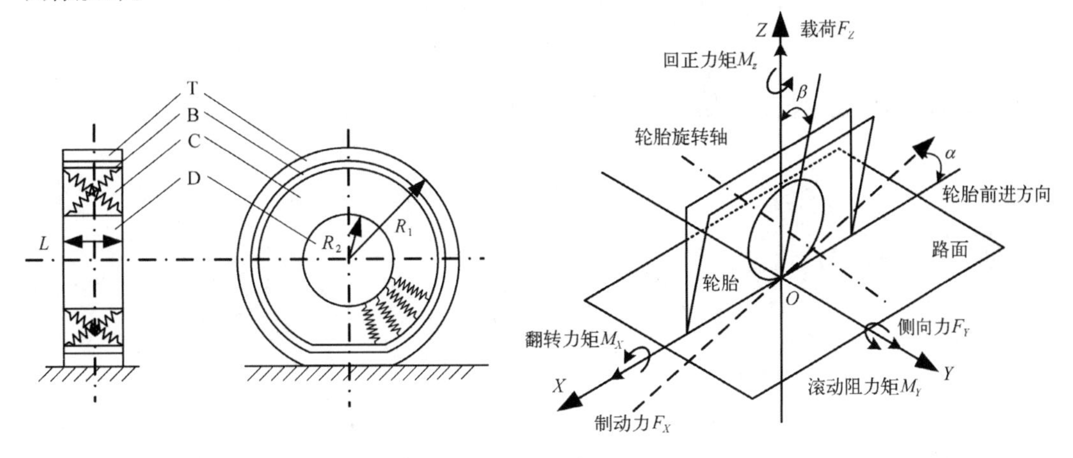

图 8.4.4　Fiala 模型化轮胎　　　　**图 8.4.5　轮胎坐标系及受到的力和力矩**

建立轮胎坐标系如图 8.4.5 所示,轮胎的中心面与路面交线为 X 轴。经过轮胎旋转轴并与路面垂直的平面,它与路面的交线为 Y 轴。X、Y 轴的交点为原点 O,Z 轴通过原点垂直地面向上。轮胎运动方向与 X 轴夹角为侧偏角 α,轮胎中心面与 XOZ 夹角为外倾角 β。轮胎在水平路面行驶时受力如图 8.4.5 所示。

Fiala 模型中的参数包括:自由半径 R_1、胎冠宽 L、内径 R_2、高宽比 $n = R_2/L$、动摩擦系数 $\mu_{\min}$、静摩擦系数 $\mu_{\max}$、纵向滑移刚度 K_x、侧偏刚度 K_y、垂向刚度 K_z 和垂向阻尼 D_z。当轮胎与平面接触时,产生的垂向力 F_z 与穿透位移 δ 和穿透速度 $\dot{\delta}$ 相关:

$$F_z = K_z\delta^n + D_z\dot{\delta} \tag{8.4.23}$$

火炮发射时,轮胎处于锁定状态,轮胎与地面只存在滑动,轮胎相对地面的速度为 V 可分解为轮胎纵向滑移速度 V_{sx} 和轮胎侧向滑移速度 V_{sy},如图 8.4.6 所示。

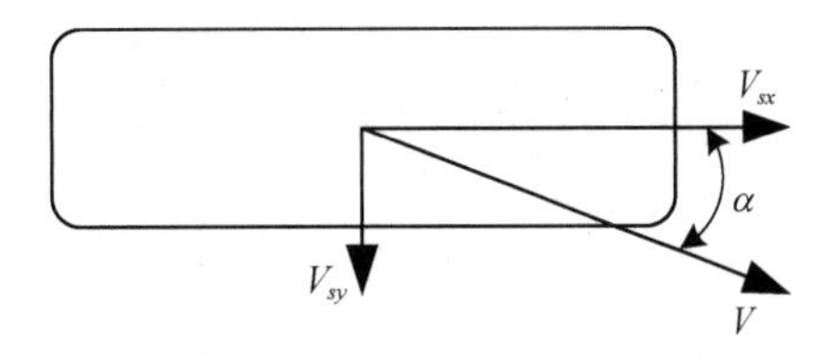

图 8.4.6　轮胎速度分解

定义纵向滑移率 $S_x = -V_{sx}/V\cos\alpha$,侧向滑移率 $S_y = V_{sy}/|V\cos\alpha|$。Fiala 模型中纵向力 F_x、侧向力 F_y、正力矩 M_z 由摩擦系数 μ(纯滑移时取为 $\mu_{\min}$)、轮胎垂直载荷 F_z、滑移率(S_x、S_y),纵向滑移刚度 K_x,侧偏刚度 K_y 决定。

定义临界参数:$S_c = \left|\dfrac{\mu F_z}{2K_x}\right|$,Fiala 模型纵向力 F_x 表达式如下:

$$F_x = \begin{cases} K_x S_x, & |S_x| \leqslant S_c \\ \operatorname{sign}(S_x)\left(|\mu F_z| - \dfrac{(\mu F_z)^2}{4|S_x|K_x}\right), & |S_x| > S_c \end{cases} \tag{8.4.24}$$

定义临界参数 $\alpha_c = \arctan\left(\dfrac{3\mu|F_z|}{K_y}\right)$。

Fiala 模型中侧向力 F_y 表达式为

$$F_y = \begin{cases} -\mu|F_z|(1-H^3)\operatorname{sign}(\alpha), & |\alpha| \leqslant \alpha_c \\ -\mu|F_z|\operatorname{sign}(\alpha), & |\alpha| > \alpha_c \end{cases} \tag{8.4.25}$$

式中，a 为轮胎印记半长，H 表达式如下：

$$H = 1 - \frac{K_y|S_y|}{3\mu|F_z|} \tag{8.4.26}$$

回正力矩 M_z 表达式为

$$M_z = \begin{cases} \mu|F_z|a(1-H)H^3\operatorname{sign}(\alpha), & |\alpha| \leqslant \alpha_c \\ 0, & |\alpha| > \alpha_c \end{cases} \tag{8.4.27}$$

8.4.3.4 放列协调条件

车载炮的放列顺序如图 8.4.7 所示，车载炮到指定位置进行放列，此时在重力作用下轮胎变形，可计算得到坐标系 i_A 原点 o_A 距地面的高度 h_L，根据装配关系亦可得到大梁中心线距点 o_A 的高度 h_B；收缩油气弹簧油缸、降低油气悬架，使车载炮大梁及以上部分下降 h_X，然后闭锁油气弹簧油缸，使上下摆臂与油气弹簧形成刚性机构固连在大梁上；而后放下千斤顶和座盘，若放列过程中某油缸的压力达到某一阈值 $[p]$ 时就停止该油缸工作，并截止油路、闭锁油缸，此时点 o_A 又提升了 h_A；最后全行程放列大架（驻锄），得到驻锄的高度为 h_C，由此得到驻锄与地面接触点为 O_{Aa4}^L、O_{Aa5}^L，点 $O_{Aa4}^L O_{Aa5}^L$ 连线的中点为地面坐标系的原点 o_G，由此建立地面惯性坐标系 $\boldsymbol{i}_G$。

由于实际地面高不平整，因此需要考虑每个放列结构的放列情况，并满足位移协调条件。记 6 个轮胎圆心距地面的高度为 $h_{Li}(i=1, 2, \cdots, 6)$，6 个油气弹簧使车载炮大梁及

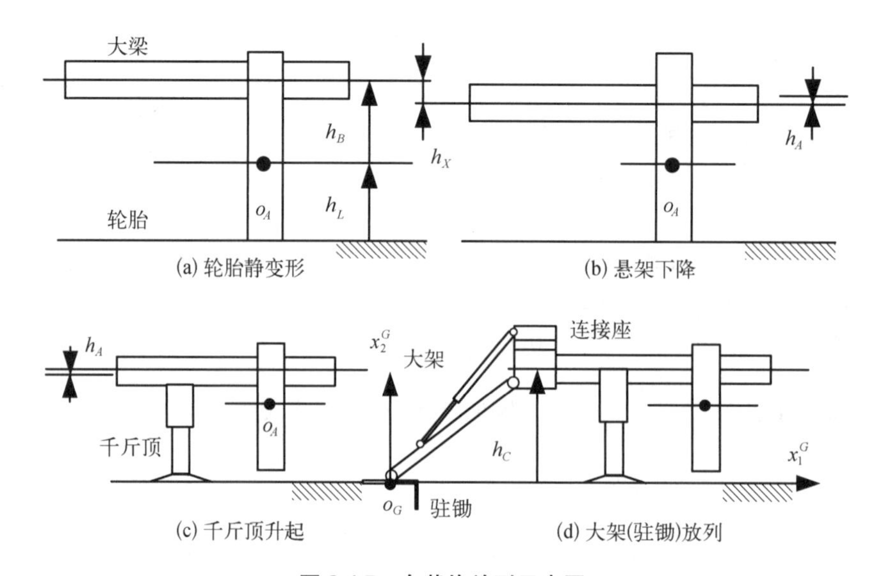

图 8.4.7 车载炮放列示意图

以上部分相对于各自轮胎圆心的下降量为 $h_{Xi}(i=1, 2, \cdots, 6)$，千斤顶、座盘、大架(驻锄)将底盘大梁在各自连接点处提升了 $h_{Aai}(i=1, 2, \cdots, 5)$。由图8.4.7可得驻锄中心点与地面间的间距为

$$\Delta = \frac{1}{2}(h_{L5} + h_{L6}) + h_B - \frac{1}{2}(h_{X5} + h_{X6}) - h_C \tag{8.4.28}$$

当 $\Delta = 0$ 时,可得 h_C 的估算值。

坐标系 $\boldsymbol{F}_{Aai}$ 原点 o_A 在 F 中的位置矢量为

$$\boldsymbol{r}_A = x_1^{A\,i_G}\boldsymbol{e}_1 + \frac{1}{2}(h_{L1} + h_{L2} + h_{A1} + h_{A2})^{i_G}\boldsymbol{e}_2 \tag{8.4.29}$$

式中 x_1^A 由装配结构尺寸得到, h_{Ai} 由 $h_{Aaj}(j=1, 2, \cdots, 5)$ 根据各自的位置坐标线性插值得到。

千斤顶、座盘、大架(驻锄)与地面接触点的位置矢量为

$$\boldsymbol{x}_{Aai} = x_j^{Aai\,i_A}\boldsymbol{e}_j = \boldsymbol{x}_{Aai}^L + (h_{Aai} - h_{Xai})^{i_A}\boldsymbol{e}_2,\ i=1, 2, \cdots, 5 \tag{8.4.30}$$

h_{Xai} 由 $h_{Xj}(j=1, 2, \cdots, 6)$ 根据各自的位置坐标线性插值得到。

轮胎与地面接触点的位置矢量为

$$\boldsymbol{x}_{Ai} = x_j^{Ai\,i_A}\boldsymbol{e}_j = \boldsymbol{x}_{Ai}^L - h_{Ai}{}^{i_A}\boldsymbol{e}_2,\ i=1, 2, \cdots, 6 \tag{8.4.31}$$

由于实际地面不是水平的,安装在底盘上的姿态传感器测得了底盘大梁平面的法向姿态:

$$\bar{\boldsymbol{n}}_A = -\cos\beta_1^A(0)\sin\beta_3^A(0)^{i_G}\boldsymbol{e}_1 + \cos\beta_1^A(0)\cos\beta_3^A(0)^{i_G}\boldsymbol{e}_2 + \sin\beta_1^A(0)^{i_G}\boldsymbol{e}_3 \tag{8.4.32}$$

式中, $\beta_1^A(0)$、$\beta_3^A(0)$ 分别为底盘的静态横滚角和俯仰角。

点 $\boldsymbol{x}_{Aai}(i=1, 2, \cdots, 5)$ 应位于法向矢量 $\bar{\boldsymbol{n}}_A$、过点 $\boldsymbol{x}_{Aa1}$ 的平面 π 内,由此得到 $h_{Xi}(i=1, 2, \cdots, 6)$ 应满足的变形协调条件为

$$(\boldsymbol{x}_{Aai} \times \boldsymbol{x}_{Aaj}) \times \bar{\boldsymbol{n}}_A = 0,\ i \neq j,\ i, j=1, 2, \cdots, 5 \tag{8.4.33}$$

轮胎与地面的接触点亦应在 π 内:

$$(\boldsymbol{x}_{Ai} \times \boldsymbol{x}_{Aj}) \times \bar{\boldsymbol{n}}_A = 0,\ i \neq j,\ i, j=1, 2, \cdots, 6 \tag{8.4.34}$$

8.4.3.5 放列约束条件

放列后车载炮的火线高 H 由下式给出:

$$H = \frac{1}{2}(h_{L5} + h_{L6}) + h_B - \frac{1}{2}(h_{X5} + h_{X6}) + \frac{1}{2}(h_{A5} + h_{A6}) + h_D \tag{8.4.35}$$

式中, h_D 为耳轴中心距底盘大梁中心线的高度。

火线高应满足战士在地面上操炮的人机环条件,即

$$[H^L] \leqslant H \leqslant [H^U] \tag{8.4.36}$$

式中, $[H^L]$、$[H^U]$ 分别为满足人机环条件要求的最小和最大阈值。

同时还要满足火炮射击时的射击稳定性要求：

$$\beta_3^A \leqslant [\beta_3^A] \tag{8.4.37}$$

式中，β_3^A 为射击过程中底盘的俯仰角；$[\beta_3^A]$ 为满足射击稳定性条件的底盘俯仰角阈值。

8.4.4 载荷分离优化设计

轮胎作用载荷应满足轮桥可靠性的约束条件：

$$\boldsymbol{F}_{Ai} \leqslant \boldsymbol{F}_{\varepsilon i}^A,\ i = 1,\ 2,\ \cdots,\ 6 \tag{8.4.38}$$

式中，$\boldsymbol{F}_{\varepsilon i}^A$ 由实验验证得到。

载荷分离的优化模型为

$$\begin{cases}
\text{min}: \quad F = \sum\limits_{i=1}^{6} \rho_i \parallel \boldsymbol{F}_{Ai} \parallel ,\beta_3^A \\
\text{model}: \quad \begin{bmatrix} \boldsymbol{M} & \boldsymbol{\Phi}_s^{\mathrm{T}} \\ \boldsymbol{\Phi}_s & \boldsymbol{0} \end{bmatrix} \begin{Bmatrix} \ddot{\boldsymbol{s}} \\ \boldsymbol{\lambda} \end{Bmatrix} = \begin{Bmatrix} \boldsymbol{q} \\ \boldsymbol{c} \end{Bmatrix} \\
\text{s.t.} \quad \begin{cases} \parallel F_{Aai} \parallel \leqslant [F_{\varepsilon i}^A], \quad i = 1,\ 2 \cdots 5 \\ [H^L] \leqslant H \leqslant [H^U] \\ (\boldsymbol{x}_{Aai} \times \boldsymbol{x}_{Aaj}) \times \bar{\boldsymbol{n}}_A = 0,\ i \neq j,\ i,j = 1,\ 2,\ \cdots,\ 5 \\ (\boldsymbol{x}_{Ai} \times \boldsymbol{x}_{Aj}) \times \bar{\boldsymbol{n}}_A = 0,\ i \neq j,\ i,j = 1,\ 2,\ \cdots,\ 6 \end{cases} \\
\text{var}: \quad \boldsymbol{x} = \begin{Bmatrix} \boldsymbol{x}_{Aa1}^U、\boldsymbol{x}_{Aa2}^U、\boldsymbol{x}_{Aa3}^U、 \\ \boldsymbol{x}_{Aa4}^U、\boldsymbol{x}_{Aa5}^U、h_A \end{Bmatrix}^{\mathrm{T}} \in \boldsymbol{R}^n
\end{cases} \tag{8.4.39}$$

通过求解动力学方程得$\boldsymbol{\beta}_A(t)$、$\boldsymbol{\omega}_A(t)$，载荷 $\boldsymbol{F}_{Ai}(i = 1,\ 2,\ \cdots,\ 6)$，通过车载炮轮胎的受力最小，来优化千斤顶、座盘、驻锄 5 个支撑点的安装位置以及底盘的支撑高度，并且优化模型满足式(8.4.33)和式(8.4.34)给定的约束条件，由此确保轮胎在射击工况下承受较小的载荷，从而实现车载炮与底盘具有相同的越野可靠性。

8.4.5 座盘的自适应设计

对中大口径车载炮而言，座盘在承受和传递发射载荷方面起到了非常重要的作用。在车载炮传递载荷结构中，除了座盘外，还有千斤顶和驻锄，通常驻锄和千斤顶左右各两个。由于结构中有 5 个支撑点同时要与地面保持接触，要实现结构比较顺畅地传递发射载荷至地面，就必须要考虑这三个结构的变形协调问题。若座盘能实现自适应结构，则就解决了这三个结构间的变形协调。

图 8.4.8 为某自适应座盘结构，由外筒、中筒、内筒、座钣及球铰组成，通过外筒上的安装座与火炮连接座连接，座钣通过球铰与中筒球头连接。内筒活塞、中筒活塞将内腔分成三个部分，内筒活塞下部为工作腔 A，内筒活塞、中筒活塞上部为压缩腔 B，中筒活塞下部为收放列腔。座盘装配完成后，通过气口 D、单向阀向腔 A 内注入一定量的液压油，直至腔 A 充满并没过内筒活塞。然后通过气口 D 向腔 B 充入一定压力的氮气，在腔 B 内形成气液

分界面。收放列腔通过油口 C 与液压系统相连，内部充满液压油。

座盘收列时，液压油通过油口 C 注入收放列腔，中筒活塞上移，腔 A 内工作介质承压流入腔 B，中筒、座钣收起，直到预定的收列位置为止。座盘放列时，油口 C 打开，中筒、座钣在腔 B 内氮气压力的作用下伸出，直至座钣下平面接触地面。当地面提供的支撑力与液压提供的作用力相平衡时，放列结束，实现了既能与地面确保接触，又能确保接触在一定的预压力之内，实现了放列对地面的自适应。收放列腔内的液压油通过油口 C 排回液压油箱。

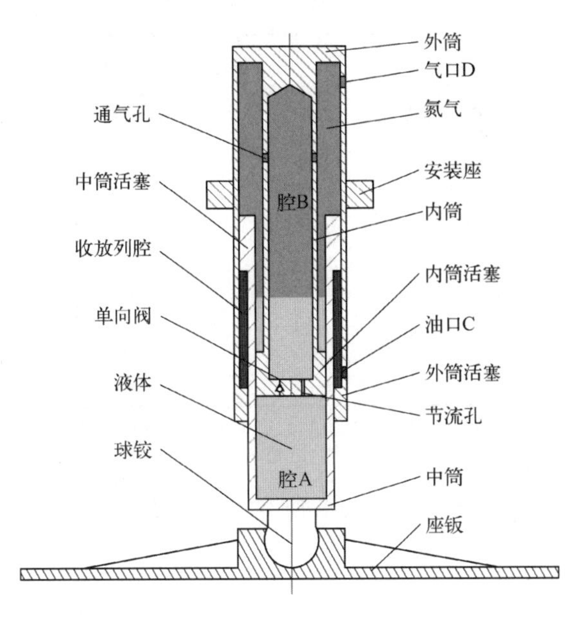

图 8.4.8　自适应座盘结构

火炮射击时，座盘处于放列的工作状态。当冲击载荷大于放列的预压载荷时，外筒在载荷作用下，相对于中筒竖直向下运动，压缩腔 A 内的工作介质，腔 A 内的工作介质通过节流孔流入腔 B，形成小孔节流阻力，形成较大的液压刚度。

火炮射击后，腔 B 内工作介质在氮气压力作用下，通过单向阀注入腔 A，中筒、座钣快速伸出，以适应座钣下地面的下沉量。

由于自适应座盘是一个带气液的缓冲结构，其工作原理与气液式复进机相类似，因此在此不再讨论其详细设计过程，可参阅本章复进机的设计原理。

8.4.6　结果分析

8.4.6.1　试验验证

各部件间的相对位移反映了车载炮发射过程全炮的运动规律，考虑试验工况为：常温正装药，高低射角 51°，方向射角 0°，测试并记录后坐，高平机油缸，千斤顶高低位移数据如图 8.4.9~图 8.4.11 所示。

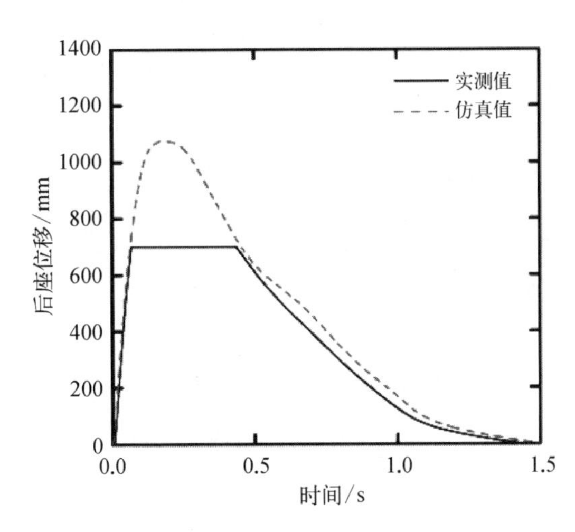

图 8.4.9　后坐位移数据

后坐位移仿真结果和测试数据在传感器有效量程内能较好地吻合，复进后坐过程总时间基本一致，表明施加的载荷和后坐模型能较准确地模拟车载炮发射的后坐复进全过程；高平机在车载炮发射后先小幅压缩，随后被拉伸并如此往复 2 个周期后趋于平缓，其变化规律反映了车载炮起落部分在发射过程中的俯仰运动规律，对比结果表明高平模型的刚度能较好反映实际系统的刚度，起落部分俯仰运动频率和幅

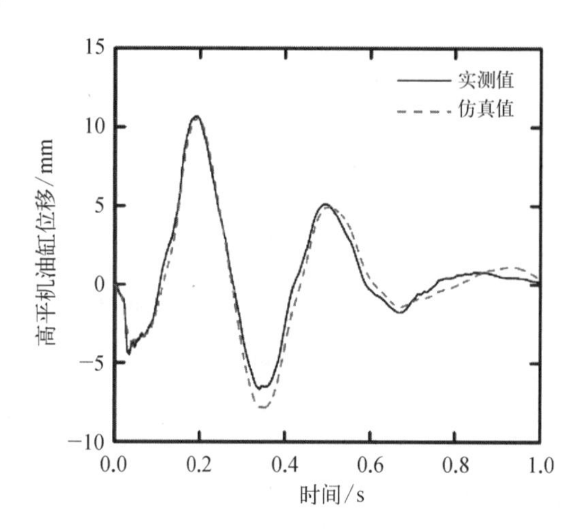

图 8.4.10　高平机油缸位移数据

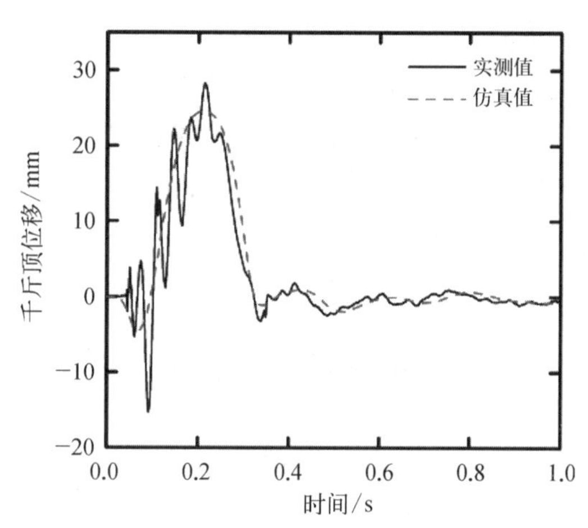

图 8.4.11　千斤顶高低位移数据

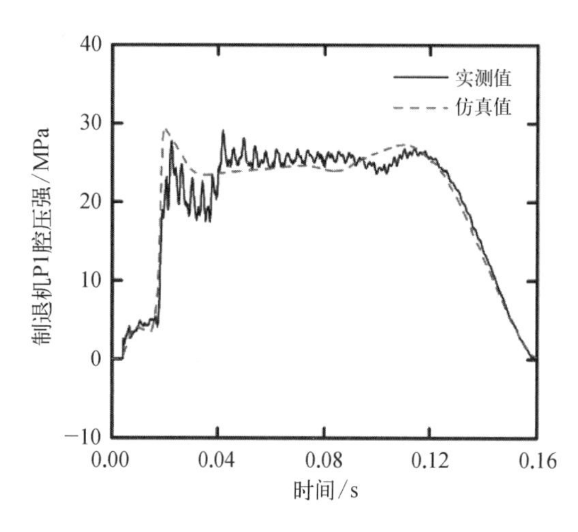

图 8.4.12　制退机 P1 腔压强

值在模型中能较好体现；千斤顶在发射过程中先轻微下沉，随后有抬起的趋势，之后千斤顶回落，在几次轻微往复运动后趋于平稳，仿真值趋势和幅值与实测值基本一致，模型展示的千斤顶运动规律与实际系统能基本吻合。

各个油缸压强变化反映了各部件间载荷的变化规律，测试并记录发射过程中制退机、高平机油缸、大架油缸数据如图 8.4.12～图 8.4.16 所示，从实测值和仿真值的对比可看出，后坐模型、高平机模型和大架油缸模型的计算结果与测试值能较好地吻合，曲线的幅值和相位基本一致。

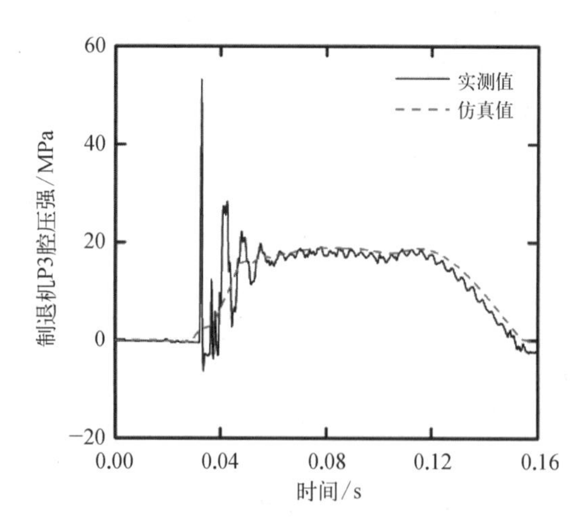

图 8.4.13　制退机 P3 腔压强

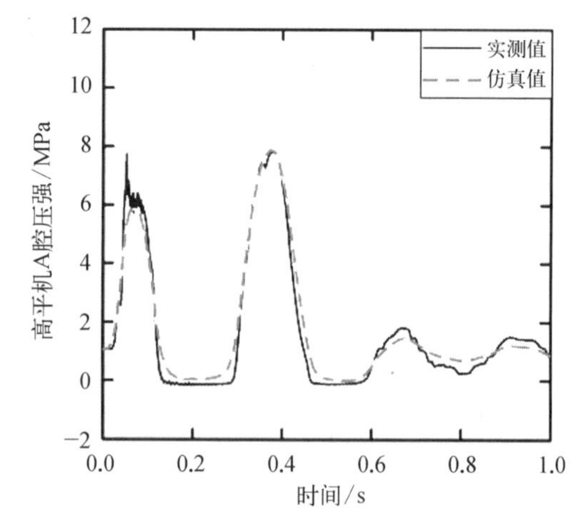

图 8.4.14　高平机 A 腔压强

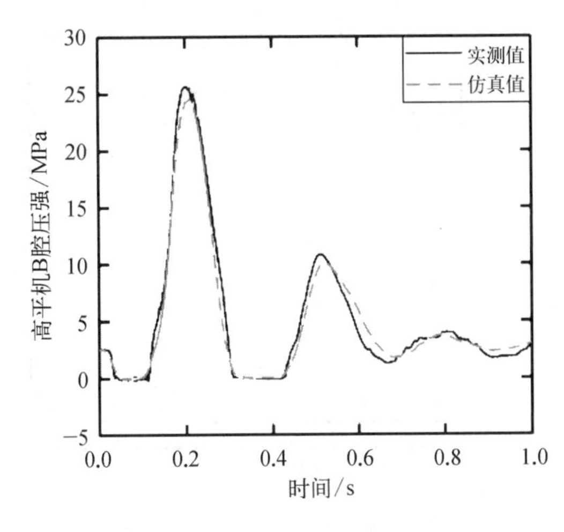

图 8.4.15　高平机 B 腔压强

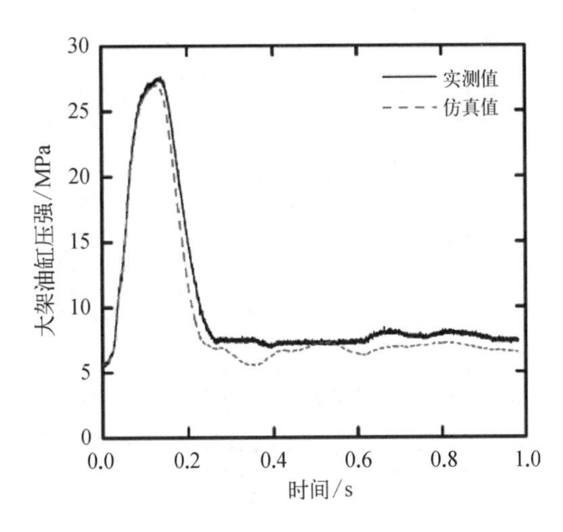

图 8.4.16　大架油缸压强

在弹丸出炮口的前，P1 压强处于一个较低水平，使得制退机力对身管运动的影响尽可能小，随后压强迅速上升达到峰值，最终随着后坐速度减小逐渐减小，P3 腔压强变化趋势也基本相同。高平机油缸的平衡腔 C 腔压力基本不变，而 A、B 腔压力会反复变化提供支撑力，从高平机 A、B 腔压强变化规律可以看出，由于火炮起落部分的俯仰运动高平机反复压缩拉伸，高平机 A、B 腔压强在火炮发射过程中反复变化，A 腔受压压强升高的同时 B 腔被拉伸压强下降接近真空，反之亦然。初始体积较小的 B 腔压强变化较大，两腔压强在来回两次较大波动后趋于平稳。从大架油缸压强变化规律可看出，火炮发射后大架油缸压强迅速升高，在火炮完成后坐运动的时间点附近到达峰值，随后迅速下降趋于平缓。

上述位移和载荷传递的对比结果验证了车载炮综合响应模型的正确性，为探索发射载荷的传递规律和发射载荷分离的优化提供了准确的模型支撑。

8.4.6.2　车载炮发射过程载荷分离验证

为分析载荷分离原理的有效性，考虑无千斤顶无座盘、有千斤顶无座盘和有千斤顶有座盘支撑条件，分析车载炮发射过程轮胎的受力以及射击稳定性。

图 8.4.17～图 8.4.19 分别给出了车载炮在无千斤顶无座盘、有千斤顶无座盘和有千斤顶有座盘支撑条件下轮胎的受力变化。从图中可看出，车载炮在发射过程中，首先后轮和中轮承受冲击载荷，前轮有抬起的趋势，而后车体回弹，前轮受力增加，如此往复，车体在后仰和前倾之后趋于平衡；在无千斤顶无座盘支撑的情况下，轮胎承载了很大部分的车载炮自重和发射载荷，前轮、中轮和后轮的载荷幅值在 70 kN 以上，最大的载荷幅值达到了 90 kN 以上，这些载荷将直接作用于底盘轮桥系统，对底盘轮桥系统的影响很大；当千斤顶将车载炮支撑后，作用在轮胎上的载荷均得到了大幅降低，特别是由于千斤顶的支撑，在车载炮回弹的过程中，由于千斤顶的支撑作用，前轮的作用载荷大幅减低；在增加了座盘支撑后，后轮的支撑载荷幅值降低了近 1/3，中轮和前轮的支撑载荷幅值降低了近 1/2，轮胎支撑载荷进一步得到很好的改善。

同时，为了验证载荷分离对车载炮发射性能的影响，以安装有千斤顶的底端支撑点作为参考点，考察不同支撑条件下支撑点的跳动量，计算结果如图 8.4.20 所示，从图中可以

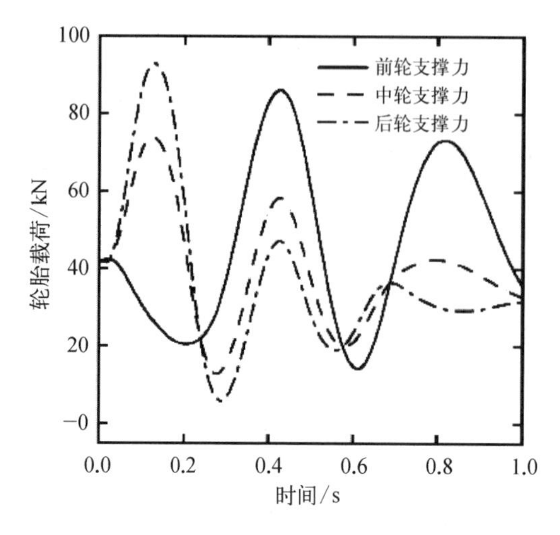

图 8.4.17　无千斤顶无座盘工况

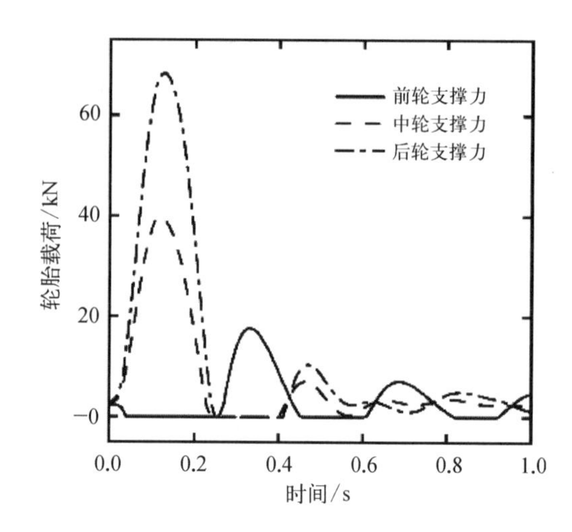

图 8.4.18　有千斤顶无座盘工况

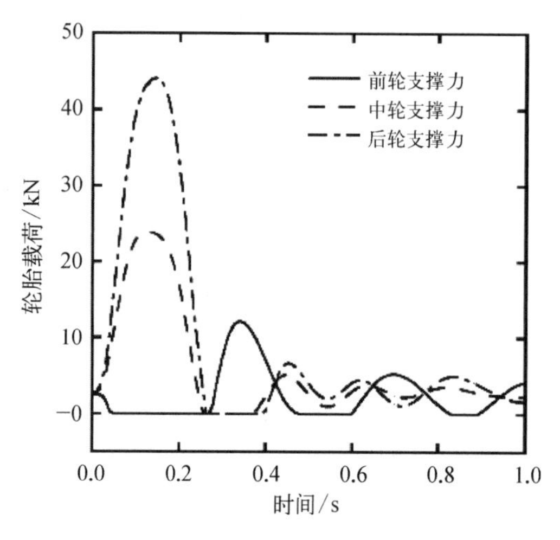

图 8.4.19　有千斤顶有座盘工况

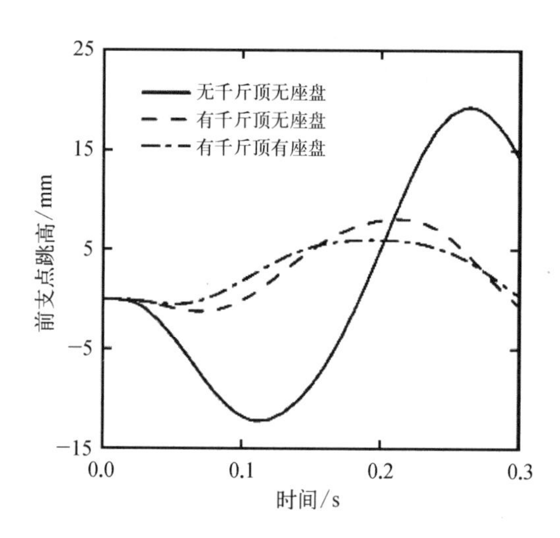

图 8.4.20　不同支撑条件下前支点跳高

看出,相比无千斤顶无座盘支撑条件,有千斤顶无座盘和有千斤顶有座盘支撑下的前支点的最大跳高得到了大幅降低,仅为 1/3 左右,射击稳定性得到了很好的提升。

上述计算结果表明车载炮的载荷分离设计不仅可免除车载炮发射载荷对底盘轮桥系统的影响,为车载炮具有与底盘相同的可靠性提供了保障,而且,载荷分离设计对车载炮的性能提升也有很好的作用,从而验证了载荷分离原理的有效性,可实现车与炮功能上的一体化、性能上的解耦设计。

图 8.4.21 和图 8.4.22 为前向最低射角和侧向平角射击时对轮胎支撑力和射击稳定性的多目标优化设计的帕累托(Pareto)解。从图中可看出,设计参数的变化对轮胎支撑力是较为敏感的,优化结果很容易使支撑力收敛到 0 值,而相反射击稳定性对这些参数不是特别敏感,说明基于载荷分离原理的车载炮支撑构型具有较高的稳定性。综合优化结果进一步验证了载荷分离原理的有效性,而且在底盘支撑结构的设计时,射击稳定性的限制较小,仅需将轮胎脱离地面即可。

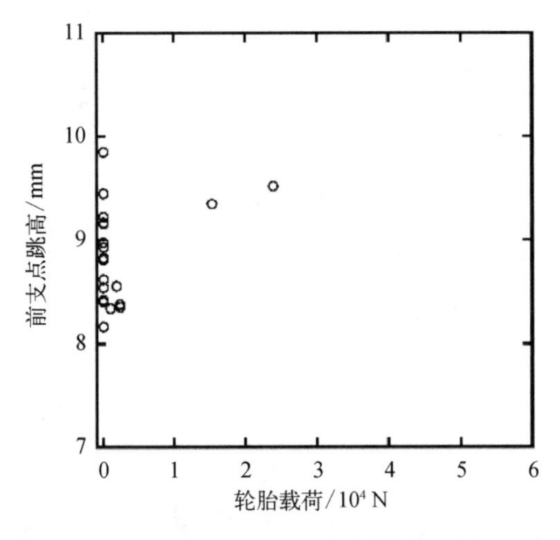

图 8.4.21　前向最低射角射击多目标优化解

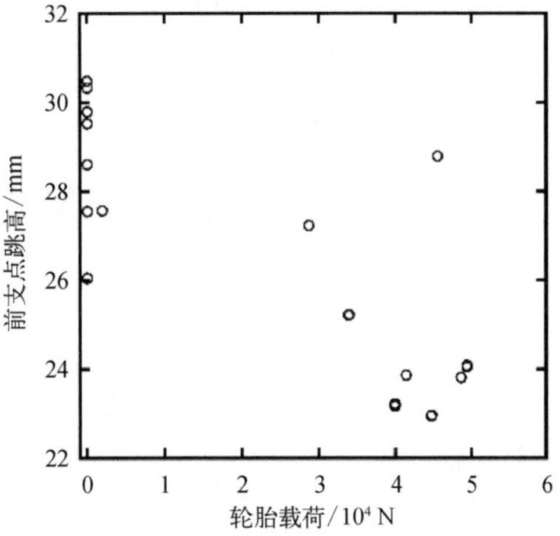

图 8.4.22　侧向平角射击多目标优化解

8.4.7　结论

本节提出了车载炮底盘发射载荷分离的基本原理，建立了车载炮的发射动力学模型，验证了车载炮载荷分离设计的有效性。主要结论如下：

(1) 车载关键部件的运动及缓冲部件受力的仿真结果与试验结果吻合良好，表明所建立的车载炮响应模型的正确性，能够较好地反映系统的运动及受力状态。

(2) 若无千斤顶、座盘等支撑结构，发射载荷经车载炮各级缓冲部件的缓冲后，作用在悬架和轮桥上的载荷很大，将超过底盘的承载能力，影响底盘的安全性和可靠性；在千斤顶和座盘支撑下，确保车载炮悬架和轮桥不受载的同时发射的稳定性进一步得到提高。

(3) 通过油气悬架降低火线高，车载炮的发射翻转力矩降低，并在自适应座盘的支撑下，作用在悬架和轮桥上的载荷明显降低，在不增加底盘结构强度的情况下承受住了发射冲击载荷，是车载炮载荷分离的关键。

(4) 车载炮载荷分离可进一步分离底盘轮桥系统的受载设计和车载炮射击稳定性的设计，为确保车载炮和底盘具有相同的可靠性，同时提升车载炮的性能是有效的。

本节提出的发射载荷分离原理和优化设计方法，另辟蹊径地实现了对强冲击发射载荷的引导，车载炮底盘满足功能的同时在性能上能够进行解耦设计，使得发射强冲击载荷不影响底盘的行驶机动性和可靠性，是实现车载炮兼具轻量化和大威力的新方法。

第9章　弹药输送装置设计

9.1　概述

中大口径车载炮为了提高战场生存能力,必须频繁地变换发射阵地,要求车载炮在尽可能短的时间内快速发射一定数量的炮弹,对敌目标进行“迅猛”打击,摧毁目标后迅速转移,以实现“快打快撤”的战术。因此,只有配备弹药输送装置才能满足未来战场对中大口径车载炮的射速要求。弹药输送装置突破了炮手的生理极限,不仅能大幅提高车载炮射速及打击效能,而且还能减少炮手配备数量、提高战场生存率。

按照自动化程度来划分,弹药输送装置可以分为自动和半自动两类。半自动输送装置是通过人力将弹丸放置在输弹机上、并由输弹机将其输送入膛,装药通过人力输送入膛。全自动输送装置是将贮存在弹药舱内的弹丸和装药,通过全自动选取、引信装定、输送至输弹机和输药机上,输弹机和输药机自动将弹丸和装药输送入膛。全自动输送装置一般由一定数量弹药贮存舱、选弹选药机构、供弹供药机构、协调机构和弹药输送机构以及控制系统等组成。

目前主流车载炮的全自动输送装置可以归结为全跟随和半跟随两大类。

1）全跟随车载炮自动输送装置

这类车载炮的自动输送装置以瑞典 ARCHER 155 毫米车载炮为代表,如图 9.1.1 所

图 9.1.1　ARCHER 155 毫米车载炮全自动弹药输送装置示意图

示。该炮的全自动弹药输送装置采用卧式回转弹药仓，布置在摇架左右两侧，一起组成一个小炮塔，跟随车载炮身管做高低和方向随动。这类车载炮自动输送装置的优点是弹药输送装置省去了高低和方向上的协调装置，结构动作简单，弹药交接环节减少；缺点是高低方向转动惯量增加，随动负载增大，此外由于炮塔要俯仰，整个炮塔只能布置在车体尾部，影响车载炮整体布局和重心匹配，进而影响射击稳定性和机动性能。

2）半跟随车载炮自动输送装置

这类车载炮的自动输送装置以捷克 DANA 和塞尔维亚的 NORA B－52 155 毫米车载炮为代表，如图 9.1.2 所示。该炮的全自动弹药输送装置采用立式回转弹药仓，布置在上架左右两侧，一起组成一个小炮塔，只跟随车载炮回转部分做方向随动，配备弹和药高低协调装置，其中 DANA 在炮尾上部设置有输弹输药装置，NORA B－52 的弹和药高低协调装置本身各自有输弹、药功能。这类车载炮的自动输送装置的优点是炮塔不用俯仰，炮塔位置可以任意布置，DANA 炮塔布置在车体中部，NORA 炮塔布置在车体尾部；缺点是弹药仓跟随回转部分运动，方向随动负载较大，炮塔比较庞大。

图 9.1.2　DANA 155 毫米车载炮全自动弹药输送装置示意图

全自动输送装置比半自动输送装置无论是在结构设计，还是在系统控制设计等方面要复杂得多，而且还要具备降级使用要求，即当全自动输送装置降级后需可退化为半自动输送方式。因此，本章选择基于模块装药的车载炮弹药自动输送装置为例进行讨论与分析。

9.2　总体设计

9.2.1　设计原则

作为全自动车载炮的一个关键子系统，弹药自动输送装置的总体布局、结构形式、控制时序直接影响车载炮的总体布局、总体尺寸、系统质量、能量消耗等，进而影响车载炮的弹药基数、发射模式(如多发同时弹着打击)、爆发射速、最大射速和持续射速等总体性能,并且与车载炮的人机界面、自动化和信息化水平、可靠性水平等关系密切。可以说,弹药自动输送装置是全自动车载炮总体设计的重要组成部分,直接影响全自动车载炮的战术与技术性能。

总体设计时,要认真分析车载炮对自动输送装置的基本要求,弄清自动输送装置与车载炮其他子系统及整个车载炮总体的相互作用和影响,例如与底盘、火力、火控系统的相互作用和影响。弹药自动输送装置总体结构布局时,应从车载炮结构整体优化角度出发,根据车载炮总体安排,充分考虑车载炮有限空间和射击稳定性要求,规划出运动轨迹简单,动作切实可靠,又满足射速要求的弹药输送路径。另外,还要考虑充分利用先进材料和结构技术,尽量减小体积、减轻重量。为了保证最终方案的可行性,在总体设计阶段需要设计多种方案。对各种总体方案,充分利用仿真分析手段,从系统整体优化出发,进行定性和定量的分析,做出科学的评价和决策,以获得最佳方案。

弹药自动输送装置与炮尾、闩体、开关闩机构、击发机构、反后坐装置、药室结构、底盘以及车载炮操瞄、火控系统等关系密切,彼此之间具有强的相互影响,因此要充分考虑其与其他子系统的良好界面设计。与炮尾、闩体、开关闩机构的界面,要采用与自动输送装置相匹配的炮尾、炮闩结构,螺式和楔式炮尾择优选择,一般考虑炮闩的操作有自己的动力,这样可以加强自动输送装置和炮尾组合动作序列的安全性和可靠性;与击发机构的界面,根据目前常用的点火形式,如果采用独立电子底火,可安装一个底火自动装填机,在炮闩开关过程中自动完成装填底火动作,如若采用激光或者微波点火,则不受影响;与反后坐装置的界面,根据射速和射击时序要求,尽量避免后坐复进循环时间内强冲击振动情况下自动输送装置由运动动作,此外在后坐、复进过程中,装填装置应当将炮尾后部让出后坐空间,使得在炮尾后部的装填动作与后坐动作可以在不同的时间域内使用相同的空间,达到节约空间的目的;与火力控制系统的界面,弹药自动输送装置要接受火控系统的指令选择合适的弹种和模块药数,弹药装填装置要将弹药仓中的弹药类型、数目、位置实时传递给火控系统;对于制导弹药,弹药自动输送装置还得完成引信装定,为制导弹药装定飞行数据;此外车载炮操瞄驱动控制系统必须有与自动输送装置相匹配的高速度和高精度,自动输送装置与火控子系统之间,系统与乘员之间在信息和控制层面构成真正统一的整体。

弹药自动输送装置需在无人条件下完成各项装填动作,恶劣的冲击振动服役工况使得系统呈现高度的非线性和不确定性,加上弹药自动输送装置机构复杂、运动快速、负载大、交接环节多,导致故障点增加、系统故障风险增大、故障的模式多样,依靠单个传感器阈值报警的监测方式难以对装置故障进行甄别、定位和快速修复,而且恶劣服役工况导致状态误判的风险增加。因此需把弹药自动输送装置的状态监测和健康管理设计也作为其设计的重要内容。

总之,弹药自动输送装置的设计,需按设定的功能形成原理,将各种物理过程与载体从能量流、物质流与信息流的层面进行协同组织,从而构建能够满足预定功能指标和性价比的物理系统。在总体方案设计时应当从系统层面研究弹药装填装置的机械单元、驱动单元、信息感知单元、控制单元、作动器单元的划分和设计,统筹考虑系统的硬件集成、信息集成和功能集成问题,容错和冗余设计作为增加系统可靠性的重要指标之一,也应纳入总体设计的基本考虑内容。

9.2.2 设计要求

9.2.2.1 技术指标

弹药自动输送装置技术指标一般包括但不限于以下指标：

(1) 车载炮口径(mm)。

(2) 装填形式：全自动装填。

(3) 射速(发/分)：最大射速，爆发射速，持续射速。

(4) 装填弹丸种类：一般包括杀爆弹、远程杀爆弹、制导炮弹、特种弹等。

(5) 装药形式：一般为单元或者双元模块药。

(6) 弹药携带量(发)：一般根据完成一次战斗的弹药基数来确定，同时也会受全炮重量和寸约束，也会根据武器系统所配弹药车数量来考虑。

(7) 装填射界(°)：分高低和方向射界。

(8) 可靠性指标：无故障间隔装填/发射发数。

(9) 环境温度：一般按照国军标规定为-40℃～+55℃。

9.2.2.2 功能要求

(1) 具备对不同弹种的存储记忆、可靠固定、自动选取与装填。

车载炮使用时需要根据不同的作战目标选取不同的弹种，如杀爆弹、远程杀爆弹、特种弹、制导弹等，来适用于不同的作战任务需求，不同的弹种在轴向尺寸和弹体外形上均存在一定的差异，因此自动输送装置需要对当前的弹丸种类、数量及分布进行有效的兼容、记忆和管理，同时在行军、装填、发射过程中对弹丸起到可靠的限位和固定，最终能够实现任意射角下可靠装填入膛。

(2) 具备模块装药的自动生成与输送功能。

模块装药技术的发展大大提高了发射药自动装填的技术可行性，车载炮为了满足不同射程的需要，通过选择不同数量的模块药形成相应的装药号，并记忆和管理当前药仓内剩余的模块药数量及模块药的分布情况，尤其需要储存与管理小号装药装填后剩余的模块药。为了满足各种状态下的装填任务需求，装填装置在任意射角下都应具备将所生成的装药组合、协调至输药线并将其输入膛内的功能。

(3) 具备非特殊弹种引信的自动装定功能。

随着引信技术的不断发展及自动化程度的提高，现代引信除了机械装定模式外，大多还具有感应装定模式。考虑引信安装在弹丸头部，不同弹种的高度差会引起引信位置的不同，因此自动输送装置还应具备对高度不同的弹种进行感应装定的功能。

(4) 具备多任务的高效装填控制功能。

车载炮使用时，应能接收火控计算机发出的装填、补弹和行军/战斗状态等工况下的初始化信息，实施系统的自动初始化；能接收火控计算机发出的装填任务信息(射击次数、弹丸种类、装药号、装填模式、允许装填指令等)，依据装填时序和安全联锁要求，实施弹药装填过程中各机构的协同控制，完成车上弹药连续射击，或实施各执行部件单步动作模式，完成车上/车下弹药射击；能够记忆弹仓中弹丸数量、弹丸种类、弹丸位置、弹重符号和药仓中模块药的数量等信息。

（5）具备状态监测和健康管理功能。

由于弹药自动输送装置无人及复杂多变的服役工况，还需具备状态监测和健康管理功能，能够准确实时检测系统主要部件的工作状态，上报装填过程中各机构动作的执行情况，明晰部件故障机理，分析故障关系，实施弹药自动输送装置故障诊断和健康管理。

（6）具备向弹仓和药仓快速补充/卸除弹药的功能。

由于战场情况的复杂性，在实际操作使用过程中，弹药自动输送装置还需具备向弹仓和药仓快速补充弹药以及从弹仓和药仓卸除弹药的功能。

9.2.2.3 性能要求

（1）具有高可靠性。弹药自动输送装置是一种非常复杂的机-电-液/气-控一体化系统，有弹药存贮、装填等能够实现动作的机械部分，有能够控制机构动作顺序的控制部分以及提供动力的驱动部分。不同机构、部件之间彼此相互关联，这使得弹药自动输送装置的故障特征具有复杂、多样和并发的特点，繁多的工作环节和复杂的结构中任何一项出现故障都将有可能导致整个车载炮出现严重的故障，而自动输送装置恰恰是整个车载炮系统故障出现率最高的地方。因此，可以说自动输送装置可靠性的高低直接影响车载炮的威力、生存能力。设计时定性要求弹药存贮牢靠，输送装填路径短，机构动作简单可靠，弹药交接过程中具有可靠定位及互锁功能，具有状态监测、故障预警与诊断系统，定量要求是规定无故障间隔装填发数的技术指标，可以分台架和射击实验考核两类。

（2）具备较强的抗冲击振动能力。自动输送装置在车载炮内的工作环境十分恶劣。首先车载炮在行军、越野过程中要经受连续的剧烈冲击作用。其次，车载炮射击时全炮受到剧烈的冲击和振动。虽然弹药输送装置各部件冲击和振动的强度有所不同，但是协调输弹/药机安装于摇架或上架上的部件，最大冲击加速度达 20 g 以上。另外，由于高射速的要求，分解到每一个装填动作的时间是很短的，大部分动作都在 1 秒左右或以内完成，这样每个动作过程本身就会引起很大的过载冲击和振动，必然会不同程度地影响到自身和后续动作的可靠执行。因此，弹药输送装置必须具有能够承受由于装填、发射、行军乃至受到非致命打击时产生的冲击和振动的能力，且具有抗结构损坏和功能丧失的能力。

（3）具有良好的装填一致性。由于大口径车载炮往往采用分装式弹药结构，在输弹的过程中，首先要求弹丸达到卡膛速度，保证卡膛牢靠。其次要保证卡膛一致性，弹丸的卡膛一致性是自动输送装置的一个重要技术问题，包含卡膛速度、卡膛姿态和卡膛位置三个因素。卡膛速度影响弹丸弹带与身管坡膛间的卡膛力，卡膛姿态影响弹丸在坡膛位置与身管轴线间的相对姿态角，卡膛位置影响内弹道的初始容积。可见，自动输送装置不仅关系到车载炮能否以一定的速度进行发射，同时也是影响到车载炮发射时内弹道初始条件是否一致。

（4）具有良好的人机环特性和电磁兼容性。在进行弹药自动输送装置总体设计时，应尽可能为车载炮操作人员提供舒适的操作界面和环境适应性，以提高工作效率；操作界面主要考虑人机交互操作界面合理性、补弹补药的方便性、人工降级操作等；环境适应性主要考虑车载炮无防护、相对装甲自行火炮服役环境更复杂、运行工况更极端，在完成弹药输送、装填等机构动作过程中受到高低温、沙尘、盐雾等环境随机作用因素的影响更明显；电磁兼容性主要考虑车载炮内部恶劣的电磁环境，包括大功率高低方向随动系统、空调设备、大功率电台等强电设备。为了适应车载炮平台苛刻的供配电要求，弹药自动输送装置应设计成一个高效节能系统。

9.2.3 总体方案设计

9.2.3.1 系统构成与工作流程

根据弹药自动输送装置最终功能实现要求,一般可以将其分为如图 9.2.1 所示的弹丸自动装填、模块药自动装填以及特殊弹丸(功能、性能、结构尺寸等与普通榴弹不同的弹丸,如智能弹丸等)自动装填三条装填路线,每条路线包含一定的功能需求,需要相应的执行机构来实现这些动作。只有明确装填路线上的各项功能才能获得明确的设计输入条件,规划出合理简洁的装填路径,进而指导执行机构的设计。

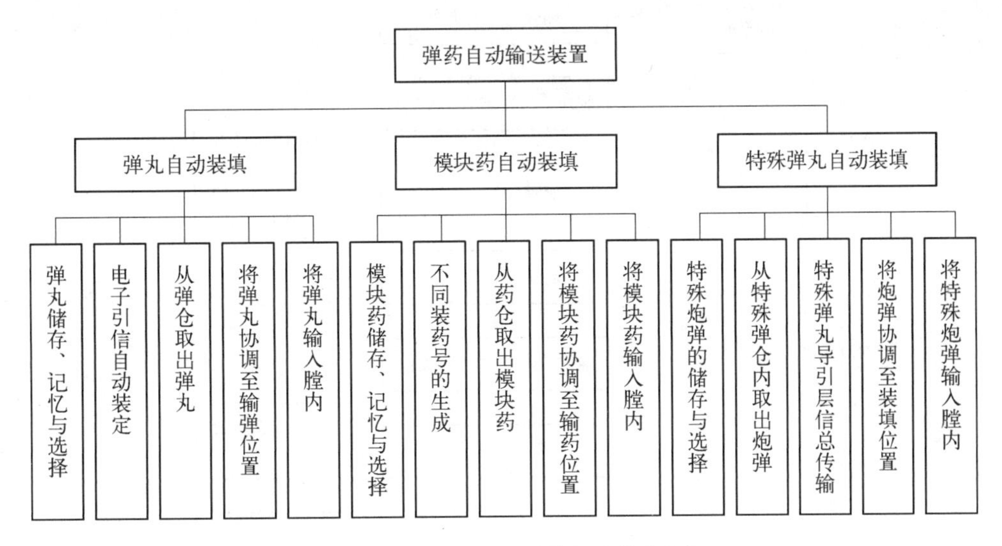

图 9.2.1 弹药自动输送装置功能分解图

弹药自动输送装置工作模式不同,其工作流程也会有所不同。持续射击弹药仓内弹药是该输送装置的主要工作模式,输入信息一般为弹种、数量、模块药数量、引信形式等,典型工作流程如图 9.2.2 所示,图中 a 表示射击弹种允许射击发数、b 表示模块药允许射击发数、c 表示射击任务要求射击发数。

9.2.3.2 自动输送装置的时序

装填系统工作前,系统各部件处于初始状态,应按照火炮的设计最大射速来安排每个设计循环内的装填时间。在每个射击循环内,火炮整个系统需要完成射击后坐、复进、开闩的动作,考虑这部分时间,预留给装填系统的时间十分有限,尤其在目前力求提高火炮射速的要求下。故而分配时序时,应考虑以下原则:

(1) 充分考虑系统动作的重叠,以缩短总的循环时间;

(2) 由于每个运动件工作时间的长短,直接影响到运动件的执行功率,所以尽可能压缩小功率部件的动作时间,适当延长大功率部件的动作时间,使系统动作过程中功率谱趋于平缓;

(3) 主循环时间决定了系统的工作时间,也决定了系统最大射速,所以主循环的动作时间要尽量压缩,其余动作的时间不应大于主循环的时间。

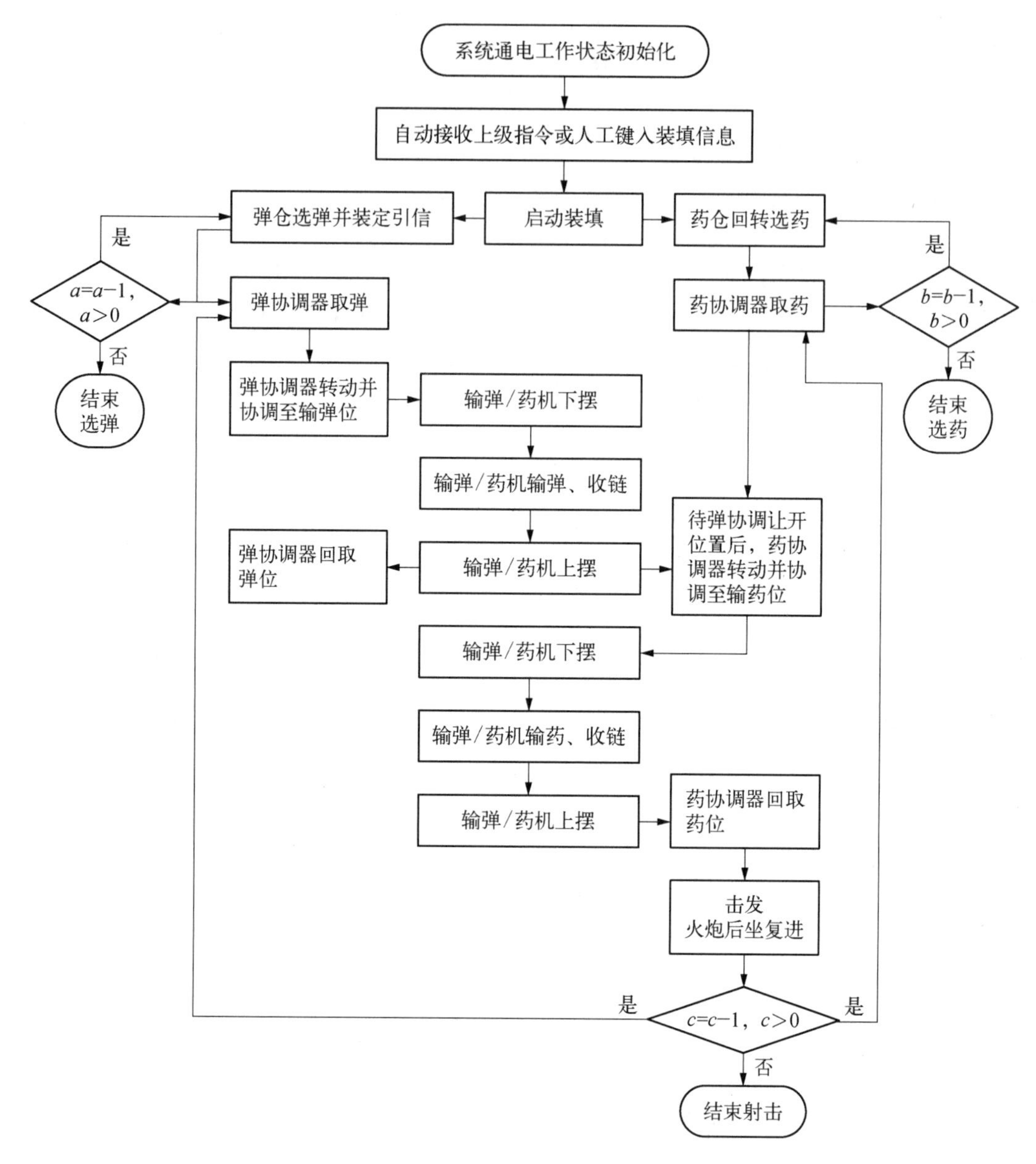

图 9.2.2 弹药自动输送装置典型工作流程

9.2.4 设计案例

某车载 155 毫米加榴炮自动输送装置总体布置方案如图 9.2.3 所示。该方案主要由弹仓、药仓、弹协调器、药协调器、输弹/药机及控制系统等组成,其主要部件均位于半封闭炮塔内,炮塔位于安装在底盘大梁上的座圈上,跟随车载炮一同回转。其中,弹仓设置于炮塔右侧,药仓设置于炮塔左侧,药协调器与弹协调器均安装在耳轴上,分列于耳轴的左、右两侧,输弹/药机设置于摇架上,可随起落部分一同俯仰。弹仓与药仓的回转动作,输弹/药动作,药协调器中的选药器由伺服电机驱动,弹协调器、药协调器的协调与摆动动作以及输弹/药机的俯仰动作由液压缸驱动。

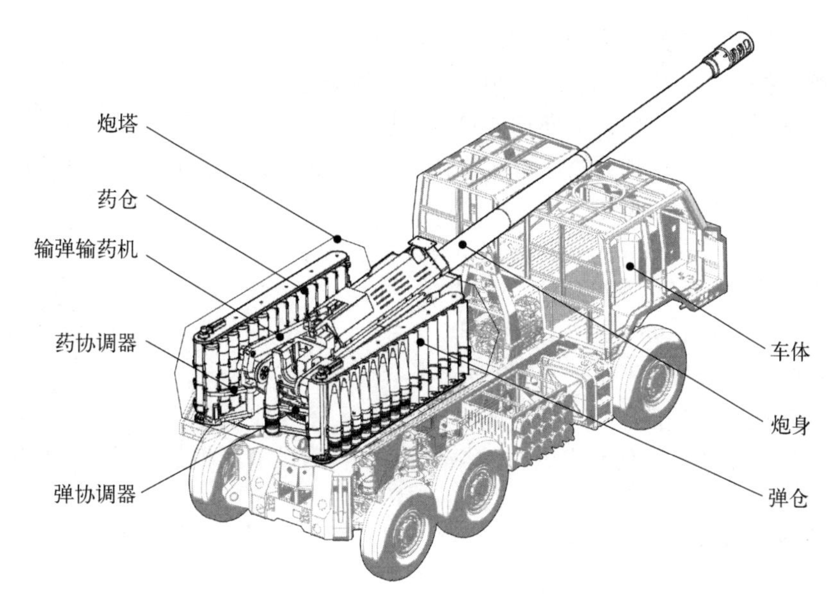

图 9.2.3　弹药自动输送装置总体布置

弹仓采用循环弹筒链形式，贮存有若干数目的不同弹种，并安装有引信装定装置，可以实现自动快速选弹及引信装定功能，并在弹协调器的配合下实现供弹功能。药仓采用循环药筒链形式，每个药筒内存储六块模块药，可以实现药筒的快速回转定位，在药协调器的配合下实现任意数量模块药的选药供药功能。

弹协调器在接收弹丸后，经回转协调将弹丸传送到输弹线上，并在弹丸输弹入膛过程中给弹丸起导向作用。药协调器在接收模块药后，经回转协调将模块药传送到输药线上，并在模块药输药入膛过程中给模块药起导向作用。输弹/药机可将位于输弹线上的弹丸或模块药，迅速可靠地输送到炮膛内。

9.2.4.1　功能设计

该车载 155 毫米加榴炮自动输送装置具备以下功能：

（1）具备对弹仓内各弹丸进行存储记忆、可靠固定、并在要求时序内完成弹丸的自动选取与装填功能；

（2）具备对药仓内各模块药进行存储记忆、可靠固定，并在要求时序内完成不同装药号数的自动生成与装填功能；

（3）具备引信自动装定功能；

（4）具备信息管理装填控制功能；

（5）具备系统故障诊断与健康管理功能；

（6）具备向弹仓和药仓快速补充弹药，以及从弹仓和药仓卸除弹药的功能。

9.2.4.2　性能指标

（1）口径：155 毫米。

（2）装填形式：全自动装填。

（3）射速：最大射速 6 发/min。

（4）装填弹丸种类：杀伤爆破弹、远程杀爆弹、制导炮弹、特种弹等各式弹药。

（5）装药形式：单元模块药。

（6）弹药携带量：30 发弹丸与 180 块单元模块药。

（7）装填射界：任一射角射向均能自动装填。

（8）可靠性指标：平均无故障间隔发射发数 300 发(最低可接收值)；设计值为 600 发。

（9）环境适应性：

工作温度：−40 ~ +50℃。

贮存温度：−43 ~ +70℃。

湿度：不大于 95%±3%（35℃ ±3℃）。

最大使用海拔：不小于 5 500 m。

特殊地区适应性：能在严寒地区、高原地区、湿热地区使用。

能适应车载炮行使和发射时的振动和冲击，满足国家相关军用标准相关要求。

（10）电磁兼容性。

（11）系统重量：不大于 1 800 kg。

9.2.4.3　系统构成与流程设计

该弹药自动输送装置由供弹子系统、供药子系统、输弹输药子系统、液压系统、控制子系统组成，如图 9.2.4 所示。供弹子系统由回转弹仓、引信装定器、弹协调器等部分组成，主要用于完成弹丸的存储、选择、传送和姿态调整等功能。供药子系统由回转药仓、模块装药选配装置和药协调器等部分组成，主要用于完成模块药的存储、选配和姿态调整等功能。输弹输药子系统由摆臂、输弹输药机等部分组成，主要完成输弹输药机升降和不同射角下输弹、输药功能。液压子系统由溢流阀、减压阀、换向阀和电磁开关球阀等液压元件组成，为执行机构提供动力。控制子系统由主控制器、驱动器、传感器、执行器和软件组成，控制不同种类弹丸的可靠输送和准确卡膛、不同装药号发射药自动选取和输送到药室中准确位置。

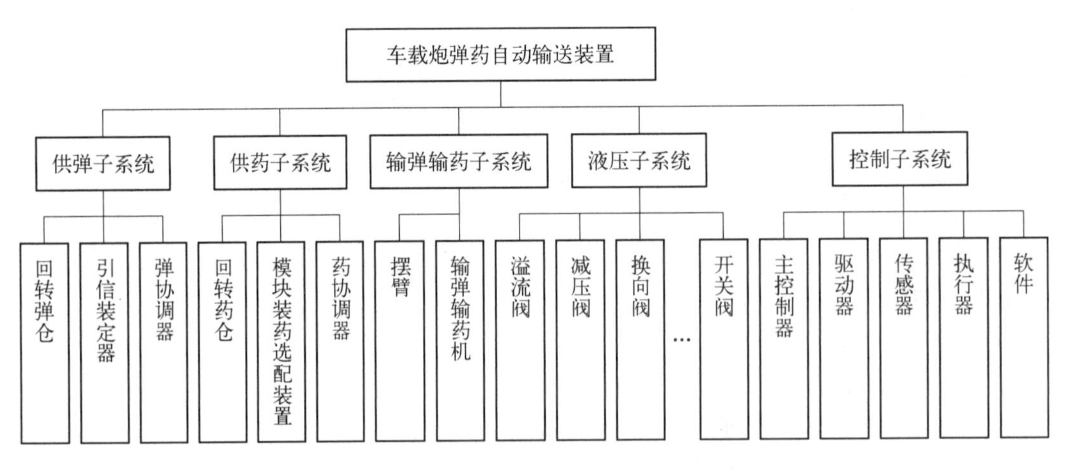

图 9.2.4　车载炮弹药自动输送装置基本构成

该弹药自动输送装置具有自动装填、单步装填和手动装填等多种装填方式，在此阐述自动装填方式的弹药输送流程。控制系统上电后，首先进行状态自检并把自检结果上报给炮长任务终端，然后实时监听炮长下达的装填指令。在接收到装填指令后，根据所需弹丸的种类和装药号开始装填弹药。弹丸和模块药的选取过程是同时进行的，如图 9.2.5 所

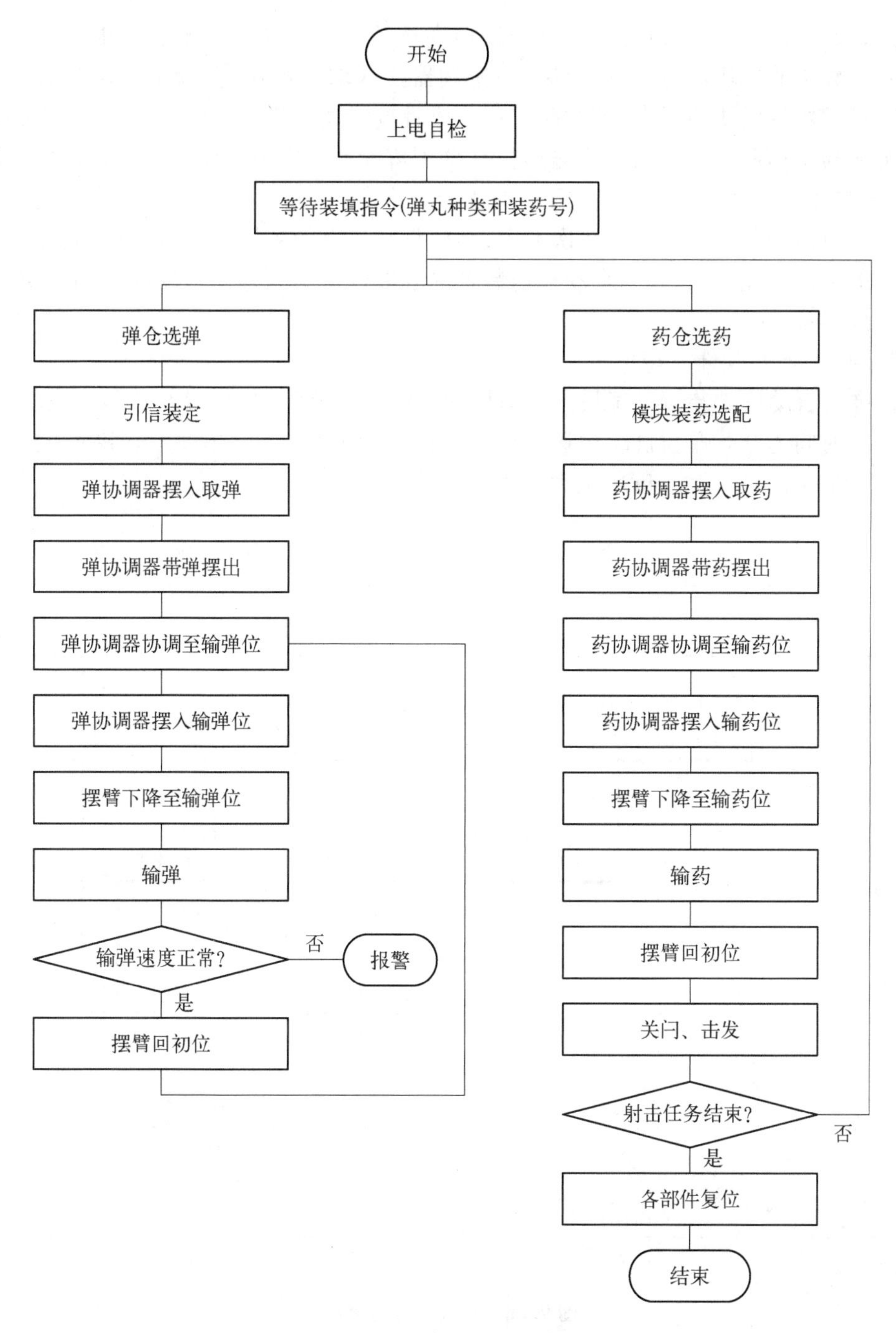

图 9.2.5　自动装填方式的弹药输送流程

示。弹仓根据所需弹丸的种类和弹仓中弹丸的相关信息进行选弹,并把弹丸移动至弹仓出弹口;弹丸移动到弹仓出弹口后,引信装定器根据当前的射击任务给弹丸装定相应类型的引信;引信装定完成后,弹协调器摆入抓取弹仓出弹口的弹丸,带弹摆出后根据当前身管指向协调弹丸姿态,协调到位后翻入到输弹位置;弹协调器翻入到输弹位后,输弹输药机摆臂下降至输弹位置进行输弹(若输弹速度过大或过小应给出警告),输弹完成后摆臂回到初位。在装填弹丸的同时,药仓选药并由模块药选配装置根据射击任务选配指定数量的模块药;选药完成后,药协调器摆入取出模块药,取出模块药后根据当前身管指向协调模块药姿态;若此时输弹完成且输弹输药机摆臂位于初位,则药协调臂翻入至输药位;翻入到位后,输弹输药机摆臂下降至输药位进行输药,完成后摆臂回到初位;输弹输药机回到初位后,关闩并等待击发指令,至此完成一次弹药装填过程。如果在一次射击任务中需要进行多次射击,则应重复以上的装填步骤,直至完成此次射击任务。射击任务完成后,弹药自动输送装置的各部件应回到其初始位置,为下一次射击任务做好准备。

9.2.4.4　时序设计

该弹药自动输送装置处于最大射速模式下的时序分配如图 9.2.6 所示,完成一个射击循环的时间为 9 s,弹药自动输送系统处于最大射速模式下,车载炮理论最大射速为 6.7 发/min,可满足 6 发/min 的最大射速时序要求。

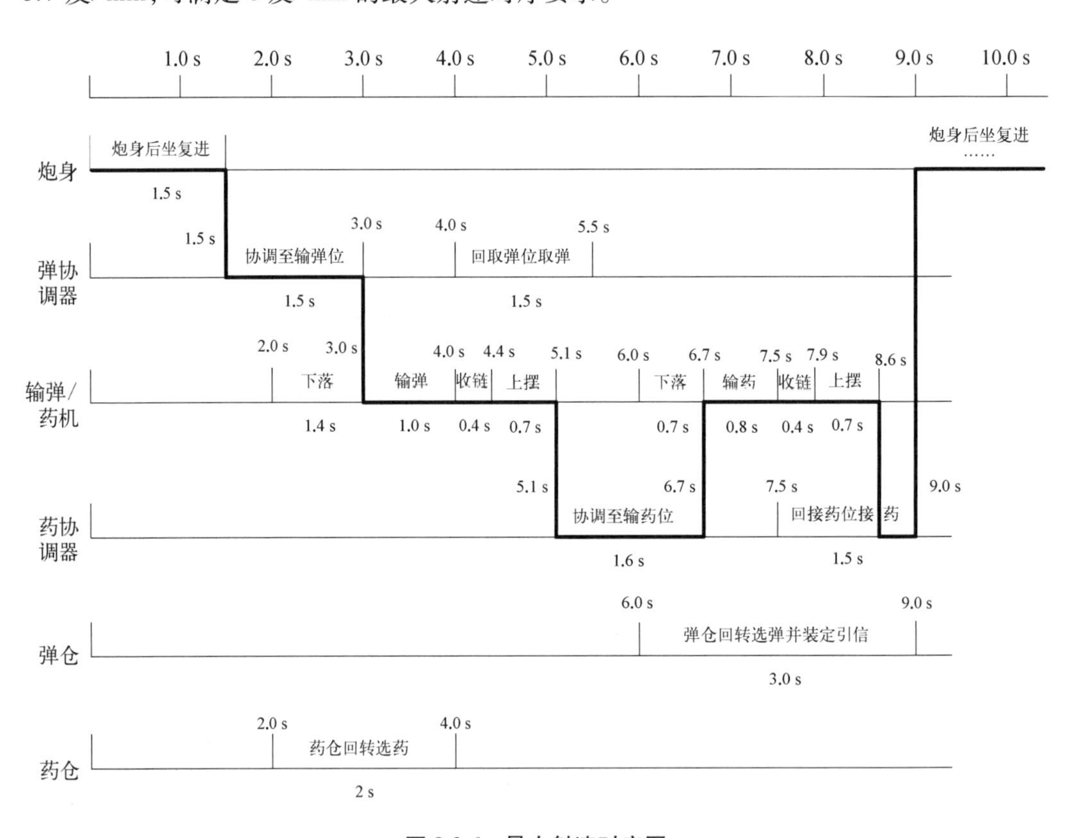

图 9.2.6　最大射速时序图

该弹药自动输送装置爆发射速可采用以下时序:炮膛内含一发装填完成的弹丸与相应模块药,同时弹协调器与药协调器上已取出下一发待发弹丸与模块药,弹仓与药仓分别已将储存有第三发待发弹丸与模块药的单元回转送至出弹位与出药位。火炮射击完成第一发后,弹、药协调器直接将第二发待发弹丸与模块药送至输弹线上并完成输弹、输药,其后,各动作及其时序与最大射速时序相同。经计算,爆发射速能达到 3 发/15 s。

9.3 结构系统设计

9.3.1 弹仓结构及主要参数确定

9.3.1.1 弹仓结构

弹仓为立式结构,布置于炮塔右侧,其作用是存储弹丸及自动选弹。弹仓主要由弹仓骨架、弹仓轨道、储弹单元、回转链轮轴系、引信装定器、传动箱、回转驱动电机、回转角度传感器等部件组成,如图 9.3.1 所示。

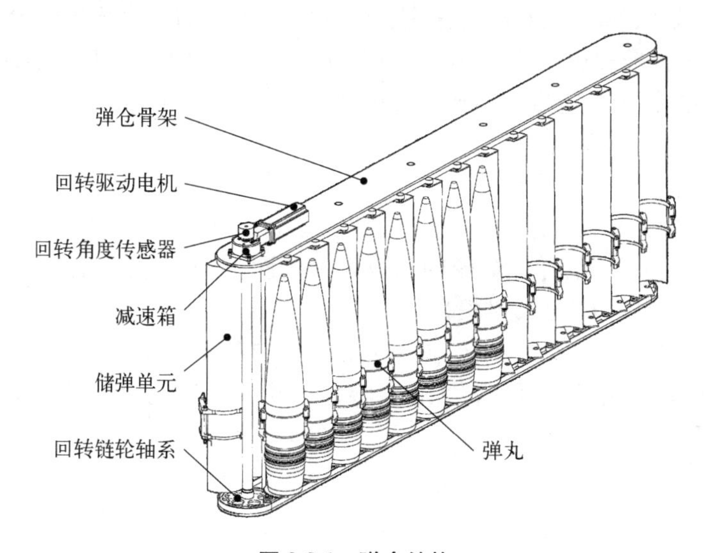

图 9.3.1 弹仓结构

弹仓骨架与炮塔固连,用于支承与容纳弹仓各部件。弹仓轨道为环形结构,固连于弹仓骨架上,用于为各储弹单元运动提供支承与导向。储弹单元为筒形结构,其两侧设置有一对抱弹机构,用于在弹仓运行、射击、行军过程中始终将弹丸可靠固定于储弹单元中,各储弹单元由两端的链节相互串联,在链轮驱动下可沿轨道进行循环回转。引信装定器设置于弹仓出弹位上方,用于装定待发弹丸的引信。弹仓驱动电机与减速箱设置于弹仓链轮侧,用于驱动回转链轮轴系,安装在驱动轴的弹仓回转传感器对储弹单元进行精确定位,可在规定时间将选定的弹丸准确地输送到弹仓出弹位。减速箱上设置有手动接口,可在特殊工况下进行手动驱动。

9.3.1.2 弹仓驱动主要参数确定

结构设计时的驱动计算,主要指根据负载所需的力/扭矩与速度/转速,选择与部件工况相匹配的传动件以及驱动部件参数的过程。传动件旨在确定传动种类、传动比与传动效率等参数。驱动部件通常为电机或油缸,电机需要确定其扭矩、转速与功率,油缸则需要确定其缸径、活塞杆直径、油缸长度与流量等参数。

车载炮自动装填系统的工况与典型机械存在较大不同,因此传动与驱动部件的计算

与选型方法也存在差异,主要表现在以下三个方面:

(1) 车载炮自动装填系统大多为高频启停动作。与全寿命周期内长时间持续运行的各类机械不同,自动装填系统的工作过程多伴随冲击。因此,设计与选取传动件时应兼顾其工作能力与使用寿命,同时驱动部件应具有良好的过载性能。

(2) 车载炮工作环境恶劣。传动与驱动部件需要能够适应车载炮使用的各种冲击振动、高低温、低压、盐雾及复杂电磁环境。

(3) 车载炮内部空间有限、重量限制严格。选取传动与驱动部件时必须考虑其合理的结构形式、空间布置及重量,此外还需要考虑传动与驱动零部件的维修性、通用性与互换性等。

弹仓由电机驱动回转,根据装填系统时序要求,弹仓应保证能在规定时间内回转一个弹位,经历加速启动、匀速运行、减速停止三个阶段。可以看出,电机负载最大的工况是满载加速启动,因为此阶段中驱动电机除克服各储弹单元与轨道的摩擦、链传动摩擦以及轴承、减速器内部的摩擦外,还需要克服各储弹单元及链轮轴系启动加速时的惯性。因此需根据此工况计算获得弹仓驱动电机以及传动系统的参数。

1) 弹仓加速启动惯性的计算

弹仓轨道为长圆形结构,运行时既有直线段上沿轨道直线运动的储弹单元,也有圆弧段上定轴转动的储弹单元,计算链轮侧加速启动惯性,需要根据等效方法将两种运动统一,计算所有储弹单元的等效转动惯量 J_e。

设满载储弹单元的质量为 m, 储弹单元相对于自身质心轴的转动惯量为 J_c, 链轮半径为 r, 链轮侧储弹单元质心到回转中心距离为 l, 由平行轴定理可得储弹单元绕链轮轴线转动的转动惯量 J 为

$$J = J_c + ml^2 \tag{9.3.1}$$

链轮轴系绕自身轴线的转动惯量 J_s 一般很小,仅为 J 的百分之一,可忽略。

弹仓回转一般可认为是一个经历加速启动、匀速运行、减速停止的过程,根据理想情况下的弹仓回转 $\omega-t$ 图,见图 9.3.2,可知弹仓匀速段链轮回转角速度 ω_0, 并进一步计算出加速启动阶段角加速度 α。

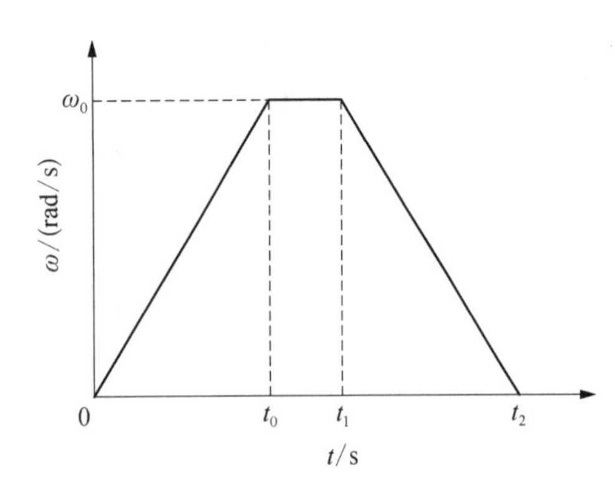

图 9.3.2 理想情况下的弹仓回转 $\omega-t$ 图

在一个回转周期内,各个储弹单元与链节的运动既包含转动,也包含平动,这里可以通过链节的节距、储弹单元之间的链节连接数量计算出匀速段速度 v。忽略链节、链轮与轨道的几何多边形,任意时刻圆弧段均有 n 个储弹单元做定轴转动,其余 m 个储弹单元均为直线运动,且速度相等。根据能量法即可得到所有储弹单元在链轮侧的等效转动惯量为 J_e:

$$J_e = \sum_{i=1}^{n} J_i\left(\frac{\omega_i}{\omega}\right)^2 + \sum_{j=1}^{m} m_j\left(\frac{v_j}{\omega}\right)^2 \tag{9.3.2}$$

再由 $M = J\alpha$, 可得克服各储弹单元惯性所需扭矩为 M_i。

2）其余阻力的计算

典型的回转式弹仓中，储弹单元的滚轮、脚轮以及轨道均为钢制，滚轮与脚轮等均会与轨道间产生摩擦，设储弹单元与轨道间的动摩擦因数为 μ，简单计算可得储弹单元满载时的摩擦阻力 F_f，以及链轮克服摩擦里所需的扭矩 $M_f = F_f r$。

链传动与滚动轴承的摩擦阻力可根据机械传动效率计算，弹仓回转链轮通过与储弹单元的上、下滚轮啮合驱动各储弹单元，可视为套筒滚子链，链轮轴系通过一对轴承轴向固定。设套筒滚子链的传动效率为 η_1，轴承的传动效率为 η_2。则驱动链轮所需扭矩为

$$M = (M_i + M_f)/\eta_1\eta_2 \tag{9.3.3}$$

3）驱动电机与减速箱选型

通过以上计算，最终可以得到负载端所需扭矩 M，所需转速为 ω。根据这些条件，可以进行驱动部分的设计选型。

由于弹仓的运行工况在启动与停止时有轻度冲击，因此需要附加安全系数 k，一般可选取 $k = 1.5$。从而负载端最大扭矩 $M' = kM$。这时可以根据所需扭矩与转速，选择适配的电机与减速器，在选型完成后，应核验最终的驱动部分输出扭矩与转速是否符合所需。

9.3.2 药仓结构及主要参数确定

药仓与弹仓类似，为立式结构，布置于炮塔左侧，其作用是存储模块药及自动选药。药仓主要由药仓骨架、药仓轨道、储药单元、回转链轮轴系、传动箱、回转驱动电机、回转角度传感器等部件组成，如图 9.3.3 所示。药仓除储药单元外，其余均与弹仓对应结构类似。药仓储药单元中设置有隔板，可将每个储药单元内的模块要分为若干组，各组模块药均有独立的抱药机构，便于药协调器选取不同装药号数。

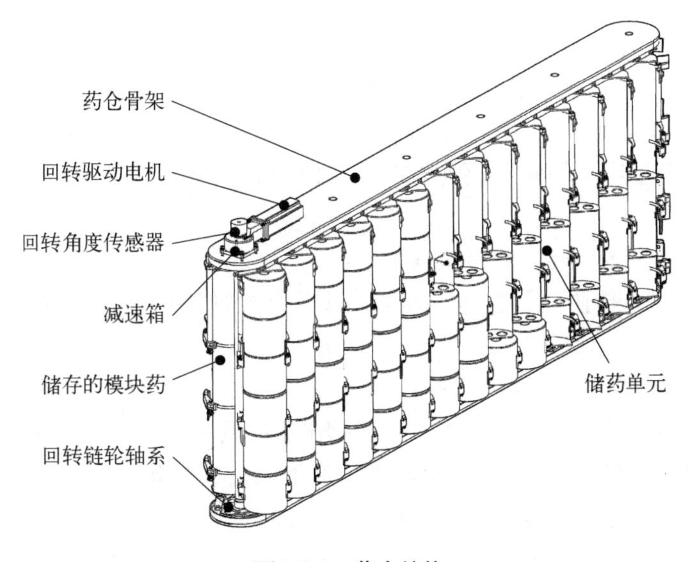

图 9.3.3 药仓结构

药仓的结构、动作与时序均与弹仓相似，因此负载分析与电机、传动选型过程也相似，不同之处仅在于储弹单元与储药单元、弹丸与模块药的重量差异带来的动力差异。

9.3.3 弹协调器结构及主要参数确定

9.3.3.1 弹协调器结构

典型的弹协调器一般为两自由度机械臂结构，悬挂于右侧耳轴，其作用是从弹仓取弹位取出弹丸、并通过摆动、协调等动作将弹丸可靠送至输弹线上。弹协调器由协调臂、摆臂、输弹盘及协调、摆动、抱爪开合驱动油缸等部件组成，如图9.3.4所示。协调臂的一端通过轴承悬挂于耳轴上，可绕耳轴转动，从而带动整个弹协调器完成协调动作。摆臂一端与协调臂通过轴承相连，另一端连接有输弹盘，可绕协调臂摆动。输弹盘为筒形结构，其两侧设置有一对抱爪，抱爪可与弹仓储弹单元抱弹机构配合取弹，并在油缸驱动下完成抱紧与松开。

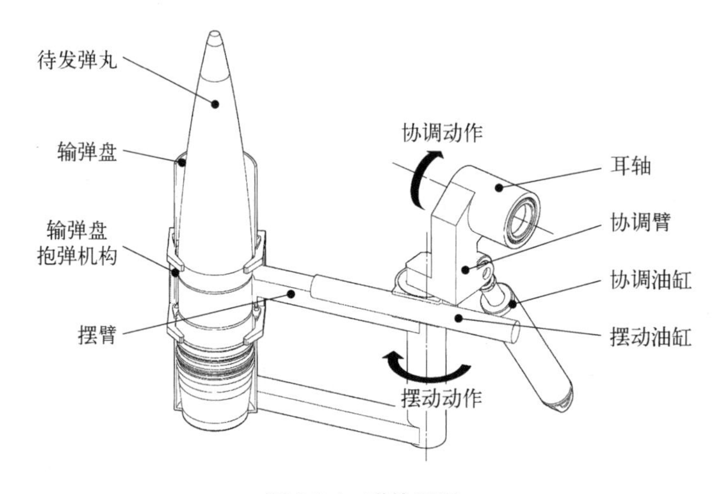

图 9.3.4 弹协调器

弹协调器工作时，弹仓预先将待发弹丸输送至出弹位，摆动油缸驱动摆臂带动输弹盘摆入弹仓取弹，随后油缸驱动抱爪抱紧弹丸，摆臂摆出到协调起始位置，接着协调油缸驱动协调臂协调至车载炮射角，输弹盘轴线与炮膛轴线对齐形成输弹通道，油缸驱动抱爪张开，等待输弹输药机下摆输弹。输弹完成后，弹协调器协调、摆动回初位让开炮身后坐，准备下次取弹。

9.3.3.2 弹协调器驱动主要参数确定

弹协调器的摆动与协调均由油缸驱动，以下介绍弹协调器摆动油缸与协调油缸的选型。

1）弹协调器摆动油缸选型

弹协调器的摆动有空载摆入取弹与带弹摆出收回两个工况，显然，带弹摆出收回的负载更大。根据装填系统时序要求，该工况弹协调器需要在规定时间内由取弹位摆动至协调起始位置，经历加速启动、匀速运行、减速停止的三个阶段。加速启动阶段驱动油缸除克服摆臂与轴承的摩擦外，还需要克服弹丸、托弹盘与摆臂启动加速时的惯性，因此根据此工况计算摆动油缸各参数。

设带弹时摆臂与输弹盘的质量为 m，摆动部分相对于自身质心轴的转动惯量 J_c，质心距离摆动转轴距离 l，由式(9.3.1)可得摆动部分相对于摆动转轴的转动惯量为 J。

设摆臂由取弹位摆动至协调起始位置需要回转的角度为 θ，根据理想情况下输单协调臂运动的 $\omega - t$ 图，见图 9.3.5，可计算摆臂匀速段回转角速度为 ω_0，以及加速启动阶段角加速度为 α。由转动定律 $M = J\alpha$ 可计算出克服摆动部分惯性所需扭矩为 M_i。

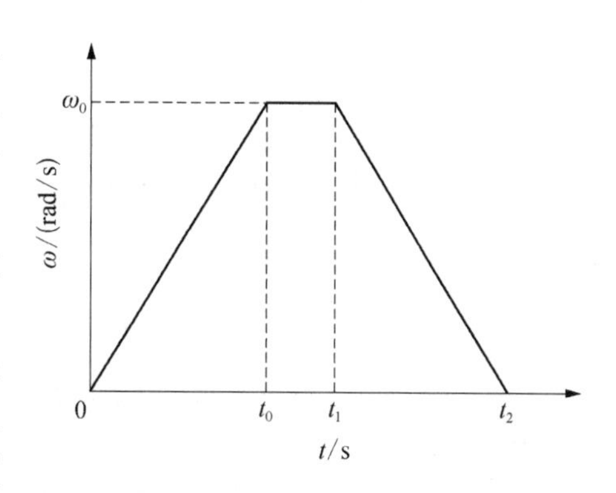

图 9.3.5　弹协调臂摆动 $\omega - t$ 图

摆动过程中，摆动轴线处轴承摩擦有两个来源：一是摆动部分重力以轴向力形式作用于轴承上产生的摩擦；二是摆动部分重力与离心力的倾覆力矩以径向力形式作用于轴承上产生的摩擦。

轴向力产生的摩擦阻力矩为

$$M_{f1} = rmg\mu_1 \tag{9.3.4}$$

其中，μ_1 为轴承承受轴向力时的摩擦系数，可以根据设计手册选取 μ_1 的具体值。

摆动部分重力与离心力产生的倾覆力矩需要轴承径向力平衡，摆臂以最大角速度匀速运动时，轴承处的径向力也达到最大。如图 9.3.6 所示，对摆臂下方轴承 A 点处取矩，有

$$F_{N2}h = mgl_1 + m\omega^2 rl_2 \tag{9.3.5}$$

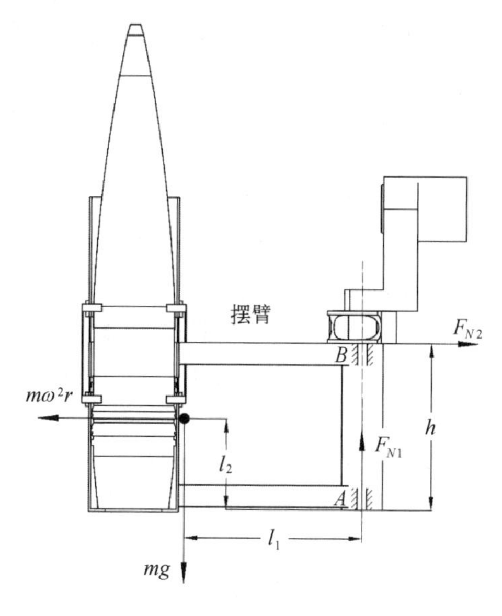

图 9.3.6　摆动时摆臂受力图

其中，F_{N2} 表示轴承的径向支承力；h 表示两轴承间距离；l_1 表示摆动部分质心距离摆动轴线的距离；l_2 表示质心到摆臂下方轴承水平面的距离。径向力产生的摩擦阻力矩为

$$M_{f2} = rF_{N2}\mu_2 \tag{9.3.6}$$

其中，μ_2 为轴承承受径向力时的摩擦系数，可以根据设计手册选取。轴承摩擦阻力矩 $M_f = M_{f1} + M_{f2}$，驱动摆臂转动所需扭矩为 $M = M_i + M_f$。

一般来讲，摆臂结构中两轴承间距较大时，轴承反力及其产生的摩擦力均很小，计算负载时可以忽略，或根据机械传动效率进行大致估算。摆动油缸通过驱动齿条带动齿轮转动，进而带动摆动部分摆动，设齿轮节圆半径为 r_0，根据设计手册可以选定对应工况下的齿轮的传动效率 η，由

$$Fr_0\eta = M \tag{9.3.7}$$

可得摆动油缸所需推力 F，也可以简单地计算得出活塞速度 v。

在协调臂的摆动过程中，其运动起始与结束时有较强冲击，应当选取较大的安全系数以保证强度，一般可令安全系数 $k = 1.8 \sim 2.0$，并可以计算出负载端最大推力 $F' = Fk$。上述典型方案中的摆动油缸是单杆液压缸，负载使用无杆腔推动，根据协调臂的负载选定工作压力，无杆腔缸筒内径 D_0 为

$$D_0 = \sqrt{\frac{4F'}{\pi p \eta_{cm}}} \tag{9.3.8}$$

其中，p 为系统压力；η_{cm} 为液压缸的机械效率，通常取 $\eta_{cm} = 0.95$。

在得到缸筒计算内径 D_0 后，应根据设计手册选用液压缸标准内径系列，将 D_0 圆整为标准内径 D。

活塞杆直径通常按油缸速度确定，该典型方案中油缸对活塞往复运动速比无要求，可先取 $d = (1/5 \sim 1/3)D$，根据手册活塞杆标准直径圆整，再按材料力学理论校核强度与稳定性。

油缸长度由油缸工作行程、活塞长度、导向长度与密封长度确定，设油缸工作行程 s，活塞长度一般取 $B = (0.6 \sim 1.0)D$，导向长度一般取 $H \geqslant s/20 + D/2$，密封长度 $A = (0.6 \sim 1.0)D$。

油缸的流量 q 与所需活塞速度相关，其表达式为

$$v_s = \frac{4q\eta_v}{\pi D^2} \tag{9.3.9}$$

其中，η_v 为容积效率，对于使用弹性密封件的活塞，$\eta_v \approx 1$。由此可得负载运动所需流量 q。考虑到沿途损失，一般需要再乘上冗余系数 r，最终得到系统输入流量 q_r。

最后，摆动油缸的功率可由 $P = pq_r$ 计算得出。

2）弹协调器协调油缸选型

弹协调器的协调动作主要有带弹上摆与空载下摆两部分，显然，带弹上摆时协调臂的负载更大。根据装填系统时序要求，带弹上摆时弹协调器需要在时间内由协调起始位置协调至输弹位置，经历加速启动、匀速运行、减速停止的三个阶段，分配三个阶段的时间应遵循缓慢加速、减速的原则，以减少冲击。加速启动阶段驱动油缸除克服弹丸与弹协调器自身重力，以及协调臂与轴承的摩擦外，还需要克服弹丸与弹协调器启动加速时的惯性。因此根据此工况计算摆动油缸各参数。

设带弹时弹协调器的质量为 m，协调部分相对于自身质心轴的转动惯量为 J_c，质心距离耳轴距离为 l，由平行轴定理可得协调部分相对于耳轴的转动惯量 J。弹协调器的具体协调角度则需要根据火炮具体的射角确定，一般应考虑弹协调器可能回转到位的最大角度，并根据时序要求计算出最大的角速度 ω、最大角加速度 α，作为油缸选型的依据。

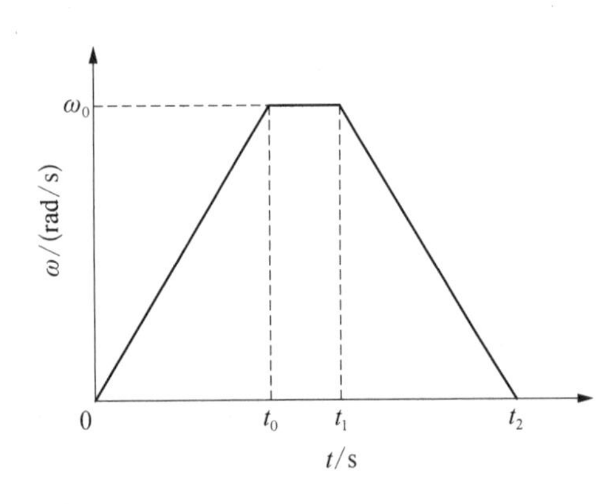

图 9.3.7 弹协调器协调 $\omega - t$ 图

根据理想情况下的弹协调器运动的 $\omega - t$ 关系（图 9.3.7），易知弹协调器匀速段回转角速度 ω_0，加速启动阶段角加速度 α 也可以方便的算出。由转动定律 $M = J\alpha$ 可以计算出弹协调器克服摆动部分惯性所需扭矩 M_i。

协调过程需克服重力，加速启动末段弹协调臂转过角度为 θ，如图 9.3.8 所示，此位置重力臂 l_G，重力矩为 M_G。

轴承处的摩擦阻力可根据机械传动效率计算。首先根据具体设计手册选择对应的具体形式的轴承的传动效率 η，可得驱动弹协调器协

调所需扭矩为 $M=(M_i+M_G)/\eta$。设该位置油缸驱动力力臂为 l_F，由 $M=Fl_F$ 可得油缸应产生的推力 F。

油缸驱动的弹协调器是曲柄摇块机构，取油缸与协调臂铰接点为重合点，由速度分解定理与几何关系可以求出油缸在特定角度时达到的最大速度 $v_{\max}$。

通过上述的设计计算过程，可得协调油缸选型所需的数据：推力 F、活塞最大运动速度 $v_{\max}$，油缸行程 s 可由具体的设计模型得到。

考虑到协调过程在启动与结束时有轻度冲击，负载应乘以适当的安全系数，一般可以取安全系数为 $k=1.5$，可得负载端最大推力 $F'=Fk$。摆动油缸是单杆液压缸，负载使用无杆腔推动，根据负载与选定工作压力，无杆腔缸筒计算内径 D_0 可以由式(9.3.9)计算出，而后根据手册的标准直径系列选取实际直径 D。

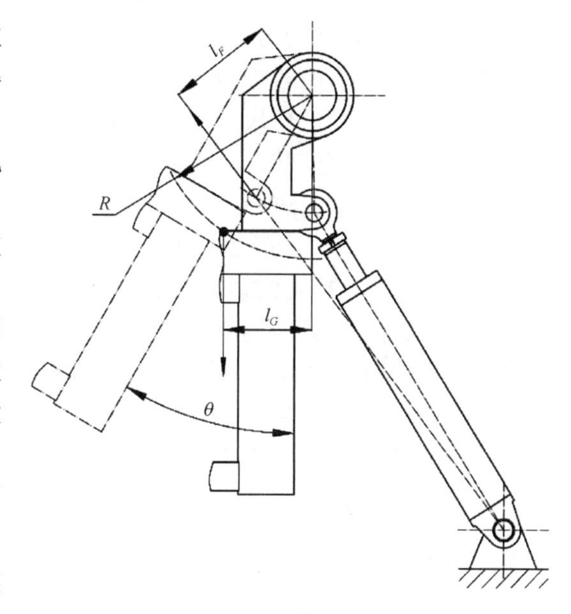

图 9.3.8　协调角度 30°时弹协调器受力图

油缸长度的确定、油缸流量、油缸功率与前文中摆动油缸的设计计算方法一致，此处不再赘述。

9.3.4　药协调器结构及主要参数确定

药协调器与弹协调器类似，为两自由度机械臂结构，悬挂于左侧耳轴，其作用是从药仓取弹位取出所需数量的模块药、并通过摆动、协调等动作将模块药可靠送至输弹线上。药协调器由协调臂、摆臂、输药盘、选药器及协调、摆动驱动油缸等部件组成，如图 9.3.9 所

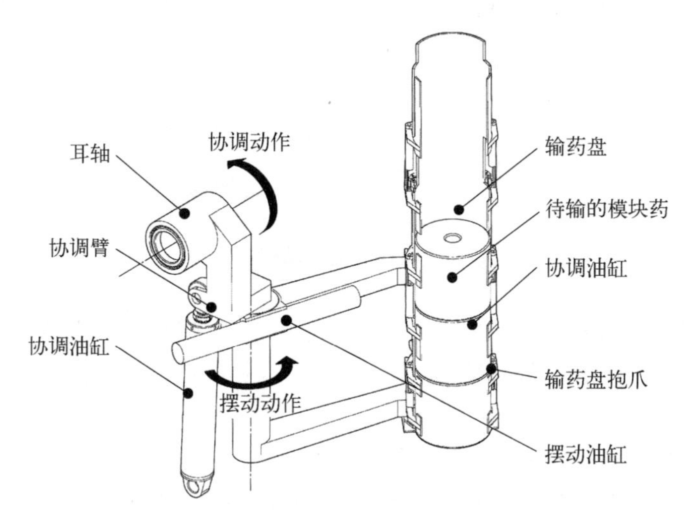

图 9.3.9　药协调器

示。药协调器除输药盘与选药器外，其余结构均与弹协调器对应结构类似。输药盘为筒形结构，其两侧设置有若干独立抱爪及对应的独立取药机构，可与药仓储药单元抱药机构配合，取出所需数量的模块药。选药器为一组同步转动的凸轮，各凸轮具有不同的工作表面，并错开相应角度安装在凸轮轴上，通过电机控制凸轮轴的转动角度便能够控制各抱爪与各取药机构的开合，进而控制输药盘所取出的药块数量。

药协调器工作时，药仓预先将待取储药单元输送至出药位，选药器调整输药盘取药机构，设定取药数量，摆动油缸驱动摆臂带动输药盘摆入药仓取药，随后选药器控制输药盘抱爪锁紧，摆臂摆出到协调起始位置，接着协调油缸驱动协调臂协调至车载炮射角，输药盘轴线与炮膛轴线对齐形成输药通道，选药器驱动抱爪张开，等待输弹输药机下摆输药。输药完成后，药协调器协调、摆动回初位让开炮身后坐，准备下次取药。

药协调器的结构、动作与时序均与弹协调器相似，负载分析与油缸选型过程也相似，不同之处仅在于输药盘与输弹盘、弹丸与模块药的重量差异带来的动力差异。

9.3.5 输弹/药机结构及主要参数确定

9.3.5.1 输弹/药机结构

输弹输药机设置于摇架上方，正对炮膛轴线竖直平面，可绕摇架上的支点俯仰，其作用是将协调至输弹线上的弹丸与模块药强制输入炮膛。输弹输药机主要由支架、俯仰油缸、链盒、单向链条、链轮轴系、减速箱以及驱动电机等部件组成，如图 9.3.10 所示。支架固定于摇架上部。链盒与支架铰接，可在油缸驱动下完成俯仰，链盒为箱形结构，用于容纳链条、安装链轮与驱动电机。单向链条平时卷绕收容于链盒中，输弹与输药时由链轮驱动从链盒下方伸出输弹、输药。减速箱与驱动电机设置于链盒尾端的左侧位置。

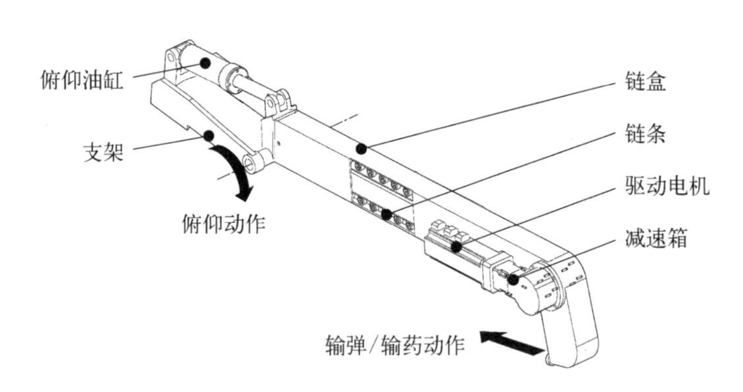

图 9.3.10　输弹输药机

输弹/药机可在弹协调器/药协调器协调过程中下摆，使得链盒出链口正对输弹盘/输药盘，随后电机驱动链条输弹/输药，输弹/输药完成后收链，链盒上摆让开炮身后坐，准备下次输弹/输药。

9.3.5.2 输弹/药机主要参数确定

输弹/输药动作由电机驱动，输弹输药机的俯仰通过俯仰油缸驱动，以下简要介绍输弹输药电机与俯仰油缸的选型过程。

1）输弹/输药电机与传动的选型

输弹/药机应根据装填时序要求，在规定时间内完成输弹、输药动作，并在尽可能短的时间内完成输弹、输药动作结束的推动部件回收动作，例如常见强制输弹/药机的收链动作。典型的输弹/药机的输弹/药过程均经历加速启动、匀速运行、减速停止三个阶段。显然，电机负载最大的工况是输弹，因为弹丸重量比模块药大且输弹速度比输药速度更快，因此根据此工况计算弹仓驱动电机以及传动各参数。此外需要注意到，输弹输药机输弹完成后的收链过程时间短、行程长，选型时应注意电机转速能否满足收链速度。

电机负载最大的工况是输弹的加速启动阶段，此阶段中驱动电机除克服链传动摩擦以及轴承、减速器内部的摩擦外，还需要克服弹丸与链条启动加速时的惯性。因此根据此工况计算弹仓驱动电机以及传动各参数。

（1）弹丸与链条加速惯性的计算。

设输弹全行程长 l，一般包括三部分：输弹起始位置弹底距离炮尾尾端面的长度 l_1，炮尾尾端面距离身管尾端面的长度 l_2，身管尾端面距离卡膛位置弹底的长度 l_3，如图 9.3.11 所示。根据理想情况下的弹丸运动 $v-t$ 关系，见图 9.3.12，可得弹丸匀速段最大速度 v，加速启动阶段加速度 α。

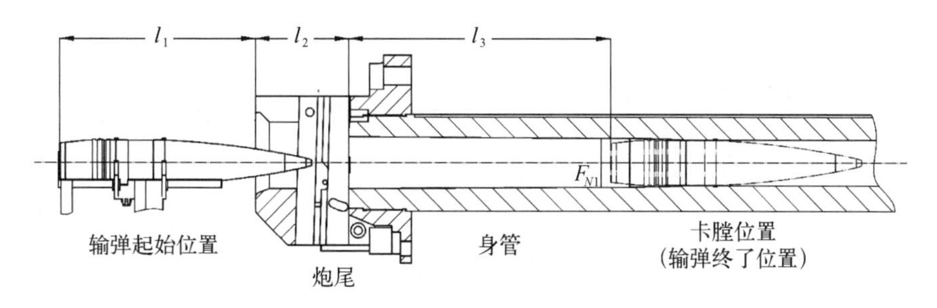

图 9.3.11　输弹行程

设弹丸质量 m_1，链条质量 m_2，加速启动阶段，由 $F_{i1}=(m_1+m_2)\alpha$ 可得需要施加的推力 F_{i1}，由链轮半径 r，可知链轮克服弹丸与链条惯性所需扭矩为 $M_{i1}=F_{i1}r$，再根据链条节距、链轮齿数可以得知链轮回转一周链条前进的距离，进而可以得到链轮所需转速 ω。

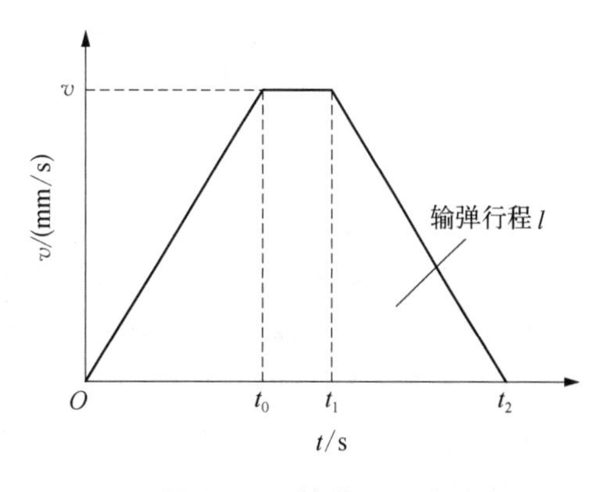

图 9.3.12　输弹 $v-t$ 图

（2）其余阻力的计算。

弹丸的弹带为铜制，弹协调器托弹盘、炮尾与身管均为钢制，弹带与托弹盘间的动摩擦因数 μ_1，计算可得输弹时的摩擦阻力 F_{f1}，折算到链轮扭矩为 $M_{f1}=F_{f1}r$。

设滚轮与轨道间的动摩擦因数为 μ_2，计算可得链条运行时的摩擦阻力 F_{f2}，折算到链轮扭矩为 $M_{f2}=F_{f2}r$。

链传动与滚动轴承的摩擦阻力可根据机械传动效率计算，一般输弹输药机链轮通过与链板两侧的滚轮啮合驱动各链节，可视为套筒滚子链，链轮轴系通过一对深沟球轴承轴向固定。查阅设计手册可知套筒滚子链效率为 η_1，轴承传动效率为 η_2。则驱动链轮所需扭矩：

$$M = (M_i + M_{f1} + M_{f2})/\eta_1\eta_2 \tag{9.3.10}$$

（3）收链时链轮转速的计算。

输弹输药机的收链过程分为两个阶段：第一阶段链条需要收回退出身管，以便输弹输药机能够正常上摆；第二阶段链条需要完全收回链盒中，以便下一次输弹/输药。其中第一阶段占用射击循环主时序，收链必须以较快速度进行，而第二阶段可与输弹输药机上摆并行，收链可较为平缓以减小冲击，链轮最大转速工况应针对第一阶段进行计算。收链过程的负载很小，仅需克服链条的惯性与各处摩擦即可，远小于输弹负载，可不予计算，但链轮必须有能力以较高速度回转以满足收链时序。

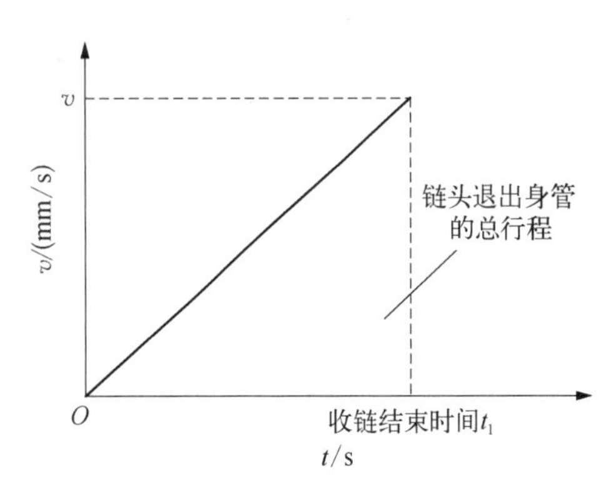

图 9.3.13　输弹后收链 $v-t$ 图

输弹完成后链条收回行程更长，应根据装填系统时序要求，使得输弹后的收链动作在尽可能短的时间内完成。假设该阶段整个行程中链条均处于匀加速段，由理想情况下的链条运动 $v-t$ 关系，见图 9.3.13，可得链条需要加速达到的最大速度 v_{max}，折算到链轮侧的转速为 ω_{max}。

2）驱动电机与传动选型

由以上设计计算过程可以得到负载端所需扭矩 M，所需转速 ω_{max}。输弹过程在启动时有较强冲击，一般可以取安全系数为 $k=1.8$，可得负载端最大扭矩 $M'=Mk$，基于上述参数，即可以选择适配的电机参数。

一般设计过程中，应尽可能减小输弹输药机横向尺寸，可以通过设计或选取减速器来改变电机的安装位置，同时减速增扭。

在驱动电机与减速器设计计算完成后应进行验算，以确保最终输出扭矩、转速符合要求。

3）俯仰油缸的选型

输弹输药机除了进行弹丸、模块药的传送外，还应可以实现一定角度内的俯仰，以确保输弹、输药过程的平稳可靠，并实现让位以防干涉。其基本工况有下摆输弹/输药与上摆让位两个工况，应根据装填系统时序要求决定上下摆动的时间，显然，上摆让位的负载更大，因此选择俯仰油缸时应以上摆让位时的负载情况为参考。上摆让位过程经历加速启动、匀速运行、减速停止的三个阶段，其中负载最大的工况是加速启动。根据此工况计算输弹输药机俯仰油缸各参数。

（1）俯仰负载分析。

设输弹输药机的质量为 m，协调部分相对于自身质心轴的转动惯量为 J_c，质心距离耳轴距离为 l，由平行轴定理，可得协调部分相对于耳轴的转动惯量 J。

设输弹输药机由输弹/输药位至让后坐位需要上摆的角度为 θ，根据图 9.3.14 所示的理想状况下的 $\omega-t$ 关系，可求得弹协调器匀速段回转角速度 ω，加速启动阶段角加速度

α。由转动定律 $M = J\alpha$ 可得到克服摆动部分惯性所需扭矩 M_i。

输弹输药机的一端与摇架相连，与起落部分一起俯仰，协调过程需克服重力，在计算过程中应根据实际结构，按照最大载荷工况进行计算。如图 9.3.15 中的典型输弹输药机结构，可以看出，0°射角输弹/输药完成后上摆，油缸需要克服重力矩较大，便按此工况计算油缸推力。

同前文中所述，轴承处的摩擦阻力可根据机械传动效率计算，并根据附加了效率系数之后计算所得的扭矩、推力等进行油缸的选型。

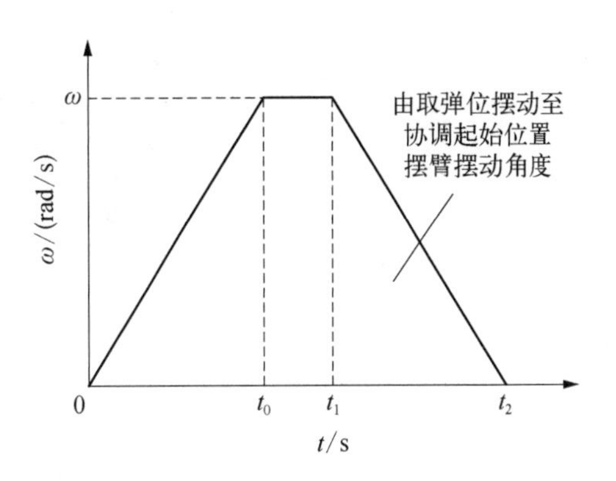

图 9.3.14　输弹输药机上摆 $\omega-t$ 图

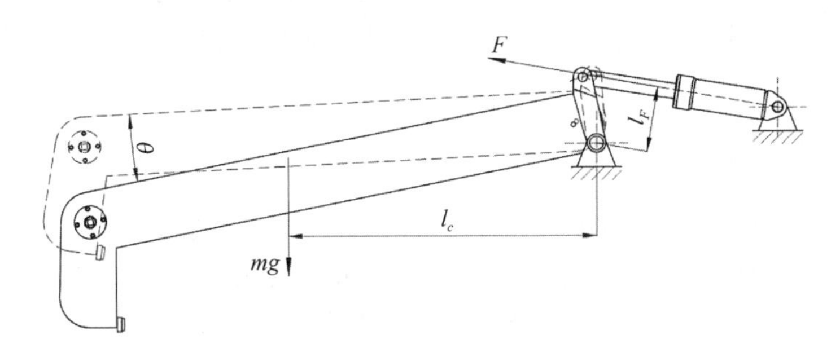

图 9.3.15　输弹输药机上摆受力图

一般来说，油缸驱动的输弹输药机是曲柄摇块机构，由速度分解定理与几何关系可知，油缸在协调到特定角度时，会有最大速度 $v_{\max}$。基于这些参数，便可以进行油缸的选型。

（2）俯仰油缸选型。

考虑到在协调过程在启动与结束时有轻度冲击，一般可取安全系数为 $k = 1.5$，可得负载端最大推力 $F' = Fk$。摆动油缸是单杆液压缸，负载使用无杆腔推动，根据负载与选定工作压力，无杆腔缸筒计算内径 D_0 可由式(9.3.8)求出，而后根据标准内径系列进行选择即可。此外，油缸的长度、流量、功率等，计算过程均与前文一致，此处不再赘述。

9.3.6　案例分析

9.3.6.1　输弹/药机结构设计

输弹/药机，是弹药自动输送系统中最为典型的部件。无论系统的供弹/供药采用何种形式，最终都需要靠输弹/药机这一部件，将位于输弹线上的弹丸或模块药输入炮膛。以下以该型 155 毫米车载炮弹药自动输送系统的输弹/输药机为例，描述其核心部件与驱动的设计过程。

1）输弹/药机结构组成

该车载炮的弹药自动输送系统采用强制输弹，输弹行程长，采用可盘绕卷曲的输弹链条较为合适。该输弹/药机由链盒、链条、输弹减速箱、驱动电机，以及协助链盒俯仰的油缸与支架组成，如图 9.3.16 所示。支架固定于摇架上部。链盒与支架铰接，可在油缸驱动

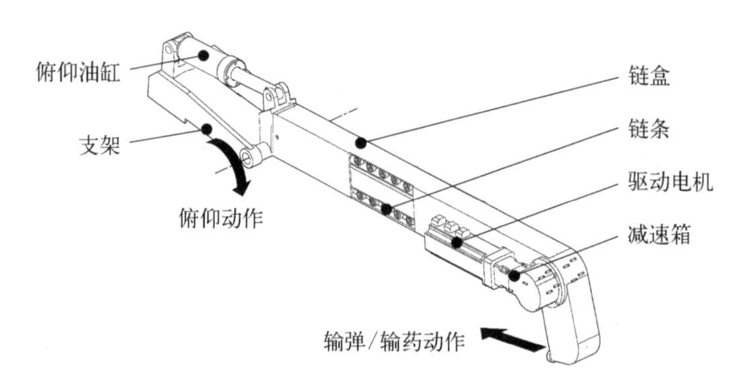

图 9.3.16　输弹/药机结构组成

下完成俯仰,链盒为箱形结构,用于容纳链条、安装链轮与驱动电机。链条平时卷绕收容于链盒中,输弹与输药时由链轮驱动从链盒下方伸出输弹、输药。减速箱与驱动电机设置于链盒尾端的左侧位置。

2）输弹链条、链轮与链盒设计

该系统输弹过程中,链条伸出后能够一直保持与输弹盘、炮尾、闩体及炮膛的接触,因此采用单向链,单向链链节上设置有机械限位的斜面或凸台结构,链节仅能向一侧弯曲,结构较为简单。单向链可传递单方向推力,单向链链头处设置有推头,推头制成一定角度使得推弹过程中链条始终向设置有机械限位的一侧压紧。单向链通常设置为两侧带有滚轮的小车形式,便于在输弹盘或轨道中运行,同时滚轮在链齿啮合时作为滚子减少摩擦。

有别于标准的套筒滚子链,单向链是非标件,其结构与参数需要自行设计拟定。为了减少零件数量、保证链条的刚性,单向链节距不能取得过小;而为了保证结构紧凑,链节距又不可取得过大,此处取节距为 60 mm。链条的截面形状与链节之间接触的斜面、凸块尺寸需要根据输弹/药时的载荷确定,此外还需要考虑链条的转弯半径、轴向窜动与减重等。

输弹链条的长度需要根据输弹链条行程 s 确定,强制输弹时,链条必须推动弹丸运行完整个输弹全行程,此时输弹链条行程即为输弹全行程。输弹全行程 l 一般包括三部分:输弹起始位置弹底距离炮尾尾端面的长度 l_1,炮尾尾端面距离身管尾端面的长度 l_2,身管尾端面距离卡膛位置弹底的长度 l_3,如图 9.3.17 所示。此处 $l_1 = 740$ mm、$l_2 = 335$ mm、$l_3 = 1\,010$ mm,则链条行程 $s = l = l_1 + l_2 + l_3 = 2\,085$ mm。链条长度应略大于链条行程,至少需保证链条完全伸出时,其尾端仍然能够与链轮啮合,必要时可设置特殊结构的末端链节进行限位,防止脱链。

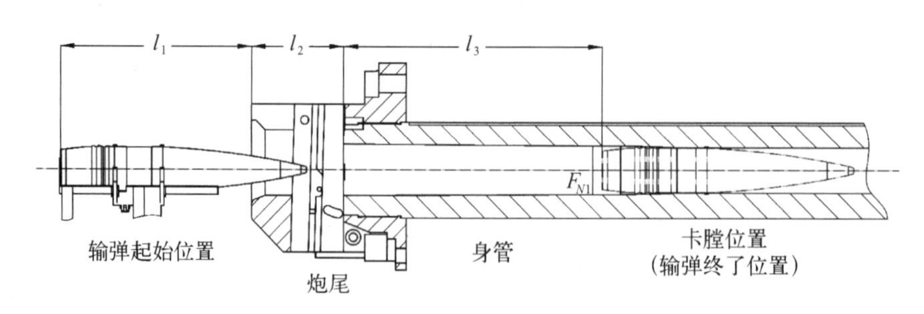

图 9.3.17　输弹全行程示意图

链条依靠链轮驱动，链轮结构需要与链条的小车结构相适应，通常采用将链齿布置在链轮两侧，一对链齿同时驱动一对链条滚轮的形式。链齿无设计标准，可参考典型链轮的“三圆弧一直线”齿形设计，齿形需要保证链条能够顺利进出。为使结构紧凑并减小传动机构减速比，链轮齿数通常取得较小，能够满足驱动所需的链轮包角即可，此处取链轮齿数为 6。则可得链轮节圆直径为 120 mm，链轮回转一周，带动链条前进 360 mm。

该输弹/药机的链盒起容纳链条，支承驱动电机、减速器及链条的作用，并在链条伸出与收回时提供导向。链盒为长悬臂箱式结构，俯仰与输弹时均需承受较大弯矩，设计时需要考虑其刚强度。链盒需保证链条在其中顺畅运行，轨道两侧需要预留一定间隙，通常机加形成的轨道两侧需要预留共 1 mm 间隙，而采用钣金焊接形成的轨道两侧需要预留共 2~3 mm 间隙。此外需要注意的是容纳单向链的链盒，其内部轨道方向必须与单向链弯曲方向一致，且轨道的最小转弯半径不可小于链条允许的最小转弯半径。

3）输弹/药机驱动参数确定

以下根据输弹驱动计算过程设计驱动与传动参数。

输弹链条设计完成后，可测得弹丸质量 m_1 = 45.5 kg，链条质量 m_2 = 15.8 kg。

输弹机进行强制输弹，装填系统要求的卡膛速度 v_k = 3.0 m/s，链条在经过一段时间的匀加速后，需要以该速度一直匀速推动弹丸前进，直到弹丸卡膛，链条行程达到 s = 2 085 mm，由此可求得链条加速时间为 0.61 s，链条与弹丸的加速度 $a = 4.92\ \text{m/s}^2$，并绘制出理想情况下弹丸运动 $v-t$ 图，输弹过程中需要克服弹丸与链条的加速惯性 F_i、弹丸与链条的重力 F_G、弹丸与输弹盘的摩擦阻力 F_{f1}、链条与链盒的摩擦阻力 F_{f2} 以及链轮传动、轴承的能量损失。其中，弹丸与链条的加速惯性为 $F_i = (m_1 + m_2)a = 301.6\ \text{N}$，折算到链轮侧所需扭矩为 $M_i = F_i r = 18.1\ \text{N·m}$；最大射角下需要克服的弹丸与链条的重力为 $F_{G\max} = (m_1 + m_2) g \sin\theta_{\max} = 544.5\ \text{N}$，折算到链轮侧所需扭矩为 $M_G = F_G r = 32.7\ \text{N·m}$；弹丸与输弹盘的摩擦阻力 $F_{f1} = \mu_1 m_1 g \sin\theta_{\max}$，取钢制输弹盘与紫铜弹带间摩擦系数 μ_1 = 0.15，可得 $F_{f1} = 60.6\ \text{N}$，折算到链轮侧所需扭矩为 $M_{f1} = F_{f1} r = 3.6\ \text{N·m}$；链条与链盒的摩擦阻力 $F_{f2} = \mu_2 m_2 g \sin\theta_{\max}$，取钢制滚轮与钢制链盒的摩擦系数 $\mu_1 = 0.05$，可得 $F_{f2} = 7.0\ \text{N}$，折算到链轮侧所需扭矩为 $M_{f2} = F_{f2} r = 0.42\ \text{N·m}$；取链轮传动的传动效率 $\eta_1 = 0.96$，一对深沟球轴承的传动效率 $\eta_1 = 0.99$。可得驱动链轮所需扭矩为 $M = (M_i + M_G + M_{f1} + M_{f2}) / \eta_1 \eta_2 = 57.7\ \text{N·m}$。

输弹完成后的收链过程占用主时序，此时需要链轮以最大转速运行。收链时，链条需要在时序要求的 0.4 s 内退出炮尾以便输弹/药机正常上摆，此时链条行程为 $l_2 + l_3$ = 1 345 mm，取链条加速时间为 0.1s，则可得最大链速为 $v_{\max}$ = 3.84 m/s，链轮齿数为 6，链节距为 60，链速折算到链轮转速为 $\omega_{\max}$ = 640 r/min。

根据 $P = M\omega/9\,549$，可得驱动链轮所需功率 P = 3.86 kW。输弹过程在启动时有较强冲击，取安全系数为 k = 1.8，可得瞬时负载端最大扭矩 $M' = Mk = 103.9\ \text{N·m}$。

根据以上计算结果，选用一功率 6 kW 电机，其额定转速 3 000 r/min，额定扭矩 18 N·m，扭矩过载能力 2 倍。为提供减速的同时减小驱动部分的横向尺寸，可选用 KBI－90－L1－4 直角行星减速器，该减速器传动比为 4，额定输出扭矩 92 N·m，最大输出扭矩 180 N·m，额定输入转速 3 000 r/min，传动效率 96%。

经减速器减速后可得链轮侧额定驱动扭矩 69.1 N·m，最大驱动扭矩 138.2 N·m，额定驱动转速为750 r/min,能够满足输弹工况的使用要求。

9.3.6.2　系统结构尺寸和重量设计结果

1）系统主要部件的核心尺寸

按照前述各主要部件的设计方法开展各部件的结构设计,得到各部件核心尺寸如表9.3.1所示,主要部件的设计尺寸能够满足总体方案设计要求。

表9.3.1　各部件核心尺寸

部件名称	尺寸名称	尺寸/mm	部件名称	尺寸名称	尺寸/mm
弹仓	弹仓全长	4 095	药仓	药仓全长	4 140
	弹仓宽	412		药仓宽	4 245
	弹仓高	1 205		药仓高	1 227
	弹仓回转包络半径	273		药仓回转包络半径	280
弹协调器	悬臂长	710	药协调器	悬臂长	712
	翻转臂长	604		翻转臂长	600
	输弹盘长	726		输药盘长	1 109
输弹/药机	链盒悬臂长	1 386			
	链条长	2 195			
	驱动处宽	282			

2）系统重量

通过计算,系统各部件设计重量如表9.3.2所示,空载重量为1 740.7 kg,能够满足总体不大于1 800 kg的方案设计要求。

表9.3.2　弹药自动输送系统重量

部件名称	空载重量/kg	满载重量/kg
弹仓	407.3	1 772.3
药仓	390.2	993.2
弹协调器	120.0	—
药协调器	98.4	—
输弹/药机	76.8	—

续 表

部 件 名 称	空载重量/kg	满载重量/kg
液压部件	548.0	—
电气部件	100.0	—
合计	1 740.7	3 708.7

9.4 控制系统设计

弹药自动输送装置控制系统接收火控计算机发出的装填任务信息(射击次数、弹丸种类、装药号、装填模式、允许装填指令等信息),依据装填时序和安全联锁要求,实施弹药装填过程中各机构的协同控制,并且能够记忆弹仓中弹丸数量、弹丸种类、弹丸位置、弹重符号和药仓中模块药的数量等信息,上报装填过程中各机构动作的执行情况,实施弹药自动输送装置故障诊断和健康管理。本节将阐述弹药自动输送装置控制系统的主要功能、基本设计原则和典型构成,并在此基础上介绍车载炮弹药自动输送装置控制系统的设计方法。

9.4.1 控制系统的主要功能

无人或有人干预的情况下,自动地实现不同种类弹丸的可靠输送和准确卡膛、不同装药号发射药自动选取和输送到药室中准确位置,是弹药自动输送装置控制系统的核心功能。概括地讲,车载炮弹药自动输送装置控制系统的功能一般包括以下几个部分。

1) 数据交互功能

用通信网络与火控计算机进行数据交互是弹药自动输送装置控制系统的基本功能。弹药自动输送装置控制系统应能接收火控计算机发出的射击次数、弹丸种类、装药号、装填模式、允许装填指令等信息,并上报当前弹药装填机构状态、弹药信息、安全联锁状态等信息。目前,国内车载炮多采用控制器局域网络(CAN)作为火控计算机与弹药自动输送装置控制系统数据交互的介质,具有成本低、传输速率较高、可靠性强等特点。随着现代车载炮向信息化、智能化方向发展,数据交互需求也随之增多,国内多家单位陆续开展了基于以太网的高速总线技术研究,有效地提高了大量数据传输的实时性、可靠性和扩展性。

2) 装填时序管理和安全控制功能

据装填时序和安全联锁要求,实施弹药高效、可靠装填是弹药自动输送装置控制系统的核心功能。弹药自动输送装置控制系统应能够根据火控计算机下发的装填指令信息和自身健康状态,自适应地调整装填时序,并按调整后的装填时序控制弹药自动输送装置各机构协同动作,高效地将弹丸从弹仓中取出并输送至炮膛、将规定数量的模块药从药仓中取出并输送至药室。同时,在各机构动作过程中,弹药自动输送装置控制系统应能根据该机构的动作状态和邻近机构的位置等信息进行必要的安全联锁控制,保证系统安全运行。

3）弹药信息管理功能

根据传感器数据管理弹药仓中的弹药信息是弹药自动输送装置控制系统的重要功能。弹药自动输送装置控制系统应能在无人或有人干预的情况下，利用车载炮上配备的各类传感器（含动力学状态方程得到的数据）自动或半自动地识别弹仓中弹丸种类、数量和每个弹丸在弹仓中位置信息，能够录入、修正和存储弹丸的弹种符号、批次、引信种类等信息；能够录入、修正和存储药仓每个药筒中的模块药的数量、批次等信息。弹药自动输送装置控制系统常用的传感器有各种位置编码器、感应式或接近式位置传感器、射频识别系统等。

4）传感器管理功能

弹药自动输送装置控制系统应能够自动管理系统配备的各种传感器，包括传感器通信状态监控、故障诊断、运行复位等，还应能够修正传感器安装误差。对于总线式传感器，弹药自动输送装置控制系统还能够实现管理总线式传感器的节点地址、通信速率以及收发报文等功能。

5）特种弹药装填功能

车载炮除了配备常规制式弹药外，一般还会携带一定数量的末敏弹、末制导弹、指令修正弹等智能弹丸。上述智能弹丸与常规制式弹丸有较大的差别，其装填过程也与常规制式弹丸有所不同。因此，车载炮弹药自动输送装置控制系统还应具备智能弹药的全自动或半自动装填功能。

6）状态监测与故障诊断功能

车载炮弹药自动输送装置是一个复杂的机电液耦合系统且服役环境复杂多变，存在类型多样且原因多变的运行故障，在一定程度上限制了弹药自动输送装置在车载炮武器系统中应用。因此，弹药自动输送装置控制系统还应具备在线或离线故障诊断功能，为保证系统安全运行、降低维护成本、简化保障流程奠定基础。

9.4.2 控制系统的基本设计原则

弹药自动输送装置随车载炮服役于战场环境，除了具有一般机-电-液系统的特征外，还具有强冲击、高振动、宽温度、大负载、紧耦合、复杂电磁环境等复杂多变工作环境的特点。因此，车载炮弹药自动输送装置控制系统设计不仅要遵循系统工程的一般原则和方法，还要重视车载炮自身特点，强调整体性、层次性、实用性和可扩展性。一般来说，在满足战技指标、研制周期和经费的条件下，弹药自动输送装置控制系统的设计过程应遵循以下基本设计原则：

（1）强化总体设计，优化系统集成。弹药自动输送装置结构复杂、驱动形式多样、工作模式多变，在弹药自动输送装置控制系统设计应先按照任务书的要求进行概要设计，确定系统的主要功能、性能和组成等重要参数，过程中应强化总体设计意识，创新总体设计方法，统筹总体设计与系统集成，促进系统整体性与层次性融合，实现系统整体优化与协同。

（2）厘清任务剖面，提高模块化、标准化水平。弹药自动输送装置往往需要在多种工作模式下实施不同弹药的装填任务，如常规制式弹药和智能弹药的极限快速装填、多次持续装填、单步装填以及自动补/卸弹丸、补/卸发射药等。弹药自动输送装置控制系统在设计过程中应明确任务需求,以任务需求为导向厘清任务剖面,以任务剖面为基础规范任务流程,以任务流程为纲领优化任务分解,提高任务功能模块化和标准化水平。

(3) 充分融合现有成熟技术和新技术,提高系统服役性能。在弹药自动输送装置控制系统设计过程中,应充分利用现有成熟技术,并适当吸收国内外现有或类似产品的优点,以降低研制风险、缩短研制周期。此外,弹药自动输送装置控制系统的设计还应重视新技术的使用,统筹协调系统功能配置,促进新老技术融合,提高系统服役性能。

(4) 强化可靠性和环境适应性设计,保障系统可靠服役。弹药自动输送装置复杂多变工作环境下运行,经常出现机构定位精度下降、定位时间超长、传感器松动、弹药交接卡滞等故障,这些故障是制约系统服役可靠性的重要因素。因此,弹药自动输送装置控制系统设计时,应充分考虑服役环境影响,建立真实可用的可靠性模型,制定合理可行的可靠性分配方案,落实元器件筛选、降额设计、热设计、环境防护设计和容错设计等可靠性设计方法,保障系统可靠服役。

(5) 强化容错设计,注重健康管理,保障系统安全运行。弹药自动输送装置依靠多个部件协同动作完成弹药装填任务,任何部件的故障或性能下降都将会严重影响整个系统的运行安全性。弹药自动输送装置控制系统设计时,应强化运动状态监测、速度/加速度限制、动作联锁、传感器状态监控等安全性设计措施,制定合理可行的故障诊断方案,提升设备健康管理水平,保障系统安全运行。

除上述基本设计原则外,在弹药自动输送装置控制系统设计时,还应注意以下几个方面:

(1) 充分考虑元器件的环境适应性,如高温、低温、冲击、振动、湿热、淋雨等;

(2) 尽量减少能源种类,优先使用电驱动,然后是液压驱动和气压驱动;

(3) 尽量简化控制环节,尤其是简化传感器环节,能不用传感器尽量不用。

9.4.3 控制系统的基本组成

弹药自动输送装置控制系统一般由主控制器、驱动器、传感器、执行器和软件等部分组成,并通过 CAN、以太网等总线与火控系统交互数据,实现数据交互、装填时序管理和安全控制、弹药信息管理、传感器管理、特种弹药装填、状态监测与健康管理等功能。

主控制器是弹药自动输送装置控制系统的运行平台,一般包括电源管理单元、中央处理器(如各种类型的 ARM、MCU 和 DSP 等)、数据存储单元、负载驱动电路、信号处理电路和通信电路等。主控制器一般完成以下任务:通过总线与火控系统交互数据,采集各类传感器数据,通过总线与各类驱动器交互数据,弹药装填过程控制,弹药信息管理,小功率控制信号输出,等等。

驱动器是弹药自动输送装置中大功率执行器的驱动装置,如电机驱动器和比例阀、伺服阀、换向阀等各类液压控制阀的驱动器,应具备与主控制器交互数据、采集传感器数据、驱动执行器完成规定动作、执行器状态监控与故障诊断以及过压、过流、温度保护等功能。

传感器是弹药自动输送装置的信息感知器件,为装填控制和故障诊断等功能提供必要的数据,一般可分为位移/位置传感器、速度传感器、加速度传感器、温度传感器、压力传感器、流量传感器、电流传感器、电压传感器等。选择传感器时应充分考虑被测信号特性和传感器测量方式、测量精度、测量范围、频率特性、环境要求、信号输出形式、安装形式、成本等因素。

执行器是弹药自动输送装置的重要组成部分,其作用是接受驱动器的控制信号,改变被控机构的状态,从而将被控变量维持在所要求的数值上或一定的范围内。执行器按其能源形式可分为气动、液动、电动三大类。电动执行器的优点是能源取用方便、信号传输速度快、传输距离远、效率和控制精度较高,但是控制系统复杂,输出力矩/力小(一般需与减速装置配合使用)。液动执行器的优点是输出力矩/力大(无需减速装置)、工作平稳、响应快、抗过载能力强,但是容易受到环境影响。气动执行器采用气源作为动力,成本较低且无污染,但是由于气体的可压缩性,气动执行器的控制精度相对较低且响应速度较慢。在选择弹药自动输送装置执行器时应优先选用电动执行器,其次是液动执行器,最后是气动执行器。

软件是弹药自动输送装置控制系统的控制核心,一般由通信模块、数据采集及输出模块、逻辑运算模块、数据库和支撑软件(如嵌入式 Linux、VxWorks、μC/OS、FreeRTOS、RT-Thread 等操作系统和 Progress、SQLite、eXtremeDB 等嵌入式数据库管理软件)等部分组成。弹药装填控制软件与弹药自动输送装置硬件密切相关,为了提高软件的可重用性和可移植性,应强化分层设计和模块化设计,严格落实单一职责、开闭、接口隔离、依赖倒置等软件设计原则,以实现软件高内聚低耦合并提高移植性。

9.4.4 案例分析

本节采用基于 CAN 总线的分布式构架完成 9.2.4 小节中所述车载炮弹药自动输送装置的控制系统设计。如图 9.4.1 所示,主控计算机是整个控制系统的核心,其主要任务是:按照规定的时序协调各机构的动作,有条不紊地完成弹药装填工作;监视系统各部件的状态,对输弹速度异常、动作超时、定位误差超限等异常进行提示或报警,并给出相应的提示,以便快速排除故障;存储和记忆弹仓中弹丸的数量和种类、药仓中模块装药的数量和温度等重要信息;与火控计算机交换数据;等等。

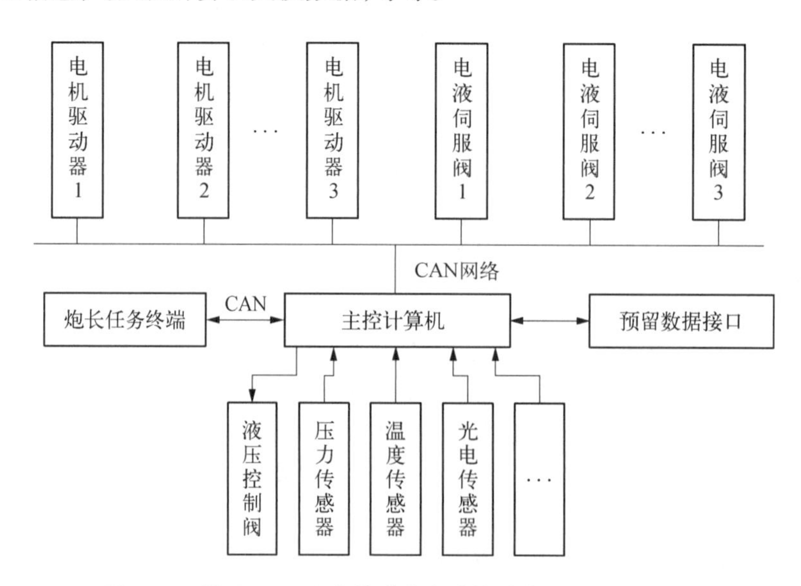

图 9.4.1　基于 CAN 总线的弹药自动输送装置控制系统框图

电机驱动器完成伺服电机的电子换向和解耦控制,其位置指令来自主控计算机,如图9.4.2所示。首先,主控计算机根据所需弹丸的种类、弹仓中弹丸的信息以及弹仓的当前位置计算得到伺服电机的位移指令,然后经过CAN总线发送给电机驱动器,并由电机驱动器完成伺服电机的位置控制。此外,电机驱动器还通过CAN总线上报一些状态信息,如电机转子位移和速度、驱动器故障、定位完成、误差超限等。

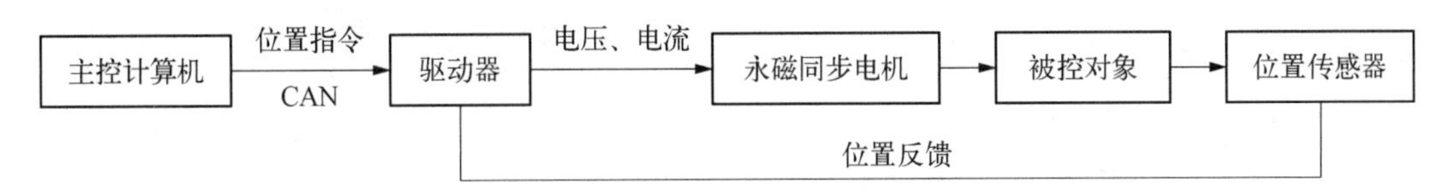

图9.4.2　电机控制系统框图

电液伺服系统的位置控制算法由主控计算机执行,控制指令经CAN总线发送至电液伺服阀,如图9.4.3所示。首先,主控计算机根据被控对象的期望位置和当前位置计算得到位置误差,然后根据控制算法计算得到相应的控制量,通过CAN总线控制电液伺服阀动作,进而完成液压油缸的位置闭环控制。

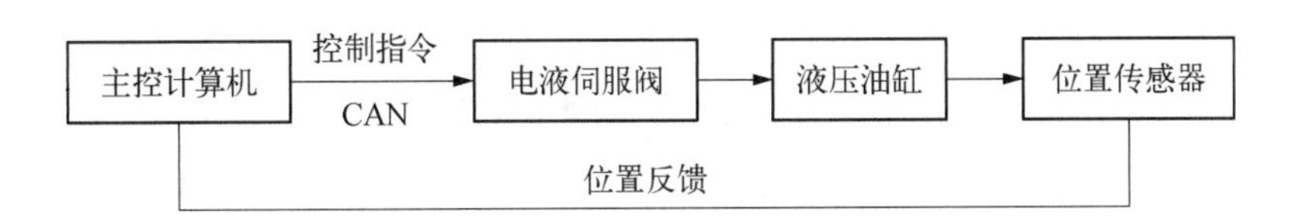

图9.4.3　液压伺服控制系统框图

炮长任务终端为操作人员和主控计算机之间的交互提供接口,其主要任务是状态显示和数据输入。状态显示主要包括:装填动作的实时三维动画显示,传感器的到位状态显示与故障报警,电机驱动器和伺服阀放大器的状态显示与故障报警,弹仓中弹丸的种类、数量和当前位置显示,药仓中模块药的数量和温度显示,当前射击任务的状态显示,等等。数据输入主要包括:位置传感器的置位指令和零位修正值,弹道修正数据,气象条件,调炮指令,射击指令,等等。

自动输送装置的状态监测和健康管理系统主要含信号分析模块、状态监测模块、故障推理模块、知识库管理模块、数据库管理模块和辅助模块等,从"机-电-液"三部分进行底层监测工作,为系统提供充足的基础数据,每接收到一组新的信息后,将直接监测到的性能指标,以及由控制系统中获得的系统动作反馈信号,与系统中存储的、经由机器训练或专家设定的各个性能参数与特征指标阈值比较,进行逻辑判断,实时发现并定位自动装填系统的异常部位,基于知识库和机器学习方法智能化生成检测维修方案,以此提高系统状态和性能的可预测性和系统的可维修性,如图9.4.4所示。

为了验证设计的正确性和可行性,并为后续分析和优化提供必要的数据,系统设计时预留了多种数据接口,包括以太网接口、USB接口、RS232/485接口、CAN接口等。数据接口的主要功能是进行数据的导入导出。例如:可以通过数据接口导入控制软件,对控制系统软件进行升级;还可以通过数据接口导出系统运行过程中的重要信息,为故障分析提供必要的数据。

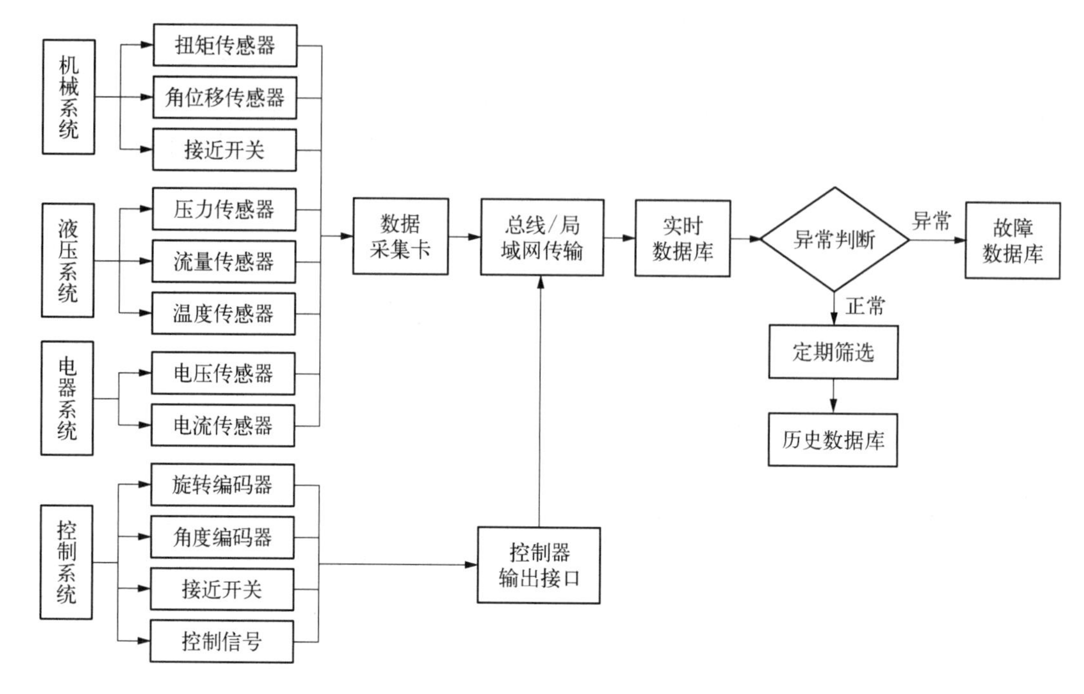

图 9.4.4　状态监测与健康管理流程框图

9.5　性能设计与评估

9.5.1　运动学性能设计

弹药输送装置的运动学分析目的在于描述弹药输送装置的几何运动关系,建立位移、速度、加速度约束方程,获得弹药输送装置在空间中可能的运动包络空间,对弹药输送装置有一个全面的了解。运动学分析包括正运动学分析和逆运动学分析。正运动学分析指的是已知运动副的运动状态,求解目标物体以及指定点的运动状态,用于分析和检查设计的机构是否满足给定的需求;逆运动学分析指的是给定机构运动目标点的位姿,求解运动副需要的角度和位移,服务于控制系统的设计。本节以弹药输送装置中的弹协调器为例,阐述弹药输送装置的运动学性能设计。

以弹协调器起落协调臂为例,采用 ADAMS 通用软件,建立其正运动学: ① 给定起落协调臂绕耳轴旋转驱动副的角速度,协调臂上弹丸质心位置处的速度与驱动副角速度之间的关系,如图 9.5.1 所示;② 给定起落协调臂绕耳轴旋转驱动副的角加速度,协调臂上弹丸质心位置处的角加速度与驱动副角加速度之间的关系,如图 9.5.2 所示。

此外,建立弹协调器起落协调臂逆运动学模型,给定弹丸质心方向的运动轨迹,如图 9.5.3 所示,通过计算反求得到了弹协调臂绕耳轴旋转驱动副与弹丸质心位置的关系如图 9.5.4 所示,该结果可为弹协调器起落协调臂的控制提供一个目标参考。

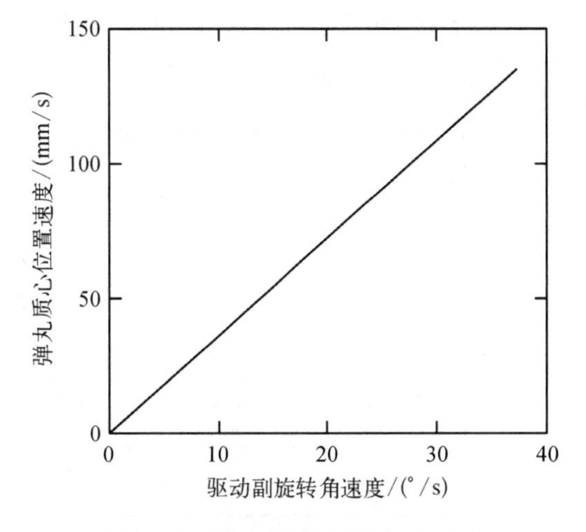

图 9.5.1　驱动副角速度与弹丸质心位置处速度关系

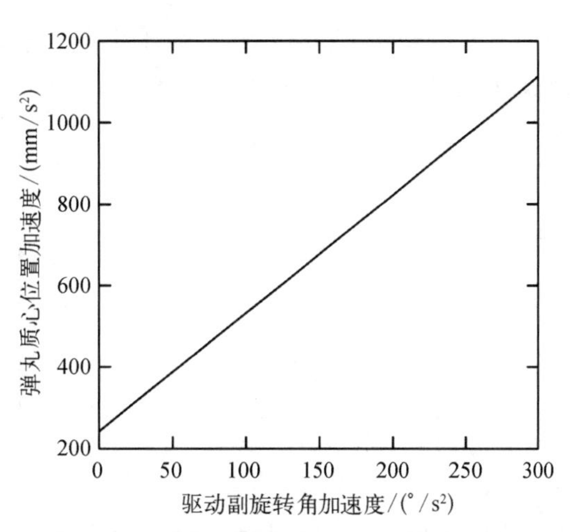

图 9.5.2　驱动副与弹丸质心位置处的角加速度关系

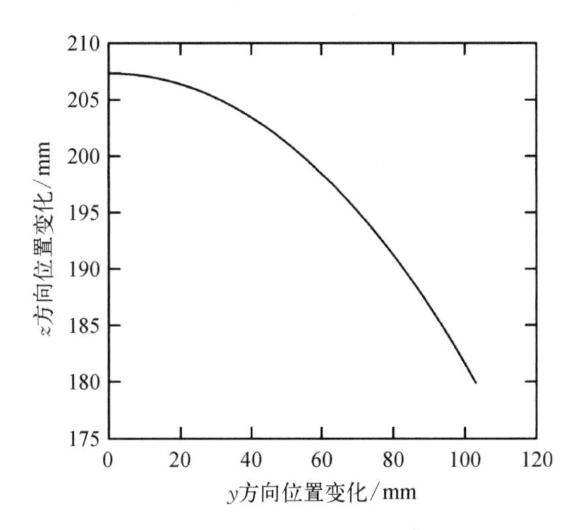

图 9.5.3　弹丸质心处位置变化

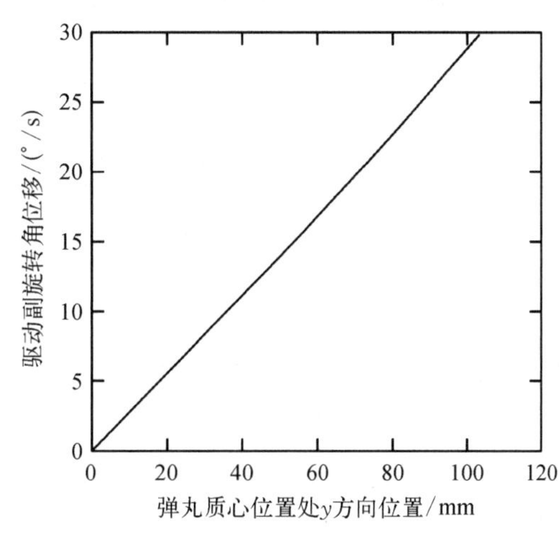

图 9.5.4　驱动副角位移与弹丸位置关系

9.5.2　动力学性能设计

上一节分析了弹协调器的运动学问题，但是运动学仅限于弹协调器相对于参考坐标系的位姿和运动问题讨论，不涉及引起这些运动的力和力矩。动力学研究的是弹协调器力和运动之间的关系，从而分析弹协调器的动态性能，它不仅与运动学因素有关，还与具体的结构形式、质量分布、驱动形式、传动装置等因素有关。动力学分析包括正动力学分析和逆动力学分析。正动力学分析是已知系统中各运动副的作用力和力矩，求解运动副和构件位移、速度和加速度的过程，主要用于仿真分析；逆动力学分析是已知各运动副的位移、速度和加速度，求解需要施加在运动副上的力或力矩（即驱动），是实时控制的需要。

以弹起落协调臂为例，给定弹起落协调臂绕耳轴旋转位置的驱动力矩，如图 9.5.5 所示，利用建立的动力学方程进行求解，获得弹丸的质心位移、速度和加速度动力学响应如图 9.5.6~图 9.5.8 所示。此外，为了验证并服务于控制系统的设计，基于弹起落协调臂动力学模型,给定弹起落协调臂旋转铰的角速度驱动,如图 9.5.9 所示,通过反求可计算得到旋转铰处所需的驱动力矩如图 9.5.10 所示,为控制驱动策略设计提供输入参考。

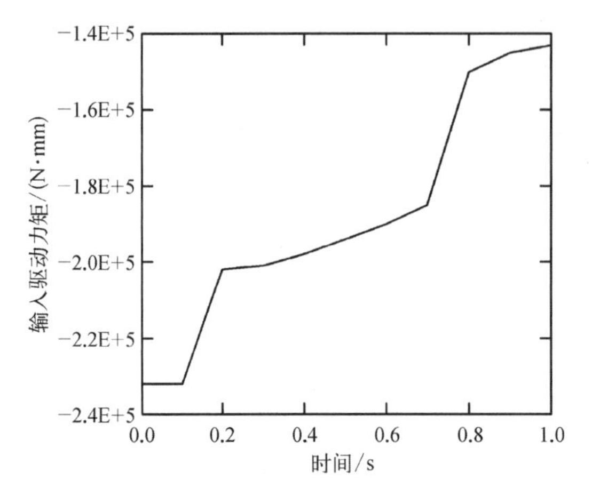

图 9.5.5 弹协调臂绕耳轴旋转铰驱动力矩

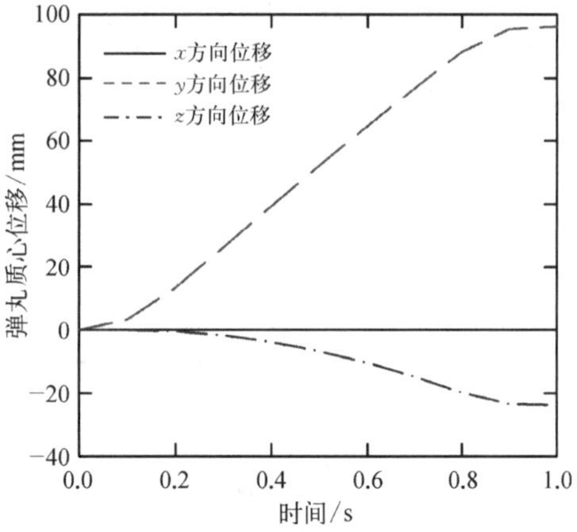

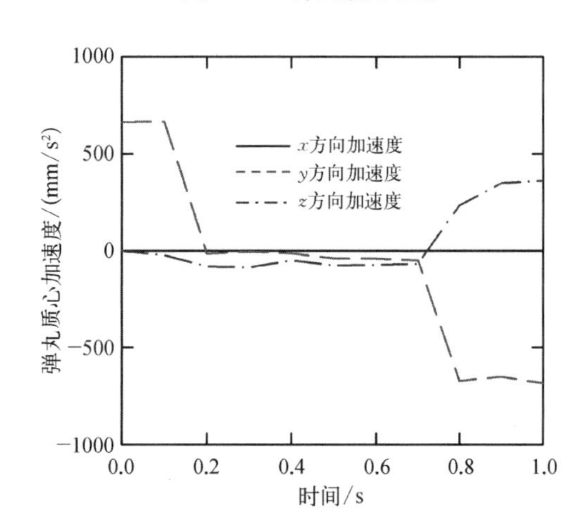

图 9.5.6 弹丸质心位移

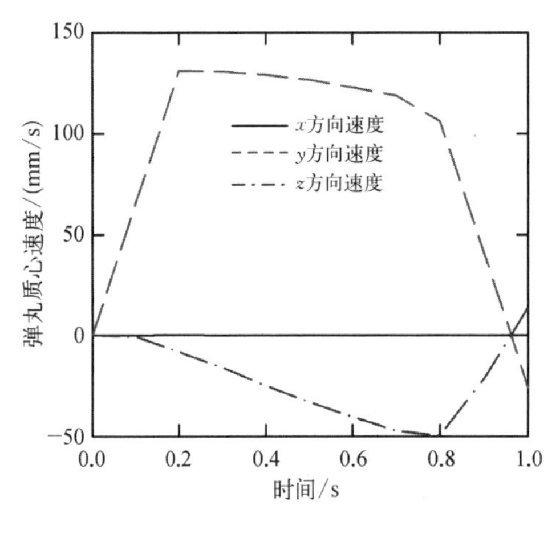

图 9.5.7 弹丸质心速度

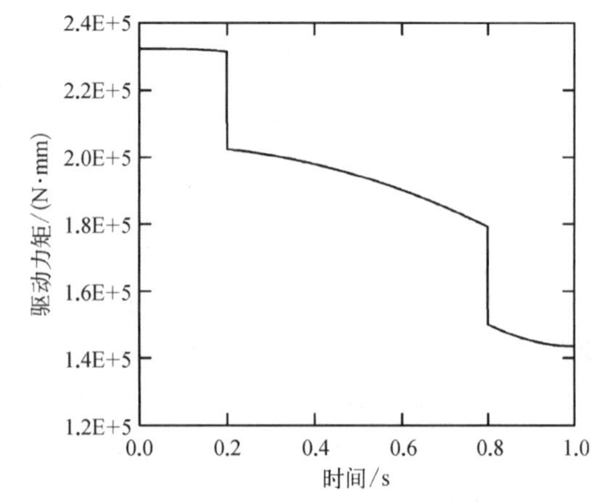

图 9.5.8 弹丸质心加速度

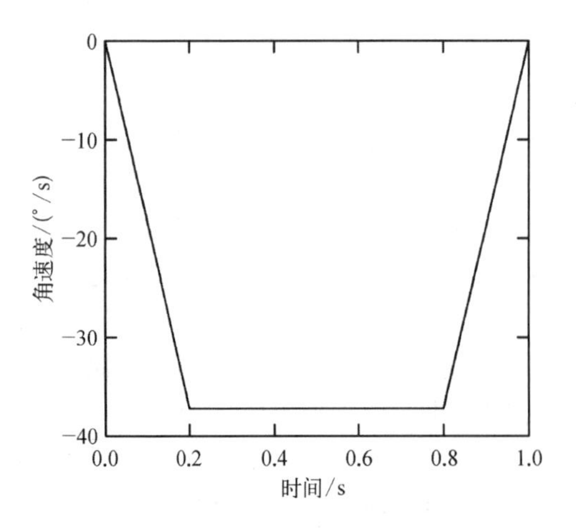

图 9.5.9 弹协调臂旋转铰输入驱动角速度

驱动力矩/(N·mm)
时间/s

图 9.5.10 弹协调臂旋转铰驱动力矩

9.5.3 输弹一致性设计

输弹的一致性是指输弹机将弹丸输送到卡膛初始位置时,弹丸状态参数的一致性。输弹一致性对火炮的射击精度具有重要的影响,也是考察弹药输送装置综合性能的重要指标之一。弹丸在输送过程中与托弹板的接触、摩擦以及与身管内壁发生的碰撞,会造成弹丸速度损失和弹丸姿态不稳定,从而影响输弹一致性。因此,为了提高输弹一致性,应通过调整输弹机参数,在保证卡膛速度的前提下,使输弹过程更加平稳,保证弹丸到达卡膛起始位置时弹丸运动参数的波动最小。

有关输弹一致性设计详见 6.8.3 节的讨论。

9.5.4 控制性能设计

车载炮弹药自动输送装置具有以下特点:① 参数大范围变化。弹丸协调器等部件的本体在液压缸的驱动下绕耳轴转动,液压缸的负载力随着协调器角位置的变化而变化,两者之间具有三角函数的关系,非线性特性显著;在带载和空载两种情况下,弹丸协调器等部件的负载质量可相差数倍甚至数十倍;此外,受空间和重量限制,弹药自动输送装置常常采用开放式的传动系统,随着使用时间的增长,摩擦系数将会随着润滑条件等的变化而发生显著的变化。② 强烈的冲击和振动。弹丸发射瞬间的强冲击作用会引起车体振动,激发系统高频未建模动态,对机构的位置控制精度产生不利影响;随着弹药装填速度的不断提高,必然导致功能部件单步动作时间的不断缩减,机构动作本身引起的冲击和振动也不容忽视。③ 工作环境的影响不容忽视。在不同战场环境下,环境温度可从-40℃变化到+55℃,使得机械、电气、液压等系统的参数变化对弹药自动输送装置性能的影响不容忽视;车体姿态倾斜引起的不平衡力对弹药自动输送装置的定位精度也有着较大的影响。弹药自动输送装置的上述特点使得实现其高性能控制具有很大的挑战,需要解决复杂服役环境下参数大范围变化时变非线性系统的快速高精度位置控制。目前,除了经典的 PID 控制外,常用的弹药输送装置控制算法还有自适应控制、滑模变结构控制、模型校正控制、鲁棒控制、智能控制等先进控制算法,其中滑模变结构控制具有结构简单、鲁棒性强、控制精度高等特点,在车载炮弹药输送装置中获得了广泛的应用。

弹仓是车载炮弹药自动输送装置的典型部件,负责弹丸的贮存和选择工作,其工作速度和鲁棒性对于车载炮的发射速度有重大影响。在此,本节考虑时变未知负载和不确定性参数的影响,采用滑模控制技术来实现弹仓的控制设计。

9.5.4.1 控制模型

将弹仓所有构件视为刚体,回转弹仓可视为一单自由度刚体系统。以电机的转子为等效部件,可以建立弹仓的动力学模型。在 $d-p$ 同步旋转参考系中,同步电机的数学模型可以极大简化,应用磁场定向控制并忽略磁滞和铁损,定子电压方程和电磁转矩方程可表示如下:

$$\begin{cases} \dfrac{\mathrm{d}i_d}{\mathrm{d}t} = \dfrac{1}{L_d}(-R_s i_d + n_p L_q \omega i_q + u_d) \\ \dfrac{\mathrm{d}i_q}{\mathrm{d}t} = \dfrac{1}{L_q}(-R_s i_q - n_p \phi_f \omega - n_p L_d \omega i_d + u_q) \end{cases} \tag{9.5.1}$$

$$T_e = \frac{3}{2} n_p \phi_f i_q \tag{9.5.2}$$

式中，i_d、i_q、u_d、u_q、L_d、L_q分别是 d 轴和 q 轴电流、电压和电感；R_s 是定子电阻；n_p 是极对数；ϕ_f 是永磁体磁链；ω 是转子机械角速度；T_e 是电磁转矩。对于表贴式永磁同步电机，d 轴电感和 q 轴电感相同，即 $L_d = L_q$。

以电机转子为等效部件，弹仓的运动学方程可表示为

$$J_e \frac{\mathrm{d}\omega}{\mathrm{d}t} = T_e - B_e \omega - T_L \tag{9.5.3}$$

其中，T_L 为负载转矩；J_e 为等效转动惯量；B_e 为等效黏性摩擦系数。在弹仓运转工程中，由于弹丸数量、弹丸分布、润滑条件等因素的变化，等效转动惯量 J_e 和等效黏性摩擦系数 B_e 均存在不确定性，故有

$$\begin{cases} J_e = J_{e0} + \Delta J_e \\ B_e = B_{e0} + \Delta B_e \end{cases} \tag{9.5.4}$$

其中，J_{e0} 和 B_{e0} 分别代表名义惯性矩和名义黏性摩擦系数；ΔJ_e 和 ΔB_e 是参数不确定部分。因此，运动方程式(9.5.3)可以改写为

$$(J_{e0} + \Delta J_e) \frac{\mathrm{d}\omega}{\mathrm{d}t} = \frac{3}{2} n_p \phi_f i_q - (B_{e0} + \Delta B_e)\omega - T_L \tag{9.5.5}$$

将参数不确定性引起的扰动定义为

$$f = \Delta J_e \frac{\mathrm{d}\omega}{\mathrm{d}t} + \Delta B_e \omega \tag{9.5.6}$$

则式(9.5.6)可整理为

$$\frac{3}{2} n_p \phi_f i_q = J_{e0} \frac{\mathrm{d}\omega}{\mathrm{d}t} + B_{e0}\omega + T_L + f \tag{9.5.7}$$

故弹仓的数学模型可以表示为

$$\begin{cases} \dot{x}_1 = x_2 \\ \dot{x}_2 = \dfrac{K_T}{J_{e0}} u - \dfrac{B_{e0}}{J_{e0}} x_2 - \dfrac{1}{J_{e0}}(T_L + f) \\ y = i x_1 \end{cases} \tag{9.5.8}$$

其中，$[x_1 \quad x_2 \quad u]^{\mathrm{T}} = [\theta \quad \omega \quad i_q]^{\mathrm{T}}$；$K_T = \frac{3}{2} n_p \phi_f$，为电机转矩常数；$\theta$ 是电机的角位移；y 是弹仓的角位移；i 是传动比。

由于弹丸分布、旋转位置和车辆姿态等因素的变化，负载转矩 T_L 在弹仓运动过程中也是一个未知时变量。将参数不确定性引起的扰动和负载转矩合并为总扰动，并表示为一时间和状态变量的未知函数，即

$$d(t, x) = f + T_L \tag{9.5.9}$$

因此,弹仓的位置控制可以归结为具有未知扰动的二阶系统的控制器设计。

9.5.4.2 控制器设计

在实际工程中,总扰动 $d(t, x)$ 是未知的且难以确定,是影响控制精度的重要因素。利用滑模扰动观测技术实现对未知总扰动 $d(t, x)$ 的在线估计,并通过补偿减弱其对控制精度的影响是一种较优的选择。不失一般性,对未知扰动有以下假设:

(1) 在弹仓工作时,与控制器的刷新周期相比,总集扰动变化非常缓慢。因此认为 $d(t, x)$ 对时间的一阶导数为 0,即 $\dot{d}(t, x) = 0$。

(2) 扰动是有界的且其上界未知,即存在未知的常数 $D_{\max}$ 满足 $|d(t, x)| \leqslant D_{\max}$。

定义扰动观测误差为

$$e_T = d(t, x) - \hat{d}(t, x) \tag{9.5.10}$$

其中,$\hat{d}(t, x)$ 是总扰动的观测值。

通过将总扰动 $d(t, x)$ 和转子角位移 θ 设置为观测器状态变量,得到状态空间方程为

$$\begin{bmatrix} \dot{\theta} \\ \dot{\omega} \\ \dot{d}(t, x) \end{bmatrix} = \begin{bmatrix} 0 & 1 & 0 \\ 0 & -\dfrac{B_{e0}}{J_{e0}} & -\dfrac{1}{J_{e0}} \\ 0 & 0 & 0 \end{bmatrix} \begin{bmatrix} \theta \\ \omega \\ d(t, x) \end{bmatrix} + \begin{bmatrix} 0 \\ \dfrac{1}{J_{e0}} \\ 0 \end{bmatrix} T_e \tag{9.5.11}$$

工程上,角位移 θ 一般由传感器实时测量获得,而角速度可以通过微分器求出。因此重新整理式(9.5.11)可得如下观测器:

$$\begin{bmatrix} \dot{\hat{\omega}} \\ \dot{\hat{d}}(t, x) \end{bmatrix} = \begin{bmatrix} -\dfrac{B_{e0}}{J_{e0}} & -\dfrac{1}{J_{e0}} \\ 0 & 0 \end{bmatrix} \begin{bmatrix} \hat{\omega} \\ \hat{d}(t, x) \end{bmatrix} + \begin{bmatrix} \dfrac{1}{J_{e0}} \\ 0 \end{bmatrix} T_e + \begin{bmatrix} 1 \\ l \end{bmatrix} \mu(e_\omega) \tag{9.5.12}$$

其中,$\hat{\omega}$ 和 $\hat{d}(t, x)$ 分别为转速和扰动的估计值;l 是观测器的增益;$\mu(e_\omega)$ 是关于角速度观测误差 $e_\omega = \omega - \hat{\omega}$ 的滑模控制律。结合式(9.5.10)和式(9.5.12),可得如下关系式:

$$\begin{bmatrix} \dot{e}_\omega \\ \dot{e}_T \end{bmatrix} = \begin{bmatrix} -\dfrac{B_{e0}}{J_{e0}} & -\dfrac{1}{J_{e0}} \\ 0 & 0 \end{bmatrix} \begin{bmatrix} e_\omega \\ e_T \end{bmatrix} - \begin{bmatrix} 1 \\ l \end{bmatrix} \mu(e_\omega) \tag{9.5.13}$$

定义滑模面为

$$s_D = e_\omega \tag{9.5.14}$$

为保证收敛速度并抑制抖振,采用如下的指数趋近律:

$$\dot{s}_D = -\varepsilon_D \mathrm{sgn}(s_D) - k_D s_D \tag{9.5.15}$$

其中,$\varepsilon_D > 0$ 和 $k_D > 0$ 为待设计的常数。

将包含 e_T 的分量作为扰动项,对式(9.5.14)求导并代入式(9.5.15)可得到以下控制律:

$$\mu(e_{\omega}) = -\frac{B_{e0}}{J_{e0}}e_{\omega} + \varepsilon_D \text{sgn}(s_D) + k_D s_D = \left(k_D - \frac{B_{e0}}{J_{e0}}\right)s_D + \varepsilon_D \text{sgn}(s_D) \quad (9.5.16)$$

根据稳定性准则,参数 ε_D 和 k_D 满足以下不等式时,观测器是稳定的。

$$\begin{cases}\varepsilon_D > \dfrac{1}{J_e}\left|e_T\right|_{\max} \\ k_D > 0\end{cases} \quad (9.5.17)$$

其中,$|e_T|_{\max}$ 表示 $|e_T|$ 的最大值。

在此滑模扰动观测器的基础上,进行高阶滑模控制器的设计。定义角位置跟踪误差为

$$e = \theta - \theta_d \quad (9.5.18)$$

其中,θ_d 为参考位移。

为了加快收敛速度并减少抖振,可选择比例积分滑模面,即

$$s = e + c\int_0^t e\mathrm{d}t \quad (9.5.19)$$

其中,$c > 0$ 是积分常数。将式(9.5.19)求导,并将式(9.5.8)和式(9.5.18)代入可得

$$\dot{s} = \dot{e} + ce = \omega - \dot{\theta}_d + ce \quad (9.5.20)$$

$$\ddot{s} = \dot{\omega} - \ddot{\theta}_d + c(\omega - \dot{\theta}_d) = \frac{K_T}{J_{e0}}u + \left(c - \frac{B_{e0}}{J_{e0}}\right)\omega - (\ddot{\theta}_d + c\dot{\theta}_d) - \frac{1}{J_{e0}}d(t) \quad (9.5.21)$$

由式(9.5.21)可知,控制输入 $u = i_q$ 出现在滑模变量 s 的二阶导数中,因此无法使用传统的一阶滑模控制算法。作为一种高阶滑模算法,拟连续控制器可以处理该种情况,其控制器形式如下:

$$u_{\text{QCC}} = -\lambda\frac{\dot{s} + |s|^{1/2}\text{sgn}(s)}{|\dot{s}| + |s|^{1/2}} \quad (9.5.22)$$

其中,$\lambda > 0$ 是控制器增益;sgn(*) 是符号函数。

拟连续控制器的主要优点是控制器可以在除滑模面 $s = \dot{s} = 0$ 之外的任何地方保持连续。此外,由于在实际系统中无法完全消除噪声或扰动,故系统状态无法到达滑模面。因此,理论上控制器在实际伺服系统中始终是连续的,且可以避免 $s = \dot{s} = 0$ 时的奇异问题。

由式(9.5.22)可知,在控制器设计中需要使用滑模变量 s 的一阶导数。可采用如下所示的一阶鲁棒微分器来估计滑模变量 s 的一阶导数。

$$\begin{cases}\dot{z}_0 = -\rho_1\left|z_0 - s\right|^{1/2}\text{sgn}(z_0 - s) + z_1 \\ \dot{z}_1 = -\rho_2 \text{sgn}(z_0 - s)\end{cases} \quad (9.5.23)$$

其中,z_0 和 z_1 分别是 s 的估计值及其导数 $\dot{s}$ 的估计值,参数 ρ_1 和 ρ_2 应满足:

$$|\ddot{s}| \leqslant L,\ \rho_2 = 1.1L,\ \rho_1 = 1.5L^{1/2} \quad (9.5.24)$$

其中,$L > 0$ 为待设计的常数。

由式(9.5.22)可知,如果 $|\dot{s}|$ 与 $|s|^{1/2}$ 的差值较小,即使系统状态远离滑模面时,拟连续控制器(9.5.22)的输出也会较小,故而趋近速度也较慢。为了克服上述缺点,可将拟连续控制器设计改进成如下形式:

$$
u_{\mathrm{IQCC}}=\begin{cases}-\lambda\dfrac{\dot{s}+\dfrac{1}{\alpha}|\dot{s}||s|^{1/2}\operatorname{sgn}(s)}{|\dot{s}|+|s|^{1/2}}, & |\dot{s}|\geqslant\alpha\\[2ex] -\lambda\dfrac{\dot{s}+|s|^{1/2}\operatorname{sgn}(s)}{|\dot{s}|+\dfrac{1}{\alpha}|\dot{s}||s|^{1/2}+|s|^{1/2}}, & |\dot{s}|<\alpha\end{cases}\tag{9.5.25}
$$

其中,$\alpha>0$ 是待设计的常数。与传统的拟连续控制器形式类似,改进后的控制器仅在 $s=\dot{s}=0$ 时才会出现奇异问题,而这在实际系统中是不可达的。

结合设计的滑模扰动观测器,控制器由两部分组成,名义控制器 u_{nom} 和鲁棒控制器 u_{IQCC}。鲁棒控制器形式如式(9.5.26)所示,名义控制器表示如下:

$$
u_{\mathrm{nom}}=-\frac{J_{e0}}{K_T}\left(\left(c-\frac{B_{e0}}{J_{e0}}\right)\omega-(\ddot{\theta}_d+c\dot{\theta}_d)-\frac{1}{J_{e0}}\hat{d}(t)\right)\tag{9.5.26}
$$

9.5.4.3 稳定性分析

为了证明应用设计控制器时系统的稳定性,定义一个新变量为 $\xi=-\dot{s}/|s|^{1/2}$。考虑到滑模函数微分(9.5.20),(9.5.21)和名义控制器(9.5.26),对 ξ 求导得

$$
\dot{\xi}=-\frac{\ddot{s}}{|s|^{1/2}}+\frac{1}{2|s|^{3/2}}\dot{s}^2\operatorname{sgn}(s)=-\frac{1}{|s|^{1/2}}\left(\frac{K_T}{J_{e0}}u_{\mathrm{IQCC}}-\frac{1}{J_{e0}}e_T-\frac{1}{2}\xi^2\operatorname{sgn}(s)\right)\tag{9.5.27}
$$

由 ξ 定义可知,ξ 与 $\dot{s}$ 的符号相反。若 ξ 和滑模面 s 符号相同,则不等式 $s\dot{s}<0$ 满足并且滑模量将渐进收敛到零。因此,只需要讨论 ξ 和 s 符号不同的情况。

选取 Lyapunov 函数为

$$
V_1=\frac{1}{2}\xi^2\tag{9.5.28}
$$

对式(9.5.28)求导,结合式(9.5.27)可得

$$
\begin{aligned}
\dot{V}_1=\xi\dot{\xi}&=-\frac{\dot{s}}{|s|^{1/2}}\left(-\frac{\ddot{s}}{|s|^{1/2}}+\frac{1}{2|s|^{3/2}}\dot{s}^2\operatorname{sgn}(s)\right)=\frac{\dot{s}}{|s|}\left(\frac{K_T}{J_{e0}}u_{\mathrm{IQCC}}-\frac{e_T}{J_{e0}}-\frac{\xi^2\operatorname{sgn}(s)}{2}\right)\\
&=-\frac{\dot{s}\operatorname{sgn}(s)}{|s|}\left(-\frac{K_T\operatorname{sgn}(s)}{J_{e0}}u_{\mathrm{IQCC}}+\frac{e_T\operatorname{sgn}(s)}{J_{e0}}+\frac{\xi^2}{2}\right)\\
&=-\frac{|\dot{s}|}{|s|}\left(-\frac{K_T\operatorname{sgn}(s)}{J_{e0}}u_{\mathrm{IQCC}}+\frac{e_T\operatorname{sgn}(s)}{J_{e0}}+\frac{\xi^2}{2}\right)
\end{aligned}\tag{9.5.29}
$$

由于控制器分为两部分,稳定性的证明也将分两种情况进行。

1) 当 $|\dot{s}|\geqslant\alpha$ 时

在这种情况下,将控制器(9.5.26)和式(9.5.28)代入式(9.5.29)得

$$\dot{V}_1 = -\frac{|\dot{s}|}{|s|}\left(\lambda \frac{K_T}{J_{e0}} \frac{|\xi| + \frac{1}{\alpha}|\dot{s}|}{|\xi| + 1} + \frac{e_T \mathrm{sgn}(s)}{J_{e0}} + \frac{\xi^2}{2}\right) \tag{9.5.30}$$

考虑到 $|\dot{s}| \geqslant \alpha$，等式(9.5.30)满足以下不等式：

$$\dot{V}_1 \leqslant -\frac{|\dot{s}|}{|s|}\left(\lambda \frac{K_T}{J_{e0}} \frac{|\xi| + 1}{|\xi| + 1} + \frac{e_T \mathrm{sgn}(s)}{J_{e0}} + \frac{\xi^2}{2}\right) \leqslant -\frac{|\dot{s}|}{|s|}\left(\lambda \frac{K_T}{J_{e0}} + \frac{e_T \mathrm{sgn}(s)}{J_{e0}}\right) \tag{9.5.31}$$

由式(9.5.31)可知，若 λ 满足：

$$\lambda > \frac{1}{K_T} |e_T|_{\max} \tag{9.5.32}$$

则有 $\dot{V}_1 < 0$，此时系统是稳定的。

2）当 $|\dot{s}| < \alpha$ 时

此时，式(9.5.29)可改写为以下等式：

$$\dot{V}_1 = -\frac{|\dot{s}|}{|s|}\left(\lambda \frac{K_T}{J_{e0}} \frac{|\xi| + 1}{|\xi| + 1 + \frac{1}{\alpha}|\dot{s}|} + \frac{e_T \mathrm{sgn}(s)}{J_{e0}} + \frac{\xi^2}{2}\right)$$

$$\leqslant -\frac{|\dot{s}|}{|s|}\left(\lambda \frac{K_T}{J_{e0}} \frac{|\xi| + 1}{|\xi| + 1 + \frac{1}{\alpha}|\dot{s}|} + \frac{e_T \mathrm{sgn}(s)}{J_{e0}}\right) \tag{9.5.33}$$

由于 $|\dot{s}| < \alpha$，故有

$$\dot{V}_1 < -\frac{|\dot{s}|}{|s|}\left(\lambda \frac{K_T}{J_{e0}} \frac{|\xi| + 1}{|\xi| + 1 + 1} + \frac{e_T \mathrm{sgn}(s)}{J_{e0}}\right) < -\frac{|\dot{s}|}{|s|}\left(\lambda \frac{K_T}{J_{e0}} \frac{1}{2} + \frac{e_T \mathrm{sgn}(s)}{J_{e0}}\right) \tag{9.5.34}$$

由式(9.5.34)可知，若 λ 满足：

$$\lambda > \frac{2}{K_T} |e_T|_{\max} \tag{9.5.35}$$

则有 $\dot{V}_1 < 0$，故此时系统是稳定的。

综上所述，对于拟连续控制器(9.5.25)时，若 λ 满足式(9.5.35)，则滑模函数将渐进收敛到零。

在验证改进的控制器能使滑模函数的基础上，验证控制器与观测器的闭环系统的稳定性，设计一个新的李亚普诺夫函数：

$$V_2 = V_1 + \frac{1}{2\gamma_1} {e_T}^2 \tag{9.5.36}$$

其中，γ_1 是一个正常数；e_T 是观测器观察到的总集扰动的估计误差。式(9.5.36)求导可得

$$\dot{V}_2 = \dot{V}_1 + \frac{1}{\gamma_1} e_T \dot{e}_T \tag{9.5.37}$$

将式(9.5.29)和式(9.5.25)代入式(9.5.37)得

$$\begin{aligned}
\dot{V}_2 &= -\frac{|\dot{s}|}{|s|}\left(\frac{K_T}{J_{e0}} u_{\mathrm{IQCC}} + \frac{1}{J_{e0}} e_T \mathrm{sgn}(s) + \frac{1}{2}\xi^2\right) - \frac{l\mu(e_\omega)}{\gamma_1} e_T \\
&< -\lambda \frac{K_T}{2J_{e0}} \frac{|\dot{s}|}{|s|} - \frac{1}{J_{e0}} e_T \frac{|\dot{s}|}{|s|} \mathrm{sgn}(s) - \frac{l\mu(e_\omega)}{\gamma_1} e_T \\
&= -\lambda \frac{K_T}{2J_{e0}} \frac{|\dot{s}|}{|s|} - \left(\frac{1}{J_{e0}} \frac{|\dot{s}|}{s} + \frac{l\mu(e_\omega)}{\gamma_1}\right) e_T
\end{aligned} \tag{9.5.38}$$

若参数 l 的值满足以下等式：

$$\frac{1}{J_{e0}} \frac{|\dot{s}|}{s} + \frac{l\mu(e_\omega)}{\gamma_1} = 0 \tag{9.5.39}$$

则式(9.5.38)可以改写为

$$\dot{V}_2 = -\lambda \frac{K_T}{J_{e0}} \frac{|\dot{s}|}{|s|} < 0 \tag{9.5.40}$$

故闭环系统是渐进稳定的。

由式(9.5.39)可知，参数 λ 和 l 应满足：

$$\begin{cases} \lambda > 0 \\ l = -\dfrac{\gamma_1 |\dot{s}|}{J_{e0} s \mu(e_\omega)} \end{cases} \tag{9.5.41}$$

由上述稳定性证明过程可知，所设计的控制器增益 λ 不依赖于扰动不确定性的上限，因而极大简化了控制器的应用，并且极大降低了增益 λ 的取值范围，使其不必同传统拟连续控制器一样选取极大值以保证系统稳定性，这将有利于降低系统的抖振。

9.5.4.4 案例分析

弹仓控制系统总体结构框图如图 9.5.11 所示，为了验证设计的控制器的有效性，通过试验，首先在弹仓模型参数不确定和弹仓负载未知的情况下，对比例-积分控制器、拟连续控制器和改进的拟连续控制器三种控制器进行比较，以证明所设计的改进拟连续算法相对于传统算法的优越性，其次分析了设计的控制器中新增参数 对弹仓位移响应的影响。

基于观测器和设计的改进拟连续算法控制器作为伺服电机的位置/速度环，比例-积分控制器作为电流环控制器，电流环增益选择为 $K_P = 17, K_I = 2.8$。 通过采用磁场定向控制技术，d 轴的参考电流设置为零。实验时，采样周期设置为 5×10^{-4} s。参考位移设置为 314 rad。电机和弹仓的主要参数如表 9.5.1 所示。控制器参数如表 9.5.1 所示。对比用的比例-积分控制器的增益选择为 $K_P = -10$ 和 $K_I = -50$，积分项的界限是[−20, 20]；对比用的拟连续控制器的增益 λ 与设计的改进拟连续控制器相同，在表 9.5.2 中给出。控制器的输出限制选择为[−20, 20]。

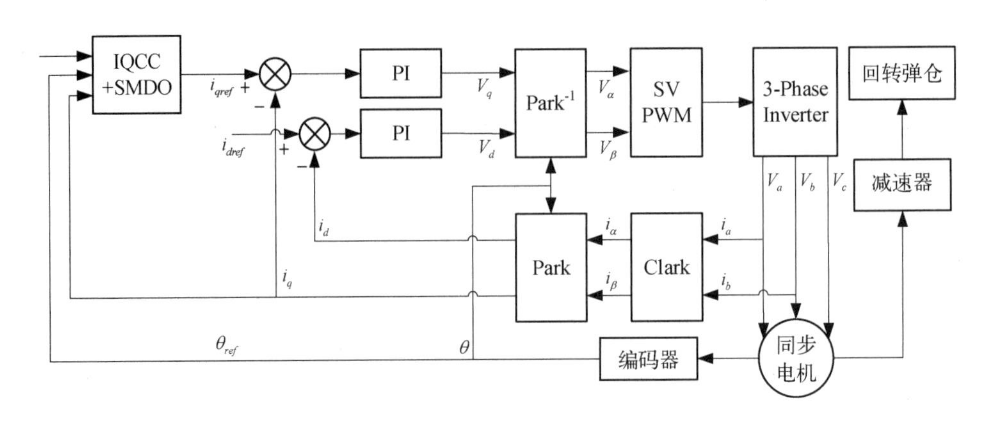

图 9.5.11　弹仓控制系统总体结构框图

表 9.5.1　电机和弹仓主要模型参数

符　号	定　　　义	值
n_p	极对数	4
ϕ_f	磁链	0.03 Wb
J_{eo}	名义转动惯量	4.044×10^{-4} kg·m^2
B_{eo}	名义摩擦系数	7.333×10^{-4} N·m·s

表 9.5.2　控制器参数

符　号	定　　　义	值
L	微分器参数	2 000
c	滑模面积分常数	1
λ	改进的拟连续算法增益	15
k_D	观测器趋近率增益	5
ε_D	观测器趋近率增益	500
γ_1	自适应律增益	1.1

试验结果如图 9.5.12 与图 9.5.13 所示，分别为拟连续控制器、比例−积分控制器和改进的拟连续控制器的位移跟踪和电机电流。在改进的拟连续算法中 α 的增益等于 1。由图可知，采用改进的拟连续控制器时弹仓的位移跟踪误差在 2.166 s 内达到零，而采用传统拟连续控制器时，即使在 12.5 s 后位移跟踪误差仍有−109.03 rad，不能满足弹仓的性能需求。比

例-积分控制器的收敛速度略高于改进的拟连续控制器。此外,改进的拟连续算法在降低弹仓位移超调方面表现更好,比例-积分控制器作用下超调量约为 3.7%(11.53 rad),而改进的拟连续算法超调量约为 0.4%(1.27 rad),这意味着改进的控制器能够更迅速地驱动弹仓到达稳态,将弹丸快速平稳地运送至取弹机械手位置。比例-积分控制器的稳态误差略小于改进的拟连续算法。图 9.5.13(a)为传统拟连续控制器的输出电流,可以看出,即使在弹仓位移误差远非为零时,其输出的电流也保持在较低水平,因此在远离滑模面时传统拟连续控制器的收敛速度也较低。

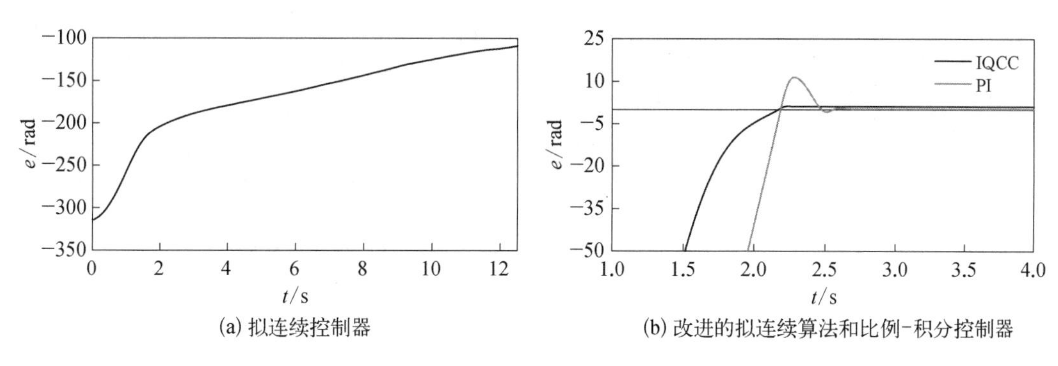

(a) 拟连续控制器　　(b) 改进的拟连续算法和比例-积分控制器

图 9.5.12　不同控制器跟踪误差对比

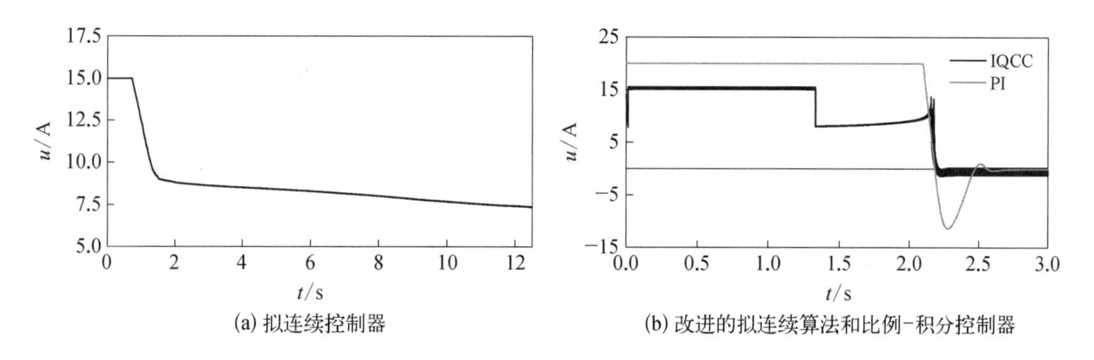

(a) 拟连续控制器　　(b) 改进的拟连续算法和比例-积分控制器

图 9.5.13　不同控制器的电流对比

图 9.5.14 为改进的控制器+观测器的控制框架在不同 α 值时的位移跟踪结果,图 9.5.15 为对应的控制电流。由图可知,随着 α 的减小,当系统远离滑模面时,控制电流可以保持在较高的水平,弹仓位移跟踪误差的收敛速度明显更快。另一个特点是控制电流的抖振幅值随着 α 减少而明显加剧,较小的增益值时,弹仓运动到位后出现明显的振荡现象。由于死区的存在,如果电流值保持较低,弹仓将不再运动,例如当 $\alpha \geqslant 1$ 时,到达稳态后,控制电流仍存在一定振荡,但弹仓位移不再发生变化。

参数 α 取值不同时跟踪性能的具体结果如表 9.5.3 所示。随着 α 的减小,稳态误差、收敛时间和抖振幅度均越来越小。当 $\alpha < 1$ 时,抖振出现。当 $\alpha < 0.1$ 时,跟踪性能的变化不再显著。从试验结果来看,$\alpha = 1$ 较适用于回转弹仓控制中的改进的拟连续算法,此时系统具有低超调、低稳态误差和无抖振的优点。

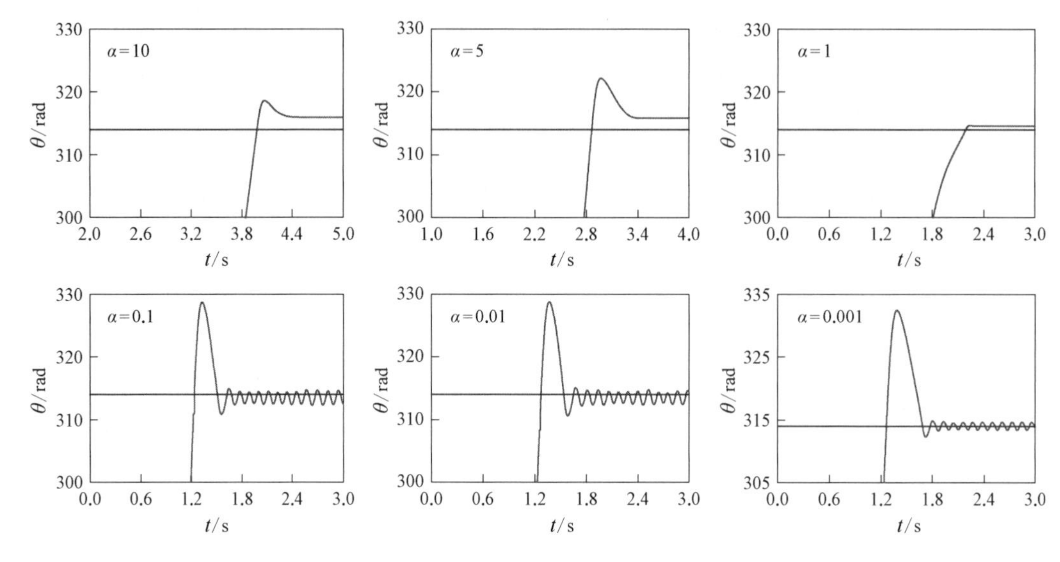

图 9.5.14　不同 α 值的改进的拟连续算法+观测器位移跟踪实验结果

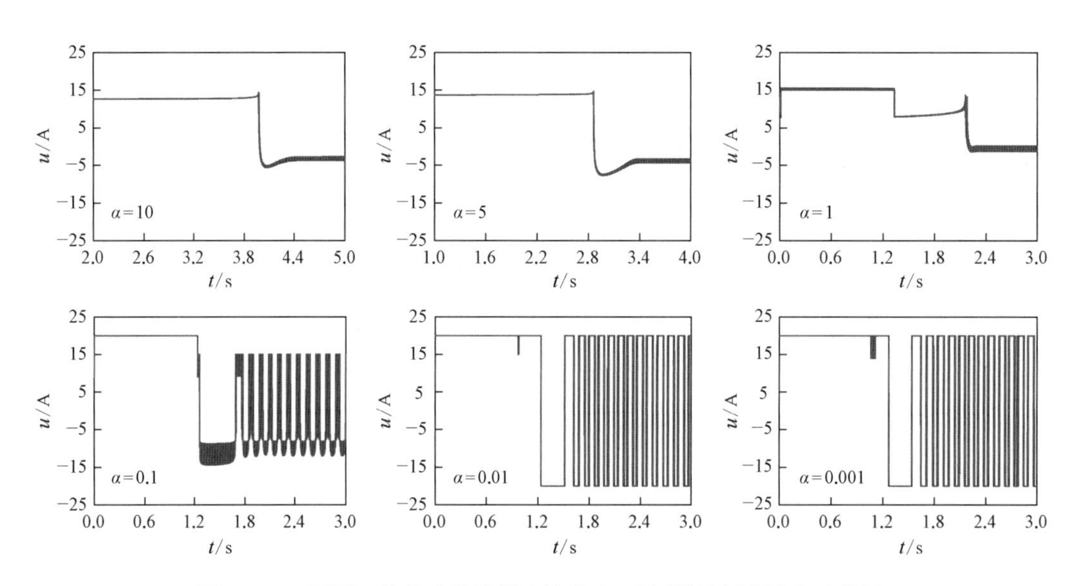

图 9.5.15　不同 α 值的改进的拟连续算法+观测器控制电流实验结果

表 9.5.3　不同 α 值的位移跟踪实验结果

α 值	10	5	1	0.1	0.01	0.001
收敛时间	3.98	2.86	2.19	1.24	1.27	1.26
稳态误差	2.45	2.39	1.17	—	—	—
抖振幅值	—	—	—	2.10	1.96	1.23
最大振荡频率	—	—	—	8	8	8

本节在分析旋转弹仓的工作特点和工作需求的基础上,设计了一种将滑模扰动观测器和改进的拟连续算法相结合的控制策略,试验结果表明,在模型参数扰动和负载扰动的影响下,所设计的控制器能够快速平稳地将弹丸运送至取弹位,具有良好的收敛速度以及较小的超调量和稳态误差,能够满足弹仓使用性能需求。

9.5.5 可靠性设计

可靠性设计贯穿于弹药输送装置的设计全过程,包括定性设计与定量设计,定性设计主要方法包括简化设计、协调设计、约束设计、适应性设计、人机工程设计等;定量设计需将车载炮的量化指标分配到弹药输送装置及其组成部件和零件,并将量化指标落实到设计中,过程一般包括可靠性建模、可靠性分配和可靠性预计等工作。

9.5.5.1 可靠性建模

建立可靠性模型的目的是定量分配、估算和评价弹药输送装置的可靠性。弹药输送装置是可修复系统,根据系统的组成、功能进行分析,任一部件的故障都会导致整个装填的故障,属于串联模型。在建立可靠性模型时做如下假设:

(1) 系统是可修复系统,采用的可靠性参数为平均无故障间隔输送弹数(MTBF)。

(2) 系统及组成系统的各部件、零件在工作中,故障的发生是随机的,并服从指数分布。

(3) 系统进入正常运转期,即是稳态工作。这种情况下,系统只有“正常”或“失效”两种状态。

(4) 可靠性框图中,每个方框都是能完成某一功能的单体,只要图中任何一个单体出现故障,就可导致系统故障。

(5) 可靠性框图中,每一个方框发生故障都是相互独立的。即任何一个方框发生故障都不导致另一方框出现故障。

(6) 所有连接方框的线没有可靠性值,只用来给框图指出顺序和方向。

(7) 系统可靠性框图完全是针对系统本身而言,不涉及人的因素。

经过对弹药输送装置部件的功能分析,根据参与工作的功能部件,弹药自动输送装置的可靠性框图如图 9.5.16 所示。

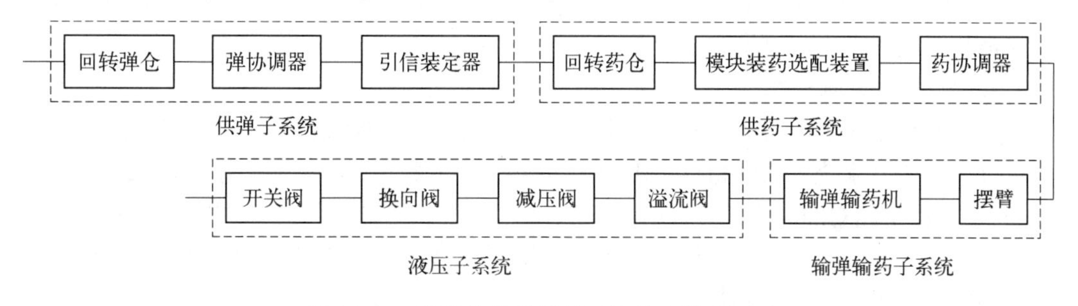

图 9.5.16 弹药输送装置(机械)的可靠性框图

控制系统根据其工作组成,包括综合管控箱、驱动箱 A、驱动箱 B 和驱动箱 C 四个主要工作组件,在进行可靠性设计、分析过程中仅考虑上述组件的失效,不考虑线缆和接头等的失效。在普通弹药装填和长弹装填两种工况下,控制系统的组件可视为串联结构,可

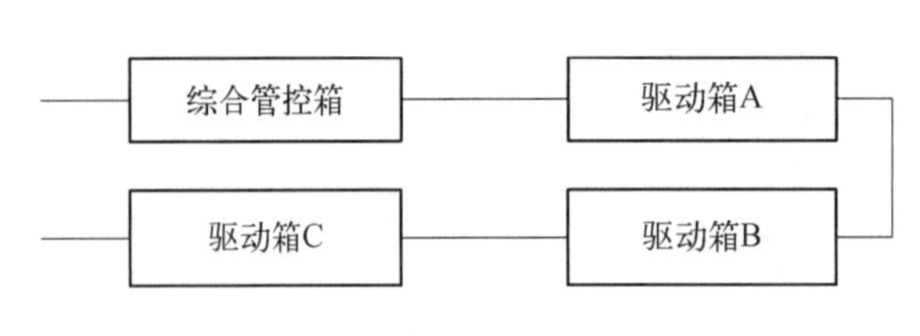

图 9.5.17　装填控制系统可靠性框图

靠性模型框图如图 9.5.17 所示。

根据上述假设和可靠性框图,可分别建立弹药输送装置可靠性模型和控制系统可靠性模型。对于串联系统,假设由 n 个部件串联而成,各部件的可靠度分别为 R_1, R_2, …, R_n, 则串联系统的可靠度为

$$R_s(t) = P(\tau > t) = P\{(\tau_1 > t) \cap (\tau_2 > t) \cap \cdots \cap (\tau_n > t)\} \tag{9.5.42}$$

其中, τ 为系统寿命; τ_1, τ_2, …, τ_n 为参与工作部件的寿命。

根据独立性假设,串联系统可靠度为

$$R_s(t) = \prod_{i=1}^{n} P(\tau_i > t) = \prod_{i=1}^{n} R_i \tag{9.5.43}$$

当所有部件的寿命都服从指数分布,第 i 个部件的可靠度采用失效率(故障率) λ_i 表示且为常数时,有

$$R_i(t) = e^{-\lambda_i t},\ i = 1,\ 2,\ \cdots,\ n \tag{9.5.44}$$

则串联系统可靠度可表示为

$$R_s(t) = \prod_{i=1}^{n} R_i = e^{-\sum_{i=1}^{n}\lambda_i t} = e^{-\lambda_s t} \tag{9.5.45}$$

式中, $\lambda_s = \sum_{i=1}^{n} \lambda_i$ 为系统失效率(故障率)。

此时,可得系统的平均寿命为

$$(\mathrm{MTBF})_s = \int_0^{\infty} R_s(t) = \int_0^{\infty} e^{-\sum_{i=1}^{n}\lambda_i t} = \int_0^{\infty} e^{-\lambda_s t} = \frac{1}{\lambda_s} = \frac{1}{\sum_{i=1}^{n} \lambda_i} \tag{9.5.46}$$

式(9.5.46)表明当组成单元寿命服从指数分布且失效率(故障率)为常数时,系统平均寿命为系统失效率(故障率)的倒数。

9.5.5.2　可靠性分配

当弹药输送装置的可靠性指标确定后,在设计过程中需将该指标分配到各组成部件、零件,同样,控制系统可靠性指标也需分配至各控制组件。可靠性分配是一个系统优化过程,其合理性是相对的。系统设计时期望达到性能最好、可靠性最高、成本最低、研制周期最短的目标,而实际上,上述目标是相互矛盾和制约的,在设计时需综合考虑。因此,在可靠性指标分配时,应遵循如下原则:

(1) 技术水平可以达到。对技术成熟的单元,能够保证实现较高的可靠性,或预期投入使用时可靠性能够增长到较好水平,则可分配给较高的可靠性指标。

(2) 结构越复杂指标要求越低。考虑部件的复杂程度,越复杂,出故障的环节和可能性越高,分配的可靠性指标应越低。

（3）单元越重要指标要求越高。对重要单元，该失效将会产生严重的后果，或该单元失效将导致系统失效，则分配给该单元的可靠性指标越高。

（4）条件越恶劣指标要求越低。对任务时间内均需连续工作及工作条件恶劣、难以保证很高可靠性的单元，则应分配给较低的可靠性指标。

（5）分配结果应满足系统指标要求。将系统可靠性指标分配给各单元的过程中，一般会有计算误差，但是，将系统可靠性指标分配给各单元后，预计的系统可靠性指标必须满足指标要求。

基于上述基本假设，即可对弹药输送系统进行可靠性分配，目前可靠性分配方法按约束条件情况可分为无约束条件可靠性分配法和有约束条件的可靠性分配法，常见的无约束条件分配法有等同分配法、评分分配法、比例分配法、代数分配法和模糊分配法，有约束条件分配法有花费最小分配法、动态规划分配法和拉格朗日乘子分配法等。

在设计初始阶段，由于缺乏系统详细组合及可靠性数据，可以采用评分分配法按几种主要因素进行专家评分，给出影响因子。各因子的评分值为 1~10 分，主要影响因素如下。

（1）复杂因子 d_1：根据单元组成零部件数及组装的难易程度来评定。结构越复杂分配给该单元的失效率越大，即分配给该单元的可靠度越小，以保证实际结构能达到系统可靠性要求。一般最简单结构评 1 分，最复杂结构评 10 分。

（2）重要因子 d_2：根据单元故障引起系统故障的概率大小来评定。单元越重要，分配给该单元的失效率越小，即分配给该单元的可靠度越大。最重要结构评 1 分，最不重要结构评 10 分。

（3）结构因子 d_3：根据单元结构成熟程度和目前技术水平来评定。技术越成熟，分配给该单元的失效率越小，即分配给该单元的可靠度越大。技术最成熟评 1 分，最不成熟评 10 分。

（4）环境因子 d_4：根据单元所处环境来评定。单元所处环境条件越好，分配给该单元的是失效率越小，即分配给该单元的可靠度越大。单元所处环境条件好评 1 分，所处环境条件恶劣且严酷评 10 分。

（5）工艺因子 d_5：根据单元加工工艺难易程度来评定。容易加工、装配，质量越容易保证，分配给该单元的失效率越小，即分配各该单元的可靠度越大。因此，加工和装配容易，质量容易保证的单元评 1 分，难加工、难保证质量的单元评 10 分。

当获得各单元的影响因子评分值后，对第 i 个单元的评价：

$$K_i = \prod_{i=1}^{5} d_i,\ i = 1,\ 2,\ \cdots,\ n \tag{9.5.47}$$

对系统总的评价系数：

$$K = \sum_{i=1}^{n} K_i,\ i = 1,\ 2,\ \cdots,\ n \tag{9.5.48}$$

对第 i 个单元的评价系数：

$$C_i = \frac{K_i}{K},\ i = 1,\ 2,\ \cdots,\ n \tag{9.5.49}$$

此时,分配给第 i 个单元的失效率,即容许失效率为

$$\lambda_i^* = C_i \lambda_S^*,\ i = 1,\ 2,\ \cdots,\ n \tag{9.5.50}$$

在实际分配时,可根据系统的特性对上述因子进行增减。

9.5.5.3 可靠性预计

弹药输送装置是完成特定功能的综合体,是各协调工作单元的有机结合,装置的可靠性取决于各单元的可靠性和单元组合方式。当已知各组成单元可靠性指标后,根据系统结构可计算出系统的可靠性指标。常用的计算方法有计数预计法、数学模型法、上下限法(即边值法)、真值表法和蒙特卡洛法等。

对于弹药输送装置而言,其系统可靠性为串联模型,因此在开展可靠性预计时,可采用数学模型法进行系统可靠性预计,根据基本假设(2)失效服从指数分布,即失效概率密度函数为

$$f(t) = \lambda e^{-\lambda t} \tag{9.5.51}$$

此时可靠度函数为

$$R(t) = e^{-\lambda t} \tag{9.5.52}$$

其中,故障率 $\lambda = 1/\text{MTBF}$ 为常数。

由于弹药输送装置为串联模型,其系统可靠度可按下式计算:

$$R_s(t) = \prod_{i=1}^{n} R_i = e^{-\sum_{i=1}^{n}\lambda_i t} = e^{-\lambda_s t} \tag{9.5.53}$$

此时,平均故障间隔发数/平均故障间隔时间为

$$(\text{MTBF})_s = \int_0^{\infty} R_s(t) = \int_0^{\infty} e^{-\sum_{i=1}^{n}\lambda_i t} = \int_0^{\infty} e^{-\lambda_s t} = \frac{1}{\lambda_s} = \frac{1}{\sum_{i=1}^{n}\lambda_i} = \frac{1}{\sum_{i=1}^{n}\frac{1}{(\text{MTBF})_i}} \tag{9.5.54}$$

9.5.5.4 案例分析

对新设计的弹药自动输送装置而言,在开展可靠性分配时可采用评分分配法进行,根据系统组成,考虑各组成部件的复杂度、成熟度、环境条件和工作时间等影响因素,进行专家评分。

弹药自动输送装置机械系统要求的可靠度设计指标为平均故障间隔发数 MRBF=600 发,控制系统要求的可靠度设计指标为平均故障间隔时间 MTBF=160 小时。弹药输送装置(机械)系统各组件的可靠性指标分配最终结果如表 9.5.4 所示。将机械系统指标分配至部件后,可根据部件的组成再行分配,以弹仓为例,其指标为 MRBF=5 074 发,根据图 9.3.1 弹仓的组成,分配结果如表 9.5.5 所示。弹药自动输送装置(控制)系统各组件为电子产品,其寿命服从指数分布,各组件复杂度、电子元器件数量、成熟度、环境条件和工作时间等影响因素相似,因此,自动装填(控制)系统各组件按等同分配法分配,自动装填(控制)系统各组件的可靠性指标分配最终结果如表 9.5.6 所示。

表 9.5.4　普通弹药装填(机械)可靠性分配结果

子系统	部　件	复杂度	成熟度	环境条件	工作时间	评分数	评价系数	容许故障率/‰	MRBF(分配值)
供弹子系统	回转弹仓	7	5	5	8	1 400	0.118 293	0.197 1	5 074
	弹协调器	8	8	6	8	3 072	0.259 569	0.432 6	2 312
	引信装定器	3	3	2	5	90	0.007 605	0.012 6	79 365
供药子系统	回转药仓	7	5	5	7	1 225	0.103 507	0.172 5	5 797
	模块装药选配装置	5	4	5	6	600	0.050 697	0.084 4	11 848
	药协调器	8	8	6	7	2 688	0.227 123	0.375 8	2 661
输弹输药子系统	摆臂	3	1	5	8	120	0.010 139	0.016 9	59 172
	输弹输药机	8	6	8	6	2 304	0.194 677	0.324 4	3 083
液压系统	溢流阀	4	2	3	4	96	0.008 112	0.013 5	74 074
	减压阀	4	2	3	4	96	0.008 112	0.013 5	74 074
	换向阀	4	2	3	3	72	0.006 084	0.010 1	99 010
	开关阀	4	2	3	3	72	0.006 084	0.010 1	99 010
共计						11 835	1	1.663 5/发	600 发

表 9.5.5　弹仓(机械)可靠性分配结果

部　件	复杂度	成熟度	环境条件	工作时间	评分数	评价系数	容许故障率/($\times10^{-6}$)	MRBF(分配值)	预计值
弹仓骨架	1	1	3	9	27	0.005 891	1.16	862 069	900 000
弹仓轨道	5	3	3	9	405	0.088 37	17.41	57 438	60 000
储弹单元	5	4	5	6	600	0.130 919	25.80	38 760	40 000
回转链轮轴系	5	5	7	7	1 225	0.267 292	52.67	18 986	20 000
传动箱	6	5	7	7	1 470	0.320 751	63.21	15 820	18 000
回转驱动电机	4	4	7	7	784	0.171 067	33.71	29 665	100 000
回转角度传感器	2	1	4	9	72	0.015 71	3.09	323 625	500 000
共计					4 583	1	197.05/发	5 074 发	6 237 发

表 9.5.6　弹药输送装置（控制）可靠性分配结果

部　件	失效率	MTBF（分配值）	预计值
综合管控箱	0.001 562 5	640	4 000
驱动箱 A	0.001 562 5	640	1 000
驱动箱 B	0.001 562 5	640	1 000
驱动箱 C	0.001 562 5	640	1 000
合计	0.006 25/h	160 h	307 h

弹仓中的驱动部件电机为成熟选型产品，电机平均寿命一般可达 10 年以上，考虑到弹药输送装置使用环境比一般工业设备环境恶劣，电机启停更为频繁，以其 MTBF 不低于 500 小时进行预估，结合输送的时序要求，经分析计算，预计电机 MRBF = 100 000 发；对于其他选型的成熟产品，均可预估各单元的平均故障间隔输送发数，各单元预计结果见表 9.5.5，按串联系统可靠度进行计算，弹仓的可靠性预计结果为 6 237 发，满足要求。

同理，对弹药自动输送装置（机械）其他部件、子系统进行预计后最终可得到部件弹药自动输送装置（机械）的可靠性预计结果为 3 361 发，满足指标要求。弹药装填系统（控制）部分主要包括综合管控箱、驱动箱 A、驱动箱 B 和驱动箱 C，均为电子产品，综合管控箱功能与现有火炮适配器类似，根据积累的基础数据分析，预计其 MTBF = 4 000 小时；驱动箱、驱动箱和驱动箱根据电子元器件的组成和使用情况，根据相关电子设备手册查询其基础失效率数据，预计其 MTBF = 1 000 小时；各单元预计结果见表 9.5.6，按串联系统可靠度进行计算，弹药输送装置（控制）可靠性预计结果为 307 小时，满足指标要求。

第 10 章　身管寿命提升的理论和方法

10.1　概述

火炮发射瞬时赋予弹丸很高的炮口动能(20~30 MJ),相当于中型发电厂的功率,而身管直接承受高温高压高活性火药燃气烧蚀冲刷和弹丸弹带挤压摩擦作用,使役环境非常复杂。发射时,在十几毫秒的时间内,燃气温度迅速升高到 3 000 K 后自然冷却,膛内压力高达 300~500 MPa,火药燃气中包含了大量的 CO、CO_2、H_2、H_2O、N_2等高活性气体成分。大口径火炮身管一般由高强高韧特种钢 32CrNi3MoVE 制备而成,身管内壁随着射击次数的增加逐渐磨损,尤其是膛线起始部附近磨损量最大。不同射击发数下的身管内壁形貌如图 10.1.1 所示,可以看出,内壁裂纹逐渐增多,膛线结构发生改变,同时,内表层材料性能退化,阳线直径扩大。损伤累积致使内弹道性能恶化,GJB 2975 -97《火炮寿命试验方

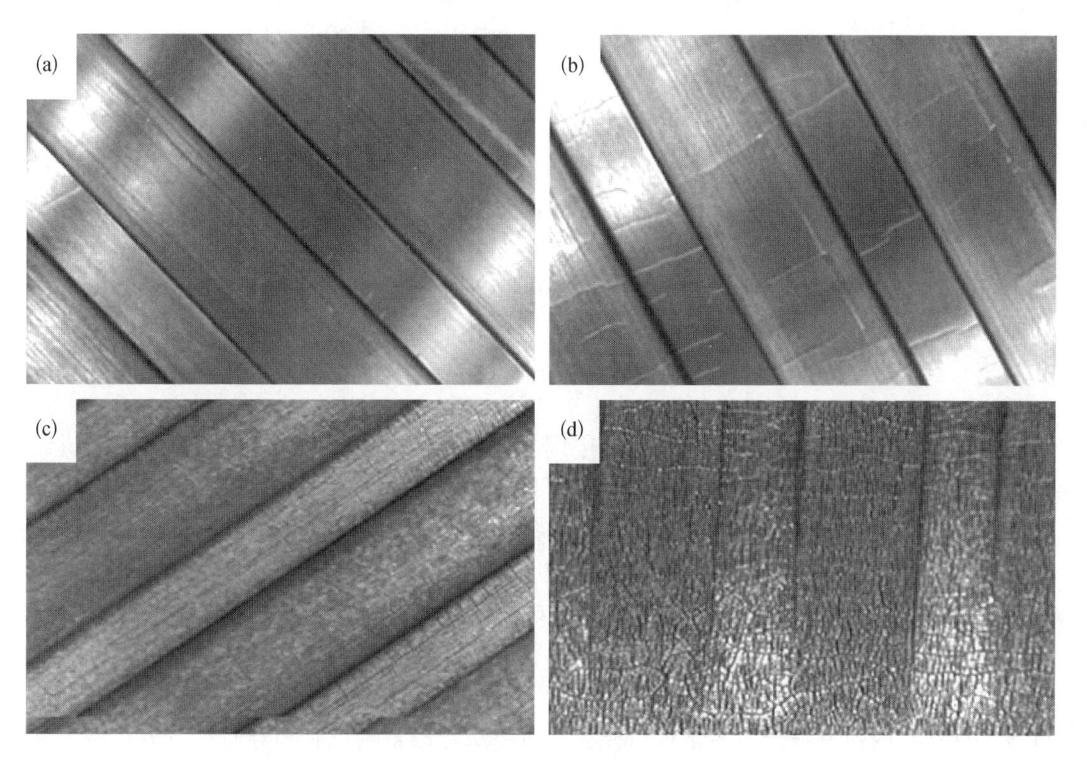

图 10.1.1　不同损伤程度的身管内壁(Wu et al.,2020)

法》从弹道性能方面规定了身管寿命终止的具体判据,并将身管弹道寿命终了之前的全装药等效弹丸射击发数称为身管寿命,身管寿命的长短直接决定了火炮持久作战的能力。

身管内壁损伤情况是随火炮类型、使用情况不同而异。一般来说,在沿身管长度方向上,阳线损伤可分为四个区域:

(1) 在膛线起始部向前约 1~1.5 倍口径长度上损伤最严重,称为最大损伤段;

(2) 由此段向前到距膛线起点约 10 倍口径左右的地方损伤较前段弱,称为次要损伤段;

(3) 从次要损伤段向前的很长一段,炮膛损伤很小也比较均匀,称为均匀损伤段;

(4) 在炮口部长度大约 1.5~2 倍口径的范围内又出现损伤较大的区域,称为炮口损伤段。

不同类型火炮身管各个损伤段的情况有所差别,图 10.1.2 所示为美国 XM198 式 155 毫米榴弹炮在射击 1805 发后的身管损伤量沿轴向的变化规律,可见,身管在膛线起始段的损伤最严重。对 155 毫米浅膛线火炮身管来说,国际上一般通过测量阳线起始部 1 英寸(1 英寸 = 25.4 mm)处的阳线直径扩大量来判断身管损伤程度,当阳线直径扩大 3 mm 时认为寿命终止。

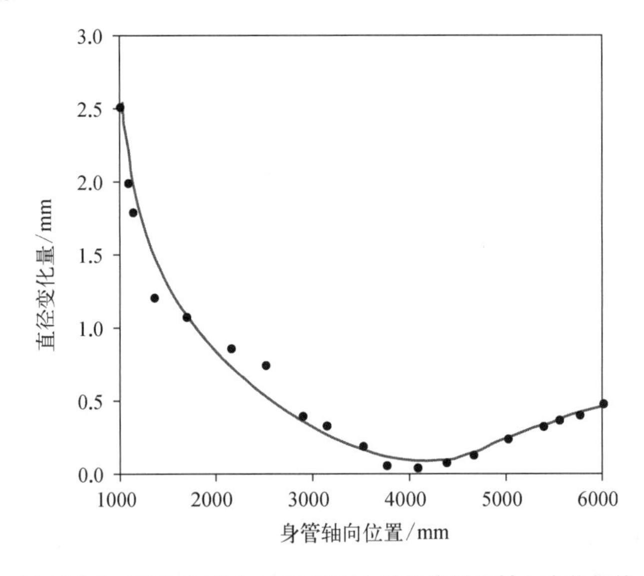

图 10.1.2　XM198 射击 1805 发后内壁损伤量沿轴向变化规律

身管寿命的研究包括身管寿命影响因素和寿命提升方法两个方面。寿命影响机制研究身管内壁在火药燃气和弹丸弹带作用下的内径扩大以及各种伴随现象的产生原因,主要包括高温、高压燃气对炮钢的化学烧蚀机理、对内壁的冲刷机理、内壁裂纹的形成与演化机理、弹带与身管内壁的摩擦磨损机理等。寿命影响机制是寿命提升方法的理论基础,对于制定切实有效的寿命提升技术方案至关重要。身管寿命提升是一项综合工程,需要从发射药、炮钢材料、内壁强化等多个方面采取措施,低爆温发射药、新型高性能炮钢材料、大口径火炮内壁涂层工艺等是身管寿命提升的重要研究方向,需要综合火炮、材料、发射药、内弹道等开展多学科研究。本章将从寿命影响机制和寿命提升方法两方面开展论述。

10.2 身管寿命的影响机制

10.2.1 身管损伤影响因素分析

火药燃气与弹丸弹带同时作用于身管，使身管材料发生复杂的物理和化学变化。发生的主要现象有：短脉冲强冲击高温载荷使得身管内壁浅表层材料发生结构微米级尺度组织相变，引起材料性能硬脆化转变；高膛压以及瞬态热应力交变作用下产生复杂的应力场演化，引起表层裂纹萌生与扩展；高温高压燃气组分与炮钢材料发生化学反应，在内壁表层形成脆而硬的低熔点化合物层以及高浓度扩散层，也合称“白层”，直接改变了材料类型。身管内壁损伤是“热-力-化学”三物理场共同作用的结果。

(1) 热影响。热因素是导致身管烧蚀磨损的最主要因素之一，膛内燃气与内壁面的强烈温差，导致两者之间发生剧烈的强制换热。在内弹道循环过程中，由于极大的热流传入，将引起身管内壁金属表层软化，炮钢表层最高温度可达 700℃ 以上，导致表层炮钢发生相变甚至局部熔化，在高速燃气流冲刷下，软化的金属更容易发生剥落。燃气冲刷磨损量对壁面的温度十分敏感，与壁面温度呈现指数增长的关系。当身管内壁在快速升温时发生奥氏体相变，表层金属体积增大，而在快速降温时，又会重新转变为马氏体以及残留的部分奥氏体，金属体积减小，容易在降温过程中形成裂纹。同时由于身管内部温度分布极不均匀，变温层内温度梯度可达 10^6 量级，产生很大的热应力，随着射击发数的增加，周而复始的热应力加剧炮钢材料疲劳失效过程，引起大量的微裂纹，并逐渐加深和扩展。

(2) 力影响。弹带摩擦和火药燃气产生的热力脉冲载荷同时作用于身管内壁，产生复杂的表面张应力，非常容易造成脆性白层和表层炮钢基体发生断裂损伤，引起表面龟裂。龟裂等形貌改变极大地提高了内膛表面粗糙度，使得弹带对内膛的摩擦力(表面切应力)增大，加剧内膛磨损。同时，摩擦力随着弹丸运动的不断变化，使得身管轴向不同位置的磨损量差异显著。

(3) 化学影响。固体火药由 C、H、O、N 等元素构成，相应的燃气混合物主要包含 CO、CO_2、H_2、H_2O、N_2等。当上述高温、高压还原性的气体作用于炮钢材料时，两者将发生强烈的化学反应和元素扩散，导致内膛微米层含碳量(还有少量氮)增加，形成“白层”，其中外白层的渗碳体为基相，内白层为高碳奥氏体，外白层厚度约为 0.25~0.5 μm，内白层厚度约为 2~20 μm。伴随渗碳体或高碳奥氏体的形成，材料熔点降低大约 300℃，引起局部熔化或烧蚀坑，使钢表面进一步暴露在火药燃气中，使白层增厚并脆化。

三种因素按各自的本征规律对内壁损伤产生作用的同时，还产生很强的耦合作用，如图 10.2.1 所示。例如，热作用在改变炮钢微结构的同时，一方面产生瞬态交变热应力造成内表面裂纹，另一方面促进原子扩散和化学反应过程。化学反应形成的“白层”一方面改变燃气与身管内壁的换热特性，另一方面加速表面裂纹扩展。

在“热-力-化学”三种因素的耦合作用下，身管内壁材料流失，其主要过程是，燃气与炮钢发生化学反应，烧蚀身管形成白层，白层属性与炮钢显著不同，在弹带挤压摩擦下白层流失。烧蚀与磨损交替作用，共同造成身管损伤，因此，燃气化学烧蚀和弹带摩擦磨损

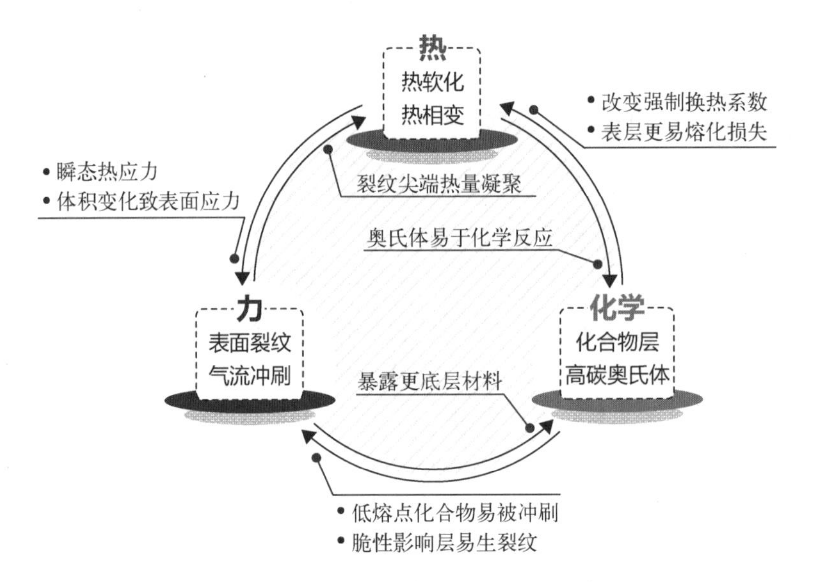

图 10.2.1 “热-力-化学”多场耦合现象

是身管损伤的两个重要机制。外载荷作用下,身管自身性能退化,包括表层材料属性和表面形貌两方面的改变,自身性能退化又进一步促进烧蚀磨损损伤。因此,材料性能退化和表面形貌演化是身管损伤的另外两个重要机制。

身管损伤问题的科学性强、综合程度高、研究难度大,为了掌握身管损伤机制并控制损伤量,欧美发达国家很早就开始了身管损伤理论的研究。例如,由美国国防部主导的两次攻关项目,持续 20 多年,总体上建立了完整的身管损伤理论体系,并于 20 世纪末,开发了基于“热-力-化学”三因素的身管损伤计算程序,实现了各种中大口径身管、纯炮钢身管、镀铬身管的损伤量预测。我国相关研究严重滞后,研究工作零散,尚未建立系统的、深入的身管损伤理论体系。近年来随着火炮武器装备性能的进一步提升,身管寿命不足的问题越来越突出,相关单位在科研项目支持下正在开展身管损伤理论研究工作。

10.2.2 火药燃气对炮钢的化学烧蚀机理

发射药配方不同,燃气中的各个成分比例不同,高能发射药的燃气成分中 N_2 更多,H_2 更少。火药燃气烧蚀炮钢后形成白层,实验测试表明,白层厚度为几到几十微米,且被裂纹贯穿。烧蚀产物包括碳化物、氧化物、氮化物,以及钢的奥氏体和马氏体共存相。影响较大的化学过程包括碳化、氧化、氢脆烧蚀。

碳化过程包括两方面,一方面碳原子扩散进入炮钢形成固溶物,渗碳提高了炮钢表面硬度,燃气中的 CO 在高温气-固表面分解形成碳原子的过程为

$$\begin{aligned} 2CO &= C + CO_2 \\ CO &= C + O \end{aligned} \tag{10.2.1}$$

另一方面,CO 与炮钢中的 Fe 元素反应,形成碳化铁,随着其含量增加,内表面脆性提升,熔点降低 50~400 K,加剧身管内壁损伤,氧化铁形成过程为

$$3Fe + 2CO = Fe_3C + CO_2 \tag{10.2.2}$$

氧化过程主要是 CO_2分解后扩散进入炮钢,与 Fe 元素反应形成脆性氧化铁层,极易发生裂纹破坏,熔点降低 100~200 K,氧化反应的化学式为

$$Fe + CO_2 = FeO + CO \tag{10.2.3}$$

氢蚀也是造成身管烧蚀的主要因素,一方面氢气的导热系数高于其他气体,另一方面 H 原子与 C 原子反应,使炮钢脱碳。渗碳提升炮钢的硬度和脆性,脱碳使炮钢过度软化。

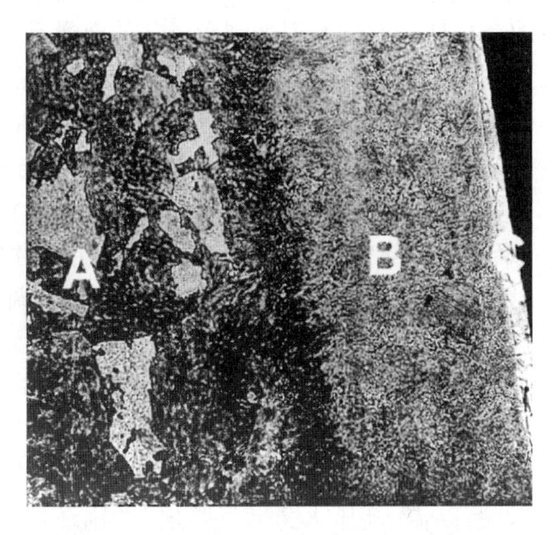

图 10.2.2　射击 10 发后,身管亚表面微观结构

(A) 钢基体,(B) 热影响层,(C) 化学影响层

实验测试表明,身管损伤程度与火药燃气的烧蚀性(发射药配方)密切相关。因此,建立磨损量与发射药成分之间的关系是必要的。以阳线起点向炮口方向移动 1 英寸处为研究对象,Lawton (2001)通过对射击后身管内表面磨损情况和亚表面结构的观察,将身管表层分为(A)基体层、(B)热影响层、(C)化学影响层,如图 10.2.2 所示。并依据质量扩散方程,提出了考虑火药燃气腐蚀性和身管内壁最大温度的热-化学烧蚀磨损模型,单发射击对身管造成的磨损量为

$$w = At_0\sqrt{T_i/T_a}\exp[-\Delta E/(R_0T_{max})],\ T_a = 300\ \mathrm{K} \tag{10.2.4}$$

其中,A 代表发射药烧蚀性; R_0 为气体常数; t_0 为时间常数; ΔE 为化学反应活化能; T_{max} 为单发射击时身管内壁最大温度; T_i 为初始温度。

Lawton(2001)指出,A 的取值和火药燃气中各气体成分密切相关,因此也受到发射药配方的影响。作者假设 A 与燃气组分的经验关系式为

$$A = a\exp\{b[c_1\%CO + c_2\%CO_2 + c_3\%H_2 + c_4\%H_2O + c_5\%N_2]\} \tag{10.2.5}$$

其中,指数函数可以避免负的烧蚀性,a、b、$c_i(i = 1 \sim 5)$ 为待定系数。通过对英国的典型发射药对身管烧蚀实验数据的拟合,建立了发射药烧蚀性的表达式:

$$A = 114\exp\{0.020\,7[1\%CO - 3.3\%CO_2 + 2.4\%H_2 - 3.6\%H_2O - 0.5\%N_2]\} \tag{10.2.6}$$

根据上式可以看出,CO 和 H_2对炮钢具有强烈的烧蚀作用,其中 H_2对炮钢的烧蚀更为严重,这是因为 H 原子更小,容易扩散进入炮钢金属结构内部,形成间隙原子。为了降低发射药的烧蚀性,可以提高 O 元素的含量,将更多的 H_2转化为 H_2O、CO 转化为 CO_2,但是 O 含量的提高会提升发射药爆温,不利于降烧蚀。因此,提高发射药中的 N 元素含量也是必要的。Kimura 根据此结论,研发了高氮量、低烧蚀发射药。虽然式(10.2.4)所示的烧蚀模型被广泛接受并应用,但是其中发射药烧蚀性参数的选取需要根据大量的实测数据拟合获得式(10.2.6),经验性较强。

10.2.3 火药燃气身管内壁的冲刷机理

膛线起始部附近是燃气冲刷时间最长,换热最为剧烈,且烧蚀最严重的区域。若因冲刷磨损导致膛口不对称,会造成燃气从弹带与身管内壁之间的局部空隙泄漏,导致燃气对身管内壁的冲刷磨损加剧和局部传热量升高,甚至造成壁面局部直接熔化,熔融的金属在燃气冲刷下从内壁脱离,在身管上形成凹痕。当火炮连续发射时,这些不规则的凹痕将加速炮钢材料的软化和熔化,加剧燃气的冲蚀效应。

火药燃气流的冲刷作用是导致身管内壁磨损的直接原因,化学因素的作用是将内壁炮钢材料表层变得脆性更强、熔点更低,热力因素的耦合作用是将身管内壁从整体形态变成碎片化,降低了炮钢材料表层的热力学性能。在燃气冲刷作用下,燃气与炮钢之间产生剪切应力,一些未燃完的火药颗粒随着高温高压燃气运动,磨削壁面,从而使身管内壁金属更容易在燃气流冲刷和其他的机械作用下流失。

为了实验研究火药燃气对炮钢材料的冲刷烧蚀性能,一般采用半密闭爆发器进行模拟实验。在半密闭爆发器的喷嘴处放置待测环形炮钢试件,试件中心加入芯轴以增加燃气流速。首先点燃爆发器中的发射药,当爆发器内压力达到破膜压力时,喷嘴膜片破裂,高温、高压火药燃气喷出,冲刷环形炮钢试件。在此期间,需测量燃气温度、压力、流量和试件温度的变化。为了获得明显的冲刷磨损特征结果,可进行多次冲刷。试验结束后取出试件,一方面通过称量冲刷前后炮钢试件的质量变化,直接获得炮钢烧蚀量;另一方面可通过材料表征设备,观测试件表层冲刷的形貌特征、不同位置不同深度的金相变化,以及燃气与炮钢表层反应产物的组成与分布,获得炮钢表层的烧蚀深度和燃气对炮钢的烧蚀系数。另外,可对烧蚀后的炮钢试件进行相关的力学性能测试,得到烧蚀层炮钢的冲蚀性能,修正炮钢烧蚀模型,作为判定炮钢表层微元剥落的条件。

为了定量计算火药燃气对炮钢材料的冲刷磨损量,针对炮钢材料的几何模型划分网格,建立非定常黏性流体控制方程组,通过非平衡壁面函数计算壁面边界层厚度。将半密闭爆发器实验燃气参数作为计算初始边界条件,计算燃气冲刷过程中炮钢材料壁面的温度变化。通过半密闭爆发器实验修正后的烧蚀模型计算炮钢材料烧蚀量大小。在此基础上,建立大口径火炮的内弹道模型和非定常黏性流体控制方程组,计算内弹道核心流和边界层的相关参数,应用边界层理论计算燃气核心流与内膛壁面的传热,得到内弹道和中间弹道过程中的身管壁面温度变化。在身管边界建立修正后的烧蚀计算模型,计算得到发射过程中的身管烧蚀量,预测火炮在燃气冲刷作用下的烧蚀磨损量。

火炮身管冲刷烧蚀的机理与火箭发动机的喷管烧蚀有很多相似点,有学者将两者进行联系,仿照喷管壁面的烧蚀模型,建立了火炮身管烧蚀计算模型。综合考虑了热因素与化学因素的影响。如图 10.2.3 所示。

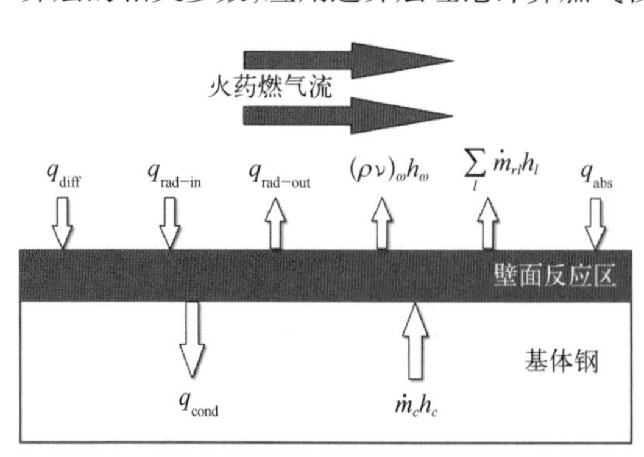

图 10.2.3 冲刷烧蚀模型壁面能量示意图

身管内壁面的能量守恒方程为

$$q_{\text{diff}} + q_{\text{rad-in}} + \dot{m}_c h_c + q_{\text{abs}} = q_{\text{rad-out}} + (\rho v)_w h_w + \sum_l \dot{m}_{r_l} h_l + q_{\text{cond}} \tag{10.2.7}$$

其中，q_{diff} 表示燃气与壁面通过对流和传导形式进入壁面热流密度；$q_{\text{rad-in}}$ 表示通过辐射形式进入壁面的热流；$q_{\text{rad-out}}$ 表示通过辐射形式从壁面流出的热流；$\dot{m}_c h_c$ 为材料化学反应或发生相变生成的能量；$(\rho v)_w h_w$ 为流体烧蚀产物从壁面脱离时带走的能量；$\sum_l \dot{m}_{r_l} h_l$ 为烧蚀产物或剥落金属从基体炮钢脱离时带走的能量；q_{cond} 为通过热传导向基体炮钢中传递的热量；q_{abs} 为其他形式进入壁面的能量。$\sum_l \dot{m}_{r_l}$ 的值为计算得到的烧蚀量。此模型在使用时较为复杂，其中的 $\dot{m}_c h_c$、$(\rho v)_w h_w$ 等项对于边界层的物质输运方程和传热方程依赖性很强，需要对边界的物质扩散过程进行额外计算，烧蚀过程中的产物反应状态，生成物焓对计算结果影响很大。

10.2.4 身管内表面微裂纹的形成与扩展机理

随着射弹发数的增多，首先在膛线起始部附近出现网裂纹，如图 10.1.1(b) 所示。对于大口径加农炮来说，甚至在发射几发以后就可能产生这样的裂纹。继续发射，微裂纹逐渐汇聚为宏观裂纹，并且沿径向不断扩展，裂纹深度增加，使射击后身管内表面形成网状裂纹，呈龟裂状，如图 10.1.1(c)、(d) 所示。化学烧蚀白层硬而脆，在弹带对炮膛的机械磨损和火药气体的冲刷作用下，当表面裂纹沿径向发展至一定深度（一般为材料物理性质突变的位置）时，易于产生裂纹面垂直于径向，沿轴向或环向发展的裂纹，最终导致表面改质层以某一厚度呈片状剥落，炮膛尺寸扩大。由于高温高速火药气体的冲刷，在阴线底部常形成纵向烧蚀沟。图 10.2.4 所示为某车载 155 火炮身管内壁形貌图。图 10.2.4(a) 是新身管形貌，膛线清晰，无裂纹；经过一定发数的射击后，身管内壁萌生大量裂纹，阳线上裂纹密度低于阴线，如图 10.2.4(b) 所示；图 10.2.4(c) 为身管接近报废时的形貌图，可以看出，龟裂严重，已经无法区分膛线；对寿终时的身管内壁进行显微照相，如图 10.2.4(d) 所示，可见阳线的主裂纹以横向裂纹为主，阴线的主裂纹以纵向裂纹为主，主裂纹间距为 570~1400 μm，进一步的剖面图表明主裂纹深度为 120~570 μm。

对于镀层身管，钢基体内主裂纹的形成与应力的变化直接相关。射击过程中近壁面瞬态温度升高引起热膨胀压缩，镀铬层平均温度与距镀层较远处的基体材料的温度有较大差异，该热膨胀压应力超过铬层自身的强度，发生压缩屈服，在冷却过程中镀层中形成残余拉应力，因而造成了镀铬层进一步发生脆性开裂。由于初始主裂纹的存在，残余拉应力引起的宏观力减小，并在一定长度范围内与界面剪切应力保持平衡。当镀铬层主裂纹扩展到镀层-钢基体界面后，一部分扩展进入基体，高温燃气沿裂纹自由面进入基体，使得裂纹深度和宽度都得到增加；另一部分主裂纹自镀铬层表面延伸至钢基体后改变方向，转而沿界面生长，作用在裂纹表面的燃气压力导致界面裂纹扩展，直至与进入基体的主裂纹汇合，镀铬层呈岛状结构。如图 10.2.5 所示为镀铬身管射击后表面形貌图。裂纹沿径向深入发展至基体，长度达几百微米，当火药燃气作用于镀层-基体的结合面，使界面结合能力降低，在射击过程中，镀层被逐渐成片状剥离基体，一旦基体暴露，身管损伤过程加剧。由以上分析可知，在身管的膛线起始部，弹带的作用给身管内壁带来的损伤主要是由于热因素导致的表面层开裂和机械因素造成的材料片状剥落。

图 10.2.4 某车载 155 毫米火炮身管内膛形貌图

图 10.2.5 镀铬身管射击后表面显微图

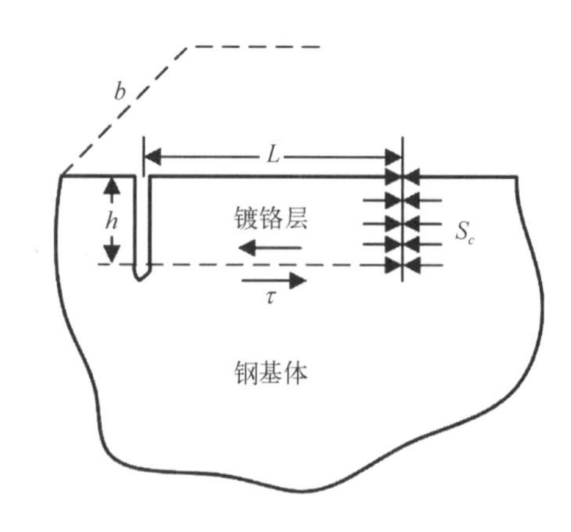

图 10.2.6 身管镀层剪切失效模型

针对高温燃气作用于炮钢产生热应力导致的裂纹和剥落过程,可建立力学模型,作为判断表层炮钢微元的剥落标准。在火药高温燃气作用过程中,炮钢表层存在极大的温度梯度,不同深度会产生极大的热应力。通过力平衡理论,当裂纹附近的炮钢应力达到镀层微元的剪切应力时,将在火药燃气流冲刷下发生剥落,镀层的界面剪切失效模型如图 10.2.6 所示，假设镀层片段左侧存在一条张开型裂纹，右侧存在一条闭合型裂纹。其中，b 为镀层片段宽度，L 为镀层片段长度，h 为镀层厚度，τ 为镀层片段底部切应力，S_c 为镀层内部周向正应力。

假设瞬态应力 S_c 由燃气高温产生的压应力和膛压产生的瞬态拉应力叠加而成：

$$S_c = \frac{E\alpha(T_{h/2} - T_{2h})}{1 - \nu} - p\left[1 + \frac{4R^2}{(2r_0 + h)^2}\right] \Big/ \left(\frac{R^2}{r_0^2} - 1\right) \tag{10.2.8}$$

式中，E 为镀层的弹性模量；α 为镀层的热膨胀系数；h 为镀层厚度；$T_{h/2}$ 为二分之一镀层厚度处的温度；T_{2h} 为 2 倍镀层厚度处的温度；ν 为泊松比；p 为膛压；r_0 和 R 分别为身管内外半径。

根据镀层片剥落时的平衡关系：

$$\tau bL = S_c bh \tag{10.2.9}$$

联立式(10.2.8)和式(10.2.9)，可得镀层片段剪切破坏脱落时的临界剪切应力：

$$\tau = \frac{\dfrac{E\alpha(T_{h/2} - T_{2h})}{1 - \nu} - p\left[1 + \dfrac{4R^2}{(2r_0 + h)^2}\right] \Big/ \left(\dfrac{R^2}{r_0^2} - 1\right)}{L/h} \tag{10.2.10}$$

开裂后的镀层在界面剪切作用下发生剪切破坏、失效剥落，使得钢基体直接暴露于高温火药燃气环境中，进而引发基体快速烧蚀，身管内弹道性能迅速恶化。研究发现，一旦镀层完整性遭到破坏，带镀层的身管烧蚀速度甚至要比没有镀层的身管更快。

10.2.5 弹带材料对身管材料的摩擦磨损机理

弹带是身管与弹丸的全程接触部件，主要起到以下作用：发射过程中与膛线相互作用，向弹体传递扭矩从而使弹体旋转；密闭弹后的高压火药燃气；保持调炮过程中弹丸的卡膛姿态；控制弹丸运动的启动膛压。弹丸膛内运动过程中，弹带会经历高温、大变形、高应变率和高速摩擦的运动变形过程，相对身管高速滑动，在界面处产生高温和较大的挤压力，自身被削光、磨损甚至熔化。同时，身管内壁的烧蚀白层在弹带挤压作用下，磨损流失，造成了身管内径扩大，从而改变火炮弹道性能，降低火炮射程、射击精度、弹丸炮口初速等。了解弹带对身管内壁的摩擦磨损机理，对提升身管寿命有重要意义。

弹带挤进膛线时期，弹带对身管的挤压力可达 300 MPa 以上(Montgomery，1976)。Keinänen 等(2012)在研究弹带结构对身管加载的影响时，利用有限元方法计算出，弹带挤进过程中的身管内部局部最大压应力为 750 MPa。Montgomery(1985)给出了某 155 毫米火炮弹带与身管内壁摩擦系数随弹丸行程的变化曲线，如图 10.2.7 所示。可以看出，弹带挤进时期，弹带与身管内壁为固-固接触状态，摩擦系数较大，在界面处产生较大切向应力，对内壁白层产生剧烈磨损；挤进完成时，摩擦系数快速降低为 0.1，而后稳定在 0.02，说明在弹丸高速运动阶段，弹带表层发生高温熔化，在界面处形成一定厚度的液膜，起到润滑作用，界面摩擦力显著低于挤进时期摩擦力，因此身管中段的磨损量也远低于膛线起始段。根据摩擦热流计算公式 $q = \mu PV$ (μ 为摩擦系数、P 为挤压力、V 为弹丸速度)，假设挤进过程中弹丸运动速度为 $10^0 \sim 10^1$ m/s，那么摩擦产生的热流密度最大可达 10^9 J/(m^2·s)。摩

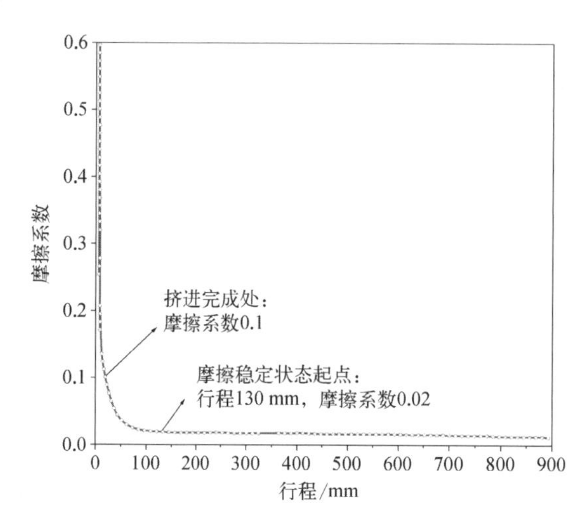

图 10.2.7 某 155 榴弹炮弹炮摩擦系数随弹丸形程变化曲线

擦产热与高温火药燃气先后作用下，身管内壁温度升高，热影响区域加深，另外，由于作用时间较短，瞬态的热传导过程导致热量大多集中在身管内表面附近，使身管内壁附近产生较大的温度梯度。

对于膛线起始段，在上述弹带对身管内壁的热力耦合作用基础上，再考虑到弹后高温火药燃气对身管内壁的冲刷、热冲击、物质扩散和化学反应等作用，身管内表面及亚表面的表面形貌、物理组分、力学性质都会发生改变，与炮钢基体的初始状态显著不同。材料内部缺陷在热力耦合载荷作用下，逐渐汇聚，形成空穴或微裂纹。Johnston（2005）认为，表面高温会使身管材料发生奥氏体相变，在降温过程中，形成部分脆性马氏体并保留部分奥氏体，由于不同金属相间的体积不同，材料内部产生内应力，最终导致淬火裂纹。高海霞等（2008）在研究速射武器身管失效时发现，仅一轮射击就能在炮钢表面形成硬而脆的白层。白层中通常包含贯穿白层的径向微裂纹，在下一轮射击的弹带挤压摩擦和燃气冲刷作用下，由于基体的韧性，对裂纹扩展的阻力相对较大，所以径向裂纹扩展至白层与热影响区界面时，将沿着界面方向扩展，而非向基体扩展。最终，白层中形成的裂纹相交造成小块白层剥落，造成身管内膛的磨损损伤。

在身管中间段，当弹带完成挤进，弹带表面温度达到熔点，使弹带熔化，此时弹带与身管间的切应力由熔化层厚度和熔融铜液的黏度决定（Montgomery，1985），摩擦系数远小于挤进阶段，并且，随着弹丸的运动，弹带材料损耗严重。弹带对身管中间段内壁的熔化润滑摩擦造成的磨损研究较少。但是，由于弹带损耗，导致其性能改变，将间接对身管的磨损规律尤其是炮口磨损产生影响。在发射过程中，当弹带闭气情况不好时，高温火药燃气会通过弹带与身管的间隙，以较高速度冲蚀弹带前端的身管内壁，造成严重的局部冲蚀（Lawton，2001），如图 10.2.8 所示。这样的间隙气流冲蚀造成的身管损伤比一般工况下的损伤要严重很多。Montgomery（1985）发现，熔化后的弹带液体会填充进内表面的裂纹内，这也被认为是造成镀层剥落的重要因素。

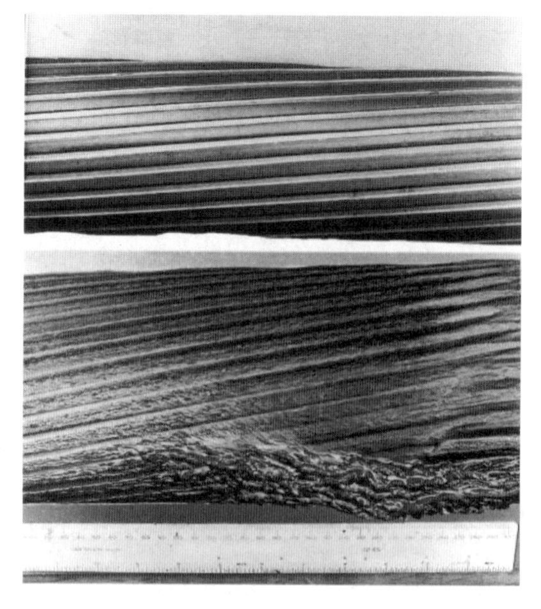

图 10.2.8 弹炮间隙气流冲蚀效应

（上：初始形貌；下：冲蚀形貌）

对于炮口位置，Montgomery（1975）认

为，身管磨损主要机制是发生在阳线上的机械磨损。在这一时期，弹带由于前期的剧烈形变、熔化，厚度减小，弹炮间隙变大，弹丸偏离轴线的运动明显，产生非轴对称的离心力。对于大口径火炮来说，弹丸质量大，炮口速度高，弹丸对身管的横向作用力加大，弹带不能很好地维持弹丸运动姿态，容易导致弹丸本体或弹丸定心部与膛线直接发生碰撞，加剧了炮口身管的磨损。从图 10.2.9 所示的弹丸磨损可以看出，弹丸本体与膛线发生了接触摩擦，并产生磨损。此外，弹丸与身管间隙变大，高压燃气更加容易通过弹炮间隙，气体压力作用于弹带，增大了弹体对身管的横向作用力，进一步加剧机械磨损。改变弹带材料是减缓炮口磨损的有效措施，烧结铁熔点高，抗磨损性能好，可以为弹体提供更高的支持力；塑料材料虽然熔点较低，但是其热传导性能差，传入弹带的热量小，弹带熔化不明显，所以也有很好的抗磨损性能。英国学者研究表明，采用烧结铁制弹带或塑料制弹带不产生炮口磨损（Taylor et al.，1970）。

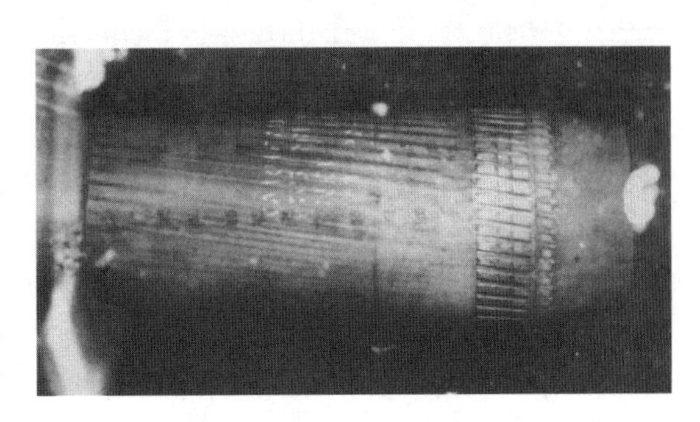

图 10.2.9　弹丸本体表面划痕

综上，弹带对身管的摩擦磨损，可主要从热影响和机械影响的角度考虑，挤进初期存在较大的挤进压力、切向摩擦力和较强的摩擦热，促进了身管内壁裂纹的形成以及表面层或镀层的受力剥离过程；熔化后的弹带挤入身管内表面的裂纹内，加速了裂纹的扩展；弹带材料熔化后被严重消耗，使得炮口身管内壁与弹丸本体可能发生接触摩擦，造成阳线机械磨损。

10.3　身管寿命提升方法

10.3.1　身管寿命提升原理

从身管内壁损伤的基本机制可以看出，身管寿命的提升措施可以从三个角度进行研究。

第一，降低燃气的化学烧蚀作用，减缓白层生成。主要方法有：

（1）采用低爆温发射药，降低身管内壁温度。由于发射药爆温越高，产生的热量越多，更多热量传导进入身管加剧了材料性能退化，而且高温能够促进燃气成分与炮钢的化学反应，高温度梯度会引起身管结构内复杂的热应力变化，加剧裂纹扩展。根据理论预测，发射药爆温降低 100℃时，155 毫米身管寿命提升 30%，爆温降低 200℃时，寿命提升 70%。

（2）研发低烧蚀发射药，降低化学反应速率。不同的火药燃气成分与炮钢的化学反应速率不同，研究新型发射药，优化发射药配方，使具有较高化学反应速率的气体成分比例降低，有利于降低身管烧蚀。

（3）发展缓蚀添加剂技术。缓蚀剂可在身管内表面形成冷却层，将高温火药燃气与身管内壁隔离，减少传入身管内壁的热量。其使用方式主要有添加剂和护膛剂两类。添加剂的方式是将缓蚀剂混在发射药中，护膛剂是将缓蚀剂与石蜡混溶涂抹在布上，制成衬纸。一般来说，缓蚀剂添加越多，降烧蚀效果越明显。

第二,降低弹带对身管内壁的摩擦磨损作用。主要方法有:

(1) 提高身管内壁硬度,降低磨损。例如,激光相变强化作为一种成熟的工艺,通过将材料表层快速加热到临界相变温度以上、而又快速自淬火冷却的方式,使得强化层组织晶粒细小、位错密度提高,强度和硬度同时得以大幅改善。

(2) 优化炮钢材料属性,提高高温稳定性。现有的炮钢材料在 700℃ 的高温环境下,强度和刚度降低到室温的 1/5,将极大地削弱身管内壁的承载能力,可能使得内壁浅表层发生更大变形,使弹带存在闭气不严的隐患。因此,提高炮钢材料的热稳定性,对身管寿命改善是有意义的。

(3) 匹配设计弹带与身管内壁结构,优化弹带材料性能。弹带与身管之间的挤压力越大,摩擦力越大,弹带对身管内壁白层的磨损作用越强。实弹射击结果表明,浅膛线的单发磨损量低于深膛线磨损量,软质材料弹带对身管的磨损量低于硬质材料弹带。

第三,既减少化学烧蚀作用又降低摩擦磨损作用。主要方法是在身管内壁增加一层抗烧蚀涂层材料,阻止火药燃气与炮钢发生化学反应形成白层,同时起到隔绝燃气高温载荷的作用。理论上,如果不生成烧蚀白层,弹带对身管内壁是纯机械作用,身管寿命可以达到炮钢的疲劳寿命。抗烧蚀涂层材料在提高寿命提升方面具有广阔的应用前景,值得深入研究。

下面从上述三方面概述身管寿命提升方法。

10.3.2 低温发射药及防护技术

10.3.2.1 低温发射药技术

高温火药燃气作用于身管时,使身管内壁温度快速升高,身管损伤量和壁面温度峰值紧密相关,据此可建立损伤量与壁面温度的函数关系。Lawton(2001)基于菲克质量扩散定律,建立了单发射击时身管磨损量与温度的关系,如式(10.2.4)所示。可以看出,同等射击工况下,发射药爆温越高,身管内壁温度峰值越高,身管磨损值越大。因此,研究低爆温发射药技术对降低身管损伤意义重大。

低温发射药技术是通过对发射药的成分、配比、结构等进行合理设计,使其燃烧时能够在更低的爆温下产生更大压力的一门技术。近年来,高膛压、远射程火炮不断发展,要求提高弹丸初速,对发射药的能量提出了更高要求。一般来说,能量低的发射药爆温也低,例如,单基药能量低的同时爆温也较低,而双基和硝胺发射药能量高的同时爆温也高。

目前国内外生产和装备的发射药仍然是单、双、三基发射药。单基药能量较低,多应用于轻武器和大口径火炮中,如美国的 M6 单基发射药。为了提高单基发射药的能量,引入能量较高的含能增塑剂硝化甘油后制得双基发射药,如美国的 M2、M5 等双基发射药。但双基药对身管烧蚀严重,不能广泛应用于大口径火炮。于是又在双基发射药中加入能量高且爆温低的冷炸药硝基胍或与其类似的炸药成分,制得三基发射药。三基发射药对武器的烧蚀程度低于相同能量水平的单基药和双基药,较多地用于大口径和远程火炮等,如美国的 M30 系列三基发射药等。

近年来,美国研制的 CL-20 和俄罗斯研制的 ADN 是高能量密度化合物的典型代表,将其作为添加剂加入发射药中后,能量高的同时,对身管的烧蚀也大。以叠氮硝胺化合物取代或部分取代发射药中的高能填充物可以显著降低火炮烧蚀,其爆温比同能量级的其他类型发射药的低 200~400 K,具有明显的高能低烧蚀特性。美国陆军弹道研究所提出了低易损性弹药(LOVA)的概念,在新一代发射药中选用塑料纤维作为黏结剂,取得了很大进展。

我国低温发射药技术起步较晚。韩寒(2010)报道了以 RDX 替代太根发射药中的 NG,制备了改性太根发射药。密闭爆发器实验结果表明: RDX 含量为 17.5%时,其火药力为 1 065.9 kJ/kg,比太根药低 6.2%;爆温为 2 876.1 K,比太根发射药的 3 409.5 K 低 15.6%。进一步,在制式太根发射药配方的基础上,通过添加 RDX、NQ、TPUE 等组分,对太根发射药进行了改性(蔡红祥,2013)。根据最佳配方制备的发射药在具有较高火药力,较低爆温的同时,力学性能优良。

总而言之,发射药爆温对燃气温度,进而对身管损伤影响重大,低爆温发射药技术任重而道远。

10.3.2.2 缓蚀添加剂技术

利用缓蚀添加剂降低身管烧蚀的主要原理是,在内膛表面形成冷却层,将高温火药燃气与身管内膛隔离,减少传入身管内壁的热量。缓蚀剂的使用方式主要有添加剂方式和护膛剂方式两类(林少森等,2016)。添加剂的方式是将缓蚀剂混在发射药中,或将金属化合物与蜡的混合物与发射药一同装入炮弹;护膛剂的方式是将缓蚀剂与石蜡混溶涂抹在纤维上,制成衬纸,放置于发射药和身管内膛之间。一般来说,缓蚀剂添加越多,降烧蚀效果越明显。但从综合性能考虑,加入量不能随意增加,需要通过试验确定,通常不超过火药量的 3%。因为加入量过大时,在射击过程中可能来不及完全燃烧即被带出炮口,反而起不到降烧蚀作用,还会影响火炮的弹道性能(白若华,1995)。

传统缓蚀剂的主要成分为钛白粉(TiO_2)、滑石粉等无机化合物,因能有效缓解身管内膛的烧蚀而被国内外广泛采用。表 10.3.1 所示为 TiO_2、滑石粉以及两种混合物对 12.7 mm 枪管的降烧蚀效果。研究表明,滑石粉/石蜡的降烧蚀性能,比 TiO_2/石蜡优越,残渣更少。但是对于高能量发射药来讲,该类无机型缓蚀添加剂的缓蚀效率偏低,而且还有力学强度差、装填体积大等问题。

表 10.3.1 缓蚀剂在 12.7 mm 烧蚀模拟枪上的降烧蚀效果(林少森等,2016)

缓蚀剂类型	缓蚀剂质量/g	射击发数/发	衬管百发失质量/g
—	—	300	0.600 9
TiO_2	0.5	300	0.322 1
滑石粉	0.5	300	0.241 5
多元	0.5	300	0.259 6

针对传统缓蚀剂中烟雾大、残渣多等不良射击现象,国内外很多学者开始改进配方。孟繁荣等(1994)选择碳酸钙、滑石粉等导热率较低的物质进行了配方设计,具有比传统配方更好的成膜能力,降烧蚀效果明显。梁西瑶(2000)研究了微细滑石粉缓蚀剂对枪炮身管及对镀铬身管镀铬层抗烧蚀性能的影响。结果表明,微细滑石粉缓蚀剂比粗滑石粉

具有更优异的降烧蚀性能。姬月萍等(2000)选用有机硅树脂作为载体,通过与无机、有机添加物、含能材料、高分子添加物等基材的复合得到了两种缓蚀剂,发现对单基药、太根药、硝基胍药等高能量发射药均有较好的缓蚀性能且优于传统的石蜡衬里。

一些钾盐和稀土化合物也被用于缓蚀添加剂中,有些钾盐在降烧蚀的同时还可以降低炮口焰。日本在 90 mm 反坦克炮上采用了谷氨酸钾作为缓蚀添加剂(曹万有等,1989);美国使用碳酸氢铵和碳酸氢钾作为缓蚀添加剂,不仅可以解决烧蚀问题,还能降低炮口焰,是多功能型缓蚀剂(Stiefel,1988)。近年,樊伟等(2018)以稀土氧化物 La_2O_3、CeO_2、Y_2O_3为研究对象,聚乙烯蜡为载体,开展了弹道枪膛壁温度测试试验,研究表明 Y_2O_3的隔热效果为最好。

新型缓蚀添加剂也在不断地研究中。郑双等(2011)开展了新型有机硅缓蚀剂、林少森等(2017)开展了偏钛酸/脲醛树脂核壳结构复合缓蚀剂等的应用研究。近年来,纳米尺度的添加剂开始被添加到发射药中。陈永才等(2007)用捏合法制备了含纳米添加剂的发射药,其火药力与制式发射药相当,而烧蚀量只有制式发射药的 91%。为了满足高密度装药的抗烧蚀性需求,Sun 等(2016)通过乳液聚合法制备了 TiO_2-氟聚合物核壳结构纳米复合物添加剂并添加到硝化纤维素和硝酸甘油基发射药中。试验表明,当微米复合物的质量分数为 5.1%时,改性发射药的烧蚀质量降至 37%,而火药力只降低了 5.7%(韦丁等,2020)。需要指出的是,纳米材料在发射药中的分散性直接影响抗烧蚀效果的好坏。

10.3.3 炮钢材料性能提升技术

10.3.3.1 高温高强钢技术

当今世界,身管的主要制造材料是 Cr - Mo - V 系炮钢。20 世纪 80 年代,国内在 AISI4340、ASTM A723 等国外炮钢基础上,对 Ni、Cr、Mo、V 等合金元素对钢性能的影响机制进行了研究,包括强度、韧性、回火脆性、低温韧性、韧脆转变温度等,发展了 PCrNi3MoVA、32CrNi3MoVE 等身管材料,其成分范围如表 10.3.2 所示。成分特点为:中高碳低合金钢,碳含量 0.32%~0.42%左右,碳除固溶强化、提高淬透性外,还可与元素 Mo、V 结合形成合金碳化物进行强化;Ni 含量在 3%左右以及 Cr 含量在 1%左右,均具有较高的淬透性,能保证大截面钢淬火和调质处理后组织性能的均匀性。经调质后,上述炮钢的室温强度($Rp_{0.1}$)为 1104~1172 MPa,-40℃ 冲击功 A_{kV}达 20 J 以上,具有良好的室温、低温强韧性,其性能如表 10.3.3 所示(胡士廉等,2018)。

表 10.3.2 现用炮钢的成分范围

国别	牌　号	主要化学成分(余量为 Fe)						
		C	Si	Mn	Cr	Ni	Mo	V
美国	AISI4330	0.20~0.30	≤0.8	≤1.0	0.40~0.60	1.00~1.50	0.30~0.50	—
	ASTM A723	0.35~0.40	≤0.35	≤1.0	0.80~2.00	3.30~4.50	0.40~0.80	0.20~0.30

续 表

国别	牌　号	主要化学成分(余量为 Fe)						
		C	Si	Mn	Cr	Ni	Mo	V
中国	PCrNi3MoVA	0.32~0.42	0.17~0.37	0.20~0.50	1.20~1.50	3.00~3.50	0.35~0.45	0.10~0.25
	32CrNi3MoVE	0.30~0.35	≤0.35	0.60~0.8	0.4~0.8	3.0~3.50	0.50~0.75	0.15~0.25

表 10.3.3　现用炮钢基本力学性能

材　料	室 温 拉 伸		700℃拉伸*	-40℃冲击功	K_{IC}/(MPa·$m^{1/2}$)
	$R_{p0.1}$/MPa	Z/%	R_m/MPa	A_{kV}/J	
AISI4330	870~1 050	>25	170	>20	110~120
ASTM A723	920~1 150	>25	167	>20	120~135
32CrNi3MoVE	1 104~1 172	>25	150~220	>20	130

* 700℃高温强度为参考文献与实测汇总数据。

综合上述,国内外现用炮钢 32CrNi3MoVE 等均具有优良的室温和低温强韧性,但高温热强性差,例如,700℃下高温强度从室温的 1100~1200 MPa 急剧下降到仅 150~220 MPa,高温弹性模量从室温的 200~210 GPa 下降到仅 45~50 GPa。根据理论计算和实验测试,155 火炮身管内壁可以达到 700℃以上,因此,低热强会导致身管变形较大,服役性能降低。所以增强以高温强度和高温刚度为代表的炮钢热稳定性,对于提升炮钢的服役性能至关重要。

高文等(2017)从炮钢成分、高纯净度冶炼技术、热处理工艺等方面研发了新型炮钢材料,主要包括高温高强枪管钢 MPS700、小口径火炮身管钢 PG1、大口径火炮身管钢 PG2 等。高温强度较现用枪炮钢均提高 1.5~2 倍以上,高温磨损量降低到 1/2~1/5,性能全面优于国内外同类材料。图所示为新炮钢材料与现役炮钢材料的拉伸强度对比,新材料在 700℃下高温强度大幅提升,其中小口径炮钢 PG1 高温强度为 580~640 MPa,大口径炮钢 PG2 达到 480 MPa,较现役材料提高 2 倍以上;700℃下的高温刚度更是达到 80~100 GPa,提升 50%~100%。

四种炮钢在不同温度下的磨损率实验测试结果如图所示。可以看出,新材料的室温与高温磨损量仅为现役炮钢 PCrNi3MoVA、32CrNi3MoVE 的 1/3~1/5,说明在各个温度下新炮钢材料具有更好的耐磨性能。室温下,PG1 的磨损率最小,32CrNi3MoVE 的磨损率最大。随着温度逐渐上升,四种身管钢磨损率均逐渐增加。

目前,新的枪管材料和炮钢材料已经应用于自动步枪、大口径重机枪、小口径火炮等现役装备,实现了仅通过替换炮钢材材料身管寿命翻倍的效果。新型炮钢材料的优异性

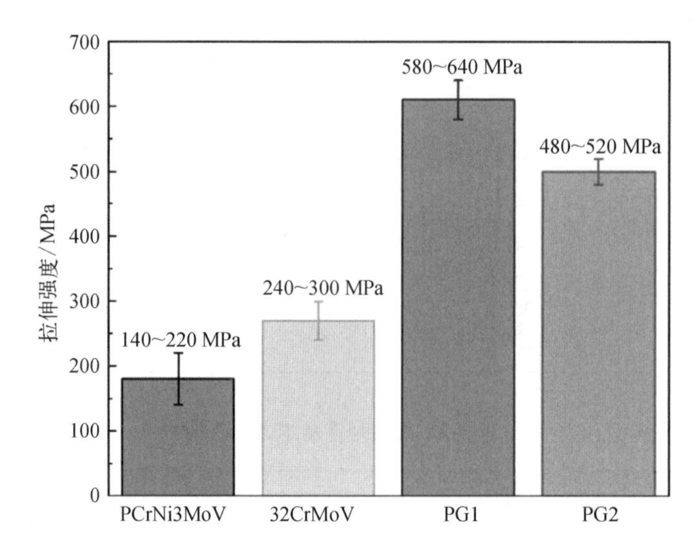

图 10.3.1　PG 系列新炮钢与现役炮钢 700℃下拉伸性能对比

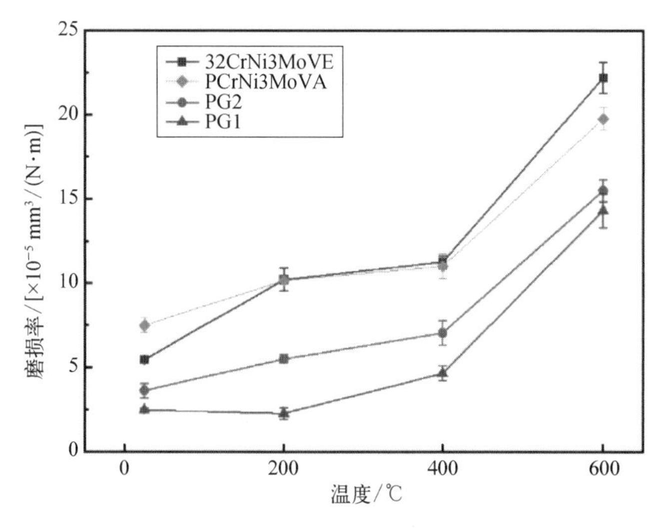

图 10.3.2　不同温度下的炮钢材料磨损率

能使其在大口径火炮上具有良好的应用潜力。

10.3.3.2　*内壁激光强化技术*

激光相变强化是一种比较成熟的金属热处理工艺,是将材料表层快速加热到临界相变温度以上,随后高温表层材料向基体快速导热的自淬冷却过程。由于金属的导热率比常规淬火介质(油或水)导热率高两个数量级,因此,其区别于常规淬火的明显特点是具有极快的加热与冷却速度。正是这些特性,经激光相变强化处理的零件,表面强化层组织晶粒细小、位错密度极高,强度与塑性均得以提高,并存在残余压应力,使零件表层具有良好的耐磨性、耐腐蚀性、抗疲劳性能、和高温性能等,而零件芯部仍然保持原有的力学性能(如韧性等)。

在其他工艺因素不变的条件下,激光相变强化主要工艺参数有:激光器输出功率 P、

扫描速度 V 和作用在材料表面上的光斑尺寸 D。激光相变强化层深 H 正比于 P，反比于 D、V，即 $H \propto P/(D \times V)$，三者可相互调整补偿，但三者的调整必须满足：被处理区的温度必须被加热到奥氏体化温度以上，材料熔点以下的范围；被处理区在奥氏体化温度下停留足够的时间，以保证碳的扩散；应保证有足够的基体质量，使“自淬火”的冷却速度满足临界淬火速度的要求。

激光相变强化工艺应用于身管内膛处理时，需要注意以下几点：

(1) 处理时机。由于工件在激光相变强化处理后的变形很小、表面光洁度变化不大，故可在身管膛线制造后进行激光相变强化处理，这样身管原加工工序不变，并且可以实现阳线和阴线均受到强化处理。

(2) 处理部位。通常情况下，身管内膛损伤最严重区域是膛线起始部附近，故需要对膛线起始点前后一定距离的内壁进行全表面的激光相变强化处理。

(3) 扫描方式。对于线膛身管，有两种扫描方式可供选择：小螺旋升角扫描，将螺旋运动分解为转动和平动，分别赋予身管和(或)激光束，实现螺旋扫描加工。这种加工方式的机构运行较为简单，各种口径的身管均可应用，但前提条件是激光束的焦深范围必须涵盖阴线与阳线的高差，以保证阴线与阳线表面均获得激光强化效果。沿膛线扫描，分别对每一条膛线进行激光相变强化，直至完成所有膛线的强化。该加工方式的好处是每条膛线加工过程中，激光束的焦深不需要变化，因此强化效果不存在起伏情况。但该方式需要较为复杂的运动机构，如将膛线作为导轨的机械装置。对于滑膛身管，一般采用小螺旋升角的扫描方式。

(4) 强化层均匀性控制。激光强化层的不均匀性主要表现为两个方面：强化层横截面呈现“月牙形”不均匀分布，主要是由于热量传递的不均匀性所引起，可使用专用整形镜和激光光斑高速扫描的方法对激光光斑进行整形处理来弱化不均匀性。强化层纵截面内不均匀分布的主要原因是，随着激光扫描的进行，试件的整体温度逐渐上升，使得出端边界初始温度升高，传热过程受阻，而进端边界温度较低。通过加强进端边界的激光能量注入和减少出端边界处的能量注入，可以控制均匀性。另外，需要指出的是，在对身管内膛进行激光强化处理时，必须优化激光参数，以避免阳线棱边产生如图 10.3.3 所示的熔化现象。

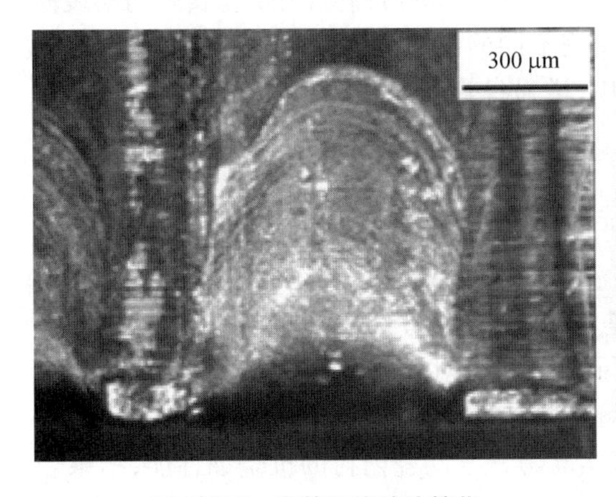

图 10.3.3 身管阳线棱边熔化

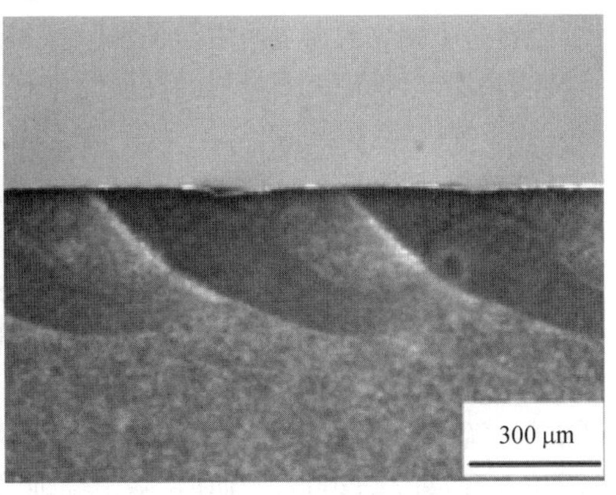

图 10.3.4 身管内膛激光相变强化搭接情况

（5）搭接率。由于激光光斑尺寸的限制，对于大面积工件，需两条或两条以上扫描带搭接才能覆盖整个表面。一般认为搭接系数定为 10%～50% 为宜，由加工对象及强化要求决定。图 10.3.4 所示为身管内膛激光相变强化搭接情况。

（6）表面预处理。激光照射到材料表面的能量，被表面吸收后才能通过热传导向内部传输，这是激光热处理的前提。对于波长为 10.6 μm 的 CO_2 激光，光亮金属表面对其反射率很高，可达 80%～90%，故在激光热处理前，必须对零部件进行表面预处理，以提高对 CO_2 激光的吸收能力。对于半导体激光器和光纤激光器，由于其波长只有 CO_2 激光的十分之一，金属对其具有较高的吸收率，因此一般不需要进行预处理。

（7）加工污染防控。身管内膛激光相变强化，实际上是在半密闭环境中进行加工，所产生的烟气等污染物，必然会影响加工的顺利进行，因此必须对加工环境进行控制，一般可分为正压控制和负压控制。前者选择合适的保护气体及适当的气压，通过吹气，对激光光路镜片和激光加工区进行保护。后者对半密封的身管进行膛内抽气，使外部环境中的新鲜空气可控地流经激光处理区，抽走烟气等污染物，以保护镜头。

由于激光加热时，表面升温速度可达 10^5 ～ 10^6 K/s，使材料表面迅速达到奥氏体化温度，随后通过自身热传递以 10^4 K/s 的速度快速冷却，如此快速的加热冷却过程可产生显著不同于常规淬火的细观组织，包括高碳马氏体、细小晶粒、高密度位错、表层残余压应力、弥散析出的碳化物等。经过激光相变强化处理后，内膛表层的强度显著提高，并且硬度比常规淬火高 15%以上，因此，身管内壁的耐磨损性能随之大幅度提高，同时炮钢材料疲劳性能有所提升。王茹等（1997）用连续 CO_2 激光束处理了 12.7 mm 烧蚀试验枪衬管，经实弹射击考核，其抗烧蚀寿命比未经处理的枪管提高 40%以上。

10.3.4　身管内壁抗烧蚀涂层技术

10.3.4.1　耐高温抗烧蚀材料

膛内环境极端恶劣，具有高温高压高活性的特点，因此，抗烧蚀材料的选择需要从化学、热、力学三个角度综合考虑。要求具备以下性能：① 良好的化学稳定性，不与火药燃气中的主要成分发生化学反应；② 具有优良的抗热性能和热稳定性，熔点高，而且高温下能够维持较高的强度和刚度；③ 低热传导系数，良好的抗热冲击性能，减小热量向炮钢的传递；④ 具有较高的强度和一定的硬度，能够承受弹带的挤压摩擦作用；⑤ 良好的断裂韧性，能够阻止裂纹的大量萌生与扩展。探索使用不同的涂层工艺在身管内壁涂覆高性能抗烧蚀涂层，以抵御火药燃气的高温化学作用，增强身管服役性能，是身管寿命提升技术研究的重要内容。

虽然很难找到完全满足上述要求的材料，但从综合性能来看，陶瓷显然是一种极具潜力的材料，它具备优秀的高温性能，比炮钢硬度高，但密度更低，抗化学烧蚀能力强，热稳定性高，熔点极高。熔点超过 3000℃ 的超高温陶瓷，在火箭推进系统、冲压发动机、高超声速飞行器等领域应用广泛。需要注意的是，陶瓷材料内部的缺陷大小、缺陷分布、表面质量对材料强度都有较大的影响。美国陆军研究实验室对 8 种陶瓷在身管上应用的可行性进行了研究，根据相关 ASTM 标准测试了陶瓷材料的力学性能和热学性能，如表 10.3.4 所示（Carter et al.，2006）。而后，基于烧蚀管实验考核了陶瓷内衬的抗烧蚀性能，结果表明，氮化硅陶瓷和塞隆陶瓷性能最佳。

表 10.3.4 陶瓷材料属性

材 料	平均拉伸强度/MPa	韦伯模数	热传导系数/(W/mK)	比热容/[J/(kg·K)]	平均热膨胀系数/(10^{-6}/K)
Al_2O_3	314	17.1	31.4~7.2	788~1 300	8.5
ZrO_2	558	22.2	3.13~2.21	462~640	11.8
SiC	320	10.0	170~45.2	719~1 250	4.5
SiAlON	446	9.3	10.8~8.49	736~1 240	3.3
Si_3N_4	586	16.9	32.2~16.1	695~1 250	3.4

注：热传导系数和比热容为室温到 1 000℃之间的数值。

陶瓷材料作为身管使用时，虽然质量更轻、性能更优，但是面临制造加工的难题，制造较大长径比的、深孔的、具有一定缠角的线膛身管是陶瓷材料成型工艺的巨大挑战。制造复杂形状陶瓷结构的通常方式是金刚石研磨，这种方式不仅价格昂贵，而且容易在结构表面产生微裂纹，严重影响陶瓷身管在内膛环境下的服役性能。美国 Materials Processing 公司使用粉末注射成型工艺尝试制备了氧化铝陶瓷的线膛身管，身管长 100 mm、内径 25 mm、外径 33 mm、8 根阳线、8 根阴线、缠角 10：1(Bose et al.,2006)。

另一类可选材料就是难熔金属，根据元素周期表看，主要包括铬(Cr)、铌(Nb)、钼(Mo)、钨(W)、铼(Re)、钽(Ta)六种材料。六种难熔金属的材料属性如表 10.3.5 所示。可以看出，铬的熔点最低，小于2000℃。有时材料学科按照熔点大于 2 000℃作为判断标准，则难熔金属不包括铬，只有其他 5 种材料。金属铬作为内衬材料使用时，另一个缺陷是脆性易萌生裂纹，进而发生局部脱落。金属铌的优点是密度小、质量轻，但是太软，难以抵抗弹带的挤压摩擦作用。金属钼的强度也不高，而且在内膛环境下容易发生氢脆破坏。金属钨的刚度、强度都非常高，但韧性较差，容易破坏，机械加工难度大，且容易发生氢脆。金属铼是最贵的难熔金属，使用成本太高，可以考虑作为其他难熔金属的合金添加剂，来提升合金延展性。金属钽的综合性能较好，属于第二贵的难熔金属，使用成本较高。

表 10.3.5 难熔金属材料属性

材料	熔点/℃	密度/(g/cm^3)	比热容/[J/(kg·K)]	热传导系数/(W/mK)	弹性模量/GPa	屈服强度/MPa	拉伸强度/MPa	价格/($/kg)
铬	1907	7.19	461	93.7	248	131	550	100
铌	2468	8.6	270	52.3	105	70	275	180
钼	2617	10.2	255	138	330	—	324	110
钨	3370	19.3	134	163.3	400	750	980	110

续 表

材料	熔点/℃	密度/(g/cm^3)	比热容/[J/(kg·K)]	热传导系数/(W/mK)	弹性模量/GPa	屈服强度/MPa	拉伸强度/MPa	价格/($/kg)
铼	3180	21.03	130	48	469	280	910	5400
钽	2996	16.6	153	54.4	186	400	450	1200

一般来说,陶瓷内衬制造困难,与炮钢基体的黏结性也较差,抗机械冲击能力不如炮钢,也会存在内衬滑出衬套或在衬套内转动等问题。难熔金属可以以内衬或者涂层的形式复合到身管内壁,内衬较厚,抗热抗烧蚀能力好,但是大型薄壁圆筒内衬的加工以及与身管的结合工艺复杂,成本较高,如果使用短内衬,可以有效降低成本。而作为涂层使用时,难熔金属用量少,可选涂覆工艺多,但大口径身管内壁的涂覆工艺设备开发具有一定难度,值得仔细研究。

10.3.4.2　常见的涂层制备工艺

难熔金属以涂层形式结合到身管内壁时,厚度一般在几十到上百微米,涂层无需承受射击时的瞬态结构应力响应,对涂层材料的强度要求较低。常见的涂层技术有电镀、高温熔覆、化学气相沉积、物理气相沉积等。

电镀技术是用电化学的方法在固体表面上沉积金属或合金的过程,其原理如图 10.3.5 所示。身管内壁电镀铬已经作为一种成熟工艺,广泛应用于各种口径枪管、火炮身管的内壁处理,显著提升了身管寿命。将金属作为阳极,身管作为阴极,同时放置于铬盐溶液中,在电位差作用下,溶液中铬阳离子扩散到阴极表面,从阴极吸附电子还原铬阳离子成为铬原子。同时为了保持电平衡,阳极铬部分溶解,铬离子进入溶液,自由电子运动到阴极。一定时间后,在阴极金属表面镀上一层阳极金属。

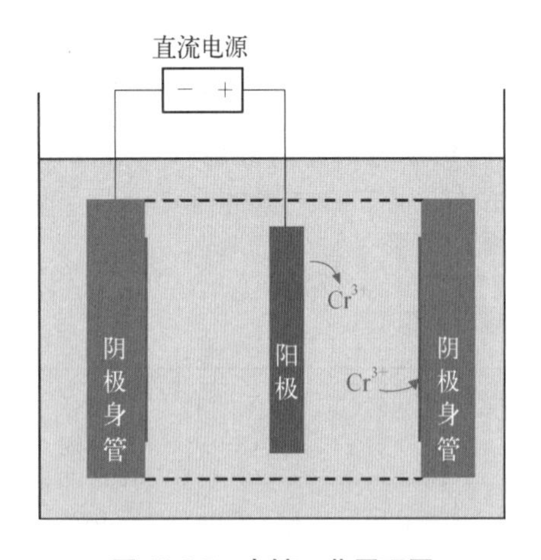

图 10.3.5　电镀工艺原理图

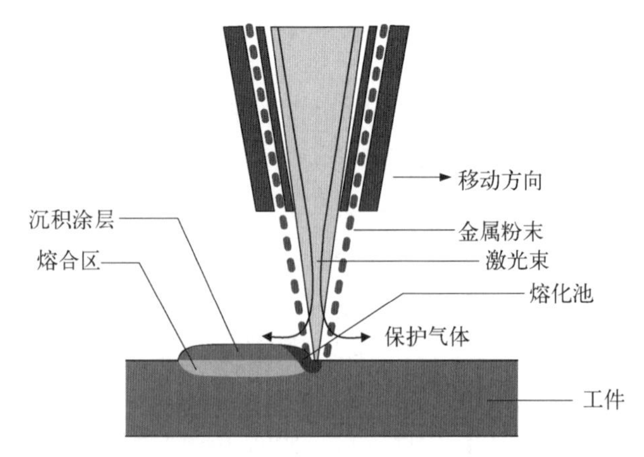

图 10.3.6　激光熔覆示意图

高温熔覆也称热喷涂,是将熔融态的涂料在固态基材表面上凝固并与其结合而获得涂层的技术。根据热源不同,包括火焰熔覆、等离子熔覆、激光熔覆等,激光熔覆的工艺示意图如图 10.3.6 所示。用热源将粉末状(或丝状)材料加热至熔融状态,并加速形成高速熔滴,撞击身管表面,快速冷却凝固在基体表面形成熔覆层。熔覆金属与基体的结合方式一般包括三种:冶金结合,涂层材料与基体在界面形成晶内结合或晶间结合;机械嵌合,熔滴与粗糙表面微凸体机械咬合;物理-化学结合,通过分子或原子之间的范德华力相互吸引结合。

化学气相沉积法(CVD)是把含有涂层元素的化合物或者单质气体通入反应室内,利用气相物质在身管表面的化学反应形成固态薄膜的方法。例如,可以利用难熔金属卤化物的还原反应,在身管内壁面沉积膜。内壁沉积金属钽的化学反应式为

$$\begin{aligned} &\frac{2}{5}\mathrm{Ta} + \mathrm{Cl_2} = \frac{2}{5}\mathrm{TaCl_5} \\ &\frac{2}{5}\mathrm{TaCl_5} + \mathrm{H_2} = \frac{2}{5}\mathrm{Ta} + 2\mathrm{HCl} \end{aligned} \tag{10.3.1}$$

物理气相沉积法(PVD)是利用高温蒸发、溅射等方法使涂层金属以原子(或分子、离子)形式脱离后,直接沉积到身管表面形成涂层的方法。包括真空蒸镀、溅射沉积、离子镀三种方式。真空蒸镀是在真空条件下,采用一定的加热方式,使涂层金属蒸发气化,粒子飞到身管表面凝聚成膜的方法。溅射沉积是采用工质气体轰击涂层金属材料溅射出粒子,粒子向身管内壁迁移之后在表面形成涂层薄膜。例如,身管内壁磁控溅射钽的工艺原理如图 10.3.7 所示。离子镀是采用一定的加热方式,蒸发气化出的粒子被电离成离子,加速轰击身管表面,经过电中和之后形成膜。

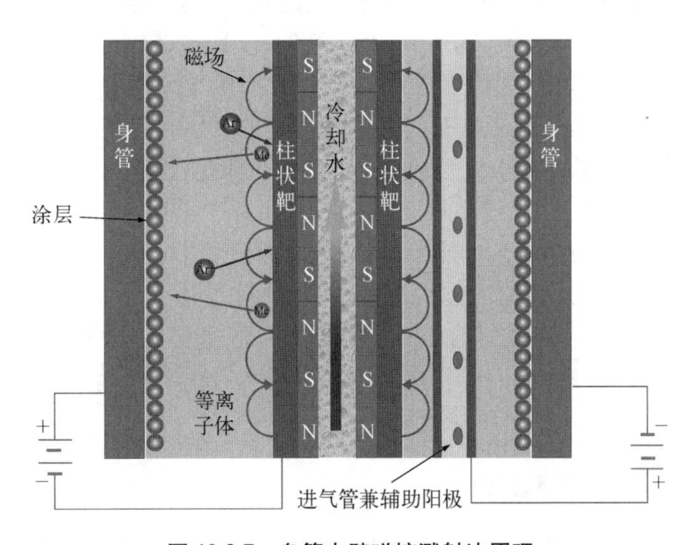

图 10.3.7　身管内壁磁控溅射法原理

10.4　身管寿命提升综合技术

10.4.1　提升身管寿命的综合设计方法

身管内壁损伤是在多种因素综合作用下发生的材料退化流失过程,因此,火炮身管寿

命的提升是一项综合工程,需要从多种途径同时采取措施,单一措施可能导致寿命提升幅度有限或者失败。提升身管寿命的设计方法应该从主观和客观两方面综合施策。

客观方面,身管所承受的外部载荷全部来自火药燃气和弹带。寿命提升的方法一:优化设计装药结构和发射药配方。实现在不降低弹道性能的前提下,降低燃气爆温和身管内壁温度,改进燃气主要成分占比,降低还原性气体含量,降低燃气对身管内壁的烧蚀速率。这需要与身管内壁材料综合考虑,如果是炮钢裸材,则要降低与铁元素发生化学反应的气体成分,如果内壁有其他金属涂层,则要降低与该金属发生化学反应的气体成分。寿命提升的方法二:优化弹带与身管内膛的匹配关系。建立弹带挤进身管膛线的动力学模型,考虑身管内膛尺寸变化和形貌变化对挤进过程的影响规律,在不降低射击精度、发射可靠性等前提下,优化弹带、膛线结构,降低弹带与身管的挤压力,减小弹带对身管内壁的磨损。

主观方面,就是提升身管自身性能,包括抗烧蚀能力、抗热冲击能力、力学性能。寿命提升的方法三:在身管内壁复合一层抗烧蚀涂层材料。所选材料,要能够阻止或者极大降低内膛环境下火药燃气与身管内壁的化学反应,不在内壁形成性能显著异于炮钢基体的化学烧蚀层。方法三的选材要与方法一中的发射药燃气成分综合考虑。寿命提升的方法四:优化设计抗烧蚀涂层厚度,提升炮钢材料热稳定性。涂层不仅可以起到抵抗燃气化学烧蚀的作用,也可以衰减高温冲击载荷。涂层的厚度影响到界面处炮钢基体的温度历程,进而决定了炮钢微观组织相变和高温软化的程度,相变导致基体体积增大,高温软化导致基体刚度降低、变形增大,均不利于涂层的长久服役。因此,需要建立涂层身管的温度场计算模型,从热的角度发展涂层厚度优化方法;需要研发新型高热强炮钢,提升炮钢表层的抗高温变形能力。寿命提升的方法五:改进涂层制备工艺,提升涂层与基体的结合强度。涂层与基体的高结合强度是保证涂层长时间服役不被弹带磨损脱落的前提,因此,必须优化涂层制备工艺,提高界面的初始结合力。同时,研究热力耦合冲击载荷对界面结合力和涂层剪切破坏脱落的影响规律,从力的角度建立涂层厚度优化设计模型,结合上述方法四中基于热的优化模型,形成涂层厚度优化设计方法。

综上所述,提升身管寿命的综合设计方法包括:低爆温低烧蚀发射药及装药设计方法、弹炮结构匹配优化方法、炮钢材料热稳定提升技术、抗烧蚀涂层材料优选方法、涂层-基体界面强度提升工艺、涂层厚度综合设计方法。

10.4.2 身管寿命的评估方法

身管寿命包括弹道寿命和疲劳寿命,疲劳寿命远大于弹道寿命,一般无需评估疲劳寿命。研究身管寿命终止的判据,就是研究弹道寿命终止的评估标准。随着射弹量的增加,身管的弹道性能下降,表现为弹丸初速减小、膛压下降、精度降低、弹道早炸、引信不能解脱保险等。GJB 2975－97《火炮寿命试验方法》规定了火炮以全装药和身管允许的最大射速进行射击时寿命终止的判据:

(1) 初速下降量超过 5%~10%(根据各种火炮具体要求确定);

(2) 立靶上出现横弹数量超过 50%;

(3) 射击时弹丸导带全部削光,无膛线印痕;

(4) 引信连续(不少于 2~3 次)瞎火或弹丸在弹道上早炸;

（5）以射击距离公算偏差 E_X 与试验距离 X_{sh} 之比表征的距离散布增大量达到 1.5% 及以上，即

$$E_X/X_{sh} \geqslant E_X/X_b + 0.015 \tag{10.4.1}$$

（6）射击试验中，某一特征量超过战术技术指标中规定的寿命标准。

进行火炮身管寿命试验评估，主要是测定火炮在最大允许发射速度的射击条件下，身管弹道寿命终止时或身管疲劳破坏前射击的等效全装药射弹数。身管弹道寿命试验一般分若干循环进行，在试验开始、结束以及每个循环中均应对身管进行测量检查，每一循环射弹数大致相同，如表 10.4.1 所示。

表 10.4.1　身管弹道寿命试验每循环准备弹数

试验项目	测试内容	中、大口径射弹数		小口径射弹数	
		A 组[1]	B 组[1]	A 组	B 组
静态测量检查	内、外径，药室长，光学窥膛等	—	—	—	—
内弹道性能	初速、膛压	3×7	3×7	3×7	3×7
立靶密集度[2]	立靶坐标	3×7	3×7	3×10	3×10
地面密集度[2]	炸点坐标	3×7	3×7	3×10	3×10
弹丸导带性能或穿甲性能	弹带尺寸	10	10	15	15
弹丸飞行稳定性（章动角）	弹丸飞行章动角	10	10	10	10
磨损射击	内径、最大发射速度等	160	40	800	200

注：（1）A 组为身管寿命较长的火炮，B 组为身管寿命较短的火炮，3×7 代表射击 3 组，每组 7 发；
（2）可根据火炮性能、结构及需要进行取舍。

射击不同弹种或不同装药量的身管，寿命终止时的射击发数为其实际射击发数乘某一折算系数，即

$$N = \sum_i K_i \times N_i \tag{10.4.2}$$

其中，K_i 为其他射击工况等效到全装药底凹弹时的折算系数；N 为等效全装药弹数；N_i 为强装药或减装药弹数。GJB 2975－97 给出了 K_i 的简易计算公式：

$$K_i = (V_i/V_0)(P_i/P_0)^{1.4} \tag{10.4.3}$$

V_i、P_i 为不同射击工况下的弹丸炮口初速、膛压，V_0、P_0 为全装药底凹弹射击时初速、膛压。从式（10.4.3）可以看出，折算系数仅和弹道参数相关，对于不同的膛线结构、弹带结构、射击频率、温度等众多参数引起的烧蚀磨损量差异，均无法描述。各种实弹射击测试数据也证明了式（10.4.3）的局限性。根据某车载 155 火炮身管磨损的实测数据，直接使用磨损量计算时，不同装药量和弹种的折算系数如表 10.4.2 所示。而根据式（10.4.3），使用底凹弹时，强装药等效到全装药的折算系数仅为 1.314，与实测数据差距大。对于其他

射击工况参数，也有一些学者进行了研究，例如，Li 等(2020b)针对机关枪的射击特点，建立了不同环境温度的折算系数：

$$K = 0.885\,67 + 0.004\,8T_{\infty} \tag{10.4.4}$$

其中，环境温度 T_{∞} 的单位是℃。火炮工作者需要从磨损量相等的原则出发，建立更加准确、完善的折算系数公式。

表 10.4.2　某车载 155 火炮身管磨损折算系数

装　药	弹　种	单发磨损量/mm	折 算 系 数
全装药	底凹弹	0.009～0.010 6	1
	底排弹	0.012 5	1.179～1.388
强装药	底凹弹	0.021 8	2.057～2.422
	底排弹	0.024 6～0.03	2.321～3.333

研究表明，身管弹道寿命终止的根本原因是，内膛径向、轴向的烧蚀磨损导致的内膛容积增大并引起弹道性能变化。所以，除上述基于弹道性能的身管寿命判定标准外，建立身管弹道性能退化与内膛烧蚀磨损量的联系，进而以内膛最大径向磨损量 Δd_{max} 判定身管弹道寿命也尤为重要。不同型号的火炮，寿命终止状态时对应的径向磨损量 Δd_{max} 各不相同，同一身管不同轴向位置处的径向磨损量也不相同。对于 155 毫米浅膛线身管，一般选择坡膛起始点向炮口方向 25.4 mm(1 英寸)处为径向磨损量的测量点，当阳线直径磨损量达到 3 mm 时，认为身管寿命终止。

测量身管阳线直径，是判断身管烧蚀磨损程度和预估剩余寿命的最直接方法。目前常见的身管内径测试设备包括机械式和光学式两种。机械式星型测径仪是目前火炮制造工厂和部队最广泛使用的测径仪，其结构如图 10.4.1 所示。主要由带有刻度的直管、基本游标尺、定心支撑环、微调螺等组成。测量时将测径杆调整到炮膛直径的公称尺寸，游标尺归零，将仪器从炮口部装入炮膛内，移动带拉杆的手柄，拉杆及锥体使测头上的量爪向外抵住内膛壁，通过游标尺读取测量值，身管内径实际尺寸则为测量值与公称尺寸之和。机械式星形测径仪量爪的外抵过程因人而异，精度难以保证，且效率低。

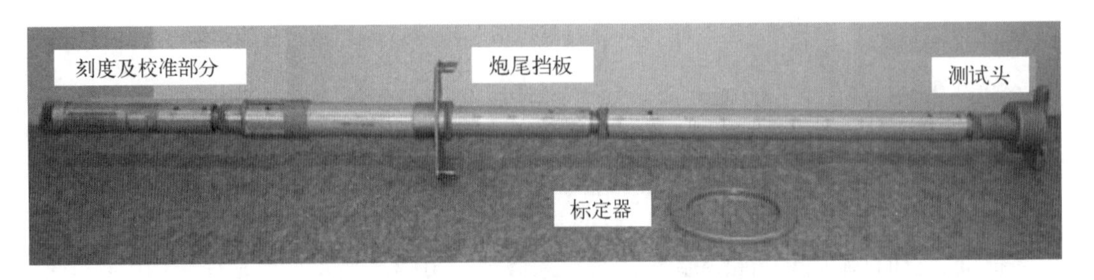

图 10.4.1　机械式星型测径仪结构

应用各种光学原理的测量方法国内外均见有报导，诸如光斑法、光纤传感法、激光衍射法等就是新近发展起来的光学检测新技术，利用这种方法进行非接触测量，测量时无接触力、无磨损、无变形。光学测量方法在保证较高的测量精度的同时，具有较高的测量速度，从而满足在线检测的要求。但是传感器安装对测量影响较大，因此对于操作人员水平要求较高，并且光学测量法采用的检测传感器造价高，结构复杂限制了它的应用。未来，身管内径检测技术需要依托最新传感器技术的发展，朝着测量高精度化、自动化、智能化的方向发展。

10.4.3 身管寿命的预测方法

建立身管寿命预测模型，根据服役身管内径的测量结果，预测身管剩余寿命，可以为火炮的使用及维护保养提供参考。早期的身管寿命预测方法主要是采用经验公式，即假定身管寿命与火炮的初速、膛压、口径、内膛磨损量等参数之间存在数学关系，通过对实验数据的拟合，建立寿命预测模型。例如 1911 年，Jones 提出了火炮寿命计算模型：

$$N = \frac{v}{A^2 d(d-2) P_{\max}^{1.7}} \tag{10.4.5}$$

其中，N 为身管寿命发数；v 为火炮初速（m/s），d 为身管直径（mm）；$P_{\max}$ 为最大膛压（MPa）；A 为经验常数。国内研究者对大量的火炮磨损试验数据进行分析，发现膛线磨损量 Δd 与当量射击发数 N 之间存在如下指数关系：

$$N = k\Delta d^{\alpha} \tag{10.4.6}$$

式中，k、α 为待定系数。类似的其他经验公式，虽然在一定程度上反映了磨损规律，但是没有任何理论依据，所以适用范围和指导意义有限。

各国在大量的身管径向磨损量的试验数据基础上，发现火炮弹道性能的变化仅决定于膛线径向磨损量的大小，而与径向磨损量历史变化过程无关。这一重要结论使得身管寿命问题的研究变得简单，只要当径向磨损量已知，就可以进行身管寿命的评估预测。国内总结了多年来我军列装火炮达到极限寿命时的最大径向磨损量 $\Delta d_{\max}$ 的数据，$\Delta d_{\max}$ 的计算方法为

$$\Delta d_{\max} = 2(t_{sh} + A) \tag{10.4.7}$$

式中，t_{sh} 为火炮膛线高度；A 为膛线高度磨光后，内膛进一步磨损深度的试验统计值。如果已知身管寿终时的最大径向磨损量，并且通过计算分析得到了单发射击时的身管烧蚀磨损量，便容易得到身管的最大射击发数。

Lawton 依据质量扩散方程，建立了身管单发射击时的烧蚀磨损模型，烧蚀磨损公式如式（10.2.4）所示。吴斌等（2002）深入研究了身管内膛烧蚀机理，认为内膛表面在高温火药气体作用下迅速熔化并立即被高速燃气流冲刷，据此，在半无限大物体和第二类传热边界条件的基础上，得出了身管烧蚀层厚度 S 的计算公式：

$$S(t) = \frac{q_w t}{\rho[L + c_p(\theta_m - \theta_0)]} \tag{10.4.8}$$

其中，q_w 为身管内壁的热流密度；t 为时间；ρ 为炮钢材料密度；L 为熔解热(J/Kg)；c_p 为定容比热；θ_m 为材料熔点；θ_0 为初始平均温度。根据式(10.4.7)，若温度计算误差为10%，磨损量的计算值则会偏差 200%～300%。Li 等(2020)将身管的烧蚀速率分为三个阶段，当内壁温度小于炮钢氧化反应温度时，内壁处于由吸收热量所决定的低烧蚀阶段；当内壁温度达到氧化反应温度，但小于炮钢熔点时，处于由式(10.2.4)所决定的热-化学烧蚀阶段；当内壁温度达到炮钢熔点时，处于由式(10.4.8)所决定的熔化烧蚀阶段。并据此建立了机关枪枪管的烧蚀预测模型，与实验结果符合较好。

另外一类身管寿命的估计方法则是依托实弹射击的测试数据，利用数学方法，建立磨损量的预测模型。若已知身管内壁磨损量的实测值以及对应的射弹发数与射击工况，则可以利用纯数学统计模型，建立身管内壁磨损量与射弹发数之间的关系，以实现身管寿命预测。常用的方法包括多元线性回归、偏最小二乘回归、BP 神经网络、支持向量回归机等。然而，由于数学统计模型无法考虑身管内径扩大的物理本质，通常仅对某单一类身管有效，而且，对于射击发数超出实验样本的射击发数范围时，模型预测结果与实际误差较大。因此，研究身管内壁的损伤物理机制，建立多场耦合载荷下身管的损伤预测模型，才能构建通用的、准确的身管寿命预测模型。

10.4.4　身管寿命提升的案例分析

国内利用 SH15 型 155 毫米车载加榴炮，分别对新型高温高强炮钢材料、身管内壁激光强化两个单项技术进行了实弹射击考核，试验时不改变身管的其他性能，内膛结构均为等齐浅膛线。研制的高温高强炮钢在 700℃下的强度较现役材料提升了 100%，而室温强度和低温韧性依然满足国军标要求。对该新型炮钢材料制备的身管进行了上百发的全装药实弹射击，结果表明新炮钢身管寿命较现役炮钢身管提高了 10%～20%。分析认为，新炮钢提升了力学性能，特别是高温稳定性，身管内壁表层抗热力耦合冲击能力有所提升，但无法克服火药燃气的化学烧蚀作用，依然会在内壁形成白层，进一步在弹带摩擦作用下引起了白层流失和身管损伤。利用新研制的 155 毫米身管内壁激光强化设备，对膛线起始点附近的坡膛部位 300 mm、膛线部位 500 mm 的区域进行了激光强化，强化层深度不低于 0.3 mm，显微测试表明，内壁亚表层硬度提高了近 70%。上百发的实弹射击结果表明，身管寿命预计为 1 300 发，提升 30%左右，特别是高温发射药射击时，内壁磨损量快速增加。分析认为，激光强化提高了身管内表面的硬度，对于抵抗弹带的摩擦磨损作用是有益的，但是，多次射击的高温冲击和化学作用引起强化层退化后，内壁磨损量则显著增加。

美国先进火炮身管技术项目(AGBT)是先进火炮系统项目(AGS)的一部分，旨在研发能够提升现役舰炮身管性能的新技术，包括身管寿命提升 50%、增强弹道性能、降低全寿命使用成本等。针对电镀铬身管镀层开裂剥落的固有缺陷，对现有的潜在技术在身管寿命提升方面的可能性进行了研究，通过实弹射击优选了最佳技术方案。该项目的备选涂层技术有化学镀、物理溅射、爆炸焊接、高温熔覆等，首先使用 45 mm 弹道炮对各种涂层身管和电镀铬身管进行了 50 发对比射击实验，如图 10.4.2(a)所示，试验筛选出两个优选方案是磁控溅射和爆炸焊接。而后利用 76 mm 舰炮平台对爆炸焊接、磁控溅射、电镀铬三种方案进行了 400 发对比射击，如图 10.4.2(b)所示，由于未能利用爆炸焊接技术完成涂层制备,试验表明磁控溅射法是最佳方案。最后基于 155 毫米先进火炮系统对磁控溅射钽钨合金内衬身管进行了试验考核,该火炮同时使用了水冷技术,61 发射击试验表明,涂层总体上是完整的、有效的,射击前的局部脱落区域在射击后发生了少许生长,证明了涂层制备工艺的有效性。

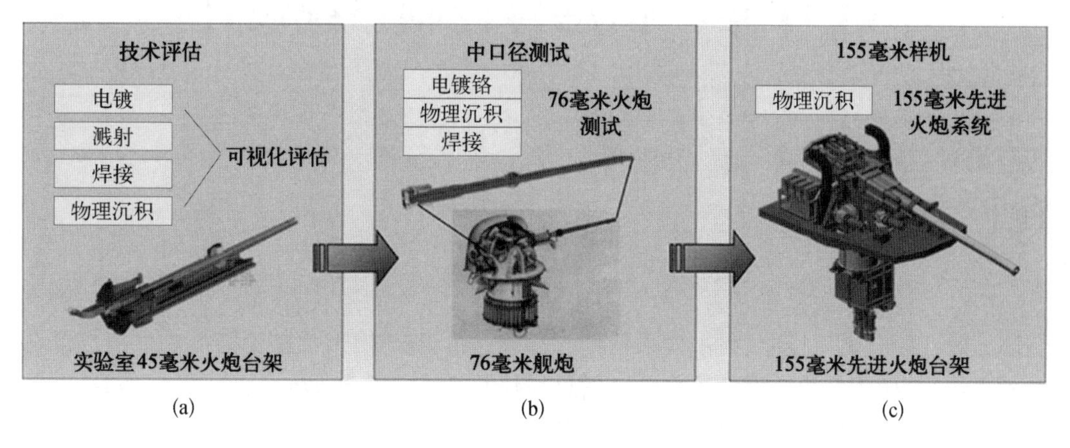

图 10.4.2 美国先进火炮身管技术项目试验方案

第 11 章　信息与控制系统设计

11.1　概述

信息与控制系统是车载炮的重要组成部分，是实现车载炮状态感知、行/战转换、弹药装填、调炮瞄准、击发控制、射击成果管理、行军导航、弹药管理、故障诊断等功能所需的各种相互作用、相互依赖的设备的总称。信息与控制系统能够自动接收上级指挥信息，采集火炮位置和姿态、执行机构位置、液压系统压力和温度、弹丸装填状态等信息，控制车载炮在各种复杂战场条件下快速机动到达阵地，进行迅速行/战转换、精确调炮瞄准、快速弹药装填，实现可靠数据交互和可信故障诊断，增强车载炮自主作战能力。

信息与控制系统具备全军一体化的信息系统接入设备，可组网接入战术通信网络与指挥系统进行通信，实时接收上级指挥下发的预选阵地和目标信息，实时上报火炮位置和状态信息，实现了武器系统信息快速流转，增加了战场的态势感知能力，提高了车载炮系统信息化水平和快速反应能力。系统电子设备设计采用分布式综合化设计，实现了资源整合，减少了布线和连接器，增加了冗余设计，提高了系统可靠性和可维护性。

11.2　信息与控制系统综合化

信息与控制系统以车载炮平台作战需求分析为输入，参考航空 ASAAC、ARINC 等系列标准和国外陆军通用车辆平台架构（罗兰・沃尔夫格，2015），梳理影响车载炮平台通信与控制系统体系架构设计的关键因素，通过综合化模块化和分布式策略研究，构建基于 DIMA 的可跨平台通用的、开放式体系架构，提出典型的分布式策略、通信网络架构、硬件型谱、软件架构和开发环境等设计规划。

11.2.1　车载炮电子系统架构演变

车载炮电子系统架构，呈集中-分布式的螺旋式迭代发展，其先后经历分立式、集中式、分布式等不同发展阶段，目前正处于综合模块化架构阶段，正在规划分布式综合模块化系统架构，如图 11.2.1 所示，分布式综合模块化系统架构（DIMA）是对综合模块化（IMA）技术架构的变型和派生，均遵循业务功能软件化综合、资源分类按模块聚合等特征，IMA 面向全局综合、集中部署，DIMA 面向分散部署、全局联合、局部综合，根据系统的复杂程度选用 IMA 或 DIMA 架构。

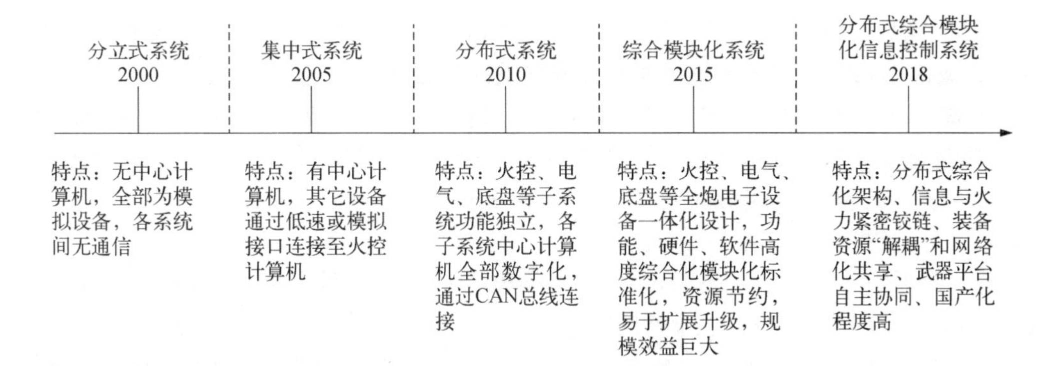

图 11.2.1　通信与控制系统演化进程

11.2.2　基于 DIMA 的车载炮通信与控制系统体系架构

11.2.2.1　通信网络规划

车载炮通信与控制系统面向分布式综合模块化架构，采用"主干网+功能子网+数据适配单元"多层级网络架构，如图 11.2.2 所示。以容错、高速、高可靠的主干网构建核心通信系统，连接各个分区和关键节点；面向分布式架构，在各个综合分区根据承载业务的带宽、延时、安全和可靠性需求，建立相应的功能子网，实现通信网络的按需构建；设置数据

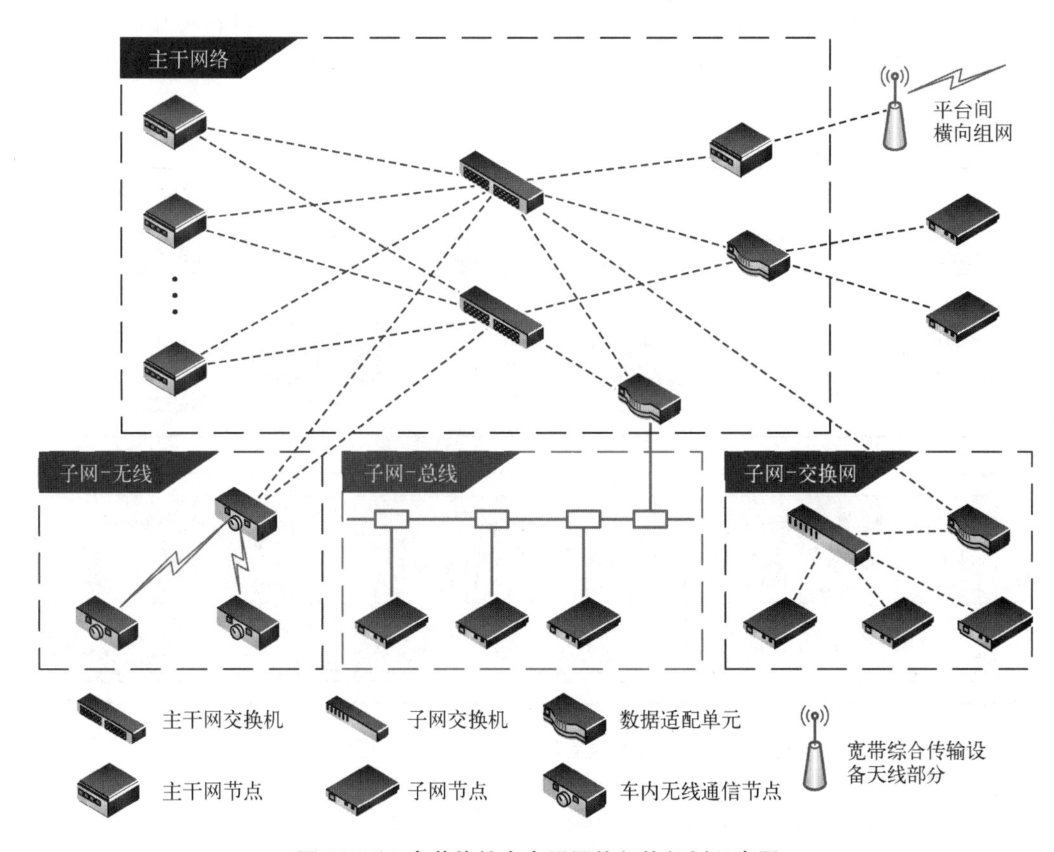

图 11.2.2　车载炮综合电子网络架构规划示意图

适配单元，满足不同类型接口设备接入需求；配属宽带综合传输设备，部署武器协同波形，实现车载炮横向组网，为车载炮体系化作战提供网络支撑。

车载炮通信与控制系统主干网通过在综合信息分区部署交换设备，连接处理、人机交互、数据适配单元和控制执行单元等设备，采用基于分布式综合化的时间触发网络架构，作为高带宽、强实时和高可靠时间触发网络，其可基于业务不同需求提供不同等级传输服务，并为全系统提供时间同步服务。

车载炮通信与控制系统为提升系统故障隔离能力，有效降低系统通信网络配置文件的复杂度和整体成本支出，提升主干网的容错和可靠性，在各个综合分区按需建立功能子网。统筹考虑综合分区中接入的传感器/通信设备等功能组件数量、配置的通用功能模块数量、数据传输占用带宽峰值、传输数据的类型/延时/可靠性等需求，选择合适的总线网络类型。

为了简化系统架构，统一网络架构，提高设备通用性，采用数据适配单元将外部数字、模拟和无线类型的信号转化为主干网或功能子网的接口。数据适配单元可实现多个设备的接入和就近安装。

11.2.2.2　硬件资源规划

基于“解耦+重构”的思想，采用系统功能区解耦方法，根据炮兵压制武器相似的作战使用流程和相近的功能性能要求，形成了横向分区、纵向分层的设计思路。

从战术信息接入、传感信息接入、传输/转换、处理/存储、显示、控制/输出信息流六个环节，将车载炮的信息与控制系统划分为战术信息接入、信息处理、人机交互、信息传感、执行控制和接口互联六个互相独立、解耦的资源分区，提取共性组合，进行模块化设计，形成通用基型系统货架产品；对差异化功能组件进行功能组件型谱研究，形成系列化货架产品，如11.2.3所示。

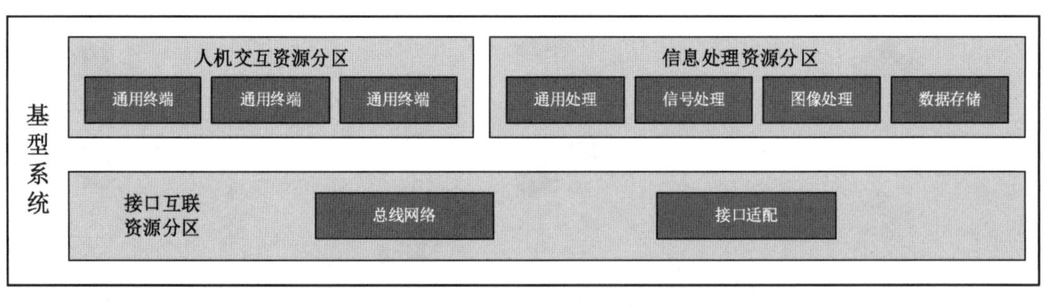

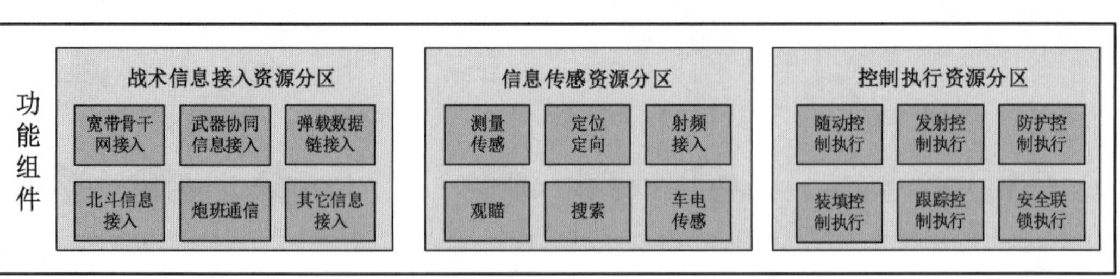

图 11.2.3　车载炮通信与控制系统资源分区示意图

车载炮通信与控制系统各个资源分区可提供的资源如下：

(1) 信息处理分区是车载炮通用处理、信号处理、图像处理和数据存储等资源的集合；

(2) 人机交互分区是车载炮信息显示与输入资源的集合；

(3) 接口互联分区是车载炮内部信息传输、数据交换和接口适配等资源的集合；

(4) 战术信息接入分区是车载炮对外通信资源的集合；

(5) 信息传感分区是车载炮获取状态信息、目标信息、战场环境信息等信息的传感感知资源的集合；

(6) 控制执行分区是车载炮实现操瞄调炮、弹药装填、发射控制、行战转换控制等功能的控制执行资源集合。

基型系统作为车载炮的跨平台应用最大集合，是车载炮的共性资源需求，主要由信息处理、人机交互和接口互联资源分区构成，通过软硬件的"积木式"组合和"系统蓝图"配置构建信息处理和人机交互系统。

功能组件包括战术信息接入、信息传感和控制执行三个资源分区，随车载炮型号不同功能组件资源需求不同，其物化的设备用途、组成和形态差异较大。功能组件在车载炮的体系架构规划和标准规范约束下能形成货架产品或系列化产品，车载炮应用时可根据装备应用需求选用相应的功能组件。

11.2.2.3 软件架构规划

在车载炮通信与控制系统中，软件架构采用"平台+应用"的设计思路，平台是由操作系统、驱动、中间件、支撑服务组成，如图 11.2.4 所示，通过分层化的设计，对应用软件与操作系统及操作系统与硬件平台进行解耦，增强了应用的可移植性以及硬件的可扩展性。

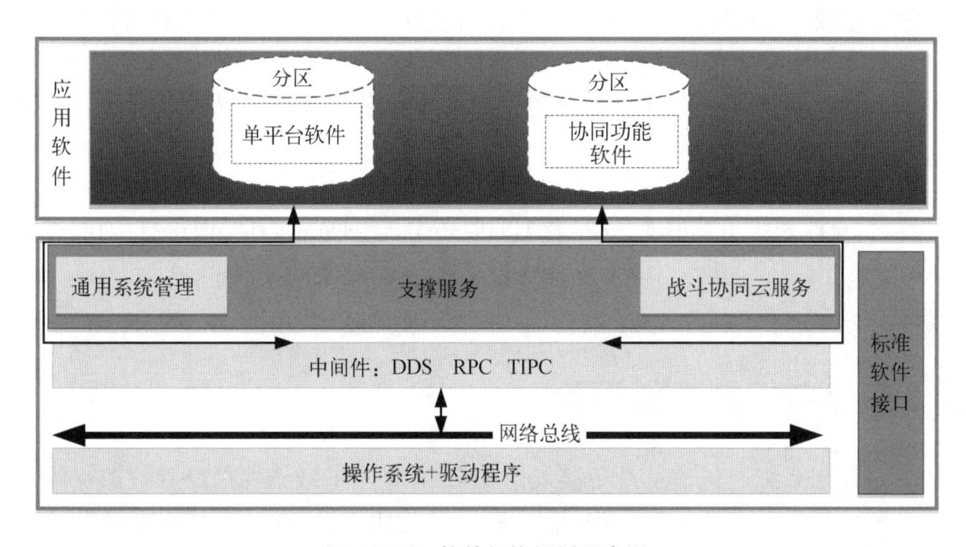

图 11.2.4 软件架构规划示意图

(1) 操作系统。在通信与控制系统中，采用分时分区操作系统，基于分时分区机制运行的操作系统可以预先配置各分区运行策略，使各任务分时调用网络资源与硬件资源，解决任务之间、中断之间以及任务与中断之间对共享资源的并发访问竞争。由于分时分区操作系统将不同安全等级的应用运行在不同的分区内，能有效地防止故障蔓延，不会因为单一应用的故障影响其他应用甚至操作系统本身，提高了任务的安全性。

(2) 中间件。中间件是一种独立的系统软件或服务程序，分布式应用软件借助这种软件在不同的技术之间共享资源,能够管理各计算机模块资源和网络通信资源,是连接两个或多个独立应用程序的软件。网络技术飞速发展加快了车载炮的网络总线升级频率,传统的直接调用网络通信接口的软件设计思路导致软件必须随网络总线做适应性改进,分布于不同的计算机内的中间件将网络总线的数据按照标准协议规范分发给不同的应用,能够将应用软件与底层的网络通信解耦,中间件提供跨操作系统的标准访问接口,使应用软件更方便地完成跨操作系统移植而不需考虑通信接口的差异,增强应用软件的可移植性。

(3) 支撑服务。支撑服务能够为车载炮系统运行提供基础的支撑与管理功能,提高系统的可靠性、安全性以及应用软件的适配性与通用性。支撑服务主要包含通用系统管理与战斗协同服务。通用系统管理软件利用系统蓝图技术实现全系统的统一管理功能,包括配置管理、故障管理、安全管理、电源管理、映像管理、时间管理、履历管理等。通用系统管理软件分为系统级和模块级两种,其中,模块级通用系统管理软件部署于每个独立模块中,一方面通过标准封装的中间件接口同底层操作系统进行信息交互和进程调度,另一方面通过对运行蓝图的解析实现对应用软件和通信过程的逻辑控制,根据硬件构型重新改变分区配置、网络拓扑与软件部署状态,从而实现软件定义车载炮类型的功能,达到组合化构建车载炮的目的,能够通过健康监控、故障管理、配置管理技术实现系统故障的监视、滤波定位、恢复以及重构。

战斗协同环境主要提供跨平台的数据共享、实时协同、分布式计算三类主要功能。车载炮能够通过战斗协同环境发布平台的状态信息以及接收其他平台的共享信息;车载炮能够通过战斗协同环境获得跨平台的协同机动、协同控制、协同计算、协同跟踪、协同搜索等能力;能够通过战斗协同环境获得跨平台的计算资源,完成大计算量的任务,缩短计算时间。

(4) 应用模式。车载炮在作战和平时维护保养存在不同的应用模式,且会根据应用模式的变化,更改系统承载的业务;车载炮的应用模式根据战时和平时两种应用环境需求开展设计。

11.3 信息与控制系统理论

信息与控制系统通过信息设备接入信息系统,接收上级指挥信息和气象保障信息,通过北斗和惯导设备自动采集火炮位置,使用药温计测量药温,自动根据弹种、装药和历史初速自动预测初速,使用迭代积分方法进行弹道解算,结合惯导设备输出北向、姿态和火炮测角传感器信息,进行操瞄解算,使用滑模变结构算法实时控制液压驱动火炮瞄准到位。

11.3.1 基础知识

11.3.1.1 地球参考模型

真实的地球是一个质量分布不均匀、形状不规则的扁球体。但为了导航定位的需要,通常将地球近似看作是一个绕地球自转轴旋转的椭球体,称为地球参考椭球体(黄德鸣,

1986),如图 11.3.1 所示。

参考椭球的赤道平面为圆平面,长轴半径为 a,沿地球极轴方向的参考椭球半径为短轴半径 b,由 a 和 b 可以确定出参考椭球体的大小和形状,另外还常用扁率 f 和偏心率 e_θ 来描述参考椭球的形状,扁率 f 的定义为

$$f = \frac{a - b}{a} \tag{11.3.1}$$

偏心率 e_θ 的定义为

$$e_\theta = \frac{\sqrt{a^2 - b^2}}{a} \tag{11.3.2}$$

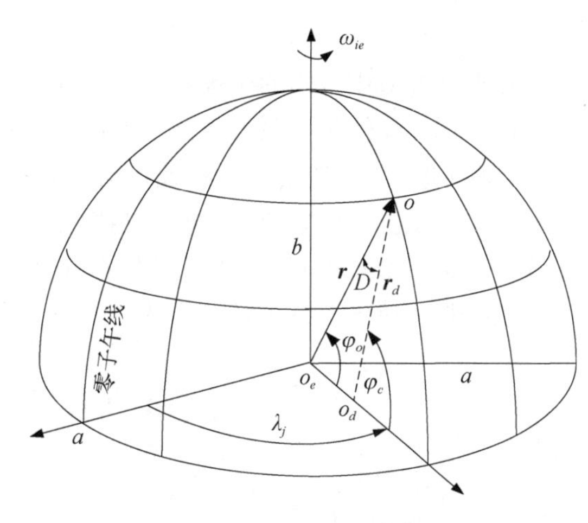

图 11.3.1 参考地球模型

图 11.3.1 中地球表面上任意点 o,记 o 点处切平面内法线与赤道平面交点为 o_d,点 $o_d o$ 间的矢量 $\boldsymbol{r}_d$ 称为大地垂线,φ_c、φ_o 和 $\boldsymbol{\lambda}_j$ 分别表示地球表面 o 点的地理纬度、地心纬度以及经度,其中 φ_c 与 φ_o 的关系(方俊,1965)为

$$D = \varphi_c - \varphi_o = f\sin 2\varphi_c \tag{11.3.3}$$

$\boldsymbol{r}$ 为地心位置矢量,其模 R 可表示为

$$R = \frac{ab}{\sqrt{(a\cos\varphi_o)^2 + (b\sin\varphi_o)^2}} \tag{11.3.4}$$

完全确定参考椭球模型还需要两个附加参数:地球自转角速度 ω_{ie} 以及地球质量 M_d。我国于 2008 年 7 月启用了参考椭球模型 CGCS2000(程鹏飞等,2009),其模型参数的数值如表 11.3.1 所示。

表 11.3.1 CGCS2000 参考地球模型参数的数值

参考地球模型参数	数 值
长半轴长 a /m	6 378 137.0
短半轴长 b /m	6 356 752.314
扁率 f	$\frac{1}{298.257\,222\,101}$
偏心率的平方 e_θ^2	0.006 694 380 022 900 8
地球引力常数 K /(m³/s²)	$3.986\,004\,418\times10^{14}$
地球自转角速度 ω_{ie} /(rad/s)	$7.292\,115\times10^{-5}$

注:表中 K 为单位质量的引力系数,也称为万有引力系数。

11.3.1.2　常用坐标系的建立

在惯性导航中常用的坐标系有以下几种(黄德鸣,1986):

(1) 地心惯性坐标系(***i*** 系)。用 $ox_iy_iz_i$ 表示,如图 11.3.2 所示,原点 o 为地球中心,x_i 轴、y_i 轴在地球赤道平面内,x_i 轴指向春分点(赤道面与黄道面交线与天球的交点之一),春分点是天文测量中确定恒星时的起始点,z_i 轴为地球自转轴。坐标系 $ox_iy_iz_i$ 不和地球固连,不参与地球的自转。当运动体在地球附近运动时,多采用此坐标系为惯性坐标系。惯性仪表是相对于该系进行测量的。

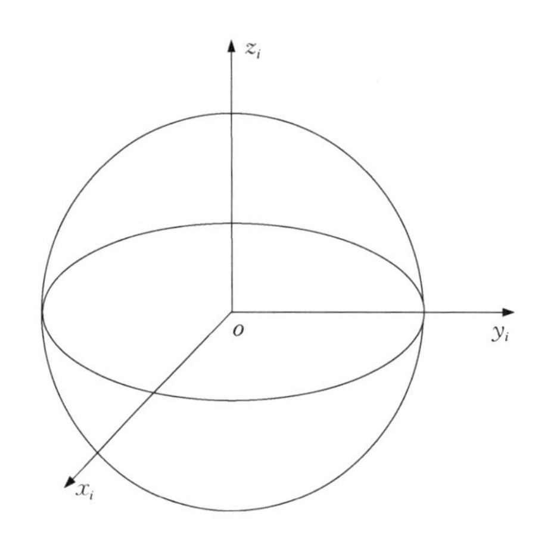

图 11.3.2　地心惯性坐标系

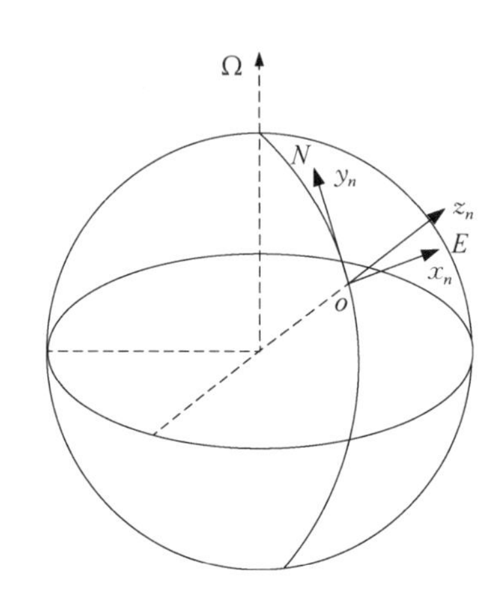

图 11.3.3　地理坐标系

(2) 地理坐标系(***n*** 系)。用 $ox_ny_nz_n$ 表示,如图 11.3.3 所示,坐标系的原点取在运动体 M 和地球中心连线与地球表面交点 o(或取运动体 M 在地球表面上的投影点),$ox_n(oE)$ 在当地水平面内指向东,$oy_n(oN)$ 在当地水平面内指向北,oz_n 沿当地地垂线方向并且指向天顶,与 ox_n、oy_n 组成右手坐标系。即通常所说的大地坐标系,3 个坐标轴成东北天配置。

(3) 载体坐标系(***p*** 系)。用 $ox_py_pz_p$ 表示,原点 o 为载体的质心,x_p 轴沿载体横轴向右,y_p 轴沿载体纵轴向前,z_p 轴沿载体立轴向上。该坐标系与载体固联,载体坐标系相对于地理坐标系的方位关系就是载体的航向和姿态。

(4) 导航坐标系(***b*** 系)。用 $ox_by_bz_b$ 表示,它是惯导系统在求解导航参数时根据实际工作需要所采用的坐标系,本章采用地理坐标系。

11.3.1.3　载体坐标系与地理坐标系之间的转换关系

姿态角和航向角的定义如下:

(1) 航向角。载体纵轴在水平面的投影与地理子午线之间的夹角,用 ψ 表示,规定以地理北向为起点,偏东方向为正,定义域 0~360°。

(2) 俯仰角。载体纵轴与纵向水平轴之间的夹角,用 θ 表示,规定以纵向水平轴为起点,向上为正,向下为负,定义域-90°~+90°。

(3) 横滚角。载体纵向对称面与纵向铅垂面之间的夹角,用 γ 表示,规定从铅垂面算起右倾为正,左倾为负,定义域-180°~+180°。

载体坐标系 $ox_py_pz_p$ 由地理坐标系 $ox_ny_nz_n$ 按(3-1-2)顺序旋转欧拉角 ψ、θ、γ,

得到：

$$C_n^p = C_\gamma C_\theta C_\psi = \begin{bmatrix} \cos\gamma & 0 & -\sin\gamma \\ 0 & 1 & 0 \\ \sin\gamma & 0 & \cos\gamma \end{bmatrix} \begin{bmatrix} 1 & 0 & 0 \\ 0 & \cos\theta & \sin\theta \\ 0 & -\sin\theta & \cos\theta \end{bmatrix} \begin{bmatrix} \cos\psi & -\sin\psi & 0 \\ \sin\psi & \cos\psi & 0 \\ 0 & 0 & 1 \end{bmatrix}$$

$$= \begin{bmatrix} \cos\gamma\cos\psi + \sin\gamma\sin\psi\sin\theta & -\cos\gamma\sin\psi + \sin\gamma\cos\psi\sin\theta & -\sin\gamma\cos\theta \\ \sin\psi\cos\theta & \cos\psi\cos\theta & \sin\theta \\ \sin\gamma\cos\psi - \cos\gamma\sin\psi\sin\theta & -\sin\gamma\sin\psi - \cos\gamma\cos\psi\sin\theta & \cos\gamma\cos\theta \end{bmatrix} \tag{11.3.5}$$

由于本章选择导航坐标系与地理坐标系相同，所以有

$$C_p^b = C_p^n = (C_n^p)^{\mathrm{T}} = \begin{bmatrix} \cos\gamma\cos\psi + \sin\gamma\sin\psi\sin\theta & \sin\psi\cos\theta & \sin\gamma\cos\psi - \cos\gamma\sin\psi\sin\theta \\ -\cos\gamma\sin\psi + \sin\gamma\cos\psi\sin\theta & \cos\psi\cos\theta & -\sin\gamma\sin\psi - \cos\gamma\cos\psi\sin\theta \\ -\sin\gamma\cos\theta & \sin\theta & \cos\gamma\cos\theta \end{bmatrix} \tag{11.3.6}$$

上述矩阵就是姿态矩阵。

11.3.1.4　四元数基本理论

随着控制理论、惯性技术、计算技术，特别是捷联惯性导航技术的发展，为了更简便地描述刚体的角运动，设计控制系统，采用了四元数这个数学工具，其弥补了通常描述刚体角运动的三个欧拉角参数在设计控制系统时的不足(程国采，1991)。

1）基本概念

四元数是指由一个实数单位 1 和三个虚数单位 i、j、k 组成并具有下列实元的数，即

$$q = \lambda \cdot 1 + p_1 i + p_2 j + p_3 k \tag{11.3.7}$$

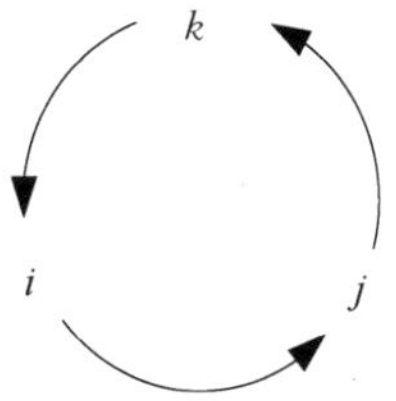

k

i

j

图 11.3.4　乘法规则

其中，λ、p_1、p_2、p_3 均为实数，$\lambda \cdot 1$ 称为四元数 q 的实部，$p_1 i + p_2 j + p_3 k$ 称为四元数 q 的虚部。可以看出：当 $p_1 = p_2 = p_3 = 0$ 时，四元数退化成实数。因此，也称四元数为“超复数”。其中 i、j、k 服从如下运算公式。

$$\begin{cases} i \otimes i = j \otimes j = k \otimes k = -1 \\ i \otimes j = -j \otimes i = k \\ j \otimes k = -k \otimes j = i \\ k \otimes i = -i \otimes k = j \end{cases} \tag{11.3.8}$$

式中，λ 称为四元数的标量部分，而 $p_1 i + p_2 j + p_3 k$ 部分称为四元数的矢量部分。四元数的另一种表示方法为

$$q = (\lambda, p) \tag{11.3.9}$$

上式中 λ 泛指四元数的标量部分，p 泛指四元数的矢量部分。

2）四元数代数运算和性质

四元数 q 和四元数 M 的加减法定义为

$$
\begin{aligned}
q \pm M &\triangleq (\lambda + p_1 i + p_2 j + p_3 k) \pm (\beta + u_1 i + u_2 j + u_3 k) \\
&= (\lambda \pm \beta) + (p_1 \pm u_1)i + (p_2 \pm u_2)j + (p_3 \pm u_3)k
\end{aligned}
\tag{11.3.10}
$$

上式表明两个四元数之代数和与差的结果仍为一个四元数,该四元数的 4 个分量为两个四元数对应分量的实数和与差。

四元数 q 和四元数 M 的乘法定义为

$$
\begin{aligned}
q \otimes M &\triangleq (\lambda + p_1 i + p_2 j + p_3 k) \otimes (\beta + u_1 i + u_2 j + u_3 k) \\
&= (\lambda\beta - p \cdot u,\ \lambda u + \beta p + p \otimes u)
\end{aligned}
\tag{11.3.11}
$$

上式运算中,利用了式(11.3.8)和式(11.3.9)。

四元数的乘法运算在四元数中占据着重要的位置,起着关键的作用。四元数乘法成功解决了刚体有限转动的合成问题,使得四元数在刚体定位、惯性导航中获得了广泛的应用。

四元数乘法不满足交换律,但满足结合律。

四元数矢量部分仅相差一个正负号的两个四元数 $q = (\lambda, p)$ 和 $q^* = (\lambda, -p)$ 互为共轭,计算可以得到:

$$
(qh)^* = h^* q^* \tag{11.3.12}
$$

用符号 $\|q\|$ 表示为四元数 q 的范数,四元数范数定义为

$$
\|q\| \triangleq qq^* = \lambda^2 + p_1^2 + p_2^2 + p_3^2 \tag{11.3.13}
$$

当四元数的范数 $\|q\| = 1$ 时,四元数 q 称为规范化的四元数。

符号 q^{-1} 表示为 q 的逆四元数,四元数的逆四元数定义为

$$
q^{-1} = 1/q \tag{11.3.14}
$$

由于 $\|q\| = qq^*$,所以四元数的逆可表示为

$$
q^{-1} = \frac{q^*}{\|q\|} \tag{11.3.15}
$$

当 $\|q\| = 1$ 时,

$$
q^{-1} = q^* \tag{11.3.16}
$$

四元数的除法:两四元数 M 和 p 相除所得四元数 q,不能简单地表示为 M/p,其含义不确切,要视情况而定。

当 $qp = M$ 时,有

$$
qpp^{-1} = Mp^{-1},\ q = Mp^{-1} \tag{11.3.17}
$$

当 $pq = M$ 时,有

$$
p^{-1}pq = p^{-1}M,\ q = p^{-1}M \tag{11.3.18}
$$

11.3.2 定位导航

11.3.2.1 惯性导航

惯性导航是一种先进的导航方法,它是通过测量运载体本身的加速度来完成导航任务的。根据牛顿惯性原理,利用惯性元件(陀螺仪、加速度计)测量出运载体的加速度,经过积分和运算,便可获得速度和位置,供导航使用(秦永元,2014)。简化的惯性导航系统原理如图 11.3.5 所示。

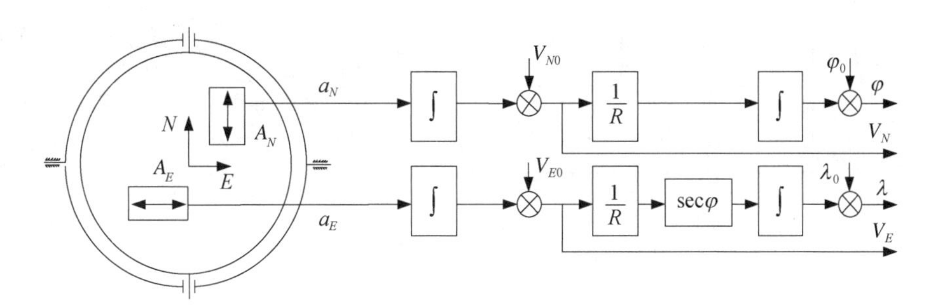

图 11.3.5 简化的惯导系统原理

将加速度计测出的加速度信号 a_E、a_N 进行一次积分,与初始速度 V_{N0}、V_{E0} 相加,得到运载体速度分量,即

$$\begin{cases} V_N = \int_0^t a_N \mathrm{d}t + V_{N0} \\ V_E = \int_0^t a_E \mathrm{d}t + V_{E0} \end{cases} \tag{11.3.19}$$

将速度 V_N、V_E 进行变换并再次积分,就得到运载体位置变化量,与初始经纬度 λ_{j0}、φ_{c0} 相加,得到运载体所在地理位置的经纬度 λ_j、φ_c 值,供给运载体导航定位使用,即

$$\begin{cases} \varphi_c = \dfrac{1}{R}\int_0^t V_N \mathrm{d}t + \varphi_{c0} \\ \lambda_j = \dfrac{1}{R}\int_0^t V_E \sec\varphi \mathrm{d}t + \lambda_{j0} \end{cases} \tag{11.3.20}$$

计算出的速度 V_N、V_E,按 $V=\sqrt{V_N^2 + V_E^2}$ 进行合成计算,得到运载体运动速度。捷联式惯导系统(SINS)并没有实体的稳定平台,而代之以导航计算机产生的数学平台,陀螺仪和加速度计直接与运载体固联。图 11.3.6 为捷联惯导系统的原理方块图。此种惯导系统主要由惯性测量组件(IMU)、导航计算机和控制显示器等组成。IMU 包括陀螺仪组件和加速度计组件。陀螺仪组件测量沿运载体坐标系 3 个轴的角速度信号,并被送入导航计算机,经误差补偿计算后进行姿态矩阵计算。加速度计组件测量沿运载体坐标系 3 个轴的加速度信号,并被送入导航计算机,经误差补偿计算后,进行由运载体坐标系至“平台”坐标系的坐标变换计算(Savage,2000)。

姿态矩阵一方面用于坐标变换,即把沿运载体坐标系的加速度信号变换成“平台”坐标系(即导航坐标系)各轴的加速度信号,以便于导航参数计算;另一方面,利用姿态矩阵

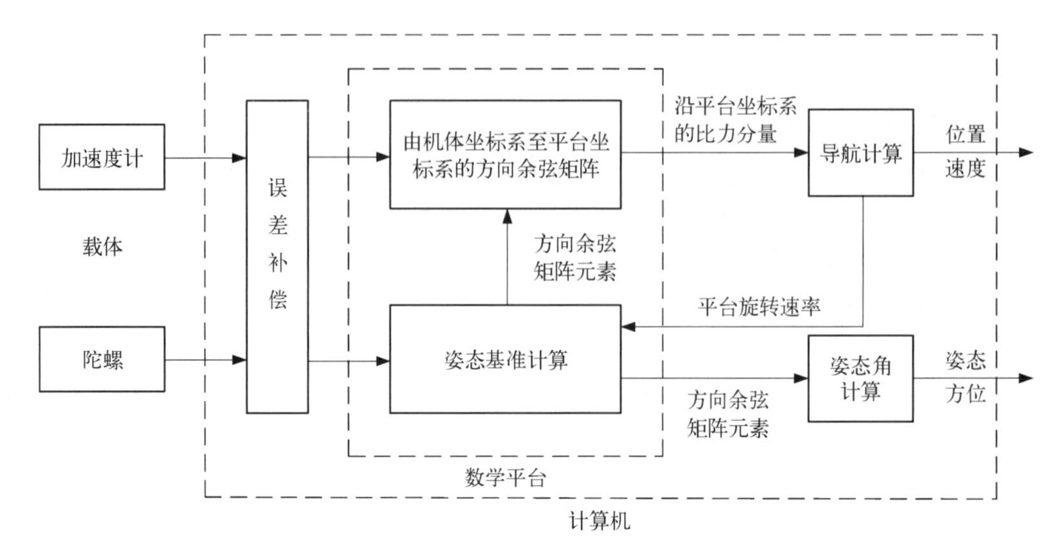

图 11.3.6　捷联惯导系统的原理方块图

的元素可以提取水平姿态角与航向角信息。这样,通过捷联惯导系统中的矩阵计算、加速度计信号的坐标变换计算以及姿态与航向计算实现惯导系统中稳定平台的功能,从而构成所谓“数学平台”。

11.3.2.2　*初始对准*

对于捷联惯导系统来说,初始对准就是确定初始时刻的姿态矩阵。初始对准通常包含两个阶段:粗对准阶段和精对准阶段(万德钧等,1998)。

在粗对准阶段利用外界参考信息或者自身惯性传感器测量输出直接获取粗略的初始姿态矩阵。目前,粗对准方法主要有解析法和惯性系对准法。

解析对准本质即为双矢量定姿,依靠两不共线的矢量(如重力和地球自转角速度)确定初始姿态的过程,解析粗对准方法用以解决载体静基座或准基座的初始对准问题。依据参考矢量构造方式的不同,解析式粗对准方法有很多的具体实现形式。在载体晃动干扰或者运动环境下,陀螺输出的信噪比低,难以从陀螺输出中提取出地球自转角速度信息,解析式粗对准法对准误差很大,甚至不可用。

为了有效解决 SINS 晃动或运动基座下的初始对准问题,采用惯性坐标系在惯性空间内分析载体运动和重力加速度微分两方面对初始对准的影响,利用将初始载体坐标系凝固为惯性坐标系,将姿态矩阵分散成 4 个矩阵,通过对加速度的积分平滑隔离载体线振动对姿态矩阵计算的干扰(王新龙,2013)。

精对准是在粗对准基础上进行的,校正计算导航坐标系与真实导航坐标系之间的失准角,使之尽可能地趋近于零,进而得到精确的捷联矩阵。精对准要求系统在能保证精确性的前提下尽可能快速地完成。

当失准角为小角度时,SINS 的误差方程可近似为线性方程,可以通过两位置对准、多位置对准和线性卡尔曼滤波技术实现快速对准,目前,对于线性模型的初始对准技术已经比较成熟。

当运载体遭遇恶劣环境,姿态变化剧烈,此时利用粗对准得到的初始姿态误差将非常大,基于小失准角的系统误差模型已经不能准确地描述惯性导航系统的误差传播特性,则需引入大失准角误差方程,以减少初始对准中的非线性误差。目前关注的热点是采用非线性滤波方法研究非线性模型(即大失准角条件下)下的初始对准技术,自 20 世纪 80 年代以来,非线性滤波开始被应用于惯导系统的对准中,如扩展卡尔曼滤波算法(吴苗等,2019;Ford et al.,2001)、无迹卡尔曼滤波算法(周吉雄,2018;Zhou et al.,2007)、粒子滤波(刘建业等,2010)、模糊自适应滤波(王跃钢等,2013)、遗传滤波算法(李斌等,2008)等。无迹卡尔曼滤波算法是一种采用策略逼近非线性分布的非线性滤波方法,已将其应用到惯导系统的静基座初始对准和运动对准,采用的是速度匹配算法,并且得到了很好的估计效果。

11.3.2.3 北斗导航

卫星导航具有其他导航手段无可比拟的覆盖范围、稳定精度、全天候等优势。作为我军综合电子信息系统的重要组成部分,北斗卫星导航系统(以下简称北斗系统)可有效提升我军武器装备的自主导航定位、定向能力,为陆军实现精确火力打击、战场态势监控、统一时空基准、精细综合保障等作战能力具有重要支撑(黄文德等,2019)。

北斗系统包括空间段、地面段和用户段三部分,具备导航定位和通信数传两大功能,历经北斗一号、北斗二号、北斗三号系统三代的发展。随着北斗三号系统空间段组网(3 颗 GEO 卫星、24 颗 MEO 卫星、3 颗 IGSO 卫星)部署完成,2020 年 7 月 31 日北斗三号全球卫星导航系统正式开通。北斗三号系统空间段的顺利组网以及地面段的升级改造,实现了星间链路和星地链路的联合组网,进一步提升了全球定位导航授时和区域短报文通信服务能力,并提供星基增强、地基增强、精密单点定位、全球短报文通信和国际搜救等七种服务。

定位定向仪主机导航模块 RNSS 支持单频、双频、RTD、RTK、SBAS 等多种定位模式下的位置、速度、授时信息等数据解算输出。其中,RTD 和 RTK 定位模式需要定位定向仪通过综合数据接口接收外部设备差分信息进行实现。下面主要介绍单频定位和双频定位原理。

1) 单频定位

单频定位模块是通过空间距离的后方交会实现。由于实际应用中含有 3 个测站未知数与一个接收机钟差未知数,故接收机至少需要跟踪四颗卫星组成观测方程组,然后通过最小二乘解算用户的三维坐标。

假设观测方程为

$$\rho_j = \sqrt{(x_j - x_u)^2 + (y_j - y_u)^2 + (z_j - z_u)^2} + c \cdot \delta t_u,\ j = 1,\ \cdots,\ 4 \quad (11.3.21)$$

令 $\rho_j = f(x_u, y_u, z_u, \delta t_u)$,则根据用户的概略位置 $(\hat{x}_u, \hat{y}_u, \hat{z}_u)$ 和用户钟差的估计值 $\delta\hat{t}_u$,可以计算出近似伪距:

$$\hat{\rho}_j = \sqrt{(x_j - \hat{x}_u)^2 + (y_j - \hat{y}_u)^2 + (z_j - \hat{z}_u)^2} + c \cdot \delta\hat{t}_u,\ j = 1,\ \cdots,\ 4 \quad (11.3.22)$$

令

$$\begin{cases} x_u = \hat{x}_u + \Delta x_u \\ y_u = \hat{y}_u + \Delta y_u \\ z_u = \hat{z}_u + \Delta z_u \\ \delta t_u = \delta\hat{t}_u + \Delta\delta t_u \end{cases} \quad (11.3.23)$$

则 $f(x_u, y_u, z_u, \delta t_u) = (\hat{x}_u + \Delta x_u, \hat{y}_u + \Delta y_u, \hat{z}_u + \Delta z_u, \delta\hat{t}_u + \Delta\delta t_u)$,将上式进行泰勒展开并取一阶线性项得到:

$$f(\hat{x}_u+\Delta x_u,\hat{y}_u+\Delta y_u,\hat{z}_u+\Delta z_u,\delta\hat{t}_u+\Delta\delta t_u)$$
$$=f(\hat{x}_u,\hat{y}_u,\hat{z}_u,\delta\hat{t}_u)+\frac{\partial f(\hat{x}_u,\hat{y}_u,\hat{z}_u,\delta\hat{t}_u)}{\partial\hat{x}_u}\Delta x_u+\frac{\partial f(\hat{x}_u,\hat{y}_u,\hat{z}_u,\delta\hat{t}_u)}{\partial\hat{y}_u}\Delta y_u$$
$$+\frac{\partial f(\hat{x}_u,\hat{y}_u,\hat{z}_u,\delta\hat{t}_u)}{\partial\hat{z}_u}\Delta z_u+\frac{\partial f(\hat{x}_u,\hat{y}_u,\hat{z}_u,\delta\hat{t}_u)}{\partial\delta\hat{t}_u}\Delta\delta t_u \tag{11.3.24}$$

其中,

$$\begin{cases}\dfrac{\partial f(\hat{x}_u,\hat{y}_u,\hat{z}_u,\delta\hat{t}_u)}{\partial\hat{x}_u}=-\dfrac{x_j-\hat{x}_u}{\hat{R}_j}\\ \dfrac{\partial f(\hat{x}_u,\hat{y}_u,\hat{z}_u,\delta\hat{t}_u)}{\partial\hat{y}_u}=-\dfrac{z_j-\hat{z}_u}{\hat{R}_j}\\ \dfrac{\partial f(\hat{x}_u,\hat{y}_u,\hat{z}_u,\delta\hat{t}_u)}{\partial\hat{z}_u}=-\dfrac{y_j-\hat{y}_u}{\hat{R}_j}\\ \dfrac{\partial f(\hat{x}_u,\hat{y}_u,\hat{z}_u,\delta\hat{t}_u)}{\partial\delta\hat{t}_u}=c\end{cases} \tag{11.3.25}$$

$$\hat{R}_j=\sqrt{(x_j-\hat{x}_u)^2+(y_j-\hat{y}_u)^2+(z_j-\hat{z}_u)^2},\quad j=1,\cdots,4 \tag{11.3.26}$$

将式(11.3.22)~式(11.3.26)代入式(11.3.21),得

$$\rho_j=\hat{\rho}_j-\frac{x_j-\hat{x}_u}{\hat{R}_j}\Delta x_u-\frac{y_j-\hat{y}_u}{\hat{R}_j}\Delta y_u-\frac{z_j-\hat{z}_u}{\hat{R}_j}\Delta z_u+c\Delta\delta t_u \tag{11.3.27}$$

令

$$\begin{cases}\Delta\rho=\hat{\rho}_j-\rho_j\\ a_{xj}=\dfrac{x_j-\hat{x}_u}{\hat{R}_j}\\ a_{yj}=\dfrac{y_j-\hat{y}_u}{\hat{R}_j}\\ a_{zj}=\dfrac{z_j-\hat{z}_u}{\hat{R}_j}\end{cases} \tag{11.3.28}$$

对4颗卫星进行伪距测量后可以得到以下方程,写成矩阵形式为

$$\boldsymbol{Y}=\boldsymbol{HX} \tag{11.3.29}$$

式中,

$$\boldsymbol{Y}=\begin{Bmatrix}\Delta\rho_1\\ \Delta\rho_2\\ \Delta\rho_3\\ \Delta\rho_4\end{Bmatrix},\boldsymbol{H}=\begin{bmatrix}a_{x1}&a_{y1}&a_{z1}&-1\\ a_{x2}&a_{y2}&a_{z2}&-1\\ a_{x3}&a_{y3}&a_{z3}&-1\\ a_{x4}&a_{y4}&a_{z4}&-1\end{bmatrix},\boldsymbol{X}=\begin{Bmatrix}\Delta x_u\\ \Delta y_u\\ \Delta z_u\\ c\Delta\delta t_u\end{Bmatrix} \tag{11.3.30}$$

解式(11.3.29),得

$$X = H^{-1}Y \tag{11.3.31}$$

当观测卫星数多于4颗，即观测量有冗余时，冗余测量值可以用最小二乘法加以处理，以求得对未知量的估计。采用最小二乘法计算结果为

$$X = (H^{T}H)^{-1}H^{T}Y \tag{11.3.32}$$

每次计算出的用户位置和钟差修正量加到用户概略位置和钟差估计量中，得到修正后的用户位置和钟差，将该用户位置和钟差作为下次迭代计算的用户概略位置和钟差估计，再次利用最小二乘法进行计算，得到新的用户位置和钟差修正量，如此迭代，直到得到的用户位置和钟差的修正量小于预定门限值为止。

单频定位主要在完成选星、卫星位置计算、伪距校正量补偿和 RAIM 检测后，进行导航定位解算，给出定位、测速、定时结果，并对时钟模型加以校正。

2）双频定位

双频定位是对接收到的伪距观测值进行粗差探测和 TGD 误差改正，然后组成双频伪距消电离层组合，电离层改正的大小主要取决于电子总量和信号频率，单频可用广播电文提供的参数和模型进行电离层误差修正。对于双频定位，可利用不同频率在电离层中的不同折射率特性，进行双频电离层误差修正：

$$\begin{cases} \Delta S_{\text{电离层},L1} = \dfrac{f_2^2}{f_2^2 - f_1^2}(\rho_1 - \rho_2) \\ \Delta S_{\text{电离层},L2} = \dfrac{f_1^2}{f_2^2 - f_1^2}(\rho_1 - \rho_2) \end{cases} \tag{11.3.33}$$

式中，f_1，f_2 为两个频点的频率；ρ_1，ρ_2 分别为同一卫星不同频点的伪距；ΔS 为伪距的电离层修正量。

对于三频定位，可进行三频电离层误差计算，根据伪距定位原理有

$$\begin{cases} \rho_1 = R + \dfrac{\text{TEC}}{f_1^2} \\ \rho_2 = R + \dfrac{\text{TEC}}{f_2^2} \\ \rho_3 = R + \dfrac{\text{TEC}}{f_3^2} \end{cases} \tag{11.3.34}$$

式中，f_1，f_2，f_3 为三个频点的频率；ρ_1，ρ_2，ρ_3 分别为同一卫星不同频点的伪距；ΔS 为伪距的电离层修正量；R 为扣除电离层误差的伪距；TEC 为电离层延迟中与频率无关的分量。

使用最小二乘方法求解电离层误差，于是有

$$H = \begin{bmatrix} 1 & \dfrac{1}{f_1^2} \\ 1 & \dfrac{1}{f_2^2} \\ 1 & \dfrac{1}{f_3^2} \end{bmatrix},\ \boldsymbol{\rho} = \begin{Bmatrix} \rho_1 \\ \rho_2 \\ \rho_3 \end{Bmatrix}\ X = \begin{Bmatrix} R \\ \text{TEC} \end{Bmatrix} \tag{11.3.35}$$

$$X = (H^{T}H)^{-1}H^{T}\rho \tag{11.3.36}$$

计算出 TEC 后,可以容易的计算出电离层误差 $\Delta S_{电离层,Li}$:

$$\Delta S_{电离层,Li} = \frac{\text{TEC}}{f_i^2} \tag{11.3.37}$$

对于 B1C+B3C 双频定位模式,经过以上公式计算后可得

$$\begin{cases}\Delta S_{电离层,B1C} = 1.931\,2(\rho_1 - \rho_2) \\ \Delta S_{电离层,B3C} = -2.931\,2(\rho_1 - \rho_2)\end{cases} \tag{11.3.38}$$

对于 B1C+B2+B3C 三频定位模式,经过以上公式计算后可得

$$\begin{cases}\Delta S_{电离层,B1C} = 1.110\,9\rho_1 - 1.438\,7\rho_2 + 0.327\,8\rho_3 \\ \Delta S_{电离层,B2} = 1.941\,2\rho_1 - 2.513\,9\rho_2 + 0.572\,7\rho_3 \\ \Delta S_{电离层,B3C} = 1.686\,1\rho_1 - 2.183\,6\rho_2 + 0.497\,5\rho_3\end{cases} \tag{11.3.39}$$

双频和三频伪距基本消除了电离层延迟,但由于使用了多频伪距组合,加大了伪距测量随机误差和多径误差,可达原来的 2~3 倍以上。为了减小误差被放大对定位结果的影响,接收机需要提高伪距测量精度和减小多径误差。

如果初始多径误差较小,可以采用以下的方法评估和检测多径误差。

双频伪距和载波相位公式:

$$\begin{cases}\rho_1 = R + I + M_1 + \varepsilon_1 \\ \rho_2 = R + \alpha I + M_2 + \varepsilon_2 \\ \lambda_1(\Phi_1 + N_1) = R - I + \zeta_1 \\ \lambda_2(\Phi_2 + N_2) = R - \alpha I + \zeta_2\end{cases} \tag{11.3.40}$$

其中,ρ_j、Φ_j 是频率为 f_j、波长为 λ_j 的信号提取的伪距和载波相位; M_j 为多径误差; ε_j 为伪距测量随机误差; I 为 f_1 频点伪距电离层误差。

将 f_1 频点伪距和载波相位作差, f_1 频点伪距多径误差为

$$M_1 = \rho_1 - \lambda_1(\Phi_1 + N_1) - 2I - \varepsilon_1 \tag{11.3.41}$$

同时将两个频点的相位观测值作差以估计电离层误差:

$$\begin{cases}\lambda_1\Phi_1 - \lambda_2\Phi_2 = (\alpha - 1)I - (\lambda_1 N_1 - \lambda_2 N_2) \\ I = \dfrac{1}{\alpha - 1}(\lambda_1\Phi_1 - \lambda_2\Phi_2 + \lambda_1 N_1 - \lambda_2 N_2)\end{cases} \tag{11.3.42}$$

于是可以得到多径误差:

$$M_1 = \rho_1 - \lambda_1\Phi_1 - \frac{2}{\alpha - 1}(\lambda_1\Phi_1 - \lambda_2\Phi_2) - \varepsilon_1 + S(N_1, N_2) \tag{11.3.43}$$

当信号连续跟踪锁定时, N_1 和 N_2 是不变的:

$$S(N_1, N_2) = M_1 - \rho_1 + \lambda_1 \Phi_1 + \frac{2}{\alpha - 1}(\lambda_1 \Phi_1 - \lambda_2 \Phi_2) + \varepsilon \tag{11.3.44}$$

通过长时间上的平滑,则可求出 $S(N_1, N_2)$,将 $S(N_1, N_2)$ 代入公式后,可得到多径误差 M_1,这样就可以评估和检测多径误差。最后利用最小二乘法求得接收机三维坐标和接收机钟差参数,得到高精度的定位结果。

11.3.2.4　组合导航

组合导航系统的基本原理就是利用惯性导航系统和卫星导航系统两者对运载体的导航参数作测量,基于最优估计准则,从测量值的比较中利用最优估计方法(卡尔曼滤波)提取出相对准确的导航信息。为了将卡尔曼滤波方法应用于组合导航系统,首先必须确定卡尔曼滤波所需要的具体的反映系统动态特性的系统方程和描述状态变量与量测量关系的观测方程。组合导航系统根据选取的状态变量不同而分为直接估计法和间接估计法。所谓直接法就是直接选取各种导航参数作为状态变量,滤波器的输出为导航参数的估计值;间接法就是将某一导航系统(一般选择惯性导航系统)的导航参数误差选为滤波方程状态量,进而利用误差估计值校正导航系统输出的导航参数(林雪原等,2017)。

由于导航参数误差一般都是小量,远小于导航参数本身,且对于线性系统,标准卡尔曼滤波是最小方差的最优估计,采用线性的误差方程足以满足一般的精度要求,因此间接法估计在工程中得到了普遍应用。

对于采用间接法估计的卡尔曼滤波器,利用误差状态估计值对导航子系统的导航参数的校正一般有两种方法:一种是输出校正法,这种方法直接利用误差估计值修正惯性导航系统输出的导航参数;另一种是反馈校正法,这种方法将误差状态估计值反馈到惯性导航系统或其他导航子系统内,参与它们的导航解算过程。换句话说,将未经校正的导航参数误差作为状态估计的是输出校正滤波,而将经过校正的导航参数误差作为状态估计的是反馈校正滤波。下面将对这两种校正方法的滤波原理作具体介绍。

1）输出校正

如图 11.3.7 所示,以 SINS/GPS 组合导航系统为例,滤波器的输出校正法是用惯性导航系统输出的导航参数与真实值之间的误差的最优估计值来修正惯导系统输出的导航参数,此修正后的导航参数即为导航参数的最优估值。输出校正以未经校正的惯导系统输出的导航参数与真实导航参数之间的误差为状态变量,即只对惯导系统的输出量校正,而不参与惯导系统的导航解算过程。由输出校正的滤波原理可以看出,其优点是导航系统和滤波器是相对独立的,它们互不干扰,即使滤波器发生故障也不会影响惯导系统的正常工作,并且工作性能相对稳定可靠,便于工程实现。本节间接估计法即选用输出校正方法。

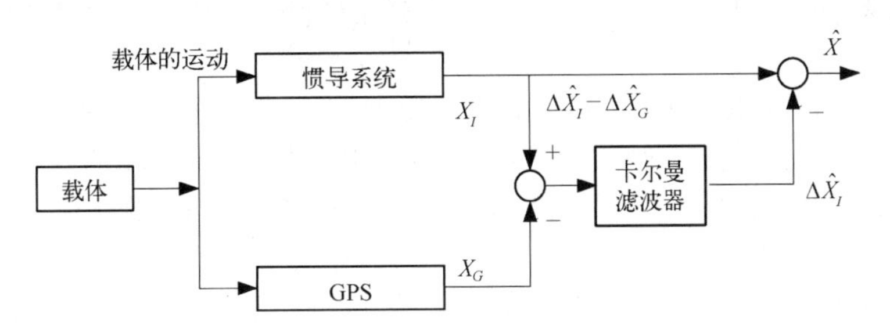

图 11.3.7　SINS/GPS 组合系统输出校正的滤波示意图

2）反馈校正

如图 11.3.8 所示，同样以 SINS/GPS 组合导航系统为例，反馈校正滤波是用惯导系统的参数误差和 GPS 的参数误差之差的估计值反馈到惯导系统内，因此反馈校正以经过校正的导航系统的参数误差为状态变量，即校正导航系统内部的状态。反馈校正的主要方式有脉冲校正（对速度误差和位置误差的校正）和补偿校正（对惯性器件误差的校正）两种。由反馈校正滤波原理和输出校正滤波原理比较可知，由于惯导系统的导航误差会随时间积累，因此输出校正法的误差估计值可能也会随时间增长而增长，当导航时间足够长时，该误差估计值不会一直保持为一个小量，而反馈校正滤波由于引入了反馈，误差估计值始终保持为小量，符合线性化的“小误差量”条件假设，因此导航精度会比输出校正有所提高。

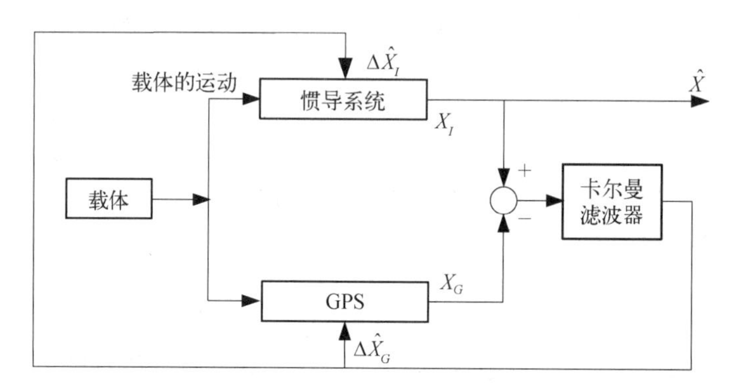

图 11.3.8　SINS/GPS 组合系统反馈校正的滤波示意图

11.3.3　初速预测

11.3.3.1　*初速概念*

火炮射击所积累的雷达测速数据是初速预测的基础，这些数据涉及各种不同的初速概念。以下所述初速均是由后效期结束后弹丸达到的最大速度，经外弹道反推到炮口处的速度，该速度与内弹道得到的弹丸飞离炮口瞬间的炮口速度是不同的概念。

（1）标准初速，是弹药在标准射击条件下的初速。射表规定，标准射击条件为装药温度 15℃，标准弹重，标准初速反映对弹药射击条件的一种要求，是标准化处理的基础。

（2）表定初速，装药图纸所规定的各装药号产品的初速。图定初速是射表编制的依据，因此也称表定初速，是武器装备的设计值。

（3）实测初速，在火炮发射条件下的实际弹丸的初速。实测初速是雷达测量的速度值。实测初速与表定初速存在着弹药与火炮发射条件（弹重、药温、药批差与火炮的初速减退量）造成的差别。

（4）标准化初速，按标准初速的射击条件要求，修正非标准药温、弹重与药批差对实测初速的影响，将实测初速修正成标准条件下的初速。标准化初速排除了弹药射击条件影响，反映火炮在指定弹药组合下的速度状况。标准化初速来自实测初速，与表定初速存在火炮初速减退程度的差别。

（5）规范化初速，以主用弹药的标准初速为基准，将不同弹种与装药号的标准化初速转化到统一基准的初速尺度上来，称转化后的初速为规范化初速。预测系统采用的规范基准为零号装药,杀伤爆破弹。

如果将不同装药号的初速按射弹顺序排列,经标准化处理后的实测初速会跳动很大。经规范化处理后,规范化初速的数值排列会很平稳,它们的差别,反映了火炮发射弹丸的初速特性变化及初速的随机跳动程度。

11.3.3.2 火炮与装药的初速特性

初速与火炮的发射状态及弹药性能情况密切相关,涉及这方面概念如下:

(1) 火炮初速减退量,反映火炮发射一定数量射弹后,由于身管的烧蚀与磨损所产生的初速下降程度,通常使用装药的标准化速度(初速)相对表定初速的减退率表示。实测初速经标准化与规范化处理后,标准化初速与规范化初速都较相应的表定初速的下降,反映了火炮的初速减退特征。

(2) 装药批号初速偏差(即药批差),反映装药选配与长贮过程中,由于装药量的选配偏差或存储造成发射药的性能变化,装药标准化初速与图定(表定)初速的偏差程度,是指定批号装药的速度特征定量描述。

(3) 全装药等效发数(EFC),按照装药对火炮身管烧蚀影响的程度,将射击装药折算为与零号装药烧蚀强度相等效的射击发数。折算过程需要不同装药烧蚀强度的当量折算系数,它与装药号、弹种及装药的药温有关。初速越高的装药号所对应的当量折算系数越大。例如,1 发常温 0 号装药的全装药等效发数为 1.0,1 发 6 号装药的全装药等效发数为 0.1。历史射击的每一发射弹或每一组射击组,都对应着射弹发数和 EFC 发数两个射击发数。射弹发数是射弹或射击组首发的火炮已发射的自然射弹数;EFC 发数是射弹或射击组首发的火炮已射 0 号装药等效发数;经常发射各种减装药的火炮,历史射弹对应的 EFC 发数总是小于自然射弹发数。

(4) 火炮初速减退率,反映弹道性能随火炮烧蚀的减退速率,以规范化初速随 EFC 的减退速率表示。图 11.3.9 为某火炮在 EFC 范围为 50~300 时规范化初速变化情况,图中的各点各 EFC 值下测得的火炮规范化初速,它们呈现随 EFC 增大而下降的趋势。由各速度点所拟合的直线的斜率,反映了火炮的初速减退率。

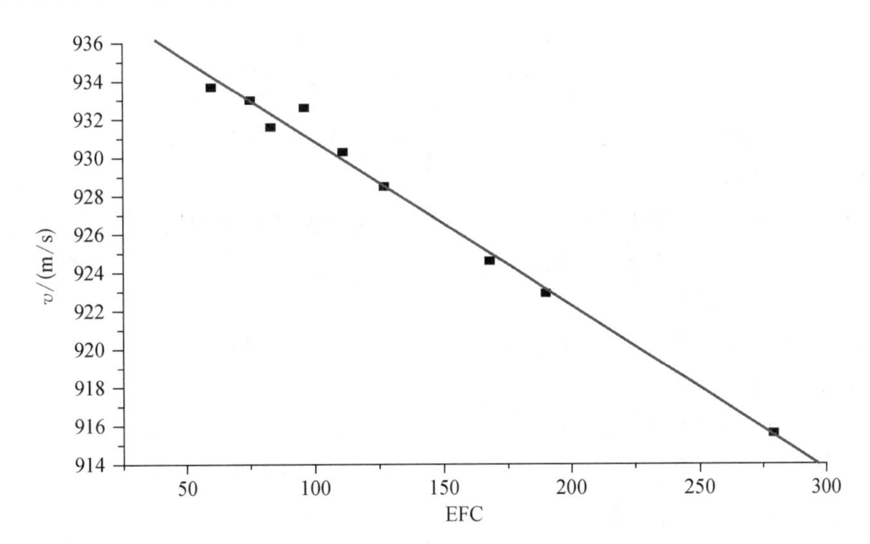

图 11.3.9 火炮的规范化初速与 EFC 之间的关系

11.3.3.3 影响初速的主要因素

初速是火炮系统(炮、弹丸、装药)共同作用下的综合弹道性能。伴随来自火炮、弹丸及装药方面各种不同特征的因素影响,使初速与其表定值产生偏差。影响初速的主要因素如下。

1) 弹药的发射条件

不同弹种、装药号的组合具有不同的表定初速,同种弹药的装药药温、弹丸重量也会影响初速。这类发射条件的变化程度可以通过药温测量、弹重分级来定量确定,对初速的影响,也有确定的模型予以修正。

2) 装药的速度特性

装药是发射的能源。发射药生产、存贮过程中,化学组成、理化性能、几何特征的变化产生能量、燃气生成速率等差异,形成装药批次间的初速性能差异。装药的速度特性(药批差)由出厂质保书给定或专项的药批差试验测定。

3) 火炮的速度特性

火炮的身管是弹药的发射环境。火炮的炮身存在生产中的容许尺寸与形位差异,使用中的不同烧蚀程度,影响装药的弹道环境、弹丸的运动与受力环境。使同种火炮的不同炮身或同一炮身在不同使用阶段,都有不同的初速特性。虽然这种特性的影响机理明确,但难于准确定量确定,没有确定的模型修正初速。

4) 随机发射环境与条件

除上述因素外的其他因素,例如,同批次装药存在发射药混同的不均匀、装药装配的结构变化等,弹丸尺寸、形位与质量分布满足公差要求下的散布,弹重在重量分级范围内的散布等,它们形成同批弹药内的初速性能散布。火炮的状态、内膛清洁程度、弹丸装填入膛姿态、雷达的工作状态也是影响初速的不可忽视因素。这类影响不仅是无法定量确定,而且影响方向也不确定,带有很强的随机性。

5) 综合分析

综合以上分析,弹药在火炮上发射的初速受到各种因素影响。根据影响因素分析,实际初速可表示为

$$v_R = v_b + \Delta v_Y + \Delta v_T + \Delta v_M + \Delta v_P + \Delta v_S \tag{11.3.45}$$

式中,v_R、v_b 为火炮实际初速与表定初速;Δv_Y、Δv_T、Δv_M 为药批、药温与弹重修正量;Δv_P 为火炮初速减退修正量;Δv_S 为初速的随机偏差量。

式(11.3.45)中的各种因素影响程度,有的可以由模型直接确定,有的需要通过试验方法来确定,有的则是无法确定的随机量。实际初速是个带有随机特征的变量,要准确地确定实际初速,需要做到以下三点。

第一点,准确修正药温与弹重对初速的影响 Δv_T、Δv_M,其中,需要正确地运用药温测量装置确定装药的药温。

第二点,准确确定药批与火炮的初速特征 Δv_Y、Δv_P,其中,药批差由工厂出厂设定或由用户试验测定,在合理的存储期内它将保持不变并适用全部同批装药,但是,火炮的初速减退量却对每门火炮都要随时准确确定。

第三点射击过程的操作规范,尽可能将发射条件与环境的随机影响 Δv_S 控制在最小

的程度。

11.3.3.4 *初速预测方法*

根据不同的预测条件,有以下三种初速预测方法。

1）依靠射表的初速烧蚀预测

烧蚀预测法是一种传统的初速估算方法,它根据射表描述的火炮初速减退规律,估计火炮的初速减退量,预测实际射击条件下的初速。

方法的估算过程分为两步：第一步,由火炮的烧蚀程度(已射 EFC 或膛径、药室增长量),估计初速减退量;第二步,由射弹的射击条件(弹重、药温、药批差、装药号、弹种),预测初速。

初速预测软件将上述需要通过查表与插值计算的过程,进行数字化的处理,根据用户输入统计的已射 EFC 数或测量的膛径、射弹的射击条件,自动完成全部查表与初速估算过程,提供初速预测值。

烧蚀预测法供没有装备测速雷达或雷达工作不正常时,造成没有火炮历史射击初速记录条件下的初速预测。

烧蚀预测法是一种存在较大预测误差的方法,首先,射表提供的初速减退规律需要大量的射击数据,才能给出反映实际的统计规律,它要求在不同的火炮上(体现不同的火炮特性)、不同的射击条件下,以大量的射弹数据为统计基础,涉及的器材与弹药消耗,在新装备研制与列装的初期,很难实现;其次,射表提供的规律,无法反映每门火炮的实际产品质量与实际使用过程,个体与总体间会有一定的差异;最后,由人工测量的膛径或统计的 EFC 也会有一定的误差,影响估算精度。

为了提高烧蚀预测法的预测精度,预测软件设置两种预测方法：依靠射表初速减退表预测,火炮初速减退全部依靠射表的初速减退量表来估计,只需要输入当前的已射 EFC 或膛线起始部的膛径值;依靠射表的初速减退规律与历史初速记录结合预测,以反映火炮自身初速特性的历史初速为基础,以射表的初速减退规律估算历史初速记录到当前火炮状态的区间初速降,需要输入以下信息：当前的已射 EFC 或膛线起始部的膛径值,历史初速记录值及该初速记录对应的 EFC 或膛线起始部的膛径值。

2）依靠雷达测速的射击组初速预测

该方法是建立在测速雷达技术支持下的初速预测。它依靠雷达测速所获得的历史数据,对实测初速进行分析、最大程度排除初速随机偏差的影响,为针对同一目标弹药批的效力射提供平均初速的估计。

理想情况下,雷达所获得的射弹初速,应该反映火炮的状态,从而使上一次的测速结果,自动成为下一次弹药的初速估计。但是,实际结果并非如此,存在着以下影响。

第一,存在火炮射击状态与测试的随机影响,即使最严格控制射击条件,也不能避免初速随机跳动量的存在,使相同条件下两个射击组的初速有所不同。为了避免随机跳动的影响,初速预测将不是依靠一发或一组射弹的测速结果,依靠多组射弹初速的统计结果。

第二,为了保持火力机动,榴弹炮应用多种装药,各种装药在同一门火炮上的实际初速除包含火炮的当时速度特性外,还包含该装药的自身速度特性,要通过历史初速来预测不同装药的应用初速时,存在转化与处理。

第三,即使使用历史数据中的多组同号装药射击初速进行统计预测,也存在各组初速实际射击条件(包括药温、弹重等差别)与各组初速发射过程中的炮身烧蚀的不同初速减退程度。

这些构成了依靠雷达测速的历史数据进行初速预测所需要解决的问题。

射击组的初速预测精度,除了与预测模型及系统应用有关,也与历史数据库的初速数据有关:同号装药的近期射击初速数据越多,预测的精度越高;没有近期的同号装药射击初速,需要在不同装药的初速间进行转换预测时,精度不如同号装药之间的初速预测,尤其是利用3~5号装药的初速进行转换预测,因为这几种装药号的发射药量不是按表定初速由射击选出来,而是在2号与6号装药按初速选出发射药量后,由发射药量等重分割产生,各药批的实际初速与表定初速之差有很大的随机性,没有射击组的初速,只有零星单发射击数据时,预测结果更容易受射击条件的随机影响;射击初速记录的不完整也使预测精度不如完整的初速历史记录预测的结果。

3)依靠雷达测速的射弹逐发初速预测

分析以上射击组的初速预测介绍,可以注意到三点。

第一点,射击组的初速预测为针对同一目标效力射的弹药批,提供平均初速的估计。其预测精度将直接影响到一批弹药的射击效果,提高预测精度具有重要的意义;

第二点,提高预测精度的前提是火炮具有准确与完整的雷达历史初速记录,通过历史初速数据库,可以分析获得火炮的初速减退程度作为预测的基础,如果火炮的历史初速数据库没有或数据可信性差,预测结果将没有实际应用价值;

第三点,影响预测精度的另一重要条件是射击条件,例如药温测量及药批差的准确性,如果没有药批差数据或采用了与实际值有较大误差的药批差,也会使预测结果存在较大的系统误差。

在缺乏上述预测条件,无法获得可靠的初速预测,但又需要不经过试射,直接展开效力射时,可以考虑采用依靠雷达实时测速的逐发初速预测方法。该方法在注意到历史初速特征的情况下,考虑雷达的实时测速结果,对初速进行逐发修正。

在实际使用中,为了区分依靠雷达测速产生的两种预测方法,把依靠雷达测速射击组的初速预测方法叫"预测平均法",预测结果称"首发预测初速"。把依靠逐发射弹预测初速的方法称作"逐发预测",预测结果称"逐发预测初速"。"逐发预测初速"只对同样条件发射的一组弹丸有使用价值,而对不同发射条件弹丸的预测初速是无参考意义的。首发预测对首发命中目标产生较大影响,因此是评价初速预测精度的主要指标。

11.3.4 弹道解算

火控系统的主要作用是解决在实际条件下火炮射击命中目标的问题,或者说解决目标和射弹相遇的问题。为解决射击命中问题,需要研究弹丸在内弹道和外弹道的运动特性,建立火控系统数学模型,求解火控系统所学的装定诸元。研究弹丸的运动特性,就是研究火控系统的弹道模型。

弹道数学模型包括3D质点模型、4D质点修正模型、降6D刚体弹道模型及6D刚体弹道模型(徐明友,2004),火控系统根据计算机能力,采用了降6D弹道模型。

根据不同的作战需求,基于弹道模型,火控系统的命中计算方法包括精密法、简易法、成果法、优补法。精密法和简易法为利用射击条件决定射击诸元方法,成果法、优补法为利用试射成果决定射击诸元方法。

11.3.4.1 利用射击条件决定射击诸元

精密法是在较精确的测地诸元基础上，根据完整的弹道条件和适时的气象通报决定射击诸元的方法，简易法是不完全具备精密法上述条件时决定射击诸元的方法。精密法、简易法诸元解算的基本输入条件有气象条件、炮目距离、炮目方向、阵地高程、目标高程、高低射界、地理纬度、装药号、弹重符号、药温、初速减退量、批号初速偏差量、方向经验修正量、距离经验修正量以及开仓高度。对激光末制导炮弹解算诸元还需输入高低云层。

火控系统诸元解算以弹道微分方程组作为火控弹道模型为基础，采用 GJB 5413－2005 附录 C 中的降阶刚度运动方程组(降 6D 模型)。根据输入的射击条件，求取初始射角；以初始射角、射击条件参数为弹道积分初始条件进行积分，使用与编拟射表时一致的插值方法及数值解法积分至目标高程，得到射距离；判断是否满足射距离收敛精度要求，不满足时使用三点插值继续求出计算射角，重新进行积分运算，不断迭代直至满足精度要求。在满足精度的输入射角基础上再迭代计算射向，当射角、射向同时满足要求时即为输出诸元。

11.3.4.2 利用试射成果决定射击诸元

1) 射击修正

设炮炸距离为 D_{PZ}，炮炸方向为 F_{PZ}，炸点高程为 H_Z，则炸目距离修正量(胡厚予，1999)：

$$\Delta D_{ZM} = D_{PM} - D_{PZ} \tag{11.3.46}$$

炸目方向修正量：

$$\Delta F_{ZM} = F_{PM} - F_{PZ} \tag{11.3.47}$$

炸目高低修正量：

$$\Delta \varepsilon_{ZM} = \frac{H_M - H_Z}{D_{PM}} \times 955\,(\text{密位}) \tag{11.3.48}$$

式中，D_{PM} 为本炮炮目测地距离；F_{PM} 为本炮炮目测地方向；H_M 为目标高程。

距离 D_{PM}^K，方向 F_{PM}^K，高程 H_M^K 的修正表达式为

$$\begin{cases} D_{PM}^K = D_{PM} + \Delta D_{ZM} = 2D_{PM} - D_{PZ} \\ F_{PM}^K = F_{PM} + \Delta F_{ZM} = 2F_{PM} - F_{PZ} \\ H_M^K = H_M + (H_M - H_Z) = 2H_M - H_Z \end{cases} \tag{11.3.49}$$

采用数值积分方法，根据修正后的距离 D_{PM}^K，方向 F_{PM}^K，高程 H_M^K，在决定射击开始诸元的射击条件下重新决定本炮射击诸元。

2) 整理成果

试射后距离修正量 ΔD_R^C 和试射后方向修正量 ΔF_R^C 的计算。设试射炮的成果射角为 θ_R^C，成果方向为 F_R^C，则：

$$\begin{cases} \theta_R^C = \theta_{RZ}^C + \gamma - \Delta\theta_S - \Delta\theta_{SJ} \\ F_R^C = F_{RZ}^C - \Delta F_{MY} - \Delta F_{SJ} \end{cases} \tag{11.3.50}$$

式中，γ 为试射装药跳角的密位数；$\Delta\theta_S$ 为射角不一致修正量；ΔF_{MY} 为瞄准线偏移修正

量；θ_{RZ}^{C}、F_{RZ}^{C} 为成果装定诸元；$\Delta\theta_{SJ}$、ΔF_{SJ} 分别为连、炮综合经验修正量。

在试射炮阵地条件，试射炮可测弹道条件和基本弹道条件，基本气象条件（或标准气象条件）下，在炮试方向 F_{PR} 上，以 θ_{R}^{C} 积分弹道求出相应于试射点高程 H_R 上的距离（即成果距离）D_{R}^{C} 和方向（命为“计算方向”）F_{R}^{J}，且：

$$F_{R}^{J}=F_{PR}-\frac{3\,000}{\pi}\mathrm{tg}^{-1}\left(\frac{Z_R}{D_{PR}}\right)-Z_{PR}(\text{密位}) \tag{11.3.51}$$

式中，Z_R 为积分弹道后得到的侧偏（m）；Z_{PR} 为与射击 θ_{R}^{C} 相对应的偏流（四自由度弹道模型偏流 Z_{PR} 包含在侧偏 Z_R 中）。

则试射后距离修正量：

$$\Delta D_{R}^{C}=D_{R}^{C}-D_{PR} \tag{11.3.52}$$

试射后方向修正量：

$$\Delta F_{R}^{C}=F_{R}^{C}-F_{R}^{J} \tag{11.3.53}$$

式中，D_{PR} 为试射炮 P_R 到试射点 R 的炮试测地距离；F_{PR} 为炮试测地方向。

当具有较精密的测地条件、弹道条件、“计算机气象通报”或较精确的地面气象资料时，整理出的 ΔD_{R}^{C}、ΔF_{R}^{C} 即为补加修正量，即

$$\Delta D_{R}^{b}=\Delta D_{R}^{C},\ \Delta F_{R}^{b}=\Delta F_{R}^{C} \tag{11.3.54}$$

并将距离补加修正量全部换算为初速补加修正量 Δv_{R}^{b}，即

$$\Delta v_{R}^{b}=\Delta v_{R}^{C},\ \Delta C_{R}^{C}=0 \tag{11.3.55}$$

11.3.4.3 利用射击成果决定开始诸元

在基本气象条件（与整理成果的气象条件同）、成果基本弹道条件、基本测地条件和本炮可测弹道条件下，采用利用射击成果决定诸元的方法，即 11.3.4.2 节中的结果，对本炮决定诸元。

1）成果法

使用成果法决定射击开始诸元应具备的主要条件有，目标和试射点的测地距离差不超过 2 km，测地方向差不超过 3－00；对目标射击与对试射点结束试射的时间不超过 2 小时，气象稳定时不超过 4 小时。

以本炮的炮目测地距离 D_{PM}，虚拟炮目测地方向 $F_{PM}=F_{PM}+\Delta F_{M}^{C}$，目标高程 H_M 和阵地高程 H_P 为基本测地条件，对基本弹道条件修正试射后弹道系数修正量和试射后初速修正量：

$$v_0(1+\Delta v_{M}^{C}),\ C(1+\Delta C_{M}^{C}) \tag{11.3.56}$$

并将修正公式称为成果基本弹道条件。

采用利用射击成果决定诸元对本炮决定诸元。

$$\Delta v_{M}^{C}=\Delta v_{R}^{C},\ \Delta C_{M}^{C}=\Delta C_{R}^{C},\ \Delta F_{M}^{C}=\Delta F_{R}^{C} \tag{11.3.57}$$

2）优补法

使用优补法决定射击开始诸元应具备的主要条件有，具有“计算机气象通报”或较精

确的地面气象资料,且气象探测结束时刻与试射结束时刻间隔不超过半小时;目标与试射点的测地距离差不超过 4 km,测地方向差不超过 6－00;对目标射击与对试射点结束试射的时间间隔不超过 2 小时,气象稳定时不超过 4 小时。

目标初速补加修正量:

$$\Delta v_M^b = C_d \Delta v_R^b \tag{11.3.58}$$

目标方向补加修正量:

$$\Delta F_M^b = C_f \Delta F_R^b \tag{11.3.59}$$

式中, C_d、C_f 分别为距离、方向优化系数,其值根据对目标与试射点各项射击准备时一致性程度确定。当具有精密射击条件时, $C_d = C_f = 0.5$。

以本炮的炮目测地距离 D_{PM}, 虚拟炮目测地方向 $F_{PM} = F_{PM} + \Delta F_R^C$ 和阵地高程 H_P, 目标高程 H_M 为基本测地条件,对基本弹道条件修正试射后初速修正量:

$$v_0(1 + \Delta v_M^C) \tag{11.3.60}$$

并同弹道系数 C 一起成为基本弹道条件。

11.3.5 操瞄解算

11.3.5.1 解耦控制量计算

将捷联惯导安装在压制武器火炮摇架上,不仅可以实行自行火炮的自主定位、定向和行军导航,还能够直接测量火炮身管在大地坐标系下的射向,从而提高火炮操瞄精度和武器系统的独立作战和快速反应能力。但是当车体耳轴倾斜时,方位高低随动系统在调炮过程中两个通道的运动控制不独立,存在耦合,导致指挥下达的地理坐标系下的射击诸元不能与惯导反馈的航向角、俯仰角直接做差控制火炮调炮(康祥熙等,2010)。

将捷联惯导安装在摇架上, o_px_p、o_py_p、o_pz_p 分别为捷联惯导的 3 个测量方向,其姿态也反映了身管在地理坐标系中的姿态。根据欧拉位移定理,定点运动刚体的任何有限位移,可以绕过定点的某一轴经过转动而实现,即刚体所在的动坐标系相对参考坐标系的方位等效于动坐标系绕某等效轴转动一个角度。假设在非射击状态下火炮身管及耳轴视为刚体,建立坐标系(黄文德等,2019)。

如图 11.3.10 所示地理坐标系 n 系为参考坐标系, x_n 轴指向正东, y_n 轴指向正北, z_n 轴指向天空,原点 o 设在炮塔回转平面中心。p 系为火炮身管坐标系,x_p 与耳轴轴线重合,并垂直与身管轴线, y_p 沿身管轴线指向炮口, z_p 右手法则确定垂直于平面 $x_po_py_p$ 并指向上方。

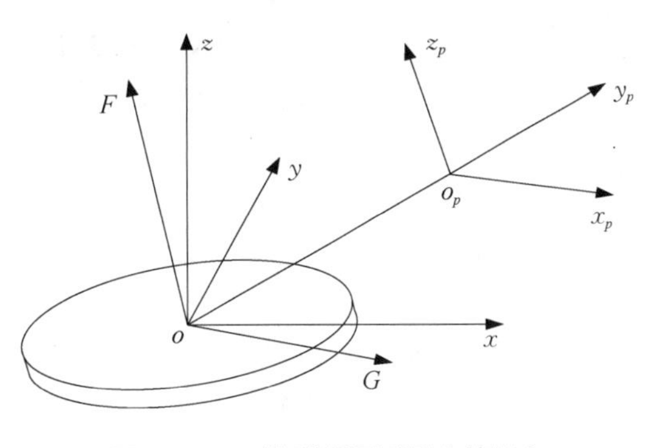

图 11.3.10 捷联惯导测量身管指向

火炮的方位轴和高低轴分别为 F 轴和 G 轴,F 轴和 G 轴在 n 系的单位矢量设为

$$f = b_1 i + b_2 j + b_3 k, g = a_1 i + a_2 j + a_3 k \tag{11.3.61}$$

设 P 系火炮身管的初态欧拉角为 ψ_0、θ_0、γ_0，转动结束后得到的末态欧拉角为 ψ_1、θ_1、γ_1。火炮绕 F 轴与 G 轴的转动量分别为 α 和 β。

同样视坐标轴为转动轴，P 系先绕 oy_p 转动 γ_0，此时新的坐标系为 $ox_{p_1}y_{p_1}z_{p_1}$，然后再绕 ox_{p_1} 旋转 $\theta=\theta_1-\theta_0$，再绕 oz 轴转 $\psi=\psi_1-\psi_0$，再绕 ox_p 转 γ_1，如图 11.3.11 所示。

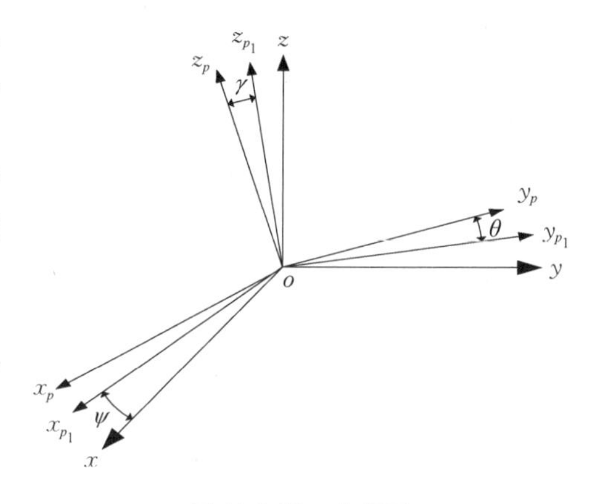

图 11.3.11　坐标系

这 4 次转动的合成转动四元数与火炮绕 F 轴 G 轴转动等价，可得方程为

$$Q_\alpha \otimes Q_\beta \otimes Q_{-\gamma_0} = Q_{\gamma_1} \otimes Q_\psi \otimes Q_\theta \tag{11.3.62}$$

其中，

$$\begin{cases} Q_{-\gamma_0} = \cos\dfrac{\gamma_0}{2} + [(\cos\theta_0\sin\psi_0)i - (\cos\theta_0\cos\psi_0)j - \sin\theta_0 k]\sin\dfrac{\gamma_0}{2} \\ Q_\theta = \cos\dfrac{\theta}{2} + (\cos\psi_0 i - \sin\psi_0 j)\sin\dfrac{\theta}{2} \\ Q_\psi = \cos\dfrac{\psi}{2} - k\sin\dfrac{\psi}{2} \\ Q_{\gamma_1} = \cos\dfrac{\gamma_1}{2} + (-\cos\theta_0\sin\psi_0 i + \cos\theta_0\cos\psi_0 j + \sin\theta_0 k)\sin\dfrac{\gamma_1}{2} \end{cases} \tag{11.3.63}$$

$$\begin{cases} Q_\alpha = \cos\dfrac{\alpha}{2} + f\sin\dfrac{\alpha}{2} \\ Q_\beta = \cos\dfrac{\beta}{2} + g\sin\dfrac{\beta}{2} \end{cases} \tag{11.3.64}$$

由于 g（高低转轴矢量）可以通过 $g = C_p^n[1\quad 0\quad 0]^{\mathrm{T}}$ 求得，f（方位转轴矢量）在调炮过程中变化较小，f 的求取可以依据等式 $Q_a = Q_{\gamma 1} \otimes Q_{\psi 1} \otimes Q_\theta \otimes Q_{-\gamma 0}^{-1} \otimes Q_\beta^{-1}$，利用两次转动的高低量以及高低转轴矢量可以求解出 f。

因此式(11.3.62)在知道捷联惯导初末姿态的情况下，右边式子全为已知量，火控计算机给出目标方位角 ψ_1 和表尺 θ_1 即高低角。由式(11.3.62)联立可得 4 个方程，未知数为 α、β、γ_1。4 个方程 3 个未知数，任选其中三个方程利用牛顿迭代法可以求解出解耦控制量 α、β。

11.3.5.2　解耦流程图

获取炮长下达的大地坐标系下的射击诸元，此时采样捷联惯导的姿态值，利用姿态矩阵求解出高低、方向转轴矢量，利用牛顿迭代求解非线性方程组的方法进行解耦计算得到随动系统的主令 $\Delta\alpha$、$\Delta\beta$，开始调炮。在调炮过程中由于车体姿态发生了变化，方向轴矢量必须实时求解。利用实时求解出的方向轴矢量和高低轴矢量再代入四元数合成转动方程，实时求解出更新的随动主令。这种循环的求解直到捷联惯导的航向、俯仰值与炮长下达的射击诸元分别作差,其绝对值小于一定的精度控制系数,此时循环实时求解跳出,解耦计算结束。解耦流程见图 11.3.12。

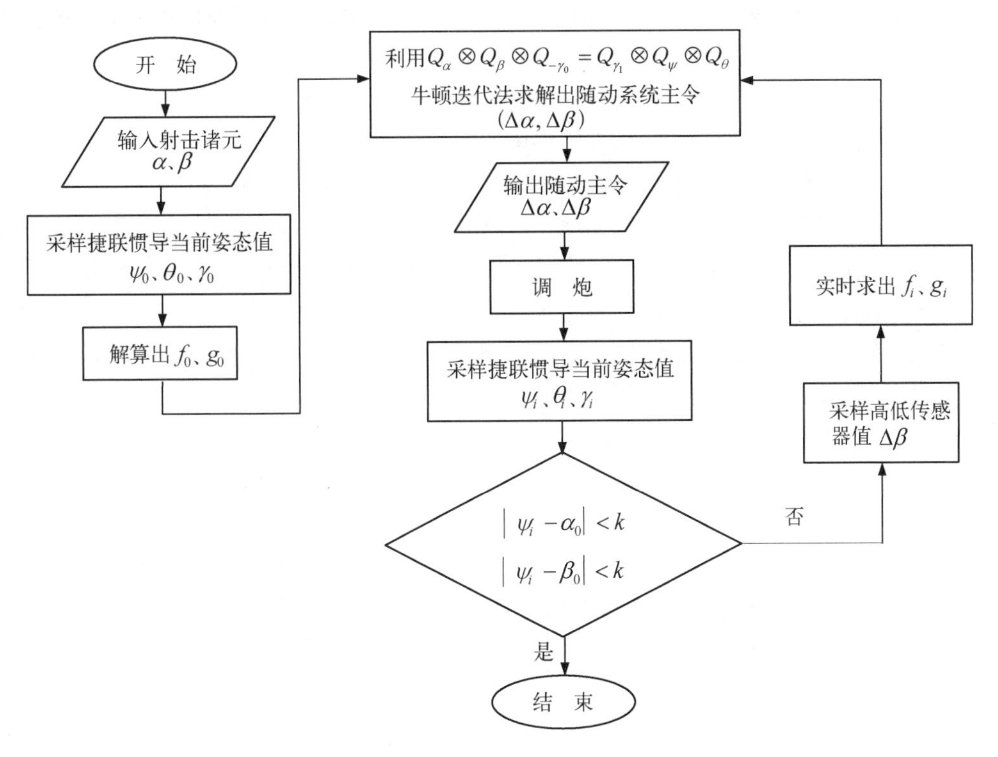

图 11.3.12 解耦程序流程图

11.3.6 控制系统

控制系统是车载炮的重要组成部分,与信息系统相互配合完成车载炮的行/战转换、弹药装填、调炮瞄准、击发控制等功能。车载炮服役于战场环境,除了具有一般机-电-液系统的特征外,还具有强冲击、高振动、宽温度变化和复杂电磁环境等工作环境复杂多变的特点(邹权,2015),其控制系统设计不仅要遵循系统工程的一般原则和方法,还要重视火炮自身特点,强调整体性、层次性、实用性和可扩展性。一般来说,在满足战技指标、研制周期和经费的条件下,车载炮控制系统的设计过程应遵循以下基本设计原则。

1) 强化总体设计,优化系统集成

总体设计对系统的整体性能和成本有重要影响,应按照任务书的要求进行概要设计,确定系统的主要功能、性能和组成等重要参数。车载炮系统结构复杂、驱动形式多样、工作模式多变,在控制系统设计过程中应强化总体设计意识,创新总体设计方法,统筹总体设计与系统集成,促进系统整体性与层次性融合,实现系统整体优化与协同。

2) 厘清任务剖面,提高模块化、标准化水平

一般来说,车载炮需要实现不同的作战任务,如行/战转换、弹药装填、调炮瞄准、击发控制等。控制系统在设计过程中应明确任务需求,以任务需求为导向厘清任务剖面,以任务剖面为基础规范任务流程,以任务流程为纲领优化任务分解,提高任务功能模块化和标

准化水平。

3）充分融合现有成熟技术和新技术，提高系统服役性能

在车载炮控制系统设计过程中，应充分利用现有成熟技术，并适当吸收国内外现有或类似产品的优点，以降低研制风险、缩短研制周期。此外，控制系统的设计还应重视新技术的使用，统筹协调系统功能配置，促进新老技术融合，提高系统服役性能。

4）强化可靠性和环境适应性设计，保障系统可靠服役

车载炮控制系统在强冲击、高振动、宽温度、大负载、紧耦合和复杂电磁环境等条件下运行，机构定位精度下降、定位时间超长、传感器松动、弹丸卡膛不到位等问题，是控制系统经常出现的故障，也是制约系统服役可靠性的重要因素。因此，在控制系统设计时，应充分考虑高温、低温、冲击、振动、湿热、淋雨等服役环境影响，建立真实可用的可靠性模型，制定合理可行的可靠性分配方案，落实元器件筛选、降额设计、热设计、环境防护设计和容错设计等可靠性设计方法，保障系统可靠服役。

5）强化容错设计，注重健康管理，保障系统安全运行

车载炮是一个复杂的机电液耦合系统，多个部件协同动作完成作战任务，任何部件的故障或性能下降都将会严重影响整个系统的运行安全性。控制系统设计时，应强化运动状态监测、速度/加速度限制、安全联锁、传感器状态监控等安全性设计措施，制定合理可行的故障诊断方案，提升设备健康管理水平，保障系统安全运行。

车载炮作为一类特殊的火炮武器系统，具有结构复杂、服役环境复杂、工作模式多变等特点，各部件的驱动方式也不尽一致。一般来说，车载炮常用的驱动方式有电驱动、液压驱动和气压驱动，其中液压驱动具有输出力矩/力大、传动平稳、响应速度快、抗过载能力强等特点，是车载炮常用的驱动方式。本节将介绍液压驱动的车载炮控制系统的设计。

11.3.6.1　电液伺服控制系统

电液伺服控制系统输入电信号，输出液压信号，形成闭环控制系统。它综合了液压控制系统显著的优点，如构成的大功率电液伺服系统具有加速性好、可形成较大的液压弹簧刚度、固有频率较高、响应速度快的优点，同时还具有电动控制中电子信号便于测量、校正与放大电气传感器种类多、易于实现各种参量的反馈、检测信号快、测量精度高、处理信号灵活、控制简便的优点（吴振顺，2008）。但是电液伺服控制系统也存在许多亟待解决的问题，诸如对油液的清洁度要求很高但工作时液压油易受污染、且电液伺服缸抗污染能力差、稍不注意即可能造成执行机构的堵塞、液压元件的制造精度要求及成本也很高、液压能源的远距离传输和获取不如电气系统方便、泄漏、油温的变化对系统性能影响都很大、系统噪声较大等缺点。

典型的伺服控制系统如图 11.3.13 所示，r 表示给定信号，y 表示位置输出，e 表示系统的伺服误差，u 表示控制信号，d 表示外界扰动，$K(s)$ 表示控制器的传递函数，$G(s)$ 表

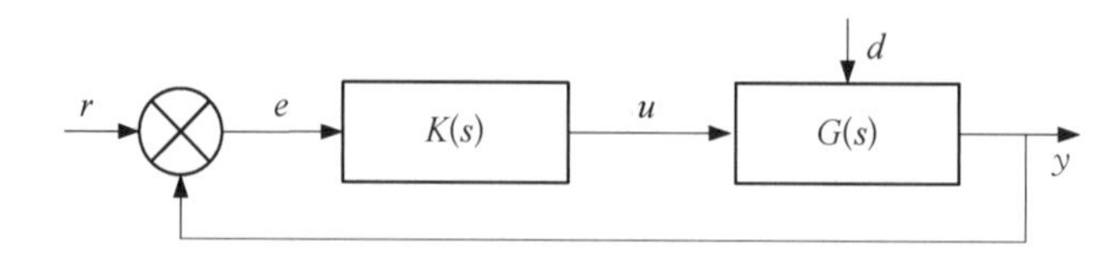

图 11.3.13　典型的伺服控制系统

示伺服控制系统的传递函数。伺服系统反馈控制器设计的目的是：设计控制器 $K(s)$ 使得系统的伺服误差 e 越小越好，而且存在外界扰动 d 作用时伺服系统的输出 y 能够快速平稳地跟踪给定信号 r。

电液伺服力控系统是典型的机、电、液一体化耦合的复杂系统，同一般的控制系统相比，存在非线性、参数时变以及外干扰引起的不确定性等因素。电液伺服系统控制的研究成果多集中在位置伺服系统控制，而伺服系统中对力的控制一直是难点，改善电液伺服系统的动态响应性能，提高系统精度，增强抗扰性，提高系统的动态负载刚度，满足多方面的应用需求是当前需要解决的主要问题。

电液力控伺服系统非线性因素体现在：① 电液伺服阀的非线性。电液伺服阀的死区特征引起的这种非线性将会对系统的稳态性能产生较大的影响，另外，还会产生系统滞后的特征。伺服阀流量增益也随着阀口的压差变化而变化。伺服阀零位附近存在的不灵敏性和最大开口附近的流量饱和特性，以及零偏特性、温漂、零漂和限幅特性、滞环特性也是电液伺服阀的主要非线性特性。② 液压缸的非线性。负载压力动特性方程涉及如油液的可压缩性、黏温特性等非线性，液压缸还存在泄漏和迟滞产生的死区特性、液压缸泄漏以及摩擦特性。其中摩擦特性的影响较大，这种非线性影响非常复杂，尤其影响系统的低速性能。液压系统的摩擦特征包括库仑摩擦力及黏性摩擦力，它们都会延长物体的运动趋势甚至阻止物体的运动。库仑摩擦力会产生系统的稳态误差，而黏性摩擦力在运动速度很高时是可以忽略的。③ 系统结构的非线性。电液伺服系统中流体的层流、管道的结构与几何形状构成系统的非线性。环境变化和工作条件导致的零漂问题，它通常不随时间的变化，主要包括温度零漂、回油压力零漂、供油压力漂、零值电流零漂等。④ 负载特性的非线性。在系统的动态特性中，负载特性产生固定的系统相位漂移。这种非线性特征直接影响系统的敏感性及稳态误差。另外难以直接测量的流量也会带来非线性问题，这些非线性因素都给系统控制增加了难度。

在电液伺服系统中，动态参数中流量增益、液压固有频率和液压阻尼比都直接影响到液压系统的稳定性和快速性；系统外界干扰变化、负载的变化以及温度变化引起的液压油黏性的变化等导致系统具有大量不确定性。

所有这些因素决定了液压系统不但具有非线性，而且存在严重时变性和不确定性。这些因素使得控制系统的动态特性非常复杂。正是由于电液伺服力控系统存在这些非线性和不确定性、时变的因素，要建立系统精确的数学模型比较困难。

综合考虑非线性和不确定性、时变的因素，设计合理的伺服控制系统至关重要。伺服控制算法是决定伺服系统性能的关键技术，系统的伺服带宽、干扰抑制性能、跟踪性能和鲁棒稳定性都是控制算法设计需要考虑的问题。为了满足高精度伺服控制系统的高性能要求，伺服控制算法从传统的控制算法（如 PI/PID 控制、超前滞后控制和前馈控制等），发展到先进的控制算法（如滑模变结构控制、内模控制、扰动观测器方法等）。各种控制算法都有其优点和缺点，本部分将从伺服系统的干扰抑制性能、跟踪性能和鲁棒稳定性等方面讨论常用的 PID 控制算法和本系统的滑模变结构控制算法。

11.3.6.2　PID 控制算法

PID 控制具有结构简单、实现容易等优点，广泛应用于工业过程控制、电机驱动、汽车和飞行控制等方面（刘金琨，2004）。标准的 PID 控制器的时域表达式为

$$u(t)=K_pe(t)+K_i\int_0^t e(t)\mathrm{d}t+K_d\frac{\mathrm{d}e(t)}{\mathrm{d}t} \tag{11.3.65}$$

PID 控制器的传递函数一般表示为

$$K_{\mathrm{PID}}(s)=K_p\left(1+\frac{1}{T_is}+T_ds\right) \tag{11.3.66}$$

式中，K_p 表示比例增益；K_i 表示积分增益；K_d 表示微分增益；T_i 和 T_d 分别表示积分时间常数和微分时间常数。PID 控制的结构图如图 11.3.14 所示，比例项的作用是对误差信号 e 提供整体的控制作用，积分项主要是通过低频积分补偿减小系统的稳态误差，而微分项则通过高频微分补偿提高系统的暂态响应。

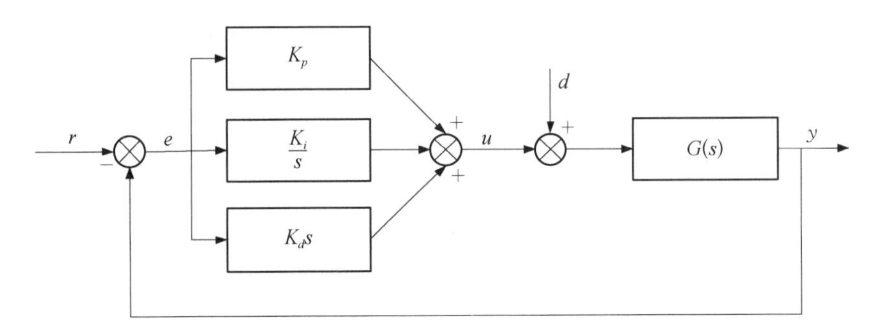

图 11.3.14　PID 控制的结构图

PID 控制算法中的比例项 P、积分项 I 和微分项 D 对闭环系统性能指标的影响，如表 11.3.2 所示：

表 11.3.2　PID 控制作用下的闭环性能

闭环响应	上升时间	超调量	调节时间	稳态误差
增大 K_p	减小	增大	稍微增大	减小
增大 K_i	稍微减小	增大	增大	大幅减小
增大 K_d	稍微减小	减小	减小	变化很小

尽管 PI/PID 控制在低阶线性系统或系统的伺服性能要求不高的情况下控制效果良好，但是对于高阶系统或带有不确定性和非线性的复杂系统会出现超调量过大、调节时间过长等现象，无法满足伺服系统的性能指标要求。PI/PID 控制算法在提高系统的伺服带宽时也会提高系统的高频增益，激励出系统的高频谐振不确定性，虽然系统的快速性得到显著提高，同时系统的高频振荡也会加剧，从而影响伺服系统的跟踪性能，甚至会破坏系统的稳定性。

11.3.6.3　滑模变结构控制算法

滑模变结构控制(Utkin,1977)是一种特殊的非线性控制策略，以其独特的优势为非线性系统的控制提供了一种解决方案。滑模变结构控制的非线性主要表现为控制的不连续性，即系统的"结构"并不固定，系统在运动过程中，可以有目的地改变系统当前的运动状态，迫使系统沿着规定的状态轨迹进行运动，这种人为规定的状态轨迹即为滑模面。由于滑模面可以根据系统特性进行设计，与系统参数摄动和外界干扰无关，因此沿着滑模面运动时系统具有优越的鲁棒性，对系统未建模扰动和外界未知干扰具有不变性。此外，滑模变结构控制物理实现简单，易于工程实现，因此广泛应用于复杂非线性控制领域。滑模变结构也有其固有的缺点，系统不是严格的沿着滑模面运动，而是在滑模面两侧来回穿越，这就会导致系统的抖振。所以当今滑模控制的一个重要的研究方向就是如何减弱或消除由于不连续控制量引起的抖振。尽管存在这一固有缺点，但滑模变结构控制因其强鲁棒性和抗干扰能力受到控制领域的青睐。经过多年的研究与发展，滑模变结构控制已经适用于确定性与不确定性系统、线性与非线性系统、集中参数与分布参数系统、连续与离散系统、集中控制与分散控制等。在实际工程应用中，滑模变结构也得到了推广与应用，如电机与电力控制（张晓光，2014）、机器人控制（徐传忠，2012）、武器控制系统（岳才成，2018）等。

1）滑模变结构控制的基本原理

首先假定系统的状态方程为

$$\dot{x}=f(x,\ u,\ t),\ x\in R^n,\ u\in R^m,\ t\in R \tag{11.3.67}$$

其中，x 为状态变量；u 为控制函数。在系统的状态空间中定义一个超曲面 $s(x)=s(x_1,\ x_2,\ \cdots,\ x_n)=0$，如图 11.3.15 所示。

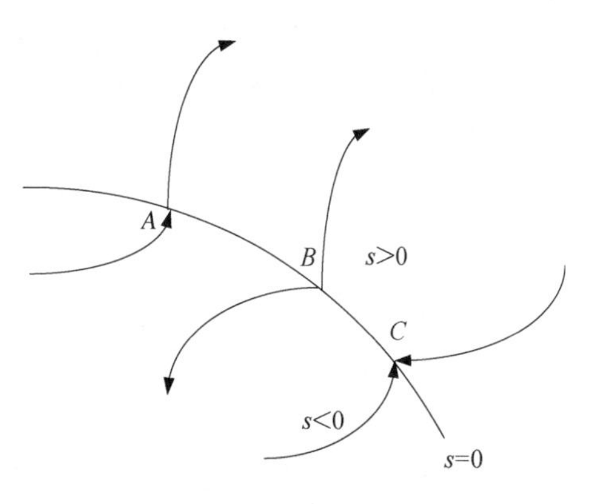

图 11.3.15　超曲面上三种点的特性

状态空间被该曲面分为两个部分 $s>0$ 及 $s<0$，且经过该切换面的点有三种运动情况，分别如图中 A 点、B 点、C 点三类运动。其中，A 点属于穿过曲面的运动，这类点被称为通常点。B 点到达曲面附近时向曲面两边远离运动，这类点为起始点。而 C 点属于终止点，即从曲面的两侧向曲面上的点运动。对于滑模变结构控制而言，终止点的意义重大。因为若该曲面上所有的点都是终止点的话，运动点到达该曲面附近时便会被吸引到该曲面附近区域运动。此时，曲面上全部为终止点的区域被叫作"滑动模态区"，简称为"滑模"区，而系统沿着滑模区所做的运动被称为"滑模运动"，系统从初始状态运动到滑模区的运动称为"趋近运动"。

根据上述分析可知，当运动点到达滑模区时，满足如下条件：

$$\lim_{x\to 0} s\dot{s}\leqslant 0 \tag{11.3.68}$$

若取 Lyapunov 函数为

$$V(x_1,\ \cdots,\ x_n)=[s(x_1,\ \cdots,\ x_n)]^2 \tag{11.3.69}$$

因为在滑模区式（11.3.69）是正定的，根据式（11.3.68）知式（11.3.69）的导数是负半定的，因此系统稳定于条件 $s=0$。在设计滑模函数 $s(x)$ 后，根据式（11.3.67）便可求解控制函数：

$$u=\begin{cases}u^{+}(x), & s(x)>0\\ u^{-}(x), & s(x)<0\end{cases} \tag{11.3.70}$$

其中，$u^{+}(x)\neq u^{-}(x)$，使得滑动模态存在，即式(11.3.70)成立，且在有限时间内切换面外的点能够到达切换面，并且保证滑模运动的稳定性，满足以上三个条件的控制叫做滑模变结构控制。

2）滑模变结构基本设计方法

滑模变结构控制器的设计主要在于滑模面的设计，趋近律的选择以及控制律的求解，其设计步骤如图 11.3.16 所示。

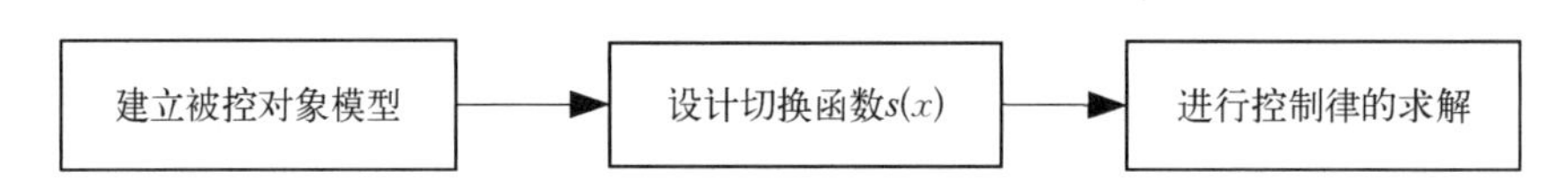

图 11.3.16　滑模变结构控制器的设计步骤

滑模运动包括趋近运动和滑模运动两个过程。系统从任意初始状态趋向切换面，直到到达切换面的运动称为趋近运动，即趋近运动为 $s\to 0$ 的过程。根据滑模变结构原理，滑模可达性条件仅保证由状态空间任意位置运动点在有限时间内到达切换面的要求，而对于趋近运动的具体轨迹未作任何限制，采用趋近律的方法可以改善趋近运动的动态品质(高为炳,1996)。这里介绍几种典型的趋近律，它们都满足滑模到达条件 $s\dot{s}<0$。

(1) 等速趋近律。

$$\dot{s}=-\varepsilon\,\mathrm{sgn}s,\ \varepsilon>0 \tag{11.3.71}$$

其中，ε 为常数，表示趋近运动的速度；ε 越小，趋近运动速度越慢；ε 越大，趋近速度越大，到达滑模面越快，但是到达滑模面后运动点速度依旧较大，导致抖振越大。

(2) 指数趋近律。

$$\dot{s}=-\varepsilon\,\mathrm{sgn}s-ks,\ \varepsilon>0,\ k>0 \tag{11.3.72}$$

其中，$\dot{s}=-ks$ 是指数趋近项，它能够保证以较快的速度趋近滑模面，而到达滑模面时的速度又很小，抖振较小。等速趋近项 $\dot{s}=-\varepsilon\,\mathrm{sgn}s$ 保证运动在有限时间内运动到滑模面而不是无限地做趋近运动。为了获得较小的抖振和较大的趋近速度，在增大 k 同时应该缩小 ε。

(3) 幂次趋近律。

$$\dot{s}=-k\,|s|^{\alpha}\mathrm{sgn}s,\ 1>\alpha>0,\ k>0 \tag{11.3.73}$$

幂次趋近律关键在于 α 值的调整，合适的 α 值能够保证系统以较大的趋近速度，同时在到达滑模面时拥有较小的控制增益。

除了上述典型的趋近律外，还有各种改进的趋近律，这里不再一一介绍。

下面进一步介绍几种典型的滑模函数：

(1) 常规滑模函数。

$$s(x)=cx=\sum_{i=1}^{n-1}c_i x_i+x_n \tag{11.3.74}$$

其中，$x_i = x^{(i-1)}(i = 1, 2, \cdots, n)$ 为系统状态及其各阶导数；参数 $c_1, c_2, \cdots, c_{n-1}$ 应使多项式 $p^{n-1} + c_{n-1}p^{n-2} + \cdots + c_2 p + c_1$ 为赫尔维茨多项式，其中 p 为 Laplace 算子。

（2）积分滑模函数。

$$s(x) = c_0 \int_{-\infty}^{t} x \mathrm{d}\tau + cx \tag{11.3.75}$$

在滑模面上运动时，根据是 $s(x) = 0$，且令 $t = 0$ 得

$$c_0 \int_{-\infty}^{t} x(\tau) \mathrm{d}\tau = \frac{c_1 x + c_2 x^{(1)} + \cdots + x^{(n)}}{c_0} \tag{11.3.76}$$

从上式可知，系统的初始状态为常值，且可以通过系数的合理选择，使得系统初始状态处于滑模区，从而提高系统全局鲁棒性，消除系统稳态误差。

（3）动态滑模函数。

$$s(x) = x_1 + cx_2 \tag{11.3.77}$$

其中，$\dot{x}_1 = x_2$，动态滑模函数引入了微分项，微分具有削弱系统抖振的作用，但是微分对噪声敏感，导致系统容易受到噪声干扰。

在前面讨论的基础上，下面来讨论滑模变结构控制设计方法。假设某系统的二阶状态方程如下式所示：

$$\dot{x} = Ax + Bu + Dd \tag{11.3.78}$$

其中，$x \in R^2$ 表示系统的状态，$x_1 = \theta$ 表示系统的角度位置，$x_2 = \dot{\theta}$ 表示系统的角速度，$u \in R$ 表示系统的控制输入，$d \in R$ 表示扰动以及摩擦力矩的影响，且有

$$A = \begin{bmatrix} 0 & 1 \\ -a_1 & -a_2 \end{bmatrix}, B = \begin{Bmatrix} 0 \\ b \end{Bmatrix}, D = \begin{Bmatrix} 0 \\ \Delta \end{Bmatrix} \tag{11.3.79}$$

选用常规滑模函数：

$$s = c_1 e_1 + e_2 \tag{11.3.80}$$

其中，e_1 为角度位置误差，$e_1 = \theta - \theta_r$；e_2 为角速度误差，$e_2 = \dot{\theta} - \dot{\theta}_r$；$\theta_r$ 和 $\dot{\theta}_r$ 分别表示期望位置和速度。

选取趋近律。对于指数趋近律 $\dot{s} = -\varepsilon \mathrm{sgn}s - ks$，指数项 $-ks$ 可加快系统到达滑模面的时间，常速项 $-\varepsilon \mathrm{sgn}s$ 可使趋近律满足可达性条件，而为了削弱抖振，可在增大 k 的同时减小 ε；对于幂次趋近律 $\dot{s} = -\rho |s|^{\alpha}$ 在即将达到滑模面时速度放缓，有利于削减抖振。

滑模运动不仅包括沿着滑模面的滑模运动，还包括系统从初始状态运动到滑模面的趋近运动。趋近运动具体轨迹具有选择性，合理的趋近律不仅可以使系统以较快的响应速度运动到滑模面，而且趋近滑模面时速度较小，从而达到响应速度快且削弱抖振的目的。为了提高系统的动态响应性能，改善趋近运动的动态品质，将指数趋近律与幂次趋近律作组合为指幂趋近律，使其具有快速到达滑模面和减少抖振的效果。指幂趋近律如下：

$$\dot{s} = -\rho |s|^{\alpha} \mathrm{sgn}s - ks, \ \rho > 0, \ 0 < \alpha < 1 \tag{11.3.81}$$

滑模存在稳定的基本条件，可利用 Lyapunov 稳定性理论进行分析，取 Lyapunov 函数：

$$V(x) = \frac{1}{2}s^2,\ s \neq 0 \tag{11.3.82}$$

则，

$$\dot{V}(x) = s\dot{s} \tag{11.3.83}$$

当 $s > 0$ 时，

$$\dot{V}(x) = s\dot{s} = (-\rho s^{\alpha} - ks)s < 0 \tag{11.3.84}$$

当 $s < 0$ 时，

$$\dot{V}(x) = s\dot{s} = (\rho\ |s|^{\alpha} - ks)s = -\rho\ (-s)^{\alpha+1} - ks^2 < 0 \tag{11.3.85}$$

由于滑模变结构控制的可达性条件为 $s\dot{s} < 0$，所以保证 $\dot{V}(x) < 0$ 即能保证系统进入滑动模态，即进入滑模面后系统进入滑模运动。

对滑模函数式(11.3.80)进行求导，可得

$$\begin{aligned}\dot{s} &= c_1\dot{e}_1 + \dot{e}_2 = c_1\dot{e}_1 + (\ddot{\theta} - \ddot{\theta}_r) = c_1\dot{e}_1 - \ddot{\theta}_r + \dot{x}_2 \\ &= c_1\dot{e}_1 - \ddot{\theta}_r - a_1\theta - a_2\dot{\theta} + bu + \Delta d\end{aligned} \tag{11.3.86}$$

根据指幂趋近律(11.3.81)和滑模函数的导数(11.3.86)，即可得到伺服控制系统的控制律：

$$u = \frac{1}{b}(-c_1\dot{e}_1 + \ddot{\theta}_r + a_1\theta + a_2\dot{\theta} - \Delta d - \rho\ |s|^{\alpha}\mathrm{sgn}s - ks) \tag{11.3.87}$$

3）滑模变结构控制器的改进

在滑动模态控制系统中，如果控制结构的切换具有理想的开关特性，则能在切换面上形成理想的滑动模态，这是一种光滑的运动，渐进趋近于原点。但在实际工程中，由于存在时间上的延迟和空间上的滞后等原因，使得滑动模态呈抖振形式，在光滑的滑动上叠加了抖振。理想的滑动模态是不存在的，现实中的滑动模态控制均伴随有抖振，抖振将会加剧系统磨损、激发高频未建模动态，甚至引起系统不稳定，是影响滑动模态控制广泛应用的主要障碍。

准滑动模态(Slotine et al.,1983)，是指系统的运动轨迹被限制在理想滑动模态的某一 Δ 领域内的模态。从相轨迹方面来说，具有理想滑动模态的控制是使一定范围内的状态点均被吸引至切换面。而准滑动模态控制则是使一定范围内的状态点均被吸引至切换面的某一 Δ 领域内，通常称此 Δ 领域为滑动模态切换面的边界层。在此边界层内，准滑动模态不要求满足滑动模态的存在条件，因此准滑动模态不要求在切换面上进行控制结构的切换。它可以是在边界层上进行结构切换的控制系统，也可以是根本不进行结构切换的连续状态反馈控制系统。这里，我们用连续状态反馈控制系统，用饱和函数 $\mathrm{sat}(s)$ 代替理想滑动模态中的符号函数 $\mathrm{sgn}\ (s)$。

$$\mathrm{sat}(s) = \begin{cases} 1, & s > \Delta \\ ks, & |s| \leqslant \Delta, k = \dfrac{1}{\Delta} \\ -1, & s < \Delta \end{cases} \tag{11.3.88}$$

其中 Δ 称为“边界层”。

饱和函数 sat(s) 如图 11.3.17 所示。饱和函数的本质为：在边界层外，采用切换控制；在边界层之内，采用线性化反馈控制。

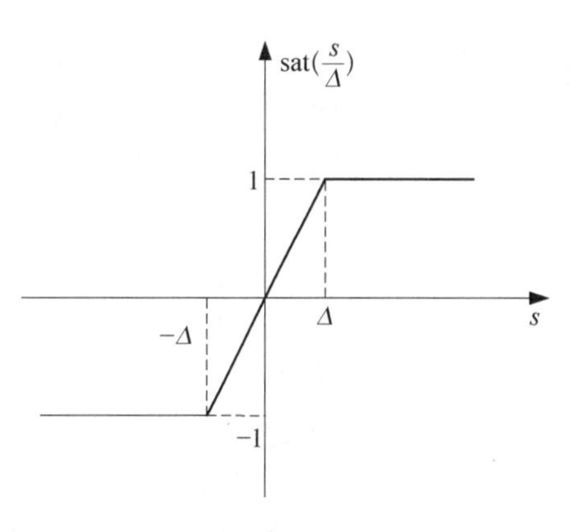

图 11.3.17　饱和函数

11.4　信息与控制系统详细设计

11.4.1　系统总体设计

系统总体设计如图 11.4.1 所示。

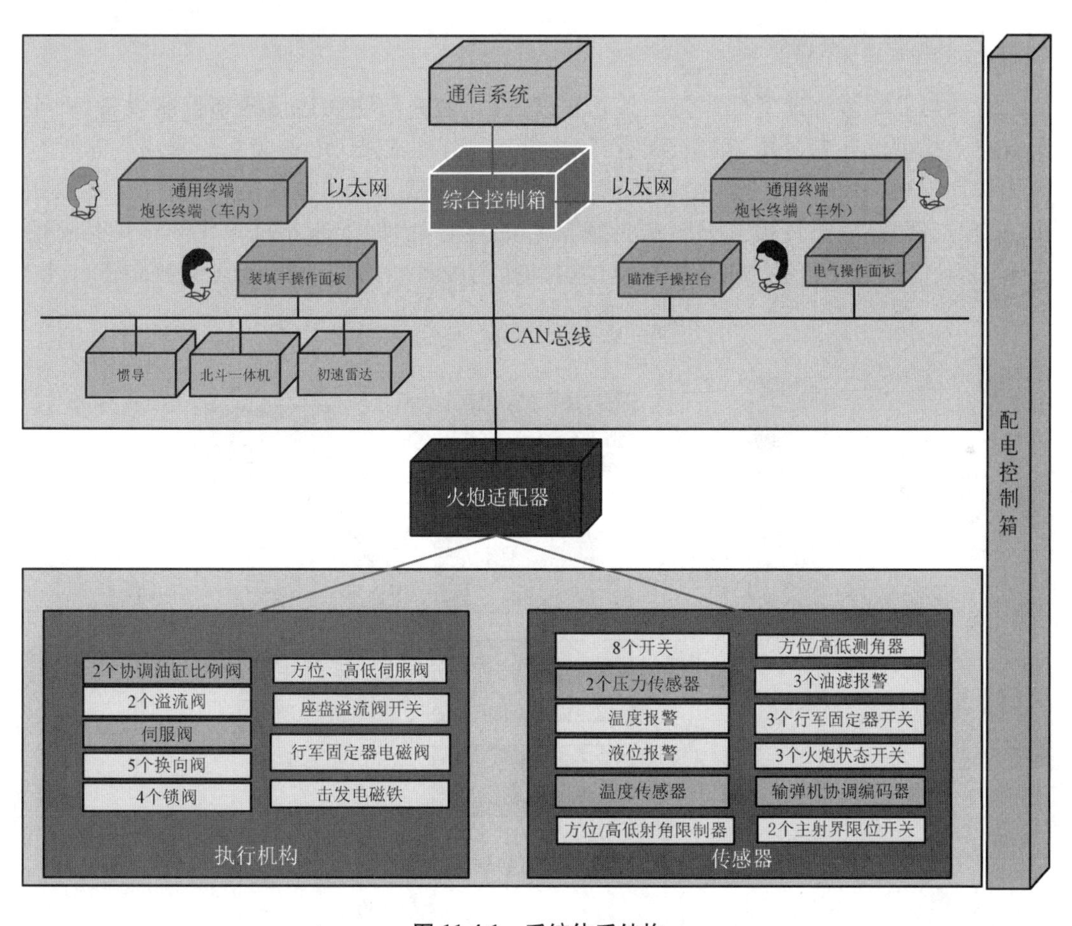

图 11.4.1　系统体系结构

在总体设计中，全炮控制系统按照通用火控的体系架构进行设计，构建基于“以太网+CAN 总线”的双层新型通信网络架构，以综合控制箱为核心处理单元，以通用终端（车内、车外炮长终端）为主要人机交互设备。控制系统组成按功能分区划分为以下五类。

（1）对外通信设备：包括电台、通信网络控制设备、炮班通信系统。

（2）核心处理设备：综合控制箱为核心处理设备，采用现场可更换模块设计，包括电源变换模块、网络交换模块、任务服务模块、记录检测模块、调炮控制模块。

（3）人机交互设备：包括炮长终端（车内、车外）、瞄准手操控台、电气操作面板、装填手操作面板。

（4）输入输出适配模块：火炮适配器。

（5）传感器、电气执行组件：包括火炮所有离散 I/O 信号、方位/高低测角器、方位/高低射角限制器、初速测量雷达、北斗一体机、惯导、液压传感器、行军固定器、伺服阀、比例阀、开关阀等组件。

信息与控制系统组成包括综合控制箱、炮长终端（车内、车外各一台）、随动系统、炮班通信系统，初速测量雷达、超短波电台、通信网络控制设备、陆军车载抗干扰型北斗差分用户机、车载惯性定位定向导航装置、电气系统、液压系统。

11.4.2 通信系统设计

信息与控制系统选型炮兵防空兵超短波电台、炮兵防空兵通信网络控制设备、陆军车载抗干扰型北斗差分用户机实现有线/无线方式下的数据、语音交互。采用火指控一体化设计思想，基于战术互联网的通信链路编址方式接入炮防指控链，实时完成逐级指挥、接替指挥、越级指挥模式下射击指挥信息的融合处理，实现指挥信息与火炮信息的无缝对接、信息与控制系统对指挥信息的自动执行处理。通信功能原理示意如图 11.4.2 所示。

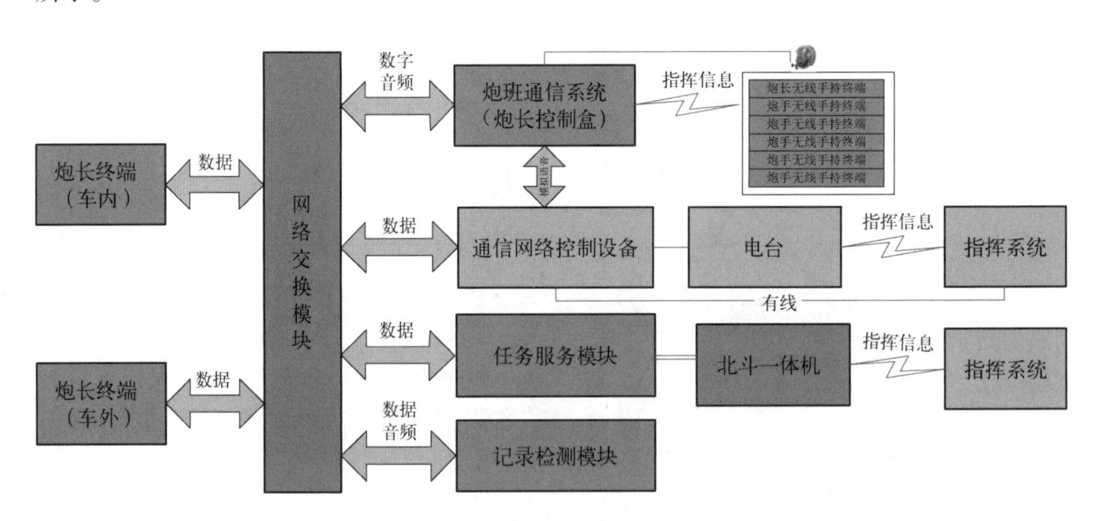

图 11.4.2 通信功能原理图

11.4.2.1 与指挥系统数据交互

信息与控制系统能够通过有线/无线方式接收连指挥系统、营指挥系统、合成指挥系统下发的射击指挥命令，综合控制箱对各类指挥控制命令进行融合处理，完成校验、解包后，由炮长终端显示，同时通过无线通话器将报文指令以话音方式自动传送至炮长，炮长根据指挥控制命令执行相应的动作；反之，操作炮长终端上报报文时，由任务服务模块组包、增加校验后经有线/无线通信设备发送至各级指挥系统。

在通信工况较差或者电台受干扰时，信息与控制系统通过北斗一体机与各级指挥系统完成指挥短报文通信。

11.4.2.2　与指挥系统语音交互

在综合控制箱中设计远程拨号功能，能够在车外炮长终端上完成对通信网络控制设备进行远程拨号、挂机、摘机等操作。炮班通信系统的炮长控制盒接入通信网络控制设备的语音接口，通过有线/无线设备与指挥系统进行语音通信。有线方式下，炮长与上级指挥系统之间为全双工通话；无线方式下，炮长与上级指挥系统为半双工通话，受 PTT 开关控制。

同时能够在车外炮长终端上完成对电台的直呼控制操作，炮长通过炮长通话器 PTT 按键控发电台，完成与上级指挥系统之间的半双工通话。

11.4.2.3　炮班乘员内部语音交互

炮班乘员之间语音通信由炮班通信系统实现，通过无线通话器完成乘员之间全双工语音通信。炮班通信系统语音通信原理如图 11.4.3 所示，默认情况下，炮长佩戴炮长通话器，语音信息通过炮班内部无线方式发送至炮长控制盒，由炮长控制盒通过电台/通信网络控制设备对外通话。当无线受干扰时，炮长通话器可以采用有线方式连接炮长控制盒与上级指挥系统通信，并且炮长可操作通话器按键或者炮长终端关闭无线传输信道，开启语音拾取功能，实现无线干扰下的内部通话功能。

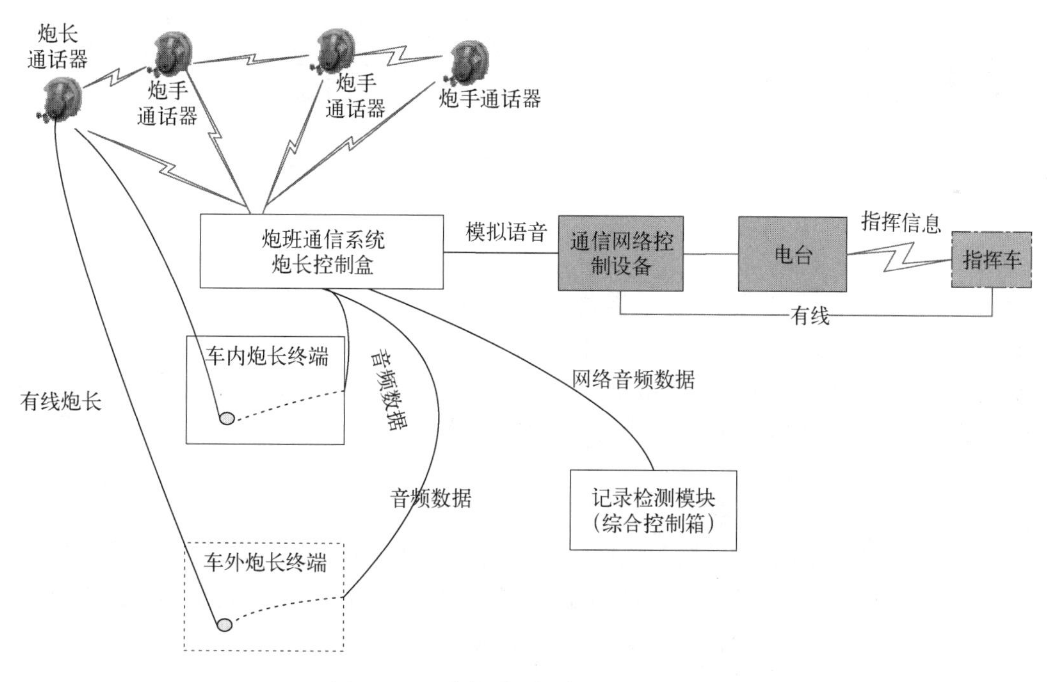

图 11.4.3　内部乘员语音交互设计原理

炮长通话器、炮手通话器开机后，默认为“炮手通”状态。在炮手通状态下，炮班人员能够在网内进行全双工无线通话，炮手也可以接听到炮长与上级指挥系统的通话。

炮长通过操作胸前开关或炮长通话器上（炮手断）功能键，可由“炮手通”状态转换为“炮手断”状态。在“炮手断”状态下，炮手不能听到上级指挥系统的话音，炮长按 PTT 键发话时,炮长和炮手之间话音传递被强制双向隔离,但炮长不按 PTT 键时可与炮手正常通话。

炮长按炮长通话器 PTT 键与上级指挥系统通话时,炮长通话器不接收炮手乘员的话音,在紧急情况下,炮手可按炮手通话器 PTT 键强插向炮长汇报战场情况。

11.4.3 调炮流程设计

自动调炮控制由综合控制箱调炮控制模块、综合控制箱任务服务模块、火炮适配器、卫星定向导航系统、方位测角器、高低测角器、方位伺服阀、高低伺服阀等设备完成,如图 11.4.4 所示。

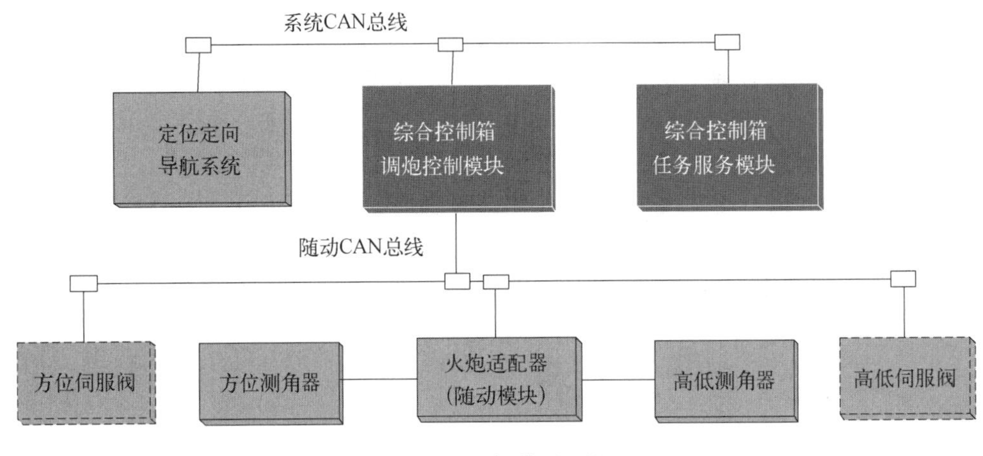

图 11.4.4 调炮原理图

11.4.3.1 自动调炮流程

炮长操作炮长终端完成射击诸元解算所需参数的输入,或者接收上级下达的目标诸元口令,发起自动调炮过程,综合控制箱对数据进行有效性判断、弹道解算、解耦控制,计算出随动主令,火炮适配器对随动主令进行调节输出流量大小控制命令,由方位伺服阀和高低伺服阀接收并完成火炮的液压驱动。在调炮过程中,惯导完成火炮在大地坐标系下方位、俯仰、横滚角度的采集,方位测角器、高低测角器完成炮塔平面下的方位、高低角度的采集。

11.4.3.2 降级调炮流程

根据可能出现的故障,火控系统设计了不同的降级调炮流程。当惯导故障导致不能定向时,可以根据报瞄计算结果,进行半自动或手动调炮瞄准;当随动故障不能控制调炮时,可以根据瞄准手操控台目标差量,进行手动调炮瞄准。

1）惯导故障时的调炮流程

当惯导故障或其他故障导致火炮不能自动调炮时,火控系统可以进行降级使用。降级调炮时,根据阵地准备阶段确定的瞄准点分划和上级下达的射击诸元信息,火控系统进行报瞄计算,并发送基于瞄准点分划的报瞄信息至瞄准手操控台,瞄准手根据瞄准手操控台显示的报瞄信息(方向分划、表尺、倒计时),对瞄准具和瞄准镜进行装定,操作瞄准手操控台手柄,控制火炮半自动瞄准。或者手动操作方位手轮、高低手摇泵进行瞄准。

2）随动故障时的手动调炮流程

根据阵地准备阶段确定的瞄准点分划、基准射向和上级下达的射击诸元信息，火控系统进行报瞄计算，并发送基于瞄准点分划的报瞄信息至瞄准手操控台，瞄准手根据瞄准手操控台显示的报瞄信息（方向分划、表尺、倒计时），对瞄准具和瞄准镜进行装定，手动操作方位手轮、高低手摇泵进行精确瞄准。

11.4.4 寻北与导航功能设计

11.4.4.1 坐标系选择

在设计中，系统坐标系采用2000国家大地坐标系（CGCS2000），高程系统采用黄海高程系统；惯导输入/输出为CGCS2000坐标系下大地坐标；北斗输出为CGCS2000坐标系下的大地直角坐标，高程输出为海拔；导航地图符合军用2.0格式地图。

11.4.4.2 惯导启动与寻北流程

惯导启动、寻北功能由惯导完成。惯导的启动和寻北操作通过炮长终端来实现，炮长终端对惯导的操作和显示主要包括：

（1）能够显示惯导当前状态，包括未知、启动中、启动完毕、正在寻北、导航中、导航超时六种状态；

（2）能够通过采集卫星定位信息、读取校正点和人工输入三种方式装定惯导初始坐标；

（3）能够根据作战需求选择静态寻北或动态寻北，并发送开始寻北命令，启动惯导静态寻北或在行进状态下寻北，寻北完成后显示导航信息。

11.4.4.3 导航功能

系统具备北斗导航、惯导导航、组合导航三种方式，导航工作原理如图11.4.5所示。

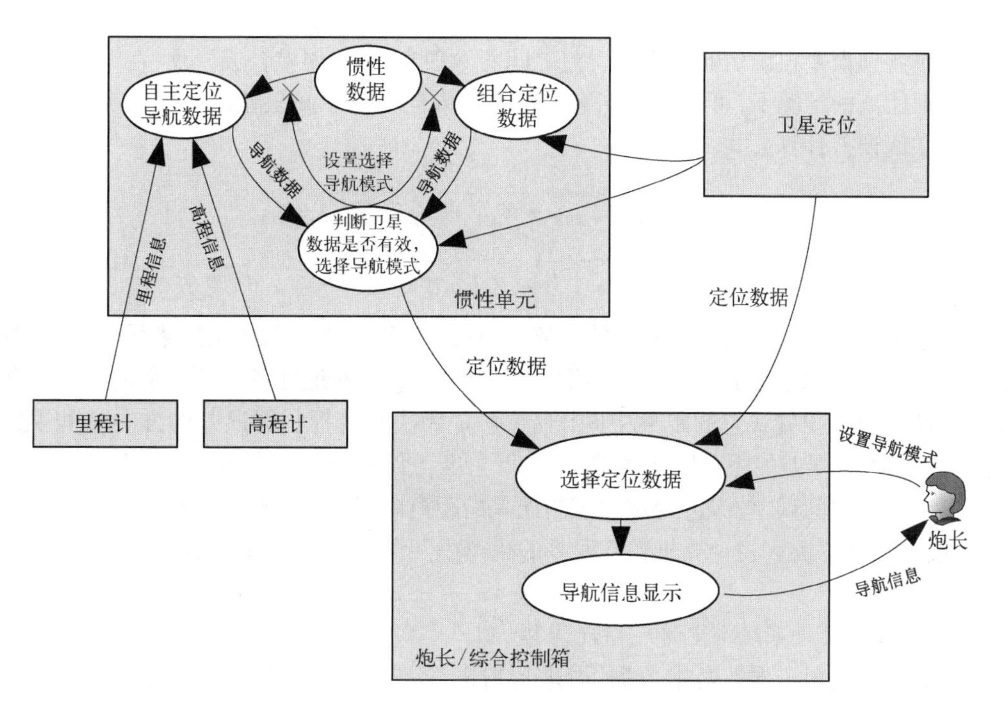

图11.4.5 导航工作原理图

系统默认组合导航方式,组合导航功能由惯导完成。当北斗定位和惯导定位都有效时采用组合导航;在北斗定位失效时采用惯导导航;当北斗定位有效,惯导定位失效时采用北斗导航。

11.4.5 系统误差

11.4.5.1 系统误差分析

决定射击诸元需进行许多测量、计算,故产生了诸元误差。在火控系统保障条件下,影响火炮系统决定诸元精度的误差主要包括:

(1) 测地准备误差:包括决定阵地、观察所坐标及高程、赋予观察器材基准射向的误差。系统采用北斗、惯性定位定向系统快速自动定位、定向。

(2) 决定目标位置误差:包括决定目标坐标及高程误差、决定观察所位置及赋予观察器材基准射向的误差。在确定目标坐标时,系统采用炮位雷达和综合观测仪等先进设备。

(3) 弹道准备误差:包括决定装药温度误差、装药批号初速偏差量误差、火炮初速偏差量以及某些弹道特性所引起的距离诸元误差。这些误差将使距离修正量产生误差,从而导致决定诸元产生误差。

(4) 气象准备误差:包括决定气压偏差量、弹道温偏、弹道风的误差,这些误差将引起修正量产生误差,从而导致决定诸元产生误差。

(5) 火控计算机解算误差:此项误差反映计算机求解射击诸元时,由于模型误差、计算误差而产生误差,是一种高低、方向上都有的误差。

(6) 自动调炮误差:火炮负载惯量、传动间隙及摩擦力影响,随动调炮存在调炮误差。

由于各项误差根源引起的诸元误差之间两两独立,根据误差合成原理,在给定一定的装药和射距离的情况下,可计算出单炮的距离和方向上的中间误差。火控系统决定诸元误差的中间误差计算公式:

$$E_d = \sqrt{E_{dCD}^2 + E_{dMB}^2 + E_{ddd}^2 + E_{dqx}^2 + E_{ddp}^2 + E_{dhs}^2} \tag{11.4.1}$$

$$E_f = \sqrt{E_{fCD}^2 + E_{fMB}^2 + E_{fqx}^2 + E_{fdp}^2 + E_{fhs}^2} \tag{11.4.2}$$

式中, E_d 为火控系统决定诸元误差的距离中间误差; E_f 为火控系统决定诸元误差的方向中间误差; E_{dCD} 为测地准备误差的距离中间误差; E_{fCD} 为测地准备误差的方向中间误差; E_{dMB} 为决定目标位置误差的距离中间误差; E_{fMB} 为决定目标位置误差的方向中间误差; E_{ddd} 为弹道难备误差的距离中间误差; E_{dqx} 气象准备误差的距离中间误差; E_{fqx} 为气象准备误差的方向中间误差; E_{ddp} 为调炮控制误差的距离中间误差; E_{fdp} 为调炮控制误差的方向中间误差; E_{dhs} 为火控计算机解算误差的距离中间误差; E_{fhs} 为火控计算机解算误差的方向中间误差。

11.4.5.2 火控系统决定诸元精度计算

首先计算出射击误差基本数据,即进行射击误差分析,各种误差源中间误差数据见表 11.4.1。以常用射程 25 km 为例,距离误差为 37.5 m,方向误差 1.4 密位。

表 11.4.1　火控系统各误差源

科　目	区　　分	中间误差
定位	北斗惯导定位精度	坐标：≤10 m(圆概率) 高程：≤10 m
定向	寻北精度	寻北误差：≤1 密位
	保持精度	保持精度：≤0.5 密位/h
观测目标	定位精度	坐标：≤10 m(圆概率) 高程：≤10 m
	测距精度	≤5 m
	测角精度	≤1 密位
药温	药温计	1℃
气象探测	气温	0.5℃
	气压	0.26 mmHg
	风速	0.5 m/s
解算误差	弹道计算	距离：≤0.04%倍炮目距离 方向：≤0.5 密位
自动调炮	调炮到位误差	方向≤0.7 密位 高低≤0.7 密位

11.4.6　安全联锁设计

11.4.6.1　允许调炮安全联锁

1）联锁判断过程

火控系统调炮过程主要包括阵地设置有关计算(遮蔽顶计算、最低表尺判断、方向边界判断)、火炮稳定性(倾斜姿态、调炮范围)及其他调炮联锁信号(大架状态、弹盘状态、身管状态、装填状态、击发状态)等。

火炮调炮安全主要由综合控制箱、火炮适配器等设备完成。

2）综合控制调炮判断

在自动状态下,综合控制箱进行弹道解算得到射击诸元,进行遮蔽顶计算、最低表尺计算、方向射界判断,当弹道均可通过时,输出调炮诸元;操瞄解算模块接收到调炮诸元,采集惯导输出的方位、姿态信息进行解耦,解算出炮塔平面下的调炮主令,然后进行自动调炮范围判断,并获取电气输出的调炮允许状态,在允许调炮时输出自动调炮主令。在半自动状态时,由瞄准手操控台输出半自动调炮主令。

3）电气联锁判断

允许调炮的电气联锁判断由火炮适配器电气管理模块完成。满足以下条件则输出允许调炮，任一条件不满足则禁止调炮：

（1）大架不在初位信号（左右大架放下）；

（2）行军固定器抱爪未抱住身管（即抱爪打开或身管已抬起）；

（3）不在装填过程；

（4）不在射击过程（射击过程指击发信号给出后 2 s 内）；

（5）弹盘在初位；

（6）装填装置在接弹位；

（7）身管在允许调炮区域。

11.4.6.2　允许装填安全联锁

允许装填的电气联锁判断由火炮适配器电气管理模块完成。满足以下条件则允许装填，任一条件不满足则禁止装填：

（1）膛内无弹（未装弹完成）；

（2）开闩到位；

（3）复进到位；

（4）不在调炮过程；

（5）前一发后坐未超长；

（6）预设保险断开；

（7）身管在允许装填区域。

11.4.6.3　允许射击安全联锁

1）击发联锁判断

允许射击的电气联锁判断由火炮适配器电气管理模块完成。满足以下条件则允许射击，任一条件不满足则禁止射击（预留输弹机输弹速度联锁接口）：

（1）在允许射击区域内；

（2）不在调炮过程；

（3）弹盘在初位；

（4）关闩到位；

（5）前一发后坐未超长；

（6）自动瞄准到位；

（7）复进到位。

2）击发控制设计

击发控制分为车上击发和车外远程击发控制两种方式，车上击发由瞄准手操控台的击发按钮控制，车外远程击发由车外击发装置（预留有该设备接口）控制。

当允许射击条件具备后，操作手打开预射保险，按下击发按钮，控制配电控制箱击发接触器加电，驱动击发电磁铁完成电击发动作。

火炮击发操作的安全性措施：

（1）当允许射击有效后，瞄准手操控台预射保险开关不打开，按下击发按钮无效；

（2）瞄准手操控台预射保险开关不打开，车外击发电路整体无效，实现车上保险优先，防止车外击发人员误击发；

(3) 击发控制接触器的控制信号为完全硬件信号，不通过软件控制输出，必须在击发按钮按下时才有效，提高了击发控制信号的抗干扰能力；

(4) 在采集击发控制信号的电路中，串接"防干扰二极管"，防止采集电路因电磁干扰产生误击发信号。

11.4.7 供配电设计

配电系统主要由供电电源和配电管理系统组成，其功能是向各个分系统初级供电，并显示、检测供电的品质。供电电源主要由主机电源和辅机电源组成，主机电源与底盘的发动机相连接，向武器系统的全体用电设备提供电源；辅机电源主要由汽油或柴油发电机组成，在主机电源供电品质达不到要求时，自动切换到辅机电源并向武器系统的全体用电设备提供电源，对于耗电较少的武器系统也可使用蓄电池进行供电。配电管理系统的主要功能是：对输入的电源电压进行采样处理，将处理后的电压值编译为显示驱动信号，发送到通信系统；实时监控电压电流，具有过压报警、过流报警、短路报警、过热报警功能，并可通过通信系统上报各节点状态，接收软件的复位指令，实现配电软复位。

11.4.8 行战转换流程设计

炮车进入阵地后，炮长给相关单体上电、驾驶员概略对准基准射向后停车、设置取力、火炮设置、弹药准备、保持发动机指定转数、成员下车，开始一键行军到战斗转换。炮长通过人机交互系统发出一键战斗的指令，电气系统控制火炮实现行战转换动作，包括大架放列、输弹机解脱、身管放列、千斤顶放列、座盘放列动作。行/战转换过程，如图 11.4.6 所示。首先

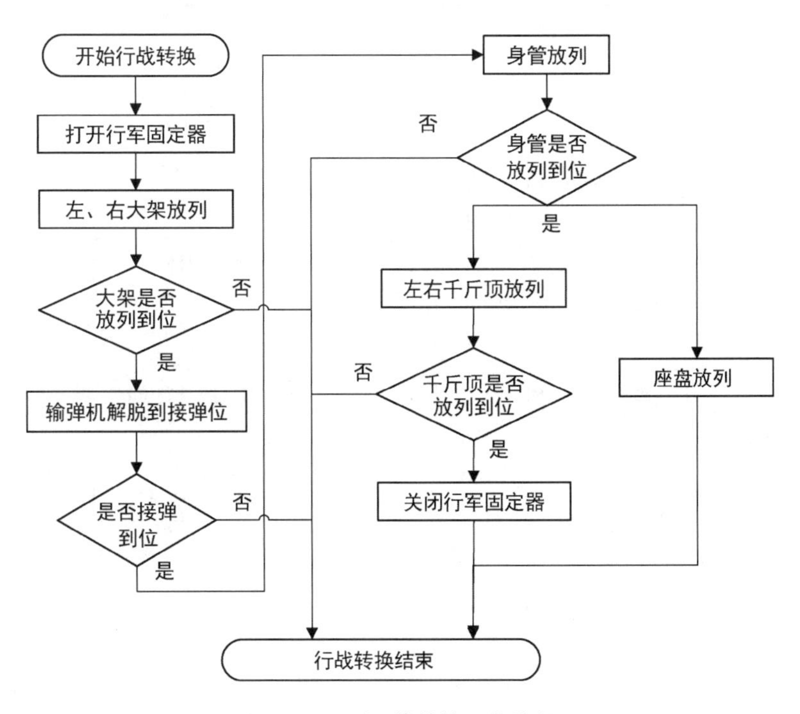

图 11.4.6　行/战转换工作流程

身管行军固定器解锁,然后发送左、右大架放列的指令到大架换向阀,左、右大架放列,大架放列到位后判断联锁关系,发送指令到协调伺服阀和翻盘比例阀,输弹机解脱至接弹位,接弹到位后决策系统发出随动调炮指令,将其发送到高低、方位伺服阀,随动控制火炮从行军固定位调至放列位,后发送放列指令至千斤顶换向阀和座盘球阀,左、右千斤顶放列,同时放下座盘,千斤顶、座盘放列到位后,关闭行军固定器,火力控制系统向决策系统发送行战转换完成的信息,行/战转换完毕。战/行转换流程与此流程相反,具体流程不再给出。

11.4.9 弹丸装填流程设计

车载炮的弹丸装填过程包括接弹、协调、翻入、输弹、伸链、收链、翻出等动作,如图 11.4.7 所示。当按下"启动"按钮后,电气系统开始实施自动装填任务,首先判断开闩和复进是

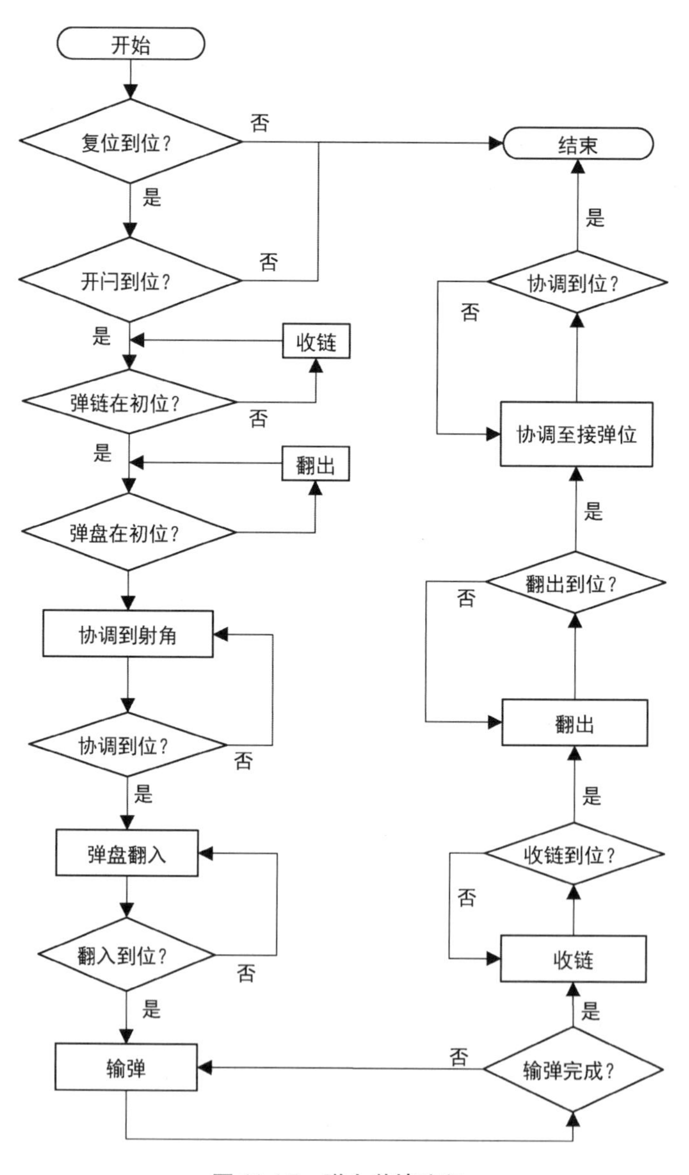

图 11.4.7 弹丸装填流程

否到位，如果两者中有任何一个未到位则结束装填流程，两者均到位则根据当前身管指向依次进行输弹机协调、弹盘翻入、输弹、输弹链条收回、弹盘翻出、输弹机协调至接弹位等动作，进而完成整个弹丸装填流程。

11.4.10 弹丸协调臂伺服控制系统设计

某车载炮弹协调器由协调臂本体、协调油缸、比例伺服阀、液压油源、测控单元、角度编码器等组成，如图 11.4.8 所示。弹协调臂本体与火炮架体在耳轴处铰接，协调油缸杆端与协调臂本体在上支耳处铰接，协调油缸缸筒端与火炮架体在下支耳处铰接，相比安装于耳轴处的电机驱动协调臂本体的结构形式，显然由协调臂本体、火炮架体和协调油缸组成的三角形支撑结构具有更好的支撑稳定性，而且协调油缸对协调臂本体提供的驱动力相对于耳轴中心还存在一个驱动力臂，也就意味着除了液压驱动系统本身可提供大负载驱动力的优点，采用协调油缸驱动在结构上也具有更大的力矩输出优势。

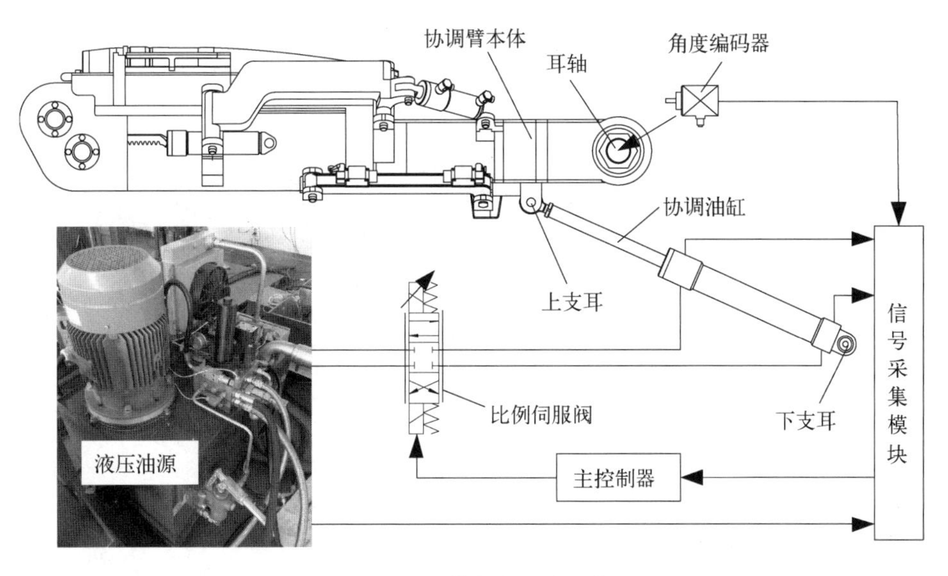

图 11.4.8　弹协调器结构示意图

弹协调器是以协调油缸驱动弹协调臂绕火炮耳轴转动的形式实现其角位置的协调控制的高度非线性系统，其特殊的曲柄摇块支撑结构决定了系统中不可避免的位置非线性和负载非线性，位置非线性带来摩擦角的改变又会进一步导致更强的摩擦非线性，此外，系统中还存在由于单出杆油缸作用面积不同导致的流量非线性、由伺服阀工作原理决定的压力流量非线性和死区非线性、外部时变干扰非线性、外部环境或系统内部动态改变引起的参数不确定性以及无法准确建模的模型不确定性。本节介绍基于滑模控制理论的弹协调器电液伺服控制系统设计。

弹协调器子系统工作原理为：主控制器通过比例伺服阀控制压力油进出协调油缸进而驱动协调臂本体绕火炮耳轴旋转，角度编码器采集的弹协调臂本体位置信号、压力传感器采集的协调油缸的两腔压力信号、液压油源的压力温度等信号由信号采集模块采集并反馈给主控制器作为控制指令计算的参考信号。

弹协调器电液伺服系统的位置关系简化示意如图 11.4.9 所示，图中 O_1 为火炮耳轴轴线，O_2 和 O_3 分别为协调油缸下支耳轴线和上支耳轴线，M 为协调臂等效质心位置，O_1N 表示铅垂线，且 $r_{O_1O_2}=|O_1O_2|$，$r_{O_1O_3}=|O_1O_3|$，$r_{O_1M}=|O_1M|$；α 为 O_1M 和 O_1O_2 的夹角，也是弹协调器的角位置，$\alpha_\triangle$ 为 O_1O_3 和 O_1O_2 的夹角，α_0 为 O_1N 和 O_1O_2 的夹角；$h(\alpha)$ 为 O_1 到 O_2O_3 的距离；P_a 和 P_b 分别为进入协调油缸无杆腔和有杆腔的油液压力，Q_a 和 Q_b 分别为通过比例伺服阀流入或流出协调油缸无杆腔和有杆腔的流量，P_s 和 P_r 为液压油源的供油压力和回油压力；u_x 为比例伺服阀的控制输入电压。

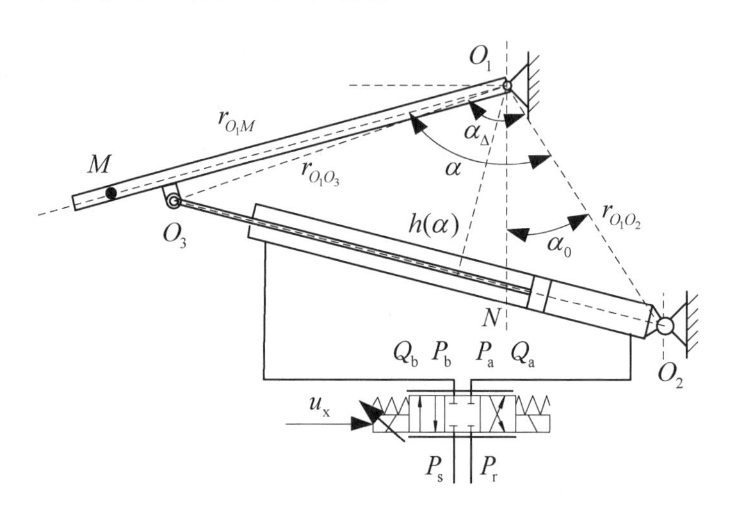

图 11.4.9 弹协调器位置关系示意图

在三角形 $O_1O_2O_3$ 中应用余弦定理可得

$$|O_2O_3|=x_p+l_0=\sqrt{r_{O_1O_2}^2+r_{O_1O_3}^2-2r_{O_1O_2}r_{O_1O_3}\cos(\alpha_\triangle)} \tag{11.4.3}$$

式中，x_p 为协调油缸活塞杆位移；l_0 为初始时刻 O_2 和 O_3 之间的距离。

对式(11.4.3)求导可得

$$\dot{x}_p=\frac{r_{O_1O_2}r_{O_1O_3}\sin(\alpha_\triangle)}{\sqrt{r_{O_1O_2}^2+r_{O_1O_3}^2-2r_{O_1O_2}r_{O_1O_3}\cos(\alpha_\triangle)}}\dot{\alpha}_\triangle \tag{11.4.4}$$

根据三角形面积公式可将三角形 $O_1O_2O_3$ 的面积表示为

$$S_{\Delta O_1O_2O_3}=\frac{1}{2}r_{O_1O_2}r_{O_1O_3}\sin(\alpha_\triangle)=\frac{1}{2}|O_2O_3|h(\alpha) \tag{11.4.5}$$

因而有

$$h(\alpha)=\frac{r_{O_1O_2}r_{O_1O_3}\sin(\alpha_\triangle)}{|O_2O_3|}=\frac{r_{O_1O_2}r_{O_1O_3}\sin(\alpha_\triangle)}{\sqrt{r_{O_1O_2}^2+r_{O_1O_3}^2-2r_{O_1O_2}r_{O_1O_3}\cos(\alpha_\triangle)}} \tag{11.4.6}$$

从而将式(11.4.6)代入式(11.4.4)可得

$$\dot{x}_p=h(\alpha)\dot{\alpha}_\triangle \tag{11.4.7}$$

对弹协调器进行受力分析可得

$$J_x\ddot{\alpha} = Fh(\alpha) - b_x\dot{x}_p h(\alpha) - m_x g h_g(\alpha) + T_d \tag{11.4.8}$$

式中，J_x 为弹协调器负载等效转动惯量；$F = P_a A_a - P_b A_b$ 为协调油缸输出力，A_a 和 A_b 分别为协调油缸无杆腔和有杆腔的有效活塞作用面积；b_x 为等效至弹协调油缸的黏性摩擦系数；m_x 为弹协调器负载等效质量；g 为重力加速度；$h_g(\alpha) = r_{O_1M}\sin(\alpha - \alpha_0)$ 为弹协调器重力对耳轴 O_1 的作用力臂；T_d 表示所有未建模动态的综合作用，包括负载变化、外部干扰、非线性摩擦特性等。

由 $\alpha = \alpha_{\triangle} + \angle MO_1O_3$ 可知 $\dot{\alpha} = \dot{\alpha}_{\triangle}$，并结合式(11.4.7)可将式(11.4.8)改写为

$$J_x\ddot{\alpha} = (P_a A_a - P_b A_b)h(\alpha) - b_x h^2(\alpha)\dot{\alpha} - m_x g h_g(\alpha) + T_d \tag{11.4.9}$$

对协调油缸两腔分别应用流量连续性方程可得

$$Q_a - C_{ip}(P_a - P_b) - C_{ep}P_a + q_a = A_a\dot{x}_p + \frac{V_a}{\beta_e}\dot{P}_a \tag{11.4.10}$$

$$C_{ip}(P_a - P_b) - C_{ep}P_b - Q_b - q_b = -A_b\dot{x}_p + \frac{V_b}{\beta_e}\dot{P}_b \tag{11.4.11}$$

式中，C_{ip} 为油缸内泄漏；C_{ep} 为油缸外泄漏系数；$V_a = V_{a0} + A_a x_p$ 为协调油缸无杆腔的控制容积，V_{a0} 为初始时刻协调油缸无杆腔及其与伺服阀相连的管路内的控制容积；$V_b = V_{b0} - A_b x_p$ 为协调油缸有杆腔的控制容积，V_{b0} 为初始时刻协调油缸有杆腔及其与伺服阀相连的管路内的控制容积；β_e 为液压油有效体积弹性模量；q_a 和 q_b 分别为协调油缸无杆腔和有杆腔的未建模压力动态误差。

根据高频响比例伺服阀的工作原理，通过阀芯的流量 Q_a 和 Q_b 与比例伺服阀控制输入电压 u_x 的关系可分别表述为

$$Q_a = k_{qva}u_x R_{xa} \tag{11.4.12}$$

$$Q_b = k_{qvb}u_x R_{xb} \tag{11.4.13}$$

式中，k_{qva} 和 k_{qvb} 分别为通过比例伺服阀阀芯进入协调油缸无杆腔和有杆腔的流量增益系数。

R_{xa} 和 R_{xb} 分别定义为

$$R_{xa} = s(u_x)\sqrt{P_s - P_a} + s(-u_x)\sqrt{P_a - P_r} \tag{11.4.14}$$

$$R_{xb} = s(u_x)\sqrt{P_b - P_r} + s(-u_x)\sqrt{P_s - P_b} \tag{11.4.15}$$

式中，P_a、P_b、P_s 和 P_r 显然满足 $0 \leqslant P_r \leqslant P_a \leqslant P_s$ 和 $0 \leqslant P_r \leqslant P_b \leqslant P_s$。函数 $s(*)$ 定义如下：

$$s(*) = \begin{cases} 1, & * \geqslant 0 \\ 0, & * < 0 \end{cases} \tag{11.4.16}$$

在未建模动态 T_d 连续可微的前提下，基于式(11.4.3)~式(11.4.16)，定义弹协调器电液伺服系统状态变量为 $\boldsymbol{x} = [x_1, x_2, x_3]^T = [\alpha, \dot{\alpha}, \ddot{\alpha}]^T$，将系统模型整理为标准 Brunovsky 型状态空间形式：

$$
\begin{cases}
\dot{x}_1 = x_2 \\
\dot{x}_2 = x_3 \\
a_1\dot{x}_3 = g(x_1)u_x - f_1 - a_2 f_2 - a_3 f_3 + a_4 f_4 - a_5 f_5 - a_6 f_6 + d(t)
\end{cases}
\tag{11.4.17}
$$

式中，

$$
\begin{cases}
a_1 = \dfrac{J_x}{\beta_e},\ a_2 = C_{ip},\ a_3 = C_{ep} \\
a_4 = \dfrac{1}{\beta_e},\ a_5 = \dfrac{b_x}{\beta_e},\ a_6 = \dfrac{m_x}{\beta_e}
\end{cases}
\tag{11.4.18}
$$

$$
g(x_1) = \left[\frac{A_a k_{qva} R_{xa}}{V_a} + \frac{A_b k_{qvb} R_{xb}}{V_b}\right] h(x_1)
\tag{11.4.19}
$$

$$
\begin{cases}
f_1 = h^2(x_1)\left(\dfrac{A_a^2}{V_a} + \dfrac{A_b^2}{V_b}\right) x_2,\ f_2 = (P_a - P_b)\left(\dfrac{A_a}{V_a} + \dfrac{A_b}{V_b}\right) h(x_1) \\
f_3 = \left(\dfrac{P_a A_a}{V_a} - \dfrac{P_b A_b}{V_b}\right) h(x_1),\ f_4 = (P_a A_a - P_b A_b)\dfrac{\partial h(x_1)}{\partial x_1} x_2 \\
f_5 = 2h(x_1)\dfrac{\partial h(x_1)}{\partial x_1} x_2^2 + h^2(x_1) x_3,\ f_6 = r_{O_1M} g\cos(x_1 - \alpha_0) x_2
\end{cases}
\tag{11.4.20}
$$

$$
d(t) = \left(\frac{A_a q_a}{V_a} + \frac{A_b q_b}{V_b}\right) h(x_1) + \frac{\dot{T}_d}{\beta_e}
\tag{11.4.21}
$$

以及，

$$
h(x_1) = \frac{r_{O_1O_2} r_{O_1O_3} \sin(x_1 - \angle MO_1O_3)}{\sqrt{r_{O_1O_2}^2 + r_{O_1O_3}^2 - 2r_{O_1O_2} r_{O_1O_3}\cos(x_1 - \angle MO_1O_3)}},
$$

$$
\frac{\partial h(x_1)}{\partial x_1} = h(x_1)\left(\cot(x_1 - \angle MO_1O_3) - \frac{h(x_1)}{\sqrt{r_{O_1O_2}^2 + r_{O_1O_3}^2 - 2r_{O_1O_2} r_{O_1O_3}\cos(x_1 - \angle MO_1O_3)}}\right),
$$

$$
V_a = V_{a0} + A_a\left(\sqrt{r_{O_1O_2}^2 + r_{O_1O_3}^2 - 2r_{O_1O_2} r_{O_1O_3}\cos(x_1 - \angle MO_1O_3)} - l_0\right),
$$

$$
V_b = V_{b0} - A_b\left(\sqrt{r_{O_1O_2}^2 + r_{O_1O_3}^2 - 2r_{O_1O_2} r_{O_1O_3}\cos(x_1 - \angle MO_1O_3)} - l_0\right)
$$

系统参数 J_x、β_e、C_{ip}、C_{ep}、b_x 和 m_x 在弹协调器工作过程中存在显著的参数不确定性，因而为了便于系统状态空间方程的表述以及控制器设计，定义不确定参数向量为 $\boldsymbol{a} = [a_1, a_2, a_3, a_4, a_5, a_6]^T$，并考虑采用自适应算法估计参数不确定性以补偿其对弹协调器电液伺服系统控制性能的影响。

本节设计自适应滑模控制器还需要进行如下假设：

假设 11.4.1：参考角位置指令 x_{r1} 的二阶导数存在且连续，即期望的参考角位置 x_{r1}、参考角速度 $\dot{x}_{r1}$、参考角加速度 $\ddot{x}_{r1}$ 和参考角加加速度 $\dddot{x}_{r1}$ 均有界。

假设 11.4.2：系统不确定参数 $\boldsymbol{a} = [a_1, a_2, a_3, a_4, a_5, a_6]^T$ 连续有界且满足

$$\boldsymbol{a} \in \Omega_a \triangleq \{\boldsymbol{a}: \boldsymbol{a}_{\min} \leqslant \boldsymbol{a} \leqslant \boldsymbol{a}_{\max}\} \tag{11.4.22}$$

式中，$\boldsymbol{a}_{\min} = [a_{1\min}, a_{2\min}, \cdots, a_{6\min}]^{\mathrm{T}}$ 和 $\boldsymbol{a}_{\max} = [a_{1\max}, a_{2\max}, \cdots, a_{6\max}]^{\mathrm{T}}$ 为已知常数矩阵。

假设 11.4.3：系统总未建模扰动 $d(t)$ 连续有界且满足

$$|d(t)| \leqslant \bar{d} \tag{11.4.23}$$

式中，$\bar{d}$ 为未知正常数。

值得注意的是：所作的假设 11.4.1 符合弹协调器平稳运动的要求，在假设 11.4.1 指导下可以设计符合实际需求的参考角位置，假设 11.4.2 和假设 11.4.3 符合实际工程系统中参数的变化得物理规律。

定义不确定参数 $\boldsymbol{a}$ 的估计值和估计误差分别为 $\hat{\boldsymbol{a}}$ 和 $\tilde{\boldsymbol{a}}$，则有 $\tilde{\boldsymbol{a}} = \boldsymbol{a} - \hat{\boldsymbol{a}}$。为了确保所设计的参数自适应律能够使不确定参数估计值始终满足假设 11.4.3，引入如下的非连续投影算法（Yao et al.，2001）

$$\mathrm{Proj}_{\hat{a}_i}(\bullet) = \begin{cases} 0 & \text{if } \hat{a}_i = a_{i\max} \text{ and } \bullet > 0 \\ 0 & \text{if } \hat{a}_i = a_{i\min} \text{ and } \bullet < 0 \\ \bullet & \text{else} \end{cases} \tag{11.4.24}$$

式中，$i = 1, 2, \cdots, 6$。设计参数自适应律

$$\dot{\hat{\boldsymbol{a}}} = \mathrm{Proj}_{\hat{\boldsymbol{a}}}(\boldsymbol{\gamma}\boldsymbol{\tau}) \tag{11.4.25}$$

式中，$\boldsymbol{\gamma} = \mathrm{diag}\{\gamma_1, \gamma_2, \cdots, \gamma_6\}$ 为正定自适应增益对角矩阵；$\boldsymbol{\tau} = [\tau_1, \tau_2, \cdots, \tau_6]^{\mathrm{T}}$ 为待设计的参数自适应律。

定义位置跟踪误差为

$$e_1 = x_1 - x_{r1} \tag{11.4.26}$$

参考反步法思想定义辅助误差信号（Yao et al.，2014）

$$e_2 = \dot{e}_1 + k_1 e_1 \tag{11.4.27}$$

式中，k_1 为待设计正反馈增益。

由式(11.4.27)可知

$$G_1(s) = \frac{e_1(s)}{e_2(s)} = \frac{1}{s + k_1} \tag{11.4.28}$$

显然 $G_1(s)$ 是稳定的，要使 e_1 收敛至 0 只需令 e_2 收敛至 0，而当 e_2 为 0 时，e_1 及其变化率 $\dot{e}_1$ 都将收敛于 0，那么系统将抵达更强的稳定状态，因此定义如下的积分滑模函数（管成等，2005）：

$$s = \dot{e}_2 + k_2 e_2 + k_0 \int_0^t e_2 \mathrm{d}t \tag{11.4.29}$$

式中，k_2 和 k_0 为待设计的滑模面参数。

根据式(11.4.17)和式(11.4.27)，对式(11.4.29)求导得

$$a_1\dot{s}=a_1[\dot{x}_3-\dddot{x}_{r1}+k_1(\dot{e}_2-k_1\dot{e}_1)+k_2\dot{e}_2+k_0e_2]$$
$$=a_1\dot{x}_3+a_1[-\dddot{x}_{r1}+k_0e_2+(k_1+k_2)\dot{e}_2-k_1^2\dot{e}_1]$$
$$=g(x_1)u_x-f_1-a_2f_2-a_3f_3+a_4f_4-a_5f_5-a_6f_6+d(t)$$
$$+a_1[-\dddot{x}_{r1}+k_0e_2+(k_1+k_2)\dot{e}_2-k_1^2\dot{e}_1] \tag{11.4.30}$$

设计滑模控制器为

$$\begin{aligned}
u_x&=\frac{1}{g(x_1)}(u_{xa}+u_{xs1}+u_{xs2})\\
u_{xa}&=-\hat{a}_1[-\dddot{x}_{r1}+k_0e_2+(k_1+k_2)\dot{e}_2-k_1^2\dot{e}_1]\\
&\quad-(-f_1-\hat{a}_2f_2-\hat{a}_3f_3+\hat{a}_4f_4-\hat{a}_5f_5-\hat{a}_6f_6)\\
u_{xs1}&=-k_s s\\
u_{xs2}&=-K(t)\operatorname{sgn}(s)
\end{aligned} \tag{11.4.31}$$

式中，u_{xa} 为前馈补偿控制律，在线补偿参数不确定性；u_{xs1} 为非线性鲁棒反馈控制律；u_{xs2} 为自适应切换控制律，用于补偿未建模的外部扰动并削弱抖振；k_s 为正的鲁棒反馈指数增益。

将式(11.4.31)代入式(11.4.30)中得

$$a_1\dot{s}=\tilde{a}_1[-\dddot{x}_{r1}+k_0e_2+(k_1+k_2)\dot{e}_2-k_1^2\dot{e}_1]$$
$$-\tilde{a}_2f_2-\tilde{a}_3f_3+\tilde{a}_4f_4-\tilde{a}_5f_5-\tilde{a}_6f_6+d(t)-k_s s-K(t)\operatorname{sgn}(s) \tag{11.4.32}$$

参数自适应律设计为

$$\begin{cases}\tau_1=[-\dddot{x}_{r1}+k_0e_2+(k_1+k_2)\dot{e}_2-k_1^2\dot{e}_1]s\\ \tau_2=-f_2s,\ \tau_3=-f_3s,\ \tau_4=f_4s,\ \tau_5=-f_5s,\ \tau_6=-f_6s\end{cases} \tag{11.4.33}$$

自适应切换增益 $K(t)$ 设计为

$$\dot{K}(t)=\begin{cases}K_0|s(t)|\operatorname{sgn}(|s(t)|-\Delta_s), & K(t)\geqslant k_\varepsilon\\ K_0|s(t)|, & K(t)<k_\varepsilon\end{cases} \tag{11.4.34}$$

式中，K_0、Δ_s 和 k_ε 为正的待设计参数。

本节设计的弹协调器电液伺服系统自适应滑模控制策略结构图如图 11.4.10 所示。

综上所述，可得如下定理：

定理 11.4.1：对于弹协调器电液伺服系统式(11.4.17)，在满足假设 11.4.1~11.4.3 的条件下，利用非连续投影算法(11.4.24)，结合参数自适应律(11.4.33)和切换增益自适应律(11.4.34)，则自适应滑模控制器式(11.4.31)可以保证该闭环系统稳定。

证明：定义如下的 Lyapunov 函数

$$V_1=\frac{1}{2}a_1s^2+\sum_{i=1}^{6}\frac{1}{2\gamma_i}\tilde{a}_i^2+\frac{1}{2\gamma_0}(K(t)-\bar{K})^2 \tag{11.4.35}$$

对 V_1 求导可得

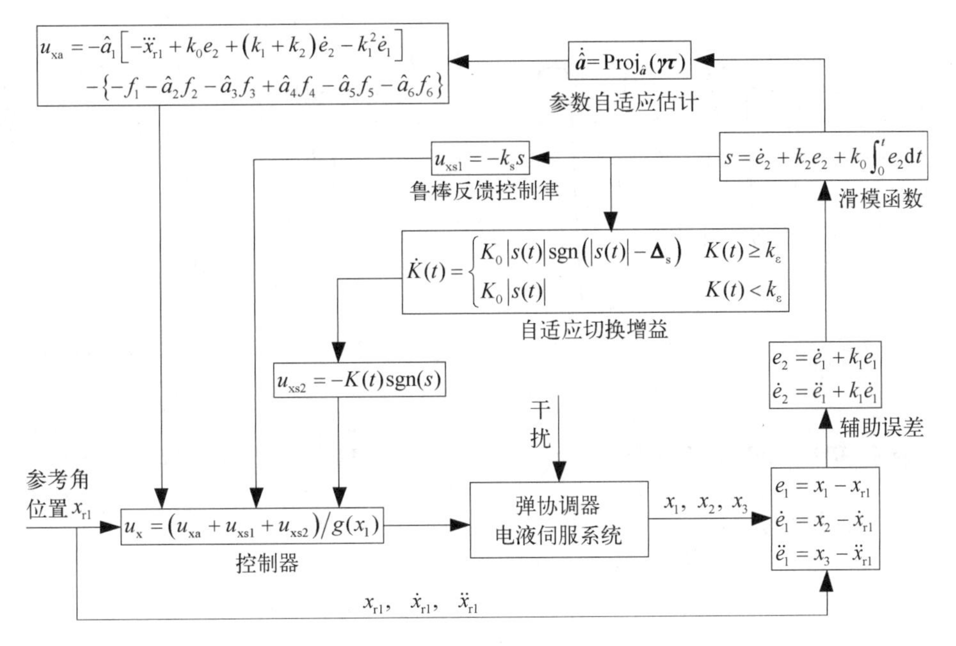

图 11.4.10　自适应滑模控制器结构图

$$\dot{V}_1=a_1s\dot{s}-\sum_{i=1}^{6}\frac{1}{\gamma_i}\tilde{a}_i\dot{\hat{a}}_i+\frac{1}{\gamma_0}(K(t)-\bar{K})\dot{K}(t) \tag{11.4.36}$$

将式(11.4.32)~式(11.4.34)代入式(11.4.36)得到

$$\begin{aligned}\dot{V}_1=&\tilde{a}_1[-\dddot{x}_{r1}+k_0e_2+(k_1+k_2)\dot{e}_2-k_1^2\dot{e}_1]s-\tilde{a}_2f_2s-\tilde{a}_3f_3s+\tilde{a}_4f_4s-\tilde{a}_5f_5s\\&-\tilde{a}_6f_6s+ds-k_ss^2-K\mathrm{sgn}(s)s-\tilde{a}_1\tau_1-\tilde{a}_2\tau_2-\tilde{a}_3\tau_3-\tilde{a}_4\tau_4-\tilde{a}_5\tau_5\\&-\tilde{a}_6\tau_6+\frac{1}{\gamma_0}(K-\bar{K})K_0|s|\mathrm{sgn}(|s|-\Delta_s)\\=&-k_ss^2-K\mathrm{sgn}(s)s+ds+\frac{1}{\gamma_0}(K-\bar{K})K_0|s|\mathrm{sgn}(|s|-\Delta_s)\\\leqslant&-k_ss^2-K|s|+\bar{d}|s|+\bar{K}|s|-\bar{K}|s|+(K-\bar{K})\frac{K_0}{\gamma_0}|s|\mathrm{sgn}(|s|-\Delta_s)\\=&-k_ss^2-(\bar{K}-\bar{d})|s|+(K-\bar{K})\left[-|s|+\frac{K_0}{\gamma_0}|s|\mathrm{sgn}(|s|-\Delta_s)\right]\end{aligned} \tag{11.4.37}$$

分析可知本节中的闭环控制系统是稳定的,通过联合仿真研究验证所设计的自适应滑模控制器的有效性,按照图 11.4.11 和图 11.4.12 所示的期望角度指令进行跟踪性能实验。

本节设计的自适应滑模控制器(ASMC):控制增益参数 $k_0=20$,$k_1=80$,$k_2=180$,$k_s=10+\mathrm{abs}(s)$,$K(0)=K_0=1\mathrm{e}-2$,$\Delta_s=10$,$k_\varepsilon=10$;不确定参数的下界为 $\boldsymbol{a}_{\min}=[1.4\times10^{-7}, 1.5\times10^{-15}, 7.0\times10^{-16}, 5.2\times10^{-10}, 4.5\times10^{-7}, 5.5\times10^{-8}]^{\mathrm{T}}$,上界为 $\boldsymbol{a}_{\max}=[5.6\times10^{-7}, 1.5\times10^{-11}, 7.0\times10^{-14}, 2.0\times10^{-9}, 2.2\times10^{-5}, 1.5\times10^{-6}]^{\mathrm{T}}$,自适应估计初值为 $\hat{\boldsymbol{a}}(0)=[4.0\times10^{-7}, 1.5\times10^{-13}, 7.0\times10^{-15}, 1.43\times10^{-9}, 3.0\times10^{-6}, 3.0\times10^{-7}]^{\mathrm{T}}$,自适应参数的增益矩阵 $\boldsymbol{\gamma}=\mathrm{diag}\{1\times10^{-16}, 1\times10^{-24}, 1\times10^{-27}, 1\times10^{-18}, 1\times10^{-11}, 1\times10^{-12}\}$。

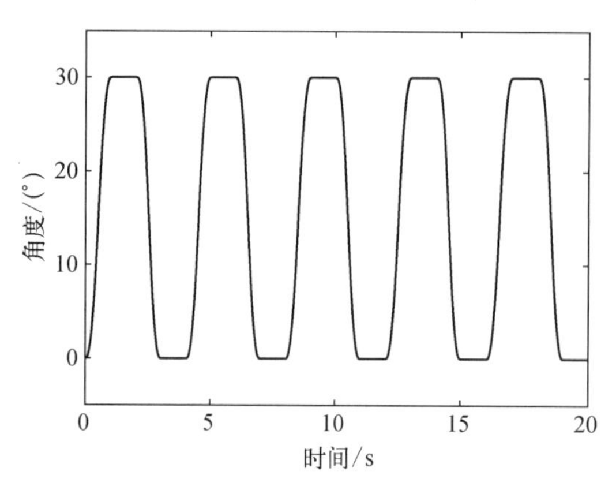

图 11.4.11　定角度跟踪期望轨迹

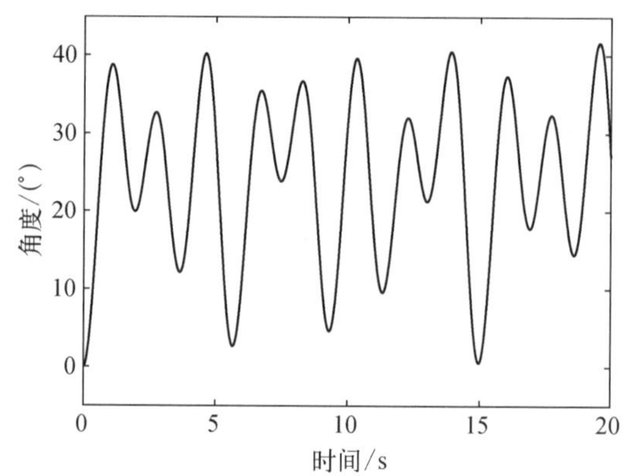

图 11.4.12　任意角度跟踪期望轨迹

工况一：定角度跟踪

本节 ASMC 控制器定角度跟踪的仿真结果如图 11.4.13~图 11.4.17 所示。图 11.4.13 为弹协调器在 ASMC 控制器作用下跟踪定角度期望轨迹的过程，图中跟踪规律表明弹协调器能够较好跟踪期望位置指令，且跟踪过程平稳无明显抖动。图 11.4.14 为弹协调器在 ASMC 控制器作用下的跟踪误差和控制量曲线，在参数自适应律和自适应切换增益的作用下，ASMC 控制器的瞬态和稳态性能均优于 PID 控制器，ASMC 控制器的动态跟踪误差和稳态跟踪误差分别达到 0.4°和 0.02°。协调油缸两腔压力如图 11.4.17 所示，可以看出，在 ASMC 控制器的作用下协调油缸两腔压力变化更为平稳。

自适应参数估计规律和自适应切换增益变化规律分别如图 11.4.15 和图 11.4.16 所示，自适应参数变化均在合理界限内且无急剧突变发生，为基于模型的控制量计算提供相当的辅助参考，自适应切换增益在自适应律的指导下在有界范围内提供控制增益，避免了固定增益的保守性。这里对于自适应参数的变化做出两点解释：① 参数自适应律的设计通常取决于系统模型中该参数所关联的模型特性，针对特定模型中模型特性的变化规律往往是倾向于某种趋势的，因而所设计的参数自适应律通常会使得参数变化朝某一特定趋势发展；② 针对具有复杂模型特性的系统，自适应参数之间的变化通常是相互耦合的(如液压油油液压力、弹性模量和内泄漏)，从中分离单一参数的变化规律并将其准确刻

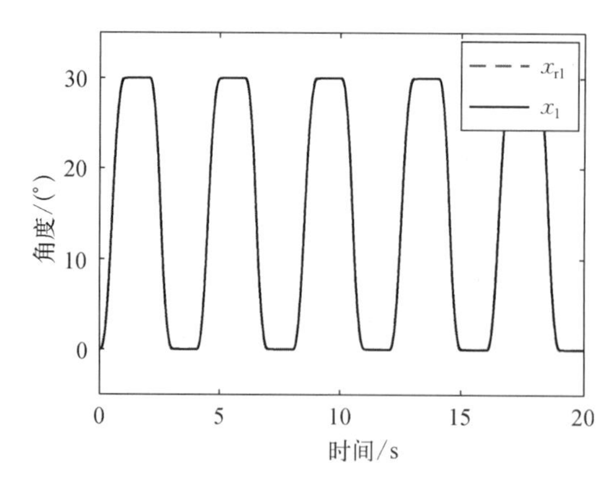

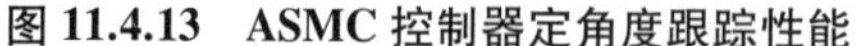

图 11.4.13　ASMC 控制器定角度跟踪性能

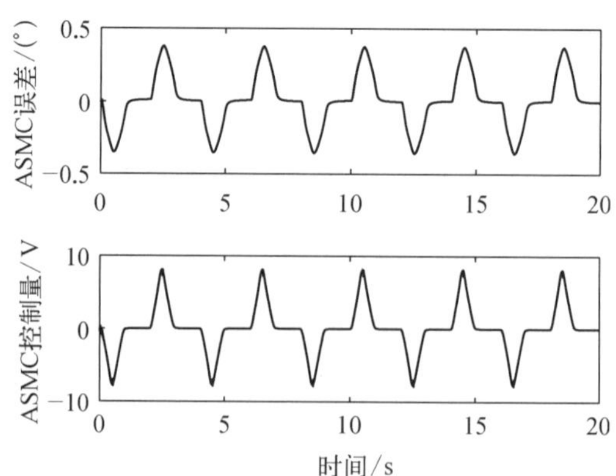

图 11.4.14　ASMC 定角度跟踪误差和控制量

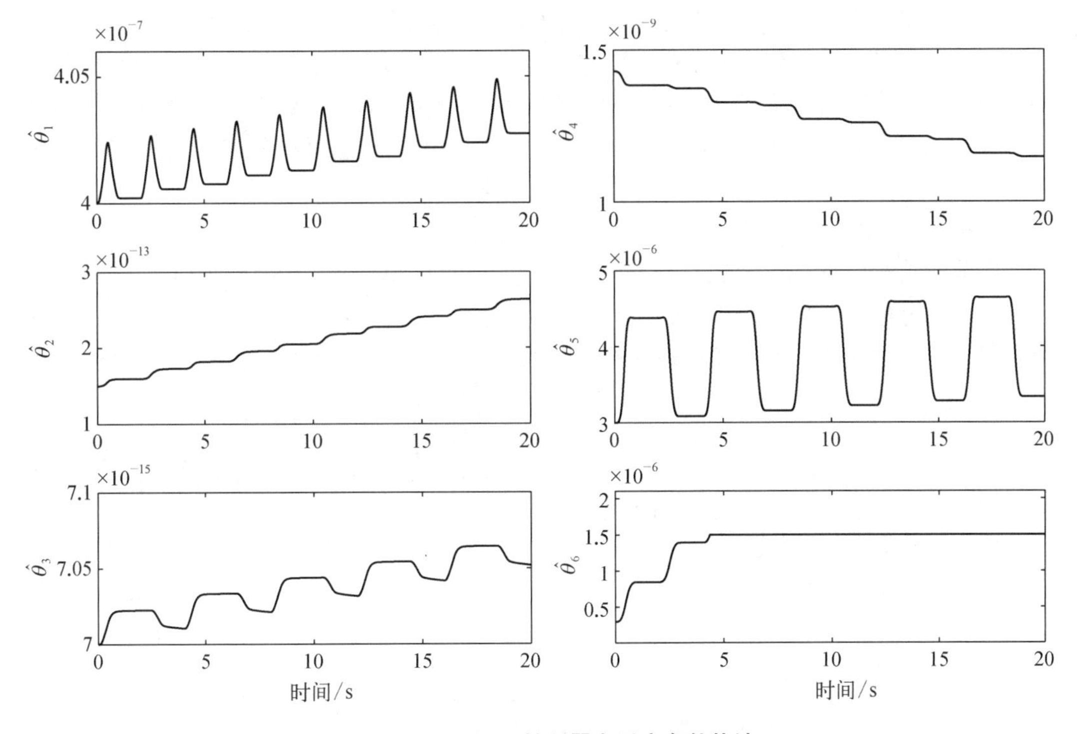

图 11.4.15　ASMC 控制器自适应参数估计

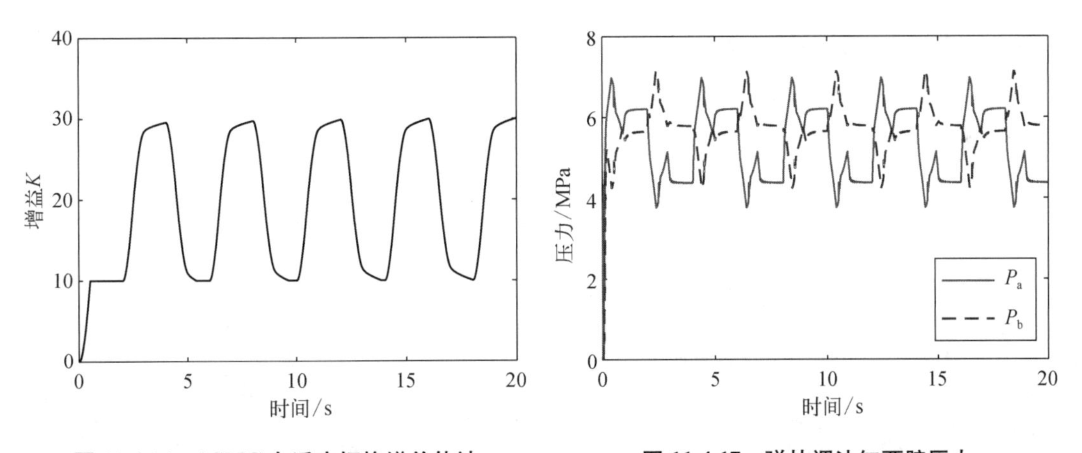

图 11.4.16　ASMC 自适应切换增益估计

图 11.4.17　弹协调油缸两腔压力

画是极具挑战的，那么在未知参数真实变化规律的情形下设计有效的自适应律使得自适应参数收敛至其真值将是极其困难的。针对①，本节所设计参数自适应律要遵循参数慢时变原则，且含自适应参数的系统稳定性证明也是以自适应参数具有慢时变特性为前提的，通过选择合适的参数初值和自适应增益，结合非连续投影算法约束参数的变化范围，使得自适应参数在慢时变的基础上自适应调整；针对②，尽管我们希望所设计的参数自适应律具有良好的收敛性，但事实上系统状态处于变化过程时自适应参数通常也难以收敛，设计参数自适应律的目的并不单单是使参数收敛至其真值，这在实际控制中也难以做到，而是为了反映系统特性变化并恰当进行基于模型的控制量补偿计算，使得系统在动态过程中的不确定性得到一定程度的补偿。因此,本节的自适应参数变化将不再讨论其收敛性,实际的弹协调器电液伺服系统也不会无休止地运行使得参数持续变化,且参数变化范围受非连续投影算法约束不会越过合理界限。综上所述,本节参数自适应律所起作用是在系统动态过程中为基于模型的控制量进行补偿,当系统状态维持暂态时自适应参数保持稳定以维持系统状态稳定。

工况二:任意角度跟踪

本节所设计的 ASMC 控制器跟踪任意角度的仿真结果如图 11.4.18~图 11.4.22 所示。图 11.4.18 为弹协调器在 ASMC 控制器作用下跟踪任意角度期望轨迹的过程,图中跟踪规律表明弹协调器完成任意角度协调跟踪时仍具有较好的动态品质。图 11.4.19 为弹协调

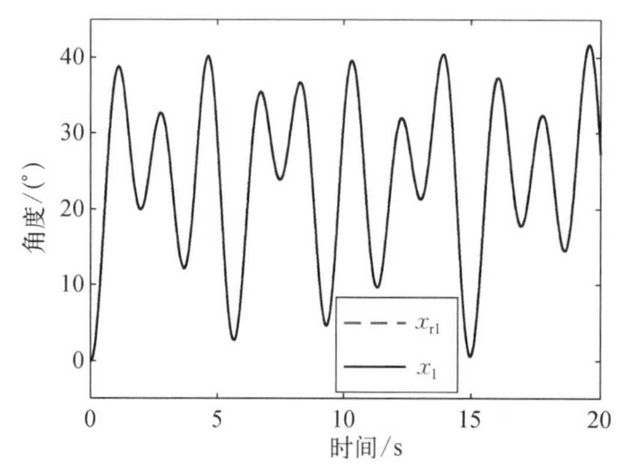

图 11.4.18　ASMC 控制器任意角度跟踪性能

图 11.4.19　ASMC 任意角度跟踪误差和控制量

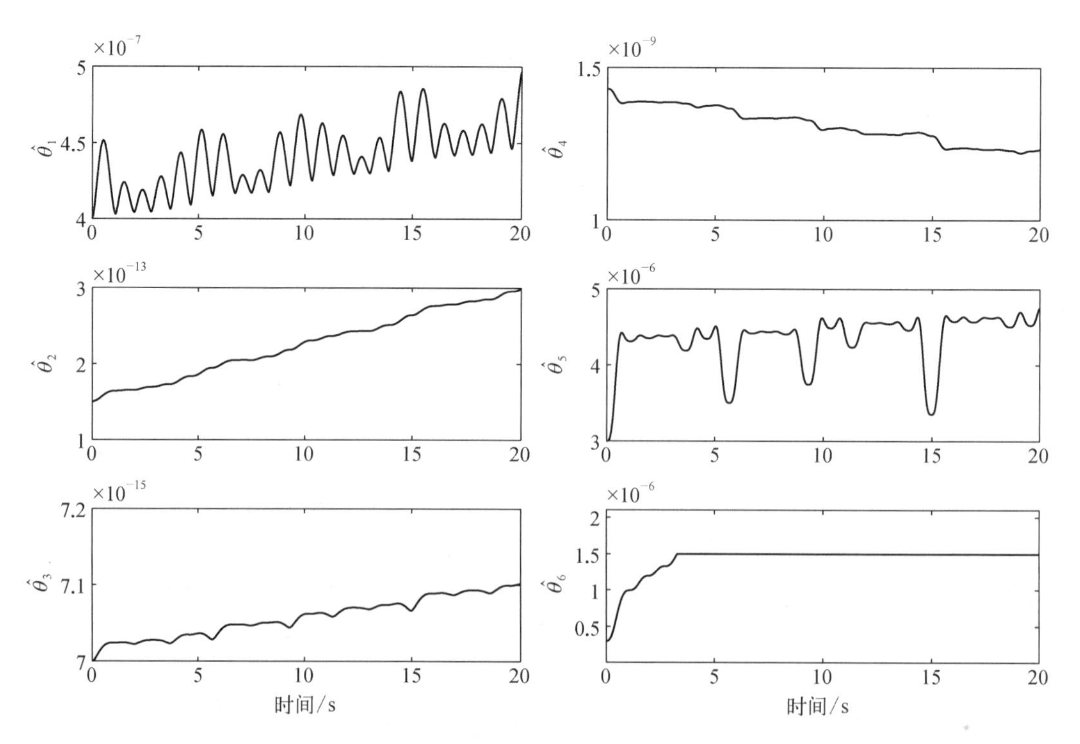

图 11.4.20　ASMC 控制器自适应参数估计

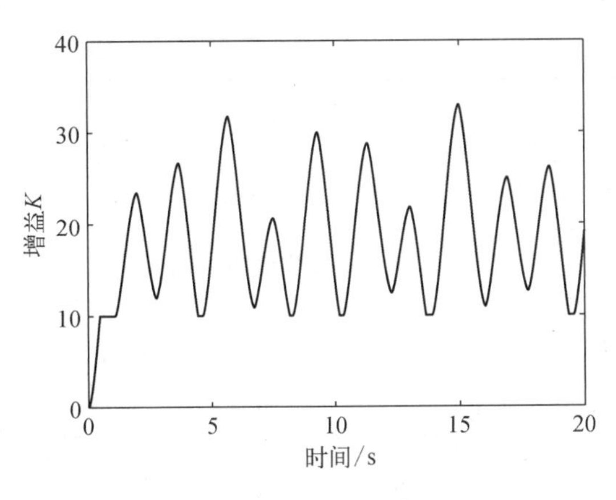

图 11.4.21　ASMC 自适应切换增益估计

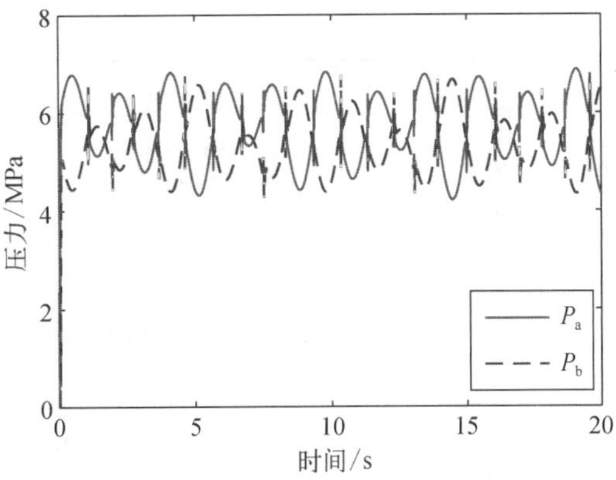

图 11.4.22　弹协调油缸两腔压力

器在 ASMC 控制器作用下的跟踪误差和控制量。自适应参数估计规律、自适应切换增益估计规律、协调油缸两腔压力曲线分别如图 11.4.20~图 11.4.22 所示。

本节采用的弹协调器电液伺服系统实验平台实物照片如图 11.4.23 所示，主要包括火炮架体支撑平台、弹协调器机械臂本体、协调作动油缸、比例伺服阀、旋转编码器、压力传感器、液压油源、PLC 控制器（含供电模块、控制模块、数据采集模块）。液压油源根据设定为弹协调器电液伺服系统提供必要的压力油，PLC 控制器根据设定的位置指令、编码器反馈的协调臂本体实时位置信息以及压力传感器反馈的协调油缸的两腔压力信息计算控制阀芯所需的控制量，驱动弹协调器负载按照期望规律运动进而实现所需的位置控制。实验台主要部件的型号规格如表 11.4.2 所示。

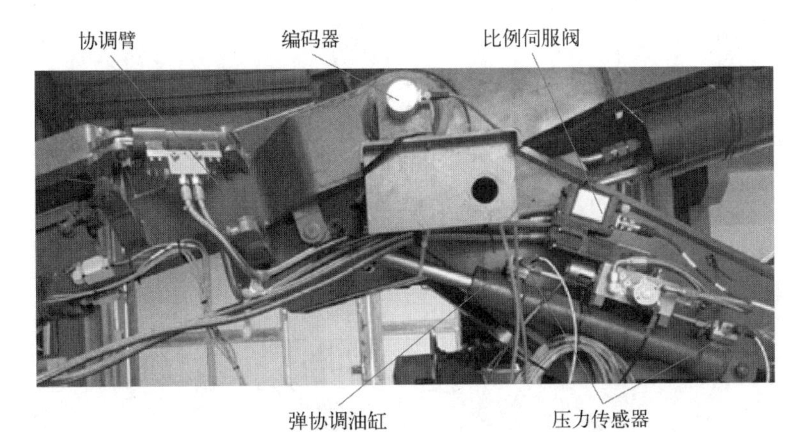

图 11.4.23　弹协调器电液伺服系统实验平台

表 11.4.2　弹协调器电液伺服系统实验平台部件规格

名　称	规　　格	主 要 参 数
比例伺服阀	DLHZO－TES－SN－BC－040－D73	70 bar 压降时最大流量 40 L/min
角度编码器	BMPD39016S	16 bit

续 表

名 称	规 格	主 要 参 数
压力传感器	ISPH－250/I－M－CE	0~25 MPa
控制器	B&R：X20CP3585	采样周期 1 ms
AO 模块	X20AO4632	16 bit
AI 模块	X20AI4632	16 bit
DO 模块	X20DO9322	24 V，0.5 A
通信模块	X20IF2772	500 kbit/s

基于上述弹协调器负载实验平台，对本节提出的弹协调器控制策略的可行性和有效性进行实验验证。

为了验证提出的滑模控制策略，在实验平台上进行以下控制器实验对比。

（1）PID：比例-积分-微分控制器参数取 $k_P = 3.5$，$k_I = 0.5$，$k_D = 0.1$。

（2）ASMC：自适应滑模控制器参数取 $k_0 = 10$，$k_1 = 45$，$k_2 = 120$，其余参数取值与仿真一致。

本节采用最大跟踪误差、平均跟踪误差和跟踪误差标准差这三个跟踪性能指标来评估控制器跟踪性能，分别定义如下：

最大跟踪误差

$$M_e = \max\{e_1(i),\ i = 1,\ 2,\ \cdots,\ N\} \tag{11.4.38}$$

平均跟踪误差

$$\mu_e = \frac{1}{N}\sum_{i=1}^{N} |e_1(i)| \tag{11.4.39}$$

跟踪误差标准差

$$\sigma_e = \sqrt{\frac{1}{N}\sum_{i=1}^{N} [\,|e_1(i)| - \mu_e]^2} \tag{11.4.40}$$

根据弹协调器负载样机实验平台的现有实验条件，设定期望的角度跟踪轨迹为 $x_{r1} = 15 + 15\sin(2\pi t/3 - 0.5\pi)$，对比实验结果如图 11.4.24~图 11.4.26 所示，控制器的跟踪性能结果如表 11.4.3 所示。比较图 11.4.24 所示的控制器跟踪误差和表 11.4.3 的性能指标可知所提出的 ASMC 控制器的控制性能明显优于 PID 控制器。基于误差控制的 PID 控制器的控制性能较差，所设计的 ASMC 控制器通过新型积分滑模函数实现对弹协调器电液伺服系统的有效控制。ASMC 控制器的跟踪过程和控制输入分别如图 11.4.25 和图 11.4.26 所示，弹协调器可以较好地跟踪所设定的期望轨迹，整个跟踪过程的控制输入连续有界且符合比例伺服阀的执行要求。

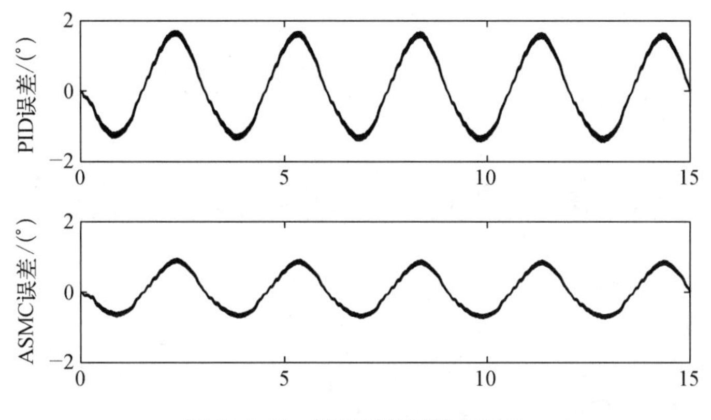

图 11.4.24　控制器跟踪误差对比

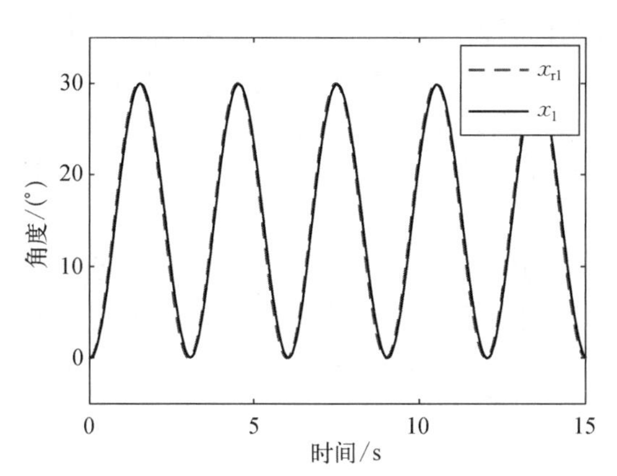

图 11.4.25　ASMC 控制器跟踪性能

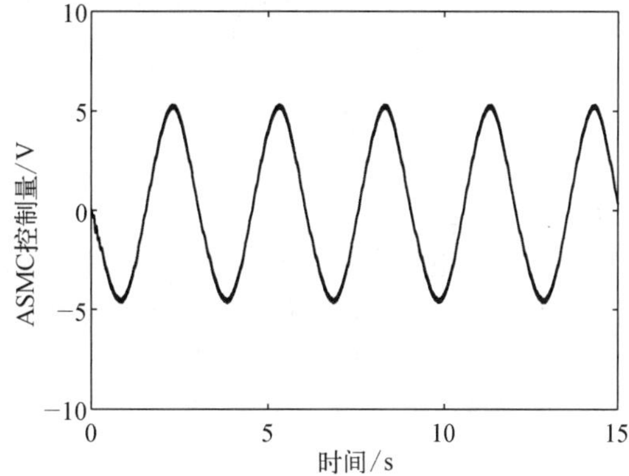

图 11.4.26　ASMC 控制器控制输入估计

表 11.4.3　性能指标对比

指　标	M_e	μ_e	σ_e
PID	1.708 0	0.893 2	0.007 2
ASMC	0.955 8	0.466 6	0.003 6

本小节基于实验室弹协调器电液伺服系统负载实验台对设计的弹协调器非线性控制策略开展实验研究,验证所设计控制策略的实际可行性和控制性能并对比分析实验结果,可以看出所设计的自适应滑模控制器较 PID 控制器具有更好的控制精度和稳定性,通过设计一种新型积分型滑模控制策略,在采用参数自适应律克服参数不确定性的基础上设计自适应切换增益处理边界未知的外部扰动,同时该自适应切换增益在系统满足滑模状态时可动态调整,起到弱化抖振的作用。实验结果表明:相比于传统的PID 控制方法,自适应滑模控制器具有更好的控制效果。

第 12 章　车载炮电磁兼容性设计

12.1　电磁兼容概述

按照 GJB 72－85《电磁干扰和电磁兼容性名词术语》中规定，我们将车载炮电磁兼容定义为：车载炮（系统、分系统）在共同的电磁环境中能一起执行各自功能的共存状态。即车载炮上设备不会由于受到处于同一电磁环境中的其他设备的电磁发射导致或遭受不允许的降级，它也不会使同一电磁环境中其他设备（系统、分系统）因受其电磁发射而导致或遭受不允许的降级。

车载炮电磁兼容的研究是紧紧围绕形成电磁干扰三要素而进行的，即研究干扰产生的机理、干扰源的发射特性以及如何抑制干扰的发射；研究干扰以何种方式、通过什么途径传播，以及如何切断这些传播通道；研究敏感设备对干扰产生何种响应，以及如何降低其干扰敏感度，增强抗干扰能力。

12.2　车载炮电磁兼容性及要求

依据陆军装备电磁兼容性要求，车载炮电磁兼容性需依据 GJB 1389A－2005《系统电磁兼容性要求》、GJB 8848－2016《系统电磁环境效应试验方法》和 GJB 5313－2004《电磁辐射暴露限值和测量方法》中条款进行设计。

12.2.1　试验场地及电磁环境

车载炮电磁兼容试验对试验场地或试验环境要求非常高，标准中规定电磁兼容测试应在开阔场进行，IEEE263 号出版物（1965 年 11 月）规定，开阔场必须是平坦、开阔的地区；应远离（30.48 m 以上）建筑物、电线、树林、地下电缆、金属管道和金属栅栏等。环境电磁干扰电平在所测频率下至少应比允许极限低 6 dB，测量场地尺寸在不同标准规范中有不同要求。

12.2.2　电磁兼容性试验项目

车载炮按照表 11.2.1 所示试验项目进行电磁兼容试验：

（1）系统电磁自兼容性。车载炮内设备依次上电，按典型工作流程进行操作，完成工作流程后各设备依次断电，整个过程检查车载炮内各设备工作是否正常。

表 11.2.1　车载炮电磁兼容性试验项目

序号	试 验 项 目	备　　注
1	系统电磁自兼容性	GJB 1389A－2005　5.2.1 条
2	传导干扰安全裕度	GJB 1389A－2005　5.1 条
3	辐射干扰安全裕度	GJB 1389A－2005　5.1 条
4	外部射频电磁环境	GJB 1389A－2005　5.3.d）条
5	电源线瞬变	GJB 1389A－2005　5.2.4 条
6	电磁辐射对人体的危害	GJB 1389A－2005　5.8.2 条
7	电搭接	GJB 1389A－2005　5.10.4 a）条
8	静电放电	GJB 573A－1998

（2）传导干扰安全裕度。车载炮自身供电，所有设备开机工作按典型工作流程进行操作。在 GJB 1389A－2005　5.1 条要求的频率范围内，测量各被测电缆上的传导干扰电平。在测得的传导干扰电平基础上，再加上一定量的干扰注入电流向被测线缆注入干扰信号，同时监视注入的干扰电流，确保其比传导干扰电平高相应的安全裕度值。注入干扰期间，检查与被测电缆相关各设备工作是否正常。

（3）辐射干扰安全裕度。车载炮按典型工作流程进行操作。在 GJB 1389A－2005　5.1 条要求的频率范围内，测量各选定位置辐射干扰场强，在上述辐射干扰场强基础上，再加上一定量的干扰作为照射场强对各选定位置进行照射，同时监测实际辐射场强，确保其比辐射干扰场强高相应的安全裕度值。施加干扰期间，检查车载炮内各设备工作是否正常。

（4）外部射频电磁环境。车载火炮内设备按典型工作流程进行操作。选取车体舱门、窗口、孔缝、电缆端口等位置，在 10 kHz～18 GHz 频段内，按照 GJB 1389A－2005 规定的地面系统外部电磁环境数据施加干扰环境。施加干扰环境期间，检查车内各设备工作是否正常，记录可能发生的任何敏感现象。

（5）电源线瞬变。按 GJB 1389A－2005　5.2.4 条要求，在机动调炮、装填、收放列、电台发射等用电瞬间，用存储示波器在上装蓄电池的电源输出线上测量短持续时间（小于 50 μs）非周期性瞬态和长持续时间的非周期性瞬态中的短持续时间分量。

（6）电磁辐射对人体的危害。车载火炮所有设备开机工作，超短波电台分别处于大功率、中功率和小功率发射状态，车内设备按典型工作流程进行操作。选取车内、车外人员工作区域和周围人员活动区域，按照 GJB 5313－2004 规定的方法测量人员正常姿态时眼部、胸部、下腹部 3 个高度的电场强度。

（7）电搭接。车载加榴炮不上电，使用搭接电阻测试仪测量系统内设备壳体到系统结构之间、电缆屏蔽层到设备壳体之间等搭接面的直流搭接电阻值。

(8) 静电放电。车载炮所有设备开机工作,选取设备显示屏、键盘、电气开关、操作按键/旋钮等位置,按 GJB 573A-1998 规定的方法进行静电放电,静电放电期间及之后,检查各设备工作是否正常。

12.3 车载炮电磁兼容仿真理论与分析

目前,车载炮的电磁兼容系统工程设计主要依赖于实际试验测试。研发人员通过对车载炮系统进行试验测试以暴露电磁兼容问题并进行整改。但由于试验测试的排查时间和整改成本难以把控,其往往出现于车载炮系统研发流程的中后段。近年来,电磁建模技术及数值算法的快速发展引起了工业领域的广泛关注,越来越多的行业逐步将电磁兼容性建模仿真纳入设计体系中。对于车载炮系统,由于其系统的复杂性,进行完整的功能性电磁兼容性仿真仍存在诸多挑战。但是基于电磁理论,采取合理的等效和简化,保留关键特征,虚拟仿真的结果仍可以从多方面对车载炮电磁兼容性设计提供技术支撑。

12.3.1 电磁兼容仿真分析流程

车载炮电磁兼容设计仿真流程如图 12.3.1 所示,在对车载炮的电磁兼容性进行仿真分析时,首先针对待分析的问题,建立高匹配度的三维实体模型。然后选择合适的数值计算方法以及电磁仿真工具,按照要求设置电磁参数并对模型进行网格剖分和仿真计算。得出仿真结果后对结果进行分析,若结果不理想,可以对模型做适当的优化调整后再重复以上流程。对于电磁仿真工具和数值计算方法也可以综合现有技术的发展进行最优化选择。

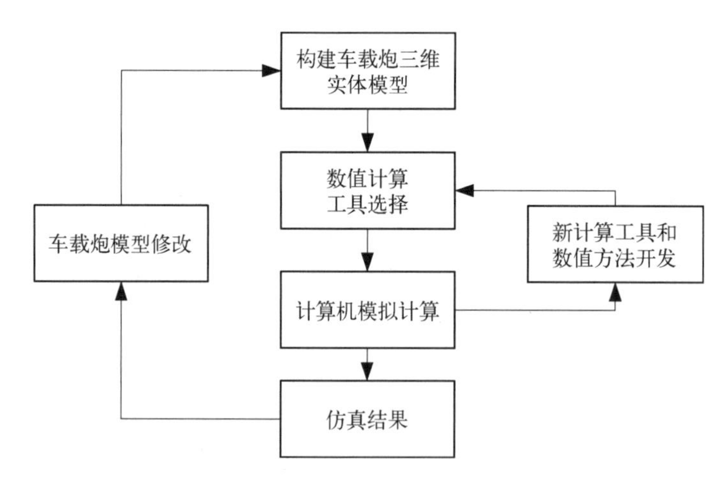

图 12.3.1 电磁兼容设计仿真流程

从图 12.3.1 中的设计仿真过程可以看出,数值建模仿真可为车载炮设计提供详细的参数选择,同时利用仿真结果可以有效地规避设计过程的潜在问题。由于车载炮系统的复杂性,电磁兼容仿真效率强烈依赖于计算机的硬件资源和高效的数值仿真方法。可见研究一套适用于车载炮系统的高效电磁数值仿真工具对车载炮的电磁兼容设计是非常必要的。

12.3.2 基本电磁理论及仿真方法

车载炮系统的电磁兼容仿真,本质是结合边界条件求解麦克斯韦方程组,获取关心区域的电磁场分布情况。由于车载炮系统的复杂性,电磁兼容仿真是需要消耗大量计算时间和硬件资源,因此研究高效的电磁数值仿真方法是目前研究的一个热点和难点问题。

12.3.2.1 麦克斯韦方程组

英国物理学家詹姆斯-克拉克-麦克斯韦在已发现的电磁感应现象基础上,提出了位移电流的假设,总结出了麦克斯韦方程组。麦克斯韦当初建立的方程数学描述非常繁杂冗长。在矢量分析和场论数学建立之后,方程组形式变得非常简洁,其具有积分和微分两种形式。

积分形式的麦克斯韦方程组形式如下:

$$\oint_l \boldsymbol{E} \cdot \mathrm{d}\boldsymbol{l} = -\int_S \frac{\partial \boldsymbol{B}}{\partial t} \cdot \mathrm{d}\boldsymbol{S} \tag{12.3.1A}$$

$$\oint_l \boldsymbol{H} \cdot \mathrm{d}\boldsymbol{l} = \int_S \left(\boldsymbol{J} + \frac{\partial \boldsymbol{D}}{\partial t}\right) \cdot \mathrm{d}\boldsymbol{S} \tag{12.3.1B}$$

$$\oint_S \boldsymbol{D} \cdot \mathrm{d}\boldsymbol{S} = \int_V \rho_V \mathrm{d}V \tag{12.3.1C}$$

$$\oint_S \boldsymbol{B} \cdot \mathrm{d}\boldsymbol{S} = 0 \tag{12.3.1D}$$

式中,$\boldsymbol{E}$ 为电场强度(V/m);$\boldsymbol{B}$ 为磁感应强度(T);$\boldsymbol{H}$ 为电场强度(A/m);$\boldsymbol{D}$ 为电位移矢量(C/m^2);$\boldsymbol{J}$ 为电流密度(A/m^2);ρ_V 为电荷密度(C/m^3)。这些物理量通常都是时间及空间函数。式(12.3.1A)称为全电流定律,式(12.3.1B)称为电磁感应定律,式(12.3.1C)称为磁通连续性原理,式(12.3.1D)称为高斯定律。利用矢量分析中的散度定理 $\int_V \nabla \cdot \boldsymbol{A} \mathrm{d}V = \oint_S \boldsymbol{A} \cdot \mathrm{d}\boldsymbol{S}$ 及旋度定理 $\int_S \nabla \times \boldsymbol{A} \cdot \mathrm{d}\boldsymbol{S} = \oint_l \boldsymbol{A} \cdot \mathrm{d}\boldsymbol{l}$,$\boldsymbol{A}$ 为任意矢量,∇为哈密顿算符。可分别导出微分形式的麦克斯韦方程组形式如下:

$$\nabla \times \boldsymbol{E} = -\frac{\partial \boldsymbol{B}}{\partial t} \tag{12.3.2A}$$

$$\nabla \times \boldsymbol{H} = J + \frac{\partial \boldsymbol{D}}{\partial t} \tag{12.3.2B}$$

$$\nabla \cdot \boldsymbol{D} = \boldsymbol{\rho}_V \tag{12.3.2C}$$

$$\nabla \cdot \boldsymbol{B} = 0 \tag{12.3.2D}$$

麦克斯韦方程组中,式(12.3.1A)和式(12.3.2A)表示变化的磁场产生电场,而式(12.3.1B)和式(12.3.2B)表示变化的电场产生磁场。式(12.3.1C)和式(12.3.2C)对时变电荷与静止电荷都成立,它表明电场是有源的。式(12.3.1D)和式(12.3.2D)表示磁通的连续性,即磁力线既没有起始点也没有终点。这意味着空间不存在自由磁荷,或者说在人类研究所能达到的空间区域中至今还没有发现单独的磁荷存在。

积分形式的麦克斯韦方程组反映电磁运动在某一局部区域的平均性质。而微分形式的麦克斯韦方程反映场在空间每一点的性质,它是积分形式的麦克斯韦方程当积分域缩小到一个点的极限。时变场中电场的散度和旋度都不为零,所以电力线起始于正电荷而终止于负电荷。磁场的散度恒为零,而旋度不为零,所以磁力线是与电流交链的闭合曲线,并且磁力线与电力线两者还互相交链。在远离场源的无源区域中,电场和磁场的散度都为零,这时磁力线和电力线自行闭合,相互交链,在空间形成电磁波。

12.3.2.2 边界条件

当电磁场所在的区域中包含几种介质时,在不同介质形成的边界面上,介质的电磁参数发生变化,导致场量发生改变。对于有限空间的电磁场问题,为了保证麦克斯韦方程的解在边界上的连续性,使得全区域解处处成立且唯一,必须获知场量通过边界时的变化规律,这种变化规律称为边界条件。根据媒质分界面把媒质分为媒质 1 和媒质 2,具体形式如下:

(1) 任何边界上电场强度的切向分量是连续的:

$$\boldsymbol{a}_{\mathrm{n}} \times (\boldsymbol{E}_1 - \boldsymbol{E}_2) = 0 \tag{12.3.3}$$

(2) 任何边界上磁感应强度的法向分量是连续的:

$$\boldsymbol{a}_{\mathrm{n}} \cdot (\boldsymbol{B}_1 - \boldsymbol{B}_2) = 0 \tag{12.3.4}$$

(3) 电通密度的法向分量边界条件与媒质特性有关:

在交界面处任意点的 $\boldsymbol{D}_1$ 与 $\boldsymbol{D}_2$ 的法线分量是不连续的,其差值等于该点的面自由电荷密度 ρ_{s}。

$$\boldsymbol{a}_{\mathrm{n}} \cdot (\boldsymbol{D}_1 - \boldsymbol{D}_2) = \rho_{\mathrm{s}} \tag{12.3.5}$$

(4) 磁场强度的切向分量边界条件也与媒质特性有关:

在交界面处任意点 $\boldsymbol{H}_1$ 与 $\boldsymbol{H}_2$ 的切线分量是不连续的,其差等于该点的面电流密度 $\boldsymbol{J}_S$。

$$\boldsymbol{a}_{\mathrm{n}} \times (\boldsymbol{H}_1 - \boldsymbol{H}_2) = \boldsymbol{J}_S \tag{12.3.6}$$

式中,$\boldsymbol{e}_{\mathrm{n}}$ 为媒质 2 指向媒质 1 的法向单位矢量;$\boldsymbol{E}_1$、$\boldsymbol{D}_1$、$\boldsymbol{B}_1$、$\boldsymbol{H}_1$ 为媒质 1 中的电磁场矢量;$\boldsymbol{E}_2$、$\boldsymbol{D}_2$、$\boldsymbol{B}_2$、$\boldsymbol{H}_2$ 为媒质 2 中的电磁场矢量。由于理想导体内部不可能存在时变电磁场,对于理想导体表面来说,其表面上仅存在切向磁场分量和法向电场分量。

12.3.2.3 电磁数值计算方法

对于电磁兼容数值仿真分析,存在解析法和数值法两种方法。解析方法仅适用于结构简单的物体。如果系统结构复杂,则必须选用数值方法。数值方法是对所求解的微分方程或者积分方程实施离散,采用一组基函数表示电磁、磁场或者感应电流等未知量,然后将电磁场微分方程或者积分方程转换为一组线性代数方程。数值方法可以处理结构复杂的目标,具有较高的计算精度,但需要的计算资源较高。典型的数值方法有矩量法(MoM)、时域有限差分方法(FDTD)和有限元法(FEM)等。

1) 矩量法

对于实际的电磁散射或者辐射问题,数学上可以用如下的算子方程来描述:

$$L(f) = h \tag{12.3.7}$$

式中,L 是线性算子;f 是待求解的未知函数;h 为已知的源函数。

矩量法的基本原理是将未知函数表示为一组基函数的线性组合,然后匹配算子方程,

最后求解离散过后的线性方程组得到展开系数,其具体过程可以分成以下几个步骤:

首先假定存在一组基函数:f_1, f_2, …, f_N, 那么对于任意的未知函数$f(x)$, 可以用这组基函数近似的如下表示:

$$f(x) = a_1 f_1(x) + a_2 f_2(x) + \cdots + a_N f_N(x) = \sum_{n=1}^{N} a_n f_n(x) \tag{12.3.8}$$

式中, $a_n(n = 1, 2, 3, \cdots, N)$ 是基函数的未知展开系数。当 N 的取值足够大时, $f(x)$ 就能够被精确地表示出来。式(12.3.7)可以写成以下形式:

$$\sum_{n=1}^{N} a_n L f_n(x) \approx h(x) \tag{12.3.9}$$

然后选择一组测试函数 ω_1, ω_2, …, ω_N, 将测试函数与上式各项依次乘积,再对其在未知函数的定义域内取积分,就可以构建一组解为 $a_n(n = 1, 2, 3, \cdots, N)$ 的代数方程组,写成以下形式:

$$\sum_{n=1}^{N} Z_{mn} a_n = b_m, \ m = 1, 2, 3, \cdots, N \tag{12.3.10}$$

上面方程的阻抗元素和右边向量表达式如下:

$$Z_{mn} = \int \omega_m(x) L f_n \mathrm{d}x \tag{12.3.11a}$$

$$b = \int \omega_m(x) h(x) \mathrm{d}x \tag{12.3.11b}$$

根据此方程组,就可以求解出基函数的展开系数,进而求得未知的物理量。

从麦克斯韦方程组出发,经过一系列的数学推导,根据理想导体表面的边界条件,可以获得适合金属体散射的电场积分方程、磁场积分方程以及混合场积分方程;根据介质体内总场与未知电流源的关系,可以获得体积分方程;当同时存在金属和介质散射体时,需要使用混合体面积分方程进行求解。

以金属体散射为例,假设平面波 $\boldsymbol{E}^i$ 入射到一个边界为 S 的金属体上,空间中会产生散射场 $\boldsymbol{E}^s$, 如图 12.3.2 所示。散射场可表示为

$$\boldsymbol{E}^s(\boldsymbol{r}) = -j\omega\mu_0 \int_S \boldsymbol{J}_S(\boldsymbol{r}') \bar{\boldsymbol{G}}(\boldsymbol{r}, \boldsymbol{r}') \mathrm{d}S' \tag{12.3.12}$$

式中, $\boldsymbol{J}_S$ 为理想导体表面电流密度; $\bar{\boldsymbol{G}}$ 为自由空间的电场并矢格林函数。

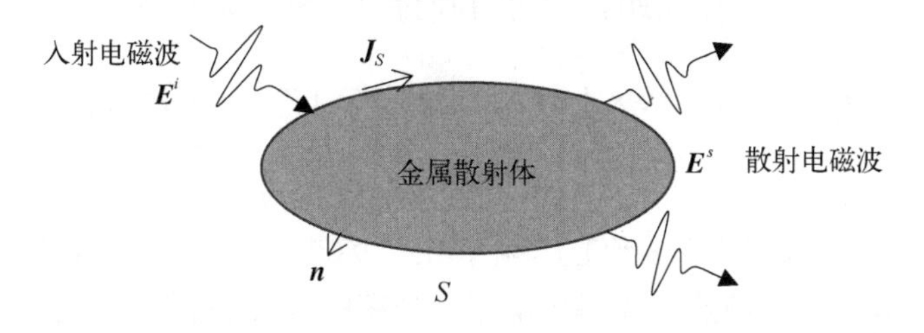

图 12.3.2 金属散射体受到电磁波的照射

$$\bar{\boldsymbol{G}}(\boldsymbol{r}, \boldsymbol{r}') = \left(\bar{\boldsymbol{I}} + \frac{1}{k_0^{\ 2}} \nabla\nabla\right) G(\boldsymbol{r}, \boldsymbol{r}') \tag{12.3.13}$$

其中，$k_0 = \omega\sqrt{\mu_0\varepsilon_0}$ 是自由空间中的波数；ω 为角频率；ε_0 为真空的介电常数；μ_0 为真空的磁导率；$\bar{\boldsymbol{I}}$ 为单位并失；$G(\boldsymbol{r}, \boldsymbol{r}')$ 是自由空间中的标量格林函数 $G(\boldsymbol{r}, \boldsymbol{r}') = e^{-jk_0R}/(4\pi R)$；$R$ 是场源之间的距离。

空间中总电场 $\boldsymbol{E}(\boldsymbol{r})$ 由入射场合散射场组成，可表示为

$$\boldsymbol{E}(\boldsymbol{r}) = \boldsymbol{E}^i(\boldsymbol{r}) + \boldsymbol{E}^s(\boldsymbol{r}) \tag{12.3.14}$$

利用电场在理想导体表面上的边界条件，即切向电场为零的条件：

$$\boldsymbol{n} \times \boldsymbol{E}(\boldsymbol{r}) = 0 \text{ 或 } \boldsymbol{t} \cdot \boldsymbol{E}(\boldsymbol{r}) = 0 \tag{12.3.15}$$

式中，$\boldsymbol{n}$ 为理想导体表面外法向单位矢量；$\boldsymbol{t}$ 为切向单位矢量。综合式(12.3.12)、(12.3.13)和(12.3.14)，可得到理想导体表面电场积分方程（EFIE）：

$$j\omega\mu_0\int_s \boldsymbol{t} \cdot \bar{\boldsymbol{G}}(\boldsymbol{r}, \boldsymbol{r}') \cdot \boldsymbol{J}_S(\boldsymbol{r}')\mathrm{d}S' = \boldsymbol{t} \cdot \boldsymbol{E}^i(\boldsymbol{r}) \tag{12.3.16}$$

散射电场也可以用磁矢量位 $\boldsymbol{A}$ 和电标量位 $\boldsymbol{\Phi}$ 表示成如下形式：

$$\boldsymbol{E}^s(\boldsymbol{r}) = -j\omega\boldsymbol{A}(\boldsymbol{r}) - \nabla\boldsymbol{\Phi}(\boldsymbol{r}) \tag{12.3.17}$$

其中，

$$\boldsymbol{A}(\boldsymbol{r}) = \mu_0\int_s \mathrm{d}S' G(\boldsymbol{r}, \boldsymbol{r}')\boldsymbol{J}_S(\boldsymbol{r}') \tag{12.3.18A}$$

$$\Phi(\boldsymbol{r}) = -\frac{1}{j\omega\varepsilon_0}\int_s G(\boldsymbol{r}, \boldsymbol{r}')\ \nabla' \cdot \boldsymbol{J}_S(r')\mathrm{d}S' \tag{12.3.18B}$$

因此，理想导体表面的电场积分方程可以表示为

$$\boldsymbol{t} \cdot j\omega\boldsymbol{A}(\boldsymbol{r}) + \boldsymbol{t} \cdot \nabla\varphi(\boldsymbol{r}) = \boldsymbol{t} \cdot \boldsymbol{E}^i(\boldsymbol{r}) \tag{12.3.19}$$

对于理想导体表面的磁场积分方程（MFIE），可以通过磁场边界条件获得

$$\boldsymbol{n} \times [\boldsymbol{H}^s(\boldsymbol{r}) + \boldsymbol{H}^i(\boldsymbol{r})] = \boldsymbol{J}_S(\boldsymbol{r}) \tag{12.3.20}$$

式中，$\boldsymbol{H}^i(\boldsymbol{r})$ 为入射磁场；$\boldsymbol{H}^s(\boldsymbol{r})$ 为理想导体表面的散射磁场，其表达式为：

$$\boldsymbol{H}^s(\boldsymbol{r}) = \nabla\times\int_s G(\boldsymbol{r}, \boldsymbol{r}')\boldsymbol{J}_S(\boldsymbol{r}')\mathrm{d}S' \tag{12.3.21}$$

将式(12.3.21)代入式(12.3.20)，即可得到封闭理想导体的磁场积分方程：

$$\boldsymbol{J}_S(\boldsymbol{r}) - \boldsymbol{n} \times \nabla\times\int_s G(\boldsymbol{r}, \boldsymbol{r}')\boldsymbol{J}_S(\boldsymbol{r}')\mathrm{d}S' = \boldsymbol{n} \times \boldsymbol{H}^i(\boldsymbol{r}) \tag{12.3.22}$$

对于任意闭合导体结构，都存在电场及磁场的谐振频率。当工作频率在电场谐振频率附近时，电场积分方程将失效；当工作频率在磁场谐振频率附近时，磁场积分将失效。由于封闭导体的电场及磁场谐振频率总是相互分离的，因此混合积分方程（CFIE）可以有效解决内谐振问题，其表达式为

$$\alpha(\mathrm{EFIE}) + (1-\alpha)\eta_0 \boldsymbol{t}\cdot(\mathrm{MFIE}) \tag{12.3.23}$$

式中，α 为组合系数，且 $\alpha \in [0, 1]$，$\eta_0 = \sqrt{\mu_0/\varepsilon_0}$ 为自由空间中的波阻抗，它的引入是为了使 EFIE 部分与 MFIE 部分具有相同的量纲。

当 $\alpha = 1$ 时，混合积分方程退化为电场积分方程；当 $\alpha = 0$ 时，混合积分方程退化为磁场积分方程。在实际应用中，混合积分方程和磁场积分方程仅适用于分析闭合结构的电磁问题，而电场积分方程对开放结构和封闭结构都适用。

2）时域有限差分法

时域有限差分法是直接离散时域麦克斯韦方程偏微分表达方式的离散化方法。KSYee 提出 Yee 离散格式，巧妙地将电场和磁场的离散在空间上错置、时间上交替，真实地反映了电磁波的传播。Yee 离散格式通用、简单，在电磁兼容、电磁干扰和电路设计等领域得到广泛应用。考虑线性、无耗、各项同性且非色散媒质，麦克斯韦旋度方程在直角坐标系下可展开为如下分量形式：

$$\frac{\partial E_x}{\partial t} = \frac{1}{\varepsilon}\left(\frac{\partial H_z}{\partial y} - \frac{\partial H_y}{\partial z}\right) \tag{12.3.24A}$$

$$\frac{\partial H_x}{\partial t} = -\frac{1}{\mu}\left(\frac{\partial E_z}{\partial y} - \frac{\partial E_y}{\partial z}\right) \tag{12.3.24B}$$

$$\frac{\partial E_y}{\partial t} = \frac{1}{\varepsilon}\left(\frac{\partial H_x}{\partial z} - \frac{\partial H_z}{\partial x}\right) \tag{12.3.24C}$$

$$\frac{\partial H_y}{\partial t} = -\frac{1}{\mu}\left(\frac{\partial E_x}{\partial z} - \frac{\partial E_z}{\partial x}\right) \tag{12.3.24D}$$

$$\frac{\partial E_z}{\partial t} = \frac{1}{\varepsilon}\left(\frac{\partial H_y}{\partial x} - \frac{\partial H_x}{\partial y}\right) \tag{12.3.24E}$$

$$\frac{\partial H_z}{\partial t} = -\frac{1}{\mu}\left(\frac{\partial E_y}{\partial x} - \frac{\partial E_x}{\partial y}\right) \tag{12.3.24F}$$

式中，E_x、E_y、E_z 分别为 x、y、z 方向上的电场强度分量；H_x、H_y、H_z 分别为 x、y、z 方向上的磁场强度分量；ε 和 μ 分别为媒质的介电常数和磁导率。式(12.3.24A) ~ 式(12.3.24F) 建立了时域有限差分数值方法模拟时变电磁场与三维物体相互作用的基础，与适当边界条件结合，即可解决相应的电磁问题。在 Yee 差分格式中，计算区域在 x,y,z 方向上分别用直角坐标网格进行离散，划分的电场网格称为电网格，网格步长分别为 $\Delta x,\Delta y,\Delta z$，网格节点的标号分别以 i,j,k 表示。如图 12.3.3 所示，电场采样位于电网格单元的棱边中点处且沿棱

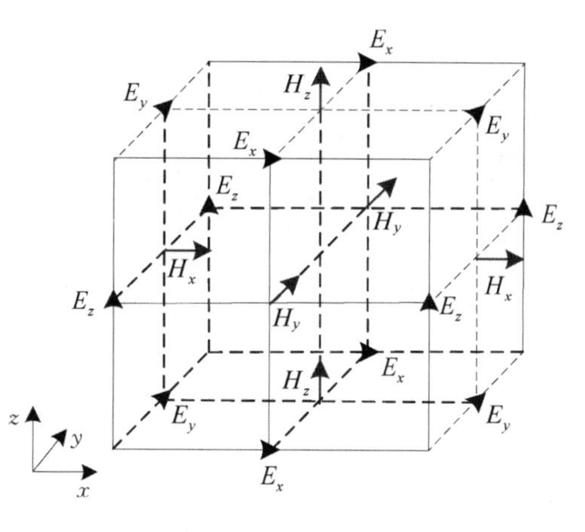

图 12.3.3　Yee 差分格式电网格示意图

边方向,磁场采样则位于电网格面中心处且与电网格面垂直。利用时间和空间中心差分公式,可将方程(12.3.24A)~(12.3.24F)改写成下面递推形式:

$$E_x^n\left(i+\frac{1}{2},j,k\right)=E_x^{n-1}\left(i+\frac{1}{2},j,k\right)+\frac{\Delta t}{\varepsilon}\left[\frac{H_z^{n-1/2}\left(i+\frac{1}{2},j+\frac{1}{2},k\right)-H_z^{n-1/2}\left(i+\frac{1}{2},j-\frac{1}{2},k\right)}{\Delta y}-\frac{H_y^{n-1/2}\left(i+\frac{1}{2},j,k+\frac{1}{2}\right)-H_z^{n-1/2}\left(i+\frac{1}{2},j,k-\frac{1}{2}\right)}{\Delta z}\right] \tag{12.3.25A}$$

$$E_y^n\left(i,j+\frac{1}{2},k\right)=E_y^{n-1}\left(i,j+\frac{1}{2},k\right)+\frac{\Delta t}{\varepsilon}\left[\frac{H_x^{n-1/2}\left(i,j+\frac{1}{2},k+\frac{1}{2}\right)-H_x^{n-1/2}\left(i,j+\frac{1}{2},k-\frac{1}{2}\right)}{\Delta z}-\frac{H_z^{n-1/2}\left(i+\frac{1}{2},j+\frac{1}{2},k\right)-H_z^{n-1/2}\left(i-\frac{1}{2},j+\frac{1}{2},k\right)}{\Delta x}\right] \tag{12.3.25B}$$

$$E_z^n\left(i,j,k+\frac{1}{2}\right)=E_z^{n-1}\left(i,j,k+\frac{1}{2}\right)+\frac{\Delta t}{\varepsilon}\left[\frac{H_y^{n-1/2}\left(i+\frac{1}{2},j,k+\frac{1}{2}\right)-H_y^{n-1/2}\left(i-\frac{1}{2},j,k+\frac{1}{2}\right)}{\Delta x}-\frac{H_x^{n-1/2}\left(i,j+\frac{1}{2},k+\frac{1}{2}\right)-H_x^{n-1/2}\left(i,j-\frac{1}{2},k+\frac{1}{2}\right)}{\Delta y}\right] \tag{12.3.25C}$$

$$H_x^{n+1/2}\left(i,j+\frac{1}{2},k+\frac{1}{2}\right)=H_x^{n-1/2}\left(i,j+\frac{1}{2},k+\frac{1}{2}\right)-\frac{\Delta t}{\mu}\left[\frac{E_z^n\left(i,j+1,k+\frac{1}{2}\right)-E_z^n\left(i,j,k+\frac{1}{2}\right)}{\Delta y}-\frac{E_y^n\left(i,j+\frac{1}{2},k+1\right)-E_y^n\left(i,j+\frac{1}{2},k\right)}{\Delta z}\right] \tag{12.3.25D}$$

$$H_y^{n+1/2}(i+\frac{1}{2},j,k+\frac{1}{2})=H_y^{n-1/2}(i+\frac{1}{2},j,k+\frac{1}{2})$$

$$-\frac{\Delta t}{\mu}\left[\frac{E_x^n(i+\frac{1}{2},j,k+1)-E_x^n(i+\frac{1}{2},j,k)}{\Delta z}-\frac{E_z^n(i+1,j,k+\frac{1}{2})-E_z^n(i,j,k+\frac{1}{2})}{\Delta x}\right]$$

(12.3.25E)

$$H_z^{n+1/2}(i+\frac{1}{2},j+\frac{1}{2},k)=H_z^{n-1/2}(i+\frac{1}{2},j+\frac{1}{2},k)$$

$$-\frac{\Delta t}{\mu}\left[\frac{E_y^n(i+1,j+\frac{1}{2},k)-E_y^n(i,j+\frac{1}{2},k)}{\Delta x}-\frac{E_x^n(i+\frac{1}{2},j+1,k)-E_x^n(i+\frac{1}{2},j,k)}{\Delta y}\right]$$

(12.3.25F)

由以上递推方程可见,电场和磁场在时间和空间上是交错的,当前时刻的电(磁)场值由前一时刻的电(磁)场值和前半个时刻磁(电)场值求得,因此,整个过程中只需保留最后一个时刻的电磁场值即可,无需过多的存储空间。为了求解上述方程组,需要适当的边界条件截断时域有限差分计算区域,通常包括理想电导体(PEC)、理想磁导体(PMC)、吸收边界条件(ABC)和周期边界条件(PBC)。

3) 有限元法

有限元法是离散麦克斯韦方程组或波动方程导出的泛函变分表达式的离散化方法,一般采用四面体网格离散模型,选取棱边矢量基函数展开未知量。与有限差分方法相比,四面体离散能更好地模拟物体外形,得到更高的计算精度,但与此同时,有限元方法需反复求解大型稀疏矩阵方程组。

对于线性、无耗、各项同性且非色散的电磁问题,我们可以利用麦克斯韦旋度方程及介质本构关系来描述空间中的电磁场:

$$\frac{\partial \boldsymbol{E}}{\partial t}=\frac{1}{\varepsilon}\nabla\times\boldsymbol{H} \tag{12.3.26A}$$

$$\frac{\partial \boldsymbol{H}}{\partial t}=-\frac{1}{\mu}\nabla\times\boldsymbol{E} \tag{12.3.26B}$$

利用四面体网格离散模型,在每个离散单元上,利用 Whiney 矢量基函数展开电场和磁场:

$$\boldsymbol{E}=\sum_j \boldsymbol{W}_{ej}e_j,\ \boldsymbol{H}=\sum_j \boldsymbol{W}_{hj}h_j \tag{12.3.27}$$

其中，$\boldsymbol{W}_{ej}$ 和 $\boldsymbol{W}_{hj}$ 分别为电场和磁场矢量基函数；e_j 和 h_j 为未知系数。对式(12.3.26A)和(12.3.26B)进行测试可得

$$\iiint_V \boldsymbol{W}_{ei} \cdot \varepsilon \frac{\partial \boldsymbol{E}}{\partial t} \mathrm{d}V - \iiint_V \nabla \times \boldsymbol{W}_{ei} \cdot \boldsymbol{H} \mathrm{d}V = \iint_S \boldsymbol{W}_{ei} \cdot (\boldsymbol{n} \times \boldsymbol{H}) \mathrm{d}S \tag{12.3.28A}$$

$$\iiint_V \boldsymbol{W}_{hi} \cdot \mu \frac{\partial \boldsymbol{H}}{\partial t} \mathrm{d}V + \iiint_V \nabla \times \boldsymbol{W}_{hi} \cdot \boldsymbol{E} \mathrm{d}V = \iint_S \boldsymbol{W}_{hi} \cdot (\boldsymbol{n} \times \boldsymbol{E}) \mathrm{d}S \tag{12.3.28B}$$

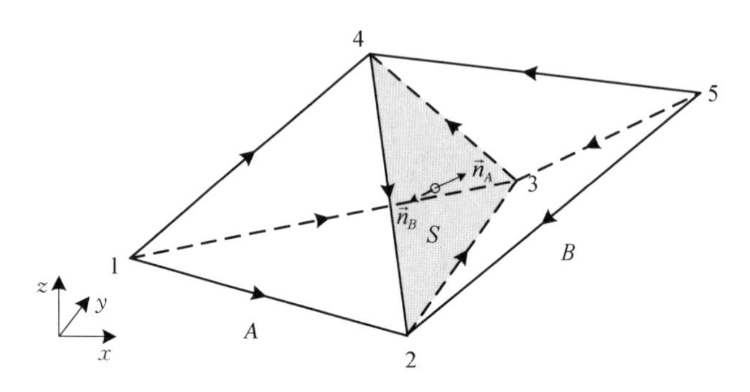

图 12.3.4　邻元胞基函数

根据 Whiney 矢量基函数的特点，相邻体在公共交界面上具有相同的棱边基函数且不位于 S 面的基函数在 S 面的切向分量为零，因此，为了加强相邻元胞在交界面上电磁场的切向连续性，可在 S 面上定义相同的基函数和未知量，此时，式(12.3.28A)和(12.3.28B)右端的面积分项除最外层需引入边界条件外，其余均可相互抵消。将式(12.3.27)代入式(12.3.28A)和式(12.3.28B)并化简可得

$$\boldsymbol{M}_{ee} \frac{\partial \boldsymbol{e}}{\partial t} = \boldsymbol{K}_{eh} \boldsymbol{h} \tag{12.3.29A}$$

$$\boldsymbol{M}_{hh} \frac{\partial \boldsymbol{h}}{\partial t} = \boldsymbol{K}_{he} \boldsymbol{e} \tag{12.3.29B}$$

其中，$\boldsymbol{e}$ 和 $\boldsymbol{h}$ 为未知向量；$\boldsymbol{M}_{ee}$、$\boldsymbol{M}_{hh}$、$\boldsymbol{K}_{eh}$ 和 $\boldsymbol{K}_{he}$ 为稀疏矩阵，其矩阵元素表达式为

$$[\boldsymbol{M}_{ee}]_{ij} = \varepsilon \iiint_V \boldsymbol{W}_{ei} \cdot \boldsymbol{W}_{ej} \mathrm{d}V \tag{12.3.30A}$$

$$[\boldsymbol{M}_{hh}]_{ij} = \mu \iiint_V \boldsymbol{W}_{hi} \cdot \boldsymbol{W}_{hj} \mathrm{d}V \tag{12.3.30B}$$

$$[\boldsymbol{K}_{eh}]_{ij} = \iiint_V \nabla \times \boldsymbol{W}_{ei} \cdot \boldsymbol{W}_{hj} \mathrm{d}V \tag{12.3.30C}$$

$$[\boldsymbol{K}_{he}]_{ij} = -\iiint_V \nabla \times \boldsymbol{W}_{hi} \cdot \boldsymbol{W}_{ej} \mathrm{d}V \tag{12.3.30D}$$

其中，$\boldsymbol{M}_{ee}$ 和 $\boldsymbol{M}_{hh}$ 中的一行表示某条棱边基函数与所有包含该棱边的四面体上的基函数之间的相互作用，因此具有大型稀疏且非对角化的特点。当时间上采用显式差分格式离散时，以蛙跳格式为例，传统有限元方法全离散格式可表示为

$$\boldsymbol{M}_{hh}\boldsymbol{h}^{n+1/2} = \Delta t\boldsymbol{K}_{he}\boldsymbol{e}^{n} + \boldsymbol{M}_{hh}\boldsymbol{h}^{n-1/2} \tag{12.3.31A}$$

$$\boldsymbol{M}_{ee}\boldsymbol{e}^{n+1} = \Delta t\boldsymbol{K}_{eh}\boldsymbol{h}^{n+1/2} + \boldsymbol{M}_{ee}\boldsymbol{e}^{n} \tag{12.3.31B}$$

由式(12.3.31A)和(12.3.31B)可得,有限元方法在每步时间迭代过程中均涉及一个大型稀疏矩阵方程组的求解。

12.3.3 案例分析

本节主要阐述基于车载炮系统中天线辐射耦合的电磁模型来评估辐射风险。基于此案例,可以分析评估车载炮系统中各组成部分受车载天线或者外部辐射源的电磁辐射承受能力。

1) 鞭状天线

车上常用的鞭状天线是在底部馈电的直立单极天线,又称底馈天线。在 VHF 频段其高度一般选在 1/4 波长附近,故底部电流很大。当这种天线安装在车辆上时,天线与车体之间存在较强的电磁耦合,随着车型或在车上的安装位置的改变,天线的输入阻抗也会随之变化,原来设计好的匹配装置将失去原有效能。中馈鞭状天线就是为了克服底馈鞭状天线的缺点而设计的,其结构如图 12.3.5 所示。

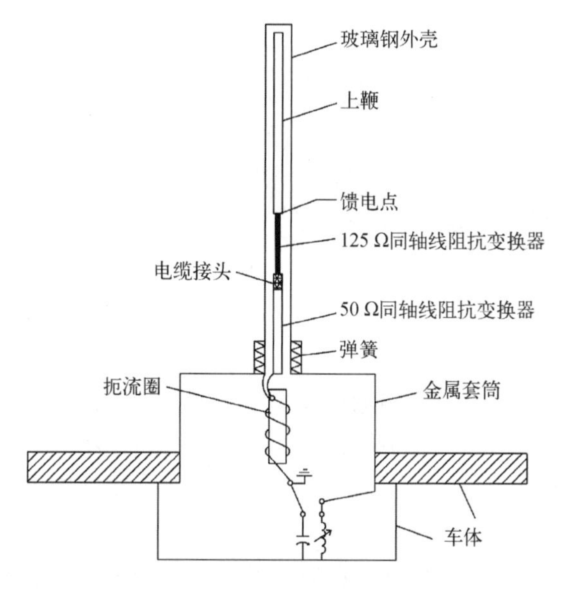

图 12.3.5 中馈车载鞭天线结构示意图

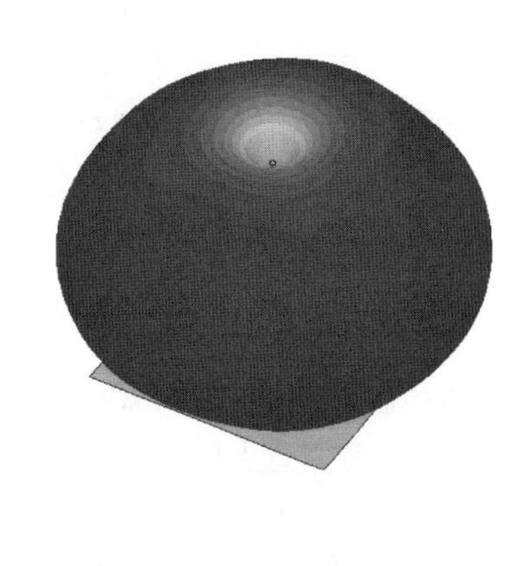

图 12.3.6 车载鞭天线辐射三维方向图

天线鞭是射频信号的辐射体。射频信号馈电点位于天线鞭的中间部分,馈电点以上部分是一个单导体,它是天线的上辐射体;馈电点以下部分是由 125 Ω 和 50 Ω 特性阻抗的两种同轴传输线连接而成,其中 125 Ω 传输线是起阻抗变换器的作用,将馈电点较高的阻抗变换为接近 50 Ω 的低阻抗,使天线的输入阻抗易于与电台的射频端阻抗匹配。传输线的外导体是天线的下辐射体。上下辐射体构成了中馈天线鞭。由此可见,天线鞭状部分相当于一个偶极天线。由于其底部为金属,其辐射方向见图 12.3.6,与自由空间中的偶极子天线有所不同。

2）天线位置优化

由于实际的车载炮系统过于复杂，在对整车系统中各部分电磁抗辐射能力分析的时候，需要对车载炮系统中各部分适当简化，可以加速仿真分析过程。图 12.3.7 给出了不同视角下的简化车载炮系统模型。为了研究鞭天线辐射的位置对车内人员、炮弹等关键部位的影响，将鞭天线分别放置在图 12.3.8 所示的 3 个位置进行电磁仿真。

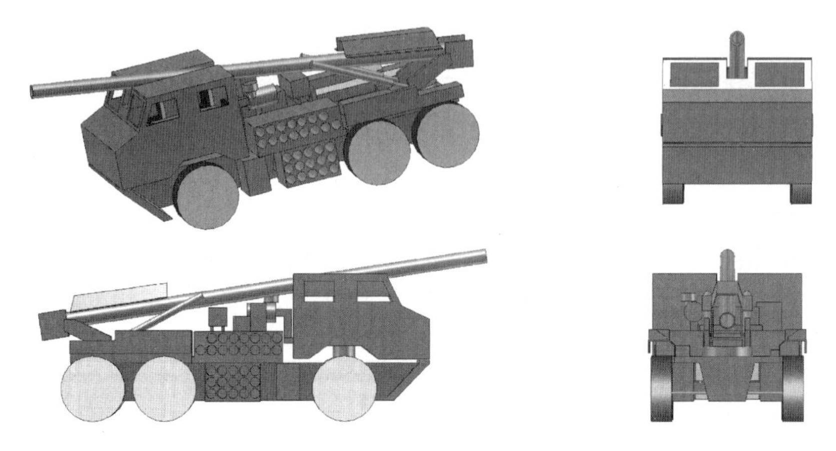

图 12.3.7　不同视角下的简化车载炮模型

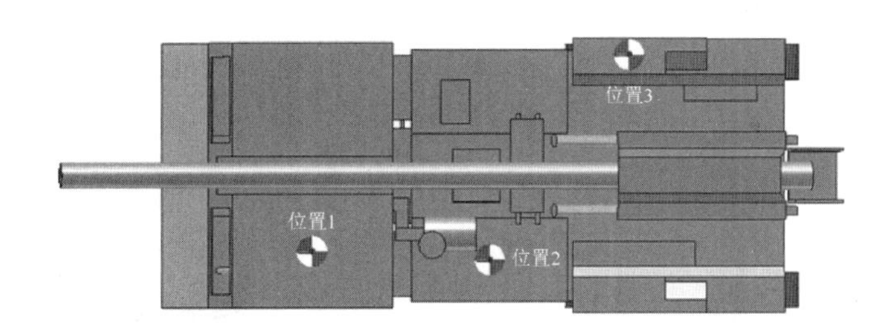

图 12.3.8　车载炮天线位置（俯视）

首先研究车载鞭天线辐射对驾驶室内人员的影响，观察面设置如图 12.3.9 所示，选择水平观察面 1 和垂直观察面 2。经过电磁仿真，当天线位于位置 1 处，车厢内的电场在水平和垂直观察面上的分布如图 12.3.10 所示。根据 GJB 5313－2004《电磁辐射暴露限值和测量方法》，超短波范围内人体可以承受的连续暴露平均电场强度限值为 15 V/m。将低于暴露极限阈值 15 V/m 限值以下设为灰色，可得到驾驶室内不同切平面电场分布如图 12.3.11 所示。

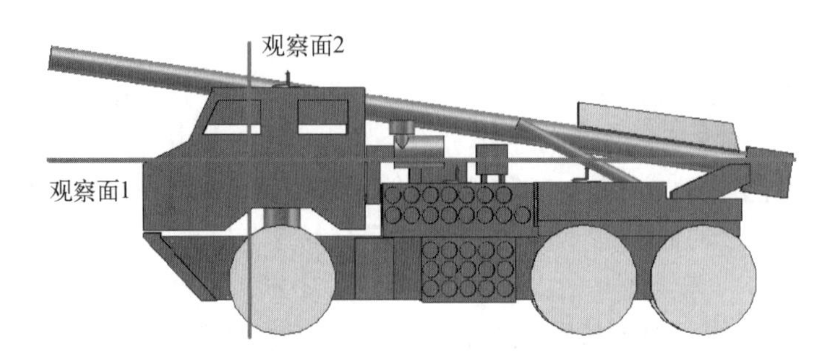

图 12.3.9　驾驶室内水平和垂直观察面

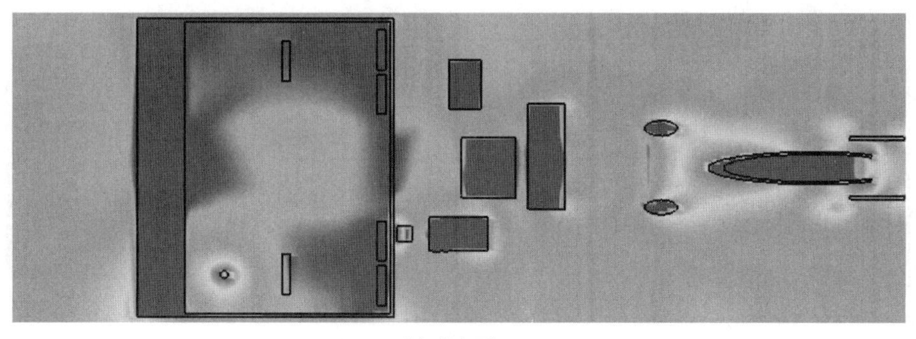

(a) 观察面1

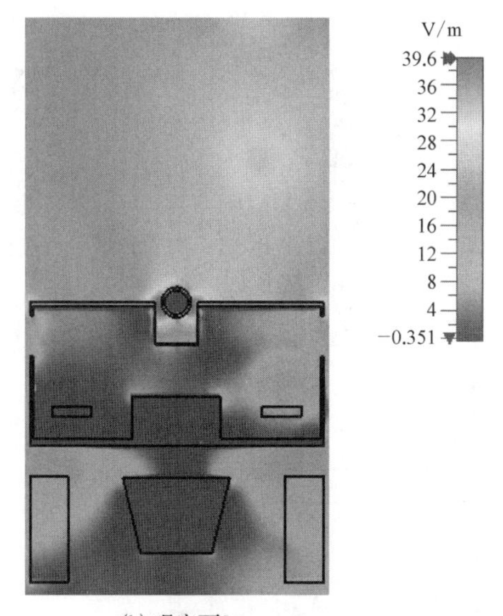

(b) 观察面2

图 12.3.10　位置 1 驾驶室内不同切平面电场分布

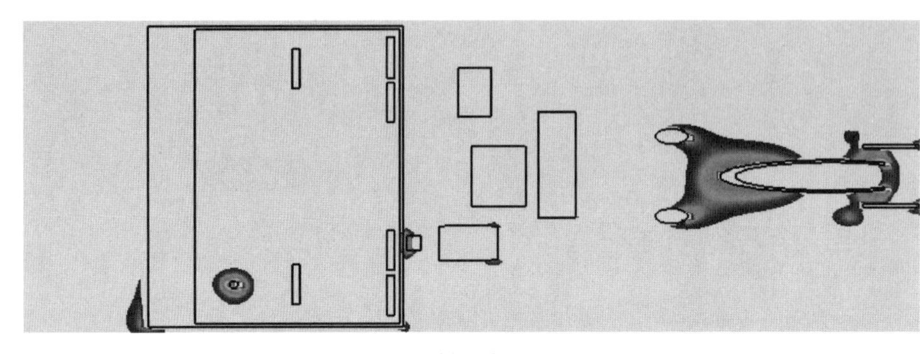

(a) 观察面1

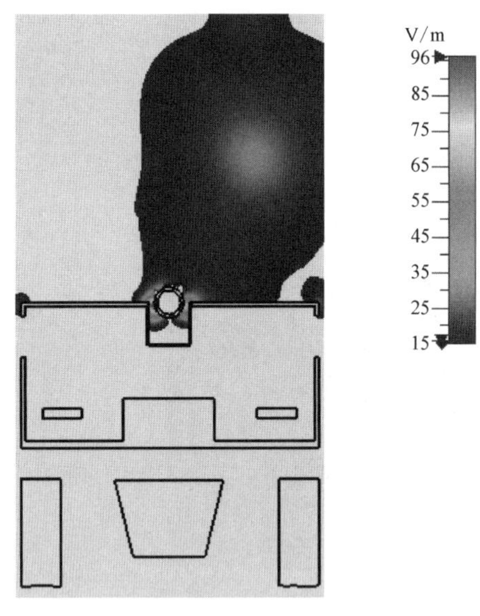

(b) 观察面2

图 12.3.11　天线位于位置 1 处暴露阈值下驾驶室内不同切平面电场分布

从图 12.3.11 可知，当鞭天线位于位置 1 时，驾驶室内前排方向盘位置出现大于极限阈值的电场强度，会对人体产生伤害。通过改变辐射天线的位置，可以获得位置 2 和位置 3 处，车载炮系统在图 12.3.9 中的两个切面上的电场分布。其场强值大于 15 V/m 区域如图 12.3.12 和图 12.3.13 所示。从结果中可以看出，鞭天线只有位于位置 3 处才符合人体安全标准。

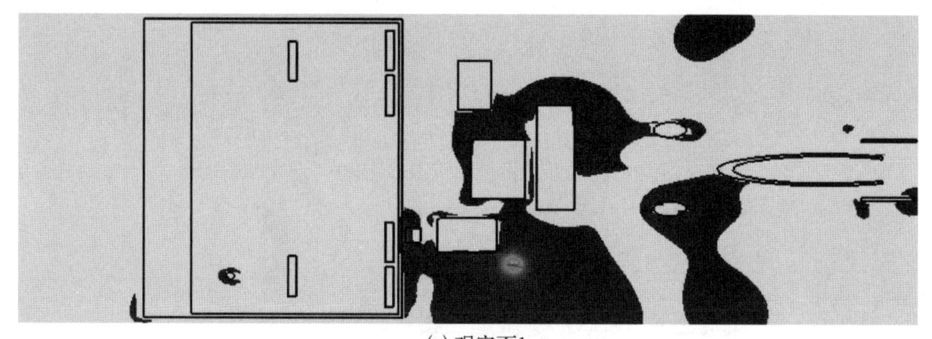

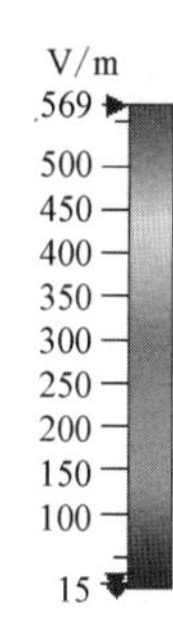

(a) 观察面1

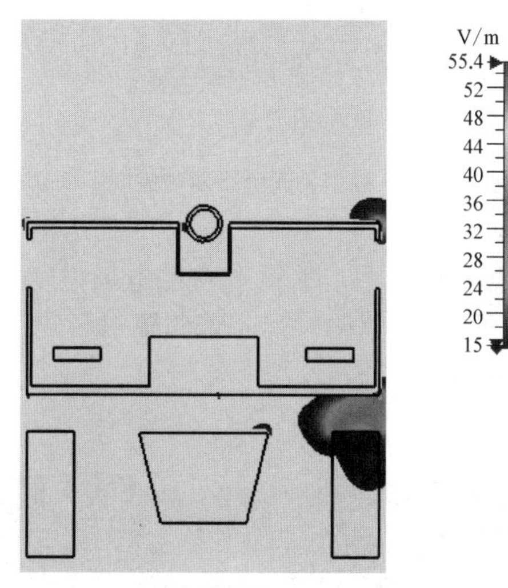

(b) 观察面2

图 12.3.12　天线位于位置 2 处暴露阈值下驾驶室内不同切平面电场分布

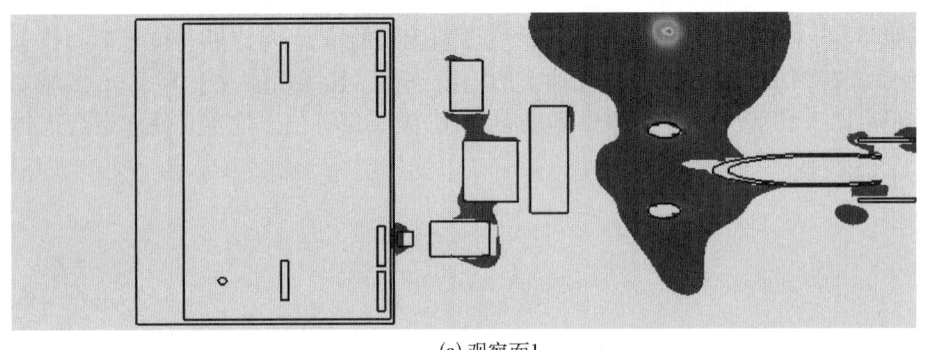

(a) 观察面1

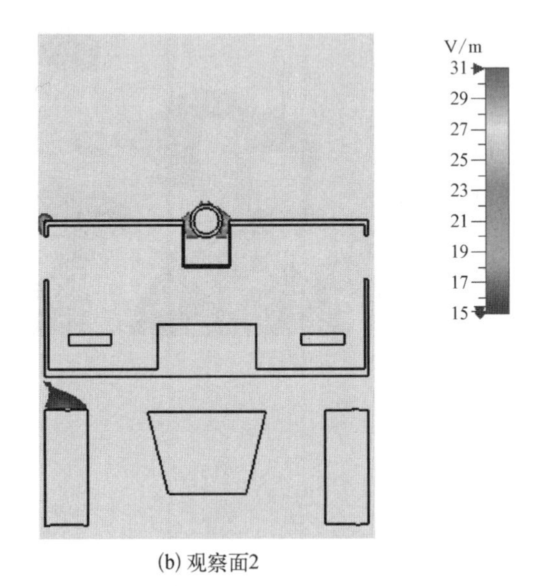

(b) 观察面2

图 12.3.13　天线位于位置 3 处暴露阈值下驾驶室内不同切平面电场分布

由上面分析可知,当天线位于位置 3 时,驾驶室的电场强度分布符合人体安全标准。下面分析天线放置在位置 3 处,天线辐射对弹药箱的辐射影响。观察平面如 12.3.14 所示,两个观察面均穿过弹药箱的位置。

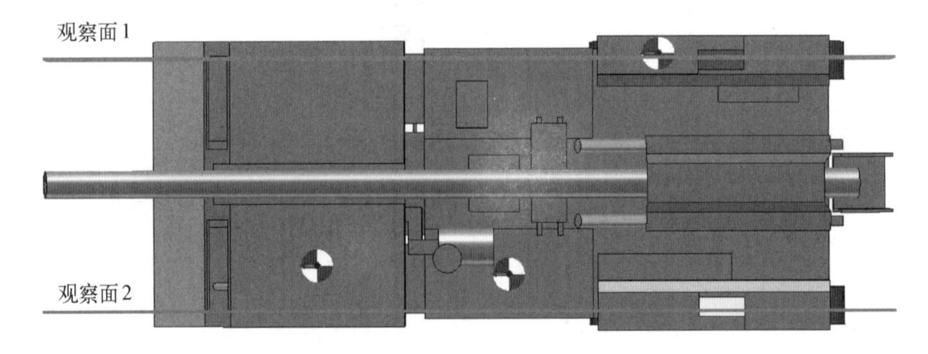

图 12.3.14　弹药箱垂直观察平面设置

电磁仿真结果如图 12.3.15 所示。根据 GJB 1389A－2005《系统电磁兼容性要求》，在超短波范围内和受限制的电磁环境中，向军械辐射的电场强度的峰值和平均值应低于 50 V/m。从仿真结果可以看出，在两个观察平面上，弹药箱处的电场强度均小于安全阈值。综上所述，通过电磁兼容性仿真可知，当天线位于位置 3 时，车载炮的驾驶室以及弹药箱均满足现有标准要求的抗辐射承受能力。对于外部辐射源的分析，车载炮系统的电磁抗辐射分析方法类似。

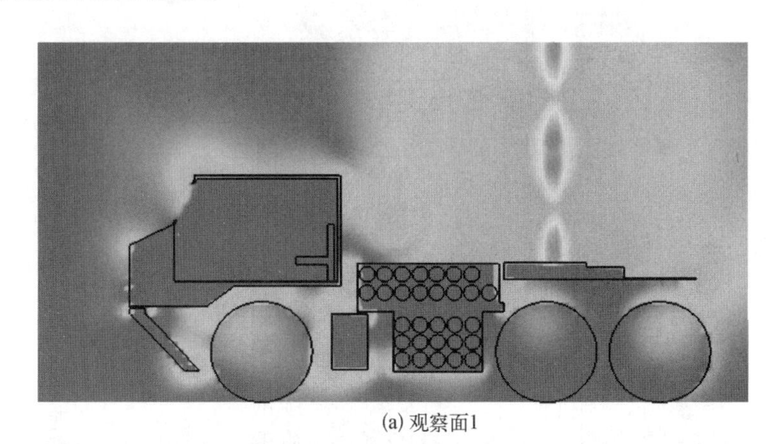
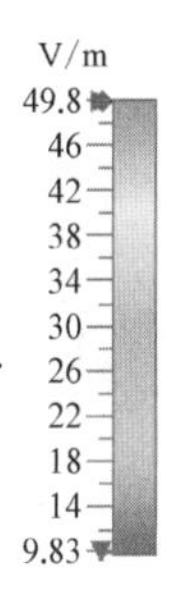

(a) 观察面1

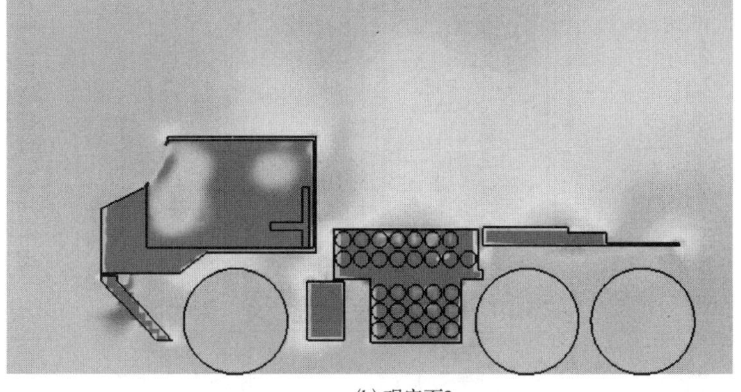
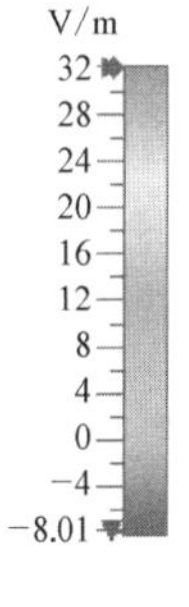

(b) 观察面2

图 12.3.15　天线位于位置 3 处弹药箱不同切平面上的电场分布

12.4　车载炮电磁兼容设计

12.4.1　车载炮电气系统构成

车载炮电气系统主要由北斗、炮班通信系统、炮长终端（车内）、炮长终端（车外）、配电面板、通信控制器、电台、综合控制箱、火炮适配器、配电控制箱、液压控制箱、电台天线、惯导、方向测角器、装填手操作面板、瞄准手操控台、高程计、发动机控制器、ABS 控制器、悬架控制器等电器单体构成。

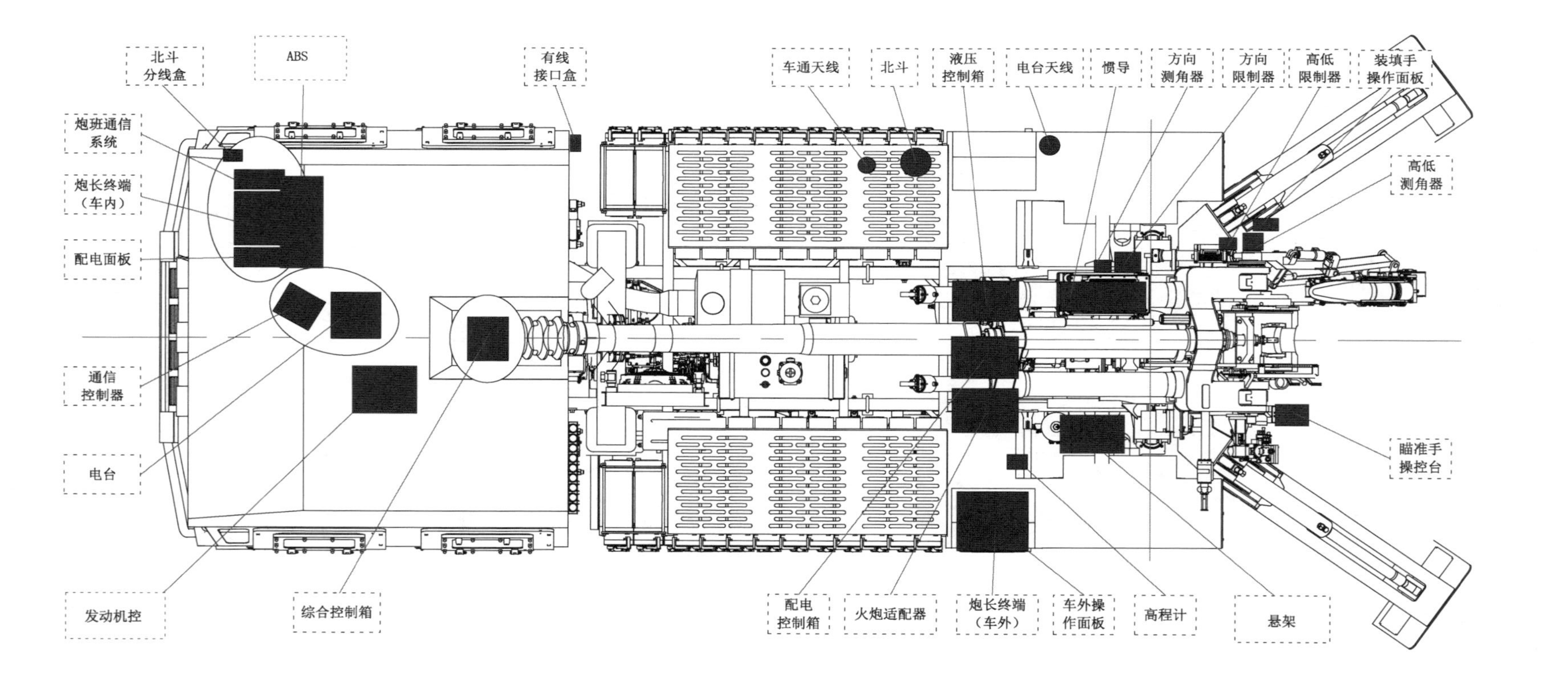

图 12.4.1　车载炮电气系统构成

车载炮电磁兼容设计的目的，是使系统在预期的电磁环境中能正常工作、无性能降低或故障，且对电磁环境中的任何事物不构成电磁干扰的能力。

车载炮电磁兼容性设计的基本方法是指标分配和功能分块设计，如图 12.4.2 所示。该设计方法采用“由上而下”和“由下而上”的设计思想。首先根据电磁兼容相关标准和规范，将整个系统的电磁兼容指标要求分成系统级的、分系统级的和设备级的；然后按照各级要求实现的功能要求和电磁兼容性指标要求，逐级进行反复、优化设计，直到通过各级的指标鉴定。

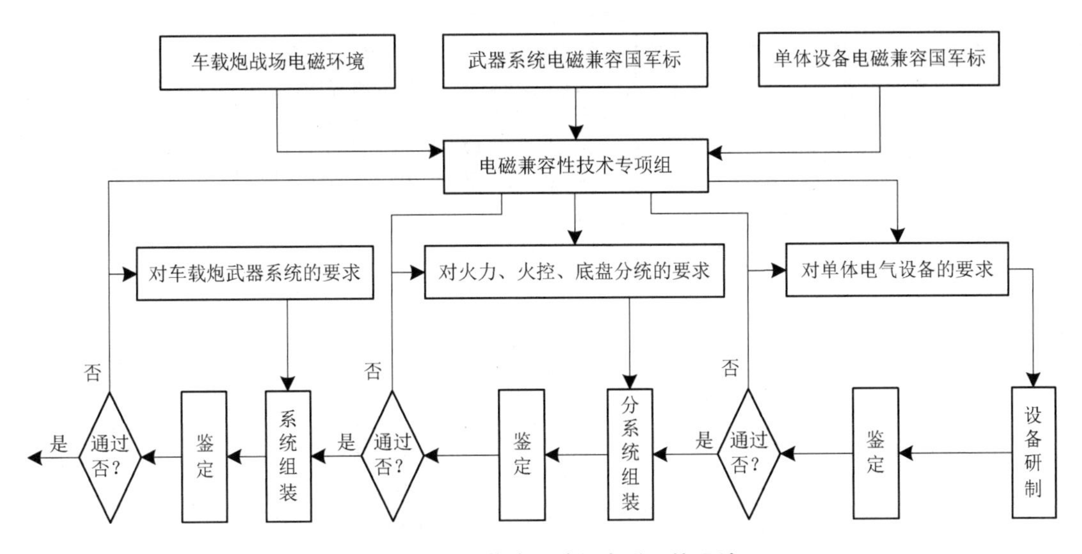

图 12.4.2　车载炮系统间电磁干扰设计

表 12.4.1　分系统及单体指标分解

序号	分 系 统	国 军 标	指 标 要 求
1	车载炮系统	GJB 1389A－2005	1) 5.2.1 条的系统电磁自兼容性； 2) 5.1 条的传导干扰安全裕度； 3) 5.1 条的辐射干扰安全裕度； 4) 5.3.d)条外部射频电磁环境； 5) 5.2.4 条电源线瞬变； 6) 5.8.2 条的电磁辐射对人体的危害； 7) 5.10.4 a)条的电搭接
		GJB 573A－1998	25 kV 的静电放电试验
2	车载炮火控分系统	GJB 1389A－2005	1) 5.2.1 条的系统电磁自兼容性； 2) 5.1 条的传导干扰安全裕度； 3) 5.1 条的辐射干扰安全裕度； 4) 5.3.d)条外部射频电磁环境
		GJB 573A－1998	25 kV 的静电放电试验

续 表

序号	分 系 统	国 军 标	指 标 要 求
3	车载炮随动分系统	GJB 1389A－2005	1）5.2.1 条的系统电磁自兼容性； 2）5.1 条的传导干扰安全裕度； 3）5.1 条的辐射干扰安全裕度； 4）5.3.d)条外部射频电磁环境
		GJB 573A－1998	25 kV 的静电放电试验
4	车载炮底盘系统	GJB 1389A－2005	1）5.2.1 条的系统电磁自兼容性； 2）5.1 条的传导干扰安全裕度； 3）5.1 条的辐射干扰安全裕度； 4）5.3.d)条外部射频电磁环境
		GJB573A－1998	25 kV 的静电放电试验
5	车载炮火控单体设备	GJB 151B－2003	1）电源线传导发射：按 5.5 条图 4 规定的限制要求； 2）电源线传导敏感度：按图 5.8 条图 21 规定的限制要求进行； 3）电缆束注入传导敏感度：10 kHz~2 MHz 按第 5.16 条图 39 曲线三规定的限制要求进行、2 MHz~400 MHz 按第 5.16 条图 39 曲线四规定的限制要求进行； 4）电缆束注入脉动激励传导敏感度：按第 5.17 条图 44 规定的限制要求进行； 5）电缆和电源线阻尼正旋瞬态传导敏感度：按第 5.18 条图 48 规定限制要求进行； 6）电场辐射发射：按第 5.20 条图 58 海军(移动)和陆军曲线固定的限制要求进行； 7）按第 5.23 条表 17 规定的限制要求进行； 8）按照 25 kV 的静电放电试验要求进行
6	车载炮随动单体设备	GJB 151B－2003	1）电源线传导发射：按 5.5 条图 4 规定的限制要求； 2）电源线传导敏感度：按图 5.8 条图 21 规定的限制要求进行； 3）电缆束注入传导敏感度：10 kHz~2 MHz 按第 5.16 条图 39 曲线三规定的限制要求进行、2 MHz~400 MHz 按第 5.16 条图 39 曲线四规定的限制要求进行； 4）电缆束注入脉动激励传导敏感度：按第 5.17 条图 44 规定的限制要求进行； 5）电缆和电源线阻尼正旋瞬态传导敏感度：按第 5.18 条图 48 规定限制要求进行； 6）电场辐射发射：按第 5.20 条图 58 海军(移动)和陆军曲线固定的限制要求进行； 7）按第 5.23 条表 17 规定的限制要求进行； 8）按照 25 kV 的静电放电试验要求进行

续 表

序号	分系统	国军标	指标要求
7	车载炮底盘单体设备	GJB 151B－2003	1）电源线传导发射：按5.5条图4规定的限制要求； 2）电源线传导敏感度：按图5.8条图21规定的限制要求进行； 3）电缆束注入传导敏感度：10 kHz～2 MHz按第5.16条图39曲线三规定的限制要求进行、2 MHz～400 MHz按第5.16条图39曲线四规定的限制要求进行； 4）电缆束注入脉动激励传导敏感度：按第5.17条图44规定的限制要求进行； 5）电缆和电源线阻尼正旋瞬态传导敏感度：按第5.18条图48规定限制要求进行； 6）电场辐射发射：按第5.20条图58海军(移动)和陆军曲线固定的限制要求进行； 7）按第5.23条表17规定的限制要求进行

车载炮电磁兼容设计为系统内和系统间两部分，主要实现电磁兼容和最佳效费比为出发点，对系统内部和系统之间的电磁兼容性进行分析，预测、控制和评估。

12.4.2 车载炮系统内电磁兼容设计

系统内的电磁兼容主要从图12.4.3中五个方面来考虑，主要包括屏蔽设计、滤波设计、接地/搭接设计、电路板布线设计、电子元器件选择。

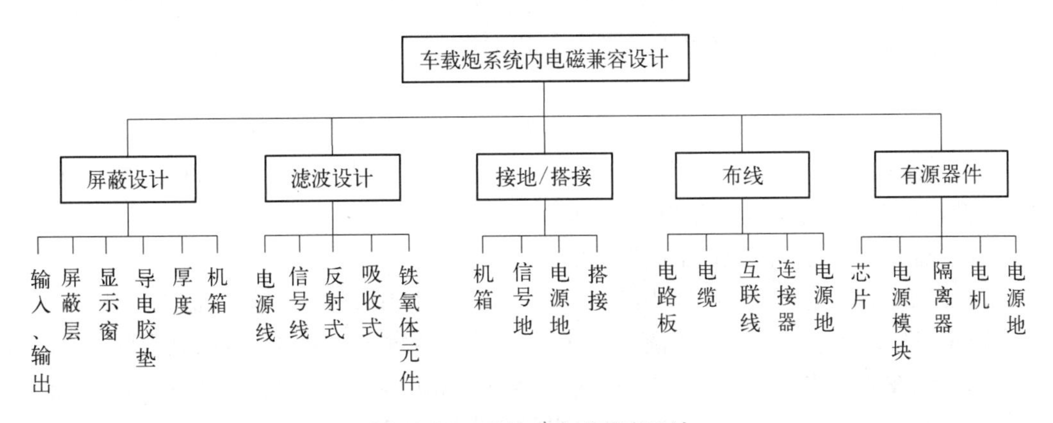

图12.4.3 系统内电磁兼容设计

在车载炮系统内电磁兼容设计中尤其关注屏蔽设计、接地/搭接设计及滤波设计。

1）电磁屏蔽设计

电磁屏蔽的作用是切断电磁波的传播途径，从而消除干扰。在解决电磁干扰问题的诸多手段中，电磁屏蔽是最基本和有效方法。用电磁屏蔽的方法来解决电磁干扰问题的优势是不会影响电路的正常工作，不需要对电路做任何修改。其设计好坏与车载炮系统与车载炮单体电气设备能否通过电磁兼容试验密切相关，在GJB 151B－2003标准中RE101、RE102、RS101、RS103、RS105这五项与机箱的屏蔽直接相关，在电磁屏蔽设计时需注意以下几点。

（1）选用高导电率材料做机箱：利用导电良好的屏蔽材料，如铝板、铝箔、铜板、铜箔或在塑料机箱上镀镍或铜，利用他们对干扰电磁波的反射、吸收和多次反射作用，衰减干扰电磁场的能力，达到屏蔽效果。

（2）常用屏蔽材料选择：导电衬垫（导电橡胶、金属丝网、导电泡棉等）、导电化合物（导电胶、导电涂料、导电腻子等）、电磁屏蔽胶带（磁屏蔽胶带、法兰保护胶带、导电铂带、导电布胶带、屏蔽视窗）、通风波导、屏蔽视窗、屏蔽电缆、屏蔽热缩管等。

（3）大平台系统屏蔽设计：传统金属性车辆对其内部安装设备和电缆具有一定的屏蔽能力。随着轻量化要求，工程塑料或复合材料制成的部件引入底盘车辆，使得车辆的屏蔽效能下降，为了避免电磁兼容性问题，采用这类非金属材料制成的新系统，需要认真地分析，电磁兼容设计与结构强度设计结合，以到达良好的屏蔽效能。

（4）多级屏蔽策略：对车载炮单体电气设备，如果设备中敏感电路仅构成箱体内的一小部分，可以将敏感电路装入完全屏蔽的单元内，这样通过多层屏蔽的方式，提升敏感电路的防护能力，如图 12.4.4 所示。

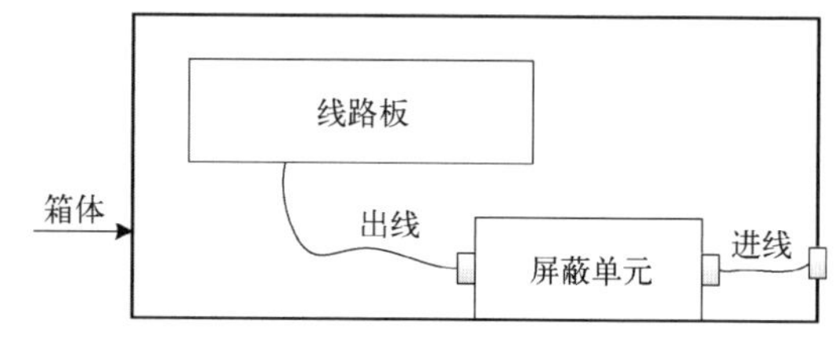

图 12.4.4　系统内电磁兼容设计

2）滤波设计

滤波设计主要考虑直流电源滤波和信号滤波两个方面。

直流电流滤波器是适用于直流线路输入输出线路干扰抑制的滤波器，它采用低线路电阻，具有低损耗、高可靠性特点，复合电磁兼容标准。通常选用 L 型、T 或 π 型或更多元器件组成的滤波器等；交流电源线滤波器使用电源线频率通过，达到消除低电平持续高频噪声，降低或滤除瞬变电平目的。

信号线滤波器是安装在传输各种信号端口的滤波器，其主要作用是解决空间电磁干扰问题。在设备信号端口上使用滤波器可有效减弱/防止设备向空间辐射较强的电磁干扰，或设备对空间的电磁干扰敏感等问题。

滤波器在安装时应注意以下问题，如图 12.4.5 所示：

（1）滤波器的输入输出线应当隔离。由于滤波器周围的旁路，输入/输出引线间的耦合会减小可实现的衰减。除了隔离引线外，还需要屏蔽输入和输出引线以克服耦合效应。

（2）滤波器壳体和设备箱体之间的搭接连接在相应频率范围内为低阻抗路径。滤波器与壳体间保持良好搭接，从而减小对滤波器性能的影响。

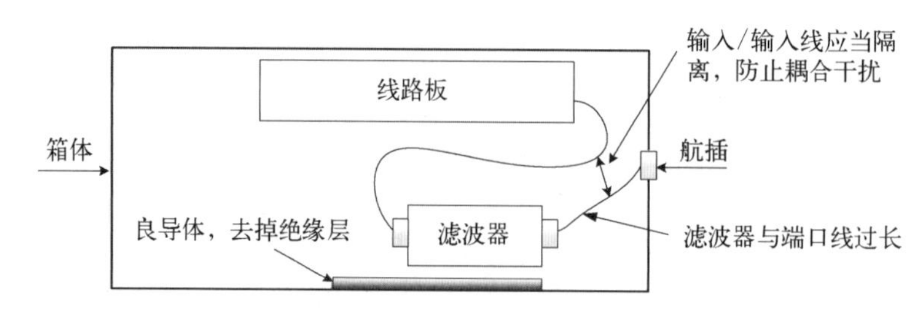

图 12.4.5　滤波器安装

(3) 航插与滤波器间线缆不宜过长。外面沿线缆传进设备的干扰还未经过滤波,就已经通过空间耦合的方式干扰到线路板上了,造成敏感度的问题;对于防止干扰发射场合:线路板上产生的干扰可以直接耦合到滤波器的外侧,传导到机箱外侧,造成超标电磁发射。

3) 接地/搭接设计

车载炮接地是最有效抑制骚扰源的方法,可以解决 50%的电磁兼容问题,系统基准地与大地相连,可抑制电磁骚扰。外壳金属件直接大地,可以提供静电电荷的泄露通路,防止静电积累。

车载火炮在接地与搭接设计中将地线分为三类:安全接地、保护接地、工作接地。其中,安全接地提供雷电等现象发生时卸放大电流的通路;保护地提供产品故障电流进入大地时的低阻抗通道;工作地为设备电源和信号提供可靠运行的参考电平。车载火炮采用多点混合式接地方式,如图 12.4.6 所示。

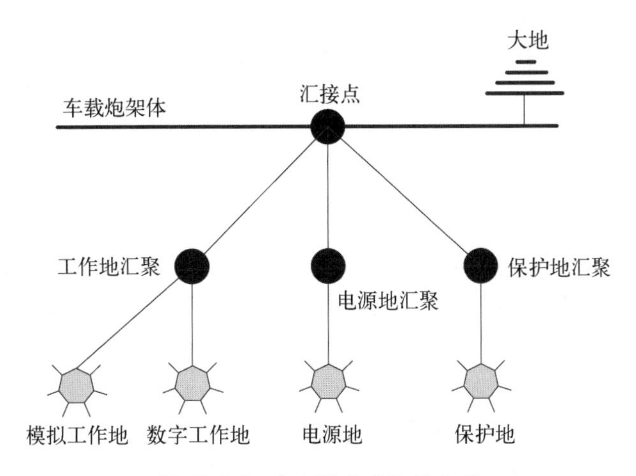

图 12.4.6 多点混合式接地方式

对于接地搭接,在 GJB 1389A－2005 中有具体要求,当车载炮系统发生电磁兼容性问题时,首先要检查的内容常常是搭接与接地是否良好。在特殊环境下,如雷电、核电磁脉冲等强电磁环境中,如果没有良好的搭接,雷电与车载炮系统的相互作用能产生瞬态高压,可以击伤人员、通过电弧和火花点燃燃油、引爆或使得火炮失效、干扰或危害电子设备。

为保障车载炮系统应对高原、高温、低温和沿海等环境,金属搭接部分腐蚀或松动,在搭接处应采取防潮和防腐蚀的保护措施;搭接处应有足够的压力将搭接处夹紧,以保证机械扭曲、冲击和振动造成的搭接处松动。

12.4.3 车载炮系统间电磁兼容设计

车载炮系统间电磁兼容设计一般从三个方面入手,即有用信号控制、人为干扰控制、自然干扰控制。

1) 有用信号控制

通过对车载炮电台频谱管理、规定其发射功率和信号类型(调制和带宽)、设计天线的空间覆盖范围、方向性和极化等方面实现有用信号的控制。

2）人为干扰控制

对人为干扰的控制通常主要是按照 GJB 151B－2013 标准约束，车载火炮单体电气设备的 CE102（电源线传导发射）、RE102（电场辐射发射）等方面来进行控制。

3）自然干扰控制

对自然干扰源的控制，主要是在单体电气设备设计中加以考虑。例如车载炮配电面板、车内炮长终端、车外炮长终端、瞄准手操控台及装填手操作面板设计时，采用适当的防护措施满足电磁脉冲和静电放电要求。

12.5 车载炮电磁兼容性评估

车载炮电磁兼容性评估由具备相关资质的第三方机构完成，评估按照车载火炮电磁兼容性试验大纲开展，主要完成系统自兼容、辐射安全裕度、传导安全裕度、电磁辐射对人体的危害、电磁辐射对军械危害、电源瞬变、外部射频电磁环境、电搭接等相关内容评估。

12.5.1 系统自兼容

系统设备分类，确定敏感设备和干扰源，确定设备状态，检查流程，制定互相干扰检查表。按正常步骤开机，观察各设备工作是否正常。超短波电台处于低中高频定频通信，大功率工作状态。依据受试车载设备及分系统在整车典型工作状态下，对所列设备进行电磁兼容性检查、判断。

（1）选定干扰发射源，设置发射源为表 12.5.1 规定的状态，设置发射机为最大输出功率。

（2）开启选定的敏感设备，使其处于稳定工作状态。

（3）等待敏感设备做出响应，检查敏感设备，判断干扰源是否对其产生干扰。

（4）在数据记录表格中记录测试结果。

（5）关闭该干扰源，并开启另一个干扰源。

（6）重复步骤（1）～（5），直至该敏感设备的所有干扰源均测试完毕；当前敏感设备测试完成后，重复步骤（2）～（6），对矩阵中其他敏感设备进行测试。

（7）所有干扰源上电监测敏感设备，如出现敏感现象，干扰源逐一断电，直到找到敏感设备，并记录测试结果。

12.5.2 辐射安全裕度

辐射安全裕度测试的目的是测量被测试设备通过空间传播的干扰辐射场强。车载炮辐射安全裕度试验配置，如图 12.5.1 辐射安全裕度注入试验配置图所示，具体测试步骤如下：

（1）选取一个测试位置，车内设备大功率工作，接收设备对测试频点进行扫描，获取被测位置的辐射环境干扰信号，并保存；

（2）多次重复测量辐射环境干扰信号；

（3）选择测量的环境干扰，按国军标要求增加干扰信号强度生成目标注入电平曲线；

表 12.5.1　车载炮电磁兼容性试验项目

干扰源＼敏感体	炮长任务终端内	炮长任务终端外	车载抗干扰型北斗差分用户	高低测角器	方位测角器	定位定向导航装置	瞄准手操控台	电器保险装置	电源分配器	总线数据适配器	综合处理单元	液压控制箱	电源管理控制器	电台	通信控制器	炮班通信系统
炮长任务终端内																
炮长任务终端外																
车载抗干扰型北斗差分用户																
高低测角器																
方位测角器																
定位定向导航装置																
瞄准手操控台																
电器保险装置																
电源分配器																
总线数据适配器																
综合处理单元																
液压控制箱																
电源管理控制器																
电台																
通信控制器																
炮班通信系统																

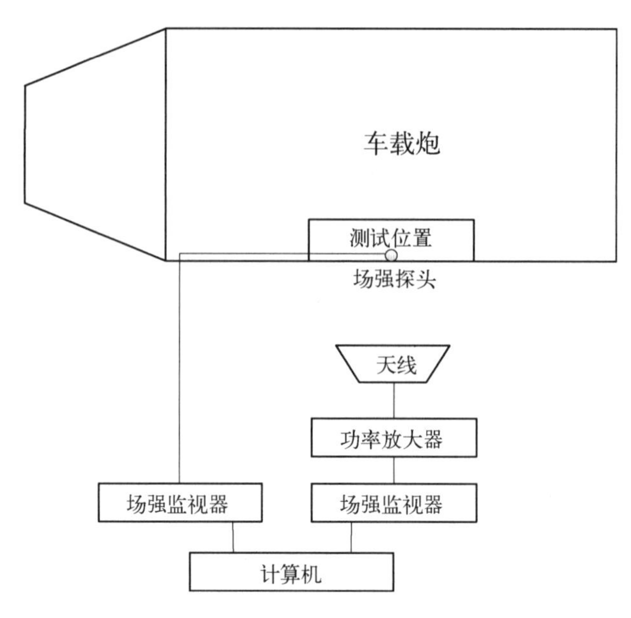

图 12.5.1　辐射安全裕度注入试验配置图

（4）依次将对应频点的发射天线置于待测位置点上，车内设备小功率工作，调节信号发生器频率、输出电平，对注入频点进行注入扫描测试，按标准规定进行频率扫描；

（5）若在注入扫描测试中被测系统出现了敏感现象，对敏感频点进行测量获取敏感度门限；

（6）对每个测试位置重复（1）～（5）。

12.5.3　传导安全裕度

传导安全裕度的测试目的是测量被测试通过线路向外发射的干扰，包括输入电源线、互联线、控制线等产生的连续波干扰电压、连续波干扰电流或尖峰干扰信号等。车载炮传导安全裕度基础干扰监测，采用底盘发动机供电，超短波电台处于低中高频点定频通信。环境测试时处于大功率发射状态，敏感度测试时处于小功率工作状态。车内其他设备加电（正常工作状态，经典模式）下，测量国军标要求频率范围内电缆上的传导发射电流，根据测得发射试验数据增加相应的安全裕度进行安全裕度注入试验。车载炮传导安全裕度试验配置，如图 12.5.2 所示，具体测试步骤如下：

（1）车内设备通电预热并达到稳定工作状态，并按系统典型工作流程进行工作；

（2）将注入探头和监测探头卡在被测电缆束上；

（3）接收设备在适用的频率范围内扫描，获取被测电缆上的传导环境干扰信号；

（4）选择测量的环境干扰最大值，将检测到的环境干扰电平增加定量的分贝，生成目标注入频点曲线；

（5）对注入频点进行注入扫描测试，按标准规定进行频率扫描。同时通过功率计监测功率放大器的工作状态；

（6）监测被测设备性能是否降低，如果出现敏感，确定敏感门限；

（7）对每个测试位置电缆重复步骤（2）～（6）。

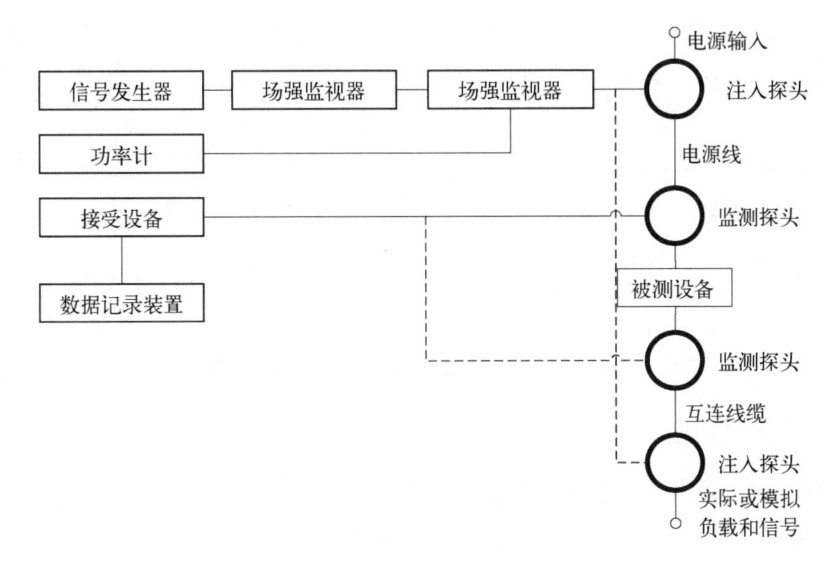

图 12.5.2　传导安全裕度注入试验配置图

12.5.4　电磁辐射对人体的危害

电磁辐射对人体的危害目的是测量车载炮内部电磁环境,是否对人员产生电磁辐射危害。测试配置如图 12.5.3、图 12.5.4 所示,具体测试步骤如下:

测试设备、测试配置和测试步骤应满足 GJB 5313－2004《电磁辐射暴露限值和测量方法》中作业区电磁辐射测量的相关要求。被试品车所有设备正常工作,超短波电台处于低中高频点定频通信,大功率工作状态,根据 GJB 5313－2004 的规定,测量操作人员位置的场强,评价辐射场对操作人员的影响程度。

(1) 底盘发动机供电,所有设备正常工作,车内大功率设备开启并工作;

(2) 用全向探头模拟操作人员的头部、胸部、腹部进行测量,每个位置测 5 次,取场强平均值作为结果,如果测试区域总场强满足测试标准要求,则该项通过。

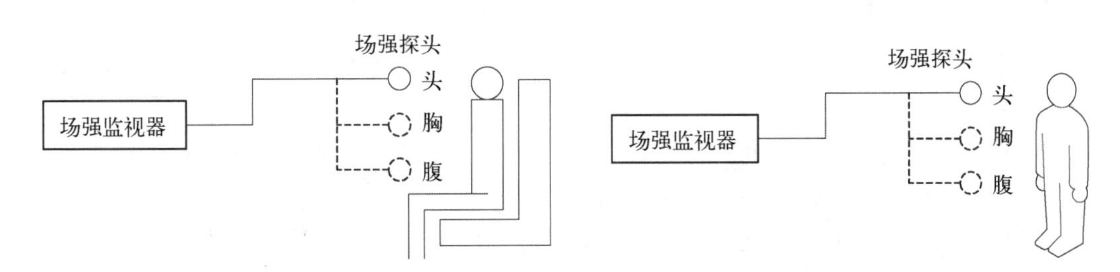

图 12.5.3　电磁辐射对人体危害试验配置图(坐姿)

图 12.5.4　电磁辐射对人体危害试验配置图(站姿)

12.5.5　电磁辐射对车载炮的危害

测试电磁辐射对车载炮危害的目的是确定车载炮内部电磁环境是否对弹药产生电磁辐射危害。测试配置如图 12.5.5 所示,具体测试步骤如下:

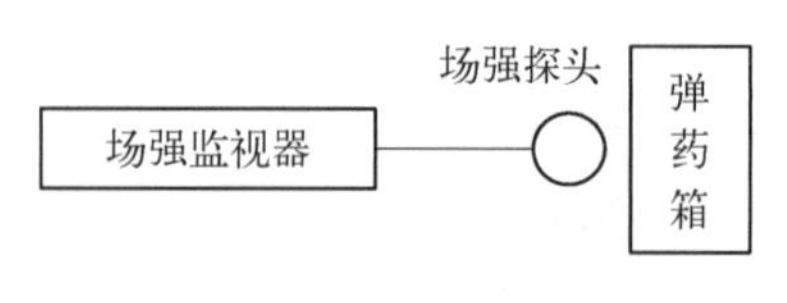

图 12.5.5　电磁辐射对军械危害试验配置图

测试设备、测试配置和测试步骤应满足 GJB 5313－2004 中作业区电磁辐射测量的相关要求。被试品车所有设备正常工作，超短波电台处于低中高频点定频通信，大功率工作状态，根据 GJB 5313－2004 的规定，测量弹药箱位置的场强（用全向场强探头测量），评价辐射场对弹药的影响程度。

（1）底盘发动机供电，所有设备正常工作，车内大功率设备开启并工作；

（2）用全向探头对每个弹药箱位置分别进行测量，每个位置测量 5 次，取场强平均值作为结果，如果测试区域总场强满足测试标准要求，则该项通过。

12.5.6　电源线瞬变

电源瞬变用于测试车载炮内部设备在正常工作状态下通断各种开关及负载状态变化等情况下电源线（或电网）上产生的瞬变电压或瞬变电流信号。电源瞬变试验配置如图 12.5.6 所示，具体步骤如下：

在底盘发动机加速、随动系统电源“接通”及“断开”瞬间、随动系统开始调炮瞬间、电台电源“接通”及“断开”瞬间，用存储示波器在电源管理控制器、电源分配器电源线上测量。

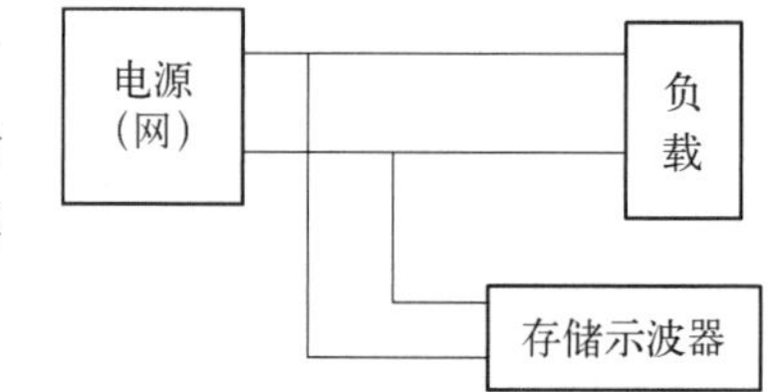

图 12.5.6　电源线瞬变试验配置图

（1）确定车载炮电源线（或电网）瞬变测试的位置，通常选取靠近车载炮电源线（或电网）输入端的位置；

（2）按图 12.5.6 布置连接；

（3）将存储示波器和车载炮通电预热，使其达到稳定工作状态；

（4）车载炮在正常工作状态下通断各种开关及负载状态变化，每种操作至少重复五次，记录每次通断时的电源线（或电网）瞬变电压波形；

（5）对其他需测试电源线（或电网），重复步骤（1）~（4）。

12.5.7　外部射频电磁环境

外部射频电磁环境评估用于检测车载炮系统承受给定的外部电磁环境能力，具体测试步骤如下：

（1）使用底盘发动机供电，车辆上装设备加电工作正常后，调整设备至灵敏度状态；

（2）将天线放置于图 12.5.7 所示的某个位置；

（3）调节信号发生频率、电平，调制方式为脉冲调制，调节功率放大器增益；

（4）避开接收机工作频点，缓慢调整信号发生器输出功率，同时观察场强监视器，慢慢增加至要求值，并判断上装设备是否出现敏感现象；

（5）若在注入扫描测试中被测系统出现了敏感现象，对敏感频点进行测量获取敏感度门限；

（6）天线取水平和垂直极化两个方向；

（7）重复步骤（2）~（6）直至扫描完整个测试频点；

（8）对其他测试位置，重复步骤（3）~（7）。

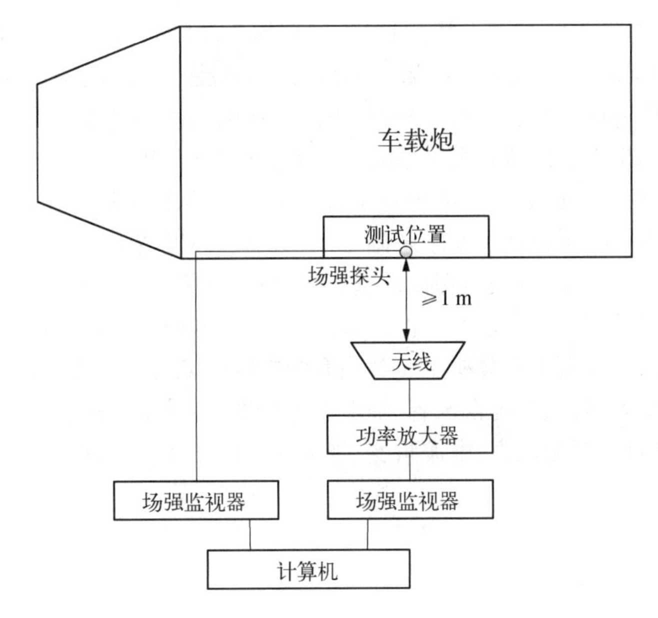

图 12.5.7　外部射频电磁环境试验配置图

12.5.8　电搭接

电搭接主要考察车载炮系统内部设备接地线与车体电气设备接触情况，如图 12.5.8 所示。试验步骤如下。

（1）车内所有设备处于断电状态。

（2）将微欧表通电并打开电源开关，预热 30 min。

（3）零点校准：按下“20 mΩ”量程开关和“CAL”下方的“ZERO”开关，再按下“METER”开关后，调节“ZERO”电位器，使数字显示为 0。校准完毕后，将“ZERO”和“METER”开关复位。

（4）20 mΩ 和 2 Ω 量程准确度和校准：按下“CAL”下方“19.9 mΩ”和“20 mΩ”量程开关，再按下“METER”开关后，调节“19.9 mΩ”电位器，使数字显示“19.900”。

（5）校准完毕后，将“ZERO”和“METER”开关复位：试验时，车上各设备不加电，根据搭接和接地安装工艺要求，选择适当的测量点。测量点应尽量靠近零件、组合件或构件

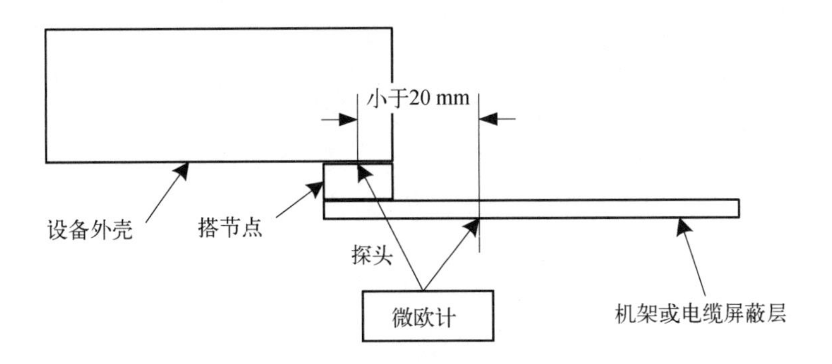

图 12.5.8　电搭接试验配置图

的结合处，保证仪器探头和测试点接触良好，仪器探头距结合处不大于 20 mm，选择数字微欧计合适的量程测试，记录测试结果。如需要，对被测部位的测量点周围的保护涂层、污物及氧化层进行清理，使仪器探针与测量点的接地电阻达到最小。

本章主要从车载炮电磁兼容概述、电磁兼容性及要求、电磁兼容仿真理论与分析、电磁兼容设计、电磁兼容性评估等方面进行了详细的车载炮电磁兼容性设计理论和试验研究。在分析车载炮电磁兼容性及要求基础之上，从电磁建模技术、数值算法和虚拟仿真方法等方面，研究了车载炮电磁兼容理论仿真方法，仿真分析了天线对车载炮系统及操作人员的危害度；从车载炮系统屏蔽设计、滤波设计、接地与电搭接设计、电路板布线设计及电子元器件选型方法等方面重点分析了车载炮系统内电磁兼容设计方法；最后，依照车载火炮电磁兼容性试验大纲，从系统自兼容、辐射安全裕度、传导安全裕度、电磁辐射对人体的危害，以及电磁辐射对军械危害、电源瞬变、外部射频电磁环境、电搭接等方面阐述了车载炮电磁兼容性试验验证方法。

第 13 章　车载炮人机环工程设计

13.1　概述

车载炮人机环工程主要关注人的可用性、机的适用性、环的可靠性，注重人-机的相合性、人-环的适配性、机-环的融合性，以及人机环的统一、协调、和谐，车载炮人机环工程贯穿于车载炮设计、研制、生产、装配、使用和维护等各环节，保障了车载炮的安全、舒适、健康、高效、经济等指标，对提升车载炮的综合性、整体性、持续性作战能力起到举足轻重的关键性作用。

车载炮人机环工程设计是提升车载炮综合作战效能的关键技术手段，以国军标为依据，根据车载炮功能需求，结合人员任务、使用方式，采用参数测量、三维建模、任务分析、行为数据（行为动作、力学数据、行为模式等）提取、生理数据（眼动、肌电、脑电等）采集、心理数据（满意度、喜好度等）测试、JACK 仿真等方法，研究用户在车载炮环境中的解剖学、生理学和心理学等方面的各种因素，从系统层面设计、重构、优化人（炮班人员）-机（火炮）-环（环境）三者的相互关系，使车载炮具有更好的环境适应性、系统可靠性、交互高效性、操作安全性、使用健康性、整体舒适性，从根本上提高车载炮在全环境、全周期下的可持续作战能力。

车载炮由底盘系统、火力系统、火控系统及相关直属附件构成。底盘系统采用三轴布置形式，6×6 驱动，发动机前置；火力系统的上装部分布置于底盘中后部，通过座圈、座圈支撑座与一体化车架相连，支撑部分安装于底盘车架上，用于在射击时支撑火炮和传递发射载荷；火控系统的设备分别布置于驾驶室、车架、摇架、上架等，如图 13.1.1 所示。

13.2　车载炮用户分析

13.2.1　人员配置

车载炮炮班单元由 6 人组成，包括炮长 1 名、副炮长（兼瞄准手、装药手）1 名、一炮手 1 名（装弹手）、二炮手 1 名（供弹手）、三炮手 1 名（装药手）和驾驶员（兼弹药手）1 名，炮班成员的乘车定位、架内定位和架外定位如图 13.2.1 所示。

（1）炮长：为全炮班指挥员，负责组织指挥全班完成战斗和训练任务。负责对上级的通信联络（操作通信控制器、电台、车通），负责收/发报文、上电（含北斗上电）、自检与

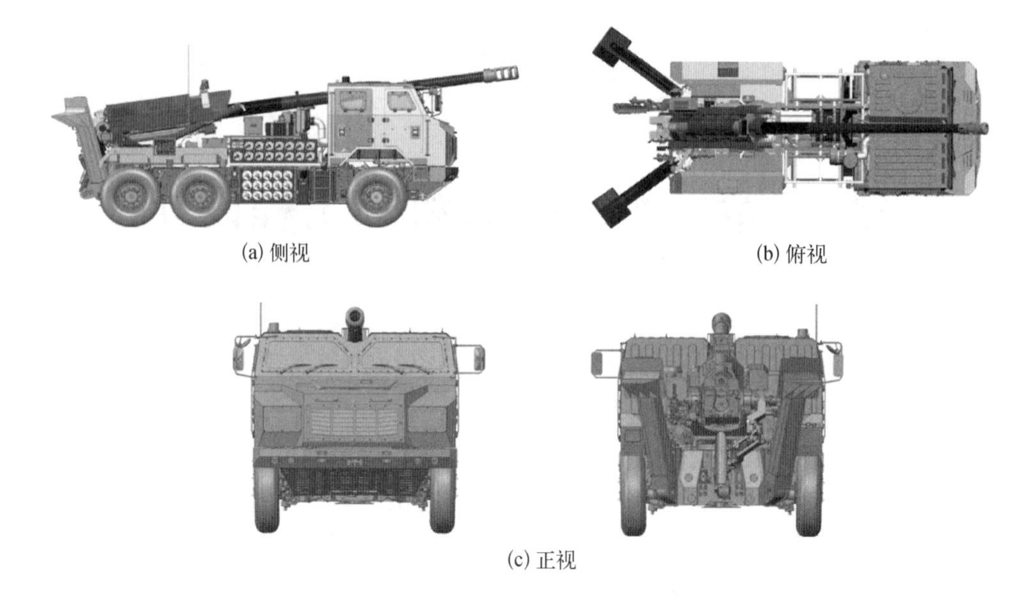

(a) 侧视　　(b) 俯视

(c) 正视

图 13.1.1　车载炮结构布局图

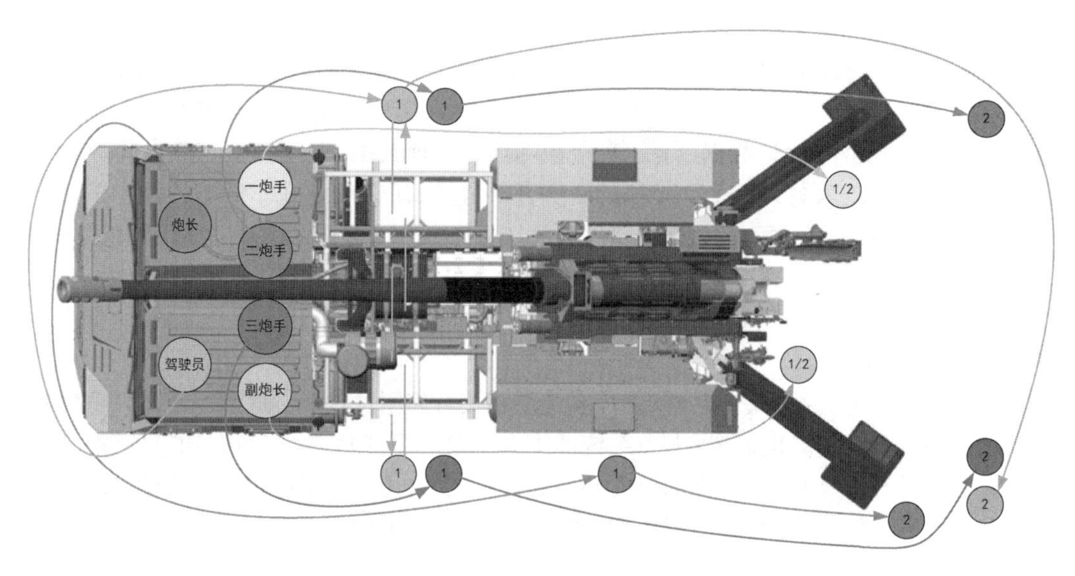

图 13.2.1　车载炮结构布局图(侧视)

故障诊断、系统参数设置、模拟训练、惯性寻北、监视系统工作状态、行军时负责监控导航信息(操作车内炮长终端),战斗时负责接收或解算射击装定诸元(操作车外炮长终端),或自动操瞄等。

(2) 副炮长:为炮长代理人,兼任瞄准手,必要时兼任装药手。负责大架起落、座盘收放、千斤顶收放、行军固定器解脱和固定,调炮、击发、检查并报告后坐长。手动或半自动瞄准时,负责射击诸元装定、高低方向调炮操作;战斗行军转换时,负责关闩操作。必要时装填药筒。

(3) 一炮手:为装弹手,负责首发开闩、检查引信装定、操作装填手操作面板或自动输弹按钮进行弹丸装填。手工作业时,与驾驶员配合使用送弹棍输弹。

（4）二炮手：为供弹手，负责装定引信、搬运弹丸并将弹丸放到输弹机托盘上；架外定位射击时，可以和装弹手轮换装填；手工作业时，将弹丸放入膛内，推过挡弹板。

（5）三炮手：为装药手，负责变换装药、装填药筒。

（6）驾驶员：兼弹药手。负责底盘的驾驶和维护，负责升降悬架操作和取力操作。协助其他炮手进行弹药准备，自动作业时，负责搬运弹药；手工作业时，与装弹手协同使用送弹棍输弹。

13.2.2 生理特征

炮班成员生理特征可分为人的身体条件和生理适性两个方面。身体条件主要包括人体生理尺寸、人体功能尺寸、抗疲劳能力、抗振动能力等生理能力；生理适性包括视觉特性、听觉特性等适应性能力。

13.2.2.1 身体条件

1）生理尺寸

车载炮用户的人体生理尺寸作为最重要的体型特征，是人机环工程设计的基础。GJB/Z 131－2002 中附录 B“中国军人站姿人体尺寸”适用于车载炮用户人群，相关测量项目如图 13.2.2 所示，人体百分位尺寸如表 13.2.1 所示。

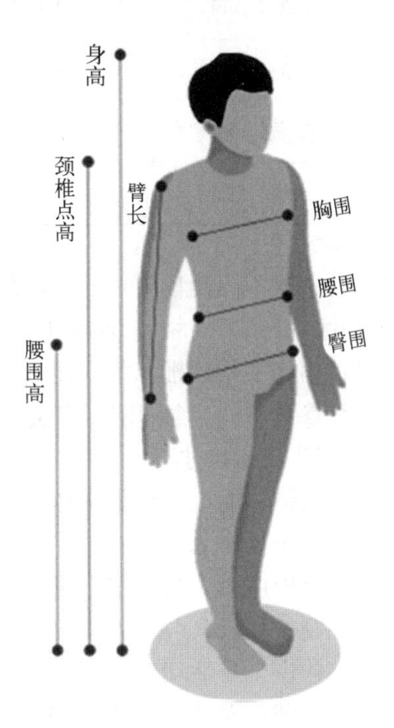

图 13.2.2 用户生理尺寸测量项目图

表 13.2.1 男军人立姿人体尺寸 （单位：mm）

项　目	P1	P5	P50	P95	P99
身　高	1 601	1 626	1 700	1 793	1 836
颈椎点高	1 358	1 382	1 452	1 539	1 581
腰围高	909	933	994	1 066	1 098
臂　长	469	485	524	569	588
总肩宽	376	396	441	483	501
肩　宽	342	357	391	424	438
腋窝前宽	258	269	296	333	350
腋窝后宽	253	266	301	338	356
头　围	528	541	574	610	631
颈　围	314	328	367	407	425

续 表

项　目	P1	P5	P50	P95	P99
胸　围	807	837	916	1 009	1 056
腰　围	657	684	756	917	996
臀　围	834	866	943	1 047	1 094

由于不同测量项目的人体尺寸数据之间存在相关性,例如颈椎点高、腰围高、臂长等尺寸与身高密切相关,而胸围、腰围、臀围等尺寸与体重密切相关(张华等,2010)。因此,可根据相关系数推算不同比例的人体尺寸参数。但当两个或两个以上人体尺寸被作用于设计参数时,应当采用适当的多变量分析技术,以涵盖各百分位值的尺寸需求。

2）功能尺寸

人体功能尺寸主要指在人体测量尺寸的基础上各关节所能产生的最大活动范围。在设计用于操作或维修的部件时,应当采用关节旋转角度和身体部位尺寸的下限值,而设计活动自由度时应当采用上限值。所有操作位置都应有足够的空间供躯干活动,当炮手需要控制位移较大(前后方向上移动 380 mm 以上)或给出较大力(133 N 以上)时,用户应有足够的供全身活动的空间。

车载炮驾驶位、车内指挥位、驾乘位等属于坐姿工作空间,瞄准位、装弹位、供弹位、装药位、车外指挥位等属于站姿工作空间,如图 13.2.3 所示。

图 13.2.3　车载炮工作空间示意图

根据 GJB/Z 131－2002《军事装备和设施的人机工程设计手册》中的工作空间尺寸值。车载炮站姿工作空间尺寸见表 13.2.2,坐姿工作空间尺寸见表 13.2.3。

表 13.2.2　车载炮站姿工作空间尺寸　　(单位: mm)

工 作 间 隙	最　小	最　佳	极　地
站立用空间	760	910	
容足空间	100×100		

续 表

工 作 间 隙	最 小	最 佳	极 地
上肢可及最大高度		685	635
上肢可及最大深度		585	585

表 13.2.3 车载炮坐姿工作空间尺寸 （单位：mm）

项 目	固 定	可 调
座椅：		
扶手：A. 长度	255	
B. 宽度	50	
C. 高度	215	
D. 间隔	460	
座位：E. 宽度	405	
F. 高度	460	±50
G. 深度	405	
靠背：H. 间隙	150	±50
I. 高度	380	
J. 宽度	405	
工作空间：	最小	最佳
L. 容膝孔深度	460	
M. 容膝孔宽度	510	
N. 容膝孔高度	635	

3）抗疲劳能力

人体长时间处于工作状态会引起生理和心理的疲劳，从而影响驾驶行为动作和操炮行为动作。驾驶员在驾驶过程中往往容易偏离自然姿势，并且由于重复性静态操作需要长期保持这一姿势，从而产生身体不适，产生一定程度的静态疲劳（金蕾，2021），主要表现为脊椎疼痛、肌肉酸痛等；炮手在周期性变化载荷作用下容易产生动态疲劳，主要表现为体力下降、腰背疼痛、关节炎症等。

研究结果显示，人体静态疲劳主要有五大症状表现等级（如表 13.2.4 所示），随着时间的增加,人体静态疲劳逐步增加(郑秀娟等,2018)。而且人体静态疲劳的累积是阶段性的,在 15~45 min 内静态疲劳积累最快,45 min 后变得平缓。

表 13.2.4　人体静态疲劳五大症状表现等级

驾驶时间/min	困倦感	不安定感	不舒适感	酸痛感	模糊感
0	5.875	5.5	5.875	5	6
15	9.625	7.5	7.25	6.375	7.75
30	13.5	9.75	10.5	10.375	11.625
45	16.375	13.25	13.75	13.875	15.5
60	17.375	14.25	15.5	15.25	17.135
75	17.625	16.5	18.135	16.735	18.75
90	18.135	18.135	19	18	20.875

通过测定运动机能(握力、推/拉力等)、呼吸机能(呼吸数、呼吸量等)、循环机能(心率数等)等指标判定疲劳等级(周前祥等,2011)。对男性青年进行拉伸操作时的上肢疲劳研究发现,受试者对于 15 kg 吊坠的施力时间在 160.5 s±15.2 s 后,会感觉到疲劳,并且初始疲劳时其施力的峰值为正常峰值的 1/3~2/3。在车载炮人机设计过程中,可借助人机仿真软件,通过设置受力大小、运动频次等,仿真人体疲劳程度,为车载炮人机抗疲劳优化提供决策与支持。

4）抗振动能力

车载炮在不同路面环境、不同行驶速度、不同载荷等情况下产生不同程度的振动,从而影响驾乘的舒适性。目前国家军用标准"人体全身振动暴露的舒适性降低限和评价标准(GJB 966－90)"和"人体全身振动环境的测量规范(GJB 966－90)"提出了测量规范和舒适性评价指标。根据以上标准对车载炮驾乘座椅进行振动测试,发现在发动机转速低挡位(三挡以下)工况下振动纵向和横向暴露时间约 24 h,乘员表现为感觉一般或舒适,而在四五六挡位高转速下,纵向和横向的允许暴露时间通常在 1 h 左右,超出时间后乘员表示振动有较强麻木感或难以忍受(潘宏侠等,2004),具体参数见表 13.2.5。

表 13.2.5　车载炮乘员抗振动能力表

挡　　位	转速/(r/min)	纵向暴露时间	横向暴露时间
三挡及三挡以下	1 500~1 600	24 h	24 h
三挡以上	1 600~2 200	16 min	2.5 h

13.2.2.2　生理适性

车载炮人机环工程生理适性主要包括视觉适应性、听觉适应性。

1）视觉适应性

视觉特性主要分为静视力和动视力，在人机环工程设计中影响车载炮的驾驶位仪表台面布局以及视野角度。静视力与用户眼球的屈光能力、视神经、年龄和环境照度等因素有关，而动视力还和物体相对人眼运动速度有关。当头部与视线固定时，眼睛看到的全部范围称为静视野，人眼的视角极限大约为垂直方向 150°，水平方向 230°，但只有垂直方向左右 30°，水平方向左右 60°属于舒适视域范围内，可以识别文字、颜色等信息，如图 13.2.4 所示（范士儒，2005）。

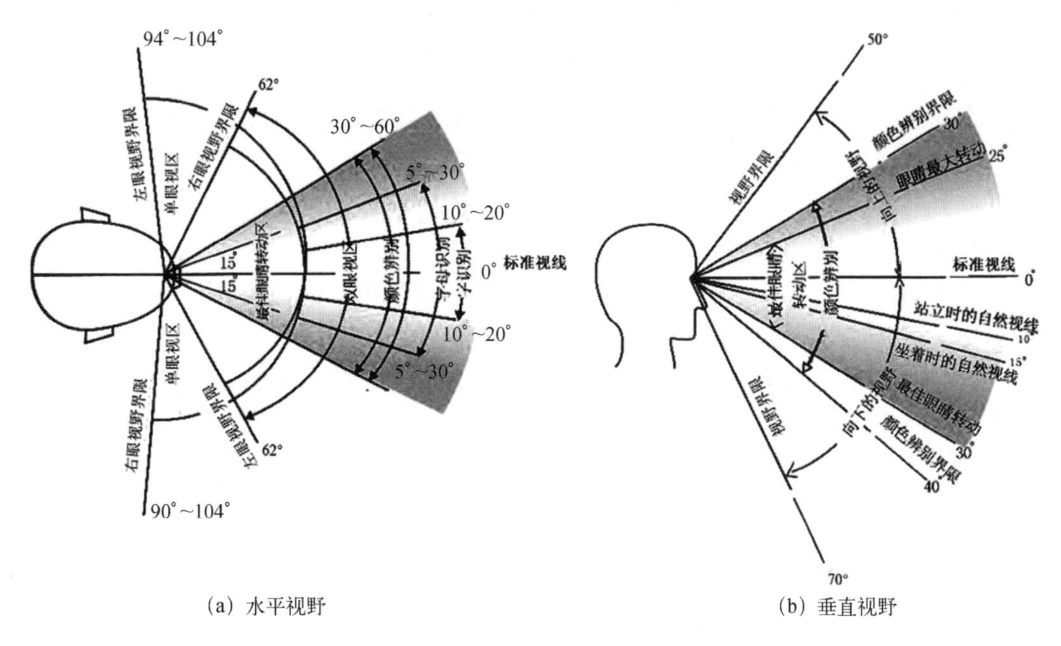

（a）水平视野　　（b）垂直视野

图 13.2.4　人体静态视野

随着车载炮行驶速度提高，乘员的注视点会不断前移，视野变窄，车辆前方一定距离内的两侧将会出现视野缺损（马勇，2006），如图 13.2.5 所示。在设计过程中不仅需要考虑静态视野，而且部分显控界面应当满足高车速下动态视野范围监视观测的需求。

2）听觉适应性

听觉适应性主要表现为炮班成员对车载炮的噪声的适应能力。车载炮的噪声类型可分为脉冲噪声和舱内噪声。火炮射击和炮弹爆炸时产生的强大冲击波（脉冲噪声）易对炮班成员造成严重的听力损伤。研究发现当炮班成员未采取任何听力防护措施情况下参加实弹射击后，爆震性创伤可立刻致 50%以上炮班成员的听力出现不同程度损失，瞄准手、炮长听力损失发生率较高，损伤严重（张万才等，2011）。因此应当设计防护装置加强对炮班成员听力的保护。

车载炮舱内噪声同样对炮班成员的健康和工作效率产生较大影响。首先容易导致听力损失，当声压级一定时，听力损失的幅度随时间的对数呈线性增长，噪声作用时间增长一倍，暂时性听力损失增加 5 dB，如果作用时间持续 8～13 h，暂时性听力损失趋于稳定；当作用时间一定时，听力损失随声压级的增加而噪声呈线性增长，声级增加 3 dB，暂时性

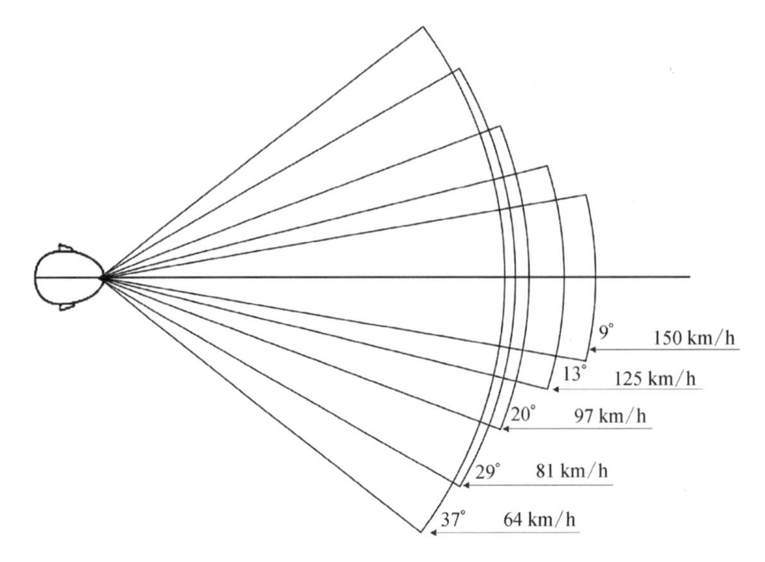

图 13.2.5　视野随车速变化图

听力损失增加 5 dB。其次对工效产生影响,舱内噪声容易引起炮班成员生理和心理的不适,操作误差增加,工作效率降低,特别是在炮手同时搜索、跟踪多个目标时易发生错误以至于贻误战机。最后对语言交谈和通信产生影响,人在噪声环境下交谈,环境噪声每增加 10 dB,讲话人发音会自动提高 3~6 dB,环境噪声提高,讲话速度变慢,清晰度下降,声音信噪比提升。研究指出,单音字识别率在 70%~80%范围可以保证正常的语言交谈,识别率低于 60%时,正常交谈受到较大干扰,小于 40%时无法交谈(庞志兵等,2005)。

13.2.3　心理特征

车载炮炮班成员心理特征可分为认知能力和情感素质两个方面。认知能力包括认知习惯、注意力、记忆力、手指灵活性、反应能力、思维活动力等(崔军武等,2018);情感素质包括常见心理疾病、情感倾向等。

1) 认知能力

认知能力是炮班成员作业能力的重要组成,是战斗力的关键基础。车载炮人机环工程设计应以炮班成员的认知能力和认知习惯为基础,使用准确的形状和颜色编码,设置信息等级,既提供所要求的警觉性,又避免过于耀眼或分散操作者的注意力,如图 13.2.6 所示。

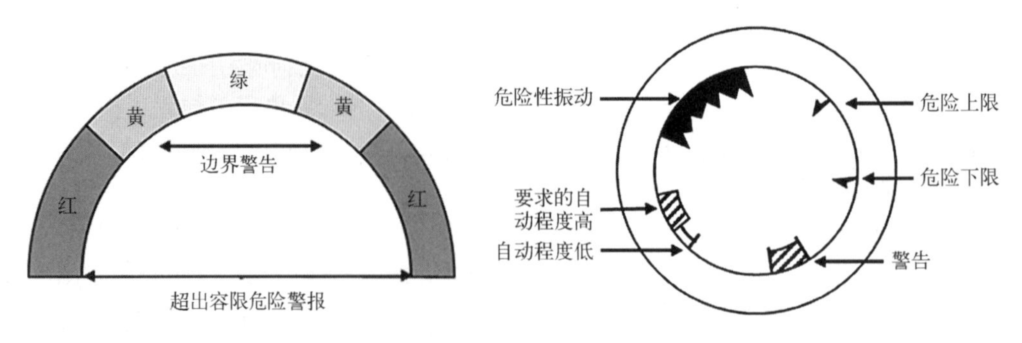

图 13.2.6　形状和颜色编码示例

通常采用相应的认知评估工具对炮班成员的认知能力进行测定、评估。通过炮班成员设计认知能力评估实验，采集炮班成员认知能力指标，采用萨波夫和索洛德科夫的数字排列试验方法获取注意力指标（周瑾，2008）；采用听觉数字记忆广度测试方法获取记忆力指标；采用手指灵活性测定仪获取手指灵活性指标；采用 203 多功能反应测试仪获取对光、声信号的反应时长；采用韦克斯勒成人智力测试中的数字符合测验获取思维活动力，由此获得不同炮班成员的测试结果如下表 13.2.6 所示（余浩等，2008）。

表 13.2.6 年龄、职务、学历人员的测试结果

不同类别		注意力/个	记忆力/分	手指灵活/s	声反应时/ms	光反应时/ms	数字译码/个
年龄	≤20 岁	20.6±3.5	96.2±34.3	86.3±14.3	164.4±32.6	167.9±36.7	117.5±28.7
	>20 岁	21.0±3.3	90.4±26.7	90.7±17.9	157.4±31.1	161.7±33.1	110.2±26.9
军衔	列兵	20.7±3.5	94.8±33.7	87.4±15.6	164.1±33.4	166.8±37.0	114.9±29.0
	士官	21.1±3.3	91.0±24.7	89.9±16.9	155.7±28.5	162.0±31.1	113.6±26.4
学历	初中	20.1±3.5	89.3±25.7	89.5±15.3	160.3±35.9	166.2±39.3	100.1±25.0
	高中	21.0±3.4	96.1±34.0	87.6±15.9	163.1±30.9	165.8±33.8	130.2±27.6
	大专	21.7±3.1	87.3±22.9	89.4±22.9	146.3±22.1	153.4±31.2	118.7±24.7

评估结果表明，随着年龄的增加，手指灵活性与思维活跃度可能有一定程度的下降，列兵的声反应时比士官差，不同学历的数字译码成绩差异明显，初中学历的人思维活跃度要比高中和大专学历的人员差很多。在进行人机环工程设计时，应当充分考虑炮班成员的认知水平和认知习惯，简化车载炮操作程序，优化交互逻辑。

2）情感素质

由于炮班成员职业的特点，长期负担着繁重的训练和试验任务，工作责任重大，生活节奏快，承受着较大的心理压力。研究表明，受军龄长短的影响，服役期小于 2 年的义务兵躯体症状因子得分低于军龄较长的士官，恐怖、偏执因子得分高于服役 3 年以上的士官，这表明当前新兵入伍后身体健康状况优于长期训练的老兵，但存在新环境适应、调整过程容易出现恐怖、偏执等心理问题（江浩瀚等，2011）。可通过合理的人机环工程设计缓解心理问题，开发温和易懂的交互流程使炮兵新兵快速适应环境。

13.3 车载炮任务逻辑

车载炮任务逻辑决定了炮班成员的行为空间、路径、流程以及交互动作，友好、合理、科学的任务逻辑是人机环工程设计的关键性前置条件和依据。车载炮任务逻辑主要有 5 个阶段：集结地域、待机阵地、射击准备、射击实施、转移阵地，根据不同阶段的不同任务，配置不同的人员和设施，提取对应的触点，予以针对性的人机优化。

13.3.1 集结地域

集结地域阶段主要包括受领任务、物资准备、技术准备、检查火控信息等，如表13.3.1所示。

表 13.3.1 集结任务分配表

<table>
<tr><th>任务序号</th><th>任务名称</th><th colspan="2">任务内容</th><th>涉及人员</th><th>涉及设施</th></tr>
<tr><td rowspan="6">1</td><td rowspan="6">受领任务</td><td colspan="2">简要的敌我情况、任务</td><td>全班</td><td>无</td></tr>
<tr><td colspan="2">战斗队形配置地域</td><td>全班</td><td>无</td></tr>
<tr><td colspan="2">基准射向</td><td>全班</td><td>无</td></tr>
<tr><td colspan="2">完成各项准备的时限</td><td>全班</td><td>无</td></tr>
<tr><td colspan="2">明确行军路线和路线规划</td><td>全班</td><td>无</td></tr>
<tr><td colspan="2">明确通信组网方式</td><td>全班</td><td>无</td></tr>
<tr><td rowspan="5">2</td><td rowspan="5">物资准备</td><td rowspan="4">补充弹药、油料、给养、保障器材</td><td>领取弹药，并分批分类装箱</td><td>全班</td><td>无</td></tr>
<tr><td>补充油料</td><td>全班</td><td>无</td></tr>
<tr><td>领取给养</td><td>全班</td><td>无</td></tr>
<tr><td>领取各种保障器材</td><td>全班</td><td>无</td></tr>
<tr><td>伪装</td><td>按上级要求、作战要求、地形要求对车载炮进行伪装</td><td>全班</td><td>无</td></tr>
<tr><td rowspan="9">3</td><td rowspan="9">技术准备</td><td rowspan="6">检查火炮</td><td>检查弹药箱</td><td>全班</td><td>弹药箱</td></tr>
<tr><td>检查复进机</td><td>全班</td><td>复进机</td></tr>
<tr><td>检查制退机</td><td>全班</td><td>制退机</td></tr>
<tr><td>检查火控、电气各单体</td><td>全班</td><td>火控、电气各单体</td></tr>
<tr><td>检查击发装置</td><td>全班</td><td>击发装置</td></tr>
<tr><td>检查行军固定器</td><td>全班</td><td>行军固定器</td></tr>
<tr><td rowspan="3">火控系统设置</td><td>系统加电</td><td>炮长</td><td>驾驶室内配电面板</td></tr>
<tr><td>炮长终端加电、自检</td><td>炮长</td><td>炮长终端</td></tr>
<tr><td>打开北斗及惯性导航</td><td>炮长</td><td>驾驶室内配电面板</td></tr>
<tr><td>4</td><td>检查火控系统信息</td><td colspan="2">检查火控系统信息</td><td>炮长</td><td>炮长终端</td></tr>
</table>

13.3.2 待机阵地

待机阵地阶段主要包括脱炮衣、取下炮口帽、解脱大架、座盘、输弹机、方向固定器、火控系统设置、弹药准备、随动上电等，如表 13.3.2 所示。

表 13.3.2　待机阵地任务分配表

任务序号	任务名称	任务内容		涉及人员	涉及设施
1	脱炮衣、取下炮口帽	脱炮衣	解开身管束口系带	炮手（2名）	炮衣
			脱离火炮	炮手	炮衣
			炮衣卷起收好	炮手	炮衣
		取下炮口帽	打开炮长显示终端	炮长	炮长终端
			操作瞄准手操作面板打开行军固定器，炮身调至适当位置	瞄准手	电气操作面板 行军固定器
			解开束口系带，拉炮口帽，取炮口帽	炮手	炮口帽
2	解脱大架、座盘、输弹机、方向固定器	解脱大架	旋转大架固定驻闩把手	炮手	大架固定驻闩把手
			向外拉出驻闩，解脱大架	炮手	驻闩
		解脱方向固定器	向上提固定销	炮手	固定销
			向左旋转 45°（需与火力系统确认）	炮手	固定销
		解脱座盘	将上销轴解锁，锁紧拉杆旋转 90°放置，解脱座盘	炮手	上销轴、拉杆
		解脱输弹机	左手拔固定销，同时右手辅助轻摇输弹机	炮手	固定销、输弹机
			向上拔出固定销，旋转 90°后松开（需与火力系统确认）	炮手	固定销
3	火控系统设置	火控系统设置		炮手	火控系统面板
4	弹药准备	结合引信，测量药温，准备弹药		炮手	引信、弹药
5	随动上电	占领发射阵地前，向上拨动电气操作面板上的“随动上电”开关，随动控制箱上电		炮手	电气操作面板

13.3.3 占领发射阵地、完成射击准备

占领发射阵地、完成射击准备阶段主要包括进入炮位、设置火炮等，如表 13.3.3 所示。

表 13.3.3 占领发射阵地、完成射击准备任务表

<table>
<tr><th>任务序号</th><th>任务名称</th><th colspan="2">任 务 内 容</th><th>涉及人员</th><th>涉及设施</th></tr>
<tr><td>1</td><td>进入炮位</td><td colspan="2">停车，下达口令“用炮”，除驾驶员外所有人员按顺序下车，锁紧车门</td><td>全班</td><td>驾驶室上下把手、扶手、踏板等</td></tr>
<tr><td rowspan="20">2</td><td rowspan="20">设置火炮</td><td rowspan="3">降悬架</td><td>电源总开关“开”，方向盘处于中位</td><td rowspan="3">驾驶员</td><td rowspan="3">悬架控制系统</td></tr>
<tr><td>打开悬架供电开关</td></tr>
<tr><td>操纵悬架档位选择开关旋钮从“中位→低位”</td></tr>
<tr><td rowspan="6">取力</td><td>起动发动机</td><td rowspan="6">驾驶员</td><td rowspan="6">变速器、取力器、离合器</td></tr>
<tr><td>分离离合器</td></tr>
<tr><td>按下取力器开关</td></tr>
<tr><td>结合离合器</td></tr>
<tr><td>按动定速开关下端</td></tr>
<tr><td>调节发动机转速</td></tr>
<tr><td rowspan="3">放列（自动方式）</td><td>将“瞄准手操控台”的拨段开关拨至“自动”</td><td>瞄准手</td><td>瞄准手操控台</td></tr>
<tr><td>将“装填手操作面板”的拨段开关拨至“自动”</td><td>炮手</td><td>装填手操作面板</td></tr>
<tr><td>将“电气操作面板”行战转换方式开关向上拨到“自动”，按下“放列”</td><td>瞄准手</td><td>电气操作面板</td></tr>
<tr><td rowspan="8">放列（单动方式）</td><td>行军固定器放列</td><td rowspan="8">瞄准手</td><td rowspan="8">电气操作面板</td></tr>
<tr><td>左右大架一起放列</td></tr>
<tr><td>左右千斤顶一起放列</td></tr>
<tr><td>座盘放列</td></tr>
<tr><td>右千斤顶放列</td></tr>
<tr><td>左千斤顶放列</td></tr>
<tr><td>右大架放列</td></tr>
<tr><td>左大架放列</td></tr>
</table>

13.3.4　射击实施

射击实施阶段主要包括输入射击诸元或自动解算出射击诸元、调炮、装填、击发、降级使用等，如表 13.3.4 所示。

表 13.3.4　射击实施任务分配表

任务序号	任务名称	任务内容		涉及人员	涉及设施
1	输入射击诸元或自动解算出射击诸元	主界面选择【射击实施】,【诸元方式】,【开始调炮】,【坐标方式】,【一键调炮】		炮长	炮长终端
2	调炮	自动调炮	操作炮长终端(车外)调炮按钮	炮长	炮长终端(车外)
		半自动	在瞄准装置装定诸元，进行高低、方向瞄准	瞄准手	瞄准手操控台
		手动	高低手动调炮	瞄准手	高平机、方向机
			方向手动调炮		
3	装填	半自动装填	下达“X 引信”“X 号装药”“X 发装填”口令	炮长	无
			检查炮膛并炮膛情况	三炮手	炮膛
			从弹药箱或架外地面取弹并装定引信，将弹丸传递给一炮手并报告“X 引信”	二炮手	弹药箱、弹筒、引信
			检查引信并将弹丸置于输弹机托弹盘上，操作装填手操作面板将拨段开关置于“自动”挡，按下启动按钮完成输弹	一炮手	输弹机托弹盘、装填手操作面板
			从弹药箱或架外地面取药筒，可与驾驶员配合变换装药，在自动方式下传递给瞄准手	三炮手	弹药箱、药筒
			完成药筒装填，装填好后向炮长报告“X 发装填好”	瞄准手	药筒
		手动装填	直接将弹丸放入炮膛并推过挡弹板	二炮手	弹丸、炮膛、挡弹板
			用送弹棍合力将弹丸送到位	一炮手、驾驶员	送弹棍
			取药筒后直接完成药筒装填，装填好后向炮长报告“X 发装填好”	三炮手	药筒

续 表

任务序号	任务名称	任务内容		涉及人员	涉及设施
4	击发	瞄准手操控台电击发	打开击发机构机械保险	瞄准手	击发机构机械保险
			打开瞄准手操控台上的“预射保险”开关	瞄准手	瞄准手操控台
			按下操纵杆上的击发按钮,击发电磁铁动作,火炮击发	瞄准手	瞄准手操控台
			完成后,关闭瞄准手操控台上的“预射保险”开关	瞄准手	瞄准手操控台
		车外电击发	先将车外击发电缆与火炮适配器相连接	炮手	火炮适配器
			装填关闩	炮手	关闩机构
			先打开击发机构机械保险,再打开瞄准手操控台上的“预射保险”开关	瞄准手	瞄准手操控台
			然后将车外击发装置的“预射保险”钥匙开关旋转至“开”	瞄准手	车外击发装置
			按下车外击发装置的击发按钮,击发电磁铁动作,火炮击发	瞄准手	车外击发装置
			击发完成开闩后,将车外击发装置的“预射保险”钥匙开关旋转至“关”的位置,关闭瞄准手操控台上的“预射保险”开关	瞄准手	瞄准手操控台 车外击发装置
		手动击发	听到炮长下达“放”的口令后,打开机械保险,拉动发射握把,完成击发	瞄准手	机械保险 发射握把
5	降级使用	系统有电	操作电气操作面板完成放列	瞄准手	电气操作面板
			炮长终端主界面按“报瞄”	炮长	炮长终端
			瞄准手操控台显示方向分化和表尺,手动装定瞄镜	瞄准手	瞄准手操控台 瞄准镜

13.3.5 转移(撤出)阵地

转移(撤出)阵地阶段主要包括收列、转移(撤出)等,如表 13.3.5 所示。

表 13.3.5　转移(撤出)任务分配表

任务序号	任务名称	任务内容		涉及人员	涉及设施
1	收列	自动方式	将“瞄准手操控台”的拨段开关拨至“自动”	瞄准手	瞄准手操控台
			将“装填手操作面板”的拨段开关拨至“自动”	一炮手	装填手操作面板
			将电气操作面板行战转换方式开关拨到“自动”,按下“收列”按钮	瞄准手	电气操作面板
		单动方式	行军固定器收列	瞄准手	电气操作面板
			左右大架一起收列		
			左右千斤顶一起收列		
			座盘收列		
			右千斤顶收列		
			左千斤顶收列		
			右大架收列		
			左大架收列		
2	转移(撤出)	分离取力器	确认变速箱处于空挡	驾驶员	变速器、取力器、离合器
			分离离合器		
			按下取力器开关,脱开取力器		
			结合离合器		
		升悬架	按动转速调节开关上端,将发动机恒定转速调整到 1 500 ~ 1 800 r/min	驾驶员	悬架控制系统
			打开悬架供电开关		
			打开悬架供油开关		
			操纵悬架挡位选择开关旋钮从“低位→中位”,车身高度升高		
			待蜂鸣器声音停止且悬架调节指示灯熄灭		

续表

任务序号	任务名称	任务内容		涉及人员	涉及设施
2	转移（撤出）	升悬架	关闭发动机定速开关	驾驶员	悬架控制系统
			关闭悬架供油开关		
			关闭悬架供电开关		
		撤出	按喇叭或以其他方式提醒周围人员要开动底盘	驾驶员	驾驶室控制系统
			解除驻车制动		
			平稳地踩下油门踏板，同时慢慢地松开离合器踏板，底盘起步		
			行驶前进几米后，踩一踩制动踏板，确保制动系处于良好状态		

13.4 车载炮人机工程设计细则

车载炮人机环工程设计主要根据车载炮作战需求、任务逻辑等设计炮长、副炮长（兼瞄准手、装药手）、一炮手（装弹手）、二炮手（供弹手）、三炮手（装药手）和驾驶员（兼弹药手）等各战位所需完成的任务中涉及的显控设备、空间尺寸等，优化各项任务中所发生人机交互的时间（时距、时序和时量）、空间（位置、方向、路径）、动作（类型、速度、反馈）等，从而使炮班乘员更加安全、健康、舒适、高效地操控车载炮，从物的适用性层面上极大程度地提升车载炮武器系统的作战效能。

13.4.1 面向炮长站位的人机环工程设计

炮长在车内通过车内构件接收命令、发布任务，下车后绕过车头操控炮长终端，传达战斗指令，在完成基本操作之后移动到同方向的下一位置，迅速进入其他岗位，完成剩余的任务，如图 13.4.1 所示。涉及关键设施为炮长终端（车内）、炮长终端（车外）、配电面板。

13.4.1.1 炮长终端（车内）、配电面板

炮长坐在驾驶室操纵炮长终端（车内），炮长终端最高点位置距离地面位置 1988 mm，最低点距离地面距离为 1654 mm，距离驾驶室内部底面最高距离 1070 mm，最低距离 737 mm；炮长终端上的显示设计满足 GJB 2873－97《军事装备和设施的人机工程设计准则》中规定的处在垂直仪表板上且正常设备操作中使用的视觉显示器布置在站立平面以上 1040～1780 mm 的要求（如图 13.4.2 所示）。

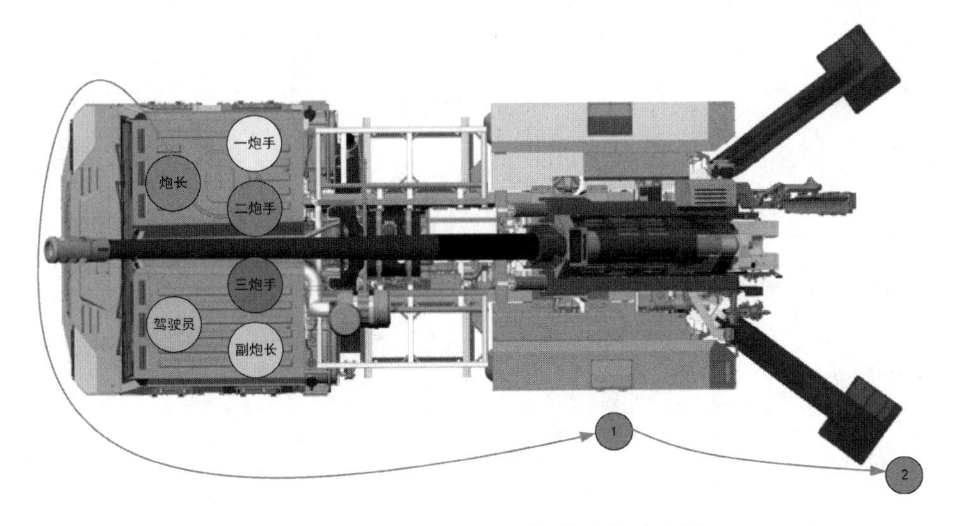

图 13.4.1　炮长人机交互时间与空间路径图

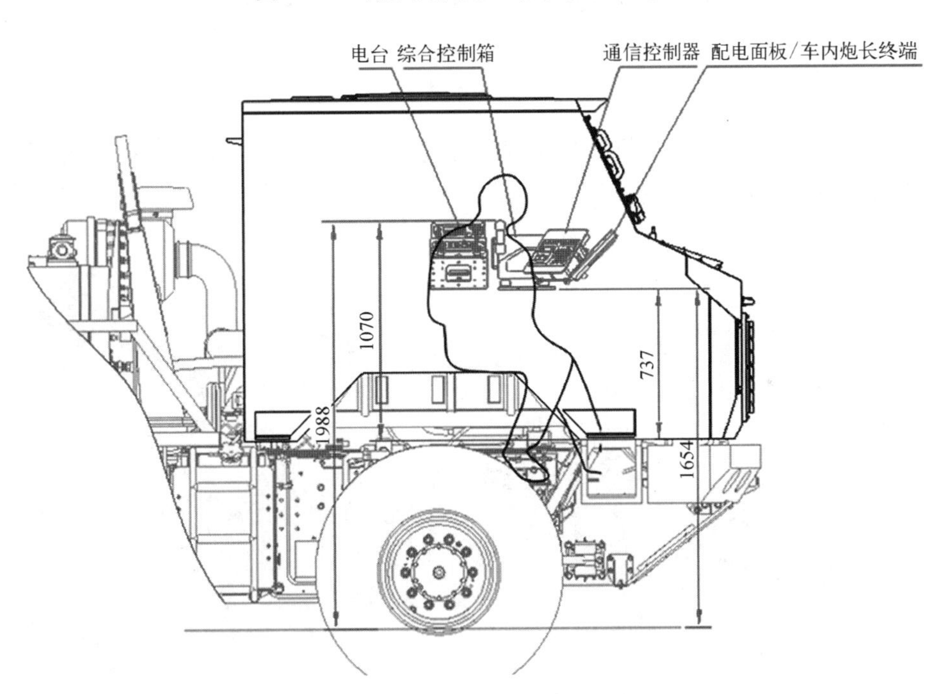

图 13.4.2　炮长终端(车内)、配电面板位置示意图(单位：mm)

注：图中的人体模型采用中国成年男子第 95 百分位人体身高等比例植入。

13.4.1.2　炮长终端(车外)

炮长站在地面操作炮长终端(车外),炮长终端(车外)底部位置距离地面位置 1100 mm,炮长终端(车外)尺寸为宽 380 mm×高 340 mm,面板上的显示屏的设计满足 GJB 2873－97《军事装备和设施的人机工程设计准则》中规定的处在垂直仪表板上正常设备操作中使用的视觉显示器布置在站立平面以上 1040~1780 mm 的要求。面板上开关的位置符合 GJB 2873－97《军事装备和设施的人机工程设计准则》中的装在垂直面板上且在正常设备操作中使用的所有控制器应布置在站姿平面上 860~1780 mm 的要求,如图 13.4.3 所示。

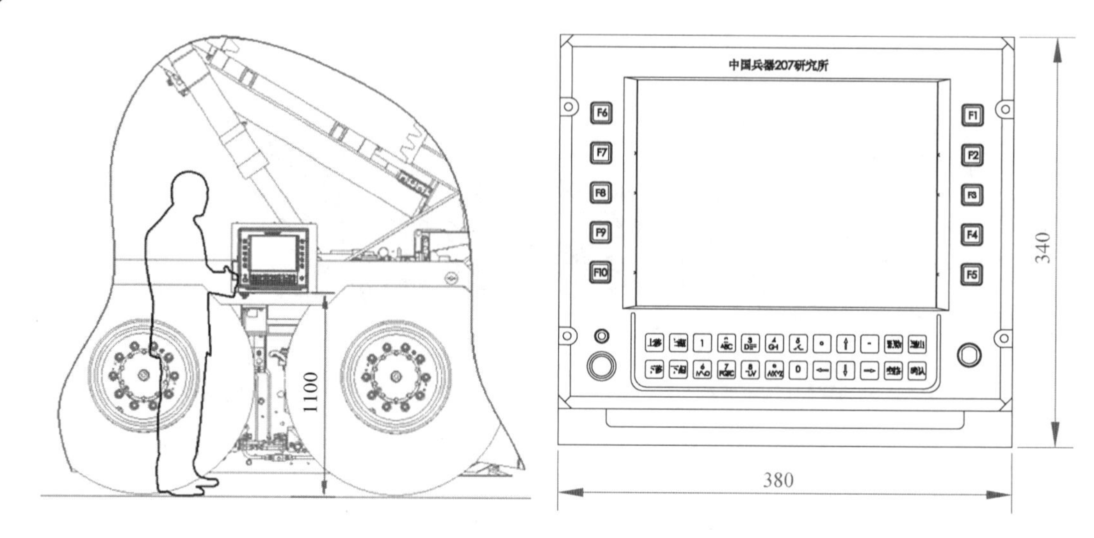

图 13.4.3　炮长终端(车外)位置示意图(单位: mm)

13.4.2　面向副炮长(瞄准手)站位的人机环工程设计

瞄准手打开车门进入指定位置操控瞄准手显控面板,该人机交互路径最短,空间最优,保证整个系统快速运转,如图 13.4.4 所示。

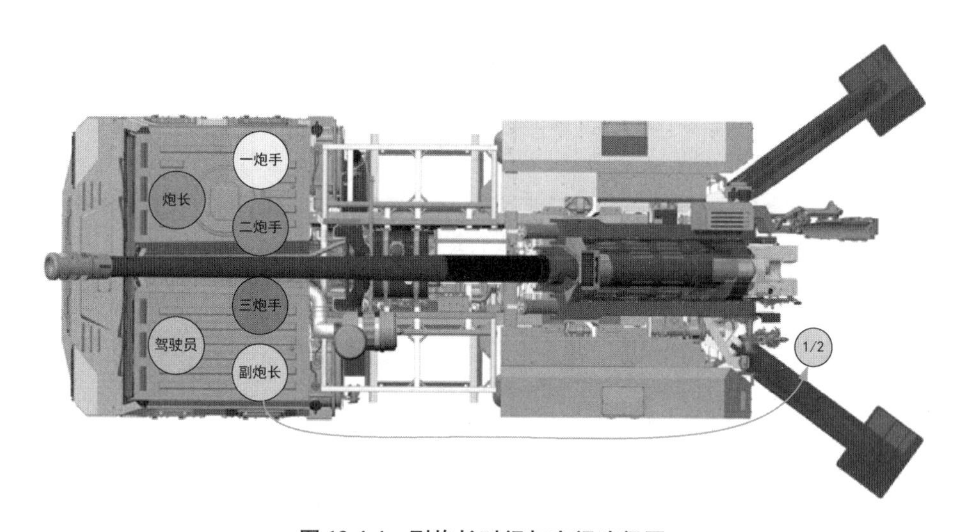

图 13.4.4　副炮长时间与空间路径图

13.4.2.1　瞄准手操作面板(瞄准镜、瞄准具)

大架、千斤顶、座盘、行军固定器的收放以及电击发均是炮手在电气控制面板进行操作。瞄准手显控面板安装在左挡泥板上方,面板布置及安装位置分别如图 13.4.5 所示。

炮手站在地面操作电气操作面板,电气操作面板最高点位置距离地面位置 1658 mm,最低点距离地面距离为 1359 mm。面板上的显示屏的设计满足 GJB 2873 - 97《军事装备和设施的人机工程设计准则》中规定的处在垂直仪表板上且正常设备操作中使用的视觉显示器布置在站立平面以上 1040~1780 mm 的要求。面板上开关的位置符合 GJB 2873 - 97 中装

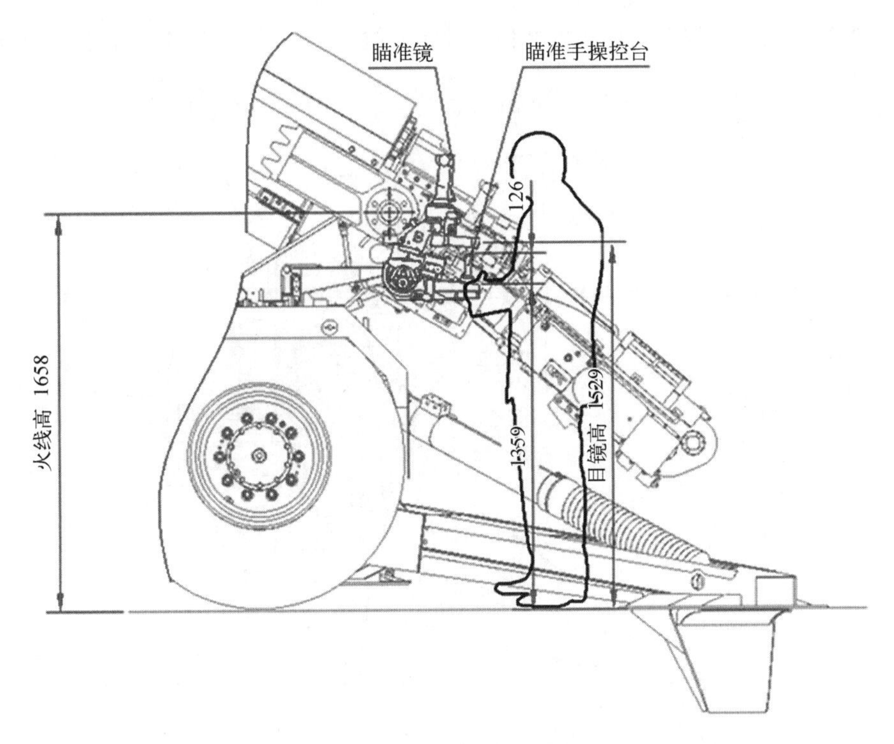

图 13.4.5　瞄准手操控面板位置示意图(单位：mm)

在垂直面板上且在正常设备操作中使用的所有控制器应布置在站姿平面上 860～1780 mm 的要求,如图 13.4.6 与图 13.4.7 所示。

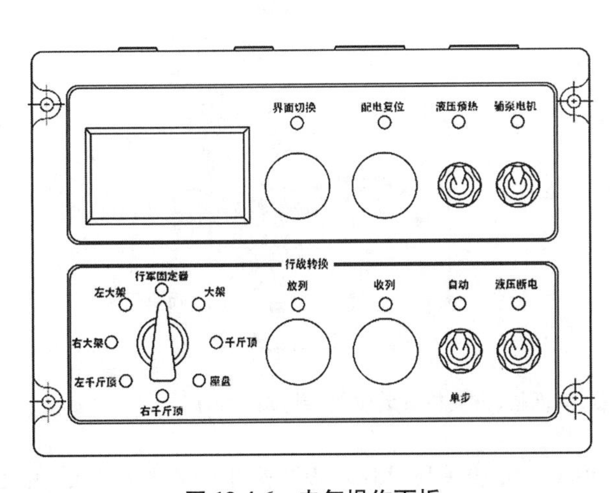

图 13.4.6　电气操作面板

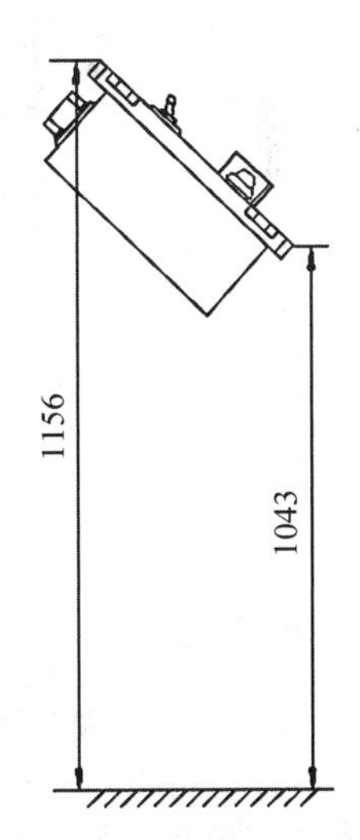

图 13.4.7　电气操作面板安装位置(单位：mm)

13.4.2.2　瞄准手操控台(高平机、方向机)

车载炮主要工作方式为自动瞄准,降级使用情况下,也具有手动操瞄功能。手动操瞄时,瞄准手站在地面通过瞄准装置对射角与射向进行装定,操作高低机、方向机手轮完成手动调炮。瞄准装置、高低机、方向机安装位置及相对位置关系，如图 13.4.8 与图 13.4.9 所示。

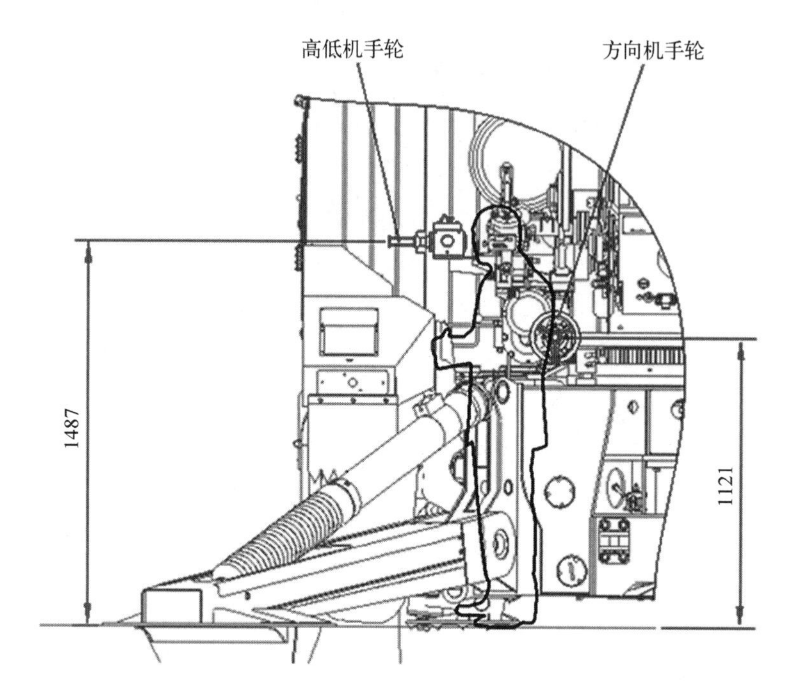

图 13.4.8　瞄准手操控台位置示意图(单位：mm)

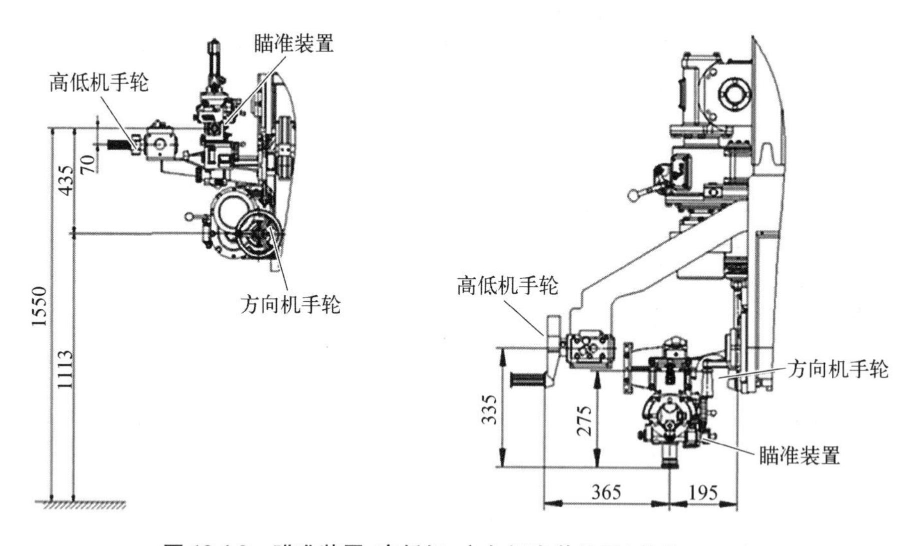

图 13.4.9　瞄准装置、高低机、方向机安装位置(单位：mm)

瞄准装置目镜距离地面高度 1550 mm，根据 GJB 2873－97《军事装备和设施的人机工程设计准则》第 95 百分位立姿眼高为 1672 mm，满足使用要求。方向机手轮中心距离地面高度为 1113 mm，方向机手轮在瞄准装置目镜前 275 mm，右侧 195 mm。高低机手轮中心距离地面的高度为 1478 mm，瞄准装置目镜前 335 mm，左侧 365 mm。

根据 GJB 2873－97《军事装备和设施的人机工程设计准则》可知第 5 百分位乘员立姿手臂功能前伸长为 684 mm。方向机和高低机距离炮手位置的水平距离小于第 5 百分位的手臂功能前伸长，在操作过程中，处于可达域。根据《机械设计手册》可知，站姿操作手轮中心高度要求最低 800 mm，最高 1350 mm，方向手轮中心 1113 m 处于可达域。

13.4.2.3 电气操作面板

瞄准手站在地面操作电气操作面板，电气操作面板位置距离地面位置 1045 mm。面板上的显示屏的设计满足 GJB 2873－97《军事装备和设施的人机工程设计准则》中规定的处在垂直仪表板上且正常设备操作中使用的视觉显示器布置在站立平面以上 1040～1780 mm 的要求。面板上开关的位置符合 GJB 2873－97《军事装备和设施的人机工程设计准则》中的装在垂直面板上且在正常设备操作中使用的所有控制器应布置在站姿平面上 860～1780 mm 的要求，如图 13.4.10 所示。

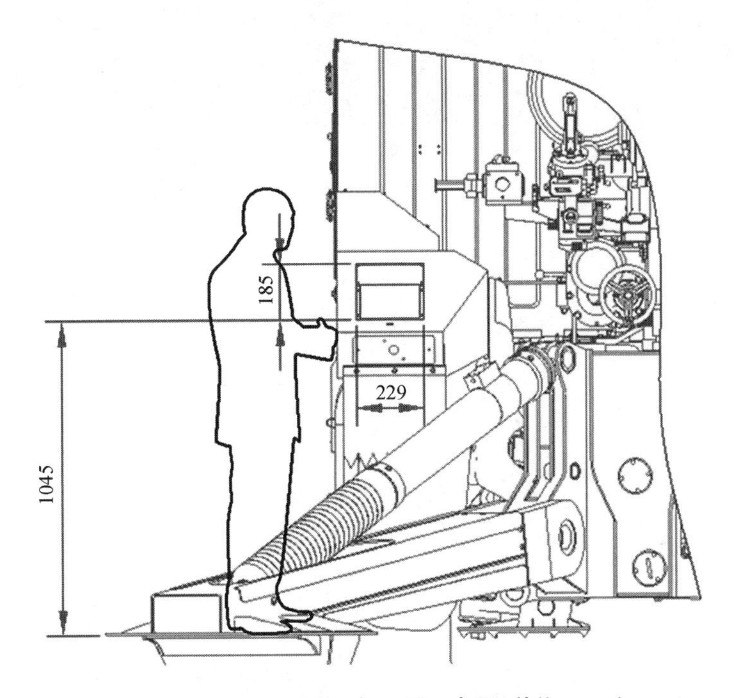

图 13.4.10 电气操作面板位置示意图(单位：mm)

13.4.2.4 药箱、弹箱、引信、弹丸

炮手站在地面操作药筒、药箱、弹箱、弹筒、引信、弹丸，其最高点位置距离地面位置 1739 mm，最低点距离地面距离为 459 mm。药筒、药箱、弹箱、弹筒、引信、弹丸的设计满足 GJB 2873－97《军事装备和设施的人机工程设计准则》中规定的处在垂直仪表板上且正常设备操作中使用的视觉显示器布置在站立平面以上 1040～1780 mm 的要求，如图 13.4.11 所示。

13.4.2.5 击发机构机械保险

炮手站在地面操作击发机构机械保险，击发机构机械保险位置距离地面位置 1358 mm。托弹盘最高点位置距离地面位置 1307 mm，最低点距离地面距离为 816 mm(如图 13.4.12 所示)。击发机构机械保险的设计满足 GJB 2873－97《军事装备和设施的人机工程设计准则》中规定的处在垂直仪表板上且正常设备操作中使用的视觉显示器布置在站立平面以上 1040～1780 mm 的要求。托弹盘的位置符合 GJB 2873－97《军事装备和设施的人机工

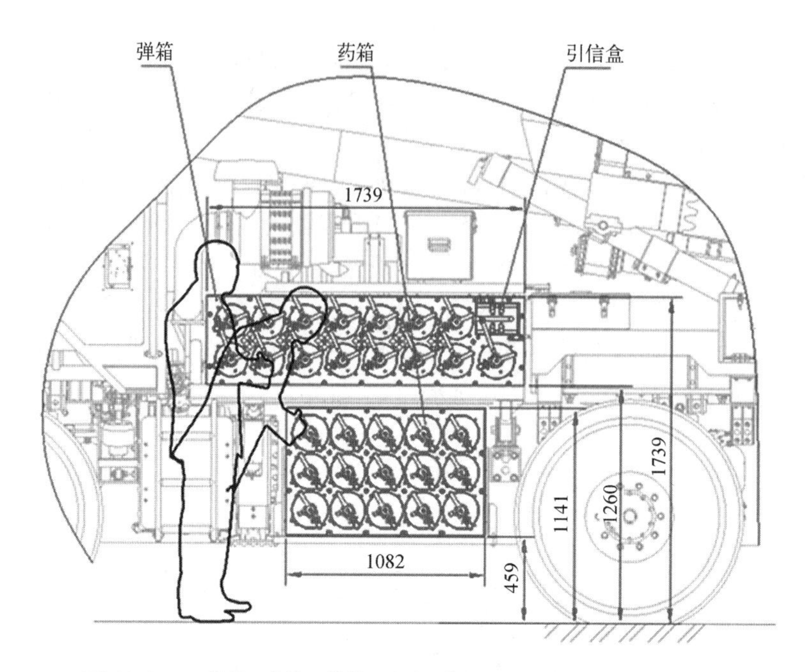

图 13.4.11　药箱、弹箱、弹筒、引信、弹丸位置示意图(单位：mm)

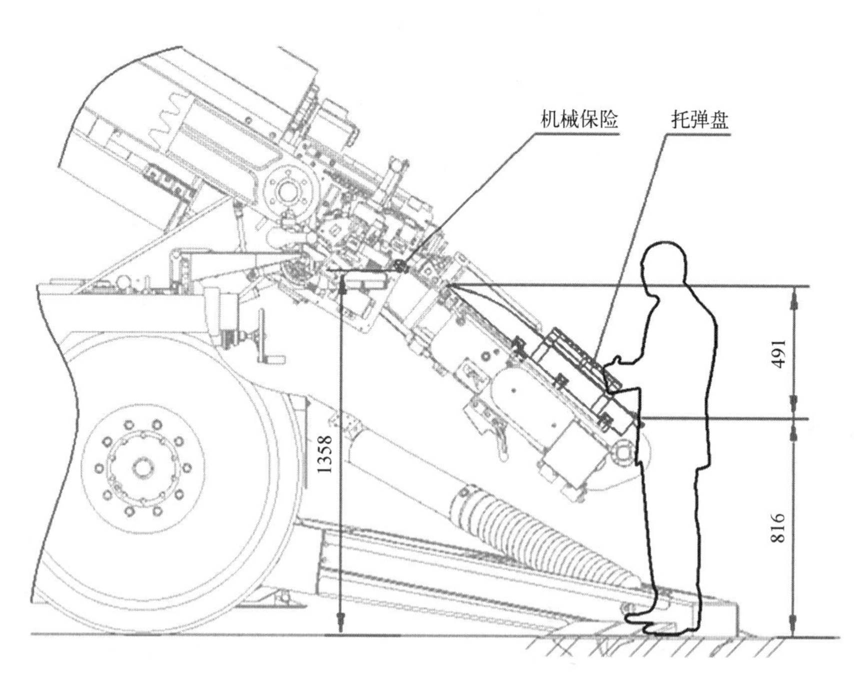

图 13.4.12　击发机构机械保险位置示意图(单位：mm)

程设计准则》中的装在垂直面板上且在正常设备操作中使用的所有控制器应布置在站姿平面上 860~1780 mm 的要求。

13.4.3　面向一炮手(装弹手)站位的人机环工程设计

装弹手下车后到达位置 1 操控装填手操作面板，在完成操控之后进入位置 2 操作输弹机托弹盘，整个人机交互时间最短，路径距离最短，能够快速高效完成指定任务，如图 13.4.13 所示。

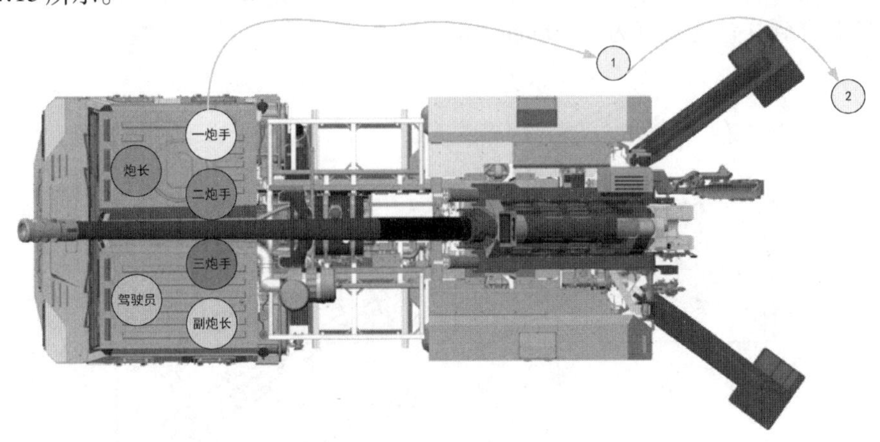

图 13.4.13　一炮手人机时间与空间路径图

13.4.3.1　装填手操作面板

装弹手站在地面操作装填手操作面板，装填手操作面板位置距离地面高度 1419 mm，如图 13.4.14 所示。面板上的显示屏的设计满足 GJB 2873－97《军事装备和设施的人机工程设计准则》中规定的处在垂直仪表板上且正常设备操作中使用的视觉显示器布置在站立平面以上 1040～1780 mm 的要求。面板上开关的位置符合 GJB 2873－97《军事装备和设施的人机工程设计准则》中的装在垂直面板上且在正常设备操作中使用的所有控制器应布置在站姿平面上 860～1780 mm 的要求。

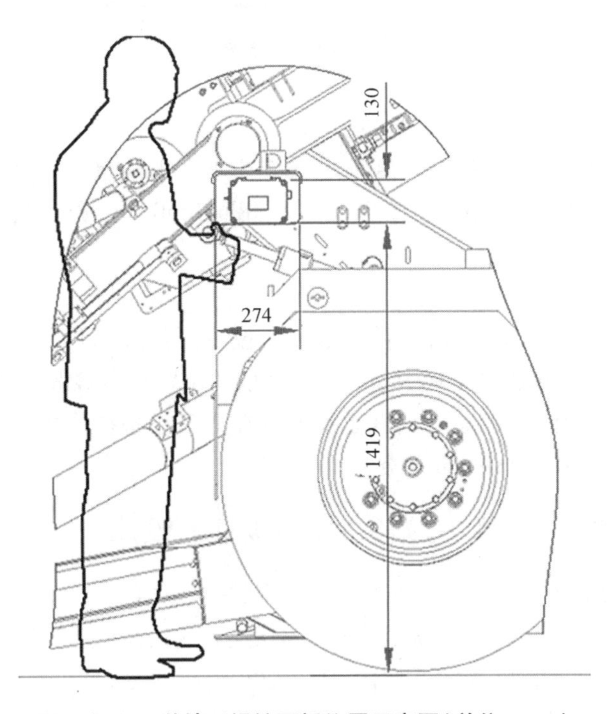

图 13.4.14　装填手操控面板位置示意图(单位：mm)

13.4.3.2 输弹机托弹盘

本炮采用自动输弹、人工装药的模式。输弹机具有协调功能,接弹角度为30°。此时,炮手放置弹丸到托盘的高度为1100 mm,如图13.4.15所示。

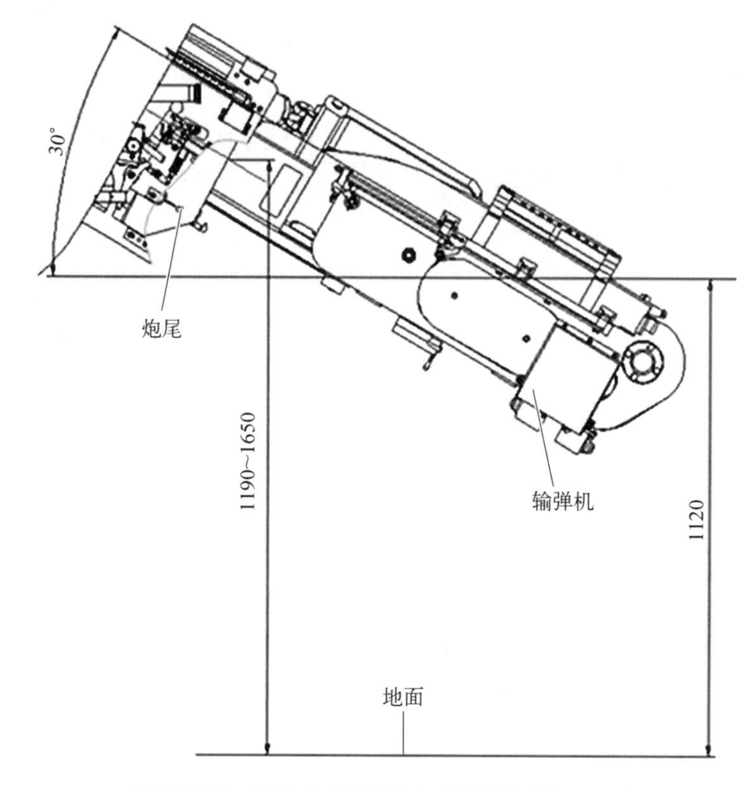

图13.4.15 输弹机与炮尾与地面距离(单位: mm)

根据GJB 2873－97《军事装备和设施的人机工程设计准则》,人体立姿挠骨点第95百分位高为1132 mm,炮手放置弹丸高度满足操作要求。药筒重量为27 kg,由炮手直接装填,装填高1190~1650 mm。根据GJB 703－89,高度1650 mm,炮手推力为465 N,满足操作要求。

13.4.3.3 送弹棍(洗把杆)

装弹手站在地面操作送弹棍,送弹棍最高点位置距离地面位置960 mm,最低点距离地面距离为1008 mm(如图13.4.16所示)。送弹棍的位置符合GJB 2873－97《军事装备和设施的人机工程设计准则》中的装在垂直面板上且在正常设备操作中使用的所有控制器应布置在站姿平面上860~1780 mm的要求。

13.4.4 面向二炮手(供弹手)站位的人机环工程设计

供弹手下车后到达位置1完成装订引信,在完成装订引信后进入位置2完成搬运弹箱任务,整个人机交互时间最短,路径距离最短,能够快速高效完成指定任务,如图13.4.17所示。

供弹手负责从弹箱取弹、搬运和引信装定战斗过程中处于站立姿势并搬运弹丸。弹箱安装位置如图13.4.18所示。

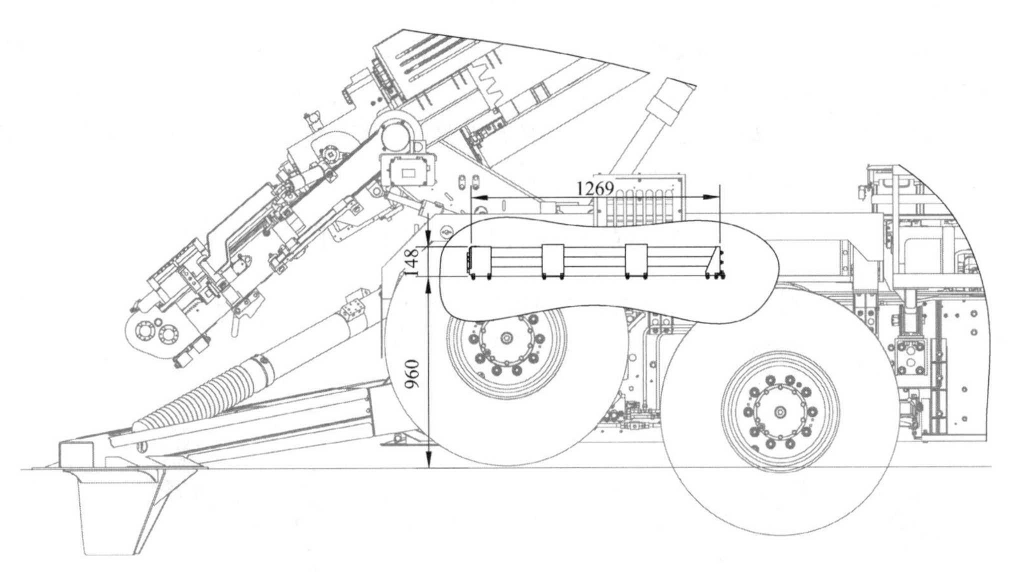

图 13.4.16　送弹棍位置及尺寸图(单位：mm)

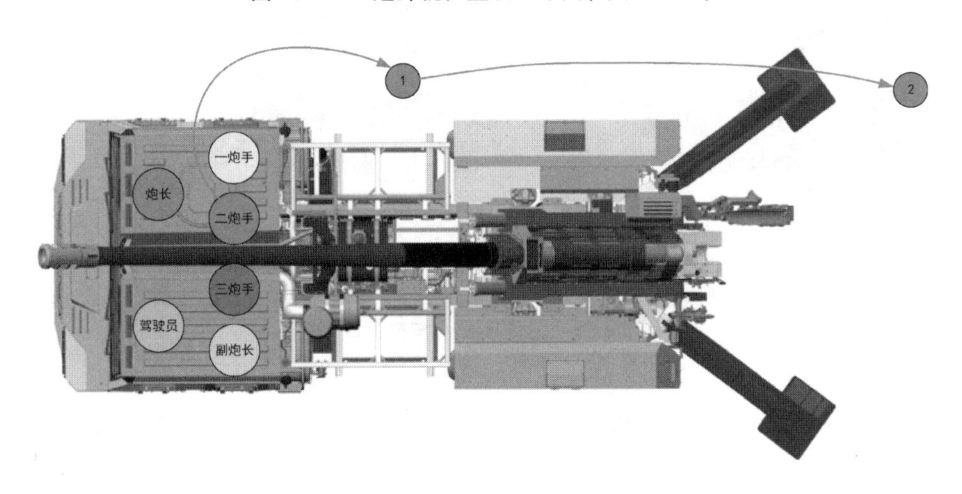

图 13.4.17　二炮手时间与空间路径图

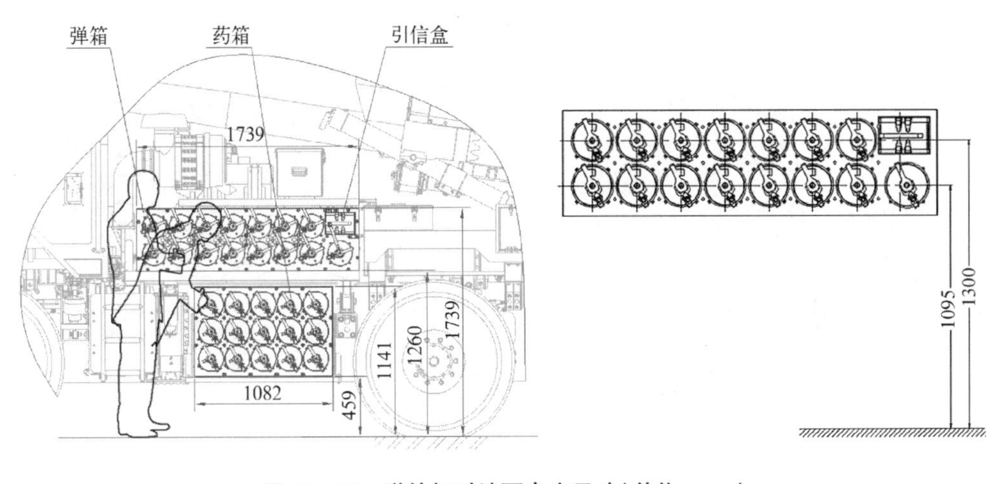

图 13.4.18　弹箱相对地面高度尺寸(单位：mm)

弹箱内高低方向上共存放两层弹丸,距离地面距离分别为 1095 mm 和 1300 mm,根据 GJB 703－89《炮手操作力》可知,供弹手在 1 300 mm 用力高度时,站姿右臂单手操作拉力约为 221 N,拖曳弹丸摩擦力为 69 N;能够满足取弹操作要求;GJB 703－89 中规定搬装炮弹的最大重量不超过 50 kg,搬装速度 2 发/min。

13.4.5　面向三炮手(装药手)站位的人机环工程设计

装药手下车后到达位置 1 搬运药箱,并将药箱搬运至位置 2。整个人机交互时间最短,路径距离最短,能够快速高效完成指定任务(如图 13.4.19 所示)。

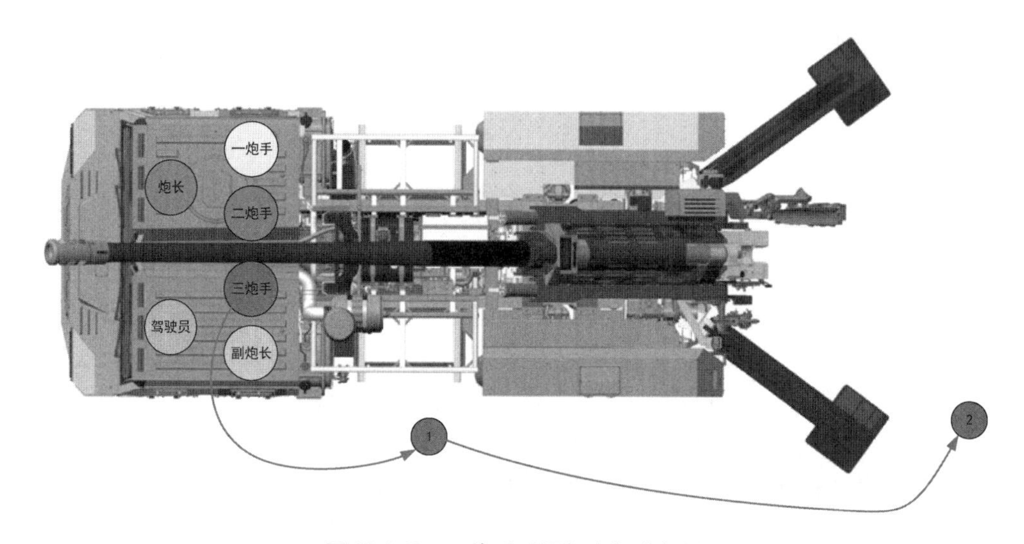

图 13.4.19　三炮手时间与空间路径图

装药手负责从药箱取药,将药装入炮膛,在战斗过程中处于站立姿势并搬运发射药。药箱安装位置如图 13.4.20 所示。

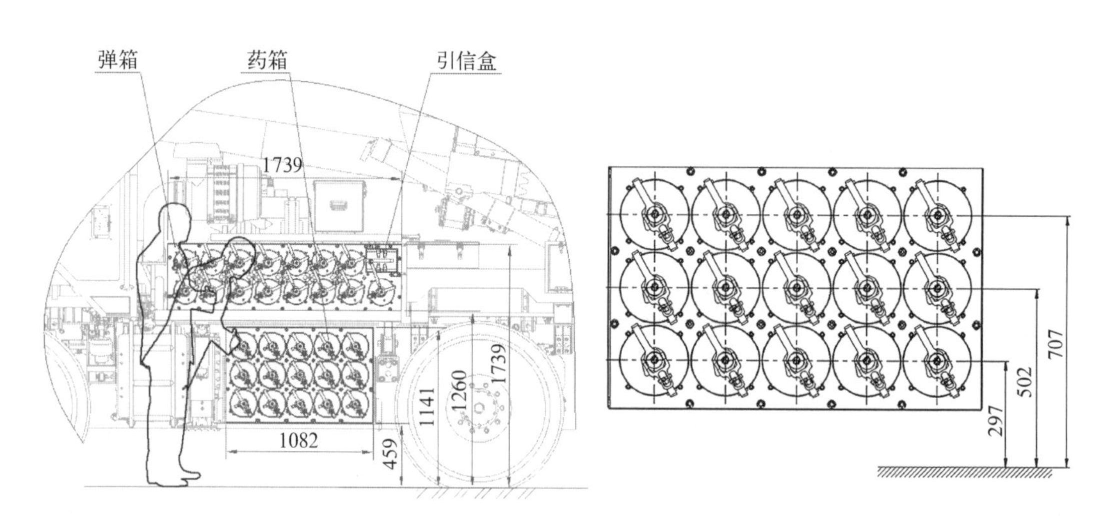

图 13.4.20　药箱相对地面高度尺寸(单位: mm)

弹箱内高低方向上共存放三层发射药，距离地面高度分别为 297 mm、502 mm 和 707 mm。根据 GJB 703－89《炮手操作力》可知，供药手在 700 mm 用力高度时，站姿右臂单手操作拉力约为 376 N，拖曳弹丸摩擦力为 35 N。

13.4.6 面向驾驶员(弹药手)站位的人机环工程设计

深入分析驾驶员(弹药手)空间路径，各个工作路径规划合理，路径距离最短，有效减少驾驶员(弹药手)的行走距离，并且人员的位置不产生干涉，能保证整个任务快速高效的执行(如图 13.4.21 所示)。

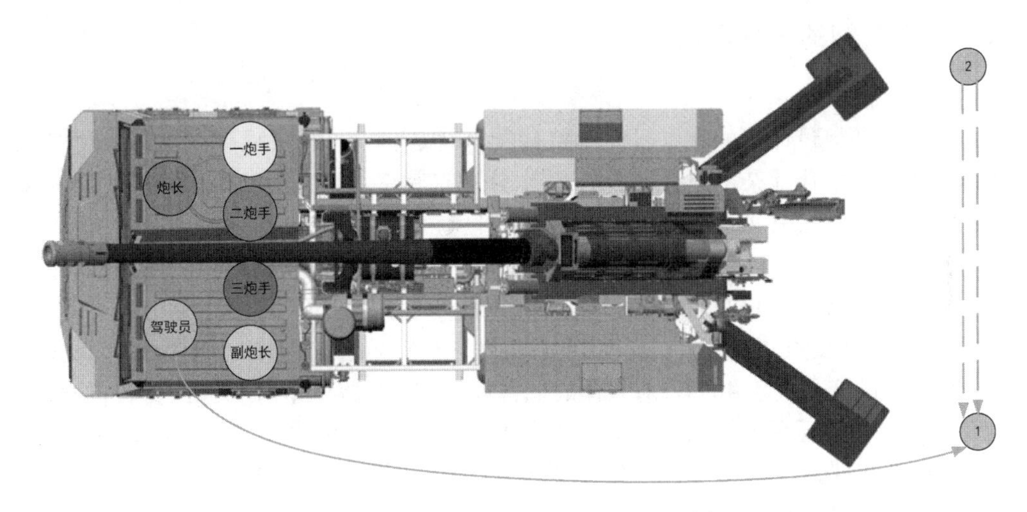

图 13.4.21　驾驶员/弹药手时间与空间路径图

驾驶员(弹药手)人机交互终端位置排布合理，满足人的尺寸参数，并且在保证人员高效工作的同时，也能让人员在相对舒适的环境下进行长时间的工作。此外，终端按照人眼观看事物的参数进行设计，能够保证准确性，减少视觉疲劳(如图 13.4.22 所示)。

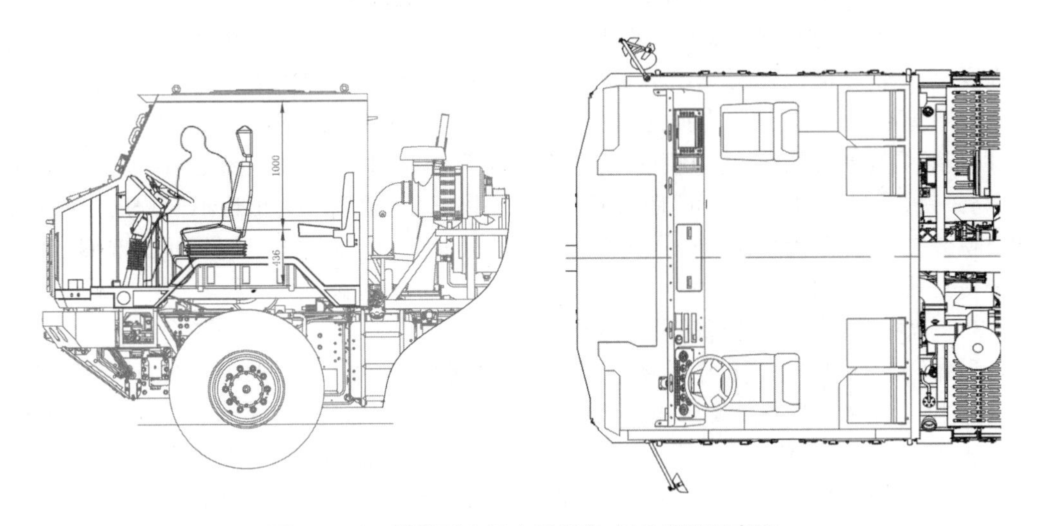

图 13.4.22　弹药手人机交互操作-显示装置示意图

13.5 车载炮人机环境设计

车载炮人机环境主要包括噪声、温度、照明、粉尘、振动等内外部环境,根据车载炮的作战场景和要求,以及炮班成员的生理条件和心理素质,使各环境参数处于最优范围,从而使人和炮在合适、合理的环境中最大限度地发挥各自潜能,从环境的适应性层面上极大程度地提升车载炮武器系统的可靠性能。

13.5.1 车载炮的声环境设计

1) 声环境

车载炮声环境设计中的重点研究对象是噪声,物理学视角下,噪声指由各种频率、不同强度的声音无规律地杂乱组合而成的声音,或单一频率一定强度的声音的持续刺激(阚磊等,2013)。噪声按其来源可分为:空气动力性噪声,如爆炸、火炮发射;机械性噪声,如行驶时车轮、底盘发出的噪声;电磁性噪声,如发电机、变压器发出的声音。根据时间的分布,噪声分为连续性噪声和间断性噪声,连续性噪声又分为稳态性噪声(声压级波动小于5 dB)和非稳态性噪声,非稳态性噪声中的脉冲噪声(声音的持续时间小于0.5 s,间隔时间大1 s,声压级的变化大于40 dB)对人体的危害较大(张增瑞等,2015),而武器装备噪声以脉冲噪声为主。我国军事部门也曾制定和公开军事上的脉冲噪声安全标准。规定脉冲噪声(峰值声压级)标准限值 L(dB):$L=177-6\lg(TN)$。其中,T 为脉冲持续的时间(ms);N 为每天接触脉冲的次数。

2) 声环境对炮班成员的影响

噪声对人体的作用可分为特异性和非特异性2种。特异性指对听觉系统的影响,有生理和病变两种反应;非特异性指对人体其他系统的影响,长期接触强烈的噪声会对人体产生不良影响,甚至引起噪声性疾病。噪声对人体影响的程度取决于噪声的强度、距离、方向、持续时间、环境保护和个人防护。

车载炮的实际操作中,噪声对炮手的影响主要包含听觉系统、身体其他部位、声音敏感程度、言语清晰度、心理及操作。其中对听觉系统的影响又分为听觉适应(暂时性听力下降)、听觉疲劳(暂时性听力损伤)、噪声性耳聋(永久性听力损失)、爆发性耳聋4个阶段;以车载炮发射的瞬间,炮口喷射的高温、高压气体对周围空气产生强烈振动而生成噪声(马景月,1998),炮手长时间在噪声环境下工作,其听觉系统会出现不同程度的损伤,如鼓膜破裂、中耳听骨移位或内耳损伤,伴有耳鸣、耳痛、恶心、呕吐、眩晕、听力障碍,甚至完全丧失听力等症状。

3) 车载炮操作中声环境的设计措施

为降低车载炮操作过程中的噪声,主要的措施包括3种途径:① 从声源处降噪,车载炮设计中,运用能降低或消除噪声的装置以减少气流声,从而减少固体中的声音传播,抑或是加强火炮设备维修保养,通过改变声源的频率特性和传播方向等措施来降低噪声,虽不能彻底消除噪声源(庄达民,2004),但却可从源头上降低噪声,改善炮班成员的作业环境;② 从传播途径中降低噪声,噪声常以气体、固体等为传播介质,不同的传播途径可以采用不同的降噪措施,车载炮的模块设计中,各种隔声、吸声、消声、隔振和减振等声学控制技术能够在一定程度上阻断或屏蔽声波的传播,或使声源传播的能量随距离衰减,从而达到降噪的目的(金招芬等,2001);③ 从个体防护中降低噪声,对炮手实行轮流工作制或使用防护用具等以降低噪声对人体的危害程度,常采取的综合防护装备包括隔声头盔、隔声耳罩、耳栓和组合护耳器等,这些装备的隔声性能一般在 22~35 dB(袁修干等,2002)。

此外面向车载炮操作中的次声波和超声波,也有对应的防护措施,见表 13.5.1。

表 13.5.1　次声和超声的防护措施表

名称	特　点			防　护　措　施
	波长	衰　减	防　护	
次声	长波长	传播中低衰减	难度大	一般的隔声、吸声和消声对其很难奏效。最根本的办法是尽可能限制次声的产生
超声	短波长	传播中高衰减	简单和容易	一般情况下,只要稍稍离开超声源,就可处于安全的环境。用于医学诊察的超声,剂量很低,不会对人体造成影响,因此也无需防护

13.5.2　车载炮的光环境设计

1）光环境

良好的光环境有助于让炮班成员维持正常、稳定的生理和心理状态,改善炮手的视觉条件和工作环境,提高操作效率,降低事故的发生率,从而保护人员的安全。

车载炮光环境的构成要素主要包括光的亮度和光的质量,其中光的亮度包含光通量、发光强度、亮度、照度、光源的发光效能,光的质量是指光的稳定性和均匀性、光色效果、是否有眩光等(周美玉,2001)。对于车载炮的光环境设计而言,光的质量更为重要。光的稳定性是指光的照度在设计的强度内应保持恒定数值,不产生波动、频闪;光的均匀性是指照度和亮度在某一作业范围内相差不大,且分布均匀。光源的光色包括色表和显色性,色表是光源所呈现的颜色,而显色性是指光源照射到有颜色的火炮元件时,元件所呈现出的颜色。显色性通常以显色指数表示,并把显色性最好的日光作为标准,若其显色指数定为 100,其他光源的显色指数均小于 100,若显色指数越小,显色性越差。车载炮元件的颜色将随光源颜色的不同而变化,元件的本色只有在日光照明的条件下才会较真实的显示出来。具体的光源显色指数见表 13.5.2;车载炮元件受照明色影响所显示的颜色见表 13.5.3。

表 13.5.2　光源的显色指数

光　源	白炽灯	氙灯	日光色荧光灯	白色荧光灯	金属卤化物灯	高压汞灯	高压钠灯
显色指数	97	95~97	75~94	55~85	53~72	22~51	21

表 13.5.3　火炮元件受照明色影响所显示的颜色

物体的颜色	照明的颜色			
	红	黄	绿	天蓝
白	淡红	淡黄	淡绿	淡蓝
黑	红黑	橙黑	绿黑	蓝黑
红	灿红	亮红	黄红	深蓝红
天蓝	红蓝	淡红蓝	绿蓝	亮蓝
蓝	深紫红	淡红紫	深绿紫	灿蓝
黄	红橙	淡紫	淡绿黄	淡棕
棕	棕红	棕橙	深橄榄棕	蓝棕

2）光环境对炮手或操作人员的影响

车载炮光环境对炮手或操作人员的影响主要包括光环境对人体疲劳度的影响、光环境对工作效率的影响、光环境对安全性的影响。

在照度较低的情况下，炮手或操作人员需长时间反复辨认对象，视觉持续下降，很容易产生视觉疲劳，严重时甚至会引起全身性疲劳。关于视觉疲劳的研究表明，将眨眼次数作为测量眼睛疲劳的指标，且眨眼次数随着照度值的增加而减少，说明增加照度可以降低视觉疲劳。改善光环境条件不仅可以减少视觉疲劳，还能有效提高工作效率。适当的光环境可以提高工作的速度和精准度，减少失误。当然照度值增加并不能使工作效率无限度地增加，通常照度达到某一临界水平前，作业效率与照度值成正比，当达到临界值之后，作业效率则将趋于平稳。光环境的好坏与炮手或操作人员工作中事故发生概率的高低存在密切关联。良好的照明条件可以增强眼睛的辨色能力，从而减少识别物体色彩的错误率；可以增强物体的轮廓立体视觉，有利于辨认物体的高低、深浅、前后、远近及相对位置，使工作失误率降低；能够扩大视野，防止发生误操作（石英，2011）。

3）车载炮操作中光环境的设计措施

车载炮照明设计中，首先是光源的选择，按光源类型，车载炮照明的形式可规划为 3 种：自然照明、人工照明和混合照明。自然光明亮柔和，使人眼感到舒适。但是自然照明受到时间和环境等影响，所以需采用人工光源作为补充照明，即采用自然光源与人工光源相结合的混合照明的方式。采用人工照明可使特定的环境下保持稳定的光量。人工照明应选择接近自然光的人工光源，且不宜采用使人视力效能下降的有色照明。若将人在白光下的视力效能定为 100%，则在黄光下为 99%、蓝光下为 92%、红光下为 90%（周美玉，2001）。根据光源与被照物的关系，可以分为直接照明与间接照明。直接照明是将其 90% 的光以光束的形式直接照射在目标物体上，产生明显的阴影，并易产生眩光。在照明质量要求较高的情况下才建议使用直接照明，或者在现有照度不足以使炮手或操作人员准确读取文字等信息时,也可采用直接照明。间接照明是将其90%以上的光束投射到周围环境中,然后再反射到火炮的元件上。间接照明产生分散的光,因此产生的阴影较小,可在不产生眩光的同时提高照明强度(李森,2009)。建议车载炮的光环境设计中将直接照明与间接照明相匹配。

眩光对车载炮光环境的质量具有较高的负面影响,应当尽量避免照明设计中出现眩光。光线的方向和扩散要合理,避免产生过多阴影(王恒等,2010);但必要阴影也应保留,可使各元件具有立体感;此外还应考虑让照明和车载炮各元件的颜色协调。

13.5.3 车载炮的热环境设计

1) 热环境

车载炮的热环境是指影响炮班人员身体冷热感觉的环境因素。这些因素包括空气温度、空气湿度、气流速度和热辐射。适宜的热环境是指空气温度、湿度、气流速度以及环境热辐射都很适当,使人体易于保持热平衡(马康,2017)。热环境的测定指标主要包含空气温度、空气湿度、气流速度、热辐射。

2) 热环境对炮手或操作人员的影响

车载炮操作中的热环境对人体的影响包括高温、低温、湿度、气流速度对人体的影响。

(1) 高温对炮班人员的影响,高温环境条件通常是指高于允许温度上限的气温条件。车载炮的操作中,高温的工作环境较为常见,当高温使皮肤温度达到41~44℃时,炮手或操作人员会感到灼痛,若温度继续升高,则皮肤基础组织便会受到损伤,发生局部烫伤,高温还会对炮手或操作人员造成全身性的影响。全身性高温的主要症状为头晕、头痛、胸闷、心悸、恶心、视觉障碍和抽搐等,若温度过高,还会引起虚脱、昏迷等,甚至威胁生命(刘海东,2012)。

(2) 低温对炮班人员的影响,低温环境条件通常是指低于允许温度下限的气温条件。冻伤是低温对人员最普遍的伤害,人员易于发生冻伤的部位是手、足、鼻尖及耳廓等,冻伤与温度及暴露时间有关,温度越低,形成冻伤所需的时间越短(丁玉兰等,2013)。低温还会对人员造成全身性的影响,首先出现的生理反应是颤抖、呼吸和心率加快,接着出现头痛等不适反应,且神经系统机能处于抑制状态。

(3) 湿度对炮班人员的影响,湿度与温度密切相关,也是热环境中对人体产生影响的基本因素,详细见表13.5.4。

表 13.5.4　湿度对人体的影响

温度条件	湿度条件(相对湿度)	对人体的影响
舒适温度的范围内	在30%~70%的范围内	人体是舒适的
气温高于25℃	大于70%	人体蒸发散热能力降低,引起人的不适
低温条件下	大于80%	增加了人体冷的感觉,更易引发冻疮
	低于15%	引起皮肤皲裂、眼干燥、鼻黏膜出血等反应

(4) 气流速度对炮班人员的影响,气流速度对人体皮肤直接产生机械刺激,并明显增加人体散热,详见表 13.5.5。

表 13.5.5　气流速度对人体的影响

温度条件	气流速度	对人体的影响
舒适温度	0.15~0.5 m/s	感觉舒适,随温度的升高,气流速度可略增加
高于舒适温度	合适速度	有助于人体维持热平衡
低于舒适温度	任何速度	对保持温度不利

3) 车载炮操作中热环境的设计措施

车载炮改善局部的热环境具有多种方法或途径,较为典型的是采用温度控制技术保障、改善车载炮的高低温环境,同时结合个体防护装备,使人体保持体温体感舒适,从而提高车载炮操作使用效率。

13.5.4　车载炮的振动环境设计

1) 振动环境

车载炮的工作环境条件相对恶劣,包括机械振动、冲击、摇摆、离心加速度和颠振,其中危害最大的就是振动和冲击(马志宏等,2006)。为了保证车载炮武器系统在振动与冲击环境下的安全性与可靠性,使其适应各种振动与冲击的环境,必须围绕车载炮进行抗振动、抗冲击的设计。

2) 振动环境对炮手或操作人员的影响

根据振动对人体的影响可分为局部振动和全身振动两种。局部振动又称手传振动或手臂振动,主要是指手部直接接触振动物体时,手臂部发生的振动。此时振动波沿着手、腕关节、肘关节、肩关节传导至全身,车载炮中的手动操作一般都能引起局部振动。全身振动是指人体处于振动的物体上所受到的振动(庞志兵等,2002)。车载炮在行军、射击时炮手或操作人员所受的振动就是全身振动。全身振动对炮手或操作人员的影响见表 13.5.6。

表 13.5.6　振动对人体所产生的不良影响

频率/Hz	振幅/mm	主观感受
6~13	0.094~0.163	腹痛
40	0.063~0.136	
70	0.032	
5~7	0.6~1.5	胸痛
6~13	0.094~0.163	

续 表

频率/Hz	振幅/mm	主观感受
40	0.63	背痛
70	0.032	
10~20	0.024~0.08	尿急感
9~20	0.024~0.13	粪迫感
3~10	0.4~2.18	头痛症状
40	0.136	
70	0.032	
1~3	1~9.3	呼吸困难
4~9	2.45~19.6	

振动对炮手或操作人员作业效率的影响,在振动条件下,由于炮手及操作对象的不断抖动,会使炮手视觉模糊,降低仪表判读及精细视分辨的正确率;炮手动作不协调、不准确,误差率增高。全身振动还会使语言明显失真,使语言的分辨率下降;强烈振动作用下,脑中枢机能水平降低,注意力易分散,易出现疲劳。视觉和操作能力对于短时间低频振动具有较强的频率响应,视觉功能的降低会随着人体头部振幅的增加而加剧。眼跟踪目标运动的能力在振动频率达到 1~2 Hz 时开始降低,4 Hz 时丧失。垂直振动对视敏度的影响在 20~40 Hz 和 60~90 Hz 时最为明显(庞志兵等,2002)。此外振动对炮手或操作人员操作精确度也存在影响,主要是由于振动降低了手、脚的稳定性,从而使操作动作的精确度降低,而且振幅越大,影响越大。对于手的局部振动来说,加速度在 1.5~80 *g* 范围内的振动和频率在 8~50 Hz 内的振动的影响具有相似性。其表现有:振动引起手指的血液循环障碍,造成手指僵硬、麻木、疼痛、发白和力量下降。频率为 25~150 Hz,加速度在 1.5~80 *g* 范围内的振动最易引起"振动性白指"和"雷诺现象"。

3)车载炮操作中振动环境的设计措施

车载炮抗振设计的主要措施大致包括 4 种方式,依次为内部元件的整合设计、车载炮结构的优化设计、安装合适的减振装置、采用吸振材料。首先是内部元件的整合,通过对内部元件的整合设计,使火炮本身具有良好的动态特性,从而增强其本身的抗振动和抗冲击能力。整合设计的措施包括:① 将振动和冲击敏感的部件及元器件安装在局部环境相对不太恶劣的位置(刘松,1992)。② 尽量缩短电器元件安装的引线的长度,注重元件的贴面焊接,并用胶将元件点封在安装板上。③ 集成电路元件一定要注重贴面安装,降低集成电路的安装高度。④ 首先,设备框架和插头等安装要牢固,防止紧固件松动;其次通过对火炮各元件结构的优化设计,增强其本身的抗振动和抗冲击能力;再次在车载炮上安装合适的减振装置,应用机械振动与冲击隔离技术对武器装备机械振动与冲击进行隔离,基本做法是把车载炮元件安装在合适的减振器上,构建车载炮减振系统,达到减振和缓冲的目的，保证车载炮在恶劣的振动和冲击环境条件下能正常工作，最为常见的减振装置包括阻尼减振、动力减振、摩擦减振、冲击减振（马志宏等，2006）；最后在车载炮局部采用吸振材料，此外设计中应尽可能增加炮手与振源的距离，或设置隔离沟以控制振动的传播。

13.5.5 车载炮的粉尘环境设计

1）粉尘环境

粉尘是指除气体之外包含在空气中的物质，包括各种各样的固体、液体和气溶胶。粉尘包括沙尘、固体灰尘、粉尘（分为降尘和飘尘）、烟尘、烟雾，以及液体的云雾和雾滴。

2）粉尘环境对炮手或操作人员的影响

车载炮的驾驶或操作过程中，粉尘将严重影响炮手或操作人员的观察能力，增加了操纵的难度，同时也提升了操作的故障率，甚至使车载炮失去战斗力，并严重危害乘员的健康（吴圣钰，2002）。因此，掌握粉尘对炮班人员的影响，并积极采取相应的对策，才能提高车载炮的作战效能，保护炮手或操作人员的健康。粉尘对车载炮炮手或操作人员的影响见表 13.5.7。

表 13.5.7 粉尘对车载炮炮手或操作人员的影响

影响类型	影 响 程 度
粉尘对人体视觉的影响	车载炮行进时，沙尘主要影响观察，在一定风速的条件下，尘烟的影响更为严重。较细小的黏土沙尘落在潜望镜、瞄准镜等观察镜上，影响观察效果
粉尘对人体体能的影响	车载炮在沙漠地区行驶，转向困难，换挡频繁，注意力高度集中，乘员体力消耗增大，极易出现疲劳，影响工作效率
粉尘对人体呼吸道的影响	沙尘对上呼吸道产生刺激作用，可引起黏膜充血、肿胀及分泌物增加，黏膜抵抗力下降，加之机械刺激和致病菌的综合作用，常引起上呼吸道黏膜的炎性反应，如引起鼻炎、咽炎、喉炎、气管炎等。长期如此，则可能转变为慢性呼吸道疾病，甚至发生支气管扩张、尘肺等
粉尘对人体其他器官的影响	可造成体表伤害，尘粒可堵塞皮脂腺、汗腺的出口而发生毛囊炎、脓性皮炎、疖肿和其他疾患；常诱发结膜炎、角膜微小损伤，严重时出现角膜薄翳而严重影响视力；落入外耳道的沙尘如不能及时清除可形成耵聍，如经鼻咽管进入中耳可引起咽鼓管炎、中耳炎等

3）车载炮操作中粉尘环境的设计措施

根据粉尘对车载炮的影响，针对粉尘环境的设计措施主要有集体防护、个体防护、装置防护以及卫生防护，具体见表 13.5.8。

表 13.5.8 车载炮操作中炮手或操作人员针对粉尘的防护措施

防护方法	具 体 措 施
集体防护	集体防护装置指“三防”装置，包括通风滤毒装置、通风滤尘装置、增压风扇等
个体防护	个人防护装置指个人携带的防尘装置，包括防尘工作服、防尘眼镜、防尘口罩、防尘面具和防尘头盔等

续 表

防护方法	具 体 措 施
装置防护	车辆行驶中尽可能闭窗驾驶,使用集体防护装置,并注意保持一定的车距。在不具备集体防护条件时应采用个体防护装置,要根据所要求的阻尘率选用不同型号的防尘装置
卫生防护	作业完毕,应彻底清洗干净,保持体表卫生;有严重反应时应及时就医

13.6 车载炮人机标识设计

结合车载炮自身的特点,从安全性、警示性、隐蔽性、耐脏性、协调性、舒适性和美观性等方面的要求出发,对其动态安全、静态安全、乘员触及部位、紧急处理部位、工作区域以及线路线缆进行人机标识设计,设定特定的色彩代表特定的含义,结合硬件设施的形状、软件交互的模式、行业内标准以及标识指示要素等,规定实体颜色的限定性要求和标准化的定量要求,使炮班成员在用炮的过程中,能够更加安全、高效、舒适、健康。

车载炮色彩标识效果如图 13.6.1 所示(说明: 为了便于辨识,本图在灰模基础上进行标示)。

图 13.6.1 车载炮人机色彩标识

13.6.1 动态安全警示色彩标识

用炮过程中,设备设施运动所引发的不安全状态,用橙色(RAL 2007)来提示周边乘员注意安全。主要用于大架、炮尾,如图 13.6.2 所示。

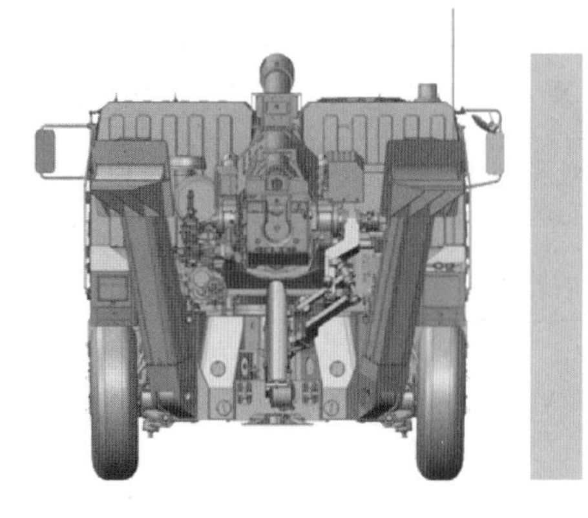

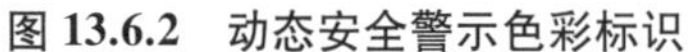

图 13.6.2　动态安全警示色彩标识

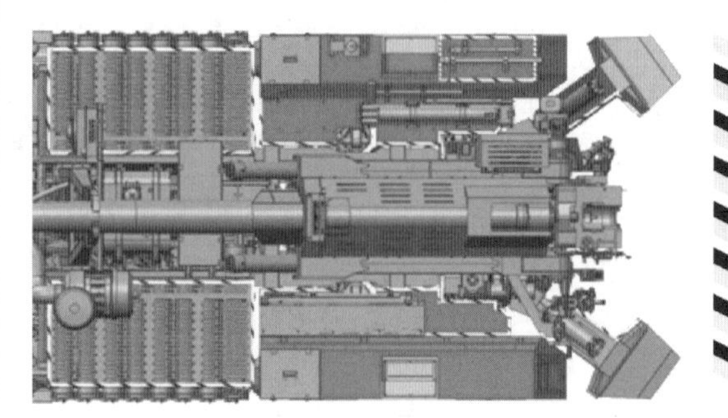

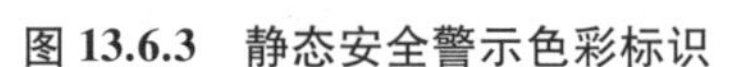

图 13.6.3　静态安全警示色彩标识

13.6.2　静态安全警示色彩标识

系统静态部位处于不安全状态,用黑黄斜条来提示周边乘员注意安全:黄色(RAL 1026)、黑色(RAL 9017)。主要在车体踩踏作业区域,如图 13.6.3 所示。

13.6.3　触及部位色彩标识

系统使用过程中乘员触及诸多部件,根据使用行为和设备设施功能,对接触处部位采用军绿色(RAL 6027)对其进行标识。主要用在扶手、把手、按键等乘员触及区域,如图 13.6.4 所示。

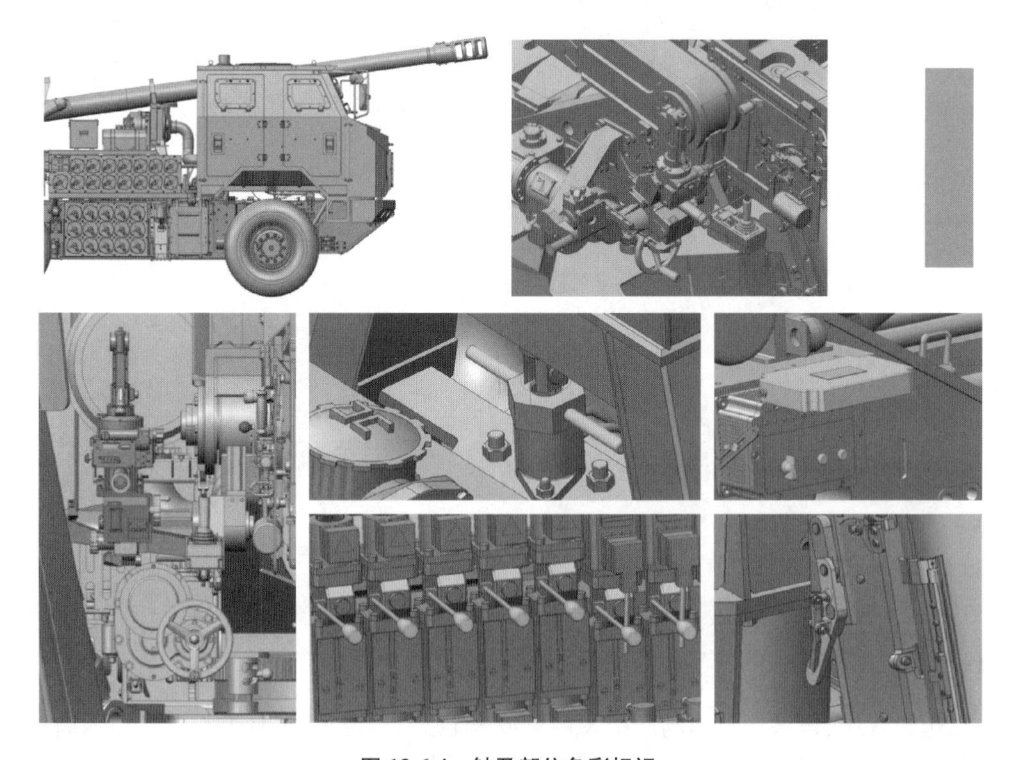

图 13.6.4　触及部位色彩标识

13.6.4　应急部位色彩标识

紧急处理部位(按键、把手等)采用红色(RAL 3026)对其进行标识。主要用在射击、击发机械手柄等紧急部位,如图 13.6.5 所示。

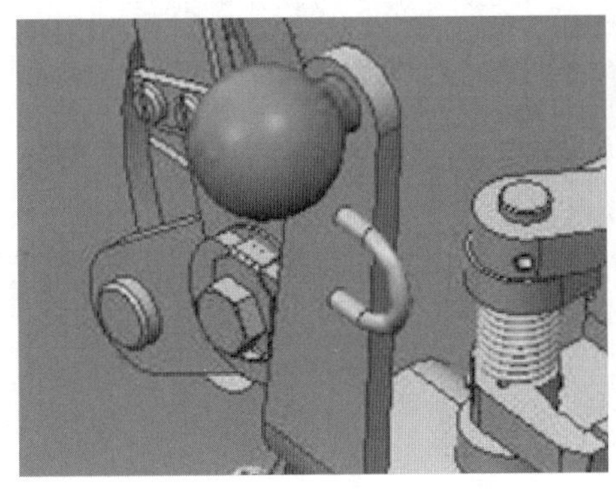

图 13.6.5　应急部位色彩标识

13.6.5　车外工作区域(台/面/框/点)色彩标识

车外工作区域采用深绿色(RAL 6035)、蓝色(RAL 5005)进行编码,如图 13.6.6 所示。

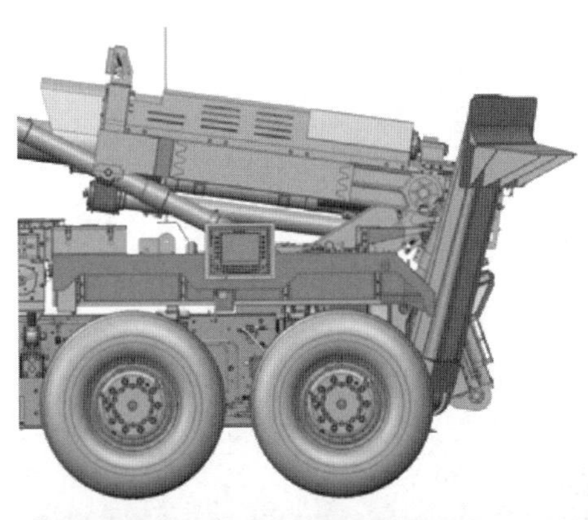
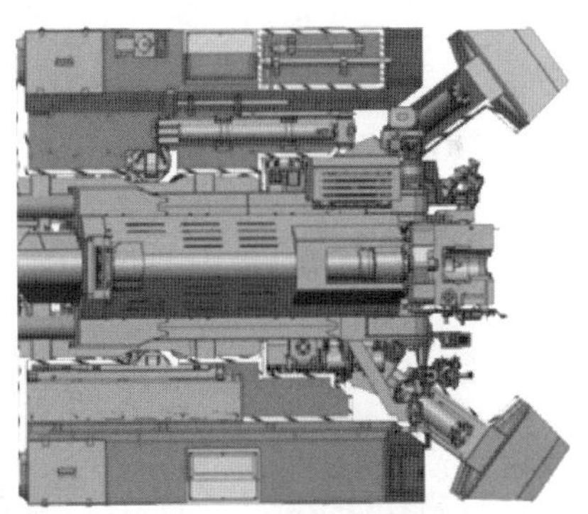
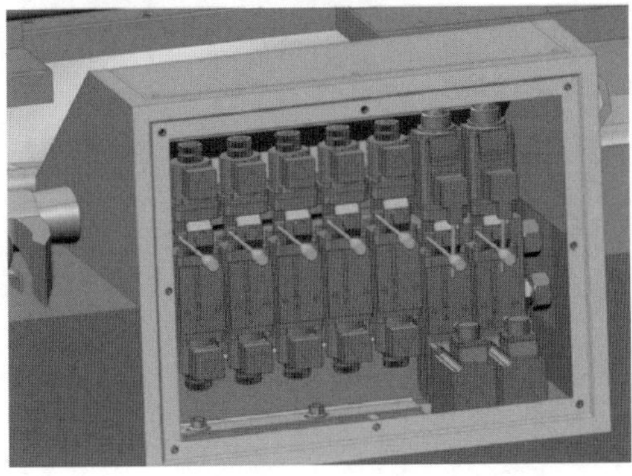
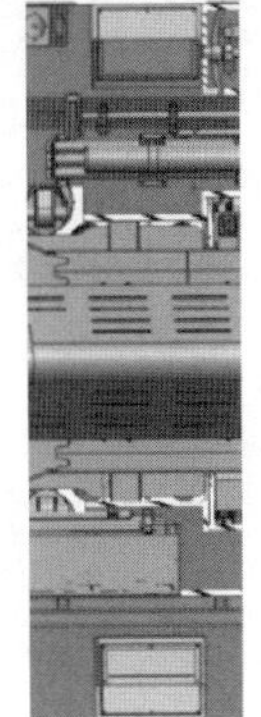
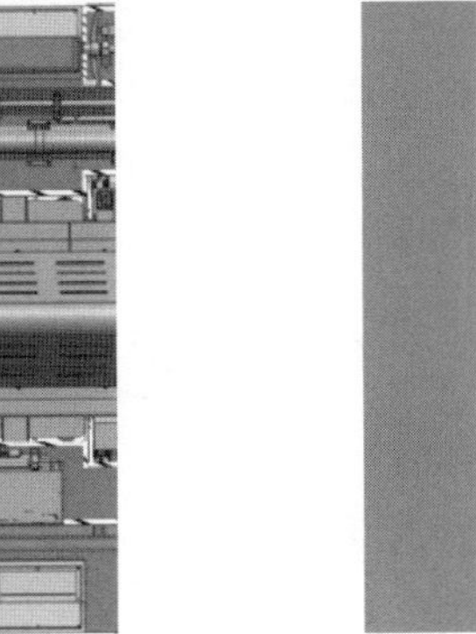

图 13.6.6　车外工作区域色彩标识

车载炮人机环工程设计以车载炮的结构布局、功能需求、任务逻辑、用户特征为基础，从炮长、瞄准手、装弹手、供弹手、装药手、弹药手的角度设计其空间、设备以及声、光、热、振动、粉尘等环境，并通过人机标识系统进一步提升车载炮的操作识别和交互效率，从而使车载炮武器系统具有更好的环境适应性、系统可靠性、交互高效性、操作安全性、使用健康性、整体舒适性，从根本上提高车载炮在全环境、全周期下的可持续作战能力。

第14章　车载炮故障诊断与健康管理

14.1　概述

车载炮作为一种大型复杂系统，它的复杂性、综合化、智能化程度不断提高，其研制、生产尤其是维护和保障的成本越来越高。由于组成环节和影响因素的增加，发生故障和功能失效的概率逐渐加大，因此车载炮系统故障诊断和维护逐渐成为关注的焦点。车载炮故障诊断是对车载炮运行状态和异常情况作出判断，并根据诊断作出判断，为车载炮故障恢复和健康管理提供依据。要对车载炮进行故障诊断，首先必须对其进行检测，在发生故障时，对故障类型、故障部位及原因进行诊断，最终给出解决方案，实现故障恢复和车载炮系统的健康管理。利用各种检查和测试方法，发现车载炮系统和设备是否存在故障的过程称为故障检测；确定故障所在大致部位的过程称为故障定位；将故障定位到实施修理时可更换的产品层次（可更换单元）的过程称为故障隔离；故障检测和故障隔离的过程称为车载炮的故障诊断。

车载炮故障诊断的主要任务有故障检测、故障类型判断、故障定位及故障恢复等。故障检测实现的方式有两类：一是周期性地向下位机发送检测信号，通过接收的响应数据帧，判断系统是否产生故障；二是故障发生后（在周期性发送检测信号的间隔期内），系统检测到信号（包括振动信号、电信号等）的异常，自主上报至主机，由主机通过诊断算法评判系统或设备是否发生故障。在检测系统出故障之后，通过分析原因，判断出系统故障的类型。故障定位是在前两部分的基础之上，细化故障种类，诊断出系统具体故障部位和故障原因，为故障恢复做准备。故障恢复是整个故障诊断过程中最后也是最重要的一个环节，需要根据故障原因，采取不同的措施，对系统故障进行恢复。

故障诊断技术不仅是提高车载炮安全性和可靠性的重要手段，而且可以节约整个寿命周期的运行维护成本。然而由于车载炮系统在服役过程中具有时变性、层次性、一定冗余度和有限故障诊断经验等特点，使得传统的诊断方式难以满足其诊断、维护需求。目前将故障消灭在萌芽状态的“视情维修”和“预知维修”已成为车载炮未来保障维护的发展方向，利用尽可能少的传感器采集车载炮各类数据信息，借助各种推理算法和智能模型（如物理模型、神经网络、数据融合、模糊逻辑、专家系统等）来监控、预测和管理车载炮状态，估计车载炮自身的健康状况，在车载炮发生故障前能尽早监测且能有效预测，并结合各种信息资源提供一系列的维修保障措施以实现对车载炮的视情维修。

14.2 故障诊断与健康管理方法

故障诊断方法是开发故障诊断系统的核心。传统的故障诊断方法分为基于解析模型的方法、基于知识的方法以及基于信号处理的方法。随着故障诊断理论的研究深入和相关领域的不断发展及完善,根据是否需要所研究对象数学模型以及所需模型的精确程度,整体上可分为定性分析的方法和定量分析的方法两大类,如图 14.2.1 所示。其中,定性分析法分为故障树、专家系统及有向图法;定量分析方法又分为基于解析模型的方法和基于数据驱动的方法,后者又进一步包括机器学习方法、多元统计分析方法、信号处理方法、信息融合方法和粗糙集方法等。

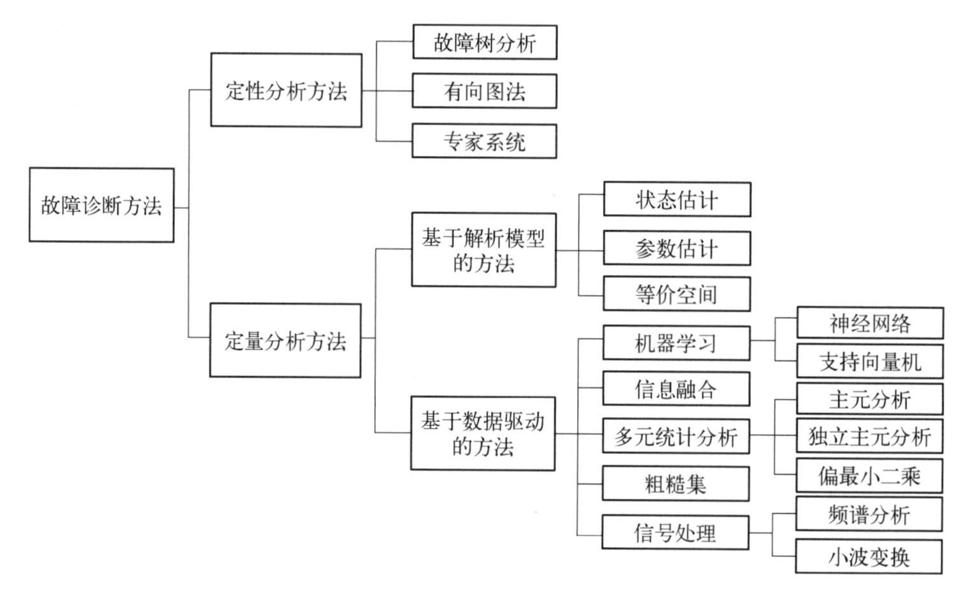

图 14.2.1 故障诊断方法分类

14.2.1 定性分析法

基于定性分析的故障诊断方法无需系统的数学模型,仅用逻辑因果关系判断系统的故障,诊断结果方便理解而且适用性较广。对于结构简单的系统,一般采用故障树法或有向图法进行故障诊断。对于结构庞大且复杂的系统,需要采用专家系统的方法来实现故障诊断。基于专家系统的故障诊断方法建立相应的知识库,结合专家推理及决策机制,实现系统的故障诊断。这种方法需要大量的工程经验知识,且经验水平的高低直接影响故障诊断的准确程度。

14.2.2 基于解析模型的方法

基于解析模型的方法主要用在系统的较为精确的数学模型已知的情况下,利用已知模型与实测信号值构造残差,通过残差信号判断期望的系统行为与实际运行行为是否一致，进而判断系统是否发生故障。基于解析模型的方法实现系统故障诊断的原理是通过系统的输入/输出信号及一定的技术方法，生成残差信号，并通过决策机制，或对比残差与报警阈值判定系统是否发生故障。常见的有状态估计法、参数估计法以及等价空间法。

状态估计法是采用观测器或滤波器技术，结合系统精确的数学模型及测量信号估计系统的可测量变量，利用测量值与估计值获得变量的残差信号及对应的决策机制，实现系统的在线实时故障检测及分离。状态估计法不需要严格的连续激励信号。

参数估计法的思想是故障可能引起系统参数的变化，进而导致模型参数的变化。实现原理是先通过参数辨识获得系统的模型参数，再对比估计值和正常值之间的差异实现对故障的检测与分离。依赖于系统精确的模型以及需要持续的动态输入激励。

等价空间法主要思想是建立系统模型中的输入/输出之间的解析冗余关系，再比较实际系统的输入输出关系与模型中的解析冗余关系的一致性，实现系统故障的检测及分离。主要实现方法有奇偶方程法及残差序列法，多用于线性系统的故障诊断。

14.2.3　基于数据驱动的方法

基于数据驱动的故障诊断方法无需系统的精确的数学模型，一般可通过对过程的运行数据进行分析处理得到故障信息，实现故障的检测与分离。这类方法可分为机器学习类方法、多元统计分析类方法、信号处理类方法、信息融合类方法和粗糙集方法等。

基于机器学习的故障诊断方法的主要思想是利用系统在正常状况及多种故障状况下的数据，训练神经网络或支持向量机等机器学习算法完成故障诊断。首先，需要对故障特征进行提取，然后利用机器学习的方法对提出后的故障特征进行分类。基于神经网络的方法可以利用系统在运行过程中积累的大量运行数据，训练相应的神经网络模型，数据越多，模型越准确。对于运行数据数量有限和数据样本不完备的系统，基于神经网络的方法很难具有很高的准确性，因而在实际应用中难以推广。支持向量机较好地解决了许多机器学习方法中小样本、非线性和高维数等实际难题，并克服了神经网络等学习方法中网络结构难以确定、收敛速度慢、局部极小点、过学习与欠学习以及训练时需要大量数据及完备样本等不足，可以使在小样本情况下建立的分类器，具有很强的推广能力，这对故障诊断而言具有很强的现实意义，为历史运行数据有限的机械系统的故障诊断提供了一种新的研究方法。

基于多元统计分析的故障诊断方法的是根据系统变量的历史数据，利用多元投影将多变量的样本分解为投影子空间和残差子空间。利用将观测向量向这两个子空间投影所得到的相应统计量指标进行故障诊断。常用的多元投影方法包括主元分析（PCA）、偏最小二乘（PLS）及独立主元分析（ICA）等。主元分析法得到的投影子空间反映了过程变量的主要变化，残差子空间反映了过程的噪声和干扰等。基于主元分析的故障诊断方法将子空间中的所有变化都视为过程故障，实际使用中还存在一些问题。基于偏最小二乘的故障诊断方法是利用质量变量指导过程变量样本空间的分解，所得到的投影空间只反映过程变量中那些与质量变量相关的变化，具有更多的实践意义。

基于信号处理的故障诊断方法是通过分析测量信号，或者提取测量信号的故障特征来进行故障诊断的。对于许多实际系统，很难准确地建立诊断的分析模型，这时候可以利用信号模型直接提取故障特征信息。基于信号的方法对象是用于执行诊断的状态信号，如振动、声音、温度、压力等。如果系统有故障，它应该反映在信号中，因此可以从理论上获得故障的基本特征，条件是信号的特征被适当地挖掘和模式识别方法正确执行。基于信号处理的故障诊断流程是：通过测量系统的输入输出，如果其值在正常的变动范围内认为系统正常，否则认为系统发生故障。或是利用信号特性与故障源间的相关联系，如相关函数、频谱、自同归滑动平均等直接分析可测信号，提取方差、均值、幅值、相位、峭度、散度、频谱等特征值，从而识别和评价系统设备。常见的信号处理驱动的故障诊断方法包括频谱分析、相关函数、自回归滑动平均、小波变换、Delta 算子法、信息熵等。

14.3 车载炮故障诊断与健康管理系统设计

14.3.1 设计原则

车载炮故障诊断就是利用故障诊断技术，基于车载炮结构特性和监测点实测信号提取特征指标，构造故障指标集，依据车载炮性能和使用要求，建立相应的故障判据，通过车载炮运行过程状态监测信息中提取的特征指标是否超出指标集的范畴，实时或周期性评判车载炮是否出现故障，若发生故障则确定故障部位及故障程度；若未发生故障，则依据特征指标的变化评价车载炮相关性能的退化水平，预测当前状态的健康水平或预测无维修情况下的被评价部件的剩余有效工作时间，从而为车载炮的健康管理奠定基础。

车载炮故障诊断和健康管理的基础是监测信息的获取，核心是基于车载炮特性和监测信息处理的故障诊断与预测技术，中枢则是负责综合评估、管理和决策的健康管理技术。因此，典型的车载炮故障诊断与健康管理系统应包括车载炮状态感知系统、故障诊断模块、故障预测模块、健康管理模块和人机交互模块等，其结构如图 14.3.1 所示。其中，状态感知系统是针对监测对象的特性布置的传感网络，负责获取车载炮各部位在运行过程中的振动、电、压力等信号，是开展车载炮故障诊断和健康管理的基础；故障诊断模块是集成化的监测信息处理中心，负责对车载炮运行过程中监测的各类信息进行综合处理，提取运行状态下的特征指标，检测是否存在异常状态，若存在异常则进行故障定位、故障模式识别、故障程度判定，并将相关信息推送至健康管理模块，如无异常，则将提取的特征指标推送至故障预测模块；故障预测模块根据故障诊断模块获得的特征信息，对监测对象的状态进行评价、预测可能故障出现的时机及是否进行预警，并将评估预测结果推送至健康管理模块；健康管理模块则是根据诊断模块和预测模块所获得的结果，确定车载炮故障对系统性能或任务的影响、监测性能指标的退化水平及演化趋势，预测剩余寿命水平，并综合评估系统健康等级，给出健康管理决策建议；人机接口模块一是将健康管理模块给出评估结果和健康管理决策输出，使之可视化，供系统维护、数据导出、信息管理及后勤保障使用，二是基于健康管理决策，必要的情况下可通过人机接口对车载炮的状态信息进行更新，在特殊情况下亦可由人机接口外部人工输入检测命令对车载炮状态进行巡检。

为了达成上述车载炮故障诊断与健康管理的目标，在开展系统设计时应遵守如下设计原则，通常包括：

（1）适用性原则。以车载炮健康管理为中心，最大可能地保证系统运行过程质量是

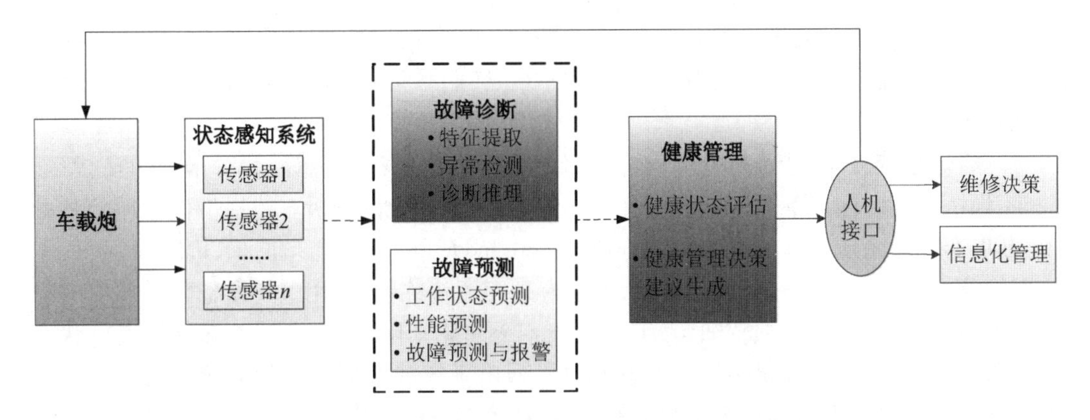

图 14.3.1　车载炮故障诊断与健康管理系统结构图

系统设计的关键。应充分考虑车载炮的监测需求,感知系统应覆盖关键部位、关键参数等,故障诊断与预测应能覆盖车载炮常见故障,健康管理应能支持车载炮的后勤维护决策。

(2) 可衡量性原则。对车载炮故障诊断与健康管理系统的性能设计要求可以从定性和定量两个角度进行衡量。其参数指标体系可由定性要求、能力特性参数、使能特性参数、物理特性参数等组成。能力特性参数包括评价系统的故障预测、故障诊断、综合健康管理等能力的参数;使能特性参数包括可靠性、维修性等方面的参数;物理特性参数包括硬件的几何尺寸、重量、准确度、分辨力、电磁兼容性、供电等。

(3) 先进性原则。在核心技术的选择上,如数据处理技术、故障诊断技术等,应经过慎重权衡,定制技术选用原则。一般来说,应当选用可靠、成熟的技术,并兼顾较好的先进性,以及与之相适应的程序开发工具,采用通用标准协议。

(4) 可扩展性和兼容性原则。车载炮故障诊断与健康管理系统应为开放式体系结构,系统/过程界面变动最小,方便子系统和组件的变更、升级及更换。系统部件,如传感器、组件、供电应与车载炮系统兼容。

(5) 可维护性原则。采用模块化设计思想,不仅有利于开发过程和程序运行时降低问题的复杂度,避免增加工作量;还可以有效地提高软件的可测试性,配备维护措施和接口,从而提高软件的稳定性和顺畅性。

(6) 可靠性原则。为了防止来自各方面的非法用户入侵系统,车载炮健康管理系统在数据库的设计上必须要做到安全与可靠。采用安全的数据备份策略,使之成为系统容灾的基础,以防系统数据灾难的发生。建立危机应对机制,即便数据灾难一旦发生,也能通过备份数据的快速恢复,重新建立正常的工作秩序。

除了以上设计原则外,车载炮故障诊断与管理系统在设计时还应满足某些通用要求,如结构和环境要求、费用要求等。

14.3.2　状态感知系统设计

车载炮的状态感知系统是状态信息获取的基础,设计时应覆盖车载炮性能指标和影响车载炮安全和任务完成的主要参数。

车载炮由火力系统、火控系统和底盘系统三大分系统和直属组件组成,火力系统包括发射系统、全炮电气控制系统、液压系统和瞄准具、瞄准镜等,火控系统包括炮长终端、综合控制箱、随动系统、炮班通信系统、初速测量雷达、定位定向导航装置、电台、通信控制器、北斗等，底盘系统包括了动力系统、传动系统、转向系统、制动系统、行驶系统、驾驶室、电气系统等。

车载炮系统复杂，涉及机械结构、液压传动、控制、电气、电机等，针对车载炮在行军、战斗、训练等各类任务剖面中，复杂、恶劣的使用环境，在全面分析车载炮工作原理的基础上，开展车载炮系统故障模式与影响分析(failure mode and effects analysis，FMEA)，形成了车载炮状态感知系统设计需求。由此，通过合理配置传感器，利用电气设备配置的感应元件，共同构建嵌入式车载炮感知元，组成全炮系统的感知网络，对各功能部件的运行状态进行监测，实时获取部件状态信息。表 14.3.1 列出了车载炮部分监测关键部件故障模式和检测参数。对于承载部件的结构损伤，通过在关键部位配置振动传感器获取振动信号，提供给诊断/预测模块进行特征信号提取，以评判是否出现损伤或故障或可能于何时出现损伤或故障。此外，对部分影响车载炮性能和操作人员安全的参数，如弹丸入膛的进弹深、弹丸炮口初速、膛压、后坐长、冲击波强度、入耳噪声、射弹发数、行驶里程、控制系统工作时长等，也需进行实时监测并上报。

表 14.3.1　车载炮部分监测关键部件故障模式及检测参数

序号	监测对象	典型故障模式	检测参数	监测传感器
1	复进机	复进不到位或复进过猛	压力	压力传感器
2	复进机增压器	增压器伸出尺寸超出设计值	伸出量	接近开关
3	制退机	后坐长过长	液量	液位传感器
4	高平机蓄能器	压力超出设计值	压力	压力传感器
5	底盘	气压低于设计值	压力	压力传感器
6	击发电磁铁	不击发	电流	内部监测
7	后坐体	后坐超长	位移	光栅尺/位移传感器
8	油路油滤堵塞	堵塞	电压	内部监测
9	液压油箱油温	温度高出设计值	温度	油温传感器
10	液压油箱液量	液位低	液位	液位传感器
11	高平机回路	高低调炮超时或 A、B 口压力低，无压力	压力	压力传感器
12	方向机回路	方向调炮超时或 A、B 口压力低，无压力	压力	压力传感器
13	装填装置	协调不到位或无动作	角度	编码器
14	装填装置协调回路	输弹机协调动作超时或 A、B 口压力低，无压力	压力	压力传感器

续 表

序号	监测对象	典型故障模式	检测参数	监测传感器
15	装填装置摆动回路	输弹机摆动动作超时或A、B口压力低,无压力	压力	压力传感器
16	装填装置输弹回路	输弹机输弹动作超时或A、B口压力低,无压力	压力	压力传感器
17	大架油缸回路	大架油缸动作超时,动作未到位或A、B口压力低,无压力	压力	压力传感器
18	千斤顶油缸回路	千斤顶油缸动作超时,动作未到位或A、B口压力低,无压力	压力	压力传感器
19	座盘油缸回路	座盘油缸动作超时,动作未到位或B口压力低,无压力	压力	压力传感器
20	惯导	惯导测量值超差		内部监测
21		高程计数据异常		内部监测
22	炮长终端	炮长终端黑屏		内部监测
23		炮长终端显示花屏或抖动		
24		炮长终端按键无反应或反应异常		
25	通控	工作灯不亮,无任何显示或工作灯亮,但显示屏无显示		内部监测
26		无线组网功能异常		
27		有线组网功能异常		
28		短波数据接收异常		
29		网络接口不能连接		
30		话音不正常		
31	发动机	点火开关及起动开关故障		内部监测
32		曲轴信号和凸轮轴信号消失		内部监测
33		喷油器线束、传感器线束松动、短路或断路	电信号	内部监测
34		机油温度过高	温度	温度传感器
35		发动机水温过高	温度	温度传感器
36		发动机功率不足		内部监测

续 表

序号	监测对象	典型故障模式	检测参数	监测传感器
37	电气系统	接通、断开功能不正常		内部监测
38		蓄电池亏电	电压	内部监测
39		ABS 不起作用		内部监测
40		悬架高中低位功能不正常，调平功能不正常	位置	位移传感器
41		灯泡不亮	电压	内部监测
42	传动系统	变速器过热	温度	温度传感器
43		传动轴断裂	应力	应变传感器
44	行驶系统	悬架支座断裂	应力	应变传感器
45		油气缸支座断裂	应力	应变传感器
46	制动系统	气压不足	压力	压力传感器

因此，为了准确、实时监测车载炮的服役状态，需采用不同类型和数量的传感器来满足对关键特性的监测。同时，不同的传感器的安装与布局方式会影响对车载炮状态监测的准确性，且车载炮较为紧凑的设计，使得某些部位难以布置传感器，因此需对车载炮感知系统传感器的布局进行优化设计，保证感知系统具有较高的可靠性的基础下具有良好的检测性能，并综合权衡传感器测点的必要性、可行性、经济性。既要满足系统监测综合性能为前提，又要兼顾总价格、传感器总故障率最小化。可通过建立传感器重要性评估分析方法，构造关于输入信号的组合优化模型，建立输入信号各通道重要性评估准则，实现传感器重要性度量的有效度量与传感器配置优化，如图 14.3.2 所示，从而构建高效的状态感知系统。

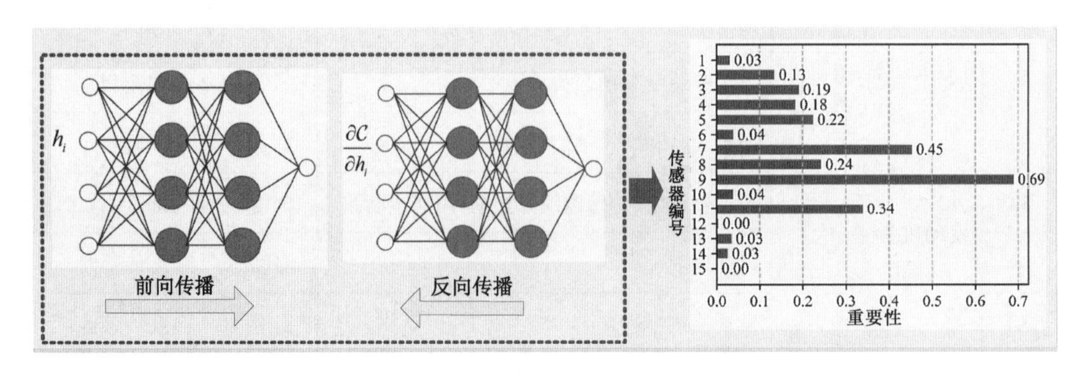

图 14.3.2　感知系统传感器重要性分析流程

14.3.3 故障诊断与预测模块设计

车载炮服役条件下可对组成设备的工作状态进行实时监视和在线检测，系统各主要部件具有自检、故障报警功能，并能提供故障信息，包括：

（1）功能自检。系统各主要功能模块及单体设备均为智能设备，具有一定的自诊断能力，系统自检和开机自检可以诊断部分单体之间的连接故障和单体内部板极故障，完成各功能模块或单体的功能检测。系统所有设备的自检结果均在显控台上有显示，且具有故障报警功能，并能提供故障信息，操作人员可以根据自检结果掌握系统的初始状态。

（2）实时监测。系统利用功能自检确定各功能模块和单体正常工作后，系统所有设备的工作状态均在仪表盘或炮长显控台上显示，系统可对设备的工作状态进行实时监视和在线检测，通过实时检测能够完成大部分监测和诊断任务。

故障诊断与预测模块主要任务包括信号异常检测、故障特征提取和故障诊断与预测，因此在开展设计时，核心内容就是集成故障特征提取和故障诊断与预测算法，根据车载炮服役诊断需求，故障诊断与预测模块设计时主要考虑传感器信号异常检测、车载炮监测信息故障特征提取以及基于故障特征与故障指标集的故障诊断与预测。

14.3.3.1 传感器故障检测

车载炮强冲击振动服役环境会导致传感器自身出现故障，因此开展故障诊断系统设计时，应充分考虑车载炮服役环境和传感器工作环境下，传感器可靠性问题，如传感器在使用中常见的信号漂移问题，可通过车载炮不同部位传感器间异类传感器信号互检、传感器信号软漂移引起测量数据低频缓慢变化的特征，采用合适的信号重构算法用于消除低频漂移特征，实现传感器信号正常；传感器自身故障检测与容错问题，可通过车载炮不同部位传感器间异类传感器信号互检和关键部位基准传感器信号的比对，实现传感器自身故障检测，并输出校准后的信息，流程如图 14.3.3 所示。

14.3.3.2 多源数据融合的故障特征提取

车载炮状态感知监测的信息包括机械振动、压力、温度、应变、位移、液量、电压、电流，甚至图像等多源、变采频监测数据，因此车载炮故障诊断模块中的故障特征提取模块设计时，应能从众多监测数据中综合获取故障特征，从而实现故障位置、模式及程度的诊断。常见设计多见于基于多源数据融合的故障特征提取技术，根据多传感器信号的“多源异构”和多源信息融合在信息处理层次中的抽象程度的不同，可以将多源信息融合方法分为数据层融合方法、特征层融合方法和决策层融合方法。

（1）数据级融合主要混合诊断对象，例如作为温度、压力和振动信号。在这个过程中需要各种传感器和仪器数据收集。在数据级融合中，所有的传感器数据都是从直接组合对象，然后计算特征融合的数据。这一级别的数据融合包括大部分信息，并能提供良好的结果。也存在实时性差、泛化能力弱等缺点。流程如图 14.3.4 所示。

（2）特征级融合属于数据融合的中间层次，该层次的数据融合能有效避免数据级融合中大量数据处理对数据融合系统带来较高的处理成本，又能解决决策级融合对于识别目标的特征细节上的忽略。在特征级融合中，特征是根据原始数据的类型从每个传感器计算数据。然后使用诸如人工神经网络、支持向量机和聚类决策算法进行融合。特征级融合是一种数据级融合和决策级融合的折中形式。流程如图 14.3.5 所示。

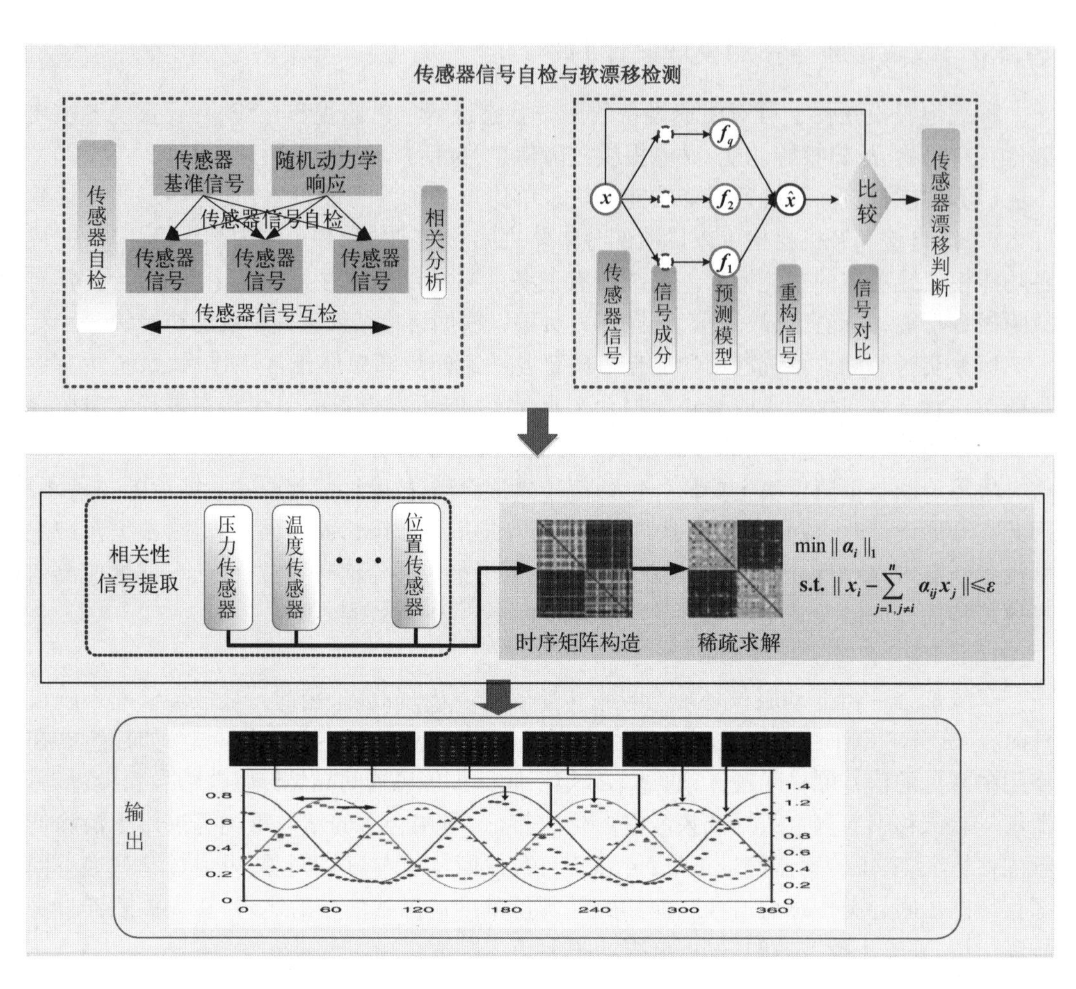

图 14.3.3　传感器信号自检与软漂移检测设计流程

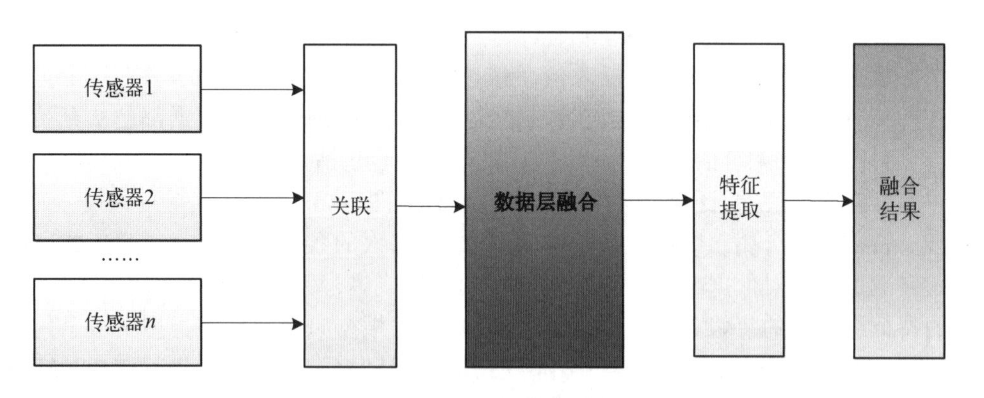

图 14.3.4　数据层融合示意图

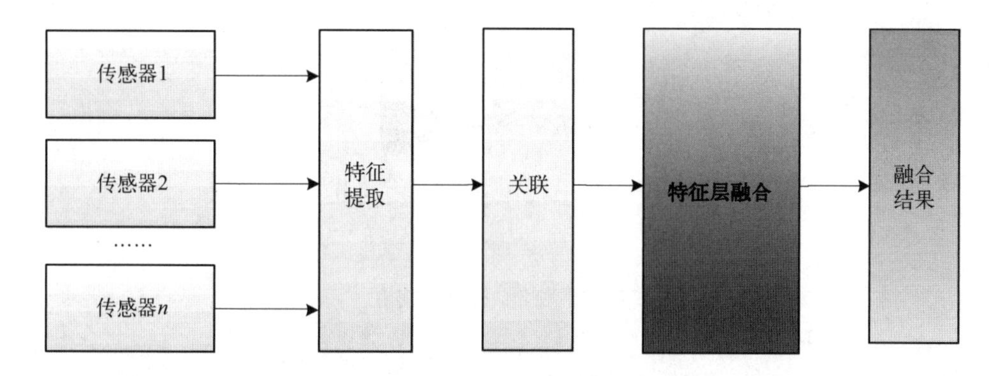

图 14.3.5　特征层融合示意图

(3) 决策层数据融合方法中，特征的过程计算和模式识别被依次应用于从每个传感器获得的单源数据。然后使用决策级融合技术，如投票策略、贝叶斯方法、行为知识空间和德姆普斯特-谢弗理论，对决策向量进行融合。相对地一般来说，信息损失最大的在决策层。流程如图 14.3.6 所示。

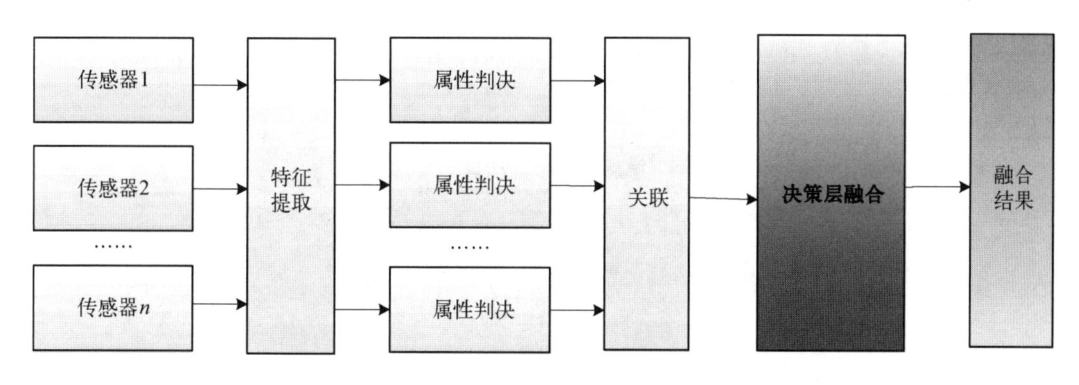

图 14.3.6　决策层融合示意图

通过构造机、电、液多源信息融合的各类方法，从而计算获得多元变量的深度融合特征，实现不同维度数据的深度融合表示与故障特征提取，最后基于信号处理的故障数据时域、频域和时频域状态指标构造方法，并结合多源数据融合提取的故障特征集，构造故障特征与故障扩展过程的联系，确立状态指标与故障类型的关联关系，实现敏感状态指标选择，确立故障类型与故障特征的关联规则，建立故障特征与故障模式的映射关系，实现故障敏感特征选择。典型的故障特征提取模块设计流程如图 14.3.7 所示。

14.3.3.3　车载炮故障智能诊断与预测

针对车载炮故障精确诊断与预测要求，基于多源数据融合提取的故障特征指标，结合故障机理与判别准则，构造具有自适应性和非线性表示能力的状态指标概率密度估计模型，实现数据驱动策略的阈值智能学习，获取完善的故障诊断阈值准则。构造具有多分辨特性的深度学习网络模型，建立基于多分辨深度网络的智能诊断模型，结合故障机理与判别准则以及自适应阈值，实现车载炮多模式故障的智能诊断与预警；针对车载炮新生故障或状态的判定问题，基于监测数据流的故障诊断模型，以监测数据动态聚类策略匹配车载

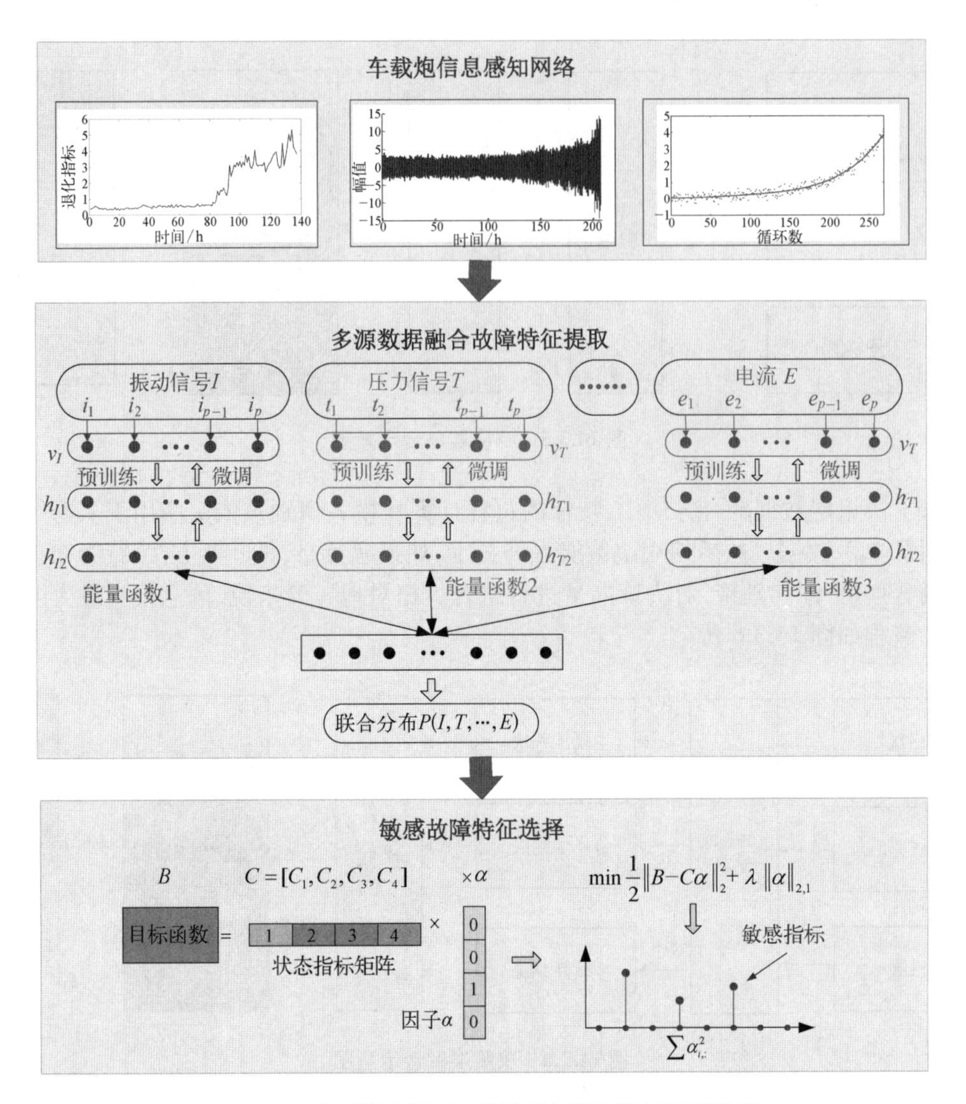

图 14.3.7 典型的多源融合故障特征提取模块设计流程

炮故障/性能参数演变的动态过程,实现诊断模型动态更新,提高深度模型对新生故障类型的适应性和有效性。

14.3.4 健康管理模块设计

车载炮健康管理的最终目的是要根据诊断或预测的故障部位进行智能推理,通过健康程度评估,作出维修决策,包括:维修计划制定、维修部位的建议,是否更换零部件,也可以融合常规的人工检查的数据和经验,给出维修指导,主要包括组部件或元器件、零件的更换或者进一步检查。并明确车载炮当前故障对所执行任务的影响,是否终止任务。因此,车载炮健康管理模块设计时应考虑并具备如下功能。

(1)健康评估。为了对车载炮的健康状态进行准确评估和描述,对其健康状态等级进行划分的合理设计十分必要,评估结果的呈现与健康等级描述有关,此外,应使得评估结果更符合实际工程需求,因此需要在描述评估结果时采用一致的语言。根据车载炮的

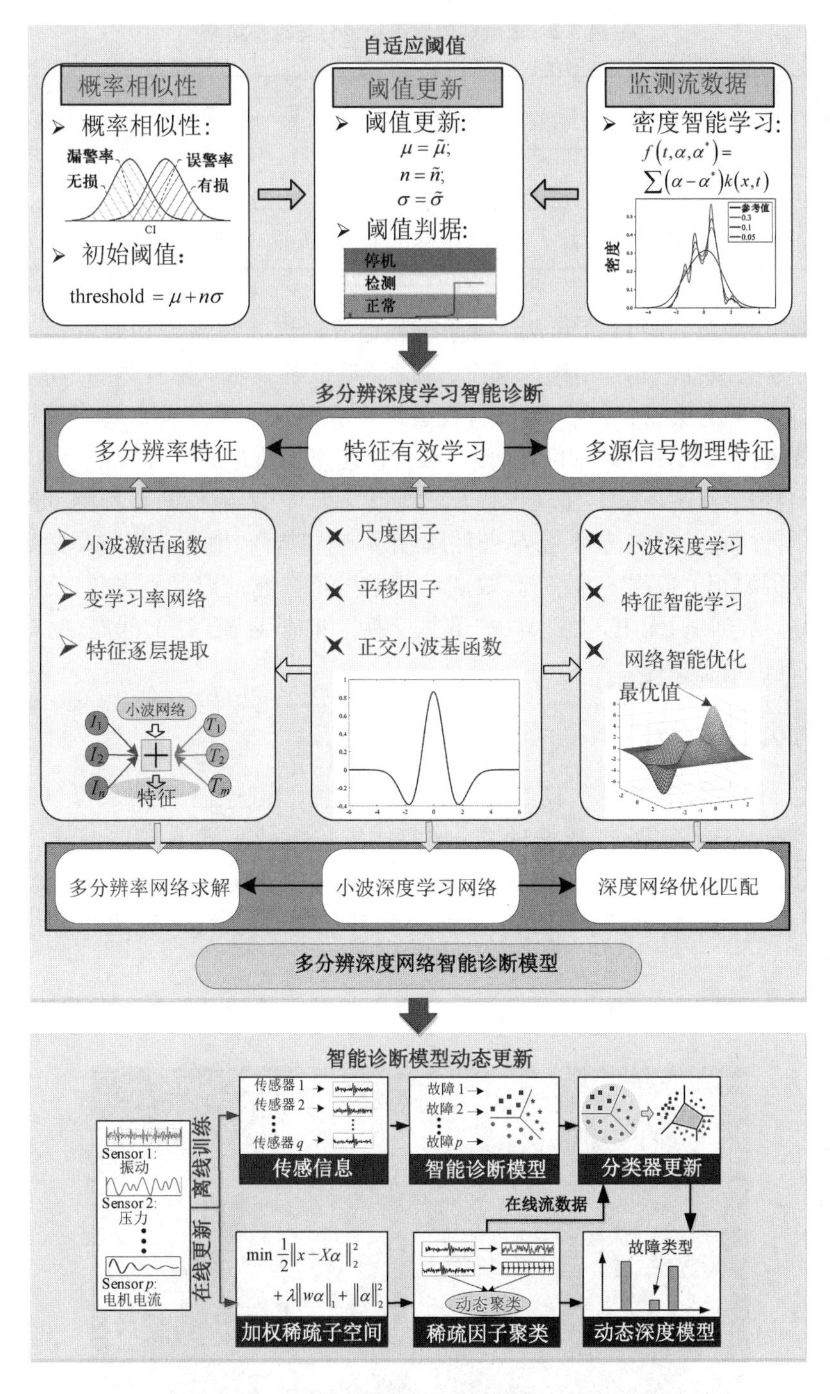

图 14.3.8　车载炮故障智能诊断与预测设计流程

真实工作状态,可以参考 GJB 7893.12－2019,并结合维修经验和专家知识,选择合适的健康等级描述监测或管理的具体部件或整炮的健康状态,其评价等级可采用健康指数也可通过专家评分法确定,表 14.3.2 给出了专家评分法得到的车载炮健康等级对应的评分及采取的维护策略。

表 14.3.2　车载炮健康等级评分与维护策略

评　分	0~25	26~50	51~75	76~85	86~100
健康等级	故障(S5)	警报(S4)	注意(S3)	亚健康(S2)	健康(S1)
维护策略	退出任务,立即检修	尽快检修	优先安排	按计划或延期	无需或延期

(2) 维修保障策划与自动生成。根据车载炮故障诊断与预测和健康管理的评估结果,采用基于状态的维修和视情维修理念,适时启动设备维修保障计划,自动生成维修保障计划和维修保障方案,科学合理地安排设备维修检测活动,科学有序地组织设备维修检测工作,主要解决“怎么维修”的问题,使车载炮快速恢复原有工作状态。

(3) 综合信息自主保障。建立连接车载炮状态监测、故障诊断与预测、健康管理,机外原位测试与诊断、专家支持库、备品备件库、车载炮制造商、使用单位的高速数据交换系统,实现保障资源相关数据的共享,高效调动数据为车载炮维护保障服务,使后勤支援保障数据与保障信息畅通无阻,主要解决“数据交换”和“信息流动”的问题,为车载炮后勤维护的实施提供信息支撑。

14.3.5　人机接口设计

人机接口设计时应具备车载炮故障诊断与预测和健康管理结果可视化显示,数据导出,外部命令输入,外部数据输入[如完成维护后的车载炮部件保养、维修、换件等内容输入,人工检测项目诸如膛线磨损量、射程、射击精度(落点坐标)数据输入,关键零部件对应出厂编号更新]等功能,从而实现对车载炮的部件、健康状态信息的更新和完善。

图 14.3.9~图 14.3.11 给出了车载炮故障诊断与健康管理系统的部分输出界面,使用

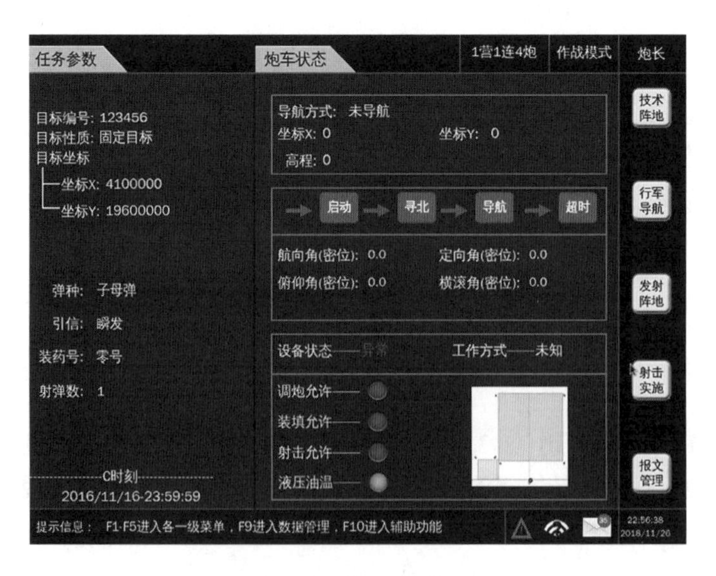

图 14.3.9　炮车检测结果

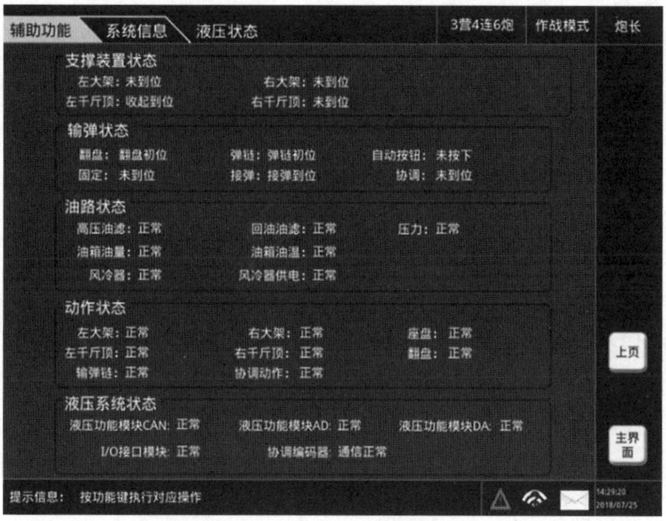

图 14.3.10　液压系统检测结果

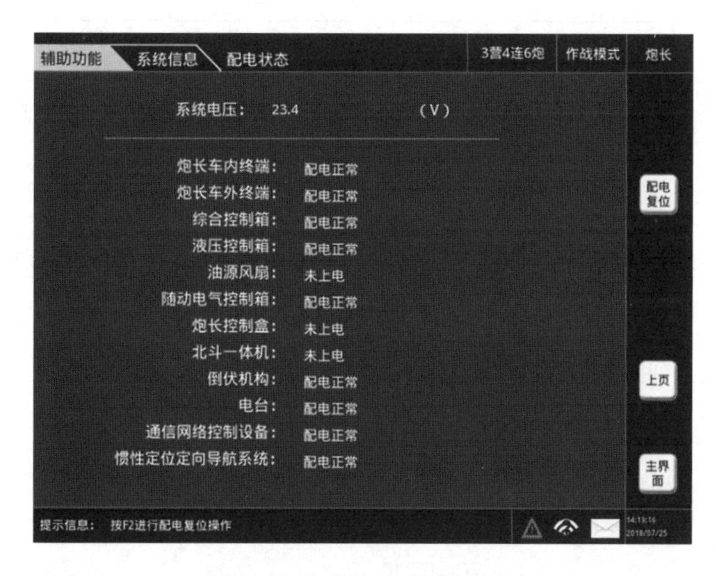

图 14.3.11　配电系统检测结果

人员可以通过界面快速了解车载炮状态和系统监测的结果，当系统状态正常时，则可进行后续动作，当系统状态出现异常时，则发出警示，并显示故障部件信息和故障模式。

14.4　系统关键状态信息记录设计

系统关键状态信息记录主要实现车载炮全寿命周期所经历各类任务、故障诊断、维护保养、维修、换件等信息的全面汇总，成为车载炮的“身份证”和“履历卡”。在设计信息记录要求时应涵盖车载炮部件信息、参数信息、经历事件、诊断信息、维护信息等，记录格式可按统一的数据库格式进行。

(1) 基本信息。包括炮号、主要部件名称和型号/编号,记录形式见表 14.4.1。

(2) 任务信息。包括车载炮任务时间、任务内容、当次任务开机时间、射弹类型及发数、行驶里程,累计开机时间、射弹类型及发数、行驶里程等,记录形式见表 14.4.2。

(3) 使用过程参数信息。包括射击时每发复进机压力、制退机压力、高平机油缸压力、系统压力、配电系统电压、进弹深、膛压、弹丸初速、后坐长、射程、落点数据等,记录形式见表 14.4.3。

(4) 故障诊断及维修信息。记录经故障诊断和健康管理系统做出维修决策后对故障件的维修、换件等信息,包括故障件名称和编号、故障现象及原因、维修情况、换件后的编号、故障的发生的时机(任务阶段、总的射弹发数、总的行驶里程数、总的开机时间)、历史维修情况(累计维修次数)等,记录形式见表 14.4.4。

(5) 保养信息。记录车载炮历次正常保养信息,如保养时间、保养内容、寿命件或易损件及油料的更换情况等,记录形式见表 14.4.5。

表 14.4.1 基本信息

车载炮炮号			
部件名称	型号/编号	部件名称	型号/编号
身管			
炮尾			
复进机			
制退机			
……			

表 14.4.2 使用信息

任务时间	任务名称	使 用 情 况				累计使用情况			
		开机时间	射弹类型	射弹发数	行驶里程	开机时间	射弹类型	射弹发数	行驶里程
××年 ××月 ××日	射击/ 行驶/ 训练								

表 14.4.3　使用参数信息

任务时间	任务名称	使用过程参数记录(时间历程数据或数值)							
		复进机压力	制退机压力	高平机油缸压力	配电系统电压	进弹深	初速	膛压	……
××年 ××月 ××日	射击 第 1 发								

表 14.4.4　故障诊断及维修信息

故障发生时机	故障件名称	编号	故障现象及原因	故障排除方法	换件后编号	当次射击发数	总射弹发数	总行驶里程数	总的开机时间	历史维修情况	……
××年 ××月 ××日											

表 14.4.5　保养信息

日　期	保养类别	保 养 内 容	器材、油料更换情况

14.5　车载炮部件故障诊断实例

本节以车载炮中的典型部件——弹药装填系统药协调装置为例开展故障诊断分析。

弹药装填系统分为弹仓、药仓、弹协调装置、药协调装置、输弹机、输药机和控制箱等。作为系统中关键部件,药协调装置以协调动作与调姿动作为基础,实现接药位与药筒中轴线重合及输药位与身管轴线平齐,是模块药顺利装填的重要依托。药协调装置由电机、减速器、协调臂、伺服电动缸、输药机构成,利用电机的正反转与伺服电动缸的伸出与收回,实现协调臂与输药机的转动。其中电机负责协调动作,伺服电动缸负责调姿动作。药协调装置如图 14.5.1 所示,复杂的机电系统,其构成如图 14.5.2 所示。

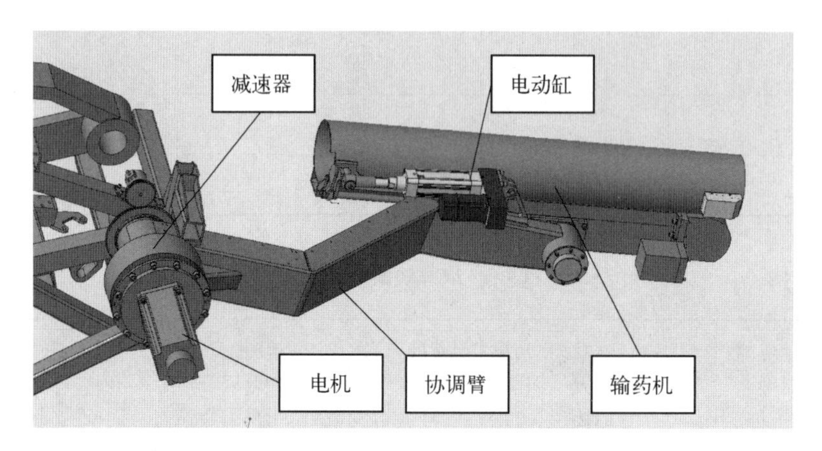

图 14.5.1　药协调装置整体结构示意图

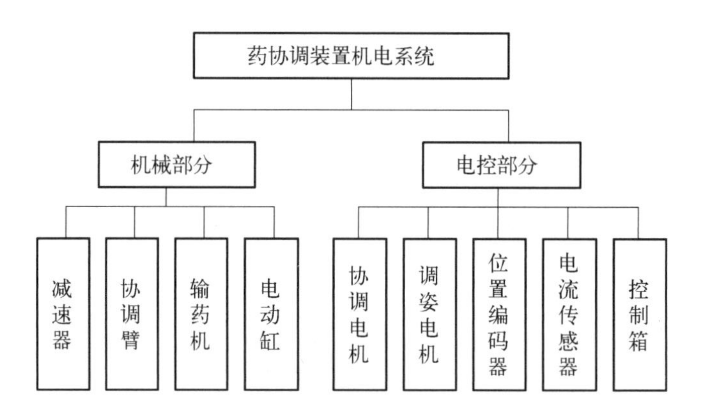

图 14.5.2　药协调装置机电系统构成图

射击时,药协调装置的药协调臂在永磁同步电机的驱动下绕耳轴转动至接药位,由伺服电动缸收缩使输药机绕调姿轴转动至与药仓轴线重合的位置并从药仓接取模块药,之后电机反转使药协调臂转动至输药位,并控制调姿电缸伸出使输药机转动至与身管轴线重合的位置,最后输药电机驱动输药链条将模块药输送至炮膛。其工作流程如图 14.5.3 所示。

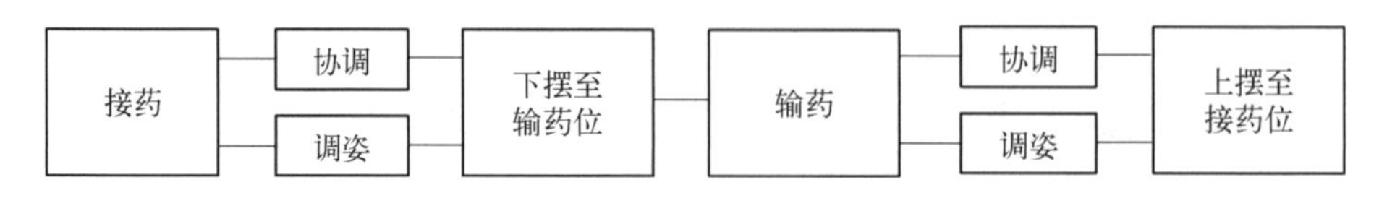

图 14.5.3　药协调装置工作流程简图

通过故障模式与影响分析(FMEA),获得药协调装置主要可能故障模式见表 14.5.1。药协调装置在运行过程中,对于其协调到位精度有着较高的指标,若到位精度无法满足接药及输药的要求,则会出现协调不到位的故障现象,这会导致系统卡滞停射,不能正常工作。针对协调不到位的问题,选取花键磨损、轴承局部损伤、电缸轴过载三种典型故障模式,通过系统动力学联合仿真获得运动过程中的响应信息,基于信号特征分析进行故障诊断分析。

14.5.1 药协调装置故障模拟

14.5.1.1 花键磨损

根据装填系统特性,药协调装置满载下摆工况下,要求协调到位角度误差范围位于±0.1°之间。花键为 8 齿矩形花键,外径 $D=56$ mm,周长 $C\approx176$ mm,假设为均匀磨损,则单齿侧磨损量 d 为

$$d = \frac{0.1C}{360} \approx 0.05 \text{ mm}$$

即当单齿侧磨损量大于 0.05 mm,将导致协调精度不满足要求,此时视为故障。仿真时通过模型中注入不同的花键磨损量来模拟花键磨损故障。

14.5.1.2 轴承局部损伤

轴承作为协调臂与耳轴间起支撑作用,对药协调装置到位精度有着重要的影响。在自重载荷作用下,滚动轴承承受药协调装置产生的径向载荷,其内圈下表面始终受载,加上长期恶劣环境的影响,其内外圈滚道易产生磨损、金属剥落等现象,导致轴承摩擦系数变大,进而产生较大的摩擦力矩,而轴承的振动与噪声主要是由轴承内部的摩擦力矩引起。摩擦系数与摩擦力矩是评价轴承摩擦的两种方法,两者关系可由下式表示:

$$M = \frac{upd}{2}$$

式中,M 为摩擦力矩(N·m);u 为摩擦系数;p 为轴承载荷(N);d 为轴承公称内径(m)。正常工作情况下,圆柱滚子轴承稳定旋转时的摩擦系数 u 位于 0.000 8~0.001 2 之间,考虑到药协调装置需要满足较高的协调到位精度,当摩擦系数 u 超过 0.001 时,则判定为轴承局部损伤故障。仿真时通过模型中注入不同的摩擦系数来模拟轴承局部损伤故障。

14.5.1.3 电缸过载

伺服电动缸作为调姿动作的驱动元器件,是整个药协调装置进行接药、协调、输药的心脏。但为了保证调姿的准确度及稳定性,常常给电缸轴设置较大的伸出行程,这样会使电缸轴与机械限位发生碰撞,导致电缸轴受损及凹陷,造成运动不顺畅,产生较大的摩擦阻力,出现电缸轴过载的情况;同时,由于药协调装置长期暴露于复杂恶劣的环境,存在异物进入运动导轨的风险,会直接降低到位精度,增大摩擦系数,加大摩擦阻尼,造成电缸轴过载的状况。因为伺服电动缸的传动机构为带传动,当发生电缸轴过载故障,皮带打滑,会直接导致调姿动作失效,最终导致协调不到位。由此可知,摩擦力是电缸轴运动流畅性的直观体现,能够反映出电缸轴过载发生的规律。摩擦力的大小对伺服电动缸的传动效率有直接的影响,摩擦力的波动直观反映了伺服电动缸中电缸轴运动产生的冲击,能够反

表 14.5.1　药协调装置机电系统 FMEA 表

产品或功能标志	功能	故障模式	故障原因	工作方式	故障影响			严酷度	故障检测方法	故障改进措施
					局部影响	高层影响	最终影响			
协调臂	协调	药协调器协调不到位	受交互力的作用导致疲劳断裂;惯性力过大导致断裂与塑性变形	药协调	协调臂不能协调到固定位置	药协调不可靠或无法完成药协调	影响弹药协调或不能完成弹药协调	Ⅱ	根据协调情况判断	重新进行协调臂结构设计;换更高质量协调臂材料
			外花键与耳轴内花键发生相对运动产生的磨损与变形		花键与耳轴间产生间隙,协调臂不能协调到固定位置	影响弹药协调或不能完成弹药协调	影响弹药协调或不能完成弹药协调	Ⅳ	减速器输出端编码器数值与电机自带编码器数值校对或电机抱死,手动晃动协调末端观察螺钉松动及整体晃动	程序补偿或更换花键
			耳轴轴承、调姿轴承配合表面磨损、表面金属剥落		协调臂转动效率降低或不能协调到固定位置	药协调不可靠或无法完成药协调	影响弹药协调或不能完成弹药协调	Ⅲ	根据输药噪音情况判断	更换高质量轴承
			交变载荷至输入盘及输出盘螺钉松脱		减速器与输出/输入盘之间发生相对转动	药协调不可靠或减速器松脱无法完成药协调	影响弹药协调或不能完成弹药协调	Ⅲ	电机抱死,手动晃动协调末端观察螺钉松动及整体晃动情况	加定位销、螺丝胶或焊死
协调电机	协调	电机抱闸失效	协调臂惯性矩过大致电流过高造成电流保护或抱闸摩擦片磨损	药协调	药协调无法停到固定位置	无法完成协调输药	不能完成弹药协调	Ⅳ	根据协调情况判断	更换驱动器及高质量电机

续　表

产品或功能标志	功能	故障模式	故障原因	工作方式	故障影响			严酷度	故障检测方法	故障改进措施
					局部影响	高层影响	最终影响			
协调电机	协调	过流使得驱动器电阻失效	时序要求快且负载大导致电流过大	药协调	药协调无法停到固定位置	无法完成协调输药	不能完成弹药协调	Ⅳ	根据协调情况判断	更换驱动器
		电机气息、绕组故障、轴承磨损、失磁、转子偏心	电机本身设计缺陷及加工误差		药协调无法停到固定位置	无法完成协调输药	不能完成弹药协调	Ⅲ	根据协调情况判断	更换电机或程序补偿
减速器	协调	协调器协调不到位	齿轮轮系发生磨损及自身间隙	药协调	协调臂不能协调到固定位置	药协调不准确或无法完成输药	影响弹药协调或不能完成弹药协调	Ⅱ	手动晃动协调末端观察螺钉松动及整体晃动情况	更换高质量减速器
伺服电缸	调姿	限位断裂	控制开环，无法反馈，为提高调姿稳定性，行程设置过大	药协调	输药机无法到达输药位置	无法完成输药	不能完成输药	Ⅳ	根据调姿情况判断	提高限位强度，更换高强度材料
		皮带打滑、老化、断裂、磨损	伺服电缸是通过电机驱动滚珠丝杠运动，皮带作为传动机构可靠性极不稳定	药协调	输药机无法到达输药位置	无法完成输药	不能完成输药	Ⅳ	根据调姿情况判断	结构优化设计
		滚珠丝杠动作不顺畅	异物进入钢球轨道发生磨损，润滑效果不好导致温度升高使得钢球破裂	药协调	输药机无法到达输药位置	调姿不准确或无法完成输药	不能完成输药	Ⅲ	根据调姿情况判断	加润滑油或更换高质量电缸

续 表

产品或功能标志	功能	故障模式	故障原因	工作方式	故障影响			严酷度	故障检测方法	故障改进措施
					局部影响	高层影响	最终影响			
伺服电缸	调姿	电缸撞击限位后回弹	皮带的弹性变形、惯性力引起的撞击引起弹回	药协调	输药机无法到达输药位置	调姿不准确或无法完成输药	不能完成输药	Ⅲ	根据调姿情况判断	控制上增加行程
		电缸异响，电缸伸出轴可小段无约束滑动	电缸传动带轮松动	药协调	输药机无法到达输药位置	调姿不准确或无法完成输药	不能完成药协调	Ⅳ	根据调姿情况判断	紧固带轮；重新设计传动机构
调姿电机	调姿	调姿电机抱闸失灵	机械限位与电缸反复撞击导致抱闸发生磨损	药协调	输药机无法到达输药位置	调姿不准确或无法完成输药	不能完成药协调	Ⅳ	根据声音与调姿情况判断	更换驱动或高质量电机
		电机发生过流保护	摩擦、行程过大、撞击限位块导致电流出现尖峰	药协调	输药机无法到达输药位置	调姿不准确或无法完成输药	不能完成药协调	Ⅳ	根据调姿情况判断	降低行程；设置闭环；减少摩擦

映出电缸轴运动的柔顺性。而摩擦系数与摩擦力是互相关联的,两者关系可由下式表示:

$$F = uW + S$$

式中,F 为摩擦力(N);u 为摩擦系数;W 为运动垂直方向载荷(N);S 为刮油片阻力(N)。正常工作情况下,普通直线导轨的摩擦系数 u 为 0.004,考虑到药协调装置需要满足较高的调姿到位精度,当摩擦系数 u 超过 0.004 时,则判定为电缸轴过载故障。仿真时在模型中注入不同的摩擦系数来模拟电缸轴过载故障。

14.5.2 故障特征信息提取

在仿真模型中赋予不同的花键磨损量、轴承摩擦系数和电缸轴摩擦系数模拟上述三类故障,获得在花键不同磨损量、轴承不同摩擦系数和电缸轴不同摩擦系数下协调角度、角加速度和协调力矩仿曲线如图 14.5.4~图 14.5.12 所示。

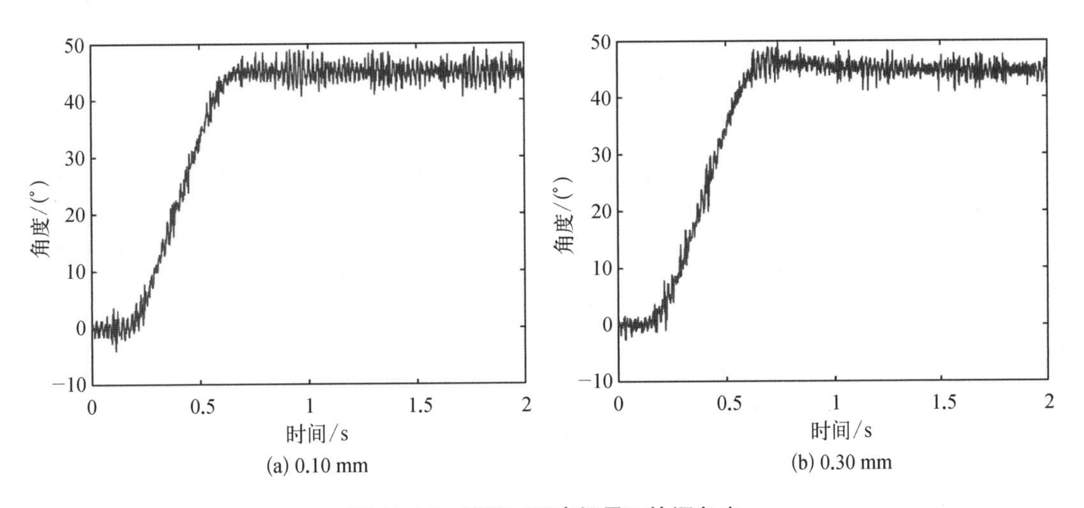

图 14.5.4 花键不同磨损量下协调角度

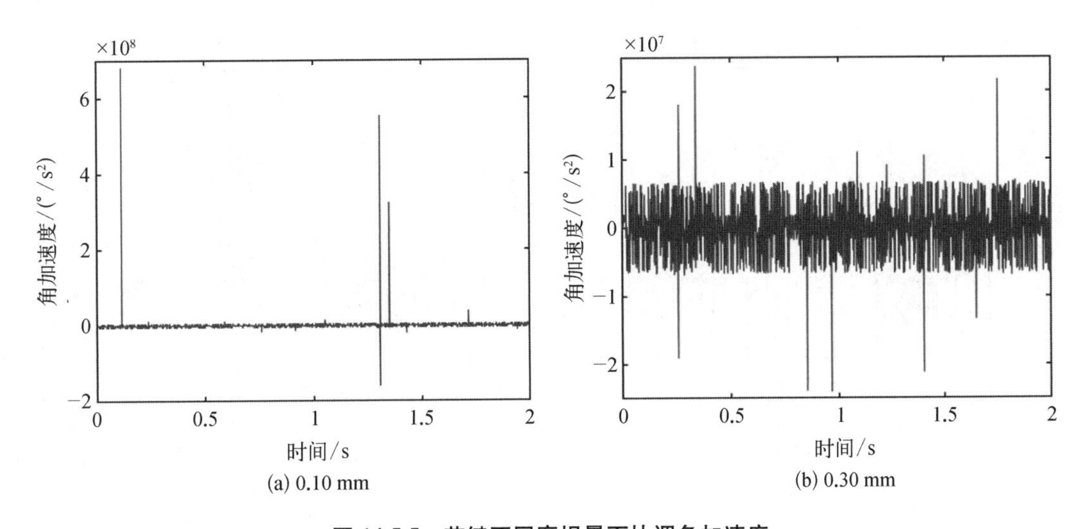

图 14.5.5 花键不同磨损量下协调角加速度

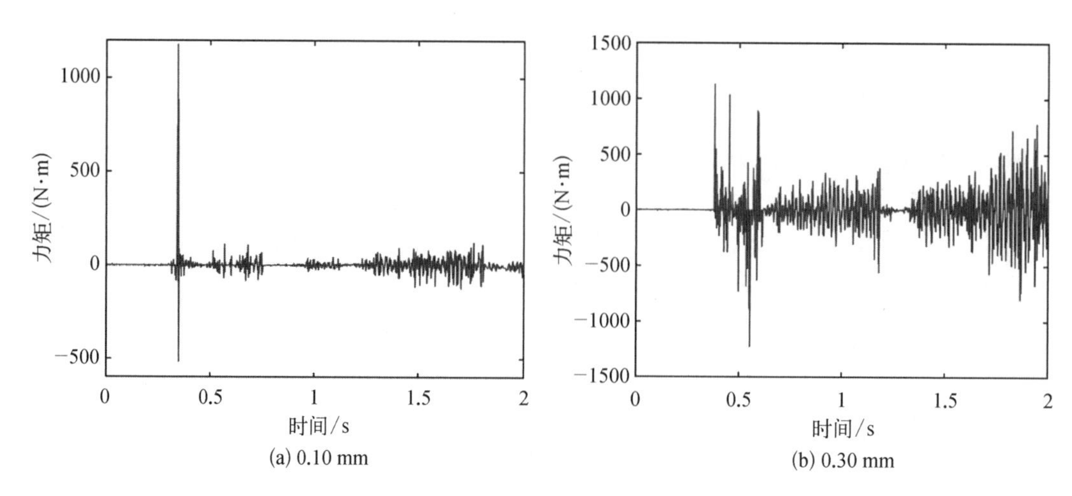

图 14.5.6　花键不同磨损量下协调力矩

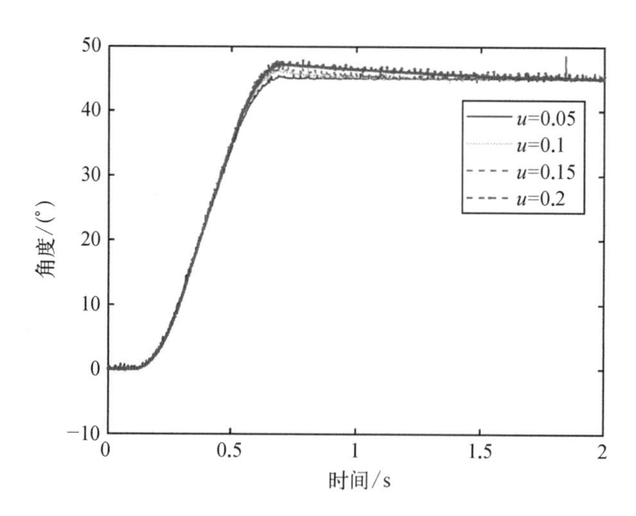

图 14.5.7　轴承不同摩擦系数下协调角度

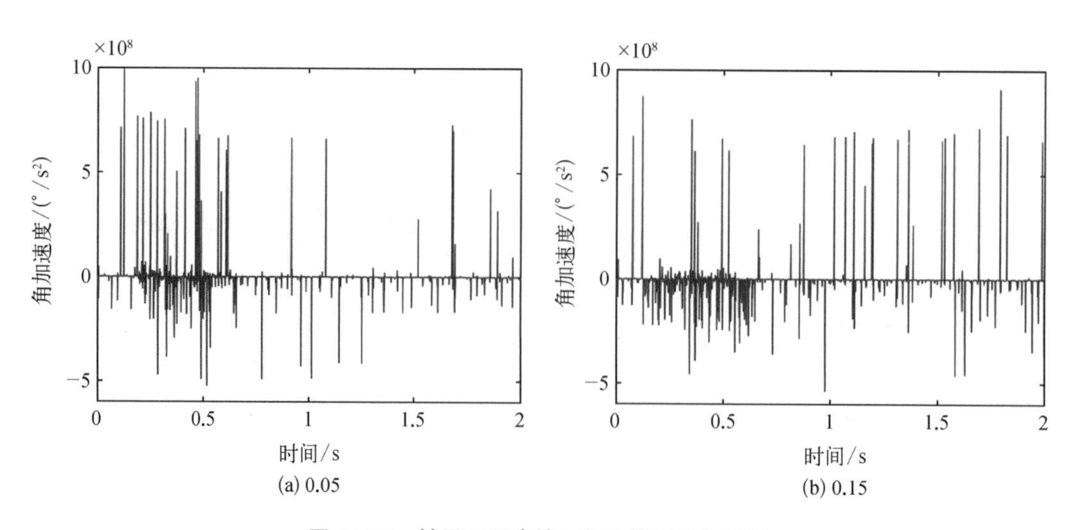

图 14.5.8　轴承不同摩擦系数下协调角加速度

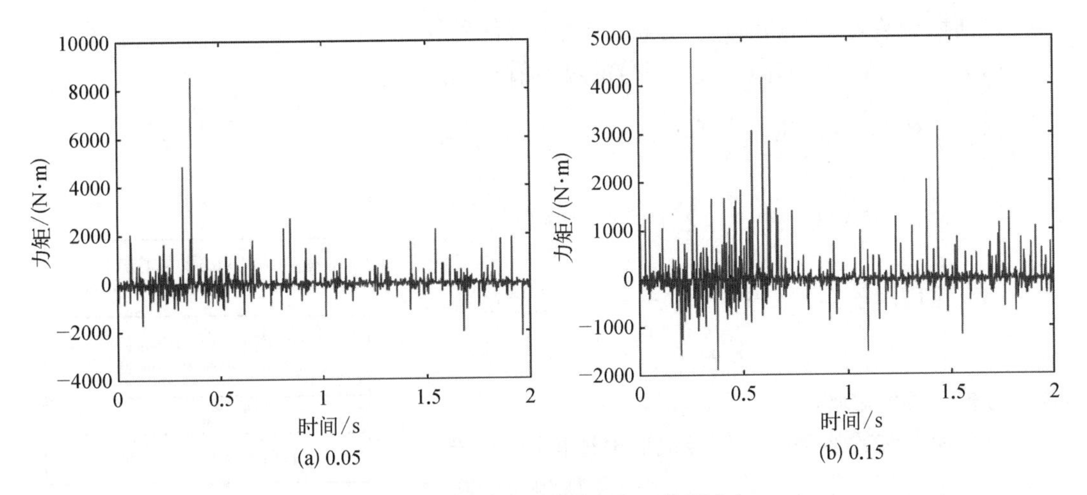

图 14.5.9　轴承不同摩擦系数下协调力矩

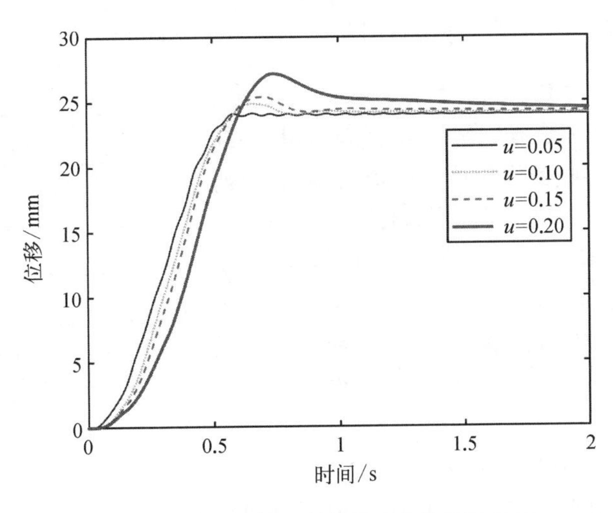

图 14.5.10　电缸轴不同摩擦系数下调姿位移

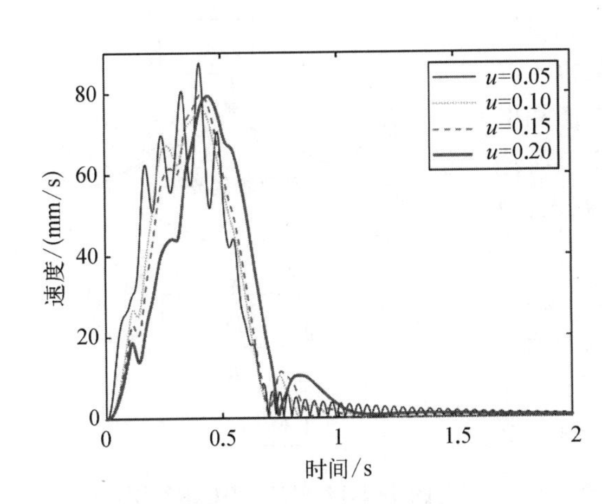

图 14.5.11　电缸轴不同摩擦系数下调姿速度

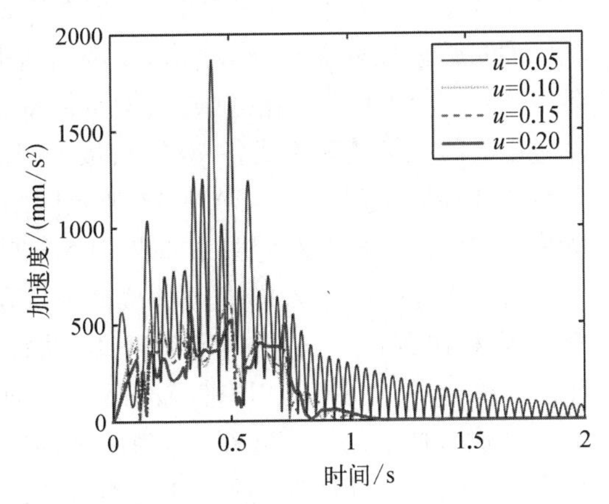

图 14.5.12　电缸轴不同摩擦系数下调姿加速度

对药协调装置运动响应进行分析，定义时域信号的特征：

（1）峰值：$X_p = \max[x(t)]$，信号的最大值；

（2）均值：$\mu_x(t) = \lim_{N\to\infty}\frac{1}{N}\sum_{i=1}^{N} x_i(t) = E[X(t)]$；

（3）方差：$\sigma_x^2(t) = \lim_{N\to\infty}\frac{1}{N}\sum_{i=1}^{N}[x_i(t) - \mu_x(t)]^2$；

（4）裕度因子：$C_e = \dfrac{X_p}{\left(\frac{1}{N}\sum_{i=1}^{N}\sqrt{|x_i|}\right)^2}$，信号的峰值与方根的幅值之比。

对药协调装置运动响应信号提取上述特征，并按工作工况进行归一化处理，作为后续故障预测与诊断的输入。

14.5.3 药协调装置故障预测与诊断

采用遗传优化的 BP 神经网络（GA－BP 神经网络）对药协调装置的三类典型故障进行诊断，BP 神经网络训练可以看成寻找最优权值与阈值组合的过程，权值的初始化会对诊断结果产生影响，因此可以利用遗传算法的全局搜索能力寻出最优解，再对应到 BP 神经网络的权值和阈值，实现 GA－BP 神经网络构建，从而解决最优权值和阈值问题，提高神经网络的训练效率和诊断精度。GA－BP 神经网络的算法流程如图 14.5.13 所示。

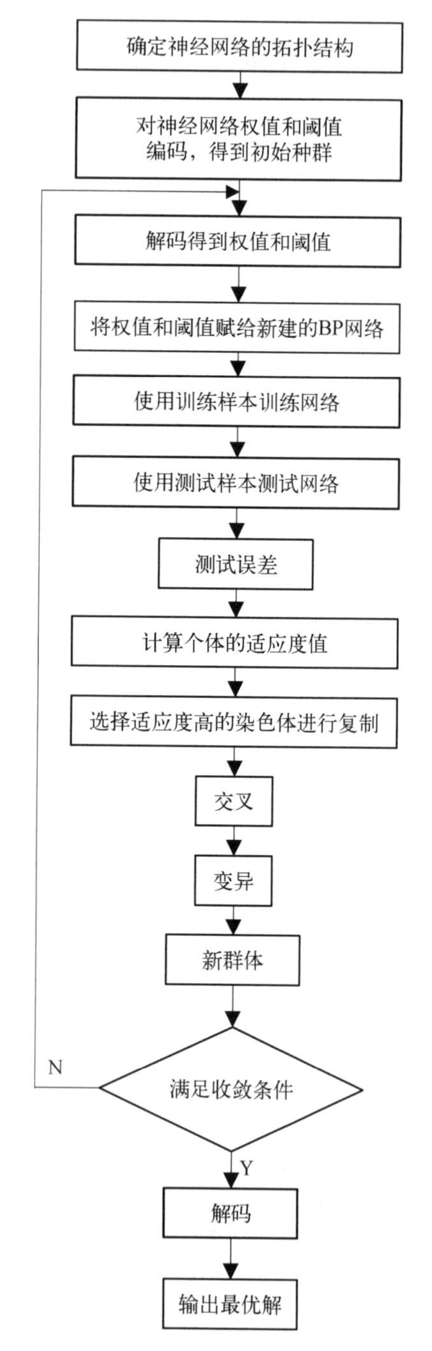

图 14.5.13　GA－BP 神经网络的算法流程图

14.5.3.1　单一故障预测与诊断

对上述三类典型故障，每次考虑单一故障，通过仿真获得药协调装置在不同工况（45°和 25°协调角）、不同故障程度时（改变花键磨损量、轴承摩擦系数、电缸轴摩擦系数模拟故障）的运动响应（两组协调角工况各 120 组，每组工况下花键磨损、轴承局部损伤和电缸过载故障三类故障模式各 40 组），按 14.5.2 节所述进行特征提取，将其作为 GA－BP 神经网络输入，故障模式与输出向量的对应关系如表 14.5.2 所示。

对上述 240 组输入样本每种故障情况随机选取 85%（每种协调角下三类故障各 34 组，共计 204 组）作为训练样本，对 GA－BP 神经网络进行训练，另外的 15%输入样本（共计 36 组）作为测试样本，输入至已训练好的 GA－BP 神经网络中进行故障预测，结果如图 14.5.14 所示。

表 14.5.2 故障模式与输出向量对应关系

编 号	故 障 模 式	输 出 向 量
1	轴承局部损伤	(001)
2	花键磨损	(010)
3	电缸轴过载	(100)

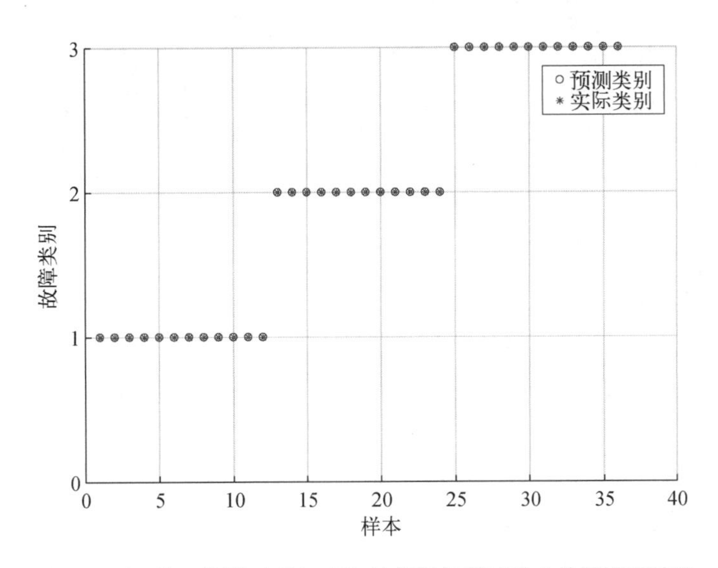

图 14.5.14 单一故障时 GA－BP 神经网络测试样本故障预测结果

由上图可知,GA－BP 神经网络对两种协调角工况下,轴承局部损伤、花键磨损和电缸轴过载三类故障在单独发生时,能够全部准确预测故障模式。

14.5.3.2 耦合故障预测与诊断

根据药协调装置的工作时序,考虑到花键磨损故障与轴承局部损伤故障均发生于减速器输出端,即直接作用于协调动作,故两者耦合发生时,会对药协调装置的到位情况造成极大影响。同样在 45°和 25°协调角工况下,在仿真模型中同时对花键磨损量和轴承摩擦系数进行不同的赋值,获得花键磨损和轴承局部损伤耦合发生下的 80 组协调运动响应数据(两组协调角工况各 40 组),按 14.5.2 节所述进行特征提取,结合 14.5.3.1 节中已获取得到的 45°和 25°协调角轴承局部损伤和花键磨损单一故障时的特征数据,共计 240 组,将其作为 GA－BP 神经网络输入,并设置故障模式与输出向量的对应关系如表 14.5.3 所示。

从上述 240 组数据中,每种故障情况随机选取 85%(每种协调角下三类故障各 34 组,共计 204 组)作为训练样本,对 GA－BP 神经网络进行训练,另外的 15%输入样本(共计 36 组)作为测试样本,输入至已训练好的 GA－BP 神经网络中进行故障预测,结果如图 14.5.15 所示。

表 14.5.3　耦合故障模式与输出向量对应关系

编　号	故 障 模 式	输 出 向 量
1	花键轴承故障并发	(011)
2	轴承局部损伤	(001)
3	花键磨损	(010)

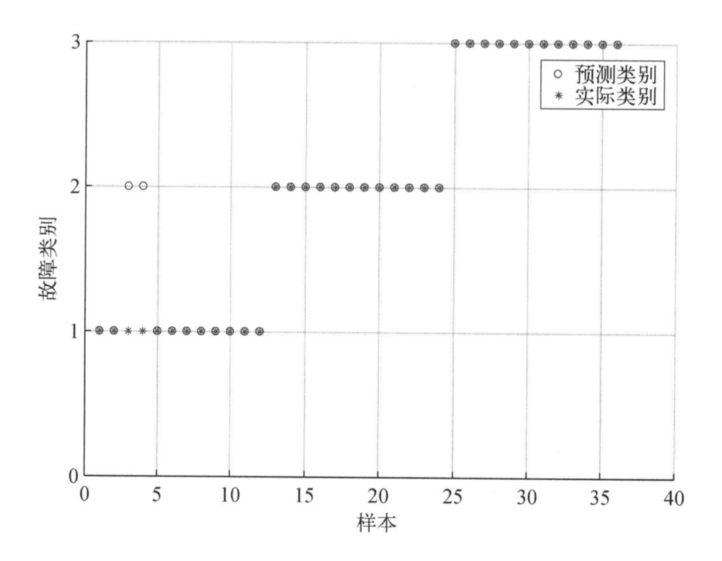

图 14.5.15　耦合故障时 GA-BP 神经网络测试样本故障预测结果

由图可知,GA-BP 神经网络对轴承局部损伤和花键磨损故障的识别率为 100%,花键轴承耦合故障 12 组样本中有两组未能成功预测,其耦合故障识别率为 83.3%,整体故障识别率达到 94.4%。

参 考 文 献

白若华.1995.缓蚀剂是提高武器身管烧蚀寿命的重要技术途径[J].兵工学报(03)：54－58.

卜杰.2005.孰优孰劣——四种车载式自行榴弹炮的比较[J].国外坦克(05)：15－20.

蔡红祥.2013.改性太根发射药的研究[D].南京：南京理工大学.

曹兵，郭锐，杜中华.2016.弹药设计理论[M].北京：北京理工大学出版社.

曹万有，王道宏.1989.高膛压火炮技术[M].北京：国防工业出版社.

陈光宋.2016.弹炮耦合系统动力学及关键参数识别研究[D].南京：南京理工大学.

陈光宋，钱林方，吉磊.2015.身管固有频率高效全局灵敏度分析[J].振动与冲击，34(21)：31－36.

陈光宋，钱林方，王明明.2019.基于统计信息的多体系统区间不确定性分析[J].振动与冲击，38(8)：117－125.

陈光宋，钱林方，徐亚栋.2012.身管横向固有振动的半解析解法[J].兵工学报，33(10)：1168－1172.

陈来.2008.新型“诺拉”B－52系列自行火炮吸引新用户[J].国外坦克(06)：6.

陈世业.2013.自行火炮弹炮多体发射系统动力学仿真研究[D].南京：南京理工大学.

陈世业，王良明，史伟.2013.弹炮刚柔耦合模型中的接触碰撞动力学[J].海军工程大学学报，25(4)：97－112.

陈雪峰，訾艳阳.2018.智能运维与健康管理[M].北京：机械工业出版社.

陈永才，宋遒志，王建中.2007.含纳米添加剂发射药的烧蚀性能研究[J].兵工学报(03)：329－331.

陈友龙.2018.美国“鹰眼”新型自行榴弹炮[J].坦克装甲车辆(07)：9－12.

陈友龙，连浩智，薛军楼.2020.美国“布鲁图斯”155毫米新型自行榴弹炮[J].坦克装甲车辆(07)：22－25.

陈友龙，连浩智，周凯.2020.塞尔维亚“亚历山大”155毫米车载炮[J].兵器知识(04)：62－65.

程国采.1991.四元数及其应用[M].长沙：国防科技大学出版社.

程鹏飞，文汉江，成英燕.2009.2000国家大地坐标系椭球参数与GRS 80和WGS 84的比较[J].测绘学报，38(3)：189－194.

崔军武，南洁，董效军，等.2018.部队特殊岗位人员认知能力评估的研究现状[J].解放军医药杂志，30(4)：114－116.

丁传俊，张相炎.2015.基于热力耦合有限元模型的弹带挤进过程及内弹道过程的仿真研究[J].兵工学报，36(12)：2254－2261.

丁玉兰，程国萍.2013.人因工程学[M].北京：北京理工大学出版社.

范士儒.2005.交通心理学教程[M].北京：中国人民公安大学出版社.

樊伟，崔艳芳，田甜，等.2018.稀土氧化物作为缓蚀添加剂隔热机理研究[J].兵器材料科学与工程，41(05)：62－65.

方俊.1965.重力测量与地球形状学[M].北京：科学出版社.

高海霞，黄进峰，张济山，等.2008.速射武器身管用钢的白层形成及剥落机制[J].金属热处理，33(10)：109－113.

高树滋，陈运生，张月林.1995.火炮反后坐装置设计[M].北京：兵器工业出版社.

高为炳.1996.变结构控制的理论及设计方法[M].北京：科学出版社.
高文，连勇，黄进峰.2017.不同环境温度下典型身管用钢磨损性能研究[J].工程科学学报，12(11)：1699－1708.
高延龄，许洪国.2004.汽车运用工程[M].北京：人民交通出版社.
葛建立，杨国来，陈运生.2008.基于弹塑性接触/碰撞模型的弹炮耦合问题研究[J].弹道学报，20(3)：103－106.
管成，朱善安.2005.一类非线性系统的微分与积分滑模自适应控制及其在电液伺服系统中的应用[J].中国电机工程学报，25(4)：103－108.
郭锡福.2004.远程火炮武器系统射击精度分析[M].北京：国防工业出版社.
含桀.2021.雾里看花的美国陆军卡车炮选型[J].坦克装甲车辆(05)：38－44.
韩博宇，楼梦麟.2010.变截面 Timoshenko 固端梁和简支梁的模态特性[J].力学季刊，31(4)：610－617.
韩寒.2010.高能低爆温发射药研究[D].南京：南京理工大学.
韩育礼.1993.高压容器及炮身设计基础[M].南京：南京理工大学.
韩子鹏.2014.弹箭外弹道学[M].北京：北京理工大学出版社.
胡厚予.1999.炮兵射击教程[M].北京：解放军出版社.
胡士廉，吕彦，胡俊.2018.高强韧厚壁炮钢材料的发展[J].兵器材料科学与工程，41(6)：108－112.
侯健，魏平，李金新.2010.锥膛炮内弹道建模与仿真计算[J].兵工学报，31(4)：419－422.
黄克智，黄永刚.1999.固体本构关系[M].北京：清华大学出版社.
黄德鸣.1986.惯性导航系统[M].北京：国防工业出版社.
黄文德，康娟，张利云，等.2019.北斗卫星导航定位原理与方法[M].北京：科学出版社.
黄志坚.2021.机械设备振动故障监测与诊断[M].北京：化学工业出版社.
姬月萍，张玉祥，卢先明，等.2000.新型缓蚀添加剂配方设计研究[J].火炸药学报(04)：39－41.
贾新宇.2018.基于概率度量的不确定性传播分析方法研究[D].长沙：湖南大学.
贾子翟.2020.基于多元统计分析的数据驱动故障诊断方法研究[D].成都：电子科技大学.
江浩瀚，朱荣华，何福林，等.2011.某部炮兵官兵心理健康水平调查分析[J].江苏卫生保健：学术版，13(3)：48－49.
蒋清山，钱林方，邹权.2015.液压弹射输弹过程分析与参数优化[J].振动与冲击，34(15)：106－110.
金蕾.2021.长期驾驶静态疲劳改善措施研究[D].沈阳：沈阳理工大学.
金招芬，朱颖心.2001.建筑环境学[M].北京：中国建筑工业出版社.
金志明，曾思敏.1991.弹丸挤进过程的计算与研究[J].兵工学报(01)：7－13.
金志明.2004.枪炮内弹道学[M].北京：北京理工大学出版社.
阚磊，江志林，王学辉.2013.发动机噪声控制方法研究的现状探讨[J].电子制作，9X：242.
康祥熙，田振新，杨会东.2010.基于捷联惯导的耦模型[J].火力与指挥控制(S1)：152－154.
李斌，谷宏强.2008.自适应线性滤波器及遗传算法在初始对准中的应用[J].科学技术与工程，8(01)：134－137.
李淼.2017.弹丸膛内起始运动过程瞬态特性研究[D].南京：南京理工大学.
李淼，钱林方，陈龙淼.2014.弹丸卡膛规律影响因素分析[J].兵工学报，35(8)：1152－1157.
李淼，钱林方，陈龙淼.2016a.弹带挤进过程内弹道特性研究[J].振动与冲击，35(23)：74－79.
李淼，钱林方，孙河洋.2016b.某大口径火炮弹带热力耦合挤进动力学数值模拟研究[J].兵工学报，37(10)：1803－1811.
李森.2009.管理工效学[M].北京：清华大学出版社.
李维.2015.基于不确定性分析与模型验证的计算模型可信性研究[D].西安：西北工业大学.
李宪东.2008.基于最大熵原理的确定概率分布的方法研究[D].北京：华北电力大学.
李向前.2014.复杂装备故障预测与健康管理关键技术研究[D].北京：北京理工大学.

廉艳平.2012.自适应物质点有限元法及其在冲击侵彻问题中的应用[D].北京：清华大学.
梁西瑶.2000.微细滑石粉缓蚀剂降烧蚀性能研究[D].成都：西南交通大学.
梁小筠.1997.正态性检验[M].北京：中国统计出版社.
林通,钱林方,陈光宋.2019.面向输弹一致性的某输弹机稳健优化设计研究[J].兵工学报,40(2)：243－250.
林少森,闫军,李洪广,等.2017.偏钛酸粉体表面有机包覆及其在身管缓蚀中的应用[J].应用化工,46(04)：671－673.
林少森,闫军,俞卫博.2016.身管烧蚀及缓蚀剂作用机理研究现状[J].火炮发射与控制学报,37(01)：92－96.
林通,钱林方,陈光宋,等.2019.面向输弹一致性的某输弹机稳健优化设计研究[J].兵工学报,40(02)：22－29.
林雪原,李荣冰,高青伟.2017.组合导航及其信息融合方法[M].北京：国防工业出版社.
刘海东.2012.发电厂生产环境对安全的影响[J].科技与企业(20)：67.
刘建军,陈红军.2011.身管弯曲对射击精度影响及修正模型研究[J].舰船电子工程,31(7)：155－157.
刘建业,熊剑,赖际舟,等.2010.采用粒子滤波的捷联惯导非线性快速初始对准算法[J].中国惯性技术学报,18(05)：527－532.
刘金琨.2004.先进PID控制MATLAB仿真[M].北京：电子工业出版社.
刘雷,陈运生.2005.身管多体动力学模型研究[J].南京理工大学学报(自然科学版),29(3)：267－269,295.
刘雷,陈运生,杨国来.2006.基于接触模型的弹炮耦合问题研究[J].兵工学报,27(6)：984－987.
刘宁,杨国来.2010.弹管横向碰撞对身管动力响应的影响[J].弹道学报,22(2)：67－70.
刘松.1992.武器系统可靠性工程手册[M].北京：国防工业出版社.
刘太素,钱林方,陈光宋.2018.某输弹机开式链传动建模及动力学特性分析[J].兵工学报,39(11)：2109－2117.
刘太素,钱林方,陈光宋.2019.基于SPCEHDMR的某输弹协调机构稳健设计研究[J].弹道学报,31(4)：90－96.
刘太素,钱林方,尹强.2017.考虑间隙的空间圆柱铰多体系统运动学精度及动力学分析[J].振动与冲击,36(19)：151－157.
刘怡昕,杨伯忠.1999.炮兵射击理论[M].北京：兵器工业出版社.
刘怡昕,钱林方.2007.车载炮武器系统与运用[M].北京：解放军出版社.
罗兰・沃尔夫格.2015.综合化模块化航空电子系统的分布式平台：对未来航空电子系统及其认证需求的见解[M].牛文生,等译.北京：航空工业出版社.
骆文润,王德石.2001.火炮身管横向振动分析[J].非线性动力学学报,8(3)：239－244.
马吉胜,王瑞林.2004.弹炮耦合问题的理论模型[J].兵工学报,25(1)：73－77.
马佳.2018.弹丸前定心部与身管内膛接触碰撞问题研究[D].南京：南京理工大学.
马景月.1998.火炮工事内射击与火炮工事的演变[C].昆明：中国土木工程学会防护工程学会第六次学术年会.
马康.2017.某办公建筑室内热环境模型的建立与控制方法研究[D].西安：西安建筑科技大学.
马明迪,崔万善,曾志银.2015.基于有限元与光滑粒子耦合的弹丸挤进过程分析[J].振动与冲击,34(6)：146－150.
马勇.2006.基于眼动分析的汽车驾驶员视觉搜索模式研究[D].西安：长安大学.
马志宏,李金国.2006.军用装备抗振动、抗冲击设计方法[J].装备环境工程,3(5)：70－73.
梅向明,黄敬之.2008.微分几何[M].4版.北京：高等教育出版社.
孟繁荣,冯士德,李宪一.1994.新型缓蚀添加剂配方设计研究[J].弹道学报(03)：26－30.

孟鹏,陈红彬,钱林方.2017.弹带对高速旋转弹丸气动特性影响的数值模拟[J].兵工学报,38(12):2363-2372.
闵杰,郭锡福.1986.实用外弹道学[M].北京:兵器工业部教材编审室.
牛温升.2015.综合化模块化航空电子系统的分布式平台译[M].北京:航空工业出版社.
潘承泮.1985.武器系统射击效力分析[M].北京:国防工业出版社.
潘宏侠,姚竹亭,王福杰,等.2004.某自行火炮人体舒适度评价[J].火炮发射与控制学报(2):68-72.
彭建祥.2006.Johnson Cook 本构模型和 Steinberg 本构模型的比较研究[D].绵阳:中国工程物理研究院.
庞志兵,何健,李永峰,等.2005.自行高炮舱内噪声对人操作可靠性的影响及对策[C].舟山:人-机-环境系统工程学术会议.
庞志兵,马锐.2002.装备振动对人员操作可靠性的影响[J].人类工效学,8(2):56-57,49.
浦发.1980.外弹道学[M].北京:国防工业出版社.
戚树明,程晓武.2004.法国“快反”部队的新宠——凯撒 155 mm 自行火炮[J].国防科技(4):35-36.
钱林方.2016.火炮弹道学[M].2 版.北京:北京理工大学出版社.
钱林方,陈光宋.2020a.弹丸在炮口的状态参数对地面密集度影响研究[J].兵工学报,41(5):883-891.
钱林方,陈光宋.2020b.中远程压制火炮射击精度理论[M].北京:科学出版社.
钱林方,王宝元,钞红晓.2020c.车载炮振动测试技术[M].北京:兵器工业出版社.
秦永元.2014.惯性导航[M].2 版.北京:科学出版社.
秦仕勇.2011.杀爆型地雷对无装甲车辆的毁伤研究[D].南京:南京理工大学.
邱从礼,侯日升,赵锋.2014.考虑弹丸动态冲击条件下的内弹道性能研究[J].弹箭与制导学报,34(4):140-142,147.
芮筱亭,陈卫东,王国平.2002.基于最大熵法的武器系统密集度分析[J].弹道学报,14(3):51-56.
山水.2003.火炮“另类”——荷兰 MOBAT 卡车式 105 毫米榴弹炮[J].兵器知识(04):24-25.
山水.2008.炮林新秀之车载榴弹炮[J].兵器知识(02):38-39.
中国太.1990.弹丸膛内运动模型的研究[J].弹道学报(3):31-40.
中国太.1994.弹丸膛内运动两类模型的讨论[J].弹箭与制导学报(3):31-40.
盛骤,谢式千,潘承毅.2011.概率论与数理统计[M].4 版.北京:高等教育出版社.
石英.2011.人因工程学[M].北京:北京交通大学出版社.
宋贵宝,沈如松,周文松,等.2009.武器系统工程[M].北京:国防工业出版社.
宋文涛.2016.残余应力超声无损检测与调控技术研究[D].北京:北京理工大学.
孙博,康锐,谢劲松.2007.故障预测与健康管理系统研究和应用现状综述[J].系统工程与电子技术,29(10):1762-1767.
孙河洋,马吉胜,李伟.2012.坡膛结构变化对火炮内弹道性能影响的研究[J].兵工学报,33(6):669-675.
孙佳,陈光宋,钱林方.2019.自动装填机构刚度混合全局灵敏度分析[J].南京理工大学学报(自然科学版),43(02):135-140,146.
孙全兆,杨国来,王鹏.2015.某大口径榴弹炮弹带挤进过程数值模拟研究[J].兵工学报,36(2):206-213.
孙远孝,潘学文.1995.炮架及总体设计[M].北京:兵器工业出版社.
汤铁钢,刘仓理.2013.高应变率拉伸加载下无氧铜的本构模型[J].爆炸与冲击,33(6):581-586.
田桂军.2003.内膛烧蚀磨损及其对内弹道性能影响的研究[D].南京:南京理工大学.
魏平,侯健,陈汀峰.2012.基于锥膛炮的弹丸弹裙膛内阻力研究[J].兵工学报,32(3):324-328.
万德钧,房建成.1998.惯性导航初始对准[M].南京:东南大学出版社.
王宝元.2015.中大口径火炮射击密集度研究综述[J].火炮发射与控制学报,36(2):82-87.
王丽群,杨国来,刘俊民.2016.面向火炮射击密集度的随机因素稳健设计[J].兵工学报,37(11):

1983－1988.
王泽山，何卫东，徐复铭.2006.火药装药设计原理与技术［M］.北京：北京理工大学出版社.
王斌达.2003.欧洲另类火炮的代表——卡车底盘自行榴弹炮［J］.国际展望（18）：64－69.
王恒，刘晓春，王伟涛，等.2010.人机工程学在轿车驾驶室设计中的应用［J］.企业技术开发（9）：42.
王惠英.2002.以色列 ATMOS2000 式自行火炮系统［J］.外军炮兵（10）：43.
王毛球，董瀚，王琪.2003.高强度炮钢的组织和力学性能［J］.兵器材料科学与工程，26（02）：7－10，18.
王茹，安世民.1997.激光处理不镀铬枪炮管提高抗烧蚀寿命的研究［J］.大连理工大学学报（2）：102－106.
王儒策，赵国志.1990.弹丸终点效应［M］.北京：北京理工大学出版社.
王维和，李惠昌.1985.终点弹道学原理［M］.北京：国防工业出版社.
王新龙.2013.捷联式惯导系统动、静基座初始对准［M］.西安：西北工业大学出版社.
王跃钢，蔚跃，雷堰龙，等.2013.模糊自适应滤波在捷联惯导初始对准中的应用［J］.压电与声光，35（01）：59－62.
韦丁，王琼林，严文荣，等.2020.降低身管烧蚀性研究进展［J］.火炸药学报，43（04）：10－20.
吴斌，夏伟，汤勇，等.2002.身管熔化烧蚀的预测数学模型［J］.火炮发射与控制学报（01）：5－10.
吴会民，牛长根.2011.弹丸膛内运动分析［J］.火炮发射与控制学报（2）：62－65.
吴苗，郭士荦，许江宁.2019.强跟踪扩展卡尔曼滤波及其在捷联惯导初始对准中的应用［J］.海军工程大学学报，31（03）：12－16，38.
吴圣钰.2002.装甲车辆行进砂尘对乘员的影响及其对策［J］.人民军医（3）：138.
吴振顺.2008.液压控制系统［M］.北京：高等教育出版社.
谢婧.2014.车载炮：牵引榴弹炮的新出路［J］.兵器知识（2）：46－48.
熊芬芬，杨树兴，刘宇，等.2015.工程概率不确定性分析方法［M］.北京：科学出版社.
徐传忠.2012.非线性机器人的智能反演滑模控制研究［D］.泉州：华侨大学.
徐明友.2004.火箭外弹道学［M］.哈尔滨：哈尔滨工业大学出版社.
薛婷，钟麦英.2017.基于 SWT 与等价空间的 LDTV 系统故障检测［J］.自动化学报，43（11）：1920－1930.
许洪国，高延龄.2004.汽车运用工厂基础［M］.北京：清华大学出版社.
杨国来.1999.多柔体系统参数化模型及其在火炮中应用研究［D］.南京：南京理工大学.
杨均匀，袁亚雄.2000.火炮内弹道学的现状及发展［J］.火炮发射与控制学报（2）：56－60.
杨亮.2012.基于仿真的制冷系统稳健设计方法研［D］.上海：上海交通大学.
杨秀清.2008.机电液耦合的搬运机械手虚拟样机研究［D］.合肥：中国科学技术大学.
殷军辉，郑坚，倪新华，等.2012.弹丸膛内运动过程中弹带表层热软化机理分析［J］.弹道学报，24（2）：106－110.
殷军辉，郑坚，倪新华.2012.弹丸膛内运动过程中弹带塑性变形的宏观与微观机理研究［J］.兵工学报，33（6）：676－681.
尤国钊，许厚谦，杨启仁，等.2003.中间弹道学［M］.北京：国防工业出版社.
于子平，钱林方，刘怡昕.2006.车载式榴弹炮武器固有可用度的分析与评价［J］.兵工学报，27（5）：936－939.
岳永丰，沈培辉.2012.恢复系数对弹丸膛内运动参数的影响［J］.弹箭与制导学报，32（6）：77－80.
岳永丰，吴群彪，沈培辉.2013.弹丸结构参数对膛内运动的影响分析［J］.兵工自动化，32（3）：35－38.
岳才成.2018.某自行火炮弹药装填系统控制技术研究［D］.南京：南京理工大学.
岳松堂，杨艺.2004.法国“恺撒”自行榴弹炮系统［J］.现代兵器（12）：14－17.
余浩，李玲，竺魏峰，等.2008.某部人员认知能力指标测评与分析［J］.中华航海医学与高气压医学杂志（05）：298.
袁修干，庄达民.2002.人机工程［M］.北京：北京航空航天大学出版社.

曾志银，马明迪，宁变芳，等.2014.火炮身管阳线损伤机理分析[J].兵工学报，35(1)：1736－1742.
张春梅，刘树华，曹广群.2013.基于弹炮刚柔耦合接触/碰撞的炮口振动研究[J].机械工程与自动化(3)：23－25.
张国伟.2009.终点效应及靶场试验[M].北京：北京理工大学出版社.
张华，匡才远.2010.服装结构设计与制板工艺[M].南京：东南大学出版社.
张弘钧.2019.弹炮耦合系统参数不确定性传播研究[D].南京：南京理工大学.
张弘钧，陈光宋，钱林方.2019.某大口径火炮输弹一致性研究[J].弹道学报，31(4)：82－89.
张金玉，张炜.2013.装备智能故障诊断与预测[M].北京：国防工业出版社.
张可，周东华，柴毅.2015.复合故障诊断技术综述[J].控制理论与应用，32(9)：1143－1157.
张领科，周彦煌，余永刚.2010.底排装置工作不一致性对射程散布影响的研究[J].兵工学报，31(4)：442－446.
张涛.2014.超高强钢 PCrNi3MoVA 的低周疲劳性能研究[D].杭州：浙江大学.
张万才，刘超婷，罗德军，等.2011.某部炮兵实弹射击听力损失情况[J].解放军预防医学杂志，29(05)：325－327.
张喜发，卢兴华.2001.火炮烧蚀内弹道学[M].北京：国防工业出版社.
张先锋，李向东，沈培辉，等.2017.终点效应学[M].北京：北京理工大学出版社.
张相炎.2005.火炮设计理论[M].北京：北京理工大学出版社.
张晓光.2014.永磁同步电机调速系统滑模变结构控制若干关键问题研究[D].哈尔滨：哈尔滨工业大学.
张雄，廉艳平，刘岩.2014.物质点法[M].北京：清华大学出版社.
张月林.1984.火炮反后坐装置设计[M].北京：国防工业出版社.
张增瑞，余善法.2015.职业人群噪声接触测量与评价方法的研究进展[J].中华劳动卫生职业病杂志，33(12)：946－949.
张志新，胡振东.2013.考虑弹丸与身管轴向运动耦合的火炮系统时变动力学分析[J].振动与冲击，32(20)：67－71.
郑双，刘波，刘少武，等.2011.新型有机硅降蚀剂在小口径武器装药中的应用[J].含能材料，19(3)：335－338.
郑秀娟，栗战恒，张昀.2018.基于视觉特性的驾驶安全眼动研究进展[J].技术与创新管理，39(1)：50－59.
中国兵工学会.2009.兵器科学技术学科发展报告[M].北京：中国科学技术出版社.
中国兵工学会.2011.兵器科学技术学科发展报告[M].北京：中国科学技术出版社.
中华人民共和国国家质量监督检验检疫总局，中国国家标准化管理委员会. 2015. GBT 32073－2015.无损检测残余应力超声临界折射纵波检测方法[S].北京：中国标准出版社.
中华人民共和国国家军用标准－1997 .火炮寿命试验方法[S]：GJB 2975－97：18.
周叮，谢玉树.1999.弹丸膛内运动引起炮管振动的小参数解法[J].振动与冲击，18(1)：78－83.
周吉雄.2018.自主式水下航行器导航算法研究[D].哈尔滨：哈尔滨工程大学.
周瑾.2008.一般认知能力及其测验的初步编制[D].南昌：江西师范大学.
周美玉.2001.工业设计应用人类工程学[M].北京：轻工业出版社.
周前祥，谌玉红，马超，等.2011.基于 sEMG 信号的操作者上肢肌肉施力疲劳评价模型研究[J].中国科学(生命科学)，41(8)：608－614.
朱国勇.2017.变负载链式自动化弹仓的运动控制研究[D].南京：南京理工大学.
朱文和，赵有守.1998.弹带压力的数值计算方法[J].弹箭与制导学报(1)：30－35.
朱怿昀.2010.车轮滚滚亦风流，蓬勃发展的车载自行火炮[J].现代兵器(02)：15－20.
庄达民.2004.噪声环境与人体特性[J].家电科技(11)：69－72.
邹权.2015.某大口径火炮弹药自动装填控制系统关键问题研究[D].南京：南京理工大学.

6.в.奥尔洛夫.1982.炮身构造与设计[M].王天槐,刘淑华,译.北京：国防工业出版社.

R. 柯朗,K.O.弗里德里克斯.1986.超声速流与冲击波[M].李维新,等译.北京：科学出版社.

Andrews T D. 2006. Projectile driving band interactions with gun barrels[J]. Journal of Pressure Vessel Technology, 128(2): 273 - 278.

ASTM. 2018. Standard specification for alloy steel forgings for high-strength pressure component application[J]. ASTM International, 12(2): 1 - 12.

Babaei M, Shi J, Abdelwahed S. 2018. A survey on fault detection, isolation, and reconfiguration methods in electric ship power[J]. IEEE Access, 6: 9430 - 9441.

Baranowski L. 2013. Numerical testing of flight stability of spin-stabilized artillery projectiles[J]. Journal of Theoretical and Applied Mechanics, 51(2): 375 - 385.

Barbosa L M, Blanco A, Dutra D P, et al. 2005. A critical evaluation of three models of external ballistics[C]. Ouro Preto: 18th International Congress of Mechanical Engineering: 1 - 7.

Bohnsack E. 2006. Dynamical loading of the muzzle area of a gun barrel including a muzzle brake[J]. Journal of Pressure Vessel Technology, 128(2): 285 - 289.

Boresi A P. 1983. A review of selected works on gun dynamics[Z]. Laramie: BLM Applied Mechanics Associates: 1 - 51.

Bose A, Dowding R J, Swab J J. 2006. Processing of ceramic rifled gun barrel[J]. Materials and manufacturing processes, 21(6): 591 - 596.

Bucher C. 2018. Metamodels of optimal quality for stochastic structural optimization[J]. Probabilistic Engineering Mechanics, 54: 131 - 137.

Carter R H, Underwood J H, Swab J J, et al. 2006 Material selection for ceramic gun tube liner[J]. Material and manufacturing processes, 21(6): 584 - 590.

Chakraborty S, Chatterjee T, Chowdhury R, et al. 2017. A surrogate based multi-fidelity approach for robust design optimization[J]. Applied Mathematical Modelling, 47: 726 - 744.

Chatterjee T, Chakraborty S, Chowdhury R. 2017. A critical review of surrogate assisted robust design optimization[J]. Archives of Computational Methods in Engineering, 26(1): 1 - 30.

Che M E, Dua V. 2017. Model-based parameter estimation for fault detection using multiparametric programming[J]. Industrial & Engineering Chemistry Research, 56(28): 8000 - 8015.

Chen G S, Qian L F, Ma J. 2015. A new efficient adaptive polynomial chaos expansion metamodel[C]. Busan: 2015 IEEE International Conference on Advanced Intelligent Mechatronics : 1201 - 1206.

Chen M M. 2010. Projectile balloting attributable to gun tube curvature[J]. Shock and Vibration, 17(1): 39 - 53.

Chen P C. 1999. Analysis of engraving and wear in a projectile rotating band[Z]. Dover: Army Armament Research Development and Engineering Center Pciatinny Arsenal NJ.

Chen Q, Ren X M, Na J, et al. 2017. Adaptive robust finite-time neural control of uncertain PMSM servo system with nonlinear dead zone[J]. Neural Computing & Applications, 28(12): 3725 - 3736.

Deng Y T, Wang J L, Li H W, et al. 2019. Adaptive sliding mode current control with sliding mode disturbance observer for PMSM drives[J]. ISA Transactions, 88: 113 - 126.

Dursun T. 2020. Effect of projectile and gun parameters on the dispersion[J]. Defence Science Journal, 70(2): 166 - 174.

Ford J J, Coulter A S. 2001. Filtering for precision guidance: the extended Kalman Filter[R]. DTIC Document.

Frost G, Costello M. 2012. Control authority of a projectile equipped with an internal unbalanced part[J]. Journal of Dynamic Systems, Measurement, and Control, 128(4): 1004 - 1012.

Geng C, Gao F. 2018. Embedded fault diagnosis expert system on weapon equipment[J]. International Journal of Advanced Network, Monitoring and Controls, 1(2): 25 – 33.

Gholaminezhad I, Jamali A, Assimi H. 2017. Multi-objective reliability-based robust design optimization of robot gripper mechanism with probabilistically uncertain parameters [J]. Neural Computing and Applications, 28(1): 659 – 670.

Gururaja R H V, Mala R C, Karanam K S, et al. 2017. Detection, classification and location of overhead line faults using wavelet transform[J]. Indian Journal of Science and Technology, 10(3): 1 – 6.

Herrera-Orozco A R, Bretas A S, Orozco-Henao C, et al. 2017. Incipient fault location formulation: A time-domain system model and parameter estimation approach[J]. International Journal of Electrical Power & Energy Systems, 90: 112 – 123.

Johnston I A. 2005. Understanding and predicting gun barrel erosion[Z]. Edinburgh, South Australia, Australia Australian Government Department of Defence.

Keinänen H, et al. 2012. Influence of rotating band construction on gun tube loading—Part I numerical approach[J]. Journal of Pressure Vessel Technology, 134(4): 041006.

Khalil M, Abdalla H, Kamal O. 2009. Dispersion analysis for spinning artillery projectile[C]. Cairo: 13rd International Conference on Aerospace Sciences & Aviation Technology: 1 – 12.

Koch P. 2013. Probabilistic design: optimizing for six sigma quality[C]. Collection of Technical Papers-AIAA/ASME/ASCE/AHS/ASC Structures, Structural Dynamics and Material.

Krishnannair S, Aldrich C. 2019. Process monitoring and fault detection using empirical mode decomposition and singular spectrum analysis[J]. IFAC Papers On Line, 52(14): 219 – 224.

Lawton B. 2001. Thermo-chemical erosion in gun barrels[J]. Wear, 251(1 – 12): 827 – 838.

Leão L S, Cavalini T S, Morais G P, et al. 2019. Fault detection in rotating machinery by using the modal state observer approach[J]. Journal of Sound and Vibration, 458: 123 – 142.

Leonid F, Yuri S, Christopher E, et al. 2008. Higher-order sliding-mode observer for state estimation and input reconstruction in nonlinear systems[J]. International Journal of Robust and Nonlinear Control, 18: 399 – 412.

Levant A. 2003. Higher-order sliding modes, differentiation and output-feedback control[J]. International Journal of Control, 76(9 – 10): 924 – 941.

Levant A. 2003. Quasi-continuous high-order sliding-mode controllers[C]. Maui: 42nd IEEE International Conference on Decision and Control: 4605 – 4610.

Li C, Ledo L, Delgado M, et al. 2017. A Bayesian approach to consequent parameter estimation in probabilistic fuzzy systems and its application to bearing fault classification[J]. Knowledge-Based Systems, 129: 39 – 60.

Li J, Chen J B. 2009. Stochastic Dynamics of Structures[M]. New York: John Wiley & Sons.

Li X, Mu L, Zang Y, et al. 2020a. Study on performance degradation and failure analysis of machine gun barrel [J]. Defence Technology, 16(2): 362 – 373.

Li X L, Zang Y, Mu L, et al. 2020b. Erosion analysis of machine gun barrel and lifespan prediction under typical shooting conditions[J]. Wear, 444: 203177.

Lisov M. 2006. Modeling wear mechanism of artillery projectiles rotating band using variable parameters of internal ballistic process[J]. Scientific-Technical Review (2): 11 – 17.

Littlefield A G, Kathe E L, Durocher R. 2002. Dynamically tuned shroud for attenuating gun barrel vibration [C]. Watervliet: Benet Labs.

Liu J, Li H, Deng Y. 2018. Torque ripple minimization of PMSM based on robust ILC via adaptive sliding mode control[J]. IEEE Transactions on Power Electronics, 33 (4): 3655 – 3671.

Ma J, Chen G S, Ji L, et al. 2020. A general methodology to establish the contact force model for complex contacting surfaces[J]. Mechanical Systems and Signal Processing, 140: 106678.

Ma J, Qian L, Chen G, et al. 2015. Dynamic analysis of mechanical systems with planar revolute joints with clearance[J]. Mechanism & Machine Theory, 94: 148 - 164.

Ma T, Zhang W, Zhang Y, et al. 2015. Multi-parameter sensitivity analysis and application research in the robust optimization design for complex nonlinear system[J]. Chinese Journal of Mechanical Engineering, 28(1): 55 - 62.

Montgomery R S. 1975. Muzzle wear of cannon[J]. Wear, 33(2): 359 - 368.

Montgomery R S. 1976. Surface melting of rotating bands[J]. Wear, 38(2): 235 - 243.

Montgomery R S. 1983. Evidence for the melt-lubrication of projectile bands[C]. Watervliet: Army Armament Research and Development Command.

Montgomery R S. 1985. Evidence for the melt-lubrication of projectile bands[J]. Tribology Transactions, 28(1): 117 - 122.

Newill J F, Guidos B J, Livecchia C D. 2003. Validation of the U. S. Army Research Laboratory's gun dynamics simulation codes for prototype kinetic energy[R]. Maryland: Army Research Labs Aberdeen Proving Ground.

Panchade V M, Chile R H, Patre B M. 2018. Quasi continuous sliding mode control with fuzzy switching gain for an induction motor[J]. Journal of Intelligent & Fuzzy Systems, 36 (4): 1 - 18.

Perry J, Aboudi J. 2003. Elasto-plastic stresses in thick walled cylinders[J]. Journal of Pressure Vessel Technology, 125(3): 248 - 253.

Qian L F, Chen G S. 2017. The uncertainty propagation analysis of the projectile-barrel coupling problem[J]. Defence Technology, 4(13): 229 - 233.

Rabbath C A, Corriveau D. 2017. A statistical method for the evaluation of projectile dispersion[J]. Defence Technology, 13(3): 164 - 176.

Ruzzene M, Baz A. 2006. Dynamic stability of periodic shells with moving loads[J]. Journal of Sound and Vibration, 296(4 - 5): 830 - 844.

Savage P G. 2000. Strapdown analytics[M]. Maple Plain, MN: Strapdown Associates.

Shen D E, Braatz R D. 2016. Polynomial chaos-based robust design of systems with probabilistic uncertainties [J]. Aiche Journal, 62(9): 3310 - 3318.

Slotine J J, Sastry S S. 1983. Tracking Control of Nonlinear Systems Using Sliding Surfaces with Application to Robot Manipulators[C]. 1983 American Control Conference.

Soifer M T, Becker R S. 1987. Stochastic gun dynamics[J]. Huntington: S and D Dynamics, Inc.

Sopok S, Rickard C, Dunn S. 2005. Thermal-chemical-mechanical gun bore erosion of an advanced artillery system part one: theories and mechanisms[J]. Wear, 258(1): 659 - 670.

Stiefel L. 1988. Gun Propulsion Technology[M]. Reston: American Institute of Aeronautics and Astronatics.

Sun N, Tian C, Xiao Z. 2016. Surface migration and enrichment of fluorinated TiO_2, nanocomposite additives inside propellants [J]. Propellants, Explosives, Pyrotechnics, 41 (5): 798 - 805.

Tabiei A, Chowdhury M R, Aquelet N, et al. 2010. Transient response of a projectile in gun launch simulation using Lagrangian and ALE methods[J]. The International Journal of Multiphysics, 4(2): 151 - 173.

Taylor D J, Morris J. 1970. Gun erosion and methods of control[C]. New York: Proceedings of the Interservice Technical Meeting on Gun Tube Erosion and Control.

Toivola J, Moilanen S, Tervokoski J, et al. 2012. Influence of rotating band construction on gun tube loading-Part II measurement and analysis[J]. Journal of Pressure Vessel Technology, 134(4): 041007.

Utkin V I. 1977. Variable Structure Systems with Sliding Modes[J]. IEEE Transactions Automatic Control, 22(2): 212 - 222.

Wang Z Y, Lu C, Zhou B. 2018. Fault diagnosis for rotary machinery with selective ensemble neural networks [J]. Mechanical Systems and Signal Processing, 113: 112 - 130.

Wu B, Zheng J, Luo T F, et al. 2020. Damage and fracture of gun barrel under wear-fatigue interaction[J]. Journal of Physics: Conference Series, 1507: 102034.

Yao B, Bu F, Chiu G T C. 2001. Non-linear adaptive robust control of electro-hydraulic systems driven by double-rod actuators[J]. International Journal of Control, 74(8): 761 - 775.

Yao J, Jiao Z, Ma D, et al. 2014. High-accuracy tracking control of hydraulic rotary actuators with modeling uncertainties[J]. IEEE/ASME Transactions on Mechatronics, 19(2): 633 - 641.

Yuri S, Christopher E, Leonid F, Levant A. 2014. Sliding mode control and observation [M]. Basel: Birkhäuser.

Zhao C, Zhan J, Huang J F, et al. 2020. Low-cycle fatigue behavior of the novel steel and 30SiMn2MoV steel at 700℃[J]. Materials, 13(24): 53 - 57.

Zhou Z M, Zhang B, Mao D P. 2018. Robust sliding mode control of PMSM based on rapid nonlinear tracking differentiator and disturbance observer[J]. Sensors, 18(4): 1031.

Zhou Z, Gao Y, Chen J. 2007. Unscented Kalman filer for SINS alignment[J]. Journal of Systems Engineering and Electronics, 18(2): 327 - 333.